EUROPA-FACHBUCHREIHE
für Chemieberufe

Technische Mathematik und Datenauswertung für Laborberufe

Klaus Brink, Gerhard Fastert, Eckhard Ignatowitz

5. Auflage

VERLAG EUROPA-LEHRMITTEL · Nourney, Vollmer GmbH & Co. KG
Düsselberger Straße 23 · 42781 Haan-Gruiten

Europa-Nr.: 71713

Autoren:
Dr. Klaus Brink, StR — Leverkusen
Gew.-Lehrer Gerhard Fastert, OStR — Stade
Dr. Eckhard Ignatowitz, StR — Waldbronn
Dr. Ernst Bartels, StD (Kap. 9) — Winsen/Aller

Leitung des Arbeitskreises und Lektorat:
Gerhard Fastert

Bildentwürfe: Die Autoren

Bildbearbeitung:
Zeichenbüro des Verlags Europa-Lehrmittel, Ostfildern

Das vorliegende Buch wurde auf der **Grundlage der aktuellen amtlichen Rechtschreibregeln** erstellt.

5. Auflage 2010

Druck 5 4 3 2 1

Alle Drucke derselben Auflage sind parallel einsetzbar, da sie bis auf die Behebung von Druckfehlern untereinander unverändert sind.

ISBN 978-3-8085-7175-0

Das Buchtitelbild „Eine typische Laborsituation" wurde freundlicherweise von der Dynero GmbH, Leverkusen, zur Verfügung gestellt. Abgebildet sind Frau Verena Crämer und Frau Stefanie Haas.

http://www.europa-lehrmittel.de

Umschlaggestaltung: Michael M. Kappenstein, 60385 Frankfurt a.M.

Satz: rkt, 42799 Leichlingen, www.rktypo.com

Druck: Media-Print Informationstechnologie, 33100 Paderborn

Vorwort

Das Buch TECHNISCHE MATHEMATIK UND DATENAUSWERTUNG FÜR LABORBERUFE ist ein Lehr- und Übungsbuch für die schulische und betriebliche Ausbildung im Bereich fachbezogener Berechnungen sowie der Labordaten- und Prozessdatenauswertung.

Dieses Lehrbuch ist geeignet für Auszubildende zum Chemielaboranten, Lacklaboranten und Biologielaboranten. Auch in den Berufsfachschulen Chemisch-technischer Assistent/in, Biologisch-technischer Assistent/in, Pharmazeutisch-technischer Assistent/in und Umwelt-technischer Assistent/in, an Fachschulen für Biotechniker, Chemotechniker und Umweltschutztechniker sowie in der Fachoberschule Technik (Fachrichtung Chemie), der Berufsoberschule und in naturwissenschaftlich ausgerichteten Gymnasien ist es einsetzbar.

Die Auswahl der Inhalte orientiert sich an den Rahmenlehrplänen für die Ausbildungsberufe Chemielaborant/Chemielaborantin, Biologielaborant/Biologielaborantin und Lacklaborant/Lacklaborantin (Beschluss der Kultusministerkonferenz vom 18. März 2005) und der Verordnung über die Berufsausbildung im Laborbereich Chemie, Biologie und Lack vom 25. Juni 2009.

Dieses Buch vermittelt neben den mathematischen Grundkenntnissen die Vielfalt der berufsbezogenen mathematischen Kenntnisse aus den Bereichen Chemie, Physik, Statistik, Reaktionskinetik, Analytik, Labortechnik und Informatik. Es ist ein kompetenter Begleiter während der Ausbildung und ein guter Vorbereiter auf die Prüfung.

Durch seinen modularen Aufbau ist das Buch uneingeschränkt für den Lernfeld-orientierten Unterricht geeignet. Den Beispielen und Übungsaufgaben liegen konsequent Problemstellungen aus dem Berufsalltag der Laborberufe zugrunde. Besonderer Wert wurde darauf gelegt, die zahlreichen Vorgänge und Geräte durch Abbildungen zu veranschaulichen. Wichtige Gesetzmäßigkeiten und Formeln sind optisch hervorgehoben. Ebenso unterstützen graue und rote Unterlegungen des Textes bei den Beispielen und den Übungsaufgaben die rasche Orientierung im Buch. Am Ende eines Kapitels folgen zahlreiche praxisorientierte Übungsaufgaben, die zur Festigung des Erlernten, zur Leistungskontrolle oder zur Prüfungsvorbereitung verwendet werden können.

Die Lösungen der Beispielaufgaben sind überwiegend mit Größengleichungen gerechnet. Wo es sinnvoll ist, wird alternativ auch die Schlussrechnung angewendet. Dabei wird das Runden der Ergebnisse auf die Anzahl signifikanter Ziffern oder Stellen konsequent berücksichtigt.

In zahlreichen Kapiteln werden die Möglichkeiten zur Nutzung eines Tabellenkalkulationsprogramms bei der rechnerischen oder grafischen Auswertung von Daten und Datenreihen vorgestellt.

Die im Rahmenlehrplan der Laborberufe geforderte Kompetenz zur Nutzung fremdsprachlicher Informationsquellen wird durch die Angabe von Schlüsselbegriffen in englischer Sprache (jeweils in Klammern hinter der deutschen Bezeichnung) im Text unterstützt.

Bei den Bestimmungsmethoden physikalischer oder chemischer Größen sind im Text oder in den tabellarischen Übersichten die entsprechenden DIN-Normen angegeben. Die Bezeichnung von Stoffen folgt den Vorgaben der IUPAC, aber auch die in der Anlagen- und Laborpraxis üblichen technischen Namen werden aufgeführt, soweit sie von der IUPAC als weiterhin erlaubt gekennzeichnet sind.

Aus Gründen der Übersichtlichkeit sind vertiefende Lerninhalte zu den Beschichtungsstoffen und zur Biometrie in eigenständigen Kapiteln am Ende des Buches angeordnet.

Zum Lehrbuch Technische Mathematik und Datenauswertung für Laborberufe gibt es ein Lösungsbuch mit vollständig durchgerechneten, teilweise auch alternativen Lösungswegen sowie methodischen Hinweisen.

In der **5. Auflage** wurden Fehler korrigiert und das Kapitel Solventextraktion überarbeitet. Die 4. und 5. Auflage sind parallel einsetzbar, beide sind zur 2. Auflage des Lösungsbuches kompatibel.

Verlag und Autoren danken im Voraus den Benutzern des Buches für weitere kritisch-konstruktive Verbesserungsvorschläge und Fehlerhinweise (lektorat@europa-lehrmittel.de).

Herbst 2010 — Die Autoren

Inhaltsverzeichnis

1 Mathematische Grundlagen, praktisches Rechnen

Basis des Rechnens in der Chemie sind die grundlegenden mathematischen Rechnungsarten sowie deren praktische Anwendung mit dem Taschenrechner oder dem Computer.

1.1 Zahlenarten

Beim Rechnen unterscheidet man die **bestimmten Zahlen** sowie die **allgemeinen Zahlen.** Während die bestimmten Zahlen einen festen Wert haben, wie z. B. 3 , 9,5 , $^1/_2$ usw. stehen die allgemeinen Zahlen als Platzhalter für beliebige Zahlen, wie z. B. x, y, z.

Bestimmte Zahlen

Die bestimmten Zahlen kann man weiter in verschiedene Zahlenarten untergliedern.

Zahlenarten der bestimmten rationalen Zahlen	**Beispiele**
Natürlichen Zahlen: Sie sind die zum Zählen benutzten Zahlen. Es sind **positive ganze Zahlen** sowie die Null (0). Sie werden normalerweise ohne Pluszeichen (+) geschrieben.	0, 1, 2, 3, 4, ..., 10, 11, 12, ..., 37, ..., 59, 60, 61, ..., 107, ...
Die **negativen ganzen Zahlen** erhält man durch Subtrahieren einer größeren natürlichen Zahl von einer kleineren natürlichen Zahl. **Beispiel:** 5 – 7 = – 2; 15 – 29 = – 14	–1, –2, –3, ..., –18, –19, ...
Die **ganzen Zahlen** umfassen die natürlichen Zahlen (positive ganze Zahlen) und die negativen ganzen Zahlen.	0, 1, 2, 3, 4, ..., 71, 72, 73, ... –1, –2, –3, –4, ..., –21, –22, ...
Gebrochene Zahlen, auch **Bruchzahlen** genannt, sind Quotienten aus zwei ganzen Zahlen. Quotient ist der Name für einen Bruch, d.h. eine nicht ausgeführte Divisionsaufgabe ganzer Zahlen. Bruchzahlen können positiv und negativ sein.	$\frac{1}{2}, \frac{1}{3}, \frac{2}{3}, \frac{5}{3}, 1\frac{1}{6}, \frac{7}{9}, ...$ $-\frac{1}{2}, -\frac{1}{3}, -\frac{5}{3}, 2\frac{1}{3}, -\frac{7}{9}, ...$
Dezimalzahlen sind Zahlen mit einem Komma. Es können positive und negative Dezimalzahlen sein.	1,748, 0,250, –8,32, –2,0, –0,5, –7,8316, 4,57, 7,8, –3,942, ...

Die bislang genannten Zahlen bezeichnet man als **rationale Zahlen.**
Außerdem gibt es die Gruppe der **irrationalen Zahlen**. Es sind bestimmte Zahlen.

Zahlenarten der bestimmten irrationalen Zahlen	**Beispiele**
Wurzelzahlen	$\sqrt{2}$ = 1,4142136...; $\sqrt{3}$ = 1,7320508...
Transzendente Zahlen	π = 3,1415927..., e = 2,7182818...
Die irrationalen Zahlen sind nicht-periodische Dezimalzahlen mit unendlich vielen Stellen.	

Zahlenstrahl

Die bestimmten Zahlen lassen sich außer durch Ziffern (siehe oben, Beispiele) auch zeichnerisch auf einem Zahlenstrahl als Strecke darstellen **(Bild 1).** Vom Nullpunkt aus nach rechts liegen die positiven Zahlen, nach links die negativen Zahlen.

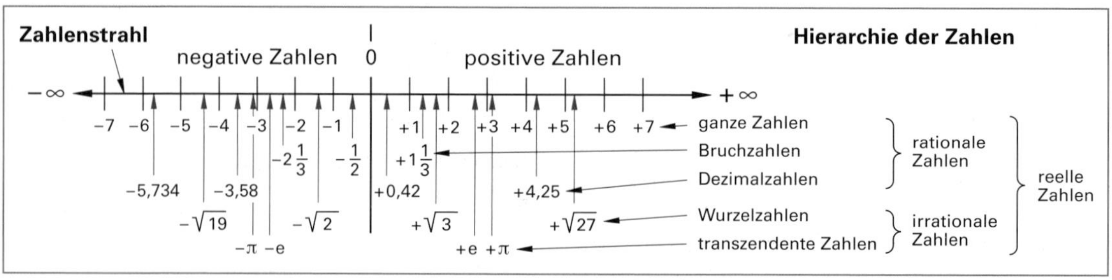

Bild 1: Zahlenarten und ihre Lage auf dem Zahlenstrahl, Hierarchie der Zahlen

Allgemeine Zahlen

Die allgemeinen Zahlen, auch **Variable** genannt, stehen als Platzhalter für eine beliebige Zahl.

Darstellung der allemeinen Zahlen	Beispiele
In der allgemeinen Mathematik werden für die allgemeinen Zahlen die kleinen Buchstaben des Alphabets verwendet.	*a, b, c, ... u, v, w, ..., x, y, z*
In der technischen Mathematik benutzt man kleine oder große Buchstaben zur Benennung einer Variablen, die meist dem Anfangsbuchstaben der Variablen entsprechen. Man verwendet Buchstaben des lateinischen und des griechischen Alphabets.	*l, b, t, v, ..., A, V, U, T, ...* *l* Länge, *b* Breite, *t* Zeit, *h* Höhe *A* Fläche, *V* Volumen, *U* Umfang *T* thermodynamische Temperatur, ϑ Celsius-Temperatur, α Winkel

Aufgaben

1. Zu welcher Zahlenart gehören folgende Zahlen: $0{,}7$; -18; $\sqrt{3}$; $\frac{1}{7}$; 0; -387; $-\pi$; $-0{,}32$?
2. Wo liegen auf dem Zahlenstrahl die Zahlen: $-3\frac{1}{3}$; $0{,}85$; e; $-0{,}25$; $\sqrt{9}$; $\frac{2}{4}$; $-3{,}50$?

1.2 Größen, Einheiten, Zeichen, Formeln

In chemischen Berechnungen wird meist mit Größen und Einheiten gerechnet, die mit mathematischen Zeichen in Formeln verknüpft sind.

Größen, Einheiten

Mit einer Größe (engl. physical quantity) werden chemische oder physikalische Eigenschaften beschrieben. Zu ihrer Kurzschreibweise benutzt man ein Größenzeichen, z.B. *l* für die Länge.

Der Wert einer Größe besteht aus einem Zahlenwert und einer Einheit, z. B. 5,8 kg. Die Einheit wird mit einem Einheitenzeichen angegeben, z. B. kg.

Es gibt 7 **Basisgrößen,** auf die sich alle Größen zurückführen lassen **(Tabelle 1).**

Tabelle 1: Basisgrößen und ihre Einheiten

Physikalische Größen	Größenzeichen	Einheitennamen	Einheitenzeichen
Basisgrößen und Basiseinheiten			
Länge	l	Meter	m
Masse	m	Kilogramm	kg
Stoffmenge	n	Mol	mol
Zeit	t	Sekunde	s
Thermodynamische Temperatur	T	Kelvin	K
Stromstärke	I	Ampere	A
Lichtstärke	I_v	Candela	cd

Mathematische Zeichen

Die mathematischen Zeichen (engl. mathematical symbols) dienen zur Kurzbezeichnung einer mathematischen Operation **(Tabelle 2).**

Beispiel: Sollen zwei Zahlen multipliziert werden, so setzt man zwischen die Zahlen das Kurzzeichen für „multiplizieren" z.B. $3 \cdot 5$.

Für Flächenformate und räumliche Abmessungen ist auch das Multiplikationszeichen $\times$ zugelassen.

Beispiel: $3\,\text{m} \times 5\,\text{m}$.

Tabelle 2: Mathematische Zeichen (Auswahl)

Zeichen	Bedeutung	Zeichen	Bedeutung
$+$, $-$	plus, minus	$<$, $>$	kleiner, größer
$:$, $/$	geteilt durch, pro	$\leq$ $\geq$	kleiner gleich größer gleich
$\cdot$, $\times$	mal	Δ	Differenz
$=$, $\neq$	gleich, ungleich	$\ldots$	und so weiter
$\approx$	beträgt rund	∞	unendlich
$\equiv$	identisch gleich	$\pm$	plus/minus
$\sim$	proportional	$\lvert a \rvert$	Betrag von *a*
$\triangleq$	entspricht	$\sqrt{\ }$	Wurzel

Formeln, Größengleichungen

Die gesetzmäßigen Zusammenhänge zwischen Größen werden durch Größengleichungen (equations) oder Formeln (formula) ausgedrückt.

Mit Hilfe von Größengleichungen lassen sich durch Umstellen und Auflösen die Größen berechnen (Seite 28).

Beispiel für Größengleichungen:

Fläche $A = l \cdot b$ Gewichtskraft $F_G = m \cdot g$

Volumen $V = l \cdot b \cdot h$ Geschwindigkeit $v = \frac{s}{t}$

1.3 Grundrechnungsarten

1.3.1 Addieren und Subtrahieren

Diese beiden Rechnungsarten werden wegen ihrer mathematischen Zeichen (+, –) auch als **Strichrechnungen** bezeichnet.

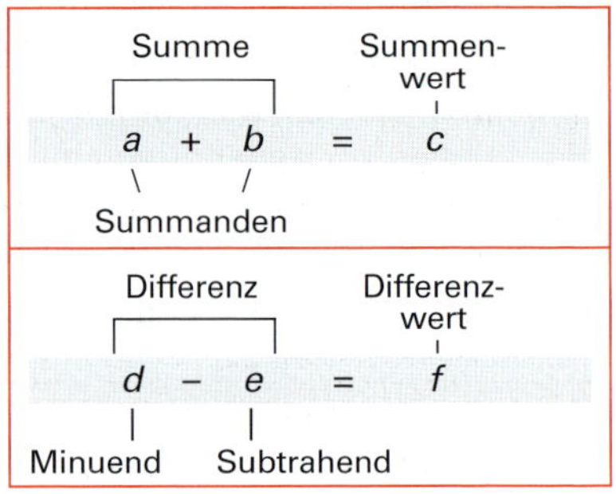

Beim **Addieren** (Zusammenzählen, engl. to add) werden die einzelnen Summanden zusammengezählt. Das Ergebnis heißt Summenwert oder Summe.

Beim **Subtrahieren** (Abziehen, engl. to subtract) zieht man von einer Zahl eine andere Zahl ab. Das Ergebnis ist der Differenzwert, einfach auch Differenz genannt.

Rechenregeln zum Addieren und Subtrahieren

Rechenregeln	**Beispiele**
Nur gleichartige allgemeine Zahlen bzw. Größen können addiert bzw. subtrahiert werden.	$8\ m^2 + 72\ cm^2 + 7{,}5\ m^2 - 23\ cm^2$ $= 15{,}5\ m^2 + 49\ cm^2$
Die einzelnen Glieder in einer Strichrechnung können vertauscht werden (Kommutativgesetz). Erläuterung: Durch Vertauschen der Glieder kann die Aufgabe in eine für die Rechnung vorteilhafte Reihenfolge geordnet werden.	$5 - 16 + 7 = -16 + 7 + 5 = -4$ $11\,x - 3\,x + 9\,x = 11\,x + 9\,x - 3\,x$ $= 17\,x$
Einzelne Glieder können zu Teilsummen bzw. Teildifferenzen zusammengefasst werden (Assoziativgesetz).	$2 + 5 - 3 = 7 - 3 = 4$ $8\,u - 3\,v + 3\,u + 8\,v$ $= 8\,u + 3\,u - 3\,v + 8\,v = 11\,u + 5\,v$

Klammern beim Addieren und Subtrahieren

Klammern, ( ) oder [ ], fassen Teilsummen bzw. Teildifferenzen zusammen. Das Vorzeichen der Glieder in der Klammer kann sich durch das Setzen oder Weglassen von Klammern ändern.

Steht ein +-Zeichen vor einer Klammer, so kann man sie weglassen, ohne dass sich die Vorzeichen der Glieder in der Klammer ändern.	$25 + (5 - 3) = 25 + 5 - 3 = 27$ $7\,a + (3\,a - 9\,a) = 7\,a + 3\,a - 9\,a$ $= 1\,a = a$
Steht ein –-Zeichen vor einer Klammer, so muss man beim Weglassen der Klammer das Vorzeichen aller Glieder in der Klammer umkehren. Setzt man eine Klammer, vor der ein –-Zeichen steht, so muss man ebenfalls das Vorzeichen aller Glieder, die in der Klammer stehen, umkehren.	$16 - (3 - 2 + 8 - 5)$ $= 16 - 3 + 2 - 8 + 5 = 12$ $5\,x - (2\,x + 9\,a - 7\,b)$ $= 5\,x - 2\,x - 9\,a + 7\,b$

Aufgaben zu Addieren und Subtrahieren

1. Ermitteln Sie die Ergebnisse:
   a) $328 + 713 + 287 + 38 + 9 - 103$
   b) $59{,}30\,a - 27{,}53\,a + 7{,}83\,b - 21{,}04\,b$
   c) $22{,}2\,u + 38{,}9\,v - 17{,}8\,u + 3{,}6\,v + 9{,}8\,w$
2. Setzen Sie um das 2. bis 4. Glied eine Klammer:
   $8{,}3\,x - 7{,}8\,a + 2{,}5\,x - 9{,}2\,a$
3. Lösen Sie die Klammer auf:
   $25\,a - (36\,b - 19\,a - 11\,b - 12\,a)$

1.3.2 Multiplizieren

Beim **Multiplizieren** (Malnehmen, engl. to multiply) werden die Faktoren miteinander malgenommen und ergeben den Produktwert.

Das mathematische Zeichen für Multiplizieren ist · oder ×.

Bei allgemeinen Zahlen kann das Malzeichen weggelassen werden.

Die Ziffer 1 wird meist nicht mitgeschrieben. **Beispiel:** 1 $a = a$

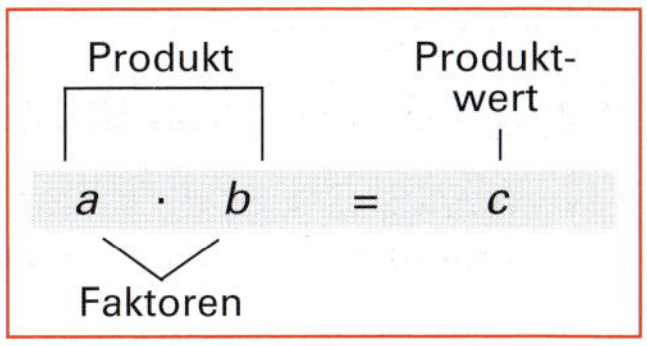

Rechenregeln beim Multiplizieren	Formeln	Beispiele
Ist ein Faktor 0, so ist das ganze Produkt 0. Die Faktoren können vertauscht werden. Teilprodukte lassen sich zusammenfassen.	$a \cdot b \cdot c \cdot 0 = 0$ $a \cdot b \cdot c = c \cdot b \cdot a$ $a \cdot a \cdot b = a^2 \cdot b$	$387 \cdot 229 \cdot 712 \cdot 0 = 0$ $15 \cdot 28 \cdot 77 = 77 \cdot 28 \cdot 15$ $5\,\text{m} \cdot 3\,\text{m} \cdot 2\,\text{m} = 30\,\text{m}^3$
Vorzeichen beim Multiplzieren Die Multiplikation von 2 Faktoren mit gleichen Vorzeichen ergibt ein positives Produkt. Die Multiplikation von 2 Faktoren mit unterschiedlichen Vorzeichen ergibt ein negatives Produkt.	$(+a) \cdot (+b) = a \cdot b = ab$ $(-a) \cdot (-b) = a \cdot b = ab$ $(+a) \cdot (-b) = -a \cdot b$ $(-a) \cdot (+b) = -a \cdot b$	$2 \cdot 3 = 6$; $(-7) \cdot (-3) = 21$ $(+a) \cdot (+b) = a \cdot b = ab$ $(-a) \cdot (-b) = a \cdot b = ab$ $5 \cdot (-2) = -10$; $(-6) \cdot 3 = -18$ $a \cdot (-b) = -ab$; $(-4) \cdot \text{m} = -4\,\text{m}$
Multiplizieren von Klammerausdrücken Ein Klammerausdruck wird mit einem Faktor multipliziert, indem man jedes Glied der Klammer mit dem Faktor multipliziert.	$a \cdot (b - c) = ab - ac$	$9 \cdot (7 - 3) = 9 \cdot 7 - 9 \cdot 3$ $= 63 - 27 = 36$ $5 \cdot (3 + 2) = 5 \cdot 3 + 5 \cdot 2 = 25$
Zwei Klammerausdrücke werden multipliziert, indem jedes Glied der einen Klammer mit jedem Glied der anderen Klammer multipliziert wird.	$(a + b) \cdot (c - d)$ $= ac - ad + bc - bd$	$(12 - 7) \cdot (3 + 5)$ $= 12 \cdot 3 + 12 \cdot 5 - 7 \cdot 3 - 7 \cdot 5$ $= 36 + 60 - 21 - 35 = 40$
Bei Klammerausdrücken mit bestimmten Zahlen wird zuerst der Zahlenwert der Klammer ermittelt und dann das Produkt berechnet.		$9 \cdot (7 - 3) = 9 \cdot 4 = 36$ $(12 - 7) \cdot (3 + 5) = 5 \cdot 8 = 40$
Ausklammern (Faktorisieren) Haben mehrere Glieder einer Summe einen gemeinsamen Faktor, so kann er ausgeklammert werden. Die Summe wird dadurch in ein Produkt umgewandelt.	$ax + bx + cx$ $= x \cdot (a + b + c)$	$19 \cdot 7 - 19 \cdot 5 = 19 \cdot (7 - 5)$ $= 19 \cdot 2 = 38$ $3\pi x + 3\pi y = 3\pi(x + y)$ $L_0 + L_0 \alpha \cdot \Delta\vartheta = L_0 \cdot (1 + \alpha \cdot \vartheta\Delta)$

Aufgaben zum Multiplizieren

1. Berechnen Sie die folgenden Ausdrücke:
   a) $(+3) \cdot (-15)$ b) $(+9) \cdot (+7)$
   c) $(-7) \cdot (-12)$ d) $(+5) \cdot 0$
   e) $(0) \cdot (-16)$ f) $(-3a) \cdot (+8b) \cdot (+2c)$
   g) $(+9x) \cdot (-4y)$
   h) $(+13m) \cdot (+4m) \cdot (+2m)$

2. Führen Sie die Multiplikationen aus:
   a) $3(3a - 2b)$ b) $9(7u + 8v)$
   c) $(-5) \cdot (-4x - 7y)$ d) $(+16) \cdot (0) \cdot (4 + 32)$
   e) $(6c - 3d) \cdot (+2a)$ f) $-x(y - z)$
   g) $4uv(9r - 5s)$ h) $-(4ab + 7xy) \cdot (-12)$
   i) $W = p \cdot (V_2 - V_2)$ j) $m_M = \varrho_M \cdot \left(\frac{m_1}{\varrho_1} + \frac{m_2}{\varrho_2}\right)$

3. Multiplizieren Sie die Ausdrücke:
   a) $(7s + 5r) \cdot (3l - 6k)$
   b) $5(3u - 4v) \cdot 8 \cdot (2w - 9x)$
   c) $(-4) \cdot (9w + 3x) \cdot (-3) \cdot (8y - 5z)$
   d) $11a(-3b + 2x) \cdot (4c - 5y)$

4. Welche Zahl liefert der Ausdruck, wenn für $x = 3$ und $y = 4$ gesetzt wird?
   $7(5 - 2x) \cdot (-4) \cdot (-3 + 6y)$

5. Klammern Sie aus:
   a) $2ab + 2ac + 2ad$
   b) $\pi n r_1 + \pi n r_2$
   c) $k \cdot A \cdot \vartheta_2 - k \cdot A \cdot \vartheta_2$
   d) $\pi r_1^2 + \pi h^2$

1.3.3 Dividieren

Das Dividieren (Teilen, engl. divide) ist die Umkehrung des Multiplizierens.

Das : -Zeichen und der Bruchstrich sind gleichbedeutend.

Dividend und Divisor dürfen **nicht** vertauscht werden.

Ist der Divisor (Nenner) Null, so hat der Quotient keinen bestimmten Wert, er kann nicht bestimmt werden.

Quotient: $a : b$ — Zähler: a

$$a : b = \frac{a}{b} = c$$

Dividend (a), Divisor (b), Nenner (b), Wert des Quotienten (c)

Rechenregeln beim Dividieren	Formeln	Beispiele
Vorzeichen beim Dividieren		
Gleiche Vorzeichen bei Dividend und Divisor ergeben einen positiven Quotienten.	$\frac{+a}{+b} = \frac{a}{b}; \quad \frac{-a}{-b} = \frac{a}{b}$	$(+2) : (+3) = +\frac{2}{3}; \quad \frac{-5}{-6} = \frac{5}{6}$
Ungleiche Vorzeichen von Dividend und Divisor ergeben einen negativen Quotienten.	$\frac{-a}{+b} = -\frac{a}{b}; \quad \frac{+a}{-b} = -\frac{a}{b}$	$\frac{-4}{+7} = -\frac{4}{7}; \quad \frac{+3}{-5} = -\frac{3}{5}$
Dividieren von Klammerausdrücken		
Ein Klammerausdruck wird dividiert, indem jedes Glied in der Klammer mit dem Divisor geteilt wird.	$(a-b) : x = a : x - b : x$ $\frac{a-b}{x} = \frac{a}{x} - \frac{b}{x}$	$\frac{36\,xyz - 24\,xuv}{6\,x}$ $= \frac{36\,xyz}{6\,x} - \frac{24\,xuv}{6\,x}$
Der Bruchstrich fasst die Ausdrücke auf und unter dem Bruchstrich zusammen, als ob sie von einer Klammer umschlossen wären.	$\frac{a+b}{c} \cdot d = \frac{a \cdot d}{c} + \frac{b \cdot d}{c}$	$= 6\,yz - 4\,uv$
Kürzen, Erweitern		
Beim **Kürzen** werden Zähler und Nenner durch die gleiche Zahl geteilt.	$\frac{4\,ab}{6\,ac} = \frac{\cancel{4} \cdot \cancel{a} \cdot b \cdot c}{\cancel{6} \cdot \cancel{a} \cdot c \cdot 3} = \frac{2\,b}{3\,c}$	$\frac{-48\,xy}{36\,x} = \frac{-4 \cdot \cancel{12} \cdot x \cdot \cancel{y}}{3 \cdot \cancel{12} \cdot \cancel{y}}$ $= -\frac{4}{3}x$
Es können nur Faktoren gekürzt werden oder es müssen alle Summanden gekürzt werden.	$\frac{\cancel{a}(b+c)}{\cancel{a}} = b + c$ $\frac{\cancel{a}b + \cancel{a}c}{\cancel{a}} = b + c$	$\frac{9\,x - 2\,y}{5\,z}$ erweitern mit $(-3) \Rightarrow$
Beim **Erweitern** werden Zähler und Nenner mit der gleichen Zahl (Erweiterungszahl) multipliziert.	$b + c = \frac{(b+c)a}{a}$	$\frac{(9\,x - 2\,y) \cdot (-3)}{5\,z \cdot (-3)} = \frac{-27\,x + 6\,y}{-15\,z}$

Aufgaben zum Dividieren

1. a) $63 : (-7)$ b) $(-64) : (-4)$ c) $(-91) : 13$ d) $\frac{105}{15}$ e) $\frac{-96}{8}$ f) $\frac{-132}{-11}$

2. a) $\frac{(-7) \cdot (18)}{12}$ b) $\frac{(11) \cdot (-14)}{(-7)}$ c) $\frac{(-9) \cdot (-18)}{(-36)}$

3. a) $(156 - 72) : 14$ b) $(391 - 144) : (121 - 102)$

4. Kürzen Sie soweit als möglich:

   a) $\frac{-12\,uv}{3\,v}$ b) $\frac{6\,a - 3\,b}{3}$ c) $\frac{81\,xyz}{-9\,yz}$ d) $\frac{-187\,rs + 153\,rs + 34\,rs}{-17\,s}$ e) $\frac{21 \cdot (-9) \cdot 4\,x}{(-35) \cdot (-2)}$

   f) $\frac{-(x-5)}{(5-x)}$ g) $\frac{-(7\,x - y) \cdot (3 + 2\,b)}{-2\,b - 3}$

5. Erweitern Sie:

   a) $\frac{7\,a}{5\,b}$ mit (-3) b) $\frac{3\,x}{-8\,y}$ mit (-1)

1.4 Berechnen zusammengesetzter Ausdrücke

Bei der Berechnung von Ausdrücken, die sowohl Additionen und Subtraktionen (Strichrechnungen + –) als auch Multiplikationen und Divisionen (Punktrechnungen · :) enthalten, werden die Rechenoperationen in einer bestimmten Reihenfolge durchgeführt.

1. Enthält der zu berechnende Ausdruck nur Punktrechnungen und Strichrechnungen, so gilt:

Punkt vor Strich, d. h. Punktrechnungen müssen vor den Strichrechnungen ausgeführt werden.

Beispiele: $5 \cdot 7 + 65 : 13 = 35 + 5 = 40$; $\frac{21}{7} - \frac{48}{6} + (-3) \cdot (-9) = 3 - 8 + 27 = 22$

$\frac{122 - 66}{8} \cdot 14 = \frac{56}{8} \cdot 14 = 7 \cdot 14 = 98$; $125 : (+5) - (-80) : (-4) = +25 - 20 = 5$

2. Enthält ein Ausdruck neben Punktrechnungen und Strichrechnungen noch Klammern, so gilt:

Zuerst die Klammerausdrücke berechnen, dann die Punktrechnungen und anschließend die Strichrechnungen ausführen.

Beispiele: $3 \cdot (23 - 17) + 12 = 3 \cdot 6 + 12 = 18 + 12 = 30$

$5a \cdot (11b - 8b) - 2b \cdot (3a + 4a) = 5a \cdot 3b - 2b \cdot 7a = 15ab - 14ab = ab$

$$\frac{7 \cdot (23{,}2 - 23{,}3)}{(2{,}4 + 4{,}6) \cdot (-0{,}5)} = \frac{\cancel{7} \cdot (-0{,}1)}{\cancel{7} \cdot (-0{,}5)} = \frac{0{,}1}{0{,}5} = \frac{1}{5} = 0{,}2$$

3. Enthält der Ausdruck ineinander verschachtelte Klammerausdrücke, so gilt:

Zuerst die innerste Klammer, dann die nächstäußere Klammer zusammenfassen usw.

Beispiel: $4ac + [(3a + 7a) \cdot 5c + 5ac] = 4ac + [10a \cdot 5c + 5ac] = 4ac + 50ac + 5ac = 59ac$

4. Enthält ein Ausdruck Klammern sowie Punktrechnungen und Strichrechnungen, so gilt:
Es wird in der Reihenfolge – Klammerausdrücke – Punktrechnungen – Strichrechnungen – ausgerechnet.

Aufgaben zum Berechnen zusammengesetzter Ausdrücke

1. a) $-4 \cdot (0{,}2 - 3{,}2) + (14{,}5 - 8{,}5) \cdot (-0{,}1)$ b) $12x \cdot (-3y) + (0{,}75x - 0{,}50x) \cdot (+80)$

2. a) $\frac{(-2{,}5) \cdot (86 - 82)}{(1{,}3 - 0{,}8) \cdot (42 - 38)}$ b) $\frac{222}{37} - \frac{0{,}125 \cdot (-85 + 117)}{(0{,}4) \cdot (-8) \cdot (2{,}5)}$ c) $24{,}7 \cdot \frac{(1 - 0{,}392)}{(1 - 0{,}065)}$

3. a) $(23{,}8 - 21{,}3) \cdot \frac{2{,}14 + 0{,}86}{4{,}52 - 4 \cdot 0{,}38}$ b) $\frac{18{,}06 - 17{,}56}{0{,}25} + \frac{27}{3{,}2 + 5{,}8} - \frac{(0{,}2 + 2{,}8) \cdot (5{,}4 - 3{,}4)}{2{,}4 \cdot 2{,}5}$

4. a) $2x - [5y - (3x - 4y) + 7x] - y$ b) $4{,}5a \cdot [(2b - c) - c] - 8a(c - b)$

c) $[0{,}2a - (1{,}7b - 1{,}9a)] : \left[\frac{5{,}5a}{10} - 0{,}85b + 0{,}3a\right]$

5. a) $2 \cdot [-2xy - (20a - 12xy)] + 5(2a - xy)$ b) $0{,}3a \cdot \{5xy - (92x - 87y) - (84y - 82x)\}$

c) $\{-9{,}5x + [(1{,}5x - 4y) \cdot (0{,}5 + 6{,}5)] + 29y\} \cdot \frac{1}{x + y}$

1.5 Bruchrechnen

Ein Bruch (engl. fraction) ist eine Divisionsaufgabe, die mit einem Bruchstrich geschrieben ist.
Ein Bruch besteht aus dem Zähler und dem Nenner.

Jeden Bruch kann man in eine Dezimalzahl umrechnen, z. B. $\frac{1}{2} = 0{,}5$; $\frac{1}{3} = 0{,}333...$

Mit Brüchen wird bevorzugt bei der Umwandlung von Formeln gerechnet.

Es gibt verschiedene **Brucharten**:

Benennungen bei Brüchen

Zähler → a, Nenner → b: $\frac{a}{b} = c$

$\frac{a}{b}$: Bruch; c: Wert des Bruchs

Brucharten	Beispiele	Merkmale	**Brucharten**	Beispiele	Merkmale
Echte Brüche	$\frac{1}{3}; \frac{5}{7}; \frac{2}{5}$	Zähler < Nenner	Gleichnamige Brüche	$\frac{1}{7}; \frac{3}{7}; \frac{5}{7}$	Brüche mit gleichen Nennern
Unechte Brüche	$\frac{5}{3}; \frac{7}{3}; \frac{3}{2}$	Zähler ≥ Nenner Wert des Bruchs ≥ 1	Ungleichnamige Brüche	$\frac{1}{3}; \frac{1}{5}; \frac{1}{6}$	Brüche mit ungleichen Nennern
Gemischte Zahlen	$1\frac{1}{2}; 3\frac{2}{3}$	Ganze Zahl und Bruch	Scheinbrüche	$\frac{3}{1}; \frac{6}{2}; \frac{10}{5}$	Der Wert des Bruchs ist eine ganze Zahl

Die Regeln des Kürzens und Erweiterns von Brüchen wurden bereits beim Dividieren genannt (Seite 12).

- Das Kürzen dient meist zur Vereinfachung der weiteren Rechnung oder des Ergebnisses.
- Durch Erweitern wird der Bruch so umgeformt, wie es für die weitere Rechnung vorteilhaft ist.

Beispiele zum Kürzen: $\frac{7}{21} = \frac{\cancel{7}\ 1}{\cancel{21}\ 3} = \frac{1}{3}$; $\frac{8\,ab}{14\,a} = \frac{\cancel{8}\ \cancel{a}\ b\ 4}{\cancel{14}\ \cancel{a}\ 7} = \frac{4\,b}{7}$; $\frac{32\,a + 4\,ab}{6\,a} = \frac{\cancel{4}\ \cancel{a}\ (8+b) \cdot 2}{\cancel{6}\ \cancel{a} \cdot 3} = \frac{2\,(8+b)}{3}$

Beispiele zum Erweitern: $\frac{2\,a - 3\,b}{2}$ erweitern auf den Nenner $10\,a$ $\Rightarrow$ $\frac{(2\,a - 3\,b) \cdot 5\,a}{2 \cdot 5\,a} = \frac{5\,a\,(2\,a - 3\,b)}{10\,a}$

1.5.1 Addieren und Subtrahieren von Brüchen

Gleichnamige Brüche werden addiert bzw. subtrahiert, indem man die Zähler zusammenfasst und den gemeinsamen Nenner beibehält.

Beispiele: $\frac{1}{3} + \frac{5}{3} = \frac{6}{3}$; $\frac{3\,x}{5\,b} + \frac{7\,x}{5\,b} - \frac{4\,x}{5\,b} = \frac{3\,x + 7\,x - 4\,x}{5\,b} = \frac{6\,x}{5\,b}$

Addieren und Subtrahieren gleichnamiger Brüche

$$\frac{a}{x} + \frac{b}{x} - \frac{c}{x} = \frac{a + b - c}{x}$$

Brüche mit ungleichen Nennern (ungleichnamige Brüche) müssen vor dem Addieren bzw. Subtrahieren in Brüche mit gleichen Nennern (gleichnamige Brüche) umgewandelt werden und können erst dann zusammengefasst werden. Den gemeinsamen Nenner mehrerer Brüche nennt man **Hauptnenner.** Es ist das kleinste gemeinsame Vielfache, kurz das **kgV** der einzelnen Nenner.

Schema zur Ermittlung der Summe ungleichnamiger Brüche: **Beispiel:** $\frac{3}{8} + \frac{5}{6} - \frac{7}{10}$

1. Zerlegung in Primzahlfaktoren

Nenner		Primzahlfaktoren
8	=	2 · 2 · 2
6	=	2 · 3
10	=	2 · 5
kgV	=	2 · 2 · 2 · 3 · 5 = **120**

2. Hauptnenner (kgV) bestimmen
Das kgV ist das Produkt der größten Anzahl jeder vorkommenden Primzahl.
(Primzahlen sind die kleinsten Faktoren, in die eine Zahl zerlegt werden kann.)

3. Erweiterungsfaktor der einzelnen Brüche bestimmen
120 : 8 = 15
120 : 6 = 20
120 : 10 = 12

4. Gleichnamigmachen der einzelnen Brüche durch Erweitern
$\frac{3 \cdot 15}{8 \cdot 15} + \frac{5 \cdot 20}{6 \cdot 20} - \frac{7 \cdot 12}{10 \cdot 12}$

5. Addieren bzw. Subtrahieren der jetzt gleichnamigen Brüche
$\frac{45}{120} + \frac{100}{120} - \frac{84}{120} = \mathbf{\frac{61}{120}}$

Zusammenfassen mehrerer Brüche mit bestimmten und allgemeinen Zahlen

Beispiel: $\frac{3x}{2a} - \frac{2x}{9ab} + \frac{5x}{18b}$

1. Zerlegen in Primzahlen und Hauptnenner bestimmen:

$2a = 2 \cdot a$

$9ab = 3 \cdot 3 \cdot a \cdot b$

$18b = 2 \cdot 3 \cdot 3 \cdot b$

$\text{kgV} = 2 \cdot 3 \cdot 3 \cdot a \cdot b = 18ab$

2. Erweiterungsfaktor bestimmen:

$18ab : 2a = 9b$

$18ab : 9ab = 2$

$18ab : 18b = a$

3. Erweitern und Zusammenfassen:

$$\frac{3x \cdot 9b}{2a \cdot 9b} - \frac{2x \cdot 2}{9ab \cdot 2} + \frac{5x \cdot a}{18b \cdot a} = \frac{27bx}{18ab} - \frac{4x}{18ab} + \frac{5ax}{18ab} = \frac{x(27b - 4 + 5a)}{18ab}$$

$$= \frac{x(5a + 27b - 4)}{18ab}$$

Aufgaben: Fassen Sie die folgenden Brüche zusammen

1. a) $\frac{2}{3} + \frac{1}{4} + \frac{5}{24}$ b) $\frac{14}{25} + \frac{23}{15} - \frac{1}{3} + \frac{2}{5}$

2. a) $\frac{7x}{4a} + \frac{5x}{12b}$ b) $\frac{5u}{3bc} + \frac{7u}{12c} - \frac{5u}{18b}$

1.5.2 Multiplizieren und Dividieren von Brüchen

Rechenregeln	Formeln	Beispiele
Multiplizieren Brüche werden multipliziert, indem die Zähler miteinander und die Nenner miteinander multipliziert werden. Gemischte Zahlen werden untereinander multipliziert, indem sie zuerst in unechte Brüche umgewandelt und diese dann miteinander multipliziert werden.	$\frac{a}{b} \cdot \frac{c}{d} \cdot f = \frac{a \cdot c \cdot f}{b \cdot d}$	$\frac{2}{5} \cdot \frac{2}{3} = \frac{4}{15}$; $\frac{3y}{x} \cdot \frac{4x}{y} = \frac{3\cancel{y} \cdot 4\cancel{x}}{\cancel{x} \cdot \cancel{y}} = 12$ $3\frac{1}{2} \cdot 5\frac{1}{3} = \frac{7}{2} \cdot \frac{16}{3} = \frac{112}{6} = \frac{56}{3}$
Dividieren Ein Bruch wird durch einen 2. Bruch dividiert, indem der 1. Bruch mit dem Kehrwert des 2. Bruchs multipliziert wird. Ganze Zahlen können als Bruch mit dem Nenner 1 geschrieben werden.	$\frac{a}{b} : \frac{c}{d} = \frac{a}{b} \cdot \frac{d}{c} = \frac{a \cdot d}{b \cdot c}$ $a = \frac{a}{1}$	$\frac{3}{8} : \frac{5}{4} = \frac{3}{8} \cdot \frac{4}{5} = \frac{12}{40} = \frac{3}{10}$; $\frac{1}{3} : 5 = \frac{1}{3} : \frac{5}{1} = \frac{1}{3} \cdot \frac{1}{5} = \frac{1}{15}$; $7 : \frac{7}{4} = \frac{7}{1} \cdot \frac{4}{7} = \frac{7 \cdot 4}{1 \cdot 7} = 4$

Aufgaben zum Bruchrechnen

1. Fassen Sie zusammen: a) $\frac{8}{49} + \frac{6}{56} - \frac{3}{8}$ b) $3\frac{6}{25} - 18\frac{7}{10} + 24\frac{3}{5}$ c) $\frac{8x + 4y}{4a + 6b} + \frac{9x}{9b + 6a} - \frac{5}{3}$

2. Multiplizieren Sie: a) $\frac{7}{6} \cdot \frac{3}{14}$ b) $\frac{11}{8} \cdot \frac{4}{22}$ c) $5 \cdot \frac{2}{3} \cdot \frac{3}{5}$ d) $1\frac{5}{6} \cdot 3\frac{3}{15}$ e) $\frac{9ab}{5y} \cdot \frac{15x}{12a}$

2. Dividieren Sie: a) $\frac{1}{2} : \frac{1}{3}$ b) $\frac{7}{2} : \frac{16}{7}$ c) $\frac{9}{5} : \frac{12}{15}$ d) $3xy : \frac{1}{2}z$ e) $\frac{2x}{9y} : \frac{4x}{3y}$ f) $\frac{26ab}{33u} : \frac{13a}{22v}$

4. Berechnen Sie bzw. fassen Sie soweit als möglich zusammen
   a) $14 \cdot \left(\frac{7}{12} + \frac{5}{8}\right)$ b) $42 \cdot \frac{7}{6} + \frac{9}{22}$ c) $\frac{8x + 8y}{3r - 3s} : \frac{4x + 4y}{9r - 9s}$
   d) $\left(\frac{11}{15} - \frac{6}{10}\right) \cdot 8$ e) $\frac{5a - 3b}{6n} + \frac{5a - 3b}{3m}$ f) $5\frac{1}{2} - \left(\frac{6}{5} - \frac{2}{10}\right) \cdot \left[5 : \left(\frac{21}{3} - \frac{10}{2}\right)\right]$
   g) $4\frac{2}{3} \cdot 3\frac{8}{5}$ h) $\left(12 : 2\frac{2}{3}\right) : \frac{7}{9}$ i) $\left(\frac{u + v}{l + k} + \frac{3(u + v)}{2(l + k)} - \frac{5(u - v)}{3(k + l)}\right) \cdot \frac{1}{2}$

1.6 Rechnen mit Potenzen

Definition des Potenzbegriffs

Besteht ein Produkt aus mehreren gleichen Faktoren, so kann es abgekürzt als Potenz (engl. power) geschrieben werden.

Der Exponent (Hochzahl) gibt an, wie viel Mal die Basis (Grundzahl) mit sich selbst multipliziert wird.

Beispiele: $2 \cdot 2 \cdot 2 \cdot 2 \cdot 2 = 2^5$ (gesprochen: 2 hoch 5)
$3^4 = 3 \cdot 3 \cdot 3 \cdot 3 = 81$

gleiche Faktoren — Basis — Exponent

$$\underbrace{a \cdot a \cdot a \cdot \ldots}_{\text{Produkt}} = \underbrace{a^n}_{\text{Potenz}} = \underbrace{c}_{\text{Potenzwert}}$$

Die Potenzwerte von Potenzzahlen werden mit dem **Taschenrechner** berechnet. Dazu haben die Taschenrechner eine Potenziertaste [y^x] oder [^].

Beispiel: Es ist zu berechnen: $3{,}25^3$

Eingabe	3,25	[y^x] 3	[=]
Anzeige	3.25	3.25^3	34.328125

Vorzeichen beim Potenzieren

Beispiele: $(+2)^2 = (+2) \cdot (+2) = +4$; $(+2)^3 = (+2) \cdot (+2) \cdot (+2) = +8$; $(-2)^4 = (-2) \cdot (-2) \cdot (-2) \cdot (-2) = +16$
$(-2)^2 = (-2) \cdot (-2) = +4$; $(-2)^3 = (-2) \cdot (-2) \cdot (-2) = -8$; usw.

Merke:
- Ist die Basis positiv, so ist der Potenzwert immer positiv.
- Ist die Basis negativ und der Exponent eine gerade Zahl, so ist der Potenzwert positiv.
- Ist die Basis negativ und der Exponent eine ungerade Zahl, so ist der Potenzwert negativ.

Potenzen mit negativem Exponenten

Eine Potenz mit negativem Exponenten (z. B. a^{-n}) kann auch als Kehrwert der gleichen Potenz mit positivem Exponenten geschrieben werden.
Umgekehrt kann eine Potenz mit positivem Exponenten im Zähler eines Bruchs als Potenz mit negativem Exponenten im Nenner des Bruchs gesetzt werden.

$$a^{-n} = \frac{1}{a^n}$$

$$\frac{a^x}{b^y} = \frac{b^{-y}}{a^{-x}}$$

Beispiele: $5^{-3} = \frac{1}{5^3} = \frac{1}{125} = 0{,}008$; $\frac{3^{-4}}{4^{-2}} = \frac{4^2}{3^4} = \frac{16}{81} = 0{,}1975$; $\frac{1}{\text{min}} = \text{min}^{-1}$

Sonderfälle bei Potenzen

Potenzen mit Basis 1 **Beispiel:** $1^2 = 1 \cdot 1 = 1$; $1^3 = 1 \cdot 1 \cdot 1 = 1$

Merke: Jede Potenz mit der Basis 1 hat immer den Potenzwert 1.

$$1^n = 1$$

Potenzen mit dem Exponent 0 **Beispiel:** $\frac{2^3}{2^3} = 2^{3-3} = 2^0 = 1$, da $\frac{2^3}{2^3} = \frac{8}{8} = 1$

Merke: Jede Potenz mit dem Exponent 0 hat den Wert 1.

$$a^0 = 1$$

Potenzen mit der Basis 10 (Zehnerpotenzen)

Sehr große und sehr kleine Zahlen können als Vielfaches der Potenzen der Basis 10 (Zehnerpotenzen) geschrieben werden.
Große positive Zahlen werden als Zehnerpotenzen mit positivem Exponenten ausgedrückt.

Beispiele: $100\,000\,000 = 10^8$; $7\,200\,000 = 7{,}2 \cdot 1\,000\,000 = 7{,}2 \cdot 10^6$

Sehr kleine Zahlen werden als Zehnerpotenzen mit negativem Exponenten geschrieben.

Beispiele: $0{,}0085 = 85 \cdot 10^{-4}$; $0{,}0002938 = 2938 \cdot 10^{-7} = 2{,}938 \cdot 10^{-4}$

Aufgaben

1. Schreiben Sie in Potenzform:
   a) $2l \cdot 4l \cdot 8l$ b) $2a \cdot 3b \cdot 2a \cdot 3b$
   c) 1,5 cm · 2,3 cm · 1,4 cm
2. Berechnen Sie den Potenzwert:
   a) $21^{2,5}$ b) $(-6{,}3)^3$
   c) $\left(\frac{1}{2}\right)^{-7}$ d) $2{,}4^{3,5}$
3. Schreiben Sie als Zehnerpotenz:
   a) 5 000 000 b) 0,0023
   c) 96 485 d) 0,000 082

Rechenregeln beim Potenzieren	Formeln	Beispiele
Addieren und Subtrahieren von Potenzen Potenzen können addiert oder subtrahiert werden, wenn sie sowohl dieselbe Basis als auch denselben Exponenten haben. Potenzausdrücke zuerst ordnen und dann die gleichnamigen Glieder zusammenfassen.	$x \cdot a^n + y \cdot a^n$ $= (x + y) \cdot a^n$	$9 \cdot 3^4 - 6 \cdot 3^4 + 2 \cdot 3^3$ $= (9 - 6) \cdot 3^4 + 2 \cdot 3^3$ $= 3 \cdot 3^4 + 2 \cdot 3^3$ $4{,}2\ \text{cm}^2 + 5{,}8\ \text{cm}^2$ $= (4{,}2 + 5{,}8) \cdot \text{cm}^2 = 10{,}0\ \text{cm}^2$
Multiplizieren von Potenzen **Potenzen mit gleicher Basis** werden multipliziert, indem die Basis beibehalten und mit der Summe der Exponenten potenziert wird. **Potenzen mit gleichen Exponenten** werden multipliziert, indem ihre Basen multipliziert und der Exponent beibehalten wird.	$a^n \cdot a^m = a^{n+m}$ $a^n \cdot b^n = (a \cdot b)^n$	$2^2 \cdot 2^3 = 2 \cdot 2 \cdot 2 \cdot 2 \cdot 2 = 2^5$ oder $2^2 \cdot 2^3 = 2^{(2+3)} = 2^5$ $10^{-3} \cdot 10^6 \cdot 10^{(-3+6)} = 10^3$ $\text{m}^3 \cdot \text{m}^{-2} = \text{m}^{(3-2)} = \text{m}^1 = \text{m}$ $5^3 \cdot 2^3 = (5 \cdot 2)^3 = 10^3 = 1000$ $4{,}0^3 \cdot \text{cm}^3 = (4{,}0 \cdot \text{cm})^3 = 64\ \text{cm}^3$
Dividieren von Potenzen **Potenzen mit gleicher Basis** werden dividiert, indem die Basis beibehalten und mit der Differenz der Exponenten potenziert wird. **Potenzen mit gleichen Exponenten** werden dividiert, indem ihre Basen dividiert und der Exponent beibehalten wird.	$\frac{a^n}{a^m} = a^{n-m}$ $\frac{a^n}{b^n} = \left(\frac{a}{b}\right)^n$	$\frac{2^6}{2^2} = 2^{6-2} = 2^4$ $\frac{m^5}{m^2} = m^{5-2} = m^3$ $\frac{12^3}{10^3} = \left(\frac{12}{10}\right)^3 = \left(\frac{6}{5}\right)^3 = 1{,}728$
Potenzieren von Potenzen Potenzen werden potenziert, indem man die Exponenten multipliziert.	$(a^m)^n = a^{m \cdot n}$	$(3^2)^3 = 3^{2 \cdot 3} = 3^6 = 729$ $(r^2)^x = r^{2 \cdot x} = r^{2x}$
Potenzieren von Summen aus Zahlen Eine Summe oder eine Differenz aus Zahlen wird zuerst ausgerechnet und dann potenziert.		$(2 + 5)^2 = 7^2 = 49$ $(9 - 3)^3 = 6^3 = 216$

Aufgaben zum Rechnen mit Potenzen

1. Addieren und Subtrahieren von Potenzen

a) $4r^3 + 12r^2 - 2r^3 + 3r^3 + 3r^2$ b) $12\,\text{m}^2 + 7\,\text{m}^3 - 7\,\text{m}^2 + 5\,\text{m}^3$ c) $6{,}2x^4 + 3{,}4y^2 + 7{,}5x^4 - 3{,}4y^2$

d) $2{,}8\pi r^2 h + \frac{5}{4}\pi r^3 - 1{,}75\pi r^3 + 2{,}2hr^2\pi$ e) $-14{,}3 \cdot 7^3 + 6{,}9 \cdot 11^4 + 1715 \cdot 7^{-3} + 1{,}1 \cdot 11^4 + 8{,}7 \cdot 7^3$

2. Muliplizieren von Potenzen

a) $10^7 \cdot 10^2 \cdot 10^{-5}$ b) $0{,}4a^4 \cdot 0{,}5a^5$ c) $2{,}5 \cdot 10^5 \cdot 2{,}5 \cdot 10^{-2}$ d) $(r^3 - 2{,}5r^2) \cdot 2r^2$

e) $d^{0{,}5x} \cdot d^{7x+3}$ f) $x^{a-n} \cdot x^{a+n}$ g) $(r + s)^2 \cdot (r + s)^3$ h) $(x + y)^a \cdot (x + y)^b$

3. Dividieren von Potenzen

a) $\frac{10^3}{10^2}$ b) $\frac{10^3 \cdot 10^2}{10 \cdot 10^3}$ c) $\frac{225^3}{15^3}$ d) $\frac{780\,x^5}{39\,y^5}$ e) $\frac{2\,r^3}{3\,a^2} \cdot \frac{12\,a^2}{16\,r^3}$ f) $\frac{n^3}{x^4} : \frac{n^3 \cdot x^4}{a}$

4. Potenzieren von Potenzen

a) $(5^3)^2$ b) $(10^3)^{-2}$ c) $(4^2 \cdot axy^2)^3$ d) $5 \cdot (u^2v^3)^5$ e) $(1^7)^2 \cdot (3^0)^3$ f) $(7^2)^3 \cdot \left(\frac{1}{7}\right)^3$

5. Potenzieren von Summen

a) $(3 + 7)^3$ b) $(22 - 17)^5$ c) $(23 - 14)^5$ d) $(5 + 9)^4$

1.7 Wurzeln

Definition des Wurzelbegriffs

Das Wurzelziehen, auch Radizieren genannt, ist die Umkehrung des Potenzierens.

Durch Wurzelziehen (engl. extraction) soll ermittelt werden, welche Zahl (x) z. B. ins Quadrat (Exponent 2) erhoben werden muss, um den Potenzwert (25) zu erhalten. Als Operatorzeichen für das Wurzelziehen verwendet man das Wurzelzeichen $\sqrt[2]{\ }$, kurz Wurzel genannt.

Beispiele: $\sqrt[2]{16} = ?;$ *Lösung*: $\sqrt[2]{16} = 4$, da $4^2 = 16$

$\sqrt[2]{9} = ?;$ *Lösung*: $\sqrt[2]{9} = 3$, da $3^2 = 9$

Ein Wurzelausdruck besteht aus dem Wurzelzeichen mit Wurzelexponent und der darunter stehenden Basis. Das Ergebnis ist der Wurzelwert.

Es gilt eine Einschränkung auf bestimmte Zahlen: Um Probleme beim Rechnen zu vermeiden, müssen die Basis a und der Wurzelwert c positive Zahlen und der Wurzelexponent n eine natürliche Zahl sein.

Verschiedene Wurzelexponenten

Da es bei Potenzen verschiedene Exponenten gibt (2, 3, 4, ...), gibt es auch Wurzeln mit verschiedenen Wurzelexponenten (2, 3, 4, ...).

Die einfachste Wurzel hat den Wurzelexponenten 2. Sie heißt Quadratwurzel oder einfach Wurzel. Beim Schreiben wird der Wurzelexponent 2 im Wurzelzeichen meist weggelassen: $\sqrt{\ }$.

Die Wurzel mit dem Wurzelexponenten 3 heißt Kubikwurzel oder 3. Wurzel.

Ab dem Wurzelexponent 4 wird der Wurzelname nur noch mit dem Wurzelexponent gebildet, also 4. Wurzel $\left(\sqrt[4]{\ }\right)$, 5. Wurzel $\left(\sqrt[5]{\ }\right)$ usw.

Außer bei 2 muss der Wurzelexponent immer geschrieben werden.

Wurzeln in Potenzschreibweise

Ein Wurzelausdruck kann auch in Potenzschreibweise geschrieben werden. Dem Wurzeloperator entspricht ein Potenzbruch.

Der Zähler des Potenzbruchs ist der Exponent der Basis und sein Nenner ist der Wurzelexponent.

Da das Wurzelzeichen die Umkehrung des Potenzierens ist, heben sich Wurzelziehen (Radizieren) und Potenzieren mit demselben Exponenten auf.

In umgekehrter Reihenfolge gilt das bei negativen Zahlen nicht immer.

Berechnen von Wurzelzahlen

Der Wurzelwert von Wurzelzahlen wird mit dem Taschenrechner berechnet.

Zur Berechnung von Quadratwurzeln haben die Taschenrechner eine Quadratwurzeltaste, z.B. [√] oder [√x].

Wurzeln mit höheren Wurzelexponenten werden mit den entsprechenden Rechnertasten berechnet, z.B. [ˣ√], [ˣ√y] oder [INV] [yˣ].

Beispiel: Potenzieren

$5^2 = 5 \cdot 5 = 25$

Beispiel: Wurzelziehen

$x^2 = 25;\ x = ?$

Schreibweise mit Wurzelzeichen:

$\sqrt[2]{25} = ?$

Lösung:

$\sqrt[2]{25} = 5$, da $5^2 = 25$

Wurzelexponent — Wurzelzeichen

$$\sqrt[n]{a} = c$$

Basis (Radikant) — Wurzelwert

$a, c \geq 0$

$n \rightarrow$ natürliche Zahl

Beispiel: Quadratwurzel

$\sqrt[2]{36} = \sqrt{36} = 6$

(sprich: Wurzel aus 36 ist 6)

Beispiel: Kubikwurzel

$\sqrt[3]{64} = 4$ (da $4^3 = 64$)

(sprich: Kubikwurzel oder 3. Wurzel aus 64 ist 4)

Beispiel: 4. Wurzel

$\sqrt[4]{16} = 2$ (da $2^4 = 16$)

Wurzel als Potenzausdruck

$$\sqrt[n]{a} = \sqrt[n]{a^1} = a^{\frac{1}{n}}$$

Beispiel: $\sqrt[3]{27} = \sqrt[3]{3^3} = 3^{\frac{3}{3}} = 3^1 = 3$

Aufheben des Wurzelziehens

$$\left(\sqrt[n]{a}\right)^n = a$$

Beispiel: $\left(\sqrt[3]{64}\right)^3 = 64$

Beispiel: Es ist zu berechnen: $\sqrt[4]{39{,}0625}$

a)				
Eingabe	4	[ˣ√]	39,0625	[=]
Anzeige	4	$\sqrt[4]{\ }$	$\sqrt[4]{39.0625}$	2.5000

Rechenregeln beim Wurzelziehen	Formeln	Beispiele
Addieren und Subtrahieren von Wurzeln Es können nur Wurzeln mit gleichen Wurzelexponenten und gleicher Basis (so genannte gleichnamige Wurzeln) addiert oder subtrahiert werden. Man klammert die gleichnamige Wurzel aus und addiert bzw. subtrahiert die Beizahlen (Koeffizienten)·	$x \cdot \sqrt[n]{a} + y \cdot \sqrt[n]{a}$ $= (x + y) \cdot \sqrt[n]{a}$	$5 \cdot \sqrt[3]{125} + 12 \cdot \sqrt[3]{125} - 14 \cdot \sqrt[3]{125}$ $= (5 + 12 - 14) \cdot \sqrt[3]{125}$ $= 3 \cdot \sqrt[3]{125} = 3 \cdot 5 = 15$
Radizieren von Produkten Ein Produkt wird radiziert, indem • entweder der Produktwert radiziert wird oder • jeder einzelne Faktor des Produkts radiziert wird.	$\sqrt[n]{a \cdot b \cdot c} = \sqrt[n]{a} \cdot \sqrt[n]{b} \cdot \sqrt[n]{c}$	$\sqrt{36 \cdot 81} = \sqrt{2916} = 54$ oder $\sqrt{36} \cdot \sqrt{81}$ $= 6 \cdot 9 = 54$
Radizieren von Quotienten (Brüchen) Ein Quotient wird radiziert, indem • entweder der Quotientenwert radiziert wird oder • Zähler und Nenner getrennt radiziert werden.	$\sqrt[n]{\frac{a}{b}} = \frac{\sqrt[n]{a}}{\sqrt[n]{b}}$	$\sqrt{\frac{64}{16}} = \sqrt{4} = 2$ oder $\sqrt{\frac{64}{16}} = \frac{\sqrt{64}}{\sqrt{16}} = \frac{8}{4} = 2$
Radizieren von Potenzen Eine Potenz wird radiziert, indem man • die Wurzel aus der Basis zieht und den Wurzelwert mit dem Exponenten der Basis potenziert, oder • die Wurzel in Potenzschreibweise umwandelt.	$\sqrt[n]{a^x} = (\sqrt[n]{a})^x$ $\sqrt[n]{a^x} = a^{\frac{x}{n}}$	$\sqrt{9^4} = (\sqrt{9})^4 = 3^4 = 81$ $\sqrt{9^4} = \sqrt[2]{9^4} = 9^{\frac{4}{2}} = 9^2 = 81$
Radizieren von Summen und Differenzen Eine Summe oder eine Differenz kann nur radiziert werden, wenn vorher der Summenwert zahlenmäßig ausgerechnet oder zu einem Produkt zusammengefasst wurde.	$\sqrt[n]{a + b} = \sqrt[n]{(a + b)}$	$\sqrt[3]{81 + 44} = \sqrt[3]{125} = 5$ $\sqrt{289 - 145} = \sqrt{144} = 12$ $\sqrt{39\,x^2 y^2 + 25\,x^2 y^2}$ $= \sqrt{64\,x^2 y^2} = 8\,xy$

Aufgaben zum Rechnen mit Wurzeln

1. Berechnen Sie den Wurzelwert:
   a) $\sqrt{45\,796}$ b) $\sqrt{0{,}0065324}$ c) $\sqrt{1432{,}6225}$ d) $\sqrt[3]{39{,}785}$ e) $\sqrt[4]{42{,}424}$ f) $\sqrt{\pi}$

2. Berechnen Sie, nachdem Sie möglichst weit zusammengefasst haben:
   a) $2{,}8 \cdot \sqrt{3} + 1{,}9 \cdot \sqrt{5} - 2{,}1 \cdot \sqrt{5} - 1{,}6 \cdot \sqrt{3}$ b) $\frac{1}{5} \cdot \sqrt[3]{216} + \frac{2}{3} \cdot \sqrt[3]{125} - \frac{1}{2} \cdot \sqrt[3]{64}$ c) $\sqrt{10} \cdot \sqrt{22{,}5}$
   d) $(7 + 4\sqrt{3}) \cdot (7 - \sqrt[4]{3})$ e) $\sqrt{\frac{1}{9}}$ f) $\frac{5}{\sqrt[3]{343}}$ g) $\frac{7\,x \cdot \sqrt[3]{108}}{\sqrt[3]{4}}$ h) $\sqrt[3]{27^4}$ i) $125^{\frac{2}{3}}$

3. Berechnen Sie:
   a) $\sqrt{1444 \cdot 729}$ b) $\sqrt[3]{125 \cdot 343 \cdot 27}$ c) $\sqrt{64^2}$ d) $3 \cdot \sqrt{\frac{1}{9}}$ e) $\frac{\sqrt[3]{2560}}{\sqrt[3]{5}}$ f) $\sqrt[4]{81^6}$ g) $\sqrt[3]{\left(\frac{3}{7}\right)^6}$
   h) $4{,}3 \cdot \sqrt[3]{343} - 3{,}8 \cdot \sqrt[3]{343}$ i) $1\frac{1}{3}\sqrt{3} + 2\frac{2}{3}\sqrt{3} - 3\sqrt{3}$ j) $\sqrt{\left(\frac{3{,}9\text{ m} - 2{,}7\text{ m}}{3}\right)^2 + (0{,}3\text{ m})^2}$

1.8 Rechnen mit Logarithmen

1.8.1 Definition des Logarithmus

Soll in einem Potenzausdruck $a^n = c$ der unbekannte Exponent n bestimmt werden, so ist das dazu erforderliche Rechenverfahren das **Logarithmieren** (engl. logarithm).

Der Logarithmus ist der Exponent n, mit dem die Basis a potenziert werden muss, um den Numerus c zu erhalten.

$$n = \log_a c$$

↓ Numerus (c)
Logarithmus ↑ (n) ↑ Basis (a)

Man schreibt: $n = \log_a c$. Man spricht: n ist gleich dem Logarithmus von c zur Basis a.

Es besteht folgender Zusammenhang zwischen der Potenzrechnung, der Wurzelrechnung und dem Logarithmieren:

Bei der **Potenzrechnung:**	berechnet wird der Potenzwert c:	$c = a^n$	z. B.	$100 = 10^2$
Bei der **Wurzelrechnung:**	berechnet wird die Basis a:	$a = \sqrt[n]{c}$	z. B.	$10 = \sqrt[2]{100}$
Beim **Logarithmieren:**	berechnet wird der Exponent n:	$n = \log_a c$	z. B.	$2 = \log_{10} 100$

Beispiele für Logarithmen:

$\log_2 8 = 3$	da $2^3 = 8$;	$\log_2 32 = 5$	da $2^5 = 32$
$\log_3 9 = 2$	da $3^2 = 9$;	$\log_3 27 = 3$	da $3^3 = 27$
$\log_5 25 = 2$	da $5^2 = 25$;	$\log_5 125 = 3$	da $5^3 = 125$
$\log_{10} 10 = 1$	da $10^1 = 10$;	$\log_{10} 100 = 2$	da $10^2 = 100$
$\log_{10} 1000 = 3$	da $10^3 = 1000$	$\log_{10} 10\,000 = 4$	da $10^4 = 10\,000$
$\log_{10} 0{,}1 = -1$	da $10^{-1} = \frac{1}{10^1} = 0{,}1$	$\log_{10} 0{,}01 = -2$	da $10^{-2} = \frac{1}{10^{-2}} = 0{,}01$

Alle Logarithmen einer Basis bilden ein Logarithmensystem. Als Basis kann außer 0 und 1 jede positive Zahl verwendet werden.

Logarithmensysteme

In den Naturwissenschaften und der Technik sind zwei Logarithmensysteme in Gebrauch.

Das Logarithmensystem mit der Basis 10 ist rechnerisch am einfachsten zu handhaben und deshalb das in der Technik und den Naturwissenschaften übliche Logarithmensystem.

Logarithmen der Basis 10 werden **dekadische Logarithmen** oder **BRIGG'sche Logarithmen** genannt. Man schreibt sie entweder $\log_{10}$ oder vereinfacht nur **lg**.

Auf der Taschenrechnertastatur berechnet man dekadische Logarithmen mit der Taste: [log] oder [LOG].

In den Naturwissenschaften, wie z. B. der Chemie oder Physik, wird außerdem ein Logarithmensystem mit der Basis e angewandt: $\log_e$. Es wird **natürlicher Logarithmus** genannt und abgekürzt **ln** geschrieben. (e ist eine Zahl, die zur Beschreibung natürlicher Wachstumsvorgänge benutzt wird. Sie beträgt e = 2,7182818...; mit unendlich vielen Stellen.)

Auf dem Taschenrechner berechnet man natürliche Logarithmen mit der Taste: [ln] oder [LN].

Die Logarithmen der beiden Systeme können mit einem Faktor ineinander umgerechnet werden (siehe rechts).

Beispiel: Es soll der natürliche Logarithmus (ln) der Zahl 126 mit einem Taschenrechner ermittelt werden, der nur eine [log]-Taste besitzt.

Lösung: Mit der [log]-Taste wird bestimmt: lg 126 = 2,1003705

Mit der Umrechnungsgleichung folgt:

ln 126 = 2,3025851 · lg 126 = 2,3025851 · 2,1003705 = **4,8362819**

Umrechnen der Logarithmen

$$\lg x = 0{,}4342945 \cdot \ln x$$
$$\ln x = 2{,}3025851 \cdot \lg x$$

1.8.2 Berechnen dekadischer Logarithmen

Die dekadischen Logarithmen der dekadischen Zahlen (1, 10, 100, 1000, ...) lassen sich leicht bestimmen, da diese Zahlen in ganzzahligen Zehnerpotenzen ausgedrückt werden können.

z. B. $\lg 10 = 1$, da $10^1 = 10$

$\lg 100 = 2$, da $10^2 = 100$

$\lg 1 = 0$, da $10^0 = 1$

$\lg 0{,}1 = -1$, da $10^{-1} = \frac{1}{10} = 0{,}1$

$\lg 0{,}01 = -2$, da $10^{-2} = \frac{1}{100} = 0{,}01$

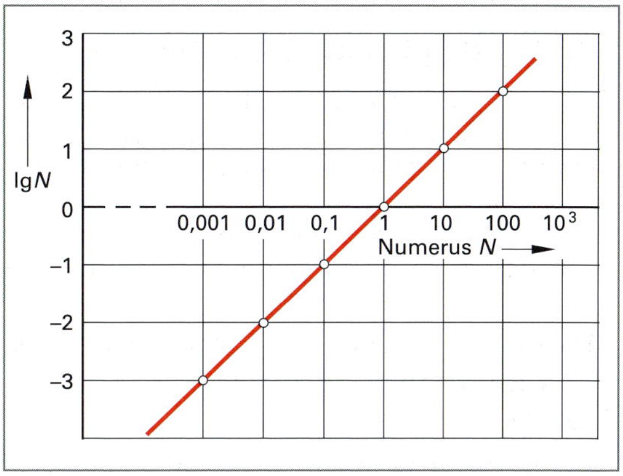

Bild 1: Numerus und dekadischer Logarithmus

Trägt man die Zehnerpotenzen in einem Diagramm in gleichen Abständen auf der x-Achse auf, so liegen deren Logarithmen auf einer Geraden **(Bild 1)**. Strebt der Numerus → 0, so strebt der Logarithmus → – ∞. Der Logarithmus negativer Numeri ist nicht definiert.

In der Praxis werden die **dekadischen Logarithmen** mit dem Taschenrechner berechnet. Er besitzt dazu eine Logarithmentaste [log] oder [LOG].

Beispiel: **lg 250** ?

Eingabe	[LOG]	250	[ )]	[=]
Anzeige	LOG(	LOG(250	LOG(250)	2.397940009

⇒ **log 250 = 2.397 940 009**

Aufgabe 1: Bestimmen Sie den dekadischen Logarithmus folgender Zahlen

a) 2320 b) 0,873 c) 11,3 d) 0,990 e) 0,01 f) 0,5352 g) 120 000

Aus einem Logarithmuswert kann auch der Numerus zurückberechnet werden. Dazu benutzt man die Taschenrechner-Tasten [2nd] [LOG].

Beispiel: $\lg x = 2{,}5$ $x = ?$

Eingabe	[2nd] [10^x]	2,5	[ )]	[=]
Anzeige	10^(	10^(2.5	10^(2.5)	316.2277766

⇒ $\boldsymbol{x = 316{,}2277766}$

Aufgabe 2: Bestimmen Sie den Numerus der dekadischen Logarithmenwerte a) 0,752 b) 10,25

1.8.3 Berechnen natürlicher Logarithmen

Die Berechnung von Zahlenwerten des natürlichen Logarithmus erfolgt auf dem Taschenrechner mit der Taste [ln] bzw. [LN].

Beispiele:

$\ln 1 = 0$; $\ln 2 = 0{,}693$

$\ln 5 = 1{,}609$; $\ln 10 = 2{,}303$

$\ln 0{,}5 = -0{,}693$; $\ln 0{,}1 = -2{,}303$

Sonderfälle: $\ln e = 1$; $\ln 1 = 0$

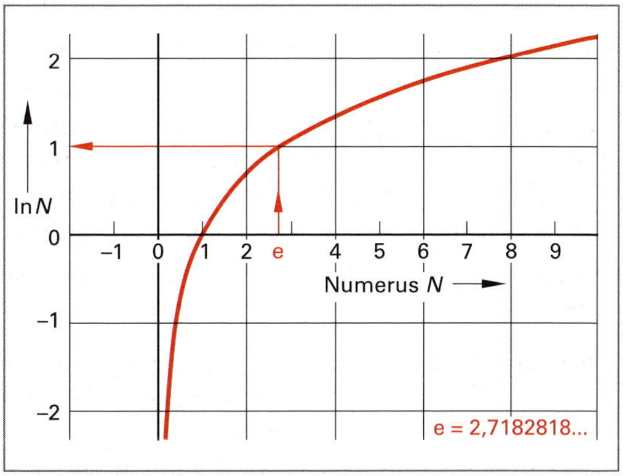

Bild 2: Natürlicher Logarithmus

Aus dem Kurververlauf **(Bild 2)** erkennt man, dass bei Annäherung des Numerus N an Null (0) der natürliche Logarithmus von N gegen – ∞ strebt. Der natürliche Logarithmus negativer Numeri ist nicht definiert.

Der Numerus eines natürlichen Logarithmuswerts wird mit den [2nd] [LN]-Tasten ermittelt.

Aufgabe: Bestimmen Sie den natürlichen Logarithmus der Zahlenwerte 20; 1000; 0,001; 580

1.8.4 Logarithmengesetze

Die Gesetze zum Rechnen mit Logarithmenausdrücken können aus den Potenzgesetzen (Seite 16) hergeleitet werden. Es gelten analoge Gesetze für die dekadischen und die natürlichen Logarithmen.

Rechenart	Regel	Beispiele
Logarithmieren von Produkten	$\lg (a \cdot b) = \lg a + \lg b$ $\ln (a \cdot b) = \ln a + \ln b$	$\lg (210 \cdot 38) = \lg 7980 = 3{,}9020029 \approx 3{,}9$ oder $\lg (210 \cdot 38) = \lg 210 + \lg 38 = 2{,}3222193 + 1{,}5797836 = 3{,}9020029 \approx 3{,}9$
Logarithmieren	$\lg \frac{a}{b} = \lg a - \lg b$ $\ln \frac{a}{b} = \ln a - \ln b$	$\lg \frac{851}{23} = \lg 37 = 1{,}5682017 \approx 1{,}6$ oder $\lg \frac{851}{23} = \lg 851 - \lg 23 = 2{,}9299296 - 1{,}3617278 = 1{,}5682018$
Potenzieren	$\lg a^n = n \cdot \lg a$ $\ln a^n = n \cdot \ln a$	$\lg 12^{3{,}5} = \lg 5985{,}9676 = 3{,}7771344 \approx 3{,}8$ oder $\lg 12^{3{,}5} = 3{,}5 \cdot \lg 12 = 3{,}5 \cdot 1{,}0791812 = 3{,}7771344 \approx 3{,}8$
Radizieren	$\lg \sqrt[n]{a} = \frac{1}{n} \cdot \lg a$ $\ln \sqrt[n]{a} = \frac{1}{n} \cdot \ln a$	$\lg \sqrt[3]{778{,}688} = \lg 9{,}2 = 0{,}963788$ oder $\lg \sqrt[3]{778{,}688} = \frac{1}{3} \cdot \lg 778{,}688 = \frac{1}{3} \cdot 2{,}8913635 = 0{,}963788$

Aufgaben

1. Bestätigen Sie die Logarithmengesetze, indem Sie folgende Ausdrücke nach den beiden Schreibweisen des entsprechenden Logarithmusgesetzes berechnen.

   a) $\lg (147 \cdot 717 \cdot 873)$ b) $\lg \frac{4{,}38 \cdot 2{,}19}{871 \cdot 2{,}52}$ c) $\lg (0{,}97^7 \cdot 2{,}82^{3{,}5})$ d) $\ln \sqrt[5]{65{,}931}$

1.8.5 Logarithmieren bei der pH-Wert-Berechnung

Der pH-Wert ist definiert als der negative dekadische Logarithmus des Zahlenwertes der Hydroniumionen-Konzentration $c(H_3O^+)$ in mol/L (Seite 209): $\text{pH} = -\lg c(H_3O^+)$

pH-Wert-Berechnung aus der Hydroniumionen-Konzentration

Beispiele:

$c(H_3O^+) = 0{,}2$ mol/L $\rightarrow \lg c(H_3O^+) = \lg 0{,}2 = -0{,}69897$ $\rightarrow \text{pH} \approx 0{,}7$

$c(H_3O^+) = 7{,}3 \cdot 10^{-3}$ mol/L $\rightarrow \lg c(H_3O^+) = \lg (7{,}3 \cdot 10^{-3}) = -2{,}1367$ $\rightarrow \text{pH} \approx 2{,}1$

$c(H_3O^+) = 10^{-7}$ mol/L $\rightarrow \lg c(H_3O^+) = \lg 10^{-7} = -7$ $\rightarrow \text{pH} = 7$

$c(H_3O^+) = 5{,}2 \cdot 10^{-12}$ mol/L $\rightarrow \lg c(H_3O^+) = \lg (5{,}2 \cdot 10^{-12}) = \lg 5{,}2 + \lg 10^{-12} = 0{,}7160033 + (-12) = -11{,}283997$ $\rightarrow \text{pH} \approx 11{,}3$

Die Logarithmenwerte bestimmt man mit der [LOG]-Taste auf dem Taschenrechner.

Berechnung der Hydroniumionen-Konzentration aus dem pH-Wert

Umgekehrt kann aus dem pH-Wert die Hydroniumionen-Konzentration $c(H_3O^+)$ in mol/L berechnet werden:

$-\text{pH} = \lg c(H_3O^+) \rightarrow$ $c(H_3O^+) = 10^{-\text{pH}}$

Beispiel: pH 5,6 $\rightarrow c(H_3O^+) = 10^{-5{,}6}$ mol/L

Lösung: Mit der Numerusberechnung (Seite 21, Mitte) folgt: $\mathbf{c(H_3O^+)} = 0{,}0000025$ mol/L $=$ **$2{,}5 \cdot 10^{-6}$ mol/L**

Aufgaben

1. Berechnen Sie aus der Hydroniumionen-Konzentration $c(H_3O^+)$ den pH-Wert bzw. aus dem pH-Wert die Hydroniumionen-Konzentration $c(H_3O^+)$.

   a) $c(H_3O^+) = 0{,}040$ mol/L b) $c(H_3O^+) = 8{,}5 \cdot 10^{-12}$ mol/L c) $c(H_3O^+) = 6{,}83 \cdot 10^{-5}$ mol/L

   d) pH = 2,67 e) pH = 7,51 f) pH = 3,7 g) pH = 10,2 h) pH = 0,94

1.9 Lösen von Gleichungen

Bestimmungsgleichungen

Bestimmungsgleichungen (engl. conditional equations) sind Gleichungen mit einer gesuchten Größe. Die gesuchte Größe wird mit einem kleinen Buchstaben vom Ende des Alphabets bezeichnet: *x*, *y* oder *z*.

Beispiele für Bestimmungsgleichungen: $x + 3 = 5$ oder $2y - 8 = -4$ oder $5z^2 = 10$

Zur Bestimmung der gesuchten Größe wird die Bestimmungsgleichung so umgestellt, dass die gesuchte Größe mit positivem Vorzeichen allein auf der linken Seite der Gleichung steht.

Je nach Gleichungsart werden verschiedene Umformregeln und Lösungswege eingesetzt.

1.9.1 Lineare Bestimmungsgleichungen

Lineare Gleichungen mit Summanden

Beispiele:

$x + 3 = 5$
$x = 5 - 3$
$\mathbf{x = 2}$

$-x - 5 = 2$
$-x = 2 + 5$
$-x = 7 \;/\cdot(-1)$
$\mathbf{x = -7}$

Lineare Gleichungen mit Faktoren und Divisoren

Beispiele:

$5z = 10$
$z = \frac{10}{5}$
$\mathbf{z = 2}$

$\frac{x}{3} = 12$
$x = 12 \cdot 3$
$\mathbf{x = 36}$

Gemischte lineare Gleichungen

Beispiele:

$2y - 8 = -4$
$2y = -4 + 8$
$2y = +4$
$y = \frac{4}{2}$
$\mathbf{y = 2}$

$-\frac{x}{2} - 7 = 5$
$-\frac{x}{2} = 5 + 7$
$-\frac{x}{2} = 12$
$-x = 12 \cdot 2$
$-x = 24 /\cdot(-1)$
$\mathbf{x = -24}$

Umformregeln

Wird ein Summand oder ein Subtrahend auf die andere Seite der Gleichung gebracht, so wird sein Vorzeichen umgekehrt.

Aus einem +Zeichen wird ein −Zeichen, aus einem − Zeichen wird ein +Zeichen.

Wird ein Faktor auf die andere Seite der Gleichung gebracht, so wird er dort in den Nenner gestellt. Er wird zum Divisor.

Wird ein Divisor auf die andere Seite der Gleichung gestellt, so wird er dort in den Zähler gestellt. Er wird zum Faktor.

Bei einer Bestimmungsgleichung mit Summanden bzw. Subtrahenden sowie Faktoren bzw. Divisoren wird zuerst der Summand oder Subtrahend auf die andere Seite der Gleichung gestellt.

Dann wird der Faktor bzw. der Divisor auf die andere Gleichungsseite gebracht.

Bringt man eine Größe einer Bestimmungsgleichung von der einen Seite auf die andere Seite der Gleichung, so erhält sie dort den umgekehrten Rechenbefehl.

Beispiele:

a) $x - \frac{42}{5} = 20$
$5x - 42 = 20 \cdot 5$
$5x = 100 + 42$
$\mathbf{x = \frac{142}{5} = 28\frac{2}{5}}$

b) $\frac{5}{2x} + 3 = \frac{4}{x} \Rightarrow \frac{5}{2x} - \frac{4}{x} = -3 \Rightarrow \frac{5-8}{2x} = -3$
$\Rightarrow \frac{-3}{2x} = -3 \Rightarrow -3 = -3 \cdot 2x \Rightarrow -3 = -6x$
$\Rightarrow \mathbf{x = \frac{-3}{-6} = \frac{1}{2} = 0{,}5}$

Aufgaben: Lösen Sie die folgenden Bestimmungsgleichungen nach der Variablen auf:

1. $8{,}5x + 4{,}75 = 9$
2. $\frac{3x}{7} = 12$
3. $\frac{7}{x} = \frac{112}{8}$
4. $\frac{23 - x}{12} = 2$
5. $\frac{x-2}{3} = \frac{x}{5}$
6. $\frac{15x}{6} + 2{,}2 = -7{,}8$
7. $1{,}75x = \frac{5}{9}$
8. $21x + 184 = 57x - 32$
9. $7x - [8x + (5x - 30)] = 12$

1.9.2 Quadratische Bestimmungsgleichungen

Quadratische Gleichungen enthalten die gesuchte Größe in der 2. Potenz (x^2), entweder allein oder zusammen mit x-Gliedern und Zahlen.

a) Kommt die gesuchte Größe x nur im Quadrat vor, so ist es eine **reinquadratische** Gleichung.

Beispiel:

$$2x^2 = 18$$
$$x^2 = \frac{18}{2}$$
$$x^2 = 9 \quad / \sqrt{\ }$$
$$\mathbf{x_1} = \sqrt{9} = \mathbf{+3}$$
$$\mathbf{x_2} = -\sqrt{9} = \mathbf{-3}$$

Probe:

$$x_1 = +3$$
$$2 \cdot (+3)^2 = 18$$
$$2 \cdot 9 = 18$$
$$x_2 = -3$$
$$2 \cdot (-3)^2 = 18$$
$$2 \cdot 9 = 18$$

Lösungsweg

Bei rein quadratischen Gleichungen isoliert man zuerst das x^2-Glied.

Anschließend radiziert man beide Seiten d.h. zieht aus beiden Seiten die Wurzel.

Eine rein quadratische Gleichung hat zwei Lösungen mit dem gleichen Zahlenwert aber entgegengesetztem Vorzeichen.

b) Leicht zu lösen sind auch **quadratische Gleichungen ohne Zahlenglied.**

Beispiel:

$$2x^2 - 6x = 0$$
$$x \cdot (2x - 6) = 0$$
$$\mathbf{x_1} = \mathbf{0}$$
$$2x - 6 = 0 \quad / +6; :2$$
$$\mathbf{x_2} = \frac{6}{2} = \mathbf{3}$$

Probe:

$$x_1 = 0$$
$$\Rightarrow 2 \cdot 0^2 - 6 \cdot 0 = 0$$
$$0 - \quad 0 = 0$$
$$x_2 = 3$$
$$\Rightarrow 2 \cdot 3^2 - 6 \cdot 3 = 0$$
$$18 - 18 = 0$$

Lösungsweg

Zuerst wird die Unbekannte x ausgeklammert.

Jeder Faktor des entstandenen Produkts ist null, da das Produkt null ist.

Eine Lösung (x_1) ist deshalb null.

Die andere Lösung (x_2) wird aus dem Klammerausdruck ausgerechnet.

c) **Gemischt quadratische Gleichungen** enthalten ein x^2- und ein x-Glied sowie ein Zahlenglied.

Beispiel:

$$16x + 2x^2 = 18$$
$$2x^2 + 16x - 18 = 0 \quad / :2$$
$$\frac{2}{2}x^2 + \frac{16}{2}x - \frac{18}{2} = 0$$
$$x^2 + 8x - 9 = 0$$
$$x_{1/2} = -\frac{8}{2} \pm \sqrt{\left(\frac{8}{2}\right)^2 - (-9)}$$
$$x_{1/2} = -4 \pm \sqrt{4^2 + 9} = -4 \pm \sqrt{25}$$
$$x_{1/2} = -4 \pm 5$$
$$\mathbf{x_1} = -4 + 5 = \mathbf{1}$$
$$\mathbf{x_2} = -4 - 5 = \mathbf{-9}$$

Probe:

$x_1 = 1$:
$$1 + 8 \cdot 1 - 9 = 0$$
$x_2 = -9$:
$$(-9)^2 + 8(-9) - 9 = 0 \Rightarrow 81 - 72 - 9 = 0$$

Lösungsweg

Zuerst wird die Gleichung in der Reihenfolge der x^2-Glieder, x-Glieder und Zahlenglieder geordnet. Rechts vom Gleichheitszeichen steht die Null.
Dann wird dividiert oder multipliziert mit dem Faktor beim x^2-Glied.
Man erhält die **Normalform der quadratischen Gleichung:**

$$x^2 + px + q = 0$$

Die Lösungsformel für die Normalform der quadratischen Gleichung lautet:

$$x_{1/2} = -\frac{p}{2} \pm \sqrt{\left(\frac{p}{2}\right)^2 - q}$$

Für die Lösung x_1 gilt das +Zeichen, für die Lösung x_2 das −Zeichen.
Die beiden Lösungen sind durch eine Probe zu bestätigen.

Aufgaben

1. $4x^2 - 69 = 31$
2. $2x^2 - 16x = 0$
3. $x^2 - 8x - 20 = 0$
4. $4x^2 - 10 = 6x$
5. $3x^2 - 15x = -18$
6. $-40x - 100 = -5x^2$
7. $0{,}3 = -x - 0{,}6x^2$
8. $-3x^2 = 39x + 18{,}75$
9. $x^2 - 4x + 2{,}25 = x$
10. $(3{,}0 - x) \cdot (1{,}0 - x) = x - 1$
11. $2 \cdot (2 - x) \cdot (1 - x) = x^2$
12. $10^{-5} \cdot (12{,}0 - x)^2 = x$

1.9.3 Wurzelgleichungen

Gleichungen, bei denen die gesuchte Größe x unter der Wurzel steht, nennt man Wurzelgleichungen. Sie werden durch geeignetes Quadrieren gelöst.

Beispiele:

a) $\sqrt{x} = 3 \quad /^2$

$(\sqrt{x})^2 = 3^2$

$\mathbf{x = 9}$

Probe:

$\sqrt{9} = 3$

$3 = 3$

b) $\sqrt{3x} + 2 = 5$

$\sqrt{3x} = 5 - 2$

$\sqrt{3x} = 3 \quad /^2$

$3x = 3^2$

$\mathbf{x} = \frac{9}{3} = \mathbf{3}$

Probe:

$\sqrt{3 \cdot 3} + 2 = 5$

$\sqrt{9} + 2 = 5$

$3 + 2 = 5$

c) $3 + \sqrt{2x - 3} = x$

$\sqrt{2x-3} = x - 3 \quad /^2$

$2x - 3 = (x-3)^2 = (x-3) \cdot (x-3) = x^2 - 3x - 3x + 9$

$2x - 3 = x^2 - 6x + 9$

$x^2 - 8x + 12 = 0$

$x_{1/2} = -\left(-\frac{8}{2}\right) \pm \sqrt{\left(-\frac{8}{2}\right)^2 - 12} = 4 \pm \sqrt{16 - 12}$

$x_{1/2} = 4 \pm 2$

$\mathbf{x_1} = 4 + 2 = \mathbf{6}$

$\mathbf{x_2} = 4 - 2 = \mathbf{2}$

Probe: $x_1 = 6$

$3 + \sqrt{2 \cdot 6 - 3} = 6$

$3 + \sqrt{12 - 3} = 6$

$3 + \sqrt{9} = 6$ (Probe stimmt ⇒ Lösung

$x_2 = 2$

$3 + \sqrt{2 \cdot 2 - 3} = 2$

$3 + \sqrt{4 - 3} = 2$

$3 + 1 \neq 2$ (Probe stimmt nicht ⇒ keine Lösung)

Lösungsweg

Eine unter der Wurzel stehende gesuchte Größe x wird freigestellt, indem die Gleichung quadriert wird.

Steht in einer Wurzelgleichung die Wurzel zusammen mit anderen Gliedern auf einer Seite, so muss die Gleichung so umgeformt werden, dass der Wurzelausdruck isoliert auf einer Seite steht. Dann wird quadriert und nach x umgestellt.

Lösungen von Wurzelgleichungen müssen durch eine Probe bestätigt werden.

Aufgaben

1. $\sqrt{2x} + 5 = 7$
2. $\sqrt{4x + 12} = 4$
3. $5 + \sqrt{5x - 1} = x$
4. $\sqrt{10 - x} = \sqrt{6 + x}$
5. $\sqrt{3x - 2} = \sqrt{8x}$

1.9.4 Exponentialgleichungen

Exponentialgleichungen enthalten die gesuchte Größe x im Exponenten (in der Hochzahl).

Beispiele:

a) $5^{3x} = 189 \quad / \lg$

$\lg(5^{3x}) = \lg 189$

$3x \cdot \lg 5 = \lg 189$

$3x = \frac{\lg 189}{\lg 5} \approx \frac{2{,}276}{0{,}699} \approx 3{,}257$

$\mathbf{x} \approx \frac{3{,}257}{3} \approx \mathbf{1{,}086}$

b) $26 = 9 \cdot e^{5x} \quad / \ln$

$\ln 26 = \ln(9 \cdot e^{5x}) = \ln 9 + \ln(e^{5x})$

$\ln 26 = \ln 9 + 5x \cdot \ln e = \ln 9 + 5x$

$5x = \frac{\ln 26}{\ln 9} \Rightarrow x = \frac{1}{5} \cdot \frac{\ln 26}{\ln 9}$

$\mathbf{x} \approx \frac{1 \cdot 3{,}258}{5 \cdot 2{,}197} \approx \mathbf{0{,}297}$

Lösungsweg

Die gesuchte Größe x wird durch Logarithmieren aus dem Exponenten gebracht.

Dazu werden die Logarithmengesetze angewandt.

Anschließend wird nach x umgestellt.

Bei Exponentialgleichungen mit der Basis e logarithmiert man mit dem natürlichen Logarithmus ln.

Zum Umstellen nach x wendet man die Logarithmengesetze an. Da ln e = 1 ist, vereinfacht sich die Auflösung.

Anschließend wird nach x umgestellt.

Aufgaben: Lösen Sie nach x auf

1. $\frac{4}{3} = 10^{2x-3}$
2. $k = A \cdot e^{\frac{E_a}{R \cdot x}}$
3. $3 \cdot e^{-0{,}25x} = 17$
4. $e^{x-3} = 4^{3x}$
5. $c = c_0 \cdot e^{-k_1 \cdot x}$

1.9.5 Umstellen von Größengleichungen

In der Chemie, der Physik und der Technik werden gesetzmäßige Zusammenhänge zwischen Größen mit **Größengleichungen** (engl. equations between quantities), einfach auch **Gleichungen** oder **Formeln** genannt, beschrieben.

Beispiel: Die Fläche eines Rechtecks A wird mit der Größengleichung $A = a \cdot b$ beschrieben.

Eine Größengleichung enthält mehrere Variablen. Sie kann nach jeder Variablen aufgelöst werden. Dazu wird die Größengleichung so umgeformt, dass die gesuchte Variable auf der linken Seite der Gleichung alleine und mit positivem Vorzeichen steht. Für die Umformung von Größengleichungen gelten die gleichen Regeln wie bei den Bestimmungsgleichungen (Seite 23 bis 25).

Ist z. B. bei der Größengleichung für die Rechteckfläche $A = a \cdot b$ die Kantenlänge a gesucht, so formt man die Gleichung nach a um: $A = a \cdot b \quad \Rightarrow \quad a = \frac{A}{b}$

In die umgestellte Größengleichung werden die Größen mit Zahlenwert und Einheit eingesetzt und ausgerechnet, z. B. mit $A = 31{,}28\ \text{cm}^2$ und $b = 6{,}8\ \text{cm}$ folgt $a = \frac{31{,}28\ \text{cm}^2}{6{,}8\ \text{cm}} = 4{,}6\ \text{cm}$.

Beispiele zum Umstellen von Größengleichungen

a) Kreisfläche

$$A = \frac{\pi \cdot d^2}{4}$$

gesucht ist d

$$d^2 = \frac{A \cdot 4}{\pi}$$

$$d = \sqrt{\frac{4 \cdot A}{\pi}} = 2\sqrt{\frac{A}{\pi}}$$

b) Wärmeenergie

$$Q = c \cdot m \cdot \Delta\vartheta$$

gesucht ist c

$$\frac{Q}{m \cdot \Delta\vartheta} = c$$

$$c = \frac{Q}{m \cdot \Delta\vartheta}$$

c) Allgemeine Gasgleichung

$$p \cdot V = \frac{m}{M} \cdot R \cdot T$$

gesucht ist M

$$p \cdot V \cdot M = m \cdot R \cdot T$$

$$M = \frac{m \cdot R \cdot T}{p \cdot V}$$

d) Mischungsgleichung (für Lösungen)

$$m_1 \cdot w_1 + m_2 \cdot w_2 = m_M \cdot w_M$$

gesucht ist m_2

$$m_2 \cdot w_2 = m_M \cdot w_M - m_1 \cdot w_1$$

$$m_2 = \frac{m_M \cdot w_M - m_1 \cdot w_1}{w_2}$$

e) Gesamtwiderstand zweier paralleler Widerstände

$$\frac{1}{R_{ges}} = \frac{1}{R_1} + \frac{1}{R_2}$$

gesucht ist R_1

$$\frac{1}{R_1} = \frac{1}{R_{ges}} - \frac{1}{R_2}$$

$$R_1 = \frac{1}{\frac{1}{R_{ges}} - \frac{1}{R_2}}$$

f) Molare Masse eines gelösten Stoffes in einer Lösung

$$M = \frac{m \cdot (1 - x)}{x \cdot n_{LM}}$$

gesucht ist x

$$M \cdot x \cdot n_{LM} = m - m \cdot x$$

$$x\,(M \cdot n_{LM} + m) = m$$

$$x = \frac{m}{M \cdot n_{LM} + m}$$

g) Zeitgesetz der Konzentration einer Reaktion 1. Ordnung

$$c = c_0 \cdot e^{-k \cdot t}$$

gesucht ist k

$$c = c_0 \cdot e^{-k \cdot t} \quad / \ln$$

$$\ln c = \ln (c_0 \cdot e^{-k \cdot t}) = \ln c_0 + \ln e^{-k \cdot t}$$

$$\ln c - \ln c_0 = -k \cdot t \cdot \ln e \quad \text{mit } \ln e = 1$$

$$\ln c - \ln c_0 = -k \cdot t$$

$$k = -\frac{\ln c - \ln c_0}{t} = -\frac{\ln \frac{c}{c_0}}{t}$$

h) Geradlinig beschleunigte Bewegung mit Anfangsgeschwindigkeit

$$s = v \cdot t + \frac{a}{2} \cdot t^2$$

gesucht ist t

$$\frac{a}{2} \cdot t^2 + v \cdot t - s = 0 \quad /: \frac{a}{2}$$

$$t^2 + \frac{2\,v}{a} \cdot t - \frac{2\,s}{a} = 0$$

$$t_{1/2} = -\frac{2\,v}{2\,a} \pm \sqrt{\left(\frac{2\,v}{2\,a}\right)^2 - \left(-2\,\frac{s}{a}\right)}$$

$$t_{1/2} = -\frac{v}{a} \pm \sqrt{\left(\frac{v}{a}\right)^2 + \frac{2\,s}{a}}$$

Aufgaben: Stellen Sie obige Gleichungen nach folgender Variablen um:

1. Beispiel b) nach $\Delta\vartheta$
2. Beispiel c) nach T
3. Beispiel d) nach w_M
4. Beispiel d) nach w_1
5. Beispiel e) nach R_2
6. Beispiel f) nach n_{LM}
7. Beispiel g) nach t
8. Beispiel h) nach a

1.10 Rechnen mit Winkeln und Winkelfunktionen

Winkelangaben

Ein Vollkreis umfasst 360° **(Bild 1)**. 90° ist ein Viertel eines Kreises, 180° ein halber Kreis. 1° ist der 360ste Teil eines Vollkreises.

Die Einheit des Winkels (engl. angle) ist das Grad, Einheitenzeichen grad oder °. Bruchteile von 1° sind die Winkelminute (′) und die Winkelsekunde (″)

1° = 60′
1′ = 60″

Beispiel einer Winkelangabe: α = 48° 36′ 25″

Häufig werden Winkel auch in Dezimalschreibweise angegeben, z. B. α = 48,6°.

Beide Winkelangaben können mit obigen Beziehungen ineinander umgerechnet werden.

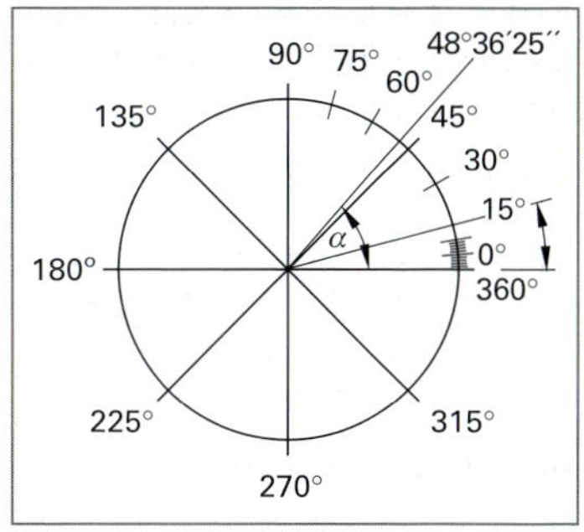

Bild 1: Winkel im Vollkreis

Beispiel 1: Wie lautet die Winkelangabe α = 48° 36′ in Dezimalschreibweise?

Lösung: $36' = 36 \frac{1°}{60} = 0{,}6°$; $\Rightarrow \alpha = 48° + 0{,}6° = \mathbf{48{,}6°}$

Beispiel 2: Wie lautet die Winkelangabe α = 32,3525° in Grad, Winkelminuten und Winkelsekunden?

Lösung: $0{,}3525° = 0{,}3525 \cdot 60' = 21{,}15'$; $0{,}15' = 0{,}15 \cdot 60'' = 9''$; $\Rightarrow \alpha = \mathbf{32°\ 21'\ 9''}$

Aufgaben

1. Berechnen Sie die Winkel in Dezimalschreibweise: a) 12° 16′ 2″ b) 27° 44′ 59″ c) 69° 48′
2. Drücken Sie die folgenden Winkelangaben in Grad, Minuten und Sekunden aus: a) 19,27°; b) 38,18° c) 72,75° 28,68°

Winkelfunktionen

Die Definition der Winkelfunktionen erfolgt am rechtwinkligen Dreieck **(Bild 2)**.

Als Winkelfunktionen bezeichnet man verschiedene Größenverhältnisse der Seiten des rechtwinkligen Dreiecks (siehe rechts).

Zu jedem Winkel α gehört ein Funktionswert der entsprechenden Winkelfunktion. Die Funktionswerte sind im Taschenrechner gespeichert und können mit den entsprechenden Funktionstasten abgerufen werden.

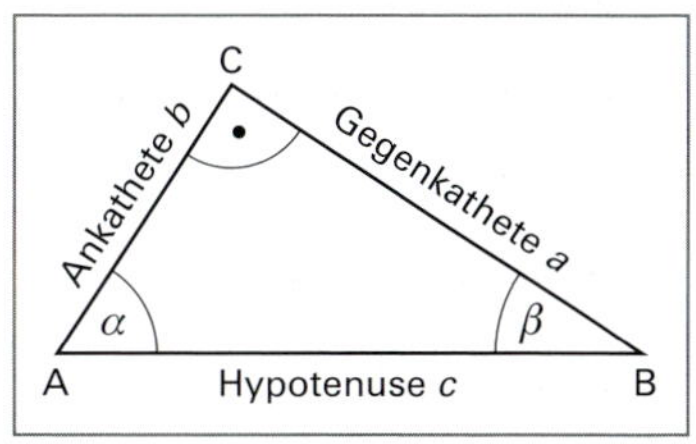

Bild 2: Rechtwinkliges Dreieck

Beispiel: sin 30,5° = ?

Eingabe	ON/C	30,5°	sin	*Lösung:*
Anzeige	0	30.5	0.5075384	**sin 30,5° = 0,5075384**

Aufgaben

1. Bestimmen Sie zu folgenden Winkeln die Winkelfunktionen sin, cos, tan sowie cot mit dem Taschenrechner und tragen sie in eine Tabelle ein.

α	0°	30°	45°	60°	90°	17° 33′
sin α						
cos α						
tan α						
cot α						

2. Bestimmen Sie die Winkel folgender Funktionswerte:
   a) $\sin \alpha = 0{,}2215485$; b) $\tan \beta = 0{,}7954359$;
   c) $\cos \gamma = 0{,}3789063$

Winkelfunktionen

$\sin \alpha = \frac{\text{Gegenkathete}}{\text{Hypothenuse}}$

$\cos \alpha = \frac{\text{Ankathete}}{\text{Hypothenuse}}$

$\tan \alpha = \frac{\text{Gegenkathete}}{\text{Ankathete}}$

$\cot \alpha = \frac{\text{Ankathete}}{\text{Gegenkathete}}$

mit $\tan \alpha = \frac{1}{\cot \alpha}$

1.11 Berechnungen mit dem Dreisatz

Zahlreiche Berechnungen aus der Labor- und Betriebspraxis können durch **Dreisatz-** bzw. **Schlussrechnung** einfach und anschaulich gelöst werden. Dies betrifft insbesondere die stöchiometrischen Berechnungen (Kapitel 4), das Rechnen mit Mischphasen (Kapitel 5) und analytische Berechnungen (Kapitel 8). Allerdings sollte auch bei diesen Berechnungen die Schlussrechnung das *Rechnen mit Größengleichungen* nicht prinzipiell ersetzen.

Der wichtigste Gesichtspunkt aller chemischen und physikalischen Berechnungen ist das Verständnis für die auftretenden Größen, die Abhängigkeiten zwischen den Größen sowie die Berücksichtigung der entsprechenden Einheiten.

Direkter Dreisatz

Der direkte Dreisatz (direct rule of three) bzw. die Schlussrechnung stellt die Beziehung zwischen zwei direkt proportionalen Größen her **(Bild 1)**. Das festgelegte Denkschema zur Berechnung wird an einem Beispiel beschrieben.

Beispiel 1: Durch Verbrennen von 32,0 g Schwefel S entstehen 22,4 L Schwefeldioxidgas SO_2. Wie viel Liter SO_2 entstehen bei der Verbrennung von 150 g Schwefel?

Lösung:

1. Satz: aus 32,0 g S entstehen 22,4 L SO_2

2. Satz: aus 1 g S entstehen $\frac{22,4}{32,0}$ L SO_2

3. Satz: aus 150 g S entstehen $\frac{22,4 \cdot 150}{32,0}$ L = **105 L SO_2**

Es entstehen 105 L SO_2 oder: $\boldsymbol{V(SO_2) = 105\ L}$

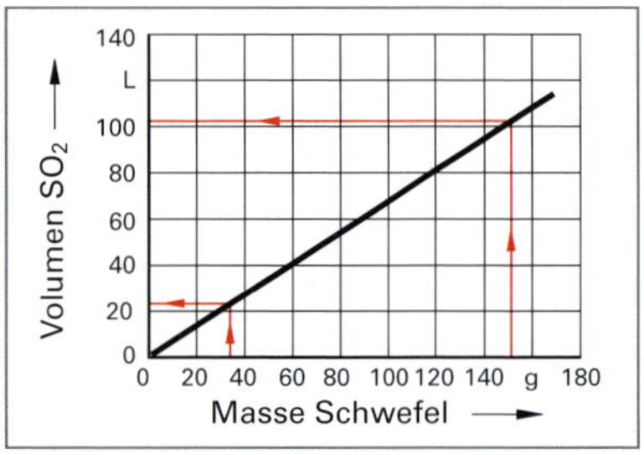

Bild 1: Abhängigkeit SO_2-Volumen zur verbrauchten Schwefelmasse

Im Schema des Dreisatzes wird im 2. Satz auf die *Einheit* geschlossen, im 3. Satz auf die gesuchte *Mehrheit* der Einheit. Dabei müssen die zusammengehörenden Größen jeweils auf der gleichen Seite des Satzes untereinander angeordnet werden, bei den Einheitenzeichen ist auf gleiche Dimension zu achten. Beim *direkten Dreisatz* **(Beispiel 1)** führt das Vergrößern ↑ (Verkleinern ↓) der Ausgangsgröße I (Schwefel S) zu einer Vergrößerung ↑ (Verkleinerung ↓) der Ausgangsgröße II (Schwefeldioxidgas SO_2).

Das Ergebnis eines Dreisatzes muss mit der entsprechenden Einheit versehen sein und es sollte die gesuchte Größe enthalten.

Im 3. Satz des Dreisatzes kann anstelle des Quotienten die gesuchte Größe als Variable (Platzhalter, z. B. *x*, *y* usw.) eingesetzt werden. Der Quotient wird anschließend ausgerechnet.

Beispiel 2: 100 g Wasser von 20 °C lösen 36 g Natriumchlorid NaCl. Wie viel Gramm NaCl können bei gleicher Temperatur in 150 g Wasser gelöst werden **(Bild 2)**?

Lösung:

1. Satz: 100 g Wasser lösen 36 g NaCl

2. Satz: 1 g Wasser löst $\frac{36}{100}$ g NaCl

3. Satz: 150 g Wasser lösen *x* g NaCl

$x = \frac{36 \cdot 150}{100}$ g = **54 g NaCl** oder: $\boldsymbol{m(NaCl) = 54\ g}$

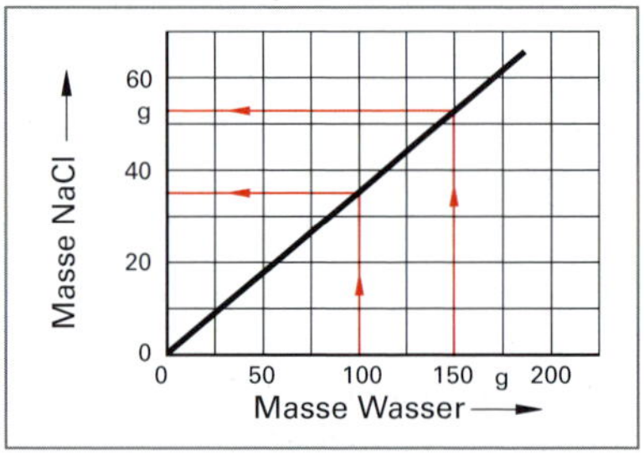

Bild 2: Gelöste NaCl-Masse pro Masse Wasser

Aufgaben zu 1.11 Berechnungen mit dem direkten Dreisatz

1. Beim Glühen von 100 g Calciumcarbonat $CaCO_3$ entstehen 44 g Kohlenstoffdioxid CO_2. Welche Masse an $CaCO_3$ muss geglüht werden, wenn 800 kg CO_2 hergestellt werden sollen?
2. 7,55 g Rohkohle werden nach der Trocknung mit 6,24 g ausgewogen. Wie viel Tonnen Feuchtigkeit enthält ein Kohletransport mit 785 t Rohkohle?
3. In 80 g Ammoniumnitrat NH_4NO_3 sind 28 g Stickstoff N chemisch gebunden. Berechnen Sie die Masse an Stickstoff in 2,5 t Ammoniumnitrat.

Indirekter Dreisatz

Beim indirekten Dreisatz (indirect rule of three) sind die beiden verbundenen Größen umgekehrt proportional **(Bild 1)**. Durch Vergrößern ↑ (Verkleinern ↓) der einen Größe verkleinert ↓ (vergrößert ↑) sich der Wert der zweiten Größe. Das Lösungsschema ist entspechend wie beim direkten Dreisatz.

Beispiel 1: Zwei parallel geschaltete Kreiselpumpem füllen einen Säuretank in 6 Minuten. Welche Füllzeit ist erforderlich, wenn die Befüllung mit drei parallel arbeitenden Pumpen gleicher Förderleistung erfolgt?

Lösung:

1. Satz:	2 Pumpen	benötigen	6 min
2. Satz:	1 Pumpe	benötigt	6 min · 2
3. Satz:	3 Pumpen	benötigen	*x* min

$$x = \frac{6 \cdot 2}{3}\,\text{min} = 4\,\text{min} \quad \text{oder:} \quad \boldsymbol{t\,(3\ \text{Pumpen}) = 4\ \text{min}}$$

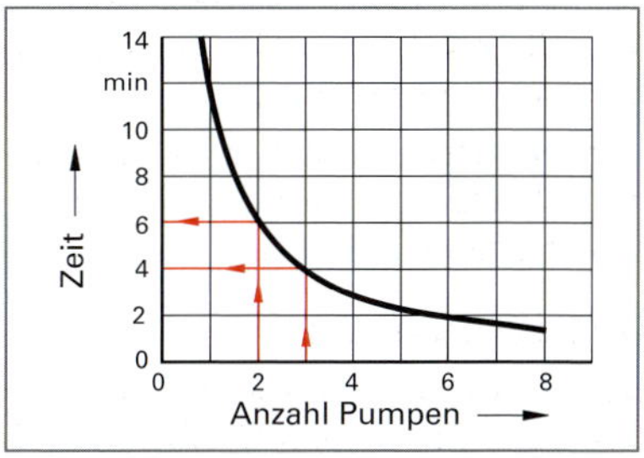

Bild 1: Abhängigkeit der Pumpzeit von der Anzahl eingesetzter Pumpen

Bei praktischen Berechnungen wird häufig auf den 2. Satz des Dreisatzes, den Schluss auf die *Einheit,* verzichtet. Man spricht vom *abgekürzten* Dreisatz oder auch von der **Schlussrechnung**.

Beispiel 2: Das Volumen einer Gasportion beträgt bei einem Druck von 2,5 bar 10 m³. Wie groß ist das Volumen bei 7,5 bar unter gleicher Temperatur?

Lösung: Überlegung: Mit steigendem Druck wird das Volumen kleiner, deshalb *indirekter* Dreisatz.

1. Satz: bei 2,5 bar ist das Volumen 10 m^3

2. Satz: bei 7,5 bar ist das Volumen *x* m^3

bei 1 bar ist das Volumen 2,5 · 10 m^3
(**nicht** formulierter Gedankengang)

$$x = \frac{2{,}5\,\text{bar} \cdot 10\,\text{m}^3}{7{,}5\,\text{bar}} = 3{,}3333\,\text{m}^3$$

Das Volumen beträgt 3,3 m³ oder: $\boldsymbol{V = 3{,}3\ \text{m}^3}$

Aufgaben zu 1.11 Berechnungen mit dem indirekten Dreisatz

1. Ein Rührkessel hat ein Füllvolumen von 32,0 m^3 Reaktionsgut. Die monatliche Produktion erfordert 70 Chargen (Ansätze). Wie viele Chargen sind monatlich nötig, wenn der 32-m^3-Kessel durch einen neuen Kessel mit 40,0 m^3 Füllvolumen ersetzt wird?
2. Mit einer in einem Mischbehälter enthaltenen Lacklösung konnten 30 Gebinde von 40 L Inhalt vollständig gefüllt werden. Wie viele 60-L-Gebinde werden für die gleiche Portion benötigt?
3. Zur Neutralisation von 500 kg Kalilauge wurden 110 kg Salzsäure mit dem HCl-Massenanteil 36 % benötigt. Welche Masse an Salzsäure ist erforderlich, wenn sie nur den Massenanteil 30 % hat?

1.12 Berechnungen mit Proportionen

Das Verhältnis zweier Zahlen (auch Quotient bezeichnet) wird durch einen Bruch oder durch ein Divisionszeichen angegeben,

$$\text{z.B.} \quad \frac{2}{5} \quad \text{oder} \quad 2:5 \quad \text{(gesprochen: 2 zu 5)}$$

Der Wert eines Verhältnisses ändert sich nicht, wenn seine Zähler und Nenner bzw. Dividend und Divisor mit derselben Zahl multipliziert oder durch dieselbe Zahl dividiert werden.

$$\text{z.B.} \quad \frac{2}{5} = \frac{2 \cdot 3}{5 \cdot 3} = \frac{6}{15} = \frac{2:10}{5:10} = \frac{0{,}2}{0{,}5} \quad \text{oder} \quad 2:5 = 6:15 = 0{,}2:0{,}5$$

Zwei Verhältnisse mit dem gleichen Wert können gleichgesetzt werden. Es wird eine **Verhältnisgleichung** (ratio equation) oder eine **Proportion** (proportion) erhalten.

Man liest: 2 zu 5 verhält sich wie 6 zu 15.

In der mit allgemeinen Größen formulierten Proportion $a : b = c : d$ werden a und d als *Außenglieder*, b und c als *Innenglieder* bezeichnet.

Nach der *Produktenregel* ist das Produkt der Innenglieder einer Proportion gleich dem Produkt der Außenglieder.

Für das Beispiel $2 : 5 = 6 : 15$ gilt daher: $2 \cdot 15 = 5 \cdot 6 = 30$

Außenglieder

$$\downarrow \quad \downarrow$$
$$\boldsymbol{a : b = c : d}$$
$$\uparrow \quad \uparrow$$

Innenglieder

Ist eine der Größen in einer Proportion unbekannt (= x), so kann die Proportion nach dieser unbekannten Größe umgestellt und diese berechnet werden.

Beispiel: $\frac{2}{5} = \frac{x}{15} \Rightarrow x = \frac{2 \cdot 15}{5} = 6$

Wie auch beim Dreisatz ist bei der Berechnung über Proportionen zu prüfen, ob die *vorhandene* und die *resultierende* Größe in *direkt proportionaler* oder *indirekt proportionaler* Abhängigkeit zueinander stehen.

Beispiel: Bei der Verbrennung von 12 g Kohlenstoff C entstehen 44 g Kohlenstoffdioxid CO_2. Welche Masse an CO_2 entsteht bei der Verbrennung von 78 g Kohlenstoff?

Lösung: Die Massen des vorhandenen Stoffes (C) und des entstehenden Stoffes (CO_2) verhalten sich direkt proportional (direkte Proportion), d.h. bei der Zunahme des Ausgangsstoffes C wird auch der Endstoff CO_2 im gleichen Verhältnis zunehmen.

Es müssen sich also 12 g C zu 78 g C verhalten wie 44 g CO_2 zum gesuchten Wert x g CO_2.

$$\frac{12\text{ g}}{78\text{ g}} = \frac{44\text{ g}}{x} \Rightarrow \boldsymbol{x} = \frac{44\text{ g} \cdot 78\text{ g}}{12\text{ g}} = \mathbf{286\ g} \qquad \boldsymbol{m}\,\mathbf{(CO_2) = 286\ g}$$

Aufgaben zu 1.12 Berechnungen mit Proportionen

1. In 286,1 g Soda $Na_2CO_3 \cdot 10\ H_2O$ sind 180 g H_2O als Kristallwasser gebunden. Welche Masse an Natriumcarbonat Na_2CO_3 bindet 500 kg Kristallwasser.
2. In 20 g Rohbauxit wurden bei einer Bestimmung des Glühverlustes 480 mg Feuchtigkeit ermittelt. Berechnen Sie die Masse an Feuchtigkeit in 75 t Rohbauxit.
3. Ein Tank wird über eine Zuleitung mit dem Rohrquerschnitt 75 cm^2 in 40 min befüllt.
   a) Welche Füllzeit ist mit einer Zuleitung von 90 cm^2 zu erwarten?
   b) Bei welchem Rohrquerschnitt wird eine Füllzeit von 50 min erzielt?

1.13 Rechnen mit Anteilen

Anteile (fractions) können auf Massen, Volumina, Stoffmengen oder Teilchenzahlen von Stoffportionen angewendet werden.

Anteile sind Quotienten aus jeweils zwei gleichen physikalischen Größen.

Beispiel: Welchen Massenanteil w(NaCl) hat eine Lösung, die 18 g NaCl in 100 g Lösung enthält?

Lösung: $\boldsymbol{w}\mathbf{(NaCl)} = \frac{18\text{ g}}{100\text{ g}} = \mathbf{0{,}18}$

Die Zahlenwerte der Anteile liegen zwischen 0 und 1. Die Summe aller Anteile einer Stoffportion ergibt 1.

Bei sehr kleinen Anteilwerten können die Zahlenwerte auch mit 10er-Potenz-Faktoren multipliziert oder mit einem Kurzzeichen versehen werden. Einige wichtige Kurzzeichen sind in der folgenden Übersicht aufgeführt, eine vollständige Übersicht zeigt Tabelle 156/1.

Anteilsangabe	bedeutet	Kurzzeichen	Faktor
Prozent	Hundertstel	%	10^{-2}
Promille	Tausendstel	‰	10^{-3}
Parts per million	Millionstel	ppm	10^{-6}
Parts per billion[1]	Milliardstel	ppb	10^{-9}

Die Berechnung von Anteilen kann durch Schlussrechnung, Aufstellen einer Proportion oder durch Größengleichungen erfolgen. Dies wird an folgenden Beispielen gezeigt.

[1] ppb für parts per billion, billion für englisch *Milliarde*

Beispiel 1: In einer Kaliumhydroxid-Probe wird ein Feuchtigkeits-Massenanteil von $w = 0{,}025$ analysiert. Wie groß ist der Feuchtigkeits-Massenanteil in Prozent? Was bedeutet diese Angabe?

Lösung: w **(Feuchte)** $= 0{,}025 = 0{,}025 \cdot 10^2 = \mathbf{2{,}5\,\%}$. Das bedeutet: 100 g Probe enthalten 2,5 g Feuchtigkeit.

Beispiel 2: In einer Erdgasprobe wird ein Methan-Volumenanteil von 92 % bestimmt. Welches Volumen an Methan CH_4 ist in 5,0 m³ Erdgas enthalten?

Lösung: *Lösung mit Schlussrechnung:*

In 100 L Erdgas sind 92 L Methan enthalten
In 5,0 m³ Erdgas sind x m³ Methan enthalten

$$x = V(\text{Methan}) = \frac{92\ \text{L} \cdot 5{,}0\ \text{m}^3}{100\ \text{L}} = \mathbf{4{,}6\ m^3}$$

Lösung mit Proportionen:

$$\frac{92\ \text{L}}{100\ \text{L}} = \frac{x}{5{,}0\ \text{m}^3} \Rightarrow x = \frac{92\ \text{L} \cdot 5{,}0\ \text{m}^3}{100\ \text{L}} = 4{,}6\ \text{m}^3 \qquad V(\text{Methan}) = \mathbf{4{,}6\ m^3}$$

Lösung mit Größengleichung (aus Tabelle 164/1):

$$\varphi(\text{Methan}) = \frac{V(\text{Methan})}{V(\text{Erdgas})} \Rightarrow V(\text{Methan}) = \varphi(\text{Methan}) \cdot V(\text{Erdgas}) = 0{,}92 \cdot 5{,}0\ \text{m}^3 = \mathbf{4{,}6\ m^3}$$

Aufgaben zu 1.13 Rechnen mit Anteilen

1. Wandeln Sie die Dezimalangaben um:
   a) 0,234 in Prozent b) 0,029 in Promille c) 0,0000170 in ppm d) 0,001350 in Prozent
2. Rechnen Sie die genannten Anteile in Dezimalzahlen um:
   a) 2,5 % b) 1,75 ‰ c) 50 ppm d) 0,134 % e) 2500 ppm f) 0,91 ‰
3. 28,52 g Quarzsand werden geglüht. Nach dem Abkühlen verbleibt ein Rückstand von 26,03 g. Welcher Masseverlust in Prozent ist eingetreten?
4. In einem Kupferkies wurden 21,78 % taubes Gestein ermittelt. Wie viel Kupfererz ist in 500 t Rohmaterial enthalten?
5. Ein Kühlwasserbecken ist mit 250 m³ Kühlwasser gefüllt, dies entspricht 65 % des maximalen Füllvolumens. Welches Volumen kann das Becken noch aufnehmen?

Gemischte Aufgaben zu 1 Mathematische Grundlagen, praktisches Rechnen

1. Multiplizieren Sie: a) $(-3\,a) \cdot (5\,b) \cdot (-2\,c)$ b) $23{,}94\ \text{m} - (-16{,}35\ \text{m}) - 3{,}22\ \text{m}$
   c) $(5\,r + 3\,s) \cdot (2\,r - 4\,s)$
2. Klammern Sie aus: a) $9\,x^2a - 6\,xa^2 - 15\,x^2a^2$ b) $\frac{\pi}{4} \cdot h \cdot D^2 - \frac{d^2 \cdot h \cdot \pi}{4}$ c) $A_0 = \pi \cdot d \cdot h + \frac{d^2 \cdot \pi}{2}$
3. Berechnen Sie folgende Ausdrücke: a) $\frac{(-287)}{(-7)}$ b) $\frac{\frac{\pi}{4}(D-d)^2}{\frac{D-d}{2}}$ c) $\frac{\frac{1}{4}a\,t^2}{\frac{2}{3}a\,t}$
   d) $\frac{7{,}82\ \text{g} + 6{,}93\ \text{g}}{5}$ e) $\frac{(36{,}19\ \text{g} - 24{,}25\ \text{g}) \cdot 0{,}998\ \text{g/cm}^3}{36{,}19\ \text{g} - 24{,}26\ \text{g} - 54{,}75\ \text{g} + 44{,}25\ \text{g}}$
4. Wandeln Sie in Dezimalzahlen um: a) $\frac{8}{10}$ b) $\frac{314\,159}{100\,000}$ c) $\frac{66}{125}$ d) $\frac{2\ \text{m}^2}{9\ \text{m}}$ e) $\frac{236{,}8}{42{,}2}$
5. Bestimmen Sie die Unbekannte (mit dem Taschenrechner):
   a) $\frac{1}{R_{ges}} = \frac{1}{25\ \Omega} + \frac{1}{50\ \Omega} + \frac{1}{10\ \Omega}$ b) $\varrho(\text{Cu}) = \frac{37{,}673\ \text{g} - 22{,}175\ \text{g}}{46{,}835\ \text{g} - 22{,}175\ \text{g} - 60{,}597\ \text{g} + 37{,}673\ \text{g}} \cdot 1{,}00\ \frac{\text{g}}{\text{cm}^3}$
   c) $V_h = \pi \cdot (1{,}52\ \text{m})^2 \cdot \left(3{,}64\ \text{m} - \frac{1{,}52\ \text{m}}{3}\right)$ d) $y_a = \frac{2{,}75 \cdot 0{,}05}{1 + 0{,}05\,(2{,}75 + 1)}$
6. Berechnen Sie: a) $\frac{5\,(u+v)}{(u+v) : 3\,a}$ b) $\frac{3-a}{7\,b} : \frac{a-3}{7\,b}$ c) $\left(-3\frac{1}{3}\right) : \left(8\frac{2}{5}\right)$
7. Berechnen Sie mit dem Taschenrechner mit möglichst günstiger Tastenfolge:
   a) $\frac{27{,}3 \cdot 84{,}2 \cdot 2{,}7}{53{,}1 \cdot 102{,}4}$ b) $\frac{7{,}2 \cdot 2{,}9 + 3{,}9 \cdot 0{,}13}{12{,}81 - 6{,}25 \cdot 0{,}98}$ c) $\frac{98 \cdot \pi}{12} + \frac{4{,}27}{0{,}85} - \frac{1}{2{,}3}$ d) $\frac{1}{\frac{1}{12\,400} + \frac{0{,}003}{55} + \frac{1}{6\,250}}$

8. Fassen Sie zusammen: a) $23 \cdot r^{2n+2} \cdot r^{-(n+1)}$ b) $(7 \cdot x^n - 2\,x^n) : 6\,x^{n-2}$ c) $\frac{u^4 - u^3}{u^2 - u}$

9. Berechnen Sie: a) $(-5{,}8)^3$ b) $4{,}5^{25}$ c) $\frac{8{,}9^3 \cdot 6{,}4^2}{0{,}82 \cdot 1{,}5^5}$ d) $3{,}2 \cdot 10^4 + 12{,}3 \cdot 10^3 + 0{,}45 \cdot 10^5$

10. Rechnen Sie den Term aus: a) $(27 + 52 - 69)^2$ b) $(2\,x - 5)^2$ c) $9\,x \cdot (x + 1)^2$

11. Ermitteln Sie den Zahlenwert: a) $\sqrt{3{,}5225}$ b) $\sqrt[3]{143{,}87}$ c) $s = \pm\sqrt{\frac{8{,}32^2 + 8{,}12^2 + 7{,}97^2 + 8{,}05^2}{3}}$

12. Fassen Sie zusammen: a) $\sqrt{2{,}5} \cdot \sqrt{14{,}4}$ b) $5^{\frac{1}{2}} \cdot 5^{\frac{1}{3}}$ c) $\sqrt[4]{81 \cdot 10^4}$ d) $\left(\frac{1}{3}\right)^{\frac{1}{3}}$ e) $(a \cdot b^2)^{\frac{1}{2}}$

13. Bestimmen Sie den dekadischen Logarithmus:
a) 24 b) 100 c) 0,092 d) 10^5 e) 10^{-12} f) $8{,}92 \cdot 10^{-11}$ g) $h = 1{,}84\ \text{m} \cdot \lg \frac{1013\ \text{mbar}}{899\ \text{mbar}}$

14. Ermitteln Sie den Numerus x: a) $\lg x = 2{,}8395$ b) $\lg x = 0{,}053$ c) $\lg x = -1{,}842$

15. Bestimmen Sie: a) $\ln \pi$ b) $\ln 10$ c) $\ln 2{,}7182818$ d) $\vartheta_M = \frac{38{,}9\ °\text{C} - 26{,}5\ °\text{C}}{\ln \frac{38{,}9\ °\text{C}}{26{,}5\ °\text{C}}}$

16. Formen Sie die folgenden Ausdrücke mit den Logarithmengesetzen um:
a) $\lg (9 \cdot 2 \cdot 7)$ b) $\lg \frac{1}{5}$ c) $\lg x^3$ d) $\lg \sqrt{x \cdot y}$ e) $\lg \frac{1}{1-x}$ f) $\lg \left(\sqrt[3]{a \cdot b}\right)$ g) $\ln (a-1)^2$

17. Berechnen Sie:
a) $c\,(H_3O^+) = 0{,}55$ mol/L, pH = ?
b) $c\,(H_3O^+) = 7{,}21 \cdot 10^{-9}$ mol/L, pH = ?
c) pH = 5,8; $c\,(H_3O^+) = ?$
d) pH = 11,3; $c\,(H_3O^+) = ?$

18. Lösen Sie nach der Unbekannten x auf:
a) $25 = 7\,x + 4$ b) $\frac{3}{4}x = 7{,}5 - 0{,}75\,x$ c) $3\,x - [2\,x - (2 - x)] = 5\,x - 7$ d) $7 = \frac{12 - x}{2\,a}$
e) $5\,x - 3\,x - 5 = 3$ f) $\frac{1}{x} = \frac{1}{r} + \frac{1}{s}$ g) $\frac{8\,u}{2\,x - v} = \frac{1}{2}$ h) $\frac{2\,x}{3} - \frac{3\,x}{4} - 1 = \frac{5\,x}{12}$

19. Stellen Sie die Gleichung nach der Unbekannten um und machen Sie die Probe:
a) $9\,x^2 = 8$ b) $x - \frac{12}{x} = 0$ c) $\frac{x-2}{x+2} + \frac{x+2}{x-2} = 5$ d) $3\,x^2 - 27 = 0$ e) $(x+5)^2 = 81$
f) $20\,x^2 + x = 12$ g) $0{,}75\,x^2 + 0{,}5\,x - 1{,}25 = 0$ h) $\sqrt{x} = \frac{1}{3}$ i) $5 + \sqrt{x} = -3$
j) $2 + \sqrt{2\,x - 1} = 7$ k) $2 \cdot 5^{3x} = 4^{x+2}$ l) $\left(\frac{1}{3}\right)^x = 100$ m) $e^{x+1} + e^{x-1} = 7$

20. Lösen Sie die folgenden Größengleichungen nach der geforderten Größe auf:
a) $e = \sqrt{l^2 + b^2}$; $l = ?, b = ?$ b) $V = \frac{\pi}{4} \cdot h\,(D^2 - d^2)$; $D = ?, d = ?, h = ?$
c) $s = \frac{1}{2} g \cdot t^2$; $t = ?$, d) $\frac{V_1}{T_1} = \frac{V_2}{T_2}$; $V_1 = ?, T_1 = ?, V_2 = ?, T_2 = ?$ e) $t = \frac{m}{\ddot{A} \cdot V}$; $m = ?, V = ?$
f) $\frac{m_1}{m_2} = \frac{w_M - w_2}{w_1 - w_M}$; $w_M = ?, w_1 = ?, w_2 = ?$ g) $R_w = R_k \cdot (1 + \alpha \cdot \Delta\vartheta)$; $\Delta\vartheta = ?, \alpha = ?$
h) $\vartheta_M = \frac{m_1 \cdot c_1 \cdot \vartheta_1 + m_2 \cdot c_2 \cdot \vartheta_2}{m_1 \cdot c_1 + m_2 \cdot c_2}$; $m_1 = ?, \vartheta_1 = ?, c_1 = ?$ i) $d_i = 2 \cdot \sqrt{\frac{\dot{V}}{\pi \cdot v}}$; $\dot{V} = ?, v = ?$
j) $k = A \cdot e^{\frac{E_A}{R \cdot T}}$; $T = ?, E_A = ?$ k) $k = \frac{1}{\frac{1}{\alpha_1} + \frac{s}{\lambda} + \frac{1}{\alpha_2}}$; $\alpha_1 = ?, \lambda = ?$

21. Rechnen Sie die Winkelangaben in Dezimalschreibweise um:
a) 19° 36′ b) 33° 33′ 33″ c) 77° 3′ 26″ d) 26° 2′ 18″ e) 20′ 30″

22. Geben Sie die Winkel in Grad, Winkelminuten und Winkelsekunden an:
a) 67,51° b) 27,183° c) 9,27° d) 41,20° e) 62,44°

23. Bestimmen Sie die Werte der Winkelfunktionen:
a) tan 29,72° b) sin 36,4° c) cot 41,36° d) cos 12° 15′ 33″ e) sin 77° 21′

24. Ein Lichtstrahl fällt auf eine Flüssigkeitsoberfläche und wird dabei um den Winkel γ = 18,4° gebrochen **(Bild 1)**. Wie groß ist der Winkel α_2?

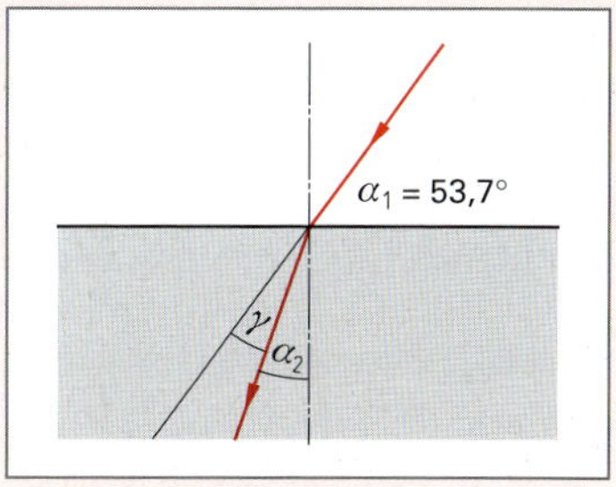

Bild 1: Aufgabe 24

25. Welche Winkel haben die Winkelfunktionswerte?
a) cos α = 0,8245 b) cot α = 0,1763
c) sin α = 0,7968464 d) tan α = 0,7595916

26. 16,0 g Methangas CH_4 haben ein Volumen von 22,4 L. Welches Volumen nehmen 125 kg Methangas bei gleichen Bedingungen ein?

27. Für eine Umsetzung werden 2,75 t reines Natriumchlorid NaCl benötigt. Das zur Verfügung stehende Rohsalz enthält pro Tonne 50 kg Nebenbestandteile. Von welcher Masse an Rohsalz ist auszugehen?

28. Aus einem Abfüllbehälter werden 30 Gebinde zu je 50 L Inhalt gefüllt. Wie viele Gebinde zu je 40 L können mit dem gleichen Volumen vollständig gefüllt werden?

29. Der Inhalt von 75 Gebinden zu je 2,5 kg Lack soll in Dosen zu je 1,4 kg umgefüllt werden. Wie viele Dosen sind dazu erforderlich?

30. 25,00 mL einer Säureprobe verbrauchen bei der Titration 28,24 mL Natronlauge-Maßlösung. Welches Volumen der gleichen Lauge muss 32,50 mL Säure zugesetzt werden, um sie zu neutralisieren?

31. Beim Eindampfen von 5,00 kg einer Lack-Lösung verbleibt ein Rückstand von 2,75 kg Feststoff. Welcher Rückstand ist nach dem Eindampfen von 75,0 kg derselben Lösung zu erwarten?

32. 100 g Wasser lösen 35,8 g Natriumchlorid. Welche Masse an NaCl kann von 750 g Wasser gelöst werden?

33. Ein Wärmetauscher mit 250 Kühlrohren hat pro Rohr eine Kühlfläche von 15 dm^2.
a) Wie groß ist die Gesamt-Kühlfläche des Wärmetauschers?
b) Um welchen Anteil in Prozent verringert sich die Kühlfläche, wenn 5 Kühlrohre nach Leckagen dichtgesetzt werden müssen?

34. In einer Elektrolysezelle werden 750 g Chlor elektrolytisch aus Kochsalz-Lösung erzeugt. 70,9 g gasförmiges Chlor nehmen ein Volumen von 22,4 L ein.
a) Welches Volumen hat die Chlorportion?
b) Um welchen Anteil in Prozent nimmt das Chlorvolumen nach Verflüssigung ab, wenn 1,571 g flüssiges Chlor ein Volumen von 1,00 cm^3 haben?

35. Technisches Natriumhydroxid hat einen Feuchte-Massenanteil von 2,5 %. Welche Masse an Wasser ist in 20,0 t Natriumhydroxid enthalten?

36. Die deutsche Trinkwasserverordnung TVO lässt einen maximalen Nitrat-Massenanteil von 50 ppm zu. Wie viel Nitrat darf in 5,0 m^3 Trinkwasser (Dichte 1,00 kg/dm^3) maximal enthalten sein?

37. Der Arbeitsplatzgrenzwert AGW für Schwefelwasserstoff H_2S beträgt 10 ppm. Welches Volumen an Schwefelwasserstoff ist in 120 m^3 Raumluft einer Abfüllhalle enthalten, wenn der AGW-Wert gerade erreicht ist?

2 Auswertung von Messwerten und Prozessdaten

Im Chemielabor und in Chemiebetrieben fallen viele Messwerte oder auch Reihen von Versuchs- und Prozessdaten an.

Die Erfassung der Messwerte und Prozessdaten sowie deren Auswertung ist ein wichtiger Teil der Arbeit im Chemielabor.

2.1 Messtechnik in der Chemie

2.1.1 Grundbegriffe der Messtechnik

Durch einen experimentellen Vorgang, das Messen, wird der Wert einer Messgröße, auch **Messwert** genannt, ermittelt.

Beispiel: Mit einem Messzylinder misst man das Volumen einer Flüssigkeitsportion **(Bild 1)**

Der erhaltene Messwert ist das Vielfache einer Einheit, z. B. 61,3 mL.

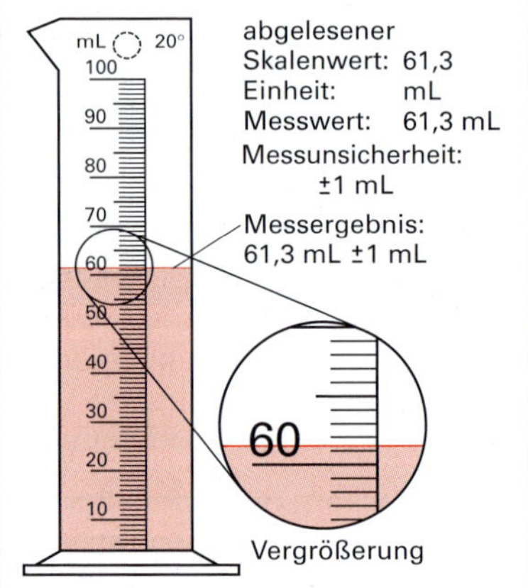

Bild 1: Bestimmung des Volumens mit dem Messzylinder

Der Messwert kann grundsätzlich nicht den wahren Wert der Messgröße angeben. Messwerte sind immer nur eine Annäherung an den wahren Wert der Messgröße.

Wichtige messtechnische Grundbegriffe gemäß DIN 1319-1 sind: Die Messgröße, die Anzeige, der Skalenteilungswert, der Messwert, die Messunsicherheit und das Messergebnis. Sie werden in **Tabelle 1** und **Tabelle 35/1** erläutert.

Tabelle 1: Messtechnische Grundbegriffe

Begriffe	Kurzzeichen	Beispiele	Definition, Erklärung
Messgröße (measurand)	allgemein x speziell m, V, p usw.	Masse m Volumen V Druck p 	Die zu messende Größe, z. B. die Masse, das Volumen, der Druck, der Füllstand, die Temperatur, der Volumenstrom, usw.
Anzeige (reading)	Az	Beispiel Ziffernanzeige 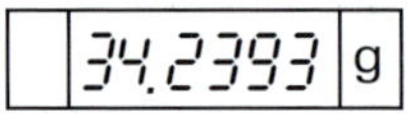 Az = 34,2393 x = 34,2393 g Zw = 0,0001 g	Ablesbarer Zahlenwert.
Ziffernanzeige	Az		Digitale Anzeige auf einem Zifferndisplay.
Skalenablesung	Az	Beispiel Skalenablesung 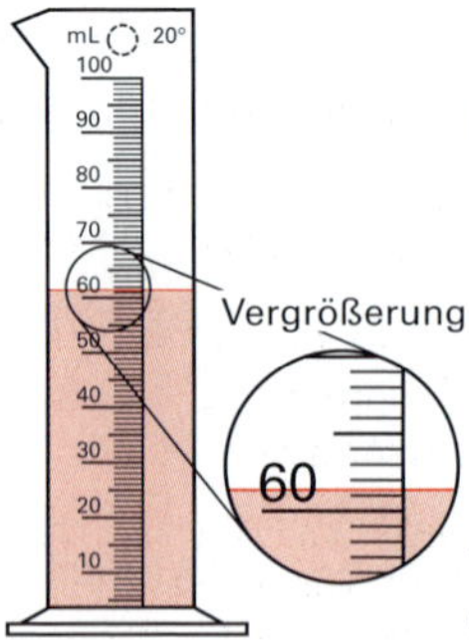 Az = 61,3 x = 61,3 mL Skw = 1 mL	Ablesewert auf einer Strichskale.
Skalenanzeige	Az	Beispiel Skalenanzeige 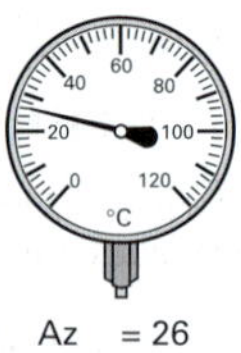 Az = 26 x = 26 °C Skw = 2 °C	Analoge Anzeige auf einer Strichskale.
Auflösung (resolution) – **Ziffernschrittwert**	Zw		Der Ziffernschrittwert einer Ziffernanzeige ist der kleinste Wert der Anzeigenänderung.
Auflösung (resolution) – **Skalenteilungswert**	Skw		Änderung des Wertes der Messgröße, die eine Änderung der Anzeige um einen Skalenteil bewirkt. Der Skalenteilungswert hat die Einheit der Messgröße.

Tabelle 1: Messtechnische Grundbegriffe (Fortsetzung)

Begriffe	Kurz-zeichen	Beispiele	Definition, Erklärung
Messwert (measured value)	x	Der abgelesene Wert: 6,0 bar 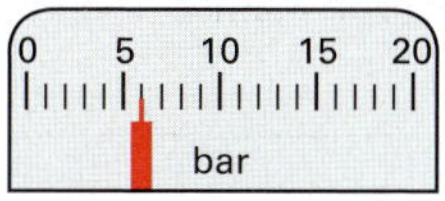 Az = 6,0 x = 6,0 bar Skw = 1 bar	Ermittelter Wert der zu messenden Größe. Er wird aus der Anzeige ermittelt und besteht aus Zahlenwert und Einheit. Jeder Messwert ist mit einer Messunsicherheit behaftet.
Messbereich (specified measuring range)	Meb	 **Beispiele:** Flüssigkeitsthermometer Messbereich: 0°C bis 110°C Messzylinder Messbereich: 10 mL bis 100 mL	Bereich von Messwerten, die vom Messgerät mit der garantierten Genauigkeit angezeigt werden können.
Messunsicherheit (uncertainty of measurement)	u	• Fehlergrenzen bei Messzylindern • Reproduzierbarkeit bei Waagen • Genauigkeitsklassen bei Manometern	Aus Messwerten gewonnener Genauigkeits-Kennwert eines Messgerätes. Er dient zur Kennzeichnung eines Wertebereichs, in dem sich der wahre Wert der Messgröße befindet.
Messergebnis (result of measurement)	M	Aus mehreren Messwerten wird der arithmetische Mittelwert $\overline{x}$ gebildet.	Aus Messungen gewonnener Schätzwert für den wahren Wert einer Messgröße.
Vollständiges Messergebnis	y oder das Kurzzeichen der Messgröße	Vollständiges Messergebnis für die Messgröße x: für Einzelmessungen: $y = x \pm u$ für Wiederholmessungen: $y = \overline{x} \pm u$	Messergebnis mit quantitativer Angabe zur Genauigkeit. Das vollständige Messergebnis wird aus dem Messergebnis M (z. B. dem Mittelwert $\overline{x}$) und der Messunsicherheit u gebildet.

2.1.2 Unsicherheit von Messwerten

In Abhängigkeit vom Messverfahren, vom Messgerät und dem Messenden weichen Messungen derselbe Messgröße voneinander ab. Auch bei gleichen wiederholten Messungen unter denselben Bedingungen treten Abweichungen auf: Die Messwerte streuen und machen die letzte Dezimalstelle des Messwertes unsicher. Die Unsicherheit der Messwerte wird durch die Bauart des Messgeräts und durch das Ablesen des Messgeräts verursacht.

Jedes Messgerät hat eine konstruktionsbedingte, gerätespezifische Messgeräte-Unsicherheit. Sie ist durch das physikalische Messprinzip und die Bauart, bei technischen Messgeräten durch die innere Konstruktion des Messgerätes bedingt. Hinzu kommt eine gerätespezifische Ablese-Unsicherheit. Anstatt Messunsicherheit verwendet man auch die Begriffe **Messgenauigkeit** oder **Reproduzierbarkeit.**

Angaben zur Messgenauigkeit (measurement accuracy)

Die Messgenauigkeit wird bei den verschiedenen Geräten unterschiedlich angegeben:
Bei Glasgeräten wird die Messgenauigkeit mit **Fehlergrenzen** (error margin) angegeben.

Beispiel: Eine Vollpipette mit 50 μL Nennvolumen hat Fehlergrenzen von ± 0,5 μL.

Bei Waagen wird die Messgenauigkeit durch die **Reproduzierbarkeit** (repeatability) benannt.

Beispiel: Für eine Analysenwaage wird die Reproduzierbarkeit über den gesamten Wägebereich mit ≤ 0,1 mg angegeben. Das Messergebnis lautet dann z. B. m = 28,4583 g ± 0,1 mg

Bei Manometern und anderen technischen Messgeräten gibt man die Messgenauigkeit durch eine **Genauigkeitsklasse** (modulus of precision) an. Die Messgenauigkeit berechnet sich aus der Genauigkeitsklasse in Prozent multipliziert mit dem Messbereichsendwert ME.

Beispiel: Ein Widerstandsthermometer hat einen Messbereich von 0 °C bis 120 °C und die Genauigkeitsklasse Kl 1,0. Dies bedeutet eine Messgenauigkeit von 1,0 % vom Messbereichsendwert ME.
u = (Kl/100) · ME = ± 1,0 % · 120 °C = ± 0,010 · 120 °C = ± 1,20 °C

Geschätzte Messgenauigkeit

Liegen für die Messgenauigkeit eines Messgerätes keine Angaben vor, z. B. keine Genauigkeitsklasse, Reproduzierbarkeit oder Fehlergrenze, so lässt sich die Messgenauigkeit schätzen.

Nährungsweise beträgt die Unsicherheit von Messergebnissen:

- bei Skalenablesung und Skalenanzeige: $u \approx \pm 1/2 \cdot$ Skalenteilungswert Skw
- bei Zifferanzeige: 2 Ziffernschrittwerte: $u \approx \pm 2 \cdot$ Zw

Beispiel:
- Messzylinder mit Skw = 1 mL → $u \approx \pm 1/2 \cdot$ Skw $\approx \pm 1/2 \cdot$ 1mL $\approx \pm 0{,}5$ mL;
- Laborwaage: Zw = 0,001 g → $u \approx \pm 2 \cdot$ Zw $\approx \pm 2 \cdot 0{,}001$ g $\approx \pm 0{,}002$ g
- Rohrfeder-Manometer mit Skw = 0,5 bar → $u \approx \pm 1/2 \cdot$ Skw $\approx \pm 1/2 \cdot 0{,}5$ bar $\approx \pm 0{,}25$ bar;
- Einschlussthermometer mit Skw = 0,5 °C → $u \approx 1/2 \cdot$ Skw $\approx \pm 1/2 \cdot 0{,}5$ °C $\approx \pm 0{,}25$ °C

Üblicherweise ist bei Messgeräten der Skalenteilungswert so gewählt, dass er der Messgenauigkeit des Messgerätes entspricht. Beim Messzylinder mit 100 mL Nennvolumen **(Bild 34/1)** z. B. ist die Fehlergrenze ± 1 mL: Das entspricht dem Skalenteilungswert. Beim Rohrfeder-Manometer von **Bild 38/3** z. B. ist die Unsicherheit ± 0,25 bar: Das entspricht der Hälfte des Skalenteilungswerts.

Beim Ablesen der Skale eines Messgerätes macht es nur begrenzt Sinn, zwischen den Skalenwerten einen Schätzwert abzulesen. Diese letzte Dezimalstelle des Messwertes ist unsicher.

Messwerte ohne angegebene Unsicherheit

Bei Messwerten unbekannter Herkunft oder wenn die Unsicherheit des Messwertes nicht bekannt ist, wird angenommen, dass die letzte Ziffer unsicher (ungenau) ist, während die vorletzte Ziffer des Zahlenwertes sicher (genau) ist. Die Unsicherheit beträgt ungefähr das Einfache des Stellenwertes der letzten Ziffer. Die Volumenangabe V = 45 mL würde somit der Wertschranke 44 mL $\leqq V \leqq$ 46 mL entsprechen.

2.1.3 Messgenauigkeit im Labor und Chemiebetrieb

Die Anzahl der Ziffern eines Messwertes, die anzugeben sind, richten sich nach dem Messverfahren sowie nach dessen Unsicherheit.

Grundsätzlich gilt bei Messwerten für die Angabe von Ziffern:

> Messwerte werden mit so viel Ziffern angegeben, dass die vorletzte Ziffer sicher (genau) ist.
> Die letzte Ziffer kann geschätzt oder gerundet sein. Sie ist somit unsicher.

Messzylinder (measuring glass)

Messzylinder mit Strichteilung sind in DIN 12 680, Teil 1 genormt. Ihre Messgenauigkeit wird mit einer Fehlergrenze angegeben, die vom Nennvolumen abhängt **(Tabelle 1)**. Bezugstemperatur ist 20 °C.

Tabelle 1: Messzylinder ME (DIN 12 680, Teil 1)

Kurzzeichen	Nennvolumen mL	Skalenteilungs-wert mL	Fehlergrenzen mL
ME 10	10	0,2	± 0,2
ME 25	25	0,5	± 0,5
ME 50	50	1	± 1
ME 100	100	1	± 1
ME 250	250	2	± 2

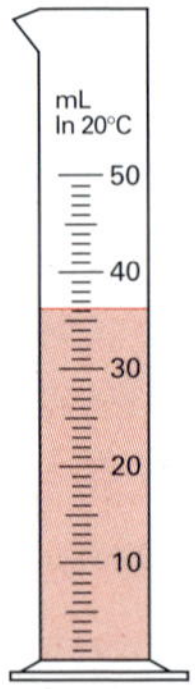

Messzylinder
ME 50 DIN 12680

Nennvolumen: 50 mL
Skalenteilungswert: 1 mL
Fehlergrenzen: ± 1 mL

Messbeispiel:

Messwert: 36,2 mL
Messergebnis:
V = 36,2 mL ± 1 mL

Bild 1: Messzylinder mit Messbeispiel

Für genauere Volumenmessungen sind Messzylinder mit Hauptpunkte-Ringteilung zu verwenden (Kennzeichen MH). Sie haben engere Fehlergrenzen.

Beispiel: Ein Messzylinder MH 50 mit 50 mL Nennvolumen hat Fehlergrenzen von ± 0,5 mL.

Büretten (burets)

Büretten werden bei der Titration zum genauen Abmessen von Volumia verwendet. Es gibt sie in den Genauigkeitsklassen A, AS und B. Büretten der Klasse A und AS haben enge Fehlergrenzen; Büretten der Klasse B haben ungefähr die doppelten Fehlergrenzen der Klasse A **(Tabelle 1)**.

Tabelle 1: Büretten (Auswahl) **DIN 12700**

Nennvolumen mL	Skalenteilungswert mL	Klasse A Fehlergrenzen mL	Klasse AS Fehlergrenzen mL	Klasse B Fehlergrenzen mL
10	0,05	± 0,02	± 0,02	± 0,05
25	0,05	± 0,03	± 0,03	± 0,05
50	0,1	± 0,05	± 0,05	± 0,1

Die Ablesung erfolgt am tiefsten Punkt des Miniskus mit dem oberen Rand des Teilstrichs; bei Büretten mit SCHELLBACHstreifen an der SCHELLBACHspitze **(Bild 1)**.

Beispiel: Messung mit einer 10 mL-Bürette der Genauigkeitsklasse AS
V = 8,64 mL ± 0,02 mL

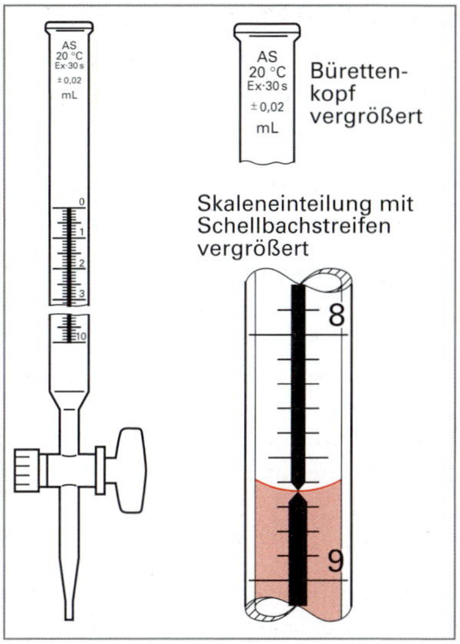

Bild 1: Bürette mit gerundetem Hahn, 50 mL, Klasse AS und SCHELLBACHstreifen

Laborwaagen (Makrowaagen)

Moderne Laborwaagen (balance) sind oberschalige Tischwaagen mit digitaler Anzeige **(Bild 2)**. Der Wägebereich beträgt 200 g bis 10 kg. Die Anzeige erfolgt z. B. auf 0,1 g, 0,01 g oder 0,001 g. Die Messgenauigkeit von digitalen Waagen wird durch die Reproduzierbarkeit angegeben.

Laborwaagen haben eine Reproduzierbarkeit von ≤ ± 0,1 g, ≤ ± 0,01 oder ≤ ± 0,001.

Beispiel: Eine Laborwaage zeigt einen Messwert von 175,67 g.
Bei einer gewährleisteten Reproduzierbarkeit von ≤ ± 0,01 g lautet das Wägeergebnis mit Genauigkeitsangabe:
m = 175,67 g ± 0,01 g.

Bild 2: Laborwaage

Analysenwaagen (Mikrowaagen)

Moderne Analysenwaagen (analytical balance) sind ebenfalls oberschalige Tischwaagen mit digitaler Anzeige **(Bild 3)**.
Sie besitzen einen Windschutz. Die Reproduzierbarkeit beträgt ≤ 1 mg (0,001 g) oder ≤ 0,1 mg (0,0001 g).

Beispiel: Die Wägung einer Probe ergibt auf der Analysenwaage mit einer Reproduzierbarkeit ≤ ± 1 mg einen Wägewert von 28,296 g. Das Wägeergebnis mit Genauigkeitsangabe lautet:
m = 28,296 g ± 0,001 g.

Bild 3: Analysenwaage

Laborthermometer (laboratory thermometer)

Es gibt verschiedene Ausführungen von Laborthermometern **(Bild 4)**. Ihre Fehlergrenzen sind annähernd gleich und richten sich nach dem Nennmessbereich.

Bei Laborthermometern mit einem Nennmessbereich von – 200 °C bis + 50 °C beträgt die Fehlergrenze ± 2 °C, bei einem Nennmessbereich von 0 °C bis 210 °C ± 1° C und bei einem Nennmessbereich von 0 °C bis > 210 °C ± 2 °C.

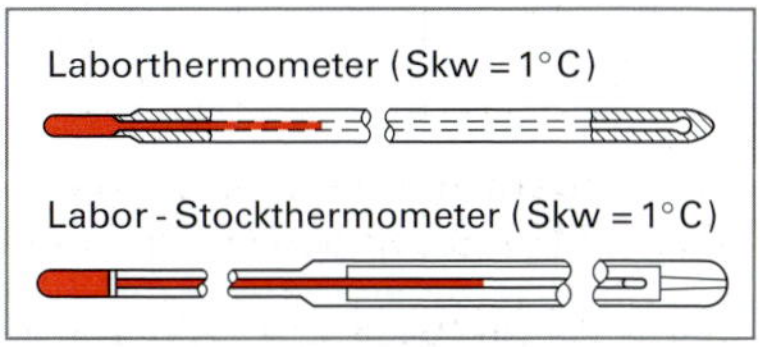

Bild 4: Laborthermometer

BECKMANN Thermometer (BECKMANN's thermometer)

Mit einem BECKMANN-Thermometer (auch Einstell-Einschluss-Thermometer genannt, kurz EET) können Temperaturänderungen bis 5 °C im Temperaturbereich von etwa – 20 °C bis + 140 °C sehr genau gemessen werden **(Bild 1)**. BECKMANN-Thermometer (DIN 12789) besitzen eine grobe Einstellskale und die eigentliche Hauptskale zum exakten Messen kleiner Temperaturänderungen.

Die Fehlergrenzen der Hauptskale betragen:

- Bei Intervallen > 100 Skalenteile: ± 0,02 °C
- Bei Intervallen ≤ 100 Skalenteile: ± 0,01 °C

Beispiel: Mit einem BECKMANN-Thermometer mit 100 Skalenteilen wird eine Temperaturänderung von $\Delta\vartheta$ = 2,37 °C gemessen.
Messergebnis: $\Delta\vartheta$ = 2,37 °C ± 0,01 °C

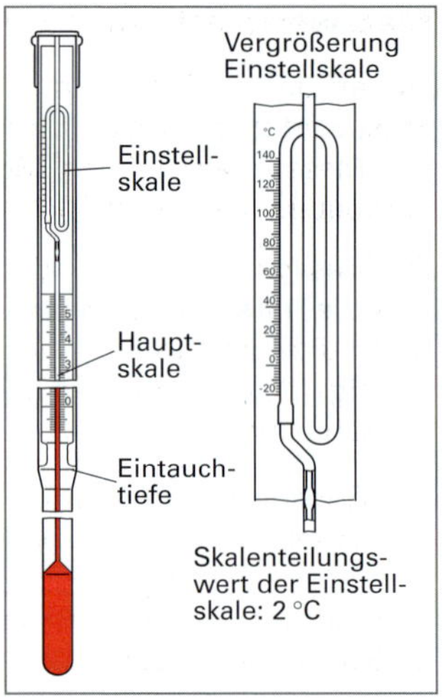

Bild 1: BECKMANN-Thermometer

U-Rohr- Manometer (U-tube manometer)

Spiegelglasmanometer messen den Druck mit der Höhe einer Sperrflüssigkeit **(Bild 2)**. Es können nur kleine Unter- und Überdrücke bis 200 mbar gemessen werden.

U-Rohrmanometer besitzen meist keine gewährleistete Messgenauigkeit. Sie kann mit dem Skalenteilungswert geschätzt werden, z. B. bei einem Skalenteilungswert von 5 mm:

$u \approx \pm 0{,}5 \cdot \text{Skw} \approx \pm 0{,}5\ \text{mm} \cdot 5\ \text{mm} \approx \pm 2{,}5\ \text{mm}$

Beispiel: Die in **Bild 2** gezeigte Messung ergibt:
p (Hg) = 70 mm ± 2,5 mm

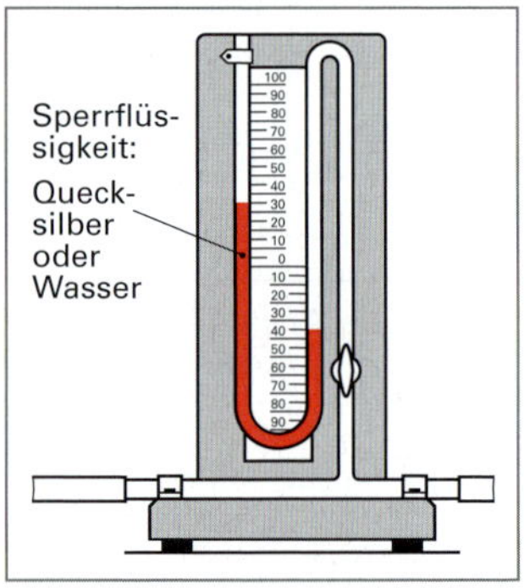

Bild 2: Manometer für kleine Unter- und Überdrücke

Rohrfeder-Manometer (tubes-pring manometer)

Bei Manometern wird die Messgenauigkeit mit Genauigkeitsklassen angegeben **(Bild 3)**.

Der Zahlenwert der Genauigkeitsklasse gibt die Messunsicherheit in Prozent vom Messbereichsendwert an.

Beispiel: Ein Rohrfeder-Manometer mit dem Messbereich 25 bar und der Genauigkeitsklasse 1,6 **(Bild 3)** zeigt einen Messwert von 8,0 bar an.
Die Messunsicherheit ist: u = ± 1,6 % · 25 bar = ± 0,4 bar
Das Messergebnis ist: p = 8,0 bar ± 0,4 bar

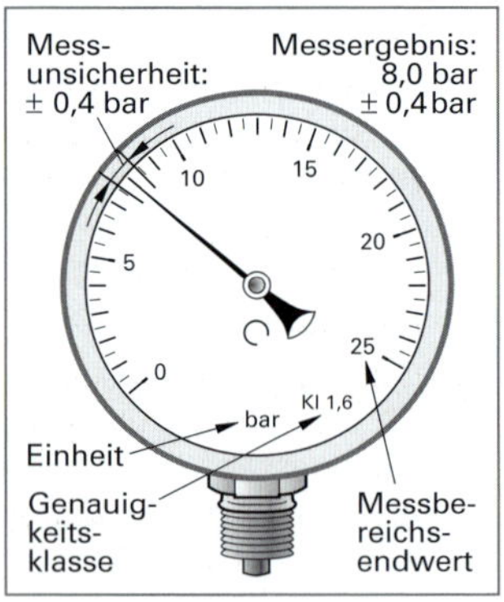

Bild 3: Rohrfeder-Manometer

Messgeräte mit elektrischem Signal des Sensors und digitaler Anzeige

Für elektrische Feinmessgeräte sind die Genauigkeitsklassen 0,1; 0,2 sowie 0,5 und für elektrische Betriebsmessgeräte die Genauigkeitsklassen 1; 1,5; 2,5 und 5 festgelegt.

Die Unsicherheit eines Messgerätes mit elektrischem Signal und digitaler Anzeige setzt sich aus der Messgeräte-Unsicherheit des Sensors (in Prozent des Messbereichendwerts) und der Anzeige-Unsicherheit (in Ziffernschrittwerten, Digit) zusammen.

Beispiel: Ein digitales Multimeter mit dem Messbereich 100,0 mV zeigt einen Messwert von 50,1 mV an **(Bild 4)**. Der Ziffernschrittwert ist 0,1 mV. Die Messunsicherheit des Gerätes ist mit ± 0,2 % ± 2 Digit angeben. Die Unsicherheit des Messwertes beträgt:
u = ± 0,2 % · 100,0 mV ± 2 Digit = ± 0,2 mV ± 2 · 0,1 mV
$\boldsymbol{u}$ = ± 0,2 mV ± 0,2 mV = **± 0,4 mV**
Das Messergebnis lautet: U = 50,1 mV ± 0,4 mV

Bild 4: Digital angezeigter Messwert eines Messgerätes

Messwerte bei Computer-gestützten Auswertesystemen

Neben der analogen und digitalen Anzeige von Messwerten setzt sich immer mehr die Anzeige von Messwerten auf dem Monitor eines Auswertecomputers durch **(Bild 1)**.

Die Messgeräte sind z. B. Sensoren oder Analysenmodule. Ihre elektrischen Signale werden umgeformt und dann in den Computer eingegeben. Die Anzeige des Messwertes erfolgt auf dem Monitor als Zahlenwert oder als Graph.

Die Genauigkeit eines solchen Messsystems wird im Wesentlichen durch die Genauigkeit des Sensorsystems bestimmt. Sie wird meist als Prozentangabe des Messwertes oder des Messbereichendwertes angegeben.

Bild 1: Infrarot-Spektrometer mit Auswertecomputer und Monitor

Beispiel: Bei einem IR-Spektrometer zur Messung von Gaskomponenten im Abgas (Bild 1) wird der Messbereich von Stickoxid NO mit 0 ppm bis 150 ppm und die Reproduzierbarkeit mit $< \pm 0{,}5\,\%$ des Messbereichendwertes angegeben.

Unsicherheit: $u = \pm 0{,}5\,\% \cdot 150\text{ ppm} = \pm 0{,}75\text{ ppm}$

Ein Messwert von z. B. 86,0 ppm Stickstoffmonoxid (NO) muss dann wie folgt angegeben werden: $w = 86{,}0\text{ ppm} \pm 0{,}75\text{ ppm}$.

Aufgaben zu 2.1 Grundbegriffe der Messtechnik, Messunsicherheit, Messgenauigkeit

1. Mit einem Messzylinder ME 100 werden 45,8 mL einer Flüssigkeit abgefüllt. Welche Fehlergrenze hat der Messwert?
2. Welche Fehlergrenze hat eine Bürette der Klasse AS mit 25 mL Nennvolumen?
3. Eine Analysenwaage mit einer Reproduzierbarkeit von $\leq \pm 0{,}0001$ g zeigt einen Messwert von 2,7319 g. Wie lautet das Wägeergebnis mit Genauigkeitsangabe?
4. Ein Rohrfeder-Manometer **(Bild 2)** soll abgelesen werden.
   a) Geben sie die Anzeige Az, den Messwert Mw und den Skalenteilungswert Skw an.
   b) Welche Genauigkeitsklasse hat das Manometer und welche Unsicherheit hat der Messwert?
   c) Geben sie das Messergebnis an.
5. Ein analog anzeigendes elektrisches Temperaturmessgerät der Genauigkeitsklasse 1,5 hat den Messbereich 0 °C bis 200 °C. Ermittelt wurden die Messwerte 20 °C, 120 °C und 180 °C.
   a) Mit welcher Unsicherheit *u* sind die Messwerte behaftet?
   b) Geben sie die Messergebnisse an.
6. Die Anzeige einer Temperatur erfolgt durch ein elektrisches Messinstrument der Genauigkeitsklasse 0,5 und dem Messbereich 0 °C bis 400 °C. Mit welcher Unsicherheit wird ein Messwert von 260 °C angezeigt?
7. Der Schwebekörper-Durchflussmesser zeigt nebenstehende Messstellung des Schwebekörpers **(Bild 3)**.
   Welche geschätzte Messunsicherheit hat der Durchflussmesser und wie lautet das Messergebnis?

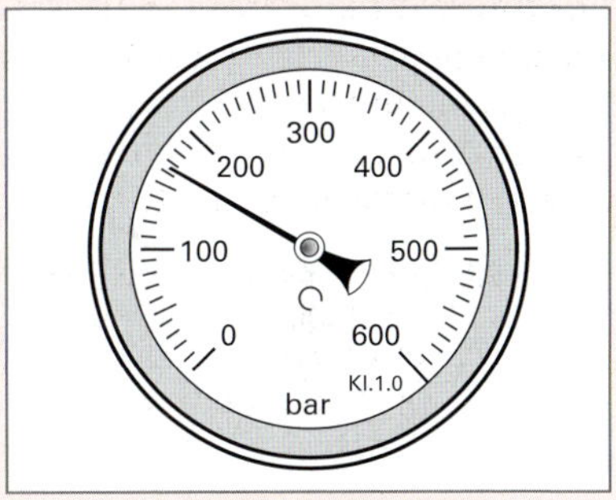

Bild 2: Ziffernblatt eines Rohrfedermanometers (Aufgabe 4)

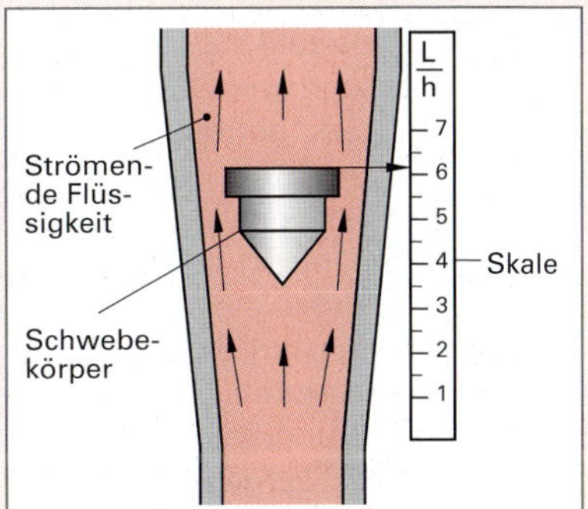

Bild 3: Schwebekörper-Durchflussmesser (Aufgabe 7)

2.2 Rechnen mit Messwerten

Messwerte sind grundsätzlich Werte mit einer bestimmten Unsicherheit, also einer eingeschränkten Genauigkeit. Sie ist durch das Messverfahren, mit dem der Messwert gewonnen wurde, bestimmt.
Messwerte oder Ergebnisse von Berechnungen mit Messwerten sind deshalb nur so genau anzugeben, als es die Genauigkeit des Messverfahrens erlaubt, mit dem die Messwerte erhalten wurden.
Beim Rechnen mit Messwerten ist die Kenntnis einiger Fachausdrücke und Vereinbarungen von Bedeutung. Dies sind die **signifikanten Ziffern** und das **Runden.**

2.2.1 Signifikante Ziffern

Unter den signifikanten Ziffern (significant figures) versteht man die Ziffern eines Messwertes oder Rechenergebnisses, die berücksichtigt werden müssen und nicht weggelassen werden dürfen.
Man bezeichnet sie deshalb auch als *zu berücksichtigende Ziffern* oder als *geltende Ziffern.*
Der Messwert eines bestimmten Messgerätes wird mit einer bestimmten Ziffernzahl angezeigt oder kann mit einer bestimmten Ziffernzahl abgelesen werden. Diese Ziffern sind die signifikanten Ziffern des Messwertes.
Die verschiedenen Messgeräte ergeben Messwerte mit unterschiedlich vielen signifikanten Ziffern.

Beispiel: Laborwaage: m = 175, 6 g — vier signifikante Ziffern
Analysenwaage: m = 74,2140 g — sechs signifikante Ziffern
Bürette: V = 8,36 mL — drei signifikante Ziffern

Besondere Aufmerksamkeit ist der Ziffer Null (0) in Dezimalzahlen zu schenken. Die Nullen am Ende einer Dezimalzahl gehören zu den signifikanten Ziffern. Die am Anfang einer Zahl stehenden Nullen sind keine signifikanten Ziffern.

Beispiel: Laborwaage: m = 0,0750 g — keine signifikanten Ziffern (0,0) / drei signifikante Ziffern (750)
m = 0,0075 g — keine signifikanten Ziffern (0,00) / zwei signifikante Ziffern (75)
m = 0,007 g — keine signifikanten Ziffern (0,00) / eine signifikante Ziffer (7)

Die Anzahl der signifikanten Ziffern eines Messwertes darf nicht durch Anhängen einer Null oder durch Weglassen einer Null am Ende verändert werden.

Beispiel: Der Messwert einer Laborwaage (mit 0,1 g-Anzeige), der z. B. mit 175,6 g angezeigt wird, darf nicht als m = 175,60 g geschrieben werden oder der Messwert einer Analysenwaage (mit 0,1 mg-Anzeige), der z. B. mit 74,2140 g angezeigt wird, darf nicht als m = 74,214 g angegeben werden.

2.2.2 Runden

Beim Runden (to round) wird die Stellenzahl einer rechnerisch ermittelten, vielstelligen Dezimalzahl auf eine gewünschte Stellenzahl verringert. Man unterscheidet aufrunden und abrunden.
Liegt der Zahlenwert der Ziffer nach der Rundestelle zwischen 0 und 4, dann wird der Rundestellenwert beibehalten, d. h. es **wird abgerundet** (siehe Beispiel 1).
Wenn der Zahlenwert der Ziffer nach der Rundestelle zwischen 5 und 9 beträgt, dann wird der Rundestellenwert um eins erhöht, also wird **aufgerundet** (siehe Beispiel 2).
Das gerundete Ergebnis wird durch ein Rundungszeichen ≈ gekennzeichnet.

Beispiel 1: Zu rundende Zahl: **24,2469**; auf 3. Stelle von links

- Gewünschte Ziffernzahl: 3
- Rundestelle
- Diese Ziffer entscheidet über das Auf- oder Abrunden. Sie beträgt 4: also wird die Rundeziffer beibehalten
- Diese Ziffern bleiben außer Betracht

Die gerundete Zahl lautet: ≈ **24,2**

Beispiel 2: Zu rundende Zahl: **9,37481**; auf 4. Stelle von links

- Gewünschte Ziffernzahl: 4
- Rundestelle
- Diese Ziffer entscheidet über das Auf- oder Abrunden. Sie beträgt 8: also wird die Rundeziffer um eins erhöht.
- Diese Ziffer bleibt außer Betracht

Die gerundete Zahl lautet: ≈ **9,375**

2.2.3 Rechnen mit Messwerten ohne angegebene Unsicherheit

Bei Messwerten ohne angegebene Unsicherheit (Genauigkeit, engl. uncertainty) wird angenommen, dass die vorletzte Stelle des Zahlenwertes sicher (genau) ist, während die letzte Stelle als unsicher (ungenau) anzusehen ist.
Beim Rechnen mit Messwerten ohne angegebene Unsicherheit müssen einige Regeln beachtet werden.

Addieren und Subtrahieren

Beim **Addieren und Subtrahieren** von Messwerten mit unterschiedlichen **Nachkommastellen** (Dezimalstellen), darf das Ergebnis nur mit so vielen Nachkommastellen angegeben werden, wie der Messwert mit der geringsten Anzahl von Nachkommastellen besitzt.

Beispiel 1: Es werden 3 Stoffportionen gemischt, deren Massen auf unterschiedlichen Waagen bestimmt wurden: m_1 = 158,4 g, m_2 = 16,38 g, m_3 = 2,4072 g.
Welches Ergebnis kann angegeben werden?

158,4	g
16,38	g
2,4072	g
177,1872	g

Lösung: Rein rechnerisch ergibt sich der Zahlenwert m = 177,1872 g. Das Ergebnis darf jedoch nur mit **einer** Nachkommastelle, angegeben werden. Aufgerundet lautet das Ergebnis ***m* ≈ 177,2 g.**

Beispiel 2: Es soll die molare Masse von Natriumhydroxid NaOH berechnet werden. Die molaren Massen der Elemente werden aus einem Tabellenbuch abgelesen:
M(Na) = 22,989768 g/mol
M(O) = 15,9994 g/mol
M(H) = 1,00794 g/mol
Welches Ergebnis kann angegeben werden?

Lösung: Rein rechnerisch ergibt sich:

22,989768	g/mol
15,9994	g/mol
1,00794	g/mol
39,9971108	g/mol

Lösung: Der Wert mit der geringsten Anzahl von Nachkommastellen M(O) hat 4 Nachkommastellen. Das Ergebnis darf deshalb nur gerundet mit 4 Nachkommastellen angegeben werden:

***M*(NaOH) ≈ 39,9971 g/mol.**

Multiplizieren und Dividieren

Beim **Multiplizieren und Dividieren** von Messwerten mit unterschiedlicher **Ziffernzahl** ist das Ergebnis nur mit so vielen Ziffern anzugeben, wie der Messwert mit der kleinsten Anzahl signifikanter Ziffern besitzt.

Beispiel 1: Welche Masse haben 50,0 mL Schwefelsäure, deren Dichte zu ϱ = 1,203 g/mL bestimmt wurde? Geben sie die Masse mit der richtigen Anzahl an Ziffern an.

Lösung: $\varrho = m/V \Rightarrow m = V \cdot \varrho$; Rein rechnerisch ergibt sich m = 50,0 mL · 1,203 g/mL = 60,150 g.
Die Volumenmessgröße 50,0 mL hat mit 3 signifikanten Ziffern gegenüber der Dichte mit 4 signifikanten Ziffern die geringere Genauigkeit. Das Ergebnis ist deshalb nur mit 3 signifikanten Ziffern anzugeben. Das Rechenergebnis wird in der 3. Ziffer aufgerundet und lautet: ***m* ≈ 60,2 g**

Beispiel 2: Das Volumen eines rechteckigen Behälters mit den Innenmaßen a = 7,9 cm, b = 9,5 cm, c = 16,8 cm ist zu berechnen. Welches Ergebnis kann unter der Beachtung der Ziffernzahl angegeben werden?

Lösung: Mit $V = a \cdot b \cdot c$ = 7,9 cm · 9,5 cm · 16,8 cm folgt mit dem Taschenrechner: V = 1260,84 cm^3. Dieses Taschenrechner-Ergebnis täuscht eine Genauigkeit auf 6 Ziffern vor, die nicht existiert. Der Messwert mit der kleinsten Anzahl signifikanter Ziffern hat 2 Ziffern. Das Ergebnis darf also nur auf 2 signifikante Ziffern gerundet angegeben werden.
Man schreibt das Ergebnis deshalb als zweiziffrige Zahl mit Zehnerpotenz: $\boldsymbol{V \approx 13 \cdot 10^2\ \mathrm{cm}^3}$
Oder man wählt die Volumeneinheit so, dass ein zweiziffriges Ergebnis möglich ist. Dieses gelingt im vorliegenden Fall durch eine Volumenangabe in der größeren Einheit Kubikdezimeter:

$$V \approx 13 \cdot 10^2\ \mathrm{cm}^3 \approx 1{,}3 \cdot 10^3\ \mathrm{cm}^3 \approx \mathbf{1{,}3\ dm^3}$$

Beispiel 3: Das Ergebnis einer Schichtdickenbestimmung d = 0,0054786 mm soll zweiziffrig wiedergegeben werden.

Lösung: d = 0,0054786 mm ≈ 5,5 · 10^{-3} mm ≈ **5,5 µm**

Bei **Berechnungen mit Zwischenergebnissen** werden diese nicht auf die geringste Anzahl an Nachkommastellen bzw. signifikanter Ziffern gekürzt, sondern es wird bei den Zwischenergebnissen entweder mit der höheren Taschenrechnergenauigkeit oder mit zwei Zusatzziffern (Schutzziffern) gerechnet. Erst beim Endergebnis wird durch Runden auf die niedrigste Zahl signifikanter Ziffern bzw. Nachkommastellen gekürzt.

Kommen in einer Berechnung kleine ganzzahlige **Multiplikationsfaktoren** vor, so hat der Multiplikationsfaktor keinen Einfluss auf die Anzahl der signifikanten Ziffern des Ergebnisses.

Beispiel: Berechnen sie das Gesamtvolumen von 4 Fässern mit 200 L Inhalt.

Lösung: $V_{ges} = 4 \cdot 200\ \text{L} = \mathbf{800\ L}$ Das Ergebnis hat wie das Ausgangsvolumen **drei** signifikante Ziffern.

Auch bei großen ganzzahligen Multiplikationsfaktoren behält man die Anzahl signifikanter Ziffern im Endergebnis bei.

Beispiel: Berechnen Sie das Gesamtvolumen von 54 Fässern mit 200 L Inhalt.

Lösung: $V_{ges} = 54 \cdot 200\ \text{L} = 10\,800\ \text{L} \approx \mathbf{10{,}8\ m^3}$

Das Ergebnis hat wie das Ausgangsvolumen **drei** signifikante Ziffern.

2.2.4 Rechnen mit Messwerten mit angegebener Unsicherheit

Messwerte mit angegebener Unsicherheit (Genauigkeit) enthalten eine Zahlenangabe der Unsicherheit, z. B. bei einer Temperaturangabe mit dem BECKMANN-Thermometer: $\Delta\vartheta = 2{,}46\ °\text{C} \pm 0{,}01\ °\text{C}$. Die Unsicherheit kann direkt angegeben sein oder sie ergibt sich aus der Genauigkeitsklasse des Messgerätes (Seite 46).

Beim **Addieren und Subtrahieren** summieren sich die Unsicherheiten.

Beispiel: In einen Reaktionskessel werden $V_1 = 3600$ L Flüssigkeit gepumpt. Die Messunsicherheit des Volumenmessgerätes beträgt $u_1 = \pm 25$ L. Anschließend werden über eine andere Leitung weitere 2400 L Flüssigkeit zugepumpt.
Die Messunsicherheit des Volumenmessgerätes dieser Leitung beträgt $u_2 = \pm 15$ L. Wie viel Liter Flüssigkeit befinden sich dann im Kessel und wie groß ist die Unsicherheit der Volumenangabe?

Lösung: Bei Additionen und Subtraktionen addieren sich die Unsicherheiten. Im voliegendem Fall:
$V_{ges} = V_1 + V_2 + u_1 + u_2 = 3600\ \text{L} + 2400\ \text{L} \pm 25\ \text{L} \pm 15\ \text{L} = \mathbf{6000\ L \pm 40\ L}$

Das Beispiel zeigt, dass sich die Unsicherheiten der Messwerte nicht nur linear fortpflanzen, sondern dass die Unsicherheit des Rechenwertes größer wird.

Beim Multiplizieren, Potenzieren usw. pflanzen sich die Unsicherheiten der Messwerte nach komplizierten Gesetzmäßigkeiten fort. Auf deren Berechnung wird hier nicht eingegangen.

Aufgaben zu 2.2 Rechnen mit Messwerten

1. Benennen Sie die Anzahl signifikanter Ziffern bei folgenden Messwerten:
   a) $V = 8{,}379\ \text{m}^3$ b) $m = 0{,}03694$ kg c) $M(\text{H}) = 1{,}00794$ g/mol d) $\vartheta = 0{,}640$ °C
2. Runden Sie nachstehende Größenwerte auf zwei Stellen nach dem Komma:
   a) 0,2653 kg b) 6,7462 L c) 12,4454 g d) 12,99981 m² e) 4,4445 m f) 0,05495 g
3. Geben Sie das Rechenergebnis mit der richtigen Ziffernzahl an:
   a) 12,65 t + 0,350 t b) 244,0 mL + 0,75 mL c) 960,3 g + 12,146 g
   d) $m = 0{,}43\ \text{mol} \cdot 169{,}873\ \text{g/mol}$ e) $0{,}920 \cdot 6{,}80$ f) $\varphi = \frac{523\ \text{mL}}{748{,}3\ \text{mL}}$
4. Ein Fass ist bis zu seiner 200-L-Messmarke mit einem Lackbindemittel gefüllt. Seine Dichte wurde mit einem Aräometer zu $\varrho = 1{,}152\ \text{g/cm}^3$ bestimmt. Geben Sie die Masse des Lackbindemittels mit der richtigen Zifferzahl an.
5. In ein Becherglas werden zuerst mit einer Bürette 12,53 mL Flüssigkeit und anschließend mit einer zweiten Bürette 7,29 mL pipettiert. Die erste Bürette hat eine Fehlergrenze von ± 0,03 mL, die zweite Bürette von ± 0,05 mL.
   Welches Gesamtvolumen befindet sich im Becherglas und welche Unsicherheit hat der Wert?

2.3 Auswertung von Messwertreihen

In der Regel werden bei der Ermittlung von Messwerten mehrere Messungen durchgeführt, um zufällige Abweichungen und Streuungen in der Messwertreihe auszugleichen. Daraus werden Messergebnisse erhalten, die zuverlässiger als die Einzelmessungen sind.

2.3.1 Arithmetischer Mittelwert

Der **arithmetische Mittelwert $\bar{x}$**, auch kurz Mittelwert[1] (mean) genannt, wird erhalten, indem die einzelnen Messwerte x_1, x_2, ... x_n addiert und durch die Anzahl der Messwerte dividiert wird.

Arithmetischer Mittelwert

$$\bar{x} = \frac{x_1 + x_2 + \ldots + x_n}{n}$$

Beispiel 1: Bei einer Produktanalyse wurde die Titration als Fünffachbestimmung durchgeführt. Verbraucht wurden jeweils 24,35 mL; 24,30 mL; 24,34 mL; 24,40 mL und 24,45 mL Maßlösung. Welcher mittlere Verbrauch liegt vor?

Lösung: $$\bar{x} = \frac{x_1 + x_2 + x_3 + x_4 + x_5}{n} = \frac{(24{,}35 + 24{,}30 + 24{,}34 + 24{,}40 + 24{,}45)\ \text{mL}}{5} = 24{,}368\ \text{mL} \approx \mathbf{24{,}37\ mL}$$

Beispiel 2: Berechnen Sie den Mittelwert der Volumina: 18,46 mL; 30,65 mL; 22,02 mL; 26,13 mL und 24,60 mL.

Lösung: $$\bar{x} = \frac{x_1 + x_2 + x_3 + x_4 + x_5}{n} = \frac{(18{,}46 + 30{,}65 + 22{,}02 + 26{,}13 + 24{,}60)\ \text{mL}}{5} = 24{,}372\ \text{mL} \approx \mathbf{24{,}37\ mL}$$

Ein Vergleich beider Beispiellösungen zeigt, dass beide Messwertreihen denselben Mittelwert 24,37 mL aufweisen. Es bestehen jedoch sehr unterschiedliche Abweichungen der Einzelwerte vom Mittelwert. Die Einzelwerte der Messreihe 1 liegen sehr dicht beieinander, während die Messwerte der Messreihe 2 sehr weit vom Mittelwert abweichen.

Der arithmetische Mittelwert gibt einen rechnerischen Mittelwert aller Messwerte an. Er macht keine Angaben über die Abweichung der einzelnen Messwerte voneinander und vom Mittelwert.

2.3.2 Absoluter und relativer Fehler

Jeder *Messwert* einer Messgröße ist im allgemeinen mit Messfehlern behaftet und deshalb ungenau.

Der **absolute Fehler** (absolut error) der Messgröße ist die Differenz zwischen der Anzeige x und dem wahren Wert w der Messgröße **(Tabelle 1)**.
Beim **relativen Fehler** (relativ error) wird der absolute Fehler ins Verhältnis zum wahren Wert gesetzt. Er kann auch in Prozent angegeben werden und heißt dann **prozentualer Fehler** (percentage error).

Nach Auswertung einer Messung ist der wahre Wert der Messgröße in der Regel nicht bekannt. Bei *Messreihen* wird deshalb in der Regel der arithmetische Mittelwert als Bezugswert verwendet (Tabelle 1). Zur Berechnung der einzelnen Fehlerarten werden der größte vom Mittelwert abweichende Messwert x_{max} und der Mittelwert in Beziehung gesetzt.

Tabelle 1: Fehlerarten

	Absoluter Fehler	Relativer Fehler
Bei Einzel-Messwerten und Kenntnis des wahren Wertes	Anzeige – wahrer Wert $x - w$	$\frac{\text{absoluter Fehler}}{\text{wahrer Wert}} = \frac{x - w}{w}$
Bei Messreihen	$\pm \lvert x_{max} - \bar{x} \rvert$	$\frac{\text{absoluter Fehler}}{\bar{x}} = \frac{\pm \lvert x_{max} - \bar{x} \rvert}{\bar{x}}$
Beispiel 1 (siehe oben)	$\pm \lvert 24{,}45 - 24{,}37 \rvert\ \text{mL} = \mathbf{\pm\ 0{,}08\ mL}$	$\pm \frac{0{,}08\ \text{mL}}{24{,}37\ \text{mL}} \approx \mathbf{\pm\ 0{,}0033 = \pm\ 0{,}33\ \%}$
Beispiel 2 (siehe oben)	$\pm \lvert 30{,}65 - 24{,}37 \rvert\ \text{mL} = \mathbf{\pm\ 6{,}28\ mL}$	$\pm \frac{6{,}28\ \text{mL}}{24{,}37\ \text{mL}} \approx \mathbf{\pm\ 0{,}258 = \pm\ 25{,}8\ \%}$

[1] Weitere Berechnungen zu Mittelwerten finden sich in Kapitel 0 und 10 (S. 315 und S. 329).

Ein Vergleich der jeweiligen Fehler der Beispielrechnungen 1 und 2 zeigt, dass die Messreihen mit unterschiedlich großen Fehlern behaftet sind. Der größte, vom Mittelwert abweichende Messwert besitzt in der Messreihe 1 einen relativen Fehler von ± 0,33 %, in der Messreihe 2 von 25,8 %.

Die verschiedenen Fehlerangaben machen bei Messreihen eine Aussage über die Abweichung des schlechtesten Messwerts vom Mittelwert. Sie geben jedoch keinen Hinweis über die Streuung der einzelnen Messwerte.

2.3.3 Standardabweichung und Normalverteilung

Quantitative Informationen zur Streuung von Einzelmesswerten einer Messreihe liefert die **Standardabweichung**[1] ***s*** (standard deviation). Sie wird auch Streuung oder mittlerer quadratischer Fehler genannt.

Die Berechnungsformel der Standardabweichung leitet sich aus der Wahrscheinlichkeitsrechnung, auch Statistik genannt, ab. In der Berechnungsformel sind f_1, f_2, ... f_n die Abweichungen der Einzelmesswerte vom Mittelwert, z. B. $f_1 = x_1 - \bar{x}$; n ist die Anzahl der Einzelmesswerte.

Standardabweichung

$$s = \pm \sqrt{\frac{f_1^2 + f_2^2 + \ldots + f_n^2}{n-1}}$$

Beispiel: Berechnung der Standardabweichungen der Messwertreihen aus Beispiel 1 und Beispiel 2 von Seite 43.

Tabelle 1: Standardabweichung von Beispiel 1

Messwerte x_i mL	arithmetischer Mittelwert $\bar{x}$ mL	Abweichung vom Mittelwert $(x_i - \bar{x}) = f_i$ mL	Quadrat der Abweichung $(x_i - \bar{x}) = f_i^2$ mL²
24,35	24,37	– 0,02	0,0004
24,30		– 0,07	0,0049
24,34		– 0,03	0,0009
24,40		0,03	0,0009
24,45		0,08	0,0064
	$\bar{x}_1$ = 24,37 mL	Σf_i^2 = 0,0135 mL²	

$$s_1 = \pm \sqrt{\frac{f_1^2 + f_2^2 + f_3^2 + f_4^2 + f_5^2}{n-1}} = \sqrt{\frac{0{,}0135\ \text{mL}^2}{5-1}}$$

$$\boldsymbol{s_1} = \pm\, 0{,}05809475\ \text{mL} \approx \boldsymbol{\pm\, 0{,}06\ \text{mL}}$$

Tabelle 2: Standardabweichung von Beispiel 2

Messwerte x_i mL	arithmetischer Mittelwert $\bar{x}$ mL	Abweichung vom Mittelwert $(x_i - \bar{x}) = f_i$ mL	Quadrat der Abweichung $(x_i - \bar{x}) = f_i^2$ mL²
18,46	24,37	– 5,91	34,928
30,65		6,28	39,438
22,02		– 2,35	5,523
26,13		1,76	3,098
24,60		0,23	0,053
	$\bar{x}_2$ = 24,37 mL	Σf_i^2 = 83,040 mL²	

$$s_2 = \pm \sqrt{\frac{f_1^2 + f_2^2 + f_3^2 + f_4^2 + f_5^2}{n-1}} = \sqrt{\frac{83{,}040\ \text{mL}^2}{5-1}}$$

$$\boldsymbol{s_2} = \pm\, 4{,}5563\ \text{mL} \approx \boldsymbol{\pm\, 4{,}56\ \text{mL}}$$

Das Messergebnis von Messwertreihen wird häufig mit dem Mittelwert $\bar{x}$ und der Standardabweichung s angegeben.

Zu Beispiel 1: $\boldsymbol{y_1} = \bar{x}_1 \pm s_1$ = **24,37 mL ± 0,06 mL**

Zu Beispiel 2: $\boldsymbol{y_2} = \bar{x}_2 \pm s_2$ = **24,37 mL ± 4,56 mL**

Angabe von Messergebnissen

$$y = \bar{x} \pm s$$

Vergleich der Messergebnisse y_1 und y_2:

Die Messwerte von Beispiel 1 schwanken nur geringfügig um den Mittelwert. Dies kommt in dem kleinen Wert der Standardabweichung s_1 = ± 0,06 mL zum Ausdruck.

Die Messwerte von Beispiel 2 streuen stark um den Mittelwert. Die Standardabweichung s_2 = ± 4,56 mL beträgt etwa 19 % des Mittelwertes x_2 = 24,27 mL.

Messreihen mit derart großer Standardabweichung sind für eine praktische Verwendung ungeeignet.

Da die Messreihen aus den Beispielen 1 und 2 (Seite 43) nur jeweils 5 Messwerte enthalten, beträgt der relative Fehler der Standardabweichung 10 %.

Die Messergebnisse mit Standardabweichung geben den Mittelwert der Messwerte an und machen eine Aussage über die Streuung der einzelnen Messwerte um den Mittelwert.

[1] Weitere statistische Auswertungen von Datenreihen finden sich in Kapitel 9 und 10, S. 315 und S. 329.

Relative Standardabweichung

Die Streuung einer Messreihe kann auch durch die **relative Standardabweichung s_r** gekennzeichnet werden. Die relative Standardabweichung s_r ist die auf den Mittelwert $\overline{x}$ bezogene Standardabweichung s. Sie wird auch **Variationskoeffizient** genannt und kann als Dezimalzahl oder in Prozent angegeben werden.

Relative Standardabweichung
$s_r = \frac{s}{\overline{x}} = \frac{s}{\overline{x}} \cdot 100\,\%$

Beispiel: Welche relative Standardabweichung haben die Messreihen aus Beispiel 1 und Beispiel 2 (Seite 44)?

Lösung: $s_{r1} = \frac{s_1}{\overline{x}_1} = \frac{\pm 0{,}06\text{ mL}}{24{,}37\text{ mL}} = \pm 0{,}00246 \approx \pm 0{,}0025 = \mathbf{\pm 0{,}25\,\%}$ $\Rightarrow$ Messergebnis: $y_1 = 24{,}37\text{ mL} \pm 0{,}25\,\%$

$s_{r2} = \frac{s_2}{\overline{x}_2} = \frac{\pm 4{,}56\text{ mL}}{24{,}37\text{ mL}} = \pm 0{,}1871 \approx \pm 0{,}187 = \mathbf{\pm 18{,}7\,\%}$ $\Rightarrow$ Messergebnis: $y_2 = 24{,}37\text{ mL} \pm 18{,}7\,\%$

GAUß'sche Normalverteilung (normal distribution)

Eine anschauliche Darstellung der Standardabweichung s erhält man durch grafisches Auftragen der Häufigkeit der Messwerte in einem Diagramm **(Bild 1)**.

Das Diagramm hat als Abszisse die Messgröße x. In der Mitte der Abszisse liegt der arithmetische Mittelwert $\overline{x}$. Die Ordinate gibt die Häufigkeit der Messwerte in Prozent an.

Die glockenförmige Kurve erhält man, indem man links und rechts vom Mittelwert $\overline{x}$ die Häufigkeit der um jeweils ein bestimmtes Intervall vom Mittelwert abweichenden Messwerte aufträgt. Die Glockenkurve wird nach ihrem Erfinder **GAUß'sche Normalverteilungskurve**[1] genannt.

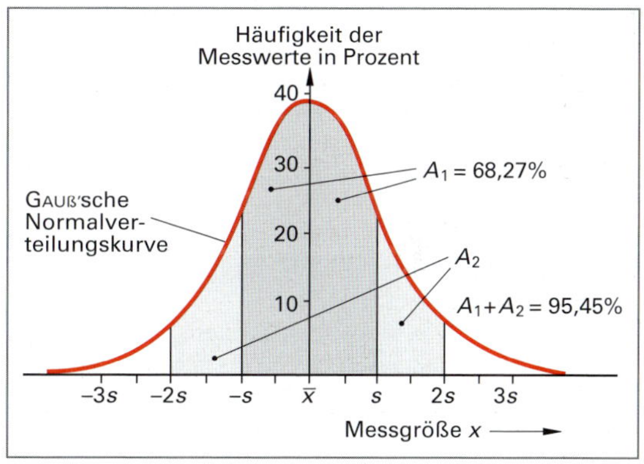

Bild 1: GAUß'sche Normalverteilungskurve und Standardabweichung

Der errechnete Wert der Standardabweichung $\pm s$ begrenzt unter der Kurve die Fläche A_1. Diese Fläche A_1 um den Mittelwert $\overline{x}$ nimmt 68,27 % der Gesamtfläche unter der Glockenkurve ein, d. h., 68,27 % der Messwerte liegen innerhalb dieser Fläche und damit innerhalb der einfachen Standardabweichung $\pm s$.

Innerhalb der zweifachen Standardabweichung $\pm 2\,s$ liegen 95,45 % der Messwerte, innerhalb der dreifachen Standardabweichung $\pm 3\,s$ liegen 99,73 % der Messwerte.

Beispiel: Das Messergebnis von Beispiel 1 auf Seite 44 lautete: $y_1 = \overline{x}_1 \pm s_1 = 24{,}37\text{ mL} \pm 0{,}06\text{ mL}$, die Standardabweichung s_1 beträgt 0,06 mL. Wird die den Messwerten zugrunde liegende Titration unter denselben Bedingungen durchgeführt, dann werden sich die Volumenwerte weiterer Titrationen mit 68,27%iger Wahrscheinlichkeit innerhalb der Wertgrenzen $y_1 = \overline{x}_1 \pm s_1 = 24{,}37\text{ mL} \pm 0{,}06\text{ mL}$ befinden, d.h. sie werden zwischen $\mathbf{y_1} = 24{,}37\text{ mL} + 0{,}06\text{ mL} = \mathbf{24{,}43\text{ mL}}$ und $\mathbf{y_1} = 24{,}37\text{ mL} - 0{,}06\text{ mL} = \mathbf{24{,}31\text{ mL}}$ schwanken.
Mit 95,45%iger Wahrscheinlichkeit werden sich die Volumenmesswerte innerhalb der Wertgrenzen $y_1 = \overline{x}_1 \pm 2\,s_1 = 24{,}37\text{ mL} \pm 2 \cdot 0{,}06\text{ mL}$ befinden, d.h. sie werden zwischen $\mathbf{y_1} = 24{,}37\text{ mL} + 2 \cdot 0{,}06\text{ mL} = \mathbf{24{,}49\text{ mL}}$ und $\mathbf{y_1} = 24{,}37\text{ mL} - 2 \cdot 0{,}06\text{ mL} = \mathbf{24{,}25\text{ mL}}$ schwanken.

2.3.4 Auswertung mit dem Taschenrechner und Computer

Da Mittelwerte, Standardabweichungen usw. zur Beurteilung von Messwerten häufig gebraucht werden und ihre Berechnung aufwendig ist, haben viele Taschenrechner entsprechende Funktionstasten: $\overline{x}$, s, Σx, Σx^2 usw. Mit ihr können die gesuchten statistischen Werte direkt abgerufen werden.

Beispiel: Der Mittelwert und die Standardabweichung sollen unter Zuhilfenahme des Taschenrechners für folgende Messwerte einer Viskositätsbestimmung berechnet werden:
145 s, 148 s, 140 s, 146 s, 153 s, 144 s, 142 s, 139 s.

[1] KARL FRIEDRICH GAUß, deutscher Mathematiker und Astronom, 1777 bis 1855

Lösung: Je nach Rechnerfabrikat müssen die statistischen Funktionen vor oder nach den Messwerten aufgerufen werden (siehe Bedienungsanleitung des Taschenrechners).

Beispiel:

Eingabe	145 [$\Sigma+$]	148 [$\Sigma+$]	140 [$\Sigma+$]	usw.	[INV] [ ]	[INV] [s]
Anzeige	145 1	148 2	140 3	...	144,2	4,4095856

Der arithmetische Mittelwert ist $\bar{x}$ **≈ 144 s,** die Standardabweichung s **≈ ± 4 s.**
Das Messergebnis lautet: **y = 144 s ± 4 s**
oder mit der relativen Standardabweichung s_r ausgedrückt: **y = 144 s ± 3 %.**

Auch mit einem Tabellenkalkulationsprogramm lassen sich die statistischen Kennwerte ermitteln. (Hinweise zur Datenauswertung mit Tabellenkalkulationsprogrammen befinden sich im Abschnitt 2.5.1, Seite 57 ff).

Die Ausführung der Berechnung wird anhand eines Beispiels gezeigt:

Beispiel: Für die Messreihe einer Dichtebestimmung ist mit Hilfe eines Tabellenkalkulationsprogramms der Mittelwert, die Standardabweichung und die relative Standardabweichung zu berechnen (vgl. Kap. 2.3 Seite 52).
Dichte-Messwerte in g/cm³: 1,134; 1,137; 1,141; 1,129; 1,140; 1,131; 1,126; 1,133.

Lösung: Man erstellt eine geeignete Eingabemaske, in die die Messwerte eingetragen werden **(Bild 1).** Für die Ermittlung der statistischen Kennwerte werden Zellen mit den statistischen Funktionen belegt (Seite 58, Methode 2, 5. Schritt). Die Zellenbelegung lautet:
E4 ⇒ =MITTELWERT(B3:I3); **E5:** ⇒ =STABW(B3:I3); **E6:** ⇒ =E5/E4; **E7** ⇒ =E4; ***G7*** ⇒ =E6

	A	B	C	D	E	F	G	H	I
1		**Dichtewerte einer Prozesslauge**							
2									
3	Messwerte in g/cm³	1,134	1,137	1,141	1,129	1,140	1,131	1,126	1,133
4	Mittelwert $\bar{x}$				1,134 g/cm³				
5	Standardabweichung s				0,0052				
6	Relative Standard-abweichung s_r				0,46%				
7	**Messwert**				**1,134 g/cm³**		**± 0,46%**		

Bild 1: Eingabemaske zur statistischen Auswertung einer Dichtebestimmung

Aufgaben zu 2.3 Auswertung von Messreihen

Hinweis: Lösen Sie die folgenden Aufgaben a) mit einem Taschenrechner und seinen statistischen Funktionen,
b) mit einem Tabellenkalkulationsprogramm.

1. Zur Bestimmung der Viskosität einer Flüssigkeit mit dem Kugelfallviskosimeter nach HÖPPLER (Bild 420/1) wurden folgende Fallzeiten der Kugel gestoppt:
140,51 s; 141,84 s; 141,63 s; 140,66 s; 141,94 s; 140,91 s und 141,59 s.
   a) Berechnen Sie die mittlere Fallzeit, die Standardabweichung und die relative Standardabweichung.
   b) Geben Sie das Messergebnis an.

2. Berechnen Sie für die nachstehenden Messreihen den prozentualen Fehler, den Mittelwert, die Standardabweichung und den Variationskoeffizienten. Geben Sie jeweils das Messergebnis an.
   a) m in g: 2,6735; 2,6901; 2,7121; 2,6588; 2,6476; 2,6179; 2,7021
   b) U in mV: 176; 159; 182; 166; 163
   c) v in m/s: 0,98; 0,97; 1,03; 1,11; 1,05
   d) ϱ in g/cm³: 1,208; 1,192; 1,199; 1,212; 1,207; 1,202; 1,196

3. Bei einer Neutralisationstitration werden in 5 Messungen folgende Volumina an Salzsäure-Maßlösung verbraucht: 38,36 mL; 38,52 mL; 38,47 mL; 38,42 mL; 38,39 mL.
   a) Berechnen Sie den arithmetischen Mittelwert des Verbrauchs, die Standardabweichung und die relative Standardabweichung.
   b) Geben Sie die Volumen-Messwertgrenzen an, in denen sich die Volumenverbräuche mit 95,4%iger Wahrscheinlichkeit bei weiteren Titrationen derselben Aufgabe befinden werden.

2.4 Darstellung von Messergebnissen

Messergebnisse werden bei der Auswertung von Hand meist zuerst in eine Wertetabelle eingetragen und dann in eine grafische Darstellung eingezeichnet. Gegebenenfalls werden die Zusammenhänge der Messgrößen nach einer Auswertung als Gleichung wiedergegeben.

2.4.1 Messwerte in Wertetabellen

Aufstellen einer Wertetabelle (table of values)

Die einfachste Form, Zusammenhänge zwischen zwei oder mehr verschiedenen Größen darzustellen, ist mit der **Wertetabelle** möglich **(Bild 1).**

Eine Tabelle enthält im Kopf den Titel und eine Zeile darunter die Größen und ihre Einheiten. In der 1. Spalte steht meist die Variable, z. B. die Zeit t. In der zweiten Spalte werden die Messwerte eingetragen und, in weiteren Spalten, aus den Messwerten errechnete Größen. Meist ist die Wertetabelle das direkte Protokoll einer Messreihe.

Abgeschiedene Masse Kupfer m und Stromstärke I in Abhängigkeit von der Zeit t

Zeit t in min	abgeschiedene Kupfermasse m in g	Stromstärke I in A
10	0,490	2,48
20	0,985	2,49
30	1,481	2,50
36	1,780	2,50
48	2,371	2,50

Bild 1: Beispiel einer Wertetabelle

Berechnung von Zwischenwerten

Aus einer Wertetabelle können nur gemessene Werte direkt abgelesen werden. Zwischenwerte lassen sich durch Berechnen ermitteln. Man nennt dies rechnerische **Interpolation** (interpolation).

Beispiel 1: Welche abgeschiedene Kupfermasse ist aus den Werten der obigen Tabelle nach 40 min zu erwarten?

Lösung: Die gesuchte Kupfermasse nach t = 40 min liegt zwischen den Messwerten für t = 36 min und t = 48 min. Über eine Differenzbildung zu den Wertepaaren von t = 36 min und t = 48 min wird die Zunahme der Kupfermasse pro Zeiteinheit bestimmt:

Nach 48 min wurden 2,371 g erhalten
nach 36 min wurden 1,780 g erhalten

Differenzen: Δt = 12 min; Δm = 0,591 g

$\Rightarrow$ Masse Kupfer pro Zeiteinheit: $\frac{\Delta m}{\Delta t} = \frac{0{,}591\ \text{g}}{12\ \text{min}} = 0{,}04925\ \frac{\text{g}}{\text{min}}$

$\Rightarrow$ in 4 min sind $0{,}04925 \cdot \frac{\text{g}}{\text{min}} \cdot 4\ \text{min} = 0{,}197\ \text{g}$ zusätzlich abgeschieden worden.

Die abgeschiedene Kupfermasse von 1,780 g (t = 36 min) hat sich in weiteren 4 min um 0,197 g erhöht. $\boldsymbol{m(t = 40\ \text{min})} = 1{,}78\ \text{g} + 0{,}197\ \text{g} = \mathbf{1{,}977\ g}$

Beispiel 2: 32,0%ige Schwefelsäure hat eine Dichte $\varrho = 1{,}235\ \text{g/cm}^3$, 35,0%ige Schwefelsäure eine Dichte von $\varrho = 1{,}260\ \text{g/cm}^3$. Welche Dichte hat eine 33,4%ige Schwefelsäure?

Lösung: 35,0%ige Schwefelsäure hat die Dichte 1,260 g/cm³
32,0%ige Schwefelsäure hat die Dichte 1,235 g/cm³

$\Delta w(H_2SO_4) = 3{,}0\ \%$; $\Delta\varrho = 0{,}025\ \text{g/cm}^3$ $\Rightarrow \frac{\Delta\varrho}{\Delta w(H_2SO_4)} = \frac{0{,}025\ \text{g/cm}^3}{0{,}030} = 0{,}833\ \frac{\text{g}}{\text{cm}^3}$

32,0%ige Schwefelsäure hat die Dichte 1,235 g/cm³
33,4%ige Schwefelsäure hat die Dichte $\boldsymbol{\varrho}$ **(33,4 %)** $= 1{,}235\ \text{g/cm}^3 + 0{,}014 \cdot 0{,}833\ \text{g/cm}^3 \approx \mathbf{1{,}247\ g/cm^3}$

Aufgabe zu 2.4.1 Messwerte in Wertetabellen

In ein Reaktionsgefäß wird eine Flüssigkeit gepumpt. Die jeweils gemessene Zeit in Sekunden und das zugeflossene Volumen in Liter wurden gemessen und in der unten gezeigten Wertetabelle eingetragen.

a) Berechnen Sie den jeweiligen Volumenstrom $\dot{V}$ und tragen Sie die Werte in die erweiterte Tabelle ein.

b) Welches Volumen ist nach 45 s eingeströmt?

c) Nach welcher Zeit sind 260 L eingeflossen?

Volumen in L	60	100	200	250	280	300	320	350	390
Zeit in s	12,0	20,0	39,5	49,0	56,5	60,5	64,5	70,0	79,0

2.4.2 Grafische Darstellung von Messwerten

Grafische Darstellungen (graphical representation), auch Diagramme genannt, ermöglichen die anschauliche Wiedergabe von Messwerten. Meist erfolgt eine grafische Darstellung im **rechtwinkligen Koordinatensystem** (DIN 461). Ein gut angefertigtes Diagramm sagt oft mehr aus als viele Worte.

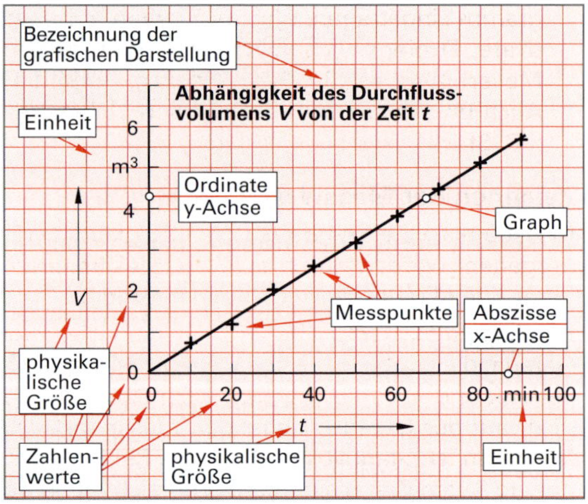

Bild 1: Normgerechte grafische Darstellung

1. Eine grafische Darstellung **(Bild 1)** enthält:
   - Eine **Abszisse** (waagrechte Achse) und eine **Ordinate** (senkrechte Achse)
   - Eine Beschriftung der Abszisse (abscissa) und Ordinate (ordinate) mit den physikalischen Größen, den Einheiten und Zahlenwerten
   - Die Bezeichnung der Darstellung
   - Die Messpunkte
   - Den aus den Messpunkten abgeleiteten Kurvenzug, auch **Graph** (graph) genannt.

   Die Pfeilspitze unter oder am Ende der **Abszisse** und der **Ordinate** zeigt in Richtung der anwachsenden Werte **(Bild 2)**. Die Achsenbezeichnungen sollen möglichst ohne Drehen des Blattes lesbar sein.

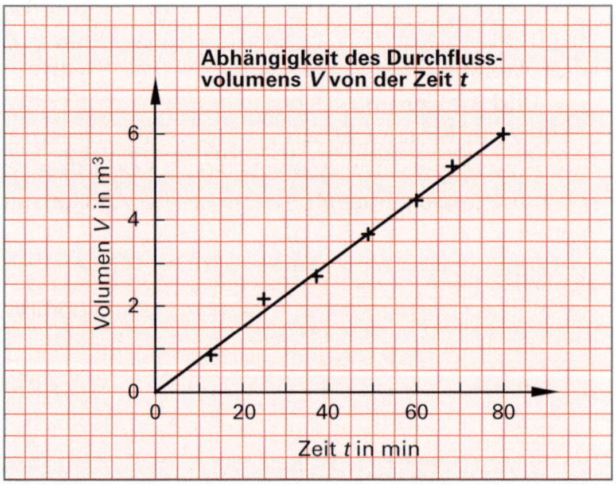

Bild 2: Weitere mögliche Achsenbezeichnung

2. Die unabhängig veränderliche Variable, z. B. die Zeit *t*, wird immer auf der Abszisse aufgetragen, die abhängige Variable, z. B. das Volumen *V*, immer auf der Ordinate.
3. Zum Zeichnen der Diagramme Bleistift oder Tuschefüller verwenden. Filzstifte oder Kugelschreiber sind weniger geeignet.
4. Durch die Wahl eines geeigneten Maßstabes kann eine blattfüllende grafische Darstellung im Hoch- oder Querformat erreicht werden.

   Beispiel: Für die grafische Darstellung der Werte in Bild 1 bzw. 2 sind für die Zeitachse pro 10 min 0,5 cm, für die Volumenachse pro Kubikmeter (m^3) ebenfalls 0,5 cm geeignet.

5. Für die Maßstabeinteilung der Achsen ist eine Einer-, Zweier, Fünfer- oder Zehner-Teilung zu verwenden **(Bild 3)**. Ungeeignet ist eine Dreierteilung, da Zwischenwerte hierbei nicht oder nur sehr schlecht abgelesen werden können.
6. Für die Achseneinteilung werden ca. 2 mm lange Striche verwendet. Pro Zentimeter genügen ein oder zwei Striche. Zugehörige Zahlen werden mittig zum Strich geschrieben.
7. Das Einheitenzeichen der physikalischen Größe wird meist zwischen die letzten beiden Ziffern der Achse geschrieben. Die Zahlen an der Achse selbst sind einheitenlos (Bild 1).

   Üblich ist auch das Anhängen der Einheit an die Größe, z. B. Zeit *t* in h (Bild 2), Spannung *U* in V usw. Möglich ist auch die Achsenbezeichnung in Bruchform, bei der die Größe durch die Einheit geteilt wird, z. B. *I*/A oder *t*/h.

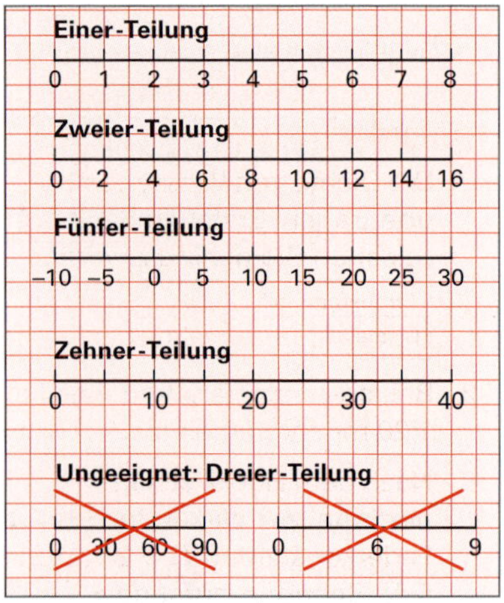

Bild 3: Maßstabeinteilung der Achsen

8. Die aus den Messwerten erhaltenen Messpunkte werden durch kleine Kreuze in das Diagramm eingetragen. Weitere Zeichen, z. B. Quadrate, Dreiecke, usw. kennzeichnen andere Messreihen im gleichen Diagramm **(Bild 1)**. Auch unterschiedliche Farben und Linienarten, z. B. Strichlinien, sind möglich.

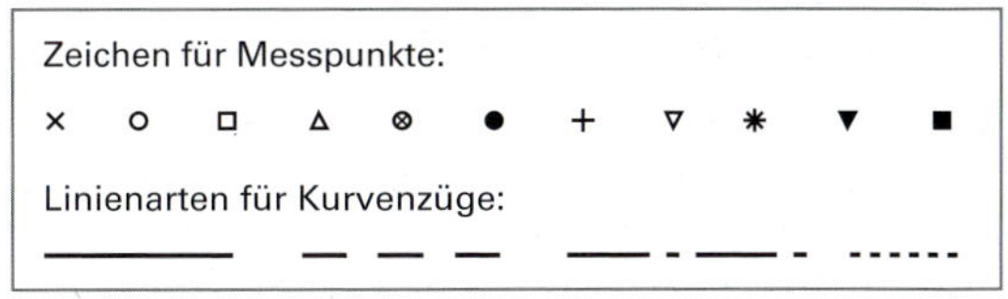

Bild 1: Zeichen und Linien für die Darstellung mehrerer Kurven in einem Diagramm

Zeichnen der Messwertkurven

Messpunkte, die lineare Gesetzmäßigkeiten wiedergeben, werden durch eine **Ausgleichsgerade** (engl. line of regression) verbunden **(Bild 2)**.

Als Ausgleichsgerade bezeichnet man diejenige Gerade, die durch möglichst viele der Messpunkte verläuft und bei der die Summe der Abstände der nicht auf der Geraden liegenden Messpunkte ein Minimum ist. Stark abseits liegende Punkte, sogenannte Ausreißer, bleiben unberücksichtigt. In der Praxis zeichnet man die Ausgleichsgerade nach Augenmaß und durch Probieren.

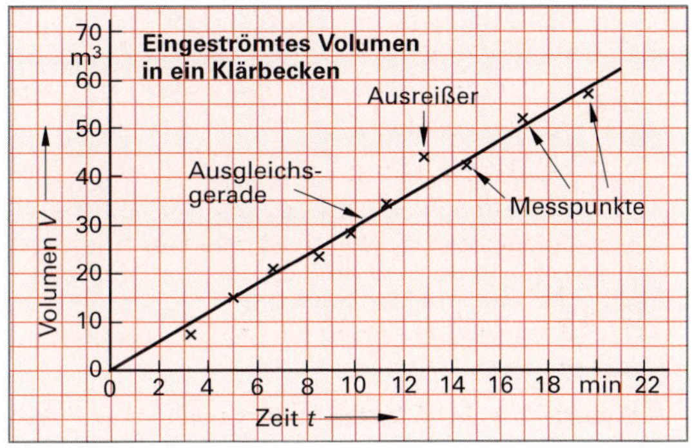

Bild 2: Ausgleichsgerade

Messpunkte, die nichtlineare Zusammenhänge beschreiben, werden mit einem Kurvenlineal zu einer **Ausgleichskurve** (regression curve) verbunden **(Bild 3)**. Der gezeichnete Kurvenzug soll möglichst viele Messpunkte umfassen oder ausgleichend zwischen den Messpunkten verlaufen. Er soll harmonisch aussehen und keine Knicke aufweisen.

Beispiel: Die Abhängigkeit des Volumens einer Gasportion vom Gasdruck wurde experimentell bestimmt und die Werte in eine Wertetabelle aufgenommen.

p in bar	1,00	0,82	1,10	1,20	1,50	2,00
V in m^3	670	600	502	396	346	255

p in bar	2,50	3,00	4,00	5,00	5,25
V in m^3	220	163	127	102	95,0

Stellen Sie das Ergebnis in einem p-V-Diagramm dar

Lösung: **Ausgleichskurve in Bild 3**

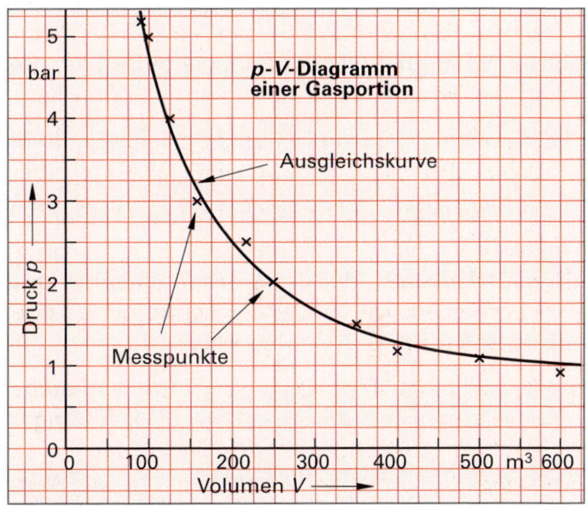

Bild 3: Ausgleichskurve

Aufgaben zu 2.4.2 Grafische Darstellung von Messwerten

1. Die Dichte von Wasser wurde bei verschiedenen Temperaturen gemessen und in eine Wertetabelle übertragen. Erstellen Sie das Dichte-Temperatur-Diagramm, tragen Sie dort die Messwerte ein und zeichnen Sie die Messwertkurve.

Temperatur in °C	0,00	1,00	2,00	3,00	4,00	5,00	6,00	7,00	8,00	9,00
Dichte in g/cm³	0,999840	0,999899	0,999940	0,999964	0,999972	0,999964	0,999940	0,999901	0,999848	0,999780

2. Bei einer chemischen Reaktion nimmt die Anfangskonzentration von 8,50 mol/L alle 12 s um 1,20 mol ab. Erstellen Sie die Wertetabelle und das Konzentrations-Zeit-Diagramm.

3. Nach dem HOOKE'schen Gesetz $\Delta s = F/D$ nimmt die Länge eines Federkraftmessers **(Bild 91/1)** proportional zur wirkenden Kraft F zu. Welche Längenzunahmen sind bei einem Kraftmesser mit der Federkonstanten D = 2 N/mm zu erwarten, wenn Gewichtskräfte von 5 N; 10 N; 15 N bis 50 N in 5 N-Schritten aufgegeben werden? Erstellen Sie eine Wertetabelle und ein Kraft/Verlängerungs-Diagramm.

2.4.3 Arbeiten mit Diagrammen in der Chemie

Werden Messwerte in ein Diagramm (engl. diagramm) übertragen, gibt der Graph diese anschaulich wieder.

Grafische Interpolation (graphical interpolation)

Aus einer gezeichneten Kurve lassen sich durch grafische Interpolation beliebige Zwischenwerte unmittelbar ablesen. Die Genauigkeit der abgelesenen Messgröße ist vom Zeichenmaßstab abhängig.

Beispiel 1: Mit einem Thermoelement wurden in einem Kalorimeter 8,3 mV Thermospannung gemessen. Zur Ermittlung der Temperatur aus der Thermospannung steht die Kalibrierkurve des Thermoelements zur Verfügung **(Bild 1).** Welche Reaktionstemperatur liegt im Kalorimeter vor?

Lösung: aus Bild 1: zu $U = 8{,}3$ mV $\Rightarrow$ $\boldsymbol{\vartheta = 153}$ **°C**

Beispiel 2: Wie groß ist die Thermospannung U des Thermoelements bei einer Temperatur von 120 °C?

Lösung: aus Bild 1: zu $\vartheta = 120$ °C $\Rightarrow$ $\boldsymbol{U = 6{,}5}$ **mV**

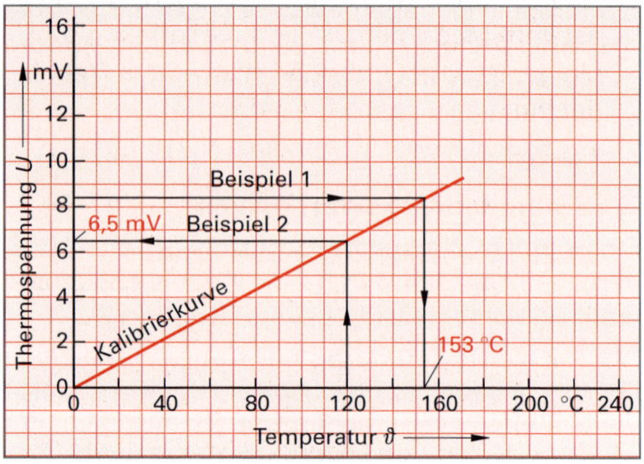

Bild 1: Interpolieren mit der Kalibrierkurve eines Thermoelements

Grafische Extrapolation (graphical extrapolation)

Soll ein Wert bestimmt werden, der außerhalb des durch die Messwerte festgelegten Graphen liegt, kann der gesuchte Wert durch Extrapolieren erhalten werden. Die Extrapolation liefert jedoch nur dann brauchbare Ergebnisse, wenn davon ausgegangen werden kann, dass die Funktion über die Messwerte hinaus stetig verläuft. Bei der grafischen Extrapolation wird der Graph entsprechend dem vorherigen Kurvenverlauf verlängert (Strichlinie in Bild 2).

Beispiel 3: Die Thermospannung des Thermoelements aus Beispiel 1 beträgt bei einer Messung $U = 11{,}4$ mV. Welche Temperatur liegt vor?

Lösung: Die Kalibrierkurve (Bild 1) wird verlängert **(Bild 2)** und der gesuchte Wert zu 11,4 mV abgelesen: Dies entspricht $\boldsymbol{\vartheta = 208}$ **°C.**

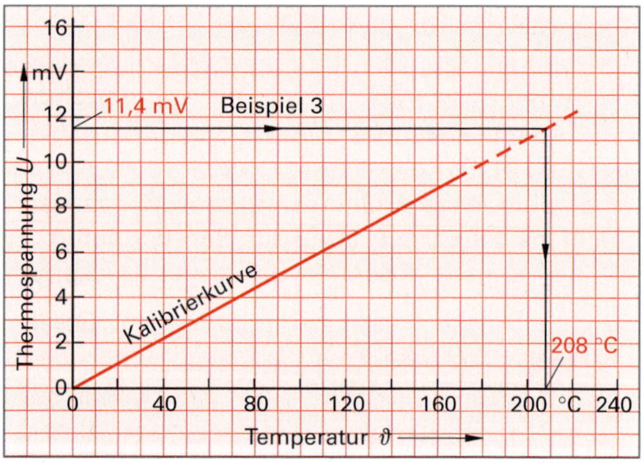

Bild 2: Extrapolieren mit der Kalibrierkurve eines Thermoelements

Nichtlineare Kalibrierkurven

Auch bei nichtlinearen Kalibrierkurven kann interpoliert und extrapoliert werden. Die Genauigkeit der ermittelten Zwischenwerte ist jedoch eingeschränkt.

Beispiel 4: Für die Durchflussmessung ($\dot{V}$) mit einer Messblende steht eine Kalibrierkurve zur Verfügung **(Bild 3).** Sie gibt den Volumenstrom $\dot{V}$ in Abhängigkeit vom Wirkdruck Δp wieder. Wie groß ist der Volumenstrom $\dot{V}$, wenn der Wirkdruck Δp zu 220 hPa angezeigt wird?

Lösung: Der Graph wird mit dem Kurvenlineal entsprechend der Kalibrierkurve verlängert (Bild 3) und der gesuchte Wert zu 220 hPa abgelesen:
$\boldsymbol{\dot{V} = 7{,}4}$ **m³/h.**

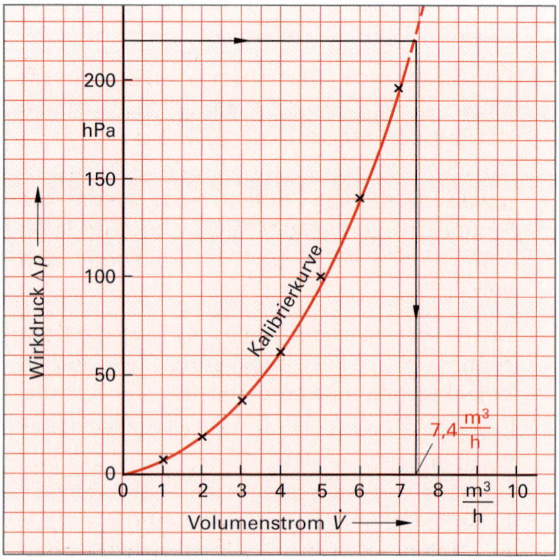

Bild 3: Extrapolieren mit der Kalibrierkurve einer Messblende

Aufgaben zu 2.4.3 Arbeiten mit Diagrammen in der Chemie

1. Die Dichte von Natriumhydroxid-Lösungen ist vom Massenanteil an NaOH abhängig.

   Folgende Werte können aus einem Tabellenbuch entnommen werden:

w(NaOH) in %	26,02	28,80	30,20	32,10	35,01
Dichte ϱ in kg/m^3	1285	1315	1330	1350	1380

   a) Zeichnen Sie ein w-ϱ-Diagramm.

   b) Ermitteln Sie grafisch die Dichten zu $w_1 = 27{,}0\,\%$; $w_2 = 30{,}80\,\%$; $w_3 = 35{,}50\,\%$.

   c) Ermitteln Sie grafisch die NaOH-Massenanteile zu $\varrho_1 = 1300\,kg/m^3$, $\varrho_2 = 1356\,kg/m^3$.

2. Der pH-Wert von Lösungen ist von der H_3O^+-Ionenkonzentration abhängig. Bestimmen Sie aus **Bild 1:**

   a) den pH-Wert für die Ionenkonzentrationen $c(H_3O^+)$ in mol/L: 10^{-6}; 10^{-8}; $5 \cdot 10^{-7}$; $2 \cdot 10^{-6}$;

   b) den pH-Wert für die Ionenkonzentrationen $c(H_3O^+)$ in mol/L: $2 \cdot 10^{-8}$; $6 \cdot 10^{-7}$; $8 \cdot 10^{-9}$; $1{,}5 \cdot 10^{-8}$; $2{,}5 \cdot 10^{-6}$;

   c) die Ionenkonzentrationen $c(H_3O^+)$ zu den pH-Werten: 6,0; 6,5; 8,2; 8,5; 8,8; 9,6.

3. Eine Gasportion von $V_0 = 40{,}0$ mL ($T = 273$ K) wird isotherm unterschiedlichen Drücken ausgesetzt **(Bild 2).**

   a) Welches Volumen V stellt sich jeweils bei den folgenden Drücken ein: 0,50 bar; 0,75 bar; 0,99 bar; 1,02 bar; 1,15 bar und 1,50 bar?

   b) Welcher Druck ergäbe sich, wenn das Volumen der Gasportion 30 mL; 35 mL; 50 mL; 58 mL beträgt?

4. Die Masse des Wasserdampf, die von Luft maximal aufgenommen werden kann, ist von der Temperatur abhängig **(Bild 3).**

   Welche Wassermasse kann die Luft pro m^3 jeweils zusätzlich aufnehmen, wenn die Temperatur um je 10 °C erhöht wird und von – 5 °C, + 5 °C, 15 °C und 25 °C ausgegangen wird?

5. Die Reaktionsgeschwindigkeit r und die Konzentration c eines Reaktanden wurden in einer Wertetabelle eingetragen.

r in mol/s	0	0,1	0,2	0,3	0,4	0,5	0,6
c in mol/L	0	0,2	0,4	0,6	0,8	1,0	1,2

   a) Zeichnen Sie das r-c-Diagramm.

   b) Ermitteln Sie die Reaktionsgeschwindigkeit für $c_1 = 0{,}5$ mol/L und $c_2 = 1{,}5$ mol/L.

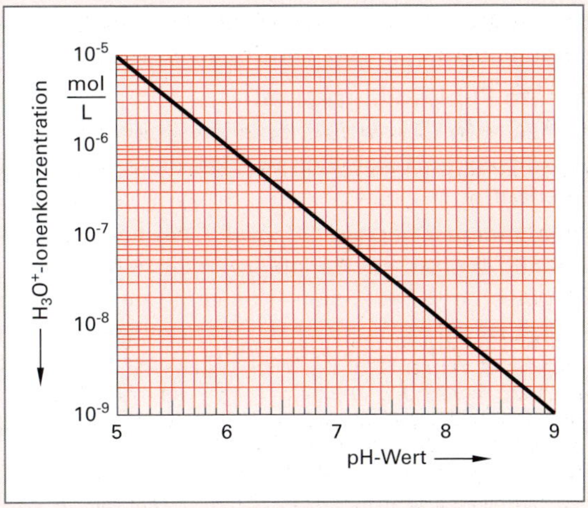

Bild 1: Abhängigkeit des pH-Wertes von der H_3O^+-Ionenkonzentration (Aufgabe 2)

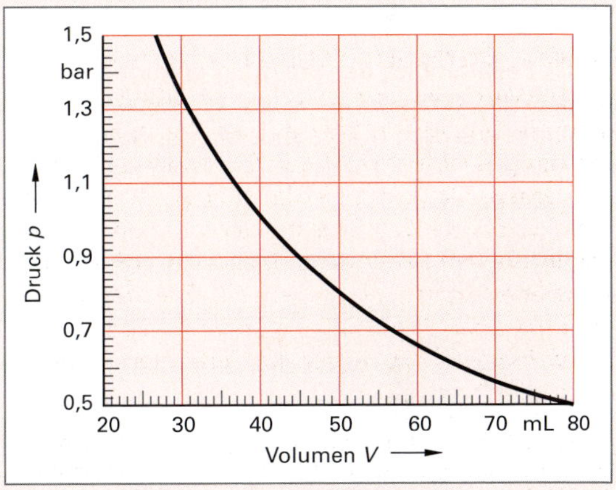

Bild 2: Abhängigkeit des Volumens einer Gasportion vom Druck (Aufgabe 3)

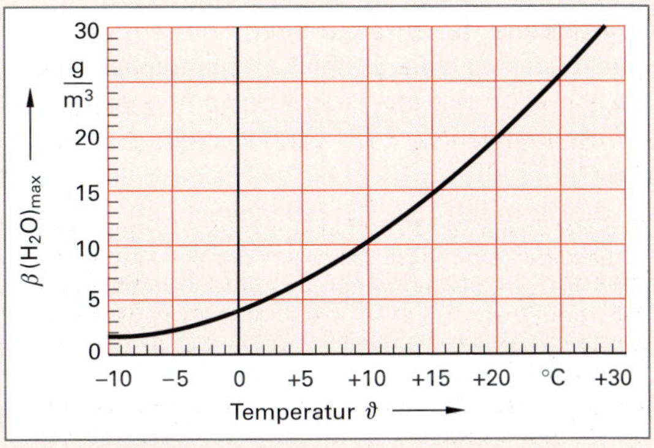

Bild 3: Sättigungs-Wasserdampfmasse in Luft (Aufgabe 4)

2.4.4 Interpretation von Graphen

Mit der Interpretation, d.h. der Deutung von Graphen, sind qualitative und quantitative Aussagen zur Abhängigkeit zweier Größen voneinander möglich.

Lineare Funktionsgraphen

Im Falle einer Geraden als Funktionsgraph ist die Deutung am einfachsten. Im Folgenden werden die typischen Geradenarten erläutert.

Achsparallele Geraden: Bleibt der Wert der Funktion bei veränderten Werten der Variablen x gleich (konstant), wird eine waagerechte Gerade, auch Konstante genannt, erhalten. Sie verläuft parallel zur x-Achse (Abszisse) und wird durch die Funktion $\boldsymbol{y = b_1}$ beschrieben **(Bild 1).** Sie schneidet die Ordinate y im Punkt b_1.

Ursprungsgeraden: Schneiden sich die beiden Achsen des Koordinatensystems jeweils bei Null, so heißt der Schnittpunkt „Ursprung". Geraden durch den Koordinatenursprung heißen Ursprungsgerade oder Proportionale **(Bild 1).** Sie entsprechen der Funktion $\boldsymbol{y = a \cdot x}$.

Der Proportionalitätsfaktor a gibt die Steigung der Geraden an: $a = \frac{y_1}{x_1} = \frac{y_2}{x_2} = \ldots = \frac{y}{x} = \tan\alpha$.

Für die Bestimmung der Steigung genügt bei der Ursprungsgeraden die Kenntnis eines x/y-Wertepaares aus der Messreihe oder aus dem Diagramm. Mit der Steigung können weitere y-Werte zu vorgegebenen x-Werten oder umgekehrt berechnet werden.

Lineare Funktionsgraphen	
Achsparallele Geraden	Ursprungsgeraden
$y = b$	$y = a \cdot x$

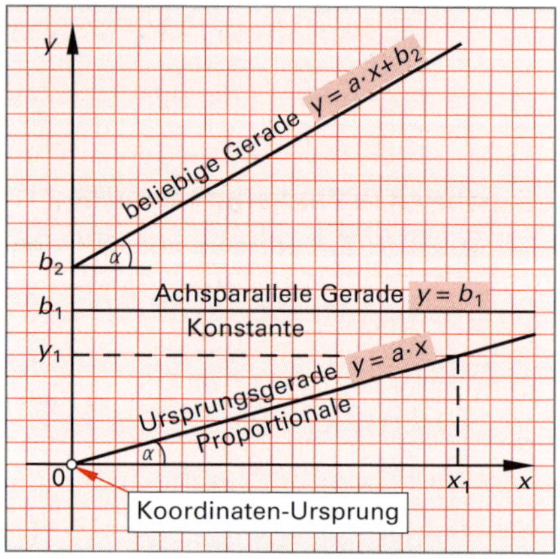

Bild 1: Geraden im Koordinatensystem

Beispiel 1: Eine Ursprungsgerade geht durch den Punkt P (0,5/2,5).
a) Zeichnen Sie die Ursprungsgerade in ein passend gewähltes Diagramm.
b) Welcher Wert gehört zu $x = 1{,}0$?

Lösung: a) **Bild 2**
b) Entweder aus dem Diagramm Bild 2 ablesen oder rechnerisch ermitteln:

$$a = \frac{y}{x} = \frac{2{,}5}{0{,}5} = 5; \quad y = a \cdot x = 5 \cdot 1{,}0 = \mathbf{5{,}0}$$

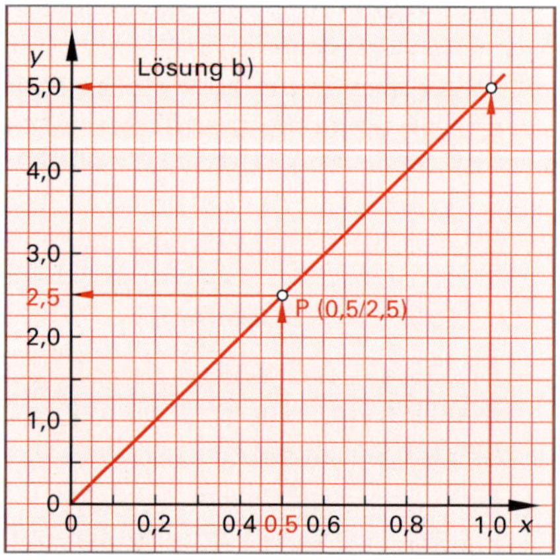

Bild 2: Lösung zu Beispiel 1

Beliebige Geraden: Eine beliebige Gerade wird durch die Funktion $\boldsymbol{y = a \cdot x + b}$, der so genannten **Normalform der Geradengleichung,** beschrieben (Bild 1). Hierbei ist a der Proportionalitätsfaktor und b der Ordinatenabschnitt. Die lineare Funktion setzt sich aus einer Konstanten und einer Proportionalen zusammen.

Jede Gerade ist durch zwei Punkte festgelegt. Die Beziehung zur Bestimmung der Geradengleichung mit den Punkten $P_1(x_1/y_1)$ und $P_2(x_2/y_2)$ wird **Zwei-Punkt-Form der Geradengleichung** genannt und hat nebenstehende Form.

Normalform der Geradengleichung
$y = a \cdot x + b$

Zweipunktform der Geradengleichung
$y = \frac{y_2 - y_1}{x_2 - x_1}(x - x_1) + y_1$

Beispiel 2: Durch die Punkte $P_1(2/3)$ und $P_2(-2/1)$ soll eine Gerade gelegt werden. Wie lautet die Normalform der Geradengleichung?

Lösung:
$$y = \frac{y_2 - y_1}{x_2 - x_1}(x - x_1) + y_1 = \frac{1-3}{-2-2}(x-2) + 3$$
$$= \frac{1}{2} \cdot (x-2) + 3 = \frac{1}{2}x - 1 + 3 \Rightarrow \boldsymbol{y = \frac{1}{2}x + 2}$$

Beispiel 3: Bei einer chemischen Reaktion nimmt die Konzentration c linear mit der Zeit t ab. In einem Konzentrations-Zeit-Diagramm mit $a = -2$ mol/(L · h) und $b = 8$ mol/L soll der Reaktionsverlauf dargestellt werden.

Lösung: Die Funktionsgleichung der Konzentration c in Abhängigkeit von der Zeit t lautet allgemein $c = a \cdot t + b$. Mit den Werten für a und b folgt: $\mathbf{c = -2\,\frac{mol}{L \cdot h} \cdot t + 8\ mol/L}$

Zu ausgewählten t-Werten werden die zugehörigen c-Werte errechnet, in eine Wertetabelle eingetragen und dann in ein Diagramm eingezeichnet **(Bild 1)**.

t in h	0	1	2	3	4
c in mol/L	8	6	4	2	0

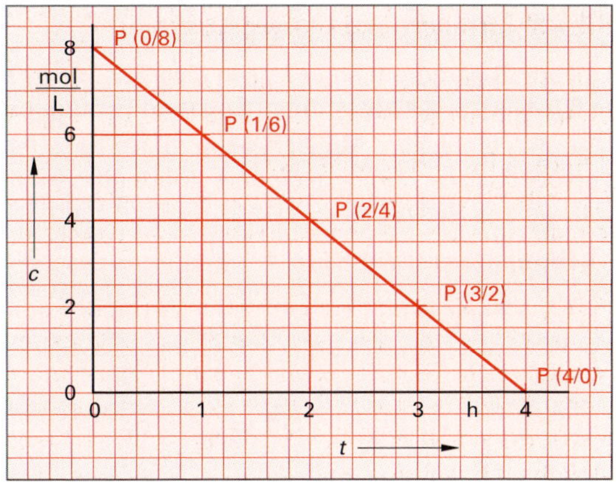

Bild 1: Lösung zu Beispiel 2

Nichtlineare Funktionsgraphen

Häufig treten Funktionen auf, bei denen sich die beiden Größen nicht proportional zueinander verhalten. In **Bild 2** sind einige typische Funktionsgraphen dargestellt.

Die Abhängigkeit der Reaktionsgeschwindigkeit von der Konzentration wird z. B. von einer **Parabel** (Funktionstyp $y = x^2$) beschrieben.

Exponentialfunktionen (Funktionstyp $y = e^x$) und Logarithmusfunktionen (Funktionstyp $y = \lg x$) beschreiben z. B. die Zeitabhängigkeit der Konzentration bei Bioreaktionen.

Durch Ändern einer oder beider Koordinateneinteilungen ist es oft möglich, nicht lineare Kurvenzüge in Geraden zu überführen (Seite 54). Damit vereinfacht sich die Deutung der Graphen.

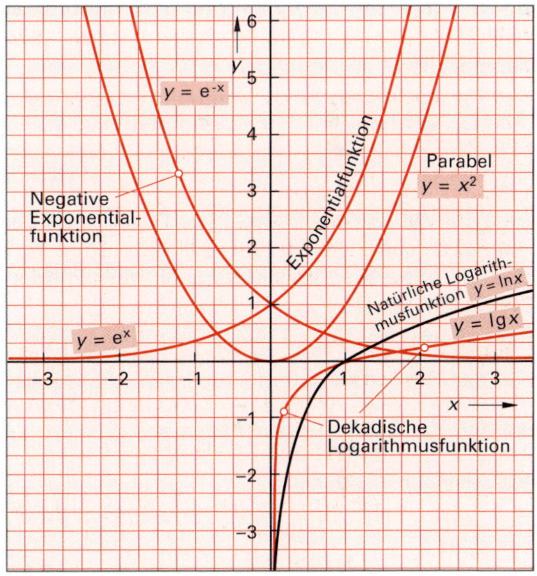

Bild 2: Nichtlineare Funktionsgraphen

Aufgaben zu 2.4.4 Interpretation von Graphen

1. Erstellen Sie ein Schaubild für den Zusammenhang zwischen der Zugkraft F und der Verlängerung s einer Stahlfeder gemäß dem HOOKE'schen Gesetz: $F = D \cdot s$. Die Federkonstante D beträgt 22,0 N/m, die Kraft F maximal 4 N.

2. Bestimmen Sie für die Geraden im nebenstehenden Diagramm **(Bild 3)** die Steigung a und den Ordinatenabschnitt b. Geben Sie jeweils die Funktionsgleichungen an.

3. Die Dampfdruckerniedrigung Δp eines Lösemittels durch einen gelösten Stoff folgt nach RAOULT der Beziehung $\Delta p = \chi \cdot p_0$.
   χ = Stoffmengenanteil gelöster Stoffe,
   p_0 = Dampfdruck des reinen Lösemittels.
   Stellen Sie für ein Lösemittel (p_0 = 680,0 hPa) die Dampfdruckerniedrigung Δp in Abhängigkeit des Stoffmengenanteils χ des gelösten Stoffes für den Bereich χ = 0,005 bis χ = 0,020 in einem Schaubild dar.

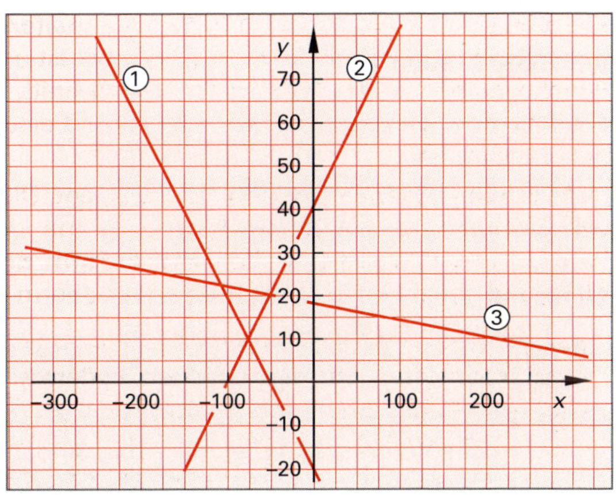

Bild 3: Aufgabe 2

2.4.5 Linearisieren einer Kurve

Lineare Zusammenhänge lassen sich relativ einfach durch eine Funktionsgleichung beschreiben (Seite 60). Nichtlinear zusammenhängende Größen ergeben kompliziertere Funktionsgleichungen.

Um die einfachen Möglichkeiten der Erfassung von Zusammenhängen aus Geraden zu nutzen, versucht man, durch geeignete Maßnahmen nichtlineare Kurvenzüge in Geraden zu überführen. Dies gelingt in einigen Fällen z. B. durch Ändern einer oder beider Koordinatengrößen.

Beispiel: Darstellung der p-V-Werte einer Gasportion eines idealen Gases a) in einem p-V-Diagramm und b) einem $1/p$-V-Diagramm. Bestimmen der Funktionsgleichung zwischen V und p.

p in mbar	50,0	62,5	80,0	100	150	200	300	400	500	625	800	1000
V in L	100	80,0	62,5	50,0	33,3	25,0	16,7	12,5	10,0	8,00	6,30	5,00
$1/p$ in 1/mbar	0,0200	0,0160	0,0125	0,0100	0,00670	0,00500	0,00330	0,00250	0,00200	0,00160	0,0013	0,00100

Werden die Wertepaare in ein p-V-Diagramm eingetragen und miteinander verbunden, wird ein nichtlinearer Kurvenzug erhalten, für den zunächst keine Funktionsgleichung aufgestellt werden kann **(Bild 1)**.

Werden die p-Werte jedoch in $1/p$-Werte umgeformt und in einem $1/p$-V-Diagramm aufgetragen **(Bild 2)**, wird ein linearer Zusammenhang erhalten. Die miteinander verbundenen Wertepaare ergeben eine Ursprungsgerade. Hieraus kann die Proportionalität $1/p \sim V$ abgeleitet werden.

Die Funktionsgleichung der Geraden kann mit einem Punkt der Geraden (x_1/y_1) und der Bestimmungsgleichung für Ursprungsgeraden (Zwei-Punkt-Form): $y = a \cdot x = \frac{y_1}{x_1} \cdot x$ bestimmt werden.

Für das $1/p$-V-Diagramm lautet die Ursprungsgerade: $V = \frac{V_1}{1/p_1} \cdot \frac{1}{p}$

Mit dem Geradenpunkt:

$V_1 = 50{,}0$ L und $1/p_1 = 0{,}0100$ 1/mbar folgt durch Einsetzen :

$$V = \frac{50{,}0\ \text{L}}{0{,}0100\ 1/\text{mbar}} \cdot \frac{1}{p} = 5000\ \text{L} \cdot \text{mbar} \cdot \frac{1}{p}$$

Es ergibt sich die Geradengleichung:

$$\boldsymbol{V = 5000\ \text{L} \cdot \text{mbar} \cdot \frac{1}{p}}$$

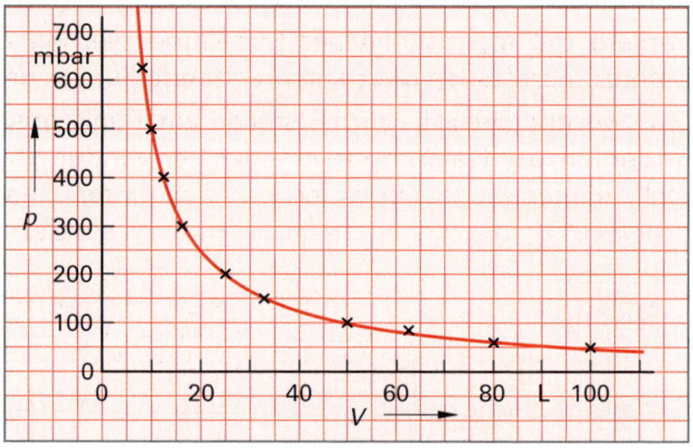

Bild 1: p-V-Diagramm einer Gasportion eines idealen Gases (Beispiel von oben)

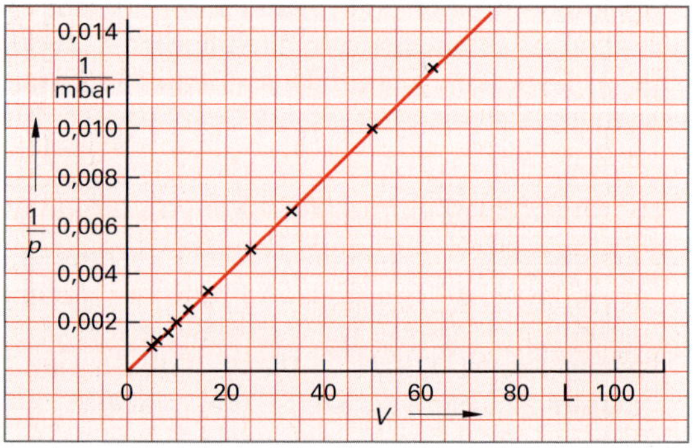

Bild 2: $1/p$-V-Diagramm der Gasportion von Bild 1

Aufgaben zu 2.4.5 Linearisieren einer Kurve

1. Aus einer Messreihe werden für das Volumen V und den Druck p folgende Wertepaare erhalten:

p in bar	220	200	180	150	120	100	80	65	52	40	25	20	15	10	5
V in L	1,0	1,1	1,2	1,47	1,83	2,2	2,75	3,38	4,23	5,5	8,8	11	14,7	22	44

a) Zeichnen Sie das p-V-Diagramm.

b) Linearisieren Sie den Graphen, indem die Wertetabelle durch $1/p$-Werte ergänzt und ein $1/p$-V-Diagramm gezeichnet wird.

c) Welche Volumina können für 7 bar, 30 bar grafisch interpoliert und für 1 bar grafisch extrapoliert werden?

2.4.6 Verwendung grafischer Papiere

Für die grafische Darstellung von Prozessdatenreihen werden verschiedene grafische Papiere (graphical papers) eingesetzt. Sie enthalten meist ein farbiges Liniennetz.

Das **Millimeterpapier** (millimeter squared paper) hat zwei linear eingeteilte Achsen **(Bild 1)**. Die Abszisse (x-Achse) und die Ordinate (y-Achse) schneiden sich im Punkt $x = 0$ und $y = 0$. Der Abstand der einzelnen Linien im Gitternetz ist gleich und beträgt jeweils 1 Millimeter.

Im **Einfach-Logarithmen-Papier** (auch Exponentialpapier genannt, engl. logarithmic paper) ist eine Achse (z. B. die x-Achse) linear im Millimeterraster und die andere Achse (z. B. die y-Achse) logarithmisch geteilt **(Bild 2)**. Die Koordinaten schneiden sich im Punkt $x = 0$ und $y = 1$ oder bei umgekehrter Achsenteilung bei $x = 1$ und $y = 0$.

Beim **Doppelt-Logarithmen-Papier** (Potenzpapier) sind beide Achsen logarithmisch geteilt **(Bild 3)**. Der Koordinatenschnittpunkt ist bei $x = 1$ und $y = 1$.

Papiere mit logarithmischer Einteilung werden eingesetzt, wenn die Zahlenwerte mehrere Zehnerpotenzen umfassen oder entsprechende Funktionen linearisiert werden sollen.

Eine wesentliche Hilfe zum Erstellen von Funktionsgraphen in den unterschiedlichen grafischen Papieren ist der Einsatz des Computers unter Verwendung handelsüblicher Programme. Sie erlauben es recht einfach, eingegebene Funktionen in den unterschiedlichen grafischen Papieren abzubilden und auszudrucken. Funktionen sind dann sehr rasch als Geraden zu erkennen.

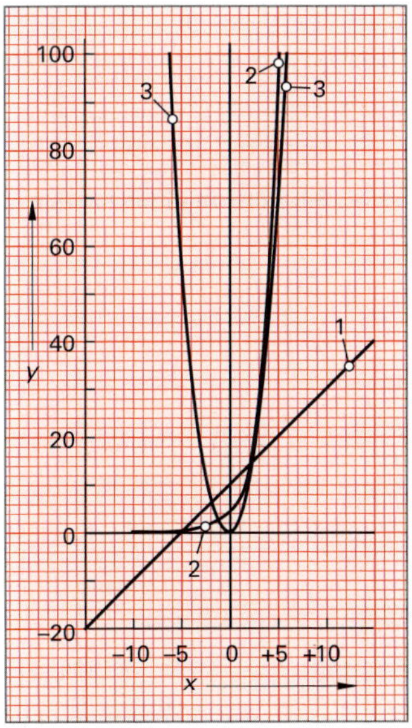

Bild 1: Graphen auf Millimeterpapier

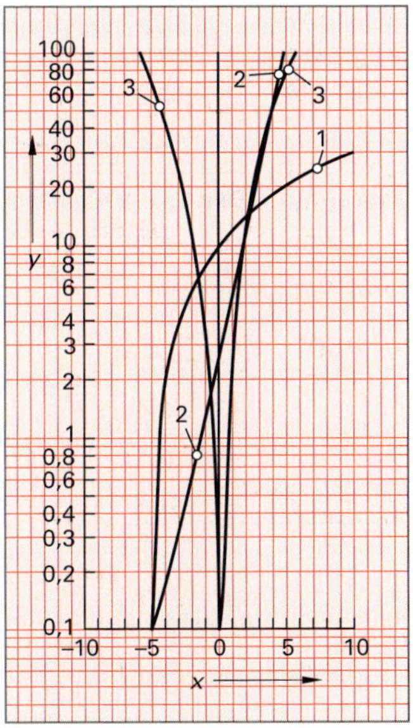

Bild 2: Graphen auf Einfach-Logarithmen-Papier

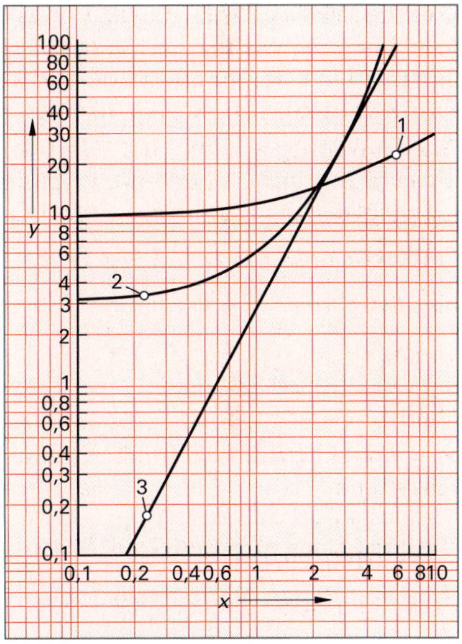

Bild 3: Graphen auf Doppelt-Logarithmen-Papier

Beispiel: Die drei Funktionen $y = a \cdot x + b$ (1) $y = c \cdot a^x$ (2) $y = c \cdot x^a$ (3) sollen in den drei Papieren grafisch dargestellt werden. Für die Konstanten wird $a = 2$, $b = 10$ und $c = 3$ gesetzt.

Lösung: Für vorgegebene x-Werte werden die y-Werte errechnet **(Tabelle 1)**. Die zugehörigen Graphen sind in den Bildern 1, 2 und 3 eingezeichnet. Die Funktionsgleichung (1) ist auf Millimeterpapier eine Gerade, die Funktionsgleichung (2) auf einfachlogarithmischem Papier eine Gerade und die Funktionsgleichung (3) auf doppeltlogarithmischem Papier eine Gerade.

Die Geraden lassen eine einfache und genaue Interpolation und auch Extrapolation zu.

Tabelle 1: Beispiel

x	$y = ax + b$ y(1)	$y = c \cdot a^x$ y(2)	$y = c \cdot x^a$ y(3)
0	10	3	0
1	12	6	3
2	14	12	12
3	16	24	27
4	18	48	48
5	20	96	75

Schwierigkeiten bereitet das Ablesen an den nicht linear eingeteilten Koordinaten. So ist bei den logarithmisch eingeteilten Achsen etwas Übung zum Eintragen und Ablesen erforderlich. Die Zahl 3 liegt etwa in der Mitte eines Zehnerpotenzbereiches und die Zahl 5 bei 70 % einer linearen Einteilung **(Bild 1)**.

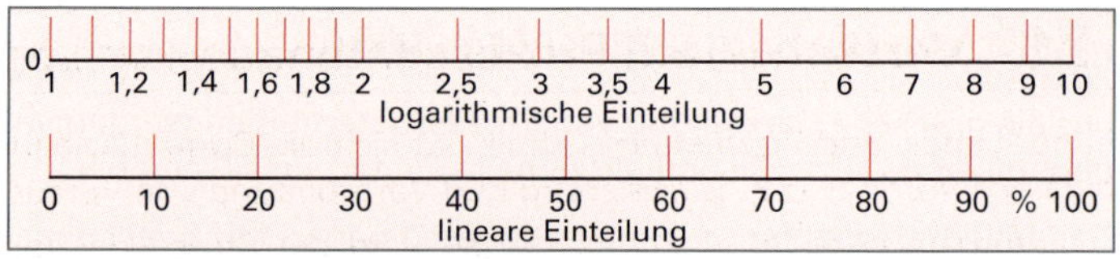

Bild 1: Gegenüberstellung einer logarithmischen und einer linearen Einteilung einer Koordinate

Beispiel 1: Beschriften Sie eine logarithmische Koordinateneinteilung, die beginnend bei 0,1 über 3 Zehnerpotenzen reicht.

Lösung: siehe **Bild 2**

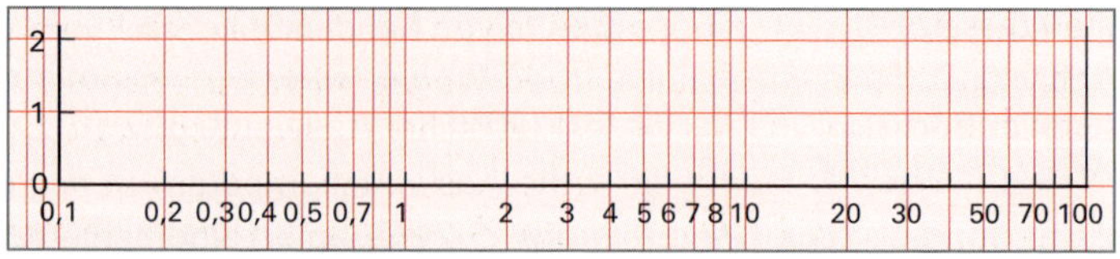

Bild 2: Lösung zu Beispiel 1

Beispiel 2: Das Geschwindigkeitsgesetz für eine Reaktion 2. Ordnung wurde zu $r = k \cdot c^2$ bestimmt. Die Geschwindigkeitskonstante für diese Reaktion beträgt k = 0,85 L/(mol · s), die Anfangskonzentration c_0 = 2,0 mol/L.

a) Der Funktionsgraph soll gezeichnet und linearisiert werden.

b) Extrapolieren Sie den Wert für die Reaktionsgeschwindigkeit für c = 2,5 mol/L.

Lösung:

a) Mit dem Rechner werden die Funktionsgraphen zur Funktion $r = k \cdot c^2 = 0{,}85\, c^2 \cdot$ L/(mol · s) für $c \leq$ 2,0 mol/L ausgerechnet und in die verschiedenen grafischen Papiere gezeichnet **(Bild 3)**. Der Funktionsgraph ist im doppeltlogarithmischen Papier eine Gerade.

b) Die Gerade im doppeltlogarithmischen Papier wird verlängert und bei c = 2,5 mol/L die zugehörige Reaktionsgeschwindigkeit zu r = 5,3 mol/(L · s) abgelesen.

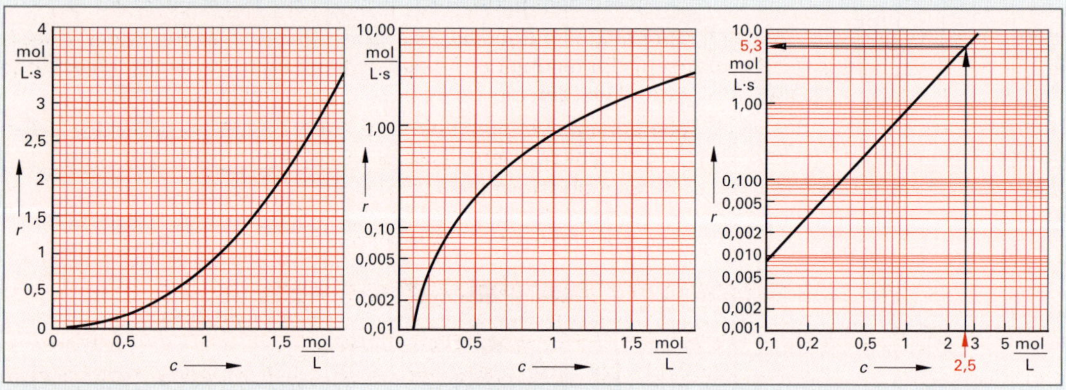

Bild 3: Lösung zu Beispiel 2 im linearen, einfach logarithmischen und doppeltlogarithmischen Papier

Kopiervorlagen für grafische Papiere befinden sich auf den Seiten 486 bis 488

Aufgaben zu 2.4.6 Verwendung grafischer Papiere

1. Eine Reaktion 2. Ordnung verläuft nach dem Gesetz $r = k \cdot c^2$. Die Geschwindigkeitskonstante ist k = 0,04 L/(mol · s), die Anfangskonzentration c_0 = 1,0 mol/L. Zeichnen und linearisieren Sie den Funktionsgraphen. Bestimmen Sie anschließend die Konzentration c zu r = 0,01 und 0,045 mol/(L · s).

2. Ein Reaktionskessel mit 100 °C soll an der Umgebungsluft mit 0 °C abgekühlt werden. Für die Abkühlung gilt die Funktionsgleichung $\vartheta = 100 \cdot e^{-t/10}$ Hierin ist die Zeit t in h einzusetzen. Nach welcher Zeit ist der Reaktionskessel a) auf 60 °C, b) auf 40 °C und c) auf 20 °C abgekühlt?

3. Für eine Gleichgewichtsreaktion $A + B \rightleftharpoons C$ wurde die Abhängigkeit der umgesetzten Edukte (Ausgangsstoffe) von der Zeit t untersucht. Die Zusammenhänge konnten durch die Umsatzgleichung $U = 0{,}8 \cdot (1 - e^{-10 \cdot t})$ beschrieben werden. (In der Gleichung ist t in h einzusetzen.)
   a) Stellen Sie die Abhängigkeit des Umsatzes U von der Zeit t grafisch dar.
   b) Wie viel Prozent der Edukte haben sich im Gleichgewichtszustand umgesetzt?
   c) Nach wie viel Minuten sind 50 % bzw. 75 % der Edukte umgesetzt?

2.5 Versuchs- und Prozessdatenauswertung mit Computern

In der Labor- und Produktionstechnik hat sich die Computertechnik zu einem unverzichtbaren Bestandteil bei der Erfassung, Speicherung und Verarbeitung von Versuchs- und Prozessdaten entwickelt.

In automatisierten Produktionsanlagen wird die Prozessdatenerfassung, ihre Auswertung und Dokumentation von computergestützten Prozessleitsystemen übernommen.

In nicht automatisierten Produktionsanlagen, in Technikumsanlagen und bei Laborversuchen bewältigt man diese Aufgaben meist mit Hilfe von handelsüblichen Personalcomputern oder Notebooks.

Analysen- und Messgeräte, wie z.B. Wägeeinrichtungen sowie Anlagenteile, sind häufig mit speziellen Auswertecomputern mit gerätespezifischer Auswertesoftware ausgestattet.

Für Geräte und Anlagen, die keine Auswertecomputer mit einer gerätespezifischen Auswertesoftware besitzen, kann die Datenerfassung, Auswertung, Dokumentation und grafische Präsentation mit dem Tabellenkalkulationsprogramm der üblichen Standardsoftware eines PC erfolgen.

2.5.1 Datenauswertung mit einem Tabellenkalkulationsprogramm

Ein Tabellenkalkulationsprogramm bietet umfangreiche Möglichkeiten zur Berechnung und Auswertung von Datenreihen. Die Daten lassen sich in Tabellen erfassen, rechnerisch verknüpfen, speichern und weiterverarbeiten. Darüber hinaus ermöglichen moderne Tabellenkalkulationsprogramme auch die Aufbereitung der Daten zu Präsentationsgrafiken und Diagrammen.

Das am weitesten verbreitete Tabellenkalkulationsprogramm ist Microsoft® Excel. Mit dem Programm Microsoft® Excel 2003 wurden die nachfolgenden Auswertungen durchgeführt.

Ein Tabellenkalkulationsprogramm erzeugt auf dem Bildschirm ein elektronisches Arbeitsblatt.

Das Arbeitsblatt ist in Form eines Rechenblattes aufgebaut, das in **Spalten** und **Zeilen** angeordnet ist **(Bild 1)**. Am oberen Rand der Tabelle ist die Einteilung der Spalten mit fortlaufenden Buchstaben vorgegeben (A, B, C,...), am seitlichen linken Rand werden die Zeilen in Ziffern gezählt (1, 2, 3....).

Jedes Feld des Arbeitsblattes, auch **Zelle** genannt, ist durch einen Spalten-Buchstaben und eine Zeilen-Nummer festgelegt, z.B. heißt das Feld in der linken oberen Ecke des Blattes A1.

In jedes Feld können Daten, Text oder Berechnungsformeln geschrieben werden.

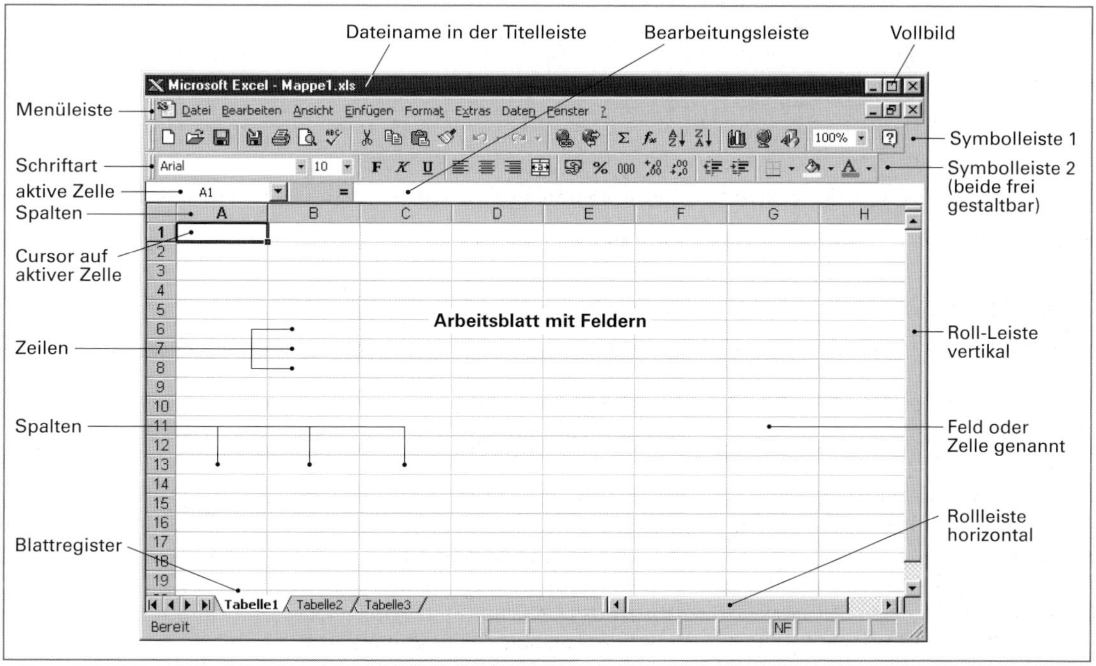

Bild 1: Monitorbild der Tabellenkalkulation Microsoft® Excel

Am Kopf des Bildschirmfensters befinden sich die Titelleiste, die Menüleiste, die Symbolleisten 1 und 2 sowie die Bearbeitungsleiste.

In der **Titelleiste** stehen der Dateiname und rechts drei Schaltflächen für die Bildschirmdarstellung. In der **Menüleiste** erscheinen die verschiedenen Befehlsmenüs, die das Programm anbietet. Diese werden durch Anklicken mit der linken Maustaste aktiviert.

Unter der Menüleiste sind zwei Leisten mit Schaltflächensymbolen. Die **Standardsymbolleiste** enthält Symbole für Vorgänge, die besonders häufig anfallen und viele Befehle aus der Menüleiste ersetzen: *Datei öffnen, Datei speichern, Datei drucken, Diagramm einfügen.* Darunter ist die **Formatsymbolleiste** eingeblendet, die Symbole für die *Schrift* und das *Zahlenformat* enthält. Die Symbolleisten sind durch den Benutzer individuell gestaltbar. Es können aus den über 200 verfügbaren Symbolen des Programms aber auch neue Symbolleisten angelegt werden. Beide Vorgänge erfolgen durch die Option *Extras / Anpassen.* Die Symbolleisten sind über *Ansicht / Symbolleisten* ausblendbar oder frei im Bildschirmfenster platzierbar.

In der **Bearbeitungsleiste** steht im ersten Feld die aktive Zelle (In Bild 1, Seite 57 ist es die Zelle **A1**). Im zweiten Feld erfolgt die Eingabe der Daten, der Texte und der Berechnungsformeln.

Die Arbeit mit einem Tabellenkalkulationsprogramm wird am folgenden Beispiel gezeigt.

Beispiel: Auswertung einer Dichtebestimmung mit einem Tabellenkalkulationsprogramm

In einer Versuchsreihe wurde die Dichte von Polymer-Festkörpern aus unterschiedlichen Ansätzen mit einer hydrostatischen Waage (Seite 411) bestimmt. Nebenstehende Messwerte wurden erhalten **(Tabelle 1).**

Die Messwerte sollen mit einem Tabellenkalkulationsprogramm erfasst werden. Zu diesem Zweck wird eine Eingabemaske nach dem Schema in Bild 1 erstellt.

Dann sollen mit der Auswertegleichung

$\varrho_K = \frac{m_K \cdot \varrho_{Fl}}{m_K - m_S}$ die Einzeldichten berechnet werden.

Aus den Einzeldichten wird dann das Dichteergebnis der Bestimmung erhalten.

Tabelle 1: Messwerte einer Versuchsreihe zur Dichtebestimmung von Polymer Festkörpern

Messreihe	Masse m_K des Körpers in kg	Scheinbare Masse m_S des eingetauchten Körpers in g
1	4,876 g	0,763 g
2	5,134 g	0,813 g
3	4,463 g	0,677 g
4	4,967 g	0,745 g
5	5,114 g	0,796 g
Dichte der Flüssigkeit: 0,9982 g/cm³		

Lösung: Das Excel-Programm wird gestartet (Bild 1)

1. Eingabe des **Titels** und der **Spaltenüberschriften.** Vorgesehene **Eingabefelder:** Die Nummer der Messreihe (A3 bis A7), die Masse der Festkörper (B3 bis B7), die scheinbare Masse der in Flüssigkeit eingetauchten Festkörper (C3 bis C7) und die Dichte der Auftriebsflüssigkeit (C8).
2. **Ausgabefelder** für die errechneten Einzeldichten sind die Felder D3 bis D7. Hier ist in jedes Feld jeweils die Berechnungsformel für die Dichte einzutragen. In Feld D9 wird mit der Funktion Mittelwert das Endergebnis der Dichtebestimmung errechnet.

	A	B	C	D
1	Dichtebestimmung von Polymer-Festkörpern			
2	Messreihe	Masse m_K des Körpers in g	Scheinbare Masse m_S des eingetauchten Körpers in g	Dichte in g/cm³
3	1	4,876	0,763	1,183
4	2	5,134	0,813	1,186
5	3	4,463	0,677	1,177
6	4	4,967	0,745	1,174
7	5	5,114	0,796	1,182
8	Dichte der Flüssigkeit in g/mL:		0,9982	
9		**Dichte der Probe in g/cm³:**		**1,181**

Bild 1: Excel-Tabelle des Beispiels mit Auswertung

3. *Eingabe der Berechnungsformel* für die Einzeldichte in Feld D3. Anstelle der Größenzeichen stehen in der Berechnungsformel die Zelladressen der jeweiligen Größe. Der Eintrag in **Zelle D3** lautet: **=B3*C8/(B3-C3).** (Hinweis: Das Multiplikationszeichen wird mit dem Zeichen * eingetragen)
4. **Übertragen der Formel** auf die übrigen Ergebnisfelder D4 bis D7. Excel bietet zwei Lösungswege.

   Methode 1: Markieren der Zelle D3 durch linken Mausklick, Ablage des Zellinhalts mit *Bearbeiten / Kopieren* in die Zwischenablage. Nach Mausklick auf das Zielfeld D4 und Überstreichen der Felder bis D7 mit gehaltener Maustaste folgt *Bearbeiten / Einfügen.* Excel ändert dabei automatisch die Zelladressen in der Formel.

   Allerdings ändert Excel dabei auch die Adresse von Feld C8. Die Dichte der Auftriebsflüssigkeit ist aber für alle Berechnungen gleich und darf bei der Übertragung **nicht** verändert werden. Deshalb muss das Feld C8 in der Formel als **absoluter Bezug** formatiert werden. Dies geschieht durch Voranstellen des $-Zeichens vor das Zeilen- und Spaltenkennzeichen von C8. Die Formel in **Zelle D3** lautet dann: **=B3*$C$8/(B3-C3)**

Methode 2:

⇒ Linker Mausklick auf das Feld D3 mit der zu kopierenden Formel.

⇒ Nach Bewegung des Mauszeigers auf die rechte untere Zellenecke erscheint ein Kreuz (siehe Abbildung rechts). Nach linken Mausklick auf dieses Kreuz und Ziehen mit gehaltener Maustaste nach unten wird die Formel in die darunter liegenden Zellen kopiert. Dieses Prinzip ist auch auf horizontal benachbarte Zellen anwendbar.

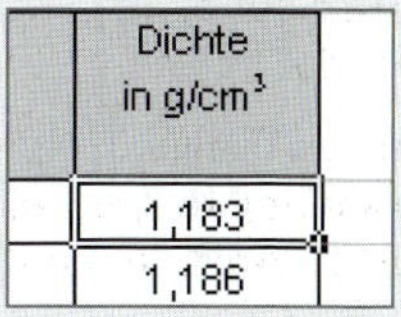

6. *Ausgabe des Ergebnisses der Dichtebestimmung* in Zelle D9: Es ist der Mittelwert der Einzelergebnisse in D3 bis D7. Die Berechnung erfolgt mit Hilfe der Formel: **=Summe(D3:D7)/5.** (Hinweis: Das Zeichen : steht für „bis")
   Für die Mittelwertberechnung bietet Excel aber auch eine entsprechende Funktion unter den statistischen Berechnungen an: Nach Mausklick auf Zelle D3 und *Einfügen / Funktion / Statistik / Mittelwert* wird ein Fenster eingeblendet, das zur Eingabe der Zelladressen für die Mittelwertberechnung auffordert: D3:D7.
   Nach Bestätigung von Ende ist der Formeleintrag abgeschlossen. Der Eintrag in **D9** lautet: **=Mittelwert(D3:D7)**
7. Abschließend ist die Zahl der Dezimalstellen in den Ergebnissen festzulegen: Nach Mausklick auf das Ergebnisfeld folgt: *Format / Zellen / Zahlen / Zahl / Dezimalstellen: 3 / OK.*
   Alternativ: Ein linker Mausklick auf eines der nebenstehenden Symbole in der Formatsymbolleiste fügt in der aktiven Zelle eine Dezimalstelle hinzu (linkes Symbol) oder verringert um eine Dezimalstelle (rechtes Symbol).

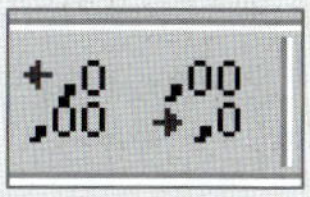

8. In der Tabelle sind weitere Formatierungen[1] der Eintragungen möglich: Zentrieren der Spalteninhalte, fett gedruckte oder kursive Textteile. Die Tabelle kann mit Linien und Rahmen versehen und anschließend gespeichert oder ausgedruckt werden.

Aufgaben zu 2.5.1 Datenauswertung mit einem Tabellenkalkulationsprogramm

1. Erstellen Sie mit einem Tabellenkalkulationsprogramm für die Auswertung der Pyknometer-Dichtebestimmung einer Flüssigkeit (ausführliche Beschreibung Seite 406) eine Eingabemaske und werten Sie die Bestimmung mit den nachfolgenden Messwerten aus.
   Die Dichte von Wasser beträgt ϱ_W(20 °C) = 0,9982 g/mL. Die erhaltenen Messwerte sind:

Wägedaten		Messung 1	Messung 2	Messung 3
Pyknometer leer in g	m_A	24,3978	24,3972	24,3975
Pyknometer mit Wasser von 20°C in g	m_{DW}	49,3875	49,3868	49,3866
Pyknometer mit Flüssigkeitsprobe bei 20°C in g	m_{DP}	54,6511	54,6533	54,64499

   Die Dichte der Flüssigkeitsprobe berechnet sich nach nebenstehender Größengleichung.
   In der Auswertung sind die Dichten der Einzelbestimmungen und aus deren Mittelwert das Ergebnis der Dichtebestimmung auszugeben.

$$\varrho(\text{Flü}) = \frac{m_{DP} - m_A}{m_{DW} - m_A} \cdot \varrho_W$$

2. Bei der Bestimmung der Dichte eines wasserunlöslichen Granulats (ausführliche Beschreibung siehe Seite 407) wurden nachfolgende Messwerte erhalten. Erstellen Sie mit Hilfe eines Tabellenkalkulationsprogramms eine Eingabemaske und werten Sie die Bestimmung aus. Die Auswertung ist so zu gestalten, dass die Bestimmung mit Flüssigkeiten unterschiedlicher Dichte möglich ist.

Wägedaten		Messung 1	Messung 2	Messung 3
Pyknometer leer in g	m_A	24,2561	24,7855	24,3377
Pyknometer mit Probe in g	m_B	36,1981	36,4897	35,4562
Pyknometer mit Flüssigkeit in g	m_C	44,2595	44,8593	44,4697
Pyknometer mit Probe und Flüssigkeit in g	m_D	54,7525	55,1435	54,2387
Dichte der Flüssigkeit in g/cm³	ϱ(Flü)	0,9982		

   Die Berechnung der Dichtebestimmung des Granulats erfolgt mit nebenstehender Größengleichung.
   Es sind die Dichten der drei Einzelbestimmungen und deren Mittelwert als Ergebnis der Dichtebestimmung des Granulats anzugeben.

$$\varrho(\text{Probe}) = \frac{m_B - m_A}{m_D - m_A - m_C + m_B} \cdot \varrho(\text{Flü})$$

[1] Auf Seite 313 befindet sich eine tabellarische Übersicht mit weiteren Formatierungsmöglichkeiten

2.5.2 Grafische Aufbereitung von Versuchs- und Prozessdaten, Diagrammarten

Tabellen mit Datenreihen über die zeitliche Entwicklung von Prozessgrößen (Trends) wie z.B. Volumenströme, Temperaturen, Dichte, Viskositäten u.a. geben keinen raschen Überblick. Ihre Abweichungen vom vorgegebenen Sollwert sind nicht unmittelbar erkennbar.

Die Tabellenkalkulationsprogramme, wie z.B. das Programm *Excel* von Microsoft, haben Programmteile, mit denen Präsentationsgrafiken und Diagramme erstellt werden können. Diese ermöglichen eine viel schnellere Orientierung der Prozessentwicklung. Datenbasis dieser Diagramme sind die im Tabellenkalkulationsprogramm erfassten Versuchs- und Prozessdaten.

Die Daten können in Diagrammtypen unterschiedlichster Art dargestellt werden. Da die Software meist amerikanischen Ursprungs ist, weichen die Diagramme in der Darstellungsart teilweise von der Diagrammdarstellung nach DIN 462 (Seite 48) ab.

Im Folgenden werden die gebräuchlichsten Diagrammtypen der Computerprogramme vorgestellt.

Säulendiagramme (column diagrams)

Mit einem Säulendiagramm werden eine oder mehrere Datenreihen in Form von Säulen dargestellt **(Bild 1)**.

Die waagerechte Achse ist die Rubrikenachse, die senkrechte die Größenachse. Die Rubrikenachse ist häufig die Zeitachse und erlaubt einen direkten Vergleich einer oder mehrerer Größen im Verlauf der Zeit. Die Säulen können nebeneinander oder übereinander angeordnet sein. In einer Vorschau des Tabellenkalkulationsprogramms kann die Ausgestaltung des Säulendiagramms gewählt werden **(Bild 2)**.

Die verschiedenen Säulen-Diagrammarten unterscheiden sich hauptsächlich durch die räumliche Darstellung: Sie können zwei- oder dreidimensional (3D) angeordnet sein. Im Gegensatz zum Balkendiagramm betont beim Säulediagramm die vertikale Anordnung stärker den zeitlichen Aspekt.

Balkendiagramme (bar diagrams)

Balkendiagramme sind ähnlich wie Säulendiagramme aufgebaut mit dem Unterschied, dass die Rubrikenachse hier senkrecht und die Größenachse waagerecht angeordnet ist **(Bild 3)**.

Das Balkendiagramm ist weniger zur Veranschaulichung zeitlicher Entwicklungen geeignet. Es wird eingesetzt, wenn die Rubriken qualitative Merkmale darstellen, vor allem mit sehr langen Rubrikenbezeichnungen.

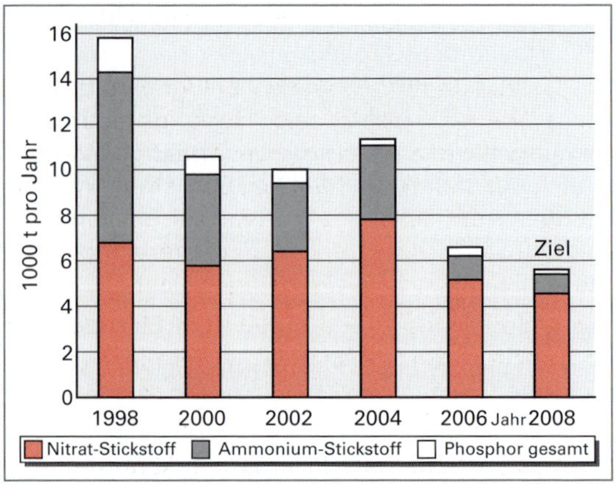

Bild 1: Säulendiagramm der Abwasserfracht eines Chemiekonzerns

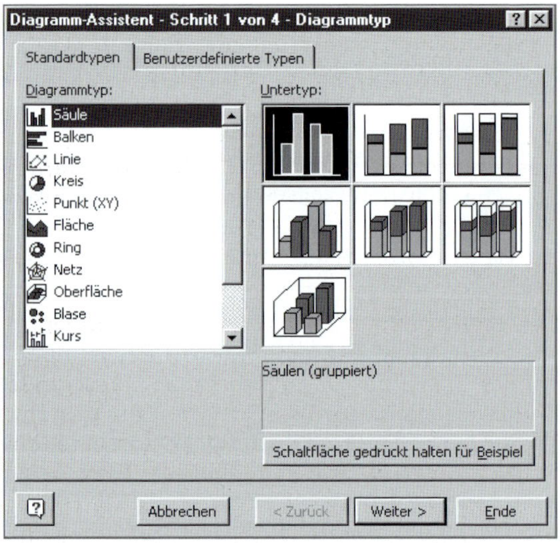

Bild 2: Vorschau der Gestaltungsarten von Säulendiagrammen im Monitorbild

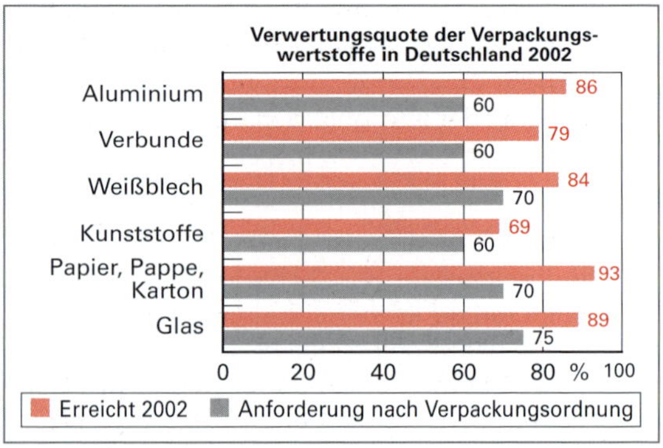

Bild 3: Balkendiagramm der Verwertung von Verpackungswertstoffen

Liniendiagramme (line diagrams)

In einem Liniendiagramm sind eine oder mehrere Größen in Abhängigkeit von der Zeit aufgetragen **(Bild 1)**.

Das Liniendiagramm sollte bevorzugt benutzt werden, wenn die waagerechte Achse für einen zeitlichen oder einen anderen größenmäßigen Verlauf einer oder mehrerer Messgrößen steht. Abweichungen vom Standard werden bei Einblendung von Sollwerten oder bei der Überlagerung gespeicherter Standarddiagramme rasch sichtbar.

Das Liniendiagramm vermittelt den Eindruck, als ob zwischen den Messwerten weitere (interpolierte) Werte vohanden seien. So lassen sich sehr gut Trends darstellen.

In einer Vorschau des Programms kann der Typ des gewünschten Liniendiagramms ausgewählt werden (Bild 2).

Die Werte können im Liniendiagramm mit oder ohne Datenpunkte dargestellt werden. Bei ungleichmäßigen Intervallen ist das Punktdiagramm (x-y-Diagramm zu verwenden.

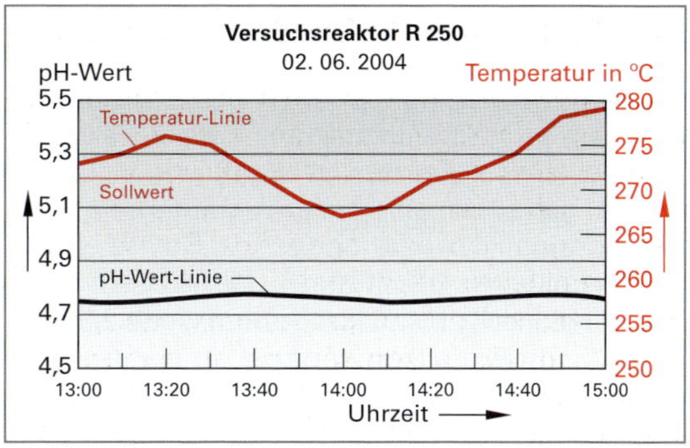

Bild 1: Liniendiagramm der Betriebsgrößen in einem Reaktor

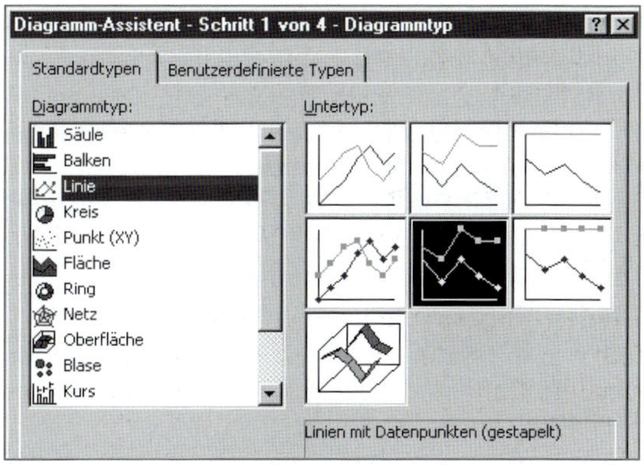

Bild 2: Vorschau der Gestaltungsarten von Liniendiagrammen im Monitorbild

x-y-Diagramme (*x-y* Scatter)

Das *x-y*-Diagramm, auch als Punktdiagramm bezeichnet, dient zur Darstellung der Abhängigkeit zwischen Datenreihen. Dabei sind beide Achsen in der Regel mit ansteigenden Zahlenwerten versehen.

Das *x-y*-Diagramm ist die typische Diagrammform zur Auswertung einer analytischen Bestimmung, bei der eine Beziehung zwischen der Messgröße und einer Gehaltsgröße eines Stoffes besteht. Typische Anwendungen sind die Fotometrie, die Refraktometrie und die Potentiometrie **(Bild 3)**.

In *x-y*-Diagrammen sind, ähnlich wie bei Liniendiagrammen, zur Darstellung der Daten folgende Optionen möglich:

- Reine Darstellung der Datenpunkte
- Darstellung der Datenpunktemit mit verbindender Kurve auf der Basis interpolierter Zwischenwerte (Bild 3),
- Darstellung der interpolierten Kurve ohne Datenpunkte.

Im Diagramm kann die Messkurve mit Hilfe mathematischer Methoden analysiert werden. Bei der Potentiometrie (Bild 3) wird der Äquivalenzpunkt im Steigungsmaximum der Messkurve bzw. im Wendepunkt gefunden.

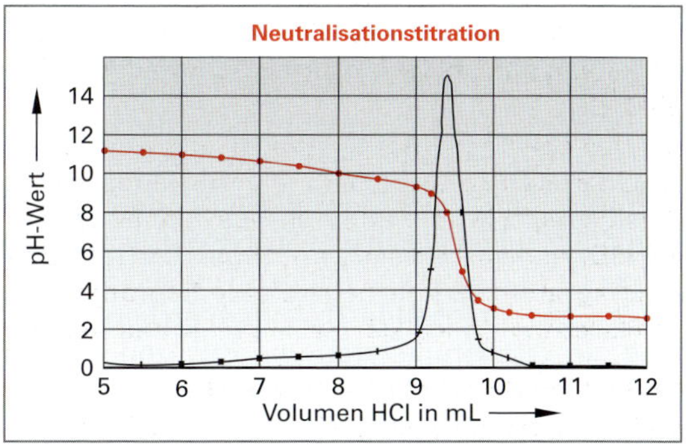

Bild 3: *x-y*-Diagramm einer Neutralisationstitration (Potentiometrie) mit pH-Kurve (rot) und Steigungskurve (grau)

Weiterhin können im *x-y*-Diagramm Messwertreihen durch Hinzufügen einer Ausgleichskurve bzw. Ausgleichsgerade analysiert werden: Die Regressionsanalyse bewertet die Streuung innerhalb der Messwerte (Bild 3, Seite 66) und ist ein wichtiges Instrument der Qualitätsüberwachung, z.B. bei der Validierung von Messgeräten.

Kreisdiagramme (circle diagrams)

Das Kreisdiagramm, das häufig auch als Tortendiagramm bezeichnet wird, ist das Standarddiagramme für alle Daten, bei denen die Zusammensetzung eines Ganzen in Anteilen dargestellt werden soll. Eine häufige Anwendung ist z.B. die Darstellung der Zusammensetzung von Mischphasen. Dabei ist die Gesamtfläche des Kreises immer 100 %, die Fläche der Kreissektoren ist ein Maß für den Anteil der Teilkomponente an der Gesamtgröße **(Bild 1)**.

Es gibt mehrere Möglichkeiten der Darstellung von Kreisdiagrammen. Der gewünschte Typ kann aus einer Vorschau ausgewählt werden **(Bild 2)**. So kann z.B. das Kreisdiagramm flächig oder dreidimensional, die Kreissektoren können zusammenliegend oder ausgerückt dargestellt werden.

Sind neben größeren Teilsektoren auch zahlreiche kleinere Sektoren darzustellen, so können diese zu einem Block zusammengefasst und die Verteilung innerhalb dieses Blockes in einem separaten Kreis oder Stapel differenziert werden.

Eine erhebliche Bedeutung für die Übersichtlichkeit eines Kreisdiagramms kommt der Beschriftung zu. Die Sektoren können mit den Werten, den Anteilen und den Datenbezeichnungen versehen werden. Allerdings darf die Beschriftung die grafische Darstellung nicht völlig in den Hintergrund drängen. In solchen Fällen bietet sich das Hinzufügen einer Legende oder die Beschriftung mit Textfeldern an.

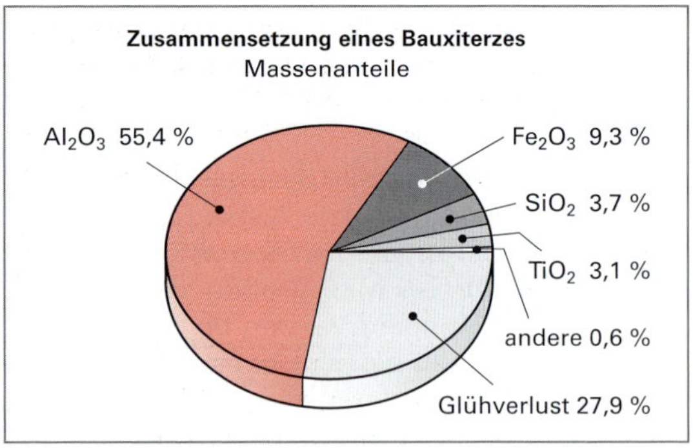

Bild 1: Dreidimensionales Kreisdiagramm einer Erz-Zusammensetzung

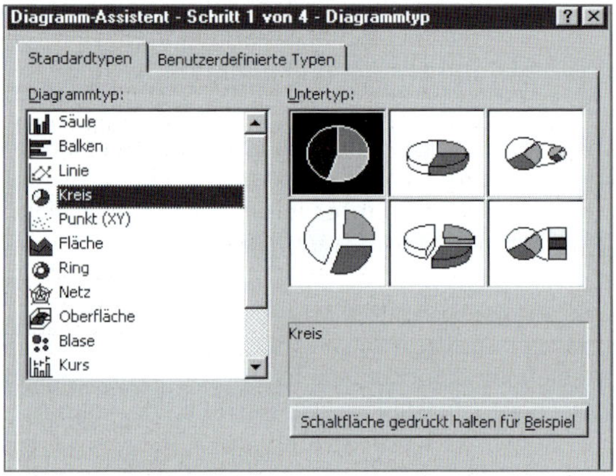

Bild 2: Vorschau der Typen von Kreisdiagrammen im Monitorbild

Netzdiagramme (radar diagrams)

Bei einem Netzdiagramm wird vom Mittelpunkt ausgehend für jede Rubrik eine eigene Achse sternförmig gezeichnet. Die Werte werden auf den Achsen aufgetragen und durch Linien miteinander verbunden. Auf diese Weise lassen sich mehrere Parameter in einem Diagramm darstellen und miteinander vergleichen oder in Beziehung setzen.

Dadurch lassen sich periodisch wiederholende Vorgänge gut vergleichen, wie z.B. der Sauerstoffgehalt eines Gewässers mit den Temperaturen im Laufe eines Jahres **(Bild 3)**. Andere Anwendungen sind die Wachstumsraten von Pflanzen mit der Düngergabe oder der Mischungsgrad im Verlauf eines Mischungsprozesses in einem Rührkessel.

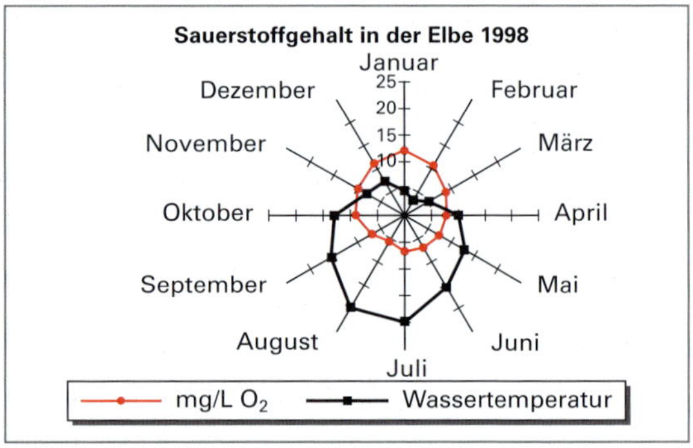

Bild 3: Netzdiagramm des Sauerstoffgehalts und der Wassertemperatur in einem Gewässer

Hinweise zur Erstellung von Diagrammen

- Zunächst ist der zu den Daten passende Diagrammtyp auszuwählen.
- Es dürfen nicht zu viele Datenreihen in ein Diagramm gedrängt werden. In diesen Fällen ist die Verteilung auf mehrere Diagramme gleichen Typs sinnvoll.
- Im Diagramm müssen die Datenwerte durch die Bemaßung zuzuordnen und ablesbar sein.
- Klare und eindeutige Beschriftung: Überfrachtung und eine zu große Vielfalt von Schriftarten und grafischen Elementen ist zu vermeiden.

Beispiel: Grafische Darstellung der Primärenergieerzeugung in Deutschland 2002

Die Primärenergieerzeugung in Deutschland teilte sich im Jahr 2002 wie folgt auf die Energieträger auf:

Steinkohle:	785 PJ[1]	Mineralöl:	138 PJ	Wasser- und Windkraft:	132 PJ
Braunkohle:	1653 PJ	Erdgas:	674 PJ	Sonstige:	328 PJ

Stellen Sie die Verteilung der Primärenergieträger in einer geeigneten Diagrammform dar.

Lösung: Nach Start von Excel werden im Tabellenblatt die Daten in eine Tabelle eingetragen **(Tabelle 1).**

	A	B	C	D	E	F	G	H
1								
2		**Tabelle 1: Primärenergiegewinnung in Deutschland 2002 in Petajoule PJ**						
3		Energieträger	Steinkohle	Braunkohle	Mineralöl	Erdgas	Wasser- und Windkraft	Sonstige
4		Energie in PJ	785 PJ	1653 PJ	138 PJ	674 PJ	132 PJ	328 PJ

Als geeigneter Diagrammtyp wird ein Kreisdiagramm gewählt. Der Aufruf erfolgt über *Einfügen / Diagramm* oder durch Linksklick auf das nebenstehende Symbol:

Es öffnet sich das in Bild 2 Seite 62 abgebildete Fenster, in dem mit Linksklick der Diagrammtyp *Kreis* und dann das mittlere Kreissymbol in der oberen Reihe angewählt wird.

Nach Linksklick auf die Option *Weiter* öffnet sich die Eingabezeile für den Datenbereich:

Die Daten-Zellen C3 bis H4 werden durch Überstreichen mit gedrückter linker Maustaste festgelegt. Danach wird schon die Rohform des Diagramms in einem Vorschaufenster sichtbar.

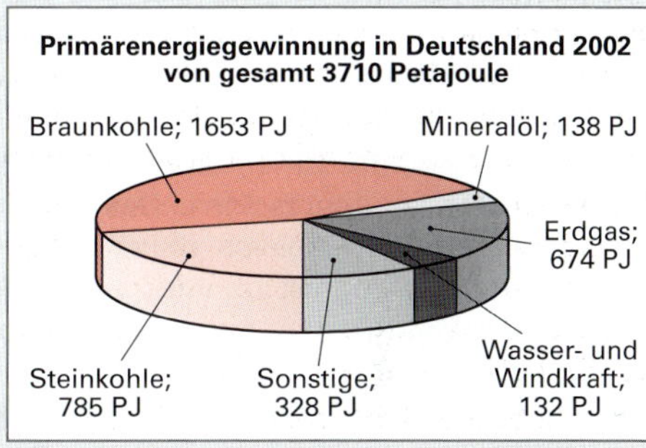

Bild 1: Excel-Kreisdiagramm des Beispiels

Nach Linksklick auf die Option *Weiter* kann unter der Rubrik *Titel* der Diagrammtitel eingegeben werden.

Unter der zweiten Rubrik *Legende* wird die Option *Legende anzeigen* deaktiviert, stattdessen werden in der dritten Rubrik *Datenbeschriftung* die Optionen *Kategoriename, Führungslinien anzeigen* und *Wert* aktiviert. Nach Linksklick auf die Option *Fertigstellen* liegt das Diagramm in seiner Rohfassung vor.

Sollen die Kreissegmente zur besseren Übersichtlichkeit im Uhrzeigersinn gedreht werden, kann dies mit rechtem Mauklick auf die Kreissegmente und *Datenreihen formatieren* unter der Rubrik *Optionen* erfolgen. Hier kann man den *Winkel des ersten Kreissegments* durch Mausklick auf die Pfeilsymbole schrittweise verändern, worauf sich das Diagramm mit Beschriftung dreht.

Die Beschriftungen der Datensegmente und der Diagrammtitel können nach zweifachen linken Mausklick auf das jeweilige Textfeld verändert werden, das gilt auch für Schriftart, Schriftfarbe und Schriftgröße. Die Textfelder mit Führungslinien können durch gehaltene linke Maustaste in ihrer Position zum Kreis verändert werden. Nach Doppelklick auf ein Segmente kann in einem sich öffnenden Fenster die Segmentfarbe neu zugeordnet werden, ebenso sind Füllmuster und optische Verlaufseffekte definierbar.

Aufgaben zu 2.5.2 Grafische Aufbereitung von Versuchs- und Prozessdaten, Diagrammarten

1. **Tabelle 2** zeigt die Aufteilung die Aufteilung Mineralöl-Produkte in Deutschland im Jahr 2007, Gesamt-Verkauf: 108,8 Mio t. Stellen Sie die Daten in einer geeigneten Diagrammform dar.

Tabelle 2: Verkauf der Mineralöl-Produkte in Deutschland 2007 in Millionen Tonnen							
Produkt	Diesel	Benzin	Leichtes Heizöl	Rohbenzin	Schweres Heizöl	Kerosin	Sonstiges
Anteil in Mio t	29,5	21,6	17,4	16,6	6,0	8,8	8,9

2. In **Tabelle 3** ist die Veränderung der Energieträger-Verteilung in Deutschland 2002 gegenüber 1990 aufgeführt. Stellen Sie den Vergleich in einem geeigneten Doppel-Säulen-Diagramm dar.

Tabelle 3: Anteil der Primär-Energieträger in Deutschland 1990 und 2002							
Energieträger	Mineralöl	Steinkohle	Braunkohle	Erdgas	Kernenergie	Wasser/Windkraft	Sonstige
1990, Anteil in %	35,0	15,5	21,5	15,5	11,2	0,4	0,9
2002, Anteil in %	37,5	13,2	11,6	21,7	12,6	0,9	2,5

[1] PJ ist das Einheitenzeichen der Einheit Petajoule (10^{15} J)

2.5.3 Computergestützte Auswertung von Messreihen durch Regression

In vielen Messreihen unterliegen die Messgrößen physikalischen Gesetzmäßigkeiten. So zeigen viele Messgrößen einen linearen Zusammenhang. Er besteht z.B. zwischen dem Gehalt einer Lösung und der Dichte (Dichtebestimmung Seite 407), oder dem Gehalt und dem Brechungsindex (Refraktometrie Seite 284), oder dem Gehalt und der Extinktion (Fotometrie Seite 277).

In einem Diagramm entspricht die lineare Abhängigkeit der Messwerte einer Geraden mit der Funktionsgleichung: $y = a \cdot x + b$.

Bei der quantitativen Bestimmung einer Messgröße werden die Daten der Messreihe experimentell ermittelt und unterliegen somit zufälligen Fehlern. Trägt man die Messwerte in ein Diagramm ein, so liegen sie trotz der theoretisch linearen Abhängigkeit in der Regel nicht exakt auf einer Geraden **(Bild 1)**.

Das Verfahren, um aus den Messpunkten in einem Diagramm eine Gerade zu erhalten, nennt man **lineare Regression** (linear regression). Das Wort Regression bedeutet Ersatz oder Ausgleich, die erhaltene Gerade wird **Ausgleichsgerade** (regression line) genannt.

Zeichnerisch kann die Ausgleichsgerade gewonnen werden, in dem man sie so zwischen die Messpunkte legt, dass die Summe der Abweichungen der Messpunkte oberhalb der Geraden so groß ist wie die Summe der Abweichungen unterhalb der Geraden.

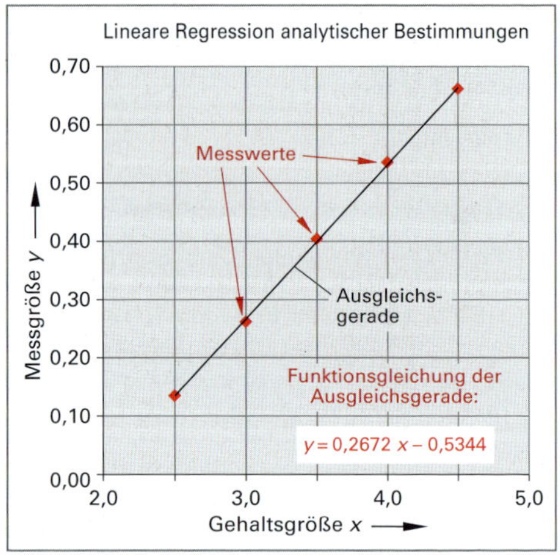

Bild 1: *x-y*-Diagramm mit Messwertpunkten und Ausgleichsgerade

Mit der Ausgleichsgeraden werden dann den Messgrößenwerten *y* die Größenwerte *x* zugeordnet.

Die zeichnerische Ermittlung der Ausgleichsgeraden ist allerdings ungenau, da sie mit dem Lineal nur schätzungsweise durch die Messpunkte gelegt werden kann.

Computergestützte Auswertung durch lineare Regression

Die genaue Bestimmung der linearen Regression mit einem Computer kann mit Hilfe eines Mathematikprogramms oder mit einem Tabellenkalkulationsprogramm erfolgen. Basis der Auswertung sind die gewonnen Daten der Messwerte, die in einer Eingabemaske erfasst sind.

Beispiel: Erstellung einer Kalibriergeraden durch lineare Regression zur Bestimmung des Ethanol-Volumenanteils von Methanol-Ethanol-Gemischen

Bild 2 zeigt die Dichte-Messwerte der Gehaltsbestimmung eines Alkoholgemisches in einer Tabellenkalkulations-Eingabemaske.

In die grau unterlegten Zellen **B5** bis **B10** sind die gemessenen Zahlenwerte der Dichten von Lösungen bekannter Zusammensetzung eingetragen.

Die Zellen **C5** bis **C14** enthalten die durch Regression errechneten zugehörigen Dichtewerte der Ausgleichsgeraden. Der Vergleich der Spalten B und D macht die Abweichung der Messwerte von den errechneten Regressionswerten deutlich.

Die Daten der Ausgleichsgeraden mit der Funktionsgleichung:

$$y = a \cdot x + b,$$

folgen aus der Regressionsanalyse. So steht in Zelle **C14** der *Steigungsfaktor* ***a***, in Zelle **C12** der *Achsenabschnitt* ***b***.

Damit ergibt die Regressionsanalyse für dieses Beispiel nachstehende Funktionsgleichung der Ausgleichsgeraden:

$$y = 7{,}09 \cdot 10^{-4}\, x + 0{,}710$$

	A	B	C
1–2	**Ethanol - Volumenanteil in einem Methanol-Ethanol-Gemisch**		
3–4	Volumenanteil φ(Ethanol) in %	Dichte in g/mL gemessen	Dichte in g/mL aus Regression
5	0	0,711	0,710
6	20	0,724	0,724
7	40	0,735	0,738
8	60	0,752	0,752
9	80	0,767	0,766
10	100	0,781	0,780
11	**Regression:**		
12	Konstante (*y*-Abschnitt *b*)		0,710
13	R^2		0,997
14	*x*-Koeffizient (Steigung *a*)		0,000709

Bild 2: Eingabemaske einer Gehaltsbestimmung durch lineare Regression (Beispiel)

Das Einfügen der Funktionen für die Regressionsanalyse erfolgt nach Mausklick auf die Zelle **C12** mit den Optionen:

Einfügen / Funktion / Statistik / Achsenabschnitt.

In die Eingabezeilen von **Bild 1** sind die *y*-Werte (Dichten B5:B10) und die zugehörigen *x*-Werte (Volumenanteile A5:A10) durch Überstreichen der entsprechenden Zellen mit gehaltener linker Maustaste einzufügen.

Ebenso ist mit Zelle **C14** zu verfahren, hier ist die Option:

Einfügen / Funktion / Statistik / Steigung

anzuwählen. Anschließend sind durch Markierung mittels linker Maustaste entsprechend den Angaben im unteren Fenster von Bild 1 die Zellen B5:B10 und A5:A10 einzutragen.

Bild 2 zeigt die Auswertemaske der Ethanol-Gehaltsbestimmung von Seite 64.

Mit der Option:

Extras / Optionen / Ansicht

sind hier in den Ergebniszellen anstelle der Werte die mathematischen Funktionen eingeblendet. In diesem Fenster sind auch die Gitternetzlinien des Arbeitsblattes ein- und ausblendbar.

Ein Maß für die rechnerische Abweichung der Messwerte von der Ausgleichsgeraden ist die Größe R^2 **(„R im Quadrat").**

Liegen alle Messwerte **auf** der Ausgleichsgeraden, dann ist

$R^2 = +1$ oder $R^2 = -1$ (negative Steigung).

Ist der Wert $R^2 = 0$, so liegt keine Gerade vor.

Je geringer R^2 von + 1 bzw. – 1 abweicht, desto geringer ist die rechnerische Abweichung der Messwerte von der Ausgleichsgeraden.

In **Bild 3** wurden für 5 Proben von Methanol-Ethanol-Gemischen aus den gemessenen Dichtewerten mit Hilfe der Regressionsdaten aus Bild 64/2 die Ethanol-Volumenanteile ermittelt.

Unmittelbar nach Eingabe der gemessenen Dichte erscheint in Spalte C der zugehörige Ethanol-Volumenanteil.

Die Volumenanteile σ(Ethanol) in den Zellen C18 bis C22 errechnen sich aus der Funktionsgleichung der Ausgleichsgeraden und sind durch Umstellen der Gleichung nach x zu erhalten:

$$y = a \cdot x + b \quad \Rightarrow \quad x = \frac{y - b}{a}$$

Für Probe 1 lautet der Formeleintrag in C18:

=((B18-$C$12)/$C$14)

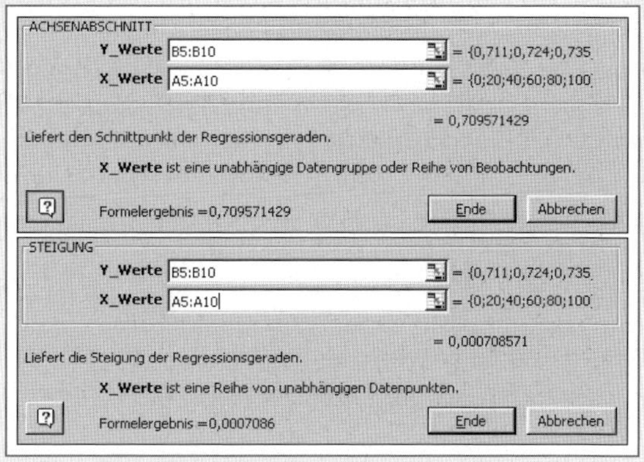

Bild 1: Fenster für die Datenfeldeingabe der Regressionsanalyse

	A	B	C
1 2	**Volumenanteil Ethanol in einem Methanol-Ethanol-Gemisch**		
3 4	Volumenanteil σ(Ethanol) in %	Dichte in g/mL gemessen	Dichte in g/mL aus Regression
5	0	0,711	=($C$14*A5+C12)
6	20	0,724	=($C$14*A6+$C$12)
7	40	0,735	=($C$14*A7+$C$12)
8	60	0,752	=($C$14*A8+$C$12)
9	80	0,767	=($C$14*A9+$C$12)
10	100	0,781	=($C$14*A10+$C$12)
11	**Regression:**		
12	Konstante (y-Abschnitt b)		=ACHSENABSCHNITT(B5:B10;A5:A10)
13	R^2		=BESTIMMTHEITSMASS(B5:B10;A5:A10)
14	x-Koeffizient (Steigung a)		=STEIGUNG(B5:B10;A5:A10)
16	**Bestimmung des Ethanol-Volumenanteils in Methanol-Ethanol-Gemischen**		
17	**Probe**	Dichte in g/mL	Volumenanteil σ(Ethanol) in %
18	Probe 1	0,737	=((B18-$C$12)/$C$14)
19	Probe 2	0,743	=((B19-$C$12)/$C$14)
20	Probe 3	0,727	=((B20-$C$12)/$C$14)
21	Probe 4	0,719	=((B21-$C$12)/$C$14)
22	Probe 5	0,722	=((B22-$C$12)/$C$14)

Bild 2: Tabelle mit mathematischen Funktionen

	A	B	C
11	**Regression:**		
12	Konstante (y-Abschnitt b)		0,710
13	R^2		0,997
14	x-Koeffizient (Steigung a)		0,000709
16	Bestimmung des Ethanol-Volumenanteils in Methanol-Ethanol-Gemischen		
17	**Probe**	Gemessene Dichte in g/mL	Volumenanteil σ(Ethanol) in %
18	Probe 1	0,737	38,7
19	Probe 2	0,743	47,2
20	Probe 3	0,727	24,6
21	Probe 4	0,719	13,3
22	Probe 5	0,722	17,5

Bild 3: Tabelle mit ausgewerteten Messdaten

Grafische Darstellung der Datenauswertung durch Regressionsanalyse

Zur grafischen Darstellung der linearen Regression einer Messreihe wird im Tabellenkalkulationsprogramm Excel mit Hilfe des Diagrammassistenten ein *x-y*-Diagramm eingefügt und eine Ausgleichsgerade durch die Messpunkte gelegt.

Das Einfügen des Diagramms zur Messwertreihe „Bestimmung des Ethanol-Volumenanteils in Methanol-Ethanol-Gemischen" (Eingabemaske mit Messwerten Bild 2 Seite 64) erfolgt nach Markierung der Datenreihen **A5:A10** und **B5:B10** mit der Option:

Einfügen / Diagramm / Punkt (xy) / Spalten / Weiter.

Es erscheint das in **Bild 1** abgebildete Fenster des Diagrammassistenten. Hier können links der Diagrammtitel und die Achsen-Beschriftungen eingegeben werden.

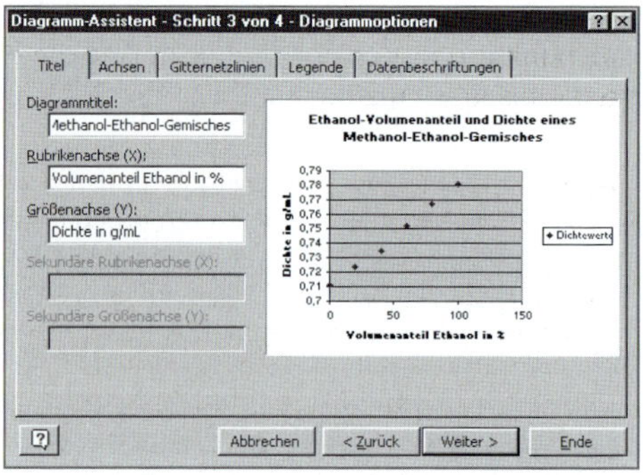

Bild 1: Formatierungen des x-y-Diagramms im Diagrammassistenten von Excel

Weiterhin werden im Register *Gitternetzlinien* die *Hauptgitternetzlinien* der beiden Achsen aktiviert und im Register *Legende* die Optionen *Legende anzeigen* und *oben* gewählt, abschließend die Option *OK.*

Änderungen der bisher gewählten Optionen sind jederzeit möglich: Nach Rechtsklick auf die Diagrammfläche erscheint nach weiterem Linksklick auf *Diagrammoptionen* das in Bild 1 abgebildete Fenster des Diagrammassistenten von Excel.

Weitere Formatierungsänderungen innerhalb des Diagramms sind nach Mausklick auf das entsprechende Objekt möglich. So kann z.B. nach rechten Mausklick auf die *x*-Achse mit den Optionen:

Achse formatieren / Skalierung

als Kleinstwert 0, als Höchstwert 100 und als Hauptintervall 10 eingegeben werden.

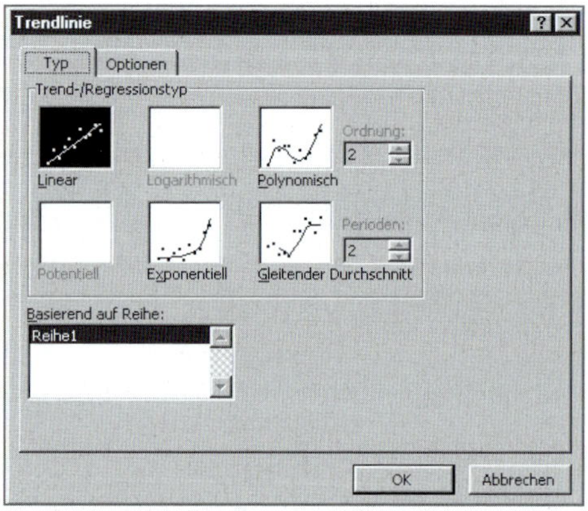

Bild 2: Mögliche Typen der Regression

In der Rubrik *Schrift* können die Schriftoptionen der Achsenbeschriftung verändert werden, unter der Rubrik *Zahlen* die Anzahl der Dezimalstellen.

Einfügen der Ausgleichsgeraden (sie wird im Programm Excel als *Trendlinie* bezeichnet):

Nach rechtem Mausklick auf einen der Datenpunkte im Diagramm und Klick auf die Option *Trendlinie hinzufügen* öffnet sich in Excel ein Fenster, in dem der *Typ* der Regression *Linear* gewählt wird **(Bild 2).**

Unter der Rubrik *Optionen* wird unter *Benutzerdefiniert* der Name der Trendlinie „Dichte Regression" eingegeben sowie *Gleichung im Diagramm darstellen* und *Bestimmtheitsmaß im Diagramm darstellen* aktiviert. Mit dieser Festlegung werden die Daten der Regressionsanalyse in das Diagramm eingeblendet.

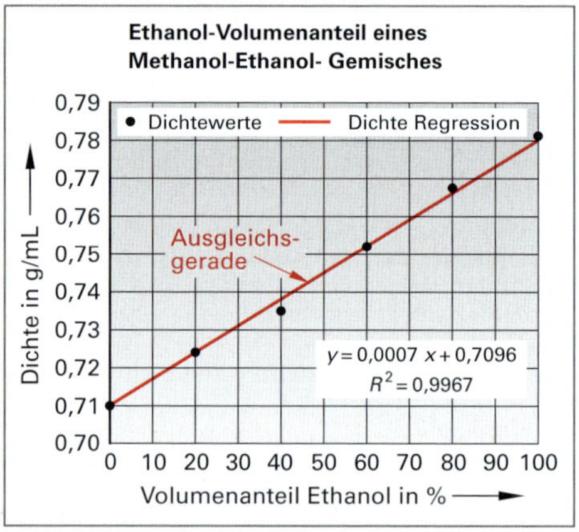

Bild 3: *x-y*-Diagramm mit Messpunkten und Ausgleichsgerade

Nach Klick auf *OK* schließt sich das Fenster und im Diagramm erscheinen die Ausgleichsgerade, ihre Funktionsgleichung sowie das Bestimmtheitsmaß R^2, das eine qualitative Aussage über den Grad der Linearität der Messpunkte erlaubt **(Bild 3).** Abschließend sind nach linken Doppelklick auf die Trendlinie im erscheinenden Fenster unter der Option *Muster* die *Linienart,* die *Linienfarbe* und die *Linienbreite* der Trendlinie formatierbar.

Messreihen können auch auf andere als lineare Funktionsabhängigkeit untersucht werden. So kann z.B. eine quadratische, logarithmische oder exponentielle Abhängigkeit der Messdaten vorliegen. Welche der Funktionen den Verlauf der Messdaten am präzisesten charakterisiert, ist am Wert des Bestimmtheitsmaßes R^2 abzulesen: Es ist die Funktion, bei der R^2 dem Wert 1 am nächsten kommt.

Beispiel: Bestimmung der Massenkonzentration β(KCl) von Kaliumchlorid-Lösungen durch Leitfähigkeitsmessung

Die Massenkonzentration von Kaliumchlorid-Probelösungen ist mit Hilfe von KCl-Kalibrierlösungen durch Leitfähigkeitsmessungen und anschließende Regression zu bestimmen. Die Regressionsanalyse ist in einem Diagramm darzustellen.

Zunächst wird eine KCl-Lösung der Konzentration β(KCl) = 1000 mg/L im 1-L-Messkolben angesetzt und durch Verdünnen eine Konzentrationsreihe in 100-mL-Messskolben mit den in folgender Tabelle angegebenen Massenkonzentrationen erstellt. Nach Temperieren auf 20 °C bestimmt man die Leitfähigkeiten der verdünnten Lösungen:

Tabelle 1: Leitfähigkeit von Kaliumchlorid-Lösungen bei 20 °C

β(KCl) in mg/L	100	200	300	400	500	600
$\varkappa$ in µS/cm	180	342	537	682	848	1014

In Excel wird eine Eingabemaske für die Auswertung erstellt und in die grau unterlegten Eingabefelder (Zellen **B3** bis **B8**) die gemessenen Leitfähigkeitsmesswerte eingetragen **(Bild 1).**

Für die rechnerische Auswertung der Gehaltsbestimmung (grau unterlegte Eingabezellen B15 bis B19 für die Probenleitfähigkeiten) werden die Funktionsdaten der Ausgleichsgeraden benötigt. Zu diesem Zweck erfolgt in Zelle **C10** und **C12** der Aufruf der Funktion für den Achsenabschnitt *b* und den Steigungsfaktor *a*:

C10: *Einfügen / Funktion / Statistik / Achsenabschnitt*

C12: *Einfügen / Funktion / Statistik / Steigungsfaktor*

Damit sind für die Auswertungsfunktion der Ausgleichsgeraden: $\boldsymbol{y = a \cdot x + b}$ die Komponenten *a* und *b* bekannt. Durch Umformen der Gleichung nach x ($\Rightarrow \beta$(KCl)) ergibt sich für den Gehalt von Probe 1 folgender Eintrag in Zelle C15: **=((B15-$C$10)/$C$12)**

Diese Formel aus Zelle C15 wird in die Zellen **C16** bis **C19** kopiert.

In den Zellen **C15** bis **C19** erscheinen nach Eingabe der gemessenen Proben-Leitfähigkeiten die Massenkonzentrationen der Proben (rot).

In **Bild 2** sind die Leitfähigkeiten der Kalibrierlösungen im *x-y*-Diagramm dargestellt, eingetragen sind die Ausgleichsgerade sowie die Funktionsgleichung der Geraden.

Das Bestimmtheitsmaß R^2 = 0,9990 zeigt eine relativ hohe Linearität der Messwerte der Kalibrierlösungen.

	A	B	C
1	**Gehalt von Kaliumchlorid-Lösungen bei 20 °C**		
2 3	Massenkonzentration in mg/L	Leitfähigkeit in µS/cm	Leitfähigkeit Regression
4	100	180	184
5	200	342	351
6	300	537	517
7	400	682	684
8	500	848	850
9	600	1014	1017
10	**Regressionsdaten**		
11	Konstante (*y*-Abschnitt *b*)		17,20
12	R^2		0,9990
13	*x*-Koeffizient (Steigung *a*)		1,667
14	**Probenauswertung**		
15 16	**Probe**	Leitfähigkeit in µS/cm	Massenkonzentration in mg/L
17	Probe 1	178	**96**
18	Probe 2	291	**164**
19	Probe 3	454	**262**
20	Probe 4	342	**195**
21	Probe 5	621	**362**

Bild 1: Eingabemaske und Auswertung der KCl-Gehaltsbestimmung

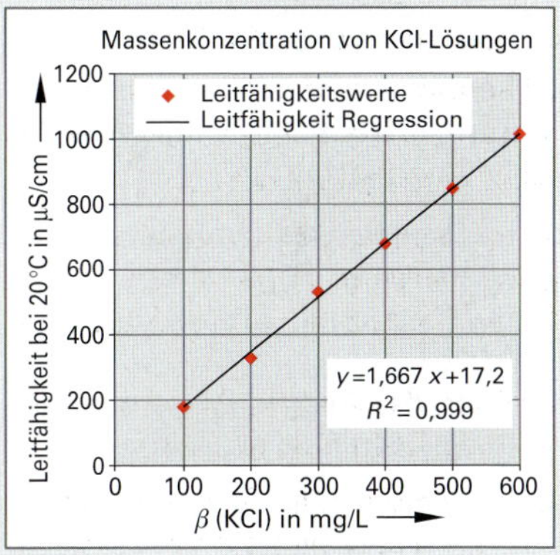

Bild 2: Kalibrierdiagramm

Aufgabe zu 2.5.3 Computergestützte Auswertung von Messreihen durch Regression

1. Zur Bestimmung der Konzentration $c(NaNO_3)$ von Proben wurden 5 $NaNO_3$-Kalibrierlösungen hergestellt. Die Leitfähigkeitsmessung ergab nach dem Temperieren folgende Messwerte.

Tabelle 2: Leitfähigkeit von Natriumnitrat -Lösungen bei 20 °C

Konzentration in mmol/L	0,0	1,0	2,0	3,0	4,0	5,0	Probe 1	Probe 2	Probe 3	Probe 4
Leitfähigkeit in µS/cm	3,2	108	213	305	428	523	256	298	487	178

Ermitteln Sie mit Hilfe der Messdaten und einer Regressionsanalyse nach dem Muster des Beispiels die Stoffmengenkonzentrationen $c(NaNO_3)$ der vier Probelösungen.

2. Nitrat-Ionen können nach Reduktion zu Nitrit und anschließende Diazotierung von Sulfanilamid zu einem roten Azofarbstoff gekuppelt und bei 540 nm fotometrisch bestimmt werden.

Es wurden 5 Kalibriermessungen mit vorgegebenen Nitratgehalten und die Messungen der 5 Wasserproben durchgeführt und folgende Extinktionswerte erhalten .

$\beta(NO_3^-)$ in mg/L	0	10	20	30	40	Probe 1	Probe 2	Probe 3	Probe 4	Probe 5
Extinktion (bei 540 nm)	0	0,140	0,329	0,492	0,672	0,438	0,544	0,227	0,411	0,385

Erstellen Sie für die fotometrische Nitrat-Bestimmung mit einem Tabellenkalkulationsprogramm eine Eingabemaske nach dem Muster von Bild 66/2. Führen Sie eine rechnerische und grafische Auswertung mit linearer Regression durch.

Gemischte Aufgaben zu 2 Auswertung von Messwerten und Prozessdaten

1. Eine Bürette der Klasse AS mit einem Nennvolumen von 10 mL hat die Fehlergrenzen ± 0,02 mL. Es werden bei einer Titration 5,39 mL Maßlösung verbraucht. Wie lautet die Volumenangabe mit Angabe der Messgenauigkeit?

2. In **Bild 1** ist das Ziffernblatt eines Rohrfedermanometers der Genauigkeitsklasse 1,0 während des Messvorganges abgebildet.
   a) Geben Sie die Anzeige, den Messwert und den Skalenteilungswert an.
   b) Mit welcher Unsicherheit ist der Messwert behaftet?

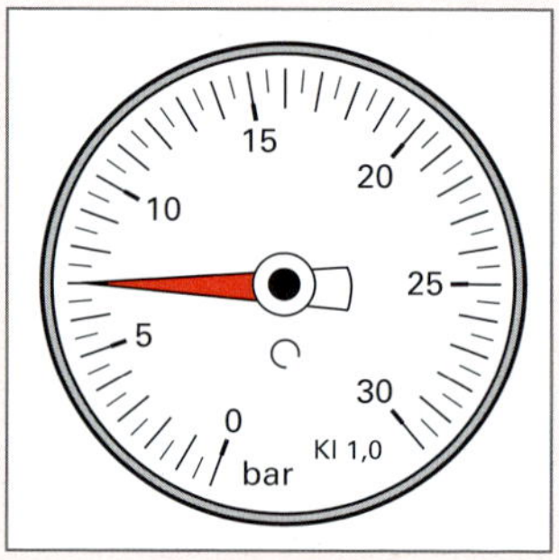

Bild 1: Ziffernblatt eines Rohrfedermanometers (Aufgabe 2)

3. Ein Widerstandsthermometer hat einen Messbereich von 0 °C bis 250 °C. Gemessen wurde die Temperatur 142 °C mit einer Messunsicherheit von ± 1,5 °C. Zu welcher Genauigkeitsklasse gehört das Messgerät?

4. Der Messbereich eines digital anzeigenden Thermoelements von 0 °C bis 400 °C ist mit einer Unsicherheit von 1 % ± 2 Digit angegeben. Wie groß ist die Messunsicherheit des Messwertes, wenn eine Temperatur von 312 °C gemessen wurde und der Ziffernschrittwert 1 °C beträgt?

5. Ein Reaktionsbehälter hat drei Anschlüsse, durch die mit 3 Pumpen Flüssigkeiten zugeführt werden können. Der Förderstrom der Pumpen ist $\dot{V}_1$ = 1,24 L/s, $\dot{V}_2$ = 0,35 L/s und $\dot{V}_3$ = 0,90 L/s. Die Pumpen 1 und 2 haben eine Fördergenauigkeit von ± 0,01 L/s, die Pumpe 3 eine Genauigkeit von 0,005 L/s.
   a) Welcher Förderstrom fließt pro Sekunde zu, wenn alle drei Zulaufarmaturen geöffnet sind?
   b) Mit welcher Unsicherheit ist der Förderstrom anzugeben?

6. Wandeln Sie die angegebenen Größenwerte in Größenwerte mit den neuen Einheitenzeichen um:
   a) 1230 cm in m b) 4685 dm^2 in m^2 c) 56 826 mg in g d) 0,862 L/s in m^3/h
   e) 0,765 g/mL in kg/m^3 f) 1,278300 km^2 in m^2 g) 7,845 kg/dm^3 in g/cm^3
   Geben Sie wo möglich die Ergebnisse gerundet auf zwei Stellen nach dem Komma an.

7. Runden Sie Rechenergebnisse folgender Aufgaben auf die richtige Ziffernzahl:
   a) 12,06 g/mL · 66 mL b) 1620 kg : 812 kg/m^3 c) 12,4 m · π d) 632 m^2 : π
   e) 960,4 t · 0,35 f) 1,013 bar · 22,41 L / 273 °C g) 2,04 mol^2/L^2 : 0,0036 L/mol

8. Die Dichte einer Natronlauge wurde zu ϱ = 1,188 g/mL gemessen. Geben Sie die Masse von 212 mL der Lauge mit der richtigen Ziffernzahl an.

9. Aus der Messreihe mit den Einzelwerten: 468,2 mg; 465,9 mg; 468,2 mg; 468,8 mg; 469,0 mg soll berechnet werden:
   a) der arithmetische Mittelwert b) der absolute und relative Fehler
   c) die Standardabweichung.

10. Berechnen Sie für die nachstehenden Messreihen den Mittelwert $\overline{x}$, die Standardabweichung s und die relative Standardabweichung s_r:

a) Impulse pro Zeiteinheit: 1578, 1602, 1599, 1609, 1648, 1605, 1582, 1555, 1589

b) pH-Wert: 9,35; 9,35; 9,45; 9,26; 9,38; 9,89

c) Volumenstrom in m^3/h: 2240, 2270, 2195, 2200, 2265, 2295, 2225

d) Spannung in mV: 86,0; 82,6; 85,8; 87,0; 86,4; 85,7; 86,1; 85,8; 85,9

e) Volumen in mL: 25,6; 25,2; 25,7; 25,1; 24,2

11. 68,0 °Fahrenheit entsprechen einer Temperatur von 20,0 °Celsius, 310 °F einer Temperatur von 154 °C. Bestimmen Sie durch rechnerische Interpolation den Fahrenheit-Wert von 105 °C.

12. Eine 17,58 %ige Salpetersäure hat eine Dichte von ϱ = 1,100 g/mL, eine 29,25 %ige Salpetersäure die Dichte ϱ = 1,175 g/mL. Welche Dichte hat eine 27,00%ige Salpetersäure, Linearität der Abhängigkeit der Dichte vom Gehalt vorausgesetzt?

13. Eine konzentrierte Natriumnitratlösung enthält 7,60 mol/L $NaNO_3$. Die Dichte beträgt ϱ = 1,38 g/cm³. Wie viel mol/L $NaNO_3$ enthält eine Lösung mit der Dichte 1,24 g/cm³?

14. Ethin hat im Normzustand eine Dichte von 1170,9 g/m³, Methan eine Dichte von 716,8 g/m³. Welche Dichte hat ein Methan-Ethin-Gemisch mit einem Volumenanteil von 12,0 % Ethin?

15. Für ein Thermoelement soll im Bereich zwischen 0 °C und 1600 °C eine Kalibrierkurve erstellt werden. Bei 400 °C wurde eine Spannung von 3,2 mV, bei 1600 °C von 16,6 mV gemessen. Welche Thermospannung ist bei 0 °C vorhanden, Linearität vorausgesetzt?

16. a) Die Prozessdaten Volumen V und Zeit t der Aufgabe von Seite 47 unten sollen in ein Diagramm eingezeichnet werden.

b) Extrapolieren Sie das Volumen zur Zeit t = 94 s aus dem erstellten Diagramm.

c) Liegt eine gleichmäßige Volumenzugabe vor? Begründen Sie.

17. Bei der Rektifikation werden so genannte Gleichgewichtsdiagramme benötigt (Seite 437). Die x- und y-Werte in diesen Diagrammen liegen zwischen 0 und 1.

Mit vorgegebenen x-Werten lassen sich nach der Formel $y = \frac{\alpha \cdot x}{1 + x\,(\alpha - 1)}$ die y-Werte berechnen.

a) Stellen Sie mit den genannten Werten für α drei Wertetabellen für y_1 (α = 2), y_2 (α = 5) und y_3 (α = 25) auf.

b) Tragen Sie die x/y-Wertepaare in ein x/y-Diagramm ein und zeichnen Sie die Kurvenzüge.

18. Die Kalibrierkurve eines NiCr-Ni-Thermoelements ist in **Bild 1** abgebildet.

a) Welche Messtemperatur kann bei einer Spannung von 6,2 mV und welche bei 15,0 mV abgelesen werden?

b) Geben Sie die zu 220 °C und 380 °C gehörige Thermospannung an.

c) Stellen Sie die Funktionsgleichung für die Kalbriergerade auf.

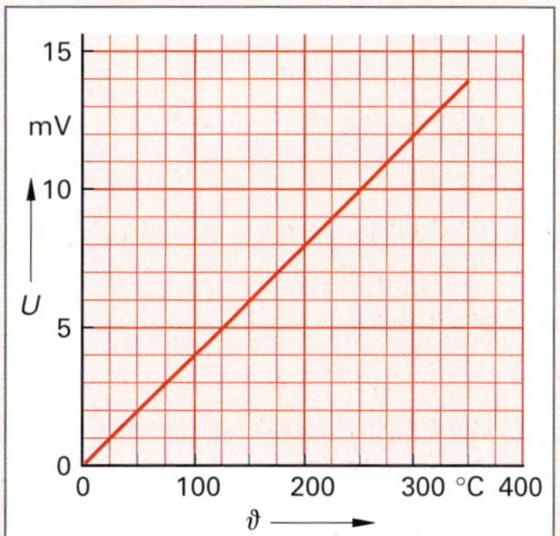

Bild 1: Kalibrierkurve eines NiCr-Ni-Thermoelements (Aufgabe 18)

19. Die Strömungsgeschwindigkeit in einer Rohrleitung folgt der Gleichung: $v = \frac{4\dot{V}}{\pi \cdot d^2}$. Hierin ist $\dot{V}$ der Volumenstrom in m³/s und d der Rohrinnendurchmesser in Meter.

a) Zeigen Sie in einem Diagramm, wie sich der Volumenstrom mit dem Rohrdurchmesser ändert. Die Strömungsgeschwindigkeit ist konstant v = 1,2 m/s.

b) Zeigen Sie in einem zweiten Diagramm, wie sich die Strömungsgeschwindigkeit v mit dem Rohrdurchmesser ändert, wenn der Volumenstrom konstant $\dot{V}$ = 6,00 L/s beträgt.

20. Bei der Kernspaltung von Uran $^{235}_{92}U$ werden von einem Uranatom drei Neutronen freigesetzt. Treffen diese Neutronen auf einen anderen U-235-Kern, wird dieser ebenfalls gespalten und gleichzeitig werden auch hier 3 Neutronen abgespalten.
  a) Wie viele Neutronen stehen nach der insgesamt 11. Kettenreaktion zur Verfügung?
  b) Stellen Sie Ihr Ergebnis in verschiedenen grafischen Papieren dar.

21. Nach 1600 Jahren ist die Hälfte der Atome des radioaktiven Elements Radium $^{226}_{88}Ra$ zerfallen **(Bild 1)**. Wie viele Halbwertszeiten sind mindestens erforderlich, um weniger als 5 % spaltbares Radium vorliegen zu haben?

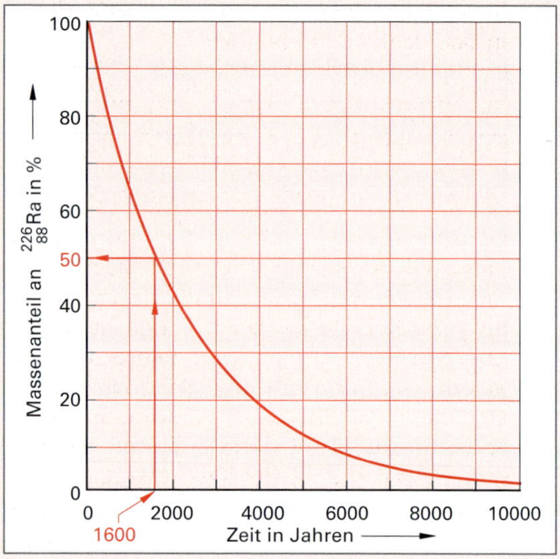

Bild 1: Radioaktiver Zerfall von $^{226}_{88}Ra$

22. Suchen Sie aus den folgenden Diagrammen jeweils den fehlenden Wert auf:
  a) **Bild 2**: $x_1 = 1{,}5$; $x_2 = 3{,}1$; $x_3 = 4{,}0$; $y_4 = 0{,}8$; $y_5 = 2{,}0$; $y_6 = 8{,}5$; $y_7 = 55$
  b) **Bild 3**: $x_1 = 0{,}6$; $x_2 = 7{,}4$; $x_3 = 9{,}0$; $y_4 = 1{,}05$; $y_5 = 0{,}11$; $y_6 = 0{,}55$; $y_7 = 0{,}08$
  c) **Bild 4**: $x_1 = 14$; $x_2 = 20$; $x_3 = 23$; $y_4 = 30$; $y_5 = 125$; $y_6 = 800$; $y_7 = 8000$; $y_7 = 80\,000$

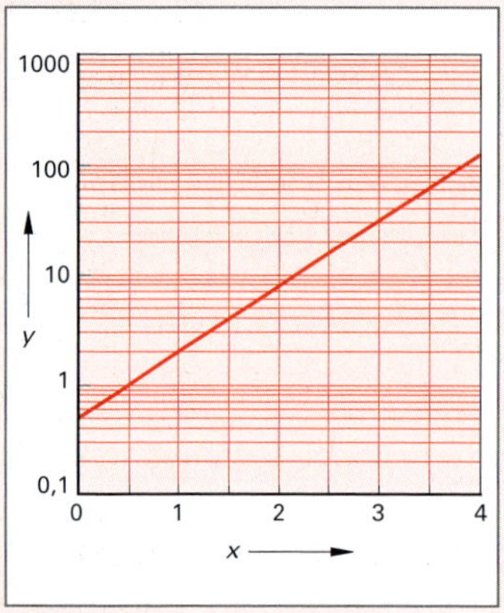

Bild 2

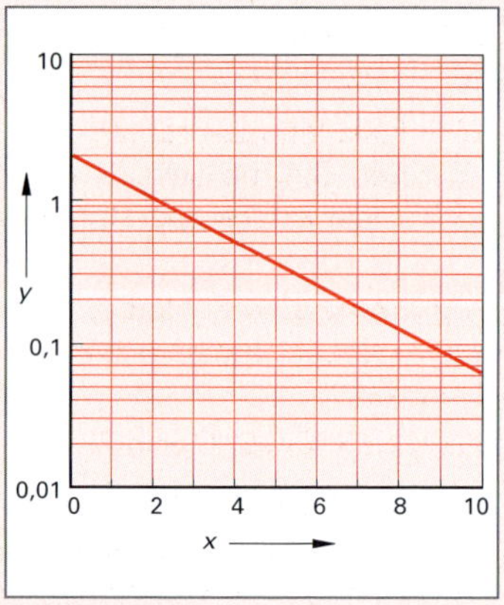

Bild 3

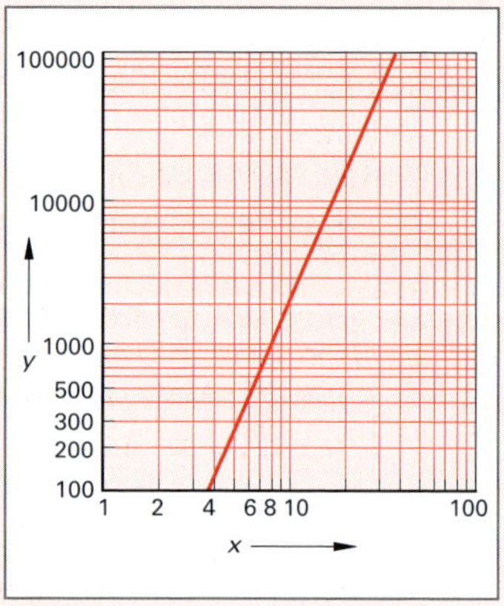

Bild 4

23. Beim Bayer-Verfahren zur Gewinnung von Aluminiumoxid aus Bauxit mit Hilfe von Natronlauge fallen als Abfall pro Tonne eingesetztem Bauxit zwei Tonnen Rotschlamm an. Die Analyse einer Rotschlamm-Probe ergab folgende Zusammensetzung (als Massenanteile):

Bestandteil	Fe_2O_3	Al_2O_3	SiO_2	TiO_2	Na_2O	Glühverlust	CaO	Andere
Anteil in %	34,3	18,7	13,2	11,6	9,8	7,8	3,5	1,1

Stellen Sie die Zusammensetzung des Rotschlamms in einem geeigneten Kreisdiagramm dar.

24. Die Bruttostromerzeugung in Deutschland ergab 1998 mit 552 TWh (Mrd. kWh) einen Zuwachs von 0,4 % gegenüber dem Vorjahr. Zur Stromerzeugung trugen folgende Energiequellen bei:

Energiequelle	Kernenergie	Steinkohle	Braunkohle	Gas	Wasser	Wind	Andere
Energie in TWh	161,5	151,5	140,0	51,5	20,5	4,4	22,7

Stellen Sie die Verteilung der Energiequellen in einer geeigneten Diagrammform dar.

25. In der nachfolgenden Tabelle ist die Veränderung der Emissionen einiger wichtiger Schadstoffe in Deutschland aufgeführt.

Jahr	1990	1992	1994	1996	1998	2000	2002
SO_2 in kt	5321	3307	2472	1340	835	638	660
NO_x (als NO_2) in kt	2729	2323	2055	1897	1675	1584	1498

Stellen Sie die zeitliche Entwicklung der Emissionen in einer geeigneten Diagrammform dar.

26. Der Massenanteil *w*(Aceton) im Kopfprodukt Aceton/Wasser einer Rektifiziersäule soll durch Messung der **Brechzahl**[1] n_D^{20} (auch **Brechungsindex** genannt) bestimmt werden. Zur Erstellung der Kalibrierkurve wird zunächst die Brechzahl n_D^{20} von Lösungen bekannter Zusammensetzung Aceton/Wasser mit einem ABBÉ-Refraktometer (Seite 287) bestimmt. In **Tabelle 1** sind die Aceton-Massenanteile und die zugehörigen Messwerte der Brechzahl aufgeführt, darunter die der 5 Proben.
   a) Erstellen Sie mit einem Tabellenkalkulations-Programm eine Eingabemaske zur Auswertung der Refraktometrie.
   b) Führen Sie mit den Messwerten die rechnerische Regressionsanalyse durch.
   c) Erstellen Sie mit den Messdaten ein *x-y*-Diagramm und ergänzen Sie die Ausgleichsgerade.
   d) Ermitteln Sie mit Hilfe der Regressionsdaten die Aceton-Massenanteile der 5 Proben von Tabelle 1.

Tabelle 1: Brechzahlen von Aceton/Wasser-Kalibriermischungen (Aufgabe 26)

w(Aceton) in %	Brechzahl n_D^{20}
95	1,35758
96	1,35779
97	1,35810
98	1,35831
99	1,35862
100	1,35884
Probe	
Probe 1	1,35762
Probe 2	1,35794
Probe 3	1,35851
Probe 4	1,35859
Probe 5	1,35861

27. In **Tabelle 2** sind die Dichtewerte von Wasser bei verschiedenen Temperaturen angegeben.
   a) Führen Sie mit einem Tabellenkalkulations-Programm eine Regressionsanalyse durch. Prüfen Sie, ob sich die Dichte von Wasser in diesem Bereich linear zur Temperatur verändert.
   b) Finden Sie mit Hilfe des Programms eine Funktion, welche für diesen Temperaturbereich eine optimale Ausgleichskurve der Dichte-Messwerte ergibt.
   c) Ermitteln Sie die Dichtewerte für 55 °C, 65 °C und 78 °C.

Tabelle 2: Messwerte zur Dichte von Wasser (Aufgabe 27)

Temperatur	Dichte in g/cm³
50 °C	0,98805
60 °C	0,98321
70 °C	0,97779
75 °C	0,97486
80 °C	0,97183
85 °C	0,9686

28. Bei der Bestimmung von Blei in einer Bodenprobe über die Atomabsorptionsspektroskopie werden 32,98 g Probe eingewogen, mehrfach ausgelaugt und filtriert. Das Filtrat wird zu 250 mL aufgefüllt (Pr_0). Von dieser Lösung werden 10 mL abpipettiert und zu 100 mL verdünnt (Pr_1) Als Standard-Lösung (Aufstocklösung Kal_0) steht eine Bleiacetat-Lösung der Konzentration 75,86 mg/L zur Verfügung. Zur Analyse werden von der Probe-Lösung Pr_1 jeweils 50,0 mL in sieben 100 mL Messkolben pipettiert, sechs der Kolben mit unterschiedlichen Volumina der Standardlösung versetzt und die Lösungen zu 100 mL aufgefüllt. In nachfolgender Tabelle sind die Aufstockvolumina und die bei 283,3 nm gemessenen Extinktionen der Proben aufgeführt.

Lösung	Pr_1	Kal_1	Kal_2	Kal_3	Kal_4	Kal_5	Kal_6
Aufstock-Volumen Kal_0 in mL	–	10,0	15,0	20,0	25,0	30,0	35,0
Aufstockkonzentration Pb in mg/L	0	7,586	11,378	15,172	18,965	22,758	26,551
Extinktion *E* bei 283,3 nm	0,038	0,065	0,077	0,088	0,103	0,118	0,130

Erstellen Sie mit Hilfe eines Tabellenkalkulationsprogramms ein Kalibrierdiagramm und berechnen Sie den Massenanteil *w*(Pb) in der untersuchten Bodenprobe (Lösungsweg siehe S. 281).

Hinweis: Weitere Aufgaben zur Nutzung eines Tabellenkalkulationsprogrammes finden sich auf den Seiten: 46, 194, 233, 247, 248, 249, 250, 254, 258, 269, 274, 282ff, 286, 305f, 313f, 326ff, 333f, 338f, 340, 343, 346, 350, 409f, 427f, 430, 433, 435, 442, 448, 451, 458, 460f, 469, 471, 472, 474, 475

[1] n_D^{20} bedeutet Brechungsindex bei 20 °C, gemessen mit einer Natriumdampflampe bei der Wellenlänge λ = 589,3 nm (D-Linie).

3 Ausgewählte physikalische Berechnungen

Die Auswertung von Prozessdaten ist praktisch immer mit dem Aufstellen, Ableiten oder Umstellen von Größengleichungen verbunden. Durch Einsetzen der in der Aufgabenstellung angegebenen Zahlenwerte der physikalischen Größen und ihre Einheitenzeichen in die Größengleichung lässt sich der Größenwert der gesuchten physikalischen Größe ermitteln.

Bei allen Berechnungen ist der sichere Umgang mit den richtigen physikalischen Größen und den dazugehörigen Einheiten sowie gegebenenfalls deren korrekte Umrechnung von entscheidender Bedeutung. Außerdem sind die Rechenregeln im Kapitel 1 zu beachten.

3.1 Größen, Zeichen, Einheiten, Umrechnungen

Physikalische Größen (physical quantities)

Eine physikalische Größe (DIN 1313) beschreibt die Qualität (Beschaffenheit) oder Quantität (Menge) von Körpern, Vorgängen oder Zuständen.

Es gibt sieben **Basisgrößen** (Tabelle 9/1) um die Natur oder Technik zu quantifizieren. Auf sie lassen sich alle physikalischen Größen zurückführen.

Umgekehrt können alle **abgeleiteten Größen** aus den Basisgrößen durch Multiplikation oder Division abgeleitet werden.

Ferner unterscheidet man zwischen extensiven und intensiven Größen (DIN 1345):

Extensive Größen (Tabelle 1) sind abhängig von der Extension (Ausdehnung), der Quantität oder dem Umfang des untersuchten Körpers, Zustands oder Vorgangs.

Intensive Größen sind von den genannten Faktoren unabhängig.

Tabelle 1: Größen, Einheiten, Zeichen

Physikalische Größe	Formelzeichen	Einheitennamen	Einheitenzeichen
extensive Größen (Beispiele)			
Länge	l	Meter	m
Masse	m	Kilogramm	kg
Stoffmenge	n	Mol	mol
Zeit	t	Sekunden	s
Fläche	A	Quadratmeter	m^2
Volumen	V	Kubikmeter	m^3
Ladung	Q	Coulomb	C
intensive Größen (Beispiele)			
Temperatur	ϑ	Grad Celsius	°C
Stromstärke	I	Ampere	A
Massenanteil	w	1	
Dichte	ϱ	Kilogramm durch Kubikmeter	kg/m^3
Druck	p	Newton durch Quadratmeter	N/m^2
Brechungsindex	n	1	
Geschwindigkeit	v	Meter durch Sekunde	m/s

Formelzeichen (letter symbols)

Zur Kurzschreibweise physikalischer Größen benutzt man Formelzeichen (DIN 1304 Teil 1). Es sind lateinische oder griechische Groß- oder Kleinbuchstaben. Zur näheren Bezeichnung der physikalischen Größe werden sie z. B. mit einem Tiefzeichen rechts vom Formelzeichen (Index) wie bei v_o, p_e, n_{eq} versehen. Formelzeichen sollen keinen Hinweis auf die Einheit enthalten.

Formelzeichen werden *kursiv* (Schrägschrift) gedruckt, wenn es sich um ein Symbol handelt, das aus **einem** Buchstaben besteht z. B. I, F, ϱ, η, pH.

Einheiten (units)

Eine Einheit ist eine festgelegte Bezugsgröße, die aus einer Menge miteinander vergleichbarer Größen ausgewählt wurde. Man unterscheidet:

- SI-Basiseinheiten (Tabelle 9/1) z. B.: Meter, Kilogramm, Ampere. Sie sind in DIN 1301 Teil 1 aufgelistet und definiert. Sie können untereinander nicht durch Einheitengleichungen verbunden werden.
- Abgeleitete SI-Einheiten sind mit dem Zahlenfaktor 1 gebildete Produkte, Quotienten oder Potenzprodukte von SI-Basiseinheiten.

Beispiele: $1\,C = 1\,A \cdot s$, $1\,N = 1\,\frac{kg \cdot m}{s^2}$, $1\,J = \frac{kg \cdot m^2}{s^2}$, $1\,Pa = 1\,\frac{N}{m^2}$, $1\,W = 1\,\frac{N \cdot m}{s}$, $1\,\Omega = 1\,\frac{V}{A}$

- Einheiten außerhalb des Internationalen Einheitensystems (SI) sind alle von den Basiseinheiten mit einem von 1 abweichenden Faktor abgeleiteten Einheiten.

Beispiele: 1 min = 60 s, 1 g = 10^{-3} kg, 1 bar = 10^5 Pa, 1 d = 24 h, 1 u = 1,660 540 2 · 10^{-27} kg

- Unterschiedliche Einheiten lassen sich nur multiplizieren und dividieren sowie gegebenenfalls potenzieren und radizieren. Sie können dagegen nicht addiert, subtrahiert und logarithmiert werden.

Beispiele: $1\,N \cdot 1\,m = 1\,N \cdot m$, $1\,\frac{kg \cdot m^3}{m^3} = 1\,kg$, $1\,m^2 \cdot 1\,m = 1\,m^3$, $\sqrt{1\,\frac{m^2}{s^2}} = 1\,m/s = 1\,m \cdot s^{-1}$

Einheitenzeichen (symbols)

Einheitennamen werden durch senkrecht geschriebene Einheitenzeichen abgekürzt. Man schreibt sie mit Großbuchstaben, wenn der Einheitenname von einem Eigenname stammt, wie z. B. NEWTON N, KELVIN K. Ansonsten werden mit Ausnahme des Liters, Einheitenzeichen L, Kleinbuchstaben verwendet.

Einheitenzeichen dürfen nicht mit Indices versehen werden, mit denen die Größe auf einen bestimmten Bezug beschränkt wird. Indices dieser Art gehören an das Formelzeichen z. B. I_{eff} = 2,0 A. Es unterscheiden sich also stets die physikalischen Größen und nicht die Einheiten.

Vorsätze (prefixes)

Ist der Zahlenwert einer physikalischen Größe sehr groß oder sehr klein, so sollte er mit vergrößernden oder verkleinernden Vorsätzen oder in Potenzschreibweise geschrieben werden, um vorstellbare Zahlenwerte zu erhalten. Zweckmäßigerweise wählt man den Vorsatz nach DIN 1301 Teil 1 und 2 so, dass der Zahlenwert in der Größenordnung zwischen 0,1 und 1000 liegt. Dabei sind Vorsätze mit ganzzahliger (n) Potenz von Tausend (10^{3n}) zu bevorzugen.

Beispiele: l = 5 300 000 mm; besser: l = 5,3 · 10^6 mm; oder: l = 5,3 km.

Vorsätze werden:
- nur in Verbindung mit Einheitennamen benutzt (also drei Kilogramm Soda und nicht drei Kilo Soda),
- nicht auf die Basiseinheit Kilogramm sondern auf die Einheit Gramm angewendet (also Mikrogramm und nicht Mikrokilogramm),
- nicht aus mehreren Vorsätzen zusammengesetzt (also Nanometer und nicht Millimikrometer), nur auf Einheiten des Dezimalsystems angewandt (also z. B. nicht auf Stunden, Minuten, Grad usw.).

Vorsatzzeichen (prefix symbols)

Vorsätze werden durch Vorsatzzeichen abgekürzt **(Tabelle 1).** Sie bilden mit dem Einheitenzeichen das Zeichen einer neuen Einheit. Daher gilt ein Exponent am Einheitenzeichen auch für das Vorsatzzeichen.

Tabelle 1: Vorsätze und Vorsatzzeichen für dezimale Teile und Vielfache von Einheiten

Vorsatz	Vorsatzzeichen	Faktor	Potenzschreibweise	Beispiele
Peta	P	1 000 000 000 000 000	10^{15}	1 PJ = 1 Petajoule = 10^{15} Joule
Tera	T	1 000 000 000 000	10^{12}	1 Tt = 1 Teratonne = 10^{12} Tonnen
Giga	G	1 000 000 000	10^9	1 GW = 1 Gigawatt = 10^9 Watt
Mega	M	1 000 000	10^6	1 MN = 1 Meganewton = 10^6 Newton
Kilo	k	1 000	10^3	1 kg = 1 Kilogramm = 10^3 Gramm
Hekto	h	100	10^2	1 hL = 1 Hektoliter = 10^2 Liter
Deka	da	10	10^1	1 dam = 1 Dekameter = 10^1 Meter
Dezi	d	0,1	10^{-1}	1 dm = 1 Dezimeter = 10^{-1} Meter
Zenti	c	0,01	10^{-2}	1 cN = 1 Zentinewton = 10^{-2} Newton
Milli	m	0,001	10^{-3}	1 mmol = 1 Millimol = 10^{-3} Mol
Mikro	µ	0,000 001	10^{-6}	1 µL = 1 Mikroliter = 10^{-6} Liter
Nano	n	0,000 000 001	10^{-9}	1 nm = 1 Nanometer = 10^{-9} Meter
Pico	p	0,000 000 000 001	10^{-12}	1 pF = 1 Picofarad = 10^{-12} Farad
Femto	f	0,000 000 000 000 001	10^{-15}	1 fg = 1 Femtogramm = 10^{-15} Gramm

Größengleichungen (equations between quantities)

In einer Größengleichung (DIN 1313) wird die mathematische Beziehung zwischen physikalischen Größen dargestellt. Sie gilt im Gegensatz zu einer Zahlenwertgleichung unabhängig von der Wahl der Einheiten und sollte aus diesem Grund bevorzugt angewandt werden.

Rechenergebnisse werden meistens durch eine spezielle Art einer Größengleichung wiedergegeben. Sie enthält das Formelzeichen, den Zahlenwert und das Einheitenzeichen der physikalischen Größe. Dabei werden Zahlenwerte und Einheitenzeichen als selbständige Faktoren behandelt.

Größenwert		=	Zahlenwert	·	Einheitenzeichen
Beispiel:	l	=	5	·	m
			Größenwert		

Der **Größenwert** einer physikalischen Größe ist das Produkt aus einem Zahlenwert und einem Einheitenzeichen. Die Ziffernzahl des Zahlenwertes bleibt bei einem Einheitenwechsel unverändert.

Beim Rechnen mit Größengleichung muss den Einheiten die gleiche Aufmerksamkeit geschenkt werden wie den Zahlenwerten. Falls sich bei einer Berechnung nicht die richtige Einheit der physikalischen Größe ergibt, ist der Rechengang falsch.

Verwendet man beim Rechnen mit Größengleichungen nur Einheiten des SI-Einheitensystems, so wird als Ergebnis auch eine Einheit des SI-Systems erhalten.

Umrechnung von Einheiten

Beim Rechnen mit Größengleichungen müssen Einheiten häufig umgerechnet werden. Bei einer Maßumwandlung ändert sich stets der Zahlenwert und die Einheit, wobei der Größenwert der physikalischen Größe und die Ziffernzahl des Zahlenwertes erhalten bleibt.

Bei der Umwandlung von Einheiten sind die folgenden Regeln zu beachten:

- Werden Messwerte mit größeren Einheiten in Messwerte mit kleineren Einheiten umgerechnet, so sind die Zahlenwerte durch Multiplizieren zu erweitern.

Beispiele: $0{,}735\ \text{m} = 0{,}735 \cdot 1000\ \text{mm} = 735\ \text{mm}$, $\quad 0{,}000\,053\,0\ \text{L} = 0{,}000\,053\,0 \cdot 10^6\ \mu\text{L} = 53{,}0\ \mu\text{L}$

- Werden Messwerte mit kleineren Einheiten in Messwerte mit größeren Einheiten umgerechnet, so sind die Zahlenwerte durch Dividieren zu kürzen.

Beispiele: $735\ \text{mm} = 735 \cdot \frac{1}{1000}\ \text{m} = 0{,}735\ \text{m}$, $\quad 12\,120\ \text{cm} = 12\,120 \cdot \frac{1}{100}\ \text{m} = 121{,}20\ \text{m}$

- Der Exponent am Einheitenzeichen gilt auch für das Vorsatzzeichen.

Beispiele: $1\ \text{cm}^3 = (10^{-2}\ \text{m})^3 = 10^{-6}\ \text{m}^3$, $\quad 1\ \text{mm}^2 = (10^{-3}\ \text{m})^2 = 10^{-6}\ \text{m}^2$, $\quad \sqrt{1\ \text{cm}^2} = \sqrt{(10^{-2}\ \text{m})^2} = 10^{-2}\ \text{m}$

Aufgaben zu 3.1 Größen, Zeichen, Einheiten, Umrechnungen

1. Bei welchen der nachfolgenden Begriffe handelt es sich um physikalische Größen und bei welchen um Einheitennamen? Newton, Länge, Kubikmeter, Viskosität, Candela, Ampere, Energie, Kelvin, Watt, Bar, Beschleunigung. Geben Sie auch die Formel- bzw. Einheitenzeichen an.
2. Geben Sie die Formelzeichen der folgenden physikalischen Größen an und sortieren Sie die Größen nach intensiven und extensiven Größen: Massenanteil, Stoffmenge, Temperatur, Dichte, Masse, Volumen, Druck, Geschwindigkeit, elektrische Spannung, Volumenkonzentration.
3. Ordnen Sie die Vorsätze nach steigendem Wert und geben Sie ihre Vorsatzzeichen und ihre Potenzschreibweise an: Mega, Dezi, Mikro, Hekto, Deka, Nano, Milli.
4. Formulieren Sie die folgenden Aussagen in Form von Größengleichungen:
   a) Die Schichtdicke des Nitrolacks beträgt 45 Mikrometer.
   b) Ein Liter Aceton hat eine Masse von 791 Gramm.
   c) Die Thermospannung des Thermoelements wurde zu 3,5 Millivolt gemessen.
   d) In einer Sekunde legt die Kühlsole in der Rohrleitung 1,2 Meter zurück.
   e) 7,9 Gramm Stahl haben ein Volumen von einem Kubikzentimeter.
   f) Ein ein Meter langes Aluminiumprofil dehnt sich beim Erwärmen um ein Kelvin um 24 Mikrometer aus.

5. Ergänzen Sie in nachstehender **Tabelle** die gesuchten Zahlen in den Größengleichungen.

Stoffeigenschaft	Größengleichung
a) Längenausdehnungskonstante α von Blei Pb	$\alpha(\text{Pb}) = \frac{29}{1\,000\,000} \cdot \frac{1}{\text{K}} = 29 \cdot 10^{\square} \frac{1}{\text{K}} = \boxed{0,\quad} \cdot \frac{1}{\text{K}}$
b) Teilchenzahl N_A in der Stoffmenge ein Mol	$N_A = 6023 \cdot 10^{20} = 6{,}023 \cdot 10^{\square} = 60{,}23 \cdot 10^{\square}$
c) Masse *m* des Wasserstoffatoms H	$m(\text{H}) = 0{,}000\,000\,000\,000\,000\,000\,000\,001\,674 \text{ g} = 1{,}674 \cdot 10^{\square} \text{ g}$
d) Durchmesser *d* des Natriumatoms Na	$d(\text{Na}) = 18{,}6 \cdot 10^{-11} \text{ m} = \boxed{\quad} \text{ pm} = \boxed{\quad} \text{ nm}$
e) Volumenausdehnungskonstante γ von Wasser	$\gamma(\text{H}_2\text{O}) = 0{,}0002 \cdot \frac{1}{\text{K}} = 2 \cdot 10^{\square} \cdot \frac{1}{\text{K}} = \frac{2}{10^{\square}} \cdot \frac{1}{\text{K}}$
f) Verdampfungswärme *r* von Wasser	$r(\text{H}_2\text{O}) = 2\,256 \cdot \frac{\text{J}}{\text{g}} = \boxed{\quad} \frac{\text{kJ}}{\text{kg}} = \boxed{\quad} \frac{\text{kJ}}{\text{g}}$
g) Dichte ϱ der Luft	$\varrho(\text{Luft}) = 1{,}3 \text{ g/L} = \boxed{\quad} \text{ kg/m}^3 = \boxed{\quad} \text{ mg/mL}$
h) spezifischer Widerstand ϱ von Kupfer Cu bei 20 °C	$\varrho(\text{Cu}) = 0{,}017 \frac{\Omega \cdot \text{mm}^2}{\text{m}} = \boxed{\quad} \frac{\text{m}\Omega \cdot \text{mm}^2}{\text{m}} = \boxed{\quad} \cdot 10^{-3} \frac{\text{m}\Omega \cdot \text{mm}^2}{\text{mm}}$
i) Heizwert H_u von Wasserstoff H_2	$H_u(\text{H}_2) = 10\,900 \cdot \text{kJ/m}^3 = \boxed{\quad} \text{ kJ/L} = \boxed{\quad} \text{ J/L}$
j) mittlerer Temperaturbeiwert α von Platin Pt	$\alpha(\text{Pt}) = 0{,}0039 \cdot \frac{1}{\text{K}} = 3{,}9 \cdot 10^{\square} \frac{1}{\text{K}} = \frac{39}{\boxed{\quad}} \cdot \frac{1}{\text{K}}$
k) Lichtgeschwindigkeit *v* im Vakuum	$v(\text{Licht}) = 299\,792\,485 \text{ m/s} = \boxed{\quad} \text{ km/h}$
l) Bindungslänge *d* der C≡C-Dreifachbindung in Alkinen	$d = 0{,}121 \text{ nm} = \boxed{\quad} \text{ pm} = 1{,}21 \cdot 10^{\square} \text{ m}$

6. Aus einem Messkolben, der mit genau einem Liter Kalilauge-Maßlösung gefüllt ist, werden folgende Volumina entnommen: 12 000 mm³, $0{,}60 \cdot 10^2$ cm³, 0,020 dm³, $1{,}70 \cdot 10^{-4}$ m³, 60 cm³, $1{,}2 \cdot 10^4$ mm³, $2{,}0 \cdot 10^{-2}$ dm³, 0,000170 m³. Wie viel Liter Kalilauge-Maßösung verbleiben im Messkolben?

7. Zur Herstellung von Drahtwiderständen werden von einem 1,000 m langen Konstantandraht folgende Stücke abgeschnitten: 1,2 dm, 60 mm, 0,08 m, 5 cm. Wie lang ist das Reststück?

8. Aus einem 1,00 m² großen Filtertuch werden folgende Stücke herausgeschnitten: $3{,}0 \cdot 10^3$ cm², $2{,}0 \cdot 10^5$ mm², 10 dm², 0,070 m², 1500 cm². Wie groß ist der Filtertuchverbrauch in Prozent?

9. Welche Vorsatzzeichen können sinnvollerweise in den angegebenen Größenwerten verwendet werden.
   a) 0,0041 V, b) 12 580 A, c) $340 \cdot 10^6$ Hz, d) 0,000 006 7 L, e) $16{,}0 \cdot 10^{-6}$ m, f) 13 400 N.

10. Ergänzen Sie bei den folgenden Größenwerten die vergrößernden bzw. verkleinernden Vorsätze und geben Sie den Exponenten in der Potenzschreibweise an.

    a) l = 10 000 m = 10 ?m = $10^?$ dm
    b) n = 100 mol = 0,1 ?mol = $10^?$ mmol
    c) m = 0,1 kg = 10 ?g = $10^?$ t
    d) V = 10 000 cm³ = 0,1 ?L = $10^?$ m³
    e) m = 1,3 t = 1300 ?g = $1{,}3 \cdot 10^?$ mg
    f) A = 100 m² = 0,0001 ?m² = $10^?$ cm²

3.2 Berechnung von Längen, Flächen, Oberflächen und Volumina

3.2.1 Längenberechnung

Zur Messung der Länge (length) muss die zu messende Länge mit einer bekannten Länge verglichen werden. Vergleichslängen sind Vielfache oder Teile des Meters oder das Meter selbst.

Die Länge l ist eine Basisgröße. Ihre Basiseinheit ist das Meter, Einheitenzeichen m.

Das Meter ist nach DIN 1301 Teil 1 wie folgt definiert: Ein Meter ist die Länge der Strecke, die das Licht im Vakuum während der Dauer von 1/299 792 458 Sekunden durchläuft.

In der betrieblichen Praxis verwendet man zum Messen verschiedene Maßstäbe (z.B. Bandmaßstab, Gliedermaßstab) oder Mess-Schieber (Schieblehre).

Durch Multiplikation oder Division der Basiseinheit werden dezimale Vielfache oder dezimale Teile des Meters abgeleitet. Aus dem Einheitenvorsatz geht das Vielfache oder der Teil der Basiseinheit hervor.

Rechnen mit Maßstäben

In technischen Zeichnungen sind Bauteile meist verkleinert dargestellt. Um die verkleinerte Zeichnung des Bauteils auf die gewünschte Größe zu bringen, muss es vergrößert werden. Dazu muss der Maßstab der Zeichnung bekannt sein. Der Maßstab M ist das Verhältnis von Zeichnungsgröße zu wirklicher Größe.

M = 1 : 10 bedeutet z.B., dass die Zeichnungsgröße 1 mm und die wirkliche Größe 10 · 1 mm = 10 mm = 1 cm beträgt.

$$\textbf{Maßstab} = \frac{\textbf{Zeichnungsgröße}}{\textbf{wirkliche Größe}}$$

wirkliche Größe ↓

Beispiel: M = 1 : 10

↑ Maßstab ↑ Zeichnungsgröße

Je nach Zeichnungsart sind verschiedene Größenangaben üblich:

- In Rohrleitungs- und Anlagenzeichnungen wird die Zeichnungsgröße in Zentimeter, die wirkliche Größe in Meter angegeben.
- In Bauzeichnungen sind die Maßzahlen Meter-Angaben.
- In Zeichnungen von Maschinenteilen sind die Maßzahlen Millimeter-Angaben.

Beispiel: In einem Katalog für Laborglasgeräte beträgt die Mantellänge eines Intensivkühlers 31,3 mm. Wie lang ist der Mantel des Kühlers in Wirklichkeit, wenn der Abbildungsmaßstab 1 : 8 beträgt?

Lösung: $\text{Maßstab} = \frac{\text{Zeichnungsgröße}}{\text{wirkliche Größe}} \Rightarrow \textbf{wirkliche Größe} = \frac{\text{Zeichnungsgröße}}{\text{Maßstab}} = \frac{31{,}3\text{ mm}}{0{,}125} \approx \textbf{250 mm}$

Aufgaben zu 3.2.1 Längenberechnung

1. In **Bild 1** ist ein Kegelschliff mit der DIN-Bezeichnung NS 29/32 abgebildet. Die Normschliffverbindung ist 32 mm lang. Ihr größter Durchmesser beträgt 29 mm. Berechnen Sie den Abbildungsmaßstab.

2. Ein Lagerraum für organische Grundchemikalien ist 10 Meter lang und 5 Meter breit.

   Wie groß ist die Zeichnungsgröße in einem Detailplan mit dem Maßstab M = 1 : 10, in einem Bauausführungsplan M = 1 : 25 und in einem Lageplan M = 1 : 500?

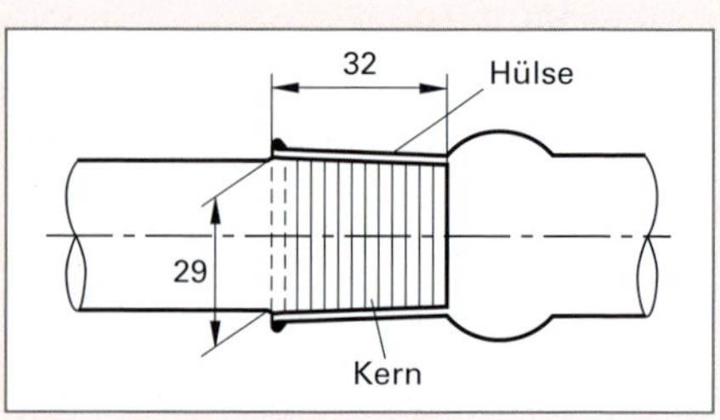

Bild 1: Normschliffverbindung NS 29/32

3.2.2 Umfangs- und Flächenberechnung

Die Flächengröße und der Umfang von geometrischen Flächen (plane) werden mit den Größengleichungen aus **Tabelle 1** berechnet.

Tabelle 1: Berechnungsformeln geometrischer Flächen

Geradlinig begrenzte Flächen			Bogenförmig begrenzte Flächen	
Quadrat	Rechteck	Dreieck	Kreis	Kreisring
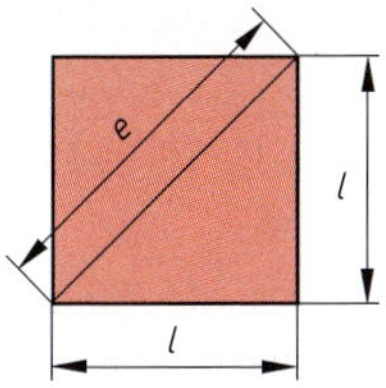	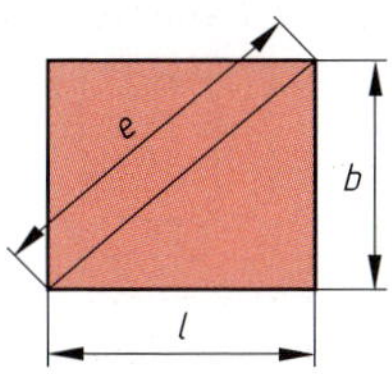	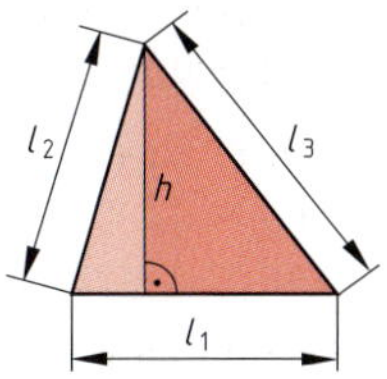	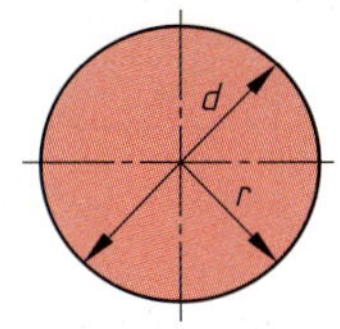	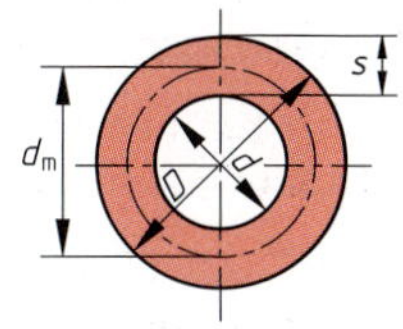
$A = l^2$ $e = \sqrt{2} \cdot l$ $U = 4 \cdot l$	$A = l \cdot b$ $e = \sqrt{l^2 + b^2}$ $U = 2\,(l + b)$	$A = \frac{l_1 \cdot h}{2}$ $U = l_1 + l_2 + l_3$	$A = \frac{\pi \cdot d^2}{4}$ $A = \pi \cdot r^2$ $U = \pi \cdot d$	$A = \frac{\pi}{4}\,(D^2 - d^2)$ $d_m = \frac{D + d}{2}$ $s = \frac{D - d}{2}$
A Fläche *U* Umfang *l* Länge *s* Dicke	*e* Diagonale *b* Breite π Kreiszahl pi *h* Höhe	*d* Innendurchmesser *D* Außendurchmesser d_m mittlerer Durchmesser *r* Radius		

Beispiel: Wie groß ist der Innendurchmesser der Sinterglasplatte einer Filternutsche (Bild 111/1), wenn die Filterfläche 64 cm² beträgt?

Lösung: $A = \frac{\pi \cdot d^2}{4} \Rightarrow \mathbf{d} = \sqrt{\frac{A \cdot 4}{\pi}} = \sqrt{\frac{64\ \text{cm}^2 \cdot 4}{\pi}} \approx \mathbf{9{,}0\ cm}$

Aufgaben zu 3.2.2 Umfangs- und Flächenberechnung

1. Wie viel Meter Glasrohr werden benötigt, um zwölf 180°-Rohrbögen mit einem mittleren Durchmesser von 100 mm herzustellen?
2. Eine Handfilterplatte von 11,6 cm Länge und 7,9 cm Breite soll mit einem Filtertuch belegt werden, dessen Kantenlänge 30 % größer ist als die Abmessungen der Handfilterplatte. Berechnen Sie die Fläche, den Umfang und die Länge der Diagonalen des Filtertuchs.
3. Wie groß ist der Verschnitt in Prozent, wenn aus einem quadratischen Filtertuch ein größtmögliches kreisrundes Filtertuch herausgeschnitten wird?
4. Wie groß sind Durchmesser und Umfang eines Rundfilters, wenn die Filterfläche 95,0 cm² beträgt?
5. Wie groß ist die Dichtfläche einer PTFE-Dichtung, wenn ihr Außendurchmesser 5,0 cm und ihr Innendurchmesser 3,0 cm betragen?
6. Ein Rundkupferstab mit einem Durchmesser von 10,0 mm soll durch ein Stück Flachmaterial des gleichen Werkstoffs mit gleich großer Querschnittsfläche ersetzt werden. Wie dick muss das Werkstück sein, wenn es 15,0 mm breit ist?
7. Wie groß sind Umfang und Fläche des in Tabelle 1 wiedergegebenen Dreiecks? (Hinweis: Messen Sie in Tabelle 1 mit einem Maßstab auf 1 mm genau.)
8. Aus einem rechteckigen Filterpapier mit den Maßen l = 20,0 cm, b = 10,0 cm soll die größtmögliche Anzahl an Rundfiltern mit einem Durchmesser von d = 5,0 cm ausgeschnitten werden. Wie viele Rundfilter werden erhalten? Wie groß ist der Verschnitt in Prozent?

3.2.3 Oberflächen- und Volumenberechnung

Zur Berechnung der Oberflächen (surfaces) und der Volumina (volumes) von geometrischen Körpern dienen die in **Tabelle 1** zusammengestellten Größengleichungen.

Tabelle 1: Berechnungsformeln geometrischer Körper

Würfel	Quader	Zylinder	Hohlzylinder	Kugel
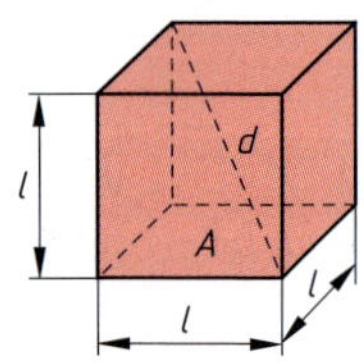	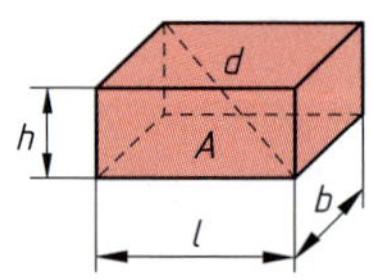	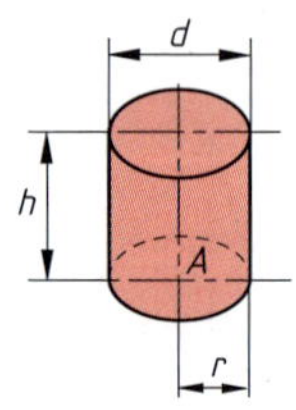	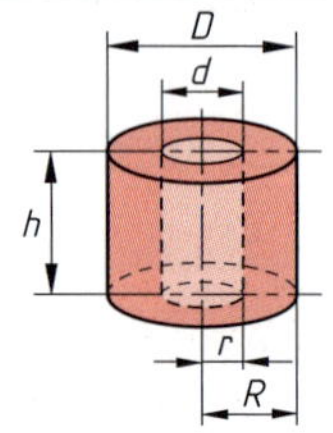	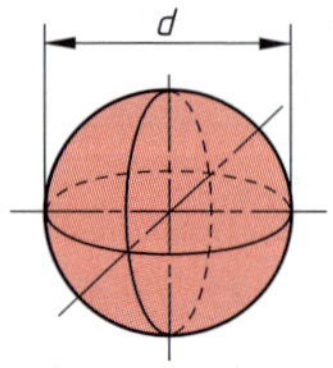
$V = A \cdot l$ $A_O = 6 \cdot l^2$	$V = l \cdot b \cdot h$ $A_O = 2\,(l \cdot b + l \cdot h + b \cdot h)$	$V = A \cdot h$ $V = \frac{\pi}{4} \cdot d^2 \cdot h$ $A_O = \pi\, d \cdot h + \frac{\pi\, d^2}{2}$	$V = \frac{\pi}{4} \cdot h\,(D^2 - d^2)$	$V = \frac{\pi\, d^3}{6}$ $V = \frac{4}{3} \cdot \pi \cdot r^3$ $A_O = \pi\, d^2$
V Volumen A Grundfläche	A_O Oberfläche l Länge	b Breite h Höhe	d, D Durchmesser r, R Radius	π Kreiszahl

Beispiel: Wie groß ist der Innendurchmesser eines 2000-mL-Becherglases, wenn der Skalenendwert 160 mm vom Boden des Becherglases entfernt ist?

Lösung: $V = \frac{\pi}{4} \cdot d^2 \cdot h \Rightarrow \mathbf{d} = \sqrt{\frac{4}{\pi} \cdot \frac{V}{h}} = \sqrt{\frac{4 \cdot 2000\ \text{cm}^3}{\pi \cdot 16{,}0\ \text{cm}}} \approx \mathbf{12{,}6\ cm}$

Aufgaben zu 3.2.3 Oberfächen- und Volumenberechnung

1. 750 Stahlkugeln mit einem Durchmesser von d = 12,0 mm für Pendelkugellager sollen verchromt werden. Wie groß ist die zu verchromende Fläche in Quadratdezimeter?
2. Ein senkrecht stehender zylindrischer Flüssigkeitstank ist fünf Meter hoch und hat einen Innendurchmesser von 2,50 Meter. Wie viel Prozent der gesamten Innenfläche werden von der Flüssigkeit benetzt, wenn die Füllhöhe drei Meter beträgt?
3. Ein Aluminiumatom hat einen Radius von 143 pm. In metallischer Bindung beträgt der Atomradius des Aluminiums 118 pm. Um wie viel Prozent weichen die Atomvolumina voneinander ab?
4. Wie hoch stehen 150 L Quecksilber in einer Amalgamzelle mit den Innenmaßen 15,00 m Länge und 2,00 m Breite?
5. Wie viel Meter Kupferdraht mit einer Querschnittsfläche von $A = 0{,}75\ \text{mm}^2$ kann man aus einem Kupferwürfel von 2,5 cm Kantenlänge herstellen?
6. Wie groß ist die Volumenänderung an Quecksilber in einem Vorratsgefäß eines Thermometers, wenn sich die Höhe der Quecksilbersäule bei einer Temperaturänderung um 10,0 °C in der Kapillare (d = 0,100 mm) um 10,0 mm ändert?
7. Ein 100-mL-Messzylinder hat einen Skalenteilungswert von einem Milliliter. Sein Innendurchmesser beträgt 26,1 mm. Welchen Abstand haben die Striche der Graduierung?
8. Die Füllhöhe einer gesättigten Kupfersulfat-Lösung in einem Standzylinder mit einem Innendurchmesser von 36,5 mm beträgt 140 mm.
   a) Wie groß ist der Füllstand dieser Stoffportion in einer Kristallisierschale mit einem Innendurchmesser von 110,5 mm?
   b) Um wie viel Prozent vergrößert sich die Flüssigkeitsoberfläche nach dem Umfüllen?

3.3 Berechnung von Masse, Volumen und Dichte

Beim Umgang mit Stoffen, z. B. beim Herstellen von Lösungen oder bei chemischen Reaktionen, werden die Stoffportionen genau abgemessen. Dies ist erforderlich, um z. B. Lösungen mit bestimmten Konzentrationen zu erhalten oder weil Stoffportionen immer in einem bestimmten Stoffmengen-Verhältnis miteinander reagieren. Die Menge einer Stoffportion bezeichnet man als Quantität.

Die Quantität einer Stoffportion kann durch die Masse oder bei Flüssigkeiten und Gasen durch das Volumen beschrieben werden.

Masse (mass)

Die Masse m ist eine Basisgröße mit der Basiseinheit Kilogramm (Einheitenzeichen kg).
Ein Kilogramm ist die Masse des Internationalen Kilogrammprototyps (Urkilogramm). Es ist ein Platin-Iridium-Zylinder von 39,00 mm Höhe und 39,00 mm Durchmesser.

Die Masse einer Stoffportion wird durch Massenvergleich (Wägung) bestimmt. Befindet sich die Stoffportion in einem Gebinde, so bezeichnet man die ermittelte Masse als Bruttomasse m_B. Dies ist die Gesamtmasse einer Ware einschließlich der Verpackung. Die Masse der Verpackung wird als Tara m_T, die Masse der Stoffportion in der Verpackung als Nettomasse m_N bezeichnet.

Bruttomasse
Bruttomasse = Nettomasse + Tara
$m_B = m_N + m_T$

Für Bruttomasse, Nettomasse und Tara werden die üblichen Masseneinheiten verwendet. Die Tara kann auch in Prozent der Bruttomasse angegeben werden.

Beispiel: Ein 10-L-Gebinde mit Aceton hat eine Bruttomasse von 9,34 kg.
a) Wie viel Kilogramm Aceton sind in dem Gebinde enthalten, wenn die Tara 1,43 kg beträgt?
b) Wie groß ist die Tara in Prozent?

Lösung: a) $m_B = m_N + m_T \Rightarrow$ $\mathbf{m_N}$ **(Aceton)** $= m_B - m_T = 9{,}34\ \text{kg} - 1{,}43\ \text{kg} = \mathbf{7{,}91\ kg}$

b) 9,34 kg entsprechen einer Tara von 100 %
1,43 kg entsprechen einer Tara von x %

$$x = \frac{1{,}43\ \text{kg} \cdot 100\ \%}{9{,}34\ \text{kg}} \approx \mathbf{15{,}3\,\%\ Tara}$$

Volumen (volume)

Das Volumen V ist eine abgeleitete Größe mit der SI-Einheit Kubikmeter (Einheitenzeichen m^3).

Die Bestimmung des Volumens in einer Stoffportion erfolgt auf verschiedene Weise:

- Bei geometrischen Körpern durch Berechnung (vgl. Seite 78).
- Bei unregelmäßig geformten Feststoffen durch geeignete Verdrängungsmethoden oder durch Berechnung aus Masse und Dichte.
- Bei Flüssigkeiten und Gasen durch Volumenmessgeräte, z. B. Messzylinder, Kolbenprober (Bild 98/1).

Dichte (density)

Die Masse einer Stoffportion ist um so größer, je größer das Volumen der Stoffportion ist: $m \sim V$.

Mit dem Proportionalitätsfaktor ϱ der Dichte, wird die Größengleichung: $m = \varrho \cdot V$ erhalten.

Umgestellt nach der Dichte erhält man die Definitionsgleichung der Dichte als Quotient aus Masse und Volumen. Dabei wird davon ausgegangen, dass der Stoff keine Hohlräume besitzt. Diese Dichte bezeichnet man auch als stoffspezifische Dichte. Sie wird in der Regel mit dem Einheitenzeichen kg/m^3 oder g/cm^3 angegeben.

Dichte
$\text{Dichte} = \dfrac{\text{Masse}}{\text{Volumen}}, \quad \varrho = \dfrac{m}{V}$

Beispiel: Welche Dichte hat 500 mL Methanol, dessen Masse in einem Messzylinder zu 396 g bestimmt wurde?

Lösung: ϱ **(Methanol)** $= \dfrac{m}{V} = \dfrac{396\ \text{g}}{500\ \text{mL}} = 0{,}792\ \text{g/mL} = \mathbf{0{,}792\ g/cm^3}$

Technische Dichten (industrial densities)

Neben der üblicherweise verwendeten stoffspezifischen Dichte ϱ, bei der eine vollständige Raumerfüllung vorausgesetzt wird, unterscheidet man in der Praxis weitere Arten von Dichten.

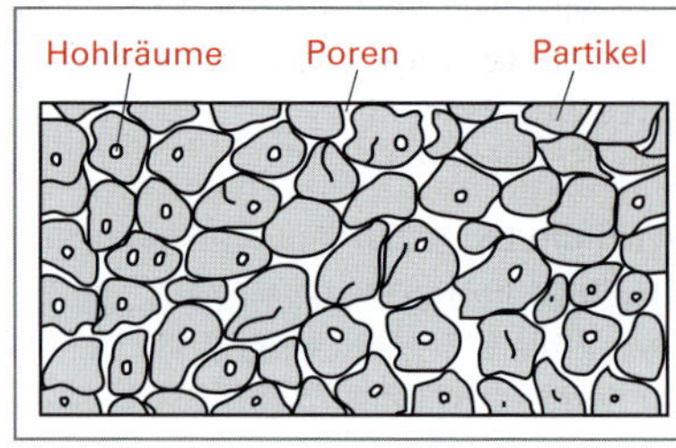

Bild 1: Feststoffschüttung

In der Realität besitzt ein Feststoff z. B. durch kleine Lufteinschlüsse (Poren) in den Feststoffpartikeln eine bestimmte Porosität **(Bild 1)**. Schüttgüter besitzen zusätzlich zwischen den Feststoffpartikeln Hohlräume, die durch die Form und Schichtung der Partikel verursacht werden. Poren und Partikelzwischenräume bewirken eine nur teilweise Raumerfüllung und damit eine geringere wirkliche Dichte als die stoffspezifischen Dichte.

Zur Berechnung der Masse von Feststoffschüttungen verwendet man deshalb die **Schüttdichte $\varrho_{Schütt}$ (Tabelle 1)**. Die Größengleichung zur Berechnung der Schüttdichte lautet:

Schüttdichte

$$\varrho_{Schütt} = \frac{m_{Schütt}}{V_{Schütt}}$$

Das Volumen einer Feststoffschüttung lässt sich bei konstanter Masse durch genormte, mechanische oder thermische Verfahren weiter verringern (vgl. Seite 414).

Rütteldichte

$$\varrho_{Rütt} = \frac{m_{Rütt}}{V_{Rütt}}$$

Erfolgt die Verdichtung durch Vibration oder Rütteln, so bezeichnet man die auf diese Weise erhaltene Dichte als **Rütteldichte $\varrho_{Rütt}$**.

Klopfdichte

$$\varrho_{Klopf} = \frac{m_{Klopf}}{V_{Klopf}}$$

Wird eine Verdichtung durch Klopfen erzielt, so erhält man die **Klopfdichte ϱ_{Klopf}**.

Neben der Schütt-, Rüttel- und Klopfdichte kommen weitere technische Dichten zur Anwendung:

Pressdichte

$$\varrho_{Press} = \frac{m_{Press}}{V_{Press}}$$

Als **Pressdichte ϱ_{Press}** bezeichnet man die Dichte eines Pulvers, das durch Formpressen verdichtet (kompaktiert) wurde.

Sinterdichte

$$\varrho_{Sinter} = \frac{m_{Sinter}}{V_{Sinter}}$$

Wird das verdichtete Pulver anschließend einer Wärmebehandlung unterzogen, man spricht vom Sintern, so besitzt das Material (Erzpellets, Katalysatorgranulate) eine **Sinterdichte ϱ_{Sinter}**.

Beispiel: Eine Sinterglasplatte aus Borosilicatglas in einer Filternutsche (Bild 111/1) hat folgende Maße: d = 4,92 cm, h = 3,80 mm. Die Masse der Platte beträgt 11,3705 g.

a) Wie groß ist die Sinterdichte der Glasplatte?

b) Berechnen Sie das Porenvolumen der Sinterglasplatte.
Das Borosilikatglas hat die Dichte ϱ = 2,25 g/cm³

Lösung:

a) $$\varrho_{Sinter} = \frac{m_{Sinter}}{V_{Sinter}} = \frac{m}{\frac{\pi}{4} \cdot d^2 \cdot h} = \frac{4 \cdot m}{\pi \cdot d^2 \cdot h}$$

$$\varrho_{Sinter} = \frac{4 \cdot 11{,}3705\ \text{g}}{\pi \cdot (4{,}92\ \text{cm})^2 \cdot 0{,}380\ \text{cm}} \approx 1{,}57\ \text{g/cm}^3$$

b) $$V_{Poren} = V_{Sinter} - V_{Glas} = \frac{m}{\varrho_{Sinter}} - \frac{m}{\varrho_{Glas}}$$

$$V_{Poren} = \frac{11{,}3705\ \text{g}}{1{,}574\ \text{g/cm}^3} - \frac{11{,}3705\ \text{g}}{2{,}25\ \text{g/cm}^3} \approx \mathbf{2{,}17\ cm^3}$$

Tabelle 1: Technische Dichten von Schüttgütern

Schüttgut	Dichte t/m³	Schüttdichte t/m³	Rütteldichte t/m³
Quarzsand	2,7	1,5	1,7
Polystyrolgranulat	1,1	0,54	0,58
Thomasphosphat (feinkörnig)	2,2	1,7	2,1
Aluminiumoxid	3,9	0,80	1,1
Zucker	1,6	0,88	0,99
Kalksteinmehl	2,9	1,1	1,3
Bauxit	2,5	1,05	1,35
Zement	3,1	1,24	1,80

Dichte von Stoffgemischen (densitiy of mixtures)

Das Mischen ist eine wichtige labortechnische Grundoperation. Beim Mischen werden feste, flüssige oder gasförmige Stoffe so miteinander vereinigt, dass Gemische mit möglichst vollständig verteilten Substanzen entstehen. Typische Stoffgemische sind z. B.: Gemenge, Suspensionen, Emulsionen, Lösungen, Schäume, Pasten, Aerosole.

Wird die beim Mischen, wegen der unterschiedlichen Teilchengröße der Mischkomponenten, auftretende Volumenkontraktion oder -dilation vernachlässigt, so setzt sich das Volumen des Gemisches V_M aus den Volumina der einzelnen Mischkomponenten V_1, V_2 und V_n zusammen. Der Index n steht für eine beliebige Mischkomponente.

Für das Volumen der Mischung gilt:

$$V_M = V_1 + V_2 + V_n$$

Für die Masse der Mischung gilt analog:

$$m_M = m_1 + m_2 + m_n$$

Durch Einsetzen von $V = m/\varrho$ bzw. $m = \varrho \cdot V$ ergeben sich die nebenstehenden Näherungsgleichungen, mit denen sich Dichten, Massen und Volumina von Stoffgemischen oder Mischkomponenten näherungsweise berechnen lassen.

Dichte von Stoffgemischen

$$\varrho_1 \cdot V_1 + \varrho_2 \cdot V_2 = \varrho_M \cdot V_M$$

$$\frac{m_1}{\varrho_1} + \frac{m_2}{\varrho_2} = \frac{m_M}{\varrho_M}$$

Beispiel: Ein Buntlack Bl enthält 380 g Bindemittel $\varrho(\text{Bm}) = 1{,}13\ \text{g/cm}^3$, 260 g Pigment $\varrho(\text{Pi}) = 3{,}81\ \text{g/cm}^3$ und 360 g Lackbenzin $\varrho(\text{Lb}) = 0{,}771\ \text{g/cm}^3$. Welche mittlere Dichte hat der Buntlack?

Lösung: $\frac{m_{Bm}}{\varrho_{Bm}} + \frac{m_{Pi}}{\varrho_{Pi}} + \frac{m_{Lb}}{\varrho_{Lb}} = \frac{m_{Bl}}{\varrho_{Bl}} \Rightarrow \varrho_{Bl} = \frac{m_{Bl}}{\frac{m_{Bm}}{\varrho_{Bm}} + \frac{m_{Pi}}{\varrho_{Pi}} + \frac{m_{Bl}}{\varrho_{Lb}}}$ mit $m_{Bl} = m_{Bm} + m_{Pi} + m_{Lb}$ folgt.

$$\varrho_{Bl} = \frac{m_{Bm} + m_{Pi} + m_{Lb}}{\frac{m_{Bm}}{\varrho_{Bm}} + \frac{m_{Pi}}{\varrho_{Pi}} + \frac{m_{Lb}}{\varrho_{Lb}}} = \frac{380\ \text{g} + 260\ \text{g} + 360\ \text{g}}{\frac{380\ \text{g}}{1{,}13\ \text{g/cm}^3} + \frac{260\ \text{g}}{3{,}81\ \text{g/cm}^3} + \frac{360\ \text{g}}{0{,}771\ \text{g/cm}^3}} \approx \mathbf{1{,}15\ g/cm^3}$$

Aufgaben zu 3.3 Berechnung von Masse, Volumen und Dichte

1. Ergänzen Sie die fehlenden Zahlenwerte:

   $\varrho(\text{Al}) = 2{,}70\ \frac{\text{g}}{\text{cm}^3} = \square\ \frac{\text{kg}}{\text{L}} = \square\ \frac{\text{g}}{\text{mL}} = \square\ \frac{\text{kg}}{\text{dm}^3} = \square\ \frac{\text{t}}{\text{m}^3}$

2. Ein Kunststoffzylinder aus Hart-PVC ist 28,9 cm hoch. Sein Durchmesser beträgt 51,9 mm. Wie groß ist die Dichte des Hart-PVC's, wenn die Masse des Zylinders 833,69 g beträgt.
3. Eine Kugel aus Styropor hat eine Masse von 6,12 g und einen Durchmesser von 7,90 cm. Welche Dichte hat das Styropor?
4. 2,50 Tonnen Chlorkautschuklack mit einer Dichte von $\varrho(\text{RUC}) = 1{,}80\ \text{g/cm}^3$ sollen in 3/4-Liter-Dosen abgefüllt werden. Wie viele Dosen werden benötigt?
5. Wie viel Kilogramm Chloroform ($\varrho(CHCl_3) = 1{,}489\ \text{g/cm}^3$) kann man in eine 0,50-L-Flasche füllen?
6. Wie viel Kubikzentimeter Wasser fließen aus einem Überlaufgefäß, wenn 250 g Zink-Granalien ($\varrho(\text{Zn}) = 7{,}12\ \text{g/cm}^3$) zugegeben werden?
7. Eine Vorratsflasche mit Petrolether hat eine Bruttomasse von 1,64 kg bei einer Tara von 48,8 %. Wie viel Liter Petrolether ($\varrho(\text{Petrolether}) = 0{,}84\ \text{g/cm}^3$) sind in der Flasche enthalten?
8. Wie groß ist der Volumenunterschied zwischen einem Kilogramm 1-Propanol ($\varrho = 0{,}804\ \text{g/cm}^3$) und einem Kilogramm 2-Propanol ($\varrho = 0{,}785\ \text{g/cm}^3$) bei konstanter Temperatur?
9. Welche Masse an Borosilicatglas ($\varrho = 2{,}25\ \text{g/cm}^3$) wird pro laufendem Meter benötigt, wenn Glasrohre mit einem Innendurchmesser von $d = 5{,}9$ mm und einem Außendurchmesser von $D = 9{,}1$ mm hergestellt werden sollen? Wie groß ist die Wandstärke der Glasrohre?
10. Welche Dichte hat die Platin-Iridium-Legierung des Urkilogramm-Zylinders ($d = h = 39{,}00$ mm)?

11. Ein Aräometer **(Bild 1)** mit einer Masse von 28,4394 g hat einen Stengeldurchmesser von 5,52 mm. Wie groß ist die Skalenlänge, wenn der Messbereich 1,10 g/cm^3 bis 1,20 g/cm^3 beträgt?

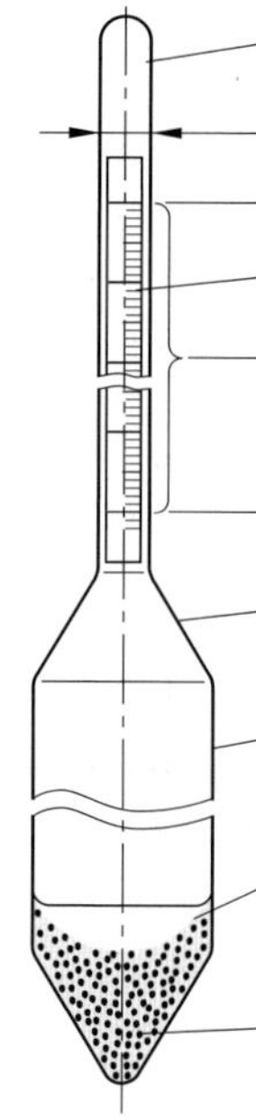

Bild 1: Aräometer (Aufgabe 11)

12. Ein Weißlack (ϱ = 1,25 g/cm^3) hat folgende Zusammensetzung:
    380 g Bindemittel, ϱ = 1,13 g/cm^3
    260 g Titandioxid TiO_2, ϱ = 4,10 g/cm^3
    360 g Lösemittelgemisch.
    Berechnen Sie die mittlere Dichte des Lösemittelgemisches.

13. In einem Messzylinder wird die Dichte eines Leinöls bestimmt. Der Versuch liefert bei 20,0 °C folgende Messwerte:
    Masse des leeren Messzylinders: m_1 = 32,75 g
    Masse des mit Leinöl gefüllten Messzylinders: m_2 = 74,69 g
    Volumen des Leinöls: V = 45,0 mL
    Wie groß ist die Dichte des Leinöls?

14. Die rhombische Elementarzelle des Magnesiums enthält zwei Magnesiumatome mit einer Masse von je $4{,}0357 \cdot 10^{-26}$ kg. Wie groß ist das Volumen der Elementarzelle, wenn die Dichte des Magnesiums ϱ(Mg) = 1,74 g/cm^3 beträgt?

15. Zur infrarotspektroskopischen Untersuchung eines Sulfonamids wird 0,56 mg dieser Substanz mit 227,13 mg Kaliumbromid KBr innig vermischt. In einer hydraulischen Presse wird die Probe anschließend zu einem Pressling von 0,624 mm Dicke und 13,0 mm Durchmesser verpresst. Welche Pressdichte hat der Pressling?

16. In einem 100-mL-Standzylinder mit einer Masse von 132,53 g wird Polyethylen-Granulat lose aufgeschüttet. Das Schüttvolumen beträgt $V_{Schütt}$ = 65,5 cm^3, die Bruttomasse m (Brutto) = 184,66 g. Anschließend wird der Standzylinder zwanzigmal auf einen mit einem Lappen geschützten Handteller aufgestoßen. Das Rüttelvolumen wird zu $V_{Rütt}$ = 59,5 cm^3 gemessen.
    a) Wie groß sind die Schütt- und Rütteldichte des Polyethylengranulats?
    b) Wie groß ist die Volumenverminderung beim Rütteln in Prozent?

17. Zur Durchmesserbestimmung von Kapillaren wiegt man die leere und die mit Qecksilber gefüllte Kapillare. Ein 6,00 cm langes Glaskapillarrohr hat eine Masse von 3,0634 g. Nach dem Füllen mit Quecksilber ϱ (Hg) = 13,55 g/cm^3 beträgt die Masse des Kapillarrohrs 3,1384 g. Welchen Durchmesser hat die Kapillare?

18. Von einem Konstantandraht wurden bei 20,0 °C folgende Messwerte erhalten: l = 1,000 m, d = 0,401 mm, m = 1,1172 g. Wie groß ist die Dichte des Konstantans?

19. In **Tabelle 1** sind die volumen- und massenbezogenen Rohstoffkosten sowie die Dichten von Fassadenfarben mit unterschiedlichen Rezepturen angegeben.
    Ergänzen Sie die fehlenden Werte.

Tabelle 1: Kosten und Dichten von Fassadenfarben

Rezeptur-Nr.:	1	2	3
Rohstoffkosten in €/L	1,50		1,43
Rohstoffkosten €/kg		0,97	0,97
Dichte in g/cm^3	1,49	1,51	

20. Wie viele 2,50-L-Dosen werden zum Abfüllen von 2,50 t Chlorkautschuklack der Dichte 1,24 g/cm^3 benötigt?

21. Ein Aräometer (Bild 82/1) zur Bestimmung der Dichte von Schwefelsäure bei 20 °C hat eine Masse von 16,135 g. Der Messbereich beträgt 1,000 g/cm³ bis 1,200 g/cm³ bei einer Skalenlänge von 67,95 mm. Wie groß ist der Stengeldurchmesser?

22. Ein Alkydharzlack soll nach folgender Richtrezeptur gefertigt werden:
w(Bindemittel) = 37,5%, ϱ = 1,15 g/cm³, w(Pigment) = 28,3%, ϱ = 3,47 g/cm³,
w(Lösemittel) = 32,2%, ϱ = 0,75 g/cm³, w(Additive) = 2,0%, ϱ = 0,85 g/cm³.
Welche mittlere Dichte hat die Lackfarbe?

23. Ein Kohlenstoffatom hat eine Masse von m(C) = $1{,}9945 \cdot 10^{-26}$ kg. Der Atomradius beträgt r (C) = 91,4 pm. Wie groß ist die theoretische Dichte eines Kohlenstoffatoms? Vergleichen Sie die berechnete Dichte mit der Dichte von Diamant ϱ (Diamant) = 3,510 g/cm³ und Grafit ϱ (Grafit) = 2,250 g/cm³.

24. Wie viel Meter Kupferdraht mit einer Querschnittsfläche von 0,750 mm² lassen sich aus einem Kilogramm Elektrolytkupfer ϱ (Cu) = 8,93 g/cm³ ziehen?

25. Die Volumenausdehnungskonstante (s. S. 388) von Quecksilber beträgt γ (Hg) = $0{,}181 \cdot 10^{-3}\ K^{-1}$. Demzufolge dehnt sich ein Liter Quecksilber beim Erwärmen um ein Kelvin um $0{,}181 \cdot 10^{-3}$ Liter aus.
   a) Wie groß ist die Dichte des Quecksilbers bei 50,0 °C, wenn sie bei 18,0 °C 13,551 g/cm³ beträgt?
   b) Wie groß ist die Volumenänderung des Quecksilbers in Prozent?

26. Von den fünf angegebenen metallischen Körpern bestehen zwei aus dem gleichen Material.
   a) Welche Körper sind das? b) Aus welchem Metall könnten die Körper bestehen?

Körper	I	II	III	IV	V
Volumen	0,1800 L	62,73 L	2,50 mL	0,001 20 m³	2,50 cm³
Masse	489,6 g	850 kg	48 250 mg	9,43 kg	6800 mg
Dichte					
Metall					

27. Die Dichte von Chlorgas beträgt ϱ ($Cl_{2(g)}$) = 3,21 g/L. Flüssiges Chlor hingegen hat eine Dichte von ϱ($Cl_{2(l)}$) = 1,57 kg/L. Welches Volumen nehmen 100 m³ Chlorgas nach der Kondensation ein? Welche prozentuale Volumenverminderung wird durch die Kondensation erreicht?

28. Eine 50,0-L-Stickstoff-Gasstahlflasche hat eine Masse von 75,9 kg bei einer Tara von 64,6 kg. Welche Dichte hat der in der Gasstahlflasche enthaltene Stickstoff?

29. Welche prozentuale Massenersparnis wird erzielt, wenn Kupfer durch Aluminium als Leiterwerkstoff ersetzt wird (ϱ (Cu) = 8,93 g/cm³, ϱ (Al) = 2,72 g/cm³)?

30. Von vier Stahlkugeln wurden Durchmesser und Massen bestimmt und in die nebenstehende Tabelle eingetragen.
   a) Berechnen Sie das Volumen und die Dichte der einzelnen Stahlkugeln.
   b) Wie groß ist die mittlere Dichte der Stahlkugeln?
   c) Tragen Sie die Wertepaare Durchmesser/Masse, Durchmesser/Volumen und Masse/ Volumen jeweils in ein Diagramm ein und zeichne Sie die Graphen.

Stahlkugel Nr.	1	2	3	4
Durchmesser d in mm	6,4	9,5	10,3	14,3
Masse m in g	1,03	3,51	4,46	11,86
Volumen V in cm³				
Dichte ϱ in g/cm³				

   d) Ermitteln Sie aus dem Steigungsdreieck die mittlere Dichte der Stahlkugeln.
   e) Tragen Sie in das Masse/Volumen-Diagramm die Graphen der Dichten von Quecksilber ϱ (Hg) = 13,6 g/cm³ und Aluminium ϱ (Al) = 2,70 g/cm³ ein.

Weitere Aufgaben, insbesondere zur Dichtebestimmung befinden sich im Kapitel 14, Seite 407 ff.

3.4 Bewegungsvorgänge

Geradlinig gleichförmige Bewegung

In der Produktionstechnik müssen Stoffe bewegt werden z. B. Stück- oder Schüttgüter auf einem Bandförderer oder Flüssigkeiten in einer Rohrleitung. Wird dabei in gleichen Streckenabschnitten Δt immer die gleiche Wegstrecke Δs zurückgelegt **(Bild 1)**, so ist die Geschwindigkeit v konstant und es liegt eine gleichförmige Bewegung (monotonus motion) vor **(Bild 2)**.

Je größer die Geschwindigkeit ist,

- desto größer ist die in einem Zeitraum zurückgelegte Wegstrecke ($v \sim s$) und
- desto weniger Zeit wird zum Zurücklegen eines Streckenabschnitts benötigt ($v \sim 1/t$).

Somit gilt für die geradlinig gleichförmige Bewegung:

$$\text{Geschwindigkeit} = \frac{\text{Weg}}{\text{Zeit}}, \quad v = \frac{s}{t}$$

Übliche Einheitenzeichen für die Geschwindigkeit sind m/s und km/h. Zur Umrechnung gilt: 1 m/s = 3,6 km/h.

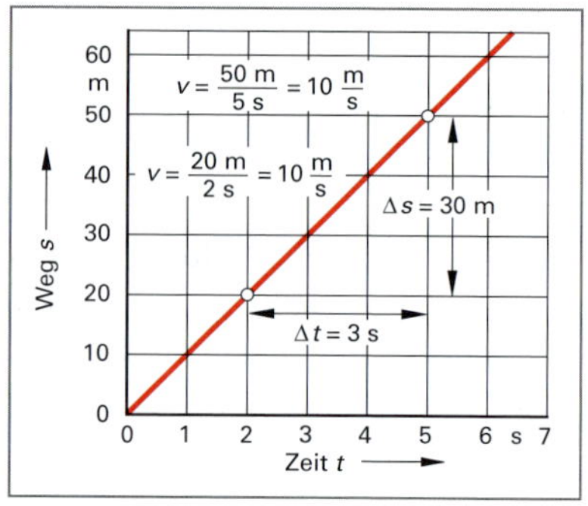

Bild 1: Weg/Zeit-Diagramm einer gleichförmigen Bewegung

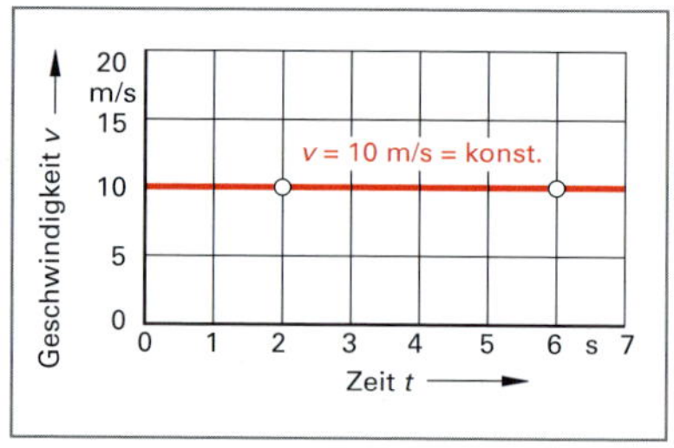

Bild 2: Geschwindigkeit/Zeit-Diagramm einer gleichförmigen Bewegung

Beispiel: Welche Fallzeit benötigt eine Glaskugel in einem HÖPPLER-Viskosimeter (Bild 1), um eine Fallstrecke von 10,00 cm zu durchfallen, wenn die mittlere Fallgeschwindigkeit 1,95 mm/s beträgt?

Lösung: $v = \frac{s}{t} \quad \Rightarrow \quad \boldsymbol{t} = \frac{s}{v} = \frac{100{,}0\ \text{mm}}{1{,}95\ \text{mm/s}} \approx \mathbf{51{,}3\ s}$

Gleichförmige Kreisbewegung (monotonus circular motion)

Bei vielen Produktionsverfahren bewegen sich Körper auf kreisförmigen Bahnen. Dabei legt ein Punkt des Körpers auf der Kreisbahn den Kreisumfang U zurück.

Mit $U = \pi \cdot d$ beträgt seine Umfangsgeschwindigkeit: $v = \frac{s}{t} = \frac{U}{t} = \pi \cdot \frac{d}{t}$

Bei n Umdrehungen berechnet sich die Umfangsgeschwindigkeit zu: $v = \frac{U \cdot n}{t} = \frac{\pi \cdot d \cdot n}{t}$

Die Anzahl der Umdrehungen n pro Zeiteinheit t bezeichnet man als **Umdrehungsfrequenz *f***. Sie hat das Einheitenzeichen s^{-1} oder min^{-1}.

Unter Berücksichtigung der Umdrehungsfrequenz beträgt die Umfangsgeschwindigkeit: $v = \pi \cdot d \cdot n/t = \pi \cdot d \cdot f$

Umfangsgeschwindigkeit
$v = \frac{\pi \cdot d \cdot n}{t} = \pi \cdot d \cdot f$

Umdrehungsfrequenz
$f = \frac{n}{t}$

Beispiel 1: Wie groß ist die Umfangsgeschwindigkeit eines 1-L-Rundkolbens an einem Rotationsverdampfer (Bild 181/2), wenn der Außendurchmesser des Kolbens 131 mm und seine Umdrehungsfrequenz $f = 45\ \text{min}^{-1}$ beträgt?

Lösung: $v = \pi \cdot d \cdot f = \pi \cdot 0{,}131\ \text{m} \cdot 45 \frac{1}{60\ \text{s}} \approx 0{,}31\ \text{m/s}$

Beispiel 2: Wie groß ist die Umdrehungsfrequenz einer KPG-Rührer-Welle in einem Dreihals-Rundkolben (Bild 147/1), wenn die Umfangsgeschwindigkeit der Welle $v = 4{,}7$ cm/s und der Wellendurchmesser 10,00 mm beträgt?

Lösung: $v = \pi \cdot d \cdot f \quad \Rightarrow \quad \boldsymbol{f} = \frac{v}{\pi \cdot d} = \frac{4{,}7\ \text{cm}}{\pi \cdot \text{s} \cdot 1{,}000\ \text{cm}} \approx 1{,}5\ \text{s}^{-1} = \mathbf{90\ min^{-1}}$

Geradlinig gleichmäßig beschleunigte Bewegung

Nimmt bei einer Bewegung die Geschwindigkeit in gleichen Zeitabschnitten um den gleichen Betrag zu **(Bild 1, mitte)**, so ist die Beschleunigung a konstant **(Bild 1, unten)**. Es liegt eine gleichmäßig beschleunigte Bewegung vor.

Es werden demzufolge in gleichen Zeitabschnitten immer größere Wegstrecken zurückgelegt und für gleiche Wegstrecken wird immer weniger Zeit benötigt **(Bild 1, oben)**.

Die **Beschleunigung *a*** (acceleration) ist umso größer,

- je größer die Geschwindigkeitsänderung Δv ist, die in einem Zeitabschnitt erreicht wird: $a \sim \Delta v$.
- je kleiner die Zeitspanne Δt ist, in der die Geschwindigkeitsänderung stattfindet: $a \sim 1/\Delta t$.

Es gilt:

$$\text{Beschleunigung} = \frac{\text{Geschwindigkeitsänderung}}{\text{Zeit}} \qquad a = \frac{\Delta v}{\Delta t}$$

Das Einheitenzeichen der Beschleunigung ist m/s^2. Bei einer Beschleunigung von beispielsweise 3 m/s^2 wird die Geschwindigkeit in einer Sekunde um drei Meter pro Sekunde größer.

Der **freie Fall** ist eine gleichmäßig beschleunigte Bewegung mit der Fallbeschleunigung $g = 9{,}81\ m/s^2 = 9{,}81\ N/kg$.

Bei gleichmäßig beschleunigten Bewegungen aus der Ruhelage stehen zur Berechnung der zurückgelegten Wegstrecke mehrere Größengleichungen zur Verfügung. Mit der mittleren Geschwindigkeit v_m lassen sich eine Reihe von Gesetzmäßigkeiten der geradlinig beschleunigten Bewegung ableiten:

$v_m = \frac{s}{t} \Rightarrow s = v_m \cdot t$ mit $v_m = \frac{v}{2}$ folgt:

wird in $s = \frac{v}{2} \cdot t$ für $v = a \cdot t$ eingesetzt, so ergibt sich:

wird in $s = \frac{v}{2} \cdot t$ für $t = \frac{v}{a}$ eingesetzt, so gilt:

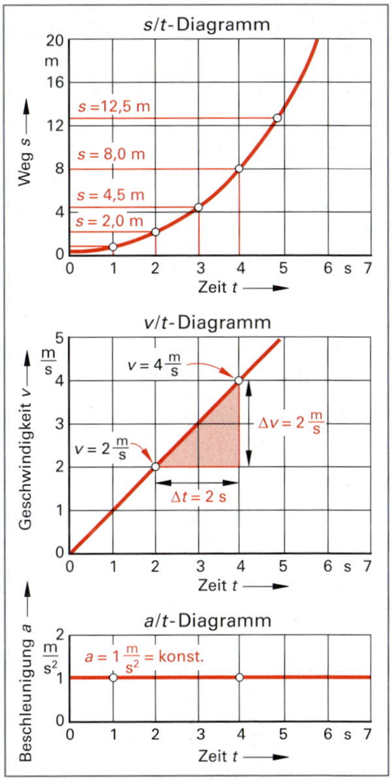

Bild 1: *s/t*-, *v/t*- und *a/t*-Diagramm der geradlinig beschleunigten Bewegung

$$s = \frac{v}{2} \cdot t \qquad s = \frac{1}{2} \cdot a \cdot t^2 \qquad s = \frac{1}{2} \cdot \frac{v^2}{a}$$

Zurückgelegter Weg s bei der geradlinig beschleunigten Bewegung

Findet eine gleichmäßig beschleunigte Bewegung bei vorhandener Anfangsgeschwindigkeit v_0 statt, so berechnet sich der zurückgelegte Gesamtweg s aus dem Weg der gleichförmigen Bewegung $s_1 = v_0 \cdot t$ und dem Weg der beschleunigten Bewegung $s_2 = \frac{a}{2} \cdot t^2$.

$$s = v_0 \cdot t + \frac{a}{2} \cdot t^2$$

Zurückgelegter Weg s bei Anfangsgeschwindigkeit

Beispiel 1: Beim Durchfluss durch ein Reduzierstück wird eine Kühlsole in 0,1 Sekunden von 0,3 m/s auf 0,9 m/s beschleunigt. Wie groß ist die Beschleunigung? Wie lang ist der konische Teil des Reduzierstücks?

Lösung: $\mathbf{a} = \frac{\Delta v}{\Delta t} = \frac{0{,}6\ m/s}{0{,}1\ s} = \mathbf{6\ m/s^2}$

$\mathbf{s} = v_0 \cdot t + \frac{a}{2} \cdot t^2 = 0{,}3\ m/s \cdot 0{,}1\ s + \frac{6\ m/s^2}{2} \cdot 0{,}1^2 \cdot s^2 = 0{,}03\ m + 0{,}03\ m = 0{,}06\ m = \mathbf{6\ cm}$

Beispiel 2: Bei der Rohrmontage fällt ein Schraubenschlüssel aus einer Höhe von fünf Metern von einer Rohrbrücke herab. Berechnen Sie die Fallzeit. (Für die Fallbeschleunigung g soll näherungsweise $g = 10\ m/s^2$ eingesetzt werden.)

Lösung: $s = \frac{1}{2} \cdot g \cdot t^2 \Rightarrow \mathbf{t} = \sqrt{\frac{2 \cdot s}{g}} = \sqrt{\frac{2 \cdot 5\ m}{10\ m/s^2}} = \sqrt{1\ s^2} \approx \mathbf{1\ s}$

Aufgaben zu 3.4 Bewegungsvorgänge

Tabelle zu Aufgabe 1		
km/h	m/min	m/s
18		
	720	
		2,4

1. Rechnen Sie die in der Tabelle angegebenen Geschwindigkeitsangaben um.

2. Die Durchschnittsgeschwindigkeit von Gasmolekülen beträgt bei 0 °C: $v(N_2)$ = 493 m/s, $v(O_2)$ = 1660 km/h, $v(CO_2)$ = 23,6 km/min. Welches Molekül besitzt die größte Durchschnittsgeschwindigkeit?

3. Ein Laufkran hat eine Hubgeschwindigkeit von 7,8 m/min. Wie viel Sekunden benötigt er, um eine Welle 3,8 Meter hochzuheben?

4. Bei einem Versuch zum freien Fall fällt eine Stahlkugel aus einer Höhe von 2000 mm aus einer Halterung.
   a) Berechnen Sie die Fallzeit bis zum Aufprall.
   b) Wie groß ist die Geschwindigkeit der Stahlkugel beim Aufprall?

5. Der große Zeiger einer Uhr in einer Messwarte ist von der Drehachse bis zur Spitze 18,0 cm lang. Wie groß ist die Geschwindigkeit an der Spitze des Zeigers?

6. Ein Laufkran bewegt ein Pumpengehäuse mit einer Geschwindigkeit von 20,0 m/min in waagerechter Richtung. Die Hubgeschwindigkeit beträgt 5,0 m/min.
   a) Mit welcher resultierenden Geschwindigkeit bewegt sich die Last?
   b) Welche Wegstrecke legt die Last in 10 Sekunden zurück?

7. Ammoniumphosphat wird auf einem 20 Meter langen Gurtbandförderer mit einer Geschwindigkeit von 2,5 m/s von einer Absackanlage zu einem Sackpalettierer transportiert. Die 60 cm langen Säcke werden in Abständen von 5,0 Sekunden auf das Förderband gegeben.
   a) Wie groß ist die Verweilzeit der Säcke auf dem Gurtbandförderer?
   b) Wie groß ist der Abstand zwischen den Säcken auf dem Förderband?

8. Bei der Montage einer Kolonne zur Fraktionierung von Erdöl fällt eine Schraube vom Kolonnenkopf herab und schlägt nach drei Sekunden auf dem Erdboden auf.
   a) Welche Fallstrecke hat die Schraube in der zweiten zur dritten Sekunde zurückgelegt?
   b) Wie hoch ist die Kolonne bis zum Kolonnenkopf?

9. In einer BRAUNschen Röhre werden Elektronen durch Anlegen einer Beschleunigungsspannung zwischen einer Glühkathode und einer Anode beschleunigt. Wie groß ist die Beschleunigung, wenn die Elektronen die zylinderförmige Anode nach einer Beschleunigungsstrecke von 30 mm mit einer Geschwindigkeit von $18 \cdot 10^6$ m/s verlassen?

10. Welche Umfangsgeschwindigkeit hat eine Laborzentrifuge bei einer Umdrehungsfrequenz von 5100 min^{-1}, wenn der maximale Rotordurchmesser 200 mm beträgt?

11. Wie groß ist die Umlauffrequenz der Tragrolle (d = 50,0 mm) eines Gurtbandförderers, wenn sich das Förderband mit einer Geschwindigkeit von 1,50 m/s bewegt?

12. Im Laufrad einer Kreiselradpumpe wird Isobutanol von 12,0 m/s auf 25,0 m/s in 10^{-2} Sekunden beschleunigt. Berechnen Sie die Beschleunigung und die Beschleunigungsstrecke.

13. Stückgüter werden über eine leicht geneigte 80 Meter lange Rollenbahn von einer Verpackungsanlage zum Lager transportiert. Die Beschleunigung aus der Ruhelage beträgt 0,1 m/s^2.
    a) Welche Endgeschwindigkeit wird erreicht?
    b) Wie lange dauert der Transport auf der Rollenbahn?

3.5 Strömungsvorgänge

Volumenstrom, Massenstrom (volume flow, mass flow)

Das pro Zeiteinheit t durch eine Rohrleitung strömende Fluidvolumen V nennt man Volumenstrom $\dot{V}$. Der Massenstrom $\dot{m}$ ist die pro Zeiteinheit t durch eine Rohrleitung strömende Fluidmasse m.

Volumenstrom	Massenstrom
$\dot{V} = \frac{V}{t}$	$\dot{m} = \frac{m}{t}$

Stoff- und Energieströme werden in der Technik generell mit einem Punkt oberhalb des physikalischen Größensymbols gekennzeichnet.

Beispiel: Der Volumenstrom an Nitrobenzol der Dichte $\varrho(C_6H_5NO_2) = 1{,}204\ g/cm^3$ beträgt in einer Produktleitung $\dot{V} = 750\ L/min$. Berechnen Sie den Massenstrom in Tonnen pro Stunde.

Lösung: $\varrho = \frac{m}{V} = \frac{\dot{m}}{\dot{V}} \Rightarrow \boldsymbol{\dot{m}} = \varrho \cdot \dot{V} = \frac{1{,}204\ t \cdot 0{,}750\ m^3 \cdot 60}{m^3 \cdot h} \approx \mathbf{54{,}2\ t/h}$

Durchflussmasse, Durchflussvolumen (mass rate, volume rate)

Die Durchflussmasse eines strömenden Mediums in einer Rohrleitung **(Bild 1)** steigt mit

- der Dichte ϱ des strömenden Medium: $m \sim \varrho$
- der Strömungsgeschwindigkeit v des Mediums: $m \sim v$
- der Strömungzeit t des strömenden Mediums: $m \sim t$
- dem Querschnitt der durchflossenen Rohrleitung: $m \sim A$.

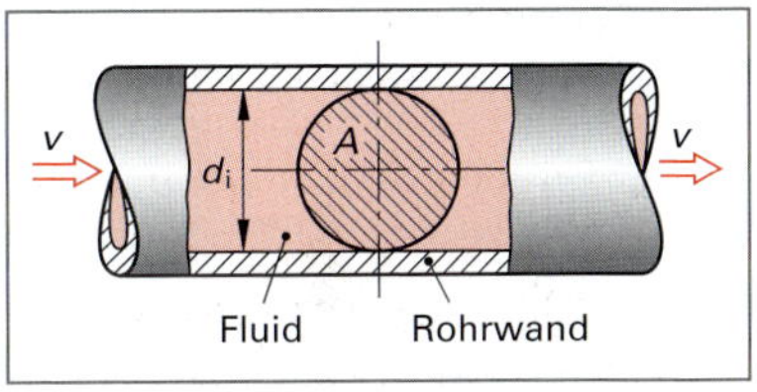

Bild 1: Fluidströmung durch eine Rohrleitung

Die Durchflussmasse ist demzufolge definiert durch:
$m = \varrho \cdot A \cdot v \cdot t$.

Mit $m = \varrho \cdot V$ und Kürzen ergibt sich das Durchflussvolumen zu:
$V = A \cdot v \cdot t$.

Durchflussmasse
$m = \varrho \cdot A \cdot v \cdot t$

Durchflussvolumen
$V = A \cdot v \cdot t$

Beispiel: Wie groß ist der Innendurchmesser einer Rohrleitung zu wählen, in der pro Minute 125 kg Alkydharz-Lösung mit einer Dichte von 0,958 g/cm³ fließen sollen? Die mittlere Strömungsgeschwindigkeit von 1,3 m/s soll dabei in der Pumpleitung möglichst nicht überschritten werden.

Lösung: $m = \varrho \cdot A \cdot v \cdot t$ mit $A = \frac{\pi}{4} \cdot d_i^2$ und Umstellen folgt: $m = \varrho \cdot \frac{\pi}{4} \cdot d_i^2 \cdot v \cdot t \Rightarrow d_i = \sqrt{\frac{4 \cdot m}{\varrho \cdot \pi \cdot v \cdot t}}$

$\boldsymbol{d_i} = \sqrt{\frac{4 \cdot 125\ kg \cdot 10^{-3}\ m^3 \cdot s}{0{,}958\ kg \cdot \pi \cdot 1{,}3\ m \cdot 60\ s}} \approx 46 \cdot 10^{-3}\ m = \mathbf{46\ mm}$

Strömungsgeschwindigkeit (velocity of flow)

Teilt man beide Seiten der Größengleichung zur Berechnung des Durchflussvolumens durch die Zeit t, so erhält man durch Kürzen: $V/t = \dot{V} = A \cdot v$.

Durch Umstellen nach v ergibt sich eine Definition für die Strömungsgeschwindigkeit:

Strömungsgeschwindigkeit
$v = \frac{\dot{V}}{A}$

Beispiel: In einem LIEBIG-Kühler fließt pro Minute 335 mL Kühlwasser. Der Innendurchmesser des Kühlrohres beträgt 10,0 mm. Wie groß ist die Strömungsgeschwindigkeit im Kühlrohr?

Lösung: $v = \frac{\dot{V}}{A}$ mit $A = \frac{\pi}{4} \cdot d_i^2$ folgt: $\boldsymbol{v} = \frac{4 \cdot \dot{V}}{\pi \cdot d_i^2} = \frac{4 \cdot 335\ cm^3}{\pi \cdot 60\ s \cdot 1{,}00\ cm^2} \approx \mathbf{7{,}11\ cm/s}$

Kontinuitätsgleichung (continuity equation)

In einer Rohrleitung mit unterschiedlichen Rohrquerschnittsflächen **(Bild 1)** ist, da Flüssigkeiten in der Regel nicht komprimierbar sind, der Volumenstrom konstant. Mit $\dot{V}_1 = A_1 \cdot v_1$ und $\dot{V}_2 = A_2 \cdot v_2$ folgt nach dem Gleichsetzen der Volumenströme die Kontinuitätsgleichung: $A_1 \cdot v_1 = A_2 \cdot v_2$

In einer Rohrquerschnittsverengung steigt somit die Strömungsgeschwindigkeit mit Verringerung der Rohrquerschnittsfläche an.

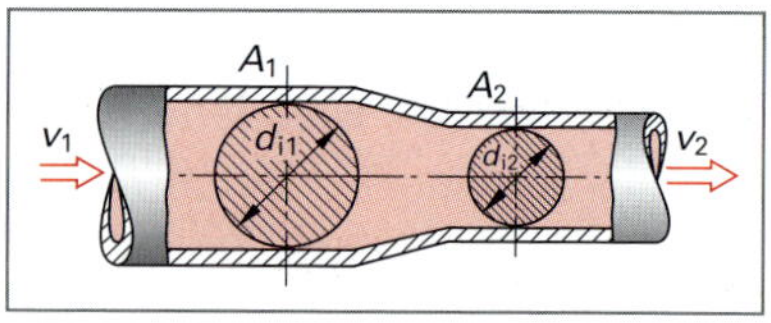

Bild 1: Rohrquerschnittsänderung

Kontinuitätsgleichung
$A_1 \cdot v_1 = A_2 \cdot v_2$

Beispiel: In einem Schlauchübergangsstück **(Bild 2)** wird der Innendurchmesser von 10,5 mm auf 7,5 mm reduziert. Wie groß ist die Strömungsgeschwindigkeit in der großen Schlauchwelle, wenn sie in der kleinen Schlauchwelle 1,5 m/s beträgt?

Lösung: $A_1 \cdot v_1 = A_2 \cdot v_2$ mit $A_1 = \frac{\pi}{4} \cdot d_{i1}^2$ und $A_2 = \frac{\pi}{4} \cdot d_{i2}^2$

folgt nach dem Kürzen von $\frac{\pi}{4}$: $d_{i1}^2 \cdot v_1 = d_{i2}^2 \cdot v_2$

$$\mathbf{v_2} = \left(\frac{d_{i1}}{d_{i2}}\right)^2 \cdot v_1 = \left(\frac{7{,}5\ \text{mm}}{10{,}5\ \text{mm}}\right)^2 \cdot 2{,}1\ \text{m/s} \approx \mathbf{1{,}1\ m/s}$$

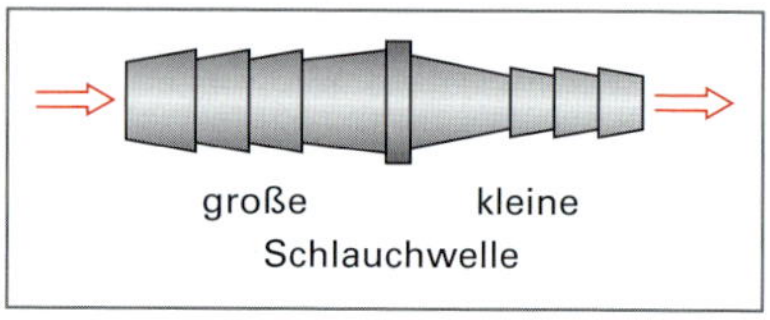

Bild 2: Schlauchübergangsstück

Aufgaben zu 3.5 Strömungsvorgänge

1. In der Einlaufschlauchwelle eines Y-förmigen Verbindungsstücks **(Bild 3)** beträgt die Strömungsgeschwindigkeit einer Kühlsole (ϱ = 1,47 g/cm³) 1,8 m/s. Die drei Innendurchmesser der Schlauchwellen sind gleich und betragen 8,0 mm.
   Wie groß ist:
   a) Der Massenstrom in der Einlaufschlauchwelle?
   b) Der Volumenstrom in einer Auslaufschlauchwelle?
   c) Die Strömungsgeschwindigkeit in einer Auslaufschlauchwelle?

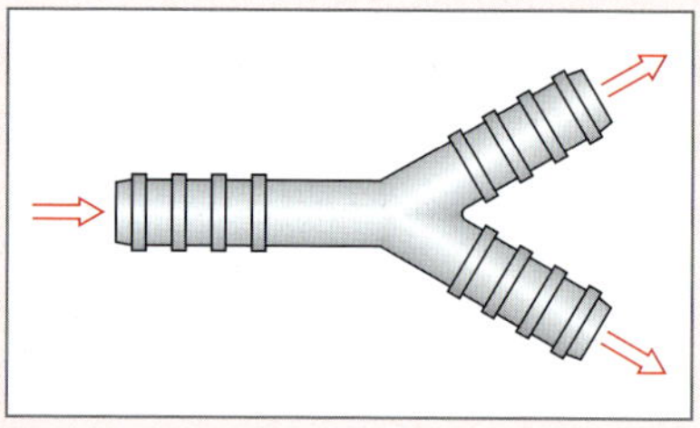

Bild 3: Verbindungsstück

2. Ein rundes Klärbecken mit einem Durchmesser von 14,20 m und einer maximalen Füllhöhe von 2,45 m wird über einen Zulaufkanal mit einer Breite von 80 cm und einer Füllhöhe von 54 cm gefüllt **(Bild 4)**. Die mittlere Strömungsgeschwindigkeit im Kanal beträgt 0,25 m/s.
   a) Berechnen Sie den zulaufenden Volumenstrom.
   b) Wie lange dauert es, bis das Klärbecken gefüllt ist?

Bild 4: Klärbecken

3. Eine Pasteurpipette hat einen Kapillar-Innendurchmesser von 1,0 mm. Der Rohrinnendurchmesser beträgt 5,3 mm.
   a) Wie groß ist die Strömungsgeschwindigkeit in der Kapillare, wenn sie im Rohr 5,0 cm/s beträgt?
   b) Wie groß ist die Verringerung der Querschnittsfläche in Prozent?

4. Aus einem Gummischlauch mit einem Innendurchmesser von 6,0 mm fließt Leitungswasser in ein Becherglas mit einem Innendurchmesser von 126,5 mm und einer Höhe von 180,0 mm. Die Strömungsgeschwindigkeit im Schlauch beträgt 1,1 m/s.
   a) Mit welcher Geschwindigkeit steigt der Wasserstand im Becherglas?
   b) Wie lange dauert es, bis das Becherglas zu 3/4 gefüllt ist?

5. Zur Bestimmung der kinematischen Viskosität eines Alkydharzes (ϱ = 1,15 g/cm³) wurde mit einem 4,00-mm-Auslaufbecher (Bild 421/2) eine Auslaufzeit von 80,2 s gemessen. Welche mittlere Strömungsgeschwindigkeit herrscht in der Düse, wenn die Durchflussmasse 125,77 g beträgt?

3.6 Kräfte

Um den Bewegungszustand eines Körpers zu ändern, ist eine Kraft F (force) erforderlich **(Bild 1)**. Die aufzuwendende Beschleunigungskraft F ist umso größer, je größer die Masse m des Körpers ($F \sim m$) und je größer die Beschleunigung a ist, die der Körper durch die Krafteinwirkung erfahren soll ($F \sim a$). Es gilt die Grundgleichung der Mechanik: $F = m \cdot a$.

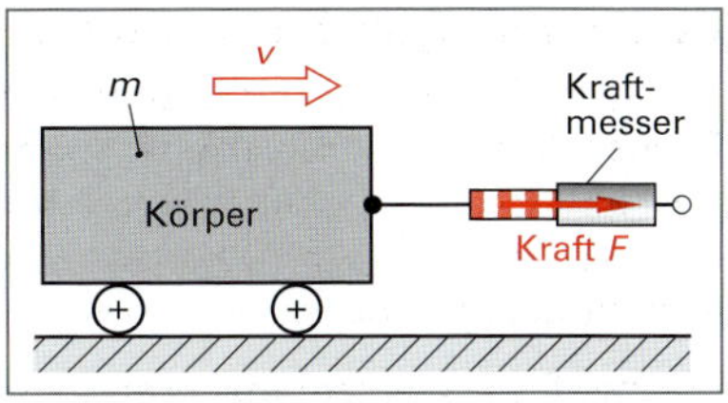

Bild 1: Beschleunigungskraft

Die abgeleitete Einheit für die Kraft ist das Newton, Einheitenzeichen N.

$$1\ \text{N} = 1\ \frac{\text{kg} \cdot \text{m}}{\text{s}^2}$$

Grundgleichung der Mechanik
$F = m \cdot a$

Beispiel 1: Welche Kraft ist erforderlich, um einen Körper mit der Masse 1 kg um 1 m/s² zu beschleunigen?

Lösung: Mit der Grundgleichung der Mechanik folgt: $\boldsymbol{F} = m \cdot a = 1\ \text{kg} \cdot 1\ \frac{\text{m}}{\text{s}^2} = 1\ \frac{\text{kg} \cdot \text{m}}{\text{s}^2} = \mathbf{1\ N}$

Beispiel 2: Ein Portalhubwagen hat eine Gesamtmasse von 25,0 t. Er wird durch eine Kraft von 12,5 kN beschleunigt. Wie groß ist die dabei auftretende Beschleunigung?

Lösung: $F = m \cdot a \Rightarrow \boldsymbol{a} = \frac{F}{m} = \frac{12{,}5 \cdot 10^3\ \text{kg} \cdot \text{m/s}^2}{25{,}0 \cdot 10^3\ \text{kg}} = \mathbf{0{,}500\ m/s^2}$

Gewichtskraft (weight-force)

Setzt man in die Grundgleichung der Mechanik $F = m \cdot a$ für die Beschleunigung a die auf der Erde auf alle Körper wirkende Fallbeschleunigung $g = 9{,}81\ \text{m/s}^2$, so lässt sich die Gewichtskraft F_G eines Körpers berechnen. Sie wird vereinfachend auch als Gewicht bezeichnet.

Beispiel: Welche Kraft ist erforderlich, um einen Körper mit einer Masse von 100 g hochzuhalten?

Lösung: $\boldsymbol{F} = m \cdot g = 0{,}100\ \text{kg} \cdot 9{,}81\ \frac{\text{m}}{\text{s}^2} = 0{,}981\ \frac{\text{kg} \cdot \text{m}}{\text{s}^2} = \mathbf{0{,}981\ N}$

Gewichtskraft
$F_G = m \cdot g$ mit $g = 9{,}81\ \text{m/s}^2 = 9{,}81\ \text{N/kg}$

Geschwindigkeitsänderungskraft (accelarator force)

Wird in die Grundgleichung der Mechanik für die Beschleunigung a die Größengleichung $a = \Delta v / \Delta t$ eingesetzt, so lässt sich die Kraft berechnen, die zur Geschwindigkeitsänderung (Beschleunigung oder Verzögerung) eines Körpers erforderlich ist.

Beispiel: Welche Kraft muss auf einen Körper mit der Masse 1 kg einwirken, damit er seine Geschwindigkeit innerhalb von einer Sekunde um 1 m/s ändert?

Lösung: $\boldsymbol{F} = \frac{m \cdot \Delta v}{\Delta t} = \frac{1\ \text{kg} \cdot 1\ \text{m/s}}{1\ \text{s}} = 1\ \frac{\text{kg} \cdot \text{m}}{\text{s}^2} = \mathbf{1\ N}$

Geschwindigkeitsänderungskraft
$F = \frac{m \cdot \Delta v}{\Delta t}$

Formänderungskraft (force of deformation)

Die zur Verformung eines Körpers, z. B. einer Spiralfeder, erforderliche Kraft ist umso größer, je größer der Widerstand der Spiralfeder gegen ihre Formänderung ist ($F \sim D$) und je stärker die Feder gedehnt wird ($F \sim s$). Die Größengleichung für die Formänderungskraft heißt HOOKE'sches Gesetz. Der Widerstand einer Feder gegen ihre Formänderung wird auch als Federhärte bezeichnet und durch die Federkonstante D charakterisiert.

HOOKE'sches Gesetz
$F = D \cdot s$

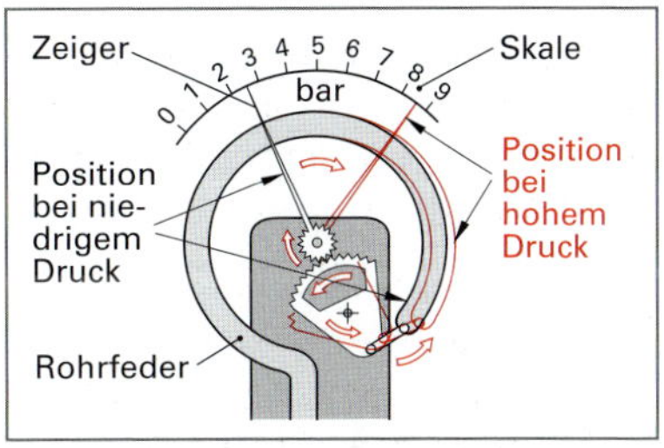

Bild 2: Rohrfedermanometer

Beispiel: Zur Auslenkung der Rohrfeder in einem Rohrfedermanometer **(Bild 2)** ist eine Kraft von 1,5 N erforderlich. Wie groß ist die Federkonstante, wenn die Auslenkung 3,0 mm beträgt?

Lösung: $F = D \cdot s \Rightarrow \boldsymbol{D} = \frac{F}{s} = \frac{1{,}5\ \text{N}}{3{,}0\ \text{mm}} = \mathbf{0{,}50\ N/mm}$

Reibungskraft (frictional force)

Ist ein Körper durch eine Zugkraft F_Z beschleunigt worden, so bewegt er sich auf einer Unterlage nicht immer weiter mit konstanter Geschwindigkeit fort, wie man es eigentlich aufgrund seiner Trägheit erwarten könnte. Er wird durch eine Reibungskraft F_R gebremst **(Bild 1)**.

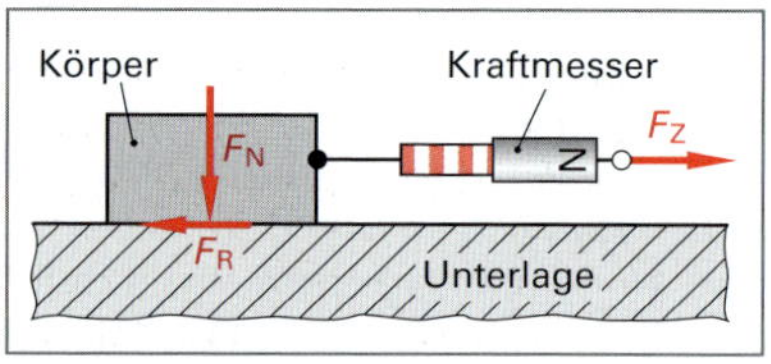

Bild 1: Reibungskraft

Die Reibungskraft ist umso größer, je größer die Normalkraft F_N des Körpers ist ($F_R \sim F_N$) und je größer die Reibungszahl μ zwischen Körper und Unterlage ist ($F_R \sim \mu$).

Die Größe der aufeinander reibenden Flächen hat **keinen** Einfluss auf die Reibungskraft.

Für die Größe der Reibungskraft F_R gilt das Reibungsgesetz:

Reibungsgesetz
$F_R = \mu \cdot F_N$

Die Normalkraft F_N ist die senkrecht auf die Unterlage wirkende Anpresskraft des Körpers. Bei einem unbelasteten, waagerecht auf einer Unterlage gleitenden Körper ist die Normalkraft F_N gleich der Gewichtskraft F_G des Körpers **(Bild 1)**.

Die Größe der Reibungszahl μ ist von der Reibungsart (Haften, Gleiten, Rollen), von der Werkstoffpaarung und von der Oberflächenbeschaffenheit (rau, glatt) abhängig.

Je nachdem, ob die Bauteile aneinander haften, aufeinander gleiten oder abrollen, unterscheidet man Haftreibungszahlen μ_H, Gleitreibungszahlen μ_G und Rollreibungszahlen μ_R. Es gilt: $\mu_H > \mu_G > \mu_R$.

Beispiel: Wie groß ist die Reibungskraft an einer Welle eines Turboverdichters mit Wälzlagerung (μ_R = 0,003), wenn die auf das Lager wirkende Normalkraft 1 kN beträgt?

Lösung: $\boldsymbol{F_R} = \mu_R \cdot F_N = 0{,}003 \cdot 10^3\ \text{N} = \mathbf{3\ N}$

Zentrifugalkraft (centrifugal force)

Das Zentrifugieren ist eine wichtige labortechnische Grundoperation. Dabei wird eine Suspension oder Emulsion durch Fliehkraftsedimentation getrennt. Da die Fliehkraftsedimentation wesentlich schneller abläuft als die Schwerkraftsedimentation kann durch Zentrifugieren eine disperse Phase mit geringem Dichteunterschied zum umgebenden Medium abgetrennt werden.

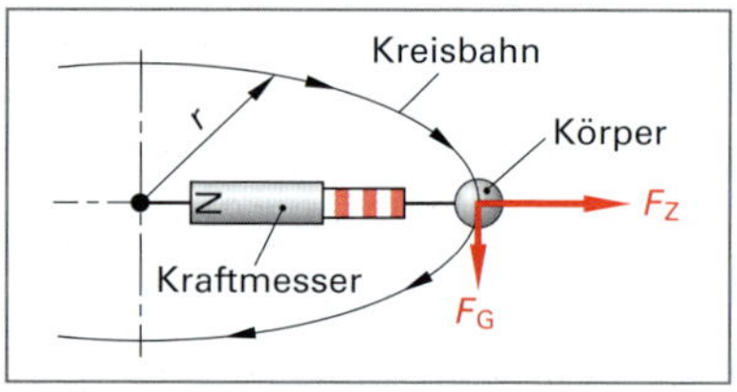

Bild 2: Messung der Zentrifugalkraft

Die bei einem rotierenden Körper **(Bild 2)** aufgrund seiner Massenträgheit auftretende Kraft wird als Flieh- oder Zentrifugalkraft bezeichnet.

Die Zentrifugalkraft F_Z nimmt mit dem Rotationsradius r, der Masse m und dem Quadrat der Umdrehungsfrequenz f des rotierenden Körpers zu. Mit dem Proportionalitätsfaktor $4 \cdot \pi^2$ berechnet sich die Zentrifugalkraft nach der nebenstehenden Größengleichung.

Zentrifugalkraft
$F_Z = 4 \cdot \pi^2 \cdot m \cdot r \cdot f^2$

Beispiel: Welche Zentrifugalkraft wirkt auf ein annähernd kugelförmiges Titandioxid-Partikel der Dichte $\varrho(TiO_2)$ = 4,2 g/cm³, $d(TiO_2)$ = 10 µm, wenn der Rotationsradius r = 80 mm und die Umdrehungsfrequenz der Laborzentrifuge 5100 min⁻¹ beträgt?

Lösung: $F_Z = 4 \cdot \pi^2 \cdot m \cdot r \cdot f^2$ mit $m = \varrho \cdot V$ und $V = \frac{\pi}{6} \cdot d^3$ folgt:

$$F_Z = 4 \cdot \pi^2 \cdot \varrho \cdot \frac{\pi}{6} \cdot d^3 \cdot r \cdot f^2 = 4 \cdot \pi^2 \cdot 4{,}2 \cdot 10^3 \frac{\text{kg}}{\text{m}^3} \cdot \frac{\pi}{6} \cdot 10^3 \cdot 10^{-18}\ \text{m}^3 \cdot 80 \cdot 10^{-3}\ \text{m} \cdot \frac{5100^2}{60^2 \cdot \text{s}^2}$$

$$\boldsymbol{F_Z \approx 50 \cdot 10^{-9}\ \text{N} = 50\ \text{nN}}$$

Aufgaben zu 3.6 Kräfte

1. Berechnen Sie die Gewichtskraft eines mit Aceton gefüllten Fasses anhand folgender Angaben: Tara = 10,5 kg, d = 60,0 cm, h = 90,0 cm, ϱ (Aceton) = 0,791 g/cm³.

2. Ein archimedischer Vollzylinder aus Edelstahl der Dichte ϱ = 7,9 g/cm³ hat folgende Abmessungen: h = 70,0 mm, d = 40,0 mm.

   Wie groß ist die Gewichtskraft des Zylinders?

3. Welche Federkonstante muss die Schraubenfeder in einem Federkraftmesser **(Bild 1)** haben, wenn der Messbereich 10,0 N und die zur Verfügung stehende Skalenlänge 10,0 cm betragen?

4. Welche Kraft ist erforderlich, um einen mit schwerem Heizöl beladenen Kesselwagen mit einer Gesamtmasse von 50 t auf einer waagerechten Schienenstrecke in gleichförmiger Bewegung zu halten, wenn die Fahrwiderstandszahl $\mu_F = 5{,}0 \cdot 10^{-3}$ beträgt?

5. Zur experimentellen Bestimmung der Gleitreibungszahl wurde für einen Körper mit der Masse m = 3,1 kg eine Gleitreibungskraft von F_R = 2,9 N gemessen. Berechnen Sie die Gleitreibungszahl.

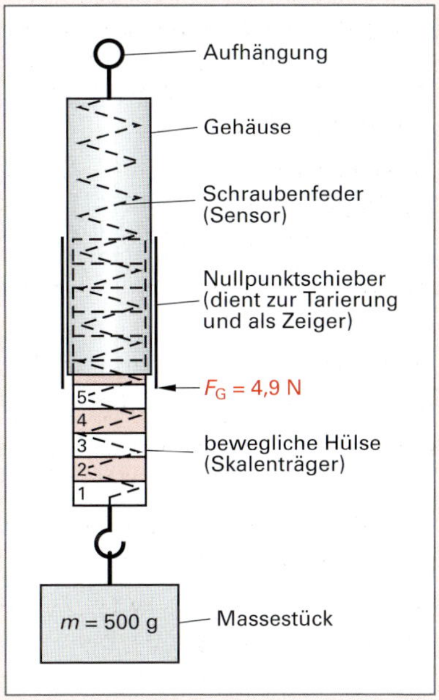

Bild 1: Federkraftmesser

6. Die Schraubenfeder in einem Federkraftmesser **(Bild 1)** wird mit einem Probekörper der Masse m = 500 g belastet. Wie groß ist die Auslenkung der Feder, wenn die Federkonstante D = 1,0 N/cm beträgt?

7. Welche Beschleunigungskraft muss man aufbringen, um einen Druckgasflaschen-Trasportwagen mit einer Masse von 84 kg in 1,2 Sekunden auf eine Geschwindigkeit von 1,4 m/s zu beschleunigen?

8. Am Ende einer leicht geneigten Rollenbahn werden Stückgüter mit einer Masse von 8,7 kg aus einer Geschwindigkeit von 0,35 m/s in 0,75 s bis zur Ruhelage abgebremst. Welche Kraft ist für die Verzögerung erforderlich?

9. Auf ein mit Glycol gefülltes Rollreifenfass mit einer Gesamtmasse von m = 260 kg wirkt eine Beschleunigungskraft von 130 N. Welche Beschleunigung erfährt das Fass?

10. Eine Eisen(III)-hydroxid-Suspension wird durch Zentrifugieren mit einer Tischzentrifuge getrennt **(Bild 2)**.

    a) Wie groß sind Masse und Gewichtskraft des Zentrifugenglases mit Inhalt?

    b) Welche Zentrifugalkraft wirkt auf das mit $Fe(OH)_3$-Suspension gefüllte Zentrifugenglas?

    c) Um wie viel mal stärker ist die Absetzwirkung in der Tischzentrifuge im Vergleich zur Schwerkraftsedimentation?

    m (Zentrifugenglas) = 13,03 g — r = 54 mm

    V ($Fe(OH)_3$-Suspension) = 12,0 mL — $f = 1500\ \text{min}^{-1}$

    ϱ ($Fe(OH)_3$-Suspension) = 1,20 g/cm³

11. Wie ändert sich die Zentrifugalkraft in einer Laborzentrifuge, wenn unter konstanten Bedingungen lediglich die Umdrehungsfrequenz von 1200 min⁻¹ auf 1800 min⁻¹ erhöht wird?

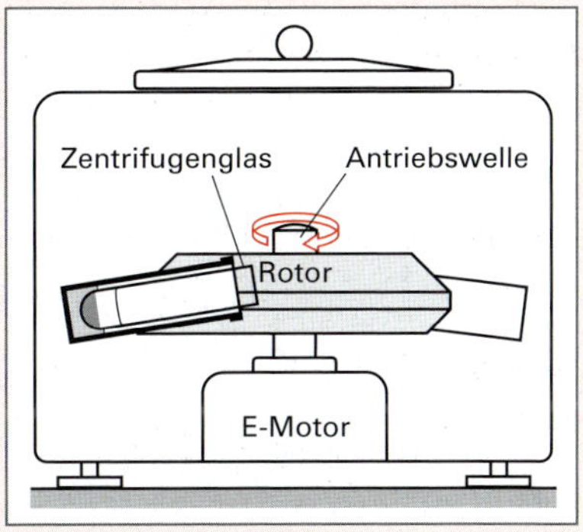

Bild 2: Tischzentrifuge

3.7 Arbeit

Beim Umgang mit Stoffen, z. B. beim Heben einer Last, wird Arbeit verrichtet. Die Arbeit W steigt mit dem Kraftaufwand F ($W \sim F$) und mit dem in Kraftrichtung zurückgelegten Weg s ($W \sim s$). Es gilt $W = F \cdot s$.

Arbeit
$W = F \cdot s$

Die abgeleitete SI-Einheit der Arbeit ist das Joule, Einheitenzeichen J, oder die Wattsekunde, Einheitenzeichen Ws. Große Arbeitsbeträge gibt man in Kilowattstunden an, Einheitenzeichen kWh.

$$[W] = 1\,\text{N} \cdot 1\,\text{m} = 1\,\text{N} \cdot \text{m} = \mathbf{1\,J}$$

$$\mathbf{1\,J = 1\,Ws} \qquad \mathbf{1\,kWh = 3{,}6 \cdot 10^6\,J}$$

Beispiel: Es wird eine Arbeit von einem Joule verrichtet, wenn der Angriffspunkt der Kraft von einem Newton in Kraftrichtung um einen Meter verschoben wird.

Im **Arbeitsdiagramm** (Kraft/Weg-Diagramm) stellt die Fläche, die von der Kraft und dem Weg gebildet wird, ein Maß für die verrichtete Arbeit dar **(Bild 1)**. Bei konstanter Kraft ergibt sich ein Rechteck mit der Fläche $W = F \cdot s$.

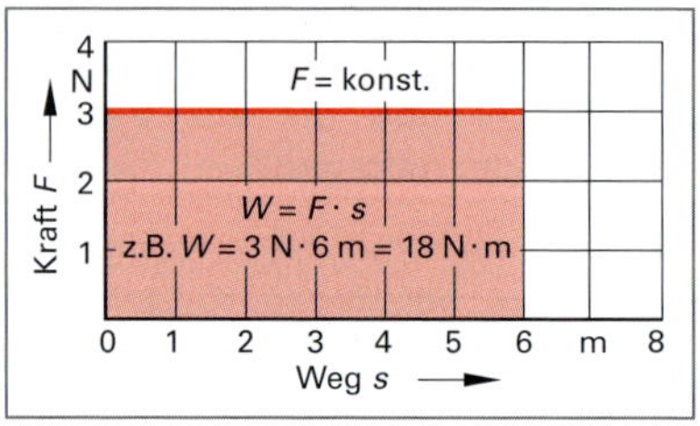

Bild 1: Arbeitsdiagramm

Hubarbeit (lifting work)

Setzt man in die Gleichung $W = F \cdot s$ für die Kraft F die Gewichtskraft $F_G = m \cdot g$ und für die Strecke s die Höhe h, so lässt sich die Hubarbeit W_H zum Heben einer Last berechnen.

Hubarbeit
$W_H = F_G \cdot h = m \cdot g \cdot h$

Beispiel: Es wird eine Hubarbeit von ungefähr einem Joule verrichtet, wenn eine Last mit einer Masse von 100 g einen Meter hochgehoben wird ($g = 9{,}81$ N/kg).

$$W_H = 0{,}100\,\text{kg} \cdot 9{,}81\,\text{N/kg} \cdot 1\,\text{m}$$

$$\mathbf{W_H} = 0{,}981\,\frac{\text{kg} \cdot \text{N}}{\text{kg}} \cdot \text{m} \approx 1\,\text{N} \cdot \text{m} = \mathbf{1\,J}$$

Beschleunigungsarbeit (accelerator work)

Wird in die Gleichung $W = F \cdot s$ die Beschleunigungskraft $F = m \cdot a$ und der bei der beschleunigten Bewegung zurückgelegte Weg $s = \frac{1}{2} \cdot a \cdot t^2$ eingesetzt, so erhält man $W = m \cdot a \cdot \frac{1}{2} \cdot a \cdot t^2$.

Mit $a = v/t$ folgt nach dem Kürzen eine Größengleichung zur Berechnung der Beschleunigungsarbeit W_B bei Beschleunigungsvorgängen aus der Ruhelage.

Beschleunigungsarbeit
$W_B = \frac{1}{2} \cdot m \cdot v^2$

Beispiel: Welche Beschleunigungsarbeit wird in einer horizontalen Rohrleitung beim Anfahren einer Kanalradpumpe verrichtet, wenn 150 kg Klärschlamm in der Rohrleitung auf 1,6 m/s beschleunigt werden?

Lösung: $\mathbf{W_B} = \frac{1}{2} \cdot m \cdot v^2 = \frac{1}{2} \cdot 150\,\text{kg} \cdot (1{,}6\,\text{m/s})^2 = 192\,\frac{\text{kg} \cdot \text{m}^2}{\text{s}^2} = \frac{192\,\text{kg} \cdot \text{m} \cdot \text{m}}{\text{s}^2} = 192\,\text{N} \cdot \text{m} \approx \mathbf{0{,}19\,kJ}$

Reibungsarbeit (frictional work)

Zu einer Größengleichung zur Berechnung der Reibungsarbeit W_R gelangt man, wenn in $W = F \cdot s$ für die Kraft F die Reibungskraft $F_R = \mu \cdot F_N$ eingesetzt wird.

Reibungsarbeit
$W_R = \mu \cdot F_N \cdot s$

Beispiel: Beim Verschieben einer mobilen Kreiselpumpenanlage beträgt die Reibungszahl $\mu = 0{,}02$. Welche Reibungsarbeit ist zu verrichten, wenn die Pumpenanlage ($m = 155$ kg) 12 m waagerecht verschoben werden soll?

Lösung: $\mathbf{W_R} = \mu \cdot F_N \cdot s = \mu \cdot F_G \cdot s = \mu \cdot m \cdot g \cdot s = 0{,}02 \cdot 155\,\text{kg} \cdot 10\,\text{N/kg} \cdot 12\,\text{m} = 372\,\text{N} \cdot \text{m} \approx \mathbf{0{,}4\,kJ}$

Spannarbeit (clamping work)

Beim Spannen einer Schraubenfeder wächst die Spannkraft mit dem Weg linear an. Die erforderliche Spannarbeit W_{Sp} wird im Arbeitsdiagramm **(Bild 1)** durch die Dreiecksfläche unter der Ursprungsgeraden mit dem Flächeninhalt $W_{Sp} = \frac{1}{2} \cdot F \cdot s$ beschrieben.

Mit $F = D \cdot s$ ergibt sich eine Größengleichung zur Berechnung der Spannarbeit. $W_{Sp} = \frac{1}{2} \cdot F \cdot s = \frac{1}{2} \cdot D \cdot s \cdot s = \frac{1}{2} \cdot D \cdot s^2$

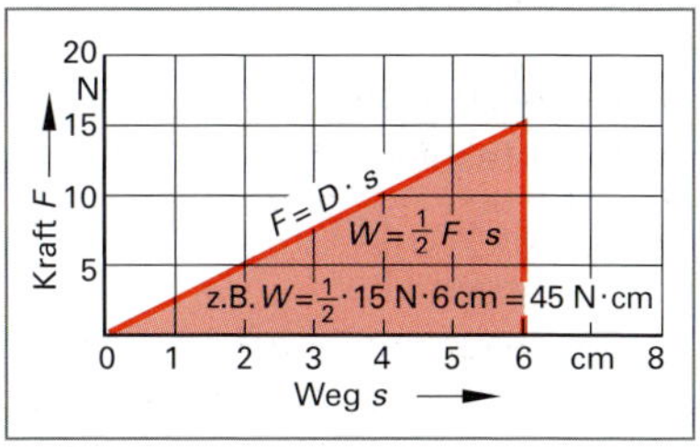

Bild 1: Spannarbeit

Beispiel: Welche Spannarbeit wird an der Schraubenfeder eines Federkraftmessers analog Bild 99/1 verrichtet, wenn die Feder beim Skalenendwert von 5,0 N um 100 mm ausgelenkt wird?

Lösung: $W_{Sp} = \frac{1}{2} \cdot D \cdot s^2 = \frac{1}{2} \cdot \frac{F}{s} \cdot s^2 = \frac{1}{2} \cdot F \cdot s$

$\boldsymbol{W_{Sp}} = 0{,}5 \cdot 5{,}0\ N \cdot 0{,}100\ m = 0{,}25\ N \cdot m = \mathbf{0{,}25\ J}$

Spannarbeit
$W_{Sp} = \frac{1}{2} \cdot D \cdot s^2$

Aufgaben zu 3.7 Arbeit

1. Welche Hubarbeit muss eine Zahnradpumpe verrichten, um 5,4 m^3 Glycerin (ϱ = 1,260 g/cm^3) in einen 3,7 m hoch gelegenen Vorratstank zu pumpen?

2. Welche Masse an Kühlwasser kann eine Kreiselradpumpe über eine Höhendifferenz von 10,0 m transportieren, wenn sie eine Hubarbeit von einer Kilowattstunde verrichtet?

3. Zur Beschleunigung eines Elektrons mit der Ruhemasse $m_0 = 9{,}1096 \cdot 10^{-31}$ kg in einem Massenspektrometer wird pro Elektron eine Beschleunigungsarbeit von 70 Elektronenvolt (eV) (1,0 eV = $1{,}6 \cdot 10^{-19}$ J) verrichtet. Welche Geschwindigkeit erreicht das Elektron?

4. Eine Dickstoffpumpe fördert 2,0 m^3 Schlamm (ϱ = 2,8 g/cm^3) mit einer Strömungsgeschwindigkeit von 1,0 m/s in einen Absetzkasten. Welche Beschleunigungsarbeit ist dazu erforderlich?

5. Über einen Winkelhebel wird an einer Rückholfeder eine Spannarbeit von 25 J verrichtet. Wie stark wird die Feder ausgelenkt, wenn die Federkonstante D = 10 N/mm beträgt?

6. Welchen Messwert zeigt ein Federkraftmesser analog Bild 91/1 an, wenn an der Schraubenfeder bei einer Auslenkung von 50 mm eine Spannarbeit von 25 mJ verrichtet wurde?

7. Zur experimentellen Bestimmung der Gleitreibungszahl wurde ein Probekörper aus Holz 80,0 cm über eine kunststoffbeschichtete Tischplatte gezogen. Die mittlere Gleitreibungskraft konnte mit einem Federkraftmesser zu F_R = 0,75 N bestimmt werden. Wie groß war die verrichtete Reibungsarbeit?

8. Die Bremsen eines mit Kalkstickstoff beladenen Güterwaggons (m = 45 t) verrichten eine Reibungsarbeit von 0,90 MJ, um ihn auf einer waagerechten Strecke zum Stehen zu bringen. Wie lang ist die Bremsstrecke, wenn die Fahrwiderstandszahl $\mu_F = 5{,}0 \cdot 10^{-3}$ beträgt?

9. Ein Lastenaufzug transportiert einen Hubwagen, der mit einer Palette mit Laborchemikalien beladen ist, nach unten. Die Gesamtmasse der Last beträgt 350 kg, die vom Aufzug aufgenommene Arbeit 42 kJ. Welche Strecke legt der Lastenaufzug zurück?

10. $150 \cdot 10^3$ m^3 Wasser verrichten an den Turbinen eines Wasserkraftwerks eine Arbeit von 60 MWh. Wie groß ist die Fallhöhe des Wassers, wenn die Strömungsverluste nicht berücksichtigt werden?

11. Der Elektromotor eines Stetigförderers verrichtet eine Arbeit von 1,2 kWh. Welche Masse an Aluminiumoxid Al_2O_3 kann damit über eine Höhendifferenz von 6,0 m transportiert werden, wenn die Reibungsverluste unberücksichtigt bleiben?

3.8 Leistung

Unter der mechanischen Leistung P wird die pro Zeiteinheit t verrichtete mechanische Arbeit W verstanden.

Die abgeleitete SI-Einheit der **Leistung** (power) ist das Watt, Einheitenzeichen W.

Analog zu den verschiedenen Arten der Arbeit (Seite 92) gibt es mehrere Leistungsarten.

Die **Hubleistung P_H** erhält man durch Einsetzen der Hubarbeit W_H in die Definitionsgleichung der Leistung:

$$P_H = \frac{W_H}{t} = \frac{F_G \cdot h}{t} = \frac{m \cdot g \cdot h}{t} = m \cdot g \cdot v = F_G \cdot v$$

Die **Beschleunigungsleistung P_B** kann man ebenso ableiten:

$$P_B = \frac{W_B}{t} = \frac{F_B \cdot h}{t} = \frac{m \cdot a \cdot h}{t} = m \cdot a \cdot v = F_B \cdot v$$

Mechanische Leistung
$\text{Leistung} = \frac{\text{Arbeit}}{\text{Zeit}}; \quad P = \frac{W}{t}$

$$1\ W = 1\ \frac{J}{s} = 1\ \frac{N \cdot m}{s}$$

Hubleistung
$P_H = F_G \cdot v$

Beschleunigungsleistung
$P_B = F_B \cdot v$

Beispiel 1: Wie groß ist die Hubleistung einer Schneckentrogpumpe im Einlaufhebewerk einer Kläranlage, die pro Minute 120 m³ Abwasser (ϱ = 1,0 kg/L) 10 m hoch pumpt? ($g \approx$ 10 N/kg)

Lösung: $P_H = \frac{m \cdot g \cdot h}{t}$ mit $m = \varrho \cdot V$ folgt: $P_H = \frac{\varrho \cdot V \cdot g \cdot h}{t} = \frac{1{,}0 \cdot 10^3\ \text{kg} \cdot 120\ \text{m}^3 \cdot 10\ \text{N} \cdot 10\ \text{m}}{\text{m}^3 \cdot 60\ \text{s} \cdot \text{kg}}$

$\boldsymbol{P_H} = 2{,}0 \cdot 10^5\ \frac{\text{N} \cdot \text{m}}{\text{s}} = 2{,}0 \cdot 10^5\ \frac{\text{J}}{\text{s}} = 2{,}0 \cdot 10^5\ \text{W} \approx \mathbf{0{,}20\ MW}$

Beispiel 2: Ein Gabelstapler mit einer Eigenmasse von 1,2 t beschleunigt beim Transport einer Palette mit Kalkstickstoff (m = 600 kg) mit einer mittleren Beschleunigung von a = 1,2 m/s². Welche Beschleunigungsleistung ist zum Erreichen einer Geschwindigkeit von 30 km/h erforderlich?

Lösung: $\boldsymbol{P_B} = m \cdot a \cdot v = 1800\ \text{kg} \cdot 1{,}2\ \frac{\text{m}}{\text{s}^2} \cdot \frac{30 \cdot 10^3\ \text{m}}{3600\ \text{s}} = 18 \cdot 10^3\ \frac{\text{N} \cdot \text{m}}{\text{s}} = 18 \cdot 10^3\ \frac{\text{J}}{\text{s}} = 18 \cdot 10^3\ \text{W} = \mathbf{18\ kW}$

Aufgaben zu 3.8 Leistung

1. Ein Elektromotor einer Drehschieberpumpe in einem Vakuumpumpenstand hat eine Wirkleistung von P_W = 0,25 kW. Welche Arbeit verrichtet der Motor, wenn er 4,0 h in Betrieb ist?
2. Wie groß ist die Hubleistung einer Axial-Kreiselradpumpe, die pro Stunde 28 · 10³ m³ Kühlwasser in 18 m Höhe in einen Naturzug-Kühlturm einspeist?
3. Eine Zahnradpumpe mit einer Hubleistung von 4,2 kW soll Thermoöl mit einer Geschwindigkeit von 1,0 m/s in einen Wärmeaustauscher einspeisen. Wie groß ist das geförderte Volumen, wenn die Dichte des Thermoöls ϱ = 0,84 g/cm³ beträgt?
4. Zur Produktion von 2740 t Eisen pro Tag müssen einem 30 m hohen Hochofen 5480 t Eisenerz, 2750 t Kokskohle und 1360 t Kalkstein über einen Schrägaufzug zugeführt werden. Welche Hubleistung ist dafür erforderlich?
5. Ein Portalkran in einer Fertigungshalle für Turboverdichter hat eine Gesamtmasse von m = 3,6 t. Welche Strecke benötigt er, um in 3 s auf a = 0,2 m/s² zu beschleunigen, wenn seine Beschleunigungsleistung 1,2 kW beträgt?
6. Die Hubleistung einer Membranpumpe beträgt 2,0 kW. Wie viel Kubikmeter Oleum mit einer Dichte ϱ = 1,99 g/cm³ können damit pro Stunde in eine 15 m hohe Absorptionskolonne eingespeist werden?

3.9 Energie

Arbeit kann gespeichert werden. Die gespeicherte Arbeit wird als Arbeitsvermögen oder Energie bezeichnet. Im Gegensatz zur Arbeit, die einen Vorgang darstellt, beschreibt die Energie einen Zustand.

Für die Energie werden die gleichen Einheitenzeichen verwendet wie für die Arbeit, also J, Ws oder kWh.

Potenzielle Energie (potential energy)

Eine Last, die durch Hubarbeit gehoben wurde, besitzt gegenüber dem Zustand in der ursprünglichen Höhe potenzielle Energie (Lageenergie). Die potenzielle Energie W_{pot} ist so groß, wie die an der Last verrichtete Hubarbeit $W_H = m \cdot g \cdot h$.

Potenzielle Energie
$W_{pot} = m \cdot g \cdot h$

Beispiel: Um einen Aerozyklon zur Montage um 10 Meter zu heben, verrichtet ein Kran eine Hubarbeit von 25 kJ. Wie groß ist:
a) die Lageenergie des gehobenen Zyklons gegenüber der Ausgangslage,
b) die Masse des Zyklons?

Lösung: a) $W_H = \mathbf{W_{pot} = 25\ kJ}$

b) $W_{pot} = m \cdot g \cdot h \Rightarrow \mathbf{m} = \frac{W_{pot}}{g \cdot h} = \frac{25 \cdot 10^3\ \text{N} \cdot \text{m}}{10\ \text{N/kg} \cdot 10\ \text{m}} = 250\ \text{kg} \approx \mathbf{0{,}25\ t}$

Kinetische Energie (kinetic energy)

Ein Körper, der sich mit der Geschwindigkeit v bewegt, besitzt kinetische Energie (Bewegungsenergie). Die kinetische Energie W_{kin} ist so groß, wie die am Körper verrichtete Beschleunigungsarbeit $W_B = \frac{1}{2} \cdot m \cdot v^2$.

Kinetische Energie
$W_{kin} = \frac{1}{2} \cdot m \cdot v^2$

Beispiel: Welche kinetische Energie hat eine Chrom-Nickel-Stahlkugel (d = 15,446 mm, ϱ = 8,0866 g/cm³) in einem Kugelfallviskosimeter (Bild 420/1), wenn die Fallgeschwindigkeit 1,47 mm/s beträgt?

Lösung: $W_{kin} = \frac{1}{2} \cdot m \cdot v^2$ mit $m = \varrho \cdot V$ und $V = \frac{\pi}{6} \cdot d^3$ folgt: $W_{kin} = \frac{1}{2} \cdot \varrho \cdot \frac{\pi}{6} \cdot d^3 \cdot v^2 = \frac{\pi}{12} \cdot \varrho \cdot d^3 \cdot v^2$

$$\mathbf{W_{kin}} = \frac{\pi \cdot 8{,}0866\ \text{kg} \cdot 1{,}5446^3\ \text{cm}^3 \cdot (1{,}47 \cdot 10^{-3})^2\ \text{m}^2}{12 \cdot 10^3 \cdot \text{cm}^3 \cdot \text{s}^2} \approx 16{,}9 \cdot 10^{-9}\ \frac{\text{kg} \cdot \text{m}^2}{\text{s}^2} = 16{,}9 \cdot 10^{-9}\ \text{N} \cdot \text{m} = \mathbf{16{,}9\ pJ}$$

Spannenergie (clamping energy)

Beim Spannen einer Feder im elastischen Bereich speichert die Feder die zum Spannen erforderliche Arbeit $W_{Sp} = \frac{1}{2} \cdot D \cdot s^2$ in Form von Spannenergie. Die Spannenergie W_{Sp} wird auch als potenzielle Energie der Feder bezeichnet.

Spannenergie
$W_{Sp} = \frac{1}{2} \cdot D \cdot s^2$

Beispiel: Wie groß ist die Spannenergie einer Schraubenfeder (D = 1,0 N/mm) aus warmgewalztem Federstahl (60 SiCr 7) in einem Federkraftmesser (Bild 91/1), wenn die Zugfeder um 8,0 cm gespannt wird?

Lösung: $\mathbf{W_{Sp}} = \frac{1}{2} \cdot D \cdot s^2 = \frac{1}{2} \cdot 1{,}0\ \text{N/mm} \cdot (80\ \text{mm})^2 \approx 3{,}2 \cdot 10^3\ \text{N} \cdot \text{mm} = 3{,}2\ \text{N} \cdot \text{m} = \mathbf{3{,}2\ J}$

Wärmeenergie (heat energy)

Beim Abbremsen eines Körpers wird die in ihm gespeicherte kinetische Energie in der Bremse in Wärmeenergie Q umgewandelt.

Die Wärmeenergie Q berechnet sich aus der Masse des erwärmten Körpers m, seiner Temperaturerhöhung $\Delta\vartheta$ und einem materialspezifischen Kennwert, der spezifischen Wärmekapazität c.

Wärmeenergie
$Q = c \cdot m \cdot \Delta\vartheta$

Beispiel: Beim Abbremsen eines Kraftfahrzeugs erwärmen sich die Bremsen um 43,0 Grad.
Es ist: m_{Br} = 8,50 kg, c_{Br} = 0,460 kJ/(kg · K). Wie groß ist die freigesetzte Wärmeenergie?

Lösung: $\mathbf{Q} = c \cdot m \cdot \Delta\vartheta = 0{,}460\ \frac{\text{kJ}}{\text{kg} \cdot \text{K}} \cdot 8{,}50\ \text{kg} \cdot 43{,}0\ \text{K} = 168{,}13\ \text{kJ} \approx \mathbf{168\ kJ}$

Aufgaben zu 3.9 Energie

1. Die mittlere Geschwindigkeit des Wasserstoffmoleküls beträgt bei ϑ = 0 °C $v(H_2)$ = 1843 m/s bei ϑ = 100 °C hingegen $v(H_2)$ = 2155 m/s. Wie groß ist der Zuwachs an kinetischer Energie, wenn die Masse eines Wasserstoffmoleküls $m(H_2) = 3{,}3473 \cdot 10^{-24}$ g beträgt?
2. Wie viel Wasser muss in einem Pumpspeicher-Kraftwerk pro Stunde in das 300 m höher gelegene Speicherbecken gepumpt werden, damit eine potenzielle Energie von 1,2 TJ zur Stromerzeugung zur Verfügung steht?
3. Eine Kreiselradpumpe speist 650 L Waschwasser in 24,0 m Höhe in eine Waschkolonne. Um welchen Betrag steigt dabei die potenzielle Energie der Waschflüssigkeit?
4. Welche Energie müssen die Bremsen eines mit Kerosin beladenen Kesselwagens mit einer Gesamtmasse von 50 t aufnehmen, wenn er aus einer Geschwindigkeit von 30 km/h, 60 km/h oder 90 km/h jeweils bis zum Stillstand abgebremst wird? Vergleichen Sie die berechneten Geschwindigkeiten mit den dazugehörenden Energien.
5. Ein mit Braunkohlenstaub beladener Eisenbahnwaggon mit einer Gesamtmasse von 40 t fährt mit einer Restgeschwindigkeit von 0,90 km/h gegen einen Prellbock. Um welche Strecke werden die Pufferfedern mit einer Federkonstante von D = 10 kN/cm zusammengedrückt?
6. Bei der unsachgemäßen Demontage eines Sicherheitsventils schießt eine Kugel mit einer Masse von 5,0 g durch eine um 2,0 cm vorgespannte Schraubenfeder (D = 4,0 kN/m) senkrecht in die Höhe.

   a) Welche Energie wird auf die Kugel übertragen? b) Wie hoch steigt die Kugel?
7. Durch eine Druckkraft von 1,6 kN wird eine Druckfeder in einem Reduzierventil um 1,5 cm zusammengedrückt. Wie groß ist die Spannenergie der verformten Feder?
8. Um wie viel Grad erwärmen sich die Bremsen des von 90 km/h abgebremsten Kesselwagens von Aufgabe 4, wenn ihre Masse 920 kg und ihre spezifische Wärmekapazität 0,48 kJ/(kg · K) betragen?

3.10 Wirkungsgrad

Bei der Energieumwandlung entstehen Energieverluste. Das Verhältnis von abgegebener Energie oder Leistung (W_{ab}, P_{ab}) zur zugeführten Energie oder Leistung (W_{zu}, P_{zu}) bezeichnet man als Wirkungsgrad η (efficiency). Er ist eine dimensionslose Dezimalzahl, die auch in Prozent angegeben werden kann. Der Wirkungsgrad ist stets kleiner als 1 bzw. kleiner als 100 %.

Sind mehrere Maschinen an der Energieumwandlung beteiligt, so errechnet sich der Gesamtwirkungsgrad η_{ges} durch Multiplikation der einzelnen Wirkungsgrade.

Wirkungsgrad

$$\eta = \frac{W_{ab}}{W_{zu}} = \frac{P_{ab}}{P_{zu}}$$

Gesamtwirkungsgrad

$$\eta_{ges} = \eta_1 \cdot \eta_2 \cdot \eta_3$$

Beispiel 1: Bei einer Kreiselrad-Pumpenanlage, die durch einen Elektromotor angetrieben wird, entstehen Verluste an verschiedenen Stellen **(Bild 1)**:

- Im E-Motor durch ohmsche Verluste, Ummagnetisierungs-, Lüfterantriebs-, Lagerreibungsverluste: η_E = 0,85.
- In der Kreiselradpumpe durch innere Reibung in der geförderten Flüssigkeit sowie durch Reibungsverluste in den Lagern und Dichtungen: η_P = 0,70.

Der Gesamtwirkungsgrad der Pumpenanlage beträgt dann

$\boldsymbol{\eta_{ges}} = \eta_E \cdot \eta_P = 0{,}85 \cdot 0{,}70 \approx \mathbf{0{,}60}$

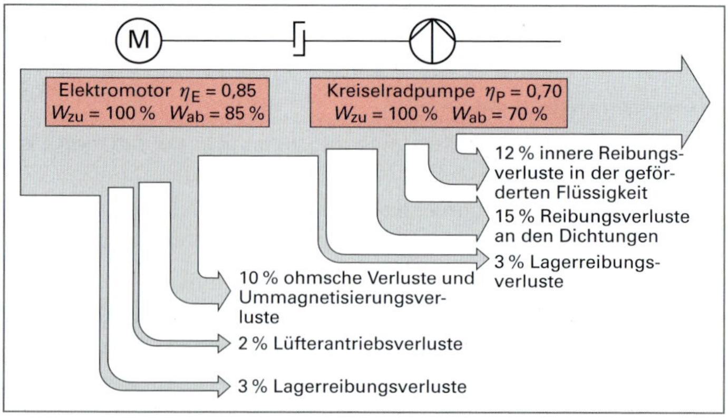

Bild 1: Energieverluste in einer Pumpenanlage

Beispiel 2: Welche elektrische Leistung nimmt ein Rührwerksmotor bei einem Wirkungsgrad von 85% auf, wenn er an das angekuppelte Planetengetriebe eine mechanische Leistung von 6,8 kW abgibt?

Lösung: $\eta = \frac{P_{ab}}{P_{zu}} \Rightarrow \boldsymbol{P_{zu}} = \frac{P_{ab}}{\eta} = \frac{6{,}8\ \text{kW}}{0{,}85} = \mathbf{8{,}0\ kW}$

Aufgaben zu 3.10 Wirkungsgrad

1. **Bild 1** zeigt das Fließbild einer Zahnradpumpe, die über einen Drehstrommotor und ein Getriebe angetrieben wird. Wie groß ist der Wirkungsgrad des Getriebes, wenn der Gesamtwirkungsgrad der Pumpenanlage η = 0,61 beträgt und durch die Scheibenkupplungen praktisch keine Leistungsverluste auftreten?

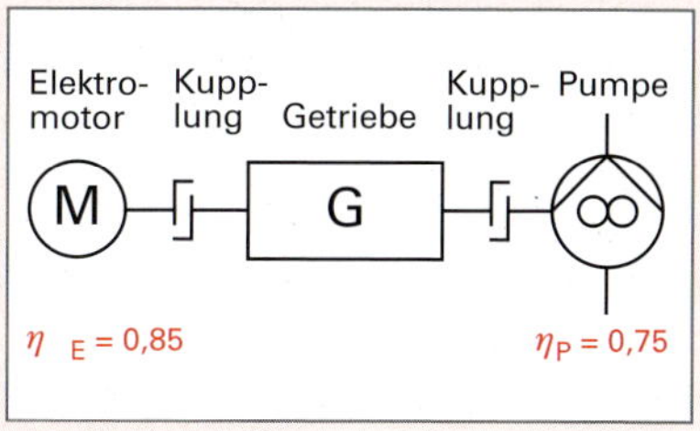

Bild 1: Aufgabe 1

2. An einer motorgetriebenen Spindelpresse werden folgende Leistungsdaten ermittelt:
   Vom Motor aufgenommene Leistung: P_{zu} = 10,5 kW.
   Vom Motor an das Getriebe abgegebene Leistung: P_{ab} = 8,4 kW.
   Vom Getriebe an die Spindel abgegebene Leistung: P_{ab} = 5,9 kW.
   Von der Spindel an den Stempel abgegebene Leistung: P_{ab} = 1,8 kW.
   Berechnen Sie die Einzelwirkungsgrade der Maschinenteile sowie den Gesamtwirkungsgrad der Spindelpresse.
3. Eine Kreiselradpumpe fördert pro Minute 2,5 m^3 VE-Wasser in einen 3,0 m hoch gelegenen Verdampfer. Welchen Wirkungsgrad hat die Pumpe, wenn die vom Drehstrommotor abgegebene Leistung 1,6 kW beträgt?
4. Ein Gurtbandförderer transportiert pro Stunde 100 t Bauxit über eine Höhe von 7,2 m in eine Mahlanlage. Berechnen Sie Förderleistung und den Wirkungsgrad des Stetigförderers, wenn der Antriebsmotor eine Leistung von 8,0 kW abgibt.
5. Bei einer hydraulischen Presse **(Bild 2)** zur Herstellung von Presslingen bringt der Hydraulikkolben eine mittlere Kraft von 80 kN bei einer mittleren Kolbengeschwindigkeit von 3,0 m/min auf. Wie groß ist:

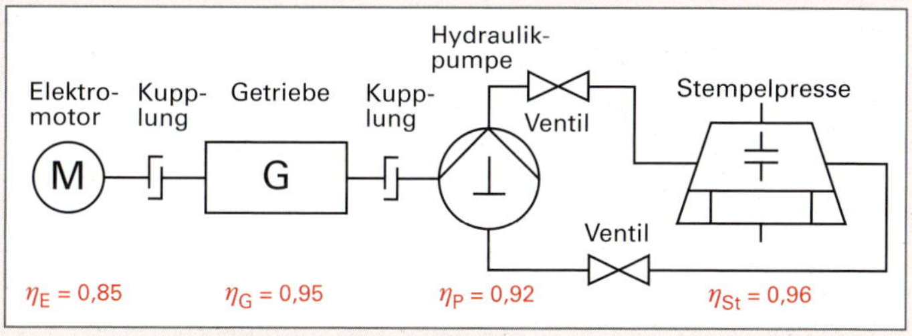

Bild 2: Hydraulische Presse (Aufgabe 5)

   a) Die abgegebene Leistung der Stempelpresse?
   b) Die aufgenommene Leistung von Motor, Getriebe, Hydraulikpumpe und Stempelpresse?
   c) Der Gesamtwirkungsgrad der Anlage?
6. Eine Pumpe nimmt eine elektrische Energie von 3,2 kWh aus dem Netz auf. Ihr Wirkungsgrad beträgt 70 %.
   a) Welche Hubarbeit kann die Pumpe verrichten?
   b) Wie viel Kubikmeter Kalilauge mit ϱ(KOH) = 1,20 g/cm^3 können damit über eine Höhendifferenz von 2,4 m gefördert werden?
7. Eine Pumpe soll pro Stunde 150 m^3 Waschwasser (ϱ = 1,1 g/cm^3) fördern. Die Pumpe hat eine Leistungsaufnahme von 3,8 kW bei einem Wirkungsgrad von η = 0,60.
   Welche Förderhöhe kann theoretisch erreicht werden?
8. Ein Zahnradgetriebe nimmt eine mechanische Leistung von 1,16 kW auf und gibt 1,10 kW an einen Labor-Backenbrecher ab.
   a) Wie groß ist die Verlustleistung?
   b) Berechnen Sie den Wirkungsgrad des Zahnradgetriebes.

3.11 Druck und Druckarten

Zur Kompression eines Gases ist eine Kraft erforderlich. Drückt man z. B. auf den Kolben eines Kolbenprobers, so bewirkt die Kraft F einen Druck p in der Gasportion **(Bild 1)**.

Der erzeugte Druck p (pressure) ist umso größer, je größer die wirkende Kraft F ($p \sim F$) und je kleiner die wirksame Kolbenfläche A ist ($p \sim 1/A$). Somit lautet die Definitionsgleichung des Druckes $p = F/A$. Da die Kraft die Einheit Newton (N) und die Fläche die Einheit Quadratmeter (m²) hat, ergibt sich für den Druck das Einheitenzeichen N/m². Für größere Drücke wird das Hektopascal (hPa) oder das Bar (bar), für kleinere Drücke das Millibar (mbar) verwendet. Es gelten die nebenstehenden Umrechnungen.

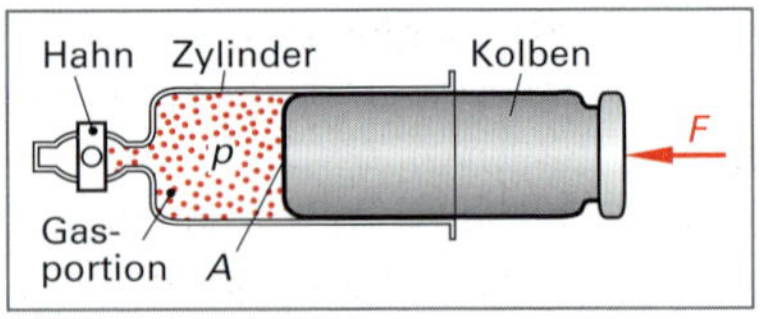

Bild 1: Kolbenprober

Druckdefinition
Druck $= \dfrac{\text{Kraft}}{\text{Fläche}}$; $\quad p = \dfrac{F}{A}$

Umrechnung von Druckeinheiten
1 N/m² = 1 Pa (Pascal)
100 000 Pa = 1 bar = 10 N/cm²
1 hPa = 100 Pa = 1 mbar

Beispiel: Welche Presskraft erreicht eine hydraulische Presse bei einem Öldruck von 50 bar, wenn der wirksame Stempeldurchmesser 100 mm beträgt?

Lösung: $p = \dfrac{F}{A} \Rightarrow F = p \cdot A$ mit $A = \dfrac{\pi}{4} \cdot d^2$ folgt:

$$\boldsymbol{F} = p \cdot \frac{\pi}{4} \cdot d^2 = 500\,\frac{\text{N}}{\text{cm}^2} \cdot \frac{\pi}{4} \cdot 100\ \text{cm}^2 = \mathbf{39\ kN}$$

Druckarten (modes of pressure)

Der **absolute Druck p_{abs}** ist der Druck gegenüber dem Druck null im luftleeren Raum (abs von lat. absolutes: losgelöst, unabhängig). Er kann jeden beliebigen Wert annehmen, der gleich oder größer als null ist **(Bild 2)**.

Der **Atmosphärendruck p_{amb}** (amb von lat. ambiens: umgebend) ist der zur Zeit der Messung am Messort herrschende Luftdruck. Er ist nicht konstant. Sein mittlerer Wert beträgt auf Meereshöhe 1013 mbar, sein Schwankungsbereich ist ca. 50 mbar (Bild 2).

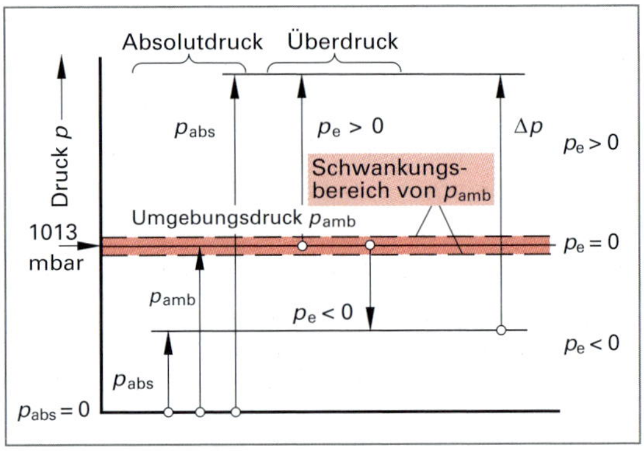

Bild 2: Druckarten

Die Differenz zwischen dem absoluten Druck p_{abs} und dem jeweils herrschenden Atmosphärendruck p_{amb} wird als **Überdruck p_e** bezeichnet (e von lat. exedens: überschreitend).

Überdruck	$p_e = p_{abs} - p_{amb}$

Der Überdruck p_e hat einen positiven Wert, wenn der Absolutdruck p_{abs} größer ist als der Atmosphärendruck p_{amb}. Er ist negativ, wenn der Absolutdruck p_{abs} kleiner ist als der Atmosphärendruck p_{amb}.

Beispiel: Wie groß ist in einem offenen Behälter der Überdruck p_e und der Absolutdruck p_{abs}, wenn der Umgebungsdruck p_{amb} = 1008 mbar beträgt?

Lösung: **p_e = 0 bar,** da offener Behälter; $\boldsymbol{p_{abs}} = p_e + p_{amb}$ = 0 bar + 1008 mbar = **1008 mbar**

Aufgaben zu 3.11 Druck und Druckarten

1. Der Überdruck in einer mit Wasserstoff gefüllten Gasstahlflasche beträgt p_e = 150 bar. Berechnen Sie den absoluten Druck bei einem Umgebungsdruck von p_{amb} = 10 N/cm².
2. Wie groß ist der Druck p_e in einem Laborabzug, wenn der Atmosphärendruck 1000 mbar und der absolute Druck im Abzug 998 hPa beträgt?
3. Wie groß ist der Druck in Pascal wenn eine Kraft von 15 mN auf eine Fläche von A = 5,0 mm² wirkt?
4. Mit welcher Kraft wird die Metallmembran in einem Plattenfedermanometer am Skalenendwert p_e = 10,0 bar belastet, wenn der wirksame Plattendurchmesser 100 mm beträgt?

3.12 Druck in Flüssigkeiten

In ruhenden Medien setzt sich der **Gesamtdruck p_{ges}** aus dem statischen Druck p_{stat} und dem hydrostatischen Druck p_h zusammen.

Der **statische Druck p_{stat}** entsteht durch die Presskraft F, die auf die Pressfläche A wirkt **(Bild 1)**.

Der **hydrostatische Druck p_h** wird durch die Gewichtskraft der Flüssigkeit hervorgerufen.

Der hydrostatische Druck steigt bei konstanter Erdbeschleunigung mit der Dichte ($p_h \sim \varrho$) und der Füllhöhe der Flüssigkeit ($p_h \sim h$). Vom Durchmesser des Behälters ist der hydrostatische Druck unabhängig.

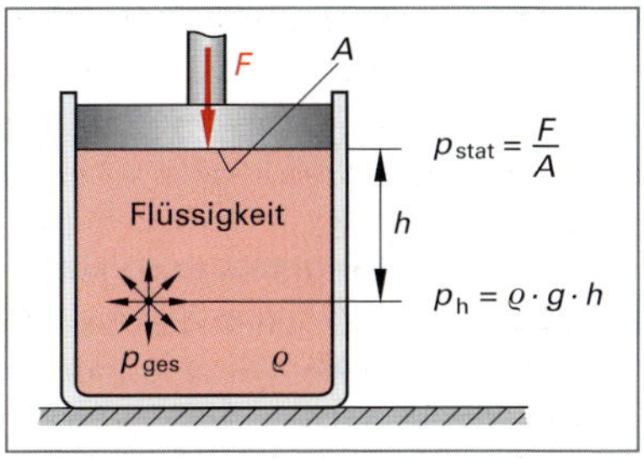

Bild 1: Druck im ruhenden Medium

Gesamtdruck
$p_{ges} = p_{stat} + p_h$

Statischer Druck
$p_{stat} = \frac{F}{A}$

Hydrostatischer Druck
$p_h = \varrho \cdot g \cdot h$

Beispiel: Ein Schwimmdachtank hat einen Innendurchmesser von 30,0 Meter. Er ist 10,0 Meter hoch mit Rohöl der Dichte ϱ = 870 kg/m³ gefüllt. Das Schwimmdach hat eine Masse von 10,0 Tonnen.

a) Wie groß ist der statische Druck, der durch das Schwimmdach hervorgerufen wird?

b) Wie groß ist der hydrostatische Druck am Boden des Tanks?

Lösung: a) $p_{stat} = \frac{F}{A}$ mit $F = m \cdot g$ und $A = \frac{\pi}{4} \cdot d^2$ folgt:

$$\mathbf{p_{stat}} = \frac{m \cdot g \cdot 4}{\pi \cdot d^2} = \frac{10{,}0 \cdot 10^3\ \text{kg} \cdot 9{,}81\ \text{N} \cdot 4}{\pi \cdot 30{,}0^2 \cdot \text{m}^2 \cdot \text{kg}} \approx \mathbf{139\ \frac{N}{m^2}}$$

b) $$p_h = \varrho \cdot g \cdot h = \frac{870\ \text{kg} \cdot 9{,}81\ \text{N} \cdot 10{,}0\ \text{m}}{\text{m}^3 \cdot \text{kg}}$$

$$\mathbf{p_h} = 85\,347\ \text{N/m}^2 \approx \mathbf{0{,}853\ bar}$$

Hydraulische Presse (hydraulic press)

Eine hydraulische Presse dient zur Minderung oder Vergrößerung von Kräften. Der Druck in der Hydraulikflüssigkeit wirkt dabei in alle Richtungen gleichmäßig **(Bild 2)**. Da der statische Druck p_1 am Kraftkolben genauso groß ist, wie der Druck p_2 am Lastkolben, gilt: $p_1 = p_2 = p$ = konst.

Mit $p_1 = \frac{F_1}{A_1}$ und $p_2 = \frac{F_2}{A_2}$ folgt: $\frac{F_1}{A_1} = \frac{F_2}{A_2}$ und damit: $F_2 = \frac{A_2}{A_1} \cdot F_1$.

Die Kraftvergrößerung entspricht dem Verhältnis der Flächen $\frac{A_2}{A_1}$.

Das vom Kraftkolben verdrängte Volumen an Hydraulikflüssigkeit ist $V_1 = A_1 \cdot s_1$. Da Flüssigkeiten nicht komprimierbar sind, muss dieses Volumen auch im Lastkolben verdrängt werden $V_1 = V_2 = A_2 \cdot s_2$.
Somit gilt: $A_1 \cdot s_1 = A_2 \cdot s_2$ und damit: $s_2 = \frac{A_1}{A_2 \cdot s_1}$

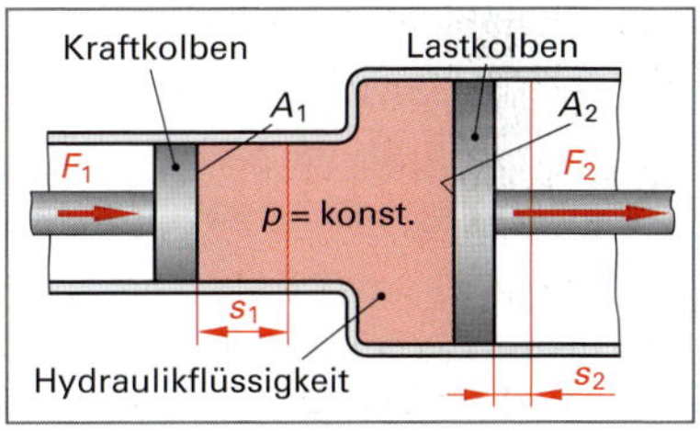

Bild 2: Prinzip der hydraulischen Presse

Hydraulische Presse
$\frac{F_1}{A_1} = \frac{F_2}{A_2}$; $A_1 \cdot s_1 = A_2 \cdot s_2$

Beispiel: Eine hydraulische Hebe- und Kippvorrichtung für Fässer hat einen Kraftkolbendurchmesser von d_K = 2,00 cm. Die Fläche des Lastkolbens beträgt A_L = 30,0 cm². Ein Fass mit Decalin (m_L = 250 kg) soll um h_L = 1,20 m angehoben werden (g = 9,81 N/kg). Berechnen Sie:

a) Die notwendige Kraft F_K am Kraftkolben.
b) Den Weg s_K am Kraftkolben.
c) Den Druck in der Hydraulikflüssigkeit.

Lösung: a) $\frac{F_1}{A_1} = \frac{F_2}{A_2} \Rightarrow \frac{F_K}{A_K} = \frac{F_L}{A_L} \Rightarrow F_K = \frac{F_L \cdot A_K}{A_L}$ mit $F_L = m_L \cdot g$ und $A_K = \frac{\pi}{4} \cdot d_K^2$ folgt:

$$\mathbf{F_K} = \frac{m_L \cdot g \cdot \pi \cdot d_K^2}{A_L \cdot 4} = \frac{250\ \text{kg} \cdot 9{,}81\ \text{N} \cdot \pi \cdot 4{,}00\ \text{cm}^2}{30{,}0\ \text{cm}^2 \cdot \text{kg} \cdot 4} = \frac{250 \cdot 9{,}81 \cdot \pi \cdot 4{,}00}{30{,}0 \cdot 4} \cdot \frac{\text{kg} \cdot \text{N} \cdot \text{cm}^2}{\text{cm}^2 \cdot \text{kg}} \approx \mathbf{257\ N}$$

b) $A_1 \cdot s_1 = A_2 \cdot s_2 \Rightarrow A_K \cdot s_K = A_L \cdot s_L \Rightarrow s_K = \frac{A_L \cdot s_L}{A_K}$, mit $A_K = \frac{\pi}{4} \cdot d_K^2$ folgt:

$$\mathbf{s_K} = \frac{A_L \cdot s_L \cdot 4}{\pi \cdot d_K^2} = \frac{30{,}0\ \text{cm}^2 \cdot 120\ \text{cm} \cdot 4}{\pi \cdot 4{,}00\ \text{cm}^2} = 1146\ \text{cm} \approx \mathbf{11{,}5\ m}$$

c) $p = \frac{F_L}{A_L}$, mit $F_L = m_L \cdot g$ folgt: $\mathbf{p} = \frac{m_L \cdot g}{A_L} = \frac{250\ \text{kg} \cdot 9{,}81\ \text{N}}{30{,}0\ \text{cm}^2 \cdot \text{kg}} = 81{,}75\ \text{N/cm}^2 \approx \mathbf{8{,}18\ bar}$

Druckwandler (pressure converter)

Ein Druckwandler dient zur Vergrößerung oder Verminderung des Druckes in zwei voneinander getrennten Leitungssystemen.

Er wird z.B. zur Erhöhung des Drucks in hydraulischen Anlagen eingesetzt, ohne dass dafür entsprechende Pumpen erforderlich sind.

Der Druckwandler besteht aus zwei Druckölzylindern, die durch einen doppelseitigen Kolben mit zwei unterschiedlichen Durchmessern verbunden sind **(Bild 1)**.

Im Gleichgewicht wirken auf die beiden Kolbenflächen A_1 und A_2 gleich große Kräfte $F_1 = F_2$.

Mit $F_1 = p_1 \cdot A_1$ und $F_2 = p_2 \cdot A_2$ folgt die Größengleichung für den Druckwandler: $p_1 \cdot A_1 = p_2 \cdot A_2$

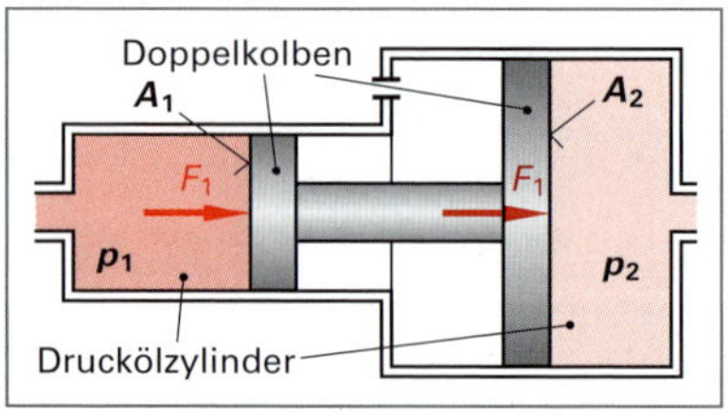

Bild 1: Druckwandler

Druckwandler
$p_1 \cdot A_1 = p_2 \cdot A_2$

Beispiel: Die beiden wirksamen Flächen des Kolbens eines Druckwandlers in einer Membranfilterpresse haben einen Durchmesser von $d_1 = 50{,}0$ mm und $d_2 = 20{,}0$ mm. Welcher Druck p_2 wird erzeugt, wenn in dem großen Zylinder der Druck $p_1 = 2{,}00$ bar beträgt?

Lösung: $p_1 \cdot A_1 = p_2 \cdot A_2 \Rightarrow p_2 = p_1 \cdot \frac{A_1}{A_2}$ mit $A_1 = \frac{\pi}{4} \cdot d_1^2$ und $A_2 = \frac{\pi}{4} \cdot d_2^2$ folgt: $p_2 = p_1 \cdot \frac{\frac{\pi}{4} \cdot d_1^2}{\frac{\pi}{4} \cdot d_2^2}$

$$\mathbf{p_2} = p_1 \cdot \frac{d_1^2}{d_2^2} = 2{,}00\ \text{bar} \cdot \frac{(50{,}0\ \text{mm})^2}{(20{,}0\ \text{mm})^2} = 2{,}00\ \text{bar} \cdot \frac{2500\ \text{mm}^2}{400\ \text{mm}^2} \approx \mathbf{12{,}5\ bar}$$

Aufgaben zu 3.12 Druck in Flüssigkeiten

1. Ergänzen Sie in nebenstehender **Tabelle 1** die fehlenden Druckangaben (gegebenenfalls in Potenzschreibweise).

2. Welche Schließkraft muss an einem federbelasteten Sicherheits-Eckventil eingestellt werden, das bei 20,0 bar öffnen soll, wenn die wirksame Ventilkegelfläche 125 mm² beträgt?

3. Ein zylindrischer Flüssigkeitstank hat einen Durchmesser von $d = 2{,}50$ m. Er enthält 10,0 m³ Aceton mit einer Dichte von ϱ (CH_3COCH_3) = 0,791 g/cm³. Wie groß ist der Bodendruck im Behälter in Bar, wenn in ihm ein Druck von p_e = 0,233 N/mm² herrscht?

4. In der Gasphase eines mit Dichlormethan gefüllten Behälters beträgt der Druck p_e = 453 mbar **(Bild 2)**. Zur Messung der Standhöhe durch Einperlen von Stickstoff ist ein Druck von p_e = 0,80 bar erforderlich. Wie viel Meter taucht das Einperlrohr in das Lösemittel ein, wenn die Dichte des Dichlormethans ϱ (CH_2Cl_2) = 1,325 g/cm³ beträgt?

5. Eine Flüssigkeit übt auf eine Kolbenfläche von 5,0 mm² eine Kraft von 15 mN aus. Welcher Druck in Pascal herrscht in der Flüssigkeit?

Tabelle 1: Aufgabe 1

N/m²	bar	Pa	mbar	N/cm²	hPa
					10^{-2}
				10,13	
			1		
		10^7			
	0,1				
10					

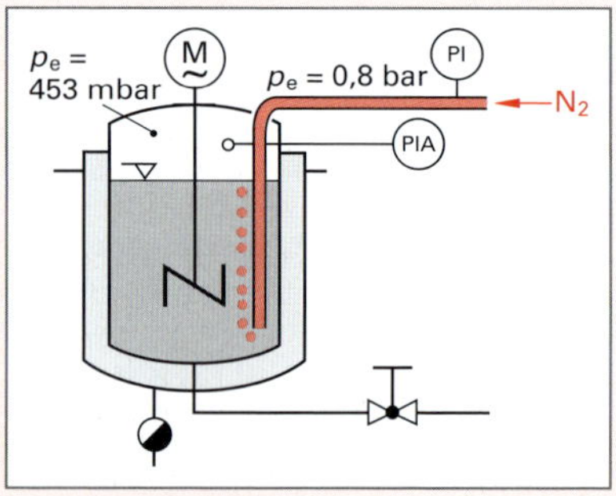

Bild 2: Einperlmethode

6. Zur Demonstration des hydrostatischen Paradoxons dient der Bodendruckapparat **(Bild 1)**.
   a) Welche Kraft wird gemessen, wenn der untere Rohrinnendurchmesser 26,0 mm und die Füllhöhe an Wasser in den Gefäßaufsätzen 24,0 cm beträgt?
   b) Wie groß ist der Bodendruck in Millibar?
   c) Warum ist der Bodendruck von der Form der Gefäßaufsätze unabhängig?
   d) Wie viel Kubikzentimeter Wasser befindet sich im Gefäßaufsatz Nr. 1?

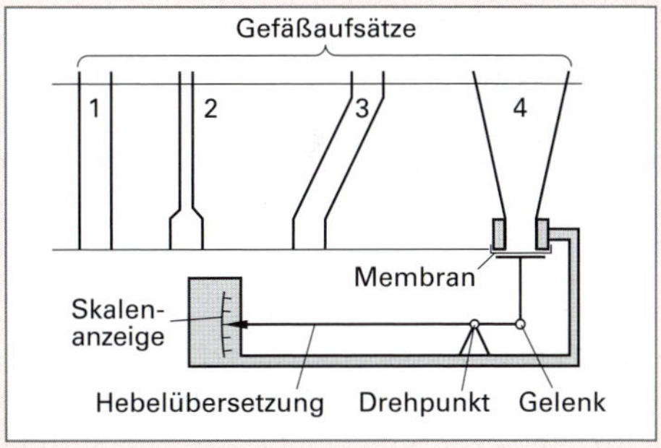

Bild 1: Bodendruckapparat

7. In einem Scheidetrichter (Bild 447/2) soll eine wässrige Phase (ϱ = 1,12 g/cm³) von einer organischen Phase (ϱ = 0,81 g/cm³) getrennt werden. Das Gemisch steht 135 mm über dem Ablaufhahn. Die Trenngrenze liegt 65 mm unterhalb der Oberfläche. Wie groß ist der Bodendruck, der durch das Flüssigkeitsgemisch hervorgerufen wird?
8. Ein Druckwandler arbeitet im Niederdruckraum mit Druckwasser von 6,5 bar. Welcher Druck wird hochdruckseitig erzeugt, wenn die Kolbendurchmesser d_1 = 60 mm, d_2 = 600 mm und die Reibungsverluste 10% betragen?
9. Ein Druckminderer reduziert einen Druck von p_1 = 5,0 bar auf p_2 = 20 N/cm². Wie groß ist das bei einer Kolbenbewegung hochdruckseitig verdrängte Flüssigkeitsvolumen, wenn niederdruckseitig 10 cm³ verdrängt werden?
10. Das Verhältnis der Kolbendurchmesser an einer hydraulischen Presse beträgt $d_1 : d_2$ = 1 : 4. Welche Kraft muss am Kraftkolben wirken, wenn eine Presskraft von 160 kN erzeugt werden soll?
11. Um wie viel Millimeter wird der Lastkolben (d = 20,0 cm) an einer hydraulischen Presse bei einem Kolbenhub von 10,0 cm herausgedrückt, wenn die Querschnittsfläche des Pumpenkolbens 20,0 cm² beträgt?

3.13 Auftriebskraft

Die Auftriebskraft F_A (lift force), die ein Körper mit der Gewichtskraft F_G in einer Flüssigkeit erfährt, ist so groß wie die Gewichtskraft F_{Fl} der von ihm verdrängten Flüssigkeit: $F_A = F_{Fl}$ **(Bild 2)**.

Mit $F_{Fl} = m_{Fl} \cdot g$ und $m_{Fl} = \varrho_{Fl} \cdot V$ folgt für den Auftrieb das nebenstehende **archimedische Gesetz**:

Archimedisches Gesetz
$F_A = \varrho_{FL} \cdot V \cdot g$

Die Größe V ist das Volumen des eingetauchten Körpers. Es ist mit dem Volumen der verdrängten Flüssigkeit identisch.

Die Restgewichtskraft F_R ist die Differenz aus der Gewichtskraft F_G des Körpers und der Auftriebskraft: $F_R = F_G - F_A$.

Beispiel: In einem HÖPPLER-Kugelfall-Viskosimeter (Bild 1, Seite 420) wird die dynamische Viskosität von Glycerin (Propantriol, ϱ = 1,220 g/cm³) bei 20,0 °C bestimmt. Welche Auftriebskraft erfährt die Edelstahlkugel (d = 11,10 mm) im Fallrohr? (g = 9,81 N/kg)

Lösung: $F_A = \varrho_{Fl} \cdot V \cdot g = \varrho_{Fl} \cdot \frac{4}{3} \cdot \pi \cdot r^3 \cdot g$

$$F_A = \frac{1220 \text{ kg} \cdot 4 \cdot \pi\,(5{,}55 \cdot 10^{-3})^3 \text{ m}^3 \cdot 9{,}81 \text{ N}}{\text{m}^3 \cdot 3 \cdot \text{kg}}$$

$\mathbf{F_A} = 8{,}5703 \cdot 10^{-3}$ N ≈ **8,57 mN**

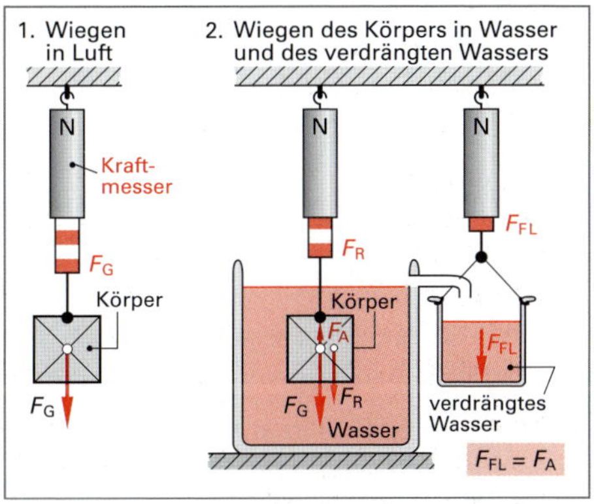

Bild 2: Bestimmung des Auftriebs

Eintauchtiefe (depth of immersion)

Ein Schwimmkörper **(Bild 1)** taucht umso tiefer in eine Flüssigkeit ein, je größer die Dichte des Körpers ϱ_K und je kleiner die Dichte der Flüssigkeit ϱ_{Fl} ist. Dies gilt auch für Hohlkörper, die aus Werkstoffen bestehen, die eine größere Dichte aufweisen, als die Flüssigkeit, in der sie schwimmen. Der luftgefüllte Hohlraum verdrängt ebenfalls Flüssigkeit und trägt somit zum Auftrieb bei, ohne die Gewichtskraft des Körpers zu vergrößern.

In der Messtechnik wird die Eintauchtiefe eines Aräometers (Bild 82/1) genutzt, um auf einer kalibrierten Strichskale die Dichte oder Gehaltsgröße einer Flüssigkeit abzulesen.

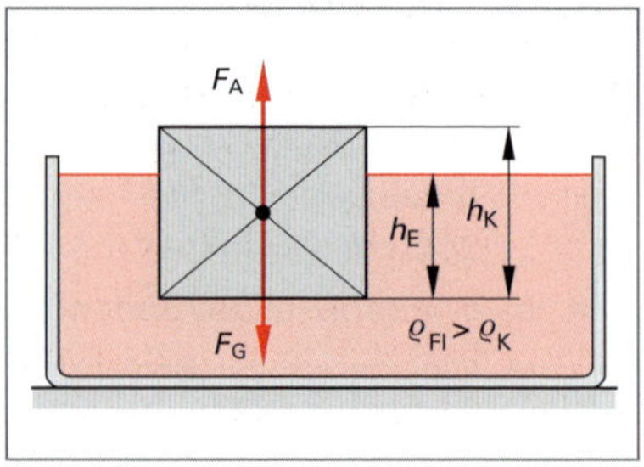

Bild 1: Kräfte am Schwimmkörper

Ableitung der Größengleichung zur Berechnung der Eintauchtiefe

Ein Körper schwimmt, wenn seine Gewichtskraft genau so groß ist, wie die Auftriebskraft, die er in der Flüssigkeit erfährt $F_G = F_A$ (Bild 110/1). Mit $F_A = V_E \cdot \varrho_{Fl} \cdot g$ und $F_G = m_K \cdot g = V_K \cdot \varrho_K \cdot g$ erhält man nach dem Gleichsetzen der Kraft und Kürzen der Erdbeschleunigung g: $V_E \cdot \varrho_{Fl} = V_K \cdot \varrho_K$.

In dieser Gleichung ist V_E das Eintauchvolumen und V_K das Volumen des gesamten Körpers. Mit $V_E = A \cdot h_E$ und $V_K = A \cdot h_K$ ergibt sich nach dem Einsetzen, Kürzen der Grundfläche A und nach Umstellen eine Größengleichung zur Berechnung der Eintauchtiefe h_E.

Eintauchtiefe eines Körpers
$h_E = h_K \cdot \frac{\varrho_K}{\varrho_{Fl}}$

Beispiel: Wie tief taucht ein Aräometer (Bild 82/1) mit einer Masse von 16,53 g, einem Volumen von 19,05 cm³ und einer Bauhöhe von 18,35 cm bei 20,0 °C in Wasser der Dichte ϱ = 0,9982 g/cm³ ein?

Lösung: $h_E = h_K \cdot \frac{\varrho_K}{\varrho_{Fl}}$ mit $\varrho_K = \frac{m_K}{V_K}$ folgt: $\mathbf{h_E} = \frac{h_K \cdot m_K}{\varrho_{Fl} \cdot V_K} = \frac{18{,}35\ \text{cm} \cdot 16{,}53\ \text{g}}{0{,}9982\ \text{g/cm}^3 \cdot 19{,}05\ \text{cm}^3} \approx$ **15,95 cm**

Aufgaben zu 3.13 Auftriebskraft

1. Wie groß ist das Eintauchvolumen eines Aräometer (Bild 82/1) in Schwefelsäure der Dichte $\varrho(H_2SO_4)$ = 1,140 g/cm³, wenn die Auftriebskraft 165 mN beträgt?
2. Welche Restgewichtskraft hat der Senkkörper der WESTPHAL'schen Waage (Bild 412/1) in Testbenzin der Dichte ϱ = 0,770 g/cm³, wenn seine Masse 15,01 g und sein Volumen 4,990 cm³ beträgt?
3. Welche Auftriebskraft erfährt eine Hohlkugel aus Edelstahl mit einem Durchmesser von 100 mm, wenn sie zur Hälfte in Wasser der Dichte 0,9982 g/cm³ eintaucht?
4. Eine Eisenkugel mit einem Volumen von 1,00 cm³ und eine Aluminiumkugel befinden sich an einer gleicharmigen Balkenwaage im Kräftegleichgewicht. Zu welcher Seite und mit welcher Kraft wird der Waagebalken aus dem Gleichgewicht gebracht, wenn beide an den Armen des Waagebalkens hängenden Metallkugeln vollständig in Wasser eintauchen? (ϱ(Fe) = 7,86 g/cm³, ϱ(Al) = 2,70 g/cm³)
5. Ein Rührkern hat an der Luft eine Gewichtskraft von 68,9 mN. Beim vollständigen Eintauchen in Wasser wird eine Restgewichtskraft von 52,6 mN gemessen. Wie groß ist die Dichte des Rührkerns?
6. Wie tief taucht ein Eisenwürfel mit 10,0 mm Kantenlänge und einer Masse von 7,86 g in Quecksilber der Dichte ϱ(Hg) = 13,55 g/cm³ ein?
7. Um wie viel Millimeter steigt der Wasserspiegel in einem Becherglas mit einem Innendurchmesser von 8,4 cm, wenn ein Holzwürfel (ϱ = 0,76 g/cm³) mit einer Kantenlänge von 3,4 cm hineingegeben wird?

3.14 Gaskinetik

Aufgrund der sehr großen Beweglichkeit nehmen die Teilchen einer Gasportion im Gegensatz zu Flüssigkeiten jeden beliebigen Raum ein. Sie bewegen sich dabei mit sehr hoher Geschwindigkeit und prallen ständig gegeneinander sowie gegen die Gefäßinnenwand, wodurch der Gasdruck erzeugt wird. Er ist wiederum ein Maß für die Gasdichte bei einer bestimmten Temperatur.

Aufgrund der hohen Teilchengeschwindigkeit und des geringen Abstands der Teilchen untereinander ist die Anzahl der Zusammenstöße der Teilchen sehr hoch.

Folgende Beispiele mögen die Größenverhältnisse verdeutlichen: Die Moleküle in der Luft bewegen sich beispielsweise bei Zimmertemperatur und Normaldruck mit nahezu 500 m/s durch den Raum. Dabei beträgt ihre freie Flugstrecke im Mittel nur 0,1 µm und sie stoßen pro Sekunde ca. $5 \cdot 10^9$ mal mit anderen Molekülen in der Luft zusammen. Die Raumerfüllung (Eigenvolumen) und die Dichte der Luft ist mit 10^{-2} % bzw. 1,3 g/L vergleichsweise gering.

Mittlere Teilchengeschwindigkeit (mean particle velocity)

Die Geschwindigkeit v der Teilchen ist von der thermodynamischen Temperatur T und von der Masse m der Teilchen abhängig. Sie nimmt mit steigender Temperatur zu und bei größerer Masse der Teilchen ab.

Die mittlere Geschwindigkeit $\bar{v}$ der Gasteilchen eines idealen Gases berechnet sich mit der nebenstehenden Größengleichung. In ihr stellt die Größe M die molare Masse der Teilchen dar (vgl. Abschnitt 4.5, S. 118). Die Größe R ist die Gaskonstante (vgl. Abschnitt 4.8.2, S. 128). Sie beträgt: $R = 8{,}314\ \text{J} \cdot \text{K}^{-1} \cdot \text{mol}^{-1}$.

Mittlere Teilchengeschwindigkeit
$\bar{v} = \sqrt{\dfrac{8 \cdot R \cdot T}{\pi \cdot M}}$

Beispiel: Welche mittlere Geschwindigkeit haben Stickstoff-Moleküle bei einer Temperatur von 20,0 °C?

Lösung: $\bar{\boldsymbol{v}} = \sqrt{\dfrac{8 \cdot R \cdot T}{\pi \cdot M}} = \sqrt{\dfrac{8 \cdot 8{,}314\ \text{kg} \cdot \text{m}^2 \cdot \text{s}^{-2} \cdot \text{mol}^{-1} \cdot \text{K}^{-1} \cdot 293{,}15\ \text{K}}{\pi \cdot 28{,}0134\ \text{kg} \cdot 10^{-3} \cdot \text{mol}^{-1}}} = \sqrt{221{,}6 \cdot 10^3\ \dfrac{\text{m}^2}{\text{s}^2}} \approx \mathbf{471\ m/s}$

Mittlere kinetische Energie (medium kinetic energy)

Bei konstanter Temperatur T haben die Teilchen mit einer großen Masse eine relativ geringe und die Teilchen mit einer kleinen Masse eine relativ hohe mittlere Teilchengeschwindigkeit. Beide Teilchenarten leisten demzufolge den gleichen Beitrag zur kinetischen Energie der Gasportion. Aus diesem Grund ist, wie die nebenstehende Größengleichung zeigt, die kinetische Energie einer Gasportion nicht von der Stoffart sondern nur von der Temperatur des Gases abhängig.

Mittlere kinetische Energie
$\overline{W}_{\text{kin}} = \dfrac{3}{2} \cdot R \cdot T$

Beispiel: Wie groß ist die mittlere kinetische Energie von einem Mol Stickstoff-Molekülen bei einer Temperatur von 20,0 °C?

Lösung: $\overline{\boldsymbol{W}}_{\text{kin}} = \dfrac{3}{2} \cdot R \cdot T = \dfrac{3}{2} \cdot 8{,}314\ \text{J} \cdot \text{mol}^{-1} \cdot \text{K}^{-1} \cdot 293{,}15\ \text{K} \approx \mathbf{3{,}66\ kJ/mol.}$

Aufgaben zu 3.14 Gaskinetik

1. Zur Steigerung der Reaktionsgeschwindigkeit wird die Temperatur einer Ammoniak-Portion auf 300 °C erhöht. Wie groß ist die mittlere Teilchengeschwindigkeit bei dieser Temperatur?
2. Auf welche Temperatur muss eine Wasserstoff-Portion erhitzt werden, damit sich die Wasserstoffmoleküle mit einer mittleren Geschwindigkeit von 2000 m/s bewegen?
3. Zum Starten einer Thermolyse wird einer Gasportion durch Erwärmen eine Aktivierungsenergie von 6,85 kJ/mol zugeführt. Bei welcher Temperatur läuft die Reaktion ab?
4. Eine Helium- und eine Argon-Portion haben jeweils eine mittlere kinetische Energie von 3,72 kJ/mol. Welcher Unterschied besteht in der mittleren Teilchengeschwindigkeit der Gasportionen?

3.15 Druck in Gasen

Im Gegensatz zu den Flüssigkeiten und Feststoffen sind Gase komprimierbar. Der Zustand einer Gasportion lässt sich durch die Zustandsgrößen Druck p, Volumen V und thermodynamische Temperatur T beschreiben.

Beim Rechnen mit den Gasgesetzen ist generell die thermodynamische Temperatur T zu verwenden. Temperaturen in Grad Celsius (ϑ) müssen mit der nebenstehenden, auf Einheiten zugeschnittene Größengleichung in Kelvin (K) umgerechnet werden. Ein Beispiel dazu befindet sich auf Seite 385.

Thermodynamische Temperatur

$$\frac{T}{\text{K}} = \frac{\vartheta}{°\text{C}} + 273{,}15$$

Bei konstanter Stoffmenge n einer Gasportion unterscheidet man die folgenden Zustandsänderungen (change of state):

1. Isotherme Zustandsänderung (T = konst.)

Wird das Volumen einer Gasportion verringert, so steht den Teilchen des Gases ein kleinerer Raum zur Verfügung. Sie prallen häufiger und heftiger gegen die Gefäßinnenwand. Bei konstanter Temperatur steigt der Druck im gleichen Verhältnis: $p = 1/V$.

Das Produkt aus zusammengehörenden Druck- und Volumenwertepaaren wird als Druckenergie W bezeichnet und ist immer gleich: $W = p \cdot V$ = konst. Dieser Zusammenhang wird als **Gesetz von Boyle-Mariotte** bezeichnet.

Boyle-Mariotte-Gesetz

$$p_1 \cdot V_1 = p_2 \cdot V_2 = \text{konst.}$$

Beispiel: Wird das Volumen einer Gasportion bei konstanter Temperatur T um die Hälfte verringert, so steigt der Druck auf das Doppelte **(Bild 1)**.

$$p_1 \cdot V_1 = p_2 \cdot V_2$$

Verdopplung (2 bar → 4 bar)

$$2\ \text{bar} \cdot 10\ \text{L} = 4\ \text{bar} \cdot 5\ \text{L}$$

Halbierung (10 L → 5 L)

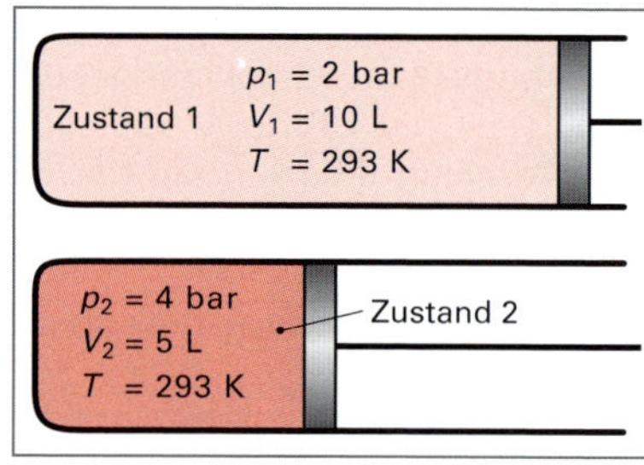

Bild 1: Beispiel zum Boyle-Mariotte-Gesetz

2. Isobare Zustandsänderung (p = konst.)

Mit steigender Temperatur wird die Geschwindigkeit der Teilchen immer größer. Sie prallen mit höherer Energie gegen die Gefäßinnenwand. Kann sich das Behältnis ausdehnen, so erboxen sich die Teilchen bei konstantem Druck ein größeres Volumen: $V \sim T$.

Der Quotient aus zusammengehörenden Volumen- und Temperaturwertepaaren ist immer gleich groß: V/T = konst. Dies ist das **Gesetz von Gay-Lussac.**

Gay-Lussac-Gesetz

$$\frac{V_1}{T_1} = \frac{V_2}{T_2} = \text{konst.}$$

Beispiel: Wird die thermodynamische Temperatur T einer Gasportion bei konstantem Druck verdoppelt, so verdoppelt sich auch das Volumen **(Bild 2)**.

Verdopplung (10 L → 20 L)

$$\frac{V_1}{T_1} = \frac{V_2}{T_2} \quad = \quad \frac{10\ \text{L}}{300\ \text{K}} = \frac{20\ \text{L}}{600\ \text{K}}$$

Verdopplung (300 K → 600 K)

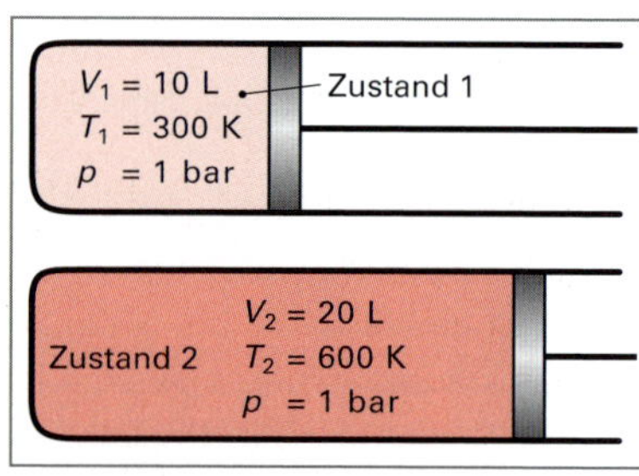

Bild 2: Beispiel zum Gay-Lussac-Gesetz

3. Isochore Zustandsänderung (V = konst.)

Den Teilchen steht bei dieser Zustandsänderung mit steigender Temperatur nur ein konstantes Volumen zu Verfügung. Die höhere Teilchengeschwindigkeit bewirkt beim Aufprall der Teilchen eine größere Kraft F auf die Gefäßinnenwand A ($p = F/A$), folglich steigt der Druck der Gasportion: $p \sim T$.

Amontons-Gesetz

$$\frac{p_1}{T_1} = \frac{p_2}{T_2} = \text{konst.}$$

Auch hier ist der Quotient aus zusammengehörenden Druck- und Temperaturwertepaaren immer gleich groß: p/T = konst. Dies ist das Gesetz von **AMONTONS**:

Beispiel: Wird die thermodynamische Temperatur T einer Gasportion bei konstantem Volumen verdoppelt, so verdoppelt sich auch der Druck **(Bild 1)**.

Verdopplung

$$\frac{p_1}{T_1} = \frac{p_2}{T_2} \quad = \quad \frac{2\ \text{bar}}{300\ \text{K}} = \frac{4\ \text{bar}}{600\ \text{K}}$$

Verdopplung

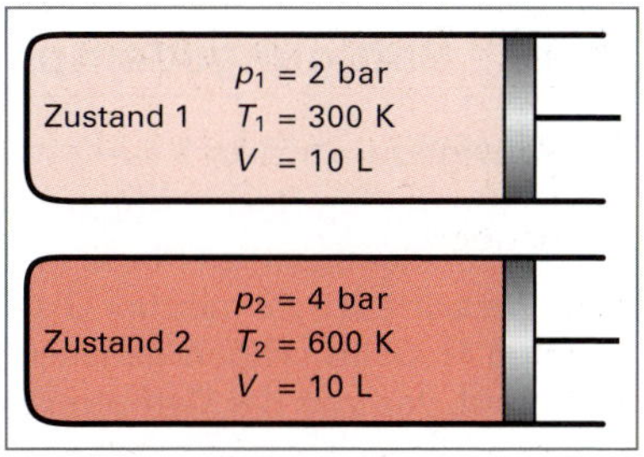

Bild 1: Beispiel zum AMONTONS-Gesetz

4. Allgemeine Zustandsänderung (general change of state)

Die drei Gasgesetze lassen sich zu einer **allgemeinen Zustandsgleichung der Gase** zusammenfassen. Sie beschreibt jede Zustandsänderung einer beliebigen Gasportion eines idealen Gases.

Allgemeine Zustandsgleichung der Gase
$\frac{p_1 \cdot V_1}{T_1} = \frac{p_2 \cdot V_2}{T_2}$ = konst.

Beispiel: Eine unter Sperrflüssigkeit stehende Ethen-Gasportion hat folgende Zustandsgrößen: V = 76 mL, p = 1078 mbar, ϑ = 25,6 °C. Welches Volumen hat die Ethenportion bei einem Druck von 1003 mbar und der Temperatur 20,0 °C?

Lösung: $\frac{p_1 \cdot V_1}{T_1} = \frac{p_2 \cdot V_2}{T_2} \Rightarrow \boldsymbol{V_2} = \frac{p_1 \cdot V_1 \cdot T_2}{p_2 \cdot T_1} = \frac{1078\ \text{mbar} \cdot 76\ \text{mL} \cdot 293{,}15\ \text{K}}{1003\ \text{mbar} \cdot 298{,}15\ \text{K}} \approx \mathbf{80\ mL}$

Neben den letztgenannten Zustandsänderungen unterscheidet man in der Technik zwei weitere:

- Bei der **adiabatischen** Zustandsänderung erfolgt kein Wärmeaustausch Q mit der Umgebung: Q = konst.
- Bei der **polytropen** Zustandsänderung erfolgt die Änderung des Gaszustandes im Gegensatz zur isothermen und adiabatischen Zustandsänderung unter realen Bedingungen mit Temperaturänderung und Wärmeaustausch.

Volumenänderungsarbeit (volumetric work)

Das Produkt aus Druck p und Volumenänderung ΔV wird als Volumenänderungsarbeit W bezeichnet. Es ist die Arbeit, die eine Gasportion verrichten muss, um z. B. gegenüber dem äußeren Luftdruck ein bestimmtes Volumen zu erreichen.

Volumenänderungsarbeit
$W = p \cdot \Delta V$

Beispiel: Welche Volumenänderungsarbeit wird verrichtet, wenn bei der katalytischen Zersetzung einer Wasserstoffperoxid-Lösung bei einem Druck von 1030,2 mbar 29,3 mL Sauerstoff entsteht?

Lösung: $\boldsymbol{W} = p \cdot \Delta V = 1{,}0302 \cdot 10^5\ \text{Pa} \cdot 29{,}3 \cdot 10^{-6}\ \text{m}^3 = 3{,}02\ \frac{\text{N} \cdot \text{m}^3}{\text{m}^2} = 3{,}02\ \text{Nm} = \mathbf{3{,}02\ J}$

Aufgaben zu 3.15 Druck in Gasen[1]

1. Bei welcher Temperatur nimmt ein Gas das doppelte Volumen ein wie bei 20 °C, wenn der Druck konstant bleibt?
2. Das Volumen von 250,0 mL Luft wird von p_{amb} = 1025 mbar in einem Kolbenprober (Bild 98/1) isotherm um ein Drittel verringert.
   a) Welcher Druck p_e stellt sich ein? b) Welche Volumenarbeit wird verrichtet?
3. Wie viel Kubikmeter Sauerstoff können bei konstanter Temperatur aus einer 50-L-Gasstahlflasche entnommen werden? Der Gasdruck in der Flasche wurde zu p_{abs} = 150 bar gemessen. Der Umgebungsdruck beträgt 1,01 bar.
4. Zum Abpressen eines Laborautoklaven von 5,23 L Inhalt wird eine 50-L-Gasstahlflasche angeschlossen, in dem sich Stickstoff unter einem Druck von p_{abs} = 150 bar befindet. Welcher Druck wird im Autoklaven erreicht?

[1] **Hinweis:** Weitere Aufgaben zu Druck in Gasen befinden sich im Abschnitt 4.8 Seite 128 ff.

3.16 Sättigungsdampfdruck, Partialdruck

Sättigungsdampfdruck (saturation vapor-pressure)

Beim Verdampfen oder Verdunsten gehen Flüssigkeitsmoleküle ständig von der flüssigen Phase in die Gasphase über und umgekehrt, bis sich ein dynamischer Gleichgewichtszustand eingestellt hat **(Bild 1)**. Dann steigen genauso viele Moleküle aus der Flüssigkeit auf, wie von der Dampfphase in die Flüssigkeit zurückgelangen.

Der Druck, der im Gleichgewicht in der Dampfphase herrscht, wird als **Sättigungsdampfdruck p_s** bezeichnet. Er ist neben der Stoffart von der Temperatur abhängig **(Bild 2)**. Der Sättigungsdampfdruck von Wasser beträgt bei 100 °C p_s = 1013 mbar (Atmosphärendruck).

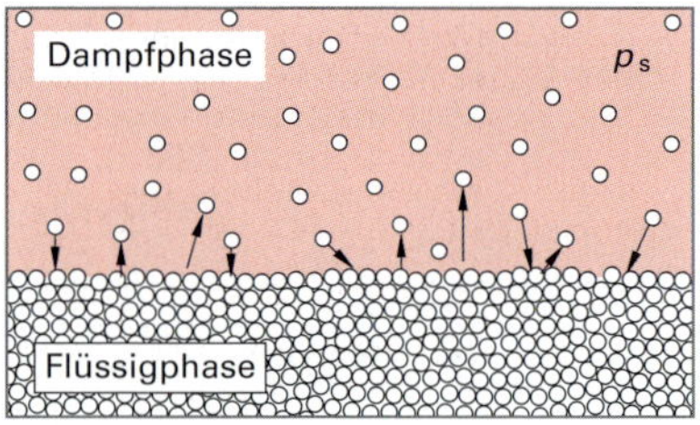

Bild 1: Flüssigkeit und Dampfphase im dynamischen Gleichgewicht

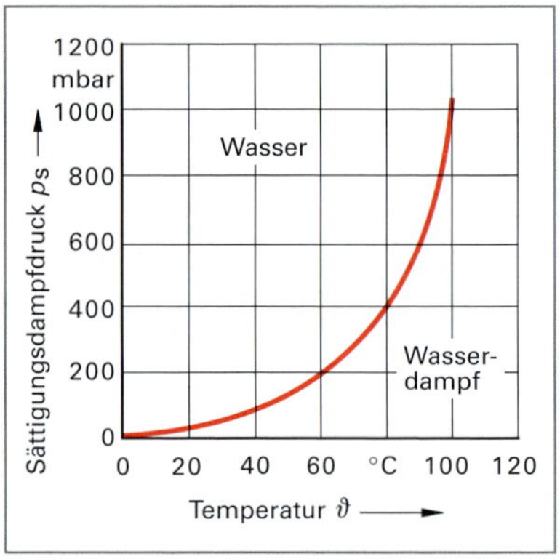

Bild 2: Sättigungsdampfdruckkurve von Wasser

Partialdruck (partial pressure)

In der betrieblichen Praxis kommen häufig Gasmischungen zum Einsatz, z. B. die zur Synthese eingesetzten Gasgemische $H_2 + Cl_2$, $CO + H_2$ oder $N_2 + 3\ H_2$.

Die Zusammensetzung eines Gasgemisches lässt sich nicht nur durch den Stoffmengenanteil χ (χ: griechischer Großbuchstabe Chi) der einzelnen Komponenten, z. B. (X), beschreiben (Seite 161). Sie ist auch abhängig vom Teildruck, mit dem die einzelnen Komponenten zum Gesamtdruck p_{ges} beitragen. In einem Gasgemisch erzeugt jede Komponente einen Teildruck, Partialdruck genannt, z. B. p (X).

Der Partialdruck entspricht dem Dampfdruck, den das Gas erzeugen würde, wenn es allein in der Gasphase vorläge und allein das gesamte Volumen V_{ges} erfüllen würde, den das gesamte Gas einnimmt. Jedes Gas in der Mischung verhält sich so, als wären die anderen Komponenten nicht vorhanden.

Der Gesamtdruck p_{ges} eines Gasgemisches ist demzufolge gleich der Summe der Partialdrücke p(X), p(Y), ... der Komponenten (X), (Y), ... Dieser Zusammenhang wird als **DALTON'sches[1] Partialdruckgesetz** bezeichnet.

DALTON'sches Partialdruckgesetz
$p_{ges} = p(X) + p(Y) + \ldots$

Beispiel: In der Atmosphäre hat Sauerstoff den Partialdruck $p(O_2)$ = 0,2 bar und Stickstoff den Partialdruck $p(N_2)$ = 0,8 bar. Der Gesamtdruck p_{ges} berechnet sich zu:

$$\boldsymbol{p_{ges}} = p_{amb} = p(O_2) + p(N_2) = 0{,}2\ \text{bar} + 0{,}8\ \text{bar} = 1\ \text{bar}$$

Stoffmengenanteil einer Gaskomponente

Der Stoffmengenanteil einer Gaskomponente χ(X) eines Gasgemisches berechnet sich mit den nebenstehenden Größengleichungen.

Da gleich große Gas-Stoffmengen bei gleicher Temperatur gleich große Volumina und gleich große Drücke besitzen, verhält sich die Teil-Stoffmenge n(X) zur gesamten Stoffmenge n_{ges} der Gasmischung wie der Partialdruck p(X) zum Gesamtdruck p_{ges} oder wie das Partialvolumen V(X) zum Gesamtvolumen V_{ges}.

Ein Mol aller Gase hat bei Normbedingungen praktisch das gleiche Volumen. Aus diesem Grund ist der Stoffmengenanteil χ (X) einer Gaskomponente X gleich dem Volumenanteil φ (X) (φ: griechischer Kleinbuchstabe Phi).

Stoffmengenanteil einer Gaskomponente
$\chi(X) = \frac{n(X)}{n_{ges}}$
$\chi(X) = \frac{p(X)}{p_{ges}}$
$\chi(X) = \frac{V(X)}{V_{ges}} = \varphi(X)$

[1] JOHN DALTON (1766 – 1844), englischer Chemiker

Beispiel: Bei der thermischen Zersetzung von Quecksilberoxid wurden 30,0 mL Sauerstoff über Wasser als Sperrflüssigkeit bei p_{amb} = 1030,2 mbar und ϑ = 20,5 °C aufgefangen **(Bild 1).** Der Sättigungsdampfdruck des Wassers beträgt bei dieser Temperatur $p_s(H_2O)$ = 24,2 mbar. Wie viel Milliliter trockener Sauerstoff sind im Standzylinder enthalten?

Lösung: $\chi(O_2) = \frac{p(O_2)}{p_{ges}} = \frac{V(O_2)}{V_{ges}} \Rightarrow V(O_2) = \frac{p(O_2) \cdot V_{ges}}{p_{ges}}$

mit $p(O_2) = p_{ges} - p_{H_2O}$ folgt: $V(O_2) = \frac{(p_{ges} - p_{H_2O}) \cdot V_{ges}}{p_{ges}}$

$$\boldsymbol{V(O_2)} = \frac{(1030{,}2\text{ mbar} - 24{,}2\text{ mbar}) \cdot 30{,}0\text{ mL}}{1030{,}2\text{ mbar}} \approx \mathbf{29{,}3\ mL}$$

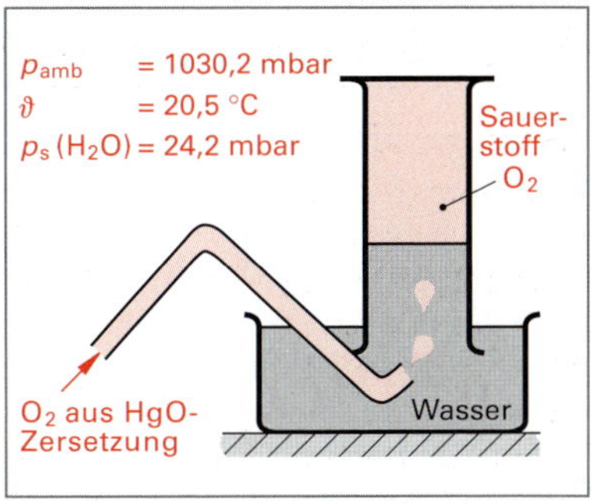

Bild 1: Auffangen einer Gasportion Sauerstoff

Aufgaben zu 3.16 Sättigungsdampfdruck, Partialdruck

1. Das bei der Ammoniaksynthese eingesetzte Gasgemisch hat folgende Volumenanteile: $\varphi(H_2)$ = 75 %, $\varphi(N_2)$ = 25 %. Berechnen Sie die Partialdrücke der beiden Komponenten bei einem Gesamtdruck von p_{ges} = 325 bar.
2. Bei der Hydrolyse von Aluminiumcarbid wurden 530 mL Methan über Wasser als Sperrflüssigkeit aufgefangen. Die Temperatur des Wassers betrug $\vartheta(H_2O)$ = 20,0 °C. Der Sättigungsdampfdruck des Wassers bei dieser Temperatur ist p_s = 23,4 mbar. Der Druck in der Gasmischung war gleich dem Umgebungsdruck p_{amb} = 1005,3 mbar. Welche Masse an Methan wurde freigesetzt?
3. In einem Amalgamzersetzer wird Natriumamalgam am Grafitkontakt zersetzt. Dabei entsteht Quecksilber, Natronlauge und pro Stunde 40 m^3 feuchter Wasserstoff. Der Druck im Amalgamzersetzer beträgt aus sicherheitstechnischen Gründen p_e = 5,9 mbar, bei einem Luftdruck von p_{amb} = 998,5 mbar und einer Temperatur von ϑ = 75 °C im Zersetzer. Wie viel Kubikmeter trockener Wasserstoff entstehen pro Stunde, wenn der Sättigungsdampfdruck des Wassers bei dieser Temperatur $p_s(H_2O)$ = 407,8 mbar beträgt?
4. Bei der Thermolyse von Ammoniumnitrat NH_4NO_3 wurden 67,5 mL eines Gasgemisches über Wasser als Sperrflüssigkeit entbunden, welches Stickstoff und Sauerstoff im Volumenverhältnis $V(N_2) : V(O_2)$ = 2 : 1 enthielt. Wie groß ist das Volumen an trockenem Stickstoff und Sauerstoff im Gasgemisch, das bei 22,0 °C unter einem Druck von 1025,6 mbar steht? ($p_s(H_2O)$ = 26,4 mbar)
5. In einem Scheibengasbehälter steht Erdgas unter einem Druck von p_{abs} = 1050 mbar. Durch Analyse des Erdgases wurden folgende Volumenanteile ermittelt: $\varphi(CH_4)$ = 84 %, $\varphi(C_2H_6)$ = 7 %, $\varphi(N_2)$ = 8 %, $\varphi(O_2)$ = 1 %. Berechnen Sie den Partialdruck der Mischungspartner.

3.17 Luftfeuchtigkeit

In der Luft ist durch das Verdunsten von Wasser ein Wassergehalt vorhanden **(Bild 2).** Er wird Luftfeuchtigkeit (humidity) genannt und ist von der Temperatur und vom Gleichgewichtszustand abhängig. Es gibt mehrere Kennwerte, um den Wassergehalt der Luft zu beschreiben.

Maximale Luftfeuchte $\beta(H_2O)_{max}$ oder Sättigungsmenge heißt die Masse an Wasserdampf, die ein Kubikmeter Luft bei einer bestimmten Temperatur maximal aufnehmen kann. Sie wird in Gramm durch Kubikmeter angegeben **(Bild 51/3).**

Bei gegebenem Sättigungsdampfdruck p_s lässt sich die maximale Luftfeuchte $\beta(H_2O)_{max}$ auch mit Hilfe der allgemeinen Gasgleichung vgl. Seite 128 berechnen:

$$p \cdot V = \frac{m}{M} \cdot R \cdot T \Rightarrow \frac{m(H_2O)_{max}}{V(\text{Luft})} = \frac{p_s(H_2O) \cdot M(H_2O)}{R \cdot T} = \beta(H_2O)_{max}$$

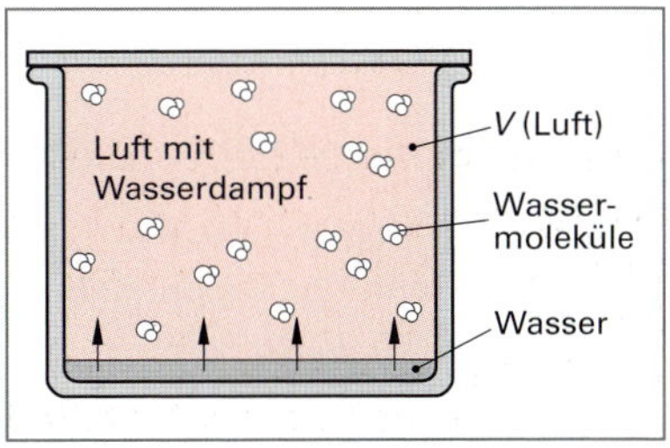

Bild 2: Luftfeuchtigkeit

Maximale Feuchte
$\beta(H_2O_{max}) = \frac{m(H_2O)_{max}}{V(\text{Luft})}$
$\beta(H_2O_{max}) = \frac{p_s(H_2O) \cdot M(H_2O)}{R \cdot T}$

Beispiel: Wie groß ist die maximale Luftfeuchte, wenn der Sättigungsdampfdruck des Wassers bei 20 °C $p_s(H_2O)$ = 23,4 mbar beträgt? (Molare Masse des Wassers $M(H_2O)$ = 18,02 g/mol)

Lösung: $$\boldsymbol{\beta}\,\mathbf{(H_2O)_{max}} = \frac{p_s(H_2O) \cdot M(H_2O)}{R \cdot T} = \frac{0{,}0234 \text{ bar} \cdot 18{,}02 \text{ g} \cdot \text{mol} \cdot \text{K}}{0{,}0831 \text{ bar} \cdot \text{L} \cdot \text{mol} \cdot 293 \text{ K}} = 0{,}0173 \text{ g/L} \approx \mathbf{17{,}3\ g/m^3}$$

Als **absolute Luftfeuchte $\beta\,(H_2O)_{abs}$** bezeichnet man die tatsächliche Massenkonzentration an Wasserdampf, wenn Luft bei einer bestimmten Temperatur unvollständig mit Wasserdampf gesättigt ist.

Wird feuchte Luft abgekühlt, so kann sie immer weniger Wasserdampf halten. Beim Taupunkt überschreitet die absolute Luftfeuchte die maximale Luftfeuchte und der überschüssige Wasserdampf wird in Form von Nebel oder Eiskristallen ausgeschieden.

Absolute Luftfeuchte

$$\beta(H_2O)_{abs} = \frac{m(H_2O)_{abs}}{V(\text{Luft})}$$

Relative Luftfeuchte φ_r wird das Verhältnis der absoluten Luftfeuchte zur maximalen Luftfeuchte bei einer bestimmten Lufttemperatur genannt.

Man kann die relative Luftfeuchte φ_r auch aus dem Verhältnis von absoluter Masse ($m(H_2O)_{abs}$) zu maximaler Masse ($m(H_2O)_{max}$) an Wasserdampf in der Luftportion berechnen.

Falls die Sättigungsdampfdrücke des Wassers beim Taupunkt $p_s(H_2O)_T$ und bei Raumtemperatur $p_s(H_2O)_{RT}$ bekannt sind, errechnet sich die relative Luftfeuchte durch Division dieser Sättigungsdampfdrücke.

Die relative Luftfeuchte φ_r wird als Dezimalzahl oder in Prozent angegeben. Sie steigt bei Abkühlung einer Luftportion an, da die Sättigungsmenge kleiner wird.

Relative Feuchte

$$\varphi_r = \frac{\beta(H_2O)_{abs}}{\beta(H_2O)_{max}}$$

$$\varphi_r = \frac{m(H_2O)_{abs}}{m(H_2O)_{max}}$$

$$\varphi_r = \frac{p_s(H_2O)_T}{p_s(H_2O)_{RT}}$$

Beispiel: Die relative Luftfeuchte in einem Labor mit einem Volumen von V(Luft) = 70,0 m³ beträgt bei ϑ = 22 °C φ_r = 45,0 %.
Der Sättigungsdampfdruck des Wassers beträgt bei dieser Temperatur $p_s(H_2O)$ = 26,43 mbar.
Wie viel Wasser befindet sich in der Raumluft des Labors?

Lösung: $$\varphi_r = \frac{m(H_2O)_{abs}}{m(H_2O)_{max}} \Rightarrow m(H_2O)_{abs} = \varphi_r \cdot m(H_2O)_{max}; \quad \text{mit} \quad m(H_2O)_{max} \cdot V(\text{Luft}) \quad \text{und}$$

$$\beta(H_2O)_{max} = \frac{p_s(H_2O) \cdot M(H_2O)}{R \cdot T} \quad \text{folgt:} \quad m(H_2O)_{abs} = \varphi_r \cdot \frac{p_s(H_2O) \cdot M(H_2O)}{R \cdot T} \cdot V(\text{Luft})$$

$$\mathbf{m(H_2O)_{abs}} = \frac{0{,}450 \cdot 0{,}02643 \text{ bar} \cdot 18{,}02 \text{ g} \cdot 70{,}0 \cdot 10^3 \text{ L} \cdot \text{mol} \cdot \text{K}}{0{,}0831 \text{ bar} \cdot \text{L} \cdot \text{mol} \cdot 295 \text{ K}} \approx \mathbf{612\ g}$$

Aufgaben zu 3.17 Luftfeuchtigkeit

1. Wie groß ist die relative Luftfeuchte in einem Trockenschrank mit einer Innentemperatur von 80 °C, wenn der Taupunkt bei 70 °C liegt. Die Sättigungsdampfdrücke betragen: p_s(H₂O, 70 °C) = 311,6 mbar, p_s(H₂O, 80 °C) = 473,6 mbar.
2. Wie groß ist die maximale Luftfeuchte in einem Chemikalienlager bei 20 °C, wenn der Sättigungsdampfdruck bei dieser Temperatur $p_s(H_2O, 20\ °C)$ = 23,4 mbar beträgt?
3. Wie viel Gramm Wasser kondensieren bei der Inbetriebnahme eines Kälteschranks mit einem Volumen von 280 L, wenn die Innentemperatur von 20 °C bei einer relativen Luftfeuchte von 85 % auf 7 °C absinkt? $p_s(H_2O, 20\ °C)$ = 23,4 mbar, $p_s(H_2O, 7\ °C)$ = 10,0 mbar.
4. Wie groß ist die maximale Luftfeuchte in Milligramm pro Kubikmeter in einem Exsikkator (Bild 227/1) über Calciumchlorid $CaCl_2$ als Trockenmittel bei 25 °C, wenn der Sättigungsdampfdruck des Wassers bei dieser Temperatur $p_s(H_2O)$ = 0,30 mbar beträgt?

Gemischte Aufgaben zu 3 Ausgewählte physikalische Berechnungen

1. Ein senkrecht hängendes Drahtseil darf maximal mit einer Zugkraft von 10,0 kN belastet werden. Es hat eine Masse von 150 kg. Berechnen Sie die Masse der Last, mit der das Tragseil am unteren Ende höchstens belastet werden darf.

2. Wie groß muss der Kolbenhub einer Hubkolbenpumpe sein, wenn sie pro Kolbenhub 20,0 cm^3 Cyclohexan in eine Extraktionskolonne pumpen soll? Der Kolbendurchmesser beträgt 30,0 mm.

3. In U-Rohr-Manometern erfolgt die Druckmessung in Millimeter Wassersäule (mm_{WS}) oder in Millimeter Quecksilbersäule (mm_{HgS}). Rechnen Sie die folgenden Druckangaben in Millimeter Wassersäule und Millimeter Quecksilbersäule um:

   1 bar = ______ Pa = ______ N/cm^2 = ______ mm_{Ws} = ______ mm_{HgS}.

4. Beim freien Fall wurde von einer Stahlkugel eine Fallstrecke von 1000 mm in einer Fallzeit von t = 0,45 s durchfallen. Wie groß ist die Fallbeschleunigung?

5. Aus einem stehenden zylindrischen Tank mit den Innenmaßen h = 3,50 m und d = 1,50 m werden 500 L Natronlauge abgefüllt. Wie hoch ist der Flüssigkeitsstand nach der Entnahme, wenn der Tank vorher zu 70,0 % gefüllt war?

6. Wie ändert sich die Dichte eines Gases, wenn der Druck bei konstanter Temperatur verdoppelt wird?

7. Berechnen Sie die kinetische Energie eines Elektrons (Ruhemasse: m_o = 9,109601 · 10^{-31} kg) in einem Massenspektrometer, das mit einer Geschwindigkeit von 5,0 · 10^6 m/s die zu untersuchende Substanz ionisiert.

8. Welche mittlere Absetzzeit haben Feststoffpartikel in einem Sedimentiergefäß mit einer Sedimentierstrecke von 375 mm, wenn die mittlere Absetzgeschwindigkeit 0,55 m/h beträgt?

9. Ein Kesselwagen hat eine Eigengewichtskraft von 100 kN. Er ist mit 55 m^3 Flüssigschwefel (ϱ = 1,785 g/cm^3) beladen. Zur waagerechten Verschiebung des Kesselwagens ist eine Kraft von 5,5 kN erforderlich. Wie groß ist die Reibungszahl?

10. Eine Kreiselradpumpe nimmt eine Leistung von 500 W auf. Ihr Wirkungsgrad ist 69 %. Sie fördert 800 L Ethanol (ϱ = 0,80 g/cm^3) über eine Höhendifferenz von 8,7 m in eine Bandfilteranlage. Welche Zeit ist dafür erforderlich?

11. Eine Membranpumpe verrichtet eine Hubarbeit von 1,5 kWh. Wie viel Kubikmeter Sole (ϱ = 1,2 g/cm^3) kann damit in einen 3,0 m hoch gelegenen Behälter gepumpt werden?

12. Ein Rührkessel mit einer Behälterfüllung von 10,00 m^3 wird 3,00 m hoch mit VE-Wasser gefüllt **(Bild 1)**. Kreiselradpumpen können das Wasser
    a) über ein Steigrohr von oben einströmen lassen,
    b) durch ein am Boden einmündendes Rohr in den Kessel drücken.

    Welche Arbeit ist in den beiden genannten Fällen zu verrichten?

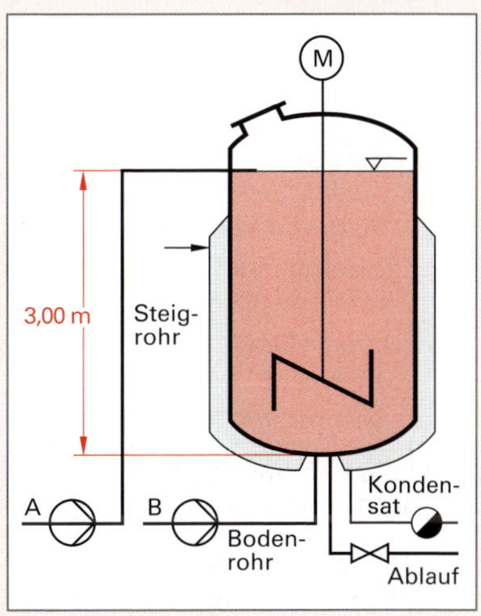

Bild 1: Aufgabe 12

13. Wie groß ist die Umfangsgeschwindigkeit eines KPG-Flügelrührers in einem Dreihalsrundkolben, wenn seine Umdrehungsfrequenz 120 min^{-1} und sein Rührkreisdurchmesser 60,0 mm beträgt?

14. Ein Kraftwagen fährt mit einer Geschwindigkeit von 50 km/h und wird dabei von einem Fahrzeug mit einer Geschwindigkeit von 60 km/h überholt. Die Fahrzeuge sind jeweils 4,0 m lang. Der gegenseitige Abstand der Kraftwagen beträgt vor und nach dem Überholen 25 m.

a) Wie lange dauert der Überholvorgang?

b) Welche Fahrstrecke legt der Überholer dabei zurück?

15. Welcher Druck p_e kann mit einer Wasserstrahlpumpe bei einer Wassertemperatur von ϑ (H_2O) = 9,0 °C höchstens erreicht werden, wenn der Sättigungsdampfdruck des Wassers bei dieser Temperatur p_s (H_2O) = 11,5 mbar und der Umgebungsdruck p_{amb} = 1020 mbar beträgt?

16. In einem Glockengasbehälter mit einem Durchmesser von d = 12,0 m steht Erdgas unter einem Druck von p_{abs} = 1,5 bar. Welche Masse hat die Gasometerglocke, wenn der Umgebungsdruck p_{amb} = 1,0 bar beträgt?

17. Welche Kraft wirkt auf einen zylinderförmigen 13,0 mm Pressling im KBr-Presswerkzeug zur Infrarotspektroskopie bei einem Druck der hydraulischen Presse von 7500 bar?

18. Ein zylindrischer Tank wird zur Überprüfung der Dichtigkeit mit einem Überdruck von 7,5 bar abgepresst. Der Tank hat einen Innendurchmesser von 2,0 m und ist an beiden Seiten durch Klöpperböden verschlossen **(Bild 1).** Mit welcher Kraft werden die je 0,50 cm breiten Schweißnähte belastet?

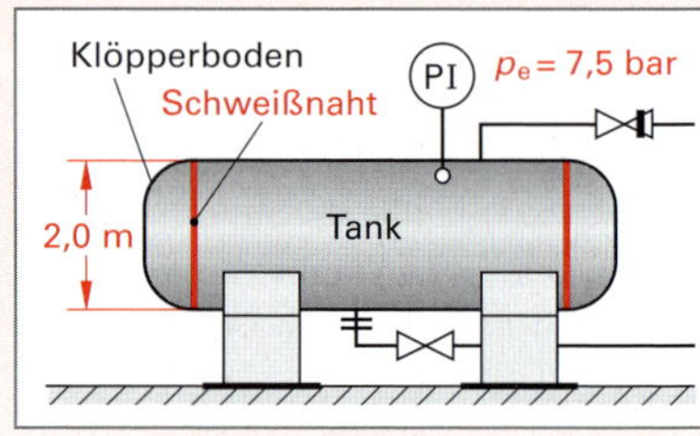

Bild 1: Aufgabe 18, Tank

19. Eine Stahlkugel in einem federbelasteten Sicherheitseckventil hat einen Durchmesser von 10,0 mm **(Bild 2).** Die Druckfeder ist 20 mm vorgespannt und hat eine Federkonstante von D = 78 N/mm. Bei welchem Druck öffnet das Ventil, wenn die Stahlkugel mit einem Drittel ihrer Oberfläche gegen das unter Druck stehende Medium abdichtet?

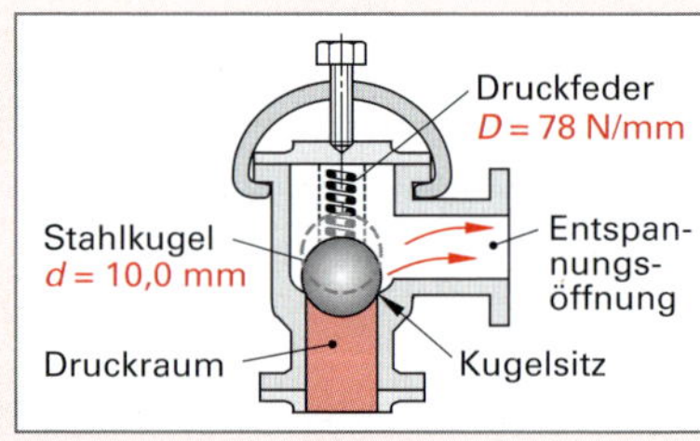

Bild 2: Sicherheitsventil

20. Die Masse an Ethin C_2H_2, die bei der Hydrolyse von Calciumcarbid entsteht, wurde zu 0,65 Gramm berechnet. Welches Volumen über Wasser hat das feuchte Gas (p_s(H_2O) = 23,4 mbar), das bei ϑ = 20 °C und p_{amb} = 1018 mbar aufgefangen wird?

21. Bei der katalytischen Zersetzung einer Wasserstoffperoxid-Lösung mit Mangandioxid wurden 250 mL Sauerstoff bei ϑ = 20 °C und p_{amb} = 1010 mbar über Wasser als Sperrflüssigkeit entwickelt. Welche Masse und welches Volumen hat der Sauerstoff im feuchten Gas, wenn der Sättigungsdampfdruck des Wassers p_s (H_2O) = 23,4 mbar beträgt?

22. An einer Schraubenfeder wurden durch Belastung mit unterschiedlichen Massen die in **Tabelle 1** wiedergegebenen Messergebnisse erzielt.

Tabelle 1: Aufgabe 22

Masse in Gramm	Auslenkung in Zentimeter
50	2,7
100	4,3
150	5,6
200	8,6
250	11,3

a) Stellen Sie die Messwerte in einem Kraft-Auslenkungs-Diagramm grafisch dar.

b) Extrapolieren Sie die Auslenkung bei einer Gewichtskraft von 3,3 N.

c) Interpolieren Sie die Masse bei einer Auslenkung von 4,8 cm.

d) Bestimmen Sie aus der Steigung des Graphen die Federkonstante D.

e) Tragen Sie den Graphen einer härteren und einer weicheren Feder qualitativ ins Diagramm ein.

23. Leiten Sie eine Größengleichung ab, mit der sich die Eintauchtiefe eines schwimmenden Körpers berechnen lässt.

24. Welche Hubkraft muss ein Hubstapler aufwenden, um eine Palette mit PVC-Granulat mit einer Masse von 250 kg in 4,0 s auf eine Hubgeschwindigkeit von 0,50 m/s zu bringen?

25. Die Sinterplatte einer Filternutsche hat einen Innendurchmesser von d = 90,0 mm. Auf der Sinterglasplatte befindet sich 500 mL Filterkuchen mit einer Dichte von ϱ = 1,8 g/cm^3.
Mit welcher Kraft wird die Sinterglasplatte belastet, wenn das Wasserstrahlvakuum in der Saugflasche p_{abs} = 250 mbar und der Umgebungsdruck p_{amb} = 1025 hPa beträgt **(Bild 1)?**

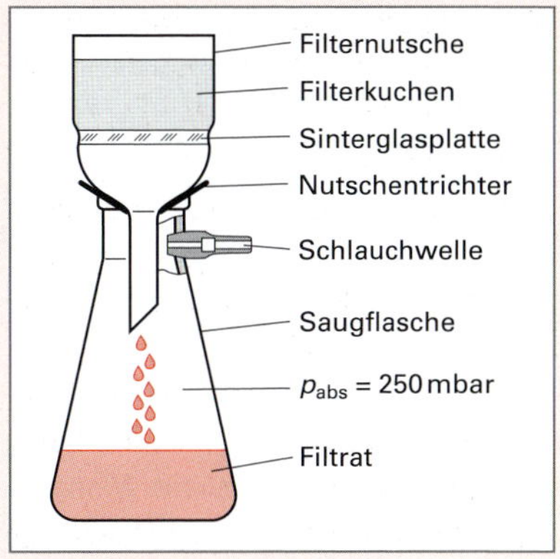

Bild 1: Filtrationsapparatur

26. Wie groß ist der Atomradius des Zinkatoms in Picometer, wenn sein Volumen 10,0 · 10^{-21} mm^3 beträgt und eine Kugelgestalt für das Atom angenommen wird?

27. Vergleichen Sie die kinetische Energie eines Sauerstoffmoleküls mit der eines Stickstoffmoleküls bei folgenden Molekulargeschwindigkeiten und Massen (T = 273,15 K):
$v(O_2)$ = 461,6 m/s, $m(O_2)$ = 5,3136 · 10^{-26} kg
$v(N_2)$ = 493,4 m/s, $m(N_2)$ = 4,6518 · 10^{-26} kg

28. Auf der Verpackung einer Rolle Aluminiumfolie stehen folgende Angaben: Länge 30,0 m, Breite 30,0 cm, Nettogewicht 310 g, Foliendicke 13 µm. Überprüfen Sie die Nettomasse der Folie mit Hilfe der Dichte des Aluminiums ϱ (Al) = 2,70 g/cm^3.

29. Nach DIN EN 1236 liegt die Rütteldichte bis zu 10% über der Schüttdichte und darf manchmal diesen Wert überschreiten. Überprüfen sie diese Aussage mit Hilfe der in Tabelle 80/1 angegebenen Werte.

30. Bei der katalytischen Zersetzung einer Waserstoffperoxid-Lösung wurden bei ϑ = 21,0 °C und p_{amb} = 997,5 hPa 45,5 mL Sauerstoff über Wasser als Sperrflüssigkeit aufgefangen (analog Bild 107/1). Wie viel Milliliter trockener Sauerstoff sind das, wenn der Sättigungsdampfdruck des Wassers bei 21,0 °C p_s = 24,9 mbar beträgt?

31. Wie viel Quadratmeter Blattgold (d = 0,10 µm, ϱ (Au) = = 19,32 g/cm^3) kann man aus 1000 mg Gold herstellen?

32. In einem U-Rohr **(Bild 2)** befinden sich Wasser und Diisopropylether $(CH_3)_2CH\text{-}O\text{-}CH(CH_3)_2$. Von der Höhenlage der Phasengrenze gemessen, beträgt die Höhe der organischen Phase 11,4 cm und die des Wassers 8,3 cm. Welche Dichte hat der Diisopropylether?

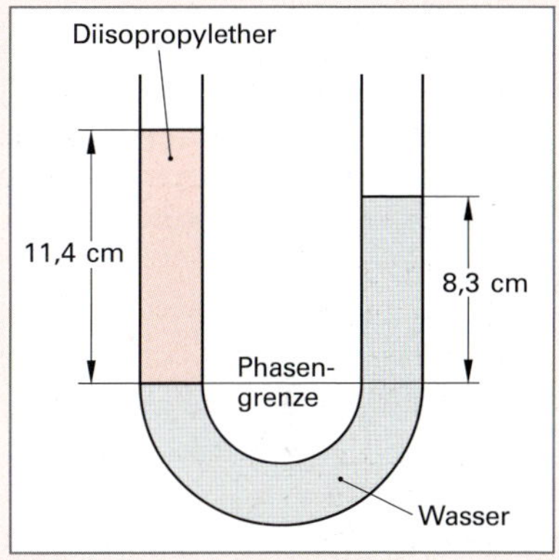

Bild 2: U-Rohr (Aufgabe 32)

33. Der Radius des Eisenatomkerns beträgt 5,0 · 10^{-15} m. Der Radius des Eisenatoms ist 126 pm.
    a) Um welchen Faktor ist das Volumen des Eisenatoms größer als das seines Atomkerns?
    b) Wenn der Durchmesser des Eisenatoms auf einen Kilometer vergrößert wäre, welchen Durchmesser hätte dann der Atomkern?
    c) Welcher Anteil des Atomvolumens entfällt auf den Atomkern?
    d) Wie groß ist die Dichte des Eisenatomkerns, wenn die Masse des Eisenatoms m(Fe) = = 9,2738 · 10^{-26} kg beträgt?

34. Ein Radiumpräparat mit der Kernladungszahl 86 sendet α-Teilchen mit einer Geschwindigkeit von 15,2 · 10^6 m/s aus. Sie werden in einer Luftschicht von 3,30 cm Dicke bei ϑ = 15 °C und p_{amb} = 1013 mbar so stark abgebremst, dass sie ihre ionisierende Wirkung verlieren.
    a) Wie groß ist die kinetische Energie der α-Teilchen (Ruhemasse m_o ($^4_2$He) = 6,6447 · 10^{-27} kg)?
    b) Welche Verzögerung erfahren die α-Teilchen in der Luft?

35. Wie groß ist der Eigenvolumenanteil an Argonatomen in einer Gasportion von 22,4 L unter Normbedingungen, wenn der Radius eines Argonatoms 98 pm beträgt und sich 6,022 · 10^{23} Argonatome in der Gasphase befinden?

4 Stöchiometrische Berechnungen

Stöchiometrische Berechnungen befassen sich mit den **Stoffportionen** von Elementen und chemischen Verbindungen in chemischen Reaktionen. Eine Stoffportion ist ein abgegrenzter Materiebereich, der aus einem Stoff oder mehreren Stoffen bestehen kann.

Zur Kennzeichnung einer Stoffportion sind Angaben über ihre *Qualität* und über ihre *Quantität* notwendig. Zur qualitativen und quantitativen Beschreibung von Verbindungen verwendet man chemische Formeln. Sie beschreiben die Elemente einer Verbindung durch einfache Zahlenverhältnisse.

Eine Stoffportion kann beschrieben werden:

- **qualitativ,** d.h. *woraus* die Stoffportion besteht, durch die Bezeichnung der Stoffart,
- **quantitativ,** d.h. um die Menge der Stoffportion, durch geeignete physikalische Größen wie die Masse m, das Volumen V, die Teilchenzahl N oder die Stoffmenge n. Man nennt diese Größen auch Quantitäten einer Stoffportion.

4.1 Grundgesetze der Chemie

Basis aller stöchiometrischen Berechnungen sind die **Grundgesetze der Chemie:**

- Das **Gesetz von der Erhaltung der Masse:** Bei chemischen Reaktionen ist die Gesamtmasse der Ausgangsstoffe (Edukte) gleich der Gesamtmasse der Endstoffe (Produkte).

  Beispiel: 5,6 g Eisen Fe reagieren mit 3,2 g Schwefel S zu 5,6 g + 3,2 g = 8,8 g Eisensulfid FeS

- Das **Gesetz der konstanten und multiplen Proportionen:** In chemischen Verbindungen liegen die gebundenen Elemente in festgelegten Massenverhältnissen vor; die Anzahl der gebundenen Atome ist dabei stets ganzzahlig.

Beispiel 1: Die Elemente Wasserstoff H und Chlor Cl verbinden sich zu Chlorwasserstoff stets im Massenverhältnis 1 g H : 35,4 g Cl.
In der Verbindung Chlorwasserstoff ist das Verbindungsverhältnis der Atome stets
1 Atom H : 1 Atom Cl, Formel der Verbindung: HCl

Beispiel 2: Die Elemente Aluminium Al und Sauerstoff O verbinden sich zu Aluminiumoxid stets im Massenverhältnis 53,96 g Al : 92 g O.
In der Verbindung Aluminiumoxid ist das Verbindungsverhältnis der Atome stets
2 Atome Al : 3 Atome O, Formel der Verbindung: Al_2O_3

4.2 Chemische Elemente

Atome, Elementarteilchen (atoms, fundamental particles)

Eine Stoffportion besteht aus einer unvorstellbar großen Anzahl von Atomen, Molekülen oder Formeleinheiten.

Die Atome selbst bestehen aus Atombausteinen, **Elementarteilchen** genannt, die im Vergleich zum Atomdurchmesser in einem sehr kleinen Massezentrum (Atomkern) und einem fast masselosen, den Kern umgebenden Raum (Atomhülle) angeordnet sind **(Bild 1).**

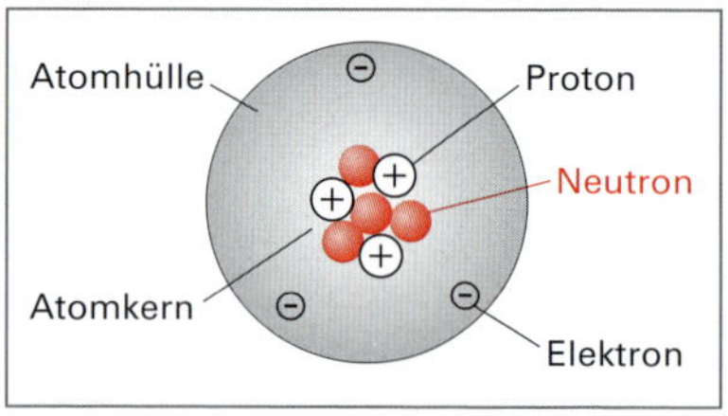

Bild 1: Aufbau eines Lithiumatoms

Im Atomkern befinden sich die Nukleonen: positiv geladene **Protonen** und ungeladene **Neutronen.** Die Atomhülle wird von den **Elektronen** gebildet, die den Kern umkreisen (Bild 1).

In **Tabelle 1** sind wichtige Eigenschaften der Elementarteilchen dargestellt.

Tabelle 1: Eigenschaften von Elementarteilchen

Elementarteilchen	Symbol	Ladung	Masse in g	relative Atommasse in u
Proton	p	+ 1	$1{,}6725 \cdot 10^{-24}$	1,007276
Neutron	n	0	$1{,}6792 \cdot 10^{-24}$	1,008665
Elektron	e	− 1	$0{,}000592 \cdot 10^{-24}$	0,000592

Isotopenschreibweise eines Elements (symbolism of isotopes)

Beispiel: Lithiumatom von Bild 120/1

Die *Protonenzahl* $Z = 3$ legt die Stellung des Elements im Periodensystem fest, sie wird auch als *Kernladungszahl* oder *Ordnungszahl* bezeichnet. In der Isotopenschreibweise steht sie als Tiefzeichen links vor dem Elementsymbol $_3Li$.

Aus der Summe der Protonenzahl Z und der Neutronenzahl N ergibt sich die *Nukleonenzahl* A (auch als *Massenzahl* bezeichnet): $A = Z + N$. Sie wird als Hochzeichen links vom Elementsymbol angegeben: ^7Li

Vollständige Isotopenschreibweise eines Lithiumatoms:

↓ Nukleonenzahl (Massenzahl)

^7_3Li ← Elementsymbol

↑ Protonenzahl (Ordnungszahl)

Atome, die durch ihre Symbole exakt im Aufbau des Kerns beschrieben sind, wie z. B. ^1_1H, $^{12}_6C$, $^{16}_8O$ und $^{235}_{92}U$, werden als **Nuklide** bezeichnet. Ist keine Ladung angegeben, so stimmen Protonenzahl und Elektronenzahl überein, es liegen neutrale **Atome** vor.

Beispiel 1: Aus welchen und wie vielen Elementarteilchen ist das Nuklid $^{23}_{11}Na$ aufgebaut?

Lösung: Protonenzahl $\boldsymbol{Z = 11}$
Da ein neutrales Atom vorliegt, ist die Protonenzahl = Elektronenzahl: **11** Elektronen
Neutronenzahl = Nukleonenzahl – Protonenzahl ⇒ $\boldsymbol{N} = A - Z = 23 - 11 =$ **12** Neutronen

Beispiel 2: Ein neutrales Nuklid mit 19 Protonen und 21 Neutronen ist in der Isotopenschreibweise darzustellen.

Lösung: Nukleonenzahl = Protonenzahl + Neutronenzahl ⇒ $\boldsymbol{A} = Z + N = 19 + 21 = \boldsymbol{40}$; ⇒ Formelsymbol: $\boldsymbol{^{40}_{19}K}$

Relative Atommasse *u* (relative atomic mass)

Die absolute Masse der Elementarteilchen ist sehr gering. Ein Proton hat z. B. die unvorstellbar kleine Masse $1{,}6725 \cdot 10^{-24}$ g. Deshalb wurde die atomare Masseneinheit *u* eingeführt:

1 *u* ist der zwölfte Teil der Masse eines ^{12}C-Atoms (Seite 112). Mit den Angaben in Tabelle 119/1 lässt sich aus der Summe der relativen Atommassen der Elementarteilchen die relative Atommasse von Atomen berechnen.

Beispiel: Welche Masse in *u* hat ein Lithiumatom ^7_3Li, aufgebaut aus 3 Protonen, 4 Neutronen und 3 Elektronen?

Lösung: $\boldsymbol{m}\textbf{(Li)} = 3 \cdot 1{,}007276\,u + 4 \cdot 1{,}008665\,u + 3 \cdot 0{,}000592\,u = \boldsymbol{7{,}058264\,u}$

Ionen

Bei unterschiedlicher Anzahl von Protonen und Elektronen liegen „geladene Atome" vor, sie werden als **Ionen** bezeichnet. **Kationen** nennt man positiv geladene Ionen, sie entstehen aus Atomen durch Abgabe von Elektronen. Als **Anionen** werden negativ geladene Ionen bezeichnet, sie entstehen aus Atomen durch Aufnahme von Elektronen.

Beispiel 1: Aus einem Kupferatom Cu mit 34 Neutronen werden 2 Elektronen abgespalten. Stellen Sie diesen Vorgang und das entstehende Ion in der Isotopenschreibweise dar.

Lösung: $^{63}_{29}Cu - 2\,e \longrightarrow \boldsymbol{^{63}_{29}Cu^{2+}}$

Beispiel 2: Aus welchen und wie vielen Elementarteilchen ist das Nuklid $^{56}_{26}Fe^{2+}$ aufgebaut?

Lösung: Protonenzahl $Z = \boldsymbol{26}$
Da ein zweifach positiv geladenes Kation vorliegt, ist die Elektronenzahl $Z - 2 = 26 - 2 =$ **24**
Neutronenzahl $N = A - Z = 56 - 26 =$ **30**

Isotope (isotopes)

20 der derzeit bekannten 117 Elemente sind **Reinelemente,** sie bestehen aus nur einer Nuklidart (Atomsorte). Beispiele für Reinelemente sind $^{23}_{11}Na$ Natrium, $^{19}_9F$ Fluor, $^{27}_{13}Al$ Aluminium und $^{127}_{53}I$ Iod.

Alle übrigen Elemente sind **Mischelemente,** d.h. Isotopengemische, wie z. B. Wasserstoff **(Tabelle 114/1).** Bei ihnen liegen mehrere Nuklide mit gleicher Protonenzahl vor, die Neutronenzahl und damit die Masse unterscheidet sich. In den chemischen Eigenschaften unterscheiden sich die Isotope eines Elements nicht.

Isotope sind die Nuklide des gleichen Elements. Sie haben eine unterschiedliche Neutronenzahl.

Tabelle 1: Isotope des Elements Wasserstoff $_1H$			
Isotop	^1_1H	^2_1H	^3_1H
Bezeichnung	leichter Wasserstoff	schwerer Wasserstoff oder Deuterium	überschwerer Wasserstoff oder Tritium (radioaktiv)
Elementarteilchen	1 Proton, 1 Elektron 0 Neutronen	1 Proton, 1 Elektron 1 Neutron	1 Proton, 1 Elektron 2 Neutronen
Natürliche Häufigkeit im Wasserstoff	99,9844 %	0,0156 %	~ 10^{-16} %

Aufgaben zu 4.2 Chemische Elemente

1. Kohlenstoff hat die stabilen Isotope $^{12}_{6}C$, $^{13}_{6}C$ und $^{14}_{6}C$. Aus welchen und wie vielen Elementarteilchen sind jeweils die drei Kohlenstoff-Isotope aufgebaut?
2. Eisen hat die Kernladungszahl Z = 26, seine natürlichen Isotope besitzen 28, 30, 31 und 32 Neutronen. Geben Sie die Isotope des Eisens in der Isotopenschreibweise an.
3. Geben Sie den Aufbau der folgenden Atome an:
   a) $^{35}_{17}Cl$ b) $^{238}_{92}U$ c) $^{37}_{17}Cl$ d) $^{63}_{29}Cu$ e) $^{17}_{8}O$ f) $^{27}_{13}Al$
4. Welche der folgenden Nuklide sind Isotope eines Elements? Ersetzen Sie die Variable X durch das entsprechende Elementsymbol.
   a) $^{40}_{20}X$ $^{40}_{18}X$ $^{40}_{19}X$ $^{36}_{18}X$ $^{36}_{16}X$ $^{42}_{20}X$ $^{41}_{19}X$ b) $^{50}_{23}X$ $^{50}_{24}X$ $^{112}_{50}X$ $^{115}_{50}X$ $^{50}_{22}X$ $^{51}_{23}X$ $^{52}_{24}X$
5. Von den folgenden Nukliden werden jeweils Elektronen abgespalten oder aufgenommen. Geben Sie die entstehenden Nuklide in der Isotopenschreibweise an:
   a) $^{23}_{11}Na - 1\,e \longrightarrow$ b) $^{64}_{30}Zn - 2\,e \longrightarrow$ c) $^{16}_{8}O^{2-} - 2\,e \longrightarrow$
   d) $^{32}_{16}S + 2\,e \longrightarrow$ e) $^{56}_{26}Fe^{2+} - 1\,e \longrightarrow$ f) $^{208}_{82}Pb^{4+} + 2\,e \longrightarrow$
6. Aus welchen Elementarteilchen sind die folgenden Ionen aufgebaut?
   a) $^{35}_{17}Cl^{1-}$ b) $^{17}_{8}O^{2-}$ c) $^{37}_{17}Cl^{1-}$ d) $^{63}_{29}Cu^{2+}$ e) $^{208}_{82}Pb^{4+}$ f) $^{27}_{13}Al^{3+}$

4.3 Kernreaktionen

Bei einer **Kernumwandlung** (nuclear transformation) wird durch Veränderung der Nukleonenzahl das vorhandene Nuklid in ein anderes Nuklid umgewandelt.

Kernreaktionen werden entweder mit einer **kernchemischen Gleichung** (in Isotopenschreibweise) beschrieben oder mit einer **Kurzschreibweise** dargestellt.

Beispiel 1: Der radioaktive Kohlenstoff ^{14}C bildet sich in der Atmosphäre aus Stickstoff ^{14}N durch Reaktion mit den Neutronen der Höhenstrahlung.

Stellen Sie den Vorgang durch eine kernchemische Gleichung und in Kurzschreibweise dar.

Lösung: Kernchemische Gleichung: $^{14}_{7}N + ^{1}_{0}n \longrightarrow ^{14}_{6}C + ^{1}_{1}p$; Kurzschreibweise: $^{14}N\,(n, p)\,^{14}C$

Beispiel 2: Beschießt man Aluminium ^{27}Al mit Protonen, so werden α-Teilchen (= Heliumkerne $^{4}_{2}\alpha$) ausgesandt.

Stellen Sie den Vorgang durch eine kernchemische Reaktionsgleichung in Isotopenschreibweise und in Kurzschreibweise dar.

Lösung: Die Summe der Nukleonen und der Kernladungszahlen muss auf beiden Seiten der Gleichung übereinstimmen: Es entsteht ein Magnesiumnuklid ^{24}Mg.

Kernchemische Gleichung: $^{27}_{13}Al + ^{1}_{1}p \longrightarrow ^{24}_{12}Mg + ^{4}_{2}\alpha$; Kurzschreibweise: $^{27}Al\,(p, \alpha)\,^{24}Mg$

Bei der **Kernspaltung** (nuclear fission) werden Atomkerne mit großer Massenzahl mit Neutronen beschossen. Dabei spaltet sich der schwere Atomkern in zwei mittelschwere Kerne und zwei oder drei Neutronen. Dieser Vorgang ist mit sehr großer Energieabgabe verbunden, die zur Energieerzeugung in Kernreaktoren genutzt wird. Technisch von großer Bedeutung ist die Spaltung von Uran-235.

Beispiel: Bei der Spaltung von Uran ^{235}U durch ein Neutron zerfällt der Urankern in einen Bariumkern ^{145}Ba, einen Kryptonkern ^{88}Kr und drei Neutronen. Der Vorgang ist in einer Isotopengleichung darzustellen.

Lösung: $^{235}_{92}U + ^{1}_{0}n \longrightarrow ^{145}_{56}Ba + ^{88}_{36}Kr + 3\,^{1}_{0}n$ + Energie

Bei der **Kernfusion** (nuclear fusion) verschmelzen zwei Atomkerne kleiner Masse zu einem Atomkern größerer Masse. Dieser Vorgang ist wie die Kernspaltung mit einer Freisetzung von sehr viel Energie verbunden.

Beispiel: Ein Deuteriumkern ^{2}H und ein Tritiumkern ^{3}H verschmelzen zu einem Heliumkern ^{4}He unter Freisetzung eines Neutrons. Der Fusionsvorgang ist in einer Isotopengleichung darzustellen.

Lösung: $^{2}_{1}H + ^{3}_{1}H \longrightarrow ^{4}_{2}He + ^{1}_{0}n$ + Energie

Bei der **natürlichen Radioaktivität** (natural radioactivity) findet eine spontane Kernumwandlung instabiler Nuklide unter Aussendung von α- oder β-**Teilchen** statt. Beide Strahlenarten können von energiereicher γ-Strahlung begleitet sein. α-Teilchen sind Heliumkerne $^{4}_{2}\alpha$. β-Teilchen werden durch Elektronen gebildet, die im Kern durch Zerfall eines Neutrons in ein Proton und ein Elektron entstehen. Das Elektron wird emittiert.

Entstehung der β-Strahlung: $^{1}_{0}n \longrightarrow ^{0}_{-1}e + ^{1}_{1}p$; oder: $^{1}_{0}n \longrightarrow ^{0}_{-1}\beta + ^{1}_{1}p$

Beispiel 1: Thorium ^{230}Th zerfällt unter Aussendung von α-Strahlung. Der Zerfall ist in einer Isotopengleichung darzustellen.

Lösung: $^{230}_{90}Th \longrightarrow ^{226}_{88}Ra + ^{4}_{2}\alpha$ — Die Nukleonenzahl verringert sich um 4, die Kernladungszahl verringert sich um 2.

Beispiel 1: Blei ^{214}Pb zerfällt unter Aussendung von β-Strahlung. Der Zerfall ist in einer Isotopengleichung darzustellen.

Lösung: $^{214}_{82}Pb \longrightarrow ^{214}_{83}Bi + ^{0}_{-1}\beta$ — Die Nukleonenzahl verringert sich nicht, die Kernladungszahl vergrößert sich um 1.

Aufgaben zu 4.3 Kernreaktionen

1. Vervollständigen Sie die kernchemischen Gleichungen (in Kurzschreibweise) für folgende künstliche Kernumwandlungen:
   a) $^{11}B(n, \alpha)$? b) $^{6}Li(?, \alpha)\,^{3}H$ c) ?$(\alpha, n)\,^{242}Cm$ d) $^{209}Bi(\alpha, ?)\,^{211}At$
2. Trifft ein energiearmes Neutron auf einen Uranatomkern ^{235}U, führt dies unter Energieabgabe zu einer Spaltung des Kerns in ein Bromnuklid ^{87}Br unter Emission von zwei Neutronen und einem weiteren, zu ermittelnden Nuklid. Geben Sie für die Kernspaltung die Isotopengleichung an.
3. Beim α-Zerfall des radioaktiven Isotops $^{226}_{88}Ra$ entsteht ein Radon-Isotop. Geben Sie den Zerfall in einer Isotopengleichung an.
4. Das radioaktive Wasserstoff-Isotop Tritium ^{3}H wandelt sich durch β-Zerfall in einen stabilen Kern um. Geben Sie den Zerfall in einer Isotopengleichung an.
5. Beim Zerfall des radioaktiven Isotops $^{90}_{38}Sr$ entsteht das Isotop $^{90}_{39}Y$. Welche Strahlung wird dabei ausgesandt? Überprüfen Sie anhand der Zerfallsgleichung.
6. Der radioaktive Kohlenstoff ^{14}C wird in der Atmosphäre aus Stickstoff ^{14}N und einem Neutron der Höhenstrahlung gebildet. Das Kohlenstoff-Isotop ^{14}C zerfällt unter Aussendung von β-Strahlung. Stellen Sie die Bildung und den Zerfall des ^{14}C jeweils in einer Isotopengleichung dar.
7. Das natürliche Uran ^{238}U zerfällt in einer Reihe von α- und β-Zerfallsschritten in stabiles Blei ^{206}Pb.
   a) Ermitteln Sie *rechnerisch* Art und Anzahl der Zerfallsschritte.
   b) Entwickeln Sie eine allgemeine Berechnungsformel für die Anzahl der α- und β-Zerfälle einer Zerfallsreihe.

4.4 Symbole und Ziffern in chemischen Formeln

Die Bezeichnung der Atome chemischer Elemente erfolgt durch Kurzschreibweise mit festgelegten **Symbolen** (symbols, DIN 32 640) aus einem oder maximal zwei Buchstaben. Chemische Verbindungen bestehen aus zwei oder mehr Teilchen, die infolge chemischer Reaktion neue Einheiten gebildet haben. Die chemische **Formel** (formula, DIN 32 641) einer Verbindung setzt sich aus den Symbolen der beteiligten Elemente zusammen (siehe Beispiel).

Der stöchiometrische **Index** (engl. index) gibt die Anzahl der Atome oder Atomgruppen an, die sich zu einer Verbindung vereinigt haben. Indices werden durch arabische Ziffern angegeben, die unten rechts am Atomsymbol stehen. Bei Atomgruppen stehen sie rechts unten an einer Klammer, welche die Symbole der Atomgruppe einschließt.

Der Index 1 wird üblicherweise nicht angegeben.

Die Anzahl der Teilchen wird durch einen **Koeffizienten** (coefficient) angegeben, der als arabische Ziffer vor dem Teilchensymbol steht.

Der Koeffizient 1 wird in der Regel nicht geschrieben.

Beispiel: 2 Moleküle Schwefelsäure

Koeffizient, gibt die Anzahl der Atome, Moleküle oder Formeleinheiten an.

$$2\,H_2SO_4$$

Index, gibt die Anzahl der Atome in einem Molekül oder einer Formeleinheit an.

Bild 1: Bedeutung von Index und Koeffizient in chemischen Formeln

Beispiele:

4 Na	:	4 Atome **Natrium**		
2 HCl	:	2 Moleküle **Hydrogenchlorid** aus je 1 Atom H und 1 Atom Cl		
$Ca(OH)_2$	:	Eine Formeleinheit **Calciumhydroxid** aus 1 Calcium-Ion und 2 Hydroxidgruppen mit je 1 Atom H und O.		
$2\,O_3$	:	2 Moleküle **Ozon** aus je 3 Atomen O		
$CaCO_3$	:	1 Formeleinheit **Calciumcarbonat** aus formal 1 Atom Ca, 1 Atom C und 3 Atomen O		
$2\,(NH_4)_2SO_4$	:	2 Formeleinheiten **Ammoniumsulfat** aus zwei Ammoniumgruppen mit je 1 Atom N und 4 Atomen H sowie einer Sulfatgruppe mit 1 Atom S und 4 Atomen O.		

Verbindungen mit Solvathülle

Einen Sonderfall stellen Verbindungen dar, die Kristallwassermoleküle (water of crystallization) oder ähnliche Solvatmoleküle gebunden haben. Zwischen Symbol der solvatfreien Verbindung und Ziffer für die Anzahl der Solvatmoleküle wird ein Punkt auf halber Höhe der Schreibzeile gesetzt.

Beispiele: $Na_2SO_4 \cdot 10\,H_2O$: Natriumsulfat-Decahydrat (Natriumsulfat-10-hydrat)
$CaCl_2 \cdot 8\,NH_3$: Calciumchlorid-Octaammin (Calciumchlorid-8-ammin)

Ladungszahl von Ionen

Die **Ladungszahl *z*** (ionic valence) eines Ions ist am Elementsymbol als Hochzeichen rechts vom Grundzeichen in arabischen Ziffern anzugeben. Bei einfach geladenen Ionen entfällt die Angabe der Ziffer 1. Ionen, die aus einer Gruppe von Atomen bestehen, können zur Verdeutlichung durch eine runde oder eckige Klammer eingeschlossen werden. Das Zeichen für die Ionenladung steht dann rechts oben außerhalb der Klammer.

Beispiele: Na^+ Natrium-Ion, Fe^{3+} Eisen(III)-Ion, SO_4^{2-} Sulfat-Ion, $[MnO_4]^-$ Permanganat-Ion

Aufgaben zu 4.4 Symbole und Ziffern in chemischen Formeln

1. Welche Bedeutung haben die folgenden Symbole und Formeln:
   $2\,Br_2$, 4 Hg, CH_4, $BaSO_4$, $2\,NH_4^+$, 2 Zn, $2\,Fe^{2+}$, CO, 3 Co, $2\,AlCl_3$, NO_3^-, HCO_3^-, NaOH, $2\,HNO_3$, $2\,CN^-$, $3\,O_2$, $2\,N_2$, 2 Ar, $Na_2CO_3 \cdot 10\,H_2O$.
2. Durch welche Symbole oder Formeln werden die folgenden Teilchen beschrieben?
   a) zwei Moleküle Chlor
   b) eine Formeleinheit Kaliumhydroxid
   c) ein Molekül Kohlenstoffdioxid
   d) eine Formeleinheit Aluminiumoxid

e) zwei Atome Zink
f) drei Moleküle Kohlenstoffmonoxid
g) eine Formeleinheit Aluminiumchlorid
h) zwei Formeleinheiten Calciumoxid
i) ein Molekül Stickstoffdioxid
j) drei Ammonium-Ionen
k) eine Formeleinheit Aluminiumhydroxid
l) ein Molekül Schwefel(IV)-oxid
m) ein Hydrogencarbonat-Ion
n) ein Molekül Iod

3. Beschreiben Sie die Zusammensetzung folgender Formeleinheiten bzw. Moleküle und Ionen:
$KMnO_4$, P_4, $Na_2S_2O_3$, $Ba(OH)_2$, SiO_2, S_8, $Pb(NO_3)_2$, $Ca(HCO_3)_2$, $(NH_4)H_2PO_4$, HS^-, $CHCl_3$, PO_4^{3-}, $Al_2(SO_4)_3$, C_2H_5OH, HPO_4^{2-}, $FeSO_4 \cdot 7\,H_2O$, $[Cu(NH_3)_4]^{2+}$, H_2O_2.

4.5 Quantitäten von Stoffportionen

Für einen abgegrenzten Stoffbereich, der aus einem oder mehreren Stoffen oder aus einem definierten Bestandteil eines Stoffes bestehen kann, wurde die Bezeichnung **Stoffportion** (portion of substance, DIN 32 629) eingeführt. Die Quantität einer Stoffportion wird durch die Größen Masse *m*, Volumen *V*, Stoffmenge *n* sowie die Teilchenanzahl *N* angegeben. Masse und Volumen eines Stoffes sind durch die Dichte verknüpft. Zweckmäßigerweise beschreibt man die Quantität einer Stoffportion durch eine Größengleichung.

Beispiele für Stoffportionen:

- 2 kg Natriumchlorid bzw. eine Natriumchloridportion mit $m(NaCl) = 2$ kg,
- 0,5 g Salzsäure mit c(HCl, 20 °C) = 0,1 mol/L bzw. eine Salzsäureportion mit m(Salzsäure) = 0,5 g und der Stoffmengenkonzentration $c(HCl) = 0{,}1$ mol/L bei 20 °C,
- 2 m^3 Chlorgas bei 20 °C und 1 bar bzw. eine Chlorportion mit $V(Cl_2$, 20 °C, 1 bar$) = 2\ m^3$.

Stoffmenge (amount of substance)

Mit der Basisgröße **Stoffmenge** wird die Quantität einer Stoffportion oder der Portion eines ihrer Bestandteile auf der Grundlage der Anzahl der darin enthaltenen Teilchen angegeben.

Die SI-Basiseinheit der Stoffmenge ist das **Mol,** Einheitenzeichen **mol.**

Das Mol ist die Stoffmenge eines Systems, das aus ebenso viel Einzelteilchen besteht, wie Atome in 0,012 kg des Kohlenstoffnuklids ^{12}C enthalten sind (DIN 1301).

1 Mol eines Stoffes enthält $6{,}022 \cdot 10^{23}$ Teilchen. Die pro Mol eines Stoffes enthaltene Teilchenzahl $\boldsymbol{N_A = 6{,}022 \cdot 10^{23}\ mol^{-1}}$ wird als **AVOGADRO-Konstante** bezeichnet.

Bei Stoffmengen muss die Art der Einzelteilchen der Stoffportion präzise genannt werden. Dies können Atome, Moleküle, Ionen, Elektronen, Protonen sowie andere Teilchen oder auch Atomgruppen sein.

Beispiele für Stoffmengenangaben:

Stoffportion 1:	$n(C)$	= 1 mol	enthält	$6{,}022 \cdot 10^{23}$ Kohlenstoffatome
Stoffportion 2:	$n(H_2O)$	= 1 kmol	enthält	$10^3 \cdot 6{,}022 \cdot 10^{23} = 6{,}022 \cdot 10^{26}$ Wassermoleküle
Stoffportion 3:	$n(Ca^{2+})$	= 1 mmol	enthält	$10^{-3} \cdot 6{,}022 \cdot 10^{23} = 6{,}022 \cdot 10^{20}$ Calcium-Ionen
Stoffportion 4:	$n(NO_3^-)$	= 1 mol	enthält	$6{,}022 \cdot 10^{23}$ Nitrat-Ionen

Die in einer beliebigen Stoffmenge des Stoffes X enthaltene Anzahl Stoffteilchen $N(X)$ lässt sich mit Hilfe der Avogadro-Konstanten berechnen: Teilchenzahl = Stoffmenge · Avogadro-Konstante

Teilchenzahl
$N(X) = n(X) \cdot N_A$

Beispiel: Wie viele Moleküle sind in 2 mol Wasser H_2O enthalten?

Lösung: $N(H_2O) = n(H_2O) \cdot N_A = 2\ mol \cdot 6{,}022 \cdot 10^{23}\ mol^{-1} = 1{,}2044 \cdot 10^{24}$ Moleküle
das sind 1 204 400 000 000 000 000 000 000 Wassermoleküle

Molare Masse (molar mass)

Die Stoffmenge n ist als Teilchenzahl definiert. Aus der darin enthaltenen, unvorstellbar großen Anzahl von Teilchen wird deutlich, dass Stoffmengen praktisch nicht durch Zählen ermittelt werden können, sondern durch Wiegen, oder bei Gasen durch Volumenmessung, bestimmt werden müssen.

Da jedes Teilchen eine stoffspezifische Masse besitzt, kann man eine Beziehung zwischen der Masse $m(X)$ eines Teilchens und der Stoffmenge $n(X)$ herstellen. Der Quotient aus beiden Größen wird als **molare Masse M(X)** bezeichnet und ergibt die nebenstehende Grundgleichung für stöchiometrische Berechnungen.

Die molare Masse $M(X)$ ist die Masse von 1 Mol des Stoffes X.

Die Einheit ist kg/mol, in der Praxis wird meist das Einheitenzeichen g/mol bzw. $g \cdot mol^{-1}$ verwendet.

Grundgleichung für stöchiometrische Berechnungen

$$\text{Molare Masse} = \frac{\text{Masse}}{\text{Stoffmenge}}$$

$$M(X) = \frac{m(X)}{n(X)}$$

Zur experimentellen Bestimmung der molaren Masse einer Substanz gibt es mehrere Verfahren (Seite 426). Sehr genaue Werte werden durch die massenspektroskopische Methode erhalten, allerdings ist die bestimmbare Genauigkeit für die einzelnen Elemente sehr unterschiedlich.

In **Tabelle 1** sind die molaren Masse häufig vorkommender Elemente aufgeführt.

Die molare Masse von Verbindungen oder Atomgruppen ergibt sich rechnerisch aus der Summe der molaren Massen der in der Verbindung enthaltenen Teilchen. Für die meisten praktischen Berechnungen ist eine Rechengenauigkeit mit auf zwei Dezimalstellen gerundeten Werten hinreichend genau.

Tabelle 1: Molare Massen

Element	Symbol	M(X) in g/mol
Wasserstoff	H	1,00794
Kohlenstoff	C	12,01115
Stickstoff	N	14,00674
Sauerstoff	O	15,9994
Natrium	Na	22,989768
Magnesium	Mg	24,3050
Aluminium	Al	26,981539
Schwefel	S	32,066
Chlor	Cl	35,4527
Kalium	K	39,0983
Calcium	Ca	40,078
Kupfer	Cu	63,546
Blei	Pb	207,2

Beispiel 1: Welche molare Masse hat Calciumcarbonat $CaCO_3$?

Lösung:

$$M(CaCO_3) = M(Ca) + M(C) + 3 \cdot M(O)$$

$$\begin{aligned} & M(Ca) &= &\ 40{,}078 \text{ g/mol} \\ + & M(C) &= &\ 12{,}01115 \text{ g/mol} \\ + & 3 \cdot M(O) &= &\ 3 \cdot 15{,}9994 \text{ g/mol} \end{aligned}$$

$$\mathbf{M(CaCO_3)} = 100{,}08735 \text{ g/mol} \approx \mathbf{100{,}087\ g/mol}$$

Die molare Masse von Ionen wird bei praktischen Berechnungen den entsprechenden Massen der Atome oder Gruppen, aus denen sie entstanden sind, gleichgesetzt.

Beispiel 2: Welche molare Masse hat das Sulfat-Ion SO_4^{2-}?

Lösung:

$$M(SO_4^{2-}) = M(S) + 4 \cdot M(O) + 2 \cdot M(e^-)$$

$$\begin{aligned} & M(S) &= &\ 32{,}066 \text{ g/mol} \\ + & 4 \cdot M(O) &= &\ 4 \cdot 15{,}9994 \text{ g/mol} \\ + & 2 \cdot M(e^-) &= &\ 2 \cdot 0{,}0005486 \text{ g/mol} \end{aligned}$$

$$\mathbf{M(SO_4^{2-})} = 96{,}0646972 \text{ g/mol} \approx \mathbf{96{,}065\ g/mol}$$

Hier wird deutlich, dass die extrem geringe Elektronenmasse für praktische Berechnungen vernachlässigt werden kann.

Beispiel 3: Berechnen Sie die Stoffmenge in 250 g Ammoniumsulfat $(NH_4)_2SO_4$.

Lösung: $M((NH_4)_2SO_4) = 132{,}14$ g/mol

$$M(X) = \frac{m(X)}{n(X)} \Rightarrow \mathbf{n((NH_4)_2SO_4)} = \frac{m((NH_4)_2SO_4)}{M((NH_4)_2SO_4)} = \frac{250 \text{ g}}{132{,}14 \text{ g/mol}} = 1{,}8919 \text{ mol} \approx \mathbf{1{,}89\ mol}$$

Beispiel 4: Welche Masse hat die Stoffmenge 0,25 mmol Kupfersulfat-Pentahydrat $CuSO_4 \cdot 5\,H_2O$?

Lösung: $M(CuSO_4 \cdot 5\,H_2O) = 249{,}69$ g/mol

$$M(X) = \frac{m(X)}{n(X)} \Rightarrow M(CuSO_4 \cdot 5\,H_2O) = \frac{m(CuSO_4 \cdot 5\,H_2O)}{n(CuSO_4 \cdot 5\,H_2O)}$$

$$\Rightarrow \mathbf{m(CuSO_4 \cdot 5\,H_2O)} = M(CuSO_4 \cdot 5\,H_2O) \cdot n(CuSO_4 \cdot 5\,H_2O) = 249{,}69 \text{ g/mol} \cdot 0{,}25 \text{ mmol} \approx \mathbf{62\ mg}$$

Atomare Masseneinheit (atomic mass unit)

Die absolute Masse m eines Teilchens X ergibt die Division der molaren Masse M(X) durch die darin enthaltene Teilchenzahl N_A.

Teilchenmasse
$m(X) = \frac{M(X)}{N_A}$

Beispiel 1: Welche Masse hat ein Wasserstoffatom?

Lösung: $\mathbf{m(H)} = \frac{M(H)}{N_A} = \frac{1{,}00794 \text{ g/mol}}{6{,}022 \cdot 10^{23} \text{ 1/mol}} \approx \mathbf{1{,}674 \cdot 10^{-24} \text{ g}}$

Um nicht mit derart kleinen Zahlen zu rechnen, wurde die **atomare Masseneinheit u** eingeführt:

1 u ist der zwölfte Teil der Masse eines ^{12}C-Nuklids, $1 \text{ u} = \frac{1}{12} \cdot m(^{12}\text{C})$

Die absolute Masse für 1 u wird erhalten aus: $\mathbf{1 \text{ u}} = \frac{M(X)}{12 \cdot N_A} = \frac{12{,}00 \text{ g/mol}}{12 \cdot 6{,}022 \cdot 10^{23} \text{ 1/mol}} = \mathbf{1{,}661 \cdot 10^{-24} \text{ g}}$

Die Masse m(X) eines Teilchens X in der atomaren Masseneinheit u hat den gleichen Zahlenwert wie die molare Masse M(X) dieses Teilchens:

$m(H) = 1{,}00794 \text{ u}, \qquad M(H) = 1{,}00794 \text{ g/mol}$

Für das praktische Rechnen hat die atomare Masseneinheit u keine Bedeutung.

Aufgaben zu 4.5 Quantitäten von Stoffportionen

1. Berechnen Sie die molaren Massen unter Berücksichtigung der Rundungsregeln
   a) $NiCl_2$ Nickel(II)-chlorid
   b) Al_2O_3 Aluminiumoxid
   c) $Ca_3(PO_4)_2$ Calciumphosphat
   d) NO_3^- Nitrat-Ion
   e) $Al_2(SO_4)_3$ Aluminiumsulfat
   f) $Na_2CO_3 \cdot 10\,H_2O$ Natriumcarbonat-Decahydrat
   g) $CaC_2O_4 \cdot H_2O$ Calciumoxalat-Monohydrat
   h) CH_3COO^- Acetat-Ion (Ethanat-Ion)
2. Berechnen Sie die Stoffmengen folgender Stoffportionen:
   a) 35 g Aluminium Al
   b) 2,55 mg Iod I_2
   c) 2,500 g Gold Au
   d) 50,0 g Wasserstoff H_2
   e) 150 µg Kohlenstoff C
   f) 2,20 t Chlorgas Cl_2
3. Berechnen Sie die Masse folgender Stoffportionen:
   a) 1,75 mol Schwefelsäure H_2SO_4
   b) 1,30 mmol Calcium-Ionen Ca^{2+}
   c) 3,0 kmol Cyclohexan C_6H_{12}
   d) 5,20 kmol Chlor Cl_2
   e) 5,5 mol Kupfer(II)-oxid CuO
   f) 2,0 mmol Nitrat-Ionen NO_3^-
   g) 55,0 mol Sauerstoff O_2
   h) 0,0050 mmol Platin Pt
   i) 2,50 mol Glycerin $C_3H_8O_3$
4. Berechnen Sie die Stoffmenge von
   a) 20,0 g Wasser H_2O
   b) 500 kg Benzol C_6H_6
   c) 5,20 kg Kaliumnitrat KNO_3
   d) 150 g Schwefelsäure H_2SO_4
   e) 50 mg Calcium-Ionen Ca^{2+}
   f) 2,50 mg Sulfat-Ionen SO_4^{2-}
   g) 122 mg Essigsäure CH_3COOH
   h) 200 kg Nitrobenzol $C_6H_5NO_2$
   i) 220 g Calciumhydroxid $Ca(OH)_2$
5. Berechnen Sie die Masse von
   a) 5,5 mol Kaliumdichromat $K_2Cr_2O_7$
   b) 0,25 mol Bariumhydroxid $Ba(OH)_2$
   c) 3,5 mmol Kohlenstoffdioxid CO_2
   d) 2,00 kmol Trichlormethan $CHCl_3$
   e) 2,5 mmol Kupfersulfat-Pentahydrat $CuSO_4 \cdot 5\,H_2O$
   f) 0,45 mol Zinksulfat-Heptahydrat $ZnSO_4 \cdot 7\,H_2O$
6. Wie viele Atome sind in 1,0 kg Eisen enthalten?
7. Wie viele Moleküle enthalten 200 mg reine Schwefelsäure H_2SO_4?
8. Wie viele Wassermoleküle enthalten 2,0 Liter Wasser von 20 °C (Dichte ϱ = 0,9982 g/cm^3)?

4.6 Zusammensetzung von Verbindungen und Elementen

In chemischen Verbindungen und natürlichen Isotopengemischen liegen die Komponenten mit bestimmten Massenanteilen vor. In Verbindungen wird die stöchiometrische Zusammensetzung durch die Formel der Verbindung festgelegt.

Massenanteile von Bestandteilen in Verbindungen

Aus der molaren Masse einer chemischen Verbindung *M* (Verbindung) und den bekannten molaren Massen der beteiligten Elemente *M* (X) kann der Massenanteil *w* (X) eines Elements X oder einer Atomgruppe berechnet werden. Dabei steht der stöchiometrische Faktor *a* für die Anzahl der in der Verbindung vorhandenen Elemente oder Atomgruppen.

Massenanteile von Bestandteilen in Verbindungen

$$w(\mathrm{X}) = \frac{a \cdot M(\mathrm{X})}{M(\mathrm{Verbindung})}$$

Der Massenanteil *w* hat als Quotient zweier gleicher Größen keine Einheit. Er wird üblicherweise als Bruchteil von 1 (z.B. 0,75 g/g = 0,75) oder in Prozent (z.B. 75 g/100 g = 0,75 = 75 %) angegeben.

Beispiel 1: Welche Massenanteile $w(\mathrm{Al})$ und $w(\mathrm{O})$ hat Aluminiumoxid Al_2O_3?

Lösung: $M(\mathrm{Al})$ = 26,98 g/mol, $M(\mathrm{O})$ = 16,00 g/mol, $M(\mathrm{Al_2O_3})$ = 101,96 g/mol

$$\boldsymbol{w(\mathrm{Al})} = \frac{a \cdot M(\mathrm{Al})}{M(\mathrm{Al_2O_3})} = \frac{2 \cdot 26{,}98\ \mathrm{g/mol}}{101{,}96\ \mathrm{g/mol}} = 0{,}52922 \approx \mathbf{52{,}92\,\%}$$

$$\boldsymbol{w(\mathrm{O})} = \frac{a \cdot M(\mathrm{O})}{M(\mathrm{Al_2O_3})} = \frac{3 \cdot 16{,}00\ \mathrm{g/mol}}{101{,}96\ \mathrm{g/mol}} = 0{,}47077 \approx \mathbf{47{,}08\,\%}$$

Kontrolle: $w(\mathrm{Al}) + w(\mathrm{O}) = 52{,}92\,\% + 47{,}08\,\% = 100\,\%$

Beispiel 2: Welcher Massenanteil Kristallwasser $w(\mathrm{H_2O})$ ist in Eisensulfat-Heptahydrat $FeSO_4 \cdot 7\ H_2O$ gebunden?

Lösung: $M(\mathrm{Fe})$ = 55,85 g/mol, $M(\mathrm{O})$ = 16,00 g/mol, $M(\mathrm{S})$ = 32,07 g/mol, $M(\mathrm{H_2O})$ = 18,02 g/mol, a = 7, $M(\mathrm{FeSO_4 \cdot 7\ H_2O})$ = 278,02 g/mol

$$\boldsymbol{w(\mathrm{H_2O})} = \frac{a \cdot M(\mathrm{H_2O})}{M(\mathrm{FeSO_4 \cdot 7\ H_2O})} = \frac{7 \cdot 18{,}02\ \mathrm{g/mol}}{278{,}02\ \mathrm{g/mol}} = 0{,}45371 \approx \mathbf{45{,}37\,\%}$$

Lösungsweg mit Schlussrechnung:

In 278,02 g $FeSO_4 \cdot 7\ H_2O$ sind 7 · 18,02 g H_2O chemisch gebunden
In 100 g $FeSO_4 \cdot 7\ H_2O$ sind x g H_2O chemisch gebunden

$$x = \boldsymbol{m(\mathrm{H_2O})} = \frac{7 \cdot 18{,}02\ \mathrm{g} \cdot 100\ \mathrm{g}}{278{,}02\ \mathrm{g}} = 45{,}3708\ \mathrm{g}$$

45,3708 g von 100 g sind ≈ 45,37 % ⇒ $\boldsymbol{w(\mathrm{H_2O})} \approx \mathbf{45{,}37\,\%}$

Massen von Bestandteilen in Verbindungen

So wie man aus den molaren Massen einer Verbindung die Massenanteile $w(\mathrm{X})$ der Elemente oder von Atomgruppen berechnen kann, so ist es auch möglich, die Massenzusammensetzung der Verbindung zu ermitteln. Die Berechnungsformel hierfür ist um die Masse der Verbindung ergänzt.

Masse von Bestandteilen in Verbindungen

$$m(\mathrm{X}) = \frac{m(\mathrm{Verb.}) \cdot a \cdot M(\mathrm{X})}{M(\mathrm{Verb.})}$$

Beispiel 1: Welche Masse an Stickstoff N ist in 1000 kg des Düngers Ammoniumnitrat NH_4NO_3 chemisch gebunden?

Lösung: $M(\mathrm{N})$ = 14,01 g/mol, $M(\mathrm{O})$ = 16,00 g/mol, $M(\mathrm{H})$ = 1,008 g/mol, a = 2, $M(\mathrm{NH_4NO_3})$ = 80,04 g/mol, $m(\mathrm{NH_4NO_3})$ = 1000 kg

$$\boldsymbol{m(\mathrm{N})} = \frac{m(\mathrm{NH_4NO_3}) \cdot a \cdot M(\mathrm{N})}{M(\mathrm{NH_4NO_3})} = \frac{1000\ \mathrm{kg} \cdot 2 \cdot 14{,}01\ \mathrm{g/mol}}{80{,}04\ \mathrm{g/mol}} = 350{,}075\ \mathrm{kg} \approx \mathbf{350{,}1\ kg}$$

Beispiel 2: Wie viel Kupferkies mit einem Massenanteil $w(CuFeS_2)$ = 5,00 % muss zur Herstellung von 500 kg Kupfer verarbeitet werden?

Lösung: $M(Cu)$ = 63,55 g/mol, $M(CuFeS_2)$ = 183,53 g/mol, a = 1

$$m(Cu) = \frac{m(CuFeS_2) \cdot a \cdot M(Cu)}{M(CuFeS_2)} \Rightarrow m(CuFeS_2) = \frac{M(CuFeS_2) \cdot m(Cu)}{a \cdot M(Cu)} = \frac{183{,}53\ g/mol \cdot 500\ kg}{1 \cdot 63{,}55\ g/mol}$$

$m(CuFeS_2)$ = 1443,98 kg

$$w(CuFeS_2) = \frac{m(CuFeS_2)}{m(Kupferkies)} \Rightarrow \boldsymbol{m}\textbf{(Kupferkies)} = \frac{m(CuFeS_2)}{w(CuFeS_2)} = \frac{1443{,}98\ kg}{0{,}0500} = 28879{,}6\ kg \approx \mathbf{28{,}9\ t}$$

Zusammensetzung von Isotopengemischen

Die Mehrzahl der in der Natur vorkommenden Elemente sind Gemische verschiedener Isotope (isotopic mixtures). Die in Tabellenbüchern angegebenen Atommassen dieser Elemente sind demnach durchschnittliche Atommassen aller natürlich vorkommenden Isotope unter Berücksichtigung ihrer Häufigkeit.

Diese durchschnittlichen Atommassen können bei Kenntnis von Häufigkeit und exakter Masse jedes Isotops mit Hilfe der **Mischungsgleichung** (mixture equation) errechnet werden. Die Gleichung kann auf n Isotope erweitert werden, die Massenanteile sind als Teile von 1 oder in Prozent einzusetzen.

Mischungsgleichung für n Isotope
$m(X) = m_1 \cdot w_1 + m_2 \cdot w_2 + \ldots + m_n \cdot w_n$

Beispiel: Welche Atommasse und welche molare Masse hat das Element Stickstoff $_7N$? Natürlich vorkommender Stickstoff besteht aus den Nukliden $^{14}_{7}N$ (m = 14,003074 u, w = 99,634 %) und $^{15}_{7}N$ (m = 15,000109 u, w = 0,366 %).

Lösung: $m(N) = m(^{14}_{7}N) \cdot w(^{14}_{7}N) + m(^{15}_{7}N) \cdot w(^{15}_{7}N)$

$\boldsymbol{m}\textbf{(N)}$ = 14,003074 u · 0,99634 + 15,000109 u · 0,00366 ≈ **14,0 u**, $\boldsymbol{M}\textbf{(N)}$ ≈ **14,0 g/mol**

Aufgaben zu 4.6 Zusammensetzung von Verbindungen und Elementen

1. Berechnen Sie die Massenanteile der Elemente in den Verbindungen.
   a) Schwefelsäure H_2SO_4
   b) Bariumhydroxid $Ba(OH)_2$
   c) Aluminiumsulfat $Al_2(SO_4)_3$
   d) Ethanol C_2H_5OH
   e) Ammoniumdichromat $(NH_4)_2Cr_2O_7$
   f) Gips $CaSO_4 \cdot {}^1/_2\ H_2O$
2. Welchen Massenanteil Kristallwasser haben die Verbindungen?
   a) Natriumcarbonat-Decahydrat $Na_2CO_3 \cdot 10\ H_2O$
   b) Magnesiumammoniumphosphat $MgNH_4PO_4 \cdot 6\ H_2O$
   c) Ammoniumeisensulfat $Fe(NH_4)_2(SO_4)_2 \cdot 6\ H_2O$
   d) Calciumsulfat-Dihydrat $CaSO_4 \cdot 2\ H_2O$
   e) Alaun $KAl(SO_4)_2 \cdot 12\ H_2O$
   f) Blutlaugensalz $K_4[Fe(CN)_6] \cdot 3\ H_2O$
3. Welchen Nitrat-Massenanteil hat Calciumnitrat $Ca(NO_3)_2$?
4. Berechnen Sie den Chlorid-Massenanteil in Steinsalz mit dem Massenanteil $w(NaCl)$ = 97,5 %.
5. Tierknochen bestehen zu 57,8 % aus Calciumphosphat $Ca_3(PO_4)_2$. Wie groß ist der Phosphat-Massenanteil $w(PO_4^{3-})$?
6. Welchen Bromid-Massenanteil hat Bromcarnallit, ein in Kalisalzen enthaltenes Salz der Zusammensetzung $KBr \cdot MgBr_2 \cdot 6\ H_2O$, das als Rohstoff für die Bromgewinnung eingesetzt wird?
7. Die Analyse eines Bauxit ergab einen Massenanteil $w(AlO(OH))$ = 63,5 %.
   a) Welchen Massenanteil $w(Al)$ hat der Bauxit?
   b) Wie viel Aluminium kann aus 700 kt Bauxit gewonnen werden?
8. Wie viel technischer Harnstoff mit dem Massenanteil $w(CO(NH_2)_2)$ = 98,55 % muss verfügbar sein, wenn darin 1,25 kg chemisch gebundener Stickstoff N enthalten sein sollen?

9. Wie groß ist der Stickstoff-Massenanteil w(N) in einem technischen Ammoniumnitrat mit dem Massenanteil w (NH_4NO_3) = 92,5 %?
10. Welche Masse Chlor ist in 750 L Trichlormethan $CHCl_3$ (ϱ = 1,489 g/mL) chemisch gebunden?
11. Für eine Wasserenthärtung sind 25 mol Carbonat-Ionen CO_3^{2-} erforderlich. In welcher Portion an Soda $Na_2CO_3 \cdot 10\ H_2O$ ist diese Stoffmenge enthalten?
12. Die Neutralisation von saurem Abwasser erfordert 2,50 t Kalksteinmehl, bei der Reaktion werden 1,25 t Carbonat-Ionen CO_3^{2-} verbraucht. Welchen Massenanteil w($CaCO_3$) hat der Kalkstein?
13. Welches Produkt ist bezogen auf die darin enthaltene wirksame Substanz Na_2CO_3 im Einkauf preiswerter: Calcinierte Soda Na_2CO_3 zu 1,10 €/kg oder Soda $Na_2CO_3 \cdot 10\ H_2O$ zu 0,60 €/kg?
14. 5,00 t Mischdünger enthalten 3,25 t Calciumnitrat $Ca(NO_3)_2$, 750 kg Harnstoff $CO(NH_2)_2$ und 1,00 t Ammoniumnitrat NH_4NO_3. Welche Masse an Stickstoff N wird im Boden freigesetzt?
15. Die Zusammensetzung eines durch Flotation angereicherten Erzes beträgt: w(PbS) = 83,72 %, w(ZnS) = 14,97 %, w(Ag) = 1,30 % und w(Au) = 0,025 %. Welche Massen an Pb, Zn, Ag und Au können aus 7,50 t Erz theoretisch hergestellt werden?
16. Die Analyse eines Pigments ergab für 1,543 g Einwaage 58 mg Bleisulfat Wie groß ist der Massenanteil w(Pb) an chemisch gebundenem Blei in einem Beschichtungsstoff, wenn dieser einen Massenanteil w(Pigment) = 14 % hat?
17. Natürlich vorkommendes Bor $_5$B besteht zu 19,902 % aus dem Isotop $^{10}_{5}B$ mit der molaren Masse 10,0129 g/mol und zu 80,092 % aus dem Isotop $^{11}_{5}B$ mit der molaren Masse 11,0093 g/mol. Wie groß ist die molare Masse des Mischelements Bor?

4.7 Elementar- und Molekülformel

Um die chemische Zusammensetzung einer unbekannten Verbindung eindeutig zu bestimmen, sind mehrere experimentelle Schritte und Berechnungen mit den gewonnenen Daten erforderlich:

- Durch **qualitative Analyse** werden die in der Verbindung vorhandenen Elemente ermittelt.
- Durch **quantitative Analyse** (auch Elementaranalyse genannt) werden die Massen und daraus die Massenanteile der in der Verbindung gebundenen Elemente bestimmt.
- Durch geeignete Experimente (vgl. Seite 426) und anschließende Berechnung wird die **molare Masse** der Verbindung ermittelt.
- Durch **Strukturaufklärung** werden, insbesondere bei organischen Verbindungen, funktionelle Gruppen in der Substanz identifiziert.

Im Folgenden wird nach DIN 32 641 den Namen *Elementarformel* und *Molekülformel* bzw. bei Ionenverbindungen *Teilchenformel* der Vorzug gegeben gegenüber den synonymen Bezeichnungen empirische Formel und Summenformel.

Elementarformel (empirical formula)

Die Elementarformel ist die einfachste Formel einer chemischen Verbindung. In ihr wird nur das Verhältnis der einzelnen Atome in kleinstmöglichen ganzen Zahlen zum Ausdruck gebracht. Dieses Atomverhältnis entspricht dem Verhältnis der Stoffmengen der Elemente in der Verbindung.

Beispiele für Elementarformeln: C_1H_1 C_1H_3 $C_6H_2O_1$ Fe_2O_3 $Na_2S_2O_3$ Pb_3O_4

Molekülformel/Teilchenformel (molecular formula)

In der Molekülformel/Teilchenformel ist dagegen die tatsächliche Anzahl der einzelnen Atome angegeben, die in der Verbindung enthalten sind. Sie ist gleich oder ein ganzzahliges Vielfaches der Elementarformel. Zur Ermittlung der Molekülformel/Teilchenformel muss die molare Masse der betreffenden Verbindung bestimmt werden.

Beispiele für Summenformeln: C_2H_6 $C_6H_{12}O_6$ C_2H_6O

Beispiele für Teilchenformeln: Fe_2O_3 $Na_2S_2O_8$ Pb_3O_4

4.7.1 Elementaranalyse

Die **Elementaranalyse** (organic analysis) ist eine quantitative Bestimmung der Elemente in einer organischen Verbindung. Aus den für die Elemente der Verbindung getrennt durchgeführten Analysen werden die Massen und daraus die Massenanteile der Elemente erhalten.

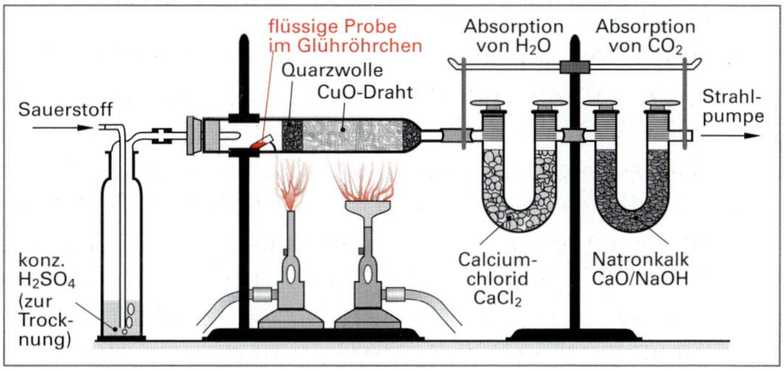

Bild 1: Elementaranalyse einer organischen Flüssigkeit

Organische Verbindungen aus den Elementen Kohlenstoff C, Wasserstoff H und Sauerstoff O können z. B. im Laborversuch in einem Verbrennungsrohr durch Kupfer(II)-oxid CuO oxidiert werden **(Bild 1).**

Es entstehen Kohlenstoffdioxid CO_2 und Wasser H_2O. Das Kohlenstoffdioxid wird in Natronkalk, der kondensierte Wasserdampf von Magnesiumperchlorat oder Calciumchlorid absorbiert.

Berechnung der Masse an Kohlenstoff aus dem absorbierten CO_2

$$m(\mathrm{C}) = \frac{M(\mathrm{C}) \cdot m(\mathrm{CO_2})}{M(\mathrm{CO_2})}$$

Die Bestimmung der Massen an CO_2 und H_2O erfolgt durch Differenzwägung der Absorptionsrohre. Aus der Massedifferenz lassen sich, wie nachfolgend gezeigt wird, die Massen und Massenanteile an Kohlenstoff und Wasserstoff der analysierten Verbindung errechnen.

Berechnung der Masse an Wasserstoff aus dem absorbierten H_2O

$$m(\mathrm{H}) = \frac{2 \cdot M(\mathrm{H}) \cdot m(\mathrm{H_2O})}{M(\mathrm{H_2O})}$$

Beispiel: In einer organischen Verbindung wurden die Elemente C, H und O nachgewiesen. Die Elementaranalyse ergab folgende Wägeergebnisse:

Einwaage an Probesubstanz: 3,403 g

Einwaage Natronkalk-Absorptionsrohr:	44,372 g	Einwaage $CaCl_2$-Absorptionsrohr:	56,278 g
Auswaage Natronkalk-Absorptionsrohr:	50,884 g	Auswaage $CaCl_2$-Absorptionsrohr:	60,274 g

Berechnen Sie die Massen und Massenanteile der Elemente in der Probe.

Lösung: $m(\mathrm{CO_2}) = 50{,}884\text{ g} - 44{,}372\text{ g} = 6{,}512\text{ g}$ $\quad m(\mathrm{H_2O}) = 60{,}274\text{ g} - 56{,}278\text{ g} = 3{,}996\text{ g}$

$$\boldsymbol{m(\mathrm{C})} = \frac{M(\mathrm{C}) \cdot m(\mathrm{CO_2})}{M(\mathrm{CO_2})} = \frac{12{,}011\text{ g/mol} \cdot 6{,}512\text{ g}}{44{,}010\text{ g/mol}} = \mathbf{1{,}777\text{ g}}$$

$$\boldsymbol{m(\mathrm{H})} = \frac{2 \cdot M(\mathrm{H}) \cdot m(\mathrm{H_2O})}{M(\mathrm{H_2O})} = \frac{2 \cdot 1{,}008\text{ g/mol} \cdot 3{,}996\text{ g}}{18{,}015\text{ g/mol}} = \mathbf{0{,}4472\text{ g}}$$

$$\boldsymbol{m(\mathrm{O})} = m(\text{Probe}) - m(\mathrm{C}) - m(\mathrm{H}) = 3{,}403\text{ g} - 1{,}777\text{ g} - 0{,}4472\text{ g} \approx \mathbf{1{,}179\text{ g}}$$

$$\boldsymbol{w(\mathrm{C})} = \frac{m(\mathrm{C})}{m(\text{Verbindung})} = \frac{1{,}777\text{ g}}{3{,}403\text{ g}} = 0{,}522186 \approx \mathbf{52{,}22\,\%}$$

$$\boldsymbol{w(\mathrm{H})} = \frac{m(\mathrm{H})}{m(\text{Verbindung})} = \frac{0{,}4472\text{ g}}{3{,}403\text{ g}} = 0{,}13141 \approx \mathbf{13{,}14\,\%}$$

$$\boldsymbol{w(\mathrm{O})} = 100\,\% - w(\mathrm{C}) - w(\mathrm{H}) = 100\,\% - 52{,}22\,\% - 13{,}14\,\% = \mathbf{34{,}64\,\%}$$

In der Probesubstanz gebundener Stickstoff kann in einem weiteren Analysenschritt durch Zugabe von konzentrierter Natronlauge in Ammoniak überführt und in einer Vorlage mit Salzsäure absorbiert werden. Aus der Rücktitration der überschüssigen Salzsäure wird der Stickstoff-Anteil erhalten.

4.7.2 Berechnung der Elementarformel

Aus den durch die quantitativen Analyse ermittelten Massen oder Massenanteilen der Atomarten einer Verbindung kann das Stoffmengenverhältnis berechnet und daraus die Elementarformel ermittelt werden. Der Rechengang entspricht einer Umkehrung der Berechnung des Massenanteils $w(X)$ der Elemente (vgl. Seite 120). Er wird im Folgenden an konkreten Beispielen erläutert.

Beispiel 1: Durch Elementaranalyse eines Kohlenwasserstoffs wurden die Massenanteile $w(C) = 74{,}87\ \%$ und $w(H) = 25{,}13\ \%$ bestimmt. Welche Elementarformel hat die Verbindung?

Lösung: In 100 g der Probe sind 74,87 g Kohlenstoff C und 25,13 g Wasserstoff H gebunden.

Berechnung der Stoffmengen:

$$n(C) = \frac{m(C)}{M(C)} = \frac{74{,}87\ g}{12{,}011\ g/mol} = 6{,}2335\ mol; \quad n(H) = \frac{m(H)}{M(H)} = \frac{25{,}13\ g}{1{,}008\ g/mol} = 24{,}931\ mol$$

Um das kleinstmögliche Verhältnis der Stoffmengen zu erhalten, werden alle errechneten Stoffmengen durch den Zahlenwert der kleinsten Stoffmenge dividiert:

$n(C) = 6{,}2335\ mol : 6{,}2335 = 1\ mol$
$n(H) = 24{,}931\ mol : 6{,}2335 = 4\ mol$
$\Rightarrow$ Die Verbindung hat die Elementarformel: $\mathbf{C_1\,H_4}$

Beispiel 2: Die Elementaranalyse einer organischen Verbindung aus C, H und O ergibt bei der Einwaage von 112 mg Probesubstanz 54,4 mg C und 9,22 mg H. Sauerstoff wird nicht quantitativ bestimmt. Berechnen Sie die Elementarformel der Verbindung.

Lösung: Die experimentell nicht bestimmte Masse an Sauerstoff ergibt sich aus folgender Differenz:

$m(O) = m(\text{Probe}) - m(C) - m(H) = 112\ mg - 54{,}4\ mg - 9{,}22\ mg = 48{,}38\ mg$

Berechnung der Stoffmengen:

$$n(C) = \frac{m(C)}{M(C)} = \frac{54{,}4\ mg}{12{,}011\ mg/mmol} = 4{,}529\ mmol; \quad n(H) = \frac{m(H)}{M(H)} = \frac{9{,}22\ mg}{1{,}008\ mg/mmol} = 9{,}147\ mmol$$

$$n(O) = \frac{m(O)}{M(O)} = \frac{48{,}38\ mg}{16{,}00\ mg/mmol} = 3{,}024\ mmol$$

Division durch den Zahlenwert der kleinsten Stoffmenge:

$n(C) = 4{,}529\ mmol : 3{,}024 \approx 1{,}5\ mmol$
$n(H) = 9{,}147\ mmol : 3{,}024 \approx 3\ mmol$
$n(O) = 3{,}024\ mmol : 3{,}024 = 1\ mmol$

Die Elementarformel der Verbindung lautet nach Multiplikation der Stoffmengen mit dem Faktor 2: $\mathbf{C_3\,H_6\,O_2}$

4.7.3 Berechnung der Molekülformel

Um aus der Elementarformel (dem kleinstmöglichen Stoffmengenverhältnis der beteiligten Atomarten) die Molekülformel zu berechnen, muss die molare Masse der untersuchten Substanz experimentell bestimmt werden. Mögliche Verfahren sind in Kap. 14 (Seite 426) ausführlich beschrieben.

Die Berechnung ist auf zwei unterschiedlichen Wegen möglich. Sie werden im Folgenden an konkreten Beispielen erläutert.

Beispiel: Die Elementaranalyse einer organischen Verbindung aus C, H und O **(Beispiel 1)** ergab bei einer Einwaage von 112 mg Probesubstanz 54,4 mg C und 9,22 mg H. Sauerstoff wurde nicht quantitativ bestimmt. Die molare Masse konnte massenspektroskopisch zu $M(\text{exp}) = 74{,}1\ g/mol$ bestimmt werden. Ermitteln Sie die Molekülformel der untersuchten Substanz.

Lösung: Berechnung der molaren Masse $M(\text{calc})$ der Verbindung mit der Elementarformel $C_3\,H_6\,O_2$:

$M(\text{calc}) = 3 \cdot M(C) + 6 \cdot M(H) + 2 \cdot M(O) = 3 \cdot 12{,}011\ g/mol + 6 \cdot 1{,}008\ g/mol + 2 \cdot 16{,}00\ g/mol$
$M(\text{calc}) = 74{,}081\ g/mol$

Durch Division der experimentell bestimmten molaren Masse $M(\text{exp}) = 74{,}081\ g/mol$ durch die molare Masse der Elementarformel $M(\text{calc})$ wird ein Erweiterungsfaktor F erhalten. Die Erweiterung der Indices aus der Elementarformel mit diesem Faktor ergibt die Indices der Molekülformel:

$$F = \frac{M(\text{exp})}{M(\text{calc})} = \frac{74{,}1\ g/mol}{74{,}081\ g/mol} \approx 1 \quad \Rightarrow$$ Die Molekülformel lautet: $\mathbf{C_3\,H_6\,O_2}$

Alternativer Lösungsweg als Umkehrung der Berechnung der Massenanteile (Seite 120):

$m(\text{Verb}) = 0{,}112\ \text{g},\ m(\text{C}) = 0{,}0544\ \text{g},\ m(\text{H}) = 0{,}00922\ \text{g},\ m(\text{O}) = 0{,}04838\ \text{g},\ M(\text{Verb}) = 74{,}08\ \text{g/mol}$

Aus $m(\text{X}) = \dfrac{m(\text{Verb}) \cdot a(\text{X}) \cdot M(\text{X})}{M(\text{Verb})}$ folgt durch Umformung: $a(\text{X}) = \dfrac{m(\text{X}) \cdot M(\text{Verb})}{m(\text{Verb}) \cdot M(\text{X})}$

$$a(\text{C}) = \frac{m(\text{C}) \cdot M(\text{Verb})}{m(\text{Verb}) \cdot M(\text{C})} = \frac{0{,}0544\ \text{g} \cdot 74{,}08\ \text{g/mol}}{0{,}112\ \text{g} \cdot 12{,}011\ \text{g/mol}} = 2{,}996 \approx 3$$

$$a(\text{H}) = \frac{m(\text{H}) \cdot M(\text{Verb})}{m(\text{Verb}) \cdot M(\text{H})} = \frac{0{,}00922\ \text{g} \cdot 74{,}08\ \text{g/mol}}{0{,}112\ \text{g} \cdot 1{,}008\ \text{g/mol}} = 6{,}050 \approx 6$$

$$a(\text{O}) = \frac{m(\text{O}) \cdot M(\text{Verb})}{m(\text{Verb}) \cdot M(\text{O})} = \frac{0{,}04838\ \text{g} \cdot 74{,}08\ \text{g/mol}}{0{,}112\ \text{g} \cdot 16{,}00\ \text{g/mol}} \approx 2$$

Die Molekülformel lautet: $\mathbf{C_3\,H_6\,O_2}$

Aufgaben zu 4.7 Elementar- und Molekülformel

1. Welche Elementarformel haben die Verbindungen mit folgender Zusammensetzung:
   a) $w(\text{K}) = 28{,}22\,\%$, $w(\text{Cl}) = 25{,}59\,\%$, $w(\text{O}) = 46{,}19\,\%$
   b) $w(\text{Na}) = 32{,}86\,\%$, $w(\text{Al}) = 12{,}85\,\%$, $w(\text{F}) = 54{,}29\,\%$
   c) $w(\text{Fe}) = 36{,}67\,\%$, $w(\text{S}) = 21{,}11\,\%$, $w(\text{O}) = 42{,}13\,\%$
   d) $w(\text{C}) = 52{,}13\,\%$, $w(\text{H}) = 13{,}13\,\%$, $w(\text{O}) = 34{,}74\,\%$
   e) $w(\text{Na}) = 18{,}25\,\%$, $w(\text{S}) = 12{,}69\,\%$, $w(\text{O}) = 19{,}04\,\%$ $w(\text{H}_2\text{O}) = 50{,}01\,\%$,
   f) $m(\text{Cu}) = 2{,}385\ \text{g}$, $m(\text{O}) = 0{,}300\ \text{g}$
   g) $m(\text{Pb}) = 1{,}7385\ \text{g}$, $m(\text{Cr}) = 0{,}4363\ \text{g}$, $m(\text{O}) = 0{,}5370\ \text{g}$
   h) $w(\text{K}) = 7{,}83\,\%$, $w(\text{Cr}) = 10{,}41\,\%$, $w(\text{SO}_4^{2-}) = 38{,}47\,\%$, $w(\text{Kristallwasser}) = 43{,}29\,\%$

2. Welche Molekül-/Teilchenformel haben die Verbindungen mit folgender Zusammensetzung:
   a) $w(\text{Ca}) = 38{,}70\,\%$, $w(\text{P}) = 20{,}00\,\%$, $w(\text{O}) = 41{,}30\,\%$, $M = 310{,}2\ \text{g/mol}$
   b) $w(\text{C}) = 39{,}99\,\%$, $w(\text{H}) = 6{,}72\,\%$, $w(\text{O}) = 53{,}30\,\%$, $M = 60{,}02\ \text{g/mol}$
   c) $w(\text{Na}) = 19{,}31\,\%$, $w(\text{S}) = 26{,}93\,\%$, $w(\text{O}) = 53{,}76\,\%$, $M = 238{,}1\ \text{g/mol}$
   d) $w(\text{Fe}) = 72{,}36\,\%$, $w(\text{O}) = 27{,}64\,\%$, $M = 231{,}5\ \text{g/mol}$

3. Die Elementaranalyse einer organischen Verbindung ergab aus 132,5 mg Probesubstanz 312 mg Kohlenstoffdioxid CO_2 und 85,2 mg Wasser H_2O, Sauerstoff wurde nur qualitativ nachgewiesen. Die molare Masse wurde zu $M = 112{,}1$ g/mol bestimmt. Welche Molekülformel hat die Verbindung?

4. 100 mg einer Verbindung aus Kohlenstoff, Wasserstoff und Sauerstoff bilden bei der Oxidation 238 mg Kohlenstoffdioxid und 122 mg Wasser. Bei der Bestimmung der molaren Masse entsteht aus 150 mg Substanz bei 935 mbar und 20 °C ein Volumen von 52,8 mL. (Verfahren S. 426) Berechnen Sie die Elementar- und Molekülformel der untersuchten Substanz.

5. Die Elementaranalyse eines Thiols ergab aus 150 mg Probesubstanz 137,5 mg Kohlenstoffdioxid, 112,5 mg Wasser und 306,2 mg Schwefelsäure H_2SO_4. Für die Bestimmung der molaren Masse wurden 150 mg Substanz vollständig verdampft. Bei 18 °C und 990 mbar entstand ein Volumen von 76,4 mL (Verfahren S. 426).
   Welche Elementar- und Molekülformel hat die Verbindung?

6. Eine organische Verbindung enthält die Elemente Kohlenstoff, Wasserstoff und Schwefel. 200 mg der Verbindung ergeben nach Oxidation bei 24 °C und 1032 mbar ein Volumen von 154 mL Kohlenstoffdioxid, 76,9 mL Schwefeldioxid sowie 174 mg Wasser. Bei der Bestimmung der molaren Masse nehmen 150,0 mg der Verbindung bei 18 °C und 990 mbar ein Volumen von 59 mL ein. Berechnen Sie die Molekülformel der Verbindung.

7. Bei der Elementaranalyse von 100 mg einer Verbindung der Zusammensetzung $C_nH_mO_xN_y$ werden 60,3 mg Wasser, 117 mg Kohlenstoffdioxid und 22,7 mg Ammoniak erhalten. Die molare Masse wird zu 75,07 g/mol bestimmt.
Welche Molekülformel hat die Verbindung?

8. Bei der Oxidation von 122,0 mg einer Verbindung aus den Elementen C, H, N und O entstehen 84,4 mg Wasser. Das gebildete Kohlenstoffdioxid wird in 20,0 mL Natronlauge der Konzentration c (NaOH) = 0,5 mol/L absorbiert. Die nicht umgesetzte Natronlauge verbraucht bei der Rücktitration 5,90 mL Salzsäure-Maßlösung der Konzentration c (HCl) = 0,5 mol/L.

   In einem weiteren Analysenschritt wird der enthaltene Stickstoff aus 115 mg Probesubstanz in Ammoniak überführt und dieser in 10 mL Salzsäure der Konzentration c (HCl) = 1 mol/L absorbiert. Die überschüssige Salzsäure verbraucht 7,79 mL Natronlauge-Maßlösung der Konzentration c (NaOH) = 1 mol/L.

   Die molare Masse der Stickstoffverbindung wurde ebullioskopisch zu 104,11 g/mol bestimmt (Verfahren Seite 429). Welche Molekülformel hat die Substanz?

9. Erstellen Sie mit Hilfe eines Tabellenkalkulationsprogramms eine Eingabe- und Auswertungstabelle für die Daten der **Elementaranalyse** einer leicht verdampfbaren Substanz aus den Elementen C, H und O. Geben Sie die Messdaten in die Tabelle ein und ermitteln Sie mit Hilfe des Programms die Elementar- und Molekülformel der untersuchten Substanz.

Grau unterlegte Daten-Eingabefelder:	**Messwerte:**	**Rot unterlegte Ergebnisfelder:**
Einwaage an Probesubstanz:	m = 100 mg	Massen C, H und O
Einwaage CO_2-Absorptionsrohr:	m = 78,273 g	Elementarformel
Auswaage CO_2-Absorptionsrohr:	m = 78,511 g	Molare Masse
Einwaage H_2O-Absorptionsrohr:	m = 69,512 g	Molekülformel
Auswaage H_2O-Absorptionsrohr:	m = 69,633 g	
Proben-Einwaage für die molare Masse:	m = 150 mg	
Gasvolumen:	V = 52,8 mL	
Temperatur:	ϑ = 20 °C	
Umgebungsdruck:	p_{amb} = 935 mbar	

10. Verändern Sie die Eingabemaske von Aufgabe 9 so, dass die Elementaranalyse von Verbindungen aus den Elementen C, H, O und S (als H_2SO_4) ausgewertet werden kann. Die Bestimmung der molaren Masse soll mit Hilfe der Methode der Gefrierpunkterniedrigung (Verfahren Seite 431) erfolgen.

4.8 Gase und Gasgesetze

Gase nehmen im Gegensatz zu festen und flüssigen Stoffen jeden ihnen zur Verfügung stehenden Raum ein. Die Stoffteilchen haben verhältnismäßig große Abstände, bewegen sich regellos und stoßen unaufhörlich aneinander und gegen die Gefäßinnenwand. Mit steigender Temperatur nimmt die Bewegung zu. Wenn dabei das Volumen konstant bleibt, steigt der Druck, da die Gasteilchen heftiger gegen die Gefäßinnenwand prallen.

Der erzeugte Druck ist von der Stoffart des Gases unabhängig, weil sich Gasteilchen mit geringer Masse, wie z. B. Wasserstoff H_2, sehr schnell und Gasteilchen mit größerer Masse, wie z. B. Chlor Cl_2, entsprechend langsamer bewegen. Da die kinetische Energie der Gasteilchen bei gleicher Temperatur gleich ist, „erboxen“ sie sich folglich das gleiche Volumen.

Diese Gesetzmäßigkeit ist auch als das **Gesetz von Avogadro** bekannt. Es besagt:

Gleiche Gasvolumina enthalten bei gleicher Temperatur und gleichem Druck die gleiche Anzahl von Teilchen, unabhängig von der Stoffart des Gases.

4.8.1 Gase bei Normbedingungen

Molares Normvolumen idealer Gase

Die **Normbedingungen NB** (standard conditions, DIN 1343), auch als Normzustand NZ bezeichnet, sind gekennzeichnet durch den **Normdruck** (normal pressure) $p_n = 1{,}01325$ bar, gerundet 1,013 bar, und die **Normtemperatur** (standard temperature) T_n = 273,15 K, gerundet 273 K ($\vartheta_n \approx 0$ °C).

Das Volumen einer Gasportion im Normzustand wird **Normvolumen** (standard volume) V_n genannt.

Das stoffmengenbezogene (molare) Normvolumen $V_{m,n}$ ist gleich dem Quotienten aus dem Volumen bei Normbedingungen V_n und der Stoffmenge n. Sein Einheitenzeichen ist L/mol bzw. mol · L^{-1}.

Das Größenzeichen des **molaren Normvolumens** für ideale Gase ist $V_{m,0}$, es beträgt $V_{m,0}$ = 22,41410 L/mol, gerundet 22,41 L/mol.

Normbedingungen

$$p_n \approx 1{,}013 \text{ bar}$$
$$T_n \approx 273 \text{ K}$$
$$\vartheta_n \approx 0 \text{ °C}$$
$$V_{m,0} \approx 22{,}41 \text{ L/mol}$$

Molares Normvolumen

$$V_{m,n}(X) = \frac{V_n(X)}{n(X)}$$

Ein Mol eines idealen Gases nimmt bei Normbedingungen ein Volumen von $V_{m,0}$ = 22,41 L ein.

Das molare Normvolumen $V_{m,0}$ von 22,41 L/mol gilt exakt nur für ideale Gase. Die ein- und zweiatomigen Gase, wie z. B. die Edelgase, Wasserstoff, Stickstoff, Sauerstoff, verhalten sich näherungsweise wie ideale Gase. Ferner gilt es annähernd auch für andere weitgehend unpolare Gase wie CH_4, CO, NO u.a. bei hohen Temperaturen und niedrigen Drücken **(Bild 1)**.

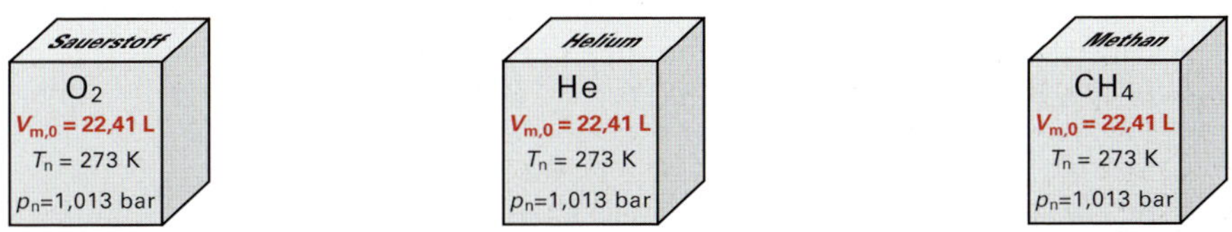

1 mol Sauerstoffgas O_2 enthält $6{,}022 \cdot 10^{23}$ Moleküle und hat die molare Masse 31,99 g/mol

1 mol Heliumgas He enthält $6{,}022 \cdot 10^{23}$ Atome und hat die molare Masse 4,0026 g/mol

1 mol Methangas CH_4 enthält $6{,}022 \cdot 10^{23}$ Moleküle und hat die molare Masse 16,043 g/mol

Bild 1: Molares Normvolumen ausgewählter idealer Gase

Beispiel 1: Welches Volumen nehmen 3,5 mol Wasserstoff H_2 bei Normbedingungen ein?

Lösung: $V_{m,0}(H_2) = \frac{V_n(H_2)}{n(H_2)} \Rightarrow \mathbf{V_n(H_2)} = V_{m,0} \cdot n(H_2) = 22{,}41 \text{ L/mol} \cdot 3{,}5 \text{ mol} = 78{,}435 \text{ L} \approx \mathbf{78\ L}$

Ideale und reale Gase (ideal gases, real gases)

Bei **idealen** Gasen wird von der Modellvorstellung ausgegangen, dass zwischen den Gasteilchen keine Anziehungskräfte wirken und dass die Gasteilchen kein Eigenvolumen besitzen. Für alle in der Natur vorkommenden Gase trifft diese Idealvorstellung nicht zu, sie sind demnach **reale** Gase. Das molare Volumen realer Gase weicht vom exakten Wert $V_{m,0}$ = 22,41410 L/mol mehr oder weniger stark ab.

Die Werte betragen beispielsweise für Sauerstoff $V_{m,n}(O_2)$ = 22,394 L/mol und für Chlor $V_{m,n}(Cl_2)$ = 22,064 L/mol. In der Regel ist für praktische Berechnungen der gerundete Wert $V_{m,0}$ = 22,41 L/mol hinreichend genau.

In der beruflichen Praxis müssen Massen und Volumina von Gasportionen häufig umgerechnet werden. Dazu dient die nebenstehende Größengleichung. Sie lässt sich aus der Definition des molaren Volumens durch Einsetzen von $n(X) = m(X)/M(X)$ und anschließendes Umstellen nach $V_n(X)$ oder $m(X)$ herleiten.

Molares Normvolumen einer Gasportion

$$V_n(X) = \frac{V_{m,n} \cdot m(X)}{M(X)}$$

Beispiel 1: Berechnen Sie das Volumen von 0,800 kg Sauerstoffgas bei Normbedingungen.

Lösung: $\mathbf{V(O_2)} = \frac{V_{m,0} \cdot m(O_2)}{M(O_2)} = \frac{22{,}41 \text{ L/mol} \cdot 800 \text{ g}}{31{,}99 \text{ g/mol}} = 560{,}425 \text{ L} \approx \mathbf{560 \text{ L}}$

Beispiel 2: Welche Dichte hat Ethin C_2H_2 bei Normbedingungen?

Lösung: $M(C_2H_2) = 26{,}038$ g/mol, $V_{m,0} = 22{,}41$ L/mol; aus $\varrho = \frac{m}{V}$ und $V_n = \frac{V_{m,0} \cdot m}{M}$ folgt durch Einsetzen:

$$\varrho\,(C_2H_2) = \frac{M\,(C_2H_2)}{V_{m,0}} = \frac{26{,}038 \text{ g/mol}}{22{,}41 \text{ L/mol}} = 1{,}1619 \text{ g/L} \approx \mathbf{1{,}162 \text{ g/ L}}$$

Aufgaben zu 4.8.1 Gase bei Normbedingungen

1. Berechnen Sie das Volumen folgender Gasportionen bei Normbedingungen.
   a) 2,50 mol Ammoniak NH_3
   b) 76,5 g Methan CH_4
   c) 2,0 mmol Chlor Cl_2
   d) 250 mg Ammoniak NH_3
   e) 5,50 kmol Schwefeldioxid SO_2
   f) 12,5 kg Chlorwasserstoff HCl
2. Welche Stoffmengen und welche Massen haben folgende Gasportionen bei Normbedingungen?
   a) 800 L Stickstoff N_2
   b) 250 m^3 Ethen C_2H_4
   c) 2,80 m^3 Ethin C_2H_2
   d) 420 mL Hydrogensulfid H_2S
   e) 225 L Chlormethan CH_3Cl
   f) 1200 L Sauerstoff O_2
   g) $2{,}5 \cdot 10^3$ m^3 Helium He
   h) 50 L Argon Ar
   i) 250 mL Wasserstoff H_2
3. Eine Gasstahlflasche enthält 550 g Chlor im verflüssigten Zustand. Welches Volumen an Gas kann bei Normbedingungen entnommen werden, wenn das Flaschenvolumen 5,00 L beträgt?
4. Welche Masse an Wasserstoff verbleibt in einer 20-L-Stahlflasche, wenn sie bei Normbedingungen „entleert" wird? Wie viele Wasserstoff-Moleküle sind dann noch in der Flasche vorhanden?
5. Berechnen Sie die Dichten folgender Gasportionen bei Normbedingungen.
   a) Kohlenstoffmonoxid CO
   b) Propan C_3H_8
   c) Chlorwasserstoff HCl
   d) Argon Ar

4.8.2 Gase bei beliebigen Drücken und Temperaturen

Liegen Gase nicht bei Normbedingungen vor, dann muss der Einfluss von Temperatur und Druck auf das Volumen rechnerisch berücksichtigt werden. Die Umrechnung der Gaszustände kann mit Hilfe der **allgemeinen Zustandsgleichung der Gase** erfolgen (Seite 105). Sie beschreibt quantitativ den Zusammenhang zwischen Volumen, Druck und Temperatur bei idealen Gasen.

In der Gleichung beschreibt der Index 1 den Gaszustand 1, der Index 2 den Gaszustand 2. Mit dem Index n wird der Zustand des Gases bei **Normbedingungen** gekennzeichnet:

Da ein Mol jeder Gasart bei Normbedingungen (1,01325 bar, 273,15 K) praktisch das gleiche Volumen $V_{m,0} = 22{,}41410$ L/mol hat, ergibt der Quotient:

$$\frac{p_n \cdot V_n}{T_n} = \frac{1{,}01325 \text{ bar} \cdot 22{,}41410 \text{ L}}{273{,}15 \text{ K} \cdot \text{mol}} \approx 0{,}08314 \frac{\text{bar} \cdot \text{L}}{\text{K} \cdot \text{mol}}$$

für alle idealen Gase eine konstante Größe.

Sie wird als **allgemeine Gaskonstante *R*** (universal gas constant) bezeichnet.

Aus $\frac{p \cdot V}{T} = R$ folgt für ein Mol Gas: $p \cdot V = R \cdot T$

Für eine beliebige Stoffmenge n eines Gases gilt: $p \cdot V = n \cdot R \cdot T$

Mit $n = m/M$ folgt durch Einsetzen die nebenstehende **allgemeine Gasgleichung** (ideal gas equation).

Zustandsgleichungen idealer Gase
$\frac{p_1 \cdot V_1}{T_1} = \frac{p_2 \cdot V_2}{T_2} = \frac{p_n \cdot V_n}{T_n}$

Allgemeine Gaskonstante R
$R = 0{,}08314 \frac{\text{bar} \cdot \text{L}}{\text{K} \cdot \text{mol}} = 83{,}14 \frac{\text{mbar} \cdot \text{L}}{\text{K} \cdot \text{mol}}$

Allgemeine Gasgleichung
$p \cdot V = \frac{m \cdot R \cdot T}{M}$

Die allgemeine Gasgleichung ermöglicht Berechnungen der Massen, Volumina, molaren Massen und Dichten von Gasen für beliebige Zustandsgrößen. Sie wird auch zur Auswertung der Bestimmung der molaren Masse von Gasen oder leicht verdampfbaren Flüssigkeiten nach dem Prinzip von VICTOR MEYER genutzt (S. 426).

Beispiel 1: Welches Volumen nehmen 120 g Chlorgas bei 25 °C und 980 mbar ein?

Lösung: $p \cdot V(\mathrm{X}) = \dfrac{m(\mathrm{X}) \cdot R \cdot T}{M(\mathrm{X})} \quad \Rightarrow \quad \mathbf{V(Cl_2)} = \dfrac{m(\mathrm{Cl_2}) \cdot R \cdot T}{M(\mathrm{Cl_2}) \cdot p} = \dfrac{120\ \mathrm{g} \cdot 83{,}14 \dfrac{\mathrm{mbar \cdot L}}{\mathrm{K \cdot mol}} \cdot 298\ \mathrm{K}}{70{,}91\ \mathrm{g/mol} \cdot 980\ \mathrm{mbar}} \approx \mathbf{42{,}8\ L}$

Beispiel 2: Welche Dichte hat Kohlenstoffdioxid CO_2 bei 22,0 °C und 985 mbar?

Lösung: $p \cdot V(\mathrm{X}) = \dfrac{m(\mathrm{X}) \cdot R \cdot T}{M(\mathrm{X})} \quad \Rightarrow \quad \dfrac{m(\mathrm{X})}{V(\mathrm{X})} = \dfrac{p \cdot M(\mathrm{X})}{R \cdot T}.$ Mit $\varrho = \dfrac{m}{V}$ folgt durch Einsetzen:

$$\boldsymbol{\varrho}\ \mathbf{(CO_2, 22{,}0\ °C)} = \frac{p \cdot M(\mathrm{CO_2})}{R \cdot T} = \frac{985\ \mathrm{mbar} \cdot 44{,}01\ \mathrm{g/mol}}{83{,}14 \dfrac{\mathrm{mbar \cdot L}}{\mathrm{K \cdot mol}} \cdot 295\ \mathrm{K}} = 1{,}76748\ \mathrm{g/L} \approx \mathbf{1{,}77\ g/L}$$

Aufgaben zu 4.8.2 Gase bei beliebigen Drücken und Temperaturen

1. Berechnen Sie die Volumina der Gasportionen.
   a) 2,13 kg Chlor Cl_2 bei 75 °C und 1,85 bar
   b) 25 mg Propen C_3H_6 bei 120 °C und 2,0 bar
   c) 1,65 t Ethan C_2H_6 bei 52°C und 55 N/cm²
   d) 250 kg Ammoniak NH_3 bei 450 °C und 250 bar
2. Berechnen Sie die Massen der Gasportionen.
   a) 50 m³ Stickstoff N_2 bei 150 bar und 55 °C
   b) 250 m³ Ethin C_2H_2 bei 200 bar und 285 °C
   c) 500 mL Ethen C_2H_4 bei 800 mbar und 15 °C
   d) 225 L n-Hexan C_6H_{14} bei 80 mbar und 75 °C
3. Welche Masse Wasser wurde verdampft, wenn der Dampf bei 110 °C und 1020 mbar ein Volumen von 2,5 m³ einnimmt?
4. Durch Luftverflüssigung und Rektifikation entstehen 500 kg Sauerstoff. Wie viele Gasstahlflaschen von 20 L können bei 20 °C mit dem Fülldruck von 200 bar damit gefüllt werden?
5. 100 m³ Stickstoff stehen bei – 45 °C unter 3,0 bar Druck. Welches Volumen an flüssigem Stickstoff der Dichte ϱ = 0,812 g/cm³ wird aus dieser Gasportion erhalten?
6. Ein zylindrischer Behälter von 2,5 m Durchmesser und 6,4 m Höhe ist mit Propengas C_3H_6 von 32 °C unter einem Druck von 25 bar gefüllt. Welche Masse an Propen enthält der Behälter?
7. Eine Gasstahlflasche von 20 Liter Inhalt enthält bei 28 °C 2,25 kg Sauerstoff. Welchen Druck zeigt das Flaschenmanometer an?
8. Welche Masse an Helium enthält eine 40-L-Gasstahlflasche bei 28 °C und einem Fülldruck von 200 bar? Welche Masse verbleibt bei dieser Temperatur und einem Umgebungsdruck von 1,013 bar nach Entleerung in der Flasche?
9. 1500 m³ Chlorgas unter 75 °C und 995 mbar werden verflüssigt.
   a) Welches Volumen an flüssigem Chlor der Dichte 1,5705 g/cm³ entsteht aus der Gasportion?
   b) Welche Volumenabnahme in Prozent tritt bei der Verflüssigung ein?
10. Welche Dichte haben die folgenden Gasportionen?
   a) Helium He bei – 160 °C und 1,020 bar
   b) Phosphin PH_3 bei 300 °C und 25,5 bar
   c) Krypton Kr bei – 120 °C und 200 mbar
   d) Ammoniak NH_3 bei 450 °C und 350 bar
11. Welche molare Masse hat ein Gas der Dichte 2,555 g/L bei 12 °C und 1005 mbar?
12. Bei welcher Temperatur hat Sauerstoff unter einem Druck von 800 mbar die Dichte 0,850 g/L?
13. Unter welchem Druck steht Ethin C_2H_2, wenn es bei – 20 °C die Dichte 0,785 g/L aufweist?
14. Berechnen Sie die Dichte eines unbekannten Gases bei 12 °C und 957 mbar. Die Dichte bei Normbedingungen beträgt 2,9263 g/L.

4.9 Rechnen mit Reaktionsgleichungen

4.9.1 Reaktionsgleichungen

Chemische Reaktionen werden nach DIN 32642 symbolisch durch Reaktionsgleichungen beschrieben. Sie stellen das quantitative Reaktionsgeschehen kurz und übersichtlich, einheitlich und eindeutig in Form von Formeln und Symbolen dar **(Bild 1)**.

$$\underbrace{A + B}_{\text{Edukte}} \xrightarrow[\text{Temperatur}]{\text{Druck}} \underbrace{C + D}_{\text{Produkte}}$$

Bild 1: Grundform einer chemischen Reaktionsgleichung

Die Reaktionsgleichung (reaction equation) ist keine Gleichung im mathematischen Sinn. Sie beschreibt vielmehr eine chemische Reaktion unter Angabe der Art und der Zahlenverhältnisse der Reaktionspartner.

In Reaktionsgleichungen erscheinen auf beiden Seiten die gleichen Atome in gleicher Anzahl aber in unterschiedlicher Gruppierung.

Die Reaktionsgleichung enthält auf der linken Seite die Ausgangsstoffe (Edukte) und auf der rechten Seite die Endstoffe (Produkte). Sind mehrere Reaktionspartner beteiligt, so werden sie durch ein Pluszeichen voneinander getrennt. Es hat in der Bedeutung "und" einen aufzählenden Charakter und ist nicht mit der Grundrechnungsart Addition zu verwechseln.

Der Reaktionspfeil gibt die Richtung der Reaktion an. Er bedeutet soviel wie: "reagiert/reagieren zu" oder "reagiert/reagieren unter Bildung von".

Es gibt verschiedene Arten von Reaktionspfeilen mit unterschiedlicher Bedeutung: Bei Gleichgewichtsreaktionen (vgl. Seite 199) verwendet man zwei entgegengesetzte Halbspitzen (Gleichgewichtspfeile), um den Reaktionsfortschritt anzugeben **(Bild 2)**. Es sind meist Reaktionen in wässriger Lösung oder in der Gasphase, die in Abhängigkeit von den Reaktionsbedingungen sowohl von links nach rechts, als auch von rechts nach links verlaufen können. Bei Gleichgewichtsreaktionen liegen Produkte und nicht umgesetzte Edukte nebeneinander vor.

Sind Edukte und Produkte im Gleichgewichtszustand in etwa gleicher Konzentration vorhanden, ist die Länge der Pfeile für die Hin- und Rückreaktion gleich. Diese Darstellung wird auch dann verwendet, wenn die Lage des Gleichgewichts unbekannt ist.

$$N_2 + 3\,H_2 \underset{400\,°C,\ 300\,bar}{\overset{Fe}{\rightleftharpoons}} 2\,NH_3 \qquad |\ \Delta_r H = -92\ kJ$$

Eisenkatalysierte Gleichgewichtsreaktion, die bei einer Temperatur von 400 °C und einem Druck von 300 bar abläuft. Pro Formelumsatz, d.h. bezogen auf die Bildung von 2 mol NH_3, werden 92 kJ Wärmeenergie freigesetzt.

$$NH_3 + H_2O \leftharpoondown\!\!\rightharpoonup NH_4^+ + OH^-$$

Das Gleichgewicht der Reaktion liegt auf der Seite der Edukte.

$$HCl + H_2O \rightharpoonup\!\!\leftharpoondown H_3O^+ + Cl^-$$

Das Gleichgewicht der Reaktion liegt auf der Seite der Produkte.

$$S + O_2 \longrightarrow SO_2 \qquad |\ \text{exotherm}$$

Die Verbrennung von Schwefel verläuft unter Abgabe von Wärmeenergie.

$$NH_4NO_3 \longrightarrow N_2O + 2\,H_2O \qquad |\ \text{endotherm}$$

Ammoniumnitrat wird durch Zufuhr von Wärmeenergie thermisch zersetzt.

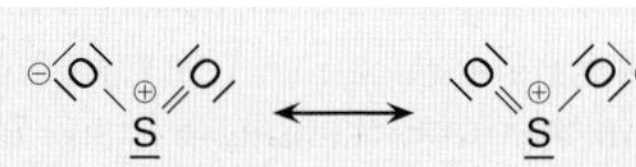

Mesomere Grenzstrukturen des Schwefeldioxids.

$$CaCO_3 + 2\,NaCl \not\longrightarrow Na_2CO_3 + CaCl_2$$

Es erfolgt keine Reaktion im Sinne der Reaktionsgleichung.

Bild 2: Bedeutung von Reaktionspfeilen in Reaktionsgleichungen

Unterschiedlich lange Reaktionspfeile kennzeichnen die Lage des Gleichgewicht, wobei die Reaktion in Richtung des längeren Pfeils verstärkt abläuft.

Über bzw. unter dem Reaktionspfeil können die zur Durchführung der Reaktion erforderlichen Reaktionsbedingungen (Druck, Temperatur, Lösemittel, Katalysator) angegeben werden. Hinter der Reaktionsgleichung können, durch einen senkrechten Strich abgetrennt, Angaben zur Energieänderung erfolgen (Bild 2). Soll die Energieänderung nur qualitativ angegeben werden, so ist der Reaktionsgleichung die Aussage "exotherm" oder "endotherm" anzufügen.

Mesomere Grenzformeln werden durch eine Mesomeriepfeil $\longleftrightarrow$ miteinander verbunden. Verläuft eine Reaktion nicht im Sinne der Reaktionsgleichung ab, so streicht man den Reaktionspfeil durch.

In der Chemie laufen chemische Reaktionen häufig in wässriger Lösung ab. Bei diesen Ionenreaktionen werden die Teilchen, die in Wasser als Ionen vorliegen, in Ionenform geschrieben. Überwiegend undissoziierte Teilchen, z. B. schwer lösliche Salze, werden nicht in Ionenform geschrieben **(Bild 1)**.

Beispiele:

Na_2CO_3 bedeutet eine Formeleinheit Natriumcarbonat (Soda) bestehend aus zwei Natrium-Ionen Na^+ und einem Carbonat-Ion CO_3^{2-}.

$CaCl_2$ bedeutet eine Formeleinheit Calciumchlorid bestehend aus einem Calcium-Ion Ca^{2+} und zwei Chlorid-Ionen Cl^-.

$$Na_2CO_3 \xrightarrow{H_2O} 2\,Na^+ + CO_3^{2-}$$

$$CaCl_2 \xrightarrow{H_2O} Ca^{2+} + 2\,Cl^-$$

$$H_2SO_4 + H_2O \longrightarrow H_3O^+ + HSO_4^-$$

$$Ba^{2+} + 2\,Cl^- + 2\,Na^+ + SO_4^{2-} \longrightarrow$$
$$\longrightarrow BaSO_4 + 2\,Na^+ + 2\,Cl^-$$

Bild 1: Reaktionsgleichungen in Ionenschreibweise

Um den Aggregatzustand der reagierenden Stoffe in Reaktionsgleichungen eindeutig zu kennzeichnen, werden Kurzzeichen als Index in Klammern hinter die Formel gesetzt **(Bild 2)**. Als Abkürzung dienen die Anfangsbuchstaben der entsprechenden englischen Worte:

(s) fest (solid)
(l) flüssig (liquid)
(g) gasig (gaseous)

Soll in der Reaktionsgleichung zum Ausdruck kommen, dass die Ionen hydratisiert sind, so wird der Index (aq) (von lateinisch: aqua = Wasser) verwendet.

$$NH_{3(g)} + HCl_{(g)} \longrightarrow NH_4Cl_{(s)}$$

$$Ba^{2+}{}_{(aq)} + SO_4^{2-}{}_{(aq)} \longrightarrow BaSO_{4(s)}$$

$$2\,HgO_{(s)} \longrightarrow 2\,Hg_{(l)} + O_{2(g)}$$

$$NaCl_{(s)} \longrightarrow Na^+{}_{(aq)} + Cl^-{}_{(aq)}$$

$$HCl_{(g)} + H_2O_{(l)} \longrightarrow H_3O^+{}_{(aq)} + Cl^-{}_{(aq)}$$

Bild 2: Reaktionsgleichungen mit Angabe von Aggregatzuständen und Hydrationsvorgängen

Aufgaben zu 4.9.1 Reaktionsgleichungen

1. Formulieren Sie zu den folgenden Reaktionen die Reaktionsgleichungen. Berücksichtigen Sie dabei die Aggregat- bzw. Lösungszustände und gegebenenfalls die Wärmetönung der Reaktionen.
   a) Beim Versetzen einer Calciumchlorid-Lösung mit einer Schwefelsäure-Lösung fällt Calciumsulfat aus.
   b) Aluminiumspäne reagieren mit Brom unter starker Wärmeentwicklung im Stoffmengenverhältnis 2 : 3 unter Bildung von zwei Formeleinheiten Aluminiumbromid.
   c) Magnesium verbrennt an der Luft unter Bildung von Magnesiumoxid und Magnesiumnitrid.
   d) Das Carbonat-Ion steht in wässriger Lösung mit dem Hydrogencarbonat-Ion im Gleichgewicht.
   e) Beim Versetzen einer Bariumchlorid-Lösung mit einer Natriumsulfat-Lösung fällt Bariumsulfat aus.
   f) Zwei Formeleinheiten Kaliumhydroxid reagieren in wässriger Lösung mit einem Molekül Kohlenstoffdioxid unter Bildung von Kaliumcarbonat und Wasser.
   g) Beim Brennen von Kalkstein (Calciumcarbonat) entsteht gebrannter Kalk (Calciumoxid) und Kohlenstoffdioxid.
   h) Natronlauge wird von Salzsäure unter Bildung von Natriumchlorid und Wasser neutralisiert.
   i) Zwei Atome Natrium reagieren mit zwei Molekülen Wasser unter Bildung von zwei Formeleinheiten Natriumhydroxid und einem Molekül Wasserstoff.
   j) Beim Glühen von zwei Formeleinheiten Natriumhydrogencarbonat entsteht eine Formeleinheit Natriumcarbonat, ein Molekül Wasser und ein Molekül Kohlenstoffdioxid.

4.9.2 Aufstellen von Reaktionsgleichungen

Dem Aufstellen von Reaktionsgleichungen liegen die folgenden Regeln zugrunde:

- Das Prinzip von der Erhaltung der Elemente. Es besagt: Die auf der linken Seite der Reaktionsgleichung genannten Elemente müssen auch auf der rechten Seite erscheinen.

$$Fe + S \longrightarrow FeS$$

- Das Prinzip von der Erhaltung der Anzahl der Atome. Es lautet: Die Anzahl der Atome der einzelnen an der Reaktion beteiligten Stoffe muss auf der linken und rechten Seite der Reaktionsgleichung gleich groß sein.

$$4\,NH_3 + 5\,O_2 \longrightarrow 4\,NO + 6\,H_2O$$

Stoffbilanz links: 4 N, 12 H, 10 O — Stoffbilanz rechts: 4 N, 12 H, 10 O

- Das Prinzip von der Erhaltung der Ladung: Die Summe der Ladungen muss vor und nach der Reaktion gleich groß sein.

$$CO_3^{2-} + H_2O \rightleftharpoons HCO_3^- + OH^-$$

Ladungsbilanz links: zwei negative Ladungen — Ladungsbilanz rechts: zwei negative Ladungen

- Das Prinzip von der Erhaltung der Redox-Äquivalente: Die Zahl der abgegebenen und aufgenommenen Elektronen muss gleich sein.

$$Cu^{2+} + Fe \longrightarrow Fe^{2+} + Cu$$

Das Kupfer-Ion nimmt zwei Elektronen vom Eisenatom auf.

- In Reaktionsgleichungen werden bevorzugt die kleinstmöglichen ganzzahligen Beträge stöchiometrischer Koeffizienten verwendet.

$$2\,C_6H_6 + 15\,O_2 \longrightarrow 12\,CO_2 + 6\,H_2O$$

Das **Aufstellen einer Reaktionsgleichung** erfolgt in mehreren Einzelschritten:

1. Zum Aufstellen von Reaktionsgleichungen ist die Kenntnis der richtigen Symbole und Formeln der Ausgangsstoffe sowie der Reaktionsprodukte erforderlich. Aus diesem Grund wird im ersten Schritt eine Reaktionsgleichung ohne stöchiometrische Koeffizienten aufgestellt.
2. In einem zweiten Schritt muss die Reaktionsgleichung durch Einfügen der stöchiometrischen Koeffizienten rechnerisch ausgeglichen (bilanziert) werden.

   In den meisten Fällen, insbesondere bei einfachen Redoxreaktionen und doppelten Umsetzungen, kann man die Koeffizienten durch einfache Überlegungen und unter Beachtung der oben angegebenen Regeln finden. Es hat sich als zweckmäßig erwiesen, beim Ausgleichen mit dem Element zu beginnen, das in den einzelnen Formeln und auf jeder Seite der Reaktionsgleichung nur einmal vertreten ist und in der geringsten Anzahl vorkommt. Es dient als Leitelement. Ausgehend vom Leitelement werden die anderen Elemente oder Atomgruppen nacheinander bilanziert.
3. Zum Schluss wird in einer Probe die Anzahl der einzelnen Atomsorten auf der linken und rechten Seite der Reaktionsgleichung verglichen. Bei Reaktionen mit molekularen Gasen (O_2, N_2, Cl_2 usw.), bei denen die kleinste Einheit das Molekül ist, ist es mitunter sinnvoll, diese Moleküle in der noch nicht ausgeglichenen Reaktionsgleichung in atomarer Form zu schreiben. Durch Verdoppeln aller Koeffizienten am Ende der Bilanzierung erhält man die endgültige Reaktionsgleichung mit molekularen Gasen.

Die folgenden Beispiele zeigen den Gedankengang auf, der zum Auffinden der richtigen stöchiometrischen Koeffizienten verfolgt werden muss.

Beispiel 1: Formulierung der Reaktionsgleichung zur vollständigen Verbrennung von Methan.

Lösung:

1. Schritt: Methan CH_4 verbrennt mit Sauerstoff O_2 zu Kohlenstoffdioxid CO_2 und Wasser H_2O.
   Unbilanzierte Reaktionsgleichung: $CH_4 + O_2 \longrightarrow CO_2 + H_2O$

2. Schritt: Leitelement für die Bilanzierung ist Kohlenstoff.
   - Aus einem Molekül CH_4 entsteht ein Molekül CO_2. ⇒ Koeffizienten bei CH_4 und CO_2: **1**
   - Kohlenstoff ist im Methan-Molekül mit 4 Wasserstoffatomen verbunden und verbrennt demzufolge zu zwei Wassermolekülen. ⇒ Koeffizient bei H_2O: **2**
   - Da die Produkte insgesamt vier chemisch gebundene Sauerstoffatome enthalten, erfordert die Verbrennung zwei Moleküle Sauerstoff. ⇒ Koeffizient bei O_2: **2**

   Ergebnis: $\mathbf{CH_4 + 2\,O_2 \longrightarrow CO_2 + 2\,H_2O}$

3. Probe: Stoffbilanz links: 1 C, 4 H, 4 O, Stoffbilanz rechts: 1 C, 4 H, 4 O

Beispiel 2: Formulierung der Reaktionsgleichung zur Reaktion von Aluminiumhydroxid mit Salzsäure.

Lösung: 1. Schritt: Aluminiumhydroxid $Al(OH)_3$ reagiert mit Salzsäure HCl unter Bildung von Aluminiumchlorid $AlCl_3$ und Wasser H_2O. Die unbilanzierte Reaktionsgleichung lautet:
$Al(OH)_3 + HCl \longrightarrow AlCl_3 + H_2O$.

2. Schritt: Leitelement für die Bilanzierung ist Aluminium.
- Zur Bildung einer Formeleinheit $AlCl_3$ sind 3 HCl-Moleküle erforderlich.
  ⇒ Koeffizient bei HCl: **3.**
- 3 Sauerstoffatome in den Hydroxid-Gruppen erfordern 3 Wassermoleküle.
  ⇒ Koeffizient bei H_2O: **3.** (Alternativ: 3 H-Atome im $Al(OH)_3$ und 3 H-Atome im HCl erfordern 3 H_2O-Moleküle. ⇒ Koeffizient bei H_2O: **3**

Ergebnis: $\mathbf{Al(OH)_3 + 3\,HCl \longrightarrow AlCl_3 + 3\,H_2O}$

3. Probe: Stoffbilanz links: 1 Al, 3 O, 6 H, 3 Cl; Stoffbilanz rechts: 1 Al, 3 O, 6 H, 3 Cl.

Beispiel 3: Pyrit FeS_2, Bestandteil eines sulfidischen Eisenerzes, reagiert beim Rösten unter Sauerstoffzufuhr O_2 zu Eisen(III)-oxid Fe_2O_3 und Schwefeldioxid SO_2. Die Reaktionsgleichung ist zu formulieren.

Lösung: 1. Schritt: Die unbilanzierte Reaktionsgleichung lautet: $FeS_2 + O \longrightarrow Fe_2O_3 + SO_2$

2. Schritt: Leitelement für die Bilanzierung ist Eisen.
- 2 Fe im Fe_2O_3 erfordern 2 FeS_2. ⇒ Koeffizient bei FeS_2: **2**
- 4 S aus 2 FeS_2 erfordern 4 SO_2. ⇒ Koeffizient bei SO_2: **4**
- 3 O im Fe_2O_3 und 8 O aus 4 SO_2 erfordern 11 O. ⇒ Koeffizient bei O_2: **5 $\frac{1}{2}$**
  Zwischenergebnis: $2\,FeS_2 + 5\frac{1}{2}O_2 \longrightarrow Fe_2O_3 + 4\,SO_2$.
- Durch Verdoppeln aller Koeffizienten ergibt sich eine ganze Zahl als Koeffizient für molekularen Sauerstoff.

Ergebnis: $\mathbf{4\,FeS_2 + 11\,O_2 \longrightarrow 2\,Fe_2O_3 + 8\,SO_2}$.

3. Probe: Stoffbilanz links: 4 Fe, 8 S, 22 O; Stoffbilanz rechts: 4 Fe, 8 S, 22 O.

Beispiel 4: Aluminium Al reagiert mit Hydronium-Ionen H_3O^+ unter Bildung von Aluminium-Ionen Al^{3+}, Wasser H_2O und Wasserstoff H_2. Es ist die Reaktionsgleichung mit Angabe der Aggregat- bzw. Hydratationszustände zu formulieren.

Lösung: 1. Schritt: Die unbilanzierte Reaktionsgleichung lautet: $Al + H_3O^+ \longrightarrow Al^{3+} + H_2O + H$.

2. Schritt: Leitelement für die Bilanzierung ist Aluminium.
- Ein dreifach positiv geladenes Aluminium-Ion erfordert 3 einfach positiv geladene Hydronium-Ionen. ⇒ Koeffizient bei H_3O^+: **3.**
- Drei Hydronium-Ionen reagieren zu 3 Wassermolekülen und 3 Wasserstoffatomen.
  ⇒ Koeffizienten bei H_2O und H: jeweils **3.**
  Zwischenergebnis: $Al + 3\,H_3O^+ \longrightarrow Al^{3+} + 3\,H_2O + 3\,H$
- Durch Verdoppeln aller Koeffizienten ergibt sich die korrekte Reaktionsgleichung mit molekularem Wasserstoff.

Ergebnis: $\mathbf{2\,Al_{(s)} + 6\,H_3O^+_{(aq)} \longrightarrow 2\,Al^{3+}_{(aq)} + 6\,H_2O_{(l)} + 3\,H_{2(g)}}$.

3. Probe: Stoffbilanz links: 2 Al, 18 H, 6 O; Stoffbilanz rechts: 2 Al, 18 H, 6 O.
Ladungsbilanz links: 6^+; Ladungsbilanz rechts: 6^+.

Beispiel 5: Formulierung der Reaktionsgleichung zur Reaktion von Calciumphosphat $Ca_3(PO_4)_2$ mit Schwefelsäure H_2SO_4.

Lösung: 1. Schritt: Die unbilanzierte Reaktionsgleichung lautet: $Ca_3(PO_4)_2 + H_2SO_4 \longrightarrow CaSO_4 + H_3PO_4$.

2. Schritt: Leitelement für die Bilanzierung ist Calcium.
- 3 Calcium-Ionen im $Ca_3(PO_4)_2$ erfordern 3 Formeleinheiten $CaSO_4$.
  ⇒ Koeffizient bei $CaSO_4$: **3**
- 2 Posphat-Ionen im $Ca_3(PO_4)_2$ erfordern 2 Moleküle H_3PO_4. ⇒ Koeffizient bei H_3PO_4: **2**
- 3 Sulfat-Ionen im $CaSO_4$ erfordern 3 Moleküle H_2SO_4. ⇒ Koeffizient bei H_2SO_4: **3**

Ergebnis: $\mathbf{Ca_3(PO_4)_2 + 3\,H_2SO_4 \longrightarrow 3\,CaSO_4 + 2\,H_3PO_4}$.

3. Probe: Stoffbilanz links: 3 Ca, 2 P, 20 O, 6 H, 3 S; Stoffbilanz rechts: 3 Ca, 2 P, 20 O, 6 H, 3 S.

Aufgaben zu 4.9.2 Aufstellen von Reaktionsgleichungen

1. Erstellen Sie die Reaktionsgleichungen zur Bildung folgender Verbindungen aus den Elementen:
   a) Schwefeldioxid SO_2
   b) Phosphor(V)-oxid P_2O_5
   c) Eisen(III)-oxid Fe_2O_3
   d) Aluminiumbromid $AlBr_3$
   e) Ammoniak NH_3
   f) Phosphortrichlorid PCl_3
   g) Calciumoxid CaO
   h) Wasser H_2O
   i) Calciumnitrid Ca_3N_2
   j) Kohlenstoffmonoxid CO
   k) Schwefelwasserstoff H_2S
   l) Hydrogenchlorid HCl
   m) Schwefelhexafluorid SF_6
   n) Natriumperoxid Na_2O_2
   o) Kaliumsulfid K_2S

2. Die Kohlenwasserstoffe: a) Propan C_3H_8, b) Butan C_4H_{10}, c) Oktan C_8H_{18}, d) Ethin C_2H_2, e) Benzol C_6H_6 sowie die Alkohole: f) Methanol CH_3OH und g) Ethanol C_2H_5OH verbrennen mit Sauerstoff O_2 zu Kohlenstoffdioxid CO_2 und Wasser H_2O.
   Formulieren Sie die Reaktionsgleichungen.

3. Die Basen: a) Kaliumhydroxid KOH, b) Calciumhydroxid $Ca(OH)_2$ und c) Aluminiumhydroxid $Al(OH)_3$ werden jeweils mit Salpetersäure HNO_3, Schwefelsäure H_2SO_4 und Phosphorsäure H_3PO_4 neutralisiert. Formulieren Sie die Reaktionsgleichungen als Stoff- und Ionengleichungen.

4. Ergänzen Sie in den Reaktionsgleichungen die stöchiometrischen Koeffizienten:
   a) $Na_2CO_3 \cdot 10\,H_2O + HCl \longrightarrow NaCl + H_2O + CO_2$
   b) $Fe_2O_3 + H_2SO_4 \longrightarrow Fe_2(SO_4)_3 + H_2O$
   c) $Ca_3N_2 + H_2O \longrightarrow Ca(OH)_2 + NH_3$
   d) $Ca_3(PO_4)_2 + SiO_2 \longrightarrow CaSiO_3 + P_2O_5$
   e) $P_4 + Br_2 \longrightarrow PBr_3$
   f) $CH_4 + Cl_2 \longrightarrow CHCl_3 + HCl$
   g) $Ca + H_2O \longrightarrow Ca(OH)_2 + H_2$
   h) $Mg + H_3O^+ \longrightarrow Mg^{2+} + H_2 + H_2O$
   i) $PCl_5 + P_2O_5 \longrightarrow POCl_3$
   j) $Ca_3(PO_4)_2 + H_3PO_4 \longrightarrow Ca(H_2PO_4)_2$

5. Phosphorsäure H_3PO_4 kann durch Nassaufschluss von Apatit $Ca_5(PO_4)_3F$ mit Salpetersäure HNO_3 nach dem Odda-Verfahren erhalten werden. Als Nebenprodukte entstehen Calciumnitrat $Ca(NO_3)_2$ und Fluorwasserstoff HF. Letzterer reagiert mit dem im Apatit enthaltenen Siliciumdioxid SiO_2 in einer Nebenreaktion zu Hexafluorokieselsäure H_2SiF_6 und Wasser. Formulieren Sie die Reaktionsgleichungen.

6. Die Herstellung von Salpetersäure HNO_3 nach dem OSTWALD-Verfahren verläuft in drei Schritten:
   a) Zuerst wird Ammoniak NH_3 mit Luftsauerstoff an Platinnetzen katalytisch zu Wasserdampf und Stickstoffmonoxid NO verbrannt.
   b) Das Stickstoffmonoxid setzt sich weiter mit Luftsauerstoff zu Stickstoffdioxid NO_2 um.
   c) Anschließende Absorption mit Wasser liefert Salpetersäure und Stickstoffmonoxid, was im Kreislauf wieder der Aufoxidation zugeführt wird.

   Formulieren Sie die Reaktionsgleichungen.

7. Formulieren Sie die Stoff- und Ionengleichungen zu den folgenden Nachweisreaktionen:
   a) Nachweis der Sulfat-Ionen im Kaliumsulfat K_2SO_4 durch eine Bariumchlorid-Lösung $BaCl_2$.
   b) Nachweis der Carbonat-Ionen im Natriumcarbonat Na_2CO_3 durch eine Calciumhydroxid-Lösung $Ca(OH)_2$.
   c) Nachweis der Chlorid-Ionen im Magnesiumchlorid $MgCl_2$ durch eine Silbernitrat-Lösung $AgNO_3$.

4.9.3 Oxidationszahlen

Bei einfachen Redox-Reaktionen zwischen Atomen und Ionen, z. B. $Fe + Cu^{2+} \longrightarrow Cu + Fe^{2+}$, ist an Hand der Ionenladung der Elektronenübergang vom Eisenatom zum Kupfer-Ion leicht erkennbar.

Wenn aber an einer Redox-Reaktion Moleküle oder geladene Atomgruppen, wie z. B. SO_3^{2-}, MnO_4^-, beteiligt sind, lassen sich aus dem Reaktionsverlauf und aus der Reaktionsgleichung die Elektronenübergänge nur schwer erkennen.

Hilfreich ist dann die **Oxidationszahl** (oxidation number). Mit Hilfe der Oxidationszahl lassen sich Redox-Vorgänge und komplizierte Redox-Gleichungen leichter verfolgen bzw. formulieren (Seite 137).

> Die Oxidationszahl eines Elementes in einer chemischen Einheit (Formel) gibt nach DIN 32 640 die Ladung an, die ein Atom des Elementes haben würde, wenn die Elektronen jeder Bindung an diesem Atom dem jeweils elektronegativeren Atom zugeordnet werden.

Ein Maß, für die Fähigkeit eines Atoms, Bindungselektronen anzuziehen, ist die **Elektronegativität**.

Die Elektronegativitätswerte der wichtigsten Hauptgruppenelemente sind in **Tabelle 1** wiedergegeben.

Die Oxidationszahlen werden, um sie besser von der Ionenladung unterscheiden zu können, in römischen Ziffern mit vorangestelltem Plus- oder Minuszeichen über das Elementsymbol in der Formel geschrieben.

Gibt man den Namen der Verbindung an, so ist die Oxidationszahl (ohne Plus- oder Minuszeichen) Bestandteil des Namens.

Tabelle 1: Elektronegativitätswerte nach Pauling

	I	II	III	IV	V	VI	VII
1	**H** 2,2						
2	**Li** 0,98	**Be** 1,57	**B** 2,04	**C** 2,55	**N** 3,04	**O** 3,44	**F** 3,98
3	**Na** 0,93	**Mg** 1,31	**Al** 1,61	**Si** 1,9	**P** 2,19	**S** 2,58	**Cl** 3,16
4	**K** 0,82	**Ca** 1,0	**Ga** 1,81	**Ge** 2,01	**As** 2,18	**Se** 2,55	**Br** 2,96
5	**Rb** 0,82	**Sr** 0,95	**In** 1,78	**Sn** 1,96	**Sb** 2,05	**Te** 2,1	**I** 2,66

Beispiele: $H\overset{+V}{N}O_3$ Stickstoff(V)-säure, $\overset{+V}{P}Cl_5$ Phosphor(V)-chlorid, $\overset{+II}{C}O$ Kohlenstoff(II)-oxid

Beim Umgang mit Oxidationszahlen sind die nachfolgenden Regeln zu beachten. Eine weiter oben stehende Regel hat dabei Vorrang gegenüber einer weiter unten stehenden.

1. Elemente haben immer die Oxidationszahl Null. Besteht ein Element aus Molekülen, so erhält jedes Atom die Oxidationszahl Null.
   $\overset{0}{Na}$, $\overset{0}{Ca}$, $\overset{0}{Si}$, $\overset{0}{N}_2$, $\overset{0}{P}_4$, $\overset{0}{S}_8$, $\overset{0}{F}_2$
2. Fluor hat immer die Oxidationszahl –I.
   $Na\overset{-I}{F}$, $C_2\overset{-I}{F}_4$, $H\overset{-I}{F}$, $O\overset{-I}{F}_2$, $NO_2\overset{-I}{F}$, $S\overset{-I}{F}_6$
3. Metalle sowie Bor und Silicium haben immer positive Oxidationszahlen. In den ersten drei Hauptgruppen des Periodensystems der Elemente stimmen die Oxidationszahlen mit der Hauptgruppennummer überein.
   $\overset{+I}{Cs}F$, $\overset{+II}{Mg}O$, $\overset{+III}{B}_2O_3$, $\overset{+IV}{Si}O_2$, $\overset{+III}{Fe}_2O_3$, $\overset{+IV}{Pb}O_2$
4. Wasserstoff hat immer die Oxidationszahl +I, außer wenn er mit Metallen zu Metallhydriden verbunden ist. Dann beträgt die Oxidationszahl –I.
   $\overset{+I}{H}_2SO_3$, $\overset{+I}{H}_2S$, $N\overset{+I}{H}_3$, $C\overset{+I}{H}_4$, $Na\overset{-I}{H}$, $LiAl\overset{-I}{H}_4$, $Ca\overset{-I}{H}_2$
5. Sauerstoff hat in der Regel die Oxidationszahl –II, außer in Peroxiden, wo sie –I beträgt.
   $HN\overset{-II}{O}_3$, $C\overset{-II}{O}_2$, $Fe_2\overset{-II}{O}_3$, $Ba\overset{-I}{O}_2$, $H_2\overset{-I}{O}_2$, $Na_2\overset{-I}{O}_2$
6. Halogene haben in Halogeniden immer die Oxidationszahl –I.
   $Li\overset{-I}{F}$, $Al\overset{-I}{Br}_3$, $K\overset{-I}{I}$, $Ca\overset{-I}{Cl}_2$
7. Bei einatomigen Ionen ist die Oxidationszahl gleich der elektrischen Ladung der Ionen.
   $\overset{-II}{O}^{-2}$, $\overset{-I}{I}^-$, $\overset{+II}{Zn}^{2+}$, $\overset{+I}{Cu}^+$, $\overset{+III}{Al}^{3+}$, $\overset{+II}{Mg}^{2+}$, $\overset{+I}{K}^+$
8. Die Summe der Oxidationszahlen aller Atome in einer Stoffart entspricht der Ladung des Teilchens. Bei neutralen Teilchen ist sie gleich Null, bei Ionen gleich der Ionenladung.
   $\overset{+I}{H}_2\overset{-II}{S}: 2 \cdot (+1) - 2 = 2 - 2 = 0$
   $\overset{+I}{H}_2\overset{+V}{P}\overset{-II}{O}_4^-: 2 \cdot (+1) + 5 - 8 = 2 + 5 - 8 = -1$

Zur **Bestimmung der Oxidationszahl** (abgekürzt: OZ) in Molekülen oder Ionen mit kovalenten Bindungen wird jede Bindung vollständig dem elektronegativeren Atom zugeordnet.

In dem nebenstehenden Beispiel H_2SO_4 ergibt sich die OZ des Schwefels aus der Summe der Oxidationszahlen des Wasserstoffs und des Sauerstoffs.

Wenn zwei Atome mit gleicher Elektronegativität miteinander verbunden sind, wie z. B. beim H_2O_2, dann wird das Elektronenpaar zur Berechnung der OZ zwischen den beiden Atomen geteilt. Dies gilt insbesondere in der organischen Chemie für C-C-Bindungen in Kohlenwasserstoffen und deren Derivate.

Im nebenstehenden Beispiel (Ethen) berechnet sich die OZ des Kohlenstoffs, indem man die Summe der Oxidationszahlen des Wasserstoffs durch zwei teilt. Die OZ des Kohlenstoffs ist negativ, da er das elektronegativere Element ist.

Im Beispiel Ethanol haben die H-Atome die OZ +I, das O-Atom die OZ –II. Somit ergibt sich für das C-Atom der Methylgruppe die OZ –III und für das C-Atom der Methylengruppe die OZ –I.

Schwefelsäure +I +VI –II $H_2\,S\,O_4$	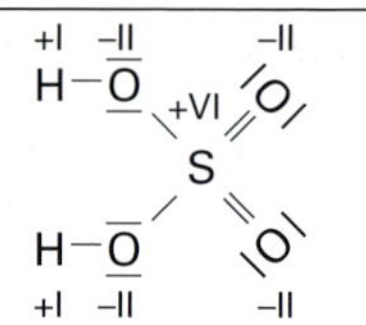
Wasserstoffperoxid +I –I $H_2\,O_2$	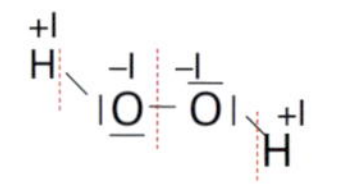
Ethen –II +I $C_2\,H_4$	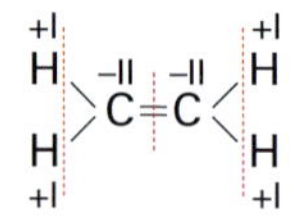
Ethanol –III +I –I +I –II +I $C\,H_3\,C\,H_2\,O\,H$	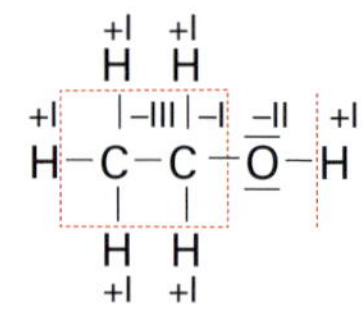

Aufgaben zu 4.9.3 Oxidationszahlen

1. Ermitteln Sie die fehlenden Oxidationszahlen der Atome, zu den in den Regeln 2 bis 6 angegebenen Beispielen von Seite 135.

2. Ermitteln Sie die Oxidationszahlen aller Atome in den folgenden Salzen:
   a) $KMnO_4$ b) $K_2Cr_2O_7$ c) $Fe_2(SO_4)_3$ d) $Na_2S_2O_3$ e) $Ca(OCl)_2$
   f) Ca_3P_2 g) $Ca(HS)_2$ h) $Ca_3(PO_4)_2$ i) $Fe(NH_4)(SO_4)_2$ j) CaH_2
   k) $CaSiO_3$ l) Cr_2O_3 m) $Fe_3(PO_4)_2$ n) $Cu(NO_3)_2$ o) KNO_2
   p) KHS q) Mg_3N_2 r) NH_4Cl s) Na_2SO_3 t) Na_2CO_3

3. Bestimmen Sie die Oxidationszahlen aller Atome außer Wasserstoff in den folgenden Molekülen:
   a) HNO_2 b) H_2PO_3 c) P_4O_{10} d) C_6H_6 e) $HClO_4$
   f) CO_2 g) HBr h) ClO_2 i) NF_3 j) NO_2Cl
   k) SO_3 l) N_2O_3 m) $POCl_3$ n) N_2O o) Br_2
   p) N_2O_5 q) SO_2Cl_2 r) C_2H_6 s) F_2 t) SCl_2

4. Bestimmen Sie mit Hilfe der Oxidationszahlen die Ionenladung folgender Ionen:
   a) H_2PO_4 b) ClO_4 c) HCO_3 d) S e) NH_4
   f) CN g) HPO_4 h) HS i) NO_3 j) H_3O
   k) CO_3 l) $Al(H_2O)_6$ m) PO_4 n) $Al(OH)_4$ o) NH_3OH
   p) O q) $Cu(NH_3)_4$ r) OH s) HSO_4 t) SO_4

5. Bestimmen Sie die Oxidationszahlen aller Atome außer Wasserstoff in den folgenden organischen Verbindungen. Geben Sie gegebenenfalls die Ionenladung an.
   a) C_6H_{12} b) CH_3-CH_3 c) $CH_3-\overline{N}H_2$ d) $CH_3-\overline{O}H$
   e) $CH_3-CH=CH_2$ f) $CH_3-CH_2-CH_3$ g) $CH_3-CH_2-NH_3$ h) CH_3Cl
   i) $HC\equiv CH$ j) $CH_3-\overline{O}-CH_2-CH_3$ k) $(CH_3)_2C=\overline{O}$ l) $CH_3-CH_2-C(=\overline{O})-\overline{O}-H$
   m) $CH_3-CH_2-C(=\overline{O})-H$ n) $CH_3-C(=\overline{O})-\overline{O}|$ o) $CH_3-C(=\overline{O})-\overline{O}-H$ p) CH_3-SO_2-Cl

4.9.4 Aufstellen von Redox-Gleichungen

Redox-Reaktionen sind chemische Reaktionen mit Elektronenübertragung. Sie beinhalten eine **Red**uktion und eine **Ox**idation, woraus sich der Name **Redox-Reaktion** herleitet **(Bild 1)**.

Bei der **Oxidation** werden von einem Stoff Elektronen abgegeben, er wird oxidiert. Da Elektronen negativ geladen sind, wird die Oxidationszahl dadurch größer. Der Stoff, der die Elektronen aufnimmt, wird als Oxidationsmittel bezeichnet.

Bei der **Reduktion** werden von einem Stoff Elektronen aufgenommen, er wird reduziert. Dabei wird die Oxidationszahl kleiner. Der Stoff, der die Elektronen abgibt, wird als Reduktionsmittel bezeichnet.

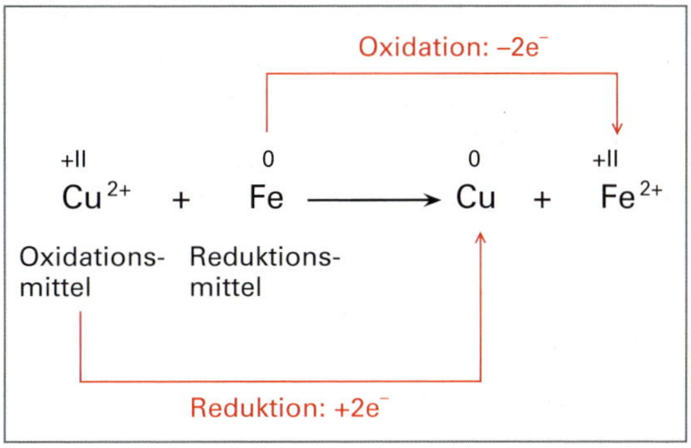

Bild 1: Redox-Reaktion

In Redox-Reaktionen können die gesuchten stöchiometrischen Koeffizienten oftmals leichter über die Elektronenbilanz als über die Stoffbilanz bestimmt werden. Dabei ist es mit Hilfe der Oxidationszahlen (Seite 135) möglich, auch schwierige Redox-Gleichungen aufzustellen.
An Beispielen wird gezeigt, wie man zweckmäßigerweise vorgeht:

Beispiel 1: Kupfer löst sich in Salpetersäure HNO_3 unter Gasentwicklung. Dabei werden Kupfer(II)-nitrat, Stickstoff(II)-oxid und Wasser gebildet. Wie lautet die Stoff- und Ionengleichung?

Lösung:

1. Zuerst wird die nicht stöchiometrische Reaktionsgleichung erstellt, in der die Edukte und Produkte enthalten sind.

$$Cu + HNO_3 \longrightarrow Cu(NO_3)_2 + NO + H_2O$$

2. Anschließend werden die Oxidationszahlen der in den Edukten und Produkten vorhandenen Atome ermittelt.

$$\overset{0}{Cu} + \overset{+I\,+V\,-II}{HNO_3} \longrightarrow \overset{+II\,+V\,-II}{Cu(NO_3)_2} + \overset{+II\,-II}{NO} + \overset{+I\,-II}{H_2O}$$

3. Durch Überprüfung der Oxidationszahlen auf Veränderungen wird festgestellt, welcher Stoff oxidiert und welcher reduziert wurde.

Oxidation: $-2\,e^-$

$$\overset{0}{Cu} + \overset{+V}{HNO_3} \longrightarrow \overset{+II}{Cu(NO_3)_2} + \overset{+II}{NO} + H_2O$$

Reduktion: $+3\,e^-$

4. Ausgleich der Elektronenbilanz durch Erweiterung mit dem kleinsten gemeinsamen Vielfachen (kgV). Das kgV beträgt im Beispiel 2 · 3 = 6. Es müssen 6 Elektronen übertragen werden.

$\mathbf{3} \cdot (-2\,e^-) = -6\,e^-$

$$\mathbf{3}\,Cu + HNO_3 \longrightarrow Cu(NO_3)_2 + \mathbf{2}\,NO + H_2O$$

$\mathbf{2} \cdot (+3\,e^-) = +6\,e^-$

3 Cu-Atome erfordern **3** Formeleinheiten $Cu(NO_3)_2$
2 · 3 NO_3^--Ionen und 2 NO-Moleküle erfordern **8** Moleküle HNO_3
8 Moleküle Salpetersäure erfordern **4** Moleküle Wasser.

5. Zum Schluss werden die restlichen Atome bilanziert (Seite 140).

6. Als Ergebnis erhält man eine Stoffgleichung: $\mathbf{3\,Cu + 8\,HNO_3 \longrightarrow 3\,Cu(NO_3)_2 + 2\,NO + 4\,H_2O}$

7. Aus der Stoffgleichung lässt sich durch Dissoziation und ggf. Protolyse der Teilchen nach dem Kürzen gleicher Teilchen die Ionengleichung ermitteln.

Dissoziation:
$$3\,Cu + 8\,H^+ + 8\,NO_3^- \longrightarrow 3\,Cu^{2+} + 6\,NO_3^- + 2\,NO + 4\,H_2O$$
Protolyse:
$$3\,Cu + 8\,H_3O^+ + 8\,NO_3^- \longrightarrow 3\,Cu^{2+} + 6\,NO_3^- + 2\,NO + 12\,H_2O$$
Kürzen:
$$\mathbf{3\,Cu + 8\,H_3O^+ + 2\,NO_3^- \longrightarrow 3\,Cu^{2+} + 2\,NO + 12\,H_2O}$$

8. Am Ende wird in einer Probe überprüft, ob das Gesetz von der Erhaltung der Anzahl der Atome und der Ladungen (vgl. S. 132) erfüllt ist.

Stoffbilanz links: 3 Cu, 24 H, 14 O, 2 N

Ladungsbilanz links: $8 \cdot (+1) + 2 \cdot (-1) = 6$

Stoffbilanz rechts: 3 Cu, 24 H, 14 O, 2 N

Ladungsbilanz rechts: $3 \cdot (+2) = 6$

Beispiel 2: Kaliumpermanganat reagiert in schwefelsaurer Lösung mit einer Natriumnitrit-Lösung zu Mangansulfat und Natriumnitrat. Dabei werden Kaliumsulfat und Wasser gebildet. Wie lautet die Redox-Gleichung?

Lösung:

1. Nichtstöchiometrische Reaktionsgleichung

$$NaNO_2 + KMnO_4 + H_2SO_4 \longrightarrow NaNO_3 + MnSO_4 + K_2SO_4 + H_2O$$

2. Eintragen der Oxidationszahlen:

$$\overset{+I\,+III\,-II}{NaNO_2} + \overset{+I+VII\,-II}{KMnO_4} + \overset{+I\,+VI\,-II}{H_2SO_4} \longrightarrow \overset{+I\,\,+V\,-II}{NaNO_3} + \overset{+II+VI\,-II}{MnSO_4} + \overset{+I\,+VI\,-II}{K_2SO_4} + \overset{+I\,-II}{H_2O}$$

3. Überprüfung auf Veränderungen:

Oxidation: $-2\,e^-$

$$\overset{+III}{NaNO_2} + \overset{+VII}{KMnO_4} + H_2SO_4 \longrightarrow \overset{+V}{NaNO_3} + \overset{+II}{MnSO_4} + K_2SO_4 + H_2O$$

Reduktion: $+5\,e^-$

4. Elektronenbilanz:

5 $\cdot (-2\,e^-) = -10\,e^-$

$$\mathbf{5}\,NaNO_2 + \mathbf{2}\,KMnO_4 + H_2SO_4 \longrightarrow NaNO_3 + MnSO_4 + K_2SO_4 + H_2O$$

2 $\cdot (+5\,e^-) = +10\,e^-$

5. Atombilanz:

5 Formeleinheiten $NaNO_2$ erfordern **fünf** Formeleinheiten $NaNO_3$

2 Formeleinheiten $KMnO_4$ erfordern **eine** Formeleinheit K_2SO_4 und **zwei** Formeleinheiten $MnSO_4$

3 Sulfat-Ionen auf der rechten Seite erfordern **drei** Moleküle H_2SO_4

3 H_2SO_4-Moleküle erfordern **drei** Moleküle H_2O

6. Stoffgleichung:

$$\mathbf{5\,NaNO_2 + 2\,KMnO_4 + 3\,H_2SO_4 \longrightarrow 5\,NaNO_3 + 2\,MnSO_4 + K_2SO_4 + 3\,H_2O}$$

7. Ermittlung der Ionengleichung:

Dissoziation:

$$5\,Na^+ + 5\,NO_2^- + 2\,K^+ + 2\,MnO_4^- + 6\,H^+ + 3\,SO_4^{2-} \longrightarrow 5\,Na^+ + 5\,NO_3^- + 2\,Mn^{2+} + 2\,SO_4^{2-} + 2\,K^+ + SO_4^{2-} + 3\,H_2O$$

Protolyse:

$$5\,Na^+ + 5\,NO_2^- + 2\,K^+ + 2\,MnO_4^- + 6\,H_3O^+ + 3\,SO_4^{2-} \longrightarrow 5\,Na^+ + 5\,NO_3^- + 2\,Mn^{2+} + 2\,SO_4^{2-} + 2\,K^+ + SO_4^{2-} + 9\,H_2O$$

Kürzung:

$$\mathbf{5\,NO_2^- + 2\,MnO_4^- + 6\,H_3O^+ \longrightarrow 5\,NO_3^- + 2\,Mn^{2+} + 9\,H_2O}$$

8. Probe:

Stoffbilanz links: 5 N, 24 O, 2 Mn, 18 H

Ladungsbilanz links: $5 \cdot (-1) + 2 \cdot (-1) + 6 \cdot (+1) = -1$

Stoffbilanz rechts: 5 N, 24 O, 2 Mn, 18 H

Ladungsbilanz rechts: $5 \cdot (-1) + 2 \cdot (+2) = -1$

Beispiel 3: Ethanol reagiert in schwefelsaurer Lösung mit Kaliumdichromat zu Ethanal und Chrom(III)-sulfat. Als Nebenprodukte werden Kaliumsulfat und Wasser gebildet. Wie lautet die Reaktionsgleichung?

Lösung:

1. Die nichtstöchiometrische Reaktionsgleichung lautet:

$$CH_3-CH_2-OH + K_2Cr_2O_7 + H_2SO_4 \longrightarrow CH_3-CHO + Cr_2(SO_4)_3 + K_2SO_4 + H_2O$$

2. Oxidationszahlen:

$$\overset{-III}{C}H_3-\overset{-I}{C}H_2-\overset{-II}{O}H + \overset{+I}{K}_2\overset{+VI}{Cr}_2\overset{-II}{O}_7 + H_2\overset{+VI}{S}\overset{-II}{O}_4 \longrightarrow \overset{-III}{C}H_3-\overset{+I}{C}H\overset{-II}{O} + \overset{+III}{Cr}_2(\overset{+VI}{S}\overset{-II}{O}_4)_3 + \overset{+I}{K}_2\overset{+VI}{S}\overset{-II}{O}_4 + H_2\overset{-II}{O}$$

3. Veränderungen:

Oxidation: $-2\,e^-$

$$CH_3-\overset{-I}{C}H_2-OH + K_2\overset{+VI}{Cr}_2O_7 + H_2SO_4 \longrightarrow CH_3-\overset{+I}{C}HO + \overset{+III}{Cr}_2(SO_4)_3 + K_2SO_4 + H_2O$$

Reduktion: $+3\,e^-$

4. Elektronenbilanz:

$3 \cdot (-2)\,e^- = -6\,e^-$

$$3\,CH_3-CH_2-OH + K_2Cr_2O_7 + H_2SO_4 \longrightarrow 3\,CH_3-CHO + Cr_2(SO_4)_3 + K_2SO_4 + H_2O$$

$2 \cdot (+3)\,e^- = +6\,e^-$

5. Atombilanz: 1 Formeleinheit $K_2Cr_2O_7$ erfordert **1** Formeleinheit $Cr_2(SO_4)_3$ und **1** Formeleinheit K_2SO_4
4 SO_4^{2-}-Gruppen auf der rechten Seite erfordern **4** Moleküle H_2SO_4
7 gebundene Sauerstoffatome im $K_2Cr_2O_7$ erfordern **7** Moleküle H_2O

6. Stoffgleichung:

$$\mathbf{3\,CH_3-CH_2-OH + K_2Cr_2O_7 + 4\,H_2SO_4 \longrightarrow 3\,CH_3-CHO + Cr_2(SO_4)_3 + K_2SO_4 + 7\,H_2O}$$

7. Ermittlung der Ionengleichung:

Dissoziation:

$$3\,C_2H_5OH + 2\,K^+ + Cr_2O_7^{2-} + 8\,H^+ + 4\,SO_4^{2-} \longrightarrow 3\,CH_3CHO + 2\,Cr^{3+} + 3\,SO_4^{2-} + 2\,K^+ + SO_4^{2-} + 7\,H_2O$$

Protolyse:

$$3\,C_2H_5OH + 2\,K^+ + Cr_2O_7^{2-} + 8\,H_3O^+ + 4\,SO_4^{2-} \longrightarrow 3\,CH_3CHO + 2\,Cr^{3+} + 3\,SO_4^{2-} + 2\,K^+ + SO_4^{2-} + 15\,H_2O$$

Kürzung:

$$\mathbf{3\,C_2H_5OH + Cr_2O_7^{2-} + 8\,H_3O^+ \longrightarrow 3\,CH_3CHO + 2\,Cr^{3+} + 15\,H_2O}$$

8. Probe: Stoffbilanz links: 6 C, 42 H, 2 Cr, 18 O — Stoffbilanz rechts: 6 C, 42 H, 2 Cr, 18 O
Ladungsbilanz links: $1 \cdot (-2) + 8 \cdot (+1) = +6$ — Ladungsbilanz rechts: $2 \cdot (+3) = +6$

Disproportionierung, Komproportionierung

Disproportionierungen (dismutations) sind Redox-Reaktionen, bei denen eine Verbindung mit einem Atom mittlerer Oxidationszahl zu zwei neuen Stoffen reagiert, in denen das gleiche Atom jeweils eine höhere und eine niedrigere Oxidationszahl aufweist **(Bild 1)**.

Das Gegenteil der Disproportionierung ist die Komproportionierung (comproportionation), bei der Verbindungen ein Atom mit zwei unterschiedlichen Oxidationszahlen enthalten, welches durch Bildung einer neuen Verbindung in eine mittlere Oxidationsstufe gelangt.

Das Aufstellen der Redox-Gleichungen dieser Reaktionen erfolgt nach dem gleichen, oben beschriebenen Verfahren.

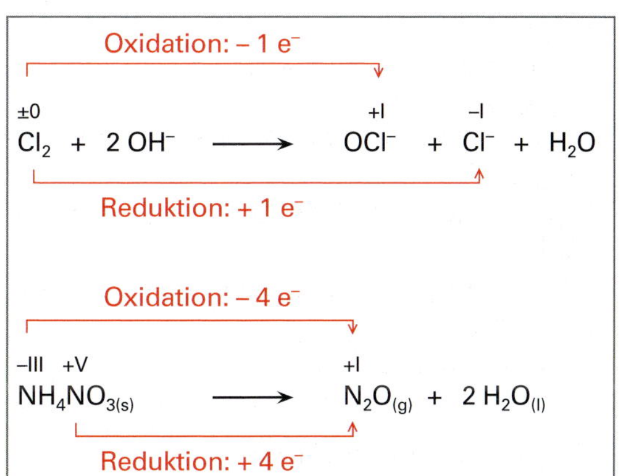

Bild 1: Disproportionierung, Komproportionierung

Aufgaben zu 4.9.4 Aufstellen von Redox-Gleichungen

1. Formulieren Sie zu den folgenden Redox-Vorgängen die Reaktionsgleichungen:
   a) Kalium, Calcium und Aluminium reagieren jeweils mit den Halogenen Fluor, Chlor und Brom unter Bildung der entsprechenden Halogenide.
   b) Magnesium verbrennt jeweils mit den Oxidationsmitteln Sauerstoff, Stickstoff, Wasserdampf und Kohlenstoffdioxid.
   c) Kupfer reagiert mit heißer konzentrierter Schwefelsäure unter Bildung von Kupfer(II)-sulfat, Schwefeldioxid und Wasser.
   d) Bei der Elektrolyse von verdünnter Schwefelsäure werden an der Kathode Wassermoleküle zu Wasserstoff reduziert und an der Anode Wassermoleküle zu Sauerstoff oxidiert.
   e) Aluminium reagiert mit verdünnter Natronlauge zu Natriumaluminat $Na[Al(OH)_4]$ und Wasserstoff.
   f) Methanal wird durch Kupfer(II)-oxid zu Methansäure oxidiert. Letztere bildet bei der erneuten Oxidation mit Kupfer(II)-oxid Kohlenstoffdioxid und Wasser.
   g) 2-Propanol wird mit Kupfer(II)-oxid zu Propanon oxidiert.
   h) Beim Verbrennen von Lithium, Natrium oder Kalium an der Luft werden Lithiumoxid, Natriumperoxid Na_2O_2 oder Kaliumhyperoxid (Kaliumdioxid) KO_2 gebildet.
   i) Silber reagiert mit konzentrierter Salpetersäure unter Bildung von Silbernitrat, Stickstoff(IV)-oxid und Wasser.
   j) Beim Laden eines Bleiakkumulators bildet sich aus dem Blei(II)-sulfat an den Elektroden Blei und Blei(IV)-oxid, wobei die Konzentration an Schwefelsäure zunimmt.
   k) In Kalilauge gelöstes Kaliumnitrat reagiert mit Zinkpulver beim Erwärmen unter Bildung von Ammoniak und Kalium-trihydroxo-zinkat(II), $K[Zn(OH)_3]$.
   l) Bei der Reaktion einer heißen verdünnten Methansäure HCOOH mit einer schwefelsauren Kaliumpermanganat-Lösung ($KMnO_4$) werden unter CO_2-Entwicklung und Entfärbung Mn^{2+}-Ionen gebildet.
   m) Chrom(III)-oxid reagiert mit Kaliumnitrat und Soda Na_2CO_3 in der Schmelze unter Bildung von Natriumchromat Na_2CrO_4, Kaliumnitrit und Kohlenstoffdioxid.
   n) Eisen(II)-sulfat wird in schwefelsaurer Kaliumpermanganat-Lösung zu Eisen(III)-sulfat oxidiert, wobei die Permanganat-Lösung unter Bildung von Mangan(II)-sulfat entfärbt wird.

2. Formulieren Sie die folgenden Redox-Schemata und entscheiden Sie, ob es sich um eines Dis- oder Komproportionierung handelt:
   a) Vollständige Verbrennung von Ethanol zu Kohlenstoffdioxid und Wasser.
   b) Zerfall von salpetriger Säure in Salpetersäure, Stickstoff(II)-oxid und Wasser.
   c) Thermische Zersetzung von Hydroxylamin NH_2OH in Distickstoffoxid, Ammoniak und Wasser.
   d) Bildung von Stickstoff und Wasser aus Ammonium- und Nitrit-Ionen.

3. Ergänzen Sie in den Reaktionsgleichungen die Reaktionskoeffizienten. Bei welchen Reaktionen handelt es sich um Redoxreaktionen?
   a) $OH^- + SO_3 \longrightarrow SO_4^{2-} + H_2O$ b) $H_2S + H_2O_2 \longrightarrow H_2SO_4 + H_2O$
   c) $Al_4C_3 + H_2O \longrightarrow Al(OH)_3 + CH_4$ d) $P_4 + H_2O \longrightarrow PH_3 + H_3PO_2$

4. Ergänzen Sie die Reaktionskoeffizienten in den folgenden Redox-Gleichungen:
   a) $KMnO_4 + H_2O_2 + H_2SO_4 \longrightarrow MnSO_4 + K_2SO_4 + H_2O + O_2$
   b) $Cr^{3+} + H_2O_2 + OH^- \longrightarrow CrO_4^{2-} + H_2O$
   c) $Cr_2O_7^{2-} + SO_3^{2-} + H_3O^+ \longrightarrow Cr^{3+} + SO_4^{2-} + H_2O$
   d) $BrO_3^- + Fe^{2+} + H_3O^+ \longrightarrow Br^- + Fe^{3+} + H_2O$
   e) $Ca_3(PO_4)_2 + C + SiO_2 \longrightarrow CaSiO_3 + CO + P_4$

Gemischte Aufgaben zu 4.9 Rechnen mit Reaktionsgleichungen

1. Die Herstellung von Aluminium verläuft in vier Reaktionsschritten:

   a) Zuerst wird der Bauxit, der neben Aluminiumhydroxid $Al(OH)_3$ auch noch Fremdoxide wie Fe_2O_3, SiO_2 und TiO_2 enthält, mit Natronlauge NaOH aufgeschlossen. Hierbei entsteht Natriumaluminat $Na[Al(OH)_4]$. Die Fremdoxide bleiben ungelöst.

   b) Durch Verdünnen mit Wasser, Abkühlen und Impfen der Natriumaluminatlösung fällt reines Aluminiumhydroxid aus.

   c) Das Aluminiumhydroxid wird filtriert, getrocknet und durch Glühen im Drehrohrofen zu Aluminiumoxid Al_2O_3 und Wasser umgesetzt.

   d) Zum Schluss wird das Aluminiumoxid mittels Schmelzfluss-Elektrolyse durch Kohlenstoff zu elementarem Aluminium reduziert. Dabei entsteht Kohlenstoffmonoxid CO und Kohlenstoffdioxid CO_2.

   Formulieren Sie die Reaktionsgleichungen.

2. Die Herstellung von Hydrazin nach dem Raschig-Verfahren verläuft in drei Teilschritten:

   a) Zuerst werden Natronlauge NaOH und Chlor Cl_2 zu Natriumhypochlorit NaOCl umgesetzt. Als Nebenprodukte entstehen Natriumchlorid NaCl und Wasser.

   b) In einem zweiten Reaktionsschritt reagiert Ammoniak NH_3 mit dem entstehenden Natriumhypochlorit zu Chloramin NH_2Cl unter Rückbildung von Natronlauge.

   c) Die alkalische Chloramin-Lösung wird anschließend mit Ammoniak unter Bildung von Hydrazin N_2H_4 umgesetzt.

   Formulieren Sie die Reaktionsgleichungen zu den einzelnen Teilschritten.

3. Zur Laborsynthese von Chlorgas wird in einem Gasentwickler konzentrierte Salzsäure HCl auf festes Kaliumpermanganat getropft. Als Nebenprodukte werden Manganchlorid $MnCl_2$, Kaliumchlorid KCl und Wasser gebildet. Wie lautet die Reaktionsgleichung?

4. Bei der Soda-Herstellung nach dem SOLVAY-Verfahren laufen die nachfolgend aufgeführten Verfahrensschritte ab. Dazu sind die einzelnen Reaktionsgleichungen zu formulieren.

   a) In eine Natriumchlorid-Lösung wird zuerst Ammoniak NH_3 und anschließend Kohlenstoff(IV)-oxid CO_2 eingeleitet, wobei Natriumhydrogencarbonat $NaHCO_3$ und Ammoniumchlorid NH_4Cl entstehen.

   b) Das Natriumhydrogencarbonat wird abfiltriert und calciniert, wobei es sich bei 180 °C in Soda Na_2CO_3 umwandelt.

   c) Das Kohlenstoffdioxid aus der Calcinierung wird wieder in den Prozess zurückgeführt. Die Hauptmasse des zur Reaktion benötigten Kohlenstoffdioxids entsteht jedoch beim Brennen von Kalkstein $CaCO_3$ und der damit verbundenen Verbrennung von Kohle.

   d) Der beim Kalkbrennen entstehende Kalk CaO ergibt mit Wasser Kalkmilch $Ca(OH)_2$, die zum Freisetzen des Ammoniaks aus der Ammoniumchlorid-Lösung benötigt wird.

5. Stellen Sie die Reaktionsgleichung für den explosionsartigen Zerfall von Nitroglycerin $C_3H_5N_3O_9$ auf. Bei der Explosion entstehen als gasförmige Reaktionsprodukte: Sauerstoff O_2, Stickstoff N_2, Kohlenstoffdioxid CO_2 und Wasserdampf H_2O.

6. Aceton $CH_3{-}CO{-}CH_3$ reagiert in alkalischer wässriger Lösung mit Iod I_2 zu Iodoform CHI_3. Dabei werden Acetat-Ionen CH_3COO^- und Iodid-Ionen I^- gebildet. Wie lautet die Reaktionsgleichung?

7. Zur Laborsynthese von Anilin $C_6H_5{-}NH_2$ wird Nitrobenzol $C_6H_5{-}NO_2$ mit Zink in verdünnter Salzsäure HCl umgesetzt. Stellen Sie die Reaktionsgleichung auf. Das Zink liegt nach der Reaktion als Chlorid $ZnCl_2$, das Anilin als Hydrochlorid $C_6H_5{-}NH_3Cl$ vor.

8. Wie lautet die allgemeine Reaktionsgleichung zur vollständigen Verbrennung eines Kohlenwasserstoffes mit der allgemeinen Summenformel C_nH_{2n+2}?

4.10 Umsatzberechnung

4.10.1 Umsatzberechnung bei reinen Stoffen

Die in einer Reaktionsgleichung verwendeten Symbole und Formeln haben neben einer qualitativen auch eine quantitative Bedeutung.

Aus der Reaktionsgleichung zur Synthese des Wassers aus den Elementen lassen sich folgende Aussagen ableiten:

	$2\,H_2$	+		O_2	$\longrightarrow$		$2\,H_2O$
	Wasserstoff	und		Sauerstoff	reagieren zu		Wasser
2 Moleküle	Wasserstoff	und	1 Molekül	Sauerstoff	reagieren zu	2 Molekülen	Wasser
2 Mol	Wasserstoff	und	1 Mol	Sauerstoff	reagieren zu	2 Mol	Wasser
2 Liter	Wasserstoff	und	1 Liter	Sauerstoff	reagieren zu	2 Liter	Wasserdampf
4 Gramm	Wasserstoff	und	32 Gramm	Sauerstoff	reagieren zu	36 Gramm	Wasser

Die letzte Aussage ist auch als Gesetz von der Erhaltung der Masse bekannt (Seite 112). Sie wird zunächst unter folgenden Voraussetzungen zur Umsatzberechnung herangezogen: Die Reaktion muss mit vollkommen reinen Stoffen durchgeführt werden sowie vollständig (quantitativ) und ohne Nebenreaktionen ablaufen.

Beispiel: Welche Masse an Phosphor(V)-oxid P_4O_{10} entsteht bei der Verbrennung von 20 g weißem Phosphor?

Lösung:
1. Aufstellen der Reaktionsgleichung, gegebene und gesuchte Größen unterstreichen: $\underline{P_4} + 5\,O_2 \longrightarrow \underline{P_4O_{10}}$
2. Umgesetzte Stoffmengen: $n(P_4) = 1\text{ mol}$ $\quad n(P_4O_{10}) = 1\text{ mol}$
3. Angabe der molaren Massen: $M(P_4) = 123{,}90\text{ g/mol}$, $\quad M(P_4O_{10}) = 283{,}89\text{ g/mol}$
4. Berechnung durch Schlussrechnung:
   123,90 g P_4 reagieren zu 283,89 g P_4O_{10}
   20 g P_4 reagieren zu x g P_4O_{10}

$$\Rightarrow \quad x = \boldsymbol{m(P_4O_{10})} = \frac{20\text{ g} \cdot 283{,}89\text{ g}}{123{,}90\text{ g}} \approx \mathbf{46\ g}$$

Stoffumsätze lassen sich auch mit einer Größengleichung berechnen. Sie lässt sich folgendermaßen ableiten:

Das Verhältnis der Koeffizienten der entsprechenden Stoff in der Reaktionsgleichung ist gleich dem Verhältnis der umgesetzten Stoffmenge.

Ferner sind die Massenverhältnisse zweier sich zu einer Verbindung vereinigenden Stoffe konstant: $m(X_1)/m(X_2) = \text{konst.}$ (Gesetz der konstanten Proportionen, Seite 112). Mit der Grundgleichung der Stöchiometrie von Seite 114 $m(X) = n(X) \cdot M(X)$ folgt die nebenstehende Stoffumsatzgleichung.

Stoffumsatzgleichung

$$\frac{m(X_1)}{m(X_2)} = \frac{n(X_1) \cdot M(X_1)}{n(X_2) \cdot M(X_2)}$$

Mit der Stoffumsatzgleichung lässt sich z. B. die Masse $m(X_1)$ des Stoffes X_1 bei gegebener Masse $m(X_2)$ des Stoffes X_2 berechnen, wenn die molaren Massen $M(X_1)$ und $M(X_2)$ der Stoffe X_1 und X_2 bekannt sind. Das Stoffmengenverhältnis $n(X_1)/n(X_2)$ lässt sich direkt aus der Reaktionsgleichung ablesen. Es entspricht dem Verhältnis der Reaktionskoeffizienten.

Beispiel: Ermittlung des Stoffumsatzes anhand des oben angegebenen Beispiels mit der Stoffumsatzgleichung.

Lösung:

$$\frac{m(P_4)}{m(P_4O_{10})} = \frac{n(P_4) \cdot M(P_4)}{n(P_4O_{10}) \cdot M(P_4O_{10})}$$

$$\Rightarrow \quad \boldsymbol{m(P_4O_{10})} = \frac{m(P_4) \cdot n(P_4O_{10}) \cdot M(P_4O_{10})}{n(P_4) \cdot M(P_4)} = \frac{20\text{ g} \cdot 1\text{ mol} \cdot 283{,}89\text{ g/mol}}{1\text{ mol} \cdot 123{,}90\text{ g/mol}} \approx \mathbf{46\ g}$$

Aufgaben zu 4.10.1 Umsatzberechnung bei reinen Stoffen

1. Eisenpulver reagiert mit Schwefelblüte beim Erhitzen unter Bildung von Eisensulfid. Welche Masse an Eisensulfid kann aus 5,0 g Eisenpulver hergestellt werden?

   $$Fe + S \longrightarrow FeS$$

2. Wie viel Gramm Quecksilber entstehen bei der thermischen Zersetzung von 1,25 g Quecksilberoxid?

   $$2\,HgO \longrightarrow 2\,Hg + O_2$$

3. Welche Masse an Kupfer kann durch Reduktion von 1,376 g Kupfer(II)-oxid mit Wasserstoff gewonnen werden?

   $$CuO + H_2 \longrightarrow Cu + H_2O$$

4. Wie viel Gramm Kesselstein entstehen, wenn ein Kubikmeter Wasser mit einer temporären Härte von $c\,(Ca(HCO_3)_2) = 2{,}3\,mmol/L$ zum Sieden erhitzt wird?

   $$Ca(HCO_3)_2 \longrightarrow CaCO_3 + CO_2 + H_2O$$

5. Phosphor(V)-oxidchlorid wird in der chemischen Technik durch Oxidation von Phosphortrichlorid mit reinem Sauerstoff in praktisch quantitativer Ausbeute hergestellt. Welche Masse an Phosphortrichlorid wird täglich umgesetzt, wenn 40 t Phosphoroxidchlorid pro Tag zu produzieren sind?

   $$2\,PCl_3 + O_2 \longrightarrow 2\,POCl_3$$

6. Aluminium wird durch Schmelzflusselektrolyse von Aluminiumoxid hergestellt das in einer Kryolithschmelze gelöst ist. Als Elektrodenmaterial dient Kohlenstoff. Wie groß ist der Elektrodenverbrauch pro Kilogramm Aluminium?

   $$Al_2O_3 + 2\,C \longrightarrow 2\,Al + CO_2 + CO$$

7. Welche Masse an Soda entsteht beim Calcinieren von einer Tonne Natriumhydrogencarbonat?

   $$2\,NaHCO_3 \longrightarrow Na_2CO_3 + CO_2 + H_2O$$

8. 25 kg gebrannter Kalk werden „gelöscht". Wie viel Kilogramm Löschkalk entstehen dabei?

   $$CaO + H_2O \longrightarrow Ca(OH)_2$$

9. Eine Ammoniak-Syntheseanlage produziert pro Stunde 60 t Ammoniak. Wie viel Tonnen Stickstoff und Wasserstoff werden dazu benötigt?

   $$N_2 + 3\,H_2 \longrightarrow 2\,NH_3$$

10. Welche Masse an Chlorwasserstoff entsteht bei der Reaktion von 10 g Natriumchlorid mit Schwefelsäure?

    $$2\,NaCl + H_2SO_4 \longrightarrow Na_2SO_4 + 2\,HCl$$

11. Anilin wird durch katalytische Gasphasenhydrierung von Nitrobenzol in praktisch quantitativer Ausbeute hergestellt. Wie viel Kubikmeter Nitrobenzol ($\varrho = 1{,}20\,g/cm^3$) müssen umgesetzt werden, wenn pro Stunde 15,0 t Anilin produziert werden sollen?

    $$C_6H_5NO_2 + 3\,H_2 \longrightarrow C_6H_5NH_2 + 2\,H_2O$$

12. Welche Masse an Benzolsulfonsäure entsteht bei der Sulfonierung von 100 t Benzol mit Oleum?

    $$C_6H_6 + SO_3 \longrightarrow C_6H_5SO_3H$$

13. Wie viel Tonnen Schwefelwasserstoff müssen verbrannt werden, um 100 t Schwefel herzustellen?

    $$2\,H_2S + O_2 \longrightarrow 2\,H_2O + 2\,S$$

14. Von 12 g Aluminium werden 25 % mit Brom zu Aluminiumbromid oxidiert. Wie groß ist die Massenzunahme in Gramm?

    $$2\,Al + 3\,Br_2 \longrightarrow 2\,AlBr_3$$

4.10.2 Umsatzberechnung bei verunreinigten oder gelösten Stoffen

Chemische Reaktionen werden bevorzugt in Lösung oder in der Gasphase durchgeführt. Der Reaktionsablauf wird dadurch begünstigt, da die gelösten Teilchen wegen der größeren Beweglichkeit häufiger und heftiger zusammenstoßen können.

In der chemischen Technik kommen ferner technische Produkte zum Einsatz, die mit anderen Substanzen verunreinigt sind. Dies muss bei der Umsatzberechnung durch eine Gehaltsberechnung berücksichtigt werden (Seite 128, 166).

An Beispielen wird der Rechengang aufgezeigt:

Beispiel 1: Welche Masse an Fluorwasserstoff entsteht bei der Reaktion von 20 g Flussspat mit einem Massenanteil an Calciumfluorid von $w(CaF_2) = 96\,\%$ mit Schwefelsäure?

Lösung:
1. Aufstellen der Reaktionsgleichung: $\underline{CaF_2} + H_2SO_4 \longrightarrow CaSO_4 + \underline{2\,HF}$
2. Umgesetzte Stoffmengen: $n(CaF_2) = 1\text{ mol}$, $n(HF) = 2\text{ mol}$
3. Angabe der molaren Massen: $M(CaF_2) = 78{,}08\text{ g/mol}$, $M(HF) = 20{,}01\text{ g/mol}$

Lösung durch Schlussrechnung:

4. Berechnung der Masse an Calciumfluorid, CaF_2, im Flussspat:
   100 g Flussspat enthalten 96 g CaF_2
   20 g Flussspat enthalten x g CaF_2
   $\Rightarrow x = m(CaF_2) = \frac{20\text{ g} \cdot 96\text{ g}}{100\text{ g}} = 19{,}2\text{ g}$
5. Umsatzberechnung:
   78,08 g CaF_2 reagieren zu 2 · 20,01 g HF
   19,2 g CaF_2 reagieren zu y g HF
   $\Rightarrow y = \mathbf{m(HF)} = \frac{19{,}2\text{ g} \cdot 2 \cdot 20{,}01\text{ g}}{78{,}08\text{ g}} \approx \mathbf{9{,}8\text{ g}}$

Lösung mit Hilfe der Stoffumsatzgleichung:

$$\frac{m(CaF_2)}{m(HF)} = \frac{n(CaF_2) \cdot M(CaF_2)}{n(HF) \cdot M(HF)} \quad \text{mit} \quad m(CaF_2) = w(CaF_2) \cdot m(\text{Flussspat}) \quad \text{folgt:}$$

$$\frac{w(CaF_2) \cdot m(\text{Flussspat})}{m(HF)} = \frac{n(CaF_2) \cdot M(CaF_2)}{n(HF) \cdot M(HF)} \Rightarrow m(HF) = \frac{w(CaF_2) \cdot m(\text{Flussspat}) \cdot n(HF) \cdot M(HF)}{n(CaF_2) \cdot M(CaF_2)}$$

$$\mathbf{m(HF)} = \frac{0{,}96 \cdot 20\text{ g} \cdot 2\text{ mol} \cdot 20{,}01\text{ g/mol}}{1\text{ mol} \cdot 78{,}08\text{ g/mol}} = 9{,}841\text{ g} \approx \mathbf{9{,}8\text{ g}}$$

Beispiel 2: Wie viel Gramm Salzsäure mit einem Massenanteil von $w(HCl) = 30\,\%$ sind erforderlich, um 2,5 g Calciumcarbonat aufzulösen?

Lösung:
1. Reaktionsgleichung: $\underline{CaCO_3} + \underline{2\,HCl} \longrightarrow CaCl_2 + CO_2 + H_2O$
2. Stoffmengenumsatz: $n(CaCO_3) = 1\text{ mol}$, $n(HCl) = 2\text{ mol}$
3. Molare Massen: $M(CaCO_3) = 100{,}09\text{ g/mol}$, $M(HCl) = 36{,}46\text{ g/mol}$

Lösung durch Schlussrechnung:

4. Umsatzberechnung:
   100,09 g $CaCO_3$ werden von 2 · 36,46 g HCl gelöst
   2,5 g $CaCO_3$ werden von x g HCl gelöst
   $\Rightarrow x = m(HCl) = \frac{2{,}5\text{ g} \cdot 2 \cdot 36{,}46\text{ g}}{100{,}09\text{ g}} = 1{,}82\text{ g}$
5. Berechnung der erforderlichen Masse an Salzsäure:
   30 g HCl sind in 100 g HCl-Lsg gelöst
   1,82 g HCl sind in y g HCl-Lsg gelöst
   $\Rightarrow y = \mathbf{m(HCl\text{-}Lsg.)} = \frac{1{,}82\text{ g} \cdot 100\text{ g}}{30\text{ g}} \approx \mathbf{6{,}1\text{ g}}$

Lösung mit Hilfe der Stoffumsatzgleichung:

$$\frac{m(CaCO_3)}{m(HCl)} = \frac{n(CaCO_3) \cdot M(CaCO_3)}{n(HCl) \cdot M(HCl)} \quad \text{mit} \quad m(HCl) = w(HCl) \cdot m(HCl\text{-}Lsg) \quad \text{folgt:}$$

$$\frac{m(CaCO_3)}{w(HCl) \cdot m(HCl\text{-}Lsg)} = \frac{n(CaCO_3) \cdot M(CaCO_3)}{n(HCl) \cdot M(HCl)} \Rightarrow m(HCl\text{-}Lsg) = \frac{m(CaCO_3) \cdot n(HCl) \cdot M(HCl)}{w(HCl) \cdot n(CaCO_3) \cdot M(CaCO_3)}$$

$$\mathbf{m(HCl\text{-}Lsg)} = \frac{2{,}5\text{ g} \cdot 2\text{ mol} \cdot 36{,}46\text{ g/mol}}{0{,}30 \cdot 1\text{ mol} \cdot 100{,}09\text{ g/mol}} \approx \mathbf{6{,}1\text{ g}}$$

Beispiel 3: Welche Masse an Wasser ist erforderlich, wenn aus 15 g Phosphor(V)-oxid eine Phosphorsäure mit einem Massenanteil von $w(H_3PO_4) = 30\,\%$ hergestellt werden soll?

Lösung:

1. Reaktionsgleichung: $P_4O_{10} + 6\,H_2O \longrightarrow 4\,H_3PO_4$
2. Stoffmengenumsatz: $n(P_4O_{10}) = 1$ mol, $n(H_3PO_4) = 4$ mol
3. Molare Massen: $M(P_4O_{10}) = 283{,}89$ g/mol, $M(H_3PO_4) = 98{,}00$ g/mol

Lösung durch Schlussrechnung:

4. Umsatzberechnung:

   283,89 g P_4O_{10} reagieren zu 4 · 98,00 g H_3PO_4
   15 g P_4O_{10} reagieren zu x g H_3PO_4

   $$\Rightarrow\ x = m(H_3PO_4) = \frac{15\text{ g} \cdot 4 \cdot 98{,}00\text{ g}}{283{,}89\text{ g}} = 20{,}71\text{ g}$$

5. Gehaltsberechnung:

   30 g H_3PO_4 sind in 100 g H_3PO_4-Lsg gelöst
   20,71 g H_3PO_4 sind in y g H_3PO_4-Lsg gelöst

   $$\Rightarrow\ y = m(H_3PO_4\text{-Lsg}) = \frac{20{,}71\text{ g} \cdot 100\text{ g}}{30\text{ g}} = 69{,}03\text{ g}$$

6. Berechnung der Masse an Wasser in der Phosphorsäure-Lösung:

   $\mathbf{m(H_2O)} = m(H_3PO_4\text{-Lsg}) - m(P_4O_{10}) = 69{,}03\text{ g} - 15\text{ g} = 54{,}03\text{ g} \approx \mathbf{54\text{ g}}$

Lösung mit Hilfe der Stoffumsatzgleichung:

$$\frac{m(P_4O_{10})}{m(H_3PO_4)} = \frac{n(P_4O_{10}) \cdot M(P_4O_{10})}{n(H_3PO_4) \cdot M(H_3PO_4)}$$ mit $m(H_3PO_4) = w(H_3PO_4) \cdot m(H_3PO_4\text{-Lsg})$ folgt:

$$\frac{m(P_4O_{10})}{w(H_3PO_4) \cdot m(H_3PO_4\text{-Lsg})} = \frac{n(P_4O_{10}) \cdot M(P_4O_{10})}{n(H_3PO_4) \cdot M(H_3PO_4)}$$

$$\Rightarrow\ m(H_3PO_4\text{-Lsg}) = \frac{m(P_4O_{10}) \cdot n(H_3PO_4) \cdot M(H_3PO_4)}{w(H_3PO_4) \cdot n(P_4O_{10}) \cdot M(P_4O_{10})}$$

$$m(H_3PO_4\text{-Lsg}) = \frac{15\text{ g} \cdot 4\text{ mol} \cdot 98{,}00\text{ g/mol}}{0{,}30 \cdot 1\text{ mol} \cdot 283{,}89\text{ g/mol}} \approx 69{,}04\text{ g}$$

$\mathbf{m(H_2O)} = m(H_3PO_4\text{-Lsg}) - m(P_4O_{10}) = 69{,}04\text{ g} - 15\text{ g} = 54{,}04\text{ g} \approx \mathbf{54\text{ g}}$

Beispiel 4: Welcher Masseverlust ist bei der thermoanalytischen Bestimmung von 25,34 mg Natriumhydrogencarbonat $NaHCO_3$ mit einem Feuchtigkeits-Massenanteil von 1,75 % beim kontinuierlichen Aufheizen bis 180 °C zu erwarten?

Lösung:

1. Reaktionsgleichung: $2\,NaHCO_{3(s)} \xrightarrow{180\,°C} Na_2CO_{3(s)} + CO_{2(g)} + H_2O_{(g)}$
2. Stoffmengenumsatz: $n(NaHCO_3) = 2$ mol, $n(Na_2CO_3) = 1$ mol
3. Molare Massen: $M(NaHCO_3) = 84{,}01$ g/mol, $M(Na_2CO_3) = 105{,}99$ g/mol
4. Gehaltsberechnung:

   100 mg $NaHCO_3$ enthalten 1,75 mg H_2O
   25,34 mg $NaHCO_3$ enthalten x mg H_2O

   $$\Rightarrow\ x = m(H_2O) = \frac{25{,}35\text{ mg} \cdot 1{,}75\text{ mg}}{100\text{ mg}} = 0{,}443\text{ mg}$$

5. Umsatzberechnung: Umgesetzt werden:

   25,34 mg feuchtes $NaHCO_3$
   − 0,44 mg Wasser
   = 24,90 mg trockenes $NaHCO_3$

   2 · 84,01 mg $NaHCO_3$ bilden 105,99 mg Na_2CO_3
   24,90 mg $NaHCO_3$ bilden y mg Na_2CO_3

   $$\Rightarrow\ y = m(Na_2CO_3) = \frac{24{,}90\text{ mg} \cdot 105{,}99\text{ mg}}{2 \cdot 84{,}01\text{ mg}} = 15{,}71\text{ mg}$$

6. Berechnung des Masseverlustes:

   Vor dem Aufheizen 25,34 mg feuchtes $NaHCO_3$
   nach dem Aufheizen − 15,71 mg trockenes Na_2CO_3
   Masseverlust = 9,63 mg flüchtige Bestandteile

   Der Masseverlust beträgt 9,63 mg. Das sind 38,0 % der Ausgangsmasse.

Aufgaben zu 4.10.2 Umsatzberechnung bei verunreinigten oder gelösten Stoffen

1. Wie viel Gramm Methansäure mit einem Massenanteil von $w(HCOOH)$ = 30 % werden zur Neutralisation von 30 g Natriumcarbonat benötigt?

   $$Na_2CO_3 + 2\,HCOOH \longrightarrow 2\,NaHCOO + CO_2 + H_2O$$

2. 3,2 g Phosphor (V)-oxid werden vorsichtig in 50,0 g Wasser gelöst. Wie groß ist der Massenanteil an Phosphorsäure in der gebildeten Phosphorsäure-Lösung?

   $$P_4O_{10} + 6\,H_2O \longrightarrow 4\,H_3PO_4$$

3. Welches Volumen an Salzsäure ($w(HCl)$ = 25 %, $\varrho(HCl)$ = 1,123 g/mL) ist zur Neutralisation von 10 mL Natronlauge ($w(NaOH)$ = 30 %, $\varrho(NaOH)$ = 1,325 g/mL) erforderlich?

   $$NaOH + HCl \longrightarrow NaCl + H_2O$$

4. Bei der Alkali-Chlorid-Elektrolyse beträgt der Volumenstrom an Sole pro Elektrolysezelle 3,5 m^3/h. Die Massenkonzentration an Natriumchlorid in der Sole wird im Verlauf der Elektrolyse von 280 g/L auf 235 g/L gesenkt. Welche Masse an Chlor wird täglich aus 156 in Reihe geschalteten Elektrolysezellen produziert?

   $$2\,NaCl + 2\,H_2O \longrightarrow 2\,NaOH + H_2 + Cl_2$$

5. Wie viel Kilogramm Natronlauge ($w(NaOH)$ = 50 %) entstehen bei der Zersetzung von einer Tonne Natriumamalgam ($w(Na)$ = 0,30 %)?

   $$2\,Na + 2\,H_2O \longrightarrow 2\,NaOH + H_2$$

6. Der Massenanteil an Calciumcyanamid in einem technischen Kalkstickstoff-Dünger beträgt 90 %. Welche Masse an Ammoniak wird aus 25 kg Kalkstickstoff-Dünger durch Reaktion mit Wasser im Erdboden freigesetzt?

   $$CaCN_2 + 3\,H_2O \longrightarrow CaCO_3 + 2\,NH_3$$

7. 5,0 cm^3 Chlorsulfonsäure (ϱ = 1,720 g/cm^3) wurden vorsichtig in 100 cm^3 Wasser eingetragen. Wie viel Gramm Natronlauge ($w(NaOH)$ = 20 %) wird zur vollständigen Neutralisation der Lösung benötigt?

   $$HSO_3Cl + H_2O \longrightarrow H_2SO_4 + HCl$$

8. Die Gesamthärte eines Brauchwassers wurde zu $c(Ca^{2+})$ = 4,5 mmol/L bestimmt. Welche Masse an Soda wird benötigt, um 10 m^3 des Brauchwassers durch Fällung zu enthärten?

   $$Ca^{2+} + Na_2CO_3 \longrightarrow CaCO_3 + 2\,Na^+$$

9. Bei der Reaktion von Natrium mit Wasser wurden 200 g Natronlauge mit einem Massenanteil von $w(NaOH)$ = 1,2 % erhalten. Wie viel Gramm Natrium haben sich zu Natronlauge umgesetzt?

   $$2\,Na + 2\,H_2O \longrightarrow 2\,NaOH + H_2$$

10. In eine Natronlauge ($w(NaOH)$ = 20 %) wird Kohlenstoffdioxid eingeleitet. Wie groß ist der Massenanteil an Natriumcarbonat in der entstehenden Soda-Lösung?

    $$2\,NaOH + CO_2 \longrightarrow Na_2CO_3 + H_2O$$

11. 175 t Schwefelsäure mit einem Massenanteil von $w(H_2SO_4)$ = 98 % sollen in einem Gegenstromabsorber in Oleum mit $w(SO_3)$ = 30 % überführt werden. Wie viel Tonnen SO_3 müssen absorbiert werden?

    $$SO_3 + H_2O \longrightarrow H_2SO_4$$

12. Zur Rauchgasentschwefelung in einem 750 MW Kohlekraftwerk werden pro Stunde 170 t Kalkmilch mit $w(Ca(OH)_2)$ = 5,0 % benötigt. Welche Masse gebrannter Kalk mit $w(CaO)$ = 90 % muss gelöscht werden?

    $$CaO + H_2O \longrightarrow Ca(OH)_2$$

13. Wie groß ist der Massenanteil an Natriumethanolat in einer ethanolischen Natriumethanolat-Lösung, wenn 46 g krustenfreies Natrium vorsichtig mit 800 mL Ethanol der Dichte 0,791 g/cm³ umgesetzt werden?

$$2\,Na + 2\,CH_3CH_2OH \longrightarrow 2\,NaCH_3CH_2O + H_2$$

14. In einer 1-L-Dreihalskolbenapparatur **(Bild 1)** sollen 60,0 g in Diethylether $CH_3CH_2{-}O{-}CH_2CH_3$ gelöstes Ethylmagnesiumbromid hergestellt werden.

a) Welche Masse an Magnesiumspänen ist im Rundkolben in Ether suspendiert vorzulegen?

b) Wie viel Gramm Ethylbromid sind im Tropftrichter in Ether gelöst vorzulegen?

$$CH_3CH_2{-}Br + Mg \longrightarrow CH_3CH_2{-}Mg{-}Br$$

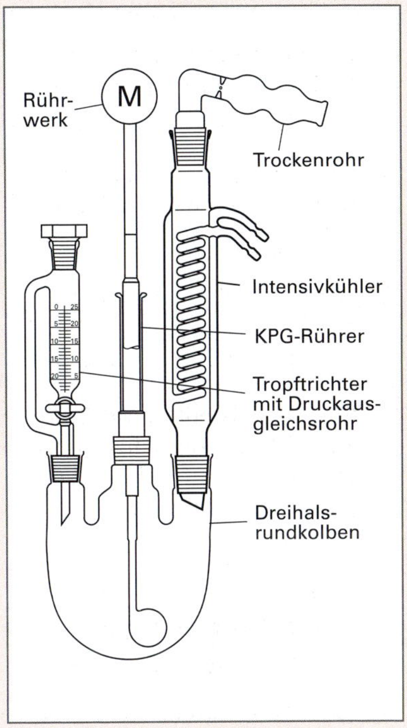

Bild 1: Dreihalskolbenapparatur

15. Zum Absolutieren von 1,0 L 1,4-Dioxan ($\varrho(C_4H_8O_2)$ = 1,034 g/cm³) mit einem Massenanteil an Wasser von 1,5 % wird Natriumdraht mit einer hydraulischen Presse in das Gebinde gepresst. Welche Masse an Natrium muss zum Absolutieren mindestens verpresst werden?

$$2\,Na + 2\,H_2O \longrightarrow 2\,NaOH + H_2$$

16. Welche Masse gebrannter Kalk (Calciumoxid, CaO) kann theoretisch aus 2,0 t Kalkstein mit dem Massenanteil $w(CaCO_3)$ = 84,5 % gewonnen werden?

$$CaCO_3 \xrightarrow{\vartheta} CaO + CO_2$$

17. Polyvinylchlorid PVC, ein Thermoplast, wird aus dem Monomer Monochlorethen (Vinychlorid VC) $H_2C{=}CHCl$ polymerisiert. Bei der Verbrennung von PVC-Abfällen entsteht im Abgas Chlorwasserstoffgas HCl (Hydrogenchlorid). Welche Masse an HCl kann theoretisch bei der Verbrennung von 5,0 t PVC-Abfällen entstehen?

$$2\,\left[CH_2{-}\underset{\displaystyle Cl}{\underset{|}{CH}}\right] + 5\,O_2 \longrightarrow 2\,HCl + 4\,CO_2 + 2\,H_2O$$

18. Wie viel Kilogramm Schwefeldioxid SO_2 entstehen beim Abrösten von 250 t Eisenkies mit dem Massenanteil $w(FeS_2)$ = 21,5 %?

$$4\,FeS_2 + 11\,O_2 \xrightarrow{\vartheta} 2\,Fe_2O_3 + 8\,SO_2$$

19. 4,8300 g einer Mischung aus Siliziumdioxid und Calciumcarbonat werden bei 1000 °C gebrannt. Nach dem Brennen verbleibt ein Rückstand von 3,4265 g. Wie groß ist der Massenanteil $w(CaCO_3)$ in der Mischung?

$$SiO_2 + CaCO_3 \xrightarrow{\vartheta} CaSiO_3 + CO_2$$

20. Welcher theoretische Glühverlust tritt beim Glühen von Calciumcarbonat $CaCO_3$ ein?

$$CaCO_3 \xrightarrow{\vartheta} CaO + CO_2$$

21. Welche Masse an Aluminiumoxid kann theoretisch nach dem Glühen von 2,525 g Aluminiumhydroxid mit einem Feuchtigkeitsgehalt von 2,55 % erhalten werden?

$$2\,Al(OH)_3 \xrightarrow{\vartheta} Al_2O_3 + 3\,H_2O$$

22. 50,00 mL Bariumhydroxid-Lösung werden mit verdünnter Schwefelsäure im Überschuss versetzt, wobei Bariumsulfat ausfällt. Es hat nach dem Abfiltrieren, Trocknen und Glühen eine Masse von 2,7563 g. Welche Massenkonzentration hat die Bariumhydroxid-Lösung?

$$Ba(OH)_2 + H_2SO_4 \longrightarrow BaSO_4 + 2\,H_2O$$

4.10.3 Umsatzberechnung bei Gasreaktionen

Gasreaktionen sind chemische Reaktionen, die in der Gasphase ablaufen oder Reaktionen, an denen Gase beteiligt sind.

Als Grundlage für die quantitative Erfassung des Stoffumsatzes dient auch hier die Reaktionsgleichung. Die Umrechnung der Massen *m*, Stoffmengen *n* und Volumina *V* erfolgt durch die Grundgleichung der Stöchiometrie (Seite 118) sowie durch die Definitionsgleichung für das stoffmengenbezogene (molare) Normvolumen $V_{m,n}$ (Seite 127).

Das molare Volumen $V_{m,n}$ ist von der Gasart unabhängig und beträgt nach DIN 1343 bei Normbedingungen (T_n = 273,15 K, p_n = 1,013 bar) für ideale Gase $V_{m,0}$ = 22,41 L/mol.

Weicht der Gaszustand von den Normbedingungen ab, so muss dies mit Hilfe der Zustandsgleichung der Gase oder mittels der allgemeinen Gasgleichung (Seite 128) berücksichtigt werden.

Grundgleichung der Stöchiometrie

$$\text{molare Masse} = \frac{\text{Masse}}{\text{Stoffmenge}} \qquad M(X) = \frac{m(X)}{n(X)}$$

Molares Volumen

$$\text{molares Volumen} = \frac{\text{Normvolumen}}{\text{Stoffmenge}} \qquad V_{m,n} = \frac{V_n(X)}{n(X)}$$

Zustandsgleichung der Gase

$$\frac{p_n \cdot V_n}{T_n} = \frac{p_1 \cdot V_1}{T_1}$$

Allgemeine Gasgleichung

$$p \cdot V = \frac{m \cdot R \cdot T}{M}$$

Beispiel 1: Welches Volumen an Sauerstoff entsteht bei der thermischen Zersetzung von 1,25 g Quecksilberoxid unter Normbedigungen?

Lösung:

1. Reaktionsgleichung: $\underline{2\,HgO_{(s)}} \longrightarrow 2\,Hg_{(l)} + \underline{O_{2(g)}}$
2. Stoffmengenumsatz: $n(HgO) = 2$ mol, $n(O_2) = 1$ mol
3. Molare Masse / molares Volumen: $M(HgO) = 216{,}59$ g/mol, $V_{m,0}(O_2) = 22{,}41$ L/mol

Lösung durch Schlussrechnung:

4. Umsatzberechnung:
   2 · 216,59 g HgO bilden 22,41 L O_2
   1,25 g HgO bilden *x* L O_2

$$\Rightarrow\ x = \mathbf{V(O_2)} = \frac{1{,}25\text{ g} \cdot 22{,}41\text{ L}}{2 \cdot 216{,}59\text{ g}} = 0{,}06466\text{ L} \approx \mathbf{64{,}7\ cm^3}$$

Lösung mit Hilfe der Stoffumsatzgleichung:

$$\frac{m(O_2)}{m(HgO)} = \frac{n(O_2) \cdot M(O_2)}{n(HgO) \cdot M(HgO)} = \frac{1}{2} \cdot \frac{M(O_2)}{M(HgO)} \Rightarrow \frac{m(O_2)}{M(O_2)} = \frac{1}{2} \cdot \frac{m(HgO)}{M(HgO)} \Rightarrow n(O_2) = \frac{1}{2} \cdot \frac{m(HgO)}{M(HgO)}$$

mit $V_n(O_2) = n(O_2) \cdot V_{m,0}$ folgt:

$$\mathbf{V_n(O_2)} = \frac{1}{2} \cdot \frac{m(HgO)}{M(HgO)} \cdot V_{m,0} = \frac{1{,}25\text{ g} \cdot 22{,}41\text{ L/mol}}{2 \cdot 216{,}59\text{ g/mol}} = 0{,}06466\text{ L} \approx \mathbf{64{,}7\ cm^3}$$

Beispiel 2: Welches Volumen an Wasserstoff entsteht beim Auflösen von 1,30 g Zink in Salzsäure bei einer Temperatur von 21,0 °C und einem Druck von 1086 mbar?

Lösung:

1. Reaktionsgleichung: $\underline{Zn_{(s)}} + 2\,HCl_{(aq)} \longrightarrow ZnCl_{2(aq)} + \underline{H_{2(g)}}$
2. Stoffmengenumsatz: $n(Zn) = 1$ mol, $n(H_2) = 1$ mol
3. Molare Masse / molares Volumen: $M(Zn) = 65{,}38$ g/mol, $V_{m,0}(H_2) = 22{,}41$ L/mol

Lösung durch Schlussrechnung:

4. Umsatzberechnung:
   65,38 g Zn bilden 22,41 L H_2
   1,30 g Zn bilden *x* L H_2

$$\Rightarrow\ x = V(H_2) = \frac{1{,}30\text{ g} \cdot 22{,}41\text{ L}}{65{,}38\text{ g}} \approx 0{,}4456\text{ L}$$

5. Umrechnung des Wasserstoff-Volumens auf Reaktionsbedingungen durch die Zustandgleichung:

$$\frac{p_1 \cdot V_1}{T_1} = \frac{p_n \cdot V_n}{T_n} \Rightarrow \mathbf{V_1} = \frac{p_n \cdot V_n \cdot T_1}{T_n \cdot p_1} = \frac{1013\text{ mbar} \cdot 0{,}4456\text{ L} \cdot 294{,}15\text{ K}}{273{,}15\text{ K} \cdot 1086\text{ mbar}} \approx \mathbf{0{,}448\ L\ H_2}$$

Lösung mit Hilfe der Stoffumsatzgleichung:

$$\frac{m(H_2)}{m(Zn)} = \frac{n(H_2) \cdot M(H_2)}{n(Zn) \cdot M(Zn)} \quad \text{mit } n(H_2) = n(Zn) \quad \text{folgt:} \quad \frac{m(H_2)}{m(Zn)} = \frac{M(H_2)}{M(Zn)} \Rightarrow \frac{m(H_2)}{M(H_2)} = \frac{m(Zn)}{M(Zn)}$$

$$V(H_2) = \frac{m \cdot R \cdot T}{M \cdot p} = \frac{m(H_2) \cdot R \cdot T}{M(H_2) \cdot p} = \frac{m(Zn) \cdot R \cdot T}{M(Zn) \cdot p} \quad \text{mit} \quad R = 0{,}08314 \frac{\text{bar} \cdot \text{L}}{\text{K} \cdot \text{mol}} \quad \text{folgt:}$$

$$\mathbf{V(H_2)} = \frac{1{,}30\ \text{g} \cdot 0{,}08314\ \text{bar} \cdot \text{L} \cdot 294{,}15\ \text{K}}{65{,}38\ \text{g/mol} \cdot 1{,}086\ \text{bar} \cdot \text{K} \cdot \text{mol}} \approx \mathbf{0{,}448\ L}$$

Aufgaben zu 4.10.3 Umsatzberechnung bei Gasreaktionen

1. Wie viel Steinsalz mit einem Massenanteil an Natriumchlorid von 92 % ist erforderlich, um unter Normbedingungen elektrolytisch einen Kubikmeter Chlorgas zu gewinnen?

   $$2\ NaCl + 2\ H_2O \xrightarrow{\text{elektrische Energie}} 2\ NaOH + H_2 + Cl_2$$

2. Wie viel Liter Wasserstoff entweichen bei p_{amb} = 1025 mbar und ϑ = 28 °C über den Rückflusskühler einer Kegelschliff-Reaktionsapparatur, wenn 18,0 g krustenfreies Natrium mit einem Überschuss an Methanol zu einer Natriummethanolat-Lösung umgesetzt werden?

   $$2\ Na + 2\ CH_3OH \longrightarrow 2\ NaCH_3O + H_2$$

3. Bei der Elektroyse von verdünnter Schwefelsäure wurden 50,0 mL Knallgas bei p_{amb} = 1005 mbar und ϑ = 20,2 °C mit Hilfe einer pneumatischen Wanne aufgefangen. Wie viel Wasser ist elektrolysiert worden?

   $$2\ H_2O \xrightarrow{\text{elektrische Energie}} 2\ H_2 + O_2$$

4. Bei der Reaktion von Calciumcarbid mit Wasser wurden aus 1,50 Gramm Calciumcarbid 422 mL Ethin erhalten. Das Volumen der Gasportion konnte bei einer Temperatur von ϑ = 20 °C und einem Druck von p_{amb} = 1080 mbar gemessen werden. Wie groß ist der Massenanteil $w(CaC_2)$ im Calciumcarbid?

   $$CaC_2 + 2\ H_2O \longrightarrow C_2H_2 + Ca(OH)_2$$

5. Für den Springbrunnenversuch wird bei einer Temperatur von ϑ = 20 °C und einem Druck von p_{amb} = 1003 mbar ein Liter Chlorwasserstoffgas benötigt. Welche Masse an Natriumchlorid muss dazu mindestens mit Schwefelsäure umgesetzt werden?

   $$2\ NaCl + H_2SO_4 \longrightarrow Na_2SO_4 + 2\ HCl$$

6. Eine Salpetersäureanlage synthetisiert täglich 2000 Tonnen Salpetersäure mit $w(HNO_3)$ = 70 %.
   a) Welches Volumen an Ammoniak ist dazu im Normzustand erforderlich?
   b) Welches Volumen an Luft im Normzustand wird benötigt, wenn die Luft einen Volumenanteil an Sauerstoff von $\varphi(O_2) \approx$ 20 % hat?

   Gesamtreaktion: $NH_3 + 2\ O_2 \longrightarrow HNO_3 + H_2O$

7. Bei der Verbrennung von Heizöl mit einer Dichte von ϱ = 0,83 g/cm³ entstehen pro Kubikmeter Heizöl 5,0 Kubikmeter Schwefeldioxid. Das Volumen der Gasportion wurde bei einer Temperatur von 213 °C und einem Druck von 1052 mbar gemessen. Wie groß ist der Massenanteil an Schwefel im Heizöl?

   $$S + O_2 \longrightarrow SO_2$$

8. Eine Salzsäure-Elektrolyseanlage produziert aus 240 in Reihe geschalteten Diaphragma-Elektrolysezellen täglich, umgerechnet auf Normbedingungen, $25 \cdot 10^3\ m^3$ Kubikmeter Chlorgas. Die Ausbeute ist quantitativ. Der Massenanteil an Hydrogenchlorid wird beim Elektrolysieren der Salzsäure von 22 % auf 18 % verringert.

   $$2\ HCl \xrightarrow{\text{elektrische Energie}} H_2 + Cl_2$$

   a) Wie viel Tonnen Salzsäure mit einem Massenanteil von $w(HCl)$ = 22 % müssen täglich durch die Elektrolysezellen geleitet werden?
   b) Welches Volumen flüssiges Chlor wird täglich produziert ($\varrho(Cl_2)$ = 1,57 g/cm³)?

4.10.4 Umsatzberechnung unter Berücksichtigung der Ausbeute

Eine Vielzahl von chemischen Stoffen setzt sich nicht quantitativ (vollständig) zu den Reaktionsprodukten um, die aufgrund stöchiometrischer Berechnungen erwartet werden.

Die Ursachen für diese Umsatzverluste sind:

- unerwünschte Nebenreaktionen,
- unvermeidbare Verluste bei der Aufarbeitung der Reaktionsprodukte,
- unvollständiger Reaktionsablauf z. B. bei Gleichgewichtsreaktionen,
- ein nichtstöchiometrisches Stoffmengenverhältnis der Ausgangsstoffe, z. B. durch Verunreinigungen.

Maßnahmen zur Vermeidung dieser Umsatzverluste sind:

1. Vermeidung von Nebenreaktionen durch Optimierung der Reaktionsbedingungen. Einsatz von selektiven Katalysatoren, die im Wesentlichen nur die Reaktionsgeschwindigkeit der Hauptreaktion beschleunigen.
2. Vollständige Aufarbeitung der Reaktionsprodukte durch geeignete verfahrenstechnische Grundoperationen.
3. Verschiebung des Gleichgewichts (vgl. Seite 204) auf die Seite der Produkte durch:
   - Variation von Druck und/oder Temperatur bei Gasreaktionen,
   - Entfernung von Produkten aus dem Reaktionsgeschehen,
   - Erhöhung der Eduktkonzentration.
4. Einsatz einer entsprechend größeren Stoffportion, falls der Reinstoffgehalt einer Lösung oder der Gehalt an Verunreinigungen in einem Rohstoff bekannt ist.

Ausbeute (yield)

Der Begriff Ausbeute wird im zweifachen Sinn verwandt. Mit Ausbeute bezeichnet man allgemein die bei einer chemischen Reaktion tatsächlich entstehende Masse m_o (X) an Produkt X.

Im erweiterten Sinn ist die Ausbeute η der Wirkungsgrad einer chemischen Reaktion. Man berechnet die Ausbeute η als Quotient aus der tatsächlich entstandenen Produktmasse m_o (X) und der theoretisch durch stöchiometrische Überlegungen berechneten Produktmasse m_{calc} (X).

Ausbeute (Wirkungsgrad)

$$\eta(X) = \frac{m_o(X)}{m_{calc}(X)} = \frac{n_o(X)}{n_{calc}(X)} = \frac{V_o(X)}{V_{calc}(X)}$$

Die Ausbeute η wird als Dezimalzahl oder in Prozent angegeben. Bezugsgrößen können neben der Masse m, auch die Stoffmenge n oder das Volumen V sein. Bei kontinuierlich ablaufenden Prozessen lassen sich die Ausbeuten auch auf Stoffströme ($\dot{m}$, $\dot{n}$, $\dot{V}$) beziehen.

Zur Berechnung der Gesamtausbeute η_{ges} bei mehrstufigen Synthesen werden die Einzelausbeuten multipliziert. Die Gesamtausbeute einer chemischen Reaktion ist stets kleiner als die kleinste Einzelausbeute.

Gesamtausbeute

$$\eta_{ges} = \eta_1 \cdot \eta_2 \cdot \eta_3 \dots$$

Beispiel 1: Bei der Methanolsynthese wird die Ausbeute bei einmaligem Durchgang des aus Kohlenstoffmonoxid und Wasserstoff bestehenden Synthesegases durch den Reaktor auf 15 % beschränkt. Sonst werden unerwünschte Nebenreaktionen durch zu starken Temperaturanstieg begünstigt.

Wie viel Tonnen Methanol können dem Kreislauf pro Stunde entzogen werden, wenn die theoretische Ausbeute 80 t/h beträgt?

Lösung: $\eta(CH_3OH) = \frac{\dot{m}_o(CH_3OH)}{\dot{m}_{calc}(CH_3OH)} \Rightarrow \boldsymbol{\dot{m}_o(CH_3OH)} = \eta(CH_3OH) \cdot \dot{m}_{calc}(CH_3OH) = 0{,}15 \cdot 80\ t/h = \mathbf{12\ t/h}$

Beispiel 2: Wie groß ist die Gesamtausbeute beim Doppelkontaktverfahren zur Herstellung von Schwefelsäure, wenn bei der Schwefelverbrennung eine Ausbeute von 99,7 %, bei der Aufoxidation des Schwefeldioxids zu Schwefeltrioxid eine Ausbeute von 97,0 % und bei der anschließenden Absorption des Schwefeltrioxids in Oleum eine Ausbeute von 99,6 % erreicht wird?

Lösung: $\boldsymbol{\eta_{ges}} = \eta_1 \cdot \eta_2 \cdot \eta_3 = 0{,}997 \cdot 0{,}970 \cdot 0{,}996 \approx \mathbf{0{,}963 = 96{,}3\%}$

Beispiel 3: Welche Masse an Bauxit mit dem Massenanteil $w(Al_2O_3) = 60{,}0\,\%$ ist einzusetzen, wenn 100 kg Aluminium hergestellt werden sollen? Die Gesamtausbeute des Prozesses beträgt 70,0 %.

Lösung:

1. Aufstellen der Reaktionsgleichung: $\underline{Al_2O_3} + 2\,C \longrightarrow \underline{2\,Al} + CO_2 + CO$
2. Umgesetzte Stoffmenge: $n(Al_2O_3) = 1$ mol, $n(Al) = 2$ mol
3. Angabe der molaren Massen: $M(Al_2O_3) = 101{,}96$ g/mol, $M(Al) = 26{,}98$ g/mol

Lösung durch Schlussrechnung:

4. Berechnung der stöchiometrisch benötigten Masse an Aluminiumoxid:

   2 · 26,98 kg Al entstehen aus 101,96 kg Al_2O_3
   100 kg Al entstehen aus x kg Al_2O_3

   $$\Rightarrow\; x = m(Al_2O_3) = \frac{100\text{ kg} \cdot 101{,}96\text{ kg}}{2 \cdot 26{,}98\text{ kg}} = 188{,}95\text{ kg}$$

5. Berechnung der Masse an Al_2O_3 unter Berücksichtigung der Ausbeute:

   70,0 kg Al_2O_3 werden von 100 kg Al_2O_3 zu Al umgesetzt
   188,95 kg Al_2O_3 werden von y kg Al_2O_3 zu Al umgesetzt

   $$\Rightarrow\; y = m(Al_2O_3) = \frac{188{,}95 \cdot 100\text{ kg}}{70\text{ kg}} \approx 269{,}93\text{ kg}$$

6. Berechnung der Masse an Bauxit, in der 269,93 kg Al_2O_3 enthalten sind:

   60,0 kg Al_2O_3 sind in 100 kg Bauxit enthalten
   269,93 kg Al_2O_3 sind in z kg Bauxit enthalten

   $$\Rightarrow\; z = \boldsymbol{m}\textbf{(Bauxit)} = \frac{269{,}93\text{ kg} \cdot 100\text{ kg}}{60{,}0\text{ kg}} \approx \textbf{450 kg}$$

Lösung mit Hilfe der Stoffumsatzgleichung:

1. Berechnung der stöchiometrisch benötigten Masse an Aluminiumoxid:

   $$\frac{m(Al_2O_3)}{m(Al)} = \frac{n(Al_2O_3) \cdot M(Al_2O_3)}{n(Al) \cdot M(Al)} \;\Rightarrow\; m(Al_2O_3) = \frac{m(Al) \cdot n(Al_2O_3) \cdot M(Al_2O_3)}{n(Al) \cdot M(Al)}$$

   $$m(Al_2O_3) = \frac{100\text{ kg} \cdot 1\text{ mol} \cdot 101{,}96\text{ g/mol}}{2\text{ mol} \cdot 26{,}98\text{ g/mol}} = 188{,}95\text{ kg}$$

2. Berechnung der Masse an Aluminiumoxid unter Berücksichtigung der Ausbeute:

   $$\eta(Al) = \frac{m_o(Al_2O_3)}{m_{calc}(Al_2O_3)} \;\Rightarrow\; m_{calc}(Al_2O_3) = \frac{m_o(Al_2O_3)}{\eta(Al)} = \frac{188{,}95\text{ kg}}{0{,}700} = 269{,}93\text{ kg}$$

3. Berechnung der Masse an Bauxit, in der 269,93 kg Al_2O_3 enthalten sind:

   $$w(Al_2O_3) = \frac{m_{calc}(Al_2O_3)}{m(\text{Bauxit})} \;\Rightarrow\; \boldsymbol{m}\textbf{(Bauxit)} = \frac{m_{calc}(Al_2O_3)}{w(Al_2O_3)} = \frac{269{,}93\text{ kg}}{0{,}600} \approx \textbf{450 kg}$$

Beispiel 4: Welches Volumen an Essigsäureethylester der Dichte $\varrho = 0{,}901$ g/cm³ wird bei der Veresterung von Essigsäure mit 530 g Ethanol synthetisiert, wenn die Ausbeute 60,0 % beträgt?

Lösung:

1. Reaktionsgleichung: $CH_3-C(=O)-OH + \underline{CH_3-CH_2-OH} \longrightarrow \underline{CH_3-C(=O)-O-CH_2-CH_3} + H_2O$
2. Stoffmengenumsatz: $n(\text{Eth.}) = 1$ mol, $n(\text{Ester}) = 1$ mol
3. Molaren Masse: $M(\text{Eth.}) = 46{,}07$ g/mol, $M(\text{Ester}) = 88{,}11$ g/mol
4. Berechnung der stöchiometrisch entstehenden Masse an Essigsäureethylester:

   $$n(\text{Eth.}) = \frac{m(\text{Eth.})}{M(\text{Eth.})} \text{ und } n(\text{Ester}) = \frac{m(\text{Ester})}{M(\text{Ester})}. \text{ Mit } n(\text{Eth.}) = n(\text{Ester}) \text{ folgt:}$$

   $$\frac{m(\text{Eth.})}{M(\text{Eth.})} = \frac{m(\text{Ester})}{M(\text{Ester})} \;\Rightarrow\; m(\text{Ester}) = \frac{m(\text{Eth.}) \cdot M(\text{Ester})}{M(\text{Eth.})} = \frac{530\text{ g} \cdot 88{,}11\text{ g/mol}}{46{,}07\text{ g/mol}} \approx 1014\text{ g}$$

5. Berechnung des stöchiometrisch entstehenden Volumens an Essigsäureethylester:

   $$\varrho(\text{Ester}) = \frac{m(\text{Ester})}{V(\text{Ester})} \;\Rightarrow\; V(\text{Ester}) = \frac{m(\text{Ester})}{\varrho(\text{Ester})} = \frac{1014\text{ g}}{0{,}901\text{ g/mL}} = 1125\text{ mL}$$

6. Berechnung des Volumens an Essigsäureethylester unter Berücksichtigung der Ausbeute:

   $$\eta(\text{Ester}) = \frac{V_o(\text{Ester})}{V_{calc}(\text{Ester})} \;\Rightarrow\; \boldsymbol{V_o}\textbf{(Ester)} = V_{calc}(\text{Ester}) \cdot \eta(\text{Ester}) = 1125\text{ mL} \cdot 0{,}600 = \textbf{675 mL}$$

Aufgaben zu 4.10.4 Umsatzberechnung unter Berücksichtigung der Ausbeute

1. Die Gesamtausbeute eines Farbstoffzwischenprodukts beträgt 50 %. Zur Synthese sind drei Reaktionsschritte erforderlich. Im ersten und dritten Reaktionsschritt wurde eine Ausbeute von 70 % bzw. 75 % erzielt. Wie groß war die Ausbeute im zweiten Reaktionsschritt?

2. Die Laborsynthese von Benzolsulfonamid wird nach dem nebenstehenden Reaktionsschema durchgeführt **(Bild 1)**. Wie groß ist die Gesamtausbeute der Synthese, wenn die einzelnen Reaktionsschritte folgende Wirkungsgrade haben: Sulfonierung η = 95 %, Chlorierung η = 85 %, Aminierung η = 80 %?

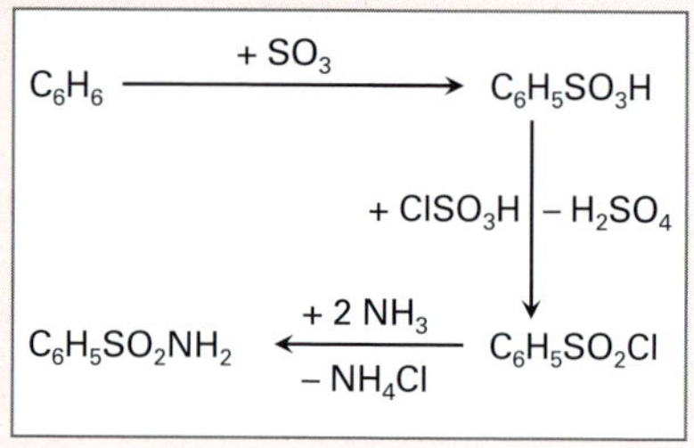

Bild 1: Laborsynthese von Benzolsulfonamid

3. Bei der Thermolyse von 0,6863 g Ammoniumhydrogencarbonat (Backpulver) werden nach dem Trocknen, umgerechnet auf Normbedingungen, 350 mL Gasgemisch erhalten. Berechnen Sie die Ausbeute.

$$NH_4HCO_{3(s)} \xrightarrow{\vartheta} NH_{3(g)} + CO_{2(g)} + H_2O_{(l)}$$

4. Ein Gasgemisch aus 3,0 L Wasserstoff und 1,0 L Stickstoff im Normzustand werden in einem Autoklaven zur Reaktion gebracht. Die Ausbeute an Ammoniak beträgt 10 %. Wie groß ist das Volumen der Gasmischung nach der Reaktion, wenn wieder Normbedingungen vorliegen?

$$N_{2(g)} + 3\,H_{2(g)} \longrightarrow 2\,NH_{3(g)}$$

5. Welche Masse an Kaliumnitrat muss thermisch zersetzt werden, wenn bei nur 96 %iger Ausbeute 0,50 L Sauerstoff unter Normbedingungen hergestellt werden sollen?

$$2\,KNO_3 \xrightarrow{\vartheta} 2\,KNO_2 + O_2$$

6. Beim Verbrennen von 20,0 t Schwefel entstehen 39,8 t Schwefeldioxid. Berechnen Sie die Ausbeute in Prozent.

$$S + O_2 \longrightarrow SO_2$$

7. Chrom wird durch Reduktion von Chrom(III)-oxid mit Aluminium hergestellt, wobei Aluminiumoxid entsteht. Wie viel Kilogramm Chrom werden pro Tonne Chrom(III)-oxid erhalten, wenn die Ausbeute 87,0 % beträgt?

$$Cr_2O_3 + 2\,Al \longrightarrow Al_2O_3 + 2\,Cr$$

8. Weißer Phosphor wird elektrochemisch durch Reduktion mit Kohlenstoff hergestellt. Welche Masse an Apatit mit einem Massenanteil an Calciumfluorophosphat von $w(Ca_5(PO_4)_3F)$ = 82 % ist pro Tonne Elementarphosphor erforderlich, wenn die Ausbeute 92 % beträgt?

$$2\,Ca_5(PO_4)_3F + 15\,C + 8\,SiO_2 \longrightarrow 6\,P + 15\,CO + 6\,CaSiO_3 + Ca_4Si_2O_7F_2$$

9. Zur Herstellung von Styrol wird Ethylbenzol in Rohrbündelreaktoren katalytisch dehydriert. Wie viel Tonnen Ethylbenzol müssen eingesetzt werden, wenn pro Stunde 10 t Styrol hergestellt werden sollen? Die Ausbeute beträgt 90 %.

$$C_6H_5{-}CH_2{-}CH_3 \longrightarrow C_6H_5{-}CH{=}CH_2 + H_2$$

10. Bei der Reaktion von 1,2 g technischen Aluminiumcarbid ($w(Al_4C_3)$ = 94 %) mit Wasser entstand 490 mL Methan. Das Volumen der getrockneten Gasportion wurde bei 22 °C und 1020 mbar bestimmt. Wie groß ist die Ausbeute an Methan in Prozent?

$$Al_4C_3 + 12\,H_2O \longrightarrow 4\,Al(OH)_3 + 3\,CH_4$$

11. Chlorbenzol wird mit 65 %iger Ausbeute zu para-Nitrochlorbenzol umgesetzt. Welche Masse an Chlorbenzol muss eingesetzt werden, wenn täglich 50 t para-Nitrochlorbenzol produziert werden sollen?

$$C_6H_5Cl + HNO_3 \longrightarrow Cl{-}C_6H_4{-}NO_2 + H_2O$$

Gemischte Aufgaben zu 4.10 Umsatzberechnung

1. 1,253 g Kupfer(II)-oxid werden in einem Quarzrohr mit Wasserstoff zu elementarem Kupfer reduziert.

   $CuO + H_2 \longrightarrow Cu + H_2O$

   a) Welches Volumen an Wasserstoff wird bei 20 °C und 1150 mbar benötigt, wenn mit einem Überschuss an Wasserstoff von 30 % gearbeitet wird?

   b) Der Wasserstoff wird einer 1-Liter-Druckgasflasche bei einer Temperatur von 20 °C und einem Flaschendruck von 150,0 bar entnommen. Welcher Druck stellt sich nach der Gasentnahme in der Druckgasflasche ein?

2. Ein 750-MW-Kraftwerk hat einen Kohlebedarf von 245 t/h. Bei der Kohleverbrennung entstehen 11,0 m^3 Rauchgase pro Kilogramm Kohle. Die Entfernung des Schwefeldioxids im Rauchgas erfolgt durch Gegenstromabsorption in Absorptionskolonnen mittels einer Kalkstein-Suspension. Dabei wird Calciumsulfit gebildet. Anschließend wird das Calciumsulfit mit Luftsauerstoff in wässriger Lösung zum Calciumsulfat oxidiert.

   $CaCO_3 + SO_2 \longrightarrow CaSO_3 + CO_2$, $\quad 2\,CaSO_3 + O_2 \longrightarrow 2\,CaSO_4$

   a) Das Rauchgas soll von 3100 mg SO_2 pro Kubikmeter auf den zulässigen Grenzwert von 400 mg/m^3 entschwefelt werden. Wie viel Tonnen Kalkstein mit einem Massenanteil von $w(CaCO_3) = 90{,}0\,\%$ sind dazu täglich erforderlich?

   b) Welche Masse an Gips ($CaSO_4 \cdot 2\,H_2O$) fällt täglich an?

3. Bei der Herstellung von Methanol setzt sich das aus Kohlenstoff(II)-oxid und Wasserstoff bestehende Synthesegas bei einmaligem Durchgang durch den Reaktor zu 14 % in Methanol um.

   $CO + 2\,H_2 \longrightarrow CH_3OH$

   Wie viel Tonnen Methanol erhält man pro Stunde, wenn $300 \cdot 10^3\ m^3$ Synthesegas durch den Reaktor strömen?

4. Formaldehyd HCHO wird katalytisch durch Oxidation von Methanol in der Gasphase hergestellt. Die Ausbeute beträgt 94 %.

   $2\,CH_3OH + O_2 \longrightarrow 2\,HCHO + 2\,H_2O$

   Welches Volumen an Methanol mit der Dichte $\varrho(CH_3OH) = 0{,}792\ t/m^3$ muss pro Stunde oxidiert werden, um 50 t/h Formaldehyd-Lösung mit $w(HCHO) = 37\,\%$ herzustellen?

5. Eine Salpetersäurefabrik produziert am Tag 1500 Tonnen Salpetersäure mit $w(HNO_3) = 100\,\%$.

   a) Wie viel Tonnen Ammoniak sind dafür erforderlich, wenn die Gesamtreaktion praktisch quantitativ nach folgender Gesamtgleichung verläuft?

   $NH_3 + 2\,O_2 \longrightarrow HNO_3 + H_2O$

   b) Bei der Oxidation dienen Platinnetze als Katalysatoren. Durch Verdampfung und mechanischen Abrieb werden pro Tonne Salpetersäure 200 mg Platin verbraucht, wovon 80,0 % durch Absorption zurückgewonnen werden.

   Berechnen Sie den Platinverlust in Euro, wenn ein Kilogramm Platin 10 000,00 € kostet.

6. 300 Kubikmeter Abluft sollen in einer Gegenstrom-Absorptionsanlage gereinigt werden. Die Abluft hat folgende Volumenanteile: $\varphi(H_2S) = 1{,}24\,\%$, $\varphi(HCl) = 1{,}60\,\%$. Bei der Absorption in Kalilauge ($w(KOH) = 15{,}0\,\%$, $\varrho(KOH) = 1{,}135\ g/cm^3$) werden Kaliumchlorid und Kaliumhydrogensulfid gebildet.

   $HCl + KOH \longrightarrow KCl + H_2O$, $\quad H_2S + KOH \longrightarrow KHS + H_2O$

   Welches Volumen an Kalilauge ist erforderlich, wenn mit einem KOH-Überschuss von 30,0 % gearbeitet wird?

7. Soda wird nach dem SOLVAY-Verfahren hergestellt. Die Ausbeute bei der Herstellung von Natriumhydrogencarbonat beträgt 75 %. Die anschließende Calcinierung verläuft praktisch quantitativ.

   $2\,NaCl + 2\,CO_2 + 2\,NH_3 + 2\,H_2O \longrightarrow 2\,NaHCO_3 + 2\,NH_4Cl$;

   $2\,NaHCO_3 \longrightarrow Na_2CO_3 + H_2O + CO_2$

   Wie viel Tonnen Steinsalz mit einem Massenanteil von $w(NaCl) = 95\,\%$ sind einzusetzen, wenn pro Stunde 60 t Soda synthetisiert werden sollen?

8. Welche Masse an Ammoniak muss pro Tonne hergestelltem Hydrazinhydrat $N_2H_4 \cdot H_2O$ zur Reaktion gebracht werden, wenn die Gesamtausbeute 70 % beträgt?

$$2\,NaOH + Cl_2 + 2\,NH_3 \longrightarrow N_2H_4 \cdot H_2O + 2\,NaCl + H_2O$$

9. Fluorwasserstoff wird in Drehrohröfen aus Säurespat durch Reaktion mit Schwefelsäure in 94,0 %iger Ausbeute hergestellt.

$$CaF_2 + H_2SO_4 \longrightarrow 2\,HF + CaSO_4$$

a) Wie viel Tonnen Säurespat mit einem Massenanteil an Calciumfluorid von $w(CaF_2) = 97{,}0\,\%$ sind erforderlich, wenn pro Drehrohrofen täglich 40,0 t Fluorwasserstoff hergestellt werden sollen?

b) Welche Masse an Roherz mit $w(CaF_2) = 45{,}0\,\%$ muss täglich durch Flotation aufbereitet werden, um den Säurespat herzustellen?

c) Wie viel Tonnen Schwefelsäure ($w(H_2SO_4) = 98{,}0\,\%$) werden benötigt, wenn mit einem Schwefelsäureüberschuss von 5,00 % gearbeitet wird?

10. Bei der Flusssäureproduktion fallen täglich 432 Tonnen Anhydrit an. Er enthält verfahrenstechnisch bedingt einen Massenanteil an Schwefelsäure von $w(H_2SO_4) = 1{,}5\,\%$. Um die Restschwefelsäure zu neutralisieren, wird dem Anhydrit sofort nach Verlassen des Drehrohrofens in einer Mischschnecke Calciumoxid zudosiert.

$$CaO + H_2SO_4 \longrightarrow CaSO_4 + H_2O$$

a) Welche Masse gebrannter Kalk mit $w(CaO) = 98\,\%$ wird täglich benötigt?

b) Wie viel Tonnen Anhydrit werden täglich produziert?

11. Schwefelsäure ($w(H_2SO_4) = 10\,\%$) wird durch eine Portion Kristallsoda neutralisiert.

$$Na_2CO_3 \cdot 10\,H_2O + H_2SO_4 \longrightarrow Na_2SO_4 + 11\,H_2O + CO_2$$

Wie groß ist der Massenanteil an Natriumsulfat in der entstehenden Lösung?

12. Phosphorpentachlorid wird kontinuierlich durch Chlorierung von Phosphortrichlorid in 99,5 %iger Ausbeute hergestellt.

$$PCl_3 + Cl_2 \longrightarrow PCl_5$$

Welche Masse an Phosphortrichlorid ist pro Tag erforderlich, wenn 200 t/d Phosphorpentachlorid hergestellt werden sollen?

13. In 150 t Schwefelsäure-Lösung mit $w(H_2SO_4) = 98\,\%$ werden 60 t Schwefeltrioxid gelöst.

$$SO_3 + H_2O \longrightarrow H_2SO_4$$

Berechnen Sie den Massenanteil an Schwefeltrioxid im Oleum nach der Absorption.

14. Wie groß ist der Massenanteil $w(Na_2SO_3)$ in der entstehenden Natriumsulfit-Lösung, wenn man eine Natronlauge ($w(NaOH) = 10\,\%$) mit Schwefeldioxid umsetzt?

$$2\,NaOH + SO_2 \longrightarrow Na_2SO_3 + H_2O$$

15. Die Synthese von Phosphortrichlorid erfolgt kontinuierlich durch Chlorierung von weißem Phosphor in 99,5%iger Ausbeute.

$$P_4 + 6\,Cl_2 \longrightarrow 4\,PCl_3$$

Welche Massen an Ausgangsstoffen sind für die Synthese von 100 t Phosphortrichlorid pro Tag erforderlich?

16. Welche Masse an Oleum ($w(SO_3) = 25\,\%$) muss mit Wasser umgesetzt werden, wenn 25 m^3 Schwefelsäure ($w(H_2SO_4) = 50\,\%$, $\varrho(H_2SO_4) = 1{,}4\,t/m^3$) hergestellt werden sollen?

$$SO_3 + H_2O \longrightarrow H_2SO_4$$

17. Bei der Reinigung eines schwefelwasserstoffhaltigen Abgases werden aus 50 m^3 Abgas im Normzustand 5,0 kg Schwefel gewonnen.

$$2\,H_2S + O_2 \longrightarrow 2\,S + 2\,H_2O$$

Wie groß ist der Volumenanteil $\varphi(H_2S)$ in Prozent, wenn die Schwefelausbeute 90 % beträgt?

18. Welches Volumen an Ammoniak-Lösung ($w(NH_3) = 27{,}3\,\%$, $\varrho(NH_4OH) = 0{,}900\ g/cm^3$) ist zur Ammonolyse von 21,5 g Chloressigsäureethylester erforderlich, wenn mit einem 3,3-fachen Überschuss an Ammoniak-Lösung gearbeitet wird?

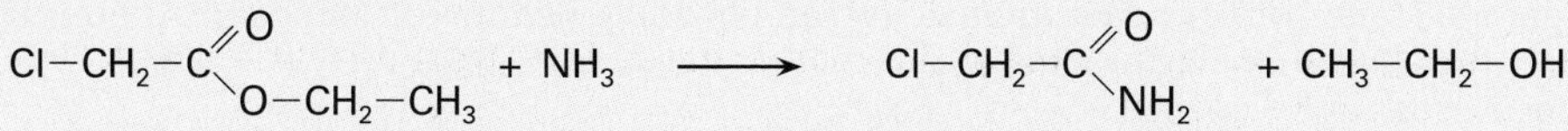

19. Anthrachinon, eines der wichtigsten Farbstoffzwischenprodukte, kann durch Oxidation von Anthracen mit Chromsäure in 80%iger Ausbeute hergestellt werden. Welche Masse an Anthrachinon wird bei der Oxidation von 1,78 g Anthracen erhalten?

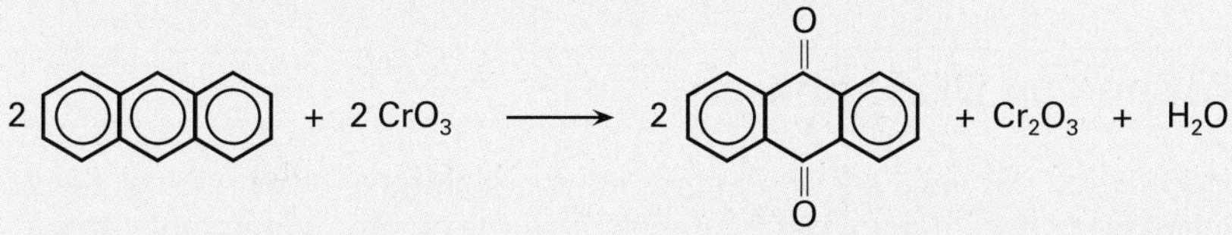

20. Phthalsäureanhydrid (PSA), ein wichtiges Zwischenprodukt zur Synthese von Phthalatweichmachern, Alkyd- und Polyesterharzen, kann durch katalytische Gasphasen-Oxidation von o-Xylol an einem Fest- oder Fließbett-Katalysator auf V_2O_5-Basis mit einem Ausbeuteverlust von 5,0 % hergestellt werden. Welches Volumen an o-Xylol ($\varrho = 0{,}8811\ g/mL$) ist pro Tonne Phthalsäureanhydrid einzusetzten?

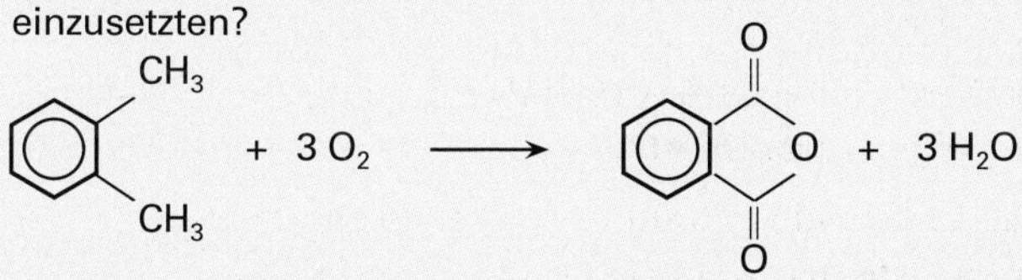

21. Welches Volumen an Kohlenstoffmonoxid entsteht bei der Dehydratisierung von $10{,}0\ cm^3$ Methansäure ($\varrho(HCOOH) = 1{,}220\ g/mL$) mit Oleum bei der Temperatur $\vartheta = 21{,}5\ °C$ und dem Druck $p_e = 12{,}5\ mbar$, wenn 10 % des Gases im Reaktionsgemisch gelöst bleiben?

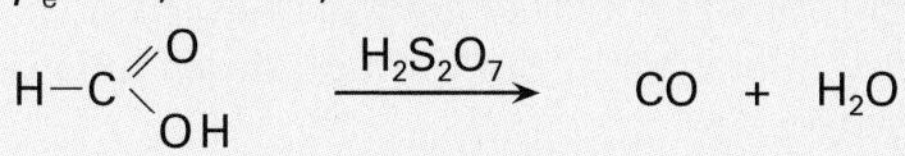

22. Polycarbonat (PC), ein Kunststoff zur Produktion von Compact Discs (CDs), wird unter anderem durch Grenzflächen-Polykondensation von Bisphenol A mit Phosgen hergestellt. Welche Masse an Phosgen ist zur Produktion einer CD mit der Masse $m = 15{,}0\ g$ erforderlich, wenn Ausbeuteverluste vernachlässigt werden?

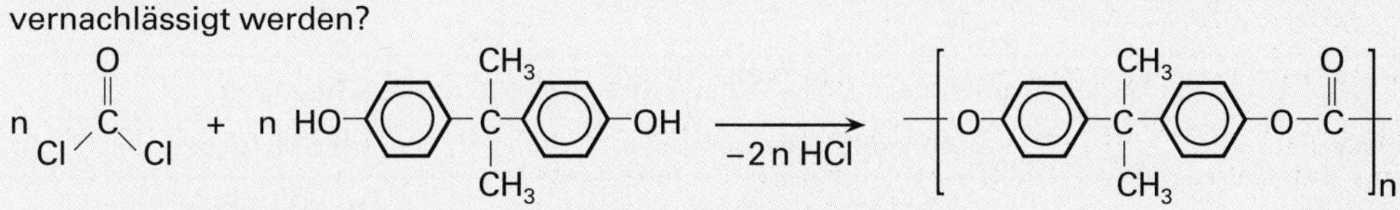

23. Acetylsalicylsäure, eines der bekanntesten Analgetika wird durch Acylierung von Salicylsäure mit Essigsäureanhydrid hergestellt. Welche Masse an Salicylsäure ist zur Synthese von 100 mg Acetylsalicylsäure erforderlich, wenn bei der Acylierung mit einem Ausbeuteverlust von 25 % zu rechnen ist.

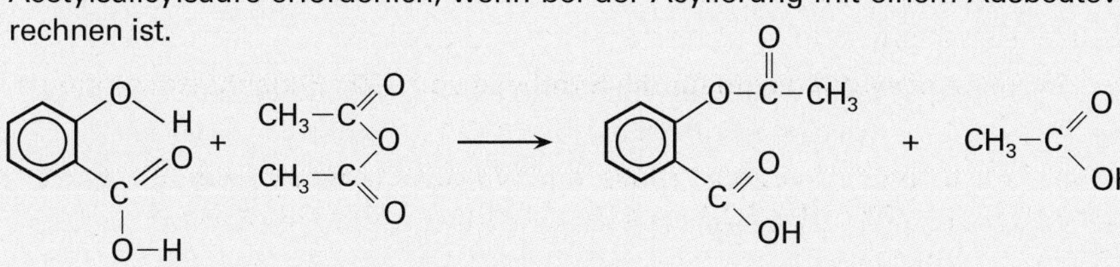

24. Welches Volumen an Wasserstoff ($\vartheta = 19{,}8\ °C$, $p_e = 85\ mbar$) ist in einem Gasometer vorzulegen, wenn 1,0 g Styrol selektiv zu Ethylbenzol hydriert werden und mit einem Wasserstoffüberschuss von 10 % gearbeitet werden soll?

$$C_6H_5{-}CH{=}CH_2 + H_2 \xrightarrow{Ni} C_6H_5{-}CH_2{-}CH_3$$

5 Rechnen mit Mischphasen

Phasen sind feste, flüssige oder gasförmige Stoffportionen aus einem oder mehreren Stoffen. Enthält eine Phase mehrere Stoffe, wird sie **Mischphase** (mixed phase) genannt. Im Gegensatz zu **homogenen** Mischphasen sind die Bestandteile der **heterogenen** Mischphasen nebeneinander erkennbar.

In der Chemie spielen Gasgemische und flüssige Mischphasen, vor allem die Lösungen, eine besonders wichtige Rolle. Wegen der großen Teilchenbeweglichkeit kommt es zu häufigen und heftigen Zusammenstößen und somit zu hohen Reaktionsgeschwindigkeiten und Ausbeuten.

5.1 Gehaltsgrößen von Mischphasen

Der Ausdruck **Gehalt** dient heute nur noch als Oberbegriff für die **qualitative** Beschreibung der Zusammensetzung einer Mischphase, z. B. sagt man: Der Säuregehalt wurde durch Abdampfen erhöht.

Die **Begriffe** zur **quantitativen** Beschreibung des Gehalts von Mischphasen sind nach DIN 1310:

Anteil **Konzentration** und **Verhältnis**

Dabei werden die in der Mischphase enthaltenen Komponenten mit Hilfe der Größen:

Masse *m* **Volumen *V*** oder **Stoffmenge *n*** zueinander in Beziehung gesetzt.

Anteile sind der Quotient aus einer der Größen *m*, *V* oder *n* einer Stoffportion durch die Summe der gleichdimensionalen Größen aller Komponenten der Mischphase.

Konzentrationen sind der Quotient aus einer der Größen *m*, *V* oder *n* einer Stoffportion durch das Volumen der Mischphase.

Verhältnisse sind der Quotient aus einer der Größen *m*, *V* oder *n* einer Stoffportion durch eine gleichdimensionale Größe einer anderen Komponente der Mischphase.

In der folgenden Übersicht sind die Definitionen der Gehaltsgrößen – *Anteile, Konzentrationen und Verhältnisse* – zusammengestellt **(Tabelle 1)**.
Es werden folgende Abkürzungen verwendet: (X) ≙ gelöster Stoff, (Lsg) ≙ Lösung, (Lm) ≙ Lösemittel.

Tabelle 1: Definition der Gehaltsgrößen nach DIN 1310 und ihre englischen Bezeichnungen

Anteilsangaben	Konzentrationsangaben	Verhältnisangaben
Massenanteil w (mass fraction) $w(X) = \frac{m(X)}{m(Lsg)}$	**Massenkonzentration β** (beta) (mass concentration) $\beta(X) = \frac{m(X)}{V(Lsg)}$	**Massenverhältnis ζ** (zeta) (mass ratio) $\zeta(X) = \frac{m(X)}{m(Lm)}$
Volumenanteil φ (phi) (volume fraction) $\varphi(X) = \frac{V(X)}{V(X) + V(Lm)}$	**Volumenkonzentration σ** (sigma) (volume concentration) $\sigma(X) = \frac{V(X)}{V(Lsg)}$	**Volumenverhältnis ψ** (psi) (proportion by volume) $\psi(X) = \frac{V(X)}{V(Lm)}$
Stoffmengenanteil χ (chi) (molar fraction) $\chi(X) = \frac{n(X)}{n(X) + n(Lm)}$	**Stoffmengenkonzentration c** (molar concentration) $c(X) = \frac{n(X)}{V(Lsg)}$	**Stoffmengenverhältnis r** (mole of ratio of a solute substance) $r(X) = \frac{n(X)}{n(Lm)}$

Beispiel: Für eine wässrige Ethanol-Lösung aus 80,0 mL Ethanol C_2H_5OH und 100 mL Wasser H_2O sollen die verschiedenen Gehaltsangaben berechnet werden.

Es wurden folgende Daten gemessen bzw. berechnet:

Bekannte Größen:	Stoffportion 1: **Ethanol**		Stoffportion 2: **Wasser**		Mischphase: **Ethanol-Wasser**
Masse *m*:	*m*(Eth.) = 63,1 g	+	*m*(W) = 99,8 g	⟹	*m*(Lsg) = 162,9 g
Volumen *V*:	*V*(Eth.) = 80,0 mL		*V*(W) = 100 mL		*V*(Lsg) = 174 mL (exp.)
Stoffmenge *n*:	*n*(Eth.) = 1,37 mol		*n*(W) = 5,54 mol		*n*(Lsg) = 6,91 mol
Molare Masse *M*:	*M*(Eth.) = 46,1 g/mol		*M*(W) = 18,0 g/mol		

Mit diesen Werten werden die verschiedenen Anteile, Konzentrationen und Verhältnisse der Ethanol-Lösung berechnet (**Tabelle 1**).

Tabelle 1: Berechnung der Gehalte der Beispiel-Ethanol-Lösung[1]

Anteilsangaben	Konzentrationsangaben	Verhältnisangaben
Massenanteil *w* $w(C_2H_5OH) = \frac{m(C_2H_5OH)}{m(Lsg)} = \frac{63{,}1\ g}{162{,}9\ g} \approx \mathbf{0{,}387} = \mathbf{38{,}7\ \%}$	**Massenkonzentration *β*** $\beta(C_2H_5OH) = \frac{m(C_2H_5OH)}{V(Lsg)} = \frac{63{,}1\ g}{174\ mL} \approx \mathbf{363\ g/L}$	**Massenverhältnis *ζ*** $\zeta(C_2H_5OH) = \frac{m(C_2H_5OH)}{m(H_2O)} = \frac{63{,}1\ g}{99{,}8\ g} \approx \mathbf{0{,}632}$
Volumenanteil *φ* $\varphi(C_2H_5OH) = \frac{V(C_2H_5OH)}{V(C_2H_5OH) + V(H_2O)} = \frac{80{,}0\ mL}{180\ mL} \approx \mathbf{0{,}444} = \mathbf{44{,}4\ \%}$	**Volumenkonzentration *σ*** $\sigma(C_2H_5OH) = \frac{V(C_2H_5OH)}{V(Lsg)} = \frac{80{,}0\ mL}{174\ mL} \approx \mathbf{0{,}460}$	**Volumenverhältnis *ψ*** $\psi(C_2H_5OH) = \frac{V(C_2H_5OH)}{V(H_2O)} = \frac{80{,}0\ mL}{100\ mL} \approx \mathbf{0{,}800}$
Stoffmengenanteil *χ* $\chi(C_2H_5OH) = \frac{n(C_2H_5OH)}{n(C_2H_5OH) + n(H_2O)} = \frac{1{,}37\ mol}{6{,}91\ mol} \approx \mathbf{0{,}198} = \mathbf{19{,}8\ \%}$	**Stoffmengenkonzentration *c*** $c(C_2H_5OH) = \frac{n(C_2H_5OH)}{V(Lsg)} = \frac{1{,}37\ mol}{174\ mL} \approx \mathbf{7{,}87\ mol/L}$	**Stoffmengenverhältnis *r*** $r(C_2H_5OH) = \frac{n(C_2H_5OH)}{n(H_2O)} = \frac{1{,}37\ mol}{5{,}54\ mol} \approx \mathbf{0{,}247}$

Die nachfolgenden Berechnungen befassen sich mit den in der chemischen Laborpraxis und Produktion am häufigsten verwendeten Gehaltsgrößen :

- **Massenanteil *w***
- **Volumenanteil *φ***
- **Stoffmengenanteil *χ***
- **Massenkonzentration *β***
- **Volumenkonzentration *σ***
- **Stoffmengenkonzentration *c***

Neben den Gehaltsgrößen aus Tabelle 156/1 kommen häufig zwei weitere Gehaltsangaben zur Anwendung:

- **Löslichkeit** $L^*(X, \vartheta) = \frac{m(X)}{m(Lm)}$, (Seite 221), die Löslichkeit L^* ist ein Massenverhältnis.
  (solubility)
- **Molalität** $b(X) = \frac{n(X)}{m(Lm)}$, (Seite 429).
  (molality)

Für die Gehaltsgrößen werden in der Praxis teilweise noch veraltete Bezeichnungen verwendet. In den folgenden Berechnungen wird konsequent den in der DIN 1310 festgelegten Gehaltsangaben der Vorzug gegeben.

[1] Analoge Aufgaben siehe dazu Seite 176, Aufgabe 18 und Seite 184, Aufgabe 35.

5.1.1 Massenanteil *w*

Anteile sind Quotienten aus einer der Größen *m*, *V* oder *n* einer Stoffportion und der Summe der gleichdimensionalen Größen aller Bestandteile der Mischphase.

Massenanteil
$w(\mathrm{X}) = \dfrac{m(\mathrm{X})}{m(\mathrm{Lsg})}$

Der **Massenanteil *w*(X)** (mass fraction) einer Komponente X ist der Quotient aus der Masse *m*(X) dieser Komponente durch die Masse der Lösung *m*(Lsg).

Ein Massenanteil kann auf verschiedene Arten angegeben werden:

- mit gleichen Einheiten für die Zähler- und Nennergröße (g/g, kg/kg u.a.)
- mit ungleichen Einheiten für die Zähler- und Nennergröße (mg/g, g/kg, mg/kg, µg/kg u.a.)
- als Bruchteil der Zahl 1, z. B. 0,75.
- als Bruchteil der Stoffportion 100 (in %), oder der Stoffportion 1000 (in ‰) u.a.

Beispiel 1: Eine Natronlauge wird aus einer Elektrolysezelle mit dem Massenanteil *w*(NaOH) = 0,351 abgezogen. Wie groß ist der Massenanteil in Prozent? Was bedeutet diese Angabe?

Lösung: $w(\mathrm{NaOH}) = 0{,}351 = 0{,}351 \cdot 100\,\% = 35{,}1\,\%$

Die Angabe bedeutet: In 100 g Natronlauge sind 35,1 g Natriumhydroxid NaOH gelöst.

Beispiel 2: In 2000 g Wasser werden 500 g NaCl gelöst. Welchen Massenanteil *w*(NaCl) hat die entstehende Natriumchlorid-Lösung **(Bild 1)?**

Lösung: $m(\mathrm{Lsg}) = m(\mathrm{Lm}) + m(\mathrm{NaCl})$

$m(\mathrm{Lsg}) = 2000\text{ g} + 500\text{ g} = 2500\text{ g}$

$$\mathbf{w(NaCl)} = \frac{m(\mathrm{NaCl})}{m(\mathrm{Lsg})} = \frac{500\text{ g}}{2500\text{ g}}$$

$$= 0{,}2000 \approx \mathbf{20{,}0\,\%}$$

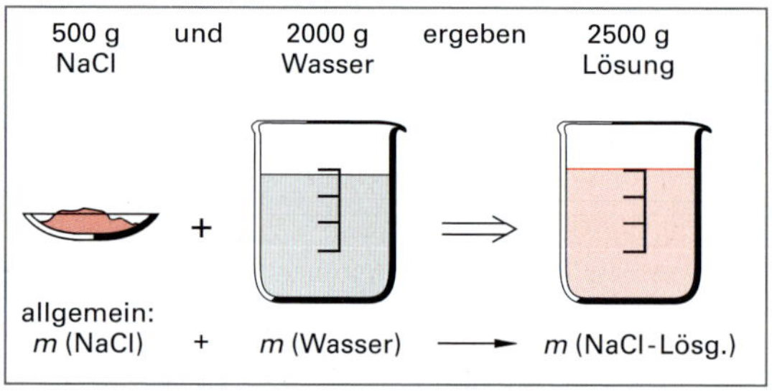

Bild 1: Größen zur Bestimmung des Massenanteils *w*

In **Tabelle 1** sind weitere Angaben für Massenanteile aufgeführt.

Tabelle 1: Gehaltsangaben für Massenanteile

in %	in ‰	in ppm	in ppb*	in ppt**	in ppq***
Prozent ⇒ Teile pro 100 Teile	Promille ⇒ Teile pro 10^3 Teile	parts p. million ⇒ Teile pro 10^6 Teile	parts p. billion ⇒ Teile pro 10^9 Teile	parts p. trillion ⇒ Teile pro 10^{12} Teile	parts p. quadrillion ⇒ Teile pro 10^{15} Teile
Beispiel: der Massenanteil *w* (Zucker) in Wasser (1 L ≙ 1 kg) beträgt nach Lösen **eines Zuckerwürfels** (*m* = 2,7 g) in:					
0,27 L ≙ 2 Tassen	2,7 L ≙ 2,7 Flaschen	2 700 L ≙ Tankwagen	2,7 Mio L ≙ eine Tankerladung	2,7 Milliarden L ≙ Stauseefüllung	2,7 Billionen L ≙ Starnberger See
		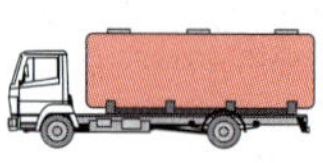	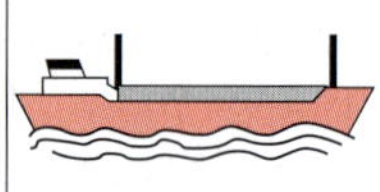	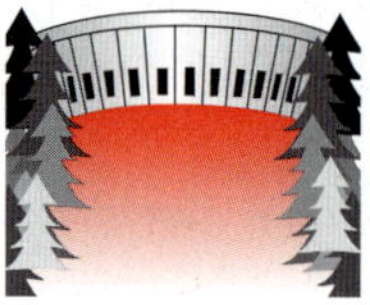	
w = 1 %	*w* = 1 ‰	*w* = 1 ppm	*w* = 1 ppb	*w* = 1 ppt	*w* = 1 ppq
= 1 g / 100 g	= 1 g / 1000 g = 1 g / 1 kg	= 1 mg / 1 kg = 1 g / 1000 kg	= 1 µg / 1 kg = 1 mg / 1000 kg	= 1 ng / 1 kg = 1 µg / 1000 kg	= 1 pg / 1 kg = 1 µg / 1000 t

* *parts per billion ppb:* b steht für *billion*, die amerikanische Bezeichnung für *Milliarde.*
** *parts per trillion ppt:* t steht für *trillion*, die amerikanische Bezeichnung für *Billion.*
*** *parts per quadrillion ppq:* q steht für *quadrillion*, die amerikanische Bezeichnung für *Billiarde.*

Beispiel 3: Wie viel Eisensulfat-Heptahydrat $FeSO_4 \cdot 7\,H_2O$ muss eingewogen werden, wenn 750 g Eisensulfat-Lösung mit einem Massenanteil $w(FeSO_4) = 12{,}5\,\%$ angesetzt werden sollen?

Lösung mit Schlussrechnung: $M(FeSO_4) = 151{,}91$ g/mol, $M(FeSO_4 \cdot 7\,H_2O) = 278{,}02$ g/mol

Berechnung der in der Lösung enthaltenen Masse an Eisensulfat $FeSO_4$:
In 100 g Lösung sind 12,5 g Eisensulfat enthalten
In 750 g Lösung sind x g Eisensulfat enthalten

$$\Rightarrow x = m(FeSO_4) = \frac{12{,}5\text{ g} \cdot 750\text{ g}}{100\text{ g}} = 93{,}75\text{ g}$$

Berechnung der einzuwiegenden Masse an Eisensulfat-Heptahydrat:
151,91 g $FeSO_4$ sind in 278,02 g $FeSO_4 \cdot 7\,H_2O$ enthalten
93,75 g $FeSO_4$ sind in y g $FeSO_4 \cdot 7\,H_2O$ enthalten

$$\Rightarrow y = \boldsymbol{m(FeSO_4 \cdot 7\,H_2O)} = \frac{93{,}75\text{ g} \cdot 278{,}02\text{ g}}{151{,}91\text{ g}} \approx \mathbf{172\text{ g}}$$

Lösung mit Größengleichung:

$$w(FeSO_4) = \frac{m(FeSO_4)}{m(Lsg)} \quad \Rightarrow \quad m(FeSO_4) = w(FeSO_4) \cdot m(Lsg) = 0{,}125 \cdot 750\text{ g} = 93{,}75\text{ g}$$

$$\boldsymbol{m(FeSO_4 \cdot 7\,H_2O)} = \frac{m(FeSO_4) \cdot M(FeSO_4 \cdot 7\,H_2O)}{M(FeSO_4)} = \frac{93{,}75\text{ g} \cdot 278{,}02\text{ g/mol}}{151{,}91\text{ g/mol}} = 171{,}58\text{ g} \approx \mathbf{172\text{ g}}$$

Aufgaben zu 5.1.1 Massenanteil *w*

1. In 550 kg Wasser werden 200 kg Natriumsulfat Na_2SO_4 gelöst. Welchen Massenanteil $w(Na_2SO_4)$ hat die Lösung in Prozent?
2. Welche Massen an Wasser und an Natriumchlorid werden zur Herstellung von 350 g Kochsalzlösung mit dem Massenanteil $w(NaCl) = 7{,}8\,\%$ benötigt?
3. Aus 30 g Kaliumhydroxid soll eine Kalilauge mit dem Massenanteil $w(KOH) = 4{,}1\,\%$ angesetzt werden. Welche Masse an Lösung wird erhalten?
4. Aus 6,20 kg Farbstoff-Lösung mit $w(\text{Farbstoff}) = 12{,}5\,\%$ soll durch Abdampfen von Wasser eine Farbstoffpaste, $w(H_2O) = 45\,\%$, hergestellt werden. Wie viel Wasser ist abzudampfen?
5. 5,5 kg Calciumchlorid-Hexahydrat $CaCl_2 \cdot 6\,H_2O$ werden in 80 kg Wasser gelöst. Berechnen Sie den Massenanteil $w(CaCl_2)$ in der Lösung.
6. Wie viel Soda (Natriumcarbonat-Decahydrat) $Na_2CO_3 \cdot 10\,H_2O$ ist einzuwiegen, wenn 50,0 kg Soda-Lösung mit einem Massenanteil $w(Na_2CO_3) = 2{,}50\,\%$ entstehen sollen?
7. In 12,5 kg Wasser werden 3,0 m^3 Hydrogenchlorid HCl unter Normbedingungen gelöst. Wie groß ist der Massenanteil $w(HCl)$?
8. Eine Ammoniak-Lösung der Dichte $\varrho = 0{,}940$ kg/dm^3 enthält in 250 L Lösung 34,97 kg Ammoniak. Welchen Massenanteil $w(NH_3)$ hat die Lösung?
9. Welches Volumen an Ammoniak von 22,5 °C und 1024 mbar ist in 250 g Wasser zu lösen, damit eine Ammoniak-Lösung mit dem Massenanteil $w(NH_3) = 25{,}0\,\%$ entsteht?
10. In 250 kg Eisensulfat-Lösung sind 550 g Eisensulfat-Heptahydrat mit einem Massenanteil $w(FeSO_4 \cdot 7\,H_2O) = 98{,}9\,\%$ gelöst. Wie groß ist der Massenanteil $w(FeSO_4)$ der Lösung?
11. Welche Masse an HNO_3 ist in 370 mL Salpetersäure-Lösung mit dem Massenanteil $w(HNO_3) = 8{,}0\,\%$ und der Dichte 1,0427 g/cm^3 enthalten?
12. 250 g technisches Natriumsulfat $w(Na_2SO_4) = 97{,}6\,\%$ sollen in Wasser zu einer Lösung mit dem Massenanteil $w(Na_2SO_4) = 50$ ppm eingetragen werden. Welche Masse Wasser ist vorzulegen?
13. Aus technisch reinem Kaliumhydroxid mit $w(KOH) = 98{,}5\,\%$ sollen 250 mL Kalilauge mit dem Massenanteil $w(KOH) = 10{,}5\,\%$ ($\varrho = 1{,}095$ g/cm^3) hergestellt werden. Welche Masse an technischem Kaliumhydroxid ist einzuwiegen?

5.1.2 Volumenanteil φ

Der **Volumenanteil φ(X)** (volume fraction) einer Komponente X ist der Quotient aus dem Volumen V(X) der Komponente und der Summe der Volumina an Lösemittel V(Lm) und der Komponente V(X).

Die Gleichung ist auf mehrere Mischungskomponenten erweiterbar.

Volumenanteil
$\varphi(\text{X}) = \dfrac{V(\text{X})}{V(\text{Lm}) + V(\text{X})}$

Der Volumenanteil φ kann, vergleichbar dem Massenanteil w, mit gleichen Einheitenzeichen (L/L, mL/mL usw.) oder ungleichen Einheitenzeichen (mL/L, mL/m^3 usw.) für die Zähler- und Nennergröße angegeben werden.

Entsprechend kann der Volumenanteil φ auch als Bruchteil von 1, in Prozent %, in Promille ‰ (≙ mL/L), in ppm (≙ mL/m^3), ppb, ppt und ppq angegeben werden (Tabelle 1, Seite 158).

Beispiel 1: 500 mL Benzol werden mit 200 mL Toluol gemischt **(Bild 1).**
Welchen Volumenanteil an Benzol hat die entstehende Aromaten-Lösung?

Lösung: $V(\text{Lsg}) = V(\text{Benzol}) + V(\text{Toluol})$

$V(\text{Lsg}) = 500\text{ mL} + 200\text{ mL} = 700\text{ mL}$

$$\varphi(\text{Benzol}) = \frac{V(\text{Benzol})}{V(\text{Benzol}) + V(\text{Toluol})}$$

$$\boldsymbol{\varphi}\textbf{(Benzol)} = \frac{500\text{ mL}}{700\text{ mL}} = 0{,}71429 \approx \mathbf{71{,}4\,\%}$$

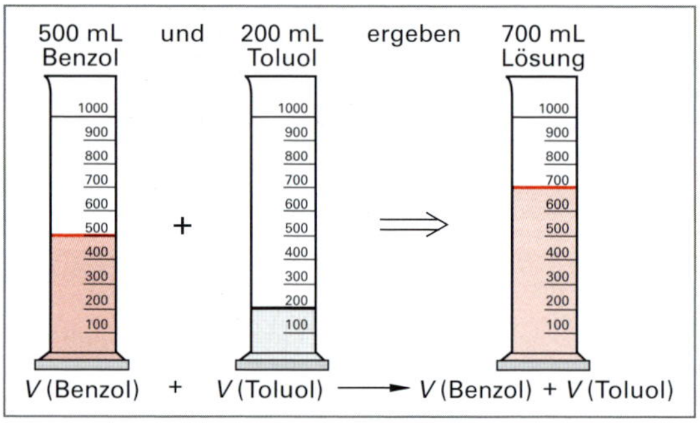

Bild 1: Größenangaben zum Beispiel 1

Anmerkung: Da es beim Mischen von Flüssigkeiten häufig zu Volumenänderungen kommt, sollte der Volumenanteil nur für Flüssigkeitsgemische ohne Volumenkontraktion (Volumenverringerung) bzw. Volumendilatation (Volumenvergrößerung) und für Gasgemische verwendet werden. Eine geeignetere, volumenbezogene Gehaltsangabe für Flüssigkeitsgemische ist die Volumenkonzentration σ (s. Seite 166).

Beispiel 2: Welche Masse an n-Hexan darf maximal verdunsten, bis in einem Arbeitsraum von 480 m^3 Raumvolumen der Arbeitsplatzgrenzwert (AGW) φ(Hexan) = 100 ppm bei 20 °C und 1013 mbar erreicht ist?
Der Hexandampf ist rechnerisch als ideales Gas zu betrachten; d.h. das Luftvolumen V(Luft) = 480 m^3 ändert sich durch das Vorhandensein des Hexandampfes nicht: $V(\text{Luft}) = V(\text{Luft}) + V(\text{Hexan})$

Lösung: $V_{m,n} = 22{,}41\,\frac{\text{L}}{\text{mol}}$, $M(C_6H_{14}) = 86{,}18\,\frac{\text{g}}{\text{mol}}$, $R = 0{,}08314\,\frac{\text{L} \cdot \text{bar}}{\text{K} \cdot \text{mol}}$, $\varphi(\text{Hexan}) = 100\text{ ppm} = 100\,\frac{\text{mL}}{\text{m}^3}$

$$\varphi(\text{Hexan}) = \frac{V(\text{Hexan})}{V(\text{Luft})} \Rightarrow V(\text{Hexan}) = \varphi(\text{Hexan}) \cdot V(\text{Luft}) = 100\text{ mL/m}^3 \cdot 480\text{ m}^3 = 48{,}00\text{ L}$$

$$\boldsymbol{m}\textbf{(Hexan)} = \frac{V(\text{X}) \cdot p \cdot M(\text{X})}{R \cdot T} = \frac{48{,}00\text{ L} \cdot 1{,}013\text{ bar} \cdot 86{,}18\text{ g/mol}}{0{,}08314\,\frac{\text{L} \cdot \text{bar}}{\text{K} \cdot \text{mol}} \cdot 293\text{ K}} = 172{,}02\text{ g} \approx \mathbf{172\text{ g}}$$

Aufgaben zu 5.1.2 Volumenanteil φ

1. In 1,0 m^3 Luft sind 0,30 L Kohlenstoffdioxid CO_2. Welchen Volumenanteil $\varphi(CO_2)$ in ppm hat Luft?
2. Aus 500 m^3 eines Gasgemischs wurde das Kohlenstoffdioxid ausgewaschen. Nach der Gaswäsche verblieben noch 475 m^3 Restgas. Welchen Volumenanteil $\varphi(CO_2)$ hatte das Gasgemisch?
3. Welches Erdölvolumen mit einem Volumenanteil φ(Benzin) = 21,3 % muss eine Raffinerie stündlich durchsetzen, wenn in diesem Zeitraum 25,0 m^3 Benzin produziert werden sollen?
4. Der AGW-Wert für Xylol C_8H_{10} beträgt bei 20 °C und 1013 mbar 200 cm^3/m^3. Welche Masse Xylol darf in einem Raum von 80,0 m^3 höchstens verdunsten, damit die zulässige AGW-Grenze nicht überschritten wird? Der Dampf ist als ideales Gas anzusehen. $M(C_8H_{10})$ = 106,167 g/mol
5. Die Explosionsgrenzen für n-Butylacetat betragen bei 20 °C und 1,013 bar φ_{min} = 1,2 % und φ_{max} = 7,5 %. Welches Volumen an n-Butylacetat muss in einem Reaktionskessel mit 12,5 m^3 Luft/n-Butylacetat-Gemisch unterschritten sein und welches Volumen muss überschritten sein, damit **kein** zündfähiges Gemisch vorliegt?

5.1.3 Stoffmengenanteil χ

Der **Stoffmengenanteil χ(X)** (molar fraction) einer Komponente X ist der Quotient aus der Stoffmenge n(X) der Komponente und der Summe der Stoffmenge des Lösemittels n(Lm) und der Komponente n(X).

Stoffmengenanteil
$\chi(X) = \dfrac{n(X)}{n(Lm) + n(X)}$

Die Größengleichung zur Berechnung des Stoffmengenanteils kann auf mehrere Mischungskomponenten erweitert werden.

Der Stoffmengenanteil χ kann, vergleichbar dem Massen- und Volumenanteil, mit gleichen Einheitenzeichen (mol/mol) oder ungleichen Einheitenzeichen (mmoL/mol) für die Zähler- und Nennergröße angegeben werden.

Zur Anwendung kommen auch die Angaben Prozent %, Promille ‰ sowie ppm, ppb, ppt und ppq.

Beispiel 1: Ein Reaktionsgemisch enthält 78,0 g Benzol C_6H_6 und 23,0 g Toluol (Methylbenzol) C_7H_8 **(Bild 1)**. Wie groß sind die Stoffmengenanteile der beiden Komponenten?

Lösung: $M(C_6H_6) = 78{,}11$ g/mol, $M(C_7H_8) = 92{,}14$ g/mol

Mit $n(X) = \dfrac{m(X)}{M(X)}$ folgt:

$$n(C_6H_6) = \frac{78{,}0 \text{ g}}{78{,}11 \text{ g/mol}} = 0{,}9986 \text{ mol}$$

$$n(C_7H_8) = \frac{23{,}0 \text{ g}}{92{,}14 \text{ g/mol}} = 0{,}2496 \text{ mol}$$

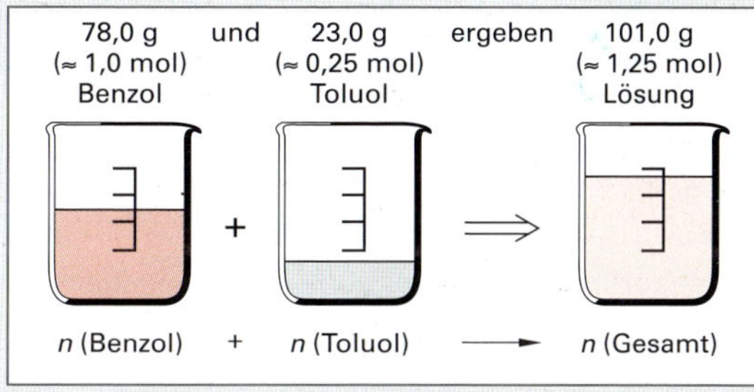

Bild 1: Größenangaben zu Beispiel 1

$$\boldsymbol{\chi(C_6H_6)} = \frac{n(C_6H_6)}{n(C_6H_6) + n(C_7H_8)} = \frac{0{,}9986 \text{ mol}}{0{,}9986 \text{ mol} + 0{,}2496 \text{ mol}} = \frac{0{,}9986 \text{ mol}}{1{,}2482 \text{ mol}} = 0{,}8000 \approx \mathbf{80{,}0\,\%}$$

$$\boldsymbol{\chi(C_7H_{14})} = 100\,\% - \chi(C_6H_6) = 100\,\% - 80{,}0\,\% = \mathbf{20{,}0\,\%}$$

Beispiel 2: 800 L eines Gasgemisches bei Normbedingungen enthalten 550 L Propen C_3H_6, 150 L Chlorgas Cl_2 und 100 L Chlorwasserstoff (Hydrogenchlorid) HCl. Welchen Stoffmengenanteilen entspricht das?

Lösung: Bei Normbedingungen beträgt das molare Volumen idealer Gase $V_{m,n} = 22{,}41$ L/mol

$$V_{m,n} = \frac{V(X)}{n(X)} \Rightarrow n(X) = \frac{V(X)}{V_{m,n}} \qquad n(C_3H_6) = \frac{550 \text{ L}}{22{,}41 \text{ L/mol}} \approx 24{,}543 \text{ mol}$$

$$n(Cl_2) = \frac{150 \text{ L}}{22{,}41 \text{ L/mol}} \approx 6{,}693 \text{ mol} \qquad n(HCl) = \frac{100 \text{ L}}{22{,}41 \text{ L/mol}} \approx 4{,}462 \text{ mol}$$

$$\boldsymbol{\chi(C_3H_6)} = \frac{24{,}543 \text{ mol}}{24{,}543 \text{ mol} + 6{,}693 \text{ mol} + 4{,}462 \text{ mol}} = \frac{24{,}543 \text{ mol}}{35{,}698 \text{ mol}} = 0{,}68751 \approx \mathbf{68{,}8\,\%}$$

$$\boldsymbol{\chi(Cl_2)} = \frac{6{,}693 \text{ mol}}{35{,}698 \text{ moL}} = 0{,}187488 \approx \mathbf{18{,}7\,\%} \qquad \boldsymbol{\chi(HCl)} = \frac{4{,}462 \text{ mol}}{35{,}698 \text{ mol}} = 0{,}12499 \approx \mathbf{12{,}5\,\%}$$

Kontrollrechnung: $\chi(C_3H_6) + \chi(Cl_2) + \chi(HCl) = 68{,}8\,\% + 18{,}7\,\% + 12{,}5\,\% = 100\,\%$

Aufgaben zu 5.1.3 Stoffmengenanteil χ

1. Ein Gasgemisch besteht im Normzustand aus 0,500 L Kohlenstoffmonoxid CO, 2,50 L Sauerstoff O_2 und 8,00 L Stickstoff N_2. Berechnen Sie die Stoffmengenanteile des Gasgemisches.
2. Ein Lösemittelgemisch enthält folgende Aromaten (Bild 162/1): 550 kg Benzol C_6H_6, 350 kg Toluol C_7H_8 und 80,0 kg m-Xylol C_8H_{10}. Welche Stoffmengenanteile hat das Lösemittelgemisch?
3. 12,5 g Essigsäure CH_3COOH werden in 100 g Wasser gelöst. Welchen Stoffmengenanteil χ(Säure) hat die Essigsäure-Lösung?
4. 250 mL Ethanol der Dichte 0,7895 g/cm³ und 300 mL Methanol der Dichte 0,7915 g/cm³ werden gemischt. Welche Stoffmengenanteile an Alkoholen hat die Mischung?

Gemischte Aufgaben zu 5.1.1 bis 5.1.3 Rechnen mit Anteilen

1. In 58,0 g wässriger Benzoesäure-Lösung sind 280 mg Benzoesäure **(Bild 1)** gelöst. Berechnen Sie den Massenanteil *w*(Säure) der Lösung.
2. Eine Calciumchlorid-Lösung hat einen Massenanteil von $w(CaCl_2)$ = 8,00 %. Welche Masse an Salz ist in 280 g dieser Lösung enthalten?
3. Welche Massen an Natriumsulfat mit 2,50 % Feuchtigkeit und Wasser benötigt man zur Herstellung von 1250 kg Natriumsulfat-Lösung mit dem Massenanteil $w(Na_2SO_4)$ = 18,2 %?

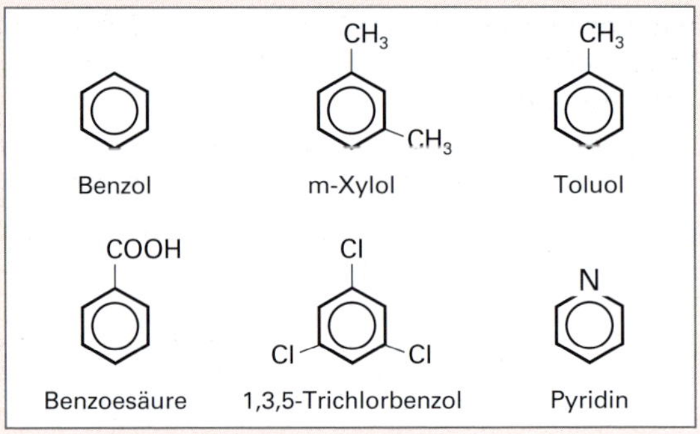

Bild 1: Struktur wichtiger Aromaten

4. In 560 g Soda-Lösung sind 81,0 g Natriumcarbonat-Decahydrat $Na_2CO_3 \cdot 10\ H_2O$ gelöst. Wie groß ist der Massenanteil $w(Na_2CO_3)$ der Lösung?
5. Herzustellen sind 2,84 m³ Kalilauge mit *w*(KOH) = 10,5 % und der Dichte ϱ = 1,095 g/mL. Wie viel Kaliumhydroxid mit 3,50 % Feuchtigkeitsanteil ist einzuwiegen?
6. Welche Masse an Lösung mit einem Massenanteil $w(ZnSO_4)$ = 12,5 % wird erhalten, wenn in einem Rührkessel 250 kg Zinksulfat-Heptahydrat $ZnSO_4 \cdot 7\ H_2O$ in Wasser gelöst werden?
7. Wie viel Natriumhydroxid ist in 1,25 m³ Natronlauge der Dichte ϱ = 1,430 g/cm³ gelöst, deren Massenanteil *w*(NaOH) = 40,0 % beträgt?
8. Aus dem Rauchgas einer Reststoff-Verwertungsanlage (RVA) werden 1540 m³ Chlorwasserstoffgas (Hydrogenchlorid) HCl unter Normbedingungen in 10,0 m³ Wasser, ϱ = 1,00 kg/dm³, absorbiert. Welchen Massenanteil *w*(HCl) hat die entstehende Säurelösung?
9. 52,3 m³ Ammoniakgas (ϑ = 14 °C, *p* = 985 mbar) werden in Wasser absorbiert, wobei eine Ammoniak-Lösung mit $w(NH_3)$ = 25,3 % und der Dichte ϱ = 0,906 g/mL entsteht. Wie viele Gebinde mit einem Füllvolumen von 2,50 L können mit dem Produkt gefüllt werden?
10. Das Synthesegas einer Ammoniakanlage enthält 2,60 m³ N_2, 7,80 m³ H_2 und 0,58 m³ NH_3. Berechnen Sie die Volumenanteile der drei Gemisch-Bestandteile.
11. 1,80 kg Isopropanol, ϱ = 0,785 g/cm³, und 4,65 kg Isobutanol, ϱ = 0,803 g/cm³, werden gemischt. Wie groß ist der Volumenanteil φ (Isopropanol)?
12. In einem Lösemittellager von 600 m³ Volumen verdunsten unbemerkt 25,0 g 1,2,3-Trichlorbenzol (Bild 170/1). Um wie viel Prozent wird dadurch der AGW-Wert von 5,00 mL/m³ bei 22 °C und 1018 mbar überschritten? $M(C_6H_3Cl_3)$ = 181,45 g/mol
13. In einer geschlossenen Fertigungshalle von 400 m³ Volumen verdunsten 105 g Trichlorethen ($CCl_2{=}CHCl$). Die Raumtemperatur beträgt 20 °C, der Luftdruck 1013 mbar. Wie groß ist der Volumenanteil φ (Trichlorethen) im Raum in mL/m³, wenn man die Dämpfe rechnerisch als ideales Gas betrachtet? $M(C_2HCl_3)$ = 131,39 g/mol
14. 670 mL Luft werden mit Kohlenstoffdioxid bei Normbedingungen gemischt. Welches Volumen an Kohlenstoffdioxid muss zur Luft gemischt werden, damit der Volumenanteil $\varphi(CO_2)$ = 22,0 % beträgt?
15. Wie groß ist der Volumenanteil $\varphi CO_2)$ in Luft, wenn bei Normbedingungen in 50,0 L Luft 2,48 g Kohlenstoffdioxid nachgewiesen wurden? $\varrho(CO_2)$ = 1,977 g/L bei Normbedingungen.
16. 250 mg eines Gemisches aus Methan CH_4 und Ethan C_2H_6 mit einem Stoffmengenanteil $\chi(CH_4)$ = 0,35 werden quantitativ oxidiert. Welche Stoffmengen $n(CO_2)$ und $n(H_2O)$ entstehen?
17. Eine Lösung enthält 75,0 L Methanol CH_3OH der Dichte ϱ = 0,791 g/cm³ und 450 L Butanol C_4H_9OH der Dichte ϱ = 0,810 g/cm³. Berechnen Sie den Stoffmengenanteil $\chi(CH_3OH)$.

Hinweis: Ergänzende Themen und Aufgaben für Lacklaboranten (Anteile in Beschichtungsstoffen, Umrechnung von Rezepturen) befinden sich in Kapitel 16 auf Seite 452.

5.1.4 Umrechnung der verschiedenen Anteile

In der chemischen Praxis tritt häufig der Fall auf, dass in einer Mischphase, z.B. einer Lösung, nur eine Anteil-Gehaltsgröße bekannt ist. Zur weiteren Berechnung benötigt man jedoch eine andere Anteil-Gehaltsgröße.

Beispiel: Von einem Flüssigkeitsgemisch sind die Massenanteile w der Gemischkomponenten bekannt. Für die Berechnung der Gemisch-Trennung durch Rektifikation werden die Stoffmengenanteile χ benötigt.

Zur Umrechnung ermittelt man für die Bezugs-Stoffportionen (z.B. 100 g, 1 L oder 1 mol) die benötigten Quantitäten (m, M, n, ϱ, V, ...) und berechnet die Anteile[1] mit den Definitionsgleichungen.

Beispiel 1: Von einem Xylol/Toluol-Gemisch ist der Massenanteil des Xylols bekannt: $w(\text{Xylol}) = 0{,}140$. Es sollen die Stoffmengenanteile des Flüssigkeitsgemisches berechnet werden.

Lösung: $w(\text{Xylol}) = 0{,}140 = 14{,}0\,\% \Rightarrow w(\text{Toluol}) = 0{,}860 = 86{,}0\,\%$

$M(\text{Xylol}) = 106{,}2$ g/mol, $M(\text{Toluol}) = 92{,}14$ g/mol

In 100 g des Gemisches sind 14,0 g Xylol und 86,0 g Toluol. Darin sind folgende Stoffmengen gelöst:

$$n(\text{Xylol}) = \frac{m(\text{Xylol})}{M(\text{Xylol})} = \frac{14{,}0\text{ g}}{106{,}2\text{ g/mol}} = 0{,}1318\text{ mol}; \quad n(\text{Toluol}) = \frac{m(\text{Toluol})}{M(\text{Toluol})} = \frac{86{,}0\text{ g}}{92{,}14\text{ g/mol}} = 0{,}9333\text{ mol}$$

Mit der Definitionsgleichung der Stoffmengenanteile folgt dann:

$$\boldsymbol{\chi(\text{Xylol})} = \frac{n(\text{Xylol})}{n(\text{Xylol}) + n(\text{Toluol})} = \frac{0{,}1318\text{ mol}}{0{,}1318\text{ mol} + 0{,}9333\text{ mol}} = 0{,}1237 \approx \mathbf{12{,}4\,\%}$$

$$\boldsymbol{\chi(\text{Toluol})} = \frac{n(\text{Toluol})}{n(\text{Xylol}) + n(\text{Toluol})} = \frac{0{,}9333\text{ mol}}{0{,}1318\text{ mol} + 0{,}9333\text{ mol}} = 0{,}8762 \approx \mathbf{87{,}6\,\%}$$

Für die Umrechnung eines Massenanteils oder eines Stoffmengenanteils in einen Volumenanteil (oder umgekehrt) müssen die Dichten der gesuchten Gemisch-Komponenten bzw. die Dichte der Mischphase bekannt sein.

Beispiel 2: Ein Methan/Ethan-Gasgemisch hat einen Methan-Volumenanteil $\varphi(CH_4) = 95{,}6\,\%$. Wie groß ist der Massenanteil w(Methan)? Dichten bei Normbedingungen: $\varrho(CH_4) = 0{,}7168$ g/L, $\varrho(C_2H_6) = 1{,}2605$ g/L

Lösung: Molare Massen: $M(\text{Ethanol}) = 46{,}07$ g/mol, $M(\text{Glycerin}) = 92{,}09$ g/mol

Vorüberlegung: 100 L Gasgemisch enthalten 95,6 L Methan und 100 L – 95,6 L = 4,4 L Ethan

$$\varrho = \frac{m}{V} \quad \Rightarrow \quad m(CH_4) = \varrho(CH_4) \cdot V(CH_4) = 0{,}7168\text{ g/L} \cdot 95{,}6\text{ L} = 68{,}311\text{ g}$$

$$m(C_2H_6) = \varrho(C_2H_6) \cdot V(C_2H_6) = 1{,}2605\text{ g/L} \cdot 4{,}4\text{ L} = 5{,}5462\text{ g}$$

$$\boldsymbol{w(CH_4)} = \frac{m(CH_4)}{m(CH_4) + m(C_2H_6)} = \frac{68{,}311\text{ g}}{68{,}311\text{ g} + 5{,}5462\text{ g}} = 0{,}924906 \approx \mathbf{92{,}5\,\%}$$

Beispiel 3: In einem Ethanol/Glycerin-Gemisch beträgt der Volumenanteil $\varphi(\text{Ethanol}) = 48{,}4\,\%$. Wie groß ist der Stoffmengenanteil χ(Ethanol)? Dichtewerte: $\varrho(C_2H_5OH) = 0{,}789$ g/cm³, $\varrho(C_3H_5(OH)_3) = 1{,}260$ g/cm³

Lösung: Molare Massen: $M(\text{Ethanol}) = 46{,}07$ g/mol, $M(\text{Glycerin}) = 92{,}09$ g/mol

Vorüberlegung: In 100 L Mischung sind 48,4 mL Ethanol und 100 mL – 48,4 mL = 51,6 mL Glycerin enthalten.

$$\varrho = \frac{m}{V} \quad \Rightarrow \quad m(\text{Eth.}) = \varrho(\text{Eth.}) \cdot V(\text{Eth.}); \quad \text{mit } n(\text{Eth.}) = \frac{m(\text{Eth.})}{M(\text{Eth.})} \text{ folgt durch Einsetzen:}$$

$$n(\text{Eth.}) = \frac{\varrho(\text{Eth.}) \cdot V(\text{Eth.})}{M(\text{Eth.})} = \frac{0{,}789\text{ g/cm}^3 \cdot 48{,}4\text{ mL}}{46{,}07\text{ g/mol}} = 0{,}8310\text{ mol}$$

$$n(\text{Glyc.}) = \frac{\varrho(\text{Glyc.}) \cdot V(\text{Glyc.})}{M(\text{Glyc.})} = \frac{1{,}260\text{ g/cm}^3 \cdot 51{,}6\text{ mL}}{92{,}09\text{ g/mol}} = 0{,}7060\text{ mol}$$

$$\boldsymbol{\chi(\text{Ethanol})} = \frac{n(\text{Eth.})}{n(\text{Eth.}) + n(\text{Glyc.})} = \frac{0{,}8310\text{ mol}}{0{,}8310\text{ mol} + 0{,}7060\text{ mol}} = 0{,}54066 \approx \mathbf{54{,}1\,\%}$$

[1] Auf Seite 485 befindet sich eine Tabelle mit den Umrechnungsformeln der wichtigsten Gehaltsgrößen.

Aufgaben zu 5.1.4 Umrechnung der verschiedenen Anteile

1. Ein Gasgemisch enthält die Stoffmengenanteile $\chi(CO_2) = 70{,}0$ % und $\chi(SO_2) = 30{,}0$ %. Wie groß ist der Massenanteil $w(CO_2)$ im Gemisch?

2. Eine wässrige Lösung von 2-Propanol mit der Dichte 0,945 g/cm³ hat den Volumenanteil φ(2-Propanol) = 40,0 %. Wie groß ist der Propanol-Massenanteil, wenn die Dichte des reinen Alkohols zu 0,784 g/cm³ ermittelt wurde?

3. In einer Anlage zur Rückgewinnung von Methanoldämpfen aus einem Abgas **(Bild 1)** fällt in der Absorptionskolonne K1 eine wässrige Methanol-Lösung mit dem Massenanteil $w(CH_3OH) = 7{,}5$ % an. Die Lösung wird anschließend in einer Rektifikationskolonne getrennt, das regenerierte Waschwasser wieder in die Absorptionskolonne aufgegeben.
Welchen Methanol-Volumenanteil hat die Lösung?
Dichten bei 20 °C: $\varrho(H_2O) = 0{,}9982$ g/cm³, $\varrho(CH_3OH) = 0{,}7917$ g/cm³, ϱ(Lsg) = 0,9790 g/cm³

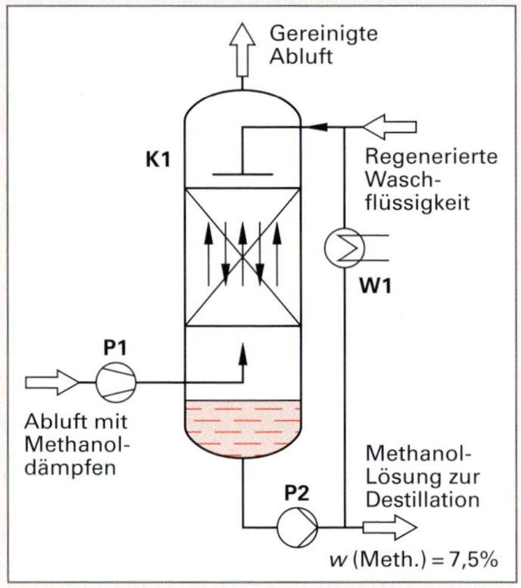

Bild 1: Rückgewinnung von Methanol aus Abluft durch Absorption

4. Ein Gemisch aus Benzol C_6H_6 und Toluol $C_6H_5CH_3$ hat den Massenanteil w(Benzol) = 20,5 %.
Welcher Volumenanteil ϱ(Benzol) liegt vor? Dichten: $\varrho(C_6H_6) = 0{,}879$ g/cm³, $\varrho(C_6H_5CH_3) = 0{,}867$ g/cm³

5. Ein Ethanol/Glycerin-Gemisch hat den Volumenanteil φ(Ethanol) = 48,4 %.
Welcher Stoffmengenanteil χ(Ethanol) liegt vor?
Dichtewerte:
$\varrho(C_2H_5OH) = 0{,}789$ g/cm³, $\varrho(C_3H_8(OH)_3) = 1{,}260$ g/cm³

6. In einer Waschkolonne fallen täglich 7,50 t Harnstoff-Lösung mit einem Massenanteil von $w(NH_2\text{-}CO\text{-}NH_2) = 6{,}50$ % an. Welchen Stoffmengenanteil χ(Harnstoff) enthält die Lösung?

7. Die Analyse eines Kalksteins ergab die Massenanteile $w(CaCO_3) = 87{,}5\%$, $w(CaSO_4) = 7{,}40\%$ und $w(CaCl_2) = 5{,}10\%$. Berechnen Sie die Stoffmengenanteile der drei Bestandteile.

8. In der Absorptionskolonne einer Salpetersäureanlage fällt Salpetersäure mit dem Massenanteil $w(HNO_3) = 50{,}5\%$ an. Welchen Volumenanteil $\varphi(HNO_3)$ hat die Säure?
Dichten bei 20 °C: $\varrho(HNO_3\text{-Lsg}) = 1{,}313$ g/cm³, $\varrho(HNO_3) = 1{,}513$ g/cm³

9. Das bei 109 °C siedende Azeotrop der Salzsäure hat den Massenanteil $w(HCl) = 20{,}2\%$. Wie groß ist der Stoffmengenanteil $\chi(HCl)$ des Azeotrops?

10. Ein Gasgemisch hat im Normzustand die Volumenanteile $\varphi(CO_2) = 40{,}0\%$ und $\varphi(N_2) = 60{,}0\%$. Wie groß ist der Massenanteil $w(CO_2)$ des Gemisches?
Dichten bei Normbedingungen: $\varrho(CO_2) = 1{,}977$ g/L, ϱ(Gasgemisch) = 1,541 g/L.

11. Wie groß ist der Massenanteil $w(O_2)$ in einer Abluft, wenn bei der Analyse ein Volumenanteil $\varphi(O_2) = 17{,}4\%$ bei Normbedingungen festgestellt wurde?
Dichten bei Normbedingungen: $\varrho(O_2) = 1{,}429$ g/L, ϱ(Abluft) = 1,298 g/L.

12. Ein Lösemittelgemisch aus Aceton und Dichlormethan hat die Massenanteile $w(CH_3\text{–}CO\text{–}CH_3) = 34{,}0\%$ und $w(CH_2Cl_2) = 66{,}0\%$. Wie groß ist der Stoffmengenanteil $\chi(CH_2Cl_2)$ des Gemisches?
Molare Massen: $M(CH_3\text{–}CO\text{–}CH_3) = 58{,}1$ g/mol, $M(CH_2Cl_2) = 84{,}9$ g/mol

13. Ein Gasgemisch besteht zu gleichen Volumenanteilen aus Methan CH_4 und Ethen C_2H_4. Wie groß ist der Massenanteil $w(C_2H_4)$ des Gemisches?
Dichten bei Normbedingungen: $\varrho(CH_4) = 0{,}7168$ g/L, $\varrho(C_2H_4) = 1{,}2605$ g/L.

5.1.5 Massenkonzentration β

Konzentrationen sind Quotienten aus einer der Größen Masse m, Volumen V oder Stoffmenge n einer Stoffportion und dem Volumen der Mischphase (Lösung).

Die **Massenkonzentration** β(X) (mass concentration) einer Komponente X ist der Quotient aus der Masse m(X) dieser Komponente durch das Volumen V(Lsg) der Lösung.
(β: griechischer Buchstabe beta).

Massenkonzentration

$$\beta(\text{X}) = \frac{m(\text{X})}{V(\text{Lsg})}$$

Einheiten der Massenkonzentration β können sein: kg/m^3, g/L, mg/L u.a.

Beispiel 1: 15,0 g Eisen(II)-sulfat werden in Wasser gelöst und im Messkolben mit demin. Wasser zu 500 mL Lösung aufgefüllt **(Bild 1).** Wie groß ist die Massenkonzentration $\beta(FeSO_4)$?

Lösung: $\beta(FeSO_4) = \dfrac{m(FeSO_4)}{V(\text{Lsg})} = \dfrac{15{,}0\text{ g}}{500\text{ mL}}$

$\boldsymbol{\beta(FeSO_4)} = 0{,}0300\text{ g/mL} = \mathbf{30{,}0\text{ g/L}}$

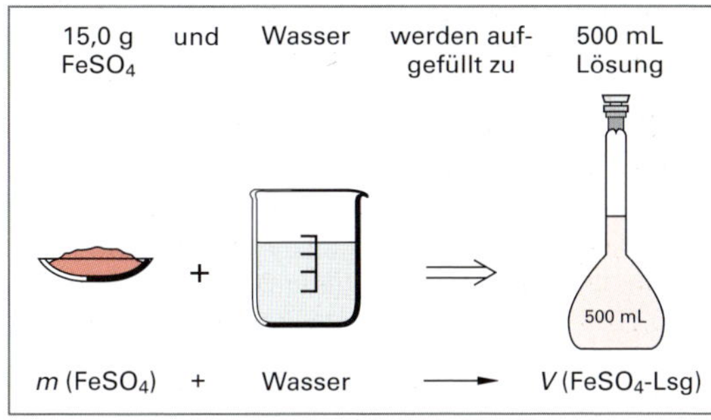

Bild 1: Größenangaben zu Beispiel 1

Beispiel 2: 150 mg Natriumnitrat $NaNO_3$ werden im Messkolben gelöst und auf 2000 mL Lösung aufgefüllt. Welche Massenkonzentration $\beta(NO_3^-)$ weist die Lösung auf? $M(NaNO_3) = 84{,}99$ g/mol, $M(NO_3^-) = 62{,}00$ g/mol

Lösung: $m(NO_3^-) = \dfrac{M(NO_3^-) \cdot m(NaNO_3)}{M(NaNO_3)} = \dfrac{62{,}00\text{ g/mol} \cdot 150\text{ mg}}{84{,}99\text{ g/mol}} = 109{,}42\text{ mg}$

$\boldsymbol{\beta(NO_3^-)} = \dfrac{m(NO_3^-)}{V(\text{Lsg})} = \dfrac{109{,}42\text{ mg}}{2000\text{ mL}} = 0{,}054712\text{ mg/mL} \approx \mathbf{54{,}7\text{ mg/L}}$

Beispiel 3: Welches Volumen an Salzsäure mit dem Massenanteil w(HCl) = 13,5 % und der Dichte ϱ = 1,065 g/mL wird zur Herstellung von 5,0 L Salzsäure-Lösung mit der Massenkonzentration β(HCl) = 45,5 mg/mL benötigt?

Lösung: $\beta(\text{HCl}) = \dfrac{m(\text{HCl})}{V(\text{Lsg})} \Rightarrow m(\text{HCl}) = \beta(\text{HCl}) \cdot V(\text{Lsg}) = 45{,}5\text{ mg/mL} \cdot 5000\text{ mL} = 227{,}5\text{ g}$

$w(\text{HCl}) = \dfrac{m(\text{HCl})}{m(\text{Lsg})} \Rightarrow m(\text{Lsg}) = \dfrac{m(\text{HCl})}{w(\text{HCl})} = \dfrac{227{,}5\text{ g}}{0{,}135} = 1685{,}185\text{ g}$

$\varrho(\text{Lsg}) = \dfrac{m(\text{Lsg})}{V(\text{Lsg})} \Rightarrow \mathbf{V(HCl\text{-}Lsg)} = \dfrac{m(\text{Lsg})}{\varrho(\text{Lsg})} = \dfrac{1685{,}185\text{ g}}{1{,}065\text{ g/mL}} = 1582{,}33\text{ mL} \approx \mathbf{1{,}6\text{ L}}$

Aufgaben zu 5.1.5 Massenkonzentration β

1. In 500 mL wässriger Fructose-Lösung sind 125 mg Fructose enthalten. Berechnen Sie die Massenkonzentration β(Fructose).
2. Aus Membranzellen der Alkalichlorid-Elektrolyse verlässt Dünnsole die Zellen mit einer Massenkonzentration β(NaCl) = 283 g/L. Sie soll durch Zusatz von festem NaCl auf 311 g/L aufkonzentriert werden. Welche Masse an NaCl ist 1,50 m^3 der Dünnsole zuzusetzen?
3. Durch Eindampfen von 1000 kg Natronlauge der Dichte 1,525 g/cm^3 werden 500 kg Natriumhydroxid NaOH erhalten. Welche Massenkonzentration β(NaOH) hat die Lauge?
4. Berechnen Sie die Massenkonzentration β(Cu) einer Lösung, die durch Lösen von 12,5 g Kupfersulfat $CuSO_4$ und anschließendes Auffüllen im Messkolben auf 2,0 L erhalten wird.
5. Die Massenkonzentration an Chlorgas in einer Abluft beträgt $\beta(Cl_2)$ = 0,25 mg/L. Welche Masse an Chlorgas ist in 50,0 m^3 der Abluft enthalten?
6. Welche Masse an Salpetersäure mit dem Massenanteil $w(HNO_3)$ = 25 % muss auf 5,0 L verdünnt werden, wenn sie die Massenkonzentration $\beta(HNO_3)$ = 50 g/L erhalten soll?

5.1.6 Volumenkonzentration σ

Die **Volumenkonzentration σ(X)** (volume concentration) einer Komponente X ist der Quotient aus dem Volumen V(X) dieser Komponente durch das Volumen V(Lsg) der Lösung.
(σ: griechischer Buchstabe sigma).

Volumenkonzentration
$\sigma(\text{X}) = \dfrac{V(\text{X})}{V(\text{Lsg})}$

Die Volumenkonzentration σ kann mit den gleichen Einheiten angegeben werden, wie der Volumenanteil:

L/L, L/100 L = mL/100 mL = Prozent %
mL/L = 10^{-3} = Promille ‰
mL/m^3 = 10^{-6} = ppm

Beispiel 1: Welche Volumenkonzentration σ(Ethanol) hat eine wässrige Lösung von Ethanol, die in 500 mL Lösung 480 mL Ethanol enthält **(Bild 1)**?

Lösung: $\sigma(\text{Ethanol}) = \dfrac{V(\text{Ethanol})}{V(\text{Lsg})} = \dfrac{480\ \text{mL}}{500\ \text{mL}}$

$\boldsymbol{\sigma}$**(Ethanol)** = 0,9600 = **96,0 %**

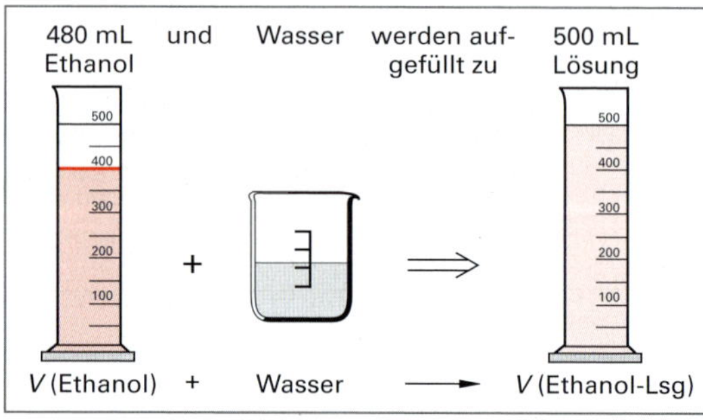

Bild 1: Größenangaben zu Beispiel 1

Um eine Verwechslung mit w oder φ zu vermeiden, sind Volumenkonzentrationen stets eindeutig mit dem Größenzeichen σ anzugeben.

Anmerkung: Beim ebenfalls verwendeten Volumenanteil φ(X) wird als Gesamtvolumen der Lösung die Summe der Volumina der Einzelkomponenten V(X) + V(Lm) herangezogen. Bei der Volumenkonzentration σ(X) hingegen wird mit dem *tatsächlichen* Gesamtvolumen der Flüssigkeit gerechnet, d. h., es wird eine beim Mischen von Flüssigkeiten häufig auftretende Volumenkontraktion (= Volumenverminderung) bzw. die seltener auftretende Volumendilatation (= Volumenvergrößerung) berücksichtigt. Bei Lösungen sollte deshalb bevorzugt die Volumenkonzentration σ(X) als Gehaltsgröße verwendet werden. Da bei Gasgemischen $\sigma = \varphi$, kann dort wahlweise σ oder φ verwendet werden.

Beispiel 2: Welche Volumina an Methanol (ϱ = 0,7958 g/mL) und an Wasser (ϱ = 0,9991 g/mL) werden zur Herstellung von 800 L Lösung (ϱ = 0,9389 g/mL) der Volumenkonzentration σ(Methanol) = 46,0 % benötigt?

Lösung: $\varrho(\text{Lsg}) = \dfrac{m(\text{Lsg})}{V(\text{Lsg})} \Rightarrow m(\text{Lsg}) = \varrho(\text{Lsg}) \cdot V(\text{Lsg}) = 0{,}9389\ \text{kg/L} \cdot 800\ \text{L} = 751{,}12\ \text{kg}$

$\sigma(\text{Methanol}) = \dfrac{V(\text{Methanol})}{V(\text{Lsg})} \Rightarrow \boldsymbol{V(\text{Methanol})} = \sigma(\text{Methanol}) \cdot V(\text{Lsg}) = 0{,}460 \cdot 800\ \text{L} = \mathbf{368\ L}$

$\varrho(\text{Meth.}) = \dfrac{m(\text{Meth.})}{V(\text{Meth})} \Rightarrow m(\text{Methanol}) = \varrho(\text{Meth.}) \cdot V(\text{Meth.}) = 0{,}7958\ \text{kg/L} \cdot 368\ \text{L} = 292{,}85\ \text{kg}$

$m(\text{Wasser}) = m(\text{Lsg}) - m(\text{Methanol}) = 751{,}12\ \text{kg} - 292{,}85\ \text{kg} = 458{,}27\ \text{kg}$

$\varrho(\text{Wasser}) = \dfrac{m(\text{Wasser})}{V(\text{Wasser})} \Rightarrow \boldsymbol{V(\text{Wasser})} = \dfrac{m(\text{Wasser})}{\varrho(\text{Wasser})} = \dfrac{458{,}27\ \text{kg}}{0{,}9991\ \text{kg/L}} = 458{,}68\ \text{L} \approx \mathbf{459\ L}$

Aufgaben zu 5.1.6 Volumenkonzentration σ

1. In 2,50 m^3 wässriger Propanol-Lösung sind 200 L Propanol enthalten. Wie groß ist σ(Propanol)?
2. 350 L Ameisensäure-Lösung haben die Volumenkonzentration σ(HCOOH) = 24,3 %. Welches Volumen an Ameisensäure HCOOH enthält die Lösung?
3. Eine Lösung von 1-Butanol in Ethanol hat die Volumenkonzentration σ(Butanol) = 25,2 %, die Lösung enthält 240 L Butanol. Berechnen Sie das Gesamtvolumen der Lösung.
4. Aus 212 L eines Aceton/Ester-Gemisches werden 110 L Aceton abdestilliert. Der Sumpf weist die Volumenkonzentration σ(Aceton) = 6,4 % auf. Wie groß war σ(Aceton) im Ausgangsgemisch?
5. 500 L einer Lösung von Ethanol in Wasser enthalten 125 L Ethanol. Berechnen Sie die Volumenkonzentration σ(Ethanol) sowie das Volumen des Lösemittels Wasser.
   Dichten bei 20 °C: ϱ(Lsg) = 0,9670 g/mL, ϱ(Ethanol) = 0,7892 g/mL, ϱ(Wasser) = 0,9982 g/mL

5.1.7 Stoffmengenkonzentration *c*, Äquivalentkonzentration $c(1/z^* X)$

Die **Stoffmengenkonzentration *c*(X)** (molar concentration) einer Komponente X ist der Quotient aus der Stoffmenge *n*(X) dieser Komponente und dem Volumen der Lösung *V*(Lsg).

Im Zusammenhang mit dem Größenzeichen ***c*** ist auch die vereinfachte Bezeichnung **Konzentration** zulässig.

Als Einheitenzeichen der Stoffmengenkonzentration *c* können verwendet werden: mol/m^3, mol/L, mmol/L u.a.

Stoffmengenkonzentration
$c(X) = \dfrac{n(X)}{V(Lsg)}$

Beispiel 1: 20,0 g Natriumhydroxid NaOH p.a. werden im Messkolben mit demin. Wasser zu 500 mL Natronlauge aufgefüllt **(Bild 1)**. Wie groß ist die Stoffmengenkonzentration *c*(NaOH) der Lauge?

Lösung:

$$n(NaOH) = \frac{m(NaOH)}{M(NaOH)} = \frac{20{,}0\ g}{40{,}00\ g/mol}$$

$$n(NaOH) = 0{,}500\ mol$$

$$c(NaOH) = \frac{n(NaOH)}{V(Lsg)} = \frac{0{,}500\ mol}{500\ mL}$$

$$\mathbf{c(NaOH) = 1{,}00\ mol/L}$$

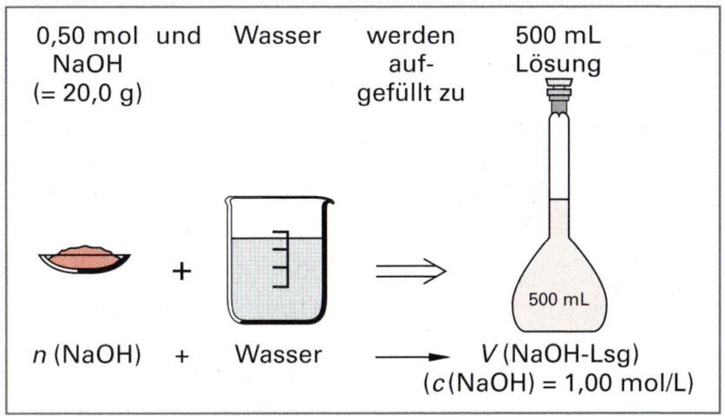

Bild 1: Größenangaben zum Beispiel 1

Beispiel 2: Es sollen 5,0 L Silbernitrat-Lösung der Stoffmengenkonzentration $c(AgNO_3) = 0{,}10$ mol/L hergestellt werden. Wie viel Silbernitrat $AgNO_3$ ist einzuwiegen und mit Wasser aufzufüllen?

Lösung:

$$c(AgNO_3) = \frac{n(AgNO_3)}{V(Lsg)} \quad \Rightarrow \quad n(AgNO_3) = c(AgNO_3) \cdot V(Lsg)$$

Mit $n(X) = \dfrac{m(X)}{M(X)}$ folgt durch Einsetzen: $m(AgNO_3) = c(AgNO_3) \cdot V(Lsg) \cdot M(AgNO_3)$

$\mathbf{m(AgNO_3)} = 0{,}10\ mol/L \cdot 5{,}0\ L \cdot 169{,}873\ g/mol = 84{,}9365\ g \approx \mathbf{85\ g}$

Wasserhärte

Die **Wasserhärte** (water hardness) wird von gelösten Verbindungen der Erdalkalimetalle verursacht, vor allem durch Calcium- und Magnesium-Ionen. Die Härte des Wassers wird nach DIN 38409 angegeben als **Stoffmengenkonzentration** der Härte-Ionen in mmol/L.

Beispiel: $c(Ca^{2+} + Mg^{2+}) = 5{,}1$ mmol/L

Härte des Wassers
$GH = c(Ca^{2+}) + c(Mg^{2+})$

Die veraltete Angabe der Härte in Grad deutscher Härte °d[1] bzw. °dH ist nach DIN 38409 nicht mehr zulässig. Das gilt auch für die in der Technik teilweise noch gebräuchlichen Begriffe *Gesamthärte GH*, *Calciumhärte*, *Kalkhärte*, *Carbonathärte CH* und *Nichtcarbonathärte NCH*. Sie sind nach DIN 38409 zu vermeiden.

Härtehydrogencarbonat
$CH = \dfrac{c(HCO_3^-)}{2}$

Der Anteil an Ca^{2+}-Ionen und Mg^{2+}-Ionen, der zur Konzentration an Hydrogencarbonat-Ionen $c(HCO_3^-)$ im Wasser äquivalent ist, wird nach DIN 38409 als Härtehydrogencarbonat bezeichnet.

Da in der DIN keine Formelzeichen für die Härten angegeben sind, werden für die Berechnungen im Folgenden die Formelzeichen GH für die Wasserhärte und CH für die Hydrogencarbonathärte beibehalten.

Beispiel 3: Die Analyse eines Trinkwassers (z.B. aus Stade-Haddorf) ergab folgende gelöste Inhaltsstoffe:
Kationen: $c(Ca^{2+}) = 2{,}37$ mmol/L, $c(Mg^{2+}) = 0{,}22$ mmol/L, $c(Na^+) = 0{,}90$ mmol/L, $c(K^+) = 0{,}07$ mmol/L
Anionen: $c(Cl^-) = 0{,}85$ mmol/L, $c(SO_4^{2-}) = 0{,}84$ mmol/L, $c(HCO_3^-) = 3{,}57$ mmol/L, $c(NO_3^-) = 0{,}04$ mmol/L
Berechnen Sie die Wasserhärte GH und die Hydrogencarbonathärte CH.

Lösung:
GH $= c(Ca^{2+}) + c(Mg^{2+}) = 2{,}37$ mmol/L + 0,22 mmol/L = **2,59 mmol/L**
CH $= c(HCO_3^-) / 2 = 3{,}57$ mmol/L / 2 = 1,785 mmol/L ≈ **1,79 mmol/L**

[1] Umrechnung: 1 d° = 0,179 mmol/L Erdalkali-Ionen, 1 mmol/L Erdalkali-Ionen = 5,6 °d

Äquivalentkonzentration (equivalent concentration)

Legt man bei der Berechnung der Stoffmenge das **Äquivalentteilchen** zugrunde, erhält man die **Äquivalentkonzentration $c(1/z^*X)$**.

Das Äquivalentteilchen ist der z^*-te Bruchteil des Teilchens (Atom, Ion, Molekül, Atomgruppe), wobei z eine ganze Zahl ist und die stöchiometrische Wertigkeit bzw. die Veränderung der Oxidationszahl bei Redoxreaktionen darstellt.

Für die symbolische Darstellung von Äquivalentteilchen wird der Bruch $1/z^*$ dem Teilchensymbol X vorangestellt, z.B. $c(\frac{1}{2}\,H_2SO_4)$.

Die Stoffmengenangabe bezieht sich dann auf die vorhandenen wirksamen Teilchen der Lösung (z.B. H^+-Ionen, OH^--Ionen, Elektronen und andere).

Bei der Berechnung der Äquivalentkonzentration von Schwefelsäure sind die Äquivalentteilchen die H^+-Ionen: Ein Mol Schwefelsäure enthält **zwei** Mol H^+-Ionen.

Zwischen der Stoffmengenkonzentration $c(X)$ und der Äquivalentkonzentration $c(1/z^*X)$ bestehen nebenstehende Zusammenhänge. Dies soll an einigen Beispielen erläutert werden.

Äquivalentkonzentration

$$c\left(\frac{1}{z^*}X\right) = \frac{n\left(\frac{1}{z^*}X\right)}{V(\text{Lsg})}$$

Umrechnung Äquivalentkonzentration – Stoffmengenkonzentration

$$n\left(\frac{1}{z^*}X\right) = z^* \cdot n(X)$$

$$c(X) = \frac{1}{z^*} \cdot c\left(\frac{1}{z^*}X\right)$$

$$c\left(\frac{1}{z^*}X\right) = z^* \cdot c(X)$$

	Äquivalentkonzentration $c(\frac{1}{z^*}X)$	Stoffmengenkonzentration $c(X)$
a)	$c(\frac{1}{1}\,HCl)$ = 0,1 mol/L bedeutet $\mathbf{c(H^+)}$ **= 0,1 mol/L**	entspricht $c(HCl)$ = $\frac{1}{1} \cdot 0{,}1$ mol/L = **0,1 mol/L**
b)	$c(\frac{1}{2}\,H_2SO_4)$ = 0,1 mol/L bedeutet $\mathbf{c(H^+)}$ **= 0,1 mol/L**	entspricht $c(H_2SO_4)$ = $\frac{1}{2} \cdot 0{,}1$ mol/L = **0,05 mol/L**
c)	$c(\frac{1}{2}\,Ca(OH)_2)$ = 0,1 mol/L bedeutet $\mathbf{c(OH^-)}$ **= 0,1 mol/L**	entspricht $c(Ca(OH)_2)$ = $\frac{1}{2} \cdot 0{,}1$ mol/L = **0,05 mol/L**
d)	$c(\frac{1}{5}\,KMnO_4)$ = 0,1 mol/L bedeutet $\mathbf{c(e^-)}$ **= 0,1 mol/L**	entspricht $c(KMnO_4)$ = $\frac{1}{5} \cdot 0{,}1$ mol/L = **0,02 mol/L**

Beispiel 4: 7,9040 g Kaliumdichromat $K_2Cr_2O_7$ werden im Messkolben gelöst und zu 250 mL Lösung aufgefüllt. Welche Äquivalentkonzentration $c(\frac{1}{6}\,K_2Cr_2O_7)$ hat die Lösung? $M(K_2Cr_2O_7)$ = 294,1846 g/mol

Lösung: $c(\frac{1}{6}\,K_2Cr_2O_7) = 6 \cdot \frac{n(K_2Cr_2O_7)}{V(\text{Lsg})}$, mit $n(K_2Cr_2O_7) = \frac{m(K_2Cr_2O_7)}{M(K_2Cr_2O_7)}$ folgt durch Einsetzen:

$$\mathbf{c(\tfrac{1}{6}\,K_2Cr_2O_7)} = 6 \cdot \frac{m(K_2Cr_2O_7)}{M(K_2Cr_2O_7) \cdot V(\text{Lsg})} = 6 \cdot \frac{7{,}9040\text{ g}}{294{,}1846\text{ g/mol} \cdot 0{,}250\text{ L}} \approx \mathbf{0{,}645\text{ mol/L}}$$

Aufgaben zu 5.1.7 Stoffmengenkonzentration *c*, Äquivalentkonzentration $c(1/z^*X)$

1. Welche Stoffmengenkonzentration $c(NaCl)$ hat eine Natriumchlorid-Lösung, die durch Lösen von 15,00 g NaCl und anschließendes Auffüllen im Messkolben auf 500 mL erhalten wird?
2. 250 mL Salzsäure mit $w(HCl)$ = 32,14% und der Dichte $\varrho(20\ °C) = 1{,}160\ g/cm^3$ werden im Messkolben auf 5,00 L aufgefüllt. Welche Stoffmengenkonzentration $c(HCl)$ hat die Lösung?
3. Es sind 800 mL Natriumcarbonat-Lösung der Konzentration $c(Na_2CO_3)$ = 0,20 mol/L herzustellen. Welche Einwaage an Natriumcarbonat-Decahydrat $Na_2CO_3 \cdot 10\,H_2O$ ist erforderlich?
4. Es sollen 5,0 L Schwefelsäure, $c(\frac{1}{2}\,H_2SO_4)$ = 0,20 mol/L, hergestellt werden. Zur Verfügung steht eine Schwefelsäure mit $w(H_2SO_4)$ = 96,0%. Welche Masse dieser Säure ist einzuwiegen?
5. 6,2040 g Kaliumbromat $KBrO_3$ werden in Wasser gelöst und zu 250 mL Lösung aufgefüllt. Wie groß ist die Äquivalentkonzentration $c(\frac{1}{6}\,KBrO_3)$?
6. Wie viel Kaliumpermanganat wird zur Herstellung von 2000 mL Maßlösung mit der Äquivalentkonzentration $c(\frac{1}{5}\,KMnO_4)$ = 0,1 mol/L benötigt?
7. 180 L Calciumchlorid-Lösung enthalten 66,5 g Calciumchlorid. Welche Konzentrationen $c(CaCl_2)$ und $c(Ca^{2+})$ enthält die Lösung? Welcher Wasserhärte GH in mmol Ca^{2+}/L entspricht das?
8. In einer Wasserprobe wird eine Gesamthärte von 2,34 mmol/L Calcium-Ionen Ca^{2+} ermittelt. Welcher Massenkonzentration $\beta(Ca^{2+})$ entspricht das? Welche Masse an gelösten Calcium-Ionen liegt in 2,50 m^3 des untersuchten Wassers vor?

5.1.8 Umrechnen der verschiedenen Konzentrationen

Das Umrechnen der unterschiedlichen Konzentrationsangaben kann beispielsweise bei der Auswertung maßanalytischer Bestimmungen oder bei Stoffumsetzungen, beispielsweise Fällungsreaktionen, erforderlich sein.

Beispiel 1: Welche Stoffmengenkonzentration $c(\text{NaOH})$ hat eine Natronlauge mit der Massenkonzentration $\beta(\text{NaOH}) = 22{,}5\ \text{g/L}$?

Lösung: Mit $M(\text{NaOH}) = 40{,}00\ \text{g/mol}$ und mit $n(\text{X}) = \frac{m(\text{X})}{M(\text{X})}$ folgt durch Einsetzen:

$$\boldsymbol{c(\text{NaOH})} = \frac{n(\text{NaOH})}{V(\text{Lsg})} = \frac{m(\text{NaOH})}{M(\text{NaOH}) \cdot V(\text{Lsg})} = \frac{22{,}5\ \text{g}}{40{,}00\ \text{g/mol} \cdot 1\ \text{L}} \approx \mathbf{0{,}563\ mol/L}$$

Beispiel 2: Eine wässrige Methanol-Lösung hat die Volumenkonzentration $\sigma(CH_3OH) = 22{,}5\ \%$. Wie groß ist die Stoffmengenkonzentration $c(CH_3OH)$ der Methanol-Lösung?
Die Dichte des reinen Methanol beträgt $0{,}7915\ \text{g/cm}^3$, die molare Masse $M(CH_3OH) = 32{,}042\ \text{g/mol}$.

Lösung: *Vorüberlegung:* In 100 mL Lösung sind 32,5 mL Methanol und 100 mL – 22,5 mL = 77,5 mL Wasser enthalten. Die Masse von 32,5 mL Methanol beträgt:

$\varrho = m/V \Rightarrow m(\text{Methanol}) = V(\text{Methanol}) \cdot \varrho(\text{Methanol}) = 22{,}5\ \text{mL} \cdot 0{,}7915\ \text{g/cm}^3 = 17{,}80875\ \text{g}$

$c(\text{Methanol}) = \frac{n(\text{Methanol})}{V(\text{Lsg.})}$; mit $n = \frac{m}{M}$ folgt für 100 mL = 0,100 L wässrige Lösung durch Einsetzen:

$$\boldsymbol{c(\text{Methanol})} = \frac{m(\text{Methanol})}{M(\text{Methanol}) \cdot V(\text{Lsg.})} = \frac{17{,}80875\ \text{g}}{32{,}042\ \text{g/mol} \cdot 0{,}100\ \text{L}} = 5{,}5579\ \text{mol/L} \approx \mathbf{5{,}56\ mol/L}$$

Aufgaben zu 5.1.8 Umrechnung der verschiedenen Konzentrationen

1. Berechnen Sie die Massenkonzentration einer Natriumthiosulfat-Lösung der Stoffmengenkonzentration $c(Na_2S_2O_3) = 0{,}20\ \text{mol/L}$.
2. Welche Stoffmengenkonzentration $c(\text{NaCl})$ hat eine Kochsalzlösung der Massenkonzentration $\beta(\text{NaCl}) = 0{,}25\ \text{g/L}$?
3. Welche Massenkonzentration hat eine Salzsäure der Konzentration $c(\text{HCl}) = 0{,}50\ \text{mol/L}$?
4. Eine Kalilauge hat die Massenkonzentration $\beta(\text{KOH}) = 30{,}2\ \text{g/L}$. Berechnen Sie die Äquivalentkonzentration $c(\frac{1}{1}\ \text{KOH})$ der Lauge.
5. Eine Wasserprobe hat eine Stoffmengenkonzentration $c(Ca^{2+}) = 1{,}01\ \text{mmol/L}$. Berechnen Sie die Massenkonzentration $\beta(Ca^{2+})$.
6. Wie groß ist die Stoffmengenkonzentration einer wässrigen Aceton-Lösung mit der Volumenkonzentration $\sigma(CH_3\text{-}CO\text{-}CH_3) = 30{,}4\%$? $\varrho(\text{Aceton}) = 0{,}7905\ \text{g/mL}$, $M(\text{Aceton}) = 58{,}1\ \text{g/mol}$.
7. Die Analyse eines Trinkwassers ergab folgende gelöste Inhaltsstoffe:
   Kationen: $\beta(Ca^{2+}) = 94{,}8\ \text{mg/L}$, $\beta(Mg^{2+}) = 5{,}3\ \text{mg/L}$, $\beta(Na^+) = 20{,}8\ \text{mg/L}$, $\beta(K^+) = 2{,}7\ \text{mg/L}$
   Anionen : $\beta(Cl^-) = 30{,}0\ \text{mg/L}$, $\beta(SO_4^{2-}) = 81{,}2\ \text{mg/L}$, $\beta(HCO_3^-) = 218{,}4\ \text{mg/L}$, $\beta(NO_3^-) = 2{,}3\ \text{mg/L}$
   Berechnen Sie die Wasserhärte GH und die Hydrogencarbonathärte CH.

Gemischte Aufgaben zu 5.1.5 bis 5.1.8 Rechnen mit Konzentrationen

1. 7,00 L Salzlösung enthalten 61,5 g Kaliumchlorid. Wie groß ist die Massenkonzentration $\beta(\text{KCl})$?
2. Die Massenkonzentration von Schwefeldioxidgas in Luft beträgt $\beta(SO_2) = 5{,}0\ \mu\text{g/L}$. Berechnen Sie die Masse des Schwefeldioxidgases in $105 \cdot 10^3\ \text{m}^3$ Luft.
3. 1,50 L einer Eisen(II)-sulfat-Lösung werden durch Lösen von 8,00 g $FeSO_4 \cdot 7\ H_2O$ hergestellt. Wie groß ist die Massenkonzentration an Fe^{2+}-Ionen der Lösung?
4. 350 kg Natronlauge der Dichte $\varrho = 1{,}370\ \text{g/cm}^3$ enthalten 119 kg gelöstes Natriumhydroxid. Wie groß sind die Massenkonzentrationen an Natriumhydroxid und an Natrium-Ionen?

5. In einem geschlossenen Fertigungsraum mit 400 m^3 Volumen verdunsten 105 g Trichlorethen (CCl_2 = CHCl) bei 20 °C und einem Luftdruck von 1013 mbar. Welche Volumenkonzentration σ(Trichlorethen) stellt sich ein? (Der Dampf ist als ideales Gas anzusehen)

6. In einem Labor mit einem Raumvolumen von 600 m^3 werden unbemerkt 320 mL o-Xylol C_8H_{10} (ϱ = 0,880 g/mL) verschüttet. Um wie viel Prozent wird durch das vollständig verdunstete Lösemittel der Arbeitsplatzgrenzwert von 440 mg/m^3 überschritten?

7. Welches Volumen an Diethylether $C_4H_{10}O$ darf bei 20 °C und 1008 mbar in einem Laborraum mit 205 m^3 Rauminhalt maximal entweichen, wenn der Arbeitsplatzgrenzwert von Diethylether 400 cm^3/m^3 beträgt?

8. Welches Volumen eines Benzol/Toluol-Gemisches mit einer Massenkonzentration $\beta(C_6H_6)$ = 250 g/L kann man aus 500 L Benzol der Dichte ϱ = 0,879 g/cm^3 herstellen (Bild 162/1)?

9. In 250 m^3 Abluft sind 7,0 L Kohlenstoffmonoxid CO enthalten. Berechnen Sie, ob der Arbeitsplatzgrenzwert von 30 ppm überschritten wird.

10. Ein Hexan/Heptan-Gemisch hat eine Hexan-Volumenkonzentration $\sigma(C_6H_{14})$ = 0,360. Welche Masse an Hexan der Dichte ϱ = 0,659 g/cm^3 ist in 1,58 m^3 des Gemisches enthalten?

11. Die Massenkonzentration eines Aceton/Wasser-Gemisches beträgt β(Aceton) = 385 g/L. Wie groß ist die Volumenkonzentration an Aceton? ϱ(Aceton) = 0,791 g/cm^3

12. Welche Einwaage an Natriumnitrat erfordert die Herstellung von 1200 mL Natriumnitrat-Lösung der Stoffmengenkonzentration $c(NaNO_3)$ = 0,300 mol/L?

13. 400 kg Natronlauge der Dichte ϱ = 1,320 g/cm^3 enthalten 131,7 kg NaOH. Welche Stoffmengenkonzentrationen c(NaOH) und $c(OH^-)$ hat die Lösung?

14. Eine Schwefelsäure-Lösung hat die Äquivalentkonzentration $c(\frac{1}{2}\,H_2SO_4)$ = 2,50 mol/L. Wie groß ist die Stoffmengenkonzentration $c(H_2SO_4)$?

15. 7,8045 g Kaliumdichromat werden in Wasser gelöst und auf 500 mL aufgefüllt. Welche Äquivalentkonzentration $c(\frac{1}{6}\,K_2Cr_2O_7)$ hat die hergestellte Lösung?

16. Die Analyse eines Grundwassers ergab folgende gelöste Inhaltsstoffe:
Kationen: $c(Ca^{2+})$ = 0,454 mmol/L, $c(Mg^{2+})$ = 0,152 mmol/L, $c(Na^+)$ = 0,463 mmol/L,
$c(K^+)$ = 0,063 mmol/L
Anionen: $c(Cl^-)$ = 0,150 mmol/L, $c(SO_4^{2-})$ = 0,233 mmol/L, $c(HCO_3^-)$ = 0,749 mmol/L
Berechnen Sie die Wasserhärten GH und CH.

17. Die Analyse von Brauchwasser enthält neben Stoffen im Spurenbereich folgend Angaben über die ermittelten Massenkonzentrationen:
Kationen: $\beta(Ca^{2+})$ = 100 mg/L, $\beta(Mg^{2+})$ = 12,0 mg/L,
$\beta(Na^+)$ = 8,0 mg/L, $\beta(K^+)$ = 2,0 mg/L
Anionen : $\beta(Cl^-)$ = 16,0 mg/L, $\beta(SO_4^{2-})$ = 60,2 mg/L,
$\beta(HCO_3^-)$ = 280 mg/L, $\beta(NO_3^-)$ = 6,0 mg/L
Berechnen Sie die Wasserhärten GH und CH und geben Sie an, zu welchem Härtebereich der Trinkwasserverordnung nach Tabelle 1 die untersuchte Wasserprobe zählt.

Tabelle 1: Härtebereiche von Trinkwasser

Härtebereich	Härte in mmol/L	Beurteilung
1	< 1,3	weich
2	1,3 bis 2,5	mittelhart
3	2,5 bis 3,8	hart
4	> 3,8	sehr hart

18. Welches Volumen an Phosphorsäure-Lösung $c(\frac{1}{1}\,H_3PO_4)$ = 0,5 mol/L lässt sich aus 250 g Phosphorsäure mit dem Massenanteil $w(H_3PO_4)$ = 37,5 % herstellen?

19. Wie groß ist die Äquivalentkonzentration einer Ammoniak-Lösung, die pro Liter Lösung 450 L gasförmiges Ammoniak NH_3 von Normbedingungen enthält?

20. In einem Chemikalien-Lagerraum der Größe 12 m × 10,0 m × 3,0 m werden 200 mL Aceton bei 21 °C und 1025 mbar Umgebungsdruck verschüttet. Welche Volumenkonzentration an Aceton wird nach vollständigem Verdunsten in der Raumluft erreicht? Wird die untere Explosionsgrenze des Acetons von 2,5 % erreicht?

5.1.9 Löslichkeit L^*

Die **Löslichkeit $L^*(X, \vartheta)$** (solubility) eines Stoffes gibt an, wie viel Gramm des reinen, wasserfreien Stoffes X maximal bei der angegebenen Temperatur ϑ im Lösemittel Lm gelöst werden können.

Die Löslichkeit ist ein **Massenverhältnis** (mass ratio), sie wird in der Regel auf 100 g Lösemittel bezogen und in der **Einheit g/100 g Lm** angegeben **(Tabelle 172/1)**.

Hinweis: Es ist besonders der Unterschied zwischen der **Löslichkeit** $L^*(X)$ (= Gramm maximal lösbarer Substanz in 100 g Lösemittel) und dem **Massenanteil** $w(X)$ (= Gramm gelöste Substanz in 100 g Lösung) zu beachten.

Die Temperaturabhängigkeit der Löslichkeit L^* von Stoffen wird in Löslichkeits-Temperatur-Diagrammen dargestellt **(Bild 1)**. Dort sind die Bereiche der ungesättigten, gesättigten und übersättigten Lösung zu unterscheiden.

Die **Sättigungs-Lösekurve** gibt die Löslichkeit $L^*(X, \vartheta)$ des Stoffes bei den entsprechenden Temperaturen an.

Im Bereich der **übersättigten** Lösung kommt es zur Auskristallisation, d.h. zur Bildung eines Bodenkörpers.

Der Bereich unmittelbar oberhalb der Sättigungs-Lösekurve wird als **metastabiler Bereich** bezeichnet. In diesem Bereich erfolgt keine spontane Kristallbildung. Erst nach Zusatz von Impfkristallen oder durch Kratzen an der Gefäßinnenwand bilden sich dort bei langsamer Kristallisationsgeschwindigkeit relativ große Kristalle. Sie können leicht von der übrigen Mutterlauge abgetrennt werden.

Im übersättigten Bereich (oberhalb des metastabilen Bereichs) bilden sich spontan Kristallisationskeime, die zu rascher Kristallbildung mit kleinen Kristallen führen.

Bild 2 zeigt in Abhängigkeit vom Grad der Übersättigung:

- die *Keimbildungsgeschwindigkeit* (–·–·–)
- die *Wachstumsgeschwindigkeit der Kristalle* (———)
- die *Kristallgröße* (———)

Die Abhängigkeit der Löslichkeit von Salzen mit der Temperatur ist sehr unterschiedlich.

Beispiel: (Bild 3):

Bei Ammoniumsulfat $(NH_4)_2SO_4$ und Kaliumchlorid KCl sowie vor allem bei Kaliumnitrat KNO_3 nimmt die Löslichkeit mit zunehmender Temperatur sehr stark zu: Diese Salze können aus einer heißgesättigten Lösung durch **Abkühlung** und dadurch bedingte Auskristallisation mit hoher Ausbeute gewonnen werden. **(Kühl-Kristallisation,** Pfeil ⇐ in **Bild 3)**

Bei Natriumchlorid NaCl ändert sich die Löslichkeit kaum mit veränderter Temperatur: Aus einer gesättigten Lösung kann NaCl praktisch nicht durch Kühlkristallisation, sondern nur durch Abdampfen des Lösemittels gewonnen werden. **(Verdampfungs-Kristallisation,** Pfeil ⇑ **Bild 3)**.

Bei Natriumsulfit Na_2SO_3 nimmt die Löslichkeit mit steigender Temperatur ab: Es ist durch Erhitzen zur Kristallisation zu bringen. **(Erhitzungs-Kristallisation,** Pfeil ⇒ in **Bild 3)**.

Exakte Werte für die Löslichkeit von Salze werden aus Tabellenwerken entnommen **(Tabelle 172/1)**.

Löslichkeit

$$L^*(X, \vartheta) = \frac{m_{max}(X)}{m(Lm)}$$

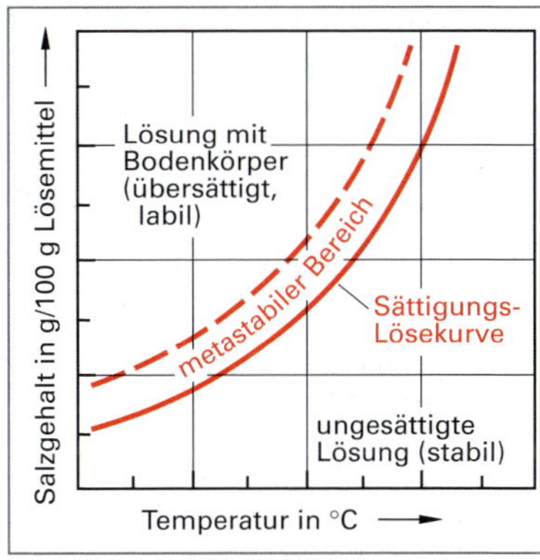

Bild 1: Löslichkeits-Temperatur-Diagramm

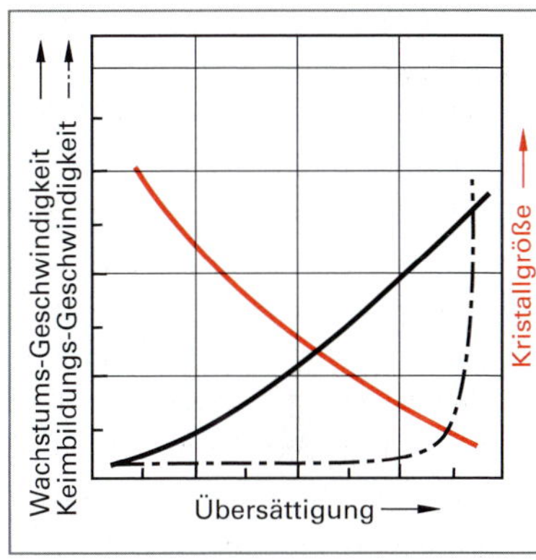

Bild 2: Kristallbildung und Kristallgröße

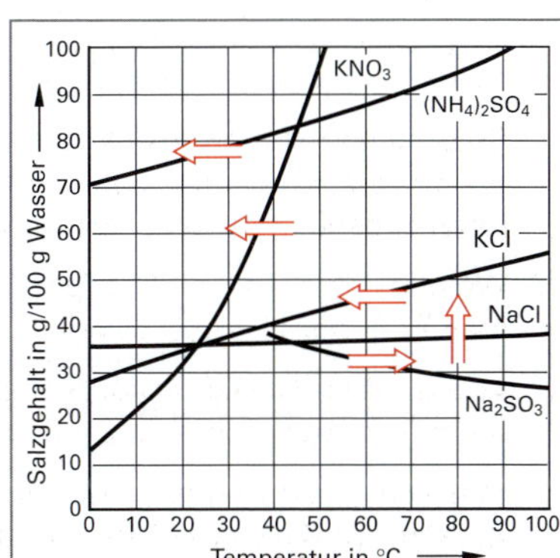

Bild 3: Löslichkeit von Salzen und Kristallisationsmöglichkeiten

Beispiel 1: Die Löslichkeit von Natriumchlorid NaCl beträgt $L^*(\text{NaCl}, 20\,°\text{C}) = 35{,}8\ \text{g}/100\ \text{g}$ Wasser. Wie viel Kilogramm Natriumchlorid sind in 2,00 t Wasser von 20 °C löslich?

Lösung: $L^*(\text{NaCl}, 20\,°\text{C}) = \frac{m(\text{NaCl})}{m(\text{Lm})} \Rightarrow \boldsymbol{m(\text{NaCl})} = L^*(\text{NaCl}) \cdot m(\text{Lm}) = \frac{35{,}8\ \text{g} \cdot 2000\ \text{kg}}{100\ \text{g}} = \mathbf{716\ kg}$

Beispiel 2: 500 g einer bei 80 °C gesättigten Lösung von Calciumchlorid $CaCl_2$ werden auf 20 °C abgekühlt. Wie viel Gramm $CaCl_2$ kristallisieren als Bodenkörper aus?
Löslichkeiten gemäß **Tabelle 1:** $L^*(CaCl_2, 80\,°\text{C}) = 149{,}4\ \text{g}/100\ \text{g}$, $L^*(CaCl_2, 20\,°\text{C}) = 73{,}9\ \text{g}/100\ \text{g}$

Lösung: Bei 80 °C sind 149,4 g $CaCl_2$ in 100 g Wasser gelöst, das entspricht 249,4 g Lösung
Bei 20 °C sind 73,9 g $CaCl_2$ in 100 g Wasser gelöst, das entspricht 173,9 g Lösung
Die Masse an Lösemittel (100 g) bleibt beim Abkühlen unverändert:
Aus 249,4 g Lösung kristallisieren 149,4 g – 73,9 g = 75,5 g $CaCl_2$ aus. ⇒ *Schlussrechnung:*

aus 249,4 g Lsg krist. 75,5 g $CaCl_2$ aus
aus 500 g Lsg krist. x g $CaCl_2$ aus

$\boldsymbol{x = m(CaCl_2)} = \frac{500\ \text{g} \cdot 75{,}5\ \text{g}}{249{,}4\ \text{g}} = 151{,}363\ \text{g} \approx \mathbf{151\ g}$

Beispiel 3: Eine bei 20 °C gesättigte Lösung von Kaliumchlorat $KClO_3$ hat einen Massenanteil $w(KClO_3) = 6{,}8\,\%$. Berechnen Sie die Löslichkeit von $KClO_3$ bei dieser Temperatur.

Lösung: Bei einem Massenanteil von 6,8 % enthalten 100 g Lösung 6,8 g $KClO_3$ und 93,2 g Wasser.

93,2 g Wasser enthalten 6,8 g $KClO_3$
100 g Wasser enthalten x g $KClO_3$

$\boldsymbol{x = L^*(KClO_3)} = \frac{6{,}8\ \text{g} \cdot 100\ \text{g}}{93{,}2\ \text{g}} \approx \mathbf{7{,}3\ g/100\ g\ H_2O}$

Tabelle 1: Löslichkeit einiger Salze in Wasser (Gramm reine Substanz in 100 g Wasser)

ϑ in °C	**10**	**20**	**30**	**40**	**50**	**60**	**80**	**100**
Gelöster Stoff X	**L* (X) in g/100 g Wasser**							
$AgNO_3$	159,4	219,2	281,7	334,8	400	471,1	651,9	1023,6
$BaCl_2$	33,3	35,1	38,2	40,8	43,6	46,2	52	58,7
$Ba(OH)_2$	2,56	3,48	6,05	8,58	13,2	21,2	115	171
$CaCl_2$	65,3	73,9	102	127,2	135	138,1	149,4	157,7
$Ca(OH)_2$	0,125	0,118	0,109	0,100	0,092	0,083	0,066	0,052
$CuSO_4 \cdot 5\,H_2O$	17,6	20,8	20,4	29,0	33,3	39,1	56	73,6
$FeSO_4 \cdot 7\,H_2O$	20,5	26,6	33,0	40,3	47,6	55,0	43,8	31,6
KCl	31,2	34,2	37,3	40,3	43,1	45,6	51,0	56,2
KNO_3	21,5	31,6	45,6	64,0	85,7	110	169	245,2
NaCl	35,7	35,8	36,1	36,4	36,7	37,0	38,0	39,2
Na_2CO_3	12,4	21,8	39,7	48,8	47,4	46,0	44,1	44,1
$NaHCO_3$	8,11	9,41	11,1	12,6	14,4	15,9	19,7	23,7
NH_4Cl	33,3	37,2	41,4	45,8	50,4	55,3	65,6	77,3

Aufgaben zu 5.1.9 Löslichkeit L^*

1. Welche Massen an Reinsubstanz können in folgenden Wasserportionen von 20 °C gerade gelöst werden, ohne dass ein Bodenkörper auskristallisiert?
   a) Na_2CO_3 in 200 g Wasser b) NH_4Cl in 5,00 kg Wasser c) $FeSO_4$ in 5,50 t Wasser
2. Welche Massen an gelöster Substanz enthalten folgende gesättigte Lösungen:
   a) 800 g $Ca(OH)_2$-Lösung bei 40 °C b) 2,00 kg KCl-Lösung bei 60 °C
   c) 5,00 t $NaHCO_3$-Lösung bei 80 °C d) 200 g $AgNO_3$-Lösung bei 20 °C
3. 200 kg einer bei 20 °C über dem Bodenkörper stehenden Natriumchlorid-Lösung werden auf 60 °C erwärmt. Welche Masse an NaCl geht zusätzlich in Lösung?
4. In 500 kg Wasser von 50 °C werden 600 kg Kaliumnitrat KNO_3 eingetragen. Berechnen Sie, wie viel KNO_3 nicht gelöst wird.
5. 2,00 t einer bei 100 °C gesättigten Lösung von Natriumcarbonat Na_2CO_3 werden auf 10 °C abgekühlt. Wie viel Na_2CO_3 kristallisiert aus?

5.2 Umrechnen von Anteilen ⇔ Konzentrationen ⇔ Löslichkeiten

Genauso wie es möglich ist, die verschiedenen Anteile oder Konzentrationen ineinander umzurechnen, kann man auch Anteile in Konzentrationen und umgekehrt oder die Löslichkeit in Anteile und Konzentrationen umrechnen.

Eine Umrechnungstabelle der verschiedenen Gehaltsgrößen befindet sich auf Seite 483.

5.2.1 Umrechnung Massenanteil w(X) ⇔ Stoffmengenkonzentration c(X)

Voraussetzung für Umrechnungen zwischen Anteilen und Konzentrationen ist die Kenntnis der Dichte der Lösungen. Am zweckmäßigsten ist es, von einem Lösungsvolumen von 1 L auszugehen. Mit Hilfe der bekannten molaren Masse M(X) der gelösten Substanz kann die gelöste Stoffportion berechnet werden.

Beispiel 1: Berechnen Sie die Stoffmengenkonzentration $c(H_2SO_4)$ einer Schwefelsäure mit dem Massenanteil $w(H_2SO_4)$ = 10,56 % und der Dichte ϱ (20 °C) = 1,070 g/cm³. $M(H_2SO_4)$ = 98,079 g/mol

Lösung: Die Masse von 1 L Lösung beträgt $\varrho = m/V \Rightarrow m(\text{Lsg}) = \varrho \cdot V$ = 1,070 g/cm³ · 1000 cm³ = 1070 g

In 1 L Lösung vorhandene Masse Schwefelsäure:

$$w(H_2SO_4) = \frac{m(H_2SO_4)}{m(\text{Lsg})} \Rightarrow m(H_2SO_4) = w(H_2SO_4) \cdot m(\text{Lsg}) = 0{,}1056 \cdot 1070\text{ g} = 112{,}992\text{ g}$$

$$c(H_2SO_4) = \frac{n(H_2SO_4)}{V(\text{Lsg})}$$; ausgehend von einem Liter Lösung folgt mit $n = \frac{m}{M}$ durch Einsetzen:

$$\mathbf{c(H_2SO_4)} = \frac{m(H_2SO_4)}{M(H_2SO_4) \cdot V(\text{Lsg})} = \frac{112{,}992\text{ g}}{98{,}079\text{ g/mol} \cdot 1{,}000\text{ L}} = 1{,}15205\text{ mol/L} \approx \mathbf{1{,}152\text{ mol/L}}$$

Beispiel 2: Welchen Massenanteil $w(HNO_3)$ hat eine Salpetersäure der Stoffmengenkonzentration $c(HNO_3)$ = 0,945 mol/L und der Dichte ϱ = 1,030 g/cm³?

Lösung: Masse von 1 L Lösung: $m(\text{Lsg}) = \varrho \cdot V$ = 1,030 g/cm³ · 1 L = 1,030 g/cm³ · 1000 cm³ = 1030 g

$$w(HNO_3) = \frac{m(HNO_3)}{m(\text{Lsg})}$$; aus $c(HNO_3) = \frac{n(HNO_3)}{V(\text{Lsg})}$ und mit $n(HNO_3) = \frac{n(HNO_3)}{M(HNO_3)}$ folgt durch Einsetzen:

$$c(HNO_3) = \frac{m(HNO_3)}{V(\text{Lsg}) \cdot M(HNO_3)} \Rightarrow m(HNO_3) = c(HNO_3) \cdot V(\text{Lsg}) \cdot M(HNO_3)$$; durch Einsetzen folgt:

$$\mathbf{w(HNO_3)} = \frac{c(HNO_3) \cdot V(\text{Lsg}) \cdot M(HNO_3)}{m(\text{Lsg})} = \frac{0{,}945\text{ mol/L} \cdot 1{,}000\text{ L} \cdot 63{,}01\text{ g/mol}}{1030\text{ g}} = 0{,}057810\text{ mol/L} \approx \mathbf{5{,}78\ \%}$$

Aufgaben zu 5.2.1 Umrechnung Massenanteil ⇔ Stoffmengenkonzentration

1. Berechnen Sie die Stoffmengenkonzentration einer Kalilauge mit dem Massenanteil w(KOH) = 12,08 % und der Dichte ϱ (20 °C) = 1,110 g/cm³.
2. Welchen Massenanteil in Prozent hat Salzsäure der Stoffmengenkonzentration c(HCl) = 3,03 mol/L mit der Dichte ϱ (20 °C) = 1,050 g/cm³?
3. Welche Stoffmengenkonzentration $c(K_2SO_4)$ hat eine Kaliumsulfat-Lösung mit dem Massenanteil $w(K_2SO_4)$ = 10,0 % und der Dichte ϱ (20 °C) = 1,0807 g/cm³?
4. Ammoniak-Lösung mit der Dichte ϱ(20 °C) = 0,965 g/cm³ hat die Stoffmengenkonzentration $c(NH_3)$ = 4,55 mol/L. Ermitteln Sie den Massenanteil $w(NH_3)$ der Lösung.
5. Welchen Massenanteil $w(H_2SO_4)$ hat eine Schwefelsäure mit der Äquivalentkonzentration $c(\frac{1}{2}\ H_2SO_4)$ = 2,0 mol/L und der Dichte ϱ = 1,062 g/mL?
6. Für eine Neutralisation werden 180,5 kg Natriumcarbonat Na_2CO_3 benötigt. In welchem Volumen an Soda-Lösung der Konzentration $c(Na_2CO_3)$ = 0,60 mol/L und der Dichte ϱ = 1,061 g/cm³ ist diese Stoffportion enthalten? Wie groß sind die Konzentration $c(CO_3^{2-})$, die Äquivalentkonzentration $c(\frac{1}{2}\ Na_2CO_3)$ sowie der Massenanteil $w(Na_2CO_3)$?

5.2.2 Umrechnung Massenanteil $w(X) \Leftrightarrow$ Massenkonzentration $\beta(X)$

Für die Umrechnung eines Massenanteils $w(X)$ in eine Massenkonzentration $\beta(X)$ ist die Kenntnis der Dichte der Lösung notwendige Voraussetzung.
Es ist zweckmäßig, die Quantitäten für 1 kg bzw. 1 L Lösung umzurechnen.

Beispiel 1: Wie groß ist die Massenkonzentration $\beta(H_2SO_4)$ einer Schwefelsäure mit dem Massenanteil $w(H_2SO_4)$ = 20,08 % und der Dichte ϱ (20 °C) = 1,140 g/cm³?

Lösung: Volumen von 1 kg Lösung:

$$\varrho(\text{Lsg}) = \frac{m(\text{Lsg})}{V(\text{Lsg})} \Rightarrow V(\text{Lsg}) = \frac{m(\text{Lsg})}{\varrho(\text{Lsg})} = \frac{1000\text{ g}}{1{,}140\text{ g/cm}^3} = 877{,}2\text{ cm}^3 = 0{,}8772\text{ L}$$

100 g Säure enthalten 20,08 g H_2SO_4; 1000 g Säure enthalten 200,8 g H_2SO_4

$$\boldsymbol{\beta}\mathbf{(H_2SO_4)} = \frac{m(H_2SO_4)}{V(\text{Lsg})} = \frac{200{,}8\text{ g}}{0{,}8772\text{ L}} = 228{,}91\text{ g} \approx \mathbf{228{,}9\ g/L}$$

Beispiel 2: Welchen Massenanteil $w(\text{KOH})$ in Prozent hat eine Kalilauge der Dichte ϱ (20 °C) = 1,095 g/cm³ mit der Massenkonzentration $\beta(\text{KOH})$ = 115 g/L?

Lösung: Masse von 1 L Lösung:

$$\varrho(\text{Lsg}) = \frac{m(\text{Lsg})}{V(\text{Lsg})} \Rightarrow m(\text{Lsg}) = \varrho(\text{Lsg}) \cdot V(\text{Lsg}) = 1{,}095\text{ g/cm}^3 \cdot 1000\text{ cm}^3 = 1095\text{ g}$$

$$\boldsymbol{w}\mathbf{(KOH)} = \frac{m(\text{KOH})}{m(\text{Lsg})} = \frac{115\text{ g}}{1095\text{ g}} = 0{,}1050 \approx \mathbf{10{,}5\,\%}$$

Aufgaben zu 5.2.2 Umrechnung Massenanteil ⇔ Massenkonzentration

1. Ermitteln Sie die Massenkonzentration $\beta(X)$ folgender Lösungen:
   a) $w(\text{NaCl})$ = 6,0 %, ϱ(20°C) = 1,041 g/cm³
   b) $w(KNO_3)$ = 10,0 %, ϱ(20°C) = 1,063 g/cm³
   c) $w(\text{KBr})$ = 12,0 %, ϱ(20°C) = 1,090 g/cm³
   d) $w(\text{NaOH})$ = 13,73 %, ϱ(20°C) = 1,150 g/cm³
2. Welchen Massenanteil $w(X)$ in Prozent haben die folgenden Lösungen?
   a) $\beta(HNO_3)$ = 800 g/L, ϱ(20 °C) = 1,360 g/cm³
   b) $\beta(NH_3)$ = 145,1 g/L, ϱ(20 °C) = 0,938 g/cm³
   c) $\beta(\text{HCl})$ = 55,5 g/L, ϱ(20 °C) = 1,025 g/cm³
   d) $\beta(NH_4Cl)$ = 200 g/L, ϱ(20 °C) = 1,053 g/cm³
3. Eine Lösung der Dichte ϱ (20 °C) = 1,054 g/cm³ hat einen Massenanteil $w(Ca(OH)_2)$ = 8,80 %. Wie groß ist die Massenkonzentration $\beta(OH^-)$ dieser Lösung?
4. Zur Herstellung von Natronlauge ($\beta(\text{NaOH})$ = 180 g/L, ϱ(20 °C) = 1,171 g/cm³) stehen 2,25 kg Natriumhydroxid mit einem Massenanteil von $w(\text{NaOH})$ = 98,7 % zur Verfügung.
   a) Wie viel Liter Lauge können damit angesetzt werden?
   b) Welche Masse hat die hergestellte Lösung?
5. Welchen Ammonium-Massenkonzentration $\beta(NH_4^+)$ hat eine Lösung mit dem Massenanteil $w((NH_4)_2SO_4)$ = 20,0 % und der Dichte ϱ = 1,1154 g/mL?

5.2.3 Umrechnung: Massenanteil $w(X) \Leftrightarrow$ Volumenkonzentration $\sigma(X)$

Für die Umrechnung eines Massenanteils $w(X)$ in eine Volumenkonzentration $\sigma(X)$ müssen die Dichten des gelösten Stoffes und der Lösung bekannt sein.

Zu beachten ist die häufig auftretende **Volumenkontraktion**. Die Summe der Einzelvolumina $V(\text{Lm}) + V(X)$ entspricht dann nicht dem tatsächlichen Gesamtvolumen der Lösung $V(\text{Lsg})$.

Beispiel 1: Welche Volumenkonzentration σ(Methanol) hat eine wässrige Lösung von Methanol mit einem Massenanteil w(Methanol) = 50,0 %? ϱ (Methanol, 100 %) = 0,792 g/cm³, ϱ (Lösung) = 0,915 g/cm³

Lösung: 100 g Lösung enthalten 50,0 g Methanol

Volumen von 100 g Lösung:

$$V(\text{Lsg}) = \frac{m(\text{Lsg})}{\varrho(\text{Lsg})} = \frac{100\text{ g}}{0{,}915\text{ g/cm}^3} = 109{,}2896\text{ cm}^3$$

Volumen von 50,0 g Methanol:

$$V(\text{M.}) = \frac{m(\text{M.})}{\varrho(\text{M.})} = \frac{50{,}0\text{ g}}{0{,}792\text{ g/cm}^3} = 63{,}1313\text{ cm}^3$$

$$\boldsymbol{\sigma}\mathbf{(Methanol)} = \frac{V(\text{Methanol})}{V(\text{Lsg})} = \frac{63{,}1313\text{ cm}^3}{109{,}2896\text{ cm}^3} = 0{,}57765 \approx \mathbf{57{,}8\,\%}$$

Beispiel 2: Berechnen Sie den Massenanteil $w(HCOOH)$ einer Lösung von Ameisensäure (Methansäure) HCOOH in Wasser mit einer Volumenkonzentration $\sigma(HCOOH)$ = 12,00 %.
Dichten bei 20 °C: ϱ (HCOOH, 100 %) = 1,2213 g/cm³, ϱ (Lösung) = 1,0297 g/cm³

Lösung: 100 mL Lösung enthalten 12,00 mL Ameisensäure

Masse von 100 mL Lösung: $m(\text{Lsg}) = \varrho(\text{Lsg}) \cdot V(\text{Lsg}) = 1{,}0297\ \text{g/cm}^3 \cdot 100\ \text{mL} = 102{,}97\ \text{g}$

Masse von 12,00 mL Säure: $m(\text{Säure}) = \varrho(\text{Säure}) \cdot V(\text{Säure}) = 1{,}2213\ \text{g/cm}^3 \cdot 12{,}00\ \text{mL} = 14{,}6556\ \text{g}$

$$\boldsymbol{w(\text{Ameisensäure})} = \frac{m(\text{Säure})}{m(\text{Lsg})} = \frac{14{,}6556\ \text{g}}{102{,}97\ \text{g}} = 0{,}14233 \approx \mathbf{14{,}23\,\%}$$

Aufgaben zu 5.2.3 Umrechnung Massenanteil ⇔ Volumenkonzentration

1. Welche Volumenkonzentration σ(Ameisensäure) hat eine wässrige Ameisensäure mit einem Massenanteil w(Säure) = 30,0 %? (Dichten bei 20 °C: ϱ(Ameisensäure) = 1,221 g/cm³, ϱ(Lösung) = 1,073 g/cm³)
2. Berechnen Sie den Massenanteil w(Ethanol) einer wässrigen Ethanol-Lösung mit einer Volumenkonzentration σ(Ethanol) = 94,0 %. (Dichten bei 20 °C: ϱ(Ethanol) = 0,792 g/cm³, ϱ(Lösung) = 0,809 g/cm³)
3. Eine Schwefelsäure-Lösung hat die Volumenkonzentration σ (H_2SO_4) = 31,2 % (ϱ = 1,335 g/mL). Wie groß ist der Massenanteil $w(H_2SO_4)$, wenn die reine Säure eine Dichte von 1,850 g/mL aufweist?
4. Wie groß ist die Volumenkonzentration einer Essigsäure-Lösung der Dichte 1,056 g/mL, wenn das Gebinde mit dem Massenanteil w(Essigsäure) = 48,0 % beschriftet ist? Die Dichte der konzentrierten Essigsäure wurde zu 1,050 g/mL bestimmt.

5.2.4 Umrechnung: Massenanteil $w(X)$ ⇔ Löslichkeit $L^*(X)$

Sowohl der Massenanteil $w(X) = \dfrac{m(X)}{m(\text{Lsg})}$ als auch die Löslichkeit $L^*(X) = \dfrac{m_{max}(X)}{m(\text{Lm})}$ sind Massenverhältnisse.

> Der Massenanteil ***w*** gibt die Masse des **gelösten Stoffes in 100 g *Lösung*** an.
> Die Löslichkeit ***L**** nennt die **maximal lösbare Masse des Stoffes in 100 g *Lösemittel*.**

Beispiel 1: Welchen Massenanteil $w(K_2CO_3)$ in Prozent hat eine bei 20 °C gesättigte Kaliumcarbonat-Lösung? $L^*(K_2CO_3$, 20 °C) = 110,5 g/100 g Wasser.

Lösung: Masse Lösung: $m(\text{Lsg}) = m(\text{Lm}) + m(K_2CO_3)$ = 100 g Wasser + 110,5 g K_2CO_3 = 210,5 g

$$\boldsymbol{w(K_2CO_3)} = \frac{m(K_2CO_3)}{m(\text{Lsg})} = \frac{110{,}5\ \text{g}}{210{,}5\ \text{g}} = 0{,}52494 \approx \mathbf{52{,}49\,\%}$$

Beispiel 2: Welche Löslichkeit hat Kaliumnitrat KNO_3 in Wasser von 50 °C, wenn der Massenanteil einer gesättigten Lösung $w(KNO_3)$ = 46,15 % beträgt?

Lösung: 100 g Lösung enthalten 46,15 g KNO_3 und 100 g – 46,15 g = 53,85 g Wasser

$$\boldsymbol{L^*(KNO_3,\ 50\ °C)} = \frac{m(KNO_3) \cdot 100\ \text{g}}{m(\text{Lm})} = \frac{46{,}15\ \text{g} \cdot 100\ \text{g}}{53{,}85\ \text{g}} \approx \mathbf{85{,}70\ g/100\ g\ Wasser}$$

Aufgaben zu 5.2.4 Umrechnung Massenanteil ⇔ Löslichkeit

1. Welchen Massenanteil $w(X)$ in Prozent haben folgende bei 40 °C gesättigte Lösungen? (Löslichkeiten aus Tabelle 179/1)
   a) $AgNO_3$ b) $Ba(OH)_2$ c) NaCl d) KCl e) $NaHCO_3$ f) $CuSO_4$
2. Ermitteln Sie die Löslichkeit $L^*(X, \vartheta)$ in g/100 g Wasser der gesättigten Lösungen mit den folgenden Massenanteilen:
   a) w(NaCl) = 27,0 %, ϑ = 50 °C b) $w(NaHCO_3)$ = 8,60 %, ϑ = 20 °C
   c) $w(NaHCO_3)$ = 13,80 %, ϑ = 60 °C d) $w(KNO_3)$ = 39,3 %, ϑ = 40 °C
3. Um eine bei 20 °C gesättigte Lösung von Kaliumchlorat herzustellen, müssen 7,3 g $KClO_3$ in 100 g Wasser gelöst werden. Die Dichte der Lösung bei dieser Temperatur beträgt 1,042 g/cm³. Welchen Massenanteil $w(KClO_3)$ in Prozent und welche Stoffmengenkonzentration $c(KClO_3)$ hat diese Lösung?

Gemischte Aufgaben zu 5.2 Umrechnen der Gehaltsgrößen

1. Wie viel technisches Kaliumhydroxid mit $w(KOH) = 95{,}4\,\%$ ist einzuwiegen, wenn 800 kg Kalilauge mit einem Massenanteil $w(KOH) = 20{,}0\,\%$ und der Dichte $\varrho = 1{,}188\ g/cm^3$ entstehen sollen? Wie groß sind die Konzentrationen $c(KOH)$ und $\beta(KOH)$?
2. Für die Rauchgasentschwefelung nach dem Wellmann-Lord-(WL)-Verfahren werden zur Absorption des SO_2 75,0 m^3 gesättigte Natriumsulfit-Lösung, $w(Na_2SO_3) = 21{,}2\,\%$ ($\varrho = 1{,}20\ g/cm^3$) benötigt. Wie viel technisches Natriumsulfit, $w(Na_2SO_3 \cdot 7\ H_2O) = 85{,}2\,\%$, muss gelöst werden?
3. Wie groß ist der Volumenanteil $\varphi(CO_2)$ in der Luft in Prozent, wenn bei Normbedingungen in 75,0 L Luft 2,88 g CO_2 nachgewiesen werden? $\varrho(CO_2) = 1{,}977\ g/L$.
4. 500 L Salzsäure der Dichte $\varrho = 1{,}125\ g/cm^3$ enthalten 142,0 kg Chlorwasserstoffgas HCl. Berechnen Sie den Massenanteil $w(HCl)$ sowie die Konzentrationen $\beta(HCl)$ und $c(HCl)$ der Lösung.
5. Welche Masse an technischem Natriumchlorid, $w(NaCl) = 96{,}5\,\%$, und welche Masse an Wasser ist erforderlich, um 50 L Kühlsole mit dem Massenanteil $w(NaCl) = 26{,}0\,\%$ und der Dichte $\varrho = 1{,}197\ g/cm^3$ herzustellen? Wie groß ist die Massenkonzentration $\beta(Cl^-)$ in der Sole?
6. Ein Synthesegas hat die Massenanteile $w(H_2) = 63{,}5\,\%$ und $w(CO) = 36{,}5\,\%$.
   Welchen Volumenanteil $\varphi(CO)$ hat das Gasgemisch? $\varrho(CO) = 1{,}250\ g/L$, $\varrho(H_2) = 0{,}0899\ g/L$ bei Normbedingungen.
7. Welchen Volumenanteil $\varphi(\text{Benzol})$ hat ein Aromatengemisch, das in 1500 L Gemisch 600 dm^3 Benzol C_6H_6, $\varrho = 0{,}879\ g/cm^3$, enthält? Berechnen Sie die Stoffmengenkonzentration $c(C_6H_6)$.
8. Eine Ammoniak-Lösung der Dichte $\varrho = 0{,}883\ g/cm^3$ weist eine Stoffmengenkonzentration $c(NH_3) = 17{,}4\ mol/L$ auf. Wie groß sind der Massenanteil $w(NH_3)$ und die Massenkonzentration $\beta(NH_3)$?
9. Für eine Reaktion werden 180,5 g Natriumcarbonat Na_2CO_3 benötigt. In welchem Volumen an Soda-Lösung mit $c(Na_2CO_3) = 0{,}60\ mol/L$ und der Dichte $\varrho = 1{,}061\ g/cm^3$ ist diese Stoffportion enthalten? Wie groß sind der Massenanteil $w(Na_2CO_3)$ und die Massenkonzentration $\beta(CO_3^{2-})$?
10. Eine Schwefelsäure-Lösung mit $w(H_2SO_4) = 50{,}0\,\%$ hat die Dichte 1,395 g/cm^3. Reine Säure hat eine Dichte von 1,840 g/cm^3, Wasser die Dichte 0,998 g/cm^3. Berechnen Sie die Konzentrationen $c(\frac{1}{2}\ H_2SO_4)$ und $\beta(H_2SO_4)$ sowie die Anteile $\chi(H_2SO_4)$ und $\sigma(H_2SO_4)$.
11. 7,50 m^3 HCl-Gas wurden bei 1,20 bar und 15 °C in einer Absorptionskolonne in 540 kg Wasser absorbiert. Welchen Massenanteil $w(HCl)$ und welche Konzentrationen $\beta(HCl)$ und $c(HCl)$ hat die entstehende Salzsäure der Dichte $\varrho = 1{,}011\ g/cm^3$?
12. Berechnen Sie die Konzentrationen $\sigma(\text{2-Propanol})$, $\beta(\text{2-Propanol})$ und $c(\text{2-Propanol})$ einer wässrigen 2-Propanol-Lösung der Dichte $\varrho = 0{,}970\ g/cm^3$, deren Massenanteil $w(\text{2-Propanol}) = 20{,}0\,\%$ beträgt. Die Dichte des reinen Alkohols beträgt $\varrho(\text{2-Propanol}) = 0{,}785\ g/cm^3$.
13. Eine Schwefelsäure-Lösung ($\varrho = 1{,}300\ g/cm^3$) hat die Konzentration $c(SO_4^{2-}) = 5{,}26\ mol/L$. Wie groß sind der Massenanteil $w(H_2SO_4)$ sowie die Konzentrationen $c(\frac{1}{2}\ H_2SO_4)$ und $\beta(H_2SO_4)$?
14. Welche Äquivalentkonzentration $c(\frac{1}{2}\ H_2SO_4)$ hat eine Maßlösung, die durch Vorlegen von 38,0 g Schwefelsäure mit $w(H_2SO_4) = 65{,}0\,\%$ und Auffüllen mit Wasser auf 250 mL erhalten wird?
15. Welches Volumen an Salzsäure mit $w(HCl) = 10{,}5\,\%$ ($\varrho = 1{,}050\ g/cm^3$) benötigt man zur Herstellung von 150 L Säurelösung mit $\beta(HCl) = 75\ mg/L$? Wie groß ist die Konzentration $c(H_3O^+)$?
16. Eine bei 20 °C gesättigte Kaliumhydrogencarbonat-Lösung hat den Massenanteil $w(KHCO_3) = 24{,}9\,\%$ und die Dichte $\varrho = 1{,}180\ g/cm^3$. Wie groß ist das Löslichkeitsprodukt $K_L(KHCO_3)$ und die Massenkonzentration $\beta(KHCO_3)$? Welche Masse an Salz enthalten 500 L gesättigte Lösung?
17. Beim Solvay-Verfahren wird durch Einleiten von CO_2 in eine NaCl-Sole Natriumhydrogencarbonat $NaHCO_3$ ausgefällt. Wie viel $NaHCO_3$ bleibt nach der Fällung und Filtration in 1000 kg Lösung von 20 °C noch gelöst, wie groß ist der Massenanteil $w(NaHCO_3)$?
18. Berechnen Sie nach dem Muster von Tabelle 157/1 die neun Gehaltsgrößen für eine wässrige Essigsäure-Lösung, die nach Lösen von 10,0 g Säure in 90,0 g Wasser von 20 °C erhalten wird. Dichten: $\varrho(\text{Lösung}) = 1{,}0195\ g/cm^3$, $\varrho(\text{Wasser}) = 0{,}9982\ g/cm^3$, $\varrho(\text{Säure}) = 1{,}0497\ g/cm^3$

5.3 Mischen, Verdünnen und Konzentrieren von Lösungen

Sowohl in der Produktion als auch im Labor werden häufig Lösungen benötigt, die nicht mit dem geforderten Gehalt zur Verfügung stehen.

Der Gehalt vorhandener Lösungen lässt sich auf verschiedene Weise verändern:

Verdünnen der Lösung (reduce of sulution)
- durch Zusatz einer gleichartigen Lösung mit geringerem Gehalt
- durch Zusatz von reinem Lösemittel
- durch Entzug von gelöstem Stoff

Konzentrieren der Lösung (graduation of solution)
- durch Zusatz von gleichartiger Lösung mit höherem Gehalt
- durch Zusatz von Reinsubstanz
- durch Entzug von reinem Lösemittel

5.3.1 Mischen von Lösungen

Beispiel (Bild 1):

Die Lösungen 1 und 2 werden gemischt. Sie enthalten beide die Komponente X. Es sind m_1 und m_2 die Massen der Lösungen 1 und 2, m_M die Masse der Mischung, w_1 und w_2 die Massenanteile der Komponente X in Lösung 1 und 2, w_M der Massenanteil der Komponente X in der Mischung.

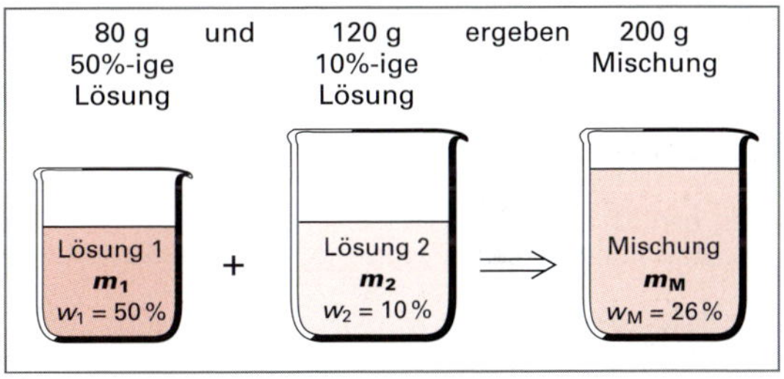

Bild 1: Mischen von zwei Lösungen

Nach dem Mischen von Einzel-Lösungen ist die Gesamtmasse der Mischung m_M gleich der Summe der Einzelmassen der Mischungskomponenten: $m_M = m_1 + m_2$.

Die Masse an gelöster Substanz X in der Mischung ist gleich der Summe der Einzelmassen an gelöster Substanz in den Mischungskomponenten: $m(X)_M = m(X)_1 + m(X)_2$. Alle mit dem Verdünnen und Konzentrieren von Lösungen zusammenhängenden Ansätze lassen sich durch Schlussrechnung oder mit der **Mischungsgleichung** (equation of mixtures) lösen.

Grundlage der Mischungsgleichung ist die Definitionsgleichung für den Massenanteil $w(X)$:

$$w(X) = \frac{m(X)}{m(M)} \Rightarrow m(X) = w(X) \cdot m(M)$$

Die Massen der Komponente X in den Lösungen 1 und 2 sowie in der Mischung berechnen sich

in Lösung 1: $m(X)_1 = m_1 \cdot w_1$
in Lösung 2: $m(X)_2 = m_2 \cdot w_2$
in der Mischung: $m(X)_M = m_M \cdot w_M$

Aus $m(X)_M = m(X)_1 + m(X)_2$ ergibt sich die **Mischungsgleichung** für zwei Lösungen.

Sollen n Komponenten gemischt werden, wird die Gleichung entsprechend erweitert.

Mischungsgleichung für 2 Lösungen
$m_1 \cdot w_1 + m_2 \cdot w_2 = m_M \cdot w_M$

Mischungsgleichung für n Lösungen
$m_1 \cdot w_1 + m_2 \cdot w_2 + m_n \cdot w_n = m_M \cdot w_M$

Beispiel: 80 g Natronlauge, $w(NaOH)$ = 50 % und 120 g Natronlauge, $w(NaOH)$ = 10 %, werden gemischt (Bild 1).
a) Welche Masse an Mischung entsteht?
b) Welchen Massenanteil $w(NaOH)$ in Prozent hat die Mischung?

Lösung: m_1 = 80 g, w_1 = 50 % = 0,50, m_2 = 120 g, w_2 = 10 % = 0,10

a) $\mathbf{m_M} = m_1 + m_2$ = 80 g + 120 g = **200 g**

b) Lösung mit der Mischungsgleichung:
80 g · 0,50 + 120 g · 0,10 = 200 g · w_M

$$w_M = \frac{80\text{ g} \cdot 0{,}50 + 120\text{ g} \cdot 0{,}10}{200\text{ g}} = 0{,}26 \approx \mathbf{26\,\%}$$

Bei Berechnungen dieser Art können die Massenanteile sowohl in Prozent (z. B. w_1 = 30 %) als auch als Dezimalzahl (z. B. w_1 = 0,30) eingesetzt werden.

Lösung durch Schlussrechnung:

Lauge 1: 100 g Lauge enthalten 50 g NaOH
80 g Lauge enthalten 40 g NaOH

Lauge 2: 100 g Lauge enthalten 10 g NaOH
120 g Lauge enthalten 12 g NaOH

	Lauge 1:	80 g Lauge enthalten 40 g NaOH
+	Lauge 2:	120 g Lauge enthalten 12 g NaOH
	Mischung:	200 g Lauge enthalten 52 g NaOH

Massenanteil: $\boldsymbol{w}$**(NaOH)** $= m(\text{NaOH})/m(\text{Lsg}) = 52\ \text{g}/200\ \text{g} = 0{,}26 \approx$ **26 %**

Mischungskreuz (distributiv law)

In der Praxis sind meistens jeweils nur zwei Lösungen zu mischen. Sind deren Massenanteile w_1 und w_2 und der Massenanteil w_M der Mischung bekannt, können die Massen der zu mischenden Teillösungen m_1 und m_2 mit dem **Mischungskreuz** berechnet werden.

Das Mischungskreuz ist eine aus der Mischungsgleichung (Seite 177) abgeleitete Rechenhilfe. Dazu formt man die Mischungsgleichung nach dem Massenverhältnis m_1 / m_2 um:

$$m_1 \cdot w_1 + m_2 \cdot w_2 = (m_1 + m_2) \cdot w_M = m_1 \cdot w_M + m_2 \cdot w_M$$
$$m_1 \cdot w_1 - m_1 \cdot w_M = m_2 \cdot w_M - m_2 \cdot w_2$$
$$m_1 \cdot (w_1 - w_M) = m_2 \cdot (w_M - w_2)$$

Man erhält:

$$\frac{m_1}{m_2} = \frac{w_M - w_2}{w_1 - w_M}$$

Das Massenverhältnis $m_1 : m_2$, in welchem zwei Lösungen 1 und 2 gemischt werden müssen, ist gleich dem umgekehrten Verhältnis aus der Differenz ihrer Massenanteile zu den Massenanteilen der Mischung. Die daraus abgeleitete grafische Schreibweise (siehe rechts) wird als **Mischungskreuz** bezeichnet. Es wird auch Andreaskreuz oder Mischungsregel genannt:

Mischungskreuz

w_1 ↘		↗ $w_M - w_2$	$\Rightarrow m_1$
	w_M		
w_2 ↗		↘ $w_1 - w_M$	$\Rightarrow m_2$
Summe:		$m_1 + m_2$	$\Rightarrow m_M$

Beispiel: Es sollen 150 kg Salpetersäure mit einem Massenanteil $w(HNO_3) = 15{,}0\ \%$ hergestellt werden. Zur Verfügung stehen eine 10,0 %ige und eine 65,0 %ige Salpetersäure. Welche Massen der Ausgangslösungen sind zu mischen?

Lösung:

Mischungskreuz

w_1 ↘		↗ m_1
	w_M	
w_2 ↗		↘ m_2
Summe:		m_M

1) Einsetzten der gegebenen Größen:
$w_1 = 65{,}0\%$; $w_2 = 10{,}0\%$;
$w_M = 15{,}0\%$

65,0 % ↘		↗ **5,0 (kg) ≙ m_1**
	15,0 %	
10,0 % ↗		↘ **50,0 (kg) ≙ m_2**
Summe:		**55,0 (kg) ≙ 150 kg**

2) Ermitteln der zu mischenden Verhältnismassen m_1 und m_2 durch Differenzbildung der Zahlen im Mischungskreuz:

$65{,}0 - 15{,}0 = 50{,}0 \Rightarrow m_2 =$ **50,0 kg**

$15{,}0 - 10{,}0 = 5{,}0 \Rightarrow m_1 =$ **5,0 kg**

Es müssen 5,0 kg der 65,0 %igen und 50,0 kg der 10,0 %igen HNO_3 gemischt werden, um 55,0 kg der 15,0 %igen Säure zu erhalten.

3) Berechnen der erforderlichen Massen durch Schlussrechnung:

Zur Herstellung von 150 kg 15,0 %iger Salpetersäure ergeben sich folgende Ansätze:

55,0 kg 15,0 %ige HNO_3 erfordern 5,0 kg 65,0 %ige Säure
150 kg 15,0 %ige HNO_3 erfordern x kg 65,0 %ige Säure

$$x = \frac{5{,}0\ \text{kg} \cdot 150\ \text{kg}}{55{,}0\ \text{kg}} \approx \textbf{13,6 kg 65 \%ige Säure}$$

55,0 kg 15,0 %ige HNO_3 erfordern 50,0 kg 10,0 %ige Säure
150 kg 15,0 %ige HNO_3 erfordern y kg 10,0 %ige Säure

$$y = \frac{50{,}0\ \text{kg} \cdot 150\ \text{kg}}{55{,}0\ \text{kg}} \approx \textbf{136,4 kg 10 \%ige Säure}$$

Speziell für Aufgabenstellungen, bei denen die Massen der zu mischenden Lösungen berechnet werden sollen, ist das Mischungskreuz eine einfache Rechenhilfe. Es kann nicht zur Anwendung kommen, wenn die Massenanteile der Mischung oder der zu mischenden Lösungen zu ermitteln sind.

5.3.2 Verdünnen von Lösungen

Wird eine Lösung nicht mit einer anderen Lösung des gleichen Stoffes, sondern mit reinem Lösemittel, z. B. mit Wasser, gemischt (verdünnt), dann ergibt sich der Massenanteil der Komponente X für das Lösemittel zu $w(X) = 0$. Das Lösemittel ist als nullprozentige Lösung anzusehen. In der Mischungsgleichung $m_1 \cdot w_1 + m_2 \cdot w_2 = m_M \cdot w_M$ wird der Term $m_2 \cdot w_2 = 0$, da $w_2 = 0$.

Damit vereinfacht sich die Mischungsgleichung zu:

Mischungsgleichung zum Verdünnen

$$m_1 \cdot w_1 = m_M \cdot w_M = (m_1 + m_2) \cdot w_M$$

Beispiel 1: 400 g Kalilauge mit einem Massenanteil $w(\text{KOH}) = 35{,}0\,\%$ werden mit 160 g Wasser verdünnt **(Bild 1)**.

Wie groß ist der Massenanteil $w(\text{KOH})$ der entstehenden Kalilauge?

Lösung: $m_1 \cdot w_1 = m_M \cdot w_M \Rightarrow w_M = \frac{m_1 \cdot w_1}{m_M}$

$$\boldsymbol{w_M} = \frac{400\text{ g} \cdot 0{,}350}{560\text{ g}} = 0{,}250 = \mathbf{25{,}0\,\%}$$

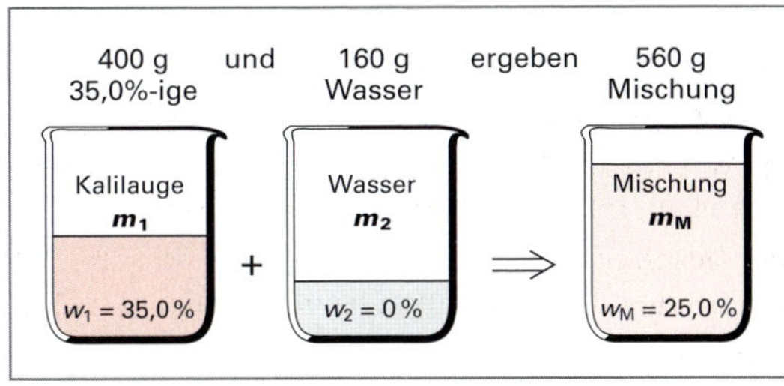

Bild 1: Verdünnen einer Lösung (Beispiel 1)

Beispiel 2: 18,0 kg Alkydharz-Lösung in Xylol mit $w(\text{Alkydharz}) = 75{,}0\,\%$ sollen mit Xylol auf einen Alkydharz-Massenanteil von 45,0 % verdünnt werden. Welche Masse an Lösemittel (Lm) ist zuzusetzen, wie viel verdünnte Alkydharz-Lösung wird erhalten?

Lösung:

w_1		m_1	75,0 %		45,0 (g) ≙ 18,0 kg
↘		↗	↘		↗
	w_M			45,0 %	
↗		↘	↗		↘
w_2		m_2	0 %		30,0 (g) ≙ m(Lm)
Summe:		m_M	Summe:		75,0 (g) ≙ m_M

$$\boldsymbol{m}(\mathbf{Lm}) = \frac{18{,}0\text{ kg} \cdot 30{,}0\text{ g}}{45{,}0\text{ g}} = \mathbf{12{,}0\ kg}$$

$$\boldsymbol{m_M} = \frac{18{,}0\text{ kg} \cdot 75{,}0\text{ g}}{45{,}0\text{ g}} = \mathbf{30{,}0\ kg}$$

Aufgaben zu 5.3.1 und 5.3.2 Mischen und Verdünnen von Lösungen

1. 1,45 t Lacklösung mit einem Massenanteil $w(\text{Lack}) = 70{,}0\%$ und 325 kg einer Lacklösung mit $w(\text{Lack}) = 16{,}5\,\%$ werden gemischt. Welchen Massenanteil $w(\text{Lack})$ hat die Mischung?
2. Es sind 580 kg einer Salzlösung mit einem Salz-Massenanteil von 28,7 % herzustellen. Zur Verfügung stehen Lösungen mit $w(\text{Salz}) = 14{,}5\,\%$ und $w(\text{Salz}) = 32{,}3\,\%$. Welche Massen der Salzlösungen sind zu mischen?
3. Welche Masse an Salzsäure mit $w(\text{HCl}) = 30{,}0\,\%$ lässt sich durch Mischen von 800 kg Säure mit $w(\text{HCl}) = 7{,}50\,\%$ und einer zweiten Säure mit $w(\text{HCl}) = 36{,}0\,\%$ herstellen?
4. 185,5 kg Schwefelsäure ($w(H_2SO_4) = 80{,}0\,\%$) werden mit 150 kg einer zweiten Schwefelsäure-Lösung gemischt. Die entstehende Lösung hat einen Massenanteil $w(H_2SO_4) = 62{,}5\,\%$. Wie groß war der Massenanteil $w(H_2SO_4)$ der zweiten Säure?
5. 85,0 kg Salpetersäure-Lösung ($w(HNO_3) = 50{,}8\,\%$) werden mit zwei weiteren Salpetersäure-Lösungen aus Produktionsrückständen gemischt: Zugefügt werden 250 kg mit $w(HNO_3) = 12{,}5\,\%$ und 110 kg mit $w(HNO_3) = 22{,}5\,\%$. Welchen Massenanteil $w(HNO_3)$ hat die Mischung?
6. 2,50 t Natronlauge ($w(\text{NaOH}) = 35{,}0\,\%$) sollen aus einer 50,0 %igen Natronlauge und Wasser hergestellt werden. Welche Massen der Ausgangsstoffe müssen gemischt werden?
7. 250 kg Salzlösung ($w(\text{KCl}) = 32{,}5\,\%$) werden mit Wasser zu 650 kg Kaliumchlorid-Lösung verdünnt. Welchen Massenanteil $w(\text{KCl})$ hat die Mischung?
8. Wie viel Phosphorsäure ($w(H_3PO_4) = 55{,}0\,\%$) ist mit Wasser zu verdünnen, damit 3,05 t Säure mit $w(H_3PO_4) = 12{,}5\,\%$ entstehen?
9. Welche Masse an Wasser muss 450 L Kalilauge ($w(\text{KOH}) = 45{,}2\,\%$, $\varrho = 1{,}455\text{ g/cm}^3$) zugesetzt werden, damit eine Lauge mit $w(\text{KOH}) = 32{,}5\,\%$ entsteht?

5.3.3 Mischen von Lösungs-Volumina

Mit der Mischungsgleichung und dem Mischungskreuz können nur die zu mischenden **Massen** der beteiligten Lösungen berechnet werden. Die zugehörigen **Volumina** sind in einem weiteren Rechenschritt über die bekannten Dichtewerte der Lösungen mit der Gleichung $V = m/\varrho$ zu bestimmen. Dabei ist die häufig auftretende Volumenkontraktion (Volumenverminderung) beim Mischen zu berücksichtigen (Seite 166).

Beispiel: Es sollen 150 L Salpetersäure ($w(HNO_3)$ = 15,0 %, ϱ = 1,084 g/cm³) hergestellt werden. Als Ausgangslösungen stehen Säuren mit $w(HNO_3)$ = 68,0 %, ϱ = 1,405 g/cm³, und $w(HNO_3)$ = 10,0 %, ϱ = 1,054 g/cm³, zur Verfügung. Welche Volumina der beiden Säuren sind zu mischen?

Lösung: w_1 = 68,0 %, ϱ_1 = 1,405 g/cm³, w_2 = 10,0 %, ϱ_2 = 1,054 g/cm³, V_M = 150 L, w_M = 15,0 %, ϱ_M = 1,084 g/cm³ = 1,084 kg/L, V_1 = ?, V_2 = ?

*Lösung mit der **Mischungsgleichung**:*

Hier ist es zweckmäßig, zunächst die Massen der Lösungen zu berechnen:

$m_M = V_M \cdot \varrho_M = 150\ \text{L} \cdot 1{,}084\ \text{kg/L} = 162{,}6\ \text{kg}$

In der Mischungsgleichung wird die Masse m_1 ersetzt durch: $m_1 = m_M - m_2$

$$(m_M - m_2) \cdot w_1 + m_2 \cdot w_2 = m_M \cdot w_M$$
$$(162{,}6\ \text{kg} - m_2) \cdot 0{,}68 + m_2 \cdot 0{,}10 = 162{,}6\ \text{kg} \cdot 0{,}15$$
$$110{,}568\ \text{kg} - m_2 \cdot 0{,}68 + m_2 \cdot 0{,}10 = 24\,390\ \text{g}$$
$$0{,}58 \cdot m_2 = 86{,}178\ \text{kg}$$
$$m_2 = 148{,}583\ \text{kg 10\%ige Säure}$$

$$\boldsymbol{V_2} = \frac{m_2}{\varrho_2} = \frac{148{,}583\ \text{kg}}{1{,}054\ \text{kg/L}} = 140{,}970\ \text{L} \approx \textbf{141 L 10\%ige Säure}$$

$m_1 = m_M - m_2 = 162{,}6\ \text{kg} - 148{,}583\ \text{kg} = 14{,}017\ \text{kg}$ 68%ige Säure

$$\boldsymbol{V_1} = \frac{m_1}{\varrho_1} = \frac{14{,}017\ \text{kg}}{1{,}405\ \text{kg/L}} = 9{,}977\ \text{L} \approx \textbf{9,98 L 68\%ige Säure}$$

*Lösung mit dem **Mischungskreuz**:*

	$m \Rightarrow$	m_n	:	ϱ_n	=	V_n	
68,0 %	5,0 (g)	5,0 g	:	1,405 g/cm³	=	3,559 mL	$\Rightarrow V_1$
↘ ↗ 15,0 % ↗ ↘							
58,0 (g)	53,0 g	53,0 g	:	1,054 g/cm³	=	50,285 mL	$\Rightarrow V_2$
	58,0 g	58,0 g	:	1,084 g/cm³	=	53,506 mL	$\Rightarrow V_M$

Es müssen 3,559 mL 68%ige Säure mit 50,285 mL 10%iger Säure gemischt werden, damit 53,506 mL 15%ige Säure entstehen (Summe der Einzelvolumina: 3,559 mL + 50,285 mL = 53,844 mL).

Mit V_M = 150 L ergibt sich:

53,506 mL Mischung erfordern 3,559 mL 68%ige S.
150 L Mischung erfordern x mL 68%ige S.

$$x = \frac{3{,}559\ \text{mL} \cdot 150\ \text{L}}{53{,}506\ \text{mL}} \approx \textbf{9,98 L 68\%ige S.}$$

53,506 mL Mischung erfordern 50,285 mL 10%ige S.
150 L Mischung erfordern y mL 10%ige S.

$$y = \frac{50{,}258\ \text{mL} \cdot 150\ \text{L}}{53{,}506\ \text{mL}} \approx \textbf{141 L 10\%ige S.}$$

Aufgaben zu 5.3.3 Mischen von Lösungs-Volumina

1. 250 mL Schwefelsäure-Lösung mit dem Massenanteil $w(H_2SO_4)$ = 22,0 % (ϱ = 1,155 g/mL) sind anzusetzen. Welche Volumina der Ausgangslösungen mit $w(H_2SO_4)$ = 60,6 % (ϱ = 1,505 g/mL) und $w(H_2SO_4)$ = 14,0 % (ϱ = 1,095 g/mL) sind erforderlich?
2. 500 mL Salpetersäure-Lösung mit dem Massenanteil $w(HNO_3)$ = 59,7 % (Dichte ϱ = 1,365 g/mL) werden mit Wasser zu einer Lösung mit $w(HNO_3)$ = 50,0 % der Dichte ϱ = 1,310 g/mL verdünnt. Welches Volumen der neuen Lösung entsteht, welches Volumen an Wasser ist einzusetzen?
3. Aus einer Natronlauge mit $w(NaOH)$ = 50,0 % der Dichte ϱ = 1,526 g/mL sollen durch Verdünnen mit Wasser 5,00 m³ Natronlauge mit $w(NaOH)$ = 35,0 % und ϱ = 1,380 g/mL hergestellt werden. Welche Volumina der Ausgangslösung und an Wasser sind erforderlich?

5.3.4 Konzentrieren von Lösungen

Konzentrieren durch Zusatz von Reinstoff

Beim Erhöhen des Massenanteils durch Zusatz von Reinstoff in festem, flüssigem oder gasförmigem Zustand gilt für diese Komponente $w(X) = 100\,\% = 1$. Für technisch reine oder kristallwasserhaltige Stoffe ist der definierte Massenanteil an Reinsubstanz einzusetzen.

Beispiel 1: In 300 g KCl-Lösung mit dem Massenanteil $w(KCl) = 15{,}0\,\%$ werden 20,0 g Kaliumchlorid gelöst **(Bild 1)**. Welchen Massenanteil $w(KCl)$ hat die neue Lösung?

Lösung: Mit der Mischungsgleichung:

$$m_1 \cdot w_1 + m_2 \cdot w_2 = m_M \cdot w_M$$

$$w_M = \frac{m_1 \cdot w_1 + m_2 \cdot w_2}{m_M} =$$

$$\mathbf{w_M} = \frac{300\text{ g} \cdot 0{,}150 + 20{,}0\text{ g} \cdot 1}{320\text{ g}} \approx \mathbf{20{,}3\,\%}$$

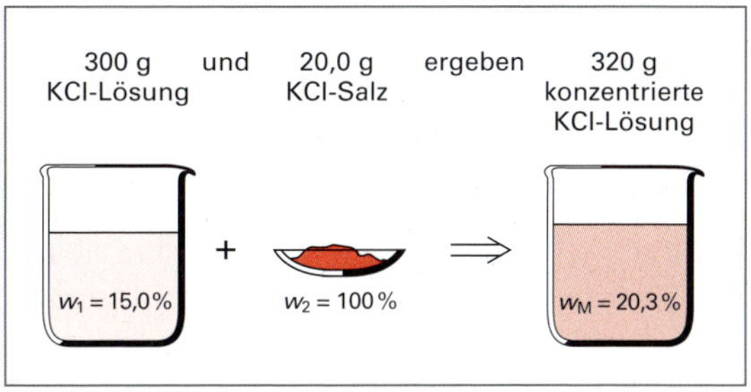

Bild 1: Konzentrieren durch Reinstoffzusatz (Beispiel 1)

Konzentrieren durch Abdampfen von Lösemittel

Beim Erhöhen des Massenanteils durch Abdampfen von Lösemittel (Einengen der Lösung) ist die Masse der entstehenden konzentrierteren Lösung m_M um die Masse des abgedampften Lösemittels m_{Lm} geringer, als die Masse der Ausgangslösung: $m_M = m_1 - m_{Lm}$. Im abgedampften reinen Lösemittel ist der Massenanteil $w(X) = 0$. In der Mischungsgleichung ist damit der Term $m_{Lm} \cdot w_{Lm} = 0$.

Damit vereinfachen sich die Mischungsgleichung und das Mischungskreuz (siehe unten).

Beispiel 2: Aus 540 g Farbstoff-Lösung mit $w(\text{Farbstoff}) = 8{,}50\,\%$ werden 460 g Lösemittel abgedampft **(Bild 2)**.

Wie groß ist der Massenanteil $w(\text{Farbstoff})$ im Konzentrat?

Lösung: $m_M = 540\text{ g} - 460\text{ g} = 80\text{ g}$

Mit der Mischungsgleichung folgt:

$$\mathbf{w_M} = \frac{m_1 \cdot w_1}{m_M} = \frac{540\text{ g} \cdot 0{,}0850}{80\text{ g}} \approx \mathbf{57{,}4\,\%}$$

Mischungsgleichung	$m_1 \cdot w_1 = m_M \cdot w_M = (m_1 - m_{Lm}) \cdot w_M$
und **Mischungskreuz** zum **Konzentrieren durch Abdampfen**	w_1 ↘ ↗ $w_M \Rightarrow m_1$ w_M 0 ↗ ↘ $w_M - w_1 \Rightarrow m_{Lm}$ Differenz: $m_1 - m_{Lm} \Rightarrow m_M$

Beispiel 3: Ein Trockner wurde mit 450 kg Farbstoffpaste mit einem Feuchteanteil $w(H_2O) = 18{,}5\,\%$ befüllt.

Welche Masse an Wasser muss der Paste entzogen werden, wenn ein Restfeuchte-Massenanteil von $w(H_2O) = 2{,}80\,\%$ im Farbstoff verbleiben soll?

Lösung:

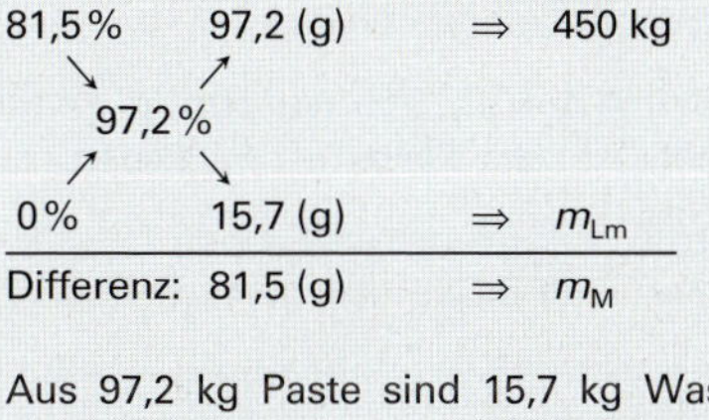

Aus 97,2 kg Paste sind 15,7 kg Wasser abzudampfen, mit $m_1 = 450$ kg folgt:

$$\mathbf{m_{Lm}} = \frac{450\text{ kg} \cdot 15{,}7\text{ kg}}{97{,}2\text{ kg}} \approx \mathbf{72{,}7\text{ kg}}$$

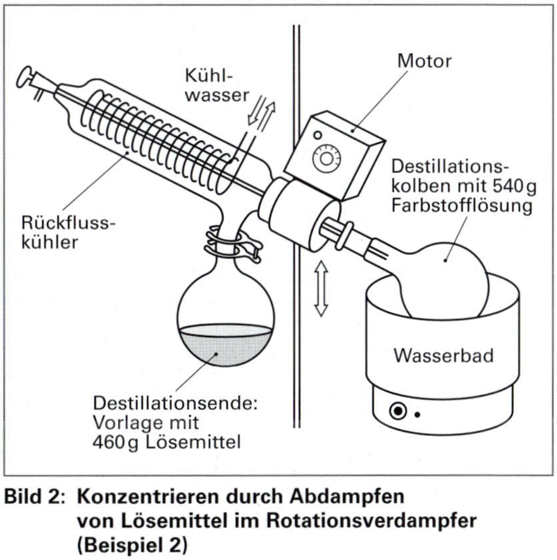

Bild 2: Konzentrieren durch Abdampfen von Lösemittel im Rotationsverdampfer (Beispiel 2)

Aufgaben zu 5.3.4 Konzentrieren von Lösungen

1. In 2000 kg Salzlösung mit w(Salz) = 12,5 % werden noch 8 Säcke zu je 25,0 kg Salz gelöst. Welchen Massenanteil w(Salz) hat die entstehende Lösung?
2. In 250 mL Kalilauge mit $w(KOH)$ = 10,5 % der Dichte ϱ = 1,095 g/cm^3 werden 40,0 g festes Kaliumhydroxid mit $w(KOH)$ = 98,0 % gelöst. Wie groß ist der Massenanteil $w(KOH)$ der Lösung?
3. Welche Masse an Chlorwasserstoffgas HCl muss in 800 L Salzsäure mit $w(HCl)$ = 10,5 % und ϱ = 1,050 g/cm^3 gelöst werden, wenn der Massenanteil $w(HCl)$ auf 36,5 % steigen soll?
4. In 500 g Ammoniakwasser werden 136 g Ammoniakgas NH_3 gelöst, der Massenanteil $w(NH_3)$ steigt dabei auf 25,0 %. Welchen Massenanteil $w(NH_3)$ hatte die Ausgangslösung?
5. Welche Masse an Calciumchlorid-Lösung mit $w(CaCl_2)$ = 8,0 % und an reinem Calciumchlorid $CaCl_2$ wird zur Herstellung von 1,20 m^3 Calciumchlorid-Lösung mit dem Massenanteil $w(CaCl_2)$ = 9,5 % und der Dichte ϱ = 1,079 g/cm^3 benötigt?
6. Eine Farbstoffpaste mit den Massenanteilen $w(NaCl)$ = 7,00 %, w(Farbstoff) = 74,0 % und $w(H_2O)$ = 19,0 % hat nach dem Trocknen einen Massenanteil $w(H_2O)$ = 10,2 %. Wie groß ist der Massenanteil w(Farbstoff) im Produkt?
7. Wie viel technisches Natriumhydroxid mit $w(NaOH)$ = 98,5 % ist in 300 mL Natronlauge mit $w(NaOH)$ = 11,0 % und ϱ = 1,120 g/mL zu lösen, damit der Massenanteil auf 30,0 % steigt?
8. 550 mL Soda-Lösung mit $w(Na_2CO_3)$ = 6,90 % und ϱ = 1,070 g/cm^3 sollen durch Zusatz von Soda $Na_2CO_3 \cdot 10\,H_2O$ auf $w(Na_2CO_3)$ = 12,0 % konzentriert werden. Wie viel Lösung entsteht?
9. In 250 L Ammoniak-Lösung mit $w(NH_3)$ = 15,5 % der Dichte ϱ = 0,938 g/cm^3 werden 6200 L Ammoniakgas im Normzustand gelöst. Welchen Massenanteil $w(NH_3)$ hat die neue Lösung?
10. 15,0 m^3 Chlorwasserstoff HCl von 1032 mbar und 17 °C werden in 450 L Salzsäure mit dem Massenanteil $w(HCl)$ = 12,5 % und der Dichte ϱ = 1,060 g/cm^3 vollständig absorbiert. Welchen Massenanteil $w(HCl)$ hat die entstehende Säure-Lösung?
11. Bei der Alkalichlorid-Elektrolyse verlässt Dünnsole die Membranzellen mit einem Massenanteil $w(NaCl)$ = 19,5 %. Durch Zusatz von festem Steinsalz mit $w(NaCl)$ = 98,2 % soll sie aufkonzentriert werden. In welcher Masse an Dünnsole müssen 150 kg Steinsalz gelöst werden, um sie auf $w(NaCl)$ = 26,5 % zu konzentrieren? Wie viel Sole entsteht?
12. 5500 kg Lauge aus Diaphragma-Zellen mit einem Massenanteil $w(NaOH)$ = 11,2 % sollen durch Abdampfen von Wasser auf einen Massenanteil $w(NaOH)$ = 50,0 % konzentriert werden. Wie viel Wasser ist abzudampfen? Welches Volumen an Lauge der Dichte ϱ = 1,525 g/cm^3 entsteht?
13. Ein Lackbetrieb produziert wässrige Farbstoff-Lösungen. In der Produktion wird der Massenanteil w(Farbstoff) = 16,0 % auf w(Farbstoff) = 24,0 % umgestellt. Dabei ist ein verbliebener Produktionsrest von 940 kg der Lösung mit w(Farbstoff) = 16,0 % aufzuarbeiten. Welche Masse an reinem Farbstoff muss dieser Portion noch zugesetzt werden, um 3000 kg Lösung mit w(Farbstoff) = 24,0 % zu erhalten?
14. 150 m^3 Dünnsäure mit einem Massenanteil $w(H_2SO_4)$ = 12,5 % und der Dichte ϱ = 1,080 g/cm^3 sollen durch mehrstufiges Eindampfen zu einem Produkt mit $w(H_2SO_4)$ = 80,0 % und ϱ = 1,727 g/cm^3 recycelt werden. Welche Masse an Wasser ist insgesamt abzudampfen?
15. Aus 650 kg Farbpaste mit einem Feuchtegehalt von $w(H_2O)$ = 22,5 % werden in einem Vakuumtrockner 145 kg Wasser abgedampft. Welche Restfeuchte hat der Farbstoff nach dem Trocknen?
16. Welche Masse an Lösemittel muss aus 25,0 kg Farbstoff-Lösung mit w(Farbstoff) = 8,50 % abgedampft werden, damit eine Paste mit einem Massenanteil w(Lösemittel) = 15,0 % entsteht?
17. Eine Paste mit einem Massenanteil w(Feststoff) = 75,5 % soll auf einen Massenanteil von 92,0 % konzentriert werden.
    a) Welche Masse an Wasser muss aus 365 g Paste abgedampft werden?
    b) Wie viel Produkt entsteht?

Gemischte Aufgaben zu 5 Rechnen mit Mischphasen

1. Durch Lösen von Eisen(II)-sulfat-Heptahydrat in Wasser sind 500 mL Lösung mit einem Massenanteil von $w(FeSO_4)$ = 2,0 % und ϱ = 1,018 g/cm^3 herzustellen. Welche Massen an Wasser und Salz sind einzuwiegen?
2. 5,0 m^3 Chlorwasserstoffgas von 20 °C und 1050 mbar werden in einer Absorptionskolonne in 50,0 kg Wasser vollständig absorbiert. Welchen Massenanteil w(HCl) hat die entstehende Salzsäure?
3. 400 g Salpetersäure-Lösung der Dichte ϱ = 1,234 g/cm^3 enthalten 152 g Salpetersäure HNO_3. Wie groß ist die Massenkonzentration $\beta(HNO_3)$?
4. Welche Masse technisches Natriumhydroxid mit dem Massenanteil w(NaOH) = 92,5 % muss in 1,25 kg Wasser gelöst werden, damit eine Natronlauge mit w(NaOH) = 32,5 % entsteht?
5. Welches Volumen an Ammoniakgas NH_3 im Normzustand ist in 20,5 m^3 Ammoniak-Lösung mit einem Massenanteil $w(NH_3)$ = 17,1 % und der Dichte ϱ = 0,933 g/cm^3 gelöst?
6. Berechnen Sie den Massenanteil w(HCl) und die Stoffmengenkonzentration c(HCl) einer Salzsäure-Lösung mit der Massenkonzentration β(HCl) = 248 g/L und der Dichte ϱ = 1,110 g/cm^3.
7. In welchem Volumen an Kupfersulfat-Lösung mit einer Stoffmengenkonzentration $c(CuSO_4)$ = 0,587 mol/L sind 800 mg Kupfer-Ionen Cu^{2+} enthalten?
8. Welchen Massenanteil w(KOH) und welche Massenkonzentration β(KOH) hat eine Kalilauge mit der Stoffmengenkonzentration c(KOH) = 4,20 mol/L und der Dichte ϱ = 1,185 g/cm^3?
9. Welche Masse gelöstes Calciumhydroxid $Ca(OH)_2$ ist in 250 mL Kalkwasser der Stoffmengenkonzentration $c(Ca(OH)_2)$ = 0,050 mol/L enthalten?
10. 150 m^3 Chlorwasserstoffgas von 25 °C und 0,978 bar werden in Wasser absorbiert, es entstehen 2,50 m^3 Salzsäure-Lösung. Welche Stoffmengenkonzentration c(HCl) hat die Lösung?
11. 750 L Farbstoff-Suspension werden durch Abdampfen von Wasser auf ein Volumen von 400 L eingeengt. Die entstehende Suspension enthält 70,3 g Farbstoff je Liter. Welche Massenkonzentration β(Farbstoff) lag in der Ausgangs-Suspension vor?
12. Ein Lösemittel-Gemisch mit w(Cyclohexan) = 73,0 % und ϱ = 0,765 g/cm^3 enthält 350 L Cyclohexan der Dichte ϱ = 0,778 g/cm^3. Kann das Gemisch in einem Behälter mit 500 L Füllvolumen gelagert werden?
13. Welche Volumenkonzentration σ(Glycerin) hat eine wässrige Lösung von Glycerin mit einem Massenanteil w(Glycerin) = 28,0 % und der Dichte ϱ = 1,120 g/cm^3? ϱ(Glycerin) = 1,260 g/cm^3
14. Welches Volumen an Wasser mit ϱ = 1,00 g/cm^3 enthalten 1000 L verunreinigtes Isopropanol mit w(Alkohol) = 85,0 % (ϱ = 0,822 g/cm^3), wenn reiner Alkohol die Dichte ϱ = 0,785 g/cm^3 hat?
15. Aus 750 kg Soda $Na_2CO_3 \cdot 10\ H_2O$ ist Soda-Lösung mit dem Massenanteil $w(Na_2CO_3)$ = 12,5 % anzusetzen. Wie viel Wasser ist vorzulegen, wie viel Produkt entsteht?
16. 800 g einer bei 10 °C gesättigten Kaliumchlorid-Lösung mit Bodenkörper werden auf 50 °C erwärmt. Welche Masse an KCl geht zusätzlich in Lösung?
17. 250 g einer bei 80 °C gesättigter Ammoniumchlorid-Lösung werden auf 20 °C abgekühlt. Wie viel NH_4Cl kristallisiert aus?
18. Die gesättigte Lösung von Kaliumbromat in Wasser von 40 °C hat die Stoffmengenkonzentration $c(KBrO_3)$ = 0,75 mol/L (Dichte ϱ = 1,083 g/cm^3). Berechnen Sie die Löslichkeit $L^*(KBrO_3)$.
19. 10,5 m^3 Ammoniak-Lösung mit $w(NH_3)$ = 24,0 % und ϱ = 0,910 g/cm^3 werden mit 6,50 m^3 Wasser versetzt. Welchen Massenanteil $w(NH_3)$ hat die Mischung?
20. Ein Kristallisierbecken in einer Anlage zur Gewinnung von Meersalz wird mit 18000 m^3 Meerwasser mit einem Massenanteil w(Salz) = 3,65 % und der Dichte ϱ = 1,031 g/cm^3 gefüllt.
    a) Welche Masse an Wasser muss verdunsten, damit eine Sole mit w(Salz) = 35,0 % entsteht?
    b) Welche Masse an Salz kann theoretisch gewonnen werden?

21. Welche Masse an Kaliumchlorid-Lösung der Konzentration c(KCl) = 3,0 mol/L und der Dichte ϱ = 1,133 g/cm^3 ist mit 146 mL Wasser zu verdünnen, damit eine Lösung mit dem Massenanteil w(KCl) = 10,0 % entsteht?

22. Aus wasserfreiem, technischem Kaliumhydroxid (w(KOH) = 97,5 %) sind 350 L Kalilauge mit w (KOH) = 33,0 % und ϱ = 1,320 g/cm^3 herzustellen. Welche Massen an KOH und an Wasser sind einzusetzen?

23. Aus 21,0 g technischer Soda mit $w(Na_2CO_3 \cdot 10\ H_2O)$ = 85,5 % ist eine Soda-Lösung mit dem Massenanteil $w(Na_2CO_3)$ = 12,0 % und der Dichte ϱ = 1,124 g/cm^3 herzustellen. Welches Volumen an Lösung entsteht?

24. Durch Absorption von Chlorwasserstoff in Wasser sollen 100 L Salzsäure-Lösung der Konzentration c(HCl) = 0,655 mol/L mit ϱ = 1,010 g/cm^3 hergestellt werden. Welches Volumen an Chlorwasserstoff bei 20 °C und 1020 mbar ist einzuleiten, wie viel Wasser ist vorzulegen?

25. In einem Waschturm fallen täglich 7,20 t Harnstoff-Lösung mit w(Harnstoff) = 5,20 % an. Dieser Lösung werden 42,5 t Lösung mit w(Harnstoff) = 70,0 % zugesetzt. Welchen Massenanteil hat die entstehende Lösung?

26. 1,45 kg Lackfarbe mit w(Lack) = 75,0 % werden mit 950 g reinem Lösemittel versetzt. Berechnen Sie den Massenanteil w(Lack) in der entstehenden Lackfarbe.

27. 150 g Schwefelsäure-Lösung mit $w(H_2SO_4)$ = 8,50 % sollen durch Zumischen einer Schwefelsäure mit $w(H_2SO_4)$ = 98,0 % auf einen Massenanteil von $w(H_2SO_4)$ = 55 % gebracht werden. Berechnen Sie die Masse an 98,0%iger Säure, die zugesetzt werden muss.

28. Welches Volumen an Kalilauge mit dem Massenanteil w(KOH) = 36,0 % (ϱ = 1,355 g/mL) wird durch Mischen von 510 mL Lauge von w(KOH) = 50,0 % (ϱ = 1,511 g/mL) mit Kalilauge von w(KOH) = 14,5 % (ϱ = 1,133 g/mL) erhalten?

29. Beim Bauxit-Aufschluss nach dem Bayer-Verfahren fällt Dünnlauge mit β(NaOH) = 87,0 g/L (ϱ = 1,087 g/cm^3) an. Sie soll durch Zumischen von konzentrierter Lauge mit w(NaOH) = 50,0% (ϱ = 1,525 g/cm^3) auf die Massenkonzentration β(NaOH) = 188 g/L (ϱ = 1,175 g/cm^3) aufkonzentriert werden. Welches Volumen an konzentrierter Lauge muss eingesetzt werden, um 2000 m^3 angereicherte Lauge zu erhalten, welches Volumen an Dünnlauge ist vorzulegen?

30. 2,50 t Dünnsäure sollen in zwei Destillationsstufen von $w(H_2SO_4)$ = 20,2 % auf $w(H_2SO_4)$ = 98,0 % verstärkt werden. Nach der ersten Destillationsstufe wird $w(H_2SO_4)$ = 65,0 % erzielt.
    a) Wie viel Wasser ist in der ersten und wie viel in der zweiten Destillationsstufe abzudampfen?
    b) Welche Masse an Endprodukt mit dem Massenanteil $w(H_2SO_4)$ = 98,0 % entsteht?

31. 12,5 L Essigsäure mit dem Massenanteil w(Säure) = 4,0 % (ϱ = 1,004 kg/dm^3) sollen durch Zusatz von reiner Essigsäure der Dichte ϱ = 1,050 kg/dm^3 auf den Massenanteil w(Säure) = 6,0 % aufkonzentriert werden. Welches Volumen an reiner Säure muss zugesetzt werden?

32. Ein zylindrischer Tank mit einem Innendurchmesser von 3,0 m und einer Höhe von 5,5 m ist zur Hälfte mit Kalilauge, w(KOH) = 32,0 % (ϱ = 1,310 g/cm^3), gefüllt. In den Tank werden weitere 15,0 t Kalilauge mit w(KOH) = 14,2 % gepumpt. Welchen Massenanteil w(KOH) hat die Füllung?

33. Ein Tank mit 45,0 m^3 Füllvolumen soll mit Schwefelsäure des Massenanteils $w(H_2SO_4)$ = 60,0 % (ϱ = 1,499 g/cm^3) gefüllt werden. Verfügbar sind Säuren mit den Massenanteilen $w(H_2SO_4)$ = 50,0 % (ϱ = 1,395 g/cm^3) sowie $w(H_2SO_4)$ = 85,0 % (ϱ = 1,779 g/cm^3). Welche Volumina der Ausgangssäuren müssen in den Tank verpumpt werden?

34. 5,50 m^3 Dünnsole mit ϱ = 1,148 g/cm^3 verlassen die Membranzellen einer Alkalichlorid-Elektrolyse mit w(NaCl) = 20,0 %. Die Sole soll durch Zusatz von festem Steinsalz mit w(NaCl) = 96,0 % auf einen Massenanteil w(NaCl) = 26,5 % konzentriert werden. Welche Masse an Steinsalz ist zu lösen, wie viel Produkt entsteht?

35. Berechnen Sie die neun Gehaltsgrößen nach Tabelle 157/1 für folgende wässrige Lösungen:
    a) 21,951 g H_2SO_4 (ϱ = 1,8305 g/cm^3) in 100 g H_2O (ϱ = 0,998 g/cm^3), ϱ(Lsg) = 1,1243 g/cm^3
    b) 66,67 g Methanol (ϱ = 0,7917 g/cm^3) in 100 g H_2O (ϱ = 0,998 g/cm^3), ϱ(Lsg) = 0,9345 g/cm^3.

6 Berechnungen zum Verlauf chemischer Reaktionen

Bei chemischen Reaktionen sind neben dem stofflichen Umsatz (Stöchiometrie) und dem energetischen Umsatz (Thermodynamik) vor allem auch die Fragen von Bedeutung, mit welcher Geschwindigkeit, wie vollständig und nach welchem Mechanismus die Reaktionen ablaufen.

Mit diesen Aspekten chemischer Reaktionen befasst sich die **Reaktionskinetik.**

6.1 Die Reaktionsgeschwindigkeit

Chemische Reaktionen verlaufen je nach der Art der Reaktionspartner und den Reaktionsbedingungen mit unterschiedlicher Geschwindigkeit ab **(Bild 1)**:

- Die natürliche Bildung von Kohle und Erdöl aus organischer Substanz benötigte viele Millionen Jahre, verläuft also mit äußerst geringer Geschwindigkeit.
- Das Verrotten organischer Stoffe wie Holz oder Fäkalien dauert Wochen bis Jahre.
- Das Rosten von Eisen oder der Angriff von Säuren auf Metalle (Korrosion) verläuft mäßig schnell und im Zeitraum von Minuten bis Jahren.
- Die Neutralisation von Säuren und Basen oder die Fällung von Salzen aus Lösungen erfolgt in Sekundenbruchteilen.

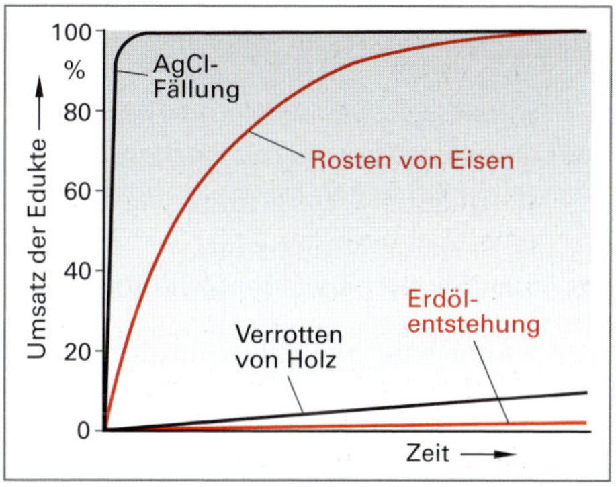

Bild 1: Reaktionsverlauf unterschiedlicher chemischer Vorgänge

Bei den genannten Beispielen ist die Umwandlung der Ausgangsstoffe (Edukte) in die Endstoffe (Produkte), also die Konzentrationsänderung Δc, im gleichen Zeitintervall Δt sehr unterschiedlich. Sie wird als **Reaktionsgeschwindigkeit *r*** (reaction velocity) bezeichnet.

> Die Reaktionsgeschwindigkeit r ist als Änderung der Konzentration Δc eines Reaktionsteilnehmers pro Zeiteinheit Δt definiert.

Reaktionsgeschwindigkeit
$r\,(\text{Produkt}) = \dfrac{\Delta c\,(\text{Produkt})}{\Delta t}$
$r\,(\text{Edukt}) = \dfrac{\Delta c\,(\text{Edukt})}{\Delta t}$

Mit Konzentrationsänderung ist im Folgenden die Änderung der Stoffmengenkonzentration gemeint.

Zur grafischen **Bestimmung der Reaktionsgeschwindigkeit** werden die Konzentrationen der Reaktionspartner in einem Diagramm gegen die Reaktionszeit aufgetragen **(Bild 2).** Aus dem Steigungsdreieck $\Delta c/\Delta t$ im Konzentrations-Zeit-Diagramm ist die durchschnittliche Reaktionsgeschwindigkeit r im Zeitraum Δt zu ermitteln.

Am leichtesten ist die Reaktionsgeschwindigkeit mäßig schnell ablaufender Reaktionen zu messen, bei denen Gase entstehen. Dies soll am Beispiel der Reaktion zwischen Magnesium und Salzsäure untersucht werden, bei der das entstehende Wasserstoffvolumen im Kolbenprober in Zeitintervallen ermittelt und mit Hilfe der Gasgesetze auf die Stoffmenge umgerechnet wird:

$$Mg_{(s)} + 2\,H^{+}_{(aq)} \longrightarrow Mg^{2+}_{(aq)} + H_{2(g)}$$

Die Geschwindigkeit dieser Reaktion ist durch unterschiedliche Konzentrationsänderungen gekennzeichnet:

1. Durch die **Konzentrationszunahme** von Magnesium-Ionen und Wasserstoffmolekülen

Da die Konzentrationen $c\,(Mg^{2+})$ und $c\,(H_2)$ zunehmen, ist die Konzentrationsänderung Δc positiv, die Kurve hat eine positive Steigung. Man spricht bei den Produkten von der **Bildungsgeschwindigkeit.**

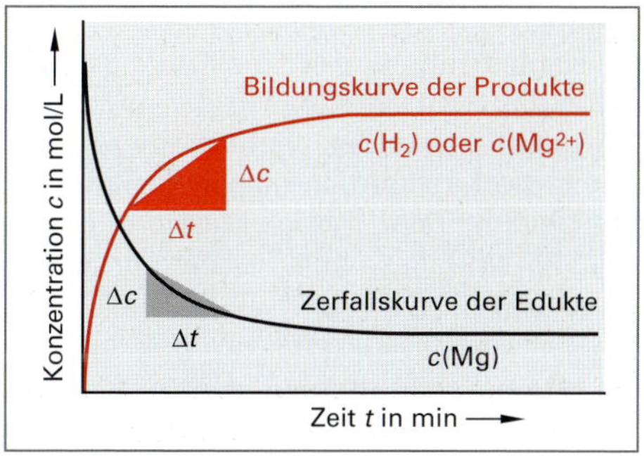

Bild 2: Konzentrationsänderung in Abhängigkeit von der Zeit

Pro 1 Mol Magnesium-Ionen entsteht 1 Mol Wasserstoff. Daraus folgt die nebenstehende Beziehung zwischen den beiden Reaktionsgeschwindigkeiten:

$$r(Mg^{2+}) = r(H_2) = \frac{\Delta c\,(Mg^{2+})}{\Delta t} = \frac{\Delta c\,(H_2)}{\Delta t}$$

2. Berechnung der Reaktionsgeschwindigkeit durch die **Konzentrationsabnahme** von Magnesium oder Protonen. Die Konzentration an Magnesium $c(Mg)$ und an Wasserstoff-Ionen $c(H^+)$ aus der Salzsäure nimmt ab, Δc ist negativ, die Kurve hat eine negative Steigung. Man spricht von der **Zerfallsgeschwindigkeit** und versieht den Term $\Delta c/\Delta t$ mit einem Minuszeichen, da die Reaktionsgeschwindigkeit keine negativen Werte annehmen kann.

Es werden pro 1 Mol Magnesium 2 Mol Wasserstoff-Ionen umgesetzt, deshalb erfolgt die Abnahme der Wasserstoff-Ionen mit doppelt so großer Geschwindigkeit wie die Abnahme des Magnesiums.

Aus diesem Grund gilt: $r(H^+) = 2 \cdot r(Mg)$, oder: $\frac{1}{2}\,r(H^+) = r(Mg) = \frac{\Delta c\,(Mg)}{\Delta t} = -\frac{1}{2}\,\frac{\Delta c\,(H^+)}{\Delta t}$

Zur Bestimmung der Reaktionsgeschwindigkeit muss nur die Konzentrationsänderung **eines** Produkts oder **eines** Edukts ermittelt werden. Mit Hilfe der Koeffizienten in der Reaktionsgleichung kann die Reaktionsgeschwindigkeit auf die übrigen Reaktionsteilnehmer umgerechnet werden.

Für die Reaktion Magnesium mit Salzsäure gilt somit für ein beliebiges Zeitintervall:

$$r = \frac{\Delta c\,(Mg^{2+})}{\Delta t} = \frac{\Delta c\,(H_2)}{\Delta t} = -\frac{\Delta c\,(Mg)}{\Delta t} = -\frac{1}{2}\,\frac{\Delta c\,(H^+)}{\Delta t}$$

Durchschnittsgeschwindigkeit (average velocity)

Die Reaktionsgeschwindigkeit ändert sich fortlaufend, da sich die Konzentration der Reaktionspartner ändert. Bei den für ein bestimmtes Zeitintervall betrachteten Reaktionsgeschwindigkeiten handelt es sich demnach um **Durchschnittsgeschwindigkeiten r_D.**

Zeichnerisch ergibt sich die Durchschnittsgeschwindigkeit aus dem *c-t*-Diagramm als Steigung einer Sekante **(Bild 1)**. Je größer die Steigung der Sekante ist, um so größer ist die Reaktionsgeschwindigkeit. Die Werte für den Quotienten $\Delta c/\Delta t$ sind aus dem Steigungsdreieck im Diagramm abzulesen.

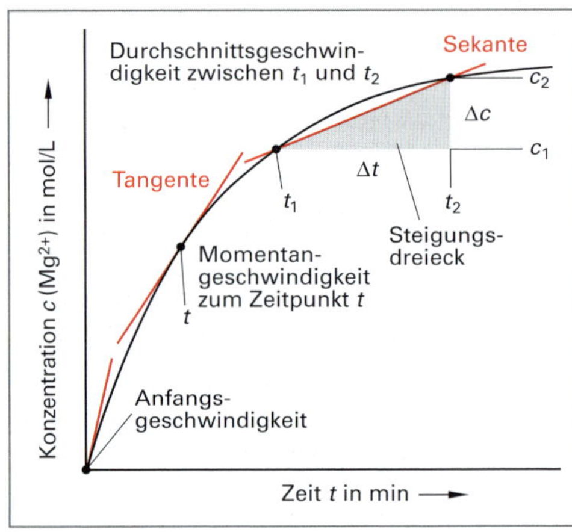

Bild 1: Reaktionsgeschwindigkeiten

Momentangeschwindigkeit (instantaneous velocity)

Wählt man die Zeitintervalle immer kleiner, so wird aus der Sekante eine Tangente. Die Steigung der Tangente entspricht der **Momentangeschwindigkeit r_M** der Reaktion zur Zeit *t*. Die **Anfangsgeschwindigkeit** (initial velocity) r_0 ist die Momentangeschwindigkeit zum Zeitpunkt $t = 0$.

Kapillarrohrmethode

Eine einfache und recht genaue Methode zur Ermittlung der Momentangeschwindigkeit aus einem Graphen ist die Kapillarrohrmethode.

Ein Kapillarrohr wird auf die Kurve gelegt **(Bild 2a)**. Nur wenn das Rohr die Kurve in der gewünschten Position senkrecht schneidet, verläuft diese ohne Brechung durch die Kapillare. In dieser Position werden an seinen beiden Enden mittige Markierungen eingezeichnet (Bild 2b) und diese miteinander verbunden.

Rechtwinklig zu dieser Geraden kann die Tangente eingezeichnet werden (Bild 2c). Ihre Steigung entspricht der Momentangeschwindigkeit im Schnittpunkt mit der Kurve. Die für die Berechnung benötigten Werte Δc und Δt ergeben sich aus einem beliebigen Steigungsdreieck an der Tangente (Bild 2d).

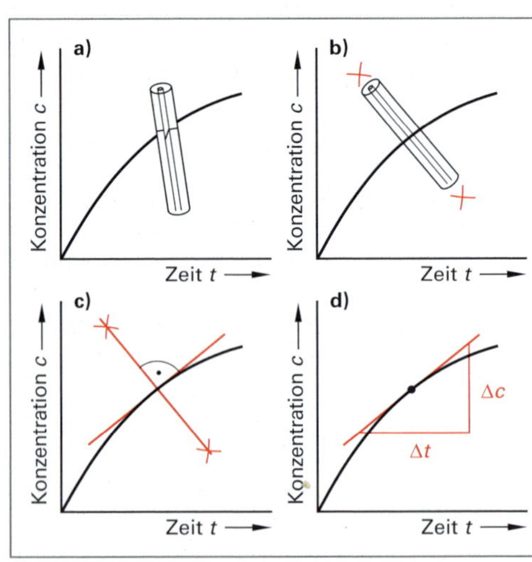

Bild 2: Ermittlung der Momentangeschwindigkeit (Kapillarrohrmethode)

Beispiel: Zink setzt sich mit Salzsäure unter Bildung von Wasserstoff um: $Zn_{(s)} + 2\,HCl_{(aq)} \longrightarrow ZnCl_{2(aq)} + H_{2(g)}$

Die angegebenen Messwerte der Wasserstoffvolumina $V(H_2)$ in Tabelle 1 wurden mit 5,0 mL Salzsäure der Konzentration $c(HCl)$ = 1,0 mol/L und überschüssigen Zinkgranalien erhalten.

Tabelle 1: Reaktionsverlauf von Zink und Salzsäure (bei 22,0 °C und 1,023 bar)

gegebene Messwerte	t in min	1	2	3	4	6	8	10	12	15
	$V(H_2)$ in mL	15,0	21,5	26,5	30,5	35,8	39,2	41,5	42,9	43,5
berechnete Lösungswerte	$n(H_2)$ in mmol	0,626	0,897	1,105	1,272	1,493	1,635	1,731	1,789	1,814
	$c(H^+)$ in mol/L	0,750	0,641	0,558	0,491	0,404	0,346	0,308	0,284	0,274
	$c(Zn^{2+})$ mol/L	0,125	0,179	0,221	0,254	0,299	0,327	0,346	0,357	0,362

a) Berechnen Sie aus den Wasserstoffvolumina $V(H_2)$ die Stoffmengenkonzentrationen $c(H^+)$ und $c(Zn^{2+})$ und tragen Sie diese jeweils in einem Diagramm in Abhängigkeit von der Zeit auf.

b) Ermitteln Sie in den Diagrammen die Durchschnittsgeschwindigkeit $r_D(H^+)$ für den Zeitraum 5 bis 9 Minuten und die Momentangeschwindigkeit $r_M(Zn^{2+})$ nach 5 Minuten Reaktionszeit.

Lösung:

a) Berechnung der **Stoffmengen**: Aus den gemessenen Wasserstoffvolumina können die Stoffmengen $n(H_2)$ mit Hilfe der allgemeinen Gasgleichung (Seite 128) ermittelt werden:

$$p \cdot V = n \cdot R \cdot T \quad \Rightarrow \quad n(H_2) = \frac{p \cdot V(H_2)}{R \cdot T}$$

$$\text{Für } t = 1 \text{ min: } n(H_2) = \frac{1{,}023 \text{ bar} \cdot 15{,}0 \text{ mL}}{83{,}14 \frac{\text{mL} \cdot \text{mbar}}{\text{K} \cdot \text{mmol}} \cdot 295 \text{ K}} = 0{,}626 \text{ mmol}$$

Bilanz für die **Stoffmengenkonzentration $c(H^+)$**:
Das Stoffmengenverhältnis $n(H^+)/n(H_2)$ beträgt:

$$\frac{n(H^+)}{n(H_2)} = \frac{2 \text{ mol}}{1 \text{ mol}} \quad \Rightarrow \quad n(H^+) = 2 \cdot n(H_2)$$

Das heißt: 1 mol gebildetes H_2 verbraucht 2 mol H^+-Ionen. Umgesetzte Stoffmenge $n(H^+)$ zum Zeitpunkt t = 1 min:
$n(H^+) = 2 \cdot n(H_2) = 2 \cdot 0{,}626$ mmol = 1,252 mmol.

Mit der Anfangskonzentration $c_0(H^+)$ = 1,0 mol/L und $n_0(H^+) = c(HCl) \cdot V(HCl)$ = 1,0 mol/L · 5,0 mL = 5,0 mmol folgt für die zum Zeitpunkt t = 1 min noch verbliebene Stoffmenge $n(H^+)$:
$n(H^+)$ = 5,0 mmol – 1,252 mmol = 3,748 mmol.
Mit $c(H^+) = n(H^+)/V(HCl)$ folgt zum Zeitpunkt t = 1min:
$c(H^+)$ = 3,748 mmol/5,0 mL ≈ **0,750 mol/L**

Bilanz für die **Stoffmengenkonzentration $c(Zn^{2+})$**: Pro 1 mol H_2 entsteht 1 mol Zn^{2+}.
Für den Zeitpunkt t = 1 min gilt: $n(Zn^{2+}) = n(H_2)$ = 0,626 mmol, mit $c(Zn^{2+}) = n(Zn^{2+})/V(HCl)$ folgt:
$c(Zn^{2+})$ = 0,626 mmol/5,0 mL ≈ **0,125 mol/L**

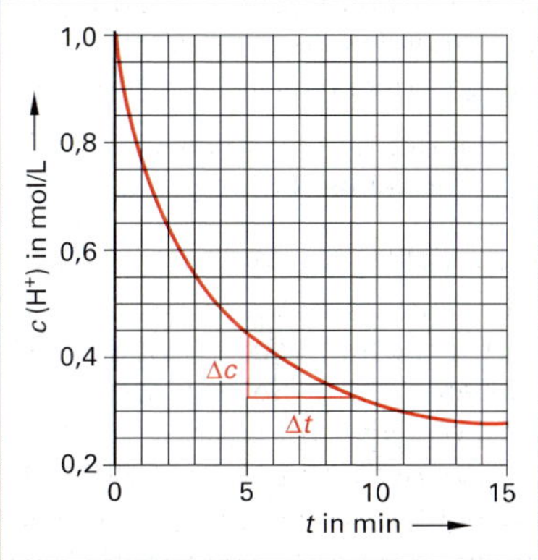

Bild 1: Reaktionsgeschwindigkeit $r(H^+)$

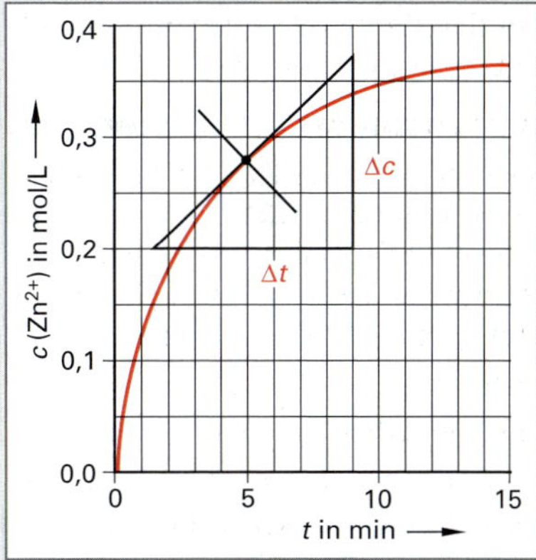

Bild 2: Reaktionsgeschwindigkeit $r(Zn^{2+})$

Auf diese Weise werden für die weiteren genannten Zeiten die $c(H^+)$-Werte und $c(Zn^{2+})$-Werte berechnet und im Diagramm aufgetragen **(Bild 1 und Bild 2)**

Für die **Durchschnittsgeschwindigkeit $r_D(H^+)$** werden aus dem Steigungsdreieck der Sekante im Diagramm die Stoffmengen für die Zeitpunkte 5 min und 9 min abgelesen **(Bild 1)** und eingesetzt:

$$r_D(H^+) = -\frac{\Delta c}{\Delta t} = -\frac{c_2 - c_1}{t_2 - t_1} = -\frac{0{,}325 \text{ mol/L} - 0{,}450 \text{ mol/L}}{9 \text{ min} - 5 \text{ min}} = -\frac{-0{,}125 \text{ mol/L}}{4 \text{ min}} \approx \mathbf{31 \text{ mmol/L} \cdot \text{min}^{-1}}$$

Die **Momentangeschwindigkeit $r_M(Zn^{2+})$** für den Zeitpunkt 5 min wird aus dem Steigungsdreieck erhalten, nachdem mit Hilfe der Kapillarrohrmethode eine Tangente an den Graphen gelegt wurde **(Bild 2)**:

$$r_M(Zn^{2+}) = \frac{\Delta c}{\Delta t} = \frac{c_2 - c_1}{t_2 - t_1} = \frac{0{,}37 \text{ mol/L} - 0{,}20 \text{ mol/L}}{9 \text{ min} - 1{,}6 \text{ min}} \approx \mathbf{23 \text{ mmol/L} \cdot \text{min}^{-1}}$$

Aufgaben zu 6.1 Reaktionsgeschwindigkeit

1. Ameisensäure (Methansäure) wird durch Brom nach folgender Reaktionsgleichung zu Kohlenstoffdioxid oxidiert: $HCOOH_{(aq)} + Br_{2(aq)} \longrightarrow CO_{2(g)} + 2\,HBr_{(aq)}$
Die Anfangskonzentration an Brom beträgt 20,0 mmol/L. Nach Zugaben einer Ameisensäure-Lösung beträgt sie nach 30 s Reaktionszeit 8,0 mmol/L, nach 60 s 2,0 mmol/L. Berechnen Sie die Durchschnittsgeschwindigkeiten $r_D(Br_{2(aq)})$, $r_D(CO_{2(g)})$ und $r_D(H^+_{(aq)})$ für den Zeitraum 30 s – 60 s.
2. Im Überschuss vorliegende Marmorbruchstücke werden mit 50 mL Salzsäure der Konzentration $c(HCl) = 2{,}0$ mol/L zur Reaktion gebracht. Das Calciumcarbonat aus dem Marmor setzt sich mit der Säure zu Kohlenstoffdioxid und Calciumchlorid um:
$CaCO_{3(s)} + 2\,HCl_{(aq)} \longrightarrow CaCl_{2(aq)} + CO_{2(g)} + H_2O_{(l)}$
In **Tabelle 1** ist der Masseverlust durch das entweichende CO_2 gegen die Zeit angegeben.

Tabelle 1: Reaktionsverlauf zwischen Marmor und Salzsäure

t in s	20	40	60	80	100	120	140	160	180	200	240	280	320	360	400	500
$m(CO_2)$ in g	0,23	0,42	0,58	0,70	0,79	0,86	0,93	0,97	1,01	1,03	1,06	1,09	1,12	1,13	1,14	1,15

a) Berechnen Sie aus den Massen des Kohlenstoffdioxids die entsprechende Stoffmenge an CO_2 sowie die Stoffmengenkonzentration der in Lösung gegangenen Calcium-Ionen. Tragen Sie in einem Diagramm jeweils die Stoffmenge $n(CO_2)$ und die Konzentration $c(Ca^{2+})$ gegen die Zeit auf.
b) Berechnen Sie mit Hilfe der Werte aus Tabelle 188/1 die Durchschnittsgeschwindigkeit $r(CO_2)$ für den Zeitraum 80 s bis 100 s.
c) Ermitteln Sie aus dem Diagramm die durchschnittliche Reaktionsgeschwindigkeiten $r(Ca^{2+})$ und $r(CO_2)$ im Zeitraum 90 s bis 150 s.
d) Bestimmen Sie mit Hilfe der Kapillarrohrmethode die Momentangeschwindigkeit $r_M(Ca^{2+})$ bei 200 s sowie die Anfangsgeschwindigkeit $r_0(H^+)$.

6.2 Beeinflussung der Reaktionsgeschwindigkeit

Die Reaktionsgeschwindigkeit wird in erster Linie durch die Reaktivität der an der Reaktion beteiligten Stoffe bestimmt. So verlaufen beispielsweise Ionenreaktionen mit sehr hoher Reaktionsgeschwindigkeit, organisch-chemische Reaktionen dagegen sehr viel langsamer ab.
Zu den Faktoren, mit welchen man die Reaktionsgeschwindigkeit beeinflussen kann, zählen neben dem Zerteilungsgrad der Ausgangsstoffe vor allem die Konzentration, die Temperatur und der Einsatz von Katalysatoren bzw. Inhibitoren.

6.2.1 Einfluss der Konzentration auf die Reaktionsgeschwindigkeit

Die Abhängigkeit der Reaktionsgeschwindigkeit von der Konzentration lässt sich kontinuierlich mit fotometrischen, potentiometrischen oder konduktometrischen Messungen ermitteln.

Methode der Anfangsgeschwindigkeit

(method of initial velocity)

Die *Methode der Anfangsgeschwindigkeit* liefert brauchbare Ergebnisse zur Bestimmung der Konzentrationsabhängigkeit der Reaktionsgeschwindigkeit. Sie beruht darauf, eine Reaktion schon nach relativ kurzer Umsatzzeit zu beenden. Dabei führen folgende Überlegungen zur Anfangsgeschwindigkeit einer chemischen Reaktion:
Zu Beginn einer Reaktion nimmt die Konzentration der Edukte annähern linear ab. Im Konzentrations-Zeit-Diagramm ist daher die Tangentensteigung nahezu identisch mit der Sekantensteigung. Der Quotient $\Delta c / \Delta t$ ergibt somit direkt die Momentangeschwindigkeit für den Zeitpunkt t_0 und entspricht der Anfangsgeschwindigkeit r_0 **(Bild 1)**.

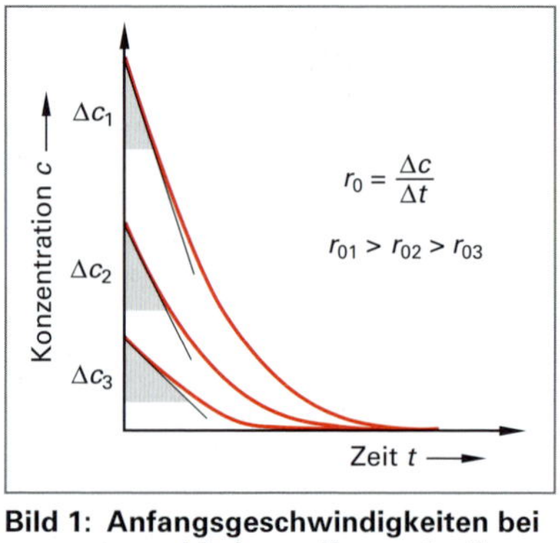

Bild 1: Anfangsgeschwindigkeiten bei verschiedenen Konzentrationen

Mit Hilfe der Methode der Anfangsgeschwindigkeit soll der Einfluss der Konzentration der Edukte auf die Reaktionsgeschwindigkeit am Beispiel der Reaktion zwischen Kaliumiodid und Wasserstoffperoxid in schwefelsaurer Lösung untersucht werden (siehe dazu auch Seite 252).

Wasserstoffperoxid oxidiert Iodid-Ionen zu elementarem Iod nach folgender Reaktion:

$$H_2O_{2(aq)} + 2\,I^-_{(aq)} + 2\,H^+_{(aq)} \longrightarrow 2\,H_2O_{(l)} + I_{2(aq)}$$

Zur Untersuchung des Reaktionsverlaufs werden unterschiedliche Volumina der Ausgangslösungen zusammengegeben **(Tabelle 1)**. Sie unterscheiden sich in der Konzentration an:

- Wasserstoffperoxid (Ansatz 1 bis 5)
- Iodid-Ionen (Ansatz 5 bis 9)
- Wasserstoff-Ionen (Ansatz 10).

Die Reaktion gilt als beendet, wenn sich eine sehr geringe, aber immer gleiche Portion an Iod $I_{2(aq)}$ gebildet hat.

Dazu werden die Reaktionsansätze mit einer sehr geringen Konzentration an Natriumthiosulfat-Lösung versetzt, welches das gebildete Iod in einer raschen Reaktion sofort wieder reduziert. Ist die Thiosulfat-Portion verbraucht, liegt das Iod frei vor, was durch Blaufärbung von zugesetzter Stärkelösung angezeigt wird.

Die Reaktionszeit t_{R0} bis zum Eintreten der Blaufärbung ist somit ein Maß für die Zeit Δt bis zur Bildung der erwünschten geringen Portion Iod, dem Endpunkt der Reaktion. Da die Konzentration an Iod bei Reaktionsende jeweils gleich ist, kann sie als Konstante in die Berechnung der Anfangsgeschwindigkeit eingehen.

Für die Anfangsgeschwindigkeit r_0 gilt: $r_0(I_2) = \frac{\Delta c}{\Delta t} = \frac{\Delta c(I_2)}{\Delta t} = \frac{\text{Konstante}}{t_{R0}} \Rightarrow r_0(I_2) \sim t_{R0}^{-1}$

Die Anfangs-Reaktionsgeschwindigkeit r_0 ist dem Kehrwert der gemessenen Reaktionszeit proportional, t_{R0}^{-1} ist ein Maß für die Anfangs-Reaktionsgeschwindigkeit r_0.

Beispiel: Untersuchung der Reaktion von Kaliumiodid mit Wasserstoffperoxid nach der Methode der Anfangsgeschwindigkeit

Folgende Lösungen sind erforderlich:

Lösung A: Kaliumiodid-Lösung $c(KI)$ = 100 mmol/L mit Stärke-Lösung versetzt

Lösung B: Natriumthiosulfat-Lösung, $c(Na_2S_2O_3)$ = 5,0 mmol/L

Lösung C: Schwefelsäure, $c(H_2SO_4)$ = 5,0 mmol/L

Lösung D: Wasserstoffperoxid-Lösung, $c(H_2O_2)$ = 25 mmol/L

In **Tabelle 1** sind die Volumina für 10 Reaktionsansätze sowie die gemessenen Reaktionszeiten t_{R0} aufgeführt. Das Gesamtvolumen der Reaktionsansätze wird durch Auffüllen mit Wasser auf jeweils 70 mL konstant gehalten.

Tabelle 1: Reaktionsverlauf zwischen Kaliumiodid und Wasserstoffperoxid

Ansatz Nr.	A / mL	B / mL	C / mL	D / mL	H_2O / mL	t_{R0} / s	t_{R0}^{-1} / s^{-1}
1	25	10	10	4	21	80	0,0125
2	25	10	10	8	17	39	0,0256
3	25	10	10	12	13	26	0,0385
4	25	10	10	16	9	20	0,0500
5	25	10	10	20	5	16	0,0625
6	20	10	10	20	10	20	0,0500
7	15	10	10	20	15	25	0,0400
8	10	10	10	20	20	38	0,0263
9	5	10	10	20	25	80	0,0125
10	15	10	20	20	5	25	0,0400

Lösung zu a

Aufgabe: Welcher Zusammenhang besteht zwischen der Reaktionsgeschwindigkeit r_0 und den Konzentrationen an Iodid-Ionen $c(I^-)$, Wasserstoffperoxid $c(H_2O_2)$ und an Wasserstoff-Ionen $c(H^+)$?

a) Berechnen Sie die Anfangs-Geschwindigkeit r_0 (Kehrwerte der Reaktionszeiten t_{R0}^{-1}) für die 10 Ansätze.

b) Tragen Sie in einem Diagramm die Reaktionsgeschwindigkeiten t_{R0}^{-1} gegen die Volumina A (Kaliumiodid-Lösung) auf. Die Konzentration der anderen Edukte ist konstant. Interpretieren Sie den Verlauf des Graphen.

c) Tragen Sie anschließend im gleichen Diagramm die Reaktionsgeschwindigkeiten t_{R0}^{-1} gegen die Volumina D (Wasserstoffperoxid-Lösung) auf. Die Konzentration der anderen Edukte ist konstant. Interpretieren Sie den Verlauf des Graphen.

d) Formulieren Sie die Proportionalität zwischen den Konzentrationen $c(I^-)$ sowie $c(H_2O_2)$ und der Anfangs-Reaktionsgeschwindigkeit r_0.

e) Welchen Einfluss hat die Konzentration der Wasserstoff-Ionen $c(H^+)$ auf die Reaktionsgeschwindigkeit?

Lösung:

a) In Spalte 8 der Tabelle 189/1 sind die berechneten Reaktionsgeschwindigkeiten (r_0 = t_{R0}^{-1}) aufgeführt.
Beispiel für Ansatz 1: $r_0(I^-)$ = t_{R0}^{-1} = 80^{-1} s^{-1} = 0,0125 s^{-1}

b) Werden die Konzentrationen $c(I^-)$ gegen die Anfangsgeschwindigkeiten r_0 aufgetragen, so zeigt sich im Diagramm ein linearer Zusammenhang zwischen den beiden Größen (schwarze Gerade in **Bild 1**)

c) Die gleiche lineare Abhängigkeit besteht zwischen der Konzentration $c(H_2O_2)$ und den Anfangsgeschwindigkeiten (rote Gerade in Bild 1).

d) Die Ergebnisse zeigen eine direkte Proportionalität zwischen den Konzentrationen $c(I^-)$ und $c(H_2O_2)$ und der Reaktionsgeschwindigkeit.
Es gilt: $\boldsymbol{r_0 \sim c(I^-)}$ und $\boldsymbol{r_0 \sim c(H_2O_2)}$
Diese Gesetzmäßigkeit gilt nicht nur für die Anfangs-Reaktionsgeschwindigkeit r_0, sie lässt sich auf jeden beliebigen Zeitpunkt der Reaktion anwenden.

e) Die Veränderung der Wasserstoff-Ionenkonzentration $c(H^+)$ hat offensichtlich keinen Einfluss auf die Reaktionsgeschwindigkeit, wie ein Vergleich der Ansätze 7 und 10 zeigt:
Eine Verdopplung der Konzentration $c(H^+)$ verändert die Reaktionszeit und somit die Reaktionsgeschwindigkeit nicht.

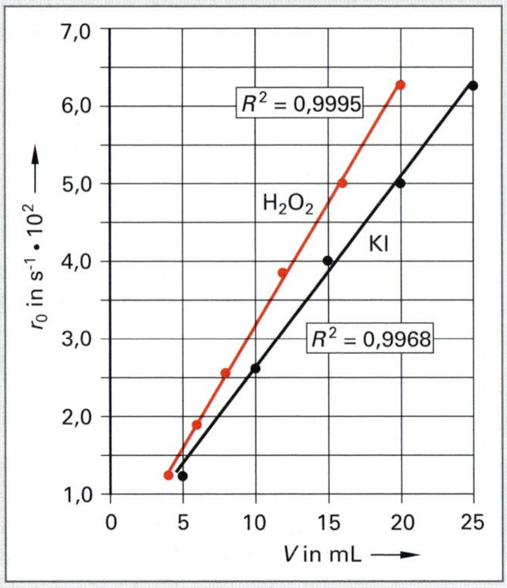

Bild 1: Konzentrationsabhängigkeit der Reaktionsgeschwindigkeit

Geschwindigkeitsgleichung und Reaktionsordnung

Im vorstehenden Beispiel wurde eine Proportionalität zwischen der Anfangsgeschwindigkeit und den Anfangskonzentrationen der Edukte festgestellt. Mit dem Proportionalitätsfaktor *k* wird daraus das **Geschwindigkeitsgesetz** (rate law) dieser Reaktion erhalten. Man bezeichnet es auch als **Zeitgesetz** einer Reaktion. Für die Umsetzung zwischen Iodid-Ionen und Wasserstoffperoxid:

$$H_2O_{2(aq)} + 2\,I^-_{(aq)} + 2\,H^+_{(aq)} \longrightarrow 2\,H_2O_{(l)} + I_{2(aq)}$$

lautet das Geschwindigkeitsgesetz: $r = k \cdot c(I^-) \cdot c(H_2O_2)$.

Da die Wasserstoff-Ionen keinen Einfluss auf die Reaktionsgeschwindigkeit haben, tauchen sie in der Geschwindigkeitsgleichung nicht auf.

Dies hat folgende Ursache: Viele Reaktionen verlaufen in Teilschritten über mehrere Elementarreaktionen. Am langsamsten Reaktionsschritt, dem geschwindigkeitsbestimmenden Schritt der untersuchten Reaktion, sind die H^+-Ionen offensichtlich nicht beteiligt.

Die Geschwindigkeitskonstante *k* ist charakteristisch für eine Reaktion bei konstanter Temperatur. Mit steigender Temperatur wächst *k* stark an (Seite 196). Je größer der Betrag der Geschwindigkeitskonstante *k*, umso schneller verläuft eine Reaktion.

Die mathematische Verknüpfung zwischen der Reaktionsgeschwindigkeit und den Konzentrationen der Ausgangsstoffe nennt man **Geschwindigkeitsgesetz** oder **Zeitgesetz**.

Das Geschwindigkeitsgesetz beschreibt die Änderung der Reaktionsgeschwindigkeit bei einer Konzentrationsänderung der Ausgangsstoffe.

Die Abhängigkeit der Reaktionsgeschwindigkeit von den Konzentrationen der Edukte der allgemeine Reaktion:

$$m\,A + n\,B \longrightarrow A_mB_n$$

lässt sich durch folgendes Geschwindigkeitsgesetz beschreiben:

Geschwindigkeitsgesetz
$r = k \cdot c^x(A) \cdot c^y(B)$

Man bezeichnet den **Exponenten**, mit dem die Konzentration eines Ausgangsstoffes im Geschwindigkeitsgesetz auftritt, als **Ordnung** der Reaktion bezüglich dieses Stoffes.

Die Summe der einzelnen Exponenten x und y bzw. der Ordnungen nennt man die **Reaktionsordnung** (reaction order) der Gesamtreaktion. Im einfachsten Fall stimmen die Exponenten x und y mit den Reaktionskoeffizienten m und n überein.

Die Exponenten eines Geschwindigkeitsgesetzes kennzeichnen den Konzentrationseinfluss eines Edukts auf die Reaktionsgeschwindigkeit. Sie müssen **immer** experimentell ermittelt werden und sind **nicht** aus den stöchiometrischen Koeffizienten der Reaktionsgleichung herzuleiten.

Ist das Geschwindigkeitsgesetz einer Reaktion bekannt, so kann aus den bekannten Konzentrationen und den Reaktionszeiten die Geschwindigkeitskonstante *k* errechnet werden. Ihre Kenntnis ist für die Berechnung der Aktivierungsenergie von großer Bedeutung (Seite 196).

Die Herleitung der Reaktionsordnung aus Messwerten soll am Beispiel der Reaktion zwischen Iodid-Ionen und Wasserstoffperoxid erläutert werden.

Beispiel: Mit Hilfe der Messdaten aus **Tabelle 189/1** ist die Reaktionsordnung bezogen auf die Edukte und auf die Gesamtreaktion bei der Reaktion zwischen Iodid-Ionen und Wasserstoffperoxid zu ermitteln.

$$H_2O_{2(aq)} + 2\,I^-_{(aq)} + 2\,H^+_{(aq)} \longrightarrow 2\,H_2O_{(l)} + I_{2(aq)}$$

Lösung: Vergleich der Messwerte von Ansatz 6 und 8 sowie Ansatz 8 und 9:
Eine Verdopplung der Iodid-IonenKonzentration bewirkt eine Verdopplung der Reaktionsgeschwindigkeit bzw. Halbierung der Reaktionszeit.

⇒ Bezogen auf **Iodid-Ionen** ist es somit eine **Reaktion 1. Ordnung**

Vergleich der Messwerte von Ansatz 1 und 2 sowie Ansatz 2 und 4:
Eine Verdopplung der H_2O_2-Konzentration bewirkt eine Verdopplung der Reaktionsgeschwindigkeit bzw. Halbierung der Reaktionszeit.

⇒ Bezogen auf **Wasserstoffperoxid** ist es somit eine **Reaktion 1. Ordnung**

Vergleich der Messwerte von Ansatz 9 und 10:
Eine Verdopplung der Wasserstoff-Ionen-Konzentration bewirkt keine Veränderung der Reaktionsgeschwindigkeit bzw. keine Veränderung der Reaktionszeit.

⇒ Bezogen auf **Wasserstoff-Ionen** ist es somit eine **Reaktion 0. Ordnung**

In der Geschwindigkeitsgleichung $r = k \cdot c(I^-) \cdot c(H_2O_2)$ ist die Summe der Exponenten: $1 + 1 = 2$

⇒ Bezogen auf die **Gesamtreaktion** ist es eine **Reaktion 2. Ordnung**

Aufgaben zu 6.2.1 Einfluss der Konzentration auf die Reaktionsgeschwindigkeit

1. Reagiert Natriumthiosulfat, $c(Na_2S_2O_3) = 0{,}1$ mol/L, mit Salzsäure, $c(HCl) = 2$ mol/L (1 mol/L), so disproportioniert das Thiosulfat-Ion in Schwefeldioxid und elementaren Schwefel:

$$\overset{+II}{S_2}O^{2-}_{3(aq)} + 2\,H^+_{(aq)} \longrightarrow \overset{+IV}{S}O_{2(aq)} + \overset{\pm 0}{S}_{(s)} + H_2O_{(l)}$$

Man stellt nach dem Durchmischen den Erlenmeyerkolben mit dem Reaktionsgemisch auf ein Blatt Papier mit einem gezeichneten Kreuz. Durch den ausgeschiedenen Schwefel wird die Lösung trüb und schließlich undurchsichtig. Man bestimmt die Zeit, nach der das Kreuz nicht mehr erkennbar ist, wenn man von oben durch die Lösung schaut. Zu diesem Zeitpunkt hat sich in jedem Ansatz die etwa gleiche Menge an Schwefel gebildet (Methode der Anfangsgeschwindigkeit). Ein konstantes Gesamtvolumen von 55 mL im Erlenmeyerkolben wird durch Auffüllen der Thiosulfat-Lösung im 50-mL-Messzylinder mit demin. Wasser auf 50 mL erhalten.

Tabelle 1: Reaktionsverlauf von Salzsäure und Natriumthiosulfat

Ansatz Nr.	$V(S_2O_3^{2-})$ in mL	$V(HCl)$ in mL	$c(HCl)$ moL/L	Zeit t_R in s
1	50	5	2	27
2	40	5	2	33
3	30	5	2	43
4	20	5	2	65
5	10	5	2	159
6	50	5	1	28
7	40	5	1	34

a) Berechnen Sie mit Hilfe der Reaktionszeiten aus der **Tabelle 1** die Reaktionsgeschwindigkeiten t_{R0}^{-1}. Stellen Sie die Abhängigkeit der Reaktionsgeschwindigkeit von der Konzentration der Thiosulfat-Ionen $S_2O_3^{2-}$ grafisch dar. Tragen Sie dazu t_{R0}^{-1} gegen $V(S_2O_3^{2-})$ auf.

b) Untersuchen Sie den Einfluss der Wasserstoff-Ionen auf die Reaktionsgeschwindigkeit.

c) Ermitteln Sie die Geschwindigkeitsgleichung und die Reaktionsordnung bezüglich der Edukte und der Gesamtreaktion.

2 Für die Reaktion $2\,NO_{(g)} + 2\,H_{2(g)} \rightleftharpoons 2\,H_2O_{(g)} + N_{2(g)}$ wurde die Reaktionsgeschwindigkeit in Abhängigkeit von den Eduktkonzentrationen gemessen. Die Auswertung der Messdaten ergab folgende Ergebnisse: Die Verdopplung der NO-Konzentration bewirkt eine vierfach größere Reaktionsgeschwindigkeit. Bei Verdopplung der H_2-Konzentration steigt die Reaktionsgeschwindigkeit auf den doppelten Wert an. Geben Sie die Reaktionsordnung bezogen auf die Edukte und die Gesamtreaktion an und formulieren Sie die Geschwindigkeitsgleichung der Reaktion.

3. Bromat-Ionen $BrO^-_{3(aq)}$ und Bromid-Ionen $Br^-_{(aq)}$ komproportionieren in saurem Milieu zu elementarem Brom nach der Reaktion:

$$\overset{+IV}{Br}O^-_{3(aq)} + 5\,\overset{-I}{Br}{}^-_{(aq)} + 6\,H^+_{(aq)} \longrightarrow 3\,\overset{\pm 0}{Br}_{2(aq)} + 3\,H_2O_{(l)}$$

Bei 4 Ansätzen mit unterschiedlichen Konzentrationen wurden bei 22 °C nebenstehende Reaktionszeiten gemessen.

a) Berechnen Sie mit den Reaktionszeiten aus der **Tabelle 1** die Geschwindigkeiten t_{R0}^{-1}.

b) Ermitteln Sie die Reaktionsordnung bezogen auf die Edukte und auf die Gesamtreaktion.

c) Welches Geschwindigkeitsgesetz hat die Reaktion?

d) Berechnen Sie die Geschwindigkeitskonstante k für die vorliegende Temperatur.

Tabelle 1: Reaktion zwischen Bromat-Ionen und Bromid-Ionen

Ansatz	Anfangskonzentrationen in moL/L			t_{R0} in s
	BrO_3^-	Br^-	H^+	
1	0,10	0,10	0,10	833
2	0,20	0,10	0,10	417
3	0,10	0,30	0,10	286
4	0,20	0,10	0,20	206

6.2.2 Grafische Ermittlung der Reaktionsordnung

Die Ordnung einer experimentell gewonnenen Geschwindigkeitsgleichung beschreibt, wie die Geschwindigkeit einer Reaktion von der Potenz der Konzentrationen der Ausgangsstoffe abhängt. Die Exponenten, mit welchen die einzelnen Komponenten in der Geschwindigkeitsgleichung erscheinen, sind in der Regel kleine, ganze Zahlen. Es sind aber auch gebrochene Exponenten möglich.

Als Basis für die Beurteilung der Reaktionsordnung dienen Messwerte, die nach der Methode der Anfangsgeschwindigkeit (Seite 188) oder mit Hilfe kontinuierlicher Messungen wie beispielsweise der Leitfähigkeit, der Extinktion oder des pH-Wertes erhalten werden.

Reaktionen nullter Ordnung

Bei einer Reaktion **nullter Ordnung** (zeroth-order reaction) ist die Reaktionsgeschwindigkeit unabhängig von den Edukt-Konzentrationen. Im c-t-Diagramm ergibt sich daher eine **Gerade**. Reaktionen nullter Ordnung sind selten und werden daher nicht weiter untersucht.
Die Geschwindigkeitsgleichung lautet: $r = k$

Reaktionen erster Ordnung

Bei einer Reaktion **erster Ordnung** (first-order reaction) ergeben die Konzentrationen in Abhängigkeit von der Zeit aufgetragen eine **e-Funktion** (**Bild 1**, vgl. Seite 53). Die Übereinstimmung mit dieser Funktion kann mit einem Grafik- oder Tabellenkalkulationsprogramm relativ einfach überprüft werden. Eine Reaktion erster Ordnung unterliegt der Geschwindigkeitsgleichung: $r = k \cdot c(A)$

Beispiel 1: Stickstoff(V)-oxid zerfällt nach folgender Reaktionsgleichung: $2\,N_2O_{5(g)} \longrightarrow 4\,NO_{2(g)} + O_{2(g)}$

Die Konzentrationsänderung von Stickstoff(V)-oxid wurde bei 25 °C zu verschiedenen Zeitpunkten über das aufgefangene Sauerstoff-Volumen ermittelt und dabei folgende Messwerte erhalten:

Tabelle 2: Zerfall von Stickstoff(V)-oxid bei 25 °C

t in min	0	200	400	600	800	1000
$c(N_2O_5)$ in mmol/L	15,0	9,6	6,2	4,0	2,5	1,6

Zeigen Sie in einem c-t-Diagramm, dass die Reaktion nach der Gesetzmäßigkeit einer Reaktion erster Ordnung verläuft, indem Sie die Übereinstimmung der Messwerte mit einer e-Funktion prüfen.

Lösung: Die Konzentration $c(N_2O_5)$ ergibt gegen die Zeit aufgetragen mit guter Genauigkeit eine e-Funktion (**Bild 1**).

Die Funktionsgleichung lautet $\mathbf{c = 15{,}08\ e^{-0{,}022\,t}}$.

Es liegt eine Reaktion **1. Ordnung** vor.

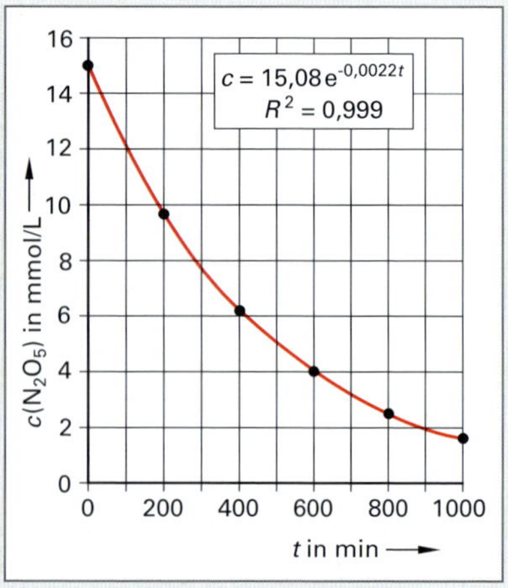

Bild 1: Reaktion 1. Ordnung im c-t-Diagramm

Eine Variante zur Analyse einer Reaktion 1. Ordnung besteht in der **Linearisierung der Messwerte**. Die Werte einer e-Funktion zeigen einen linearen Verlauf, wenn sie logarithmiert werden (vgl. S. 54).

Bei einer Reaktion 1. Ordnung ergibt der natürliche Logarithmus der Konzentrationen ln *c* gegen die Reaktionszeit *t* aufgetragen eine Gerade.

Beispiel 2: Der Zerfall von Stickstoff(V)-oxid ist auf die Reaktionsordnung zu überprüfen, indem der Logarithmus der Konzentrationen ln $c(N_2O_5)$ gegen die Zeit *t* aufgetragen und anschließend eine lineare Regression durchgeführt wird **(Bild 1)**.

Tabelle 1: Zerfall von Stickstoff(V)-oxid bei 25 °C

t in min	0	200	400	600	800	1000
$c(N_2O_5)$ in mol/L	0,0150	0,0096	0,0062	0,0040	0,0025	0,0016
ln $c(N_2O_5)$	– 4,20	– 4,65	– 5,08	– 5,52	– 5,99	– 6,44

Lösung: Die Logarithmen der Konzentrationen $c(N_2O_5)$ sind in Zeile 3 der **Tabelle 1** wiedergegeben.

Die Messwerte zeigen im ln *c*-*t*-Diagramm mit guter Genauigkeit einen linearen Verlauf (**Bild 1**, $R^2 \approx 1$).

Die Funktionsgleichung lautet **$c = 0{,}0022\,t - 4{,}19$.**

Es liegt eine Reaktion **1. Ordnung** vor.

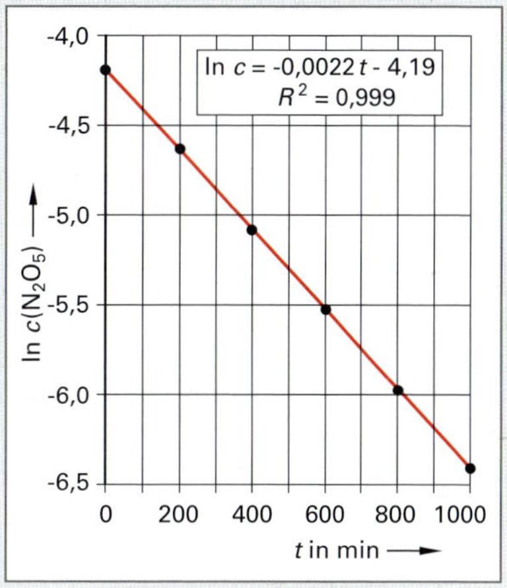

Bild 1: Reaktion 1. Ordnung im ln *c*-*t*-Diagramm

Reaktionen zweiter Ordnung

Bei einer Reaktion **zweiter Ordnung** (second-order reaction) ergeben die Konzentrationen in Abhängigkeit von der Zeit aufgetragen eine **Exponentialfunktion** (**Bild 2**, vgl. Seite 53). Die Übereinstimmung mit dieser Funktion kann mit einem Grafikprogramm oder einem Tabellenkalkulationsprogramm überprüft werden. Die Geschwindigkeitsgleichung einer Reaktion zweiter Ordnung hat die Form: $r = k \cdot c(A) \cdot c(B)$ oder: $r = k \cdot c^2(A)$

Beispiel 1: Stickstoff(IV)-oxid zerfällt nach folgender Reaktionsgleichung: $2\,NO_{2(g)} \rightleftharpoons 2\,NO_{(g)} + O_{2(g)}$

Die Konzentrationsänderung von Stickstoff(IV)-oxid wurde zu verschiedenen Zeitpunkten über das aufgefangene Sauerstoff-Volumen ermittelt und dabei folgende Messwerte erhalten:

Tabelle 2: Zerfall von Stickstoff(IV)-oxid bei 338 °C

t in min	0	50	100	150	250
$c(NO_2)$ in mmol/L	7,9	6,5	5,6	4,8	3,8

Zeigen Sie in einem *c*-*t*- Diagramm, dass eine Reaktion zweiter Ordnung vorliegt. Prüfen Sie dazu die Übereinstimmung mit einer Exponentialfunktion.

Lösung: Die Konzentration $c(NO_2)$ ergibt gegen die Zeit aufgetragen mit guter Genauigkeit eine polynomische Funktion ($R^2 \approx 1$, **Bild 2**).

Es liegt eine Reaktion **2. Ordnung** vor.

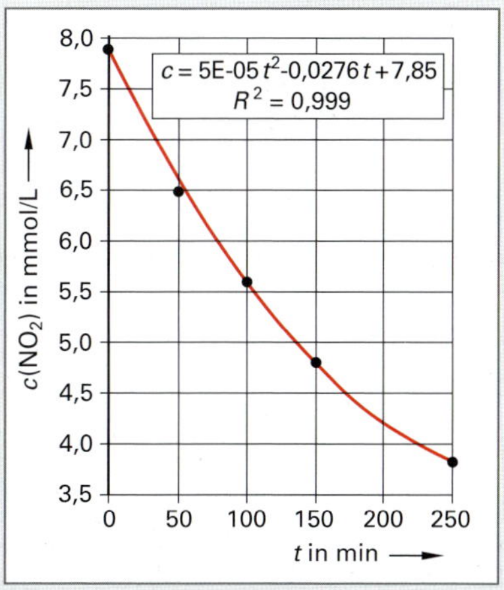

Bild 2: Reaktion 2. Ordnung im *c*-*t*-Diagramm

Wie bei einer Reaktion 1. Ordnung können auch bei einer Reaktion 2. Ordnung die Messwerte durch **Linearisierung** analysiert werden. Die Werte einer exponentiellen Funktion zeigen einen linearen Verlauf, wenn ihre Kehrwerte gegen die Zeit aufgetragen werden (vgl. S. 54).

Bei einer Reaktion 2. Ordnung ergibt der Kehrwert der Konzentrationen 1/*c* bzw. c^{-1} gegen die Reaktionszeit *t* aufgetragen eine Gerade.

Beispiel 2: Der Zerfall von Stickstoff(IV)-oxid ist mit den Messdaten in **Tabelle 1** auf die Reaktionsordnung zu überprüfen, indem der Kehrwert der Konzentrationen $1/c(NO_2)$ gegen die Zeit t aufgetragen und anschließend eine lineare Regression durchgeführt wird.

Tabelle 1: Zerfall von Stickstoff(IV)-oxid bei 338 °C					
t in min	0	50	100	150	250
$c(NO_2)$ in mmol/L	7,9	6,5	5,6	4,8	3,8
$1/c$ in $mmol^{-1} \cdot L$	127	154	179	208	263

Lösung: Die Kehrwerte der Konzentrationen $c(NO_2)$ sind in Zeile 3 der **Tabelle 1** wiedergegeben.

Die Messwerte zeigen im $1/c$-t - Diagramm mit hoher Genauigkeit einen linearen Verlauf (**Bild 1**, $R^2 = 1$).

Die Funktionsgleichung lautet: $1/c = 0{,}546\ t + 127$.

Es liegt eine Reaktion **2. Ordnung** vor.

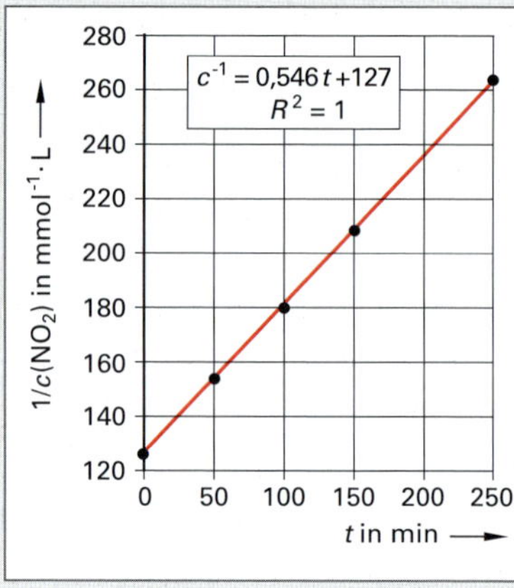

Bild 1: Reaktion 2. Ordnung im $1/c$-t-Diagramm

Aufgaben zu 6.2.2 Grafische Ermittlung der Reaktionsordnung

1. Braunstein MnO_2 zersetzt Wasserstoffperoxid H_2O_2 in einer katalytischen Reaktion. Das dabei entstehende Sauerstoff-Volumen wird in einem Kolbenprober aufgefangen **(Tabelle 2)**.

$$2\ H_2O_{2\,(aq)} \longrightarrow 2\ H_2O_{(l)} + O_{2(g)}$$

Tabelle 2: Katalytische Zersetzung von Wasserstoffperoxid										
t in min	0	1	2	3	4	5	6	7	8	∞
$V(O_2)$ in mL	0	35	52	64	71	76	80	82	83,5	88
$(V_\infty(O_2) - V_t(O_2))$ in mL	88	53	36	24	17	12	8	6	4,5	0

a) Warum ist die Differenz $V_\infty - V_t$ ein Maß für die Konzentration an Wasserstoffperoxid?

b) Ermitteln sie grafisch die Reaktionsordnung dieser Reaktion, formulieren Sie die Geschwindigkeitsgleichung.

2. Phenyldiazoniumchlorid, ein Zwischenprodukt bei der Herstellung von Azofarbstoffen, zerfällt oberhalb von 5 °C in Phenol, Salzsäure und Stickstoff:

$$C_6H_5N_2Cl_{(aq)} + H_2O_{(l)} \longrightarrow C_6H_5OH_{(aq)} + N_{2(g)} + HCl_{(aq)}$$

Der Verlauf der Reaktion kann gut verfolgt werden, indem man das Volumen des entstehenden Stickstoffs in einem geeigneten Volumenmessgefäß erfasst **(Tabelle 3)**.

Tabelle 3: Zerfall von Phenyldiazoniumchlorid bei 47 °C										
t in min	0	2	4	6	8	10	12	14	18	22	∞
$V(N_2)$ in mL	0	28	54	76	96	112	127	139	160	175	219
$(V_\infty - V(t))$ in mL	219	191	165	143	123	107	92	80	59	44	0

a) Warum ist die Differenz $V_\infty - V(t)$ ein Maß für die Konzentration an Phenyldiazoniumchlorid?

b) Prüfen Sie grafisch, ob eine Reaktion 1. oder 2. Ordnung vorliegt.

c) Berechnen Sie die Geschwindigkeitskonstante für die Reaktionstemperatur 47 °C.

3. Iodmethan wird in alkalischer Lösung nach folgender Reaktion verseift:

$$CH_3I_{(aq)} + OH^-_{(aq)} \longrightarrow CH_3OH_{(aq)} + I^-_{(aq)}$$

Der Reaktionsverlauf wird durch Leitfähigkeitsmessung verfolgt. **Tabelle 4** zeigt die Änderung der Konzentration $c(OH^-)$ aus einem Reaktionsansatz mit gleichen Edukt-Konzentrationen.

Ermitteln Sie die Reaktionsordnung und formulieren Sie die Geschwindigkeitsgleichung.

Tabelle 4: Verseifung von Iodmethan mit Natronlauge							
t in min	1	5	15	25	40	50	60
$c(OH^-)$ in mol/L	0,52	0,49	0,42	0,36	0,30	0,27	0,25

6.2.3 Einfluss der Temperatur auf die Reaktionsgeschwindigkeit

Die Temperatur ist neben der Konzentration eine weitere wichtige Einflussgröße auf die Reaktionsgeschwindigkeit. Im Allgemeinen nimmt die Geschwindigkeit einer Reaktion mit steigender Temperatur zu. Dies gilt sowohl für endotherme als auch für exotherme Reaktionen. Aus diesem Grund werden viele chemische Synthesen bei erhöhter Temperatur durchgeführt, leicht verderbliche Stoffe wie Lebensmittel und Pharmazeutika dagegen kühl gelagert.

Reaktionsgeschwindigkeits-Temperatur-Regel

Als **Faustregel** gilt für zahlreiche chemische Reaktionen: Die Reaktionsgeschwindigkeit nimmt bei einer Temperaturerhöhung um 10 °C etwa um den Faktor 2 zu. Diese Gesetzmäßigkeit wird als Reaktionsgeschwindigkeits-Temperatur-Regel, kurz **RGT-Regel** (VAN'T HOFF'S law), bezeichnet.

RGT-Regel: Eine Temperaturerhöhung um 10 °C hat bei vielen Reaktionen annähernd eine Verdopplung der Reaktionsgeschwindigkeit zur Folge.

Temperaturabhängigkeit der Reaktionsgeschwindigkeit

$$r_2 \approx 2^n \cdot r_1; \quad n \approx \frac{\vartheta_2 - \vartheta_1}{10\ °C}$$

Temperaturabhängigkeit der Reaktionszeit

$$t_2 \approx \frac{t_1}{2^n}; \quad n \approx \frac{\vartheta_2 - \vartheta_1}{10\ °C}$$

Ist für eine bestimmte Reaktionstemperatur ϑ_1 die Reaktionsgeschwindigkeit r_1 bzw. die Reaktionszeit t_1 bekannt, so kann mit Hilfe der RGT-Regel und nebenstehenden Größengleichungen für eine beliebige Temperatur ϑ_2 die Reaktionsgeschwindigkeit r_2 bzw. die Reaktionszeit t_2 abgeschätzt werden.

Beispiel 1: Eine Reaktion verläuft bei 20 °C mit einer Reaktionsgeschwindigkeit von 0,25 mmol/s. Wie groß ist die Reaktionsgeschwindigkeit bei 60 °C mit den gleichen Ausgangskonzentrationen?

Lösung: $n = \frac{\vartheta_2 - \vartheta_1}{10\ °C} = \frac{60\ °C - 20\ °C}{10\ °C} = \frac{40\ K}{10\ °C} = 4;$ $\quad \mathbf{r_2} \approx 2^n \cdot r_1 \approx 2^4 \cdot 0{,}25\ mmol/s \approx \mathbf{4{,}0\ mmol/s}$

Beispiel 2: Eine Reaktion dauert bei 80 °C 5,0 min. Welche Zeit benötigt die Reaktion mit gleichen Konzentrationen bei 15 °C?

Lösung: $n = \frac{\vartheta_2 - \vartheta_1}{10\ °C} = \frac{15\ °C - 80\ °C}{10\ °C} = \frac{-65\ K}{10\ °C} = -6{,}5;$ $\quad \mathbf{t_2} \approx \frac{t_1}{2^n} \approx \frac{5{,}0\ min}{2^{-6{,}5}} \approx 453\ min \approx \mathbf{7{,}5\ h}$

Mit Hilfe der Methode der Anfangsgeschwindigkeit lässt sich experimentell überprüfen, ob für den Temperatureinfluss auf eine Reaktion die RGT-Regel zutrifft. Zu diesem Zweck werden in einem Diagramm die ermittelten Reaktionsgeschwindigkeiten (als Kehrwerte der Reaktionszeiten t_{R0}^{-1}) gegen die Temperatur aufgetragen. Dann kann durch Interpolation die Auswirkung einer Temperaturerhöhungen von 10 °C auf die Reaktionsgeschwindigkeit für beliebige Intervalle geprüft werden **(Bild 1)**.

Beispiel 3: In einer Versuchsreihe soll überprüft werden, ob die RGT-Regel auf die Reaktion zwischen Iodid-Ionen $I^-_{(aq)}$ und Peroxodisulfat-Ionen $S_2O^{2-}_{8(aq)}$ zutrifft. Es wurden folgende Messwerte erhalten:

Tabelle 1: Temperatur und Reaktionsgeschwindigkeit

ϑ in °C	1	9	20	25	36	47
t_{R0} in s	260	120	53	37	18	9
$1/t_{R0}$ in s^{-1}	0,0038	0,0083	0,0189	0,0270	0,0556	0,111

a) Tragen Sie in einem Diagramm die Kehrwerte der Reaktionszeit (Anfangsgeschwindigkeit) gegen die Reaktionstemperatur ϑ auf.

b) Überprüfen Sie im Diagramm anhand einiger Intervalle von 10 K, ob die Temperaturerhöhung die Reaktionsgeschwindigkeit verdoppelt.

Lösung: **Bild 1**. Die gewählten Intervalle von 10 K zwischen 10 °C und 40 °C zeigen für diesen Temperaturbereich eine gute Übereinstimmung mit der RGT-Regel: *r* nimmt um den Faktor 2 zu.

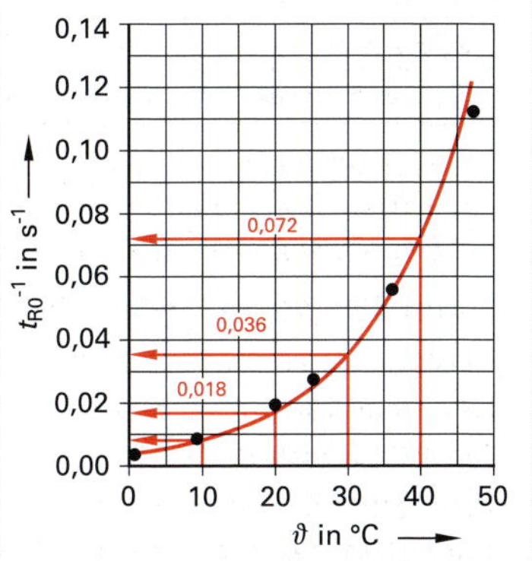

Bild 1: Einfluss der Temperatur auf die Reaktionsgeschwindigkeit

Boltzmann-Energieverteilung (Boltzmann distribution)

Bei gleicher Temperatur haben die Teilchen eines Stoffes nicht die gleiche Bewegungsenergie, da sie sich mit unterschiedlicher Geschwindigkeit bewegen. Je größer die Geschwindigkeit von Teilchen, desto größer ist ihre kinetische Energie.

Der Physiker Boltzmann[1] hat die Energieverteilung von Gasteilchen für verschiedene Temperaturen berechnet. Sie lässt sich in einem Energieverteilungsdiagramm veranschaulichen **(Bild 1)**.

Trägt man die kinetische Energie E_{kin} der Teilchen einer Gasportion für unterschiedliche Temperaturen gegen die Anzahl der Teilchen N mit diesem Energieinhalt auf, so erhält man die **Energieverteilungskurve** für die jeweilige Temperatur.

Die Energieverteilungskurve ist für höhere Temperaturen T_2 im Diagramm gegenüber T_1 nach rechts verschoben. Demzufolge ist die mittlere kinetische Energie der Teilchen bei höheren Temperaturen größer (vgl. Kap. 3.14, S. 103).

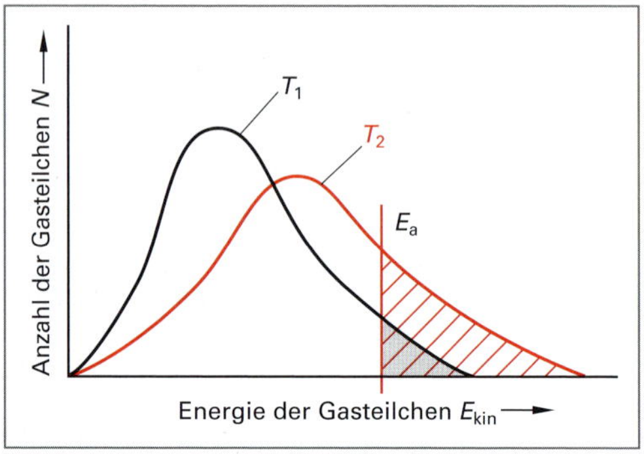

Bild 1: Energieverteilung (nach Boltzmann) von Gasteilchen für zwei Temperaturen

Aktivierungsenergie (activation energy)

Bei vielen chemischen Reaktionen reagieren die Teilchen nur dann miteinander, wenn sie mit der richtigen räumlichen Orientierung, d.h. mit ihren funktionellen Gruppen, zusammenstoßen und wenn der Zusammenstoß mit einer reaktionstypischen Mindestenergie erfolgt. Diese Mindestenergie wird **Aktivierungsenergie** E_a genannt.

> Die Aktivierungsenergie ist die Mindestenergie welche die Teilchen eines Stoffes aufweisen müssen, um an einer chemischen Reaktion teilzunehmen.

Nur die Teilchen in einer Stoffportion, deren Energiegehalt die Aktivierungsenergie übersteigt, können eine chemische Reaktion eingehen. Aus Bild 1 kann ersehen werden, dass bei der Temperatur T_1 nur wenige Teilchen diese Mindestenergie für einen wirksamen Zusammenstoß aufweisen (grau unterlegte Fläche). Bei der höheren Temperatur T_2 haben dagegen erheblich mehr Teilchen diese Mindestenergie (rot schraffierte Fläche) und führen zu einer starken Zunahme der Reaktionsgeschwindigkeit.

Dies erklärt den starken Einfluss der Temperatur auf die Reaktionsgeschwindigkeit und damit die RGT-Regel.

Der Chemiker Arrhenius[2] fand aufgrund experimenteller Untersuchungen, dass sich die Geschwindigkeitskonstante k exponentiell mit der Temperatur T ändert. Die Abhängigkeit der Geschwindigkeitskonstanten k von der Temperatur T und der Aktivierungsenergie E_a beschreibt die **Arrhenius-Gleichung**.

Arrhenius-Gleichung
$k = A \cdot e^{-\frac{E_a}{R \cdot T}}$

In der Arrhenius-Gleichung ist A eine reaktionsspezifische Konstante. Sie ist für die folgenden Berechnungen ohne Bedeutung. T ist die thermodynamische Temperatur, R ist die allgemeine Gaskonstante (R = 8,314 J · mol^{-1} · K^{-1}).

Logarithmierte Arrhenius-Gleichung
$\ln k = \ln A - \frac{E_a}{R \cdot T}$

Bestimmung der Aktivierungsenergie

Die Aktivierungsenergie E_a einer Reaktion kann aus experimentellen Daten rechnerisch oder grafisch ermittelt werden.

Rechnerische Methode:

Die Aktivierungsenergie lässt sich berechnen, wenn man zwei Temperaturen T_1 und T_2 sowie die Geschwindigkeitskonstanten k_1 und k_2 kennt. Diese können u.a. mit Hilfe der Methode der Anfangsgeschwindigkeit (Seite 188) experimentell bestimmt werden.

[1] Ludwig Boltzmann (1844 bis 1906), österreichischer Physiker

[2] Svante Arrhenius (1859 bis 1927), schwedischer Chemiker

Dazu wird die ARRHENIUS-Gleichung für beide Temperaturen T_1 und T_2 formuliert, beide Gleichungen nach $\ln A$ umgeformt und gleichgesetzt. So wird die stoffspezifische Konstante A eliminiert. Aus:

$\ln k_1 = \ln A - \frac{E_a}{R \cdot T_1}$ und $\ln k_2 = \ln A - \frac{E_a}{R \cdot T_2}$ folgt durch Subtraktion: $\ln k_2 - \ln k_1 = \frac{E_a}{R \cdot T_1} - \frac{E_a}{R \cdot T_2}$

Nach Ausklammern von E_a/R ergibt sich:

$$\ln k_2 - \ln k_1 = \ln \frac{k_2}{k_1} = \frac{E_a}{R}\left(\frac{1}{T_1} - \frac{1}{T_2}\right)$$

Aus diesem Term erhält man durch Umformen die nebenstehende Größengleichung zur Berechnung der Aktivierungsenergie E_a:

Berechnung der Aktivierungsenergie
$E_a = \left(\frac{1}{T_1} - \frac{1}{T_2}\right)^{-1} \cdot R \cdot \ln \frac{k_2}{k_1}$

Beispiel 1: Die Reaktion $NO_{2(g)} + CO_{(g)} \rightleftharpoons NO_{(g)} + CO_{2(g)}$ wird auf ihre Temperaturabhängigkeit untersucht. Die Geschwindigkeitskonstanten betragen: Bei $T_1 = 700$ K: $k_1 = 1{,}30\ \text{L} \cdot \text{mol}^{-1} \cdot \text{s}^{-1}$,
Bei $T_2 = 800$ K: $k_2 = 23{,}0\ \text{L} \cdot \text{mol}^{-1} \cdot \text{s}^{-1}$.

Welche Aktivierungsenergie hat die Reaktion?

Lösung: $\boldsymbol{E_a} = \left(\frac{1}{T_1} - \frac{1}{T_2}\right)^{-1} \cdot R \cdot \ln \frac{k_2}{k_1} = \left(\frac{1}{700\ \text{K}} - \frac{1}{800\ \text{K}}\right)^{-1} \cdot 8{,}314\ \text{J} \cdot \text{mol}^{-1} \cdot \text{K}^{-1} \cdot \ln \frac{23{,}0}{1{,}30} \approx$ **134 kJ/mol**

Grafische Methode:

Die Aktivierungsenergie ist grafisch zu ermitteln, wenn in einem Diagramm der Logarithmus der Geschwindigkeitskonstante $\ln k$ gegen den Kehrwert der thermodynamischen Temperatur T^{-1} aufgetragen wird. Man erhält eine Gerade mit der Steigung m. Die Steigung m kann aus einem Steigungsdreieck im Diagramm erhalten werden **(Bild 1)**:

Mit $\ln k_2 - \ln k_1 = \Delta \ln k$ und $\left(\frac{1}{T_1} - \frac{1}{T_2}\right)^{-1} = \Delta T^{-1}$ ergibt sich

die Steigung der Geraden zu: $m = \frac{\Delta \ln k}{\Delta T^{-1}} = -\frac{E_a}{R}$.

Daraus folgt durch Umformen die nebenstehende Größengleichung:

Grafische Bestimmung der Aktivierungsenergie
$E_a = -R \cdot \frac{\Delta \ln k}{\Delta T^{-1}}$

Beispiel 2: Für die Reaktion $NO_{2(g)} + CO_{(g)} \rightleftharpoons NO_{(g)} + CO_{2(g)}$ wurden die Gleichgewichtskonstanten bei unterschiedlichen Temperaturen bestimmt **(Tabelle 1)**.

Ermitteln Sie mit Hilfe der gewonnenen Daten die Aktivierungsenergie dieser Reaktion.

Tabelle 1: Temperatur und Geschwindigkeitskonstante

gegebene Messwerte	T in K	600	650	700	750	800
	k in $\text{L} \cdot \text{mol}^{-1} \cdot \text{s}^{-1}$	0,028	0,22	1,30	6,0	23,0
berechnete Lösungswerte	$\ln k$	− 3,58	− 1,51	+ 0,26	+ 1,79	+ 3,14
	T^{-1} in $10^{-3}\ \text{K}^{-1}$	1,67	1,54	1,43	1,33	1,25

Lösung: Die Werte der Geschwindigkeitskonstanten werden logarithmiert (Tabelle 1 Zeile 4) und die Kehrwerte der Temperaturen gebildet (Tabelle 1 Zeile 5).
Anschließend wird $\ln k$ gegen T^{-1} aufgetragen. Man erhält eine Gerade mit der Steigung m **(Bild 1)**.
Mit den Werten aus einem Steigungsdreieck folgt durch Einsetzen:

$$E_a = -R \cdot \frac{\Delta \ln k}{\Delta T^{-1}} = -8{,}314 \frac{\text{J}}{\text{K} \cdot \text{mol}} \frac{-2{,}5 - 3{,}14}{(1{,}60 - 1{,}25) \cdot 10^{-3}\ \text{K}^{-1}}$$

$$\boldsymbol{E_a} = -8{,}314 \frac{\text{J}}{\text{K} \cdot \text{mol}} \cdot (-16114{,}3\ \text{K}) \approx \textbf{134 kJ/mol}$$

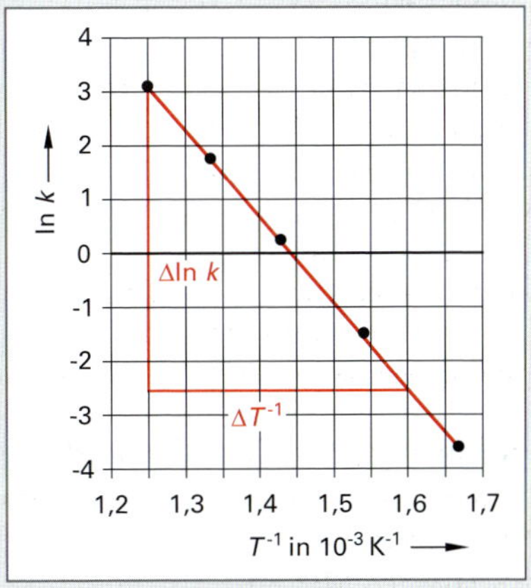

Bild 1: Ermittlung der Aktivierungsenergie

Die Aktivierungsenergie E_a ist ein wichtiger Parameter für die Voraussage von Reaktionen: Sie erlaubt bei Kenntnis von k für eine bestimmte Temperatur die Berechnung der Reaktionsgeschwindigkeiten für beliebige Temperaturen und Konzentrationen.

Beispiel 3: Für die Hydrolyse von Saccharose wurde experimentell eine Aktivierungsenergie von 108 kJ/mol ermittelt. Die Geschwindigkeitskonstante beträgt bei 37 °C $k_1 = 1{,}0 \cdot 10^{-3}\ \text{L} \cdot \text{mol}^{-1} \cdot \text{s}^{-1}$. Welche Geschwindigkeitskonstante hat die Reaktion bei 35 °C?

Lösung: $\ln k_2 - \ln k_1 = -\frac{E_a}{R}\left(\frac{1}{T_1} - \frac{1}{T_2}\right) \quad \Rightarrow \quad \ln k_2 = \ln k_1 - \frac{E_a}{R}\left(\frac{1}{T_1} - \frac{1}{T_2}\right)$

$$\ln k_2 = \ln 1{,}0 \cdot 10^{-3} - \frac{108\ \text{kJ} \cdot \text{mol}^{-1}}{8{,}314 \cdot 10^{-3}\ \text{kJ} \cdot \text{mol}^{-1} \cdot \text{K}^{-1}} \cdot \left(\frac{1}{310\ \text{K}} - \frac{1}{308\ \text{K}}\right) = -6{,}908 - 0{,}2721 = -7{,}180$$

$$\ln k_2 = -7{,}180 \quad \Rightarrow \quad \mathbf{k_2 = e^{-7{,}180} \approx 7{,}6 \cdot 10^{-4}\ L \cdot mol^{-1} \cdot s^{-1}}$$

Aufgaben zu 6.2.3 Einfluss der Temperatur auf die Reaktionsgeschwindigkeit

1. Die Umsetzung von Ammoniumperoxodisulfat mit Kaliumiodid ist bei 19,5 °C nach 53 s beendet. Welche Reaktionszeit ist mit den gleichen Ausgangskonzentrationen bei einer Temperatur von 75 °C zu erwarten, wenn die Reaktion nach der RGT-Regel verläuft?
2. Die Verseifung von Iodmethan mit Natronlauge $CH_3I_{(aq)} + OH^-_{(aq)} \longrightarrow CH_3OH_{(aq)} + I^-_{(aq)}$ verläuft bei 60 °C mit einer Reaktionsgeschwindigkeit von 8,0 mmol/min. Wie groß ist die Reaktionsgeschwindigkeit bei 22 °C?
3. Bei der Zersetzung von Thiosulfat-Ionen durch Wasserstoff-Ionen disproportioniert das Thiosulfat-Ion in Schwefel und Schwefeldioxid: $S_2O^{2-}_{3(aq)} + 2\ H^+_{(aq)} \longrightarrow H_2O_{(l)} + SO_{2(g)} + S_{(s)}$

Tabelle 1: Zersetzung von Natriumthiosulfat-Lösung durch Salzsäure					
ϑ in °C	14,5	19,5	25,0	31,5	50,5
t_{R0} in s	90	63	47	29	10

Prüfen Sie mit Hilfe eines geeigneten Diagramms, ob die Reaktion nach der RGT-Regel verläuft.

4. Die Geschwindigkeitskonstante der Verseifung von Ethylbromid nach der Gleichung $C_2H_5Br_{(aq)} + OH^-_{(aq)} \longrightarrow C_2H_5OH_{(aq)} + Br^-_{(aq)}$ zeigt folgende Temperaturabhängigkeit:

Tabelle 2: Verseifung von Ethylbromid						
ϑ in °C	25	30	35	40	45	50
k in $\text{L} \cdot \text{mol}^{-1} \cdot \text{s}^{-1}$	$8{,}8 \cdot 10^{-5}$	$1{,}6 \cdot 10^{-4}$	$2{,}8 \cdot 10^{-4}$	$5{,}0 \cdot 10^{-4}$	$8{,}5 \cdot 10^{-4}$	$1{,}4 \cdot 10^{-3}$

Wie groß ist die Aktivierungsenergie der Reaktion?

5. Stickstoff(V)-oxid zerfällt nach folgender Reaktion: $2\ N_2O_{5(g)} \longrightarrow 4\ NO_{2(g)} + O_{2(g)}$. Bei 45 °C beträgt die Geschwindigkeitskonstante $6{,}2 \cdot 10^{-4}\ \text{s}^{-1}$. Welchen Wert hat die Geschwindigkeitskonstante bei 200 °C, wenn die Aktivierungsenergie 103,3 kJ/mol beträgt?

6.2.4 Einfluss von Katalysatoren auf die Reaktionsgeschwindigkeit

Katalysatoren senken die Aktivierungsenergie einer Reaktion, so dass viel mehr Teilchen die erforderliche Mindestenergie für einen wirksamen Zusammenstoß aufweisen (**Bild 1**, rot schraffierte Fläche gegenüber der grau unterlegten Fläche ohne Katalysator).

Zahlreiche großtechnische Synthesen sind ohne den Einsatz von Katalysatoren nicht wirtschaftlich durchführbar, da sie erst unter deren Einfluss mit vertretbarer Geschwindigkeit ablaufen, z. B. bei der Ammoniaksynthese, der Reaktion im Dreiwegekatalysator des PKW oder der Rauchgas-Entstickung von Kohlekraftwerken.

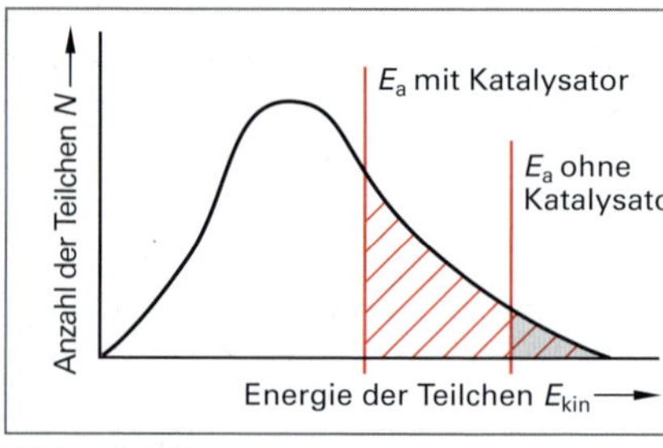

Bild 1: Aktivierungsenergie mit und ohne Katalysator

6.3 Chemisches Gleichgewicht

Zahlreiche chemische Reaktionen erreichen in einem abgeschlossenen Reaktionssystem, bei dem weder Energie- noch Stoffaustausch mit der Umgebung erfolgt, nach einem bestimmten Zeitraum einen nach außen stabil wirkenden Endzustand. Ab diesem Zeitpunkt ist im Reaktionsraum keine stoffliche Veränderung mehr festzustellen: Ausgangs- und Endstoffe liegen in konstantem Verhältnis nebeneinander vor.

Ursache der scheinbaren Stabilität des Systems ist das Erreichen eines **Gleichgewichtszustandes**, in dem pro Zeiteinheit genauso viele Produktteilchen gebildet werden, wie Produktteilchen zerfallen.

Dynamisches Gleichgewicht (dynamic equilibrium)

Erwärmt man beispielsweise Wasserstoff und Iod **(Bild 1a)** auf 450 °C, so verursacht zunächst das sublimierende elementare Iod eine stark violette Färbung des Reaktionsgemisches. Nach einiger Zeit bei dieser Temperatur nimmt die Farbintensität des Reaktionsgemisches ab. Ursache für die Aufhellung ist die Umsetzung des elementaren Iods mit dem Wasserstoff zu farblosem Wasserstoffiodid HI **(Bild 1b)** nach folgender Reaktionsgleichung:

$$H_{2(g)} + I_{2(g)} \longrightarrow 2\,HI_{(g)}$$

Überprüft man in bestimmten Zeitabständen die Konzentration an Iod, so stellt man ab dem Zeitpunkt t_G keine Konzentrationsänderung mehr fest **(Bild 2a)**. Die Konzentration $c(I_2)$ und damit auch die Konzentrationen $c(H_2)$ und $c(HI)$ bleiben konstant.

Erwärmt man dagegen farbloses Wasserstoffiodid HI **(Bild 1c)** ebenfalls auf 450 °C, so färbt sich das Gas allmählich schwach violett und erreicht ab dem Zeitpunkt t_G die Farbintensität des ersten Ansatzes. Auch in diesem Reaktionsgemisch finden sich nun neben Wasserstoffiodid HI molekulares Iod und Wasserstoff mit konstanten Konzentrationen **(Bild 1b)**. Wasserstoffiodid zerfällt nach folgender Gleichung:

$$2\,HI_{(g)} \longrightarrow H_{2(g)} + I_{2(g)}$$

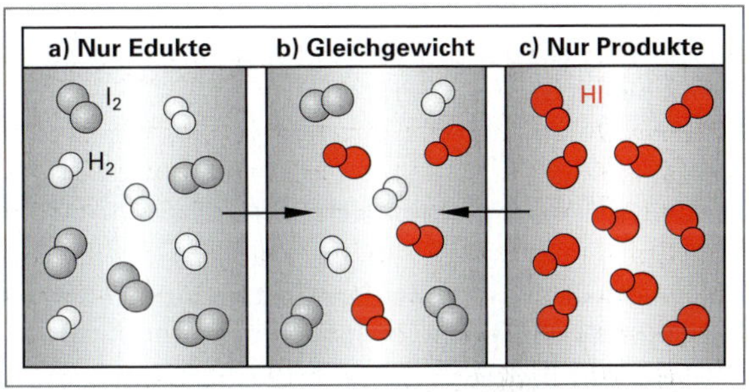

Bild 1: Einstellung eines dynamischen Gleichgewichts von der Edukt- und Produktseite

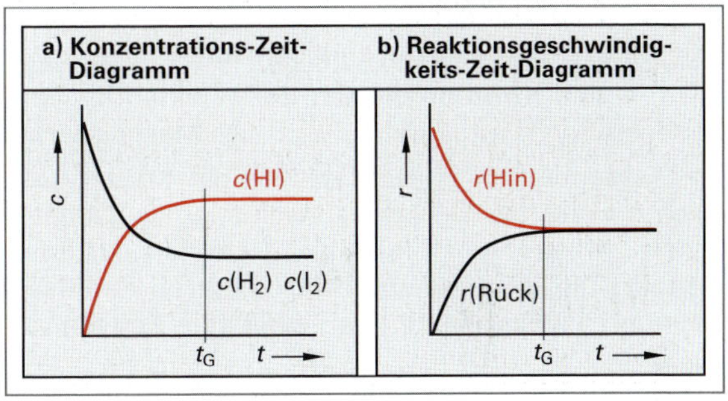

Bild 2: Zeitlicher Verlauf der Gleichgewichtseinstellung

Gleichgewichtsreaktion

$$H_{2(g)} + I_{2(g)} \rightleftharpoons 2\,HI_{(g)}$$

In beiden Reaktionsräumen hat sich ein Gleichgewicht eingestellt, in dem die *Bildungsgeschwindigkeit* r(Hin) und die *Zerfallsgeschwindigkeit* r(Rück) gleich groß sind **(Bild 2b)**. Die Reaktion kommt scheinbar zum Stillstand, da sich die Konzentrationen der Stoffe nicht mehr ändern. Tatsächlich findet aber ständig Bildung und Zerfall des Iodwasserstoffs statt. Der Zustand wird deshalb als **dynamisches Gleichgewicht** bezeichnet. In der Reaktionsgleichung wird der Gleichgewichtszustand durch einen Doppelpfeil gekennzeichnet.

Lage des chemischen Gleichgewichts (equilibrium position)

Aus der Lage eines chemischen Gleichgewichts ist zu erkennen, mit welcher Ausbeute die Ausgangsstoffe zu Produkten umgesetzt werden. In der Reaktionsgleichung wird die Gleichgewichtslage durch unterschiedliche Längen der Reaktionspfeile für die Hin- und Rückreaktion verdeutlicht (S. 130).

Durch Änderung der Reaktionsbedingungen wie z. B. Konzentrationen, Temperatur sowie bei zahlreichen Gasreaktionen durch den Druck kann die Gleichgewichtslage verändert werden (S. 205).

6.4 Massenwirkungsgesetz

Der Gleichgewichtszustand einer chemischen Reaktion ist gekennzeichnet durch konstante Konzentrationen der an der Reaktion beteiligten Stoffe. Die Naturwissenschaftler GULDBERG[1] und WAAGE fanden 1867, dass sich die Gleichgewichtszusammensetzung einer Reaktion durch ein Gesetz mit einer Gleichgewichtskonstanten K_c beschreiben lässt. Ihre Ergebnisse fassten sie in dem sogenannten **Massenwirkungsgesetz**, kurz **MWG** (law of mass action) zusammen. Für die allgemeine Reaktion:

$$A + B \rightleftharpoons C + D$$ ergibt sich

- mit der Geschwindigkeitskonstante k (Hin) die Reaktionsgeschwindigkeit für die Hinreaktion:

  $r(\text{Hin}) = k(\text{Hin}) \cdot c(\text{A}) \cdot c(\text{B})$

- mit der Geschwindigkeitskonstanten k (Rück) die Reaktionsgeschwindigkeit für die Rückreaktion:

  $r(\text{Rück}) = k(\text{Rück}) \cdot c(\text{C}) \cdot c(\text{D})$

Im Gleichgewichtszustand sind um Zeitpunkt t_G beide Reaktionsgeschwindigkeiten gleich und man erhält durch Gleichsetzen:

$$r(\text{Hin}) = r(\text{Rück}) \quad \Rightarrow \quad k(\text{Hin}) \cdot c(\text{A}) \cdot c(\text{B}) = k(\text{Rück}) \cdot c(\text{C}) \cdot c(\text{D})$$

Durch Umformung ergibt sich daraus: $$\frac{k(\text{Hin})}{k(\text{Rück})} = \frac{c(\text{C}) \cdot c(\text{D})}{c(\text{A}) \cdot c(\text{B})} = K_c$$

Der Quotient aus den beiden Geschwindigkeitskonstanten k (Hin) und k (Rück) kann zu einer neuen Konstanten, der Gleichgewichtskonstanten K_c zusammengefasst werden. Da die Reaktionskonstanten k (Hin) und k (Rück) temperaturabhängig sind, ist auch die Gleichgewichtskonstante K_c eine temperaturabhängige Größe. Der Index c weist darauf hin, dass die Konzentrationen der Reaktionspartner in Mol durch Liter ($\text{mol} \cdot \text{L}^{-1}$) angegeben werden.

Für eine Reaktion der allgemeinen Form mit den stöchiometrischen Faktoren a, b, c und d:

$$a\,A + b\,B \rightleftharpoons c\,C + d\,D$$

gilt mit den Konzentrationen der Reaktanden im Gleichgewicht die nebenstehende allgemeine Form des **Massenwirkungsgesetzes**.

Im Massenwirkungsgesetz werden die Konzentrationen der Produkte (rechte Seite der Reaktionsgleichung) im Zähler miteinander multiplziert, genauso wie die Konzentrationen der Edukte (linke Seite) im Nenner. Die stöchiometrischen Faktoren der Reaktionsgleichung erscheinen als Exponenten der jeweiligen Konzentrationen.

Massenwirkungsgesetz
$K_c = \frac{c^c(\text{C}) \cdot c^d(\text{D})}{c^a(\text{A}) \cdot c^b(\text{B})}$

Die Lage eines chemischen Gleichgewichts ist an der Gleichgewichtskonstanten K_c erkennbar:

- $K_c > 1 \Rightarrow$ Das Gleichgewicht liegt auf der Produktseite.
- $K_c < 1 \Rightarrow$ Das Gleichgewicht liegt auf der Eduktseite.
- $K_c = 1 \Rightarrow$ Produkte und Edukte liegen in gleicher Konzentration vor. (Bei gleicher Anzahl Teilchen auf der Edukt- und Produkt-Seite.)

Beispiel 1: Bei der Reaktion $H_{2(g)} + I_{2(g)} \rightleftharpoons 2\,HI_{(g)}$ liegen im Gleichgewicht unter 450 °C folgende Stoffmengenkonzentrationen vor: $c(H_2) = 1{,}68$ mol/L, $c(I_2) = 0{,}021$ mol/L, $c(HI) = 1{,}33$ mol/L. Berechnen Sie die Gleichgewichtskonstante K_c für diese Temperatur.

Lösung: $$K_c = \frac{c^2(\text{HI})}{c(\text{H}_2) \cdot c(\text{I}_2)} = \frac{(1{,}33\ \text{mol/L})^2}{1{,}68\ \text{mol/L} \cdot 0{,}021\ \text{mol/L}} \approx \mathbf{50}$$

Beispiel 2: Das Reaktionsgleichgewicht zur Ammoniaksynthese $N_{2(g)} + 3\,H_{2(g)} \rightleftharpoons 2\,NH_{3(g)}$ hat bei 400 °C die Gleichgewichtskonstante $2{,}04\ \text{L}^2 \cdot \text{mol}^{-2}$. Im Gleichgewichtsgemisch wurden 0,30 mol/L Stickstoff und 0,20 mol/L Wasserstoff gefunden. Welche Ammoniak-Konzentration liegt im Gleichgewicht vor?

Lösung: $$K_c = \frac{c^2(\text{NH}_3)}{c^3(\text{H}_2) \cdot c(\text{N}_2)} \quad \Rightarrow \quad c(\text{NH}_3) = \sqrt{K_c \cdot c^3(\text{H}_2) \cdot c(\text{N}_2)}$$

$$\mathbf{c(NH_3)} = \sqrt{2{,}04\ \text{L}^2/\text{mol}^2 \cdot (0{,}20\ \text{mol/L})^3 \cdot 0{,}30\ \text{mol/L}} = \sqrt{4{,}896 \cdot 10^{-3}\ \text{mol}^2/\text{L}^2} \approx \mathbf{70\ mmol/L}$$

[1] Cato Maximilian GULDBERG (1836–1902) und Peter WAAGE (1833–1900), norwegische Naturforscher

Beispiel 3: Bei 720 °C hat die Reaktion $H_{2(g)} + CO_{2(g)} \rightleftharpoons H_2O_{(g)} + CO_{(g)}$ die Gleichgewichtskonstante 1,6. Die Analyse des Reaktionsgemisches ergibt folgende Stoffmengenkonzentrationen:

$c(H_2) = 0{,}51$ mol/L, $c(CO_2) = 1{,}05$ mol/L, $c(H_2O) = 1{,}5$ mol/L und $c(CO) = 2{,}05$ mol/L.

Befindet sich das System im Gleichgewicht? Falls nicht, in welche Richtung muss die Reaktion stärker ablaufen, damit sich ein Gleichgewicht einstellt?

Lösung:

$$Q = \frac{c(H_2O) \cdot c(CO)}{c(H_2) \cdot c(CO_2)} = \frac{1{,}5\ \text{mol/L} \cdot 2{,}05\ \text{mol/L}}{0{,}51\ \text{mol/L} \cdot 1{,}05\ \text{mol/L}} \approx 5{,}7$$

Der Quotient Q ist ungleich K_c, **das Gleichgewicht hat sich noch nicht eingestellt.**

Da 5,7 > 1,6 folgt: Der Quotient hat einen zu **großen** Wert ⇒ die Produktkonzentration ist zu groß.

Die Reaktion muss noch weiter nach **links** fortschreiten, damit sich die Reaktion im Gleichgewicht befindet.

Beispiel 4: Schwefelsäure wird großtechnisch nach dem Doppelkontaktverfahren hergestellt. Ein wichtiger Verfahrensschritt ist die Gleichgewichtsreaktion: $2\ SO_2 + O_2 \rightleftharpoons 2\ SO_3$.

Für Versuchszwecke wurden 1,2 mol/L Schwefeltrioxid in einen Autoklaven gefüllt und nach Einstellung des Gleichgewichts 0,40 mol/L SO_2 analysiert. Berechnen Sie die Gleichgewichtskonstante für diese Temperatur.

Lösung:

Gleichgewichtsreaktion:	$2\ SO_{2(g)}$	+ $O_{2(g)}$	$\rightleftharpoons$	$2\ SO_{3(g)}$
Konzentrationen zu Reaktionsbeginn:	0 mol/L	0 mol/L		1,2 mol/L
Konzentrationen im Gleichgewicht:	0,40 mol/L	0,20 mol/L		1,2 mol/L – 0,40 mol/L = 0,80 mol/L

Pro 2 Mol SO_2 entsteht 1 Mol O_2, pro 0,40 mol/L SO_2 entsteht im gleichen Zeitraum 0,20 mol/L O_2.

Zur Bildung von 2 Mol SO_2 müssen 2 Mol SO_3 zerfallen, zur Bildung von 0,40 mol/L SO_2 müssen 0,40 mol/L SO_3 zerfallen.

Die Gleichgewichtskonzentration an nicht zerfallenem SO_3 beträgt 1,2 mol/L – 0,40 mol/L = 0,80 mol/L.

$$K_c = \frac{c^2(SO_3)}{c^2(SO_2) \cdot c(O_2)} = \frac{(0{,}80\ \text{mol/L})^2}{(0{,}40\ \text{mol/L})^2 \cdot 0{,}20\ \text{mol/L}} \approx \mathbf{20\ L \cdot mol^{-1}}$$

Beispiel 5: Phosphorpentachlorid PCl_5 sublimiert bei 162 °C und zersetzt sich dabei nach folgender Gleichgewichtsreaktion teilweise in Phosphortrichlorid PCl_3 und Chlor Cl_2: $PCl_{5(g)} \rightleftharpoons PCl_{3(g)} + Cl_{2(g)}$.

Welche Konzentrationen liegen im Gleichgewicht vor, wenn man eine Mischung aus 0,150 mol PCl_5, 0,055 mol PCl_3 und 0,032 mol Cl_2 in einem Versuchsreaktor von 1 L Reaktionsvolumen umsetzt; die Gleichgewichtskonstante beträgt bei dieser Temperatur K_c = 0,80 mol · L^{-1}.

Lösung: Die Konzentration von PCl_5 muss bis zum Erreichen des Gleichgewichtszustandes um den Faktor x **ab**nehmen, die von PCl_3 und Cl_2 entsprechend der Gleichung um den Faktor x **zu**nehmen.

Gleichgewichtsreaktion:	PCl_5	$\rightleftharpoons$	PCl_3 +	Cl_2.
Konzentrationen zu Reaktionsbeginn:	0,15 mol/L		0,055 mol/L	0,032 mol/L
Konzentrationen im Gleichgewicht in mol/L:	$0{,}15 - x$		$0{,}055 + x$	$0{,}032 + x$

Einsetzen in das MWG: $K_c = \frac{c(PCl_3) \cdot c(Cl_2)}{c(PCl_5)} = \frac{(0{,}055 + x)\ \text{mol/L} \cdot (0{,}032 + x)\ \text{mol/L}}{(0{,}15 - x)\ \text{mol/L}} = 0{,}80$ mol/L

Durch Ausmultiplizieren und Umstellen wird die quadratische Gleichung:

$x^2 + 0{,}887\ x - 0{,}118 = 0$ mit den Lösungen: $x_1 = 0{,}117$ und $x_2 = -1{,}00$ erhalten (vgl. Seite 24).

Da mit x_2 negative Werte für die Konzentrationen entstehen, ist x_1 die richtige Lösung. Die Gleichgewichtskonzentrationen sind demnach:

$\mathbf{c(PCl_5)} = 0{,}15\ \text{mol/L} - x = (0{,}15 - 0{,}117)\ \text{mol/L} = \mathbf{0{,}033\ mol/L}$

$\mathbf{c(PCl_3)} = 0{,}055\ \text{mol/L} + x = (0{,}055 + 0{,}117)\ \text{mol/L} = \mathbf{0{,}17\ mol/L}$

$\mathbf{c(Cl_2)} = 0{,}032\ \text{mol/L} + x = (0{,}032 + 0{,}117)\ \text{mol/L} = \mathbf{0{,}15\ mol/L}$

6.5 Massenwirkungsgesetz für Gasgleichgewichte

Sind an einer Gleichgewichtsreaktion nur Gase beteiligt, so können in das Massenwirkungsgesetz anstelle der Stoffmengenkonzentrationen auch die Partialdrücke der einzelnen Komponenten eingesetzt werden. Dies erklärt sich aus der Tatsache, dass eine Volumenportion zur darin enthaltenen Stoffmenge und zum herrschenden Druck der Gasportion proportional ist. Die Gleichgewichtskonstante ist dann mit dem Index K_p bezeichnet. Die Zahlenwerte weichen häufig von den Zahlenwerten für K_c ab. Die Einheit für K_p ist neben den beteiligten Stoffmengen der Reaktanden auch von der angegebenen Einheit der Partialdrücke abhängig.

Wie die Gleichgewichtskonstante K_c ist auch K_p temperaturabhängig. Für eine Reaktion der allgemeinen Form:

$$\text{a } A_{(g)} + \text{b } B_{(g)} \rightleftharpoons \text{c } C_{(g)} + \text{d } D_{(g)}$$

gilt für ein Gasgleichgewicht das nebenstehende Massenwirkungsgesetz.

Massenwirkungsgesetz für Gasgleichgewichte
$K_p = \dfrac{p^c(C) \cdot p^d(D)}{p^a(A) \cdot p^b(B)}$

K_p und K_c beschreiben die Zusammensetzung von Gasgleichgewichten. Ein Zusammenhang zwischen beiden Größen ist aus der allgemeinen Gasgleichung $p \cdot V = n \cdot R \cdot T$ (vgl. S. 128) herzuleiten.

Für den Partialdruck $p(X)$ einer Komponente X in einem Gasgemisch mit dem Volumen V gilt durch Umstellen nach p:

$$p(X) = \frac{n(X)}{V} \cdot R \cdot T$$

Mit der Stoffmengenkonzentration $c(X) = \frac{n(X)}{V}$ folgt:

$$p(X) = c(X) \cdot R \cdot T$$

Setzt man die Beziehung $p(X) = c(X) \cdot R \cdot T$ für die Partialdrücke der Komponenten eines Gasgemisches in das MWG ein, so ergibt sich:

$$K_p = \frac{p^c(C) \cdot p^d(D)}{p^a(A) \cdot p^b(B)} = \frac{[c(C) \cdot R \cdot T]^c \cdot [c(D) \cdot R \cdot T]^d}{[c(A) \cdot R \cdot T]^a \cdot [c(B) \cdot R \cdot T]^b} = \frac{[c^c(C) \cdot c^d(D)] \cdot (R \cdot T)^{c+d}}{[c^a(A) \cdot c^b(B)] \cdot (R \cdot T)^{a+b}} = K_c \cdot \frac{(R \cdot T)^{c+d}}{(R \cdot T)^{a+b}}$$

Durch Umformen wird die nebenstehende Beziehung zwischen den Gleichgewichtskonstanten K_p und K_c erhalten. Der Exponent Δn ist die Stoffmengendifferenz aus Produkten und Edukten in der Reaktionsgleichung.

Gleichgewichtskonstanten von Gasgleichgewichten
$K_p = K_c \cdot (R \cdot T)^{\Delta n}$ $\Delta n = (c + d) - (a + b)$

Ist $\Delta n = 0$, so verläuft die Reaktion ohne Änderung der Stoffmenge. Für diesen Fall gilt: $K_p = K_c$

Ferner gilt für Gasgemische das DALTON'sche Partialdruckgesetz: Die Summe der Teildrücke der Komponenten A und B eines Gasgemisches ergibt den Gesamtdruck (vgl. S. 106).

$$p(\text{ges}) = p(A) + p(B)$$

In einem Gasgemisch verhalten sich die Partialdrücke, die Stoffmengen und die Volumina einer Komponente proportional zueinander, damit gilt für die Komponente X in einem Gasgemisch:

$$\frac{p(X)}{p(\text{ges})} = \frac{V(X)}{V(\text{ges})} = \frac{n(X)}{n(\text{ges})} = \varphi(X) = \chi(X)$$

Beispiel: Bei der Bildung von Schwefeltrioxid nach der Gleichgewichtsreaktion $2\, SO_{2(g)} + O_{2(g)} \rightleftharpoons 2\, SO_{3(g)}$ wurden bei 600 °C die folgenden Partialdrücke ermittelt:
$p(SO_2) = 10{,}0$ mbar, $p(O_2) = 900$ mbar und $p(SO_3) = 95{,}0$ mbar.
Berechnen Sie die Gleichgewichtskonstanten K_p und K_c.

Lösung: Das Massenwirkungsgesetz lautet: $\boldsymbol{K_p} = \dfrac{p^2(SO_3)}{p^2(SO_2) \cdot p(O_2)} = \dfrac{(95{,}0 \text{ mbar})^2}{(10 \text{ mbar})^2 \cdot 900 \text{ mbar}} \approx \mathbf{100\ bar^{-1}}$

$$\Delta n = (c + d) - (a + b) = (2) - (2 + 1) = 2 - 3 = -1$$

$$K_p = K_c \cdot (R \cdot T)^{\Delta n} \Rightarrow \boldsymbol{K_c} = \frac{K_p}{(R \cdot T)^{\Delta n}} = \frac{100 \text{ bar}^{-1}}{(0{,}08314 \frac{\text{L} \cdot \text{bar}}{\text{K} \cdot \text{mol}} \cdot 873 \text{ K})^{-1}} \approx \mathbf{7{,}26\ \frac{m^3}{mol}}$$

Aufgaben zu 6.4 und 6.5 Massenwirkungsgesetz

1. Welche Gleichgewichtskonstante K_c hat das Gleichgewicht $N_{2(g)} + O_{2(g)} \rightleftharpoons 2\ NO_{(g)}$, wenn folgende Gleichgewichtskonzentrationen vorliegen:
$c(N_2)$ = 0,52 mol/L, $c(O_2)$ = 0,52 mol/L und $c(NO)$ = 0,052 mol/L?

2. Methanol CH_3OH wird großtechnisch in einer katalysierten Gleichgewichtsreaktion aus Synthesegas, einem Gemisch aus Kohlenstoffmonoxid CO und Wasserstoff H_2 hergestellt.
   a) Geben Sie die Reaktionsgleichung für das Synthesegleichgewicht an.
   b) Wie groß ist die Gleichgewichtskonstante K_c, wenn in einem Gemisch 0,86 mol/L CO, 0,72 mol/L H_2 und 0,26 mol/L CH_3OH gaschromatografisch festgestellt wurden?

3. In einem Versuchsreaktor von 5,0 L liegt das Gleichgewicht $2\ SO_{2(g)} + O_{2(g)} \rightleftharpoons 2\ SO_{3(g)}$ vor. Das Reaktionsgemisch enthält 3,5 mol SO_3 und 0,84 mol O_2. Die Gleichgewichtskonstante beträgt für die vorliegende Temperatur $K_c = 32\ L \cdot mol^{-1}$.
Welche Stoffmengenkonzentration an SO_2 liegt im Reaktor vor?

4. Die Gleichgewichtskonstante für die Reaktion $PCl_{5(g)} \rightleftharpoons PCl_{3(g)} + Cl_{2(g)}$ beträgt bei 250 °C K_c = 0,040 mol/L. In einen 10-L-Autoklaven wurde Phosphorpentachlorid eingefüllt und auf 250 °C erhitzt. Im Gleichgewichtsgemisch wurden 0,034 mol/L PCl_5 und 0,037 mol/L PCl_3 vorgefunden. Welche Masse an freiem Chlor Cl_2 enthält der Autoklav?

5. Für das Gleichgewicht: $CH_3COOH + C_2H_5OH \rightleftharpoons CH_3COOC_2H_5 + H_2O$ beträgt die Gleichgewichtskonstante bei 40 °C K_c = 4,0. Hat die Reaktion den Gleichgewichtszustand erreicht, wenn der Inhalt eines Ansatzes folgende Zusammensetzung hat:
c(Säure) = 1,2 mol/L, c(Alkohol) = 2,2 mol/L, c(Ester) = 0,50 mol/L und c(Wasser) = 5,1 mol/L?
In welche Richtung muss die Reaktion gegebenenfalls bis zum Gleichgewicht ablaufen?

6. Ein Gemisch aus einem Mol Essigsäure und einem Mol Ethanol wird zur Reaktion gebracht. Es entstehen Essigsäureethylester und Wasser. Im Gleichgewichtszustand wurde die Konzentration an Essigsäure zu c(Säure) = 0,328 mol/L maßanalytisch bestimmt. Berechnen Sie die Gleichgewichtskonstante der Veresterung.

7. 0,50 mol Ammoniak NH_3 werden in einem 1-L-Druckbehälter auf Reaktionstemperatur gebracht. Im Gleichgewicht: $2\ NH_{3(g)} \rightleftharpoons 3\ H_{2(g)} + N_{2(g)}$ enthält der Behälter 0,60 mol Wasserstoff. Berechnen Sie die Gleichgewichtskonstante der Reaktion.

8. Bei einer Temperatur von 298 K und einem Druck von 1,0 bar enthält ein Kolbenprober 70,9 mL Distickstofftetroxid N_2O_4 und 29,1 mL Stickstoffdioxid NO_2. Berechnen Sie die Gleichgewichtskonstanten K_p und K_c für das Gleichgewicht $N_2O_{4(g)} \rightleftharpoons 2\ NO_{2(g)}$.

9. Nitrosylchlorid NOCl zerfällt durch Thermolyse bei 500 K nach folgender Reaktionsgleichung: $2\ NOCl_{(g)} \rightleftharpoons 2\ NO_{(g)} + Cl_{2(g)}$. Im Reaktionsraum werden die Partialdrücke p(NO) = 0,011 MPa und $p(Cl_2)$ = 0,085 MPa festgestellt. Welcher Partialdruck p(NOCl) liegt vor, wenn die Geschwindigkeitskonstante $K_p = 1{,}8 \cdot 10^{-2}$ bar beträgt? Wie groß ist die Konstante K_c?

10. Phosgen entsteht nach der Reaktion $CO_{(g)} + Cl_{2(g)} \rightleftharpoons COCl_{2(g)}$. In einem Experiment betragen die Partialdrücke vor Reaktionsbeginn $p(Cl_2)$ = 666 hPa und p(CO) = 533 hPa. Nach Einstellung des Gleichgewichts wurde ein Gesamtdruck von 800 hPa bestimmt. Welcher Druck hätte sich bei vollständigem Umsatz ergeben? Berechnen Sie die Gleichgewichtskonstante K_p.

11. Durch Erhitzen eines stöchiometrischen Gemisches aus 1 mol Stickstoff und 3 mol Wasserstoff auf 400 °C in einem Laborautoklaven stellt sich bei einem Druck von 50 bar folgendes Gleichgewicht ein: $3\ H_{2(g)} + N_{2(g)} \rightleftharpoons 2\ NH_{3(g)}$.
Im Gleichgewichtsgemisch wird ein Volumenanteil $\varphi(NH_3)$ = 15,2 % festgestellt. Wie groß ist die Konstante K_p bei dieser Temperatur?

12. Methanol wird durch eine katalysierte Gleichgewichtsreaktion bei 200 bar aus Synthesegas erzeugt: $CO_{(g)} + 2\ H_{2(g)} \rightleftharpoons CH_3OH_{(g)}$. Berechnen Sie die Gleichgewichtskonstante K_p, wenn bei 300 °C 40 % des eingesetzten Wasserstoffs umgesetzt sind und die Ausgangsstoffe im stöchiometrischen Verhältnis eingesetzt wurden.

6.6 Verschiebung der Gleichgewichtslage

Die Lage eines chemischen Gleichgewichts kann durch Änderung der Reaktionsbedingungen beeinflusst werden: Veränderung von **Konzentrationen** und der **Temperatur** führen zu einer Verschiebung der Gleichgewichtslage bis sich ein neuer Gleichgewichtszustand einstellt. In diesem neuen Gleichgewicht hat das Reaktionsgemisch eine andere Zusammensetzung.

Gasgleichgewichte können zusätzlich durch **Druckänderung** beeinflusst werden.

Die Reaktionsbedingungen bieten somit die Möglichkeit, den Stoffumsatz bei einer chemischen Reaktion zu beeinflussen.

Bei allen von außen herbeigeführten Änderungen der Gleichgewichtslage gilt das **Prinzip von Le Châtelier**[1] (principle of Le Chatelier). Es wird auch als **Prinzip des kleinsten Zwanges** bezeichnet und lautet:

> Wird auf ein im chemischen Gleichgewicht befindliches System von außen ein Zwang durch Veränderung der Reaktionsbedingungen ausgeübt, so verändert sich das Gleichgewicht derart, dass die äußere Störung durch Gleichgewichtsverschiebung ausgeglichen wird.

Konzentrationsänderung

Die Veränderung der Gleichgewichtslage durch Konzentrationsänderung (change of concentration) kann prinzipiell durch zwei Maßnahmen erfolgen:

- Einer der Ausgangsstoffe wird im Überschuss zugesetzt.
- Ein Produkt wird aus dem Gleichgewichtsgemisch abgezogen.

Für die Verschiebung der Gleichgewichtslage bei Änderung der Konzentration gilt:

> Durch Erhöhen der Konzentration eines Edukts lässt sich ein Gleichgewicht zugunsten der Reaktionsprodukte verschieben. Das Entfernen eines Produkts führt ebenfalls zu einer Gleichgewichtsverschiebung zugunsten der Produkte. In beiden Fällen ändert sich die Gleichgewichtskonstante nicht.

Die Steigerung der Produktausbeute durch Konzentrationserhöhung eines Ausgangsstoffes im stöchiometrischen Überschuss soll am Beispiel der Veresterung erläutert werden.

Beispiel: Essigsäure setzt sich mit Ethanol in einer Gleichgewichtsreaktion zu Essigsäureethylester (Ethylacetat) und Wasser um: $CH_3COOH + CH_3CH_2OH \rightleftharpoons CH_3COOCH_2CH_3 + H_2O$

Die Gleichgewichtskonstante beträgt $K_c = 4{,}0$.

a) Welche Ausbeute an Ester wird erzielt, wenn die Edukte im stöchiometrischen Verhältnis umgesetzt werden: 1,0 mol/L Essigsäure reagiert mit 1,0 mol/L Ethanol?

b) Welche Ausbeute an Ester stellt sich ein, wenn 1,0 mol/L Essigsäure mit einem Überschuss von 4,0 mol/L Ethanol umgesetzt wird?

Lösung: a)

	CH_3COOH	+	CH_3CH_2OH	$\rightleftharpoons$	$CH_3COOCH_2CH_3$	+	H_2O
Bei Reaktionsbeginn:	1,0 mol/L		1,0 mol/L		0 mol/L		0 mol/L
Im Gleichgewicht:	$(1{,}0 - x)$ mol/L		$(1{,}0 - x)$ mol/L		x mol/L		x mol/L

Aus dem Massenwirkungsgesetz:

$$K_c = \frac{c(\text{Ester}) \cdot c(\text{Wasser})}{c(\text{Säure}) \cdot c(\text{Alkohol})} = \frac{x\ \text{mol/L} \cdot x\ \text{mol/L}}{(1{,}0 - x)\ \text{mol/L} \cdot (1{,}0 - x)\ \text{mol/L}} = 4{,}0$$

folgt durch Ausmultiplizieren, Kürzen der Einheiten und Umformen folgende quadratische Gleichung:

$x^2 - 2{,}667\,x + 1{,}333 = 0.$ (Zur Lösung quadratischer Gleichungen siehe Seite 31)

Die Gleichung hat die rechnerischen Lösungen: $x_1 = 0{,}667$ und $x_2 = 2{,}00$

Da die Esterkonzentration nicht größer als die der eingesetzten Säure sein kann, ist x_1 die einzig wahre Lösung: $\Rightarrow$ ***c*(Ester) ≈ 0,67 mol/L**

Bei einer theoretischen Ausbeute von 1,0 mol/L Ester entspricht dies einem Umsatz von 67 %

[1] Henry Louis Le Chatelier (1850 - 1936), französischer Chemiker

b)	CH_3COOH	+	CH_3CH_2OH	$\rightleftharpoons$	$CH_3COOCH_2CH_3$	+	H_2O
Bei Reaktionsbeginn:	1,0 mol/L		5,0 mol/L		0 mol/L		0 mol/L
Im Gleichgewicht:	(1,0 – *x*) mol/L		(5,0 – *x*) mol/L		*x* mol/L		*x* mol/L

Aus dem Massenwirkungsgesetz folgt analog dem Ansatz aus a) die folgende quadratische Gleichung:

$x^2 - 8{,}00\,x + 6{,}667 = 0$

Sie hat die rechnerischen Lösungen $x_1 = 0{,}945$ und $x_2 = 7{,}06$. Dabei ist x_1 die einzige richtige Lösung:

$\Rightarrow$ **c(Ester) ≈ 0,95 mol/L**

Bei einer theoretischen Ausbeute von 1,0 mol/L Ester entspricht dies einem Umsatz von 95 %

Das Beispiel zeigt, dass durch den stöchiometrischen Alkohol-Überschuss die Ausbeute von 67 % auf 95 % gesteigert werden kann.

Es ist allerdings wirtschaftlich nicht sinnvoll, einen noch größeren Überschuss einzusetzen, da z. B. eine Steigerung auf 10 mol Ethanol nur zu einer Ausbeuteverbesserung um ca. 3 % auf 98 % führt.

Druckänderung

Sind an Gleichgewichtsreaktionen Gase beteiligt, kann die Lage des Gleichgewicht durch Änderung des Drucks (pressure variation) beeinflusst werden. Dies ist allerdings nur der Fall, wenn sich die Summe der Stoffmengen der gasförmigen Komponenten auf der Produkt- und Eduktseite ändert.

So verringern sich z. B. bei der Ammoniaksynthese $3\,H_{2(g)} + N_{2(g)} \rightleftharpoons 2\,NH_{3(g)}$

die Stoffmengen bei vollständigem Umsatz wie folgt: Aus 3 mol H_2 + 1 mol N_2 bilden sich 2 mol NH_3

Da bei gleichem Druck und gleicher Temperatur gleiche Stoffmengen von Gasen das gleiche Volumen haben, nimmt das gebildete Ammoniak ein geringeres Volumen ein als die Ausgangsgase. Für den Normzustand gilt: Ein Mol eines idealen Gases hat ein Volumen von 22,41 L/mol.

Demzufolge werden z. B. aus 4 L Synthesegasgemisch, das aus 3 L Wasserstoff und 1 L Stickstoff besteht, bei vollständigem Stoffumsatz 2 L Ammoniak gebildet.

Bei einer Druckerhöhung von außen wird sich daher das Ammoniak-Gleichgewicht in Richtung der geringeren Stoffmenge verschieben, in diesem Fall auf die Seite des Produkts Ammoniaks. Dieser Vorgang ist schematisch in **Bild 1** beschrieben.

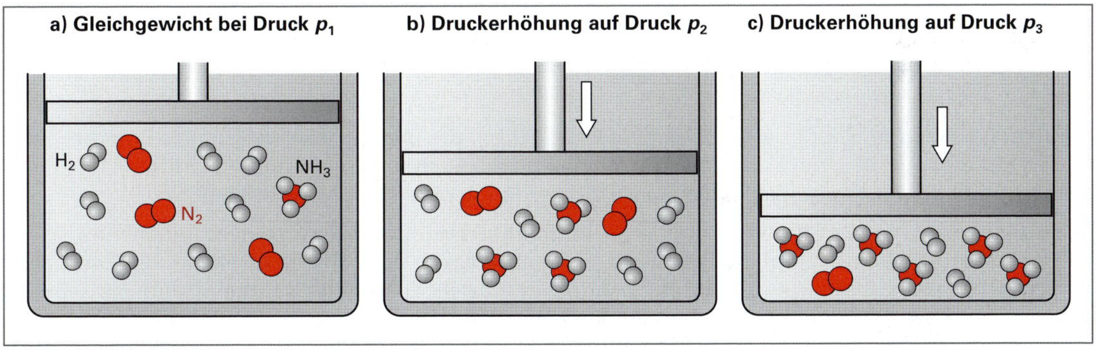

Bild 1: Verschiebung der Gleichgewichtslage durch Druckerhöhung

Bild 1a: 12 Moleküle H_2 und N_2 stehen bei einem Druck p_1 im Gleichgewicht mit 1 Molekül NH_3

Bild 1b: 8 Moleküle H_2 und N_2 stehen bei einem Druck p_2 im Gleichgewicht mit 3 Molekülen NH_3

Bild 1c: 4 Moleküle H_2 und N_2 stehen bei einem Druck p_3 im Gleichgewicht mit 5 Molekülen NH_3

Der äußere Zwang (höherer Druck) wird durch Volumenverkleinerung der Reaktanden gemindert.
Allgemein gilt für den Einfluss des Druckes auf die Lage von Gleichgewichten bei Gasreaktionen:

Erhöht man bei einer Gasreaktion den Druck, so verschiebt sich das Gleichgewicht auf die Seite der Stoffe, die das kleinere Volumen einnehmen, d.h. auf die Seite mit der kleineren Stoffmenge. Verminderung des Drucks verschiebt bei Gasreaktionen das Gleichgewicht auf die Seite der Stoffe, die das größere Volumen einnehmen.

Beispiele: Wie verändert sich die Lage des Gleichgewichts der nachstehenden Reaktionen bei Erhöhung des Drucks? Was ist die Ursache?

a) Synthesegaserzeugung: $CH_{4(g)} + H_2O_{(g)} \rightleftharpoons CO_{(g)} + 3\,H_{2(g)}$

Lösung: Summe der Stoffmengen der Gaskomponenten auf der Eduktseite: 1 mol + 1 mol = 2 mol

Summe der Stoffmengen der Gaskomponenten auf der Produktseite: 1 mol + 3 mol = 4 mol

Die Reaktion verläuft mit Volumen**zunahme**. Das Gleichgewicht wird nach **links** verschoben.

b) Schwefeltrioxid-Synthese: $2\,SO_{2(g)} + O_{2(g)} \rightleftharpoons 2\,SO_{3(g)}$

Lösung: Bilanz der Stoffmengen: Aus 3 mol Edukten im Gaszustand entstehen 2 mol Schwefeltrioxid.

Die Reaktion verläuft mit **geringer** Volumen**abnahme**. Das Gleichgewicht wird nur **wenig** nach **rechts** verschoben, großtechnisch wird die Synthese bei atmosphärischem Druck durchgeführt.

c) Wasserstoffiodid-Synthese: $H_{2(g)} + I_{2(g)} \rightleftharpoons 2\,HI_{(g)}$

Lösung: Bilanz der Stoffmengen: Aus 2 mol Edukten im Gaszustand entstehen 2 mol Wasserstoffiodid.

Es ist eine Reaktion **ohne** Volumenänderung. Das Gleichgewicht verändert sich **nicht**.

d) Boudouard-Gleichgewicht: $C_{(s)} + CO_{2(g)} \rightleftharpoons 2\,CO_{(g)}$

Lösung: Bilanz der Stoffmengen: Aus 1 mol Edukt im Gaszustand entstehen 2 mol gasförmiges Produkt. Der Kohlenstoff liegt als Feststoff vor und beeinflusst das Reaktionsvolumen nicht.

Es ist eine Reaktion mit Volumen**zunahme**. Das Gleichgewicht wird nach **links** verschoben.

Temperaturänderung

Eine wichtige Maßnahme zur Verschiebung der Lage eines Gleichgewichts ist die Änderung der Temperatur (temperature change). Im Gegensatz zur Änderung von Konzentration und Druck hat eine Temperaturänderung eine andere Gleichgewichtskonstante K_c bzw. K_p zur Folge, da diese temperaturabhängig sind.

Unter energetischem Aspekt lassen sich **exotherme** (wärmeliefernde) und **endotherme** (wärmeverbrauchende) Reaktionen unterscheiden (Seite 130, 398). In der Reaktionsgleichung kann die Enthalpieänderung einer Reaktion durch die Angabe der Reaktionsenthalpie $\Delta_r H$ auf der Produktseite der Gleichung kenntlich gemacht werden. Bei einer exothermen Reaktion hat $\Delta_r H$ ein negatives Vorzeichen, bei einer endothermen Reaktion ein positives Vorzeichen.

Die Bildung von Ammoniak aus den Elementen beispielsweise verläuft exotherm, bei der Bildung von zwei Mol Ammoniak werden 92 kJ freigesetzt. Die Reaktionsgleichung mit Enthalpieänderung lautet:

$$3\,H_{2(g)} + N_{2(g)} \underset{\text{endotherm}}{\overset{\text{exotherm}}{\rightleftharpoons}} 2\,NH_{3(g)} \quad | \ \Delta_r H = -92\ \text{kJ}$$

Die Enthalpieangabe $\Delta_r H$ bezieht sich auf die Hinreaktion, die Bildung von Ammoniak. Entsprechend ist die Rückreaktion, also der Zerfall des Ammoniaks in die Elemente, eine endotherme Reaktion. Beim Zerfall von zwei Mol Ammoniak in die Elemente werden demnach 92 kJ verbraucht.

Nach dem Prinzip von LE CHÂTELIER wird durch **Temperaturerhöhung** die wärmeverbrauchende, endotherme Teilreaktion begünstigt. Im Fall der Ammoniaksynthese wird die Rückreaktion, der Zerfall des Ammoniaks durch Temperaturerhöhung begünstigt. Durch **Temperatursenkung** wird die wärmeliefernde, exotherme Teilreaktion begünstigt. Im Fall der Ammoniaksynthese ist dies die Hinreaktion, die Bildung des Ammoniaks. Allgemein gilt für den Temperatureinfluss auf chemische Gleichgewichte:

Erhöht man bei einer Gleichgewichtsreaktion die Temperatur, so verschiebt sich die Lage des Gleichgewichts in Richtung der endothermen Teilreaktion. Durch Senkung der Temperatur verschiebt sich die Lage des Gleichgewichts in Richtung der exothermen Teilreaktion.

Beispiel: Wie verändert sich die Lage des Dissoziationsgleichgewichts von Distickstofftetroxid bei Temperaturerhöhung? Was ist die Ursache? $N_2O_{4(g)} \rightleftharpoons 2\,NO_{2(g)} \quad | \ \Delta_r H = 57\ \text{kJ}$

Lösung: Die Reaktionsenthalpie hat ein positives Vorzeichen, die Hinreaktion (der Zerfall von N_2O_4) verläuft somit endotherm (wärmeverbrauchend). Durch Temperaturerhöhung wird diese Reaktion begünstigt: Die Lage des Gleichgewichts verschiebt sich nach **rechts**.

Aufgaben 6.6 Verschiebung der Gleichgewichtslage

1. Essigsäure setzt sich mit Ethanol zu Essigsäureethylester und Wasser um:

   $CH_3COOH + C_2H_5OH \rightleftharpoons CH_3COOC_2H_5 + H_2O$

   Welche Ausbeute an Ester wird erhalten, wenn 1 mol Essigsäure und 3 mol Ethanol zur Reaktion gebracht werden? $K_c = 4{,}0$

2. Die Ammoniaksynthese nach der Reaktion:

   $3\,H_{2(g)} + N_{2(g)} \rightleftharpoons 2\,NH_{3(g)} \quad | \Delta_r H = -92\text{ kJ}$

   verläuft bei veränderten Reaktionsbedingungen mit sehr unterschiedlicher Ausbeute an Ammoniak ab.

   a) Erläutern Sie die Abhängigkeit der Ammoniakausbeute von der Temperatur anhand des Diagramms in **Bild 1**.

   b) Erläutern Sie mit Hilfe des Bilds 1 die Abhängigkeit der Ammoniakausbeute vom Druck.

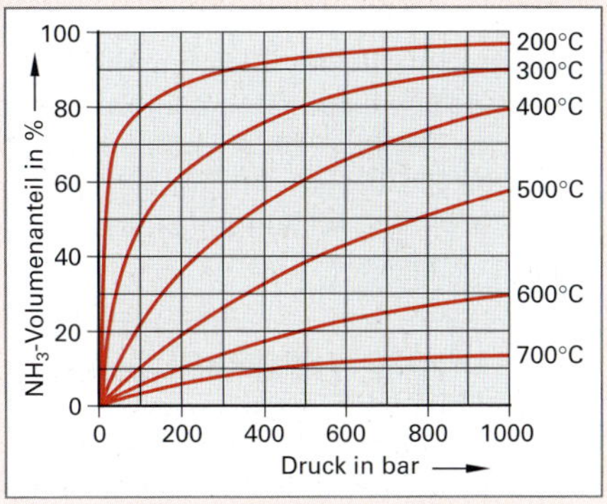

Bild 1: Druck- und Temperaturabhängigkeit des Ammoniak-Gleichgewichts

3. Wie verschiebt sich die Lage des Gleichgewichts der folgenden Reaktionen bei den genannten Veränderungen der Reaktionsbedingungen?

   a) $2\,SO_{2(g)} + O_{2(g)} \rightleftharpoons 2\,SO_{3(g)}$ Erhöhung der Konzentration O_2

   b) $CO_{(g)} + Cl_{2(g)} \rightleftharpoons COCl_{2(g)}$ Entfernung von $COCl_2$

   c) $CO_{(g)} + Cl_{2(g)} \rightleftharpoons COCl_{2(g)}$ Erhöhung des Druckes

   d) $PCl_{5(g)} \rightleftharpoons PCl_{3(g)} + Cl_{2(g)}$ Senkung des Druckes

4. Wie verschiebt sich die Lage des Gleichgewichts der folgenden Reaktionen bei:

   A) Erhöhen der Temperatur B) Erhöhen des Druckes?

   a) $2\,SO_{2(g)} + O_{2(g)} \rightleftharpoons 2\,SO_{3(g)} \quad | \Delta_r H = -197\text{ kJ}$

   b) $Ca(OH)_{2(s)} \rightleftharpoons CaO_{(s)} + H_2O_{(g)} \quad | \Delta_r H = 109\text{ kJ}$

   c) $CO_{(g)} + 2\,H_{2(g)} \rightleftharpoons CH_3OH_{(g)} \quad | \Delta_r H = -92\text{ kJ}$

   d) $CO_{2(g)} + H_{2(g)} \rightleftharpoons CO_{(g)} + H_2O_{(g)} \quad | \Delta_r H = 41\text{ kJ}$

5. Warum schmecken kohlensäurehaltige Getränke wie Bier, Limonade oder Sekt schal, wenn sie längere Zeit in offenen Gläsern stehen? Begründen Sie mit Angabe des Gleichgewichts und dem Prinzip von LE CHÂTELIER.

6. Durch welche zwei Maßnahmen können Flüssigkeiten wie beispielsweise Kesselspeisewasser entgast werden? Begründen Sie mit Angabe des Gleichgewichts am Beispiel von gelöstem O_2 und dem Prinzip von LE CHÂTELIER.

7. Durch welche zwei Maßnahmen können Gase verflüssigt werden? Begründen Sie mit Angabe des Gleichgewichts am Beispiel von Chlor Cl_2 und dem Prinzip von LE CHÂTELIER.

8. Durch das Calcinieren von Kalkstein bei etwa 950 °C (Kalkbrennen) wird großtechnisch Calciumoxid (Branntkalk) und Kohlenstoffdioxid hergestellt:

   $CaCO_{3(s)} \rightleftharpoons CaO_{(s)} + CO_{2(g)} \quad | \Delta_r H = 41\text{ kJ}$

   a) Unter welchen theoretischen Reaktionsbedingungen müsste die Reaktion nach dem Prinzip von LE CHÂTELIER mit optimaler Ausbeute ablaufen?

   b) Warum ist der theoretisch günstige Druck bei der angegebenen Reaktionstemperatur nicht erforderlich? Begründen Sie mit Hilfe der **Tabelle 1**.

Tabelle 1 Kohlenstoffdioxid-Gleichgewichtsdrücke

ϑ in °C	500	553	600	700	750	779	800	842	869	904	937
p in bar	$3{,}5 \cdot 10^{-4}$	$9{,}3 \cdot 10^{-4}$	$50 \cdot 10^{-4}$	0,042	0,114	0,194	0,277	0,456	0,681	1,171	1,792

7 Rechnen mit Ionengleichgewichten

Bei vielen chemischen Reaktionen liegen die reagierenden Stoffe in wässriger Lösung vor. Leitet eine solche Lösung den elektrischen Strom, wird sie als Elektrolyt bezeichnet. Ursache der Leitfähigkeit eines Elektrolyten sind frei bewegliche Ionen, die beim Lösen des Stoffes aus einer Ionenverbindung freigesetzt worden sind. Dieser Vorgang wird als **elektrolytische Dissoziation** bezeichnet.

Die Ionen können aber auch durch eine chemische Reaktion der Verbindung mit dem Wasser entstanden sein, ein Beispiel dafür sind die **Protolysereaktionen**. In vielen Fällen verlaufen der Lösevorgang oder die chemische Reaktion nicht vollständig, es stabilisiert sich eine Gleichgewichtsreaktion, die durch eine bestimmte Gleichgewichtslage gekennzeichnet ist. Auf solche Gleichgewichte können die Gesetzmäßigkeiten des Massenwirkungsgesetztes angewendet werden.

7.1 Protolysegleichgewichte

Säuren und Basen reagieren durch Wasserstoff-Ionen-Austausch (Protonenaustausch) miteinander. Dieses Reaktionsprinzip wird als **Protolysereaktion** (protolysis) bezeichnet. Dabei entsteht aus einer Säure durch **Protonenabgabe** die *korrespondierende* (zugehörige) Base, aus einer Base durch Protonenaufnahme die *korrespondierende* Säure **(Bild 1)**.

Viele Säure-Base-Reaktionen finden in wässrigen Lösungen statt. Es stellen sich **Protolysegleichgewichte** (protolysis equilibrium) ein, deren Lage je nach Stärke der Säuren oder Basen sehr unterschiedlich sein kann.

$$HA + H_2O \rightleftharpoons H_3O^+ + A^-$$

Säure 1 *Base 2* *korrespondierende:* *Säure 2* *Base 1*

$$B + H_2O \rightleftharpoons BH^+ + OH^-$$

Base 1 *Säure 2* *korrespondierende* *Säure 1* *Base 2*

Bild 1: Protolyse einer Säure in Wasser und einer Base in Wasser

7.1.1 Protolysegleichgewicht des Wassers

Aus den beiden Beispielen in Bild 1 ist ersichtlich, dass Wasser, je nach Reaktionspartner, als Säure oder als Base reagieren kann. Stoffe, die wie Wasser, diese Eigenschaften besitzen, bezeichnet man als **Ampholyte**. In Wasser und in allen wässrigen Lösungen liegt zwischen den Wassermolekülen ein **Eigenprotolyse-Gleichgewicht** vor (Bild 2), auch Autoprotolyse (autoprotolysis) genannt.

Dieses Gleichgewicht liegt wegen der geringen Säure- bzw. Basenstärke des Wassers sehr stark auf der Seite der Wassermoleküle: Von 555 000 000 H_2O-Molekülen protolysiert nur ein Molekül. In 10 000 t Wasser von 22 °C sind beispielsweise nur je 1 mol H_3O^+-Ionen und OH^--Ionen enthalten.

Vereinfacht ist dieses Gleichgewicht auch als **Dissoziationsgleichgewicht** darstellbar (Bild 2), allerdings kommen Wasserstoff-Ionen H^+ in wässrigen Lösungen nicht frei vor, sondern immer als H_3O^+-Ionen.

Protolyse-Gleichgewicht von Wasser:

$$H_2O + H_2O \rightleftharpoons H_3O^+ + OH^-$$

Säure *Base* Hydronium-Ion Hydroxid-Ion

Vereinfachte Darstellung des Protolysegleichgewichts von Wasser:

$$H_2O \rightleftharpoons H^+ + OH^-$$

Bild 2: Eigenprotolyse des Wassers

Das Massenwirkungsgesetz (Seite 200) lautet für das Protolysegleichgewicht des Wassers:

$$K_c = \frac{c(H_3O^+) \cdot c(OH^-)}{c^2(H_2O)}$$

Die Konzentration nicht protolysierter Wassermoleküle wird gegenüber den extrem geringen Ionen-Konzentrationen als praktisch konstant angesehen und kann mit der Gleichgewichtskonstanten K_c rechnerisch zu einer neuen Konstanten K_W zusammengefasst werden. K_W wird als **Ionenprodukt des Wassers** bezeichnet.

$$K_c \cdot c^2(H_2O) = K_W = c(H_3O^+) \cdot c(OH^-)$$

Ionenprodukt des Wassers

$$K_W = c(H_3O^+) \cdot c(OH^-)$$

Die Konzentrationen der Hydronium-Ionen und der Hydroxid-Ionen in reinem Wasser sind stets ausgeglichen, bei 22 °C betragen sie: $c(H_3O^+) = c(OH^-) = 10^{-7}$ mol/L.
Das Ionenprodukt des Wassers beträgt mit diesen Konzentrationen bei 22 °C:

Ionenprodukt des Wassers bei 22 °C
$K_W = 10^{-7}$ mol/L $\cdot$ 10^{-7} mol/L $= 10^{-14}$ (mol/L)^2

Das Ionenprodukt des Wassers ist temperaturabhängig. Bei höheren Temperaturen verschiebt sich die Gleichgewichtslage zur Seite der Ionen, da die Bindungen der Wassermoleküle wegen der größeren Bewegungsenergie schneller gelöst werden: K_W wird größer als 10^{-14} (mol/L)^2 **(Tabelle 1).** Bei tieferen Temperaturen verschiebt sich die Gleichgewichtslage zur Seite der undissoziierten Wassermoleküle: K_W wird kleiner als 10^{-14} (mol/L)^2.

Tabelle 1: Ionenprodukt des Wassers

ϑ in °C	K_W in (mol/L)^2
0	$0{,}114 \cdot 10^{-14}$
10	$0{,}292 \cdot 10^{-14}$
15	$0{,}451 \cdot 10^{-14}$
20	$0{,}681 \cdot 10^{-14}$
22	$1{,}000 \cdot 10^{-14}$
30	$1{,}469 \cdot 10^{-14}$
40	$2{,}919 \cdot 10^{-14}$
60	$9{,}614 \cdot 10^{-14}$
100	$74 \cdot 10^{-14}$

Das Protolysegleichgewicht des Wassers reagiert auch auf Zugabe von **Säure** oder **Base.** Wird Säure zugesetzt, z. B. HCl oder HNO_3, erhöht sich die Konzentration $c(H_3O^+)$; die Konzentration $c(OH^-)$ muss dann so stark abnehmen, dass das Produkt beider Konzentrationen, z. B. bei 22 °C, den Wert 10^{-14} (mol/L)^2 annimmt.

Wird eine **Base** zugesetzt, z. B. NaOH oder NH_3, erhöht sich die Konzentration $c(OH^-)$; die Konzentration $c(H_3O^+)$ muss dann so stark abnehmen, dass das Produkt beider Ionensorten, z. B. bei 22 °C, den Wert 10^{-14} (mol/L)^2 erreicht.
In beiden Fällen bleibt das Ionenprodukt des Wassers also erhalten!

Beispiel 1: Welche Konzentration $c(OH^-)$ hat eine Lösung mit der Konzentration $c(H_3O^+) = 10^{-4}$ mol/L bei 22 °C?

Lösung: $K_W = c(H_3O^+) \cdot c(OH^-) = 10^{-14}\,(\text{mol/L})^2, \Rightarrow \mathbf{c(OH^-)} = \dfrac{K_W}{c(H_3O^+)} = \dfrac{10^{-14}\,(\text{mol/L})^2}{10^{-4}\,\text{mol/L}} = \mathbf{10^{-10}\,mol/L}$

Beispiel 2: Wie groß ist das Ionenprodukt von Wasser bei 80 °C, wenn die Hydronium-Ionenkonzentration mit $5{,}0 \cdot 10^{-7}$ mol/L ermittelt wurde?

Lösung: $K_W = c(H_3O^+) \cdot c(OH^-)$, mit $c(H_3O^+) = c(OH^-) = 5{,}0 \cdot 10^{-7}$ mol/L folgt durch Einsetzen:
$\mathbf{K_W} = c(H_3O^+)^2 = (5{,}0 \cdot 10^{-7}\,\text{mol/L})^2 = \mathbf{2{,}5 \cdot 10^{-13}\,(mol/L)^2}$

Aufgaben zu 7.1.1 Protolysegleichgewicht des Wassers

1. Berechnen Sie die Konzentrationen $c(H_3O^+)$ wässriger Lösunge mit folgenden Konzentrationen:
   a) $c(OH^-) = 2{,}5 \cdot 10^{-4}$ mol/L bei 22 °C
   b) $c(OH^-) = 10^{-11}$ mol/L bei 20 °C
   c) $c(OH^-) = 1{,}8 \cdot 10^{-8}$ mol/L bei 30 °C
   d) $c(OH^-) = 5 \cdot 10^{-2}$ mol/L bei 60 °C
2. Wie groß sind die Konzentrationen $c(OH^-)$ folgender wässriger Lösungen:
   a) $c(H_3O^+) = 1{,}5 \cdot 10^{-4}$ mol/L bei 15 °C
   b) $c(H_3O^+) = 10^{-1}$ mol/L bei 22 °C
   c) $c(H_3O^+) = 1{,}8 \cdot 10^{-14}$ mol/L bei 20 °C
   d) $c(H_3O^+) = 7{,}44 \cdot 10^{-2}$ mol/L bei 10 °C
3. Berechnen Sie das Ionenprodukt von Wasser bei 5 °C. Bei dieser Temperatur wurde eine Hydronium-Ionenkonzentration von $4{,}30 \cdot 10^{-8}$ mol/L ermittelt.

7.1.2 Der pH-Wert

Der pH-Wert[1] ist ein Maß für die Hydronium-Ionenkonzentration $c(H_3O^+)$ einer Lösung. Er kennzeichnet den sauren, alkalischen bzw. basischen oder neutralen Charakter einer Lösung.

Der **pH-Wert** ist definiert als negativer dekadischer Logarithmus des *Zahlenwertes*[2] der in mol/L angegebenen Hydronium-Ionenkonzentration $c(H_3O^+)$, vereinfacht $c(H^+)$.

Bei bekanntem pH-Wert wird durch Potenzieren des negativen pH-Wertes zur Basis 10 die Konzentration der Hydronium-Ionen in mol/L erhalten (vergl. S. 17).

pH-Wert
$\text{pH} = -\lg c(H_3O^+)$
$c(H_3O^+) = 10^{-\text{pH}}$ mol/L

[1] pH = lateinisch potentia hydrogenii = Kraft des Wasserstoffs oder pondus hydrogenii = Gewicht des Wasserstoffs
[2] Das Logarithmieren einer Konzentration ist nicht möglich. Die exakte Schreibweise müsste lauten: pH = – lg $|c(H_3O^+)|$. Die Schreibweise $|c(H_3O^+)|$ bedeutet: Zahlenwert der $c(H_3O^+)$ oder Betrag der $c(H_3O^+)$.

Der negative dekadische Logarithmus des Zahlenwertes der Hydroxid-Ionenkonzentration ist der **pOH-Wert.** Bei bekanntem pOH-Wert einer Lösung wird durch Potenzieren des negativen Zahlenwertes des pOH-Wertes zur Basis 10 die Hydroxid-Ionenkonzentration in mol/L erhalten.

pOH-Wert
$pOH = -\lg c(OH^-)$
$c(OH^-) = 10^{-pOH}$ mol/L

Da für verdünnte wässrige Lösungen das Ionenprodukt des Wassers mit $K_W = 10^{-14}$ $(mol/L)^2$ gilt, ergibt sich durch Logarithmieren beider Seiten der Gleichung ein gesetzmäßiger Zusammenhang zwischen dem pH-Wert und dem pOH-Wert. Bei seiner Anwendung ist die Temperaturabhängigkeit des Ionenprodukts zu beachten.

Ionenprodukt bei 22 °C
$c(H_3O^+) \cdot c(OH^-) = 10^{-14}\,(mol/L)^2$
$pH + pOH = 14$

Die **pH-Skale (Bild 1)** ist keine lineare, sondern eine logarithmische Skale: Pro pH-Einheit ändern sich die Konzentrationen $c(H_3O^+)$ und $c(OH^-)$ um den Faktor 10. Saurer Regen beispielsweise mit pH = 3,6 ist um den Faktor 100 saurer, als unbelastetes Regenwasser mit pH = 5,6. Die Konzentration an Hydronium-Ionen $c(H_3O^+)$ dieser Lösung ist um den Faktor 100 höher, die Konzentration an Hydroxid-Ionen $c(OH^-)$ um den Faktor 100 niedriger. Die nachfolgende pH-Skale verdeutlicht dies.

Konzentrationen bei 22°C — ← **zunehmend sauer** — **neutral** — **zunehmend alkalisch/basisch** →

pH-Wert	0	1	2	3	4	5	6	7	8	9	10	11	12	13	14	
$c(H_3O^+)$:	10^0	10^{-1}	10^{-2}	10^{-3}	10^{-4}	10^{-5}	10^{-6}	10^{-7}	10^{-8}	10^{-9}	10^{-10}	10^{-11}	10^{-12}	10^{-13}	10^{-14}	mol/L
$c(OH^-)$:	10^{-14}	10^{-13}	10^{-12}	10^{-11}	10^{-10}	10^{-9}	10^{-8}	10^{-7}	10^{-6}	10^{-5}	10^{-4}	10^{-3}	10^{-2}	10^{-1}	10^{-0}	mol/L
pOH-Wert	14	13	12	11	10	9	8	7	6	5	4	3	2	1	0	

Bild 1: pH-Skale bei 22 °C

Zu beachten ist beim pH-Wert und pOH-Wert, dass sie nur ein Maß für die Stoffmengenkonzentrationen der vorliegenden Hydronium-Ionen und Hydroxid-Ionen sind. Sie sind jedoch kein Maß für die Stärke einer Säure oder einer Base.

Das Ionenprodukt in der oben angegebenen Form ist nur dann exakt konstant, wenn Wechselwirkungen zwischen den Ionen vernachlässigt werden können. Dies ist bei stark verdünnten wässrigen Lösungen der Fall. In Lösungen mit Konzentrationen über 1 mol/L treten mit zunehmender Ionenkonzentration erhebliche Abweichungen vom Ionenprodukt des Wassers auf. Die pH-Skale sollte daher nur für Lösungen im Bereich von pH = 0 bis pH = 14 angewendet werden.

Beispiel 1: Welchen pH-Wert hat Wasser von 22 °C? Welchen chemischen Charakter hat das Wasser?

Lösung: $c(H_3O^+) = 10^{-7}$ mol/L, $pH = -\lg c(H_3O^+) = -\lg 10^{-7} = -(-7) = 7$ **Wasser hat pH = 7**

Da $c(H_3O^+) = c(OH^-)$, ist Wasser **chemisch neutral**

Beispiel 2: Welchen pH-Wert hat eine Lösung mit der Hydronium-Ionenkonzentration $c(H_3O^+) = 0{,}055$ mol/L? Wie groß sind der pOH-Wert und die Konzentration $c(OH^-)$?

Lösung: $\mathbf{pH} = -\lg c(H_3O^+) = -\lg 0{,}055 = -(-1{,}2596) \approx \mathbf{1{,}3}$

$\mathbf{pOH} = 14 - pH = 14 - 1{,}3 = \mathbf{12{,}7} \quad \Rightarrow \quad c(OH^-) = 10^{-pOH}$ mol/L $= 10^{-12{,}7}$ mol/L $\approx$ **$2{,}0 \cdot 10^{-13}$ mol/L**

Beispiel 3: Berechnen Sie die Hydroxid-Ionenkonzentration einer Lösung von pH = 4,5.

Lösung: $pOH = 14 - pH = 14 - 4{,}5 = 9{,}5$

$\mathbf{c(OH^-)} = 10^{-pOH}$ mol/L $= 10^{-9{,}5}$ mol/L $= 3{,}162 \cdot 10^{-10}$ mol/L $\approx$ **$3{,}2 \cdot 10^{-10}$ mol/L**

Aufgaben zu 7.1.2 Der pH-Wert

1. Welchen pH-Wert hat ein Abwasser mit der Hydroxid-Ionenkonzentration $2{,}5 \cdot 10^{-5}$ mol/L?
2. Berechnen Sie die Konzentrationen $c(H_3O^+)$ und $c(OH^-)$ eines Waschfiltrats mit pH = 4,5.
3. Berechnen Sie den pH-Wert von Wasser bei 60 °C. Bei welchem pH-Wert ist Wasser von dieser Temperatur chemisch neutral?

4. Wie verändert sich der pH-Wert von 5,0 m^3 Abwasser mit pH = 7,0, wenn 250 L verunreinigte Natronlauge mit dem Massenanteil $w(NaOH)$ = 25,1 % und der Dichte ϱ = 1,275 g/cm^3 zugeleitet werden (vollständige Dissoziation angenommen)?
5. Es sollen 850 mL Waschlösung mit pH = 4,5 hergestellt werden. Welches Volumen an Salzsäure mit dem Massenanteil $w(HCl)$ = 26,2 % der Dichte ϱ = 1,130 g/cm^3 muss verdünnt werden (vollständige Dissoziation angenommen)?
6. 2,50 m^3 Prozesswasser mit pH = 3,0 sollen durch Zusatz von festem Natriumhydroxid mit dem Massenanteil $w(NaOH)$ = 97,1 % auf pH = 10,5 gebracht werden. Welche Masse an NaOH muss zugesetzt werden, wenn von vollständiger Dissoziation ausgegangen wird?

7.1.3 pH-Wert starker Säuren und Basen

Starke Säuren und Basen liegen in wässriger Lösung mit Konzentrationen $c \leq 1$ mol/L praktisch vollständig dissoziiert (protolysiert) vor. Deshalb besitzen alle starken einprotonigen Säuren wie HCl und HNO_3 bzw. Basen wie NaOH und KOH bei gleicher Stoffmengenkonzentration gleiche pH-Werte.

Mit $c(H_3O^+) = c(HA)$ und $c(OH^-) = c(B)$ folgen nach dem Logarithmieren zwei Näherungsgleichungen zur Berechnung des pH-Wertes einer starken einprotonigen Säure und des pOH-Wertes einer starken einprotonigen Base im Stoffmengenkonzentrationsbereich 10^{-6} mol/L $\leq c \leq$ 1 mol/L.

pH-Wert einer starken Säure
$pH = -\lg c(HA)$

Beim Rechnen mit diesen Größengleichungen ist stets der eingeschränkte Gültigkeitsbereich zu beachten: **Bereich A** im Konzentrations-pK_S-Diagramm von Bild 215/1. Die beiden nebenstehenden Näherungsgleichungen führen bei Konzentrationen kleiner als 10^{-7} mol/L zu unsinnigen pH-Werten.

pOH-Wert einer starken Base
$pOH = -\lg c(B)$

Beispiel 1: Welchen pH-Wert hat eine Salzsäure der Stoffmenkonzentration $c(HCl)$ = 0,020 mol/L?

Lösung: Mit $c(H_3O^+) = c(HA)$ = 0,020 mol/L folgt: **pH** $= -\lg c(H_3O^+) = -\lg 0{,}020 = -(-1{,}690) \approx$ **1,7**

Beispiel 2: Berechnen Sie den pH-Wert einer Natronlauge der Stoffmengenkonzentration $c(NaOH)$ = 0,50 mol/L.

Lösung: Da eine starke Base vorliegt, wird zunächst der pOH-Wert berechnet, mit $c(B)$ = 0,50 mol/L folgt:
$pOH = -\lg c(B) = -\lg 0{,}50 = -(-0{,}301) = 0{,}301$ **pH** $= 14 - pOH = 14 - 0{,}301 = 13{,}699 \approx$ **13,7**

Aufgaben zu 7.1.3 pH-Wert starker Säuren und Basen

1. Berechnen Sie die pH-Werte folgender starker einprotoniger Säuren und Basen:
   a) Salzsäure der Konzentration $c(HCl)$ = 0,025 mol/L
   b) Salpetersäure der Konzentration $c(HNO_3)$ = 0,010 mol/L
   c) Perchlorsäure der Konzentration $c(HClO_4) = 2{,}8 \cdot 10^{-4}$ mol/L
   d) Kalilauge der Konzentration $c(KOH) = 1{,}2 \cdot 10^{-3}$ mol/L
   e) Natronlauge der Konzentration $c(NaOH)$ = 0,0045 mol/L
2. Welche Konzentration $c(HCl)$ hat eine Salzsäure, deren pH-Wert mit 5,62 gemessen wurde?
3. Welche Masse an Natriumhydroxid NaOH ist in 2000 mL Natronlauge mit pH = 10,5 enthalten?
4. Berechnen Sie den pH-Wert einer Kalilauge mit der Massenkonzentration $\beta(KOH)$ = 0,540 g/L.
5. Welchen pH-Wert hat Natronlauge mit dem Massenanteil $w(NaOH)$ = 1,49 % (ϱ = 1,015 g/mL)?
6. Welche Masse an Perchlorsäure $HClO_4$ muss auf 500 mL aufgefüllt werden, wenn die Lösung einen pH-Wert von 2,5 aufweisen soll?
7. In 500 mL Salzsäure mit dem pH-Wert 1,0 werden 2,5 g Natriumhydroxid-Plätzchen gelöst. Welcher pH-Wert stellt sich nach vollständiger Reaktion ein?
8. Mit welchem Volumen an Salpetersäure der Konzentration $c(HNO_3)$ = 2,00 mol/L müssen 5,0 L Kalilauge mit pH = 12,5 gemischt werden, damit der pH-Wert auf 10,0 sinkt?
9. Welche Massenkonzentration $\beta(NaOH)$ hat eine Natronlauge mit dem pH-Wert 11,5?

7.1.4 Dissoziationsgrad α, Protolysegrad

Bei den bisher betrachteten Reaktionen wurde von einem vollständigen Reaktionsablauf ausgegangen, bei dem das Gleichgewicht vollständig auf der Seite der Ionen liegt. Man nennt die Lösung dann einen starken Elektrolyten. Bei vielen Reaktionen erfolgt der Umsatz nur anteilig.

Die Stärke eines Elektrolyten lässt sich mit dem **Dissoziationsgrad** α (degree of dissociation) ausdrücken, dem Verhältnis der Anzahl dissoziierter Teilchen zur Anzahl der Teilchen vor der Dissoziation. Der Dissoziationsgrad α kann Werte zwischen 0 und 1 oder 0 und 100 % annehmen. Für $\alpha = 0$ liegt der Stoff völlig undissoziiert vor, $\alpha = 1 = 100\ \%$ bedeutet vollständige Dissoziation der Ausgangsverbindung.

Bei Protolysereaktionen wird der Dissoziationsgrad **Protolysegrad** genannt. Er ist somit ein Maß für die Stärke einer Säure. Entsprechend ist α auch auf die Protolyse von Basen anwendbar.

$$\text{Protolysegrad} = \frac{\text{Stoffmengenkonzentration protolysierte Ionen}}{\text{Stoffmengenkonzentration des Ausgangsstoffes}}$$

Protolysegrad einer Säure

$$\alpha = \frac{c(\text{protolysierte Ionen})}{c_0(\text{HA})}$$

In **Tabelle 1** sind die pH-Werte für Salzsäure HCl und Essigsäure CH_3COOH bei unterschiedlichen Konzentrationen gegenübergestellt. Die pH-Werte der Essigsäure und ihr Protolysegrad wurden näherungsweise berechnet.

Tabelle 1: pH-Wert und Protolysegrad α

c(Säure) in mol/L	$0{,}1 = 10^{-1}$	$0{,}01 = 10^{-2}$	$0{,}001 = 10^{-3}$	$0{,}0001 = 10^{-4}$	$0{,}00001 = 10^{-5}$
pH (HCl)	1	2	3	4	5
pH (CH_3COOH)	2,9	3,4	3,9	4,5	5,2
α (CH_3COOH)	0,0131	0,0408	0,1234	0,339	0,7099

Bei der *starken* Säure Salzsäure kann von einer vollständigen Protolyse ausgegangen werden **(Bild 1)**. Die Konzentration der Hydronium-Ionen ist praktisch gleich der Anfangskonzentration der Säure:

$c(H_3O^+) = c(\text{HCl})$.

Der pH-Wert der *schwachen* Säure Essigsäure ist bei höheren Konzentrationen viel größer als bei der vergleichbaren Salzsäure. Zwischen Essigsäure und Wasser findet nur eine *teilweise* Protolyse statt. Das Gleichgewicht liegt weit auf der Seite der *nichtprotolysierten* Säuremoleküle.

Protolyse von Hydrogenchlorid in Wasser:

$$HCl + H_2O \rightleftharpoons H_3O^+ + Cl^-$$

$c(\text{HCl}) = 0{,}1$ mol/L — $c(H_3O^+) = 0{,}1$ mol/L

Protolyse von Essigsäure in Wasser:

$$CH_3COOH + H_2O \rightleftharpoons H_3O^+ + CH_3COO^-$$

$c(CH_3COOH) = 0{,}1$ mol/L, zu 98,7 % undissoziiert — Acetat-Ion 1,3 % dissoziiert

Bild 1: Protolyse von Hydrogenchlorid und Essigsäure in Wasser

Bei einer Konzentration $c(\text{Säure}) = 0{,}1$ mol/L sind nur 1,3 % der vorhandenen CH_3COOH-Moleküle an der Protolyse beteiligt, d.h. der Protolysegrad beträgt $\alpha = 0{,}0131 \approx 1{,}3\ \%$. Aus **Tabelle 222/1** ist ersichtlich, dass sich bei schwächeren Säurekonzentrationen (stärkerer Verdünnung) die pH-Werte beider Säuren annähern. Ursache ist eine verstärkte Protolyse der Essigsäure bei stärkerer Verdünnung verbunden mit einer Verschiebung des Gleichgewichts zur Seite der Ionen.

Die Hydronium-Ionenkonzentration kann somit aus dem Protolysegrad α und der Ausgangskonzentration der Säure c(HA) errechnet werden. Entsprechend erhält man mit Hilfe von α die Hydroxid-Ionenkonzentration der wässrigen Lösung einer Base.

Protolyse schwacher Säuren

$$c(H_3O^+) = \alpha \cdot c_0(\text{HA})$$

Beispiel 1: Welchen pH-Wert hat eine Essigsäure-Lösung der Konzentration $c(CH_3COOH) = 0{,}025$ mol/L, wenn der Protolysegrad $\alpha = 0{,}026$ beträgt?

Lösung: $\alpha = \frac{c(H_3O^+)}{c_0(CH_3COOH)} \Rightarrow c(H_3O^+) = \alpha \cdot c_0(CH_3COOH) = 0{,}026 \cdot 0{,}025 \text{ mol/L} = 0{,}00065 \text{ mol/L}$

pH $= -\lg c(H_3O^+) = -\lg 0{,}00065 = -(-3{,}187) \approx$ **3,2**

Beispiel 2: Eine Ammoniumchlorid-Lösung der Konzentration $c(NH_4Cl)$ = 0,10 mol/L hat einen pH-Wert von pH = 5,12. Welche Konzentration $c(H_3O^+)$ liegt vor, wie groß ist der Protolysegrad α?

Lösung: $\mathbf{c(H_3O^+)}$ = 10^{-pH} mol/L = $10^{-5,12}$ mol/L = $7,5858 \cdot 10^{-6}$ mol/L ≈ **$7,6 \cdot 10^{-6}$ mol/L**

$$\alpha = \frac{c(H_3O^+)}{c_0(NH_4Cl)} = \frac{7,5858 \cdot 10^{-6}\ \text{mol/L}}{0,10\ \text{mol/L}} = 7,5858 \cdot 10^{-5} \approx \mathbf{0,0076\ \%} \approx \mathbf{7,6 \cdot 10^{-5}}$$

Beispiel 3: Welchen pH-Wert hat eine Ammoniak-Lösung der Konzentration $c(NH_3)$ = 2,50 mol/L (α = 0,265 %)?

Lösung: $c(OH^-) = \alpha \cdot c_0(NH_3)$ = 0,00265 · 2,50 mol/L = 6,625 · 10^{-3} mol/L

pOH = – lg $c(OH^-)$ = – lg (6,625 · 10^{-3}) = 2,1788 ⇒ **pH** = 14 – pOH = 14 – 2,1788 ≈ **11,8**

Aufgaben zu 7.1.4 Dissoziationsgrad α, Protolysegrad

1. Berechnen Sie die pH-Werte folgender wässriger Lösungen:
   a) Ameisensäure-Lösung der Konzentration $c(HCOOH)$ = 0,25 mol/L, α = 0,0270
   b) Ammoniak-Lösung der Konzentration $c(NH_3)$ = 0,50 mol/L, α = 0,0059
   c) Salpetrige Säure der Konzentration $c(HNO_2)$ = 0,12 mol/L, α = 6,12 %
   d) Monochloressigsäure der Konzentration $c(CH_2ClCOOH)$ = 0,050 mol/L, α = 15,9 %
2. Eine wässrige Essigsäure-Lösung mit $c(CH_3COOH)$ = 0,050 mol/L hat den pH-Wert pH = 3,03. Wie groß ist der Protolysegrad der Essigsäure, welche Konzentration $c(OH^-)$ liegt vor?
3. Welchen pH-Wert hat eine Natriumacetat-Lösung mit der Massenkonzentration $\beta(CH_3COONa)$ = 8,2 g/L, wenn der Protolysegrad der Acetat-Ionen α = 7,59 · 10^{-5} beträgt?
4. Wie viel Liter Ammoniakgas unter 22 °C und 1,030 bar müssen in 1000 mL Wasser von 22 °C gelöst werden, damit sich ein pH-Wert von 10,9 einstellt (α = 0,615 %)?
5. Welche Stoffmengenkonzentration $c(CHCl_2COOH)$ hat eine wässrige Lösung von Dichloressigsäure, wenn der pH-Wert der Lösung 2,45 und der Dissoziationsgrad α = 3,5 % beträgt?

7.1.5 Säure- und Basenkonstante

Das Ausmaß der Protolyse einer Säure oder einer Base kennzeichnet der Protolysegrad α. Eine weitere Möglichkeit zur Beurteilung der Lage von Protolysegleichgewichten bietet die Anwendung des Massenwirkungsgesetzes.

Gleichgewicht einer Säure HA in Wasser:

$$\underset{\textit{Säure 1}}{HA} + \underset{\textit{Base 2}}{H_2O} \rightleftharpoons \underset{\textit{Säure 2}}{H_3O^+} + \underset{\textit{Base 1}}{A^-}$$

Gleichgewicht einer Base B in Wasser:

$$\underset{\textit{Base 1}}{B} + \underset{\textit{Säure 2}}{H_2O} \rightleftharpoons \underset{\textit{Säure 1}}{BH^+} + \underset{\textit{Base 2}}{OH^-}$$

Mit den Gleichgewichtskonzentrationen ergibt sich durch Anwendung des Massenwirkungsgesetzes auf das Gleichgewicht der Säure und der Base in Wasser die Gleichgewichtskonstante K_c.

Wie auch beim Ionenprodukt des Wassers K_W wird die Konzentration des Lösemittels Wasser $c(H_2O)$ gegenüber den Ionenkonzentrationen als konstant angenommen und mit der Konstanten K_c zu einer neuen Konstanten, der **Säurekonstanten K_S** (acidity constant) bzw. der **Basenkonstanten K_B** (basicity constant) zusammengefasst.

Eine Säure oder eine Base ist umso *stärker*, je *größer* die Zahlenwerte von K_S bzw. K_B sind. Bei sehr starken Säuren und Basen liegt das Protolysegleichgewicht praktisch vollständig auf der Ionenseite, K_S bzw. K_B streben gegen unendlich.

Für die Säure gilt: $$K_c = \frac{c(H_3O^+) \cdot c(A^-)}{c(HA) \cdot c(H_2O)}$$

Als neue Konstante wird definiert: $$K_S = c(H_2O) \cdot K_c$$

Für die Base gilt: $$K_c = \frac{c(OH^-) \cdot c(BH^+)}{c(B) \cdot c(H_2O)}$$

Als neue Konstante wird definiert: $$K_B = c(H_2O) \cdot K_c$$

Säurekonstante ;	Basenkonstante
$K_S = \dfrac{c(H_3O^+) \cdot c(A^-)}{c(HA)}$;	$K_B = \dfrac{c(OH^-) \cdot c(BH^+)}{c(B)}$

Üblicherweise werden die Säure- und Basenkonstanten als negativer dekadischer Logarithmus angegeben, der dann als **Säure-** bzw. **Basenexponent** bezeichnet wird.

Je *kleiner* der pK_S-Wert oder der pK_B-Wert, umso *größer* die Stärke der Säure und der Base.

In Tabellen zusammengestellte pK_S- und pK_B-Werte charakterisieren die Stärke der Säuren und Basen gegenüber Wasser **(Tabelle 1)**. Die Säurekonstante K_S einer Säure HA und die Basenkonstante K_B ihrer korrespondierenden Base A^- sind aus diesem Grund quantitativ über das Ionen-produkt des Wassers miteinander verknüpft und ergeben nebenstehende Beziehung.

Säureexponent	Basenexponent
$pK_S = -\lg K_S$	$pK_B = -\lg K_B$
$K_S = 10^{-pK_S}$	$K_B = 10^{-pK_B}$

Für korrespondierende Säuren/Basen gilt:

$$K_S(HA) \cdot K_B(A^-) = K_W$$

Logarithmieren beider Seiten ergibt:

$$pK_S(HA) + pK_B(A^-) = pK_W$$

Korrespondierendes Säure-Base-Paar bei 22 °C
$pK_S + pK_B = pK_W = 14$

Beispiel 1: Welcher Zusammenhang besteht zwischen dem pK_S-Wert von Essigsäure und dem pK_B-Wert des Acetat-Ions bei 22 °C?

Lösung: Das Protolysegleichgewicht lautet:

$$CH_3COOH + H_2O \rightleftharpoons H_3O^+ + CH_3COO^-$$

$pK_{S1} = 4{,}76$ $\quad pK_{B2} = 15{,}74$ $\quad pK_{S2} = -1{,}74$ $\quad pK_{B1} = 9{,}24$

Kontrolle: $pK_{S1} + pK_{B1} = 4{,}76 + 9{,}24 = 14$

$pK_{S2} + pK_{B2} = -1{,}74 + 15{,}74 = 14$

Mit Hilfe der pK_S- und pK_B-Werte kann für wässrige Lösungen von Säuren und Basen beliebiger Konzentration der pH-Wert errechnet werden.

Während bei sehr starken Säuren und Basen mit negativen Säure- und Basenexponenten von einer vollständigen Protolyse auszugehen ist, $c(H_3O^+) = c(\text{Säure})$, ist bei der Berechnung des pH-Wertes mittelstarker Säuren und Basen (pK_S- und pK_B-Werte < 4) das Massenwirkungsgesetz und eine quadratische Gleichung anzuwenden **(Bereich B** im Konzentrations-pK_S-Diagramm von Bild 225/1).

Beispiel 2: Welchen pH-Wert hat eine Dichloressigsäure-Lösung der Konzentration $c(CHCl_2COOH) = 0{,}15$ mol/L?

Lösung: $pK_S = 1{,}29$; das Protolysegleichgewicht lautet:

$$CHCl_2COOH + H_2O \rightleftharpoons CHCl_2COO^- + H_3O^+$$

Hier gilt: $c(HA) - x$ $\qquad c(A^-) = c(H_3O^+) = x$

Aus $K_S = \frac{c(H_3O^+) \cdot c(A^-)}{c(HA)} = \frac{x \cdot x}{c(HA) - x} = 10^{-1,29}$

wird durch Umformen nachfolgende Normalform der quadratischen Gleichung erhalten:

$x^2 + 0{,}05129\,x - 7{,}693 \cdot 10^{-3} = 0.$

Mit Hilfe der allgemeinen Lösungsformel (vgl. S. 24) folgt:

$x_1 = c(H_3O^+) = 0{,}06574$ mol/L $\Rightarrow$ **pH** $= -\lg 0{,}06574 = 1{,}182 \approx$ **1,2**

Tabelle 1: pK_S- und pK_B-Werte einprotoniger Säuren und Basen (22°C)

Säure	Formel	pK_S
Chlorwasserstoff	HCl	–6
Salpetersäure	HNO_3	–1,4
Hydronium-Ion	H_3O^+	–1,74
Trichloressigsäure	CCl_3COOH	0,64
Salpetrige Säure	HNO_2	3,34
Ameisensäure	$HCOOH$	3,74
Essigsäure	CH_3COOH	4,76
Propansäure	C_2H_5COOH	4,87
Kohlensäure	H_2CO_3	6,52
Wasser	H_2O	15,74
Base	**Formel**	**pK_B**
Hydroxid-Ion	OH^-	–1,74
Phosphat-Ion	PO_4^{3-}	1,68
Carbonat-Ion	CO_3^{2-}	3,6
Ammoniak	NH_3	4,75
Acetat-Ion	CH_3COO^-	9,24
Wasser	H_2O	15,74

Aufgaben zu 7.1.5 Säure- und Basenkonstante

1. Berechnen Sie die pH-Werte für folgende wässrige Lösungen:
   a) Salpetrige Säure, $c(HNO_2) = 0{,}20$ mol/L
   b) Ameisensäure, $c(HCOOH) = 0{,}055$ mol/L
   c) Trichloressigsäure, $c(CCl_3COOH) = 0{,}12$ mol/L
   d) Triethylamin, $c(\text{Amin}) = 0{,}50$ mol/L, $pK_B = 3{,}24$
2. 4,50 L Säurelösung enthalten 150 g salpetrige Säure HNO_2. Welchen pH-Wert hat die Lösung?
3. 8,55 g Dichloressigsäure werden im Messkolben auf 2000 mL mit demin. Wasser aufgefüllt. Berechnen Sie den pH-Wert der Säure-Lösung.

7.1.6 pH-Wert schwacher Säuren und Basen

Für schwache Säuren (weak acids) und schwache Basen (weak bases) mit pK_S- und pK_B-Werten > 3 können die pH-Werte und der Protolysegrad für eine Ausgangskonzentration c_0 durch Näherungsgleichungen mit hinreichender Genauigkeit berechnet werden.

Ausgehend vom Protolysegleichgewicht: $HA + H_2O \rightleftharpoons H_3O^+ + A^-$

geht man von folgenden Näherungen aus:

- Die Gleichgewichtskonzentration der Säure $c(HA)$ ist mit der Ausgangskonzentration der Säure $c_0(HA)$ identisch, es gilt: $c(HA) = c_0(HA)$
- Die Hydronium-Ionenkonzentration aus der Autoprotolyse des Wassers bleibt unberücksichtigt, es gilt: $c(A^-) = c(H_3O^+)$

Setzt man diese Näherungen in den Massenwirkungsquotienten für die Säurekonstante einer Säure HA ein, so wird die nebenstehende Größengleichung erhalten:

$$K_S = \frac{c(H_3O^+) \cdot c(A^-)}{c(HA)} = \frac{c(H_3O^+) \cdot c(H_3O^+)}{c_0(HA)} = \frac{c^2(H_3O^+)}{c_0(HA)}$$

Umformung und Logarithmieren beider Seiten der Gleichung ergibt:

$$c^2(H_3O^+) = K_S \cdot c_0(HA) \quad \Rightarrow \quad 2\,pH = pK_S - \lg c_0(HA)$$

Durch Umformung wird die nebenstehende Näherungsformel für die Berechnung des pH-Wertes schwacher Säure erhalten.

Entsprechend ist die Größengleichung für den pOH-Wert schwacher Basen herzuleiten.

pH-Wert einer schwachen Säure

$$pH = \frac{pK_S - \lg c(\text{Säure})}{2}$$

pOH-Wert einer schwachen Base

$$pOH = \frac{pK_B - \lg c(\text{Base})}{2}$$

Beide Näherungsgleichungen ergeben für schwache Säuren und Basen bei größeren Konzentrationen pH- bzw. pOH-Werte, die mit den exakten Werten praktisch identisch sind. Bei stark verdünnten Lösungen von Säuren ergeben sich z. B. Hydronium-Ionenkonzentrationen kleiner 10^{-7} mol/L bzw. Hydroxid-Ionenkonzentrationen größer als 10^{-7} mol/L, was natürlich sinnlos ist. In Wasser von 22 °C gilt: $c(H_3O^+) = 10^{-7}$ mol/L.

Das Diagramm in **Bild 1** erlaubt eine Abschätzung des Gültigkeitsbereiches der Näherungsformel in Abhängigkeit vom Säureexponenten und der Konzentration der Säure-Lösung. Sie kann im **Bereich C** mit hinreichender Genauigkeit angewendet werden. Bei sehr starken Verdünnungen von Säuren und Basen **(Bereich D)** ist die Autoprotolyse des Wassers bei der Berechnung zu berücksichtigen.

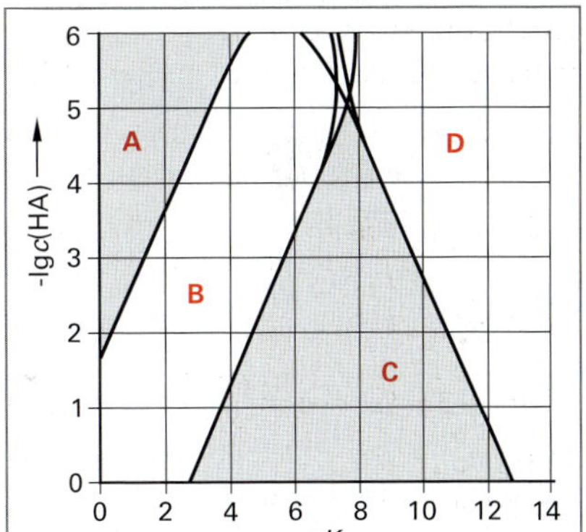

Bild 1: pH-Wert-Berechnungen

Beispiel 1: Welchen pH-Wert hat Essigsäure der Konzentration $c(CH_3COOH) = 0{,}050$ mol/L?

Lösung: Mit $pK_S = 4{,}76$ (aus Tabelle 1) folgt:

$$\mathbf{pH} = \frac{pK_S - \lg c(\text{Säure})}{2} = \frac{4{,}76 - \lg 0{,}050}{2} \approx \mathbf{3{,}0}$$

Aufgaben zu 7.1.6 pH-Wert schwacher Säuren und Basen

1. Berechnen Sie unter Anwendung der quadratischen Gleichung, wie groß der Fehler bei der Näherungsrechnung des pH-Wertes in Beispiel 1 ist.
2. Berechnen Sie den pH-Wert folgender wässriger Lösungen:
   a) Salpetrige Säure, $c(HNO_2) = 0{,}20$ mol/L
   b) Essigsäure, $c(CH_3COOH) = 0{,}015$ mol/L
   c) Ammoniakwasser, $c(NH_3) = 0{,}50$ mol/L
   d) Natriumcarbonat, $c(Na_2CO_3) = 0{,}050$ mol/L
   e) Ameisensäure, $c(HCOOH) = 0{,}035$ mol/L
   f) Natriumacetat, $c(CH_3COONa) = 0{,}55$ mol/L

3. 0,15 mol Natriumacetat CH_3COONa werden im Messkolben mit demin. Wasser auf 1000 mL aufgefüllt. Welchen pH-Wert hat die Lösung?
4. 8,25 g Propansäure werden zu 2,0 L aufgefüllt. Welchen pH-Wert hat die Lösung?
5. In 500 mL Säurelösung sind 10,5 g Ameisensäure enthalten. Welchen pH-Wert hat die Lösung?
6. Welche Masse an Natriumacetat ist in 2000 mL Wasser zu lösen, damit die Lösung einen pH-Wert von 8,5 aufweist?
7. Welches Volumen an Ammoniakgas unter 25 °C und 998 mbar ist in 5000 mL demin. Wasser zu lösen, damit die entstehende Ammoniak-Lösung den pH-Wert 9,7 aufweist?

7.1.7 pH-Wert mehrprotoniger Säuren

Kann eine Säure mehr als ein Proton abspalten, wie z. B. H_2SO_4 oder H_3PO_4, wird sie als **mehrprotonige Säure** bezeichnet. Allerdings sagt die Anzahl der theoretisch abzugebenden Protonen nichts über die Säurestärke aus. Jede Protolysestufe ist durch einen eigenen pK_S-Wert gekennzeichnet.

Bei der Berechnung des pH-Wertes sind die Regeln für die Berechnung starker und schwacher Säuren und Basen anzuwenden. In die Berechnung für die zweite Protolysestufe sind dabei auch die Hydronium-Ionen aus der ersten Stufe einzubeziehen.

Beispiel: Welchen pH-Wert hat eine Schwefelsäure-Lösung der Konzentration $c(H_2SO_4)$ = 0,10 mol/L?

Lösung: Schwefelsäure protolysiert als zweiprotonige Säure in zwei Protolysestufen:

1. Protolysestufe:	H_2SO_4 + H_2O	$\rightleftharpoons$	H_3O^+	+	HSO_4^-
Konzentrationen vor der Protolyse:	0,10 mol/L		0		0
Konzentrationen im Gleichgewicht:	0		0,10 mol/L		0,10 mol/L

In der 1. Stufe ist die Protolyse vollständig, es gilt: $c_1(H_3O^+)$ = 0,10 mol/L

2. Protolysestufe: In der zweiten Stufe ist die Protolyse unvollständig, pK_{S2} = 1,92

Festlegung: $c_2(H_3O^+) = x$ in mol/L	HSO_4^- + H_2O	$\rightleftharpoons$	H_3O^+	+	SO_4^{2-}
Konzentrationen vor der Protolyse:	0,10 mol/L		0		0
Konzentrationen im Gleichgewicht:	0,10 mol/L − x		0,10 mol/L + x		x

Im Gleichgewicht ist die Gesamtkonzentration $c(H_3O^+) = (0{,}10 + x)$ mol/L, das ergibt mit dem MWG:

$$K_{S2} = \frac{c(H_3O^+) \cdot c(SO_4^{2-})}{c(HSO_4^-)} = \frac{(0{,}10 + x) \cdot x}{(0{,}10 - x)} = 10^{-1{,}92}$$

, es folgt durch Umformung die Normalform der quadratischen Gleichung: $x^2 + 0{,}112\,x - 0{,}00120 = 0$

Lösung: $x_1 = c_2(H_3O^+) = 0{,}0099$ mol/L $\Rightarrow$ $c_{ges}(H_3O^+) = 0{,}10$ mol/L + 0,0099 mol/L = 0,1099 mol/L

pH $= -\lg c(H_3O^+) = -\lg 0{,}1099 = 0{,}9590 \approx$ **0,96**

Aus der 2. Protolysestufe stammen nur etwa 9 % der insgesamt vorliegenden Hydronium-Ionen.

Bei der Berechnung des pH-Wertes zweiprotoniger Säuren können die Hydronium-Ionen der zweiten Protolysestufe vernachlässigt werden, wenn die Abweichung der pK_S-Werte größer ist als der Zahlenwert 4. In **Tabelle 1** sind die pK_S-Werte einiger mehrprotoniger Säuren aufgeführt.

Tabelle 1: pK_S-Werte mehrprotoniger Säuren (22 °C)

Säure	pK_{S1}	$pK_{S2\,(3)}$
Schwefelsäure	−3	1,92
Oxalsäure	1,24	5,17
Schweflige Säure	1,9	7,2
Maleinsäure	1,92	6,5
Fumarsäure	3,02	4,6
Adipinsäure	4,4	5,4
Kohlensäure	6,37	10,25
Hydrogensulfid	7,1	12,9
Phosphorsäure	2,12	7,21 (12,3)
Zitronensäure	3,06	4,74 (5,39)

Aufgabe zu 7.1.7 pH-Wert mehrprotoniger Säuren

Berechnen Sie die pH-Werte folgender Säurelösungen:

a) Oxalsäure, c(HOOC–COOH) = 0,10 mol/L.
b) Phosphorsäure, $c(H_3PO_4)$ = 0,050 mol/L.
c) Maleinsäure, $c(C_4H_4O_4)$ = 0,15 mol/L.
d) Schweflige Säure, $c(H_2SO_3)$ = 0,20 mol/L.
e) Schwefelwasserstoff, $c(H_2S)$ = 0,10 mol/L.

Wenden Sie, wenn sinnvoll, Näherungsrechnungen an. Überprüfen Sie den jeweils auftretenden Fehler.

7.1.8 Das OSTWALD´sche Verdünnungsgesetz

Die Säurekonstanten schwacher einwertiger Säure und Basen lassen sich berechnen, wenn die Ausgangskonzentrationen c_0 und der Protolysegrad α für diese Konzentrationen bekannt sind. Für eine Säure HA ergeben sich bei Vernachlässigung der Ionen aus der Autoprotolyse des Wassers folgende Konzentrationen vor und nach der Protolyse:

Protolysegleichgewicht:	HA	+	H_2O	$\rightleftharpoons$	A^-	+	H_3O^+
Konzentrationen vor der Protolyse:	c_0				0		0
Konzentrationen nach der Protolyse:	$c_0 - c_0 \cdot \alpha = c_0 \cdot (1 - \alpha)$				$c_0 \cdot \alpha$		$c_0 \cdot \alpha$

Durch Einsetzen in den Massenwirkungsquotienten für die Säurekonstante einer Säure HA folgt:

$$K_S = \frac{c(H_3O^+) \cdot c(A^-)}{c(HA)} = \frac{(c_0 \cdot \alpha)^2}{c_0 - c_0 \cdot \alpha}$$

Durch Umformung wird das **OSTWALD´sche Verdünnungsgesetz** (OSTWALD´s dilution law) erhalten:

> Mit abnehmender Säurekonzentration nimmt der Protolysegrad α einer Säure zu, bei unendlicher Verdünnung strebt er gegen den Grenzwert 1.

OSTWALD'sches Verdünnungsgesetz

für Säuren ; für Basen

$$K_S = \frac{c_0 \cdot \alpha^2}{1 - \alpha} \; ; \qquad K_B = \frac{c_0 \cdot \alpha^2}{1 - \alpha}$$

Diese Gesetzmäßigkeit lässt sich analog für den Protolysegrad schwacher einwertiger Basen herleiten.

Ist das Ausmaß der Protolyse nur sehr gering, d.h. α sehr viel kleiner als 1, so kann näherungsweise $1 - \alpha \approx 1$ angenommen werden. Der Protolysegrad schwacher Säuren und Basen kann mit nebenstehender Näherungsformel berechnet werden.

Protolysegrad schwacher Säuren

$$K_S = \alpha^2 \cdot c_0 \; ; \qquad \alpha = \sqrt{\frac{K_S}{c_0}}$$

Protolysegrad schwacher Basen

$$K_B = \alpha^2 \cdot c_0 \; ; \qquad \alpha = \sqrt{\frac{K_B}{c_0}}$$

Da die elektrische Leitfähigkeit eines Elektrolyten in einem gesetzmäßigen Zusammenhang mit der Konzentration freier Ionen steht, kann diese Messung zur experimentellen Bestimmung des Protolysegrades schwacher Säuren oder Basen eingesetzt werden (vgl. Seite 377).

Beispiel: Der Protolysegrad von Essigsäure der Konzentration $c(CH_3COOH)$ = 0,0737 mol/L wurde zu α = 1,57 % ermittelt. Wie groß ist die Säurekonstante K_S?

Lösung: $K_S = \frac{c_0 \cdot \alpha^2}{1 - \alpha} = \frac{0{,}0737 \text{ mol/L} \cdot (0{,}0157)^2}{1 - 0{,}0157}$

$K_S = 1{,}8456 \cdot 10^{-5}$ mol/L $\approx$ $\mathbf{1{,}85 \cdot 10^{-5}}$ **mol/L**

Aufgaben zu 7.1.8 OSTWALD´sches Verdünnungsgesetz

1. Berechnen Sie für Essigsäure mit Hilfe des Säureexponenten (Tabelle 214/1) den Protolysegrad bei folgenden Konzentrationen: 10^{-1} mol/L, 10^{-2} mol/L, und 10^{-3} mol/L.
   a) Verwenden Sie jeweils die Näherungsformel.
   b) Führen Sie die exakte Berechnung durch. Vergleichen Sie.
2. Berechnen Sie die Säurekonstante K_S und den Säureexponenten pK_S von Cyanwasserstoffsäure (Blausäure) in einer Lösung der Stoffmengenkonzentration c(HCN) = 0,10 mol/L, wenn der Protolysegrad zu α = 0,00012 bestimmt wurde. Welchen pH-Wert hat diese Lösung?
3. Wie groß sind der pH-Wert und der Protolysegrad einer Natriumcarbonat-Lösung (Soda-Lösung) der Konzentration 0,15 mol/L?
4. Die Säurekonstante K_S für Ameisensäure beträgt $1{,}82 \cdot 10^{-4}$ mol/L. Welchen Protolysegrad weist eine Ameisensäure-Lösung der Konzentration c(HCOOH) = $2{,}5 \cdot 10^{-4}$ mol/L auf? Überprüfen Sie, ob die Verwendung der Näherungsgleichung in diesem Fall zulässig ist.
5. Welchen Protolysegrad hat eine wässrige Benzoesäure-Lösung, die 5,28 g C_6H_5COOH pro Liter Lösung enthält? Der pK_S-Wert von Bezoesäure beträgt 4,22.

7.1.9 pH-Wert von Pufferlösungen

Als **Pufferlösungen** (buffer system) werden Lösungen bezeichnet, deren pH-Wert sich trotz Zugabe von Säure oder Base kaum verändert. Sie dienen zur Stabilisierung des pH-Wertes und bestehen in der Regel aus der Mischung einer Säure und ihrer korrespondierenden Base. Die Wirkungsweise eines Puffers soll am Beispiel einer Essigsäure-Acetat-Pufferlösung erläutert werden. Es liegt dort folgendes Gleichgewicht vor:

$CH_3COOH_{(aq)}$	+	$H_2O_{(l)}$	$\rightleftharpoons$	$CH_3COO^-_{(aq)}$	+	$H_3O^+_{(aq)}$
Säure 1		*Base 2*		*Base 1*		*Säure 2*
$pK_S = 4{,}76$		$pK_B = 15{,}74$		$pK_B = 9{,}24$		$pK_S = -1{,}74$

Wird der Puffer mit einer sauren Lösung versetzt, so werden die damit zugefügten Hydronium-Ionen durch die Acetat-Ionen (= stärkste Base) abgefangen. Der Verlust an Acetat-Ionen wird durch Verschiebung des Gleichgewichts nach rechts ausgeglichen. Da sich die Hydronium-Ionenkonzentration $c(H_3O^+)$ insgesamt kaum verändert, ändert sich auch der pH-Wert der Lösung nur geringfügig.

Wird dagegen eine alkalische Lösung zugefügt, so werden die Hydroxid-Ionen durch die Hydronium-Ionen (= stärkste Säure) neutralisiert. Das Puffergleichgewicht gleicht den Verlust an Hydronium- Ionen durch Protolyse weiterer Essigsäuremoleküle aus (Verschiebung des Gleichgewichts nach rechts), so dass am Ende die ursprüngliche Konzentration $c(H_3O^+)$ fast wieder erreicht wird. Somit ändert sich auch hier der pH-Wert nur sehr geringfügig.

Der pH-Wert einer Pufferlösung ergibt sich aus dem Term für die Säurekonstante K_S der Puffer-Säure HA und anschließende Umformung.

$$K_S = c(H_3O^+) \cdot \frac{c(\text{Salz})}{c(\text{Säure})} \quad \Rightarrow \quad c(H_3O^+) = K_S \cdot \frac{c(\text{Säure})}{c(\text{Salz})}$$

Mit dem negativen dekadischen Logaritmus beider Seiten der Gleichung erhält man die als **Puffergleichung** bezeichnete HENDERSON-HASSELBALCH-Gleichung für einen Puffer aus einer schwachen Säure und deren Salz.

Puffergleichung für schwache Säuren
$\text{pH} = pK_S + \lg \dfrac{c(\text{Salz})}{c(\text{Säure})}$

Aus einer analogen Herleitung folgt die Berechnungsformel für ein Puffersystem aus einer schwachen Base und deren korrespondierender Säure.

$$K_B = c(OH^-) \cdot \frac{c(\text{Salz})}{c(\text{Base})} \quad \Rightarrow \quad c(OH^-) = K_B \cdot \frac{c(\text{Base})}{c(\text{Salz})}$$

Eine gute Pufferwirkung wird erreicht, wenn das Konzentrationsverhältnis von Säure und Base 1 : 10 oder 10 : 1 nicht überschreitet. Das Pufferoptimum ergibt sich bei gleicher Konzentration von Säure und Base, dabei steigt die *Pufferkapazität* mit zunehmender Konzentration der Lösung.

Puffergleichung für schwache Basen
$\text{pOH} = pK_B + \lg \dfrac{c(\text{Salz})}{c(\text{Base})}$

Beispiel 1: In einem 1000 mL-Messkolben mit Essigsäure-Lösung der Konzentration $c(CH_3COOH)$ = 0,100 mol/L werden 8,201 g wasserfreies Natriumacetat CH_3COONa gelöst (Volumenänderung vernachlässigt).

a) Welchen pH-Wert hat die entstehende Pufferlösung?

b) Wie ändert sich der pH-Wert, wenn 990 mL der Pufferlösung mit 10 mL Salzsäure der Konzentration $c(HCl)$ = 1,0 mol/L versetzt werden?

c) Welcher pH-Wert hätte sich nach Säurezugabe in die ungepufferte Essigsäure-Lösung eingestellt?

Lösung: a) Stoffmenge an zugesetzen Acetat-Ionen: $n(A^-) = \dfrac{m(\text{NaAc})}{M(\text{NaAc})} = \dfrac{8{,}201\ \text{g}}{82{,}011\ \text{g/mol}} = 0{,}100\ \text{mol}$

pH-Wert der Pufferlösung: $\mathbf{pH} = pK_S + \lg \dfrac{c(\text{Salz})}{c(\text{Säure})} = 4{,}76 + \lg \dfrac{0{,}100}{0{,}100} = 4{,}76 + 0 = \mathbf{4{,}76}$

b) Zugesetzte Stoffmenge an HCl: $n(HCl) = c(HCl) \cdot V(\text{Lsg}) = 1{,}0\ \text{mol/L} \cdot 0{,}010\ \text{L} = 0{,}010\ \text{mol}$

Puffer-Gleichgewicht:	HCl	+	CH_3COO^-	$\rightleftharpoons$	CH_3COOH	+	Cl^-
vor der GG-Einstellung:	0,010 mol/L		0,100 mol/L		0,100 mol/L		0 mol/L
nach der GG-Einstellung:	0 mol/L		0,090 mol/L		0,110 mol/L		0,010 mol/L

$$\mathbf{pH} = \mathrm{p}K_S + \lg \frac{c(\text{Base})}{c(\text{Säure})} = 4{,}76 + \lg \frac{0{,}090}{0{,}110} = 4{,}76 - 0{,}0872 \approx \mathbf{4{,}67}$$

Der pH-Wert sinkt nur um den Zahlenwert 0,09

c) pH-Wert der ungepufferten Essigsäure-Lösung: $\mathrm{pH} = \frac{\mathrm{p}K_S - \lg c(\text{Säure})}{2} = \frac{4{,}76 - \lg 0{,}100}{2} = 2{,}88$

H_3O^+-Konzentration nach Säurezugabe: $c(H_3O^+) = (10^{-2{,}88} + 0{,}010)\ \text{mol/L} \approx 0{,}01132\ \text{mol/L}$

$\mathbf{pH} = -\lg c(H_3O^+) = -\lg 0{,}01132 \approx \mathbf{1{,}9}$ **Der pH-Wert sinkt von 2,88 auf 1,9**

Beispiel 2: Welche Masse an Ammoniumchlorid NH_4Cl muss in 2000 mL einer Ammoniak-Lösung der Konzentration $c(NH_3) = 0{,}010$ mol/L gelöst werden, damit eine Pufferlösung mit pH = 8,0 erhalten wird? (Eine Volumenänderung beim Lösen wird vernachlässigt).

Lösung: pOH-Wert der Lösung: pOH = 14 – pH = 14 – 8,0 = 6,0; mit $\mathrm{p}K_B = 4{,}75$ folgt: $K_B = 10^{-\mathrm{p}K_B} = 10^{-4{,}75}$

$$c(OH^-) = K_B \cdot \frac{c(\text{Base})}{c(\text{Salz})} \Rightarrow c(\text{Salz}) = K_B \cdot \frac{c(\text{Base})}{c(OH^-)} = 10^{-4{,}75} \cdot \frac{0{,}010\ \text{mol/L}}{10^{-6{,}0}\ \text{mol/L}} = 0{,}17783\ \text{mol/L}$$

mit $c = \frac{n}{V}$ und $n = \frac{m}{M}$ folgt: $m(NH_4Cl) = c(NH_4Cl) \cdot V(\text{Lsg}) \cdot M(NH_4Cl)$

$\boldsymbol{m}\mathbf{(NH_4Cl)} = 0{,}17783\ \text{mol/L} \cdot 2{,}0\ \text{L} \cdot 53{,}49\ \text{g/mol} = 19{,}024\ \text{g} \approx \mathbf{19\ g}$

Aufgaben zu 7.1.9 pH-Wert von Pufferlösungen

1. In jeweils 250 mL Ammoniak-Lösung der Konzentration $c(NH_3) = 1{,}00$ mol/L werden:
   a) 10,0 g Ammoniumchlorid NH_4Cl und b) 30,0 g Ammoniumchlorid NH_4Cl gelöst.
   Welchen pH-Wert haben die Ausgangslösungen und die entstehenden Pufferlösungen?
2. In 1000 mL Ammoniak-Lösung der Konzentration 0,10 mol/L werden 1,00 g Ammoniumchlorid NH_4Cl gelöst. Berechnen Sie die eintretende Änderung des pH-Wertes.
3. Wie ändert sich der pH-Wert, wenn in 250 mL Ameisensäure-Lösung der Konzentration $c(HCOOH) = 0{,}25$ mol/L 3,50 g Natriumformiat HCOONa gelöst werden?
4. Welche Masse an wasserfreiem Natriumacetat muss 1000 mL einer Essigsäure-Lösung der Konzentration $c(CH_3COOH) = 0{,}10$ mol/L zugesetzt werden, damit eine Pufferlösung mit pH = 5,0 erhalten wird?
5. 1000 mL einer Essigsäure/Acetat-Pufferlösung mit den Stoffmengenkonzentrationen $c(CH_3COOH) = 0{,}1$ mol/L und $c(CH_3COONa) = 0{,}2$ mol/L werden jeweils versetzt mit:
   a) 0,40 g Natriumhydroxid NaOH, b) 0,4904 g konzentrierter Schwefelsäure.
   Berechnen Sie die in beiden Fällen eintretende pH-Änderung.
6. In welchem Stoffmengen-Verhältnis sind Kaliumdihydrogenphosphat KH_2PO_4 (Säureexponent $\mathrm{p}K_S(H_2PO_4^-) = 7{,}21$) und Dinatriumhydrogenphosphat Na_2HPO_4 zu lösen, damit ein Puffer mit pH = 7,0 entsteht?
7. Aus 500 mL Ammoniumnitrat-Lösung der Konzentration $c(NH_4NO_3) = 0{,}10$ mol/L soll durch Zusatz von konzentrierter Ammoniak-Lösung mit einem Massenanteil $w(NH_3) = 25{,}0\ \%$ ($\varrho = 0{,}906$ g/mL) und anschließendes Auffüllen mit demin. Wasser auf 2000 mL eine Pufferlösung mit pH = 11,25 erhalten werden. Welches Volumen an Ammoniak-Lösung ist zuzugeben?
8. Aus einer Phosphorsäure-Lösung mit dem Massenanteil $w(H_3PO_4) = 25{,}0\ \%$ und einer Natronlauge mit dem Massenanteil $w(NaOH) = 15{,}5\ \%$ sind 5,0 L eines Phosphatpuffers herzustellen. Die Puffer-Säure $H_2PO_4^-$ und die Puffer-Base HPO_4^{2-} sollen jeweils in der Stoffmengenkonzentration $c = 0{,}20$ mol/L vorliegen. Welche Massen der beiden Lösungen sind zu mischen?
   Reaktionsgleichung: $2\ H_3PO_4 + 3\ NaOH \longrightarrow NaH_2PO_4 + Na_2HPO_4 + 3\ H_2O$

7.1.10 Lage von Protolysegleichgewichten

Die Lage von Protolysegleichgewichten wird durch die unterschiedliche Stärke der an der Reaktion beteiligten Säuren und Basen bestimmt. Bei der Protolyse verläuft die Protonenübertragung von der stärkeren Säure auf die stärkere Base, so dass im Gleichgewicht bevorzugt die schwächere Säure und die schwächere Base vorliegen. So reagiert im nachfolgenden Beispiel das Hydrogensulfat-Ion als stärkere Säure mit der stärkeren Base, dem Acetat-Ion, weitgehend zu Sulfat-Ionen und Essigsäure:

$\mathbf{HSO^-_{4(aq)}}$	+	$\mathbf{CH_3COO^-_{(aq)}}$	$\rightleftharpoons$	$CH_3COOH_{(aq)}$	+	$SO^{2-}_{4(aq)}$
Säure 1		*Base 2*		*Säure 2*		*Base 1*
pK_S = 1,92		**pK_B = 9,24**		pK_S = 4,76		pK_B = 12,08

Durch Anwendung des Massenwirkungsgesetzes kann die Gleichgewichtslage in Form der Gleichgewichtskonstanten errechnet werden.

Der Massenwirkungsquotient ergibt für das Protolysegleichgewicht nach Einsetzen und anschließende Erweiterung mit $c(H_3O^+)$:

$$K = \frac{c(HAc) \cdot c(SO_4^{2-})}{c(HSO_4^-) \cdot c(A^-)} = \frac{c(HAC) \cdot c(SO_4^{2-}) \cdot c(H_3O^+)}{c(HSO_4^-) \cdot c(A^-) \cdot c(H_3O^+)}$$

Der erste Quotient ist gleich dem Kehrwert der Säurekonstanten der Essigsäure HAc, der zweite Quotient ist gleich der Säurekonstanten des Hydrogensulfat-Ions HSO_4^-.

$$K = \frac{c(HAc)}{c(A^-) \cdot c(H_3O^+)} \cdot \frac{c(SO_4^{2-}) \cdot c(H_3O^+)}{c(HSO_4^-)}$$

Durch Logarithmieren beider Seiten der Gleichung wird eine Größengleichung zur Beurteilung der Gleichgewichtslage anhand der errechneten Gleichgewichtskonstanten erhalten.

$$K = \frac{1}{K_S\,(HAc)} \cdot K_S\,(HSO_4^-)$$

$$\Rightarrow \quad pK = pK_S(HSO_4^-) - pK_S\,(HAc)$$

Beispiel: Ermitteln Sie die Lage des oben angegebenen Protolysegleichgewichts mit Hydrogensulfat-Ionen und Aceat-Ionen.

Lösung: $pK = pK_S(HSO_4^-) - pK_S(HAc)$

$pK = 1{,}92 - 4{,}76 = -2{,}84$

$\mathbf{K} = 10^{-pK} = 10^{-(-2{,}84)} \approx \mathbf{6{,}9 \cdot 10^2}$

Da K viel größer als 1 ist, liegt das Gleichgewicht weit auf der Produktseite.

Lage eines Protolysegleichgewichts
$pK = pK_S(\text{Säure 1}) - pK_S\,(\text{Säure 2})$, $K = 10^{-pK}$

Aufgaben zu 7.1.10 Lage von Protolysegleichgewichten

1. Ergänzen Sie die Protolysegleichgewichte mit den korrespondierenden Säuren und Basen und ermitteln Sie mit Hilfe der Gleichgewichtskonstanten die Gleichgewichtslage. Es wird jeweils nur ein Proton übertragen.

a) $HCO^-_{3(aq)}$ + $HCOOH_{(aq)}$ $\rightleftharpoons$; $pK_{B2} = 7{,}84$, $pK_{S1} = 3{,}74$

b) $CN^-_{(aq)}$ + $HNO_{2(aq)}$ $\rightleftharpoons$; $pK_{B2} = 4{,}6$, $pK_{S1} = 3{,}34$

c) $CO^{2-}_{3(aq)}$ + $NH^+_{4(aq)}$ $\rightleftharpoons$; $pK_{B2} = 3{,}6$, $pK_{S1} = 9{,}25$

d) $CH_3COO^-_{(aq)}$ + $NH^+_{4(aq)}$ $\rightleftharpoons$; $pK_{B2} = 9{,}24$, $pK_{S1} = 9{,}25$

e) $ClO^-_{(aq)}$ + $HF_{(aq)}$ $\rightleftharpoons$; $pK_{B2} = 6{,}75$, $pK_{S1} = 3{,}14$

f) $HSO^-_{3(aq)}$ + $ClO^-_{(aq)}$ $\rightleftharpoons$; $pK_{S1} = 7{,}2$, $pK_{B2} = 6{,}75$

g) $HCO^-_{3(aq)}$ + $CH_3COOH_{(aq)}$ $\rightleftharpoons$; $pK_{B2} = 7{,}48$, $pK_{S1} = 4{,}76$

h) $HSO^-_{4(aq)}$ + $PO^{3-}_{4(aq)}$ $\rightleftharpoons$; $pK_{S1} = 1{,}92$, $pK_{B2} = 1{,}68$

7.2 Löslichkeitsgleichgewichte

Stoffe lösen sich in einem Lösemittel nicht unbegrenzt. Nach Überschreiten einer für jeden Stoff charakteristischen Sättigungskonzentration entsteht beispielsweise bei Feststoffen ein ungelöster Bodenkörper. In wässrigen Lösungen bildet sich zwischen gelöstem Stoff und Bodenkörper ein von der Menge des vorhandenen Bodenkörpers unabhängiges **Löslichkeitsgleichgewicht** (solubility equilibrium) aus **(Bild 1)**.

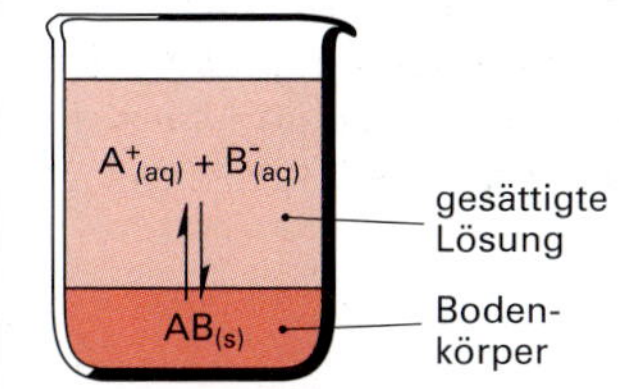

Bild 1: Löslichkeitsgleichgewicht eines Salzes

Viele Ionen lassen sich qualitativ und quantitativ durch Bildung schwerlöslicher Niederschläge nachweisen.

Für ein Salz der allgemeinen Zusammensetzung A_nB_m lautet das Löslichkeitsgleichgewicht:

$$A_mB_{n(s)} \rightleftharpoons m\,A^+_{(aq)} + n\,B^-_{(aq)}$$

Das Produkt der gelösten Ionen-Konzentrationen ergibt für die gesättigte Lösung eines Salzes eine temperaturabhängige Gleichgewichtskonstante. Sie wird als **Löslichkeitsprodukt K_L** (solubility product) bezeichnet.

Löslichkeitsprodukt

$$K_L(A_mB_n) = c^m(A^+) \cdot c^n(B^-)$$

$$pK_L = -\lg K_L, \quad K_L = 10^{-pK_L}$$

Je *größer* der Wert für K_L, desto *besser* ist die Löslichkeit des Salzes.

Mit Hilfe des Löslichkeitsprodukts kann die zur Fällung eines Salzes erforderliche Mindestkonzentration an Ionen errechnet werden.

Häufig wird statt des Löslichkeitsproduktes der negative Zehnerlogarithmus seines Zahlenwertes angegeben, er wird pK_L-Wert genannt. Je *größer* der pK_L-Wert, desto *geringer* ist die Löslichkeit eines Salzes. In **Tabelle 1** sind die Löslichkeitsprodukte einiger ausgewählter Salze aufgeführt.

Tabelle 1: K_L-Werte schwerlöslicher Salze bei 25 °C in $(mol/L)^{m+n}$

Salz	K_L
AgCl	$1{,}6 \cdot 10^{-10}$
AgI	$1{,}5 \cdot 10^{-16}$
Ag_2S	$1{,}6 \cdot 10^{-49}$
Ag_2SO_4	$7{,}7 \cdot 10^{-5}$
$BaSO_4$	$1{,}0 \cdot 10^{-10}$
CuCl	$1{,}0 \cdot 10^{-6}$
$CaCO_3$	$8{,}7 \cdot 10^{-9}$
CaF_2	$3{,}4 \cdot 10^{-11}$
$Ca(OH)_2$	$4{,}3 \cdot 10^{-2}$
$CaSO_4$	$6{,}1 \cdot 10^{-5}$
$Fe(OH)_3$	$3{,}8 \cdot 10^{-38}$
$Mg(OH)_2$	$2{,}6 \cdot 10^{-12}$
$Mn(OH)_2$	$4{,}0 \cdot 10^{-14}$
$PbCl_2$	$2{,}0 \cdot 10^{-5}$
PbI_2	$8{,}7 \cdot 10^{-9}$
$PbSO_4$	$1{,}5 \cdot 10^{-8}$
PbS	$3{,}4 \cdot 10^{-8}$
ZnS (α)	$7{,}0 \cdot 10^{-26}$

Beispiel 1: Berechnen Sie aus dem Löslichkeitsprodukt, wie viel gelöstes AgCl ein Liter einer bei 25 °C gesättigten Silberchlorid-Lösung enthält. $K_L(AgCl) = 1{,}6 \cdot 10^{-10}\ (mol/L)^2$ **(Tabelle 1)**

Lösung: Löslichkeitsgleichgewicht: $AgCl_{(s)} \rightleftharpoons Ag^+_{(aq)} + Cl^-_{(aq)}$

Im Gleichgewicht gilt: $c(Ag^+) = c(Cl^-)$

Für das Löslichkeitsprodukt folgt:

$K_L(AgCl) = c(Ag^+) \cdot c(Cl^-) = 1{,}6 \cdot 10^{-10}\ (mol/L)^2$

Durch Einsetzen von $c(Ag^+) = c(Cl^-)$ wird erhalten:

$K_L = c(Ag^+) \cdot c(Ag^+) = c^2(Ag^+) = 1{,}6 \cdot 10^{-10}\ (mol/L)^2$

$\Rightarrow \quad c(Ag^+) = \sqrt{1{,}6 \cdot 10^{-10}\ (mol/L)^2} = 1{,}265 \cdot 10^{-5}\ mol/L$

Da pro 1 mol Ag^+-Ionen 1 mol AgCl in Lösung geht, gilt:

$c(AgCl) = c(Ag^+) = 1{,}265 \cdot 10^{-5}\ mol/L$

$m(AgCl) = n(AgCl) \cdot M(AgCl) = 1{,}265 \cdot 10^{-5}\ mol \cdot 143{,}32\ g/mol$

$\boldsymbol{m(AgCl)} = 1{,}813 \cdot 10^{-3}\ g \approx$ **1,8 mg**

Beispiel 2: Die Löslichkeit von Eisen(II)-hydroxid in Wasser von 25 °C beträgt $4{,}93 \cdot 10^{-6}$ mol/L. Berechnen Sie das Löslichkeitsprodukt $K_L(Fe(OH)_2)$.

Lösung: Im Löslichkeitsgleichgewicht: $Fe(OH)_{2(s)} \rightleftharpoons Fe^{2+}_{(aq)} + 2\,OH^-_{(aq)}$

dissoziiert eine Formeleinheit $Fe(OH)_2$ in ein Fe^{2+}- Ion und zwei OH^--Ionen, daher gilt:

$c(Fe^{2+}) = c(Fe(OH)_2)$ und: $c(OH^-) = 2\,c(Fe^{2+})$

Das Löslichkeitsprodukt lautet: $K_L(Fe(OH)_2) = c(Fe^{2+}) \cdot c^2(OH^-) = c(Fe^{2+}) \cdot 4\,c^2(Fe^{2+}) = 4\,c^3(Fe^{2+})$

$\boldsymbol{K_L(Fe(OH)_2)} = 4 \cdot (4{,}93 \cdot 10^{-6}\ mol/L)^3 \approx \boldsymbol{4{,}79 \cdot 10^{-16}\ (mol/L)^3}$

Für ein Salz der allgemeinen Zusammensetzung A_mB_n kann die Löslichkeit des Salzes mit Hilfe des Löslichkeitsprodukts nach nebenstehender Größengleichung berechnet werden. Dies wird im Folgenden gezeigt:

Löslichkeit eines Salzes
$c(A_mB_n) = \sqrt[m+n]{\frac{K_L(A_mB_n)}{m^m \cdot n^n}}$

Löslichkeitsgleichgewicht: $A_mB_{n(s)} \rightleftharpoons m\,A_{(aq)} + n\,B_{(aq)}$

Löslichkeitsprodukt: $K_L(A_mB_n) = c^m(A) \cdot c^n(B)$

Es gilt: $c(A) = m \cdot c(A_mB_n)$ sowie $c(B) = n \cdot c(A_mB_n)$

Eingesetzt folgt: $K_L(A_mB_n) = (m \cdot c(A_mB_n))^m \cdot (n \cdot c(A_mB_n))^n = m^m \cdot c^m(A_mB_n) \cdot n^n \cdot c^n(A_mB_n)$

$K_L(A_mB_n) = m^m \cdot n^n \cdot c^{m+n}(A_mB_n)$. Durch Umformen wird erhalten:

$$c^{m+n}(A_mB_n) = \frac{K_L(A_mB_n)}{m^m \cdot n^n} \quad \Rightarrow \quad c(A_mB_n) = \sqrt[m+n]{\frac{K_L(A_mB_n)}{m^m \cdot n^n}}$$

Beispiel 3: Frisch gefälltes Aluminiumhydroxid hat das Löslichkeitsprodukt $K_L(Al(OH)_3) = 2{,}0 \cdot 10^{-33}\ (mol/L)^4$. Wie viel Milligramm Aluminiumhydroxid sind in einem Liter Wasser von 25 °C löslich?

Lösung: Das Löslichkeitsgleichgewicht lautet: $Al(OH)_{3(s)} \rightleftharpoons Al^{3+}_{(aq)} + 3\,OH^-_{(aq)}$

$$c(Al(OH)_3) = \sqrt[m+n]{\frac{K_L}{m^m \cdot n^n}} = \sqrt[3+1]{\frac{2{,}0 \cdot 10^{-33}\ (mol/L)^4}{1^1 \cdot 3^3}} = \sqrt[4]{\frac{2{,}0 \cdot 10^{-33}\ (mol/L)^4}{27}} = \mathbf{2{,}934 \cdot 10^{-9}\ mol/L}$$

$$\boldsymbol{m(Al(OH)_3)} = c(Al(OH)_3) \cdot V(Lsg) \cdot M(Al(OH)_3) = 2{,}934 \cdot 10^{-9}\ mol/L \cdot 1\ L \cdot 78{,}00\ g/mol \approx \mathbf{2{,}3 \cdot 10^{-4}\ mg}$$

Die Löslichkeit eines Salzes verringert sich, wenn das Lösemittel schon eine Sorte der am Lösungsgleichgewicht beteiligten Ionen enthält. Bei gravimetrischen Analysen verläuft die Fällung der gesuchten Ionen deshalb quantitativer, wenn das Fällungsmittel im stöchiometrischen Überschuss zugesetzt wird.

Liegen mehrere schwer lösliche Salze gleichen Formeltyps nebeneinander vor, wird zuerst das Salz mit dem kleineren Löslichkeitsprodukt ausgefällt. Sind in einer Probe die Halogenid-Ionen Cl^-, Br^- und I^- enthalten, so fallen sie nach Zugabe von Silbernitrat-Lösung in der Reihenfolge AgI ($K_L = 1{,}5 \cdot 10^{-16}\ (mol/L)^2$), AgBr ($K_L = 6{,}3 \cdot 10^{-13}\ (mol/L)^2$) und AgCl ($K_L = 1{,}6 \cdot 10^{-10}\ (mol/L)^2$) aus.

Die Löslichkeit eines Salzes kann verbessert werden, wenn eines der am Lösungsgleichgewicht beteiligten Ionen durch Komplexbildung aus dem Gleichgewicht entfernt wird. Auf diese Weise kann die Bildung eines Niederschlags verhindert oder die Auflösung eines Niederschlags bewirkt werden.

Beispiel 4: 2,543 g Bleisulfat-Niederschlag werden jeweils mit unterschiedlichen Lösemitteln von 25 °C gewaschen:

a) mit 200 mL demin. Wasser,

b) mit 100 mL Schwefelsäure der Konzentration $c(H_2SO_4) = 0{,}1\ mol/L$.

Berechnen Sie, welche Masse und welcher Anteil des Niederschlags beim Waschen in Lösung geht.

Lösung: $K_L(PbSO_4) = 1{,}5 \cdot 10^{-8}\ (mol/L)^2$, $M(PbSO_4) = 303{,}264\ g/mol$

Das Löslichkeitsgleichgewicht lautet: $PbSO_{4(s)} \rightleftharpoons Pb^{2+}_{(aq)} + SO^{2-}_{4(aq)}$

a) Aus dem Löslichkeitsprodukt: $K_L(PbSO_4) = c(Pb^{2+}) \cdot c(SO_4^{2-})$ folgt mit $c(Pb^{2+}) = c(SO_4^{2-})$

$$c(Pb^{2+}) = c(PbSO_4) = \sqrt{K_L} = \sqrt{1{,}5 \cdot 10^{-8}\ (mol/L)^2} = 1{,}2247 \cdot 10^{-4}\ mol/L$$

Mit $n(X) = \frac{m(X)}{M(X)}$ und $c(X) = \frac{n(X)}{V(Lsg)}$ folgt:

$$\boldsymbol{m(PbSO_4)} = c(PbSO_4) \cdot M(PbSO_4) \cdot V(Lsg) = 1{,}2247 \cdot 10^{-4}\ mol/L \cdot 303{,}264\ g/mol \cdot 0{,}200\ L \approx \mathbf{7{,}43\ mg}$$

das entspricht $\frac{7{,}43\ mg}{2543\ mg} \approx$ **0,29 %** des Niederschlags

b) $K_L(PbSO_4) = c(Pb^{2+}) \cdot c(SO_4^{2-})$, mit $c(SO_4^{2-}) = 0{,}1\ mol/L$ folgt durch Einsetzen:

$$c(Pb^{2+}) = c(PbSO_4) = \frac{K_L}{c(SO_4^{2-})} = \frac{1{,}5 \cdot 10^{-8}\ (mol/L)^2}{0{,}1\ mol/L} = \mathbf{1{,}5 \cdot 10^{-7}\ mol/L}$$

$\boldsymbol{m(PbSO_4)} = 1{,}5 \cdot 10^{-7}\ mol/L \cdot 303{,}264\ g/mol \cdot 0{,}100\ L \approx \mathbf{4{,}5 \cdot 10^{-3}\ mg}$, das entspricht **$1{,}8 \cdot 10^{-4}$ %**

Aufgaben zu 7.2 Löslichkeitsgleichgewichte

1. Berechnen Sie für die jeweils gesättigten Lösungen die Löslichkeitsprodukte der Salze.
   a) Kupfercarbonat, $c(CuCO_3) = 1{,}18 \cdot 10^{-5}$ mol/L
   b) Kupfer(I)-iodid, $\beta(CuI) = 0{,}426$ mg/L
   c) Cadmiumsulfid, $c(CdS) = 3{,}16 \cdot 10^{-12}$ mmol/L
   d) Silberchromat, $c(Ag_2CrO_4) = 1{,}0 \cdot 10^{-4}$ mol/L
   e) Blei(II)-fluorid $\beta(PbF_2) = 296$ mg/L
   f) 107 mg $MgCO_3$ in 250 mL Wasser
2. Berechnen Sie aus den Löslichkeitsprodukten der Salze (Tabelle 230/1) die Stoffmengenkonzentrationen und die Massenkonzentrationen der bei 25 °C gesättigten Lösungen.
   a) Silberiodid, AgI
   b) Kupfer(I)-chlorid, CuCl
   c) Zinksulfid, ZnS
   d) Silbersulfid, Ag_2S
   e) Blei(II)-chlorid, $PbCl_2$
   f) Eisen(III)-hydroxid, $Fe(OH)_3$
3. Bildet sich ein Niederschlag, wenn jeweils 1000 mL Natriumsulfat-Lösung, $c(Na_2SO_4) = 10^{-3}$ mol/L und Calciumchlorid-Lösung, $c(CaCl_2) = 10^{-3}$ mol/L, zusammengegeben werden?
4. Ein Bariumsulfat-Niederschlag wird bei einer gravimetrischen Bestimmung mit 100 mL demin. Wasser von 25 °C gewaschen. Welche Masse an Bariumsulfat $BaSO_4$ löst sich im Waschwasser?
5. Welche Hydroxid-Ionenkonzentration $c(OH^-)$ und welchen pH-Wert hat eine bei 25 °C gesättigte Magnesiumhydroxid-Lösung?
6. Eine Manganchlorid-Lösung hat bei 25 °C die Konzentration $c(MnCl_2) = 5{,}0 \cdot 10^{-3}$ mol/L. Bei welchem pH-Wert beginnt bei Zugabe von Natronlauge NaOH die Fällung von $Mn(OH)_2$?
7. Berechnen Sie die Masse an Blei(II)-iodid, die bei 25 °C in einem Liter Kaliumiodid-Lösung der Konzentration $c(KI) = 0{,}050$ mol/L löslich ist.

Gemischte Aufgaben zu 7 Ionengleichgewichte

1. Berechnen Sie den pH-Wert von Wasser bei 40 °C. Bei welchem pH-Wert ist Wasser dieser Temperatur chemisch neutral?
2. Der pH-Wert einer schwach alkalischen Waschlösung beträgt 9,75. Welche Konzentrationen an OH^--Ionen und H_3O^+-Ionen liegen vor?
3. Berechnen Sie den pH-Wert folgender starker Säuren und Basen:
   a) Salzsäure, $c(HCl) = 0{,}025$ mol/L
   b) Natronlauge, $c(NaOH) = 1{,}8 \cdot 10^{-5}$ mol/L
   c) Salpetersäure, $c(HNO_3) = 2{,}5 \cdot 10^{-4}$ mol/L
   d) Kalilauge, $c(KOH) = 0{,}55$ mol/L
4. Welche Masse an Natriumhydroxid mit einem Feuchtigkeits-Massenanteil von 2,50 % muss im Messkolben auf 5 L verdünnt werden, um eine Natronlauge mit pH = 10,5 zu erhalten?
5. Welcher pH-Wert wird erhalten, wenn 25,0 g Salpetersäure mit dem Massenanteil $w(HNO_3) = 3{,}07$ % (Dichte 1,015 g/mL) im Messkolben zu 2000 mL aufgefüllt werden?
6. 5000 mL Kalilauge der Konzentration $c(KOH) = 0{,}050$ mol/L werden mit 10,0 g Salzsäure mit $w(HCl) = 11{,}52$ % (Dichte $\varrho = 1{,}055$ g/mL) versetzt. Welcher pH-Wert stellt sich ein?
7. Welche Masse an Perchlorsäure $HClO_4$ ist in 500 mL Säurelösung mit pH = 2,5 enthalten?
8. Welche Masse an Calciumoxid CaO ist erforderlich, um 8,5 m³ Salzsäure von pH = 1,8 bei 22 °C zu neutralisieren?
9. 500 mL Natronlauge mit pH = 12,5 und 250 mL Salpetersäure mit pH = 2,2 werden gemischt. Welcher pH-Wert stellt sich nach dem Mischen ein?
10. Welchen Protolysegrad hat eine unbekannte einprotonige Säure, wenn eine Lösung der Konzentration c(Säure) = 0,045 mol/L einen pH-Wert von pH = 3,5 aufweist?
11. Welche Masse an Essigsäure ist in 5,0 m³ Essigsäure-Lösung mit pH = 3,39 enthalten, wenn der Protolysegrad $\alpha = 0{,}0173$ beträgt?
12. Berechnen Sie den pH-Wert einer Ammoniak-Lösung mit $c(NH_3) = 0{,}0255$ mol/L, die zu 4,22 % protolysiert ist.
13. 2,5 m³ Ammoniakgas NH_3 unter 24 °C und 1,025 bar werden in 2000 L Wasser absorbiert. Es stellt sich ein pH-Wert von pH = 9,2 ein. Welchen Protolysegrad hat Ammoniak?

14. Welche Stoffmengenkonzentration hat eine salpetrige Säure mit pH = 2,17, wenn der Protolysegrad 6,67 % beträgt?

15. Berechnen Sie den genauen pH-Wert einer wässrigen Lösung von Dichloressigsäure $CHCl_2COOH$ der Konzentration $2,5 \cdot 10^{-3}$ mol/L. $pK_S = 1,29$

16. Es sollen 8,50 m^3 Waschlösung mit pH = 4,5 hergestellt werden. Welches Volumen an Salzsäure mit $w(HCl) = 26,2$ % und $\varrho = 1,130$ g/cm^3 muss eingesetzt werden?

17. 2,50 m^3 Waschfiltrat mit pH = 3,0 sind durch Zusatz von Natriumhydroxid mit dem Massenanteil $w(NaOH) = 97,1$ % auf pH = 10,5 zu bringen. Welche Masse an NaOH ist erforderlich?

18. Milchsäure (2-Hydroxipropansäure, $pK_S = 3,87$) wird zu einer Lösung der Konzentration $c(HA) =$ 0,20 mol/L verdünnt. Welchen pH-Wert und welchen Protolysegrad hat die Milchsäure-Lösung?

19. Welche Stoffmengenkonzentration $c(HA)$ hat eine wässrige Propansäure-Lösung mit pH = 4,8?

20. In 2000 mL verdünnter Essigsäure sind 22,58 g Essigsäure enthalten. Welchen pH-Wert weist die Lösung auf? Wie groß ist der Protolysegrad der Essigsäure?

21. In einer wässriger Lösung von Natriumphenolat der Stoffmengenkonzentration $c(C_6H_5ONa) =$ $2,15 \cdot 10^{-3}$ mol/L wird ein pH = 10,7 ermittelt. Welche Säurekonstante K_S hat Phenol, die korrespondierende Säure des Phenolat-Ions?

22. Wie groß ist der pH-Wert einer Natriumcarbonat-Lösung mit $c(Na_2CO_3) = 0,25$ mol/L?

23. Welchen pH-Wert hat eine Ammoniumsulfat-Lösung mit $c((NH_4)_2SO_4) = 0,025$ mol/L?

24. Ergänzen Sie die Protolyse-Gleichgewichte mit den korrespondierenden Säuren und Basen und ermitteln Sie mit Hilfe der Gleichgewichtskonstanten die Gleichgewichtslage. Es wird jeweils nur ein Proton übertragen.

    a) $NH^+_{4(aq)} + HCO^-_{3(aq)} \rightleftharpoons$
    b) $HCOOH_{(aq)} + PO^{3-}_{4(aq)} \rightleftharpoons$

25. Aus Essigsäure-Lösung, $w(CH_3COOH) = 20,0$ %, und Natronlauge, $w(NaOH) = 15,0$ %, sollen 2000 mL Essigsäure-Acetat-Puffer hergestellt werden, der bei einer Konzentration c(Essigsäure) = 0,20 mol/L pH = 4,4 aufweisen soll. Welche Massen der Lösungen sind zu mischen?

26. Ein Essigsäure-Acetat-Puffer der Dichte 1,06 g/cm^3 mit pH 4,50 hat den Natriumacetat-Massenanteil $w(CH_3COONa) = 10,0$ %. Wie viel Milliliter Salpetersäure der Dichte 1,170 g/cm^3 mit dem Massenanteil $w(HNO_3) = 28,51$ % dürfen 500 mL der Pufferlösung maximal zugesetzt werden, damit der pH-Wert pH = 4,2 nicht unterschritten wird?

27. In welchem Volumenverhältnis sind wässrige Lösungen von Ammoniak und Ammoniumchlorid der Konzentration $c = 0,1$ mol/L zu mischen, damit ein Puffer mit pH = 9,8 entsteht?

28. Aus Natriumcarbonat Na_2CO_3 und Natriumhydrogencarbonat $NaHCO_3$ sollen 2000 mL Pufferlösung hergestellt werden. Welche Massen der beiden formelreinen Substanzen sind einzuwiegen, wenn die Pufferlösung pH = 10,0 aufweisen soll?

29. Welche Masse an Calciumcarbonat $CaCO_3$ ist in 200 L Wasser von 25 °C maximal löslich?

30. Welche Masse an Mn^{2+}-Ionen enthält eine bei 25 °C gesättigte Mangan(II)-hydroxid-Lösung?

31. Eine Magnesiumchlorid-Lösung der Konzentration $c(MgCl_2) = 1,25 \cdot 10^{-3}$ mol/L wird auf pH = 9,2 eingestellt. Berechnen Sie, ob sich dabei ein Niederschlag bildet.

32. Mit wie viel Milliliter Wasser von 25 °C dürfen 2,250 g eines Niederschlags von Calciumsulfat gewaschen werden, wenn maximal 150 mg $CaSO_4$ in Lösung gehen dürfen?

33. Welche Masse an Eisen(III)-hydroxid ist in 500 mL Natronlauge der Konzentration $c(NaOH) =$ 0,015 mol/L bei 25 °C löslich?

34. Calcium-Ionen Ca^{2+} sollen bei einer gravimetrischen Bestimmung als Calciumoxalat CaC_2O_4 gefällt werden, in der Vorschrift ist ein Überschuss des Fällungsmittels Ammoniumoxalat vorgeschrieben. Welche Masse an Calcium-Ionen wird aus einer Calciumchlorid-Lösung mit $c(CaCl_2) =$ 0,1 mol/L jeweils nicht ausgefällt, wenn
    a) mit der stöchiometrisch erforderlichen Portion an Oxalat-Ionen $C_2O_4^{2-}$ und
    b) mit der doppelten stöchiometrischen Portion an Oxalat-Ionen gefällt wird?
    $K_L(CaC_2O_4) = 3,9 \cdot 10^{-9}$ $(mol/L)^2$

8 Analytische Bestimmungen

Das Ziel **quantitativer Analysen** ist die Ermittlung der Mengen an Bestandteilen in einer Substanz. Dies können Elemente, Ionen, Verbindungen, Radikale oder funktionelle Gruppen sein. Die Bestimmungen werden vor allem durchgeführt zur Auswahl und Überwachung industrieller Rohstoffe sowie zur Beurteilung der Qualität von Zwischenprodukten, Fertigerzeugnissen und Abfallstoffen.

Ferner dienen sie zur Kontrolle von Luftverunreinigungen, Abwasser, MAK-Werten in Arbeitsräumen sowie zur Untersuchung von Böden, Lebensmitteln und Trinkwasser auf unzulässigerweise eingesetzte Chemikalien. Ein weiteres breites Anwendungsgebiet sind biochemische und medizinische Untersuchungen in Diagnostik und Forschung.

Übersicht analytischer Bestimmungsmethoden

Art, Beschaffenheit und Menge des zu untersuchenden Stoffes bestimmen in erster Linie die Wahl der Analysenmethode. Dabei kommen chemische, biochemische, physikalisch-chemische oder rein physikalische Methoden zum Einsatz. Die nachfolgende Übersicht zeigt die wichtigsten analytischen Verfahren **(Tabelle 1)**.

Tabelle 1: Übersicht analytischer Bestimmungsmethoden

Analytische Methode	Untersuchtes Phänomen	Name des analytischen Verfahrens
Gravimetrie	Bestimmung der Masseänderung durch Wägung	Feuchtigkeitsgehaltsbestimmung Trockengehaltsbestimmung Glührückstandsbestimmung Thermogravimetrie Fällungsanalyse
Volumetrie/ Maßanalyse	Bestimmung des Äquivalenzpunktes über die Farbänderung von Indikatoren	Neutralisationstitration Redoxtitration Fällungstitration Komplexbildungstitration
Maßanalysen mit elektrochemischen Methoden	Messung der: Potentialänderung Leitfähigkeitsänderung Stromstärkeänderung	 Potentiometrie Konduktometrie Polarografie*
Optische Methoden	Brechung von Strahlung	Refraktometrie
	Drehung der Schwingungsebene	Polarimetrie
	Absorption von Strahlung	Fotometrie UV/VIS-Spektroskopie Infrarotspektroskopie IR* Kernresonanzspektroskopie NMR*
Chromatografische Verfahren	Verteilungsgleichgewicht	Papierchromatografie PC
	Adsorptionsgleichgewicht	Dünnschichtchromatografie DC Säulenchromatografie SC Gaschromatografie GC Hochleistungs-Flüssigkeitschromatografie HPLC

* Diese Analysenmethoden sind zwar aufgeführt, bieten aber kaum Möglichkeiten zur rechnerischen Auswertung und werden im Folgenden nicht näher behandelt.

8.1 Gravimetrie

Die **Gravimetrie** (gravimetric analysis) ist ein quantitatives Analyseverfahren. Sie beruht auf bekannten stöchiometrischen Reaktionen chemisch reiner Stoffe. Dabei wird die Masse der Ausgangsstoffe und der entstehenden Stoffportionen durch Wägen bestimmt.

Die gravimetrischen Bestimmungen lassen sich in folgende Einzelverfahren einteilen:

- **Feuchtigkeits - und Trockengehaltsbestimmungen**
- **Bestimmung des Wassergehalts in Ölen**
- **Glührückstandsbestimmungen**
- **Fällungsmethoden**

8.1.1 Feuchtigkeits- und Trockengehaltsbestimmungen von Feststoffen

Bestandteil vieler chemisch-technischer Untersuchungen von Rohstoffen und Produkten ist die Prüfung von Substanzen auf ihren **Feuchtigkeitsgehalt** (moisture content) bzw. ihren **Trockengehalt** (dry matler).

Bei der Bestimmung des Feuchtigkeits- und Trockengehalts von Feststoff-Analysenproben wird zunächst die feuchte Probe eingewogen. Die Feuchtigkeit der Stoffportion wird anschließend im Trockenschrank bei 105 °C durch Trocknen bis zur Massenkonstanz entfernt **(Bild 1).**

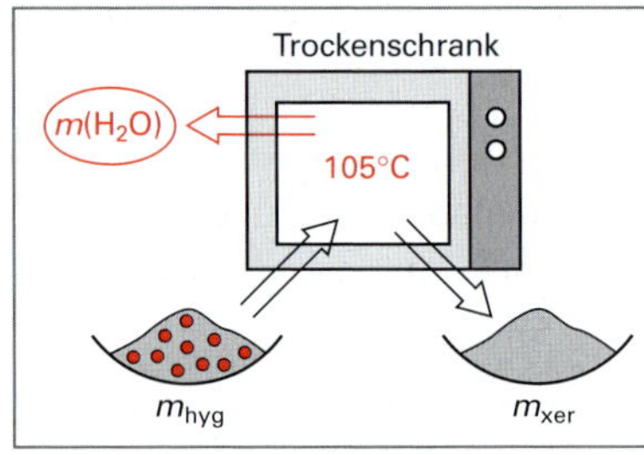

Bild 1: Feuchtigkeitsgehalts- und Trockengehaltsbestimmung

Aus der Differenz der Masse feuchter Probe m_{hyg}[1] und der Masse trockener Substanz m_{xer}[1] wird die Masse an Feuchtigkeit (moisture) $m(H_2O)$ der Probe erhalten:

$m(H_2O) = m_{hyg} - m_{xer}$

Feuchtigkeitsgehalt $w(H_2O)$ und Trockengehalt w_{xer} einer Substanz errechnen sich aus dem Verhältnis der entsprechenden Masse zur feuchten Probenmasse m_{hyg}; es sind Massenanteile.

Feuchtigkeitsgehalt

$$w(H_2O) = \frac{m(H_2O)}{m_{hyg}}$$

Trockengehalt

$$w_{xer} = \frac{m_{xer}}{m_{hyg}}$$

Beispiel 1: 10,824 g Koksprobe werden bei 105 °C im Trockenschrank bis zur Massenkonstanz getrocknet. Die getrocknete Probe wird mit einer Wägedifferenz von 0,682 g ausgewogen. Wie groß ist der Trockengehalt des Kokses?

Lösung: $\boldsymbol{w_{xer}} = \frac{m_{xer}}{m_{hyg}} = \frac{10{,}824\text{ g} - 0{,}682\text{ g}}{10{,}824\text{ g}} = 0{,}98688 \approx \mathbf{98{,}69\ \%}$

Quantitative Untersuchungsergebnisse vieler Stoffe sind nur vergleichbar, wenn sie auf die **Trockensubstanz** (dry matler) bezogen werden. Man erhält somit Werte, die vom Feuchtigkeitsgehalt einer Analysenprobe unabhängig sind. Dies ist besonders bei schwankenden Feuchtigkeitsgehalten während der Lagerung von Bedeutung.

Beispiel 2: Wie groß ist der Calciumoxid-Massenanteil $w(CaO)$ in einem Kalkstein in der Trockensubstanz, wenn bei der analytischen Untersuchung von 120,15 g Probe nach dem Trocknen 7,75 g Feuchtigkeit und nach dem Glühen 58,42 g Calciumoxid CaO ermittelt wurden?

Lösung: Masse an Trockensubstanz: $m_{xer} = m_{hyg} - m(H_2O) = 120{,}15\text{ g} - 7{,}75\text{ g} = 112{,}40\text{ g}$

$$\boldsymbol{w_{xer}}\mathbf{(CaO)} = \frac{m(CaO)}{m_{xer}} = \frac{58{,}42\text{ g}}{112{,}40\text{ g}} = 0{,}51975 \approx \mathbf{52{,}0\ \%}$$

Aufgaben zu 8.1.1 Feuchtigkeits- und Trockengehaltsbestimmungen von Feststoffen

1. 8,374 g Farbstoffpaste werden bei 105 °C bis zur Massenkonstanz getrocknet. Die Auswaage beträgt 1,523 g. Wie groß ist der Massenanteil an Trockensubstanz in der Paste?
2. Eine Kohleprobe hat einen Feuchtigkeits-Massenanteil von 7,35 %. 8,254 g Kohle werden bei 105 °C bis zur Massenkonstanz getrocknet. Wie viel trockener Rückstand verbleibt?

[1] (hyg Abk. für feucht, hygroskopisch; xer Abk. für xeros, trocken)

3. 5,4563 g eines temperaturempfindlichen feuchten Pigments werden im Exsikkator über Calciumchlorid getrocknet **(Bild 1).** Wie groß ist der Feuchtigkeitsanteil der Probe, wenn 5,4123 g Trockensubstanz ausgewogen werden?
4. Zur Bestimmung der flüchtigen Bestandteile eines anorganischen Pigments werden 4,308 g bei 250 °C bis zur Massenkonstanz erhitzt. Nach dem Abkühlen verbleibt ein Rückstand von 2,835 g. Welchen Massenanteil *w*(flüchtige Bestandteile) hat das Pigment?
5. 10,4561 g Farbstoffteig ergeben beim Trocknen 1,7542 g Rückstand. Welcher Trockensubstanz-Massenanteil liegt vor?
6. Welchen Massenanteil $w(MnO_2)$, bezogen auf die Trockensubstanz, hat Braunstein, dessen Analyse folgende Massenanteile ergab: $w(H_2O) = 0{,}33\ \%$, $w(MnO_2) = 54{,}72\ \%$?
7. In einer Trockenpistole wird ein feuchtes pharmazeutisches Produkt mit Hilfe von siedendem Xylol und mit Phosphor(V)-oxid als Trockenmittel getrocknet **(Bild 2).** *Wägeergebnisse:*
   Wägeschiffchen leer: 5,23451 g,
   Wägeschiffchen mit feuchter Probe: 10,32345 g,
   Wägeschiffchen mit Trockenprobe: 10,30145 g.
   Wie groß ist der Feuchtigkeitsanteil der Probe?
8. In einer Dolomit-Probe wurden in 5,2356 g Probesubstanz folgende Bestandteile gravimetrisch ermittelt:
   0,0341 g Feuchtigkeit, $m(CaO) = 1{,}6728$ g, $m(MgO) = 1{,}0984$ g, $m(SiO_2) = 0{,}1435$ g, $m(Fe_2O_3/Al_2O_3) = 0{,}06544$ g. Berechnen Sie die Zusammensetzung des Dolomits in der Trockensubstanz.
9. In einem Käse wurde der Fettgehalt analysiert. Bei der Bestimmung des Feuchtegehalts ergaben 3,034 g Käseeinwaage 1,381 g Feuchtigkeit. Aus weiteren 3,647 g Käse wurden 0,834 g Fett mit einem Lösemittel extrahiert. Welchen Massenanteil *w*(Fett) hat der untersuchte Käse in der Trockensubstanz?

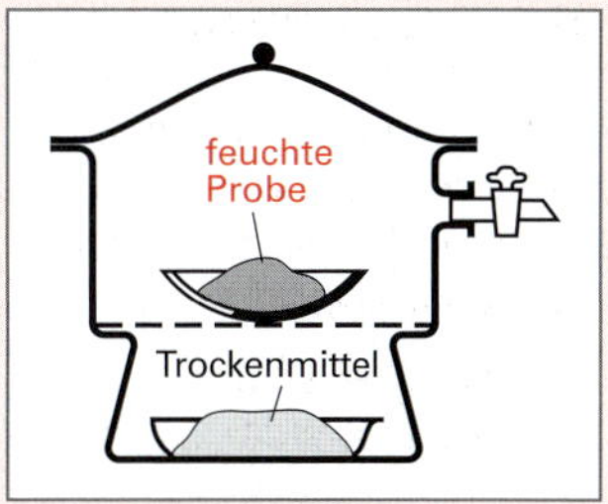

Bild 1: Trocknen im Exsikkator (Aufgabe 3)

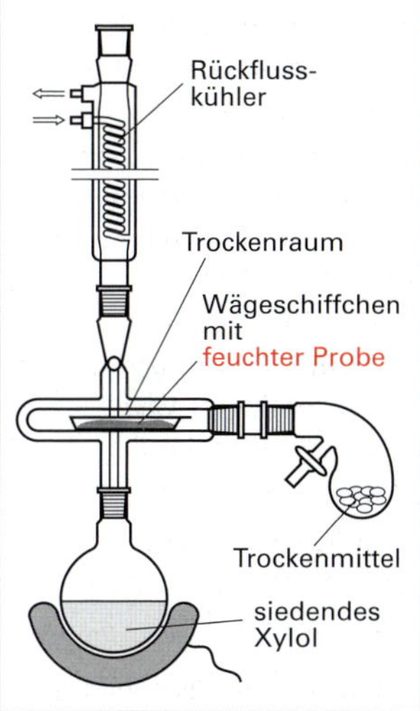

Bild 2: Trocknen in der Trockenpistole (Aufgabe 7)

8.1.2 Bestimmung des Wassergehalts in Ölen

Die Bestimmung des Wassergehalts in Rohöl und Mineralölerzeugnissen (Dean and Stark test method) erfolgt in einem Destillationsverfahren nach DIN ISO 3733 **(Bild 3).**

Die eingewogene Probe wird mit Xylol oder einem anderen geeigneten Lösemittel versetzt und zum Sieden erhitzt. Das in der Probe enthaltene Wasser der Probe verdampft zusammen mit dem Lösemittel (z. B. Xylol). Das Xylol-Wasserdampf-Gemisch kondensiert in der Vorlage und tropft in das Messrohr. Dort entmischt es sich. Das Volumen des kondensierten Wassers kann auf der Graduierung des Messrohrs abgelesen werden.

Das Wasser der Probe wird als Wasser-Massenanteil $w(H_2O)$ oder als Wasser-Volumenanteil $\varphi(H_2O)$ angegeben.

Beispiel: 50,62 g Verdichteröl werden gemäß DIN ISO 3733 auf ihren Wassergehalt untersucht (Bild 3). Am Messrohr werden 0,28 mL Wasser abgelesen. Wie groß ist der Wasser-Massenanteil der Probe?

Lösung: $\mathbf{w(H_2O)} = \frac{m(H_2O)}{m_{hyg}} = \frac{0{,}28\text{ g}}{50{,}62\text{ g}} = 0{,}005531 \approx \mathbf{0{,}55\ \%}$

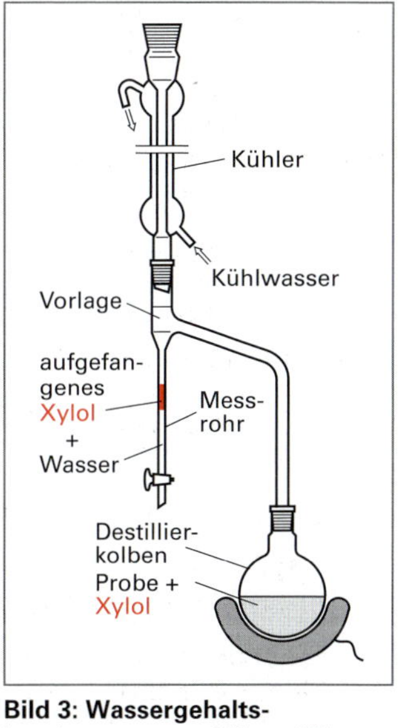

Bild 3: Wassergehaltsbestimmung von Mineralölen nach DIN ISO 3733

Aufgaben zu 8.2.2 Bestimmung des Wassergehalts in Ölen

1. 120,2 g Schmieröl werden mit Xylol versetzt und destilliert. In der Vorlage werden 0,203 mL Wasser aufgefangen. Welchen Wasser-Massenanteil hat das Schmieröl?
2. Bei der Bestimmung des Wassergehalts in einem Heizöl wurden mit Xylol aus 27,25 g Probe 0,10 mL Wasser überdestilliert. Wie groß ist der Wasser-Massenanteil des Heizöls?

8.1.3 Glührückstandsbestimmungen

Bei der Glührückstandsbestimmung wird die in einem Porzellantiegel eingewogene Analysenprobe in der Gebläseflamme oder im Muffelofen bei Temperaturen zwischen 600 °C – 1100 °C geglüht **(Bild 1)**.

Sie zerfällt in **flüchtige Bestandteile** (volatiles) und einen **Glührückstand** (ignition residue), auch Asche genannt.

Bei anorganischen Verbindungen z. B. besteht der Glührückstand aus Metalloxiden. Die flüchtigen Bestandteile bestehen bei organischen Stoffen aus Kohlenstoffdioxid, Wasser und anderen kleinmolekularen Bestandteilen. Sie werden insgesamt als **Glühverlust** (ignition loss) bezeichnet.

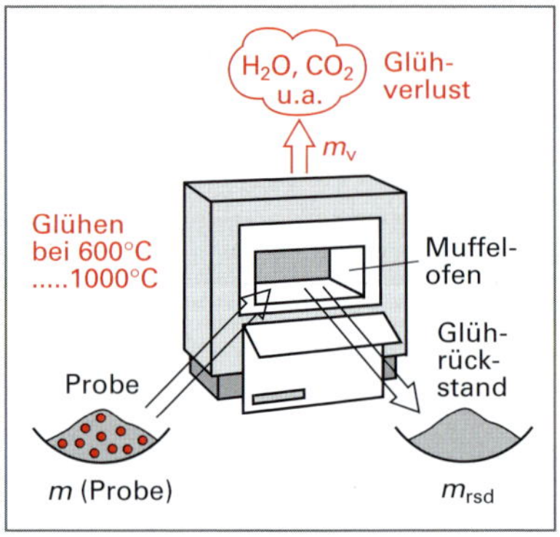

Bild 1: Glührückstandsbestimmung

Der Glühverlust m_v ist die Differenz aus der Masse an Probe m(Probe) und dem Glührückstand m_{rsd}:

$m_v = m(\text{Probe}) - m_{rsd}$ (mit rsd, Abkürzung für residuns, Rest)

Der Glührückstand-Massenanteil w_{rsd} ist das Verhältnis des Glührückstands zur Probenmasse; der Glühverlust-Massenanteil w_v ist das Verhältnis des Glühverlusts zur Probenmasse.

Glührückstand

$$w_{rsd} = \frac{m_{rsd}}{m(\text{Probe})}$$

Glühverlust

$$w_v = \frac{m_v}{m(\text{Probe})}$$

Beispiel: Beim Glühen von 0,2500 g Kalkstein wird ein Rückstand von 0,1708 g erhalten. Wie groß ist der Glühverlust?

Lösung: $m_v = m(\text{Probe}) - m_{rsd} = 0{,}2500\text{ g} - 0{,}1708\text{ g} = 0{,}0792\text{ g}$

$$w_v = \frac{m_v}{m(\text{Probe})} = \frac{0{,}0792\text{ g}}{0{,}2500\text{ g}} = 0{,}31680 \approx \mathbf{31{,}68\ \%}$$

Aufgaben zu 8.1.3 Glührückstandsbestimmungen

1. Bei der Glührückstandsbestimmung einer Elastomerprobe wurden folgende Messwerte ermittelt: m(Tiegel, leer) = 27,18 g, m(Tiegel + Probe) = 30,75 g, m(Tiegel + Glührückstand) = 28,43 g. Wie groß ist der Glührückstand (Massenanteil Asche) der Probe?
2. 4,825 g Braunkohleprobe ergeben nach dem Glühen einen Ascherückstand von 0,315 g.
   a) Berechnen Sie den Asche-Massenanteil der Braunkohle.
   b) Welche Masse an Asche entsteht bei der Verfeuerung von $250 \cdot 10^3$ t der untersuchten Kohle?
3. Bei der Veraschung einer Gummiprobe wurden folgende Wägeergebnisse ermittelt: m(Tiegel, leer) = 32,18 g, m(Tiegel + Probe) = 36,75 g, m(Tiegel + Glührückstand) = 33,42 g. Wie groß ist der Glühverlust der Probe?
4. Der Aschegehalt eines quantitativen Filterpapiers wird gravimetrisch untersucht. 1500 cm^2 des Papiers wurden vorverascht und anschließend geglüht. Die Auswaage ergab 10,5 mg Asche. Wie viel Asche verbleibt von einem Rundfilter mit 70 mm Durchmesser?
5. 1,523 g eines Bauxits wurden geglüht und ein Rückstand von 1,283 g erhalten.
   a) Wie groß ist der Glühverlust?
   b) Welche Massenabnahme wäre bei einem Glühverlust von 17,1 % festgestellt worden?

6. Die Analyse einer grubenfeuchten Kohle ergab einen Feuchtigkeits-Massenanteil von 37,5 % und einen Asche-Massenanteil von 5,9 %. Wie groß ist der Asche-Massenanteil bezogen auf die Trockensubstanz?
7. 5,3461 g eines Calcits wurden getrocknet, die Trockensubstanz ergab eine Auswaage von 4,9800 g. Nach dem anschließenden Glühen verbleibt ein Rückstand von 2,3216 g Calciumoxid CaO. Welchen Massenanteil w(CaO) hatte der Calcit bezogen auf die Trockensubstanz?
8. 5,840 g feuchter Kalkstein werden bei 1000 °C bis zur Massenkonstanz geglüht. Der Glührückstand beträgt 2,980 g Kalk CaO. Welchen Feuchtigkeitsanteil $w(H_2O)$ hat der Kalkstein?

8.1.4 Thermogravimetrie

Die **Thermogravimetrie** (thermogravimetric analysis, Abkürzung TG) ist eine thermoanalytische Methode zur Analyse von Stoffen mit thermisch abspaltbaren Bestandteilen oder zur Untersuchung der thermischen bzw. thermooxidativen Stabilität von Stoffen. Dabei wird die Masseänderung beim kontinuierlichen Aufheizen einer Probe in einer Thermowaage unter definierter Atmosphäre nach einem vorgegebenen Temperaturprogramm erfasst **(Bild 1).**

Bei der Thermogravimetrie (DIN 51 006) können folgende Reaktionen ablaufen:

Bei Temperaturen bis ca. 130 °C erfolgen **physikalische Abspaltungen** von angelagerten Stoffen durch Verdunsten, Verdampfen, Desorbieren, Sublimieren.

Bei darüber hinaus ansteigenden Temperaturen und inerter Atmosphäre erfolgen dann **chemische Reaktionen:** Die Wasserabspaltung aus Hydraten, Hydroxiden oder Kohlehydraten, die thermische Zersetzung von anorganischen Verbindungen (Calcinierung) oder organischen Verbindungen (Pyrolyse).

Bei Sauerstoffatmosphäre im Ofen kommt es ab ca. 600 °C zusätzlich zum oxidativen Abbau organischer Materie (Verbrennung).

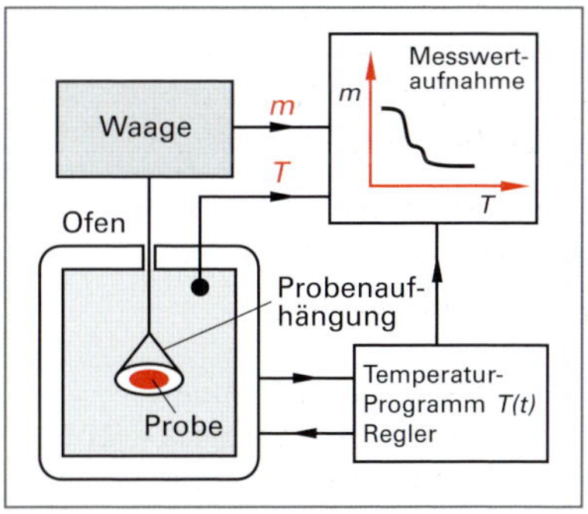

Bild 1: Messprinzip der Thermogravimetrie

Relativ einfach durchführbar sind Gehaltsbestimmungen von Komponenten, deren abgespaltene Bestandteile während der Messung vollständig entweichen, wie z. B. bei der Feuchtigkeitsgehaltsbestimmung oder bei der Analyse von Kohlen und Elastomermischungen.

Die thermogravimetrischen Messdaten werden in einer Kurve dargestellt, in der die Masse oder die Masseänderung der Probe gegen die Temperatur oder die Zeit aufgetragen wird **(Bild 2).** In der Regel werden auf der x-Achse die Temperatur ϑ in °C oder die Zeit t in min und auf der y-Achse die Masse in Gramm oder der Masseverlust in Prozent aufgetragen. Die horizontalen Abschnitte der Kurve entsprechen Temperaturbereichen, in denen die vorliegende Verbindung stabil ist.

In den abfallenden Kurvenbereichen erfolgt jeweils die Abgabe eines Bestandteils der Probe.

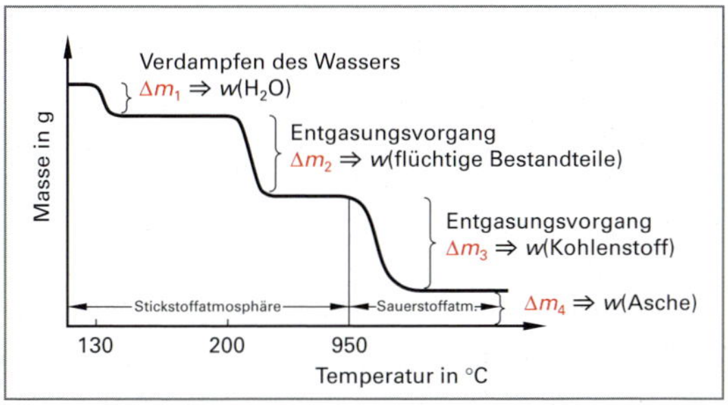

Bild 2: Thermogramm einer Kohleanalyse

Beispiel: Thermogramm einer thermogravimetrischen Untersuchung von Kohle (Bild 2).

Die Probeportion wird unter Stickstoffatmosphäre zunächst auf ca. 130 °C erhitzt: Dabei wird die Feuchtigkeit ausgetrieben (Δm_1). Dann wird die Probe mit einer Heizgeschwindigkeit von ca. 30 °C/min weiter erhitzt und verliert ab ca. 200 °C weitere flüchtige Bestandteile (Δm_2). Bei ca. 950 °C wird das Temperaturprogramm angehalten. Zurück bleibt der trockene und entgaste Kohlerückstand (Kohlenstoff). Nun wird Sauerstoff in den Ofen geleitet. Er verbrennt den Kohlenstoff (Δm_3) bis auf den Ascherückstand (Δm_4).

Wenn bei thermogravimetrischen Gehaltsbestimmungen aus der Probe die abgespaltenen Komponenten vollständig entweichen (z. B. bei Feuchtigkeitsbestimmungen, bei der Pyrolyse von Elastomeren, bei Depolymerisationen) wird der Massenanteil aus dem durch die Komponente X verursachten Masseverlust Δm_n bzw. dem zugehörigen Rückstand und der Proben-Einwaage m(Probe) erhalten.

Massenanteil
$w(X) = \frac{\Delta m_n}{m(\text{Probe})}$

Bei stöchiometrisch verlaufenden Reaktionen mit nur teilweisem Masseverlust wie er beispielsweise bei der Dehydratisierung (Wasserabspaltung) oder der Decarboxylierung (Abspaltung von Kohlenstoffdioxid) hervorgerufen wird, kann aus den molaren Massen sowie dem stöchiometrischen Faktor a (Seite 120) die Zusammensetzung der untersuchten Substanz errechnet werden.

Massenanteil bei stöchiometrischer Zersetzung
$w(X) = \frac{\Delta m \cdot M(X)}{m(\text{Probe}) \cdot a \cdot M(\text{Gas})}$

Beispiel: Zur Bestimmung des Calciumcarbonat-Massenanteils einer Füllstoffmischung werden 14,6 g Probe eingewogen. Bei der thermoananalytischen Bestimmung beträgt der Masseverlust zwischen 500 °C und 800 °C 4,82 mg. Welchen Caciumcarbonat-Massenanteil $w(CaCO_3)$ hat der untersuchte Füllstoff?

Lösung: $\mathbf{w(CaCO_3)} = \frac{\Delta m \cdot M(CaCO_3)}{m(\text{Probe}) \cdot a(CO_2) \cdot M(CO_2)} = \frac{4{,}82 \text{ mg} \cdot 100{,}09 \text{ g/mol}}{14{,}6 \text{ mg} \cdot 1 \cdot 44{,}01 \text{ g/mol}} = 0{,}75082 \approx \mathbf{75{,}1\ \%}$

Bei nicht-stöchiometrisch oder zu komplex verlaufenden Reaktionen mit nur teilweisem Masseverlust wird zunächst die reine gesuchte Komponente X thermogravimetrisch analysiert und ein Standard-Masseverlust ermittelt. Dieser wird als Anteil $w(\Delta m, S)$ in die Berechnung einbezogen.

Massenanteil bei nicht-stöchiometrischer Zersetzung
$w(X) = \frac{\Delta m_n}{m(\text{Probe}) \cdot w(\Delta m, S)}$

Beispiel: In einem Material für die Elektroisolation ist der Gehalt an Glimmer (Muskovit, Zusammensetzung $KAl_2[(OH,F)_2/AlSi_3O_{10}]$) zu bestimmen. Bei der thermoananalytischen Untersuchung von reinem Muskovit wird zwischen 600 °C und 1000 °C ein Masseverlust von 4,3 % festgestellt, verursacht durch abgespaltenes Wasser. 24,20 mg Probe des analysierten Materials ergeben zwischen 600 °C und 1000 °C einen Masseverlust von 0,39 mg. Welchen Massenanteil w(Muskovit) hat das analysierte Isolationsmaterial?

Lösung: $\mathbf{w(Muscovit)} = \frac{\Delta m_n}{m(\text{Probe}) \cdot w(\Delta m, S)} = \frac{0{,}39 \text{ mg}}{24{,}20 \text{ mg} \cdot 0{,}043} = 0{,}37478 \approx \mathbf{37\ \%}$

Aufgaben zu 8.1.4 Thermogravimetrie

1. Zur Analyse eines Elastomers werden 5,886 mg Probe eingewogen. Mit der Heizrate 30 °C/min unter N_2-Atmosphäre beträgt der Masseverlust an flüchtigen Bestandteilen 0,1825 mg. Beim weiteren Aufheizen nimmt die Masse durch Pyrolyse von Naturkautschuk NR um 1,9247 mg, durch Pyrolyse von Synthesekautschuk EPDM um 1,2714 mg ab. Bei 550 °C wird unter Sauerstoff der Ruß verbrannt, der Masseverlust beträgt 2,3779 mg. Es bleibt ein Rückstand von 0,1295 mg anorganische Füllstoffe. Welche Zusammensetzung hat das Elastomer?
2. 3,460 g kristallwasserhaltiges Calciumchlorid werden erhitzt, bis das wasserfreie Salz vorliegt. Die Auswaage an wasserfreiem Calciumchlorid $CaCl_2$ beträgt 2,6164 g. Wie viel Mol Kristallwasser sind in einem Mol kristallwasserhaltigem Calciumchlorid chemisch gebunden?
3. Welcher Masseverlust ist bei der thermoanalytischen Bestimmung von 25,34 mg Natriumhydrogencarbonat $NaHCO_3$ mit einem Feuchtigkeitsanteil von 1,75 % beim kontinuierlichen Aufheizen bis 180 °C zu erwarten? $2\ NaHCO_{3(s)} \longrightarrow Na_2CO_{3(s)} + H_2O_{(g)} + CO_{2(g)}$
4. Von Calciumoxalat-x-Hydrat wird thermogravimetrisch der Kristallwassergehalt untersucht. 15,3 mg $CaC_2O_4 \cdot x\,H_2O$ werden eingewogen. Bei ca. 200 °C unter Stickstoff verliert das Oxalat 1,882 mg Kristallwasser, bei 500 °C geht es unter Abgabe von 2,9376 mg Kohlenstoffmonoxid in Calciumcarbonat über, welches sich bei 800 °C unter Abgabe von 4,605 mg Kohlenstoffdioxid in Calciumoxid umwandelt. Welche Formel hat das Calciumoxalat-x-Hydrat?
$CaC_2O_4 \cdot x\,H_2O_{(s)} \longrightarrow CaC_2O_{4(s)} + x\,H_2O_{(g)}$
$CaC_2O_{4(s)} \longrightarrow CaCO_{3(s)} + CO_{(g)}$, $\quad CaCO_{3(s)} \longrightarrow CaO_{(s)} + CO_{2(g)}$

8.1.5 Gravimetrische Fällungsanalysen

Das Prinzip der **gravimetrischen Fällungsanalyse** (precipitation analysis) beruht auf der Massebestimmung einer ausgefällten und abfiltrierten Verbindung bekannter stöchiometrischer Zusammensetzung. Sie kann angewendet werden für die Gehaltsbestimmung von Metallionen wie z. B. Eisen-, Aluminium-, Kupfer-, Kobalt-Ionen u.a. Es können aber auch Anionen wie z. B. Sulfat-Ionen, Chlorid-Ionen, Phosphat-Ionen u.a. quantitativ bestimmt werden.

Da die Durchführung gravimetrischer Fällungsanalysen sehr zeitaufwendig ist, hat man sie in vielen Fällen durch moderne Analysenmethoden ersetzt: Bei Kationen durch die Fotometrie, die Atomabsorptionsspektrometrie AAS, die Röntgenfluoreszenzanalyse RAF, die Atomspektroskopie ICP, die Ionenchromatografie u.a (Seite 275).

Für Anionen stehen neben ionensensitiven Elektroden in erster Linie chromatografische Analysenmethoden, wie z. B. die Ionenchromatografie, zur Verfügung.

Der Vorgang einer gravimetrischen Fällungsanalyse kann wie folgt beschrieben werden **(Bild 1)**:

Die genau eingewogene Analysenprobe wird gelöst und die Lösung tropfenweise unter Rühren mit einem geeigneten Fällungsreagenz (precipitant) im Überschuss versetzt. Die zu bestimmende Substanz reagiert dabei quantitativ zu einem in seiner Zusammensetzung bekannten Niederschlag. Man bezeichnet ihn als *Fällungsform* (precipitated form).

Gallertartige Niederschläge werden mit einem Papierfilter, kristalline Niederschläge je nach Trocknungstemperatur mit Glasfiltertiegeln oder Porzellanfiltertiegeln abfiltriert **(Bild 2)**. Der Filterkuchen kann nach dem Waschen, Trocknen oder Glühen auf der Analysenwaage ausgewogen werden.

Der getrocknete Analysenrückstand wird als *Wägeform* (weighed form) bezeichnet. Im einfachsten Fall sind Fällungsform und Wägeform identisch.

Grundlage der Berechnung einer gravimetrischen Fällungsanalyse ist die Reaktionsgleichung, die der Fällung zugrunde liegt. Sie ergibt zwischen Analysenrückstand (Wägeform) und der gesuchten Komponente X eine stöchiometrische Beziehung, die als **stöchiometrischer Faktor** oder **analytischer Faktor** ***F*** (stoichiometric factor) bezeichnet wird, dabei ist *a* die Stoffmengenrelation zwischen dem gesuchten Teilchen X und der Wägeform (Seite 120).

Bei bekanntem stöchiometrischem Faktor einer Verbindung ist dieser lediglich mit der Auswaage der Wägeform zu multiplizieren und liefert unmittelbar die Masse der gesuchten Substanz in der eingewogenen Probe.

Für ausgewählte Stoffe ist der stöchiometrische Faktor bekannt und kann Tabellen entnommen werden **(Tabelle 232/1)**.

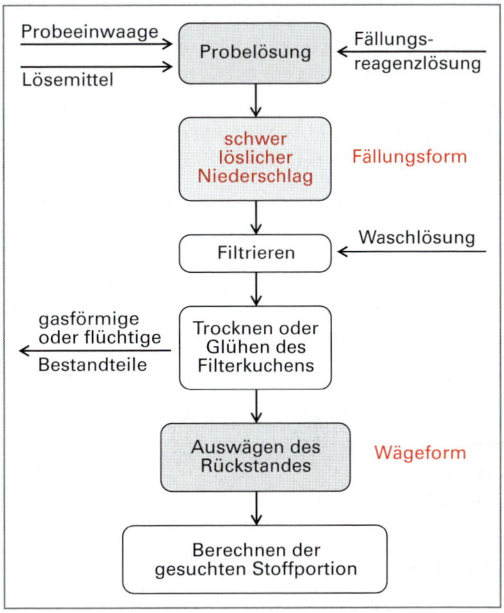

Bild 1: Ablaufschema einer Fällungsanalyse

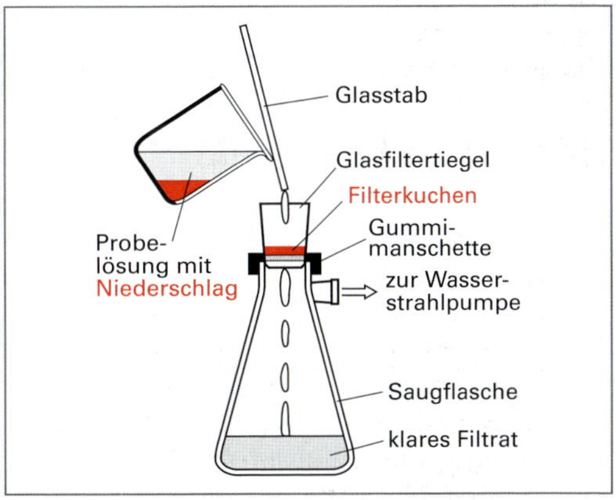

Bild 2: Filtrieren mit dem Glasfiltertiegel

Stöchiometrischer Faktor

$$F(X) = \frac{a \cdot M(X)}{M(\text{Wägeform})}$$

Gravimetrische Fällungsanalyse

$$m(X) = F(X) \cdot m(\text{Wägeform})$$

Beispiel 1: Sulfat-Ionen lassen sich quantitativ mit Bariumchlorid-Lösung als Bariumsulfat $BaSO_4$ fällen. Welcher stöchiometrische Faktor $F(SO_4^{2-})$ liegt der Bestimmung zugrunde?

Lösung: $Ba^{2+}_{(aq)} + SO^{2-}_{4(aq)} \longrightarrow BaSO_{4\,(s)}$

$M(BaSO_4) = 233{,}391$ g/mol, $M(SO_4^{2-}) = 96{,}064$ g/mol

Mit $n(SO_4^{2-}) = n(BaSO_4)$ folgt: $a = 1$

$$\mathbf{F(SO_4^{2-})} = \frac{a \cdot M(SO_4^{2-})}{M(BaSO_4)} = \frac{1 \cdot 96{,}064 \text{ g/mol}}{233{,}391 \text{ g/mol}} = \mathbf{0{,}41160}$$

Beispiel 2: In einer Natriumsulfat-Lösung werden die Sulfat-Ionen mit Bariumchlorid-Lösung gefällt. Der Bariumsulfat-Niederschlag wird mit 2,1567 g ausgewogen. Welche Masse an Sulfat-Ionen enthält die Probe?

Lösung: $F(SO_4^{2-}) = 0{,}41160$

$m(SO_4^{2-}) = m(BaSO_4) \cdot F(SO_4^{2-}) = 2{,}1567 \text{ g} \cdot 0{,}41160$

$\mathbf{m(SO_4^{2-}) \approx 0{,}88770 \text{ g}}$

Tabelle 1: Stöchiometrische Faktoren für Fällungsanalysen		
gesucht (X)	**Wägeform**	**Faktor F(X)**
Ag	AgCl	0,7526
Al	Al_2O_3	0,5293
Ba	$BaCrO_4$	0,5421
	$BaSO_4$	0,5884
Ca	$CaCO_3$	0,4004
Cl	AgCl	0,2474
Cr	Cr_2O_3	0,6842
Fe	Fe_2O_3	0,6994
H_2SO_4	$BaSO_4$	0,4202
SO_4^{2-}	$BaSO_4$	0,4116
H_2S	$BaSO_4$	0,1460
Mg	$Mg_2P_2O_7$	0,2184
NaCl	AgCl	0,4078
P	$Mg_2P_2O_7$	0,2783
Sn	SnO_2	0,7877
Zn	ZnO	0,8034

Um unter anderem den Einfluss von Wägefehlern möglichst gering zu halten, wird die gelöste Probe häufig im Messkolben mit demin. Wasser verdünnt und aufgefüllt. Von dieser Stammlösung werden Teilportionen abpipettiert und mit diesen aliquoten Teilen die Fällung durchgeführt (zum Aliquotieren siehe Seite 235).

Gravimetrische Fällungsanalyse mit aliquoten Teilen

$$m(\text{X}) = F(\text{X}) \cdot m(\text{Wägeform}) \cdot f_a$$

Beispiel 3: 0,8342 g eisenionenhaltiges Pigment werden nach dem Lösen zu 250 mL Stammlösung verdünnt. In 50,0 mL dieser Lösung (= aliquoter Teil) werden die Eisen-Ionen als Eisen(III)-oxid bestimmt. Die Auswaage ergibt 160,4 mg Fe_2O_3. Wie groß ist der Massenanteil w(Fe) des Pigments?

Lösung: Mit dem Faktor F(Fe) = 0,6994 aus Tabelle 1 folgt:

$$m(\text{Fe}) = m(Fe_2O_3) \cdot F(\text{Fe}) \cdot f_a = 160{,}4 \text{ mg} \cdot 0{,}6994 \cdot \frac{250 \text{ mL}}{50{,}0 \text{ mL}} = 560{,}92 \text{ mg}$$

$$\mathbf{w(Fe)} = \frac{m(\text{Fe})}{m(\text{Probe})} = \frac{0{,}56092 \text{ g}}{0{,}8342 \text{ g}} = 0{,}67240 \approx \mathbf{67{,}2\ \%}$$

Indirekte gravimetrische Analysen

Indirekte gravimetrische Analysen werden angewendet, wenn eine analytische Trennung schwierig oder nicht durchzuführen ist. Dies ist beispielsweise bei ähnlichen Kationen (z. B. Na^+ und K^+) oder Anionen (z. B. Cl^- und Br^-) der Fall, die nebeneinander vorliegen. Bei einer indirekten gravimetrischen Analyse werden zwei Ionen-Arten gemeinsam in eine neue Verbindungsform überführt und gemeinsam ausgewogen. **Tabelle 2** zeigt einige Gemischbeispiele für indirekte gravimetrische Analysen.

Tabelle 2: Stoffgemische für indirekte gravimetrische Analysen			
Salzgemisch	**Gesuchte Ionen**	**Verfahren**	**Wägeform**
NaCl und NaBr	Cl^- und Br^-	Fällung mit $AgNO_3$	Gemisch AgCl und AgBr
NaCl und KCl	Na^+ und K^+	Fällung mit $AgNO_3$	AgCl
Na_2SO_4 und K_2SO_4	Na^+ und K^+	Fällung mit $BaCl_2$	$BaSO_4$
NaCl und Na_2SO_4	NaCl und Na_2SO_4	Probe mit Schwefelsäure umsetzen und Abrauchen, Fällung des Sulfats mit $BaCl_2$	$BaSO_4$

Beispiel: 0,6190 g eines Gemisches aus Natriumchlorid NaCl und Kaliumchlorid KCl werden in Wasser gelöst und mit Silbernitrat-Lösung zusammen als Silberchlorid gefällt. Die Auswaage beträgt 1,3211 g. Welche Massenanteile *w*(NaCl) und *w*(KCl) liegen im Salzgemisch vor?

Lösung: Fällungsreaktionen:

$$NaCl_{(aq)} + AgNO_{3\,(aq)} \longrightarrow AgCl_{(s)} + NaNO_{3\,(aq)}$$
$$KCl_{(aq)} + AgNO_{3\,(aq)} \longrightarrow AgCl_{(s)} + KNO_{3\,(aq)}$$

Die Gesamtmasse der Auswaage an Silberchlorid $m(AgCl)_{ges}$ setzt sich wie folgt zusammen:

$m(AgCl)_{ges} = m(AgCl)_{aus\,NaCl} + m(AgCl)_{aus\,KCl}$; mit $n = m/M \Rightarrow m = n \cdot M$ folgt durch Einsetzen:

$m(AgCl)_{ges} = n(AgCl)_{aus\,NaCl} \cdot M(AgCl) + n(AgCl)_{aus\,KCl} \cdot M(AgCl)$

Aus den Stoffmengenrelationen $n(NaCl) = n(AgCl)_{aus\,NaCl}$ und $n(KCl) = n(AgCl)_{aus\,KCl}$ ergibt sich mit $n = m/M$:

$$m(AgCl)_{ges} = m(NaCl) \cdot \frac{M(AgCl)}{M(NaCl)} + m(KCl) \cdot \frac{M(AgCl)}{M(KCl)}$$

Mit $m(NaCl) = m(Probe) - m(KCl)$ und dem Ausmultiplizieren und Umstellen nach $m(KCl)$ erhält man:

$$m(KCl) = \frac{m(AgCl)_{ges} - m(Probe) \cdot \frac{M(AgCl)}{M(NaCl)}}{\frac{M(AgCl)}{M(KCl)} - \frac{M(AgCl)}{M(NaCl)}} = \frac{1{,}3211\text{ g} - 0{,}6190\text{ g} \cdot \frac{143{,}321\text{ g/mol}}{58{,}443\text{ g/mol}}}{\frac{143{,}321\text{ g/mol}}{74{,}551\text{ g/mol}} - \frac{143{,}321\text{ g/mol}}{58{,}443\text{ g/mol}}} = 0{,}37158\text{ g}$$

$m(NaCl) = m(Probe) - m(KCl) = 0{,}6190\text{ g} - 0{,}37158\text{ g} = 0{,}24742\text{ g}$

$$\mathbf{w(NaCl)} = \frac{m(NaCl)}{m(Probe)} = \frac{0{,}24742\text{ g}}{0{,}6190\text{ g}} \approx \mathbf{39{,}97\ \%}; \qquad \mathbf{w(KCl)} = \frac{m(KCl)}{m(Probe)} = \frac{0{,}37158\text{ g}}{0{,}6190\text{ g}} \approx \mathbf{60{,}03\ \%}$$

Aufgaben zu 8.1.5 Gravimetrische Fällungsanalysen

1. Bei der gravimetrischen Bestimmung von 20,0 mL magnesiumsulfathaltiger Lösung werden 0,2285 g $Mg_2P_2O_7$ ausgewogen. Wie groß ist die Massenkonzentration β(Mg) der Lösung?
2. 4,5520 g Schwefelsäure werden mit Wasser vorsichtig auf 200 mL verdünnt. 25,0 mL der Verdünnung ergeben 0,5836 g $BaSO_4$-Niederschlag. Wie groß ist der Massenanteil $w(H_2SO_4)$?
3. 1,3475 g einer Aluminiumlegierung werden in Salzsäure gelöst und zu 500 mL aufgefüllt. Aus 25,0 mL dieser Verdünnung wird Al^{3+} mit 8-Hydroxichinolin als Aluminiumhydroxichinolat $Al(C_9H_6ON)_3$ ausgefällt. Auswaagen einer Doppelbestimmung: 0,1024 g und 0,1030 g. Berechnen Sie den analytischen Faktor *F*(Al) und ermitteln Sie damit den Massenanteil *w*(Al).
4. Zur Bestimmung des Schwefelgehalts in einem Dieselkraftstoff werden 0,6387 g Probe verbrannt. Das Schwefeldioxid SO_2 wird nach der Absorption oxidiert, mit Bariumchlorid $BaCl_2$ gefällt und zu 0,0245 g $BaSO_4$ ausgewogen. Welchen Massenanteil *w*(S) hat der Kraftstoff?
5. 20,0 mL einer Eisen(III)-salzlösung werden auf 250 mL aufgefüllt. 100 mL dieser Lösung ergeben nach dem Fällen und Glühen eine Auswaage von 457,7 mg Fe_2O_3. Wie groß ist die Massenkonzentration β(Fe) in der Ausgangslösung?
6. In 0,8584 g Mineraldünger soll der Phosphorgehalt bestimmt werden. Phosphor wird als Magnesiumammoniumphosphat $MgNH_4PO_4$ gefällt und zu Magnesiumpyrophosphat $Mg_2P_2O_7$ geglüht. Die Auswaage beträgt 0,1079 g $Mg_2P_2O_7$. Welchen Massenanteil *w*(P) hat der Dünger?
7. 200 mL eines Abwasser, das Cadmium-Ionen enthält, werden auf 50,0 mL eingeengt und das Cd^{2+} als Anthranilat gefällt. Die Auswaage beträgt 0,3460 g $Cd(C_7H_6O_2N)_2$. Wie groß ist die Massenkonzentration β(Cd) im Abwasser?
8. In einem Pigmentgemisch ist der Zinkgehalt zu bestimmen. Dazu werden 0,9250 g Probe gelöst und auf 500 mL verdünnt. Aus 100 mL der Verdünnung wurde Zink als Zinksulfid ZnS gefällt. Die Auswaage beträgt 93,0 mg. Wie groß ist der Massenanteil *w*(Zn) im Pigmentgemisch?
9. 0,2075 g eines Gemisches von KCl und KBr wird gelöst und die Halogenid-Ionen mit Silbernitrat-Lösung gefällt. Die Auswaage ergibt 362,2 mg Silberhalogenid. Welche Massenanteile *w*(KCl) und *w*(KBr) hat das Salzgemisch?
10. Entwickeln Sie für die Auswertung einer indirekten gravimetrischen Analyse mit 2 Probesubstanzen mit Hilfe eines Tabellenkalkulationsprogrammes eine Auswertemaske.

8.2 Volumetrie (Maßanalyse)

Volumetrischen oder maßanalytischen Bestimmungen liegen chemische Umsetzungen zugrunde.

Die bei einer **Maßanalyse** (titrimetry) ablaufende Reaktion muss ausreichend rasch, quantitativ (ohne Ausbeuteverluste) und stöchiometrisch (in konstanten Stoffmengenverhältnissen) ablaufen.

Durchführung einer Maßanalyse (Bild 1)

Eine Portion der zu untersuchenden Substanz (Analyt) wird genau eingemessen (pipettiert) oder eingewogen und gelöst, dann ein geeigneter **Indikator** (indicator) zugesetzt.

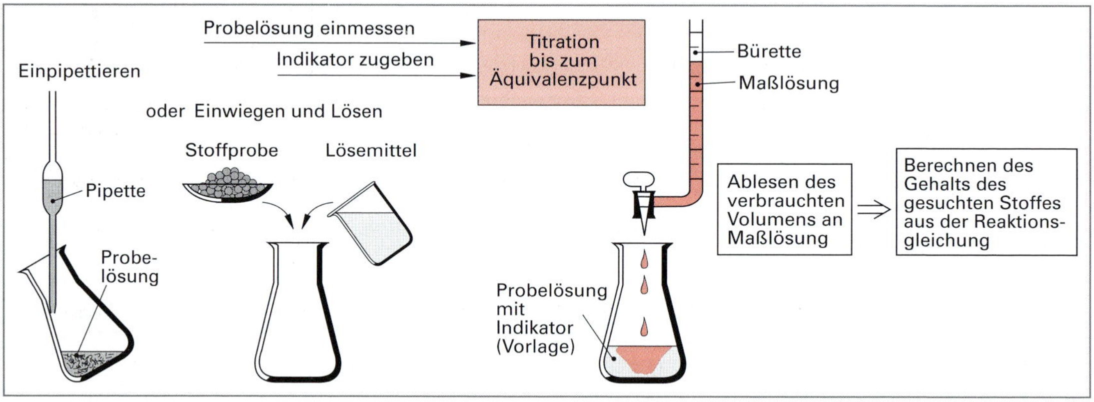

Bild 1: Durchführung einer Maßanalyse

Dann wird die **Maßlösung** (standard solution), es ist eine Lösung mit genau definiertem Gehalt, mit einer kalibrierten Hand- oder Motorkolbenbürette tropfenweise zudosiert.

Der Vorgang der tropfenweise Zugabe wird als **Titration** (titration) bezeichnet.

Der Endpunkt der Reaktion zeigt sich durch einen Farbumschlag des Indikators. Er wird **Äquivalenzpunkt** (equivalent point) genannt. Das Ende der Reaktion kann auch durch Eigenverfärbung oder geeignete physikalische Messmethoden (vgl. Kap. 8.4, Seite 270) angezeigt werden.

Die verbrauchte Maßlösung wird an der Bürette abgelesen und dann mit Hilfe der Reaktionsgleichung die Quantität des gesuchten Bestandteils der Probe ermittelt.

Bei der Titration können unterschiedliche Reaktionen ablaufen. Daher unterscheidet man:

- **Neutralisationstitrationen** (neutralizing titration)
- **Redoxtitrationen** (oxidimetry/redox titration)
- **Fällungstitrationen** (precipitation titration)
- **Komplexbildungstitrationen** (compleximetric titration)

8.2.1 Maßanalyse mit aliquoten Teilen

Häufig werden bei maßanalytischen Bestimmungen die zu untersuchenden Substanzen (Feststoffe oder Lösungen) zunächst in einem Messkolben mit demineralisiertem Wasser zu einer Stammlösung verdünnt **(Bild 235/1)**. Von dieser **Stammlösung** (stock solution) werden gleiche Volumenportionen abpipettiert, diese werden **aliquote Teile** (aliquots) genannt. Nach Verdünnen mit demineralisiertem Wasser wird mit der Maßlösung titriert. Die Vorteile dieser Methode sind unter anderem:

- Kontrollfunktion durch *mehrere* Titrationen gleicher Volumenportionen der Stammlösung (in der Regel mindestens 3 Bestimmungen)
- geringere Fehlerquote durch Verwendung von Maßlösungen mit *kleinerer* Stoffmengenkonzentration
- Verringerung von Wägefehlern und Pipettierfehlern, da für die Herstellung der Stammlösung *größere* Stoffportionen gelöst werden können.

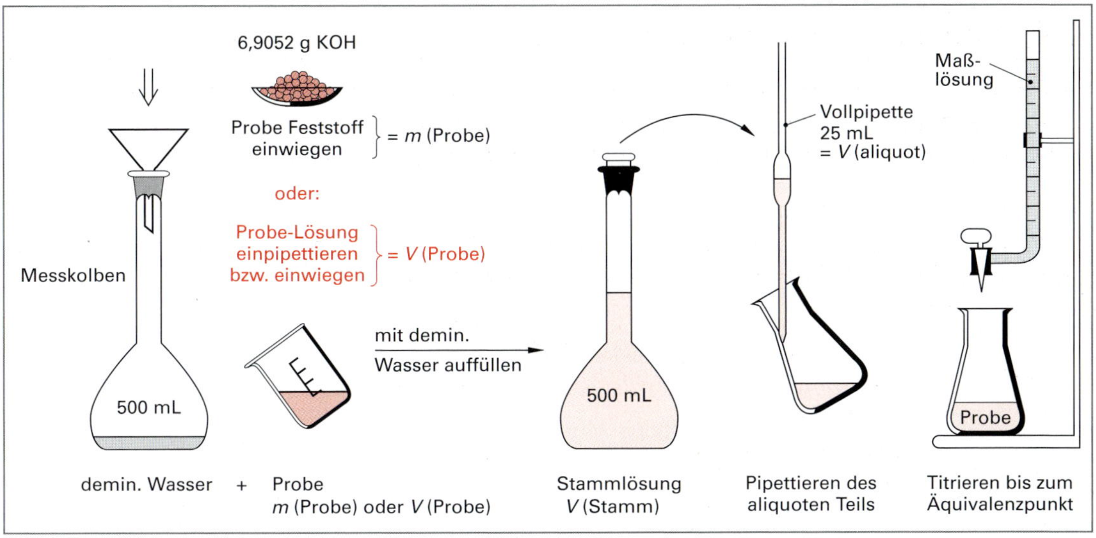

Bild 1: Herstellen und Aliquotieren einer Stammlösung der zu untersuchenden Substanz

Bei der Auswertung der Titration ist zu berücksichtigen, dass sich das Ergebnis zunächst nur auf einen *Teil*, den *aliquoten Teil*, der Stammlösung bezieht. Das Ergebnis ist mit dem Verdünnungsfaktor f_a (aliquoter Faktor) zu multiplizieren.

Verdünnungsfaktor
$f_a = \frac{V(\text{Stamm})}{V(\text{aliquot})}$

Beispiel: Wie groß ist der Verdünnungsfaktor der aliquotierten Probe in Bild 1?

Lösung: $\boldsymbol{f_a} = \frac{V(\text{Stamm})}{V(\text{aliquot})} = \frac{500\text{ mL}}{25\text{ mL}} = \mathbf{20}$

8.2.2 Maßlösungen

Als **Maßlösungen** (standard solutions) werden die bei der Maßanalyse verwendeten Lösungen mit bekanntem Gehalt bezeichnet. Die Herstellung, Verwendung und Überwachung des exakten Gehalts von Maßlösungen zählt zu den routinemäßigen Labortätigkeiten.

8.2.2.1 Gehaltsangaben von Maßlösungen

Grundlage der Auswertung einer Maßanalyse sind die gemäß Reaktionsgleichung umgesetzten Stoffmengen der reagierenden Teilchen der Maßlösung (Titrator genannt) und der gesuchten Komponente in der Probelösung (Titrand genannt). Daher wird der Gehalt von Maßlösungen durch die **Stoffmengenkonzentration *c*(X)** angegeben, z. B. $c(NaOH) = 0{,}1$ mol/L oder $c(H_2SO_4) = 0{,}1$ mol/L.

In der Praxis wird häufig für Maßlösungen die **Äquivalentkonzentration** $c(1/z^*\ X)$ verwendet (siehe Seite 167). Sie gibt die Stoffmengenkonzentration c(X) dividiert durch die Äquivalentzahl z^* an, z. B. $c(\frac{1}{2}\ H_2SO_4) = 0{,}1$ mol/L, $c(\frac{1}{5}\ KMnO_4) = 0{,}01$ mol/L.

Die Verwendung dieser Größe hat den Vorteil, dass die gelöste Äquivalent-Stoffmenge des wirksamen Bestandteils der Maßlösung gleichwertig (äquivalent) mit der Äquivalent-Stoffmenge des zu bestimmenden Stoffes ist, wie folgende Beispiele zeigen.

Die angegebene Natronlauge-Portion wird durch folgende Säure-Portionen neutralisiert:

- 10 mL Natronlauge, $c(\frac{1}{1}\ NaOH) = 0{,}1$ mol/L von 10 mL Salzsäure, $c(\frac{1}{1}\ HCl) = 0{,}1$ mol/L
- 10 mL Natronlauge, $c(\frac{1}{1}\ NaOH) = 0{,}1$ mol/L von 10 mL Schwefelsäure, $c(\frac{1}{2}\ H_2SO_4) = 0{,}1$ mol/L
- 10 mL Natronlauge, $c(\frac{1}{1}\ NaOH) = 0{,}1$ mol/L von 10 mL Phosphorsäure, $c(\frac{1}{3}\ H_3PO_4) = 0{,}1$ mol/L

Wie der Vergleich zeigt, ist in den genannten Natronlauge- und Säureportionen die Stoffmenge an Hydronium-Ionen H_3O^+ und Hydroxid-Ionen OH^- gleich groß (äquivalent).

Als Donator eines Wasserstoff-Ions H^+ ist ein Molekül HCl einem gedachten *halben* Molekül H_2SO_4 oder einem angenommenen *drittel* Molekül H_3PO_4 gleichwertig bzw. äquivalent. Man spricht bei Säuren von **Säure-Äquivalentteilchen**.

- H^+-Teilchen entsteht aus: $\frac{1}{1}$ HCl oder $\frac{1}{2}$ H_2SO_4 oder $\frac{1}{3}$ H_3PO_4

Entsprechend gilt für **Basen** (Protonenacceptoren):

- 1 H^+-Teilchen wird gebunden von: $\frac{1}{1}$ NaOH oder $\frac{1}{2}$ $Ca(OH)_2$ oder $\frac{1}{2}$ Na_2CO_3

Man unterscheidet je nach ablaufender Reaktion folgende Arten von Äquivalenten:

- **Neutralisations-Äquivalente**: Die Äquivalentzahl z^* entspricht der Anzahl Protonen H^+, die bei einer Säure-Base-Reaktion pro Teilchen abgegeben oder aufgenommen werden.
- **Redox-Äquivalente**: Die Äquivalentzahl z^* entspricht der Anzahl der pro Teilchen abgegebenen oder aufgenommenen Elektronen bei einer Elektronenübertragungsreaktion.
- **Ionen-Äquivalente**: Die Äquivalentzahl z^* ist gleich dem Betrag der Ladungszahl des Ions.

Die molare Masse eines Äquivalentteilchens $M(\text{eq})$ erhält man, wenn die molare Masse $M(\text{X})$ des Ausgangsstoffes durch die Äquivalentzahl z^* teilt.

Mit $n(\text{X}) = \frac{m(\text{X})}{M(\text{X})}$ folgt durch Einsetzen die Äquivalentstoffmenge:

Molare Masse von Äquivalentteilchen
$M(\text{eq}) = \frac{M(\text{X})}{z^*}$

Äquivalentstoffmenge
$n(\text{eq}) = \frac{m(\text{X})}{M(\text{eq})} = \frac{m(\text{X}) \cdot z^*}{M(\text{X})}$

Beispiel 1: Berechnen Sie die molare Äquivalentmasse von Schwefelsäure.

Lösung: $\mathbf{M(\frac{1}{2}\,H_2SO_4)} = \frac{M(H_2SO_4)}{z^*} = \frac{98{,}079\ \text{g/mol}}{2} \approx \mathbf{49{,}04\ g/mol}$

Beispiel 2: Wie viel Mol Säure-Äquivalentteilchen sind in 500 g Phosphorsäure enthalten?

Lösung: $\mathbf{n(H^+)} = \frac{m(H_3PO_4) \cdot z^*}{M(H_3PO_4)} = \frac{500\ \text{g} \cdot 3}{97{,}9952\ \text{g/mol}} \approx \mathbf{15{,}3\ mol}$

Äquivalentkonzentration von Maßlösungen

Die **Stoffmengenkonzentration** $\mathbf{c(X)}$ eines Stoffes X in einer Maßlösung ist als Quotient aus Stoffmenge $n(\text{X})$ und dem Volumen $V(\text{ML})$ der Maßlösung definiert.

Stoffmengenkonzentration
$c(\text{X}) = \frac{n(\text{X})}{V(\text{ML})} = \frac{m(\text{X})}{V(\text{ML}) \cdot M(\text{X})}$

Für die **Äquivalentkonzentration** $\mathbf{c(eq)}$ einer Maßlösung wird eine entsprechende Beziehung durch Einsetzen der Äquivalentstoffmenge $n(\text{eq}) = \frac{m(\text{X}) \cdot z^*}{M(\text{X})}$ erhalten:

Äquivalentkonzentration
$c(\text{eq}) = \frac{n(\text{eq})}{V(\text{ML})} = \frac{m(\text{X}) \cdot z^*}{M(\text{X}) \cdot V(\text{ML})}$

Beispiel: Wie groß ist die Äquivalentkonzentration einer Säure-Maßlösung, die in 1000 mL Lösung 2,583 g Schwefelsäure enthält?

Lösung: $\mathbf{c(\frac{1}{2}\,H_2SO_4)} = \frac{m(H_2SO_4) \cdot z^*}{M(H_2SO_4) \cdot V(\text{ML})} = \frac{2{,}583\ \text{g} \cdot 2}{98{,}079\ \text{g/mol} \cdot 1{,}000\ \text{L}} = 0{,}0526718\ \text{mol/L} \approx \mathbf{52{,}67\ mmol/L}$

Aufgaben zu 8.2.2.1 Gehaltsangaben von Maßlösungen

1. Wie viel Mol Säure-Äquivalentteilchen sind enthalten in:
   a) 200 g Schwefelsäure H_2SO_4 b) 500 g Phosphorsäure mit $w(H_3PO_4) = 22{,}5\ \%$?
2. Welche Masse an Oxalsäure ist in 5,00 L Maßlösung der Äquivalentkonzentration $c(\frac{1}{2}\,C_2H_2O_4) = 0{,}01$ mol/L enthalten?
3. Wie groß ist die Äquivalentkonzentration einer Natriumcarbonat-Maßlösung, die in 2000 mL Lösung 21,255 g Na_2CO_3 enthält?

8.2.2.2 Herstellen von Maßlösungen

Maßlösungen mit genauen Konzentrationen sind gebrauchsfertig im Handel erhältlich. Um die eigene Herstellung in der Praxis zu erleichtern, werden außerdem portionierte Konzentrate in Ampullen angeboten, z. B. unter den Handelsnamen FIXANAL® oder TITRISOL®. Sie ergeben durch Auffüllen mit demineralisiertem, CO_2-freiem Wasser im Messkolben Maßlösungen exakter Konzentrationen.

Maßlösungen sind auch durch genaue Einwaage oder Einmessen chemisch reiner Substanzen und anschließendes Auffüllen mit demineralisiertem, CO_2-freiem Wasser herzustellen **(Bild 1)**. Werden Maßlösungen aus technisch reinen Stoffen oder durch Verdünnen konzentrierter Lösungen angesetzt, ist die genaue Konzentration durch eine **Titerbestimmung** zu erhalten **(Seite 243)**.

Die Äquivalentkonzentration von Maßlösungen sollte $c(\text{eq})$ = 1,0 mol/L nicht überschreiten. Werden höhere Konzentrationen verwendet, ergeben sich aus möglichen Volumenabweichungen bei der verbrauchten Maßlösung zu große Fehler für die Berechnung des Gehalts der Probesubstanz.

Beispiel 1: Es sind 5,00 L Soda-Maßlösung der Konzentration $c(\frac{1}{2}\,Na_2CO_3) = 0{,}\underline{1}$ mol/L[1] herzustellen **(Bild 1)**. Welche Masse an Natriumcarbonat ist einzuwiegen?

Lösung: $M(Na_2CO_3)$ = 105,99 g/mol, $z^* = 2$

$$c\left(\tfrac{1}{2}\,Na_2CO_3\right) = \frac{m(\text{Soda}) \cdot z^*}{M(\text{Soda}) \cdot V(\text{ML})}$$

$$\Rightarrow \boldsymbol{m}(\textbf{Soda}) = \frac{M(\text{Soda}) \cdot c\,(\frac{1}{2}\,\text{Soda}) \cdot V(\text{ML})}{z^*}$$

$$= \frac{105{,}99\,\frac{\text{g}}{\text{mol}} \cdot 0{,}1\,\frac{\text{mol}}{\text{L}} \cdot 5{,}00\,\text{L}}{2} \approx \mathbf{26{,}5\,g}$$

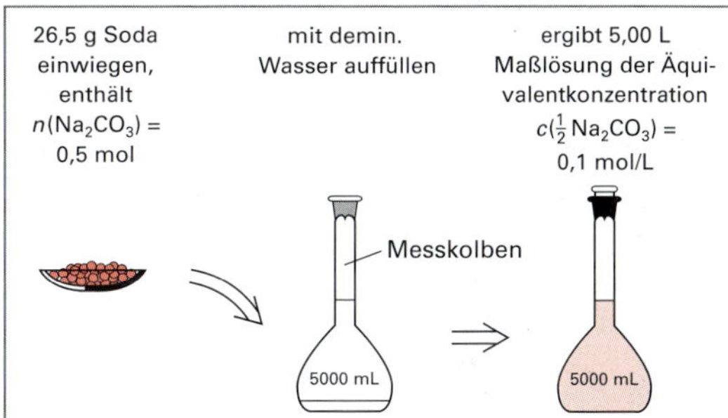

Bild 1: Herstellen einer Maßlösung durch Einwiegen und Auffüllen (Beispiel 1)

Beispiel 2: Welche Masse an Schwefelsäure mit dem Massenanteil $w(H_2SO_4)$ = 22,5 % muss auf 1000 mL verdünnt werden, wenn eine Maßlösung der Äquivalentkonzentration $c(\frac{1}{2}\,H_2SO_4) = 0{,}\underline{1}$ mol/L[1] benötigt wird?

Lösung:

$$c\left(\tfrac{1}{2}\,H_2SO_4\right) = \frac{m(H_2SO_4) \cdot z^*}{M(H_2SO_4) \cdot V(\text{ML})} \quad \Rightarrow \quad m(H_2SO_4) = \frac{M(H_2SO_4) \cdot c\,(\frac{1}{2}\,H_2SO_4) \cdot V(\text{ML})}{z^*}$$

$$m\left(H_2SO_4\right) = \frac{98{,}079\,\text{g/mol} \cdot 0{,}1\,\text{mol/L} \cdot 1{,}000\,\text{L}}{2} = 4{,}90395\,\text{g}$$

$$w(H_2SO_4) = \frac{m(H_2SO_4)}{m(\text{Lsg})} \quad \Rightarrow \quad \boldsymbol{m}(\textbf{Lsg}) = \frac{m(H_2SO_4)}{w(H_2SO_4)} = \frac{4{,}90395\,\text{g}}{0{,}225} = 21{,}7953\,\text{g} \approx \mathbf{21{,}8\,g}$$

Aufgaben zu 8.2.2.2 Herstellen von Maßlösungen

1. Es sollen 5000 mL Natriumchlorid-Maßlösung der Konzentration $c(\frac{1}{1}\,NaCl) = 0{,}\underline{1}$ mol/L angesetzt werden. Welche Masse an NaCl ist einzuwiegen?
2. 2,00 L Kalilauge der Konzentration $c(KOH) = 0{,}\underline{5}$ mol/L sollen aus Kaliumhydroxid mit $w(KOH)$ = 96,74 % hergestellt werden. Berechnen Sie die einzuwiegende Masse an KOH.
3. Welche Masse an Salzsäure mit dem Massenanteil $w(HCl)$ = 30,3 % ist erforderlich, um 5,0 L Salzsäure-Maßlösung der Konzentration $c(HCl) = 0{,}\underline{5}$ mol/L anzusetzen?
4. Welches Volumen an Phosphorsäure-Lösung $c(\frac{1}{3}\,H_3PO_4) = 0{,}\underline{5}$ mol/L lässt sich aus 500 g Phosphorsäure mit dem Massenanteil $w(H_3PO_4)$ = 42,0 % herstellen?
5. Es sollen 5000 mL Kaliumdichromat-Lösung $c(\frac{1}{6}\,K_2Cr_2O_7) = 0{,}\underline{1}$ mol/L hergestellt werden. Welche Masse an Kaliumdichromat ist einzuwiegen?
6. Welches Volumen an Salpetersäure $w(HNO_3)$ = 50,0 %, $\varrho(HNO_3)$ = 1,310 g/cm³) muss eingemessen werden, um 10,0 L Maßlösung der Konzentration $c(HNO_3) = 0{,}\underline{5}$ mol/L herzustellen?

[1] Ist bei der Angabe eines Zahlenwertes die letzte Ziffer genau, so kann dies nach DIN durch Unterstreichen der letzten Ziffer oder durch Fettdruck kenntlich gemacht werden. Alle Maßlösungen mit genauer Konzentration sind im Folgenden durch Unterstreichen der letzten Ziffer gekennzeichnet.

7. Es werden 5,0 L Kaliumpermanganat-Maßlösung mit $c(\frac{1}{5}\ KMnO_4) = 0,\underline{1}$ mol/L benötigt. Berechnen Sie die einzuwiegende Masse an reiner Substanz.
8. Welches Volumen an Schwefelsäure-Maßlösung mit $c(\frac{1}{2}\ H_2SO_4) = 0,\underline{5}$ mol/L kann aus 725 mL Schwefelsäure mit $w(H_2SO_4) = 52,0$ % und $\varrho(H_2SO_4) = 1,415\ g/cm^3$ hergestellt werden?
9. 100 g Salzsäure mit dem Massenanteil $w(HCl) = 18,2$ % werden im Messkolben mit demin. Wasser zu 500 mL aufgefüllt. Berechnen Sie die Äquivalentkonzentration $c(\frac{1}{1}\ HCl)$ der Lösung.

8.2.2.3 Titer von Maßlösungen

Weicht bei einer Maßlösung die Stoffmengenkonzentration $c(X)$ oder die Äquivalentkonzentration $c(eq)$ vom gewünschten, genauen Wert, z. B. $c = 0,1$ mol/L ab, so kann mit einem Korrekturfaktor, dem **Titer *t*** (titer) der *tatsächliche* Gehalt der Maßlösung berechnet werden. Der Titer t beschreibt den Zusammenhang zwischen der *angestrebten* Konzentration $\tilde{c}(X)$ und der *tatsächlichen* Konzentration $c(X)$ der Maßlösung.

Titer
$\text{Titer} = \dfrac{\text{Tatsächliche Stoffmengenkonzentration}}{\text{angestrebte Stoffmengenkonzentration}}$; $t = \dfrac{c(X)}{\tilde{c}(X)}$

Beispiel 1: Eine Maßlösung hat die angestrebte Stoffmengenkonzentration $\tilde{c}(HCl) = 1$ mol/L, der Titer beträgt $t = 0,998$. Wie groß ist die tatsächliche Stoffmengenkonzentration $c(HCl)$?

Lösung: $\mathbf{c(HCl)} = \tilde{c}(HCl) \cdot t = 1\ mol/L \cdot 0,998 = \mathbf{0,998\ mol/L}$

Da der Titer < 1 ist, ist die *tatsächliche* Stoffmengenkonzentration **kleiner** als die *angestrebte.*

Beispiel 2: Eine Maßlösung hat die angestrebte Äquivalentkonzentration $\tilde{c}(\frac{1}{1}\ NaOH) = 0,1$ mol/L, der Titer beträgt $t = 1,025$. Wie groß ist die tatsächliche Äquivalentkonzentration $c(\frac{1}{1}\ NaOH)$?

Lösung: $\mathbf{c(\frac{1}{1}\ NaOH)} = \tilde{c}(\frac{1}{1}\ NaOH) \cdot t = 0,1\ mol/L \cdot 1,025 = \mathbf{0,1025\ mol/L}$

Da der Titer > 1 ist, ist die *tatsächliche* Äquivalentkonzentration **größer** als die *angestrebte.*

Da bei Titrationen die Stoffmengenkonzentration der Maßlösung in direktem Zusammenhang mit ihrem verbrauchten Volumen am Äquivalenzpunkt steht, kann mit dem Titer t auch das Volumen einer Maßlösung mit *angestrebter* Konzentration $\tilde{V}(ML)$ in das Volumen der Maßlösung mit der *tatsächlichen* Konzentration $V(ML)$ umgerechnet werden, wie folgende Ableitung zeigt:

$$t = \frac{c(X)}{\tilde{c}(X)},\ \text{mit}\quad c(X) = \frac{n(X)}{V(ML)}\quad \text{und}\quad \tilde{c}(X) = \frac{n(X)}{\tilde{V}(ML)}\quad \text{folgt:}\quad t = \frac{n(X)}{V(ML)} : \frac{n(X)}{\tilde{V}(ML)}$$

Die unterschiedlichen Volumina $V(ML)$ und $\tilde{V}(ML)$ enthalten die gleiche Stoffmenge $n(X)$, deshalb ergibt sich nach dem Kürzen von $n(X)$ und Umstellen nach $V(ML)$ folgende Größengleichung:

Korrigierter Verbrauchswert
$V(ML) = \tilde{V}(ML) \cdot t$

Beispiel 3: Bei einer Titration wurden 28,5 mL Natronlauge-Maßlösung mit der angestrebten Konzentration $\tilde{c}(NaOH) = 0,1$ mol/L ($t = 1,0154$) bis zum Äquivalenzpunkt verbraucht. Welchem Volumen an Maßlösung der tatsächlichen Konzentration $c(NaOH) = 0,1$ mol/L entspricht das?

Lösung: $\mathbf{V(ML)} = \tilde{V}(ML) \cdot t = 28,5\ mL \cdot 1,0154 = 28,939\ mL \approx \mathbf{28,9\ mL}$

Beispiel 4: In 250,0 mL Salzsäure-Maßlösung der Konzentration $\tilde{c}(HCl) = 0,1$ mol/L sind 977,0 mg HCl gelöst. Welchen Titer hat die Maßlösung?

Lösung: Mit $t = \dfrac{c(HCl)}{\tilde{c}(HCl)}$, $c(HCl) = \dfrac{n(HCl)}{V(ML)}$ und $n(HCl) = \dfrac{m(HCl)}{M(HCl)}$ folgt durch Einsetzen und Umformen:

$$t = \frac{m(HCl)}{\tilde{c}(HCl) \cdot V(ML) \cdot M(HCl)} = \frac{0,9770\ g}{0,1\ mol/L \cdot 0,2500\ mL \cdot 36,461\ g/mol} = 1,07183 \approx \mathbf{1,072}$$

Aufgaben zu 8.2.2.3 Titer von Maßlösungen

1. Welche tatsächliche Stoffmengenkonzentration c (NaOH) hat eine Natronlauge mit der angestrebten Stoffmengenkonzentration $\tilde{c}$ (NaOH) = 0,5 mol/L (t = 1,017)?
2. Berechnen Sie die Äquivalentkonzentration $c(\frac{1}{5}\ KMnO_4)$ einer Kaliumpermanganat-Maßlösung der Konzentration $\tilde{c}$ $(KMnO_4)$ = 0,02 mol/L (t = 0,988).
3. Welche Stoffmengenkonzentration $c(H_2SO_4)$ hat eine Maßlösung mit der Äquivalentkonzentration $\tilde{c}(\frac{1}{2}\ H_2SO_4)$ = 0,1 mol/L (t = 0,997)?
4. Welche Masse an Oxalsäure ist in 5000 mL Maßlösung der Konzentration $\tilde{c}(\frac{1}{2}\ H_2C_2O_4)$ = 0,1 mol/L (t = 0,997) enthalten?
5. Welchen Titer hat eine Silbernitrat-Maßlösung der angestrebten Stoffmengenkonzentration $\tilde{c}(AgNO_3)$ = 0,1 mol/L, die in 2000 mL Lösung 33,452 g gelöstes $AgNO_3$ enthält?

8.2.2.4 Einstellen einer Maßlösung

Häufig wird für Titrationen die Bereitstellung von Maßlösungen mit einer glatten Stoffmengenkonzentration, z. B. c(NaOH) = 0,1 mol/L, gewünscht. Die exakte Einstellung auf den Titer 1 kann nach erfolgter Titerbestimmung bei **stärkeren** Lösungen mit $t > 1$ durch Verdünnen mit demin. Wasser, bei **schwächeren** Lösungen mit $t < 1$ durch Zusatz von Lösungen mit höherer Konzentration geschehen.

Für die Berechnung der einzusetzenden Volumina an Maßlösung V_1 und an Zusatzlösung V_2 kann die *Mischungsgleichung* (Seite 177) bezogen auf die Stoffmengen n_1 und n_2 dieser Lösungen, angewendet werden, wie folgende Ableitung zeigt. Alternativ ist auch Schlussrechnung möglich.

Für die Stoffmengen gilt: $n_1 = c_1 \cdot V_1$ und $n_2 = c_2 \cdot V_2$

sowie für die Mischung: $n_M = c_M \cdot (V_1 + V_2)$

Für die Stoffmengen der Lösungen gilt: $n_M = n_1 + n_2$

Durch Einsetzen ergibt sich die nebenstehende stoffmengenbezogene Mischungsgleichung:

Stoffmengenbezogene Mischungsgleichung
$c_1 \cdot V_1 + c_2 \cdot V_2 = c_M \cdot (V_1 + V_2)$ Index 2: Zusatzlösung

Beispiel 1: 3,500 L Kalilauge-Maßlösung der Konzentration $\tilde{c}$(KOH) = 0,5 mol/L (t = 0,962) soll auf den Titer t = 1 eingestellt werden. Welches Volumen an Kalilauge mit c(KOH) = 2,202 mol/L ist zuzusetzen?

Lösung: Tatsächliche Stoffmengenkonzentration: $c(\text{KOH}) = \tilde{c}(\text{KOH}) \cdot t = 0{,}5\ \text{mol/L} \cdot 0{,}962 = 0{,}481\ \text{mol/L}$

Durch Umformen wird erhalten: $V_2 = \dfrac{V_1 \cdot (c_M - c_1)}{(c_2 - c_M)} = \dfrac{3{,}500\ \text{L} \cdot (0{,}5\ \text{mol/L} - 0{,}481\ \text{mol/L})}{(2{,}202\ \text{mol/L} - 0{,}5\ \text{mol/L})} \approx 39{,}1\ \text{mL}$

Es sind 39,1 mL Kalilauge der Konzentration *c* (KOH) = 2,202 mol/L zuzusetzen

Es ist darauf zu achten, dass die Konzentrationen der Zusatzlösung gering sind, damit eine mögliche **Volumenkontraktion** vernachlässigbar klein bleibt.

Beispiel 2: 2,500 L Natronlauge-Maßlösung der Konzentration $\tilde{c}$(NaOH) = 0,1 mol/L (t = 1,015) sollen mit Wasser auf den Titer t = 1 eingestellt werden. Welches Volumen an Wasser ist zuzusetzen?

Lösung: 1,000 L Maßlösung mit $\tilde{c}$(NaOH) = 0,1 mol/L (t = 1,015) enthält die gleiche Stoffmenge, wie 1,015 L Maßlösung mit c(NaOH) = 0,1 mol/L.

1,000 L Maßlösung mit $\tilde{c}$(NaOH) = 0,1 mol/L (t = 1,015) erfordert 15 mL Wasser
2,500 L Maßlösung mit $\tilde{c}$(NaOH) = 0,1 mol/L (t = 1,015) erfordern x mL Wasser

$x = V(\text{Wasser}) = \dfrac{15\ \text{mL} \cdot 2{,}500\ \text{L}}{1{,}000\ \text{L}} = 37{,}50\ \text{mL}$ ⇒ **Es sind 37,5 mL Wasser zuzusetzen.**

Aufgaben zu 8.2.2.4 Einstellen einer Maßlösung

1. 5000 mL Schwefelsäure-Maßlösung der Konzentration $\tilde{c}(H_2SO_4)$ = 0,05 mol/L (t = 1,025) sind exakt auf $c(H_2SO_4)$ = 0,0$\underline{5}$ mol/L einzustellen. Welches Volumen an Wasser ist zuzusetzen?
2. Wie viel Natronlauge der Konzentration c(NaOH) = 2,00 mol/L ist 2000 mL Natronlauge mit $\tilde{c}$(NaOH) = 0,5 mol/L (t = 0,984) zuzusetzen, um sie auf c(NaOH) = 0,$\underline{5}$ mol/L einzustellen?

8.2.3 Berechnung von Maßanalysen – Neutralisationstitrationen

Bei **Neutralisationstitrationen** (neutralization analysis) reagieren Säuren und Basen unter Bildung von Salzen und Wasser.

Neutralisationsgleichung: Säure + Base ⟶ Salz + Wasser

$$H^+A^-_{(aq)} + B^+OH^-_{(aq)} \longrightarrow B^+A^-_{(aq)} + H_2O_{(l)}$$

Die Bestimmung von Säuren mit Base-Maßlösungen bezeichnet man als **Alkalimetrie** (alkalimetry), die von Basen mit Säure-Maßlösungen als **Acidimetrie** (acidimetry). Der Endpunkt der Titration, der Äquivalenzpunkt, wird durch den Farbumschlag eines zugesetzten Indikators, mit Hilfe elektrochemischer Messmethoden (pH-Wert, Leitfähigkeit, Potentialdifferenz) oder thermometrisch festgestellt.

8.2.3.1 Berechnung von Direkttitrationen

Bei **Direkttitrationen** (direct neutralization analysis) wird der Gehalt der gesuchten Stoffportion X *unmittelbar* durch Titration bestimmt und aus dem Verbrauchsvolumen V(ML) der Maßlösung errechnet. Dies kann die Masse m(X) des gesuchten Stoffes X sein, es können aber auch der Massenanteil w(X), die Massenkonzentration β(X), die Stoffmenge n(X), die Stoffmengenkonzentration c(X), die Äquivalentkonzentration c(eq-X) oder andere Größen wie technische Kennzahlen eines Produkts sein.

Die Auswertung einer Direkttitration ist auf der Basis der stöchiometrischen Bilanz in der Reaktionsgleichung mit Schlussrechnung möglich. Bei der Auswertung häufig anfallender Maßanalysen und wechselnder Aufgabenstellungen ist es allerdings sinnvoll, mit den Stoffmengen und Äquivalenten in Größengleichungen zu rechnen (Seite 236).

Für die umgesetzte Stoffmengen bei einer Maßanalyse gilt: $n(\text{eq-X}) = n(\text{eq-ML})$

Aus $n(\text{eq-X}) = n(\text{X}) \cdot z^*(\text{X})$

und $n(\text{eq-ML}) = c(\text{eq-ML}) \cdot V(\text{ML})$

sowie $c(\text{eq-ML}) = \tilde{c}(\text{eq-ML}) \cdot t$

folgt durch Gleichsetzen und Umformen die 1. Grundgleichung maßanalytischer Bestimmungen:

1. Grundgleichung maßanalytischer Bestimmungen

$$n(\text{X}) = \frac{\tilde{c}(\text{eq-ML}) \cdot t \cdot V(\text{ML})}{z^*(\text{X})}$$

Die am häufigsten gesuchte Gehaltsgröße, die Masse m(X) der Komponente X, lässt sich durch Einsetzen von $n(\text{X}) = m(\text{X})/M(\text{X})$ in die 1. Grundgleichung und Umstellen nach m(X) berechnen. Die erhaltene Formel wird auch als 2. Grundgleichung maßanalytischer Bestimmungen bezeichnet.

2. Grundgleichung maßanalytischer Bestimmungen

$$m(\text{X}) = \frac{M(\text{X}) \cdot \tilde{c}(\text{eq-ML}) \cdot t \cdot V(\text{ML})}{z^*(\text{X})}$$

Durch Einsetzen von $w(\text{X}) = m(\text{X})/m(\text{Lsg})$, $\beta(\text{X}) = m(\text{X})/V(\text{Lsg})$ und $c(\text{X}) = n(\text{X})/V(\text{Lsg})$ können weitere Gehaltsgrößen der Komponente X in der untersuchten Probe erhalten werden.

Da die verwendeten Maßlösungen stets im stöchiometrischen Massenverhältnissen mit den gesuchten Stoffen reagieren, sind für die meisten maßanalytischen Bestimmungen in Tabellen **maßanalytische Äquivalentmassen *Ä*(X)** (titrimetric equivalent mass) zusammengestellt worden (Tabellen 241/1 und 241/2).

Die maßanalytische Äquivalentmasse *Ä*(X) gibt an, wie viel Milligramm der gesuchten Komponente X ein Milliliter der verwendeten Maßlösung äquivalent ist.
Die Einheit von *Ä*(X) ist g/L oder mg/mL.

Maßanalytische Äquivalentmasse

$$\ddot{A}(\text{X}) = \frac{c(\text{eq-ML}) \cdot M(\text{X})}{z^*(\text{X})}$$

Die maßanalytische Äquivalentmasse *Ä*(X) ist mit dem stöchiometrischen Faktor F(X) gravimetrischer Fällungsanalysen vergleichbar (Seite 232). Mit ihr vereinfachen sich die Auswertungen maßanalytischer Bestimmungen unter Berücksichtigung des Verdünnungsfaktors f_a wie folgt:

Maßanalytische Auswertung mit Äquivalentmasse und Verdünnungsfaktor

$$m(\text{X}) = \ddot{A}(\text{X}) \cdot V(\text{ML}) \cdot t \cdot f_a$$

Bei mehrstufigen Titrationen (z. B. mit zweiprotonigen Säuren oder Basen) ist zu beachten, dass bei der Auswertung die Äquivalentmasse dem eingesetzten Indikator entspricht.

Beispiel 1: 25,0 mL einer Schwefelsäureprobe werden durch 22,5 mL Natronlauge-Maßlösung der Konzentration $\tilde{c}(NaOH)$ = 0,1 mol/L (t = 1,025) neutralisiert. Welche Masse an Schwefelsäure H_2SO_4 ist in der Probe enthalten?

Lösung: $M(H_2SO_4)$ = 98,08 g/mol, z^* = 2 (zweiprotonige Säure)

$$2\,NaOH_{(aq)} + H_2SO_{4\,(aq)} \longrightarrow Na_2SO_{4\,(aq)} + 2\,H_2O_{(l)}$$

$$m(H_2SO_4) = \frac{M(H_2SO_4) \cdot \tilde{c}(NaOH) \cdot t \cdot V(NaOH)}{z^*(H_2SO_4)}$$

$$m(H_2SO_4) = \frac{98{,}08\ \text{g/mol} \cdot 0{,}1\ \text{mol/L} \cdot 1{,}025 \cdot 22{,}5\ \text{mL}}{2}$$

$$\boldsymbol{m(H_2SO_4) \approx 113\ \text{mg}}$$

Beispiel 2: 20,0 mL Soda-Lösung werden mit demin. Wasser zu 250 mL Stammlösung aufgefüllt. 20,0 mL der Stammlösung verbrauchen gegen Methylorange 22,05 mL Salzsäure-Maßlösung, $\tilde{c}(HCl)$ = 0,1 mol/L (t = 0,995). Berechnen Sie die Massenkonzentration $\beta(Na_2CO_3)$ der Lösung.

Lösung: Lösung mit Äquivalentmasse: $\ddot{A}(Na_2CO_3)$ = 5,2994 mg/mL (aus Tabelle 251/1 für Methylorange als Indikator)

$$m(Na_2CO_3) = \ddot{A}(Na_2CO_3) \cdot V(HCl) \cdot t \cdot f_a$$

$$= 5{,}2994\ \text{mg/mL} \cdot 22{,}05\ \text{mL} \cdot 0{,}995 \cdot \frac{250\ \text{mL}}{20{,}0\ \text{mL}} = 1453{,}3\ \text{mg}$$

$$\boldsymbol{\beta(Na_2CO_3)} = \frac{m(Na_2CO_3)}{V(\text{Lsg})} = \frac{1453{,}3\ \text{mg}}{20{,}0\ \text{mL}} \approx \mathbf{72{,}7\ g/L}$$

Beispiel 3: 3,2025 g technisches Kaliumhydroxid werden gelöst und mit demin. Wasser auf 500 mL aufgefüllt. 25,0 mL dieser Lösung (= aliquoter Teil) werden abpipettiert und verbrauchen 28,15 mL Salzsäure, $\tilde{c}(HCl)$ = 0,1 mol/L (t = 0,994). Welchen Massenanteil $w(KOH)$ hat das Hydroxid?

Lösung: $M(KOH)$ = 56,106 g/mol; Reaktionsgleichung:

$$HCl_{(aq)} + KOH_{(aq)} \longrightarrow KCl_{(aq)} + H_2O_{(l)}$$

Lösung mit Schlussrechnung:

1) *Berechnung der tatsächlichen Stoffmenge:*
Eine Maßlösung mit der angestrebten Konzentration $\tilde{c}(HCl)$ = 0,1 mol/L und dem Titer t = 0,994 hat die tatsächliche Konzentration $c(HCl)$ = 0,0994 mol/L.

2) *Berechnung der umgesetzten Stoffmenge an HCl:*
1000 mL Maßlösung enthalten 99,4 mmol HCl
28,15 mL Maßlösung enthalten 2,798 mmol HCl

3) *Berechnung der umgesetzten Masse an KOH* mit $M(KOH)$ = 56,106 g/mol:
2,789 mmol HCl reagieren mit 2,798 mmol KOH
1 mmol KOH hat eine Masse von 56,106 mg
2,798 mmol KOH hat eine Masse von 156,99 mg

4) *Berücksichtigung der Verdünnung:*
25,0 mL Verdünnung enthalten 156,99 mg KOH
500 mL Verdünnung enthalten x mg KOH

$$x = m(KOH) = \frac{156{,}99\ \text{mg} \cdot 500\ \text{mL}}{25{,}0\ \text{mL}} = 3139{,}82\ \text{mg}$$

5) *Berechnung des Massenanteils:*
3,2025 g technisches KOH enthalten 3,13982 g KOH
100 g technisches KOH enthalten y g KOH

$$y = \boldsymbol{w(KOH)} = \frac{3{,}13982\ \text{g} \cdot 100\ \text{g}}{3{,}2025\ \text{g}} \approx \mathbf{98{,}0\ \%}$$

Tabelle 1: Äquivalentmassen bei Neutralisationstitrationen mit Säure-Maßlösungen

Maßlösung: $c(HCl)$ = 0,1 mol/L oder $c(H_2SO_4)$ = 0,05 mol/L oder $c(\frac{1}{2}\,H_2SO_4)$ = 0,1 mol/L

Zu bestimmen (Titrand)	Äquivalent $\ddot{A}$ in mg/mL
$CaCO_3$	5,0045
CaO	2,8040
$Ca(OH)_2$	3,7047
K_2CO_3	6,9103
$KHCO_3$	10,012
KOH	5,6106
MgO	2,0152
NH_3	1,7031
Na_2CO_3 (Methylorange)	5,2994
$NaHCO_3$	8,4007
$NaOH$	3,9997

Tabelle 2: Äquivalentmassen bei Neutralisationstitrationen mit Base-Maßlösungen

Maßlösung: $c(NaOH)$ = 0,1 mol/L oder $c(KOH)$ = 0,1 mol/L

Zu bestimmen	$\ddot{A}$ in mg/mL
HCl	3,6461
$HCOOH$	4,6026
CH_3COOH	6,0053
$(COOH)_2$	4,5018
$(COOH)_2 \cdot 2\,H_2O$	6,3033
HNO_3	6,3013
H_3PO_4 (Phenolphthalein)	4,8998
H_3PO_4 (Methylorange)	9,7995
P_2O_5 (Phenolphthalein)	3,5486
H_2SO_3 (Methylorange)	8,207
H_2SO_4	4,904
SO_3	4,003
$KHSO_4$	13,616

Aufgaben zu 8.2.3.1 Neutralisationstitrationen, Direkttitrationen

1. Bei der Titration von 25,0 mL Natronlauge wurden 42,0 mL Schwefelsäure-Maßlösung, $c(\frac{1}{2}\ H_2SO_4)$ = 1,0 mol/L, verbraucht. Welche Masse an NaOH enthielt die Natronlaugeprobe?

2. 50,0 mL Abfall-Salzsäure verbrauchen zur Neutralisation 16,80 mL Natronlauge-Maßlösung, $\tilde{c}$(NaOH) = 0,1 mol/L (t = 1,0374). Welche Masse an HCl ist in 650 m³ Abfallsäure gelöst?

3. 2,8050 g Schwefelsäure-Probe verbrauchen zur vollständigen Neutralisation 27,9 mL Kalilauge, $\tilde{c}$(KOH) = 0,1 mol/L (t = 1,026). Welchen Massenanteil $w(H_2SO_4)$ hat die untersuchte Säure?

4. 13,752 g Soda-Lösung verbrauchen zur Neutralisation 27,5 mL Schwefelsäure-Maßlösung mit $c(\frac{1}{2}\ H_2SO_4)$ = 1,0 mol/L. Berechnen Sie den Massenanteil $w(Na_2CO_3)$ in der Soda-Lösung.

5. 1,973 g technisches Kaliumhydroxid werden gelöst und zu 500 mL verdünnt. 50,0 mL der Verdünnung verbrauchen bei 3 Bestimmungen 16,45 mL, 16,50 mL und 16,35 mL Schwefelsäure-Maßlösung, $\tilde{c}(\frac{1}{2}\ H_2SO_4)$ = 0,1 mol/L (t = 1,021). Berechnen Sie den Massenanteil w(KOH).

6. Dünnsäure wird durch Destillation aufkonzentriert. 7,894 g des Konzentrats werden auf 500 mL verdünnt. 50,0 mL der Verdünnung verbrauchen 16,80 mL Natronlauge-Maßlösung, $\tilde{c}$(NaOH) = 0,5 mol/L (t = 1,012). Welchen Massenanteil $w(H_2SO_4)$ hat die konzentrierte Säure?

7. 10,0 mL einer Kalilauge werden auf 100 mL verdünnt. 25,0 mL dieser Stammlösung verbrauchen zur Neutralisation 29,4 mL Schwefelsäure-Maßlösung, $\tilde{c}(\frac{1}{2}\ H_2SO_4)$ = 0,1 mol/L (t = 0,997). Wie groß ist die Äquivalentkonzentration $c(\frac{1}{1}$ KOH) der untersuchten Lauge?

8. Die Massenkonzentration $\beta(H_3PO_4)$ einer technischen Phosphorsäure ist zu bestimmen. 25,0 mL der Säure werden auf 1000 mL verdünnt. 50,0 mL der Verdünnung verbrauchen gegen Phenolphthalein als Indikator 29,10 mL Natronlauge, $\tilde{c}(\frac{1}{1}$ NaOH) = 0,5 mol/L (t = 1,025).

9. Wie viel Oxalsäure-Dihydrat p.a. muss abgewogen werden, wenn 25,0 mL einer Lauge, $\tilde{c}$(eq) = 0,1 mol/L (t= 0,965) neutralisiert werden sollen?

10. 8,00 mL einer Salpetersäure werden auf 100 mL verdünnt und 20,0 mL davon mit 24,8 mL Natronlauge-Maßlösung, $\tilde{c}(\frac{1}{1}$ NaOH) = 0,2 mol/L (t= 1,055) neutralisiert. Wie groß ist die Äquivalentkonzentration $c(\frac{1}{1}\ HNO_3)$ der untersuchten Säure?

11. Von einer Natronlauge werden 5,160 g mit demin. Wasser zu 500 mL aufgefüllt. 25,0 mL dieser Lösung verbrauchen zur Neutralisation 26,05 mL Schwefelsäure-Maßlösung $\tilde{c}(\frac{1}{2}\ H_2SO_4)$ = 0,1 mol/L (t = 0,994). Wie groß ist der Massenanteil w(NaOH) der Natronlauge?

12. 4,5035 g einer Ammoniak-Lösung werden eingewogen und auf 250 mL verdünnt. 50,0 mL der verdünnten Lösung werden mit 28,0 mL Salzsäure-Maßlösung $\tilde{c}(\frac{1}{1}$ HCl) = 0,1 mol/L (t = 0,950) bis zum Äquivalenzpunkt titriert. Welchen Massenanteil $w(NH_3)$ hat die Ammoniak-Lösung?

13. Ein Rührkessel wird zur Bestimmung des Volumens mit Wasser gefüllt und darin 1,00 kg Na_2CO_3 p.a. gelöst. 500 mL dieser Soda-Lösung verbrauchen zur Neutralisation 31,9 mL Maßlösung $\tilde{c}(\frac{1}{1}$ HCl) = 0,5 mol/L (t = 1,008). Welches Fassungsvermögen hat der Kessel?

14. 20,0 m³ eines sauren Abwassers sind vor Eintritt in die Kläranlage zu neutralisieren. 100 mL der Abwasserprobe verbrauchen zur Neutralisation 24,8 mL Natronlauge-Maßlösung der Konzentration $\tilde{c}(\frac{1}{1}$ NaOH) = 0,1 mol/L (t = 0,970). Welche Masse an Löschkalk mit $w(Ca(OH)_2)$ = 84,0 % werden zur Neutralisation des gesamten Abwasservolumens benötigt?

15. Bei der Bestimmung des Wassergehalts in einer dreiprotonigen Säure-Lösung (M = 192 g/mol) verbrauchen 1,9205 g Säure zur vollständigen Neutralisation 28,3 mL Natronlauge-Maßlösung der Konzentration c(NaOH) = $\underline{1}$ mol/L. Welche Masse an Wasser enthält die Säure-Lösung?

16. Ein 1000 L-Tank ist zu 70,0 % seines Volumens mit Kaliumhydrogensulfat-Lösung gefüllt. 50,0 mL dieser Lösung werden auf 500 mL verdünnt und 50,0 mL der Verdünnung mit 29,0 mL Natronlauge-Maßlösung, $\tilde{c}(\frac{1}{1}$ NaOH) = 0,1 mol/L (t = 0,980) neutralisiert. Welche Masse an Kaliumhydrogensulfat $KHSO_4$ ist in dem Tank gelöst?

8.2.3.2 Bestimmung des Titers von Maßlösungen

Die **Bestimmung des Titers *t*** einer Maßlösung mit der angestrebten Konzentration $\tilde{c}(\text{eq})$ kann durch Titration mit einer anderen titerbekannten Maßlösung oder mit Urtitersubstanzen erfolgen. Die Bestimmung wird auch **Titerstellung** (determination of titer) genannt.

Titerstellung gegen eine Maßlösung bekannten Gehalts

Die Titerbestimmung gegen eine Bezugsmaßlösung (ML_0) ist rascher durchzuführen, da das Einpipettieren einer genau bemessenen Volumenportion an Bezugsmaßlösung $V(ML_0)$ weniger zeitaufwendig ist, als das genaue Einwägen der Urtitersubstanz. Basis für die Berechnung beider Verfahren ist das Stoffmengenverhältnis, in dem die Bestandteile der zu bestimmenden Maßlösung mit den Bestandteilen der Bezugsmaßlösung bzw. der Urtitersubstanz reagieren.

Wird beispielsweise der Titer einer Natronlauge-Maßlösung gegen eine titerbekannte Schwefelsäure ermittelt, so lautet die Reaktionsgleichung:

$$2\,NaOH_{(aq)} + H_2SO_{4\,(aq)} \longrightarrow Na_2SO_{4\,(aq)} + 2\,H_2O_{(l)}$$

Die Stoffmengenbilanz der Äquivalente im Äquivalenzpunkt lautet:

$n(\tfrac{1}{2}\,H_2SO_4) = n(\tfrac{1}{1}\,NaOH)$, oder allgemein: $n(\text{eq}_0) = n(\text{eq}_1)$

Mit $n(\text{eq}) = c(\text{eq}) \cdot V(\text{ML})$ folgt:

$c(\text{eq}_0) \cdot V(\text{ML}_0) = c(\text{eq}_1) \cdot V(\text{ML}_1)$

Wird $c(\text{eq}) = \tilde{c}(\text{eq}) \cdot t$ eingesetzt, ergibt sich nebenstehende Berechnungsgleichung für Titerbestimmungen gegen Bezugsmaßlösungen.

Mit $c(\text{eq}) = c(\text{ML}) \cdot z^*$ kann sie auch für Stoffmengenkonzentrationen formuliert werden (Beispiel 2).

Titerbestimmung gegen Bezugsmaßlösung
$\tilde{c}(\text{eq}_0) \cdot V(\text{ML}_0) \cdot t_0 = \tilde{c}(\text{eq}_1) \cdot V(\text{ML}_1) \cdot t_1$ Index 0 für Bezugsmaßlösung

Beispiel 1: 25,00 mL Salzsäure der Konzentration $\tilde{c}(\tfrac{1}{1}\,HCl) = 0{,}1$ mol/L ($t = 0{,}9680$) verbrauchen bei der Titerbestimmung 24,30 mL Natronlauge, $\tilde{c}(\tfrac{1}{1}\,NaOH) = 0{,}1$ mol/L. Welchen Titer hat die Natronlauge-Maßlösung, welche Angabe ist auf dem Etikett der Vorratsflasche zu notieren?

Lösung: $\tilde{c}(\text{eq}_0) \cdot V(\text{ML}_0) \cdot t_0 = \tilde{c}(\text{eq}_1) \cdot V(\text{ML}_1) \cdot t_1 \Rightarrow t_1 = \dfrac{\tilde{c}(\text{eq}_0) \cdot V(\text{ML}_0) \cdot t_0}{\tilde{c}(\text{eq}_1) \cdot V(\text{ML}_1)}$

$$t(\text{NaOH}) = \frac{\tilde{c}(\tfrac{1}{1}\,\text{HCl}) \cdot V(\text{HCl}) \cdot t(\text{HCl})}{\tilde{c}(\tfrac{1}{1}\,\text{NaOH}) \cdot V(\text{NaOH})}$$

$$\mathbf{t(NaOH)} = \frac{0{,}1\ \text{mol/L} \cdot 25{,}00\ \text{mL} \cdot 0{,}9680}{0{,}1\ \text{mol/L} \cdot 24{,}30\ \text{mL}} \approx \mathbf{0{,}9959}$$

Die Maßlösung ist etwas **schwächer** konzentriert, als angegeben. Die Beschriftung des Flaschenetiketts ist in Bild 1 wiedergegeben.

Betriebslabor I
Natronlauge-Maßlösung $\tilde{c}(\tfrac{1}{1}\,NaOH) = 0{,}1$ mol/L $t = 0{,}9959$ Datum: 15.08.08 Unterschrift:

Bild 1: Etikettierung einer Maßlösung

Beispiel 2: Von einer Kalilauge-Maßlösung, $\tilde{c}(KOH) = 0{,}5$ mol/L, ist die genaue Stoffmengenkonzentration zu bestimmen. Zur Titerbestimmung werden 50,0 mL Schwefelsäure der Stoffmengenkonzentration $c(H_2SO_4) = 0{,}\underline{1}$ mol/L vorgelegt. Die Säureportion verbraucht zur vollständigen Neutralisation 19,45 mL der Lauge.
Welche Stoffmengenkonzentration hat die Kalilauge?

Lösung: Mit $c(\text{eq}) = c(\text{ML}) \cdot z^*$ folgt durch Einsetzen und Umformen der oben angegebenen Größengleichung:

$$t(\text{KOH}) = \frac{\tilde{c}(H_2SO_4) \cdot V(H_2SO_4) \cdot t(H_2SO_4) \cdot z^*(H_2SO_4)}{\tilde{c}(\text{KOH}) \cdot V(\text{KOH}) \cdot z^*(\text{KOH})},\quad z^*(\text{KOH}) = 1,\quad z^*(H_2SO_4) = 2,\quad t(H_2SO_4) = 1$$

$$t(\text{KOH}) = \frac{0{,}1\ \text{mol/L} \cdot 50{,}00\ \text{mL} \cdot 1 \cdot 2}{0{,}5\ \text{mol/L} \cdot 19{,}45\ \text{mL} \cdot 1} = 1{,}02828$$

$$\mathbf{c(KOH)} = \tilde{c}(\text{KOH}) \cdot t = 0{,}5\ \text{mol/L} \cdot 1{,}02828 \approx \mathbf{0{,}514\ mol/L}$$

Titerstellung gegen eine Urtitersubstanz

Urtitersubstanzen (primary sludge standard) sind Chemikalien, die in höchster Reinheit erhältlich sind und kein Wasser oder Kohlenstoffdioxid aus der Luft anziehen. Sie müssen folgende Anforderungen erfüllen:

- quantitativer Umsatz mit der Maßlösung nach der zugrunde liegenden Reaktionsgleichung
- gut wasserlöslich sein und beständige Lösungen ergeben

Beispiele geeigneter **Urtitersubstanzen** sind für:

Neutralisationstitrationen:	Oxalsäure $(COOH)_2$,	Natriumcarbonat Na_2CO_3
Fällungstitrationen:	Natriumchlorid NaCl,	Silbernitrat $AgNO_3$
Komplexometrische Titrationen:	Na-EDTA $\cdot$ 2 H_2O,	Calciumcarbonat $CaCO_3$
Redox-Titrationen:	Natriumoxalat $(COONa)_2$,	Kaliumdichromat $K_2Cr_2O_7$

Die Titerbestimmung wird in der Regel mindestens als Dreifach-Bestimmung durchgeführt. Bei Verwendung von 50 mL-Büretten ist ein Verbrauch im Äquivalenzpunkt um 28 mL anzustreben, da bei zu geringen oder zu hohen Verbrauchswerten der Volumenfehler der Bürette zu groß wird.

Wird beispielsweise der Titer einer Salzsäure-Maßlösung gegen Natriumcarbonat als Urtiter ermittelt, so lautet die Reaktionsgleichung:

$$2\,HCl_{(aq)} + Na_2CO_{3(aq)} \longrightarrow 2\,NaCl_{(aq)} + CO_{2(aq)} + H_2O_{(l)}$$

Beträgt die Äquivalentkonzentration der Salzsäure ca. 0,1 mol/L, ist zunächst die ungefähre Einwaage an Urtiter (X) zu ermitteln, die einem angestrebten Verbrauch von ca. 28 mL Maßlösung entspricht. Die erforderliche Einwaage ergibt sich aus der 2. Grundgleichung maßanalytischer Bestimmungen (Seite 240).

Durch Umformen der 2. Grundgleichung maßanalytischer Bestimmungen nach dem Titer t wird nebenstehende Formel für die Titerbestimmung gegen einen Urtiter erhalten. Für den Fall des Aliquotierens ist der Verdünnungsfaktor f_a zu berücksichtigen.

Titerbestimmung gegen Urtiter

$$t = \frac{m(X) \cdot z^*(X)}{\tilde{c}(\text{eq-ML}) \cdot M(X) \cdot V(\text{ML}) \cdot f_a}$$

Beispiel 1: Der Titer einer Salzsäure-Maßlösung der Konzentration $\tilde{c}(\frac{1}{1}\,HCl)$ = 0,1 mol/L ist mit wasserfreiem Natriumcarbonat Na_2CO_3 als Urtiter gegen Methylrot als Indikator zu bestimmen.

a) Welche Masse an Urtiter ist für einen angestrebten Verbrauch von 28 mL Maßlösung einzuwiegen?

b) Welchen Titer hat die untersuchte Salzsäure, wenn 147,1 mg Natriumcarbonat 27,10 mL Maßlösung verbrauchen?

Hinweis: Da die Probelösung nicht aliquotiert wurde, ist der Faktor f_a nicht zu berücksichtigen.

Lösung: a) Aus der 2. Grundgleichung maßanalytischer Bestimmungen folgt die Einwaage an Urtiter für den geplanten Verbrauch von ca. 28,0 mL Maßlösung mit $M(Na_2CO_3)$ = 105,989 g/mol, $z^*(Na_2CO_3)$ = 2:

$$\boldsymbol{m(Na_2CO_3)} = \frac{M(Na_2CO_3) \cdot \tilde{c}(\frac{1}{1}\,HCl) \cdot V(HCl)}{z^*(Na_2CO_3)} = \frac{105{,}989\ \text{g/mol} \cdot 0{,}1\ \text{mol/L} \cdot 28{,}0\ \text{mL}}{2} \approx \mathbf{148{,}4\ mg}$$

b) Einsetzen der Messwerte in die Größengleichung für die Titerbestimmung gegen einen Urtiter:

$$\boldsymbol{t} = \frac{m(Na_2CO_3) \cdot z^*(Na_2CO_3)}{\tilde{c}(\frac{1}{1}\,HCl) \cdot M(Na_2CO_3) \cdot V(HCl)} = \frac{147{,}1\ \text{mg} \cdot 2}{0{,}1\ \text{mol/L} \cdot 105{,}989\ \text{g/mol} \cdot 27{,}10\ \text{mL}} \approx \mathbf{1{,}024}$$

Mit der maßanalytischen Äquivalentmasse des Urtiters (Tabellen 241/1 und 241/2) vereinfacht sich die Berechnung der Titerbestimmung, wie in Beispiel 2 gezeigt wird.

Beispiel 2: 20,85 mL Natronlauge-Maßlösung, $\tilde{c}(\frac{1}{1}\,NaOH)$ = 0,1 mol/L, werden zur Neutralisation von 130,1 mg Oxalsäure-Dihydrat p.a. verbraucht. Welchen Titer hat die Natronlauge?

Lösung: Lösung mit maßanalytischer Äquivalentmasse ($\ddot{A}(C_2H_2O_4 \cdot 2\,H_2O)$ = 6,3033 mg/mL, aus Tabelle 241/2)

Mit $\ddot{A}(\text{Urtiter}) = \dfrac{c(\text{eq-ML}) \cdot M(\text{Urtiter})}{z^*(\text{Urtiter})}$ folgt durch Einsetzen in die Berechnungsformel zur Titerbestimmung gegen Urtiter: $\boldsymbol{t} = \dfrac{m(\text{Urtiter})}{\ddot{A}(\text{Urtiter}) \cdot V(\text{ML})} = \dfrac{130{,}1\ \text{mg}}{6{,}3033\ \text{mg/mL} \cdot 20{,}85\ \text{mL}} \approx \mathbf{0{,}9899}$

Aufgaben zu 8.2.3.2 Bestimmung des Titers von Maßlösungen

1. Welchen Titer hat eine Natronlauge-Maßlösung, $\tilde{c}(\frac{1}{1}\ NaOH) = 0{,}1$ mol/L, wenn 25,0 mL davon bei der Titration 25,2 mL Salzsäure-Maßlösung mit $\tilde{c}(\frac{1}{1}\ HCl) = 0{,}1$ mol/L ($t = 0{,}989$) verbrauchen?

2. 25,0 mL Schwefelsäure-Maßlösung, $\tilde{c}(\frac{1}{2}\ H_2SO_4) = 0{,}10$ mol/L, verbrauchen bei der Titerbestimmung 24,35 mL Natronlauge-Maßlösung der Konzentration $\tilde{c}(\frac{1}{1}\ NaOH) = 0{,}10$ mol/L ($t = 0{,}992$). Welchen Titer hat die Schwefelsäure?

3. Berechnen Sie den Titer einer Soda-Lösung, $\tilde{c}(\frac{1}{2}\ Na_2CO_3) = 0{,}05$ mol/L, von der 50,00 mL bei der Titration 25,75 mL Salzsäure-Maßlösung mit $\tilde{c}(\frac{1}{1}\ HCl) = 0{,}1$ mol/L ($t = 1{,}013$) verbrauchen.

4. 281,0 mg Oxalsäure-Dihydrat $C_2H_2O_4 \cdot 2\ H_2O$ verbrauchen nach dem Lösen zur vollständigen Neutralisation 24,3 mL Natronlauge-Maßlösung mit $\tilde{c}(\frac{1}{1}\ NaOH) = 0{,}2$ mol/L. Welchen Titer hat die Natronlauge-Maßlösung?

5. Eine Einwaage von 0,1608 g Natriumcarbonat Na_2CO_3 erfordert zur vollständigen Neutralisation 29,6 mL Salzsäure $\tilde{c}(\frac{1}{1}\ HCl) = 0{,}1$ mol/L. Welchen Titer hat die Säure-Maßlösung?

6. 0,988 g Natriumcarbonat Na_2CO_3 p.a. werden zu 250 mL Stammlösung aufgefüllt. 50,0 mL der Verdünnung verbrauchen zur vollständigen Neutralisation bei 3 Bestimmungen 36,10 mL, 36,05 mL und 36,15 mL Schwefelsäure-Maßlösung der Konzentration $\tilde{c}(\frac{1}{2}\ H_2SO_4) = 0{,}10$ mol/L. Wie groß ist der Titer der Schwefelsäure?

8.2.3.3 Rücktitrationen

Rücktitrationen (back titrations) werden angewendet, wenn eine direkte Titration der gesuchten Substanz nicht möglich ist, z. B. wegen schlechter Löslichkeit in Wasser.

Dabei wird der Probe ein *Überschuss* an Maßlösung zugesetzt. Ein äquivalenter Teil hiervon reagiert mit dem zu bestimmenden Stoff. Die *nicht umgesetzte, freie* Maßlösung wird durch Titration mit einer anderen Maßlösung bestimmt.

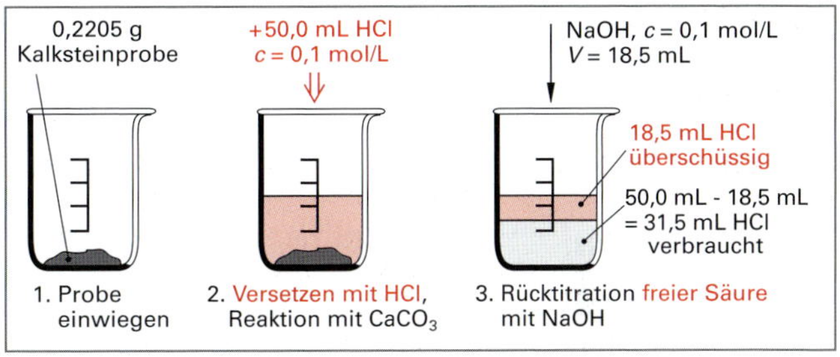

Bild 1: Gehaltsbestimmung an Calciumcarbonat durch Rücktitration (Beispiel 1)

In Beispiel 1 sind die Vorgänge bei einer Neutralisations-Rücktitration beschrieben **(Bild 1)**.

Beispiel 1: 0,2205 g Kalksteinprobe werden zur Gehaltsbestimmung an Calciumcarbonat mit 50,0 mL Salzsäure-Maßlösung, $c(HCl) = 0{,}\underline{1}$ mol/L versetzt **(Bild 1)**. Das entstehende Kohlenstoffdioxid wird nach Beendigung der Reaktion durch Aufkochen ausgetrieben. Die überschüssige (= **nicht verbrauchte**) Säure wird mit 18,5 mL NaOH-Maßlösung, $c(NaOH) = 0{,}\underline{1}$ mol/L, zurücktitriert.

Welchen Massenanteil $w(CaCO_3)$ hat der untersuchte Kalkstein?

Lösung: Reaktionen:

$$CaCO_{3(s)} + 2\ HCl_{(aq)} \longrightarrow CaCl_{2(aq)} + CO_{2(g)} + H_2O_{(l)}$$

$$HCl_{(aq)} + NaOH_{(aq)} \longrightarrow NaCl_{(aq)} + H_2O_{(l)}$$

Die Kalksteinprobe benötigt zur vollständigen Umsetzung des Calciumcarbonats:

$V(HCl) = 50{,}0\ mL - 18{,}5\ mL = 31{,}5\ mL$ Salzsäure (= **verbrauchte** Säure)

Mit der maßanalytischen Äquivalentmasse $\ddot{A}(CaCO_3) = 5{,}0045$ mg/mL (Tabelle 241/1) folgt:

$$m(CaCO_3) = \ddot{A}(CaCO_3) \cdot V(HCl) \cdot t = 5{,}0045\ mg/mL \cdot 31{,}5\ mL \cdot 1 = 157{,}642\ mg$$

$$\boldsymbol{w(CaCO_3)} = \frac{m(CaCO_3)}{m(\text{Kalkstein})} = \frac{0{,}157642\ g}{0{,}2205\ g} = 0{,}71493 \approx \mathbf{71{,}5\ \%}$$

Stickstoffbestimmung nach KJELDAHL

Eine spezielle Rücktitration ist die **Stickstoffbestimmung nach KJELDAHL** (KJELDAHL nitrogen determination). Sie ist unter anderem für die Proteinbestimmung in Lebens- und Futtermitteln, in Düngern und Kohle sowie in der Abwasser- und Umwelt-Analytik geeignet.

Der Stickstoff der Probe wird in einer speziellen KJELDAHL-Apparatur durch katalysierten Aufschluss mit siedender, konzentrierter Schwefelsäure quantitativ in Ammoniumsulfat umgewandelt **(Bild 1)**.

Mit konzentrierter Natronlauge wird der Stickstoff dann als Ammoniak NH_3 freigesetzt und durch Wasserdampfdestillation in eine Vorlage mit Salzsäure oder Schwefelsäure überführt und absorbiert.

Die **nicht** durch Reaktion verbrauchte Säure wird mit Natronlauge-Maßlösung zurücktitriert.

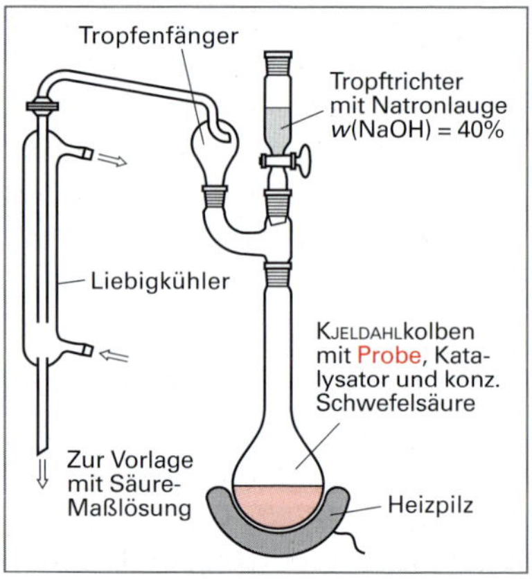

Bild 1: Stickstoffbestimmung nach KJELDAHL

Beispiel 2: Zur Stickstoffbestimmung werden 0,1875 g einer organischen Probe eingewogen und aufgeschlossen. Das freigesetzte und abdestillierte Ammoniak wird in einer Vorlage mit 50,0 mL Salzsäure, $c(\text{HCl}) = 0{,}\underline{1}$ mol/L, absorbiert. Die nicht verbrauchte Salzsäure wird mit 21,05 mL Natronlauge-Maßlösung, $\tilde{c}(\text{NaOH}) = 0{,}1$ mol/L ($t = 0{,}987$), zurücktitriert. Welchen Massenanteil $w(\text{N})$ hat die Probe?

Lösung: *1. Berechnung der freien, **nicht** verbrauchten Salzsäure* (aus dem Natronlauge-Verbrauch):

$$\tilde{c}(\text{eq}_0) \cdot V(\text{ML}_0) \cdot t_0 = \tilde{c}(\text{eq}_1) \cdot V(\text{ML}_1) \cdot t_1 \quad \Rightarrow \quad V(\text{HCl}) = \frac{\tilde{c}(\text{NaOH}) \cdot V(\text{NaOH}) \cdot t(\text{NaOH})}{c(\text{HCl})}$$

$$V(\text{HCl}) = \frac{0{,}1 \text{ mol/L} \cdot 21{,}05 \text{ mL} \cdot 0{,}987}{0{,}1 \text{ mol/L}} = 20{,}776 \text{ mL } (\textbf{freie} \text{ Salzsäure})$$

2. Berechnung der durch die verbrauchte Salzsäure angezeigte Masse Stickstoff:
Volumen der durch Reaktion mit NH_3 **verbrauchten** Säure: $V(\text{HCl}) = 50{,}0 \text{ mL} - 20{,}776 \text{ mL} = 29{,}224$ mL
Mit der Stoffmengenrelation $n(\text{N}) = n(\text{NH}_3)$ und $z^*(\text{N})$ sowie $t(\text{HCl}) = 1$ folgt:

$$m(\text{N}) = \frac{\tilde{c}(\text{HCl}) \cdot M(\text{N}) \cdot V(\text{HCl}) \cdot t(\text{HCl})}{z^*(\text{N})} = \frac{0{,}1 \text{ mol/L} \cdot 14{,}007 \text{ g/mol} \cdot 29{,}224 \text{ mL} \cdot 1}{1} = 40{,}934 \text{ mg}$$

3. Berechnung des Massenanteils an Stickstoff:

$$\boldsymbol{w}(\textbf{N}) = \frac{m(\text{N})}{m(\text{Probe})} = \frac{0{,}040934 \text{ g}}{0{,}1875 \text{ g}} = 0{,}21831 \approx \textbf{21,8 \%}$$

Aufgaben zu 8.2.3.3 Rücktitrationen

1. 598 mg technisches Kaliumcarbonat werden gelöst und mit 100 mL Schwefelsäure-Maßlösung der Konzentration $c(\frac{1}{2}\text{ H}_2\text{SO}_4) = 0{,}\underline{1}$ mol/L versetzt. Nach Aufkochen und Abkühlung wird der Säureüberschuss mit 16,36 mL Natronlauge-Maßlösung, $\tilde{c}(\frac{1}{1}\text{ NaOH}) = 0{,}1$ mol/L ($t = 1{,}015$), zurücktitriert. Welchen Massenanteil $w(\text{K}_2\text{CO}_3)$ hat die Probe?
2. Ein wichtiges Qualitätsmerkmal von Mineraldüngern auf der Basis von technischen Ammoniumsalzen ist der Gesamt-Stickstoffgehalt. 0,1618 g technisches $(NH_4)_2SO_4$ wurden nach KJELDAHL analysiert. Vorgelegt wurden 50,0 mL Schwefelsäure, $\tilde{c}(\frac{1}{2}\text{ H}_2\text{SO}_4) = 0{,}1$ mol/L ($t = 1{,}021$). Überschüssige Schwefelsäure wurde mit 25,85 mL Natronlauge, $\tilde{c}(\text{NaOH}) = 0{,}1$ mol/L ($t = 1{,}028$), zurücktitriert. Welcher Massenanteil an Stickstoff ist im Dünger enthalten?
3. 2,571 g technisches Ammoniumsulfat werden mit Natronlauge versetzt und das entstehende Ammoniak in 50,0 mL Salzsäure-Maßlösung, $\tilde{c}(\text{HCl}) = 1$ mol/L ($t = 0{,}993$), absorbiert. Die überschüssige Salzsäure benötigt zur vollständigen Neutralisation 13,1 mL Natronlauge-Maßlösung, $\tilde{c}(\text{NaOH}) = 1$ mol/L ($t = 1{,}008$). Wie groß ist der Ammoniumsulfat-Massenanteil $w((\text{NH}_4)_2\text{SO}_4)$ in der untersuchten Probe?

4. 50,0 mL einer Natronlauge-Maßlösung verbrauchen bei einer Titration 38,8 mL Schwefelsäure, $\tilde{c}$ ($\frac{1}{2}$ H_2SO_4) = 0,5 mol/L (t = 0,920). Durch eine weitere Portion von 50,0 mL dieser Natronlauge-Maßlösung wird eine hydrogenchloridhaltige Abgasprobe geleitet. Bei der Rücktitration der überschüssigen Natronlauge werden 18,2 mL der Schwefelsäure-Maßlösung verbraucht. Welches Volumen an HCl-Gas, bezogen auf Normbedingungen, enthielt die Abgasprobe?
5. Entwickeln Sie mit einem Tabellenkalkulationsprogramm für die Stickstoffbestimmung nach KJELDAHL einer beliebigen Stickstoffverbindung eine Auswertungsmaske.

8.2.3.4 Mehrstufige Neutralisationstitrationen

Mehrstufige Titrationen werden bei Säuren und Basen mit mehr als einer Protolysestufe oder bei Gehaltsbestimmungen von Proben mit mehreren Säure- oder Basenkomponenten durchgeführt. Die Äquivalenzpunkte der Titrationsstufen werden dabei mit unterschiedlichen Indikatoren erfasst und jeder Stufe ein Verbrauchswert zugeordnet. Geeignete Indikatoren sind aus den Titrationskurven potentiometrischer Bestimmungen abzuleiten (Seite 280). Typische Anwendungen sind die Bestimmung von Phosphorsäure und Natriumcarbonat oder die gleichzeitige (simultane) Bestimmung von Natriumhydroxid/Natriumcarbonat oder Natriumcarbonat/Natriumhydrogencarbonat.

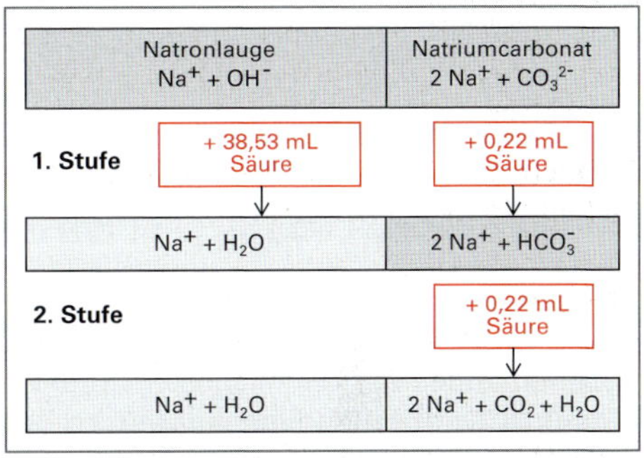

Bild 1: Gleichzeitige Bestimmung von NaOH neben Na_2CO_3 (Beispiel)

Beispiel: 0,8025 g mit Natriumcarbonat verunreinigtes Natriumhydroxid werden zu 250 mL Stammlösung aufgefüllt. 50,0 mL davon verbrauchen gegen Phenolphthalein 38,75 mL Salzsäure-Maßlösung, c(HCl) = 0,1 mol/L. Nach Zugabe von Methylorange werden weitere 0,22 mL Salzsäure-Maßlösung bis zum nächsten Farbumschlag verbraucht. Welche Massenanteile w(NaOH) und w(Na_2CO_3) hat die Probe?

Lösung: 1. Neutralisation gegen **Phenolphthalein:**

$NaOH + HCl \longrightarrow NaCl + H_2O$

$Na_2CO_3 + HCl \longrightarrow NaHCO_3 + NaCl$

Bis zum **1. Äquivalenzpunkt:** Verbrauch V_1
Der Verbrauch für **NaOH** ergibt sich aus der Differenz $V_1 - V_2$ = **38,53 mL**

2. Neutralisation gegen **Methylorange:**

$NaHCO_3 + HCl \longrightarrow NaCl + H_2O + CO_2$

Bis zum **2. Äquivalenzpunkt**: Verbrauch V_2
Da Na_2CO_3 zur Neutralisation 2 mol HCl erfordert, folgt:
Der Verbrauch für $\mathbf{Na_2CO_3}$ beträgt 2 · V_2 = **0,44 mL**

1. Berechnung des Massenanteils an Natriumhydroxid: Mit $\ddot{A}$(NaOH) = 3,9997 mg/mL (Tab. 241/1)

$$m(\text{NaOH}) = \ddot{A}(\text{NaOH}) \cdot V_1(\text{HCl}) \cdot t \cdot \frac{V(\text{Stamm})}{V(\text{Probe})} = 3{,}9997\,\frac{\text{mg}}{\text{mL}} \cdot 38{,}53\text{ mL} \cdot 1 \cdot \frac{250\text{ mL}}{50{,}0\text{ mL}} = 770{,}54\text{ mg}$$

$$\boldsymbol{w}(\textbf{NaOH}) = \frac{m(\text{NaOH})}{m(\text{Lsg})} = \frac{0{,}77054\text{ g}}{0{,}8025\text{ g}} = 0{,}96018 \approx \mathbf{96{,}0\ \%}$$

2. Berechnung des Massenanteils an Natriumcarbonat: Mit $\ddot{A}$(Na_2CO_3) = 5,29945 mg/mL (Tab. 241/1)

$$m(\text{Na}_2\text{CO}_3) = \ddot{A}(\text{Na}_2\text{CO}_3) \cdot V_2(\text{HCl}) \cdot t \cdot \frac{V(\text{Stamm})}{V(\text{Probe})} = 5{,}29945\,\frac{\text{mg}}{\text{mL}} \cdot 0{,}44\text{ mL} \cdot 1 \cdot \frac{250\text{ mL}}{50{,}0\text{ mL}} = 11{,}659\text{ mg}$$

$$\boldsymbol{w}(\mathbf{Na_2CO_3}) = \frac{m(\text{Na}_2\text{CO}_3)}{m(\text{Lsg})} = \frac{0{,}011659\text{ g}}{0{,}8025\text{ g}} = 0{,}01452 \approx \mathbf{1{,}45\ \%}$$

Aufgaben zu 8.2.3.4 Mehrstufige Neutralisationstitrationen

1. Verunreinigtes Natriumhydroxid wird auf seinen Gehalt an Natriumcarbonat untersucht. 3,976 g Einwaage werden zu 250 mL Stammlösung aufgefüllt. 25,0 mL der Verdünnung verbrauchen gegen Phenolphthalein als Indikator 25,05 mL Schwefelsäure-Maßlösung, $\tilde{c}$ ($\frac{1}{2}$ H_2SO_4) = 0,1 mol/L (t = 1,033). Gegen Methylorange werden weitere 0,48 mL Maßlösung verbraucht. Berechnen Sie die Massenanteile w(NaOH) und w(Na_2CO_3) im verunreinigten Hydroxid.

2. Entwickeln Sie für die Bestimmung eines Gemisches aus Natriumcarbonat/Natriumhydrogencarbonat $Na_2CO_3/NaHCO_3$ mit Salzsäure-Maßlösung ein Reaktions- und Auswertungsschema nach Vorlage der Lösung des Beispiels von Seite 247.
3. In technischer Soda soll der Massenanteil an Natriumhydrogencarbonat durch Titration mit Salzsäure-Maßlösung, $\tilde{c}(HCl) = 0{,}1$ mol/L ($t = 1{,}043$), bestimmt werden. 445 mg der Soda verbrauchen gegen Phenolphthalein 18,65 mL HCl-Maßlösung. Gegen Methylorange werden weitere 21,54 mL Maßlösung verbraucht. Berechnen Sie die Massenanteile $w(Na_2CO_3)$ und $w(NaHCO_3)$.
4. Entwickeln Sie mit Hilfe eines Tabellenkalkulationsprogramms jeweils eine Eingabemaske für die Auswertung maßanalytischer Bestimmungen von Gemischen aus $NaOH/Na_2CO_3$ und aus $Na_2CO_3/NaHCO_3$.
5. 100 mL Kesselspeisewasser werden mit Salzsäure-Maßlösung, $\tilde{c}(HCl) = 0{,}1$ mol/L ($t = 1{,}008$), auf den Gehalt an Natriumcarbonat und Natriumhydrogencarbonat untersucht. Gegen Phenolphthalein wird ein Verbrauch von 4,05 mL Maßlösung und gegen Methylorange ein Verbrauch von 6,25 mL Maßlösung erhalten. Welche Massenkonzentrationen $\beta(Na_2CO_3)$ und $\beta(NaHCO_3)$ liegen im untersuchten Kesselspeisewasser vor?

8.2.3.5 Indirekte Titration

Bei maßanalytischen Bestimmungen liegt in der Regel jeder Bestandteil der Analysenprobe getrennt vor und kann einzeln bestimmt werden. Liegen jedoch in einer Probesubstanz zwei Säuren oder Basen nebeneinander vor, die nicht den stufenweisen Einsatz unterschiedlicher Indikatoren erlauben, ist eine **indirekte Titration** (indirect analysis) möglich. Diese Methode ist allerdings nur anzuwenden, wenn die Probe ausschließlich die beiden gesuchten Reinsubstanzen mit definierter Formel enthält.

Der Rechenweg soll am Beispiel einer maßanalytischen Bestimmung von NaOH (Index 1) neben KOH (Index 2) mit Salzsäure-Maßlösung (Index ML) erläutert werden.

Die Proben-Einwaage m(Probe) setzt sich aus den Einzelmassen der gesuchten Komponenten zusammen:

$$m(\text{Probe}) = m_1 + m_2 \quad \Rightarrow \quad m_2 = m(\text{Probe}) - m_1$$

Für die umgesetzten Äquivalentstoffmengen gilt:

$$n_{ges} = n_1 + n_2 = n(\text{eq-ML})$$

Mit $n = \frac{m}{M}$ und $n(\text{eq-ML}) = c(\text{eq-ML}) \cdot V(\text{ML})$ folgt:

$$\frac{m_1}{M_1} + \frac{m_2}{M_2} = c(\text{eq-ML}) \cdot V(\text{ML})$$

Durch Ersetzen von $m_2 = m(\text{Probe}) - m_1$ wird erhalten:

$$\frac{m_1}{M_1} + \frac{m(\text{Probe}) - m_1}{M_2} = c(\text{eq-ML}) \cdot V(\text{ML})$$

Durch Ausmultiplizieren und Umformen nach m_1 erhält man die Berechnungsformel für die Masse der Komponente 1:

Indirekte Titration

$$m_1 = \frac{[m(\text{Probe}) - c(\text{eq-ML}) \cdot V(\text{ML}) \cdot f_a \cdot M_2] \cdot M_1}{M_1 - M_2}$$

Beispiel: 1,2153 g eines Gemenges von Natriumhydroxid NaOH (Index 1) und Kaliumhydroxid KOH (Index 2) werden in Wasser gelöst und mit 27,0 mL Salzsäure-Maßlösung, $c(HCl) = 1$ mol/L, titriert. Welche Massenanteile an NaOH und an KOH hat das Gemenge?

Lösung:

$$m(\text{NaOH}) = \frac{[m(\text{Probe}) - c(\text{eq-ML}) \cdot V(\text{ML}) \cdot f_a \cdot M_2] \cdot M_1}{M_1 - M_2}; \text{ mit } f_a = 1 \text{ folgt:}$$

$$m(\text{NaOH}) = \frac{(1{,}2153\text{ g} - 1\text{ mol/L} \cdot 0{,}0270\text{ L} \cdot 1 \cdot 56{,}106\text{ g/mol}) \cdot 39{,}998\text{ g/mol}}{39{,}998\text{ g/mol} - 56{,}106\text{ g/mol}} = 0{,}74385\text{ g}$$

$$\mathbf{w(NaOH)} = \frac{m(\text{NaOH})}{m(\text{Probe})} = \frac{0{,}74385\text{ g}}{1{,}2153\text{ g}} \approx \mathbf{61{,}2\ \%}; \quad \mathbf{w(KOH)} = 100\ \% - w(\text{NaOH}) = 100\ \% - 61{,}2\ \% \approx \mathbf{38{,}8\ \%}$$

Aufgaben zu 8.2.3.5 Indirekte Titration

1. 1,1953 g eines Gemenges von Natriumhydroxid und Kaliumhydroxid werden in Wasser gelöst und mit 26,5 mL Salzäure-Maßlösung, $c(HCl) = \underline{1}$ mol/L, titriert. Welche Massenanteile w(NaOH) und w(KOH) hat das Gemenge?

2. 3,5672 g eines Gemisches aus Natriumcarbonat Na_2CO_3 und Kaliumcarbonat K_2CO_3 werden in Wasser gelöst und mit Salzsäure-Maßlösung $\tilde{c}(HCl) = 1$ mol/L ($t = 1{,}047$), titriert. Der Verbrauch beträgt 27,2 mL. Welche Massenanteile $w(Na_2CO_3)$ und $w(K_2CO_3)$ hatte die Probe?
3. Entwickeln Sie mit Hilfe eines Tabellenkalkulationsprogrammes eine Auswertungsmaske für die indirekte Titration von 2 Probesubstanzen. Gesucht sind die Einzelmassen und die Massenanteile der einzelnen Komponenten.
4. 4,125 g eines Gemenges aus Soda Na_2CO_3 und kristallisierter Soda $Na_2CO_3 \cdot 10\ H_2O$ werden in Wasser gelöst und zu 500 mL Stammlösung verdünnt. 50,0 mL dieser Stammlösung verbrauchen gegen Methylrot als Indikator im Mittel 33,45 mL Salzsäure-Maßlösung, $\tilde{c}(HCl) = 0{,}1$ mol/L ($t = 0{,}992$). Welche Massenanteile der beiden Salze liegen im Gemenge vor?

8.2.3.6 Oleum-Bestimmungen

Oleum entsteht durch Absorption von Schwefel(VI)-oxid (Schwefeltrioxid) SO_3 in reiner Schwefelsäure. Dabei kann der Massenanteil an freiem SO_3 über 60 % betragen. So bestehen z. B. 100 g Oleum mit einem Massenanteil $w(SO_3) = 45$ % aus 45 g SO_3 und 55 g H_2SO_4.

Zur Bestimmung des freien Schwefel(VI)-oxids wird eine bestimmte Portion Oleum mit Wasser vorsichtig zur Reaktion gebracht. Das freie SO_3 setzt sich dabei mit Wasser zu Schwefelsäure um.

Reaktion: $SO_{3\,(g)} + H_2O_{(l)} \longrightarrow H_2SO_{4\,(aq)}$

Durch anschließende Titration mit Lauge-Maßlösung wird der Gesamtgehalt an Schwefelsäure erfasst, der aus folgenden Teilen besteht:

- Anteil der im Oleum schon vorliegenden Schwefelsäure,
- Anteil der durch die Reaktion zwischen SO_3 und H_2O gebildeten Schwefelsäure.

Somit gilt:

$$m_{ges}(H_2SO_4) = m(H_2SO_4)\ \text{aus Oleum} + m(H_2SO_4)\ \text{aus}\ SO_3$$

$$m_{ges}(H_2SO_4) = \underbrace{m(H_2SO_4)\ \text{aus Oleum} + m(SO_3)} + m(H_2O)$$

$$m_{ges}(H_2SO_4) = m(\text{Oleum}) + m(H_2O)$$

$$m_{ges}(H_2SO_4) - m(\text{Oleum}) = m(H_2O)$$

Die Differenz aus der Gesamtmasse an Schwefelsäure und der Einwaage an Oleum ergibt die Masse an gebundenem Wasser, aus der auf das anfangs vorliegende freie Schwefel(VI)-oxid geschlossen werden kann.

Beispiel: 1,288 g Oleum werden vorsichtig in Wasser gelöst und anschließend mit 28,55 mL Natronlauge-Maßlösung, $\tilde{c}(\frac{1}{1}\ NaOH) = 0{,}1$ mol/L ($t = 0{,}992$), neutralisiert. Berechnen Sie den Massenanteil $w(SO_3)$.

Lösung: a) *Berechnung der Gesamtmasse an Schwefelsäure:* Mit $\ddot{A}(H_2SO_4) = 49{,}040$ mg/mL

$m(H_2SO_4) = \ddot{A}(H_2SO_4) \cdot V(NaOH) \cdot t = 49{,}040\ \text{mg/mL} \cdot 28{,}55\ \text{mL} \cdot 0{,}992 = 1388{,}89\ \text{mg}$

In der Lösung wurden insgesamt 1,38889 g Schwefelsäure H_2SO_4 neutralisiert.

b) *Berechnung der Masse des an SO_3 gebundenen Wassers:*

$m(H_2O) = m(H_2SO_4) - m(\text{Oleum}) = 1{,}38889\ \text{g} - 1{,}288\ \text{g} = 0{,}10089\ \text{g}$

c) *Berechnung der Masse an ursprünglich freiem SO_3:*

1 mol SO_3 bindet 1 mol H_2O $\Rightarrow m(SO_3) = \dfrac{m(H_2O) \cdot M(SO_3)}{M(H_2O)} = \dfrac{0{,}10089\ \text{g} \cdot 80{,}064\ \text{g/mol}}{18{,}015\ \text{g/mol}} = 0{,}44839\ \text{g}$

d) *Berechnung des Massenanteils an freiem SO_3:*

$\mathbf{w(SO_3)} = \dfrac{m(SO_3)}{m(\text{Oleum})} = \dfrac{0{,}44839\ \text{g}}{1{,}288\ \text{g}} = 0{,}34813 \approx \mathbf{34{,}8\ \%}$

Aufgaben zu 8.2.3.6 Oleum-Bestimmungen

1. 985 mg Oleum verbrauchen bei der Titration 21,85 mL Natronlauge-Maßlösung der Konzentration $c(NaOH) = \underline{1}$ mol/L. Wie groß ist der Massenanteil an freiem SO_3?
2. 800 mg Oleum mit einem Massenanteil $w(SO_3)$ = 22,8 % werden im Messkolben auf 500 mL aufgefüllt. Wie viel Natronlauge-Maßlösung, $c(NaOH) = 0{,}\underline{1}$ mol/L, wird zur Neutralisation von 50,0 mL der Verdünnung verbraucht?
3. 1,615 g Oleum werden mit demin. Wasser zu 500 mL Stammlösung aufgefüllt. Bei einer Dreifachbestimmung werden für je 50,0 mL Probe 32,5 mL, 32,35 mL und 32,4 mL Natronlauge, $\tilde{c}(NaOH)$ = 0,1 mol/L (t = 1,043), verbraucht. Berechnen Sie den Massenanteil $w(SO_3)$.
4. 3,350 g Oleum werden mit Wasser auf 500 mL verdünnt. 25,0 mL der verdünnten Lösung verbrauchen zur vollständigen Neutralisation 35,8 mL Natronlauge-Maßlösung der Konzentration $\tilde{c}(NaOH)$ = 0,1 mol/L (t = 0,998). Wie groß ist der Massenanteil $w(SO_3)$?
5. Zur Neutralisation von 540 mg Oleum werden 24,5 mL Kalilauge-Maßlösung, $\tilde{c}(KOH)$ = 0,5 mol/L (t = 1,024), verbraucht. In wie viel Eiswasser müssen 25,5 kg des Oleums eingetragen werden, wenn eine Schwefelsäure-Lösung mit $w(H_2SO_4)$ = 92,0 % entstehen soll?
6. Entwickeln Sie mit Hilfe eines Tabellenkalkulationsprogrammes eine Auswertungsmaske für die Oleum-Bestimmungen.

8.2.4 Redox-Titrationen (Oxidimetrie)

Bei Redox-Titrationen (redox titrations, oxidimetry) findet zwischen den Reaktionspartnern ein Elektronenaustausch statt (siehe Seite 137). Redox-Titrationen sind maßanalytische Verfahren, bei denen der zu bestimmende Stoff oxidiert oder reduziert wird. Geeignete Maßlösungen für Redox-Titrationen enthalten starke Oxidations- oder Reduktionsmittel.

- Ein **Oxidationsmittel** ist ein *Elektronenacceptor/Elektronennehmer*, es wird selbst *reduziert*.
- Ein **Reduktionsmittel** ist ein *Elektronendonator/Elektronenspender*, es wird selbst *oxidiert*.

Der Äquivalenzpunkt wird bei einer Redox-Titration durch Redox-Indikatoren oder durch Eigenverfärbung angezeigt. Er kann aber auch durch geeignete physikalische Messmethoden (z. B. Potentialdifferenz) ermittelt werden. Die oxidimetrischen Verfahren werden nach der Art der verwendeten Maßlösung bezeichnet **(Tabelle 1)**.

Tabelle 1: Übersicht ausgewählter oxidimetrischer Verfahren

Bezeichnung des Verfahrens	Bestandteil der Maßlösung	Redoxpaar der Maßlösung, ⇒ Oxidationsmittel	Redoxpaar der Probe, ⇒ Reduktionsmittel
Manganometrie	$KMnO_4$	$MnO_4^- + 8\,H^+ + 5\,e^- \longrightarrow Mn^{2+} + 4\,H_2O$	$Fe^{2+} \longrightarrow Fe^{3+} + 1\,e^-$ $C_2O_4^{2-} \longrightarrow 2\,CO_2 + 2\,e^-$ $H_2O_2 \longrightarrow O_2 + 2\,H^+ + 2\,e^-$
Iodometrie	$I_2 \cdot KI$	$I_2^0 + 2\,e^- \longrightarrow 2\,I^-$	$Sn^{2+} \longrightarrow Sn^{4+} + 2\,e^-$ $2\,S_2O_3^{2-} \longrightarrow S_4O_6^{2-} + 2\,e^-$
Bromatometrie	$KBrO_3$	$BrO_3^- + 6\,H^+ + 6\,e^- \longrightarrow Br^- + 3\,H_2O$	$AsO_3^{3-} + H_2O \longrightarrow AsO_4^{3-} + 2\,H^+ + 2\,e^-$
Chromatometrie	$K_2Cr_2O_7$	$Cr_2O_7^{2-} + 14\,H^+ + 6\,e^- \longrightarrow 2\,Cr^{3+} + 7\,H_2O$	$2\,I^- \longrightarrow I_2^0 + 2\,e^-$
Cerimetrie	$Ce(SO_4)_2$	$Ce^{4+} + 1\,e^- \longrightarrow Ce^{3+}$	$NO_2^- + 2\,OH^- \longrightarrow NO_3^- + H_2O + 2\,e^-$

Grundlage der Berechnung einer Redox–Titration ist die Kenntnis der Reaktionsgleichung der jeweiligen Umsetzung. Sie wird zweckmäßigerweise mit Hilfe der Oxidationszahlen über die Elektronenbilanz aufgestellt (Seite 137). Aus der Gleichung ergibt sich die Stoffmengenrelation, in welcher Maßlösung und gesuchte Substanz miteinander reagieren. Die Anzahl der ausgetauschten wirksamen Teilchen z^* entspricht bei Redox–Titrationen der Anzahl ausgetauschter Elektronen pro Formelumsatz. Die maßanalytischen Redox-Äquivalente sind in Tabellen zusammengestellt (Tabelle 251).

8.2.4.1 Manganometrische Titrationen

Bei **manganometrischen Bestimmungen** (Manganometrie, engl. manganometry) wird das starke Oxidationsvermögen des Permanganat-Ions MnO_4^- aus gelöstem Kaliumpermanganat $KMnO_4$ genutzt. Die Titrationen mit Kaliumpermanganat-Maßlösungen werden überwiegend im sauren Milieu durchgeführt, weil hier das Oxidationsvermögen des Permanganat-Ions verstärkt wird. Die violette MnO_4^--Lösung wird dabei zur farblosen Mn^{2+}-Lösung reduziert:

$$\underset{\text{violett}}{MnO_4^-} + 8\,H^+ + 5\,e^- \longrightarrow \underset{\text{farblos}}{Mn^{2+}} + 4\,H_2O$$

Titriert wird vorwiegend mit Kaliumpermanganat-Maßlösung der Äquivalentkonzentration $c(\frac{1}{5}\,KMnO_4) = 0{,}1$ mol/L bzw. der Stoffmengenkonzentration $c(KMnO_4) = 0{,}02$ mol/L. Man säuert mit Schwefelsäure an, da andere Säuren selbst oxidierbare Bestandteile enthalten.

Die Manganometrie kommt zur Anwendung im Eisenhüttenwesen (Bestimmung von Fe^{3+}-Ionen), ferner für Calcium, Oxalate, Wasserstoffperoxid, Chromate, Chlorate, Peroxy- und Nitro-Verbindungen sowie Nitrite.

Tabelle 1: Äquivalentmassen bei der Manganometrie

Maßlösung: $c(KMnO_4) = 0{,}02$ mol/L
oder $c(\frac{1}{5}\,KMnO_4) = 0{,}1$ mol/L

Zu bestimmen	*Ä* in mg/mL
Ca	2,004
$Fe^{2+/3+}$	5,5847
$FeSO_4 \cdot 7\,H_2O$	27,8018
H_2O_2	1,7007
NO_2^-	2,3003
$NaNO_2$	3,4498
HCOOH	2,3013
$(COOH)_2$	4,5018
$(COOH)_2 \cdot 2\,H_2O$	6,3033
$Na_2C_2O_4$	6,7000

Beispiel 1: Zur Bestimmung des Gehalts an Natriumnitrit $NaNO_2$ werden 0,7535 g Salz eingewogen, gelöst und mit demin. Wasser auf 250 mL aufgefüllt. 25,0 mL der Verdünnung verbrauchen nach dem Ansäuern mit Schwefelsäure 17,4 mL Kaliumpermanganat-Maßlösung, $\tilde{c}(\frac{1}{5}\,KMnO_4) = 0{,}1$ mol/L ($t = 0{,}998$). Welchen Massenanteil $w(NaNO_2)$ hat die Probe?

Lösung: Ionengleichung: $2\,\overset{+VII}{Mn}O_4^- + 5\,\overset{+III}{N}O_2^- + 6\,H^+ \longrightarrow 2\,\overset{+II}{Mn}{}^{2+} + 5\,\overset{+V}{N}O_3^- + 3\,H_2O$

Maßanalytische Äquivalentmasse: $\ddot{A}(NaNO_2) = 3{,}4498$ mg/mL (Tabelle 1).

$$m(NaNO_2) = \ddot{A}(NaNO_2) \cdot V(KMnO_4) \cdot t \cdot \frac{V(\text{Stamm})}{V(\text{aliquot})} = 3{,}4498\ \text{mg/mL} \cdot 17{,}4\ \text{mL} \cdot 0{,}998 \cdot \frac{250\ \text{mL}}{25{,}0\ \text{mL}}$$

$$m(NaNO_2) = 599{,}06\ \text{mg}$$

$$\boldsymbol{w(NaNO_2)} = \frac{m(NaNO_2)}{m(\text{Probe})} = \frac{0{,}59906\ \text{g}}{0{,}7535\ \text{g}} = 0{,}79504 \approx \mathbf{79{,}5\ \%}$$

Beispiel 2: Zur Bestimmung des Gehalts an Calcium-Ionen werden 50,0 mL einer Lösung auf 500 mL verdünnt und aus 50,0 mL der Verdünnung die Calcium-Ionen als Calciumoxalat CaC_2O_4 gefällt. Nach dem Lösen des Niederschlags in Schwefelsäure verbraucht die freigesetzte Oxalsäure 24,8 mL Kaliumpermanganat-Maßlösung, $\tilde{c}(\frac{1}{5}\,KMnO_4) = 0{,}1$ mol/L ($t = 0{,}950$). Wie groß ist die Massenkonzentration $\beta(Ca)$ in der Ausgangslösung?

Lösung: Stoffmengenrelation: $n(Ca^{2+}) = n(CaC_2O_4) = n(H_2C_2O_4)$, $z^*(Ca^{2+}) = 2$, $M(Ca) = 40{,}078$ g/mol

$$\beta(Ca) = \frac{m(Ca)}{V(\text{Probe})} = \frac{\tilde{c}(\frac{1}{5}\,KMnO_4) \cdot M(Ca) \cdot V(KMnO_4) \cdot t \cdot V(\text{Stamm})}{z^*(Ca) \cdot V(\text{aliquot}) \cdot V(\text{Probe})}$$

$$\boldsymbol{\beta(Ca)} = \frac{0{,}1\ \text{mol/L} \cdot 40{,}078\ \text{g/mol} \cdot 24{,}8\ \text{mL} \cdot 0{,}950 \cdot 500\ \text{mL}}{2 \cdot 50{,}0\ \text{mL} \cdot 50{,}0\ \text{mL}} = 9{,}4424\ \text{mg/mL} \approx \mathbf{9{,}44\ g/L}$$

Aufgaben zu 8.2.4.1 Manganometrische Titrationen

1. Zur Titerstellung einer Kaliumpermanganat-Maßlösung mit $\tilde{c}(\frac{1}{5}\,KMnO_4) = 0{,}1$ mol/L werden 201,0 mg Natriumoxalat $Na_2C_2O_4$ eingewogen. Nach Auflösen in Wasser und Ansäuern mit Schwefelsäure wird mit 31,8 mL der $KMnO_4$-Lösung titriert. Wie groß ist der Titer der Lösung?

2. 752,4 mg Roheisen werden in Schwefelsäure gelöst und mit demin. Wasser zu 250 mL aufgefüllt. 50,0 mL der Verdünnung verbrauchen im Mittel 25,70 mL Kaliumpermanganat-Maßlösung, $\tilde{c}(\frac{1}{5}\,KMnO_4) = 0{,}1$ mol/L ($t = 1{,}025$). Welchen Massenanteil $w(Fe)$ hat das Roheisen?

3. 5,00 mL Ameisensäure werden zu 100 mL Stammlösung verdünnt. 25,0 mL davon verbrauchen bei der Titration im schwefelsauren Milieu 16,8 mL Kaliumpermanganat-Maßlösung, $c(\frac{1}{5}\ KMnO_4)$ = 0,1 mol/L. Berechnen Sie die Massenkonzentration $\beta(HCOOH)$ in der Säure.

4. Zur Gehaltsbestimmung einer Wasserstoffperoxid-Lösung werden 4,5030 g der Lösung im Messkolben auf 100 mL aufgefüllt. 20,0 mL der Stammlösung verbrauchen bei der Titration 29,8 mL Kaliumpermanganat-Maßlösung, $\tilde{c}(KMnO_4)$ = 0,05 mol/L (t = 0,970). Wie groß ist der Massenanteil $w(H_2O_2)$ der eingesetzten Wasserstoffperoxid-Lösung?

5. 28,4 mL Kaliumpermanganat-Maßlösung, $\tilde{c}(KMnO_4)$ = 0,1 mol/L (t = 0,979), sind als Oxidationsmittel 30,0 mL einer Kaliumbromat-Lösung äquivalent. Wie groß ist die Massenkonzentration der Kaliumbromat-Lösung $\beta(KBrO_3)$?

6. Zur Bestimmung des Gehalts an Mangan(IV)-oxid werden 0,3500 g Braunstein mit 50,0 mL Oxalsäure-Lösung, $c(\frac{1}{2}\ C_2H_2O_4)$ = 0,2 mol/L, reduziert. Zur Rücktitration der überschüssigen Oxalsäure werden 29,8 mL Kaliumpermanganat-Maßlösung, $\tilde{c}(KMnO_4)$ = 0,02 mol/L (t = 0,975), verbraucht. Wie groß ist der Massenanteil $w(MnO_2)$ im untersuchten Braunstein?

8.2.4.2 Iodometrische Titrationen

Iodometrische Bestimmungen (Iodometrie, engl. iodimetry) sind durch die Reaktion zwischen Iod und Iodid-Ionen gekennzeichnet:

$$\underset{\text{bräunlich}}{I_2^0} + 2\,e^- \rightleftharpoons \underset{\text{farblos}}{2\,I^-}$$

Elementares Iod wird reduziert, Iodid-Ionen werden oxidiert. Es sind daher grundsätzlich zwei Bestimmungsmethoden möglich:

- Reaktionen mit *Reduktionsmitteln*:

  z. B. $Sn^{2+} + I_2^0 \longrightarrow Sn^{4+} + 2\,I^-$

- Reaktionen mit *Oxidationsmitteln*:

  z. B. $H_2\overset{-I}{O_2} + 2\,\overset{-I}{I^-} + 2\,H^+ \longrightarrow \overset{0}{I_2} + 2\,H_2\overset{-II}{O}$

Reduktionsmittel können *direkt* mit einer Iod-Maßlösung titriert werden. Als Indikator dient Stärkelösung, die sich bei Anwesenheit schon geringer Mengen von elementarem Iod *blau* färbt und dadurch den Endpunkt der Titration anzeigt.

Tabelle 1: Äquivalentmassen bei der Iodometrie

Maßlösung: $c(\frac{1}{1}\ Na_2S_2O_3)$ = 0,1 mol/L oder $c(\frac{1}{2}\ I_2)$ = 0,1 mol/L

Zu bestimmen	*Ä* in mg/mL
Cl	3,5453
Cr^{3+}	1,7332
$Cr_2O_7^{2-}$	3,5998
$Cu^{2+/1+}$	6,3546
H_2O_2	1,7007
SO_3^{2-}	4,003
H_2SO_3	4,104
SO_2	3,203

Oxidationsmitteln wird eine mit Salzsäure angesäuerte Kaliumiodid-Lösung KI im Überschuss zugesetzt. Sie scheiden durch Oxidation von Iodid-Ionen I^- freies Iod I_2 aus.

$$2\,I^- \longrightarrow I_2 + 2\,e^- \qquad \text{mit } z^* = 2$$

Das freie Iod wird mit Natriumthiosulfat-Maßlösung $Na_2S_2O_3$ reduziert, wobei Thiosulfat-Ionen $S_2O_3^{2-}$ zu Tetrathionat-Ionen $S_4O_6^{2-}$ oxidiert werden. Die Stoffmengenrelation lautet: $n(I_2) = \frac{1}{2}\,n(Na_2S_2O_3)$

Ablaufende Redox-Reaktion: $2\,S_2O_3^{2-} + I_2 \longrightarrow S_4O_6^{2-} + 2\,I^-$

Der Oxidationsvorgang lautet: $2\,S_2O_3^{2-} \longrightarrow S_4O_6^{2-} + 2\,e^-$ mit $z^* = 2$

Elektronenbilanz des Oxidationsvorganges: $2\,[\overset{-I}{S}-\overset{+V}{S}O_3]^{2-} \longrightarrow [O_3\overset{+IV}{S}-\overset{\pm 0}{S}-\overset{\pm 0}{S}-\overset{+IV}{S}O_3]^{2-} + 2\,e^-$

Als Indikator dient Stärke-Lösung, die beim Endpunkt der Titration *entfärbt* wird.

Typische Anwendung findet die Iodometrie zur Bestimmung folgender Substanzen in wässriger Lösung: Elementares Chlor oder Brom, Wasserstoffperoxid oder andere Peroxide wie z. B. Perborat, Dichromat sowie Methanal (Formaldehyd, HCHO).

Beispiel 1: Zur Bestimmung des Antimongehalts einer Antimonat(III)-Salzlösung werden 4,2360 g Lösung eingewogen und auf 100 mL verdünnt. 20,0 mL der Verdünnung verbrauchen bei der Titration 27,2 mL Iodlösung, $\tilde{c}(\frac{1}{2}\,I_2) = 0{,}1$ mol/L ($t = 0{,}987$). Wie groß ist der Massenanteil $w(\text{Sb})$ in der Ausgangslösung?

Reaktion: $I_2 + SbO_3^{3-} + 2\,HCO_3^- \longrightarrow 2\,I^- + SbO_4^{3-} + 2\,CO_2 + H_2O$

Lösung: Antimonat-Ionen werden oxidiert: $\overset{+III}{SbO_3^{3-}} \longrightarrow \overset{+V}{SbO_4^{3-}} + 2\,e^- \Rightarrow z^* = 2$, $M(\text{Sb}) = 121{,}75$ g/mol

$$m(\text{Sb}) = \frac{\tilde{c}(\frac{1}{2}\,I_2) \cdot M(\text{Sb}) \cdot V(I_2) \cdot t \cdot f_a}{z^*(\text{Sb})} = \frac{0{,}1\text{ mol/L} \cdot 121{,}75\text{ g/mol} \cdot 27{,}2\text{ mL} \cdot 0{,}987 \cdot 100\text{ mL}}{2 \cdot 20{,}0\text{ mL}} = 817{,}1\text{ mg}$$

$$\mathbf{w(Sb)} = \frac{m(\text{Sb})}{m(\text{Probe})} = \frac{0{,}8171}{4{,}2360} = 0{,}19289 \approx \mathbf{19{,}3\ \%}$$

Beispiel 2: 3,700 g Wasserstoffperoxid-Lösung werden auf 100 mL verdünnt und 25,0 mL der Verdünnung mit Kaliumiodid im Überschuss versetzt. Das ausgeschiedene Iod verbraucht 16,80 mL Natriumthiosulfat-Maßlösung $\tilde{c}(\frac{1}{1}\,Na_2S_2O_3) = 0{,}1$ mol/L ($t = 1{,}021$). Welchen Massenanteil $w(H_2O_2)$ hat die Lösung?

Reaktionen: $H_2O_2 + 2\,I^- + 2\,H^+ \longrightarrow I_2 + 2\,H_2O$

$I_2 + 2\,S_2O_3^{2-} \longrightarrow 2\,I^- + S_4O_6^{2-}$

Lösung: Lösung mit maßanalytischer Äquivalentmasse und Verdünnungsfaktor: $\ddot{A}(H_2O_2) = 1{,}7007$ mg/mL

$$m(H_2O_2) = \ddot{A}(H_2O_2) \cdot V(Na_2S_2O_3) \cdot t \cdot f_a = \frac{1{,}7007\text{ mg/mL} \cdot 16{,}80\text{ mL} \cdot 1{,}021 \cdot 100\text{ mL}}{25{,}0\text{ mL}} = 116{,}69\text{ mg}$$

$$\mathbf{w(H_2O_2)} = \frac{m(H_2O_2)}{m(\text{Probe})} = \frac{0{,}11669\text{ g}}{3{,}700\text{ g}} = 0{,}031537 \approx \mathbf{3{,}15\ \%}$$

Beispiel 3: Von einer ungesättigten organischen Verbindung der molaren Masse 120 g/mol werden 0,2242 g eingewogen und mit 50,0 mL einer Iodlösung der Konzentration $c(\frac{1}{2}\,I_2) = 0{,}1$ mol/L, versetzt. Das unverbrauchte Iod reagiert bei der Rücktitration mit 24,8 mL Natriumthiosulfat-Maßlösung, $\tilde{c}(\frac{1}{1}\,Na_2S_2O_3) = 0{,}05$ mol/L ($t = 1{,}018$). Wie viele Doppelbindungen C=C enthält ein Molekül der Verbindung?

Lösung:

a) Berechnung der in der Probe enthaltenen Stoffmenge an ungesättigter Verbindung X:

$$n(X) = \frac{m(X)}{M(X)} = \frac{0{,}2242\text{ g}}{120\text{ g/mol}} = 0{,}001868\text{ mol} \approx 1{,}87\text{ mmol}$$

b) Berechnung des Volumens an **unverbrauchter** Iodlösung:

Aus $\tilde{c}(\frac{1}{2}\,I_2) \cdot t(I_2) \cdot V(I_2) = \tilde{c}(\frac{1}{1}\,Na_2S_2O_3) \cdot t(Na_2S_2O_3) \cdot V(Na_2S_2O_3)$ folgt mit: $c(\frac{1}{2}\,I_2) = \tilde{c}(\frac{1}{2}\,I_2) \cdot t(\frac{1}{2}\,I_2)$

$$c(\tfrac{1}{2}\,I_2) \cdot V(I_2) = \tilde{c}(\tfrac{1}{1}\,Na_2S_2O_3) \cdot t(Na_2S_2O_3) \cdot V(Na_2S_2O_3)$$

$$\Rightarrow V(I_2\text{ frei}) = \frac{\tilde{c}(\frac{1}{1}\,Na_2S_2O_3) \cdot V(Na_2S_2O_3) \cdot t(Na_2S_2O_3)}{c(\frac{1}{2}\,I_2)} = \frac{0{,}05\text{ mol/L} \cdot 24{,}8\text{ mL} \cdot 1{,}018}{0{,}1\text{ mol/L}} = 12{,}62\text{ mL}$$

c) Berechnung des durch Addition **verbrauchten** Volumens an Iodlösung:

$V(I_2\text{, verbraucht}) = 50{,}0\text{ mL} - 12{,}62\text{ mL} = 37{,}38\text{ mL}$

d) Berechnung der Anzahl an C=C-Bindungen pro Molekül; mit der 1. Grundgleichung maßanalytischer Bestimmungen [vgl. Seite 235, $z^*(\text{C=C}) = 2$, $c(\frac{1}{2}\,I_2) = \tilde{c}(\frac{1}{2}\,I_2) \cdot t(\frac{1}{2}\,I_2)$] folgt:

$$n(\text{C=C}) = \frac{c(\frac{1}{2}\,I_2) \cdot V(I_2)}{z^*(\text{C=C})} = \frac{0{,}1\text{ mmol/mL} \cdot 37{,}38\text{ mL}}{2} \approx 1{,}87\text{ mmol}$$

In 1,87 mmol ungesättigter Probe sind 1,87 mmol C=C-Doppelbindungen enthalten ⇒
Ein Molekül der ungesättigten Verbindung enthält eine C=C-Doppelbindung.

Aufgaben zu 8.2.4.2 Iodometrische Titrationen

1. 0,1025 g Kaliumiodat KIO_3 werden in überschüssige Kaliumiodid-Lösung gegeben. Zur Titration des ausgeschiedenen Iods sind 27,9 mL Natriumthiosulfat-Maßlösung, $\tilde{c}(\frac{1}{1}\,Na_2S_2O_3) = 0{,}1$ mol/L erforderlich. Berechnen Sie den Titer der Maßlösung.
2. Welches Volumen an Iodlösung, $\tilde{c}(\frac{1}{2}\,I_2) = 0{,}1$ mol/L ($t = 0{,}947$) wird benötigt, um 32,4 mL einer Natriumthiosulfat-Lösung, $\tilde{c}(\frac{1}{1}\,Na_2S_2O_3) = 0{,}1$ mol/L ($t = 1{,}047$) zu oxidieren?

3. 20,0 mL einer Kaliumbromat-Lösung, $\beta(KBrO_3)$ = 2,3730 g/L, werden mit Schwefelsäure und Kaliumiodid versetzt. Das entstehende Iod wird mit 27,6 mL Natriumthiosulfat-Maßlösung reduziert. Wie groß ist die Äquivalentkonzentration $c(\frac{1}{1}\ Na_2S_2O_3)$ der Maßlösung?

4. 5,9473 g wässrige Schwefeldioxid-Lösung verbrauchen im Mittel 19,1 mL Iod-Maßlösung der Konzentration $\tilde{c}(\frac{1}{2}\ I_2)$ = 0,1 mol/L (t = 1,025). Berechnen Sie den Massenanteil $w(SO_2)$ der Lösung.

5. 0,3468 g Lösung eines technischen Zinn(II)-chlorids $SnCl_2$ verbraucht bei der Titration 24,88 mL Iod-Maßlösung, $\tilde{c}(\frac{1}{2}\ I_2)$ = 0,1 mol/L (t = 0,988). Welchen Massenanteil $w(Sn)$ hat die Probe?

6. 50,0 mL Kupfersulfat-Lösung $CuSO_4$ werden im Überschuss mit Kaliumiodid-Lösung versetzt. Das ausgeschiedene Iod verbraucht 28,35 mL Natriumthiosulfat-Maßlösung, $\tilde{c}(\frac{1}{1}\ Na_2S_2O_3)$ = 0,1 mol/L (t = 1,105). Welche Massenkonzentration $\beta(CuSO_4)$ hat die Lösung?

7. 50,0 mL Lösung werden zur iodometrischen Bestimmung des Gehalts an Kaliumdichromat $K_2Cr_2O_7$ auf 250 mL verdünnt. 20,0 mL der Verdünnung wird Kaliumiodid im Überschuss zugesetzt. Das ausgeschiedene Iod verbraucht 18,85 mL Natriumthiosulfat-Maßlösung mit $\tilde{c}(\frac{1}{1}\ Na_2S_2O_3)$ = 0,1 mol/L (t = 0,989). Wie groß ist die Massenkonzentration $\beta(K_2Cr_2O_7)$?

8. Zur Gehaltsbestimmung einer Natriumhypochlorit-Lösung werden 1,0340 g der Lösung mit einem Überschuss an Kaliumiodid-Lösung versetzt und mit HCl angesäuert. Freigesetztes Iod verbraucht 23,1 mL Natriumthiosulfat-Maßlösung, $\tilde{c}(\frac{1}{1}\ Na_2S_2O_3)$ = 0,1 mol/L (t = 1,025). Welchen Massenanteil $w(NaClO)$ hat die untersuchte Hypochlorit-Lösung?

9. 14,250 g chlorhaltiges Wasser werden verdünnt und mit Kaliumiodid-Lösung im Überschuss versetzt. Zugesetztes Iodid wird durch das Chlor zu Iod oxidiert, das ausgeschiedene Iod verbraucht im Mittel 18,45 mL Natriumthiosulfat-Maßlösung, $\tilde{c}(\frac{1}{1}\ Na_2S_2O_3)$ = 0,1 mol/L (t = 1,004). Berechnen Sie, ob der erlaubte Grenzwert $w(Cl_2)$ = 0,5 % überschritten wird.

10. Zur Gehaltsbestimmung von Natriumsulfit in einer Salzprobe werden 1,2346 g der Probe gelöst, mit 50,0 mL Iodlösung, $\tilde{c}(\frac{1}{2}\ I_2)$ = 0,1 mol/L (t = 0,985), versetzt und angesäuert. Das überschüssige Iod verbraucht bei der Rücktitration 25,8 mL Natriumthiosulfat-Maßlösung der Konzentration $\tilde{c}(\frac{1}{1}\ Na_2S_2O_3)$ = 0,1 mol/L (t = 1,016). Welchen Massenanteil $w(Na_2SO_3)$ hat die Probe?

11. Zur Bestimmung des Gehaltes an Hydrogensulfid werden 450 mL Abgas bei Normbedingungen durch 50,0 mL Iodlösung, $c(\frac{1}{2}\ I_2)$ = 0,0$\underline{5}$ mol/L, geleitet. Das überschüssige Iod verbraucht bei der anschließenden Rücktitration 20,1 mL Natriumthiosulfat-Maßlösung der Äquivalentkonzentration $\tilde{c}(\frac{1}{1}\ Na_2S_2O_3)$ = 0,1 mol/L (t = 0,950). Welchen Volumenanteil $\varphi(H_2S)$ hat das Abgas?

12. 25,0 mL einer Lösung mit Kupfer(II)-ionen werden mit einem Überschuss an Kaliumiodid-Lösung versetzt und mit Schwefelsäure angesäuert. Das freigesetzte Iod reagiert bei der maßanalytischen Bestimmung mit 29,8 mL Natriumthiosulfat-Maßlösung, $\tilde{c}(\frac{1}{1}\ Na_2S_2O_3)$ = 0,1 mol/L (t = 0,972). Welche Massenkonzentration $\beta(Cu^{2+})$ hat die untersuchte Lösung?

13. 1,0343 g einer wässrigen Formaldehyd-Lösung (Formalin) werden zur Bestimmung des Gehalts an HCOH mit Wasser und Kalilauge im Messkolben auf 250 mL aufgefüllt. Nach Zugabe von 50,0 mL Iodlösung, $c(\frac{1}{2}\ I_2)$ = 0,$\underline{1}$ mol/L zu 20,0 mL der Verdünnung verbraucht das ausgeschiedene Iod bei der anschließenden Titration 28,6 mL Natriumthiosulfat-Maßlösung, $\tilde{c}(\frac{1}{1}\ Na_2S_2O_3)$ = 0,1 mol/L (t = 1,005). Wie groß ist der Massenanteil $w(HCOH)$ des Formalins?

14. Von einer ungesättigten Verbindung der molaren Masse M = 116,1 g/mol werden 0,1120 g Probe eingewogen und mit 50,0 mL Iodlösung, $c(\frac{1}{2}\ I_2)$ = 0,$\underline{1}$ mol/L, versetzt. Zur Rücktitration des unverbrauchten Iods werden 11,55 mL Natriumthiosulfat-Maßlösung, $\tilde{c}(\frac{1}{1}\ Na_2S_2O_3)$ = 0,1 mol/L (t = 0,987) verbraucht. Wie viele Doppelbindungen C=C enthält ein Molekül der Verbindung?

15. Entwickeln Sie für die Iodometrische Bestimmung der Anzahl an Doppelbindungen C=C in ungesättigten Verbindungen mit Hilfe eines Tabellenkalkulationsprogrammes eines Auswertungsmaske.

8.2.4.3 Chromatometrie, Bromatometrie, Cerimetrie

Bei der **Chromatometrie** (chromatometry) wird die stark oxidierende Wirkung des Dichromat-Ions $Cr_2O_7^{2-}$ im sauren Milieu genutzt, dabei werden Chrom (VI)-Ionen zu Chrom (III)-Ionen reduziert:

$$\overset{+VI}{Cr_2O_7^{2-}} + 14\,H^+ + 6\,e^- \longrightarrow 2\,\overset{+III}{Cr^{3+}} + 7\,H_2O \qquad \Delta z^* = 6$$

Beispiel 1: 25,0 mL einer Eisen (II)-sulfat-Lösung verbrauchen bei der Titration 37,48 mL Kaliumdichromat-Maßlösung, $\tilde{c}(\frac{1}{6}\,K_2Cr_2O_7) = 0{,}1$ mol/L ($t = 1{,}017$). Berechnen Sie die Massenkonzentration $\beta(FeSO_4)$.

Lösung: Mit $M(FeSO_4) = 151{,}91$ g/mol, $z^*(FeSO_4) = 1$ und $\beta(X) = m(X)/V(Lsg)$, folgt:

$$\beta(FeSO_4) = \frac{m(Fe_2SO_4)}{V(Probe)} = \frac{\tilde{c}(\frac{1}{6}\,K_2Cr_2O_7) \cdot M(FeSO_4) \cdot V(K_2Cr_2O_7) \cdot t}{z^*(FeSO_4) \cdot V(Probe)}$$

$$\boldsymbol{\beta(FeSO_4)} = \frac{0{,}1\text{ mol/L} \cdot 151{,}91\text{ g/mol} \cdot 37{,}48\text{ mL} \cdot 1{,}017}{1 \cdot 25{,}0\text{ mL}} = 23{,}1615\text{ g/L} \approx \mathbf{23{,}2\ g/L}$$

Maßlösung bei der **Bromatometrie** (bromatometry) ist eine Lösung von Kaliumbromat $KBrO_3$. Bromat (V)-Ionen werden durch Reduktionsmittel zu Bromid-Ionen Br^- reduziert:

$$\overset{+V}{BrO_3^-} + 6\,H^+ + 6\,e^- \longrightarrow \overset{-I}{Br^-} + 3\,H_2O \qquad \Delta z^* = 6$$

Zur Anwendung kommt die Bromatometrie vor allem zur Bestimmungen von As^{3+}, Sb^{3+}, Sn^{2+}, Cu^+, Tl^+ und Hydrazin N_2H_4.

Beispiel 2: 13,5732 g eines Salzgemenges werden eingewogen, gelöst und auf 100 mL verdünnt. 20,0 mL der Verdünnung verbrauchen zur Bestimmung des Gehalts an Arsen (III)-Ionen As^{3+} 25,58 mL Kaliumbromat-Maßlösung, $\tilde{c}(\frac{1}{6}\,KBrO_3) = 0{,}1$ mol/L ($t = 0{,}987$). Welchen Massenanteil $w(As)$ hat die Probelösung?

Reaktion: $\overset{+V}{BrO_3^-} + 3\,As^{3+} + 6\,H^+ \longrightarrow \overset{-I}{Br^-} + 3\,As^{5+} + 3\,H_2O$

Lösung: Mit $M(As) = 74{,}9216$ g/mol, $z^*(As) = 2$ und dem Verdünnungsfaktor f_a folgt mit $w(X) = m(X)\,/\,m(Probe)$:

$$w(As) = \frac{m(As)}{m(Probe)} = \frac{\tilde{c}(\frac{1}{6}\,KBrO_3) \cdot M(As) \cdot V(KBrO_3) \cdot t \cdot V(Stamm)}{z^*(As) \cdot V(aliquot) \cdot m(Probe)}$$

$$\boldsymbol{w(As)} = \frac{0{,}1\text{ mol/L} \cdot 74{,}9216\text{ g/mol} \cdot 25{,}58\text{ mL} \cdot 0{,}987 \cdot 0{,}100\text{ L}}{2 \cdot 20{,}0\text{ mL} \cdot 13{,}5732\text{ g}} = 0{,}03484 \approx \mathbf{3{,}48\ \%}$$

Bei der **Cerimetrie** (cerimetry) wird eine Maßlösung des starken Oxidationsmittels Cer (IV)-sulfat $Ce(SO_4)_2$ verwendet, dabei werden Cer (IV)-Ionen zu Cer (III)-Ionen reduziert:

$$Ce^{4+} + 1\,e^- \longrightarrow Ce^{3+} \qquad \Delta z^* = 1$$

Cerimetrisch werden As-, Sb-, V-, Ta-, Hg- sowie Nitrit- und Thiosulfat-Ionen bestimmt.

Beispiel 3: In einer Abwasserprobe soll der Gehalt an Natriumnitrit cerimetrisch bestimmt werden. 108,6 mg der Probe verbrauchen 22,1 mL Cer (IV)-sulfat-Maßlösung, $\tilde{c}(\frac{1}{1}\,Ce(SO_4)_2) = 0{,}1$ mol/L ($t = 1{,}018$). Wie groß ist der Massenanteil $w(NaNO_2)$ im Abwasser?

Reaktion: $2\,\overset{+IV}{Ce^{4+}} + \overset{+III}{NO_2^-} + H_2O \longrightarrow \overset{+V}{NO_3^-} + 2\,\overset{+III}{Ce^{3+}} + 2\,H^+$

Lösung: $M(NaNO_2) = 68{,}995$ g/mol, $z^*(NO_2^-) = 2$, Stoffmengenrelation: $n(NaNO_2) = n(NO_2^-)$

Lösung mit hergeleiteter maßanalytischer Äquivalentmasse:

$$\ddot{A}(NaNO_2) = \frac{\tilde{c}(\frac{1}{1}\,Ce(SO_4)_2 \cdot M(NaNO_2)}{z^*(NaNO_2)} = \frac{0{,}1\text{ mol/L} \cdot 68{,}995\text{ g/mol}}{2} \approx 3{,}450\text{ mg/mL}$$

$$\boldsymbol{w(NaNO_2)} = \frac{m(NaNO_2)}{m(Probe)} = \frac{\ddot{A}(NaNO_2) \cdot V(ML) \cdot t}{m(Probe)}$$

$$= \frac{3{,}450\text{ mg/mL} \cdot 22{,}1\text{ mL} \cdot 1{,}018}{108{,}6\text{ mg}} = 0{,}71471 \approx \mathbf{71{,}5\ \%}$$

8.2.4.4 Bestimmung des CSB-Wertes

Der **CSB-Wert** (**C**hemischer **S**auerstoff-**B**edarf, engl. chemical oxygen demand COD) ist eine Kenngröße für den Gehalt organischer Verschmutzungen Mineralöle oder Halogenkohlenwasserstoffe in Gewässern oder Abwässern. Diese Verschmutzungen sind in der Regel von Bakterien nicht abbaubar.

Wie die Reaktionsgleichung zur vollständigen Verbrennung des Kohlenwaserstoffes Cyclohexan als Beispiel für eine Verschmutzung des Wassers zeigt, beträgt der „Chemische Sauerstoffbedarf" zur Verbrennung neun Mol Sauerstoff, was mit einer Übertragung von 36 Elektronen verbunden ist.

Reduktion: + 18 · 2 = + 36 e⁻

$$\overset{-II}{C_6H_{12}} + \overset{\pm 0}{9\,O_2} \longrightarrow \overset{+IV-II}{6\,CO_2} + \overset{-II}{6\,H_2O}$$

Oxidation: − 6 · 6 = − 36 e⁻

Bei der genormten Bestimmung des Chemischen Sauerstoffbedarfs nach DIN 38 409-41 wird das starke Oxidationsvermögen von Dichromat-Ionen $Cr_2O_7^{2-}$ in saurem Medium genutzt, um z. B. Cyclohexan zu oxidieren:

Reduktion: + 12 · 3 = + 36 e⁻

$$\overset{-II}{C_6H_{12}} + \overset{+VI}{6\,Cr_2O_7^{2-}} + 48\,H^+ \longrightarrow \overset{+IV}{6\,CO_2} + \overset{+III}{12\,Cr^{3+}} + 30\,H_2O$$

Oxidation: − 6 · 6 = − 36 e⁻

Der Vergleich der Reaktionsgleichungen zeigt, dass bei der Oxidation mit Sauerstoff und der Oxidation mit Dichromat-Ionen gleich viele Elektronen übertragen werden. Somit sind die Redox-Äquivalente von Sauerstoff und Dichromat-Ionen gleich: **6 mol $Cr_2O_7^{2-}$ ⇔ 9 mol O_2** oder: **1 mol $K_2Cr_2O_7$ ⇔ 1,5 mol O_2**

Die Definition des CSB-Wertes lautet somit:

> Unter dem Chemischen Sauerstoffbedarf CSB eines Wassers versteht man die Massenkonzentration an Sauerstoff ($\beta(O_2)$ in mg/L), die der Masse an Kaliumdichromat äquivalent ist, die unter den Arbeitsbedingungen des Verfahrens mit den im Wasser enthaltenen oxidierbaren Stoffen reagiert.

Bei der CSB-Bestimmung wird die zur Oxidation eingesetzte Kaliumdichromat-Maßlösung im Überschuss zugegeben und mit einer äquivalenten Eisen(II)-sulfat-Maßlösung [in Form von Ammoniumeisen(II)-sulfat $(NH_4)_2Fe(SO_4)_2$ wegen der besseren Haltbarkeit] gegen Ferroin als Indikator zurücktitriert (⇒ Verbrauch V_p). Mit der gleichen Dichromat-Portion erfolgt eine Blindwertbestimmung (⇒ Verbrauch V_b):

$$\overset{+VI}{Cr_2O_7^{2-}} + 14\,H^+ + \overset{+II}{6\,Fe^{2+}} \longrightarrow \overset{+III}{2\,Cr^{3+}} + \overset{+III}{6\,Fe^{3+}} + 7\,H_2O$$

Folgende Stoffmengen sind demnach äquivalent: **6 mol Fe^{2+} ⇔ 1 $Cr_2O_7^{2-}$ ⇔ 1,5 mol O_2**

Aus dem Volumen der verbrauchten Kaliumdichromat-Maßlösung (Differenz $V_b - V_p$) lässt sich die dazu äqivalente Massenkonzentration an Sauerstoff $\beta(O_2)$ errechnen.

Mit standardisierten Reagenziensätzen kann der CSB-Wert auch fotometrisch bestimmt werden. Der CSB-Wert ist ein wichtiger Parameter eines Abwassers, da er nach dem Abwasserabgabengesetz die Kosten für den Einleiter endscheidend bestimmt.

Chemischer Sauerstoffbedarf
$\text{CSB} = \beta(O_2) = \dfrac{V(K_2Cr_2O_7) \cdot c(\frac{1}{6}\,K_2Cr_2O_7) \cdot M(O_2)}{z^*(O_2) \cdot V(\text{Probe})}$
$\text{CSB} = \beta(O_2) = \dfrac{(V_b - V_p) \cdot c(\frac{1}{1}\,Fe^{2+}) \cdot t \cdot M(O_2)}{z^*(O_2) \cdot V(\text{Probe})}$

Beispiel: In 20,0 mL eines Abwassers werden 10,0 mL Kaliumdichromat-Lösung pipettiert. Nach der Umsetzung verbraucht das nicht reduzierte Dichromat V_p = 10,5 mL Maßlösung, $c(\frac{1}{1}(Fe^{2+})$ = 0,1 mol/L. Bei der Blindwertbestimmung verbrauchen 10,0 mL der $K_2Cr_2O_7$-Lösung V_b = 16,3 mL der Eisen(II)-sulfat-Maßlösung. Welchen CSB-Wert hat das Abwasser? $M(O_2)$ = 31,999 g/mol, $z^*(O_2)$ = 4

Lösung: $\textbf{CSB} = \dfrac{(V_b - V_p) \cdot c(\frac{1}{1}\,Fe^{2+}) \cdot M(O_2)}{z^*(O_2) \cdot V(\text{Probe})} = \dfrac{(16{,}3\text{ mL} - 10{,}5\text{ mL}) \cdot 0{,}1\text{ mol/L} \cdot 31{,}999\text{ g/mol}}{4 \cdot 20{,}0\text{ mL}} \approx \mathbf{232\ mg/L}$

Aufgaben zu 8.2.4.4 Bestimmung des CSB-Wertes

1. Wie viel Kaliumdichromat-Lösung mit $\tilde{c}(\frac{1}{6}\,K_2Cr_2O_7) = 0{,}1$ mol/L ($t = 1{,}023$) ist zur quantitativen Oxidation von 25,0 mL Abwasser mit CSB = 460 mg/L erforderlich?
2. 50,0 mL einer mit Propantriol verunreinigten Abwasserprobe verbrauchen zur quantitativen Oxidation 22,4 mL Maßlösung, $\tilde{c}(\frac{1}{6}\,K_2Cr_2O_7) = 0{,}1$ mol/L ($t = 1{,}024$). Berechnen Sie den CSB.
3. Ein mit Ameisensäure belastetes Abwasser, $\beta(HCOOH) = 225$ mg/L, soll mit Kaliumdichromat-Maßlösung, $\tilde{c}(\frac{1}{6}\,K_2Cr_2O_7) = 0{,}1$ mol/L ($t = 0{,}995$), quantitativ oxidiert werden.
   a) Wie viel Maßlösung ist zur Oxidation von 25,0 mL Abwasser erforderlich?
   b) Wie groß ist der CSB-Wert des Abwassers?
4. 50,0 mL einer Abwasserprobe werden mit 20,0 mL Kaliumdichromat-Lösung versetzt. Nicht reduziertes Dichromat verbraucht bei der anschließenden Titration 12,5 mL Ammoniumeisen(II)-sulfat-Maßlösung, $\tilde{c}(\frac{1}{1}\,(NH_4)_2Fe(SO_4)_2) = 0{,}1$ mol/L ($t = 1{,}008$). Bei der Blindwertbestimmung wurden 19,2 mL der Maßlösung verbraucht. Welchen CSB-Wert hat das Abwasser?

8.2.5 Fällungstitrationen

Bei **Fällungstitrationen** (precipitation titrations) wird die zu bestimmende Substanz als schwerlöslicher Niederschlag ausgefällt. Es wird so lange Maßlösung zugegeben, bis eine vollständige Fällung erreicht ist.

Der Endpunkt ist bei vielen Fällungstitrationen nur schwer zu erkennen. Er kann durch Zugabe einiger Tropfen einer charakteristischen Salzlösung sichtbar gemacht werden, die mit einem Überschuss an Maßlösung eine typische Färbung erzeugt.

Bei Silbernitrat-Maßlösungen ist dies beispielsweise Kaliumchromat K_2CrO_4, das mit einem Überschuss an Silber-Ionen rotbraunes Silberchromat Ag_2CrO_4 bildet (Bestimmung nach MOHR).

Der Äquivalenzpunkt kann aber auch durch geeignete Messmethoden (Potentialdifferenz, Leitfähigkeit) bestimmt werden.

Argentometrische Titrationen beruhen auf der Schwerlöslichkeit der Silberhalogenide und des Silberthiocyanats. Sie werden mit Silbernitrat-Maßlösungen durchgeführt:

Tabelle 1: Äquivalentmassen bei der Argentometrie

Maßlösung:	$c(\frac{1}{1}\,AgNO_3) = 0{,}1$ mol/L
Zu bestimmen	***Ä* in mg/mL**
Br^-	7,9904
KBr	11,900
Cl^-	3,5453
$CaCl_2$	5,5493
KCl	7,4551
NaCl	5,8443
NH_4Cl	5,3491
I^-	12,6904
KSCN	9,7182

$$Ag^+_{(aq)} + Hal^-_{(aq)} \longrightarrow AgHal_{(s)} \quad \text{und:} \quad Ag^+_{(aq)} + SCN^-_{(aq)} \longrightarrow AgSCN_{(s)}$$

Einige ausgewählte maßanalytische Äquivalente zeigt **Tabelle 1**. Fällungs-Titrationen können als Direkttitrationen (direct titrations), als Rücktitrationen (back titrations) oder als indirekte Titrationen (indirect titrations) durchgeführt werden.

Beispiel 1: Der Massenanteil von NaCl in einem Steinsalz soll durch Direkttitration bestimmt werden.

2,3017 g der Steinsalzprobe werden in Wasser gelöst und auf 1000 mL verdünnt. 50,0 mL der Verdünnung verbrauchen nach Zusatz von K_2CrO_4 als Indikator 19,45 mL Silbernitrat-Maßlösung, $\tilde{c}(\frac{1}{1}\,AgNO_3) = 0{,}1$ mol/L ($t = 0{,}998$). Welchen Massenanteil $w(NaCl)$ hat das Steinsalz?

Lösung: Reaktionsgleichung: $AgNO_{3(aq)} + NaCl_{(aq)} \longrightarrow AgCl_{(s)} + NaNO_{3(aq)}$

Aus $M(NaCl) = 58{,}443$ g/mol und $z^*(NaCl) = 1$ folgt die maßanalytische Äquivalentmasse zu:

$$\ddot{A}(NaCl) = \frac{c(\frac{1}{1}\,AgNO_3) \cdot M(NaCl)}{z^*(NaCl)} = \frac{0{,}1\ \text{mol/L} \cdot 58{,}443\ \text{g/mol}}{1} = 5{,}8443\ \text{mg/mL}.$$

Mit $\ddot{A}(NaCl) = 5{,}8443$ mg/mL, dem Verdünnungsfaktor f_a und mit $w(X) = m(X)/m(\text{Probe})$ folgt:

$$\boldsymbol{w(NaCl)} = \frac{\ddot{A}(NaCl) \cdot V(AgNO_3) \cdot t \cdot V(\text{Stamm})}{V(\text{aliquot}) \cdot m(\text{Probe})}$$

$$= \frac{5{,}8443\ \text{mg/mL} \cdot 19{,}45\ \text{mL} \cdot 0{,}998 \cdot 1000\ \text{mL}}{50{,}0\ \text{mL} \cdot 2301{,}7\ \text{mg}} \approx \mathbf{98{,}6\,\%}$$

Beispiel 2: **In einem Kalisalz sollen durch argentometrische Mehrfachbestimmung die Massenanteile w(KCl) und w(NaCl) bestimmt werden.**

Bei der Gehaltsbestimmung werden 0,2525 g Kalisalz gelöst und mit 34,2 mL Silbernitrat-Maßlösung, $\tilde{c}(AgNO_3)$ = 0,1 mol/L (t = 1,025), titriert. Welche Massenanteile w(KCl) und w(NaCl) hat das Kalisalz?

Lösung: M(KCl) = 74,551 g/mol, M(NaCl) = 58,443 g/mol; mit dem Formelansatz von Seite 248 folgt:

$$m(\text{NaCl}) = \frac{(m(\text{Probe}) - \tilde{c}(\text{eq-ML}) \cdot (V(\text{ML}) \cdot t \cdot M(\text{KCl})) \cdot M(\text{NaCl})}{M(\text{NaCl}) - M(\text{KCl})}$$

$$m(\text{NaCl}) = \frac{\left(0{,}2525\ \text{g} - 0{,}1\ \frac{\text{mol}}{\text{L}} \cdot 0{,}0342\ \text{L} \cdot 1{,}025 \cdot 74{,}551\ \frac{\text{g}}{\text{mol}}\right) \cdot 58{,}443\ \frac{\text{g}}{\text{mol}}}{58{,}443\ \frac{\text{g}}{\text{mol}} - 74{,}551\ \frac{\text{g}}{\text{mol}}}$$

$$\mathbf{w(NaCl)} = \frac{m(\text{NaCl})}{m(\text{Probe})} = \frac{0{,}03207\ \text{g}}{0{,}2525\ \text{g}} \approx \mathbf{12{,}7\ \%};\quad \mathbf{w(KCl)} = 100\ \% - w(\text{NaCl}) = 100\ \% - 12{,}7\ \% \approx \mathbf{87{,}3\ \%}$$

Aufgaben zu 8.2.5 Fällungstitrationen

1. Zur Titerbestimmung einer Silbernitrat-Maßlösung, $\tilde{c}(AgNO_3)$ = 0,1 mol/L, werden 182,5 mg NaCl p.a. als Urtiter eingewogen und gelöst. Nach Zugabe von 5 Tropfen K_2CrO_4-Lösung wird mit 31,5 mL Maßlösung bis zum Farbumschlag hellgelb → rotbraun titriert. Wie groß ist der Titer?
2. 0,8808 g technisches Bromid werden gelöst und zu 250 mL verdünnt. 100,0 mL der Verdünnung verbrauchen 25,8 mL Silbernitrat-Maßlösung, $\tilde{c}(AgNO_3)$ = 0,1 mol/L (t = 1,017). Welchen Massenanteil $w(Br^-)$ hat die Ausgangssubstanz?
3. 10,0 mL Kochsalzlösung der Dichte ϱ = 1,0177 g/cm³ werden auf 500 mL verdünnt. 25,0 mL der Verdünnung verbrauchen bei der Titration 24,45 mL Silbernitrat-Maßlösung $\tilde{c}(AgNO_3)$ = 0,01 mol/L (t = 0,978). Berechnen Sie die Massenkonzentration $\beta(Cl^-)$ und den Massenanteil w(NaCl) der Ausgangslösung.
4. Zur argentometrischen Bestimmung von Calciumchlorid werden 4,300 g einer Lösung auf 100 mL verdünnt. 20,0 mL der Verdünnung verbrauchen bei der Titration 23,8 mL Silbernitrat-Maßlösung, $c(AgNO_3)$ = 0,1 mol/L. Welchen Massenanteil $w(CaCl_2)$ hat die Lösung?
5. 0,4023 g technisches Kaliumbromid werden nach dem Lösen mit 50,0 mL Silbernitrat-Maßlösung, $\tilde{c}(AgNO_3)$ = 0,1 mol/L (t = 0,994), versetzt und der Überschuss an $AgNO_3$ mit 17,1 mL Ammoniumthiocyanat-Maßlösung, $\tilde{c}(\frac{1}{1}\ NH_4SCN)$ = 0,1 mol/L (t = 1,014), zurücktitriert. Berechnen Sie den Massenanteil w(KBr) im untersuchten Bromid.
6. 25,0 mL Silbernitrat-Lösung werden nach dem Verdünnen und Zugabe von Eisen(III)-ammoniumsulfat als Indikator mit 32,5 mL Ammoniumthiocyanat-Maßlösung der Konzentration $\tilde{c}(\frac{1}{1}\ NH_4SCN)$ = 0,1 mol/L (t = 0,987), bis zum Auftreten der rötlichen Färbung titriert. Welche Massenkonzentration $\beta(AgNO_3)$ liegt in der Lösung vor?
7. 25,300 g einer Lösung werden auf 250 mL verdünnt und in 50,0 mL der Verdünnung Iodid-Ionen neben Chlorid-Ionen bestimmt. Der Verbrauch bis zum ersten Äquivalenzpunkt beträgt 15,4 mL Maßlösung, $\tilde{c}(AgNO_3)$ = 0,1 mol/L (t = 0,997), bis zum zweiten Äquivalenzpunkt insgesamt 35,3 mL Maßlösung. Welche Massenanteile $w(Cl^-)$ und $w(I^-)$ hat die untersuchte Lösung?
8. 15,905 g einer salzsauren Natriumchlorid-Lösung werden auf 500 mL Lösung verdünnt. 100 mL davon verbrauchen bei der Neutralisationstitration 25,5 mL Natronlauge-Maßlösung, $\tilde{c}$(NaOH) = 0,1 mol/L (t = 0,997). Ein weiteres Volumen von 50,0 mL der Stammlösung verbraucht bei der Fällungstitration 30,0 mL Silbernitrat-Maßlösung, $\tilde{c}(AgNO_3)$ = 0,1 mol/L (t = 1,015). Wie groß sind die Massenanteile w(NaCl) und w(HCl) in der untersuchten Lösung?
9. 0,2500 g Salzgemisch KBr/KCl mit dem Feuchtigkeitsanteil w = 1,00 % werden gelöst und mit Silbernitrat-Maßlösung, $\tilde{c}(AgNO_3)$ = 0,1 mol/L (t = 0,997) titriert. Der Verbrauch beträgt 32,5 mL Maßlösung. Wie groß sind die Massenanteile w(KCl) und w(KBr)?
10. Entwickeln Sie ein Lösungsschema für die argentometrische Bestimmung eines Salzgemisches aus einem einwertigen und einem zweiwertigen Elektrolyten, z. B. $CaCl_2$ neben KCl.

8.2.6 Komplexometrische Titrationen

Komplexe sind Verbindungen, die durch Zusammenlagerung von einfachen, unabhängig voneinander existenzfähigen Molekülen oder Ionen entstehen.

Beispiel: Tetraamminkupfer(II)-Komplex (Bild 1)

Reaktionsgleichung: $Cu^{2+} + 4\,NH_3 \rightleftharpoons Cu(NH_3)_4^{2+}$

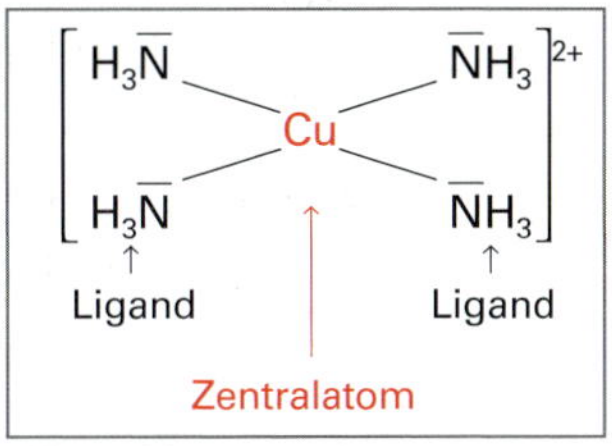

Bild 1: Tetraammin-kupfer(II)-Komplex

In der **Komplexometrie** (compleximetry) werden die zu bestimmenden Metallionen mit einem meist organischen Komplexbildner in einen *stabilen* Komplex, ein **Chelat**, überführt. Die Komplexometrie wird deshalb auch **Chelatometrie** genannt. Schwache Komplexbildner werden dabei durch starke Komplexbildner verdrängt.

Zur Bestimmung des Endpunktes einer komplexometrischen Titration werden Indikatoren eingesetzt, die mit den zu bestimmenden Metallionen farbige Komplexe bilden. Der Metall-Indikator-Komplex ist anders gefärbt, als der Indikator selbst.

In der Praxis wird bei komplexometrischen Titrationen am häufigsten das Dinatriumsalz der Ethylendiamintetraethansäure, abgekürzt **EDTA**, in Form des Dihydrats als Komplexbildner eingesetzt.

Zusammensetzung und Struktur von Dinatrium-**e**thylen-**d**iamin-**t**etra-**a**cetat-Dihydrat:

$C_{10}H_{14}N_2Na_2O_8 \cdot 2\,H_2O$

Kurzschreibweise: $Na_2[H_2Y] \cdot 2\,H_2O$
(Y steht für den organischen Teil)

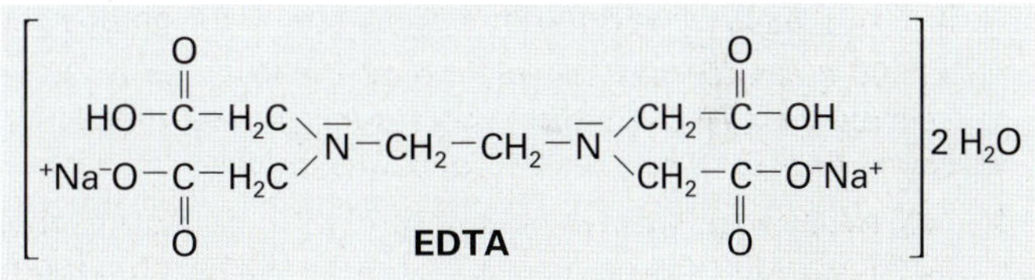

In wässriger Lösung dissoziiert EDTA: $Na_2[H_2Y] \cdot 2\,H_2O \longrightarrow 2\,Na^+ + [H_2Y]^{2-} + 2\,H_2O$

EDTA bindet Metall-Kationen stets im Stoffmengenverhältnis 1:1, *unabhängig* von deren Ionen-ladung. Im Handel werden EDTA und ihre Abkömmlinge unter den Handelsnamen Komplexon®, Idranal® und Titriplex® geführt.

Die Reaktion eines Metall-Kations mit EDTA (H_2Y^{2-}) in Anwesenheit eines Indikators (Ind) lässt sich am Beispiel des Calcium-Ions in Kurzform wie folgt darstellen:

$$\underbrace{Ca^{2+} + Ind}_{\text{roter Komplex}} + \underbrace{H_2Y^{2-}}_{\text{EDTA}} \longrightarrow [Ca^{2+} \cdot Y]^{2-} + \underbrace{Ind}_{\text{grün}} + 2\,H^+$$

Die Stabilität vieler Metall-Ionen-Indikator-Komplexe ist vom pH-Wert der Lösung abhängig. Um einen scharfen Farbumschlag im Äquivalenzpunkt zu erhalten, muss die Lösung während der Titration gepuffert werden. Aus der Reaktionsgleichung ist die Abspaltung von zwei H^+-Ionen ersichtlich, ohne Pufferung würde der pH-Wert mit fortschreitendem Titrationsverlauf sinken.

Komplexometrische Bestimmungen von Metallionen können durchgeführt werden:

- als **Direkttitration**, wenn ein geeigneter Indikator für das Kation vorliegt;
- **indirekt** mit unterschiedlichen Indikatoren;
- als **Rücktitration** des im Überschuss zugesetzten Komplexbildners;
- als **Verdrängungstitration**, wobei der Lösung des zu bestimmenden Kations ein EDTA-Mg-Komplex zugesetzt wird, aus dem Mg^{2+} freigesetzt (verdrängt) und gegen einen geeigneten Indikator titriert wird.

Eine typische Anwendung der Komplexometrie ist die Bestimmung der **Wasserhärte** (hard of water). Die Härte von Wasser wird durch gelöste Erdalkalimetall-Ionen verursacht. Sie wird als Stoffmengenkonzentration *c*(Erdalkalimetall-Ionen) in der Einheit mmol/L angegeben. Härtebildner sind die Ionen des Calciums Ca^{2+} und des Magnesiums Mg^{2+}, die bei vielen Prozessen zu störenden Ablagerungen führen können. Die ausschließlich von Calcium-Ionen Ca^{2+} verursachte Härte bezeichnete man früher als „Kalkhärte". Sie ist durch das Formelzeichen $c(Ca^{2+})$ gekennzeichnet.

Beispiel 1: Zur Bestimmung des Härte GH einer Wasserprobe durch **direkte Titration** werden 50,0 mL Wasser einpipettiert und mit 16,3 mL EDTA-Maßlösung, $\tilde{c}$(EDTA) = 0,01 mol/L (t = 1,057) bis zum Farbumschlag von Rot nach Grün titriert. Berechnen Sie die Härte GH der Wasserprobe.

Lösung: Mit $n(\text{EDTA}) = n(\text{Metall-Ion})$ und $\text{GH} = n(\text{Metall})/V(\text{Probe})$ folgt:

$$\textbf{GH} = \tilde{c}(\text{EDTA}) \cdot V(\text{EDTA}) \cdot t \cdot \frac{1}{V(\text{Probe})} = 0{,}01 \text{ mol/L} \cdot 16{,}3 \text{ mL} \cdot 1{,}057 \cdot \frac{1}{50{,}0 \text{ mL}} \approx \textbf{3,45 mmol/L}$$

Beispiel 2: In einer Wasserprobe soll der Gehalt an Ca^{2+} und Mg^{2+}-Ionen durch **indirekte Titration** nebeneinander bestimmt werden. Die Probelösung wird zu 250 mL Stammlösung verdünnt und 25,0 mL der Verdünnung mit 31,6 mL Maßlösung, $\tilde{c}$(EDTA) = 0,01 mol/L (t = 0,989), gegen den Indikator Erichromschwarz T titriert. Dabei wird die Summe aller Ca^{2+} und Mg^{2+}-Ionen erfasst. Eine zweite Titration von 25,0 mL Probe mit Calconcarbonsäure als Indikator erfasst nur Ca^{2+}-Ionen, der Verbrauch beträgt 11,15 mL Maßlösung.

Welche Massen an Ca^{2+}- und Mg^{2+}-Ionen liegen in der Wasserprobe vor?

Lösung: Mit $M(\text{Ca}) = 40{,}08$ g/mol, $M(\text{Mg}) = 24{,}305$ g/mol, $z^*(\text{EDTA}) = z^*(\text{Metall}) = 1$ folgt:

$$m(\text{Me}^{2+}) = \frac{\tilde{c}(\text{EDTA}) \cdot M(\text{Me}) \cdot V(\text{EDTA}) \cdot t \cdot V(\text{Stamm})}{z^*(\text{Metall}) \cdot V(\text{aliquot})}, \quad V_1(\text{EDTA}) = 31{,}6 \text{ mL} - 11{,}15 \text{ mL} = 20{,}45 \text{ mL}$$

$$\boldsymbol{m}(\textbf{Mg}^{2+}) = \frac{0{,}01 \text{ mol/L} \cdot 24{,}305 \text{ g/mol} \cdot 20{,}45 \text{ mL} \cdot 0{,}989 \cdot 0{,}250 \text{ L}}{25{,}0 \text{ mL}} = 0{,}04915698 \text{ g} \approx \textbf{49,2 mg}$$

$$\boldsymbol{m}(\textbf{Ca}^{2+}) = \frac{0{,}01 \text{ mol/L} \cdot 40{,}08 \text{ g/mol} \cdot 11{,}15 \text{ mL} \cdot 0{,}989 \cdot 0{,}250 \text{ L}}{25{,}0 \text{ mL}} = 0{,}0441976 \text{ g} \approx \textbf{44,2 mg}$$

Beispiel 3: In einer Lösung soll der Gehalt an Blei-Ionen Pb^{2+} durch eine **Verdrängungstitration** bestimmt werden. Dazu werden 25,0 mL der Lösung mit einem Überschuss an EDTA-Mg-Maßlösung versetzt. Die Pb^{2+}-Ionen verdrängen eine äquivalente Portion Mg^{2+}-Ionen aus dem Komplex. Zur Titration der verdrängten Magnesium-Ionen werden 16,5 mL EDTA-Maßlösung, $\tilde{c}$(EDTA) = 0,02 mol/L (t = 1,023), verbraucht. Welche Massenkonzentration $\beta(Pb^{2+})$ hat die Probe?

Lösung: $M(\text{Pb}) = 207{,}2$ g/mol, mit $z^*(\text{EDTA}) = z^*(\text{Metallion}) = 1$ folgt:

$$\boldsymbol{\beta}(\textbf{Pb}^{2+}) = \frac{\tilde{c}(\text{EDTA}) \cdot M(\text{Pb}^{2+}) \cdot V(\text{EDTA}) \cdot t}{V(\text{Probe})} = \frac{0{,}02 \text{ mol/L} \cdot 207{,}2 \text{ g/mol} \cdot 16{,}5 \text{ mL} \cdot 1{,}023}{25{,}0 \text{ mL}} \approx \textbf{2,80 g/L}$$

Aufgaben zu 8.2.6 Komplexometrische Titrationen

1. Zur Bestimmung der Härte GH von Leitungswasser werden 100 mL Probe eingemessen. Der Verbrauch an Maßlösung c(EDTA) = 0,0$\underline{1}$ mol/L beträgt 10,2 mL. Welchem der vier Härtebereiche ist das Wasser mit dieser Härte GH zuzuordnen?
   Bereich 1 (weich, GH ≤ 1,3 mmol/L), Bereich 2 (mittel, GH ≤ 2,5 mmol/L),
   Bereich 3 (hart, GH ≤ 3,8 mmol/L), Bereich 4 (sehr hart, GH > 3,8 mmol/L),
2. Zur Bestimmung der Härte durch Calcium-Ionen werden 100 mL der zu untersuchenden Probe mit Kalilauge versetzt, wobei außer Calcium-Ionen alle anderen härtebildenden Ionen als Hydroxide ausfallen. Die Probe verbraucht bei der Titration 25,0 mL Maßlösung, $\tilde{c}$(EDTA) = 0,01 mol/L (t = 0,978). Wie groß ist die Härte durch Calcium-Ionen in Millimol Calcium-Ionen pro Liter Wasser?
3. Zur komplexometrischen Gehaltsbestimmung von Cobalt werden 30,0 mL einer Lösung zu 250 mL verdünnt. 50,0 mL der Verdünnung verbrauchen bei der Titration 28,9 mL Maßlösung, $\tilde{c}$(EDTA) = 0,01 mol/L (t = 1,026). Welche Massenkonzentration $\beta(Co^{2+})$ hat die Lösung?
4. In technischem Natriumfluorid NaF wird der Gehalt an Fluorid-Ionen F^- bestimmt. 124,8 mg Probesubstanz werden dazu in einem PE-Gefäß gelöst und 50,0 mL Calciumchlorid-Lösung, $c(CaCl_2)$ = 0,0$\underline{5}$ mol/L, zupipettiert. Der Niederschlag an Calciumfluorid CaF_2 wird abfiltriert und gewaschen. Im Filtrat werden die überschüssigen freien Calcium-Ionen Ca^{2+} mit 25,6 mL EDTA-Maßlösung, $\tilde{c}$(EDTA) = 0,05 mol/L (t = 1,015), titriert. Welchen Massenanteil $w(F^-)$ hat die Probe?
5. Eine Probelösung mit Nickel-Ionen Ni^{2+} wird zu 250 mL Stammlösung aufgefüllt und 20,0 mL der Stammlösung mit 25,0 mL Maßlösung, c(EDTA) = 0,0$\underline{2}$ mol/L, versetzt. Für die Rücktitration des EDTA-Überschusses werden 16,90 mL Magnesiumsulfat-Maßlösung, $\tilde{c}(MgSO_4)$ = 0,02 mol/L (t = 1,006), verbraucht. Welche Masse an Nickel-Ionen enthält die Probelösung?

Gemischte Aufgaben zu 8.2 Volumetrie (Maßanalyse)

1. Welche Masse an Natriumcarbonat Na_2CO_3 p.a. muss zum Ansetzen von 2,0 L Maßlösung der Stoffmengenkonzentration $c(Na_2CO_3) = 0{,}\underline{1}$ mol/L eingewogen werden?

2. Welches Volumen an Salzsäure mit $w(HCl) = 35{,}2\ \%$ und $\varrho(HCl) = 1{,}175$ g/mL ist zur Herstellung von 5,0 L Salzsäure-Maßlösung der Konzentration $c(HCl) = 0{,}50$ mol/L erforderlich?

3. Welche Einwaagen an formelreiner Substanz sind jeweils zur Herstellung von 5,0 L Maßlösung vorzulegen?
   a) Natronlauge, $\tilde{c}(\frac{1}{1}\,NaOH) = 0{,}2$ mol/L
   b) Silbernitrat, $\tilde{c}(\frac{1}{1}\,AgNO_3) = 0{,}05$ mol/L
   c) Schwefelsäure, $\tilde{c}(\frac{1}{2}\,H_2SO_4) = 0{,}01$ mol/L
   d) Kaliumpermanganat, $\tilde{c}(\frac{1}{5}\,KMnO_4) = 0{,}5$ mol/L

4. 25,0 mL Natronlauge der Konzentration $\tilde{c}(NaOH) = 0{,}1$ mol/L verbrauchen bei einer Dreifach-Titerbestimmung 24,8 mL, 24,75 mL, 24,75 mL Salzsäure-Maßlösung der Konzentration $c(HCl) = 0{,}\underline{1}$ mol/L. Welchen Titer hat die Natronlauge?

5. Der Titer einer Natronlauge-Maßlösung, $\tilde{c}(NaOH) = 0{,}1$ mol/L, soll mit Oxalsäure-2-Hydrat als Urtiter bestimmt werden. Die Einwaage von 132,5 mg $(COOH)_2 \cdot 2\,H_2O$ verbraucht 21,4 mL Natronlauge-Maßlösung. Berechnen Sie den Titer der Lauge.

6. Zur Titerbestimmung einer Salzsäure-Maßlösung, $\tilde{c}(HCl) = 0{,}1$ mol/L, wurden 107,5 mg Natriumcarbonat Na_2CO_3 p.a eingewogen und mit Wasser verdünnt. Der Verbrauch bis zum Äquivalenzpunkt beträgt 20,15 mL. Welchen Titer hat die Salzsäure?

7. Ein Rührkessel wird zur Bestimmung des Fassungsvermögens mit Wasser gefüllt und darin 15,00 kg reines $Na_2CO_3 \cdot 10\,H_2O$ gelöst. 50,0 mL dieser Sodalösung verbrauchen zur Neutralisation 29,5 mL Salzsäure-Maßlösung, $\tilde{c}(HCl) = 0{,}1$ mol/L ($t = 1{,}008$). Welches Fassungsvermögen hat der Kessel?

8. 25,0 m^3 saures Abwasser sollen vor dem Eintreten in ein Klärbecken neutralisiert werden. Wie viel Löschkalk mit $w(CaOH)_2) = 88{,}5\ \%$ ist zur Neutralisation erforderlich, wenn 100 mL Abwasser 25,7 mL Natronlauge-Maßlösung mit $\tilde{c}(NaOH) = 0{,}1$ mol/L ($t = 1{,}105$) verbrauchen?

9. 1,725 g technisches Kaliumcarbonat werden mit 20,35 mL Schwefelsäure-Maßlösung, $\tilde{c}(H_2SO_4) = 0{,}5$ mol/L ($t = 0{,}998$), neutralisiert. Welchen Massenanteil $w(K_2CO_3)$ hat die Probe?

10. 241,5 mg einer verunreinigten Natriumhydrogencarbonat-Probe verbrauchen bei der Titration gegen Methylorange als Indikator 27,15 mL Salzsäure-Maßlösung der Konzentration $c(HCl) = 0{,}\underline{1}$ mol/L. Berechnen Sie den Massenanteil $w(NaHCO_3)$ im untersuchten Salz.

11. 4,753 g technisches Kaliumhydroxid werden gelöst und auf 500 mL verdünnt. 50,0 mL davon verbrauchen bei einer Dreifachbestimmung 16,35 mL, 16,40 mL und 16,40 mL Schwefelsäure-Maßlösung, $\tilde{c}(H_2SO_4) = 0{,}25$ mol/L ($t = 1{,}021$). Welchen Massenanteil $w(KOH)$ hat die Probe.

12. 400 mg einer kristallwasserhaltigen, zweiprotonigen Säure werden mit 40,0 mL Natronlauge-Maßlösung $c(\frac{1}{1}\,NaOH) = 0{,}\underline{1}$ mol/L neutralisiert. Wie viel Mol Kristallwasser sind in ein Mol kristalliner Säure gebunden, wenn die molare Masse der wasserfreien Säure 128 g/mol beträgt?

13. Von einer Substanz, die außer Ricinolsäure (12-Hydroxyölsäure $C_{18}H_{34}O_3$, Bestandteil von Ricinusöl) keine andere Säure enthält, soll der Massenanteil an freier Ricinolsäure bestimmt werden. Dazu wurden 2,9581 g der Probesubstanz eingewogen und mit 17,1 mL Kalilauge-Maßlösung, $c(KOH) = 0{,}\underline{5}$ mol/L, neutralisiert. Wie groß ist der Massenanteil w(Ricinolsäure) in der Substanz?

14. 14,050 g Ammoniakwasser werden auf 1000 mL verdünnt und 50,0 mL dieser Stammlösung mit 25,0 mL Schwefelsäure, $c(H_2SO_4) = 0{,}\underline{1}$ mol/L versetzt. Der Überschuss an Säure wird mit 14,7 mL Natronlauge-Maßlösung, $\tilde{c}(NaOH) = 0{,}1$ mol/L ($t = 1{,}008$), zurücktitriert. Berechnen Sie den Massenanteil $w(NH_3)$ der Lösung.

15. 1,850 g Kalksteinprobe werden mit 50,0 mL Schwefelsäure-Maßlösung der Äquivalent-Konzentration $\tilde{c}(\frac{1}{2}\,H_2SO_4) = 1$ mol/L ($t = 1{,}012$), versetzt. Das entstehende CO_2 entweicht beim anschließenden Aufkochen. Die nicht verbrauchte Säureportion wird mit 18,9 mL Natronlauge-Maßlösung mit $\tilde{c}(NaOH) = 1$ mol/L ($t = 0{,}9985$) zurücktitriert. Welchen Massenanteil $w(CaCO_3)$ hat der untersuchte Kalkstein?

16. 20,0 mL einer Kaliumchlorid-Lösung verbrauchen bei einer Bestimmung nach MOHR 19,75 mL Silbernitrat-Maßlösung, $\tilde{c}(AgNO_3) = 0,1$ mol/L ($t = 0,989$). Wie groß ist die Massenkonzentration $\beta(KCl)$ der KCl-Lösung?

17. 20,0 mL einer mit Natriumchlorid verunreinigten Zellenlauge werden im Messkolben auf 500 mL aufgefüllt. 20,0 mL der Verdünnung verbrauchen zur Neutralisation 29,5 mL Salzsäure-Maßlösung, $\tilde{c}(HCl) = 0,1$ mol/L ($t = 1,008$). Für die anschließende argentometrische Bestimmung der Chlorid-Ionen werden 25,80 mL Silbernitrat-Maßlösung, $\tilde{c}(AgNO_3) = 0,1$ mol/L ($t = 0,983$), verbraucht. Berechnen Sie die Konzentrationen $\beta(NaOH)$ und $\beta(Cl^-)$ in der untersuchten Lauge.

18. 20,0 mL einer mit Kochsalz verunreinigten Abfall-Salzsäure werden im Messkolben auf 500 mL verdünnt. 25,0 mL der Stammlösung verbrauchen zur Neutralisation 28,15 mL Natronlauge-Maßlösung mit $\tilde{c}(NaOH) = 0,1$ mol/L ($t = 0,979$). Die Chlorid-Ionen in der neutralisierten Lösung verbrauchen 32,25 mL Silbernitrat-Maßlösung der Konzentration $\tilde{c}(AgNO_3) = 0,1$ mol/L ($t = 1,016$). Berechnen Sie die Massenkonzentrationen $\beta(HCl)$ und $\beta(NaCl)$ in der Abfallsäure.

19. Bei der komplexometrischen Bestimmung von Nickel-Ionen werden 20,0 mL Probelösung zu 250 mL aufgefüllt. 25,0 mL der Verdünnung werden mit 20,0 mL EDTA-Maßlösung, $c(EDTA) = 0,0\underline{2}$ mol/L versetzt. Der EDTA-Überschuss verbraucht 12,90 mL Maßlösung der Konzentration $c(MgSO_4) = 0,0\underline{2}$ mol/L. Berechnen Sie die Massenkonzentration an Nickel-Ionen.

20. Zur Bestimmung des Gehalts an Cadmium-Ionen Cd^{2+} werden 20,0 mL Abwasserprobe zu 250 mL Stammlösung aufgefüllt. 50,0 mL der Verdünnung verbrauchen 21,05 mL EDTA-Maßlösung, $\tilde{c}(EDTA) = 0,02$ mol/L ($t = 0,988$). Welche Massenkonzentration $\beta(Cd^{2+})$ hat das Abwasser?

21. Zur komplexometrischen Calciumbestimmung werden 30,0 mL einer Lösung auf 250 mL verdünnt. 50,0 mL der Verdünnung werden mit 10,0 mL Zinksulfat-Lösung $\tilde{c}(ZnSO_4) = 0,05$ mol/L ($t = 0,984$), versetzt. Bei der Titration gegen Erichromschwarz T werden 35,0 mL EDTA-Maßlösung, $c(EDTA) = 0,0\underline{5}$ mol/L verbraucht. Welche Massenkonzentration $\beta(Ca)$ hat die Ausgangslösung?

22. 5,0 mL Wasserstoffperoxidlösung H_2O_2 der Dichte 1,018 g/mL werden in einen Messkolben pipettiert und auf 250 mL aufgefüllt. 25,0 mL dieser Stammlösung verbrauchen bei einer Dreifachbestimmung 22,1 mL, 22,25 mL und 22,2 mL Kaliumpermanganat-Maßlösung der Konzentration $\tilde{c}(KMnO_4) = 0,02$ mol/L ($t = 1,020$). Welche Massenkonzentration $\beta(H_2O_2)$ und welchen Massenanteil $w(H_2O_2)$ hat die untersuchte Lösung?

23. 11,15 g Chlorwasser werden verdünnt und mit Kaliumiodid im Überschuss versetzt. Die freigesetzte Iodportion verbraucht zur Reduktion 22,25 mL Maßlösung der Konzentration $c(Na_2S_2O_3) = 0,\underline{1}$ mol/L. Welchen Massenanteil $w(Cl_2)$ hat das Chlorwasser?

24. Zur Bestimmung des Calciumgehalts werden 50,0 mL Lösung auf 500 mL verdünnt. Aus 50,0 mL Lösung werden die Calcium-Ionen als Calciumoxalat gefällt. Nach dem Lösen des Niederschlages in Schwefelsäure werden für die freigesetzte Oxalsäure 27,3 mL Kaliumpermanganat-Maßlösung, $\tilde{c}(\frac{1}{5}\,KMnO_4) = 0,1$ mol/L ($t = 0,950$), verbraucht. Wie groß ist die Massenkonzentration $\beta(Ca)$ in der Ausgangslösung?

25. 4,00 L schwefeldioxidhaltige Abluft unter Normbedingungen werden durch 100 mL Kaliumpermanganat-Lösung mit $\tilde{c}(\frac{1}{5}\,KMnO_4) = 0,1$ mol/L ($t = 0,950$) geleitet. Welches Volumen an Natriumoxalat-Lösung $c(\frac{1}{2}\,Na_2C_2O_4) = 0,1$ mol/L wird benötigt, um die nicht verbrauchte $KMnO_4$-Lösung zu reduzieren, wenn die Abluft den Volumenanteil $\varphi(SO_2) = 2,10$ % aufweist?

$$5\,SO_2 + 2\,MnO_4^- + 6\,H^+ + 2\,H_2O \longrightarrow 5\,H_2SO_4 + 2\,Mn^{2+}$$

$$5\,C_2O_4^{2-} + 2\,MnO_4^- + 16\,H^+ \longrightarrow 10\,CO_2 + 2\,Mn^{2+} + 8\,H_2O$$

26. Zur Gehaltsbestimmung einer Glycerin-Lösung werden 0,8035 g der Lösung mit Natriumperiodat zu Ameisensäure oxidiert. Bei der anschließenden Titration verbraucht die entstandene Ameisensäure zur vollständigen Neutralisation 19,4 mL Natronlauge-Maßlösung der Konzentration $\tilde{c}(NaOH) = 0,1$ mol/L ($t = 0,977$). Welchen Massenanteil w(Glycerin) hat die Probelösung?

$$C_3H_5(OH)_3 + 2\,NaIO_4 \longrightarrow HCOOH + 2\,HCHO + H_2O + 2\,NaIO_3$$

$$HCOOH + NaOH \longrightarrow HCOONa + H_2O$$

8.3 Maßanalytische Kennzahlen organischer Substanzen

Die maßanalytischen Kennzahlen dienen zur Beschreibung der Qualität, der Zusammensetzung und der Struktur der Bestandteile von Stoffen oder Stoffgemischen, wie die nachfolgende Tabelle zeigt.

Tabelle 1: Wichtige maßanalytische Kennzahlen

Kennzahl, Abkürzung DIN-Norm	**Säurezahl SZ DIN 53 402**	**Verseifungszahl VZ DIN 53 401**	**Esterzahl EZ**	**Hydroxylzahl OHZ DIN 53 240**	**Iodzahl IZ DIN 53 241-1**
Englische Bezeichnung	acid value	saponification value	ester value	hydroxyl value	iodine value
Analysierte Substanzen (Beispiele)	Harze, Öle, Fette, Fettsäuren, Lösemittel, Bindemittel, Weichmacher	Ester in Lösemitteln, Ölen, Fetten, Fettsäuren, Natur- und Kunstharzen,	Fette	Harze, Öle, Lösemittel, Bindemittel, Wachse, Fette	Fette, Öle, Fettsäuren, Natur- und Kunstharze
Zweck der Bestimmung (Beispiele)	Bestimmung des Gehalts an freien Säuren, z. B. Alterungszustand von Fetten, Fettölen	Beurteilung der molaren Masse (Kettenlänge) der gebundenen Fettsäuren	Sichere Bewertung der Verseifungszahl	Kennzeichnung der Reaktivität einer Lackkomponente	Grad der Ungesättigtheit einer Probe, Trocknungsgeschwindigkeit von Filmbildnern
Untersuchte funktionelle Gruppe	R–C(=O)–O–H	R–C(=O)–O–R	–	R–O–H	R_1R_2C=CR_3R_4

Hinweis: Weitere maßanalytische Kennzahlen werden in Kap. 16.5 bei den Beschichtungsstoffen behandelt.

8.3.1 Säurezahl SZ

Die **Säurezahl SZ** (acid value) dient zur Bestimmung des Gehalts an freien organischen Säuren und Säureanhydriden in Fetten, fetten Ölen sowie in Lösemitteln, Bindemitteln (Harze) oder Weichmachern. Die ähnlich definierte **Neutralisationszahl NZ** wird zur Charakterisierung von Mineralfetten und -ölen verwendet. Sie erfasst nicht nur die organischen Säuren, sondern den Gesamtsäuregehalt.

Die Säurezahl SZ ist die Masse an Kaliumhydroxid KOH in Milligramm, die zur Neutralisation von einem Gramm der untersuchten Substanz verbraucht wird.

Die Säurezahl wird in Milligramm KOH pro Gramm Probe angegeben.

Die Säurezahl SZ ist eine wichtige Kennzahl für die Frische bzw. den Alterszustand von Fetten und Fettölen.

Säurezahl
$SZ = \frac{m(KOH)}{m(Probe)}$

Tierische und pflanzliche Fette und Fettöle enthalten im frischen Zustand in der Regel keine freien, unveresterten Säuren. Ältere Fette sind durch Feuchtigkeit unter Einwirkung von Licht und Mikroorganismen teilweise gespalten. Dabei werden Fettsäuren freigesetzt, die Fette werden ranzig. Diese Reaktion bezeichnet man als Verseifung oder Hydrolyse.

Verseifung:
(teilweise Verseifung durch Alterung)

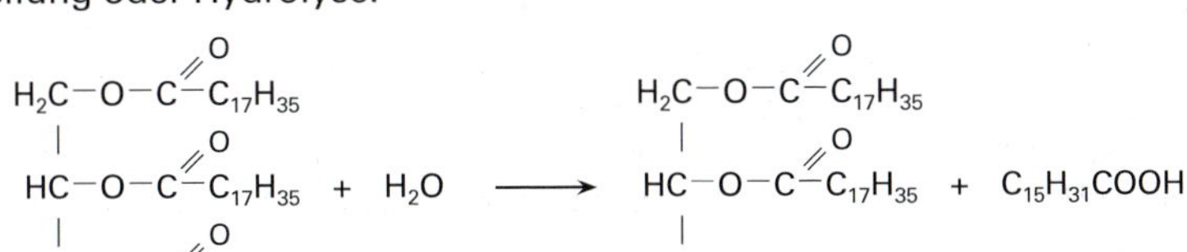

Fett (Triglycerid)

Palmitinsäure, = freie Fettsäure

Zur Bestimmung der Säurezahl wird die eingewogene Fettprobe in Ethanol, bei schwerlöslichen Substanzen unter Zugabe von Toluol bzw. Aceton, gelöst. Die freien Fettsäuren (und Säureanhydride) werden bei der Titration mit Kalilauge-Maßlösung der Konzentration c(KOH) = 0,1 mol/L oder c(KOH) = 0,5 mol/L neutralisiert. Der Endpunkt ist am Farbumschlag von Phenolphthalein bzw. am Potentialsprung, der mit einer pH-Elektrode gemessen werden kann, erkennbar.

Neutralisation: $C_{15}H_{31}COOH + KOH \longrightarrow C_{15}H_{31}COOK + H_2O$

Palmitinsäure — **Kalilauge** — **Kaliumpalmitat** — **Wasser**

Beispiel: 6,157 g Olivenöl werden in 100 g neutralisiertem Ethanol gelöst und mit 18,25 mL ethanolischer Kalilauge, $\tilde{c}(\frac{1}{1}\,KOH) = 0{,}1$ mol/L ($t = 1{,}011$), gegen Phenolphthalein titriert. Wie groß ist die Säurezahl des Öls?

Lösung: Mit $\ddot{A}(KOH) = 5{,}61056$ mg/mL (Tabelle 241/1) folgt:

$$SZ = \frac{m(KOH)}{m(Probe)} = \frac{\ddot{A}(KOH) \cdot V(KOH) \cdot t}{m(Probe)} = \frac{18{,}25\ \text{mL} \cdot 1{,}011 \cdot 5{,}61056\ \text{mg/mL}}{6{,}157\ \text{g}} \approx \mathbf{16{,}8\ \frac{mg\ KOH}{g\ Öl}}$$

Aufgaben zu 8.3.1 Säurezahl SZ

1. 4,859 g Palmkernöl werden in Ethanol gelöst und mit 3,45 mL ethanolischer Kalilauge-Maßlösung, $c(KOH) = 0{,}\underline{1}$ mol/L, gegen Phenolphthalein titriert. Wie groß ist die Säurezahl?
2. 8,177 g Elaidin (Fett der trans-Ölsäure) verbrauchen zur Neutralisation 4,90 mL ethanolische Kalilauge-Maßlösung, $\tilde{c}(KOH) = 0{,}5$ mol/L ($t = 1{,}035$). Ermitteln Sie die maßanalytische Äquivalentmasse $\ddot{A}(KOH)$ für diese Maßlösung und berechnen Sie die Säurezahl des Elaidins.
3. Zur Herstellung eines Oxidationskatalysators (Trockenstoff), der mittels Luftsauerstoff und Licht das Trocknen einer Lackfarbe beschleunigt, soll ein Fettsäuregemisch mit der Säurezahl 310 durch Reaktion mit Blei(II)-oxid PbO vollständig umgesetzt werden. Welche Masse an PbO ist für 85,0 kg Fettsäuregemisch theoretisch erforderlich?

   Reaktion: $2\,R{-}COOH + PbO \longrightarrow (R{-}COO)_2Pb + H_2O$

8.3.2 Verseifungszahl VZ

Die **Verseifungszahl VZ** (saponification value) ist ein Maß für die veresterten, freien oder als Anhydrid vorliegenden Fettsäuren einer Substanz. Sie gibt die Masse Kaliumhydroxid KOH an, die zur vollständigen Verseifung der Ester bzw. Hydrolyse der Anhydride und zur Neutralisation freier Fettsäuren in ein Gramm Probesubstanz erforderlich ist.

Verseifungszahl
$VZ = \frac{m(KOH)}{m(Probe)}$

Die Verseifungszahl wird in Milligramm KOH pro Gramm Probe angegeben.

Zur Bestimmung der Verseifungszahl wird die zu untersuchende Probe mit einem Überschuss an ethanolischer Kalilauge unter Rückfluss erhitzt. Dabei werden alle Esterbindungen im Fett gespalten (verseift). Die *nicht* verbrauchte Kalilauge wird mit Salzsäure-Maßlösung zurücktitriert. Die Probe muss frei von anderen Stoffen sein, die Kalilauge verbrauchen könnte, z. B. Pigmente.

Beim Sieden unter Rückfluss laufen folgende Reaktionen ab:

1. **Hydrolyse** (vollständige Verseifung)

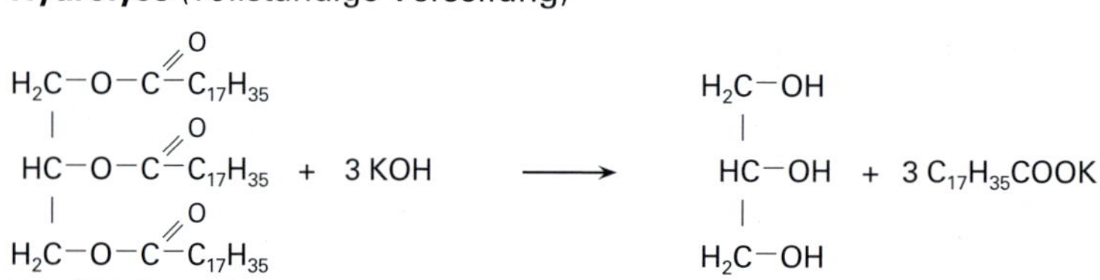

Fett (Triglycerid) **Kalilauge (Überschuss)** **Glycerin** **Kaliumstearat (Seife)**

2. **Neutralisation freier Säuren**:

$C_{17}H_{33}COOH + KOH \longrightarrow C_{17}H_{33}COOK + H_2O$

freie Ölsäure → **Kaliumoleat**

Anschließende Neutralisation überschüssiger Kalilauge durch Titration

$\mathbf{KOH} + HCl \longrightarrow KCl + H_2O$

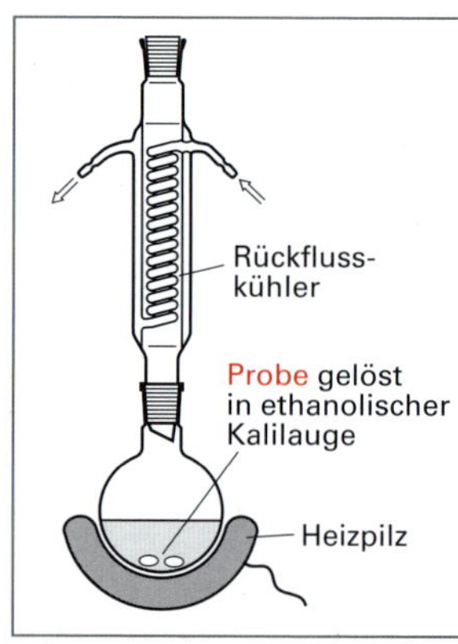

Bild 1: Verseifungsapparatur

Da pro Mol Esterbindung ein Mol KOH benötigt wird, lässt die Verseifungszahl Rückschlüsse auf die Struktur der in der Probesubstanz veresterten Fettsäuren zu. Mit *abnehmender* Kettenlänge der Fettsäuren nimmt die Verseifungszahl *zu*. Sie ist somit ein Maß für die *mittlere molare Masse* der vorhandenen Fettsäuren. In frischen Fetten ist der Anteil freier Fettsäuren unbedeutend.

Zur genauen Ermittlung der Verseifungszahl muss eine *Blindwert*-Bestimmung ohne Substanz durchgeführt werden. Der Blindwert gibt das erforderliche Volumen an Salzsäure-Maßlösung V_b an, um die zur Verseifung eingesetzte Portion an ethanolischer Kalilauge vollständig zu neutralisieren. Der Endpunkt der Titration ist am Farbumschlag von Phenolphthalein oder potentiometrisch erkennbar. Die Differenz aus dem Verbrauch bei der Blindwertbestimmung V_b und aus der Bestimmung der überschüssigen Kalilauge V_p ergibt das zur Verseifung verbrauchte Volumen an Kalilauge an.

Beispiel: 2,305 g Olivenöl werden mit 30,0 mL ethanolischer Kalilauge, $c(\frac{1}{1}\ KOH) = 0,\underline{5}$ mol/L, versetzt und verseift. Die überschüssige Kalilauge wird mit 14,5 mL Salzsäure-Maßlösung, $\tilde{c}(HCl) = 0,5$ mol/L ($t = 1,025$), zurücktitriert. Wie groß ist die Verseifungszahl des Olivenöls?

Lösung: Mit $\ddot{A}(KOH) = 5 \cdot 5,61056$ mg/mL $= 28,053$ mg/mL (Tabelle 251/1) folgt:

$$\mathbf{VZ} = \frac{(V_b - V_p \cdot t(HCl)) \cdot \ddot{A}(KOH)}{m(\text{Probe})} = \frac{(30,0\ \text{mL} - 14,5\ \text{mL} \cdot 1,025) \cdot 28,053\ \text{mg/mL}}{2,305\ \text{g}} \approx \mathbf{193\ \frac{mg\ KOH}{g\ Probe}}$$

Aufgaben zu 8.3.2 Verseifungszahl VZ

1. Zur Bestimmung der Verseifungszahl werden 4,285 g eines Fettes mit 50,0 mL ethanolischer Kalilauge unter Rückfluss erhitzt. Überschüssige Kalilauge verbraucht bei der Rücktitration 22,6 mL Salzsäure-Maßlösung, $\tilde{c}(HCl) = 0,5$ mol/L ($t = 0,986$). Beim Blindversuch verbrauchen 50,0 mL Kalilauge 48,2 mL HCl-Maßlösung. Wie groß ist die Verseifungszahl des Fettes?
2. 1,309 g einer Rapsöl-Lösung werden mit 40,0 mL ethanolischer Kalilauge, $c(KOH) = 0,\underline{1}$ mol/L verseift und überschüssiges KOH mit 28,9 mL Schwefelsäure-Maßlösung, $c(\frac{1}{2}\ H_2SO_4) = 0,\underline{1}$ mol/L zurücktitriert. Berechnen Sie die Verseifungszahl des Rapsöls.
3. 2,158 g Kokosfett werden mit 40,0 mL ethanolischer Kalilauge, $c(KOH) = 0,\underline{5}$ mol/L, verseift. Die überschüssige Kalilauge wird mit 20,15 mL Salzsäure-Maßlösung, $\tilde{c}(\frac{1}{1}\ HCl) = 0,5$ mol/L ($t = 0,990$), gegen Phenolphthalein zurücktitriert. Welche Verseifungszahl hat das Kokosfett?

8.3.3 Esterzahl EZ

Die Differenz aus Verseifungszahl VZ und Säurezahl SZ einer Probe ergibt die **Esterzahl EZ** (ester value). Die Esterzahl wird in Milligramm KOH pro Gramm Substanz angegeben.

Die Esterzahl ist ein Maß für die *mittlere molare Masse* der vorhandenen Fettsäuren. Bei einer hohen Esterzahl ist die Anzahl der zu veresternden Carboxylgruppen in der Probe hoch, die Fettmoleküle enthalten Fettsäuren mit kürzerer Kettenlänge und somit geringerer molarer Masse.

Esterzahl
EZ = VZ − SZ

Beispiel: Die in den Beispielen der Kapitel 8.3.1 und Kapitel 8.3.2 untersuchte Olivenölprobe ergab folgende Kennzahlen: SZ = 16,8 mg KOH/g Öl, VZ = 184 mg KOH/g Öl. Wie groß ist die Esterzahl EZ des Olivenöls?

Lösung: **EZ** = VZ − SZ = 184 mg KOH/g − 16,8 mg KOH/g ≈ **167 mg KOH/g Olivenöl**

Aufgaben zu 8.3.3 Esterzahl EZ

1. Die Bestimmung der Esterzahl einer Probe ergab folgende Titrationsergebnisse: 4,013 g Probe verbrauchten zur vollständigen Neutralisation der freien Säuren 21,5 mL Kalilauge-Maßlösung der Konzentration $c(\frac{1}{1}\ KOH) = 0,5$ mol/L. Weitere 2,104 g der Probe wurden mit 50,0 mL der gleichen Kalilauge verseift und der Laugeüberschuss mit 31,1 mL Salzsäure-Maßlösung, $\tilde{c}(\frac{1}{1}HCl) = 0,5$ mol/L ($t = 1,018$), zurücktitriert. Welche Esterzahl EZ hat die Probe?
2. 5,257 g Leinöl verbrauchen zur Neutralisation 11,5 mL Kalilauge-Maßlösung, $c(\frac{1}{1}\ KOH) = 0,\underline{1}$ mol/L. Weitere 1,018 g des Leinöls werden mit 50,0 mL alkoholischer Kalilauge der Konzentration $c(\frac{1}{1}\ KOH) = 0,\underline{1}$ mol/L verseift. Der Überschuss an Kalilauge verbraucht zur Neutralisation 14,1 mL Salzsäure-Maßlösung, $\tilde{c}(\frac{1}{1}HCl) = 0,1$ mol/L ($t = 0,986$). Berechnen Sie die Verseifungszahl VZ, die Säurezahl SZ und die Esterzahl EZ der Leinölprobe.

8.3.4 Hydroxylzahl OHZ

Die **Hydroxylzahl OHZ** (hydroxyl value) ist ein Maß für die in einer Substanz enthaltenen Hydroxylgruppen. Sie gibt die Masse Kaliumhydroxid KOH an, die der bei der Acetylierung von einem Gramm Probesubstanz gebundenen Menge an Essigsäure äquivalent ist.

Die Hydroxylzahl wird in Milligramm KOH pro Gramm Probe angegeben.

Hydroxylzahl

$$\text{OHZ} = \frac{m(\text{KOH})}{m(\text{Probe})}$$

Die bei Acetylierung ablaufende Reaktion lautet:

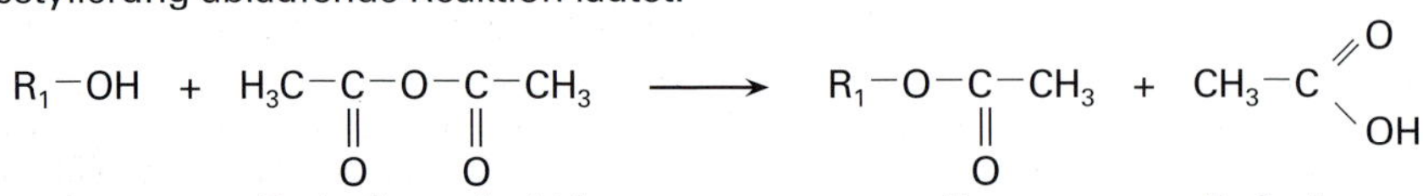

Hydroxylgruppe **Essigsäureanhydrid** **Ester** **Essigsäure**

Die Hydroxylzahl wird zur Beurteilung von Reaktionsharzen, Wachsen, Fetten, Fettölen, Lösemitteln u.a. verwendet, sie wird auch als *Acetylzahl* bezeichnet.

Die Acetylierung der Hydroxylgruppen erfolgt unter genau definierten Reaktionsbedingungen mit einem Essigsäureanhydrid/Pyridin-Gemisch, das der Probe im Überschuss zugesetzt wird. Die Ermittlung des exakten Verbrauchs an Acetylierungsmittel erfolgt durch Rücktitration mit Kalilauge.

Sind in einer Substanz neben den zu ermittelnden OH-Gruppen gleichzeitig Carboxylgruppen enthalten, so wird bei der Rücktitration ein zu hoher Kalilauge-Verbrauch erhalten. Die Säurezahl ist dann ebenfalls zu bestimmen und geht mit in die Berechnung der OHZ-Bestimmung ein.

Wie bei der Bestimmung der Verseifungszahl ist auch bei der Bestimmung der Hydroxylzahl eine *Blindwert*-Bestimmung ohne Probesubstanz durchzuführen. Der Blindwert gibt das Volumen an Kalilauge-Maßlösung an, das erforderlich ist, um das zur Acetylierung eingesetzte Essigsäureanhydrid/Pyridin-Gemisch zu neutralisieren. Die Differenz des Verbrauchs an Kalilauge im Blindversuch V_b und im Hauptversuch V_p dient zur Berechnung der Hydroxylzahl.

Die Hydroxylzahl kann auch als **Hydroxyl-Massenanteil *w*(OH)** oder als **Hydroxylwert** angegeben werden. Letzterer gibt die Stoffmenge der Hydroxylgruppen in Mol an, die in 100 g Probesubstanz enthalten ist, er ist der *Molalität* vergleichbar.

Hydroxylwert

$$b(\text{OH}) = \frac{n(\text{OH})}{m(\text{Probe})}$$

Hydroxyl-Massenanteil

$$w(\text{OH}) = \frac{\text{OHZ} \cdot M(\text{OH})}{M(\text{KOH})}$$

Beispiel: Zur Bestimmung der Hydroxylzahl eines Lösemittelgemisches wurden 2,050 g Probe eingewogen und mit einer genau dosierten Portion eines Gemisches aus Essigsäureanhydrid/Pyridin eine Stunde unter Rückfluss erhitzt, wobei die Acetylierung der Hydroxylgruppen eintritt. Nach Zugabe von Wasser und Abkühlung wird die überschüssige Essigsäure mit 20,8 mL Kalilauge-Maßlösung, $\tilde{c}(\text{KOH}) = 0{,}5$ mol/L ($t = 0{,}992$) zurücktitriert. Im Blindversuch verbrauchte die gleiche Portion des Acetylierungsgemisches 48,8 mL der Kalilauge-Maßlösung.
Zur Bestimmung der Säurezahl verbrauchen 3,988 g Probesubstanz 11,5 mL der gleichen Kalilauge.

a) Wie groß ist die Hydroxylzahl OHZ des Lösemittelgemisches?

b) Wie groß ist der Massenanteil *w*(OH) und der Hydroxylwert *b*(OH) des Lösemittelgemisches?

Lösung: a) Mit $\ddot{A}(\text{KOH}) = 5 \cdot 5{,}61056 \text{ mg/mL} = 28{,}053 \text{ mg/mL}$ (Tabelle 251/1) folgt:

$$\text{SZ} = \frac{\ddot{A}(\text{KOH}) \cdot V(\text{KOH}) \cdot t}{m(\text{Probe})} = \frac{28{,}053 \text{ mg/mL} \cdot 11{,}5 \text{ mL} \cdot 0{,}992}{3{,}988 \text{ g}} \approx 80{,}2 \text{ mg/g}$$

$$\text{OHZ} = \frac{(V_b - V_p) \cdot t \cdot \ddot{A}(\text{KOH})}{m(\text{Probe})} + \text{SZ} = \frac{(48{,}8 \text{ mL} - 20{,}8 \text{ mL}) \cdot 0{,}992 \cdot 28{,}053 \text{ mg/mL}}{2{,}050 \text{ g}} + 80{,}2 \text{ mg/g}$$

$$\mathbf{OHZ} = 380{,}1 \text{ mg/g} + 80{,}2 \text{ mg/g} \approx \mathbf{460 \frac{mg\ KOH}{g\ Probe}}$$

b) $$\boldsymbol{w}\mathbf{(OH)} = \frac{\text{OHZ} \cdot M(\text{OH})}{M(\text{KOH})} = \frac{460{,}3 \text{ mg/g} \cdot 17{,}0073 \text{ g/mol}}{56{,}1056 \text{ g/mol}} = 139{,}53 \text{ mg/g} = 0{,}13953 \text{ g/g} \approx \mathbf{14{,}0\ \%}$$

$$\boldsymbol{b}\mathbf{(OH)} = \frac{\text{OHZ}}{M(\text{KOH})} = \frac{460 \text{ mg/g}}{56{,}1056 \text{ mg/mmol}} = 8{,}1988 \text{ mmol/g} \approx \mathbf{0{,}820 \frac{mol\ OH}{100\ g\ Probe}}$$

Aufgaben zu 8.3.4 Hydroxylzahl OHZ

1. Zur Bestimmung der Hydroxylzahl einer Harzlösung wurden 0,7523 g Probe eingewogen und vollständig acetyliert, überschüssige Essigsäure mit 17,55 mL Kalilauge-Maßlösung, c(KOH) = 0,$\underline{1}$ mol/L, zurücktitriert. Im Blindversuch wurden 37,5 mL Kalilauge verbraucht. Bei der Bestimmung der Säurezahl reagieren 2,6578 g Probe mit 8,55 mL der Kalilauge-Maßlösung. Wie groß ist die Hydroxylzahl OHZ, der Massenanteil w(OH) und der Hydroxylwert b(OH) der Harzlösung?
2. 0,8234 g eines hydroxylgruppenhaltigen Polyesterharzes werden eingewogen und mit Essigsäureanhydrid/Pyridin vollständig acetyliert. Der Essigsäure-Überschuss wird mit 21,2 mL Kalilauge-Maßlösung, $\tilde{c}$(KOH) = 0,1 mol/L (t = 0,987), zurücktitriert. Das Acetylierungsgemisch erfordert im Blindversuch 42,45 mL der gleichen Kalilauge. Bei der Bestimmung der Säurezahl verbrauchen 3,5287 g Harz 12,2 mL der Kalilauge-Maßlösung. Wie groß sind die Hydroxylzahl OHZ, der Massenanteil w(OH) und den Hydroxylwert b(OH) des Polyesterharzes.
3. In 1,2382 g Caprylsäureglycerinester (ein Ester der Octansäure $H_3C-(CH_2)_6-COOH$) wird nach vollständiger Acetylierung die überschüssige Essigsäure mit 22,5 mL Kalilauge-Maßlösung, $\tilde{c}(\frac{1}{1}$ KOH) = 0,1 mol/L (t = 0,9992), zurücktitriert. Beim Blindversuch wurden 23,7 mL der Kalilauge verbraucht. Wird die Spezifikation OHZ < 5 mg KOH pro Gramm Probe eingehalten?
4. Glycerinmonomyristat, ein Monoester aus Myristinsäure $H_3C-(CH_2)_{12}-COOH$ und Glycerin, ist ein wichtiger Bestandteil vieler Kosmetika. Zur Bestimmung der Hydroxylzahl werden 0,8267 g des Esters mit Essigsäureanhydrid/Pyridin acetyliert. Die überschüssige Essigsäure verbraucht bei der Rücktitration 15,7 mL Kalilauge-Maßlösung, c(KOH) = 0,$\underline{5}$ mol/L. Beim Blindversuch verbrauchte die gleiche Portion Acetylierungsgemisch 23,2 mL der Kalilauge.
   Weitere 1,3581 g des Esters werden mit 25,0 mL der Kalilauge verseift, der Lauge-Überschuss mit 15,5 mL Salzsäure-Maßlösung, $\tilde{c}(\frac{1}{1}$ HCl) = 0,5 mol/L (t = 1,009) zurücktitriert. Berechnen Sie die Hydroxylzahl, den Hydroxyl-Massenanteil und die Verseifungszahl des Esters.

8.3.5 Iodzahl IZ

Die **Iodzahl IZ** (iodine value, Verfahren nach WIJS) ist ein Maß für die in der Probesubstanz enthaltenen C = C-Doppelbindungen, sie kennzeichnet den Grad der Ungesättigtheit. Die Iodzahl gibt die Masse Iod in Gramm an, die von 100 g Probesubstanz addiert wird.

Iodzahl
$IZ = \frac{m(\text{Iod})}{m(\text{Probe})}$

Die Iodzahl dient zur Beurteilung von Fettsäuren, Fetten, Fettölen, Natur- und Kunstharzen, Styrol- und Styrolderivaten sowie von Lösemitteln.

Bei *Nahrungsfetten* ist die Iodzahl ein Maß für den Gehalt an *ungesättigten Fettsäuren* im untersuchten Fett oder Fettöl. Je größer die Iodzahl, desto höher der Anteil ungesättigter Fettsäuren. Dieser beeinflusst entscheidend die physikalischen (Erweichungspunkt) und physiologischen Eigenschaften eines Fettes. Bei *Alkydharzen* haben die C = C-Doppelbindungen entscheidenden Einfluss auf das Trocknungsvermögen und die Möglichkeit der Copolymerisation mit anderen Substanzen.

Zur Bestimmung der Iodzahl lässt man eine genau dosierte Portion Iod im Überschuss eine bestimmte Zeit auf die Probesubstanz einwirken. Ein Teil des Iods wird an die C = C-Doppelbindungen addiert:

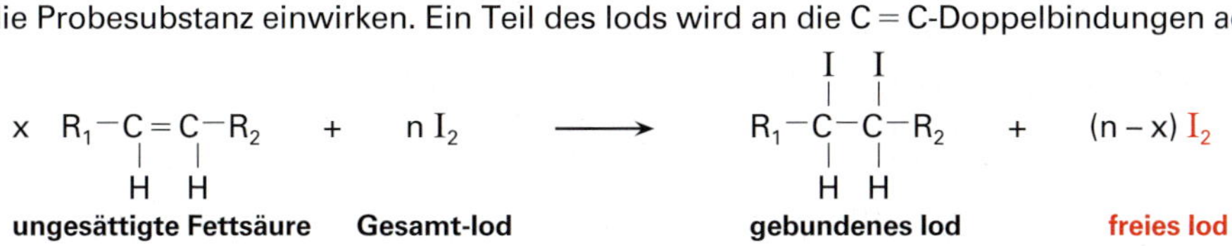

Das **nicht** addierte, freie Iod wird mit Natriumthiosulfat-Maßlösung gegen Stärke als Indikator bis zum ersten Verschwinden der Blaufärbung zurücktitriert (Verbrauch V_p).

$$2\,S_2O_3^{2-} + I_2 \xrightarrow{\text{Stärke}} S_4O_6^{2-} + 2\,I^-$$

In ähnlicher Weise wird ein Blindversuch mit den gleichen Reagenzportionen, aber **ohne** Probeneinwaage, durchgeführt (Verbrauch V_b). Aus der Differenz $V_b - V_p$ kann die addierte Iod-Portion errechnet werden. Die Stoffmengenbilanz lautet: 1 mol C = C-Bindungen addiert 1 mol Iod I_2 ≙ 253,809 g Iod.

Die möglichen Methoden zur Bestimmung der Iodzahl unterscheiden sich durch die Reaktivität der Additionskomponente. Mit dem Ergebnis ist auch **immer** die angewandte Methode anzugeben.

Beispiel: Zur Bestimmung der **Iodzahl nach Wijs** werden 121,3 mg Leinöl mit 50,0 mL Wijs-Lösung (Iodtrichlorid und Iod in Essigsäure gelöst) versetzt und nach dem vollständigen Lösen der Probe eine Stunde im Dunkeln bei 20 °C stehen gelassen **(Bild 1)**.

Nach Zugabe von 20 mL Kaliumiodid-Lösung, $w(\text{KI}) = 10\,\%$, und 150 mL Wasser wird das überschüssige Iod unter kräftigem Rühren mit Natriumthiosulfat-Maßlösung der Konzentration $\tilde{c}(\frac{1}{1}\text{Na}_2\text{S}_2\text{O}_3)$ = 0,1 mol/L (t = 0,983) gegen Stärke als Indikator zurücktitriert.

Der Verbrauch bis zur Entfärbung beträgt 22,85 mL Maßlösung.

Beim Blindversuch mit den gleichen Reagenzportionen (ohne Probe) wurden 40,50 mL der Natriumthiosulfat-Maßlösung verbraucht.

Welche Iodzahl hat das Leinöl?

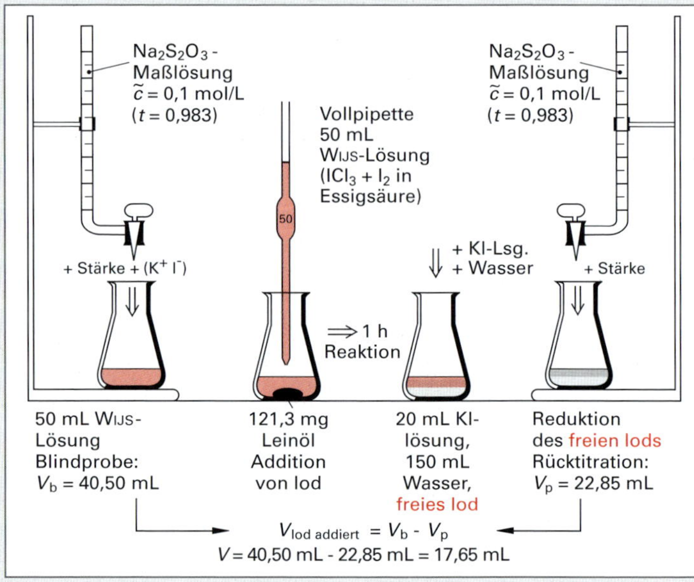

Bild 1: Bestimmung der Iodzahl nach Wijs (DIN 53214-1, Beispiel)

Lösung:

Mit $\ddot{A}(\text{I})$ = 12,6904 mg/mL folgt:

$$\text{IZ} = \frac{m(\text{I})}{m(\text{Probe})}; \quad \text{mit} \quad m(\text{I}) = (V_b - V_p) \cdot t \cdot \ddot{A}(\text{I}) \quad \text{folgt:}$$

$$\text{IZ} = \frac{(V_b - V_p) \cdot \ddot{A}(\text{I}) \cdot t}{m(\text{Probe})} = \frac{(40{,}50\text{ mL} - 22{,}85\text{ mL}) \cdot 12{,}6904\text{ mg/mL} \cdot 0{,}983}{121{,}3\text{ mg}} = 1{,}81515\text{ mg/mg}$$

$$\textbf{IZ} \approx \textbf{182}\ \frac{\textbf{g Iod}}{\textbf{100 g Probe}}$$

Aufgaben zu 8.3.5 Iodzahl IZ

1. Zur Iodzahlbestimmung von Sonnenblumenöl verbrauchen 0,1395 g Probe 16,35 mL Natriumthiosulfat-Maßlösung, $c(\frac{1}{1}\text{Na}_2\text{S}_2\text{O}_3)$ = 0,1 mol/L. Beim Blindversuch beträgt der Verbrauch 30,7 mL der Maßlösung. Welche Iodzahl hat das untersuchte Öl?
2. Von Sojaöl wird die Iodzahl bestimmt. 0,1748 g Probe werden mit 19,1 mL Natriumthiosulfat-Maßlösung, $\tilde{c}(\text{Na}_2\text{S}_2\text{O}_3)$ = 0,1 mol/L (t = 0,986) titriert. Bei der Blindprobe werden 35,6 mL Maßlösung verbraucht. Berechnen Sie die Iodzahl des Sojaöls.
3. Zur Iodzahlbestimmung nach **Kaufmann** (in der Regel nur bei Fetten und Ölen eingesetzt) werden 0,1537 g Leinöl eingewogen und mit methanolischer Bromlösung im Überschuss zur Reaktion gebracht. Nach Zugabe von KI-Lösung wird das freie Iod mit 16,9 mL Maßlösung, $\tilde{c}(\text{Na}_2\text{S}_2\text{O}_3)$ = 0,1 mol/L (t = 0,989), zurücktitriert. Beim Blindversuch beträgt der Verbrauch 38,7 mL Maßlösung. Wie groß ist die Iodzahl des untersuchten Leinöls?
4. 0,1120 g einer ungesättigten Verbindung mit einer molaren Masse von 120 g/mol werden eingewogen und mit 50,0 mL Iod-Lösung, $c(\frac{1}{2}\ \text{I}_2)$ = 0,1 mol/L, versetzt. Zur Rücktitration des unverbrauchten Iods werden 24,8 mL Natriumthiosulfat-Maßlösung, $\tilde{c}(\text{Na}_2\text{S}_2\text{O}_3)$ = 0,05 mol/L (t = 1,018), benötigt. Wie viele Doppelbindungen enthält 1 Molekül der untersuchten Verbindung?
5. Ein pflanzliches Öl enthält neben verschiedenen gesättigten Fettsäuren auch Ölsäure $C_{17}H_{33}COOH$. Der durchschnittlichen Massenanteil beträgt $w(\text{Ölsäure})$ = 83,5 %. Wie groß ist die theoretische Iodzahl dieses pflanzlichen Öls?

Gemischte Aufgaben zu 8.3 Maßanalytische Kennzahlen organischer Substanzen

1. Erstellen Sie mit Hilfe eines Tabellenkalkulationsprogramms eine allgemeine Eingabemaske zur Auswertung von Bestimmungen der Säure-, Verseifungs-, Ester- und Iodzahl. Überprüfen Sie.

2. 4,815 g Erdnussöl verbrauchen in Ethanol gelöst zur Neutralisation 8,95 mL ethanolische Kalilauge-Maßlösung $\tilde{c}(KOH) = 0{,}05$ mol/L, $t = 1{,}010$. Berechnen Sie die Säurezahl des Erdnussöls.

3. Zur Herstellung eines Trockenstoffes soll ein Fettsäuregemisch mit der Säurezahl 280 durch Reaktion mit Blei(II)-oxid vollständig neutralisiert werden. Welche Masse an Blei(II)-oxid ist für 150 kg Fettsäuregemisch theoretisch einzusetzen?

   Reaktion: $2\,R{-}COOH + PbO \longrightarrow (R{-}COO)_2Pb + H_2O$

4. 1,498 g Rapsöl werden mit 25,0 mL alkoholischer Kalilauge, $c(KOH) = 0{,}\underline{5}$ mol/L verseift. Überschüssige Kalilauge wird mit 15,7 mL Salzsäure-Maßlösung, $\tilde{c}(HCl) = 0{,}5$ mol/L ($t = 0{,}997$), zurücktitriert. Berechnen Sie die Verseifungszahl des Rapsöls.

5. 3,981 g einer ranzigen Fettprobe erfordern zur Neutralisation der freien Fettsäuren 6,25 mL Kalilauge-Maßlösung, $c(KOH) = 0{,}\underline{1}$ mol/L. 0,987 g des gleichen Fettes werden anschließend mit 50,0 mL ethanolischer Kalilauge, $c(KOH) = 0{,}\underline{1}$ mol/L unter Rückfluss gekocht und verseift. Die überschüssige Kalilauge wird mit 20,65 mL Salzsäure-Maßlösung, $\tilde{c}(HCl) = 0{,}1$ mol/L ($t = 0{,}987$), neutralisiert. Berechnen Sie Säurezahl, Verseifungszahl und Esterzahl des Fettes.

6. 5,134 g Leinöl verbrauchen zur Neutralisation 2,45 mL Kalilauge-Maßlösung, $c(KOH) = 0{,}\underline{5}$ mol/L. 1,620 g des Leinöls werden mit 25,0 mL ethanolischer Kalilauge-Maßlösung der gleichen Konzentration verseift. Überschüssige Lauge wird mit 12,9 mL Salzsäure-Maßlösung, $c(HCl) = 0{,}\underline{5}$ mol/L zurücktitriert. Bei der Blindwert-Bestimmung verbrauchen 25,0 mL Kalilauge 24,2 mL der Salzsäure-Maßlösung. Welche Säure-, Verseifungs- und Esterzahl hat das Leinöl?

7. In einem Gemisch, das neben Ricinolsäure (12-Hydroxy-9-octadecensäure, $C_{18}H_{34}O_3$) keine anderen Säuren enthält, ist der Gehalt an freier Ricinolsäure zu bestimmen. Zur Bestimmung werden 3,3281 g des Gemisches eingewogen und mit 19,32 mL Kalilauge, $c(KOH) = 0{,}\underline{5}$ mol/L, titriert. Welche Säurezahl und welchen Massenanteil an freier Ricinolsäure hat das Gemisch?

8. 1,005 g Glycerindioleat, ein Diglycerid der Ölsäure (cis-Octadecensäure $C_{17}H_{33}COOH$), wird vollständig acetyliert. Das Acetylierungsgemisch verbraucht 41,0 mL Kalilauge-Maßlösung, $\tilde{c}(KOH) = 0{,}5$ mol/L ($t = 0{,}989$), die überschüssige Essigsäure aus der Acetylierung 37,4 mL der Kalilauge. Nach vollständiger Verseifung von 1,556 g des Oleats mit 25,0 mL der Kalilauge wird die überschüssige Lauge mit 14,6 mL Salzsäure-Maßlösung, $\tilde{c}(HCl) = 0{,}5$ mol/L ($t = 0{,}991$) zurücktitriert. Welche Hydroxylzahl und welche Verseifungszahl hat das Oleat?

9. 0,8826 g eines OH-gruppenhaltigen Polyesterharzes werden mit Essigsäureanhydrid/Pyridin vollständig acetyliert. Der Essigsäure-Überschuss wird mit 22,1 mL Kalilauge-Maßlösung, $\tilde{c}(KOH) = 0{,}1$ mol/L ($t = 0{,}982$), zurücktitriert. Das Acetylierungsgemisch erfordert im Blindversuch 43,4 mL der Kalilauge. Bei der Bestimmung der Säurezahl verbrauchen 3,5187 g Polyesterharz 12,8 mL der Kalilauge-Maßlösung. Wie groß ist die Hydroxylzahl OHZ, der Massenanteil $w(OH)$ und der Hydroxylwert des Polyesterharzes?

10. 156 mg Speisefett werden in Ethanol gelöst. Nach der Addition von Brom und Zugabe von Kaliumiodid-Lösung wird das freigesetzte Iod mit 32,1 mL Natriumthiosulfat-Maßlösung, $\tilde{c}(Na_2S_2O_3) = 0{,}1$ mol/L ($t = 1{,}012$) gegen Stärke bis zur Entfärbung titriert. Bei der Blindprobe werden 41,6 mL der Maßlösung verbraucht. Welche Iodzahl hat das untersuchte Speisefett?

11. Leinöl hat eine mittlere Iodzahl von 180. Wie groß ist die Iodzahl eines Alkydharzes, wenn an dessen Aufbau nur Leinöl mit dem Massenanteil $w(\text{Leinöl}) = 55{,}6\ \%$ beteiligt ist?

12. Ein ölmodifiziertes Alkydharz enthält Ricinenöl, ein durch Dehydrierung von Ricinusöl gewonnenes Öl mit der Iodzahl 130. Das Alkydharz hat die Iodzahl 65. Wie groß ist der Massenanteil $w(\text{Ricinenöl})$ im untersuchten Alkydharz?

13. Welche theoretische Iodzahl hat reine Linolsäure $C_{18}H_{32}O_2$? Struktur der Linolsäure:

    $CH_3{-}(CH_2)_4{-}CH{=}CH{-}CH_2{-}CH{=}CH{-}(CH_2)_7{-}COOH$

8.4 Maßanalytische Bestimmungen mit elektrochemischen Methoden

Der Endpunkt einer Titration, der Äquivalenzpunkt, kann durch den Farbumschlag von Indikatoren oder durch Messung geeigneter elektrischer Größen ermittelt werden. Dies können unter anderem die Änderung der Potentialdifferenz zwischen zwei Halbelementen (Potentiometrie), die Änderung der elektrischen Leitfähigkeit (Konduktometrie) oder die Änderung der Stromstärke sein (Polarografie).

Diese Methoden werden eingesetzt, wenn der Farbumschlag von Indikatoren nicht erkennbar oder die Äquivalenzpunkterkennung erschwert ist. Im Gegensatz zur Indikatormethode, die nur exakt den Äquivalenzpunkt erfasst, erhält man bei der Potentiometrie und der Konduktometrie ein kontinuierliches Bild des Titrationsverlaufes in Form einer grafischen Darstellung. Die elektrochemischen Messmethoden ermöglichen insbesondere die Automatisierung von Titrationsverfahren und dadurch den Einsatz zur Überwachung und Steuerung chemischer Prozesse.

8.4.1 Potentiometrische Neutralisationstitrationen

Die **Potentiometrie** (potentiometry) ist eine häufig angewandte elektrochemische Messmethode in der Analytik, vor allem für die Messung des pH-Wertes. Die Potentiometrie kann aber unter anderem auch bei Fällungstitrationen und bei Redox-Titrationen eingesetzt werden. Messungen von Potentialdifferenzen werden mit einer Messkette, bestehend aus einer Bezugselektrode (Referenzelektrode) mit festgelegtem Potential und einer Messelektrode (Indikatorelektrode) mit konzentrationsabhängigem Potential durchgeführt (vergl. Kap. 12.3, Seite 378).

Messungen von pH-Werten erfolgen üblicherweise mit Einstab-Glaselektroden, die Bezugs- und Messelektrode in einem Messfühler vereinigen **(Bild 1)**.

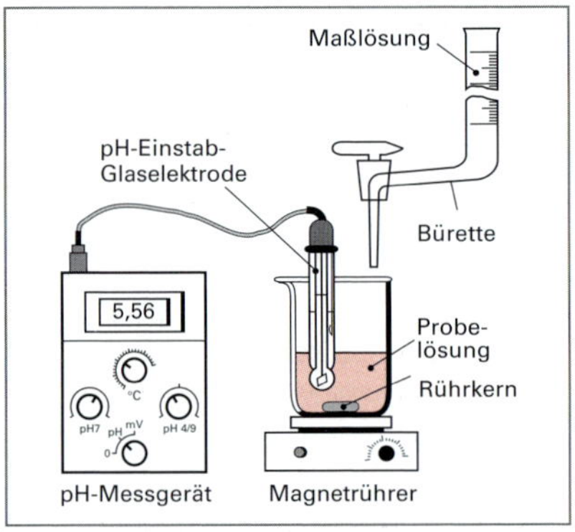

Bild 1: pH-Messung bei einer Neutralisationstitration

Titration starker und schwacher Säuren und Basen

Wird bei einer Säure-Base-Titration der Verbrauch an Maßlösung gegen den jeweiligen pH-Wert der Probelösung in ein Koordinatensystem eingetragen, so erhält man eine Titrationskurve. Damit kann der Äquivalenzpunkt ermittelt oder ein geeigneter Indikator ausgewählt werden. Der Äquivalenzpunkt liegt im Wendepunkt der Titrationskurve. Hier hat sie die maximale Steigung.

Die Messreihen der nachfolgenden Titrationsbeispiele wurden mit einem Computerprogramm errechnet und in die abgebildeten Grafiken umgesetzt.

Beispiel 1: Titration einer starken Säure mit einer starken Base

10 mL Salzsäure der Konzentration, $c(HCl)$ = 0,1 mol/L werden mit Natronlauge-Maßlösung, $c(NaOH)$ = 0,1 mol/L, titriert **(Bild 2)**.

Reaktion: $HCl_{(aq)} + NaOH_{(aq)} \longrightarrow NaCl_{(aq)} + H_2O_{(l)}$

Die Titrationskurve beginnt im stark sauren Bereich, da Salzsäure als starke Säure vollständig dissoziiert vorliegt. Der pH-Wert steigt zunächst nur sehr geringfügig, ab pH 3 stärker und in der Nähe des Äquivalenzpunktes sprunghaft an.

Nach dem Äquivalenzpunkt ist der pH-Anstieg wieder gering, um schließlich einem Grenzwert entgegen zu streben. Bei der Titration einer starken einprotonigen Säure hat die Lösung im Äquivalenzpunkt den Wert pH = 7, er wird deshalb auch als Neutralpunkt bezeichnet.

Die geringe Anfangssteigung der Titrationskurve erklärt sich aus der logarithmischen Skala des pH-Wertes. Die Konzentration $c(H_3O)^+$ muss auf 1/10 der Anfangskonzentration verringert werden, damit der pH-Wert vom Anfangswert pH 1 auf pH 2 steigt.

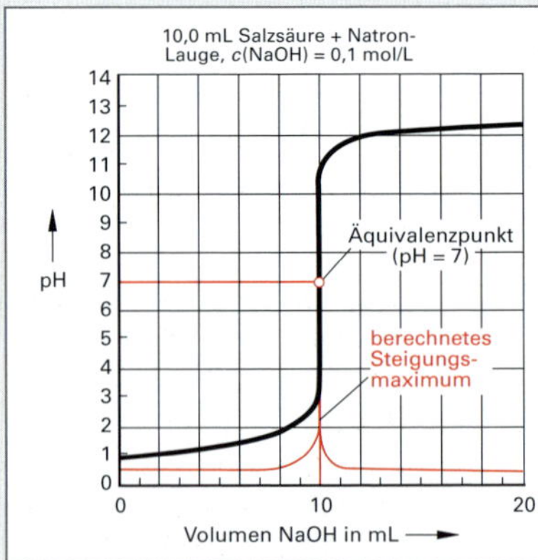

Bild 2: Titrationskurve einer starken Säure mit einer starken Base (mit Steigungskurve)

Dazu ist ein Zusatz von 9 mL Maßlösung erforderlich (90 % der H_3O^+-Ionen sind neutralisiert). Für einen Anstieg auf pH 3 muss die Konzentration $c(H_3O^+)$ wiederum auf 1/10 verringert werden: Das bewirkt eine Zugabe von 0,9 mL Maßlösung (99 % der H_3O^+-Ionen sind neutralisiert). Bis pH 4 sind mit weiteren 0,09 mL 99,9 % der H_3O^+-Ionen neutralisiert. Bei pH 7 liegt nur noch der Anteil an H_3O^+-Ionen aus der Eigenprotolyse des Wassers vor.

Bis pH 7 verringert sich das Volumen an Maßlösung für den Anstieg um eine pH-Einheit jeweils um den Faktor 1/10. Deshalb bewirkt nahe dem Äquivalenzpunkt schon ein geringer Zusatz an Maßlösung eine starke pH-Änderung.

Ermittlung des Äquivalenzpunktes

Aus der Titrationskurve ist ersichtlich, welcher Indikator für die Erkennung des Äquivalenzpunktes (equivalent point) geeignet ist. Er muss im Bereich der sprunghaften pH-Änderung seine Farbe ändern. Bei der Titration starker Säuren mit starken Basen muss sein Umschlagbereich zwischen pH 4 und pH 10 liegen.

Der Äquivalenzpunkt kann mit Hilfe von Computerprogrammen ermittelt werden, welche die Steigung der Kurve errechnen (Bild 270/2). Der Äquivalenzpunkt findet sich im Steigungsmaximum.

In Beispiel 2 **(Bild 1)** wurde eine zeichnerische Lösung angewandt. Dabei werden zwei parallele Tangenten an den Kurvenradius gelegt. Der Äquivalenzpunkt findet sich als Schnittpunkt der zugehörigen Mittelparallelen mit der Titrationskurve.

Beispiel 2: Titration schwacher Säure mit starker Base

10,0 mL Essigsäure, $c(CH_3COOH) = 0,\underline{1}$ mol/L werden mit Natronlauge-Maßlösung, $c(NaOH) = 0,1$ mol/L titriert (Bild 1).

Reaktion: $CH_3COOH_{(aq)} + NaOH_{(aq)} \longrightarrow CH_3COONa_{(aq)} + H_2O_{(l)}$

Die Titrationskurve der Essigsäure beginnt im Vergleich zur Kurve der Salzsäure auf der Ordinate bei einem höheren pH-Wert: Essigsäure liegt als schwache Säure nur teilweise protolysiert vor, die Anfangskonzentration $c(H_3O^+)$ ist geringer. Der pH-Wert steigt auch hier zunächst nur relativ langsam, im Bereich des Äquivalenzpunktes dagegen wieder sprunghaft an. Im Äquivalenzpunkt sind alle dissoziierten Protonen der Essigsäuremoleküle durch Hydroxid-Ionen der Natronlauge neutralisiert.

Der Äquivalenzpunkt liegt allerdings, wie bei allen Titrationen *schwacher Säuren* mit *starken Basen*, nicht im Neutralpunkt pH 7, sondern ist in den *basischen* Bereich verschoben. Ursache ist der basische Charakter der entstehenden Acetat-Ionen CH_3COO^- ($pK_B = 9,24$).

Ein geeigneter Indikator muss seinen Umschlagbereich zwischen pH 8 und pH 10 haben, hier hat die Kurve ihren Potentialsprung. Im Bereich nach dem Äquivalenzpunkt ist der Kurvenverlauf deckungsgleich mit der HCl-Bestimmung, da die gleiche Maßlösung verwendet wurde.

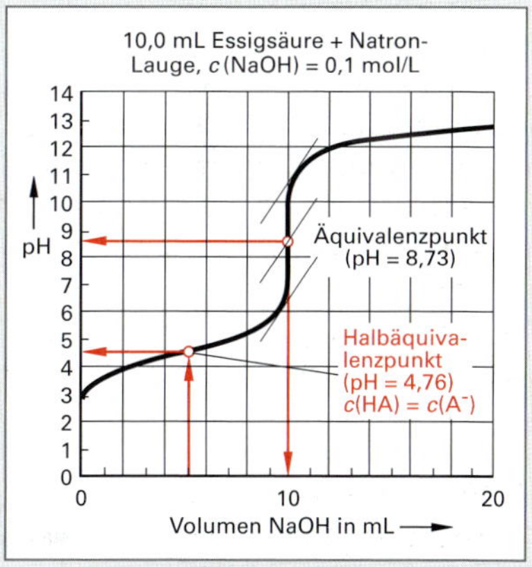

Bild 1: Titrationskurve einer schwachen Säure mit starker Base

Säurekonstanten schwacher Säuren

Die pH-Werte der Titration von Essigsäure mit Natronlauge im Bereich bis zum Äquivalenzpunkt können mit Hilfe des Massenwirkungsgesetz und der Säurekonstante der Essigsäure (Ethansäure) $K_S(CH_3COOH) = 1,75 \cdot 10^{-5}$ mol/L errechnet werden:

$$K_S = \frac{c(H_3O^+) \cdot c(CH_3COO^-)}{c(CH_3COOH)}$$

Durch Umformen nach $c(H_3O^+)$ und anschließendes Logarithmieren erhält man:

$$pH = pK_S - \lg \frac{c(CH_3COOH)}{c(CH_3COO^-)}$$

Sind 10 % aller Essigsäuremoleküle neutralisiert, liegt in der Lösung ein Verhältnis der Säuremoleküle zu den Acetat-Ionen von 9:1 vor. Für den pH-Wert gilt dann:

$$pH = 4,76 - \lg 9 = 3,81$$

Im **Halbäquivalenzpunkt**, d.h. nach Zugabe des halben Natronlauge-Volumens bis zum Äquivalenzpunkt, sind 50 % aller Essigsäuremoleküle neutralisiert, das Stoffmengenverhältnis Säuremoleküle zu Acetat-Ionen beträgt $c(HA) = c(A^-)$.

Für diesen Punkt gilt $pH = pK_S = 4,76$ (Lösung in Bild 1).

Im Halbäquivalenzpunkt schwacher Säuren gilt:

$$pH = pK_S - \lg 1$$

$$pH = pK_S$$

Aus der Titrationskurve *schwacher* Säuren kann somit der pK_S-Wert der Säure bestimmt werden (Bild 1), aus der Titrationskurve *schwacher* Basen der pK_B-Wert der titrierten Base.

Aufgaben zu 8.4.1 Potentiometrische Neutralisationstitrationen

1. **Bild 1** zeigt den Verlauf einer potentiometrischen Bestimmung von 10,0 mL Ammoniak-Lösung mit Salzsäure-Maßlösung, $c(\text{HCl}) = 0{,}\underline{1}$ mol/L.
   a) Beschreiben Sie den Titrationsverlauf, begründen Sie den Unterschied zu den Kurven in Bild 280/2 und 281/1.
   b) Formulieren Sie die Reaktionsgleichung, berechnen Sie die Massenkonzentration $\beta(NH_3)$.
   c) Ermitteln Sie aus dem Diagramm den pK_S-Wert des Ammonium-Ions NH_4^+.

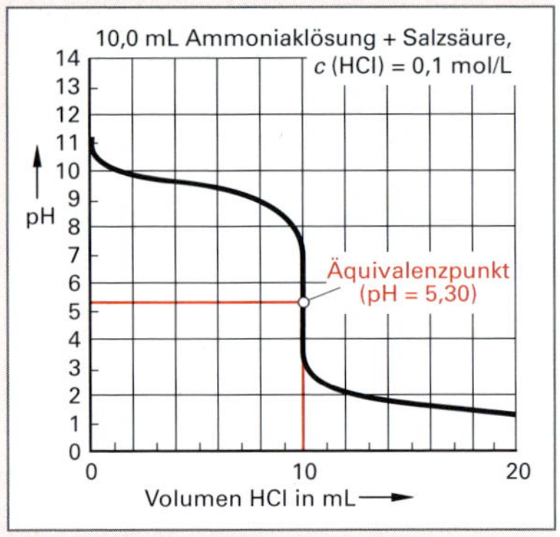

Bild 1: Titrationskurve einer schwachen Base mit starker Säure

2. **Bild 2** zeigt den Titrationsverlauf einer potentiometrischen Bestimmung von 10,0 mL Na_2CO_3-Lösung und Salzsäure $c(\text{HCl}) = 0{,}\underline{1}$ mol/L.
   a) Beschreiben Sie den Titrationsverlauf, begründen Sie die Lage der Äquivalenzpunkte mit Hilfe der Reaktionsgleichungen.
   b) Berechnen Sie die Massenkonzentration $\beta(Na_2CO_3)$ in der Ausgangslösung.
   c) Ermitteln Sie aus dem Diagramm die pK_S-Werte der Kohlensäure H_2CO_3.

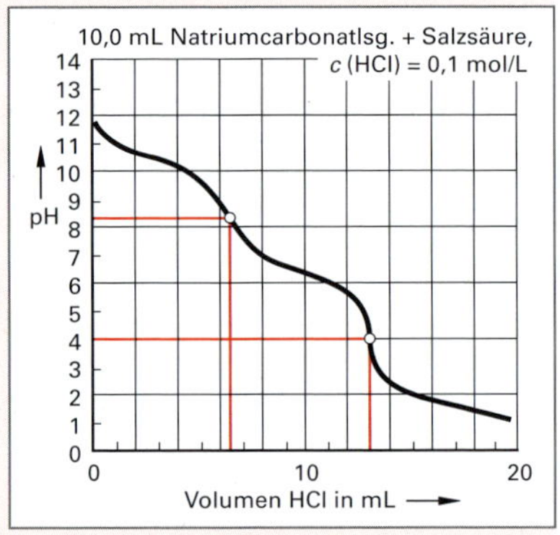

Bild 2: Titrationskurve von Soda-Lösung mit Salzsäure

3. 10 mL Oxalsäure werden potentiometrisch mit Natronlauge, $c(\text{NaOH}) = 0{,}\underline{1}$ mol/L, titriert ($pK_{S1} = 1{,}24$, $pK_{S2} = 5{,}17$).
   a) Berechnen Sie den Anfangs-pH-Wert der Säure-Lösung, bei einer Konzentration $c(\text{Säure}) = 0{,}10$ mol/L.
   b) Skizzieren Sie den zu erwartenden Titrationsverlauf, kennzeichnen Sie alle bekannten Punkte der Kurve.

4. 10,0 mL Propansäure-Probe C_2H_5COOH wurden mit Natronlauge-Maßlösung, $c(\text{NaOH}) = 0{,}\underline{1}$ mol/L, titriert.
   Dabei wurden folgende Messwerte erhalten:

mL NaOH	0	1	2	3	4	5	6	7	8	9	10	11	12	13	14	15	16	17
pH-Wert	2,9	3,8	4,2	4,4	4,6	4,7	4,9	5,0	5,2	5,3	5,6	5,9	8,8	11,6	11,9	12,1	12,2	12,3

   a) Formulieren Sie die Reaktionsgleichung.
   b) Zeichnen Sie ein Titrationsdiagramm und bestimmen Sie den Äquivalenzpunkt.
   c) Ermitteln Sie die Massenkonzentration $\beta(C_2H_5COOH)$.
   d) Ermitteln Sie den pK_S-Wert der untersuchten Säure. Vergleichen Sie mit dem Tabellenwert.

5. 10,0 mL Phosphorsäure-Lösung H_3PO_4 werden mit Natronlauge-Maßlösung $c(\text{NaOH}) = 0{,}\underline{1}$ mol/L titriert. Erhaltene Messwerte:

mL NaOH	0	1	2	3	4	5	6	7	8	9	10	11	12	13
pH-Wert	1,55	1,67	1,79	1,90	2,03	2,16	2,30	2,48	2,70	3,07	5,32	6,32	6,65	6,87
mL NaOH	14	15	16	17	18	19	20	21	22	23	24	25	26	27
pH-Wert	7,06	7,24	7,42	7,62	7,87	8,29	10,5	11,2	11,5	11,7	11,8	11,9	12,0	12,0

   a) Formulieren Sie die Reaktionsgleichungen.
   b) Zeichnen Sie ein Titrationsdiagramm und ermitteln Sie die Massenkonzentration $\beta(H_3PO_4)$.
   c) Ermitteln Sie die pK_S-Werte der Säure. Vergleichen Sie mit den Tabellenwerten von Seite 226.

6. Warum kann der pK_S-Wert von starken Säuren nicht durch eine Halbtitration ermittelt werden?
   (Bei diesem Verfahren wird ein bestimmtes Säurevolumen gegen einen Indikator mit Lauge bis zum Äquivalenzpunkt titriert. Zu einer zweiten, gleich großen Portion Säure, wird dann nur die Hälfte des beim ersten Versuches verbrauchten Laugevolumens zugesetzt und der pH-Wert der nicht austitrierten Probe gemessen.)

8.4.2 Leitfähigkeitstitrationen (Konduktometrie)

Die Messung der elektrischen Leitfähigkeit von Elektrolytlösungen beruht auf der Messung der Stromstärke I zwischen zwei Elektroden in einer Elektrolytlösung **(Bild 1)**. Aus der gemessenen Stromstärke wird die Elektrolyt-Leitfähigkeit $\varkappa$ (griech. Kleinbuchstabe Kappa, S. 374) berechnet. Praxis-Messungen werden mit Wechselstrom durchgeführt, weil hier die Konzentrationspolarisierung an den Elektroden entfällt.

Für Elektrolyte besteht ein charakteristischer Zusammenhang zwischen Elektrolyt-Leitfähigkeit und Konzentration. Somit können Konzentrationen direkt über die Elektrolyt-Leitfähigkeit bestimmt werden. Diese Art der Messung wird vor allem zur Betriebsüberwachung chemischer Anlagen angewandt, z.B. für entsalztes Wasser und Kesselspeisewasser.

Die Messung der Elektrolyt-Leitfähigkeit ist aber auch zur Endpunktbestimmung bei Neutralisations- und Fällungstitrationen geeignet (Bild 1). Das Verfahren wird als **Leitfähigkeitstitration** oder **Konduktometrie** (conductimetry) bezeichnet. Sie wird vor allem eingesetzt, wenn der Farbumschlag von Indikatoren bei farbigen oder getrübten Lösungen nicht erkennbar ist.

In einem Diagramm wird die Änderung der Elektrolyt-Leitfähigkeit (oder der Stromstärke) gegen das zugefügte Volumen an Maßlösung aufgetragen **(Bild 2)**. Der Titrationsendpunkt (Äquivalenzpunkt) liegt im Leitfähigkeitsminimum.

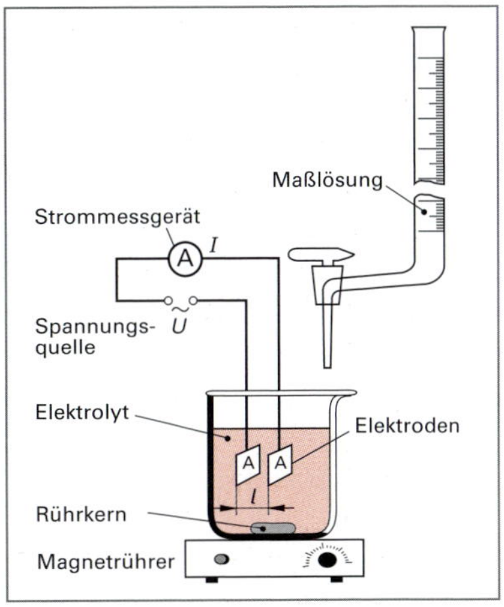

Bild 1: Aufbau zur Durchführung der Konduktometrie

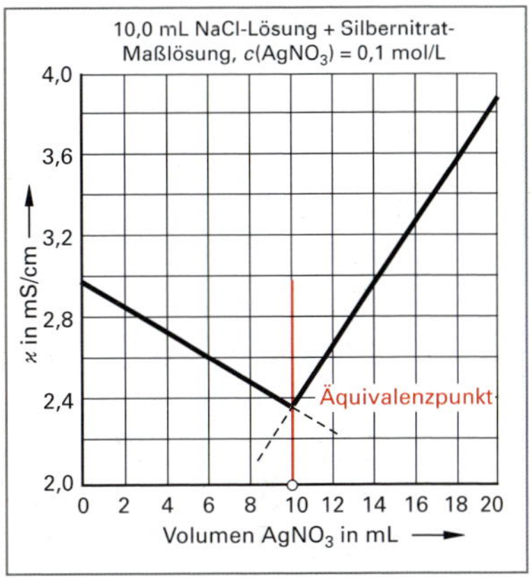

Bild 2: Leitfähigkeitsänderung bei einer Fällungstitration

Beispiel 1: Leitfähigkeitstitration von Chlorid-Ionen mit Silbernitrat-Maßlösung (Bild 2)

10,0 mL einer Natriumchlorid-Lösung werden mit Silbernitrat-Maßlösung, $c\,(AgNO_3)$ = 0,1 mol/L, titriert. Welche Massenkonzentration $\beta(Cl^-)$ hat die untersuchte Probe?

Reaktionsgleichung in Ionenschreibweise:

$$Na^+_{(aq)} + Cl^-_{(aq)} + Ag^+_{(aq)} + NO_3^-{}_{(aq)} \longrightarrow AgCl_{(s)} + Na^+_{(aq)} + NO_3^-{}_{(aq)}$$

Lösung: Der Verbrauch an $AgNO_3$-Maßlösung im Äquivalenzpunkt wird grafisch durch die zwei-Geradenmethode (Schnittpunkt der Ausgleichsgeraden) ermittelt: V(ML) = 10,0 mL.

Mit der maßanalytischen Äquivalentmasse $\ddot{A}(Cl^-)$ = 3,5453 mg/mL folgt:

$$\beta\,(Cl^-) = \frac{\ddot{A}(Cl^-) \cdot V\,(AgNO_3)}{V\,(\text{Probe})} = \frac{3{,}5453\ \text{mg/mL} \cdot 10{,}0\ \text{mL}}{10{,}0\ \text{mL}} \approx \mathbf{3{,}55\ g/L}$$

Erklärung des Titrationsverlaufes: Die Anfangsleitfähigkeit wird durch dissoziierte Na^+- und Cl^--Ionen verursacht. Die Ag^+-Ionen der zugefügten Maßlösung bilden mit den Cl^--Ionen der Probe-Lösung einen Silberchlorid-Niederschlag, der die Ionenbeweglichkeit behindert. Die Cl^--Ionen werden durch die trägeren NO_3^--Ionen ersetzt. Als Folge sinkt die Leitfähigkeit. Im Äquivalenzpunkt liegt ein Leitfähigkeitsminimum vor, da alle Cl^--Ionen durch Ag^+-Ionen gebunden sind. Die Konzentration der freien Ionen ändert sich bis hier nicht. Wird weiter Maßlösung zugegeben, bleiben die Ag^+-Ionen und NO_3^--Ionen der Maßlösung dissoziiert, die Leitfähigkeit nimmt in Folge der nun steigenden Konzentration freier Ionen wieder zu.

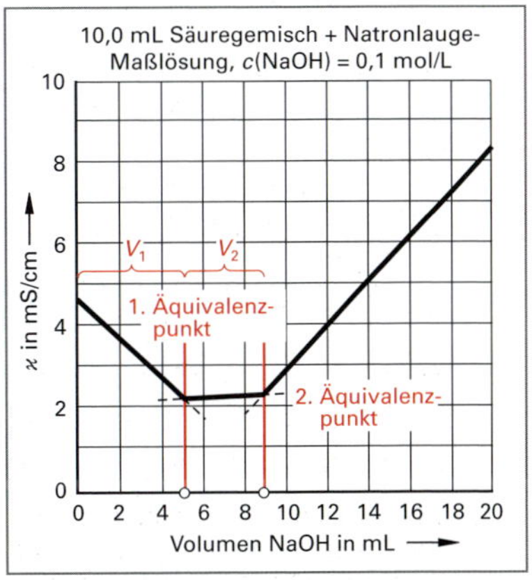

Bild 3: Leitfähigkeitsänderung bei einer Neutralisationstitration

Beispiel 2: Leitfähigkeitstitration eines Säuregemisches mit Natronlauge-Maßlösung (Bild 3)

10,0 mL einer Lösung, die neben Salpetersäure auch Propansäure enthält, werden mit Natronlauge-Maßlösung, $c\,(NaOH)$ = 0,1 mol/L, titriert. Welche Konzentrationen $\beta(HNO_3)$ und $\beta(C_2H_5COOH)$ hat die untersuchte Probe?

Reaktionsgleichung:

$$H_3O^+_{(aq)} + NO_3^-{}_{(aq)} + C_2H_5COOH_{(aq)} + 2\ NaOH_{(aq)} \longrightarrow NaNO_{3(aq)} + C_2H_5COONa_{(aq)} + 3\ H_2O_{(l)}$$

Lösung: Der Titrationsverlauf zeigt zwei Äquivalenzpunkte: Bis zum ersten Äquivalenzpunkt bei V_1 = 5,0 mL wird die vollständig protolysierte Salpetersäure (= starke Säure) durch Natronlauge umgesetzt. Die Leitfähigkeit sinkt stark, da die sehr gut leitenden Hydronium-Ionen H_3O^+ neutralisiert werden.

$$\beta(\mathbf{HNO_3}) = \frac{\ddot{A}(HNO_3) \cdot V_1(NaOH)}{V(\text{Probe})} = \frac{6{,}3013\ \text{mg/mL} \cdot 5{,}0\ \text{mL}}{10{,}0\ \text{mL}} = 3{,}15065\ \text{mg/mL} \approx \mathbf{3{,}2\ g/L}$$

Der Verbrauch an Maßlösung für die Propansäure, die als schwache Säure nur gering protolysiert, ergibt sich als Differenz aus dem Gesamtverbrauch im 2. Äquivalenzpunkt und dem Verbrauch für die Salpetersäure: V_2 = 8,8 mL – 5,0 mL = 3,8 mL.

$$\beta(\mathbf{C_2H_5COOH}) = \frac{\ddot{A}(C_2H_5COOH) \cdot V_2(NaOH)}{V(\text{Probe})} = \frac{7{,}4079\ \text{mg/mL} \cdot 3{,}8\ \text{mL}}{10{,}0\ \text{mL}} = 2{,}815\ \text{mg/mL} \approx \mathbf{2{,}8\ g/L}$$

Aufgaben zu 8.4.2 Leitfähigkeitstitrationen

1. 10,0 mL Natriumsulfat-Lösung $\tilde{c}(Na_2SO_4)$ ≈ 0,1 mol/L werden verdünnt und mit Bariumchlorid-Maßlösung, $c(BaCl_2)$ = 0,10 mol/L titriert, es fällt schwerlösliches Bariumsulfat aus. Messwerte:

mL Maßlsg.	0	1	2	3	4	5	6	7	8	9	10	11	12	13	14	15	16	17
Leitfähigk. in mS/cm	5,77	5,47	5,40	5,29	5,20	5,13	5,06	5,00	4,94	4,88	4,83	5,07	5,36	5,64	5,89	6,19	6,43	6,70

   a) Formulieren Sie die Reaktionsgleichung in Ionenschreibweise.
   b) Tragen Sie die Messwertpaare in ein Koordinatensystem ein, ermitteln Sie den Äquivalenzpunkt und berechnen Sie die Massenkonzentration $\beta(SO_4^{2-})$.

2. 2,734 g Bariumhydroxid-Lösung $Ba(OH)_2$ werden gelöst und mit Schwefelsäure-Maßlösung, $c(\frac{1}{2}\ H_2SO_4)$ = 0,1 mol/L titriert, wobei schwerlösliches Bariumsulfat ausfällt. Messwerte:

mL Maßlsg.	0	1	2	3	4	5	6	7	8	9	10	11	12	13	14	15	16	17
Leitfähigk. in mS/cm	2,75	2,47	2,06	1,70	1,40	1,08	0,76	0,48	0,17	0,21	0,58	0,99	1,40	1,78	2,16	2,46	2,80	3,11

   a) Formulieren Sie die Reaktionsgleichung in Ionenschreibweise.
   b) Tragen Sie die Messwertpaare in ein Koordinatensystem ein.
   c) Ermitteln Sie den Äquivalenzpunkt und berechnen Sie den Massenanteil $w(Ba(OH)_2)$.
   d) Begründen Sie, warum bei dieser Titration die Leitfähigkeit im Äquivalenzpunkt ein besonders niedriges Minimum erreicht.

3. 5,5467 g einer Probe, die Salzsäure neben Essigsäure enthält, wird zu 250 mL Stammlösung verdünnt. 25,0 mL davon werden mit Natronlauge der Konzentration $\tilde{c}(NaOH)$ = 0,1 mol/L (t = 0,978) titriert. Folgende Leitfähigkeiten bei 20 °C werden gemessen:

mL Maßlsg.	0	1	2	3	4	5	6	7	8	9	10	11	12	13	14	15	16	17
Leitfähigk. in mS/cm	4,78	4,58	4,27	3,94	3,65	3,34	3,06	2,80	2,52	2,25	2,01	1,75	1,52	1,38	1,34	1,36	1,39	1,43
mL Maßlsg.	18	19	20	21	22	23	24	25	26	27	28	29	30	31	32	33	34	35
Leitfähigk. in mS/cm	1,47	1,51	1,56	1,60	1,64	1,68	1,72	1,76	1,80	1,87	1,99	2,14	2,29	2,44	2,58	2,70	2,84	2,97

   Berechnen Sie mit Hilfe des Diagramms die Massenanteile $w(HCl)$ und $w(CH_3COOH)$ der Probe.

4. Bei der Bestimmung von Kaliumchlorid neben Kaliumbromid werden 2,4534 g Salzprobe gelöst und auf 250 mL verdünnt. Ein aliquoter Teil von 25,0 mL wird konduktometrisch mit Silbernitrat-Maßlösung, $\tilde{c}(AgNO_3)$ = 0,1 mol/L (t = 0,987), titriert. Bis zum Äquivalenzpunkt werden insgesamt 32,54 mL Maßlösung verbraucht. Welche Massenanteile $w(KCl)$ und $w(KBr)$ hat die Probe.

5. Enthält eine Lösung unterschiedliche Halogenid-Ionen, wird bei der konduktometrischen Titration wegen ihrer geringen Leitfähigkeitsunterschiede nur ein Äquivalenzpunkt erhalten. Entwickeln Sie ein Lösungsschema und mit Hilfe eines Tabellenkalkulationsprogramms eine Auswertemaske für argentometrische Bestimmungen mit Proben, in denen zwei Halogenid-Ionen neben zwei beliebigen Kationen titriert werden können. Die Kationen können ein- oder mehrwertig sein.

8.5 Optische Analyseverfahren

Die optischen Analyseverfahren beruhen auf den Eigenschaften des Lichts, die sich zur Identifizierung oder zur Gehaltsbestimmung von Substanzen (Analyten) eignen.

Dazu sendet man elektromagnetische Strahlung (z.B. Licht einer bestimmten Wellenlänge) *durch* oder *auf* eine Substanz oder eine Lösung der Substanz (Analytlösung). Dann misst man die Veränderungen, die das Licht bei der Wechselwirkung mit der Materie erfährt **(Bild 1)**. Wichtige optische Analyseverfahren sind die **Spektroskopie,** die **Refraktometrie** und die **Polarimetrie.**

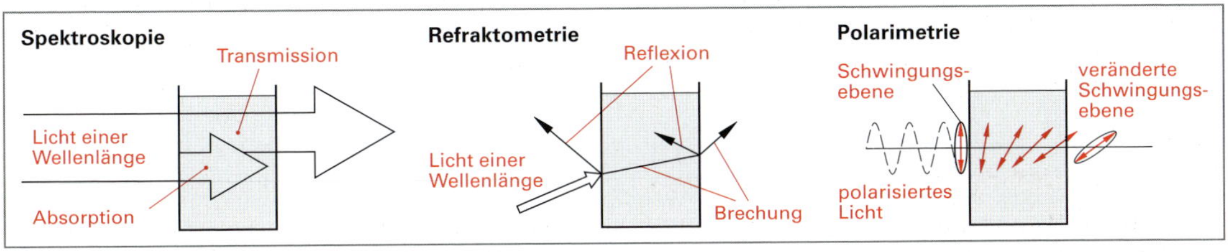

Bild 1: Wechselwirkung zwischen Licht und Materie

8.5.1 UV/VIS-Spektroskopie

Die **UV/VIS-Spektroskopie** (Abkürzung von **ultra**violet and **vis**ible spectroscopy), auch UV/VIS-Spektralfotometrie genannt, beruht auf der Absorption des Lichts beim Durchgang durch eine Lösung des Analyten: Enthält der Analyt im Molekül Doppelbindungen und/oder freie Elektronenpaare, so entsteht durch Lichtabsorption aus dem Grundzustand des Moleküls ein angeregter Zustand mit veränderter Elektronenverteilung.

Zur Aufnahme eines UV-Spektrums wird mit einem spektralen Monochromator nacheinander Licht unterschiedlicher Wellenlängen erzeugt und dessen jeweilige Absorption in der zu analysierenden Lösung gemessen **(Bild 2).**

Auf dem Monitor des Computers erhält man ein Spektrum der Extinktion E (ein Absorptionsmaß) über der Wellenlänge λ. Dieses Extinktionsspektrum ist charakteristisch für jedes Stoffpaar aus gelöstem Stoff (Analyt) und seinem Lösemittel und wird zur qualitativen oder quantitativen Bestimmung des Analyten in der Lösung genutzt.

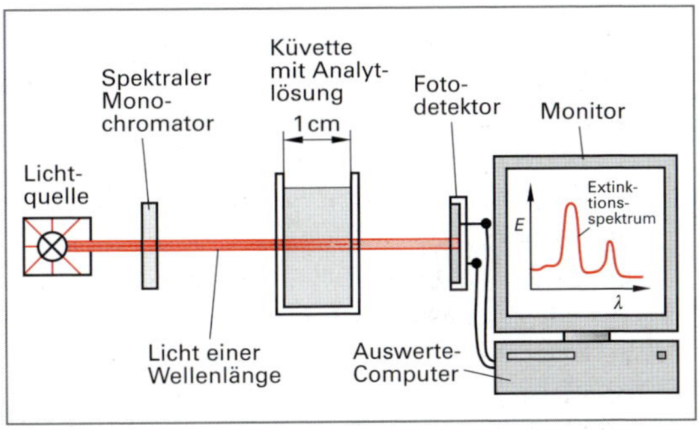

Bild 2: Messprinzip des UV/VIS-Spektrometers

8.5.1.1 Physikalische Größen der Spektroskopie[1]

Das Licht ist eine elektromagnetische Strahlung, die sich wellenförmig mit Lichtgeschwindigkeit ausbreitet **(Bild 3). Die Lichtgeschwindigkeit *c*** beträgt im Vakuum 299 792 km/s oder rund $2{,}998 \cdot 10^8$ m/s (gerundet $3{,}00 \cdot 10^8$ m/s).

Als **Wellenlänge** λ (wavelenght, λ griechischer Buchstabe Lambda) des Lichts bezeichnet man einen kompletten Zyklus (Wellenberg und Wellental) der sinusförmigen Strahlungswelle.

Die Wellenlänge wird meist in mm (10^{-3} m), in µm (10^{-6} m) oder in nm (10^{-9} m) angegeben.

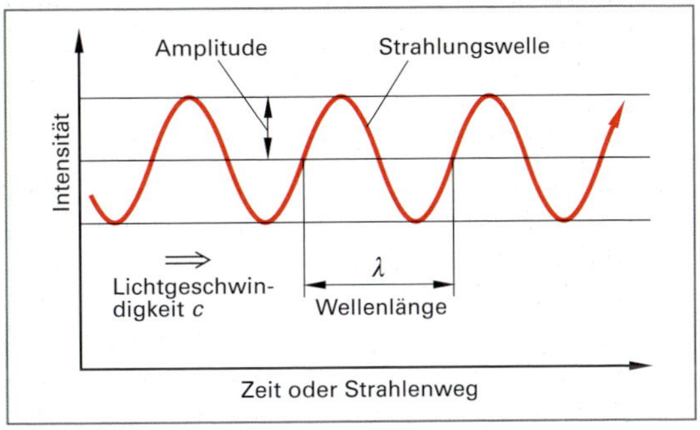

Bild 3: Elektromagnetische Welle

[1] Begriffe, Formelzeichen, Einheiten nach DIN 32 635

Die Anzahl der Schwingungen einer Welle pro Sekunde bezeichnet man als **Frequenz *f*** (frequency, erlaubt ist auch das Formelzeichen ν). Die Einheit der Frequenz ist 1/s, auch Hertz genannt, Einheitenzeichen Hz.

Frequenz *f* und Wellenlänge λ elektromagnetischer Strahlung sind umgekehrt proportional: $f \sim 1/\lambda$. Je größer die Frequenz *f* einer solchen Strahlung, desto kleiner ist ihre Wellenlänge λ **(Bild 1)**. Mit dem Proportionalitätsfaktor Lichtgeschwindigkeit *c* ergibt sich nebenstehende Gleichung.

Frequenz

$$f = c \cdot \frac{1}{\lambda} = \frac{c}{\lambda}$$

Eine weitere Größe zur Beschreibung einer elektromagnetischen Strahlung ist die **Wellenzahl $\tilde{\nu}$** (wave number, $\tilde{\nu}$ griechischer Kleinbuchstabe Ny). Sie gibt die Anzahl der Wellenzyklen (ein Wellenberg und ein Wellental) pro Zentimeter an. Das Einheitenzeichen der Wellenzahl ist cm^{-1}. Die Wellenzahl $\tilde{\nu}$ ist der Kehrwert der in Zentimeter angegebenen Wellenlänge λ.

Wellenzahl

$$\tilde{\nu} = \frac{1}{\lambda}$$

Beispiel 1: Das UV-Spektrum einer Lösung von Pentadien-1,3 $H_3C{-}CH{=}CH{-}CH{=}CH_2$ in Heptan zeigt eine starke Absorptionsbande bei λ = 223 nm, die durch die konjugierte C=C-Doppelbindung hervorgerufen wird. Wie groß sind die Frequenz *f* und die Wellenzahl $\tilde{\nu}$ dieser elektromagnetischen Strahlung?

Lösung:

$$\boldsymbol{f} = \frac{c}{\lambda} = \frac{3{,}00 \cdot 10^8 \text{ m/s}}{223 \cdot 10^{-9}\text{ m}} = 1{,}3453 \cdot 10^{15}\,\frac{1}{\text{s}} \approx 1{,}35 \cdot 10^{15}\text{ Hz} \approx \mathbf{1{,}35 \cdot 10^6\ GHz}$$

$$\tilde{\nu} = \frac{1}{\lambda} = \frac{1}{223 \cdot 10^{-9}\text{ m}} \approx 4{,}48 \cdot 10^6\,\frac{1}{\text{m}} \approx \mathbf{4{,}48 \cdot 10^4\ cm^{-1}}$$

Durch die drei Größen Wellenlänge λ, Wellenzahl $\tilde{\nu}$ und Frequenz *f* lässt sich der **Energieinhalt einer elektromagnetischen Strahlung *W*** (oder *E*) berechnen. Die Energie wird in der Einheit Joule mit dem Einheitenzeichen J angegeben. Die Zusammenhänge zeigt **Bild 1**.

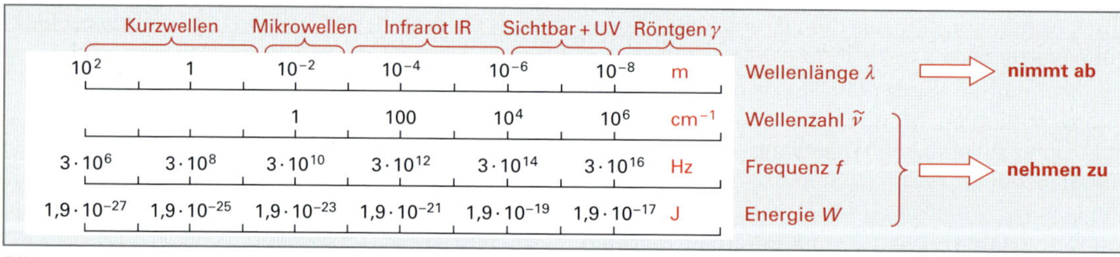

Bild 1: Zusammenhang zwischen Wellenzahl, Wellenlänge, Frequenz und Energieinhalt von Strahlung

Der Energieinhalt *W* und die Frequenz *f* einer elektromagnetischen Strahlung sind direkt proportional $W \sim f$ **(Bild 1)**. Eine hochfrequente Strahlung hat somit auch einen großen Energieinhalt *W*. Als Proportionalitätsfaktor zwischen beiden Größen dient das PLANCKsche[1] Wirkungsquantum *h*. Das PLANCKsche Wirkungsquantum beträgt $h = 6{,}6256 \cdot 10^{-34}$ J · s.

Energie elektromagnetischer Wellen

$$W = h \cdot f = h \cdot \frac{c}{\lambda}$$

Beispiel 2: Berechnen Sie die Energie, die erforderlich ist, um das π-Elektronensystem im Acrolein $CH_2{=}CH{-}CHO$ bei $\tilde{\nu} = 49 \cdot 10^3\ cm^{-1}$ zu einem Elektronenübergang anzuregen.

Lösung: $\boldsymbol{W} = h \cdot c / \lambda = h \cdot c \cdot \tilde{\nu} = 6{,}6256 \cdot 10^{-34}\text{ J} \cdot \text{s} \cdot 3{,}00 \cdot 10^{10}\text{ cm/s} \cdot 49 \cdot 10^3\text{ cm}^{-1} \approx \mathbf{9{,}74 \cdot 10^{-19}\ J}$

Die Energie einer elektromagnetischen Welle, die eine bestimmte Fläche pro Zeit erreicht, bezeichnet man als **Strahlungsleistung $\boldsymbol{\Phi}$** (Φ griechischer Großbuchstabe Phi). Sie hat den Einheitennamen Watt mit dem Einheitenzeichen W.

Beim Durchstrahlen einer Analytlösung mit Licht einer bestimmten Wellenlänge **(Bild 2)** wird ein Teil der Lichtstrahlung in der Lösung absorbiert, der Rest durchdringt sie. Die Strahlungsleistung sinkt von Φ_e auf Φ_a.

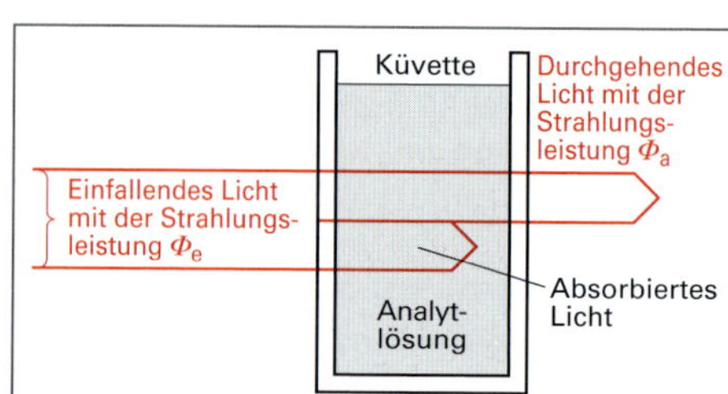

Bild 2: Absorption in einer Analytlösung

[1] MAX PLANCK, deutscher Physiker (1858 bis 1947)

Der **spektrale Reintransmissionsgrad τ_i** (spectral internal transmittance, τ griech. Kleinbuchstabe Tau) ist das Verhältnis der aus der Lösung austretenden Strahlungsleistung Φ_a zur eingedrungenen Strahlungsleistung Φ_e.

Als **spektraler Reinabsorptionsgrad α_i** (spectral internal absorptance) wird das Verhältnis der in der Lösung absorbierten Strahlungsleistung $\Phi_e - \Phi_a$ zur eingedrungenen Strahlungsleistung Φ_e bezeichnet.

Die Summe aus den beiden Größen τ_i und α_i ergibt 100 % bzw. 1: $\tau_i + \alpha_i = 100\,\% = 1$.

Trägt man den spektralen Reintransmissionsgrad τ_i gegen die Konzentration $c(X)$ oder $\beta(X)$ der untersuchten Lösung auf, so wird in einem Diagramm eine exponentiell abnehmende Funktion erhalten (e-Funktion, schwarze Kurve in **Bild 1**). In logarithmischer Darstellung wird aus einer e-Funktion eine lineare Funktion (vgl. Seite 53).

Der Logarithmus des Kehrwertes $1/\tau_i$ (identisch mit seinem negativen Logarithmus) wird als **Extinktion *E*** (spectral internal absorbance) bezeichnet: $E = -\lg \tau_i$.

Gegen die Konzentration $c(X)$ oder $\beta(X)$ aufgetragen ergibt die Extinktion eine Ursprungsgerade (rote Gerade in Bild 1). Sie vereinfacht die Auswertung fotometrischer Bestimmungen erheblich.

Beispiel: Der spektrale Reinabsorptionsgrad einer Analytlösung wird zu 0,32 ermittelt. Wie groß ist die Extinktion?

Lösung: $\tau_i + \alpha_i = 1 \Rightarrow \tau_i = 1 - \alpha_i = 1 - 0{,}32 = 0{,}68$

$\boldsymbol{E} = -\lg \tau_i = -\lg 0{,}68 = -(-0{,}1675) \approx \mathbf{0{,}17}$

Spektraler Reintransmissionsgrad
$\tau_i = \dfrac{\Phi_a}{\Phi_e}$

Spektraler Reinabsorptionsgrad
$\alpha_i = \dfrac{\Phi_e - \Phi_a}{\Phi_e} = 1 - \tau_i$

Extinktion
$E = \lg \dfrac{1}{\tau_i} = -\lg \tau_i = -\lg \dfrac{\Phi_a}{\Phi_e} = \lg \dfrac{\Phi_e}{\Phi_a}$

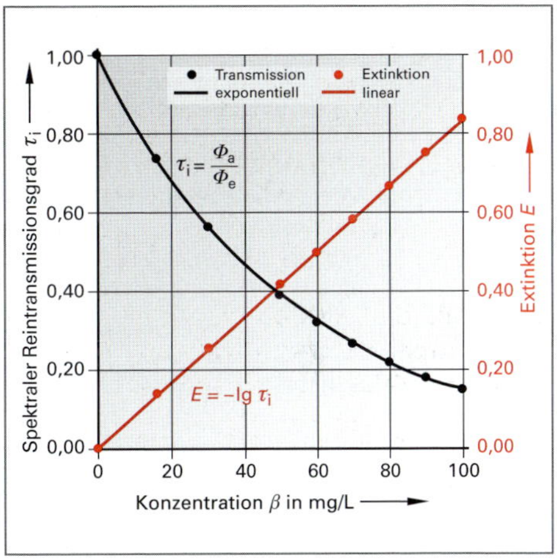

Bild 1: Spektraler Reintransmissionsgrad τ_i und Extinktion *E*

8.5.1.2 Auswertung fotometrischer Bestimmungen

Gesetz von Bouguer, Lambert und Beer

Die Extinktion *E* ist ein Maß für die Absorption des Lichtstrahls. Sie ist proportional der Schichtdicke *d* der durchstrahlten Lösung (≙ Küvettenbreite) und der Konzentration des gelösten Analyten: $E \sim d \cdot c(X)$. Mit dem stoffspezifischen Proportionalitätsfaktor ε erhält man das nebenstehende Gesetz von Bouguer, Lambert und Beer.

Gesetz von Bouguer, Lambert und Beer
$E = \varepsilon \cdot d \cdot c(X)\,; \quad E = \varepsilon' \cdot d \cdot \beta(X)$

Gehaltsberechnung aus der Extinktion
$c(X) = \dfrac{E}{\varepsilon \cdot d}\,; \quad \beta(X) = \dfrac{E}{\varepsilon' \cdot d}$

Der Proportionalitätsfaktor wird als **molarer Extinktionskoeffizient ε** bezeichnet, wenn die Stoffmengenkonzentration $c(X)$ eingesetzt wird.

Seine Einheit ist $L \cdot mol^{-1} \cdot cm^{-1}$. Bei Verwendung der Massenkonzentration $\beta(X)$ nennt man ihn **spezifischer Extinktionskoeffizient** mit dem Formelzeichen ε' und der Einheit $cm^2 \cdot mg^{-1}$.

Durch Umstellen nach der Stoffmengenkonzentration $c(X)$ bzw. der Massenkonzentration $\beta(X)$ kann aus der gemessenen Extinktion *E* der Gehalt des Analyten X berechnet werden.

Der molare und der spezifische Extinktionskoeffizient sind abhängig von dem Stoffpaar aus gelöstem Analyt X und dem Lösemittel sowie eventuellen Zusatzreagenzien, der Matrix.

Die beiden Extinktionskoeffizienten werden ermittelt bei der Wellenlänge λ_{max} mit maximaler Extinktion und sind ein Maß für das Absorptionsvermögen der Analytlösung. Bei dieser Wellenlänge λ_{max} wird auch die fotometrische Analyse durchgeführt.

Ist der molare oder spezifische Extinktionskoeffizient ε bzw. ε bekannt, kann aus der gemessenen Extinktion der Probe durch Umstellen des Gesetzes von BOUGUER, LAMBERT und BEER die Analytkonzentration c(X) oder β(X) berechnet werden.

Beispiel 1: Welche Butadien-Konzentration hat eine 1,3-Butadien/Hexan-Lösung, deren Extinktion bei λ_{max} = 217 nm zu 0,870 gemessen wurde? d = 1,00 cm, molarer Extinktionskoeffizient ε = 20 900 L/(mol · cm)

Lösung: $$\boldsymbol{c}\textbf{(Butadien)} = \frac{E}{\varepsilon \cdot d} = \frac{0{,}870 \text{ mol} \cdot \text{cm}}{20\,900 \text{ L} \cdot 1{,}00 \text{ cm}} = 4{,}1627 \cdot 10^{-5} \text{ mol/L} \approx \mathbf{4{,}2 \cdot 10^{-2} \text{ mmol/L}}$$

Sind weder der molare noch der spezifische Extinktionskoeffizient ε bzw. ε bekannt, so kann aus der gemessenen Extinktion von Kalibrierlösungen bekannter Konzentration bei der Wellenlänge λ_{max} der molare oder der spezifische Extinktionskoeffizient ε oder ε errechnet werden.

Beispiel 2: Bei der Kalibriermessung einer wässrigen Vitamin-B12-Lösung mit der Massenkonzentration β = 50 µg/mL wurde nebenstehendes Extinktionsspektrum gemessen (**Bild 1**).
d(Küvette) = 1,0 cm, M(B12) = 1355 g/mol.

a) Welche Stoffmengenkonzentration c(B12) hat die Kalibrierlösung?

b) Wie groß ist der molare Extinktionskoeffizient ε der Lösung?

c) Welche Stoffmengenkonzentration c(B12) hat eine Probelösung mit der Extinktion 0,73?

Lösung: a) Berechnung der Konzentration c(B12):

$$\boldsymbol{c}\textbf{ (B12)} = \frac{\beta \text{ (B12)}}{M \text{ (B12)}} = \frac{50 \cdot 10^{-3} \text{ g/L}}{1355 \text{ g/mol}}$$

$$\approx \mathbf{37 \cdot 10^{-3} \frac{mmol}{L}}$$

b) Die maximale Extinktion E_{max} = 0,93 liegt bei der Wellenlänge λ_{max} = 360 nm. Berechnung des molaren Extinktionskoeffizienten ε:

$$\varepsilon = \frac{E_0}{c_0 \cdot d} = \frac{0{,}93}{36{,}9 \cdot 10^{-3} \text{ mol/L} \cdot 1{,}0 \text{ cm}}$$

$$\varepsilon \approx \mathbf{2{,}5 \cdot 10^4 \text{ L/(mol} \cdot \text{cm)}}$$

c) Berechnung der Konzentration c(B12) der Probe:

$$\boldsymbol{c}\textbf{ (B12)} = \frac{E_1}{\varepsilon \cdot d} = \frac{0{,}73}{2{,}514 \cdot 10^4 \text{ L/(mol} \cdot \text{cm)} \cdot 1{,}0 \text{ cm}} = 2{,}904 \cdot 10^{-5} \text{ mol/L} \approx \mathbf{0{,}029 \frac{mmol}{L}}$$

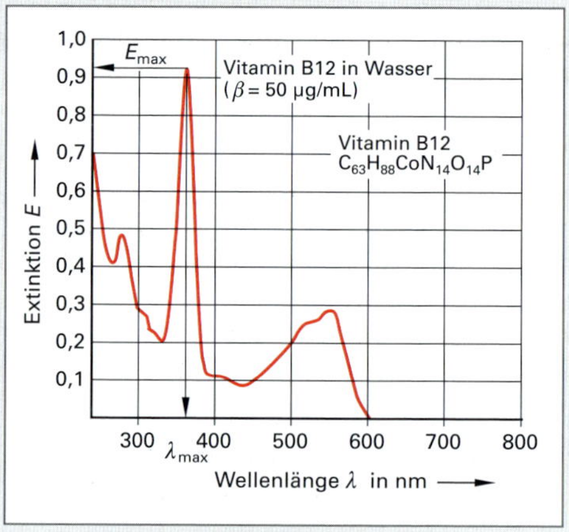

Bild 2: Extinktionsspektrum einer Vitamin-B12-Lösung

Auswertung durch Einpunktkalibrierung mit externem Standard

Ist der molare oder spezifische Extinktionskoeffizient ε für einen Analyten X nicht bekannt, so misst man bei der **Einpunktkalibrierung** die Extinktion E_0 nur **einer** externen Standardlösung bekannter Konzentration c_0(X). Dann wird bei gleicher Wellenlänge mit identischen Küvetten in einer Vergleichsmessung die Extinktion E_1 der Probe mit der unbekannten Analytkonzentration c_1(X) bestimmt.

Da die Wellenlänge des Lichts und Schichtdicke d der Analytlösungen konstant gehalten wurden, ist das Verhältnis der Konzentrationen gleich dem Verhältnis der gemessenen Extinktionen. Nebenstehende Größengleichung ergibt die Konzentration c_1(X) bzw. β_1(X) der Probe.

Konzentration und Extinktion bei konstanter Wellenlänge und Küvettenbreite
$\frac{E_1}{E_0} = \frac{c_1 \text{ (X)}}{c_0 \text{ (X)}}; \quad c_1\text{(X)} = \frac{c_0 \text{ (X)} \cdot E_1}{E_0}$

Beispiel: Mit einem Filterfotometer wird bei einer Wellenlänge von 520 nm die Extinktion einer Cobaltnitrat-Kalibrierlösung der Konzentration $c_0(Co^{2+})$ = 0,200 mol/L zu E_0 = 0,521 ermittelt. Eine Cobaltnitrat-Probelösung unbekannter Konzentration hat bei gleicher Wellenlänge die Extinktion E_1 = 0,657.
Welche Konzentration $c(Co^{2+})$ hat die untersuchte Probelösung?

Lösung: Da sich die Extinktion proportional zur Konzentration ändert, folgt:

$$\boldsymbol{c_1}\textbf{ (Co}^{2+}\textbf{)} = \frac{E_1 \cdot c_0 \text{ (Co}^{2+}\text{)}}{E_0} = \frac{0{,}657 \cdot 0{,}200 \text{ mol/L}}{0{,}521} \approx \mathbf{0{,}252 \text{ mol/L}}$$

Die Einpunktkalibrierung kann nur durchgeführt werden, wenn durch eine Mehrpunktkalibrierung zuvor sichergestellt ist, dass im Arbeitsbereich lineare Abhängigkeit zwischen Extinktion und Konzentration besteht und dass es keinen Blindwert (Leerwert) gibt. Die Extinktionsgerade verläuft dann durch den Nullpunkt des Konzentrations-Extinktions-Diagramms (als Ursprungsgerade, Bild 52/1, Bild 278/1).

Die Konzentration der externen Standardlösung ist nahe am erwarteten Probenwert zu wählen, ferner sind große Konzentrationsschwankungen zwischen den Proben zu vermeiden. Die Extinktion der Analyse sollte zwischen $E = 0{,}1$ und $E = 1{,}0$ liegen: Unter $E < 0{,}1$ ist die Gefahr der Messungenauigkeit groß, bei $E > 1{,}0$ verliert möglicherweise das Gesetz von BOUGUER, LAMBEERT und BEER seine Gültigkeit. Der Vorteil der Einpunktkalibrierung ist die rasche Durchführbarkeit der Analyse.

Auswertung durch Zweipunktkalibrierung mit externem Standard

Um die Messgenauigkeit der Methode zu verbessern, werden die Extinktionen E_{01} und E_{02} von **zwei** Kalibrierlösungen verschiedener Konzentration $\beta_{01}(X)$ und $\beta_{02}(X)$ bei der Wellenlänge λ_{max} ermittelt und anschließend bei gleichen Bedingungen die Extinktionen der Probelösungen gemessen.

Aus den Extinktionen und den Konzentrationen der beiden Kalibrierlösungen werden zunächst die Steigung m der Extinktionsgeraden $y = m \cdot x + b$ und der Ordinatenabschnitt b berechnet.

In der Geradengleichung ist die gemessene Extinktion E der Ordinatenwert y und die Konzentration $\beta(X)$ der Analytlösung der Abszissenwert x. Die Größe b ist der Ordinatenabschnitt (siehe Bild 1), er entspricht der Extinktion der Lösung ohne Analyt und wird als **Blindwert** oder Leerwert bezeichnet.

Die Methode der Zweipunktkalibrierung kann somit auch zur Anwendung kommen, wenn die Extinktionsgerade nicht als Ursprungsgerade verläuft.

Mit den genannten Größen eingesetzt, lautet die Funktionsgleichung der Extinktionsgeraden:

$$\boldsymbol{E = m \cdot \beta(X) + b}$$

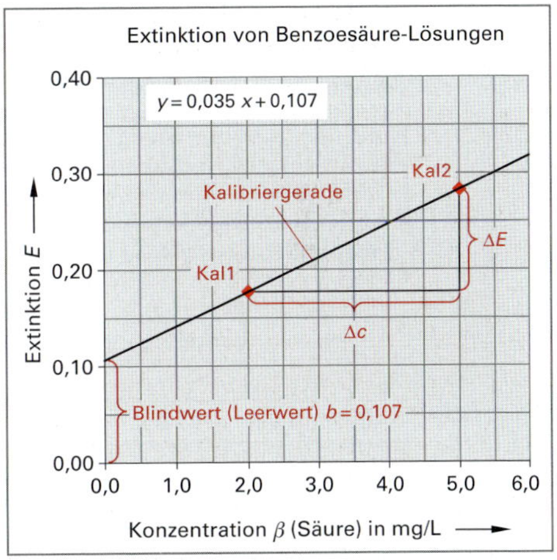

Bild 1: Steigungsdreieck in der Extinktions-Geraden (Beispiel unten)

Folgende Schritte sind zur Berechnung der Analyt-Konzentration einer Probe durchzuführen:

1. Berechnung der Steigung m aus dem Steigungsdreieck (Bild 1): $m = \frac{\Delta E}{\Delta \beta} = \frac{E_{02} - E_{01}}{\beta_{02} - \beta_{01}}$
2. Berechnung des Achsenabschnitts b (Blindwert) mit Hilfe der Steigung m aus den Daten **einer** der Kalibriermessungen: $b = E_{01} - m \cdot \beta_{01}(X)$
3. Berechnung der Analytkonzentration $\beta(X)$, z.B von Probe 1, nach: $\beta_1(X) = \frac{E_1 - b}{m}$

Nach dem gleichen Schema berechnet sich auch die Analyt-Stoffmengenkonzentration $c(X)$.

Beispiel: Zur fotometrischen Bestimmung der Massenkonzentration einer Benzoesäure-Lösung wurden zwei Benzoesäure-Kalibrierlösungen hergestellt und die Extinktionen gemessen:

Kalibrierlösung 1 (Kal1): $\beta_{01} = 2{,}00$ mg/L; $E_{01} = 0{,}177$
Kalibrierlösung 2 (Kal2): $\beta_{02} = 5{,}00$ mg/L; $E_{02} = 0{,}282$

Die Extinktion der Probe wurde zu $E_1 = 0{,}234$ bestimmt.

Wie groß sind der Blindwert der Lösung und die Massenkonzentration in mg/L der untersuchten Probe?

Lösung: Berechnung der Steigung m: $m = \frac{\Delta E}{\Delta \beta} = \frac{E_{02} - E_{01}}{\beta_{02} - \beta_{01}} = \frac{0{,}282 - 0{,}177}{(5{,}00 - 2{,}00)\ \text{mg/L}} = 0{,}0350$ L/mg

Berechnung des Blindwertes: $\boldsymbol{b} = E_{01} - m \cdot \beta_{01}(X) = 0{,}177 - 0{,}0350\ \text{L/mg} \cdot 2{,}00\ \text{mg/L} = \boldsymbol{0{,}107}$ (Bild 1)

Berechnung der Massenkonzentration: $\boldsymbol{\beta}$ **(Benzoesäure)** $= \frac{E_1 - b}{m} = \frac{0{,}234 - 0{,}107}{0{,}035\ \text{L/mg}} \approx \boldsymbol{3{,}63}$ **mg/L**

Auch bei der Zweipunktkalibrierung sollte der Analytgehalt der Probenkonzentration zwischen dem Analytgehalt der Kalibrierlösungen liegen und eine proportionale Abhängigkeit zwischen Extinktion und Konzentration bestehen, d.h. linearer Verlauf der Extinktionswerte vorliegen.

Auswertung durch Mehrpunktkalibrierung mit externem Standard

Fotometrische Bestimmungen können auch mit Hilfe einer Mehrpunktkalibrierung mit etwa 5 Kalibrierlösungen ausgewertet werden. Die Konzentrationsunterschiede der Kalibrierlösungen sollten etwa gleich groß sein, damit die Punkte auf der Kalibriergeraden einen möglichst gleichen Abstand haben. Das Diagramm kann grafisch auf Millimeterpapier von Hand oder mit Hilfe eines Tabellenkalkulationsprogramms angefertigt und mit der Analysenfunktion ausgewertet werden. Dies wird an nachfolgendem Beispiel erläutert.

Beispiel: Ein Brunnenwasser soll fotometrisch auf seine Eignung als Trinkwasser untersucht werden. Der Grenzwert nach der Trinkwasserverordnung TVO beträgt 0,2 mg/L. Die Kalibrierlösungen werden aus einer Standardlösung der Konzentration $\beta(Fe^{3+}) = 100$ mg/L angesetzt.

Die Kalibrierstandards werden hergestellt, indem man in 25 mL-Messkolben jeweils 5 mL einer KSCN-Lösung und 2 mL Schwefelsäure vorlegt, dann 0,10 mL, 0,30 mL, 0,50 mL, 0,80 mL und 1,00 mL der Eisen(III)-Stammlösung zufügt und anschließend jeweils mit demin. Wasser zu 25 mL auffüllt.

10 mL der Probe werden in einem 25 mL-Messkolben ebenfalls mit 5 mL KSCN-Lösung und 2 mL Schwefelsäure versetzt und dann mit demin. Wasser aufgefüllt. Dann erfolgt die Analyse der Lösungen mit einem Filterfotometer bei 470 nm in 1,0 cm-Küvetten. Die Bestimmung ergab folgende Extinktionen:

Tabelle 1: Fotometrische Bestimmung von Eisen(III)-ionen in Brunnenwasser

Kalibrierlösung	Kal1	Kal2	Kal3	Kal4	Kal5	Probe
Volumen an Stammlösung in mL	0,10	0,30	0,50	0,80	1,00	10
Massenkonzentration $\beta(Fe^{3+})$ in mg/L	0,40	1,20	2,00	3,20	4,00	–
Extinktion E bei 470 nm	0,067	0,198	0,355	0,551	0,702	0,127

Liegt das Brunnenwasser bezüglich des Gehalts an Eisen(III)-ionen unter dem Grenzwert der TVO?

Lösung: Berechnung der Massenkonzentrationen $\beta(Fe^{3+})$ der Kalibrierlösungen (Ergebnisse in Zeile 4 Tabelle 1):

Kal1: 1000 mL Stammlsg. enthalten 100 mg Fe
0,10 mL Stammlsg. enthalten x mg Fe $x = m_1(Fe^{3+}) = 100 \text{ mg} \cdot 0,10 \text{ mL}/1000 \text{ mL} = 0,010 \text{ mg}$

Massenkonzentration in Kal1: $\beta_1(Fe^{3+}) = m_1(Fe^{3+}) / V(\text{Lsg}) = 0,010 \text{ mg} / 25 \text{ mL} = 0,40 \text{ mg/L}$

Entsprechend berechnen sich die Konzentrationen der anderen 4 Kalibrierlösungen.

Bild 1 zeigt das Kalibrierdiagramm zur Bestimmung der Eisen(III)-ionen mit der zeichnerischen Auswertung: $\beta_{Probe}(Fe^{3+}) \approx 0,75$ mg/L

Eine genaue Auswertung wird erhalten über die Analysenfunktion der Kalibriergeraden:

$y = 0,1762\,x - 0,006$

$\Rightarrow E = 0,1762 \frac{\text{L}}{\text{mg}} \cdot \beta(Fe^{3+}) - 0,006$

Mit dem Extinktionswert der Probe ergibt sich nach Umformung der Gleichung:

$$\beta_{Probe}(Fe^{3+}) = \frac{E + b}{m} = \frac{0,127 + 0,006}{0,1762 \text{ L} \cdot \text{mg}^{-1}} = 0,7548 \text{ mg/L}$$

Berechnung der Ausgangskonzentration:

10 mL des Brunnenwassers wurden zu 25 mL Probe verdünnt: $\Rightarrow$ Verdünnungsfaktor 2,5.

Daraus folgt:

$\beta(Fe^{3+}) = 0,7548 \text{ mg/L} \cdot 2,5 = 1,887 \text{ mg/L} \approx$ **1,9 mg/L**

Das Brunnenwasser entspricht nicht der TVO.

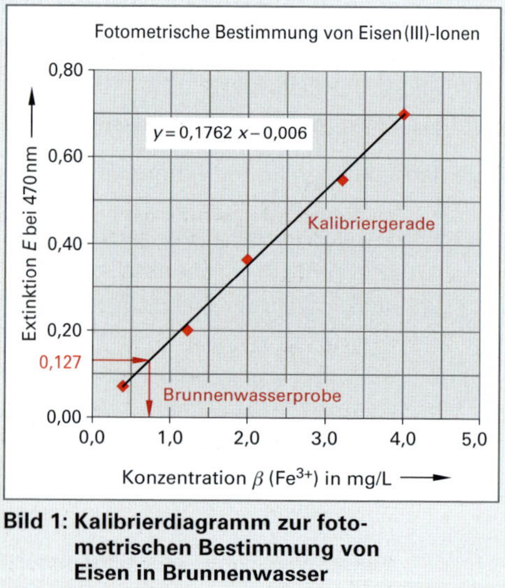

Bild 1: Kalibrierdiagramm zur fotometrischen Bestimmung von Eisen in Brunnenwasser

Auswertung durch Standardaddition mit externem Standard (Aufstockmethode)

Bei der Methode der Standardaddition wird außer der Analysenprobe auch eine mit einer definierten Menge Analyt aufgestockte (gespikten) Analysenprobe vermessen. Aus beiden Analysensignalen und der bekannten Aufstockmenge ergibt sich der ursprüngliche Analytgehalt der Probe.

Eine Verfeinerung der Methode ist die multiple Standardaddition. Hier wird die Analysenprobe mehrmals aufgestockt. Meist wird die Analytkonzentration der Probe abgeschätzt und in gleichen Intervallen bis zur doppelten geschätzten Konzentration mit Analyt aufgestockt. Aus den Messwerten erhält man eine Gerade, die bei Extrapolation bis $y = 0$ im Schnittpunkt mit der Abszisse den gesuchten Gehalt der Analysenprobe ergibt **(Bild 1).**

Die Methode der Standardaddition ist sinnvoll, wenn das analytische Signal stark durch die Probenmatrix beeinflusst wird und wenn sehr komplexe, zudem häufig wechselnde Probenmatrices vorliegen. Die Methode erfordert allerdings ein lineares Ansprechverhalten der analytischen Methode, eine homogen teilbare Analysenprobe und die exakte Dosierbarkeit des Analyten als Standardzusatz.

Beispiel: In einem Abwasser (Pr_0) soll die Massenkonzentration an Cobalt-Ionen $\beta(Co^{2+})$ fotometrisch bestimmt werden. Als Cobalt-Standardlösung (Kal0) steht eine Lösung mit $\beta(Co^{2+})$ = 100 mg/L zur Verfügung. Von der Abwasserprobe werden jeweils 50,0 mL in 100 mL Messkolben gegeben, mit den Volumina der Cobalt-Standardlösung Kal_0 nach Tabelle 1 versetzt und mit demin. Wasser zu 100 mL aufgefüllt.

Die Probe ohne Zusatz (Pr1) und die aufgestockten Proben Kal1 bis Kal5 werden bei 324,8 nm analysiert. In **Tabelle 1** sind die gemessenen Extinktionen aufgeführt. Berechnen Sie die Aufstockkonzentrationen $\beta(Co^{2+})$ und erstellen Sie ein Kalibrierdiagramm. Wie groß ist die Massenkonzentration $\beta(Co^{2+})$ in der Abwasserprobe?

Tabelle 1: Extinktionen von Cobalt-Lösungen bei 324,8 nm

Lösung:	**Pr1**	**Kal1**	**Kal2**	**Kal3**	**Kal4**	**Kal5**
Aufstockvolumen mit Kal0 in mL:	0	10	15	20	25	30
Aufstock-Konzentration an Co in mg/100 mL	0	1,0	1,5	2,0	2,5	3,0
Extinktion *E* bei 324,8 nm	0,114	0,221	0,271	0,314	0,363	0,417

Lösung: Berechnung der Aufstockkonzentrationen, z.B. Kal1:

1000 mL Standard enthalten 100 mg Co
10 mL Standard enthalten x mg Co

$x = m_1(Co^{2+})$ = 100 mg · 10 mL / 1000 mL

$m_1(Co^{2+})$ = 1,0 mg $\Rightarrow$ $\beta_1(Co^{2+})$ = 1,0 mg/100 mL

Die berechneten Konzentrationen von Kal2 bis Kal5 sind in Zeile 4 von Tabelle 1 aufgeführt.

Im Kalibrierdiagramm **(Bild 1)** sind die gemessenen Extinktionen *E* gegen die Aufstock-Konzentrationen $\beta(Co^{2+})$ aufgetragen.

Die Regressionsgerade wird mit der Excel-Option: *Trendlinie formatieren/Trend rückwärts/1,5 Einheiten* nach links bis zum Schnittpunkt mit der Abszisse extrapoliert (siehe Seite 302 Bild 2).

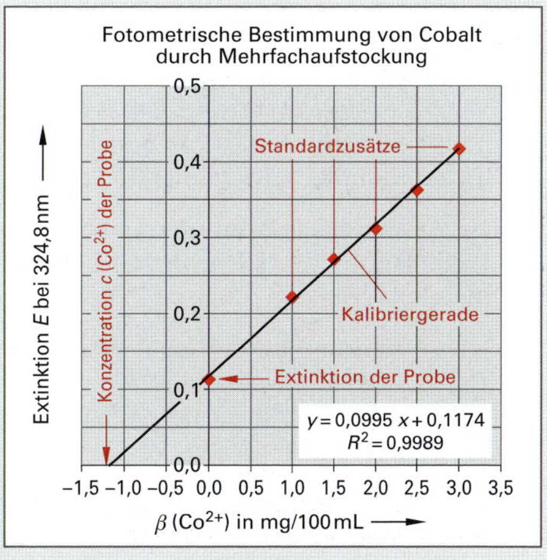

Bild 1: Prinzip der Mehrfachaufstockung (Standardaddition)

Die Kalibriergerade verläuft nach der Funktion: $y = m \cdot x + b$
$y = 0{,}0995\, x + 0{,}1174$

Mit den verwendeten Größen eingesetzt lautet sie:

$E = 0{,}0995 \cdot 100\ \text{mL/mg} \cdot \beta(Co^{2+}) + 0{,}1174$

Die Konzentration der **nicht** aufgestockten Probe wird erhalten im Schnittpunkt der Kalibriergeraden mit der Abszisse. Berechnung dieses Schnittpunktes: $y = 0 \Rightarrow 0 = m \cdot x + b \Rightarrow x = -b / m$

$$|x| = \beta_{Pr}(Co^{2+})) = \frac{0{,}1174\ \text{mg}}{0{,}0995 \cdot 100\ \text{mL}} = 1{,}1799\ \text{mg/100 mL}$$ ($\Rightarrow$ In 50,0 mL Abwasser sind 1,1799 mg Co)

Massenkonzentration der Abwasser-Probe: $\boldsymbol{\beta_{Pr0}(Co^{2+})} = \frac{m(Co^{2+})}{V(\text{Probe})} = \frac{1{,}1799\ \text{mg}}{50{,}0\ \text{mL}} \approx \mathbf{23{,}6\ mg/L}$

Aufgaben zu 8.5.1 UV/VIS-Spektroskopie

1. In Wasser gelöstes Ethanal $H_3C{-}CH{=}O$ zeigt im UV-Spektrum bei $\tilde{\nu} = 31{,}1 \cdot 10^3\ cm^{-1}$ eine durch die Carbonylgruppe hervorgerufene Absorptionsbande. Bei welcher Wellenlänge und welcher Frequenz wird das Elektronensystem der Carbonylgruppe zu einem Elektronenübergang angeregt?

2. Aromatische Kohlenwasserstoffe zeigen im UV-Spektrum zwei bis drei mittelstarke Absorptionsbanden im Frequenzbereich $f = 0{,}75\ ...\ 1{,}5$ PHz. In welchem Wellenlängen- und Wellenzahlbereich erfolgt die Verschiebung der delokalisierten π-Elektronen aromatischer Kohlenwasserstoffe?

3. Welche Energie ist erforderlich, um im Acetamid $H_3C{-}CONH_2$ in methanolischer Lösung bei $\lambda = 205$ nm eine $n\pi^*$-Absorption der Carbonylgruppe anzuregen?

4. UV-Licht kann mehratomige Molekülen oder Molekülionen zu Elektronenübergängen anregen. In einfachen Molekülen kann hingegen die UV-Absorption zur homolytischen Spaltung der Bindung führen.
Berechnen Sie die Wellenlänge, die Wellenzahl und die Frequenz der Strahlung, die bei der radikalischen Chlorierung von Alkanen zur Spaltung eines Chlormoleküls erforderlich ist, wenn die Dissoziationsenergie des Chlors $\Delta H(Cl_2) = 243$ kJ/mol beträgt. $N_A = 6{,}022 \cdot 10^{23}\ mol^{-1}$

5. In **Bild 1** ist eine elektromagnetische Welle im vergrößerten Maßstab wiedergegeben. Wie groß ist die Wellenzahl?

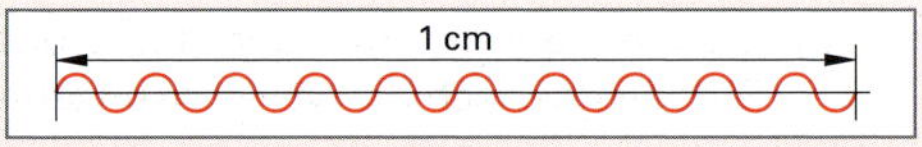

Bild 1: Vergrößerter Ausschnitt einer Welle

6. Der spektrale Transmissionsgrad τ einer Kalibrierlösung der Konzentration $\beta(Cu) = 10$ mg/100 mL wurde bei der fotometrischen Kupfer-Bestimmung zu 65 % bestimmt. 500 mg der untersuchten Probesubstanz ergaben nach Zugabe der Reagenzien und Auffüllen zu 100 mL einen spektralen Transmissionsgrad von 75 %. Wie groß ist der Massenanteil $w(Cu)$ der untersuchten Probe?

7. Bei der fotometrischen Konzentrationsbestimmung einer Eiweißlösung mit UV-Strahlung der Wellenlänge 320 nm wird mit 2,00 cm-Küvetten eine Extinktion von 0,4045 ermittelt. Der molare Extinktionskoeffizient des Eiweißes beträgt $\varepsilon = 182$ L/(mol · cm).
Welche Stoffmengenkonzentration c(Eiweiß) hat die Lösung?

8. Mit einem Filterfotometer soll der Gehalt an Hexadien $CH_2{=}CH{-}CH_2{-}CH_2{-}CH{=}CH_2$ gelöst in Ethanol bestimmt werden. Der molare Extinktionskoeffizient beträgt $\varepsilon = 2{,}0 \cdot 10^4\ L \cdot cm^{-1} \cdot mol^{-1}$, die Extinktion der Probelösung wurde in einer 1,00 cm-Küvette zu $E = 1{,}12$ ermittelt. Wie groß sind die Konzentrationen c(Hexadien) und β(Hexadien) der Lösung? $M(C_6H_{10}) = 82{,}146$ g/mol

9. Die fotometrische Bestimmung einer Lösung der Konzentration β(Analyt) = 10,0 mg/L ergab bei der Wellenlänge $\lambda = 490$ nm mit Küvetten der Schichtdicke $d = 10{,}0$ mm die Extinktion $E = 0{,}676$. Berechnen Sie den molaren Extinktionskoeffizienten ε in $L \cdot cm^{-1} \cdot mol^{-1}$. M(Analyt) = 62,5 g/mol

10. Bei der fotometrischen Bestimmung eines Analyten wurde mit Küvetten mit der Schichtdicke $d =$ 20,0 mm die Extinktion $E = 0{,}276$ gemessen. Wie groß ist die Massenkonzentration β(Analyt) wenn der spezifische Extinktionskoeffizient des Analyten $\varepsilon = 0{,}368\ cm^2/mg$ beträgt?

11. Der spektrale Transmissionsgrad τ einer Lösung der Massenkonzentration 1,00 mg/L wurde mit einer 1,00 cm-Küvette zu 47,0 % ermittelt. Wie groß ist der molare Extinktionskoeffizient ε, wenn die molare Masse der untersuchten Substanz 122,5 g/mol beträgt?

12. Cobalt wird fotometrisch nach der Einpunktkalibriermethode analysiert. Die Extinktionen einer Probelösung wurden als Zweifachbestimmung zu $E_1 = 0{,}648$ und $E_2 = 0{,}643$ ermittelt. Bei der Analyse einer Standardlösung der Konzentration $\beta(Co) = 500$ mg/L erhielt man die Extinktion $E_0 = 0{,}532$. Welche Stoffmengenkonzentration $\beta(Co)$ hat die Probe? $M(Co) = 58{,}933$ g/mol

13. Der Eisengehalt einer Lösung wird fotometrisch in einer Dreifachbestimmung analysiert. Folgende Extinktionen wurden ermittelt: $E_1 = 0{,}192$, $E_2 = 0{,}194$, $E_3 = 0{,}187$.
Die Extinktion einer Kalibrierlösung der Konzentration $c_0(Fe^{2+}) = 2{,}50$ mmol/L betrug $E_0 = 0{,}212$ (Einpunktkalibrierung). Wie groß ist die Konzentration $\beta(Fe^{2+})$? $M(Fe) = 55{,}845$ g/mol

14. Bei der fotometrischen Bestimmung eines Proteins wurden bei 625 nm die Extinktionen von zwei Protein-Kalibrierlösungen und einer Probelösung in 1,00 cm-Küvetten gemessen (Zweipunktkalibrierung): 1) 10 µg in 20 mL, $E_{Kal1} = 0{,}191$ 2) 50 µg in 20 mL, $E_{Kal2} = 0{,}431$ 3) Probe: $E_3 = 0{,}352$
Berechnen Sie den Blindwert (Leerwert) und die Massenkonzentration β(Protein) in mg/L.

15. Zur fotometrischen Bestimmung von Mangan als Permanganat wurden 1,0374 g einer Probe eingewogen und zu 100 mL aufgefüllt. Von dieser Probelösung Pr_0 wurden 20,0 mL abpipettiert und zu 100 mL verdünnt (Pr_1), 10 mL dieser Lösung Pr_1 in einen Messkolben 50 mL pipettiert und zu 50 mL aufgefüllt (Pr_2). Die Extinktion der Lösung betrug bei λ = 526 nm in 1,00 cm-Küvetten $E_{Pr} = 0{,}439$.
Zur Herstellung der Kalibrierlösung wurden 107,43 mg Kaliumpermanganat eingewogen und zu 100 mL verdünnt (Kal_{01}). 10,0 mL dieser Stammlösung werden zu 250 mL aufgefüllt (Kal_{02}) und für die Kalibrierlösungen davon 20,0 mL (Kal_1) und 40,0 mL (Kal_2) abpipettiert und jeweils auf 50 mL verdünnt. Die Messung der Extinktion der Lösungen nach dem Prinzip der Zweipunktkalibrierung erfolgte bei 526 nm in 1,00 cm-Küvetten: $E_{Kal1} = 0{,}285$ und $E_{Kal2} = 0{,}558$.
Berechnen Sie den Blindwert und den Massenanteil w(Mn) in der untersuchten Probe.

16. Bei der fotometrischen Bestimmung von Nitrit-Ionen wurden bei 520 nm die Extinktionen von 5 Kalibrierlösungen und von zwei Probelösungen unbekannter Nitrit-Konzentration gemessen.
    a) Erstellen Sie mit Hilfe der Messwertpaare aus Tabelle 1 ein Kalibrierdiagramm und bestimmen Sie zeichnerisch die Massenkonzentration $\beta(NO_2^-)$ der untersuchten Proben.
    b) Alternativ: Nutzen Sie zur Auswertung ein Tabellenkalkulationsprogramm.

Tabelle 1: Extinktionen nitrithaltiger Lösungen (als Azofarbstoff)							
Konzentration in µg/100 mL	10	20	30	40	50	Probe 1	Probe 2
Extinktion E (bei λ = 520 nm)	0,102	0,171	0,248	0,336	0,417	0,215	0,318

17. Prozesswasser wird fotometrisch auf seinen Gehalt an Eisen-Ionen überprüft (Grenzwert für die Prozessqualität $\beta(Fe^{3+}) < 2{,}0$ mg/L). Als Standard dient eine Lösung mit $\beta(Fe^{3+}) = 100$ mg/L. Zur Herstellung der Kalibrierlösungen gibt man in 25 mL-Messkolben jeweils 0,1 mL, 0,3 mL, 0,5 mL, 0,8 mL und 1,0 mL der Eisen(III)-Stammlösung. Dann werden jeweils 2 mL KSCN-Lösung (200 g/L) und 2 mL Schwefelsäure (5,0 mol/L) zugefügt und die Kolben mit demin Wasser aufgefüllt. 10,0 mL der Probe werden ebenfalls mit den Reagenzien versetzt und aufgefüllt.
Die Extinktionen der Kalibrierlösungen und der Probe wurden bei 470 nm mit 1,00 cm-Küvetten ermittelt zu: $E_1 = 0{,}067$, $E_2 = 0{,}198$, $E_3 = 0{,}329$, $E_4 = 0{,}551$, $E_5 = 0{,}702$; $E_{Probe} = 0{,}224$
Berechnen Sie die Massenkonzentration β(Fe) der Kalibrierlösungen. Ermitteln Sie aus den Kalibrierdaten die Massenkonzentration β(Fe), beurteilen Sie die Eignung des Wassers.

18. Der Eisen-Massenanteil w(Fe) einer Deponie-Probe soll fotometrisch nach der Standardadditionsmethode ermittelt werden. Die Messung wird im UV-Bereich bei einer Wellenlänge von 318 nm mit 1,00 cm-Küvetten durchgeführt. Es werden 2,765 g Probe eingewogen und zu 500 mL aufgefüllt (Lösung Pr_0). Von der Probelösung werden 25,0 mL abpipettiert und zu 100 mL aufgefüllt (Lösung Pr_1). Zur Herstellung der Standardlösung werden 124,5 mg Eisen(II)-sulfat-7-Hydrat p.a. eingewogen (entspricht 25,0 mg Fe^{2+}-Ionen) und zu 250 mL aufgefüllt (Lösung Kal_0). Von dieser Standardlösung werden 10,0 mL abpipettiert und zu 100 mL verdünnt (Lösung Kal_1).
Von der verdünnten Probelösung Pr^1 werden jeweils 10,0 mL in 6 Messkolben 100 mL überführt und in 5 der Kolben unterschiedliche Volumina der Standardlösung Kal_1 zugegeben, ein Kolben bleibt ohne Zusatz (Lösung Pr_3). Die 6 Kolben werden dann mit demin. Wasser aufgefüllt.
Die nachfolgende Tabelle 2 zeigt die Aufstockvolumina der Standard-Lösungen Pr_1 und die gemessenen Extinktionen. Wie groß ist der Massenanteil w(Fe) in der untersuchten Probe?

Tabelle 2: Extinktion von Eisenhaltigen Lösungen bei 318 nm						
Lösung:	Pr3	K1	K2	K3	K4	K5
Aufstockvolumen mit Kal1 in mL:		10	20	30	40	50
Aufstock-Konzentration an Fe in mg/100 mL	0	0,10	0,20	0,30	0,40	0,50
Extinktion E bei 318 nm	0,073	0,159	0,229	0,299	0,373	0,447

8.5.2 Refraktometrie

Die **Refraktometrie** (refractometry) dient zur Messung der Brechzahl von durchscheinenden Flüssigkeiten und Feststoffen. Damit kann man Stoffe identifizieren und die Gehalte von Lösungen und Flüssigkeitsgemischen bestimmen.

Optische Grundlagen

Lichtstrahlen verändern beim Übertritt von einem durchsichtigen Stoff (Medium 1) in einen anderen durchsichtigen Stoff (Medium 2) ihre Richtung, man sagt sie werden gebrochen (**Bild 1**).

Der Fachausdruck für Lichtbrechung ist **Refraktion** (refraction), die Messung der Lichtbrechung heißt **Refraktometrie,** die Messgeräte **Refraktometer** (refractometer).

Die Lichtbrechung wird mit dem nebenstehenden **Brechungsgesetz** von SNELLIUS beschrieben.

Im Brechungsgesetz sind n_1 und n_2 die **Brechzahlen** von Medium 1 und Medium 2 gegenüber dem Vakuum.

In der Laborpraxis werden die Messungen nicht im Vakuum, sondern mit Lichteinfall aus dem Medium Luft durchgeführt (Brechzahl ungefähr 1). Auch die Brechzahlen in Tabellen sind meist gegen Luft gemessen.

Dadurch vereinfacht sich das Gesetz von SNELLIUS wie rechts stehend. Dabei ist n die Brechzahl eines Mediums gegen Luft.

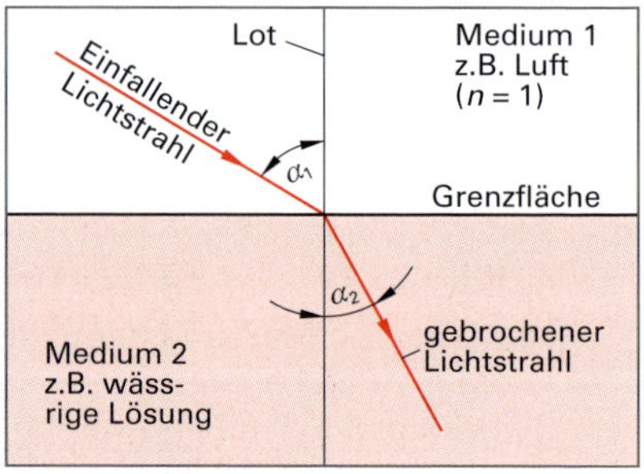

Bild 1: Lichtbrechung

Brechungsgesetz von SNELLIUS	Vereinfachtes Brechungsgesetz
$\frac{\sin \alpha_1}{\sin \alpha_2} = \frac{n_2}{n_1}$	$n = \frac{\sin \alpha_1}{\sin \alpha_2}$

Beispiel: Ein Lichtstrahl fällt unter einem Winkel von 55,0° zum Lot aus Luft auf Wasser und läuft nach der Brechung im Wasser unter 37,9° weiter. Wie groß ist die Brechzahl von Wasser?

Lösung: $\boldsymbol{n} = \frac{\sin \alpha_1}{\sin \alpha_2} = \frac{\sin 55{,}0°}{\sin 37{,}9°} = \frac{0{,}8192}{0{,}6143} \approx \mathbf{1{,}33}$

Die Lichtbrechung ist nicht konstant, sondern stark abhängig

- von der Wellenlänge des verwendeten Lichts
- sowie von der Temperatur.

Für genaue Messungen, wie bei der Refraktometrie, müssen das bei der Messung herrschende Licht und die Temperatur angegeben werden. Man verwendet häufig das Licht der Natrium-D-Linie einer Natriumdampflampe mit der Wellenlänge λ = 589 nm. Die Messtemperatur ist meist 20 °C.

Die Angabe einer Brechzahl erfolgt unter Nennung der Bestimmungsbedingungen. Eine sachgemäße Brechzahl-Angabe z. B. von Chloroform, gemessen mit Na-D-Licht bei 20 °C, lautet dann:

n_D^{20} (Chloroform) = 1,4486 oder n_{589}^{20} (Chloroform) = 1,4486

Fehlt die Temperaturangabe, so gilt der Wert bei 20 °C.

Die Brechzahlen der gebräuchlichen, durchscheinenden Substanzen wurden gemessen und können Tabellen entnommen werden (**Tabelle 1**).

Tabelle 1: Brechzahlen

Lichtquelle: Na-D-Licht (λ = 589 nm)
Messtemperatur ϑ = 20 °C

Substanz	n_D^{20}
Wasser	1,33300
Ethanol	1,36048
Methanol	1,33057
Toluol	1,49985
Benzol	1,50100
Nitrobenzol	1,62546
Quarzglas	1,54422
Fensterglas	1,51
Kalkspat	1,65835
Diamant	2,4173

Beispiel: Licht der Na-D-Linie fällt unter einem Winkel von 39,6° zum Lot auf Nitrobenzol. Welchen Winkel zum Lot hat der gebrochene Lichtstrahl im Nitrobenzol?

Lösung: Brechzahl von Nitrobenzol aus Tabelle 1: $n_D^{20} = 1{,}62546$

$$\frac{\sin \alpha_1}{\sin \alpha_2} = n_D^{20} \Rightarrow \sin \alpha_2 = \frac{\sin \alpha_1}{n_D^{20}} = \frac{\sin 39{,}6°}{1{,}62546} = 0{,}3921 \Rightarrow \boldsymbol{\alpha_2 \approx 23{,}1°}$$

Totalreflexion

In Refraktometern (refractometer) wird die Brechzahl von Flüssigkeiten durch Messung des **Grenzwinkels der Totalreflexion** (angle of total reflection) bestimmt.

Unter Totalreflexion versteht man die vollständige Reflexion eines Lichtstrahls an einer Grenzfläche zwischen einem optisch dichteren Medium (z. B. Glas) und einem optisch dünneren Medium (z. B. eine Flüssigkeit oder eine Lösung).

Tritt umgekehrt Licht aus dem optisch dünneren Medium (z. B. eine Flüssigkeit) in ein optisch dichteres Medium (z. B. Glas), so kann kein Licht in den Bereich eines Winkels gelangen, der kleiner als **der Grenzwinkel der Totalreflexion $\alpha_{2,T}$** ist (**Bild 1**).

Die Brechzahl n beim Grenzwinkel ergibt sich aus nebenstehender Größengleichung.

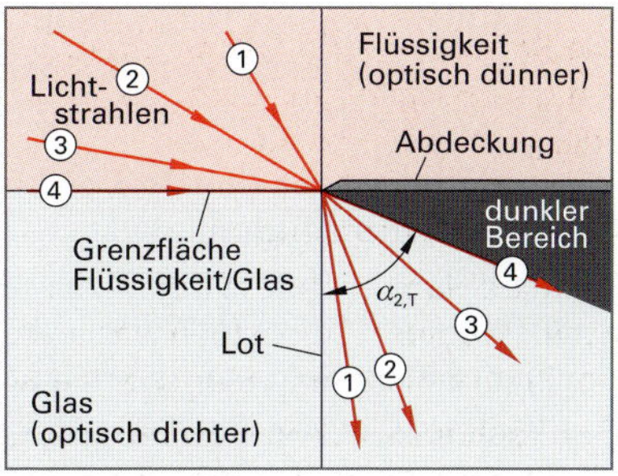

Bild 1: Abgedunkelter Bereich durch Totalreflexion

Beispiel: Für einen Lichtstrahl, der von Luft in Acrylglas fällt, wird ein Grenzwinkel der Totalreflexion von 42,2° gemessen. Welche Brechzahl hat Acrylglas?

Lösung: $\boldsymbol{n} = \frac{1}{\sin \alpha_{2,T}} = \frac{1}{\sin 42{,}2°} \approx \mathbf{1{,}49}$

Brechzahl beim Grenzwinkel der Totalreflexion
$n = \frac{1}{\sin \alpha_{2,T}}$

Refraktometer

Das **ABBÉ-Refraktometer** (ABBE-refractometer) enthält als optisches Hauptbauteil ein aufklappbares Prismenpaar mit einem dazwischen liegenden Spalt für die zu messende Flüssigkeit **(Bild 2).**

Das Licht fällt von oben durch das Beleuchtungsprisma in die dünne Messflüssigkeitsschicht und von dort in das Messprisma. Es ist rechtsbündig mit einer schwarzen Abdeckschicht belegt. Das Licht kann, unterhalb der Abdeckung, nur bis zu einem Winkel von $\alpha_{2,T}$ in das Messprisma eintreten. Im Bereich größerer Winkel ist das Bildfeld dunkel. Der Drehspiegel wird so gedreht, dass beim Beobachten durch das Okular im Sehfeld die Grenzlinie zwischen hellem und dunklem Bereich in einem Fadenkreuz liegt.

Die Brechzahl n der Messflüssigkeit kann dann auf einer eingeblendeten Skale abgelesen werden.

Die technische Ausführung eines ABBÉ-Refraktometers zeigt **Bild 3,** linker Bildteil. In der Darstellung ist das Beleuchtungsprisma zum Aufgeben der Messflüssigkeit aufgeklappt.

Der Messbereich des ABBÉ-Refraktometers reicht von n = 1,300 bis 1,700. Die Ablesegenauigkeit beträgt n = ± 0,0002, entsprechend ± 0,2 % Massenanteile.

Automatische **Digitalrefraktometer** (digital refractometer) beruhen auf dem gleichen Messprinzip (Bild 3, rechter Bildteil). Die Messsignalerfassung erfolgt optoelektronisch, die Brechzahl wird geräteintern errechnet und digital angezeigt. Die Messgenauigkeit beträgt n = ± 0,00001 bzw. ± 0,01 % Massenanteile.

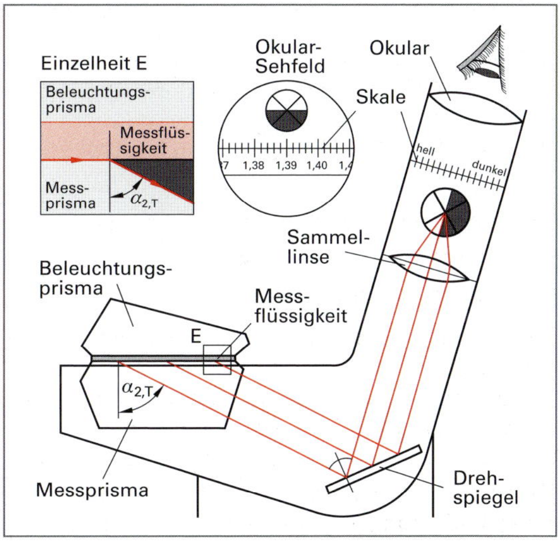

Bild 2: Messprinzip des ABBÉ-Refraktometers

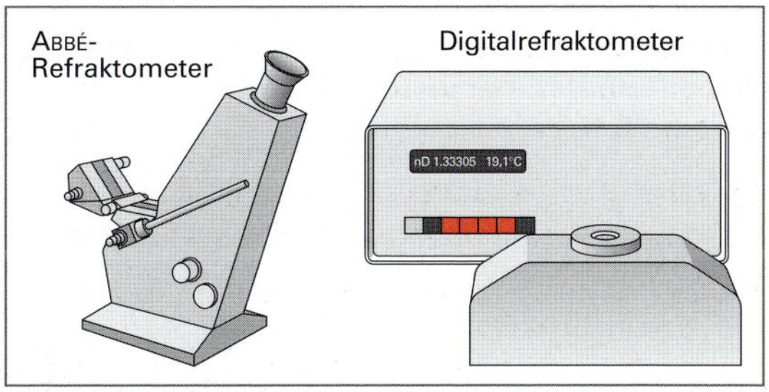

Bild 3: Labor-Refraktometer

Analytische Anwendungen der Refraktometrie

1. Identifizierung von Substanzen
Durch Vergleich der gemessenen Brechzahl n_D^{20} einer unbekannten Substanz mit Tabellenwerten der Brechzahl vermuteter Substanzen.

2. Bestimmung des Gehalts von Lösungen
Hierzu muss eine Kalibrierkurve der Lösung erstellt werden, die den Gehalt der Lösung in Abhängigkeit von der Brechzahl zeigt. Der gemessenen Brechzahl kann anhand der Kalibrierkurve ein Lösungsgehalt zugeordnet werden.

In speziellen Refraktometern ist auf der Skale anstatt der Brechzahl unmittelbar der Gehalt der untersuchten Lösung abzulesen, wie z. B. der Zuckergehalt im Traubensaft in Oechsle-Graden.

3. Bestimmung der Zusammensetzung von flüssigen Zweistoffgemischen
Hierzu benötigt man entweder eine Kalibrierkurve (wie unter 2. beschrieben) oder der Massenanteil w_1 einer Komponente kann mit nebenstehender Bestimmungsgleichung berechnet werden.

Es sind: ϱ = Dichte; n = Brechzahl;
Indices: 1 und 2 ⇒ Komponenten, M ⇒ Mischung.

Refraktometrische Bestimmung des Massenanteils von Zweistoffgemischen

$$w_1 = \frac{\frac{n_M - 1}{\varrho_M} - \frac{n_2 - 1}{\varrho_2}}{\frac{n_1 - 1}{\varrho_1} - \frac{n_2 - 1}{\varrho_2}}$$

Beispiel: Ein Ethanol/Wasser-Gemisch hat eine Brechzahl von $n_D^{20}(\text{M}) = 1{,}34685$ und eine Dichte von $\varrho(\text{M}) = 0{,}969\ \text{g/cm}^3$. Welchen Massenanteil w(Ethanol) hat das Gemisch? Stoffdaten:
$\varrho(\text{Ethanol}) = 0{,}789\ \text{g/cm}^3$, $n_D^{20}(\text{Ethanol}) = 1{,}36048$; $\varrho(\text{Wasser}) = 0{,}998\ \text{g/cm}^3$, $n_D^{20}(\text{Wasser}) = 1{,}33300$

Lösung:

$$\boldsymbol{w_1} = \frac{\frac{n_M - 1}{\varrho_M} - \frac{n_2 - 1}{\varrho_2}}{\frac{n_1 - 1}{\varrho_1} - \frac{n_2 - 1}{\varrho_2}} = \frac{\frac{1{,}34685 - 1}{0{,}969\ \text{g/cm}^3} - \frac{1{,}33300 - 1}{0{,}998\ \text{g/cm}^3}}{\frac{1{,}36048 - 1}{0{,}789\ \text{g/cm}^3} - \frac{1{,}33300 - 1}{0{,}998\ \text{g/cm}^3}} = \frac{0{,}35795 - 0{,}33367}{0{,}45688 - 0{,}33367} = 0{,}19706 \approx \mathbf{19{,}7\,\%}$$

Aufgaben zu 8.5.2 Refraktometrie

1. Ein Lichtstrahl tritt unter einem Winkel von 60° zum Lot auf eine Wasseroberfläche. Wie groß ist der Winkel des gebrochenen Lichtstrahls im Wasser?
2. Für eine Flüssigkeit wird aus einem Tabellenwerk ein Grenzwinkel der Totalreflexion von 48,725° abgelesen. Um welche Flüssigkeit in Tabelle 1 könnte es sich handeln?
3. Auf drei Gefäßen mit unleserlichem Etikett befinden sich die Flüssigkeiten Methanol, Ethanol und Toluol. Durch refraktometrische Messung erhält man folgende Brechzahlen für die drei Flüssigkeiten: $n_D^{20}(1) = 1{,}36047$, $n_D^{20}(2) = 1{,}49985$, $n_D^{20}(3) = 1{,}33057$
Welche Flüssigkeit befindet sich in welchem der drei Gefäße?
4. In einem Labor zur Qualitätskontrolle wird der Gehalt einer Lösung mit einem Abbé-Refraktometer bestimmt (Bild 2). Eine Kalibriermessreihe von Lösungen unterschiedlicher Konzentration ergab folgende Messwertepaare:

Massenanteil w in %	10	20	30	40	50	Probe 1	Probe 2	Probe 3
Brechzahl n_D^{20}	1,33960	1,34685	1,35347	1,35797	1,36120	1,34550	1,35285	1,36170

   a) Zeichnen Sie die Kalibrierkurve.
   b) Bestimmen Sie die Massenanteile der 3 Proben.
   c) Alternativ: Lösen Sie die Aufgabe mit einem Tabellenkalkulationsprogramm (vergleiche S. 66).
5. Von einem Ethanol/Methanol-Destillat sollen die Massenanteile w(Methanol) und w(Ethanol) berechnet werden. Die Brechzahl des Probe-Gemisches wurde zu $n_D^{20} = 1{,}33416$, die Dichte zu $\varrho = 0{,}7918\ \text{g/cm}^3$ gemessen. Die Stoffdaten der reinen Substanzen sind:
$\varrho(\text{Eth.}) = 0{,}7893\ \text{g/cm}^3$; $n_D^{20}(\text{Eth.}) = 1{,}36048$; $\varrho(\text{Meth.}) = 0{,}7923\ \text{g/cm}^3$; $n_D^{20}(\text{Meth.}) = 1{,}33057$.

8.5.3 Polarimetrie

Unter Polarimetrie (polarimetry) versteht man die Messung des Drehwinkels der Schwingungsrichtung von polarisiertem Licht durch eine optisch aktive Substanz oder eine Lösung.

Optische Grundlagen

Licht ist eine elektromagnetische Querwelle. Charakteristische Merkmale sind die Wellenlänge und die Schwingungsrichtung (**Bild 1**). In natürlichem Licht kommen verschiedene Wellenlängen (Farben) und alle Schwingungsrichtungen vor. Durch einen Monochromator (Farbfilter) kann Licht einer Wellenlänge erzeugt werden, es heißt **monochromatisches** Licht. Durch einen **Polarisator** ist es möglich, nur die Lichtwellen durchtreten zu lassen, die in einer Richtung schwingen. Dieses Licht nennt man **linear polarisiert.**

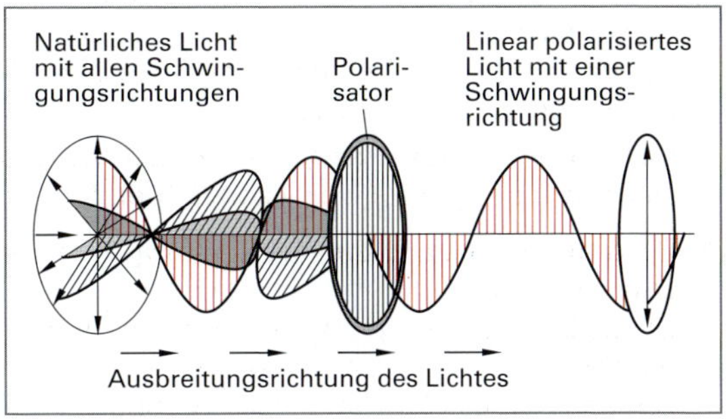

Bild 1: Erzeugung von polarisiertem Licht

Beim Durchgang von linear polarisierten Licht durch bestimmte durchscheinende Stoffe oder Lösungen, man nennt sie optisch aktive Medien, wird die Schwingungsrichtung des Lichts um einen Drehwinkel α gedreht (**Bild 2**).

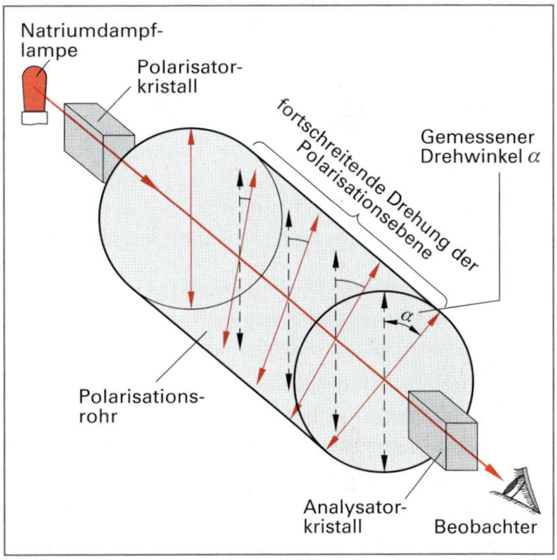

Bild 2: Drehung der Polarisationsrichtung im Polarisations-Messrohr

Es gibt rechtsdrehende (+) und linksdrehende (–) Substanzen. Der Drehwinkel α ist abhängig:

- von der gelösten optisch aktiven Substanz
- von der Konzentration β der Substanz
- von der Durchstrahlungslänge l der Substanz

Diese Abhängigkeiten sind im **BIOT'schen Gesetz** zusammengefasst.

BIOT'sches Gesetz
$\alpha = [\alpha]_{\lambda}^{\vartheta} \cdot l \cdot \beta$

Der Faktor $[\alpha]_{\lambda}^{\vartheta}$ ist die **spezifische Drehung** (specific rotation) einer Substanz. Das ist der Drehwinkel in grad, den 1 g der Substanz pro 1 mL Lösung auf einer Durchstrahlungstrecke von 1 dm bewirkt.

Da die spezifische Drehung zudem von der Temperatur, von der Wellenlänge des Lichts, vom Lösemittel und der Konzentration abhängig ist, müssen diese Bedingungen angegeben werden.

Meistens beträgt die Messtemperatur 20 °C und als Licht wird Natrium-D-Licht mit einer Wellenlänge von 589 nm verwendet. Die spezifische Drehung wird dann durch das Zeichen $[\alpha]_{D}^{20}$ angegeben.

Bezeichnungsbeispiel:

$$[\alpha]_{D}^{20} \text{ (D-Glucose, 5 bis 25 g/L)} = 52{,}5 \frac{\text{grad}}{\text{dm} \cdot \text{g/mL}}$$

Die spezifische Drehung $[\alpha]_{D}^{20}$ der gebräuchlichsten, optisch aktiven Substanzen wurde bestimmt. **Tabelle 1** zeigt eine Auswahl.

Tabelle 1: Spezifische Drehung $[\alpha]_{D}^{20}$ in $\frac{\text{grad}}{\text{dm} \cdot \text{g/mL}}$
(Na-D-Licht, λ = 589 nm, Messtemperatur ϑ = 20 °C)

Optisch aktive Substanz	Lösemittel	$[\alpha]_{D}^{20}$
L-Ascorbinsäure	Wasser	24,0
D(-)-Fructose	Wasser	– 89,1
D-Glucose	Wasser	52,5
Rohrzucker	Wasser	66,45
D-Galactose	Wasser	79,7
Xylose	Wasser	17,6

Daneben wird auch die **molare Drehung $[M]_{D}^{20}$** verwendet. Sie kann mit der molaren Masse M aus $[\alpha]_{D}^{20}$ berechnet werden.

Molare Drehung
$[M]_{D}^{20} = [\alpha]_{D}^{20} \cdot M$

Beispiel 1: Bei einer wässrigen Lösung von Rohrzucker wurde im Polarimeter mit einer Küvette von d = 20,0 cm Messlänge bei 20 °C mit einer Natrium-D-Lampe (λ = 589 nm) ein Drehwinkel von α = 17,2 ° gemessen. Welche Massenkonzentration β(Rohrzucker) hat die untersuchte Lösung?

Lösung: Mit $[\alpha]_D^{20}$ (Rohrzucker) = $66{,}45 \frac{\text{grad}}{\text{dm} \cdot \text{g/mL}}$ aus Tabelle 1 folgt:

$$\alpha = [\alpha]_D^{20} \cdot l \cdot \beta \quad \Rightarrow \quad \boldsymbol{\beta}\textbf{(Rohrzucker)} = \frac{\alpha}{[\alpha]_D^{20} \cdot l} = \frac{17{,}2\,°}{66{,}45 \frac{\text{grad}}{\text{dm} \cdot \text{g/mL}} \cdot 2{,}00 \text{ dm}} \approx \textbf{0,129 g/mL}$$

Beispiel 2: Welche molare Drehung $[M]_D^{20}$ hat Xylose $C_5H_{10}O_5$?

Lösung: Mit $[\alpha]_D^{20}$ (Xylose) = $17{,}6 \frac{\text{grad}}{\text{dm} \cdot \text{g/mL}}$ aus Tabelle 1 und M(Xylose) = 150,13 g/mol folgt:

$$\boldsymbol{[M]_D^{20}} = [\alpha]_D^{20} \cdot M(\text{Xylose}) = 17{,}6 \frac{\text{grad}}{\text{dm} \cdot \text{g/mL}} \cdot 150{,}13 \text{ g/mol} = 2642{,}28 \frac{\text{grad} \cdot \text{mL}}{\text{dm} \cdot \text{mol}} \approx \textbf{2,64} \frac{\textbf{grad}}{\textbf{dm} \cdot \textbf{mol/L}}$$

Polarimeter (polarimeter)

Im Polarimeter befindet sich die Probelösung in einem Polarisationsrohr **(Bild 1)**. Dieses wird von monochromatischem, linear polarisierten Licht durchstrahlt. Ein zweiter Polarisator (Analysator) ist in Abgleichstellung um 90 ° gegen den 1. Polarisator verdreht. In dieser Stellung fällt kein Licht auf den Detektor, da der Analysator das polarisierte Licht absorbiert. Wird die Probelösung in den Strahlengang gebracht, so wird die Polarisationsebene des Lichts gedreht. Der Detektor empfängt Licht. Er steuert einen Servomotor, der den Analysator so lange dreht, bis kein Licht mehr auf den Detektor fällt. Der Drehwinkel des Analysators entspricht dem von der Probelösung hervorgerufenen Drehwinkel.

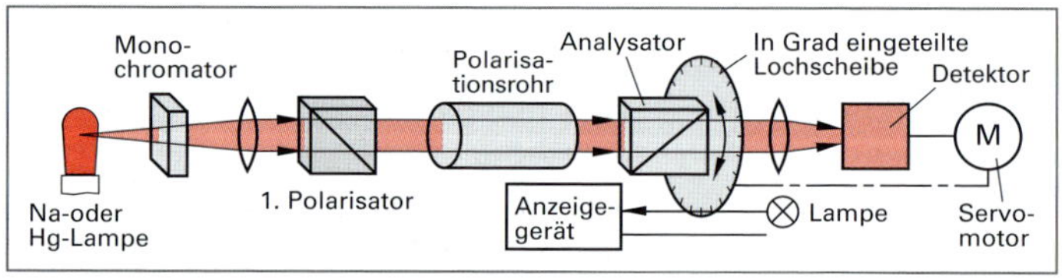

Bild 1: Messprinzip eines Polarimeters

Analytische Anwendungen der Polarimetrie

1. Konzentrationsbestimmungen optisch aktiver Substanzen, z. B. des Zuckergehalts in wässrigen Lösungen (Lebensmittelindustrie) oder des Restzuckergehalts im Urin (Medizintechnik).
2. Reinheitsprüfung optisch aktiver Substanzen, z. B. in der pharmazeutischen Industrie.
3. Strukturbestimmung zur Untersuchung des sterischen Aufbaus von asymmetrischen Molekülen. Hierzu muss das optische Rotationsdispersions-Spektrum (ORD-Spektrum) gemessen werden. Dies ist ein Diagramm, das die Änderung des Drehwinkels einer Substanz in Abhängigkeit von der Wellenlänge des durchstrahlenden Lichts zeigt.

Aufgaben zu 8.5.3 Polarimetrie

1. Die Messung des Drehwinkels in einem Polarimeter mit 10,0 cm Messlänge ergab bei einer Rohrzuckerlösung einen Drehwinkel von 16,810°. Verwendetes Licht: Natrium-D-Licht; ϑ = 20 °C. Welche Massenkonzentration hat die Rohrzuckerlösung?
2. Der Glucosegehalt im Urin kann polarimetrisch bestimmt werden. (Vor der Messung werden die störenden Anteile aus dem Urin abgetrennt.). Wie groß ist die Massenkonzentration in einer Urinprobe, wenn ein Drehwinkel von 0,722° gemessen wurde? (Natrium-D-Licht, ϑ = 20 °C)
3. Die Messung des Drehwinkels einer Lävulose-Lösung mit einer Massenkonzentration β = 36,782 g/L ergab einen Drehwinkel von 3,883°. Die Polarisations-Messlänge betrug 1,0 dm. Welche spezifische Drehung hat Lävulose?
4. Ein Polarimeter soll für die Serienmessung von Rohrzuckerlösungen so ausgestattet werden, dass eine Zuckerkonzentration von 10,000 g/L gerade einen Drehwinkel von 1,000° bewirkt.
   a) Welche Messlänge muss das Polarisations-Messrohr besitzen? (λ = 589 nm; ϑ = 20 °C)
   b) Welche Konzentration hat eine Rohrzuckerlösung, deren Drehwinkel in diesem Polarisations-Messrohr zu 3,726° gemessen wird?
5. Berechnen Sie aus der spezifischen Drehung (Tabelle 287/1) die molare Drehung von:
   a) Ascorbinsäure $C_6H_8O_6$ b) Fructose $C_6H_{12}O_6$ c) Rohrzucker $C_{12}H_{24}O_{12}$

8.6 Chromatografie

Die Chromatografie (chromatography) ist eines der am häufigsten eingesetzten Analyseverfahren in der modernen Labortechnik. Hierbei wird eine Gemischprobe (z. B. aus den Komponenten A und B) in einer mobilen Phase (Gas oder Flüssigkeit) gelöst und über eine stationäre Phase bewegt, die sich entweder in einer Säule oder auf einem Flachbett befindet **(Bild 1)**. Durch die unterschiedlich starke Wechselwirkung der Komponenten A und B mit der stationären Phase kommt es nach hinreichend langer Laufzeit zu einer Trennung der Komponenten.

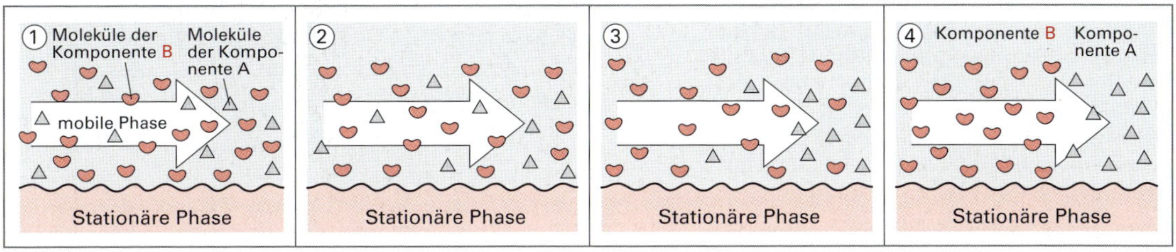

Bild 1: Wirkungsprinzip der Chromatografie

Die Ursache der Trennung können unterschiedlich starke Adsorptionskräfte, Ionenaustauschgeschwindigkeiten oder Verteilungsgleichgewichte der Komponenten A bzw. B zur stationären Phase sein. Sie führen dazu, dass z. B. die Komponente A von der mobilen Phase schneller entlang der stationären Phase mitgeführt wird als die Komponente B. Dadurch trennt sich der Gemischstrom in zwei hintereinander strömende Komponenten auf.

8.6.1 Dünnschicht- und Papierchromatografie

Bei der **Dünnschichtchromatografie** (kurz DC, englisch thin layer chromatography, kurz TLC) ist die stationäre Phase eine dünne, poröse, kreideartige Schicht (Dicke ca. 0,25 mm) aus feinkörnigem Kieselgel auf Glasplatten, Aluminium- oder Kunststofffolien als Träger (**Bild 2**).

Auf der Platte wird auf einer Startlinie mit einer Dosier-Mikropipette ein Tropfen (z. B. 0,2 µL) der zu analysierenden Mischsubstanz aufgegeben. Daneben tropft man je einen Tropfen der reinen, in der Substanz vermuteten Stoffe. Die getrocknete DC-Platte wird in einer Trogkammer in ein Laufmittel (mobile Phase) gestellt. Durch die Kapillarwirkung steigt das Laufmittel in der zuvor getrockneten Dünnschicht langsam nach oben. Es nimmt auf seinem Steigweg die einzelnen Bestandteile des Gemisches unterschiedlich schnell mit. Erreicht das Laufmittel eine zuvor markierte Endlinie, wird die Platte aus der Trogkammer genommen.

Nach Sichtbarmachen der Flecken (z. B. mit UV-Licht oder einem Farbstoff) kann das erhaltene Chromatogramm ausgewertet werden.

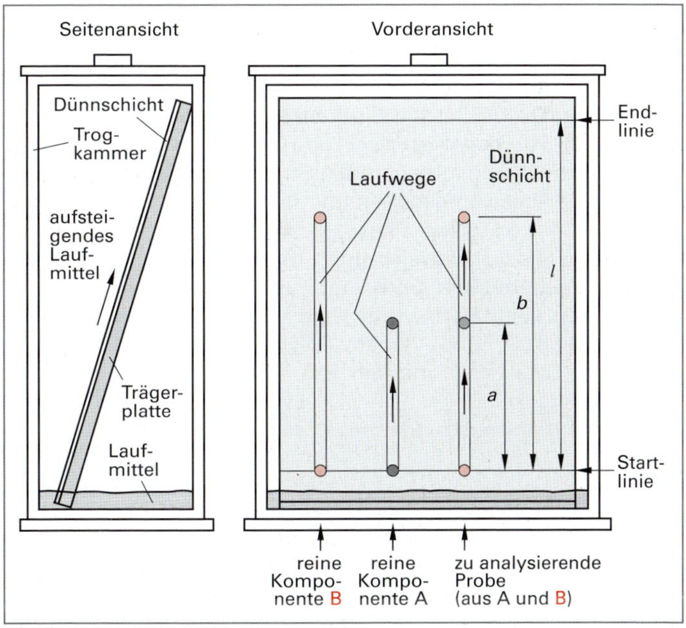

Bild 2: Dünnschicht-Chromatografie

Ein ähnliches Verfahren, die **Papierchromatografie** (kurz PC), wird analog wie die DC-Chromatografie durchgeführt. Hierbei dient ein saugfähiges Papierblatt als stationäre Phase.

1. **Qualitative Auswertung**: Durch Abgleich mit den Flecken der Reinsubstanzen können die Flecken der Probesubstanz den einzelnen Substanzen zugeordnet werden. Als Kenngröße der einzelnen Substanzflecken dient der Retentionsfaktor, kurz $\boldsymbol{R_f}$**-Wert** genannt.

Retentionsfaktor
$R_f = \dfrac{\text{Flecken-Laufstrecke}}{\text{Laufmittel-Laufstrecke}} = \dfrac{a}{l}$

2. **Quantitative Auswertung**: Sie erfolgt z. B. durch fotometrische Bestimmung der Substanzmengen in den jeweiligen Flecken und Abgleich mit den Flecken von Kalibriersubstanzen. Die Genauigkeit beträgt rund 10 %.

Beispiel: Die Dünnschichtchromatografie eines Lebensmittel-Farbstoffes liefert nebenstehendes Chromatogramm (**Bild 1**). Es sind die R_f-Werte der drei Komponenten des Farbstoffes zu bestimmen.

(Hinweis: Die Probe wird dreimal aufgegeben, um Unregelmäßigkeiten in der Laufschicht auszugleichen.)

Lösung: Die Laufstrecken in Skalenteilen Skt werden aus dem Chromatogramm abgelesen und daraus die R_f-Komponente berechnet.

$$\boldsymbol{R_{f1}} = a_1 : l = 2{,}25\text{ Skt} : 4{,}3\text{ Skt} \approx \mathbf{0{,}52}$$
$$\boldsymbol{R_{f2}} = a_2 : l = 1{,}55\text{ Skt} : 4{,}3\text{ Skt} \approx \mathbf{0{,}36}$$
$$\boldsymbol{R_{f3}} = a_3 : l = 3{,}95\text{ Skt} : 4{,}3\text{ Skt} \approx \mathbf{0{,}92}$$

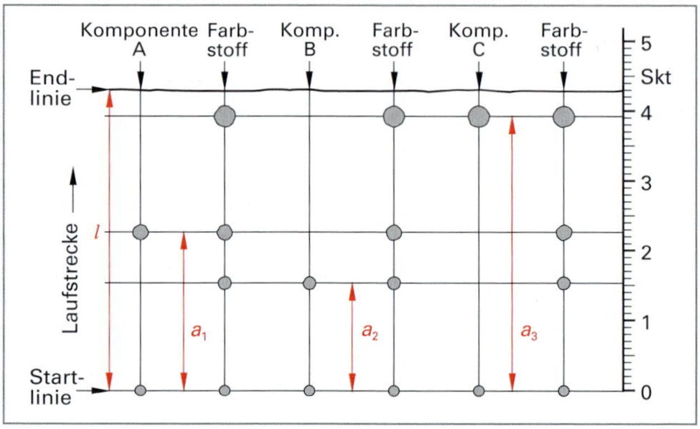

Bild 1: DC-Chromatogramm eines Farbstoffes

8.6.2 Chromatografische Trennung mit Trennsäulen

Darunter versteht man die chromatografischen Verfahren, die in einer Säule (Rohr) stattfinden. Es sind die chromatografischen Verfahren mit der breitesten Anwendung. Je nach Aggregatzustand der mobilen Phase spricht man von **Gas-Chromatografie** (kurz **GC**) oder von **Flüssig-Chromatografie** (kurz **LC**).

Als stationäre Säulenfüllungen werden am häufigsten körnige Schüttungen von normalem und oberflächenmodifiziertem Kieselgel sowie Aluminiumoxid und derivatisierte Agarose eingesetzt.

Die übliche Arbeitsweise in der Säulenchromatografie (SC) ist die Elutionstechnik (**Bild 2**). Hierbei wird die Probe am Säulenanfang in den fortlaufenden Strom der mobilen Phase aufgegeben und dann so lange mit mobiler Phase gespült (eluiert), bis die zu analysierenden Komponenten getrennt am Ende der Säule ausgetragen sind. Dort werden sie von einem Detektor mit einem Signal registriert. Detektoren messen z. B. die Wärmeleitfähigkeit oder die UV-Licht-Absorption der verschiedenen Komponenten.

Die Aufzeichnung des Detektorsignals über der Zeit ergibt das **Chromatogramm** (Bild 2, unten). Es hat eine Basislinie, von der sich aus die sogenannten Peaks (Gipfel) erheben. Jeder Peak steht für eine der Gemisch-Komponenten. Das Chromatogramm ist die Grundlage für die Auswertung chromatografischer Analysen.

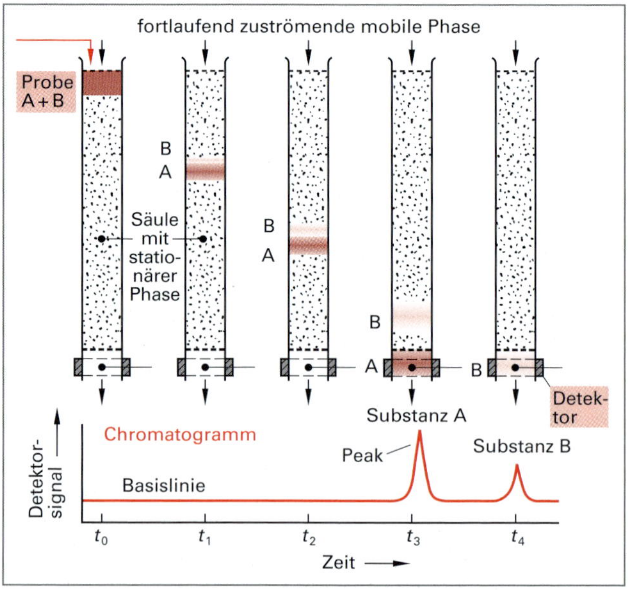

Bild 2: Entstehung eines Chromatogramms bei der Säulenchromatografie

Gas-Chromatografie GC

Bei der Gaschromatografie (**g**as-**c**hromatography) ist die mobile Phase gasförmig. Die stationäre Phase in der Trennsäule ist meist fest, sie kann aber auch flüssig sein (Gas-Liquid-Chromatografie GLC). Die GC ist für die Analytik von Gasgemischen und Flüssigkeitsgemischen geeignet.

Bild 1 zeigt den schematischen Aufbau eines Gaschromatografen. Aus einer Trägergasquelle wird über ein Reduzierventil ein Trägergas (z.B. Stickstoff, Helium, Wasserstoff u.a.) in die Trennsäule gespeist. Das Trägergas durchströmt mit konstanter Strömungsgeschwindigkeit die Trennsäule im beheizten Ofenraum des Gaschromatografen. Flüssige Proben werden nach der Injektion in den beheizten Einspritzblock (Injektor) verdampft, dürfen sich dabei nicht zersetzen. Nun transportiert die mobile Phase die Probenkomponenten durch die temperierte Trennsäule.

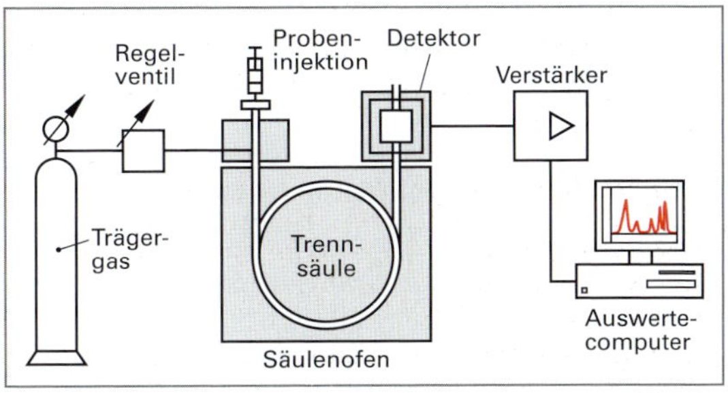

Bild 1: Prinzip eines Gaschromatografen

In der Trennsäule (gepackte Säulen oder heute überwiegend Kapillarsäulen) wandern die Probenkomponenten in der mobilen Phase aufgrund ihrer Wechselwirkungen (polar/unpolar) mit der stationären Phase unterschiedlich schnell: Sie erreichen nacheinander den Detektor[1]. Er erzeugt von jeder Komponente ein elektrisches Signal, das proportional zur jeweiligen Substanzmenge ist. Die Ansprechempfindlichkeit der Detektoren für verschiedene Substanzen ist unterschiedlich.

Das Detektorsignal wird nach Verstärkung einem Auswertecomputer zugeführt. Als Ergebnis wird das Chromatogramm erhalten. Als Detektor kommen bei der GC Wärmeleitfähigkeits-Detektoren **(WLD)** oder Flammenionisations-Detektoren **(FID)** zum Einsatz.

Hochleistungs-Flüssigkeitschromatografie HPLC

Die HPLC (**h**igh-**p**erformance **l**iquid **c**hromatography) ist ein heute weit verbreitetes Chromatografie-Verfahren. Die Abkürzung HPLC leitet sich von der englischen Bezeichnung ab und bedeutet **Hochleistungs-Flüssigkeitschromatografie,** ursprünglich wurde sie auch als Hochdruckflüssigkeitschromatografie (von **h**igh-**p**ressure **l**iquid **c**hromatography) bezeichnet. Die HPLC eignet sich zur Trennung von Verbindungen, die wegen zu geringer Flüchtigkeit oder thermischer Instabilität mit anderen chromatografischen Verfahren, vor allem der Gaschromatografie, nicht zu analysieren sind.

Die Vorteile der HPLC ergeben sich aus der Verwendung sehr feinkörniger Säulenfüllungen mit dichter Packung und entsprechend hoher Trennwirkung sowie dem für diese Säulen erforderlichen Arbeitsdruck bis 350 bar. Die HPLC ist gekennzeichnet durch:

- Hohe Auflösung für Vielkomponentengemische
- Geringe Analysendauer von wenigen Minuten
- Hohe Nachweisempfindlichkeit bis zu kleinsten Stoffportionen von 10^{-10} g.

Die HPLC eignet sich deshalb zur schnellen Analyse von Gemischen bei hoher Nachweisempfindlichkeit (auch Spurenanalyse) und erforderlicher guter Reproduzierbarkeit verbunden mit automatisierbarer Probenaufgabe. Sie wird in der chemischen, pharmazeutischen, medizinischen und Umwelt-Analytik eingesetzt.

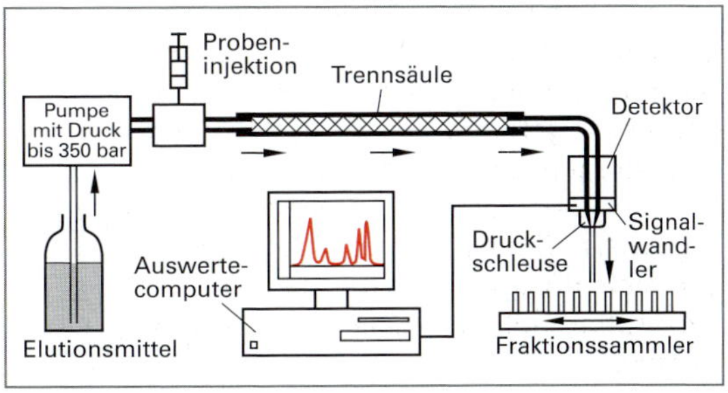

Bild 2: Prinzip eines HPLC-Chromatografen

Als Detektoren kommen bei der HPLC unter anderem UV-VIS-Detektoren, refraktometrische Detektoren (RI), Leitfähigkeits-Detektoren und Fluoreszenz-Detektoren zum Einsatz.

Eine Weiterentwicklung ist die **UHPLC** (von **u**ltra-**h**igh-**p**erformance **l**iquid **c**hromatography), die mit feinkörnigeren Säulenfüllungen und Arbeitsdrücken bis zu 750 bar eine noch höhere Empfindlichkeit aufweist und die Analysenzeit weiter verkürzt.

[1] Ausführliche Informationen zu Aufbau, Funktion und Einsatzmöglichkeiten von Detektoren finden sich unter *www.chemgapedia.de*

8.6.3 Wichtige Kenngrößen der Chromatografie

Wird das Detektorsignal einer GC- bzw. HPLC-Analyse von einem Schreiber oder Computer über der Zeit aufgetragen, so erhält man eine Basislinie mit einer Reihe von Peaks (englisch: Gipfel). Diese grafische Darstellung des Detektorsignals bezeichnet man als Chromatogramm **(Bild 1)**.

Chromatogramme liefern **qualitative** und **quantitative** Informationen über die im Chromatografen getrennten Komponenten eines Gemisches.

Die Position eines Peaks auf der Zeitachse, als Retentionszeit t_R bezeichnet, kann dazu dienen, die Substanz aufgrund von Vergleichsmessungen mit Reinsubstanzen zu identifizieren.

Zur Quantifizierung können sowohl die Peakflächen A_i als auch im begrenzten Gehaltsbereich die Peakhöhen h_i herangezogen werden. Beide Parameter sind proportional zur Konzentration der Analyten in der Probe. Wegen der größeren Unempfindlichkeit gegen schwankende Analysenbedingungen wird in der Praxis die Peakflächenauswertung bevorzugt. Sie erfolgt durch Integratoren oder heute überwiegend in einem Auswertecomputer mit spezieller Software.

Wichtige Kenngrößen[1] eines Chromatogramms zeigen Bild 1 und 2, sie sind im Folgenden erläutert:

- Die **Totzeit t_M** ist die **Durchflusszeit,** die das Elutionsmittel zum Durchfließen der Säule benötigt. Da die mobile Phase in der Regel kein Detektorsignal erzeugt, wird zur Bestimmung der Totzeit t_M eine inerte Substanz als Totzeitmarker injiziert. Mit ihrem Peak kann mittels der Säulenlänge L und der Totzeit t_M die **mittlere Lineargeschwindigkeit** $\bar{u}$ der mobilen Phase berechnet werden: $\bar{u} = L / t_M$
- Die **Retentionszeit t_R** ist charakteristisch für jeden Analyten und kennzeichnet die Zeit, die der Analyt von der Injektion bis Peakmaximum benötigt. Wird von der Retentionszeit t_R die Totzeit t_M subtrahiert, wird die **Nettoretentionszeit t'_R** erhalten: $t'_R = t_R - t_M$.
  Sie wird auch **reduzierte Retentionszeit** genannt und ist ein Maß für die Wechselwirkung Analyt/stationäre Phase.
- Die **Basisbreite w_b** eines Peaks **(Bild 2)** ist die Strecke auf der Basislinie, die zwischen den Schnittpunkten der beiden Wendepunkttangenten der Peakkurve liegt.
- Die **Peakbreite w_h in halber Peakhöhe.**
- Die **Peakhöhe h** ist die Strecke, die zwischen dem Scheitelpunkt des Peaks bis zur Basislinie gemessen wird. In erster Näherung gilt:
  Peakhöhe $h \sim c$(Analyt).

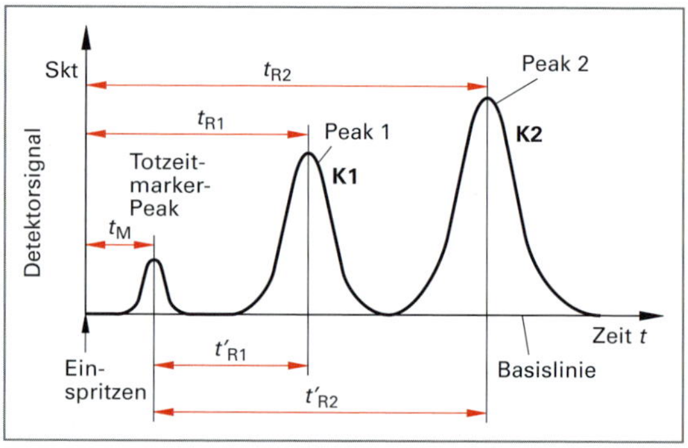

Bild 1: Kenngrößen eines Chromatogramms

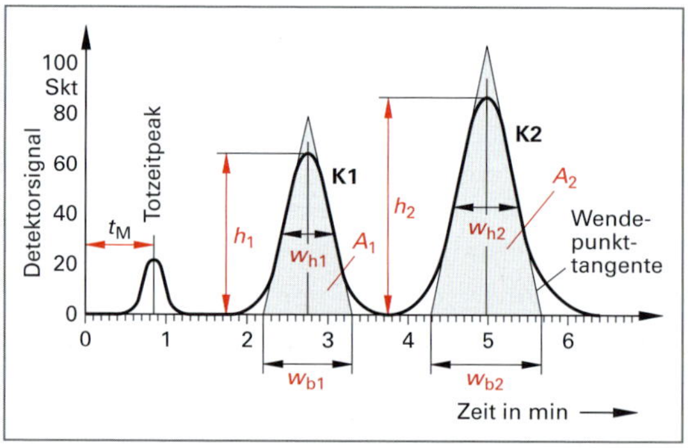

Bild 2: Bestimmung der Peakhöhen und Peakflächen eines Chromatogramms

- Die **Peakfläche A** ist die Fläche, die zwischen der Peakkurve und der Basislinie eingeschlossen wird. Die Peakfläche kann angeben werden in Peakflächeneinheiten, so genannten counts mit dem Zeichen C.
  Es gilt: Peakfläche $A \sim c$(Analyt).
  Bei manueller Auswertung eines Chromatogramms erhält man die Peakfläche durch Multiplikation der Peakhöhe h mit der Peakbreite in halber Höhe w_h. Es ist $\boldsymbol{A = h \cdot w_h}$

Kenngrößen	
Mittlere Linear-Geschwindigkeit:	$\bar{u} = \frac{L}{t_m}$
Netto-retentionszeit:	$t'_R = t_R - t_M$
Peakfläche:	$A = h \cdot w_h$

[1] Bezeichnungen nach DIN 51405/2004

Damit Chromatogramme reproduzierbar sind, müssen die chromatografischen Bedingungen bei den Messungen gleich sein. Im Messergebnis sind anzugeben: Säulenabmessungen, Art der mobilen Phase, Fließgeschwindigkeit bzw. Volumenstrom, Art der stationären Phase, Druck, Temperatur, Detektor u.a. Die Bedingungen bei der Chromatografie müssen zudem so gewählt sein, dass sich ein Chromatogramm mit eindeutig ermittelbaren Retentionszeiten, Peakflächen usw. ergibt. Aus den abgelesenen Chromatogrammdaten kann eine zusätzliche Kenngröße gebildet werden:

Der **Retentionsfaktor *k*** (auch als Kapazitätsfaktor *k* bezeichnet) ist der Quotient aus der Nettoretentionszeit und der Totzeit t_M. Er gibt an, um wie viel länger sich die Analytmoleküle an oder in der stationären Phase aufhalten als in der mobilen Phase; *k* ist abhängig von der Säulenlänge und der Fließgeschwindigkeit der mobilen Phase.

Retentionsfaktor (Kapazitätsfaktor)
$k = \frac{t_R - t_M}{t_M} = \frac{t'_R}{t_M}$

Beispiel 1: Bestimmen Sie die Kenngrößen für die Komponente K2 aus dem Chromatogramm Bild 2, Seite 292.

Lösung: $t_M \approx 0{,}85$ min; $t_{R2} \approx 5{,}0$ min; $t'_{R2} = t_{R2} - t_M \approx (5{,}0 - 0{,}85)$ min $\approx 4{,}2$ min; $h_2 \approx 25$ mm ≈ 87 Skt
$w_{b2} \approx 12{,}5$ mm; $w_{h2} \approx 7{,}5$ mm; $A_2 \approx h_2 \cdot w_{h2} = 25\text{ mm} \cdot 7{,}5\text{ mm} \approx 188\text{ mm}^2$

Beispiel 2: Ermitteln Sie aus dem Chromatogramm Bild 2, Seite 292 die Retentionsfaktoren *k*.

Lösung: $\boldsymbol{k_1} = \frac{t_{R1} - t_M}{t_M} = \frac{(2{,}75 - 0{,}85)\text{ min}}{0{,}85\text{ min}} \approx \mathbf{2{,}2}$; $\boldsymbol{k_2} = \frac{t_{R2} - t_M}{t_M} = \frac{(5{,}0 - 0{,}85)\text{ min}}{0{,}85\text{ min}} \approx \mathbf{4{,}9}$

Beispiel 3: Das Chromatogramm Bild 2, Seite 292 wurde mit einer 30 m langen GC-Säule aufgenommen. Wie groß ist die mittlere, lineare Strömungsgeschwindigkeit $\bar{u}$ in cm/s?

Lösung: $\bar{\boldsymbol{u}} = \frac{L}{t_M} = \frac{30\text{ m}}{0{,}85\text{ m}} = \frac{30 \cdot 10^2\text{ cm}}{0{,}85 \cdot 60\text{ s}} = 58{,}8\text{ cm/s} \approx \mathbf{59\ cm/s}$

8.6.4 Trennwirkung einer Säule

Eine besonders wichtige Eigenschaft einer GC- bzw. HPLC-Säule ist ihre Fähigkeit, ein Analytgemisch effektiv aufzutrennen, d.h. ein eindeutig auswertbares Chromatogramm zu liefern. Man nennt dies die Trennwirkung einer Säule.

Als Maß für die Effizienz einer Trennsäule gibt es mehrere Kenngrößen: den Trennfaktor α, die Auflösung R_s, die Bodenhöhe *H*, die Bodenzahl *N*.

Der **Trennfaktor α** ist der Quotient der Retentionsfaktoren zweier benachbarter Peaks. Definitionsgemäß wird die stärker retardierte Komponente mit dem Index 2 versehen: Damit ist α größer oder gleich 1. Bei $\alpha = 1$ überlagern sich die Peaks zweier Analyten.

Trennfaktor (Selektivitätsfaktor)
$\alpha = \frac{k_2}{k_1} = \frac{t'_{R2}}{t'_{R1}} = \frac{t_{R2} - t_M}{t_{R1} - t_M}$

Die **Auflösung R_S** (von engl. resolution) berechnet sich für zwei benachbarte Analyten 1 und 2 aus dem Abstand der Peakmaxima $t_{R2} - t_{R1}$ sowie dem Mittelwert der Peakbreiten $(w_{b2} + w_{b1})/2$ nach nebenstehender Größengleichung. Alternativ kann die Auflösung RS auch aus den Peakbreiten auf halber Peakhöhe w_h berechnet werden.

Für viele Anwendungen genügt eine Auflösung von $R_S = 1$. Aber erst mit der Auflösung 1,5 sind zwei Peaks basisliniengetrennt (Bild 1, Seite 294).

Auflösung
$R_S = 2 \cdot \frac{(t_{R2} - t_{R1})}{w_{b2} + w_{b1}}$
$R_S = 1{,}177 \cdot \frac{(t_{R2} - t_{R1})}{w_{h2} + w_{h1}}$

Beispiel 1: Ermitteln Sie aus dem Chromatogramm in Bild 2, Seite 292 die Auflösung R_S der beiden Peaks und den Trennfaktor α.

Lösung: $\boldsymbol{R_S} = 2 \cdot \frac{(t_{R2} - t_{R1})}{w_{b2} + w_{b1}} = \frac{2 \cdot (5{,}0 - 2{,}75)\text{ min}}{(1{,}35 + 1{,}1)\text{ min}} \approx \mathbf{1{,}8}$; $\alpha = \frac{k_2}{k_1} = \frac{4{,}88}{2{,}24} \approx \mathbf{2{,}2}$

Die **Bodenhöhe**[1] ***H*** und die **Trennstufenzahl** bzw. **Bodenzahl *N*** werden ebenfalls als ein quantitatives Maß für die Trennwirkung einer Chromatografiesäule verwendet. Sie sind über die Länge der Säule *L* nach nebenstehender Größengleichung miteinander verknüpft.

Bodenhöhe (HETP)
$H = \text{HETP} = \frac{L}{N}$

[1] In der angelsächsischen Literatur wird die Bodenhöhe *H* auch HETP (**h**eight **e**quivalent to a **t**heoretical **p**late) genannt.

Die **Bodenzahl** N einer Chromatografiesäule wird aus den Retentionszeiten und den Peakbreiten bzw. der Peakbreite auf halber Höhe ermittelt.

Die Bodentheorie geht von der theoretischen Annahme aus, als sei eine chromatografische Säule aus vielen eng aneinander liegenden schmalen Schichten aufgebaut, die man theoretische Böden nennt. Auf diesen Böden finden – vergleichbar den Böden einer Rektifikationskolonne – ständig Austauschvorgänge der Probe zwischen der stationären und der mobilen Phase statt, die zu einem „Gleichgewichtszustand" führt. Ein tatsächliches Gleichgewicht kann sich allerdings wegen der ständigen Fließbewegung der mobilen Phase und der Analyten nicht einstellen.

Bodenzahl (Trennstufenzahl)
$N = 5{,}545 \cdot \left(\frac{t_R}{w_h}\right)^2$
$N = 16 \cdot \left(\frac{t_R}{w_b}\right)^2$

Die Effizienz (Trennwirkung) einer Säule nimmt mit steigender Bodenzahl und abnehmender Bodenhöhe zu: Je größer die Zahl der theoretischen Böden, desto mehr Gleichgewichtseinstellungen sind während der Wanderung entlang der Trennstrecke möglich und desto größer ist die Trennleistung.

So haben beispielsweise gepackte GC-Säulen von 1 m bis 3 m Länge zwischen 500 und 2000 Böden. Die Bodenhöhe beträgt gemäß $H = L / N$ zwischen 1 bis 6 mm.

Eine Kapillarsäule von 0,1 mm Innendurchmesser und 25 m Länge hat 30 000 bis 100 000 Böden. Die Bodenhöhe HETP beträgt 0,2 bis 0,6 mm.

HPLC-Säulen übertreffen in ihrer Leistungsfähigkeit die GC-Säulen deutlich: Eine HPLC-Kieselgel-Säule mit 10 µm-Partikeln und 25 cm Länge hat eine Bodenzahl von 2500 bis 5000. Die Bodenhöhe HETP beträgt ca. 0,05 bis 0,1 mm, das erklärt die hohe Trennleistung.

Die Säulen bei der UPLC (**u**ltra-**p**erformance **l**iquid **c**hromatography) arbeiten mit Partikelgrößen bis 1,7 µm und erzielen höhere Auflösungen mit größerer Empfindlichkeit und höherem Probendurchsatz.

Beispiel 1: Das Gaschromatogramm eines Zweistoffgemisches **(Bild 1)** wurde mit einer GC-Säule von 25 m Länge und einem Totzeitmarker aufgenommen. Wie groß sind folgende Kenngrößen:

a) Die mittlere lineare Strömungsgeschwindigkeit des Trägergases.

b) Die Auflösung zwischen den beiden Komponentenpeaks.

c) Der Trennfaktor zwischen den beiden Analyten.

d) Die Trennstufenzahl, bezogen auf den Peak von Komponente B.

e) Die Bodenhöhe bezogen auf den Peak der Komponente B.

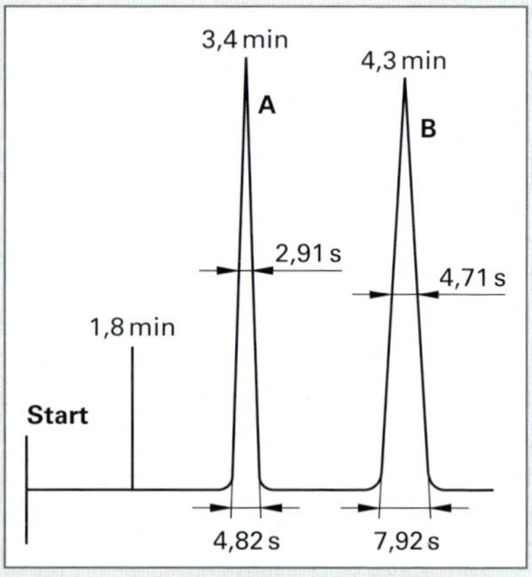

Bild 1: Gaschromatogramm eines Zweikoponentengemisches

Lösung: Mit $t_M = 1{,}8$ min und $L = 25$ m folgt:

a) $\bar{\boldsymbol{u}} = \frac{L}{t_M} = \frac{25\text{ m}}{1{,}8\text{ min}} = \frac{25 \cdot 10^2\text{ cm}}{1{,}8 \cdot 60\text{ s}} \approx \mathbf{23\ cm/s}$

b) $\boldsymbol{R_S} = \frac{2 \cdot (t_{RB} - t_{RA})}{w_{bB} + w_{bA}} = \frac{2 \cdot (4{,}3 - 3{,}4) \cdot 60\text{ s}}{(7{,}92 + 4{,}82)\text{ s}} \approx \mathbf{8{,}5}$

c) $\alpha = \frac{t_{RB} - t_M}{t_{RA} - t_M} = \frac{(4{,}3 - 1{,}8)\text{ min}}{(3{,}4 - 1{,}8)\text{ min}} \approx \mathbf{1{,}6}$

d) $\boldsymbol{N} = 16 \cdot \left(\frac{t_R}{w_b}\right)^2 = 16 \cdot \left(\frac{4{,}3 \cdot 60\text{ s}}{7{,}92}\right)^2 = 16978{,}8 \approx \mathbf{17 \cdot 10^3}$

e) $\boldsymbol{H} = \frac{L}{N} = \frac{25\text{ m}}{16978{,}8} \approx \mathbf{0{,}15\ cm}$

Beispiel 3: Bei einer gaschromatografischen Analyse wurde eine Trennsäule mit der Trennstufenzahl $N = 6500$ eingesetzt. Der Peak des Analyten ist nach 6,2 min zu erwarten. Die Schreibergeschwindigkeit beträgt 1,2 cm/min. Welche Peakbreite in mm kann erwartet werden?

Lösung: $\boldsymbol{N} = 16 \cdot \left(\frac{t_R}{w_b}\right)^2 = 16 \cdot \frac{t_R^2}{w_b^2} \Rightarrow w_b = \sqrt{16 \cdot \frac{t_R^2}{N}} = \sqrt{16 \cdot \frac{(6{,}2\text{ min})^2}{6500}} = 0{,}3076\text{ min}$

Mit der Schreibergeschwindigkeit 12 mm/min folgt: $\boldsymbol{w_b} = 0{,}3076\text{ min} \cdot 12\text{ mm/min} \approx \mathbf{3{,}7\ mm}$

8.6.5 Detektorempfindlichkeit – Responsefaktor

Die quantitative Säulenchromatografie basiert auf dem Vergleich entweder der Peakhöhe oder der Peakfläche eines Analyten mit den Werten einer oder mehrerer Vergleichssubstanzen (Standards).

Die Peakhöhen sind relativ einfach auszumessen, allerdings ist ihre Reproduzierbarkeit mit einer deutlich größeren Ungenauigkeit (5 % bis 10%) verbunden, als dies bei den Peakflächen der Fall ist.

Da die heutigen chromatografischen Geräte mit digitalen elektronischen Integratoren eine präzise Auswertung der Peakflächen ermöglichen, ist diese Methode in der Praxis nahezu ausschließlich anzutreffen.

Bei der Säulenchromatografie sollte die Peakfläche eines Analyten nur von der Analytmenge abhängig sein. Bei konstanten Arbeitsbedingungen und gleicher Analytmenge müsste demnach stets die gleiche Peakfläche entstehen. Dies ist aber nur der Fall, wenn der Detektor für alle Substanzen gleich empfindlich ist. Dann ist der Massenanteil $w(X)$ proportional der Peakfläche A: $w(X) \sim A$.

Wenn die Ansprechempfindlichkeit (engl. response) der Detektoren von der Art der Substanzen abhängig ist, entstehen bei den verschiedenen Substanzen trotz gleicher Analytmenge unterschiedlich große Peakflächen.

Bild 1 a zeigt das Chromatogramm einer Probe aus 4 Substanzen mit gleichen Massenanteilen von 25 %. Wegen der unterschiedlichen Empfindlichkeit auf die Substanzen erzeugt der Detektor 4 unterschiedliche Peakflächen.

Dieser Einfluss kann durch das Bestimmen und Einsetzen von Flächenkorrekturfaktoren, **Responsefaktor *f*** (Kalibrierfaktor) genannt, berücksichtigt werden. **Bild 1 b** zeigt das theoretisch zu erwartende Chromatogramm der 4 Analyten gleicher Massenanteile aus Bild 1 a mit korrigierten Peakflächen: $w(X) = f \cdot A$

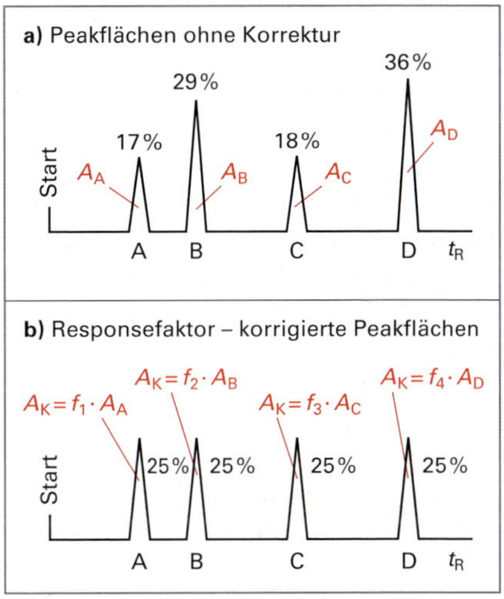

Bild 1: Chromatogramm mit 4 Komponenten unterschiedlicher Ansprechempfindlichkeit

Responsefaktor (Kalibrierfaktor)
$f = \frac{m(X)}{A}$; $f = \frac{w(X)}{A}$; $f = \frac{\beta(X)}{A}$

Beispiel 1: Bei einer gaschromatografische Analyse eines Thiols liegt der Arbeitsbereich zwischen 0,1 und 0,4 mg/L. Für diesen Arbeitsbereich sollten die Responsefaktoren des Analyten möglichst gleich sein. Es wurden drei Kalibrierlösungen des Analyten mit unterschiedlicher Massenkonzentration angesetzt und gaschromatografisch analysiert. Die bei konstantem Injektionsvolumen erhaltenen Peakflächen (in counts C) sind in der nachfolgenden Tabelle wiedergegeben:

Nr.	Analytkonzentration	Peakfläche	*Lösung:* **Responsefaktor *f***
1	0,1 mg/L	22 435 counts	$4{,}45 \cdot 10^{-6}$ mg/(L · C)
2	0,2 mg/L	46 423 counts	$4{,}31 \cdot 10^{-6}$ mg/(L · C)
3	0,4 mg/L	98 463 counts	$4{,}06 \cdot 10^{-6}$ mg/(L · C)

a) Berechnen Sie für jede der drei Kalibrierlösungen (Standardlösungen) den Responsefaktor.

b) Überprüfen Sie, ob die Peakfläche linear zur Konzentration ansteigt, d.h. der Responsefaktor über den Arbeitsbereich annähernd konstant ist.

Lösung: a) $f_1 = \frac{\beta_1}{A_1} = \frac{0{,}1 \text{ mg/L}}{22\,435 \text{ C}} \approx \mathbf{4{,}45 \cdot 10^{-6}\ mg/(L \cdot C)}$; $f_1 = \frac{\beta_2}{A_2} = \frac{0{,}2 \text{ mg/L}}{46\,423 \text{ C}} \approx \mathbf{4{,}31 \cdot 10^{-6}\ mg/(L \cdot C)}$

$f_3 = \frac{\beta_3}{A_3} = \frac{0{,}4 \text{ mg/L}}{89\,463 \text{ C}} \approx \mathbf{4{,}06 \cdot 10^{-6}\ mg/(L \cdot C)}$

b) Bei exakter Linearität müssten die drei Responsefaktoren etwa gleich sein, das ist hier nicht der Fall: mit zunehmender Konzentration werden die Kalibrierfaktoren kleiner. Eine Linearität ist nicht gegeben. Es sollte unter Umständen ein anderer Arbeitsbereich gewählt werden.

8.6.6 Auswertung Säulenchromatografischer Analysen – Kalibriermethoden

Chromatografische Analysen liefern ein elektrisches Signal, das mit dem Analytgehalt verknüpft ist. Das Ziel der Kalibrierung ist es, den exakten Zusammenhang zwischen beiden Größen zu ermitteln.

Je nach Anforderungen an die Richtigkeit, die Präzision und die Effektivität chromatografischer Messungen sind zur **quantitativen** Auswertung von Chromatogrammen grundsätzlich vier Kalibriermethoden gebräuchlich:

- Die Normierung auf 100 % (100 %-Methode)
- Die Methode des externen Standards
- Die Methode des internen Standards
- Die Standardadditionsmethode (Aufstockmethode)

8.6.6.1 Normierung auf 100 % – die 100 %-Methode

Sind bei einer chromatografischen Analyse alle Komponenten einer injizierten Probe erfasst, so kann der Anteil einer Komponenten-Peakfläche an der Gesamtfläche aller Peaks mit dem Anteil dieser Komponente in der Probe gleich gesetzt und mit nebenstehender Größengleichung berechnet werden.

Voraussetzung dafür ist, dass die Detektorempfindlichkeit aller Komponenten gleich ist, d.h. dass sie gleiche oder annähernd gleiche Responsefaktoren aufweisen. Dies ist beispielsweise der Fall bei Isomeren oder Mischungen von Kohlenwasserstoffen (z.B. Pentan und Hexan) und Verwendung eines FIDs. Für korrekte quantitative Analysen sind in der Regel Kalibrierfaktoren zu verwenden.

Analyt-Massenanteil ähnlicher Substanzen nach der 100 %-Methode

$$w(X) = \frac{A(X)}{A_{ges}} = \frac{A(X)}{A(X) + A(Y) + \ldots}$$

Beispiel 1: In einem Gemisch aus Stickstoff und Kohlenstoffmonoxid soll der Massenanteil $w(CO)$ durch eine gaschromatografische Analyse bestimmt werden. Im Chromatogramm wurden folgende Peakflächen ermittelt: Stickstoff: 251 459 counts, Kohlenstoffmonoxid: 16 486 counts.
Berechnen Sie die Massenanteil der beiden Proben-Komponenten nach der 100 %-Methode (Die Responsefaktoren beider Komponenten sind annähernd gleich).

Lösung: Gesamtfläche: $A_{ges} = A(N_2) + A(CO) = 251\,459\ C + 16\,486\ C = 267\,945\ C = 100\ \%$

$$\boldsymbol{w(N_2)} = \frac{A(N_2)}{A_{ges}} = \frac{251\,459\ C}{267\,945\ C} = 0{,}9385 \approx \mathbf{93{,}8\ \%}; \quad \boldsymbol{w(CO)} = \frac{A(CO)}{A_{ges}} = \frac{16\,486\ C}{267\,945\ C} = 0{,}0615 \approx \mathbf{6{,}2\ \%}$$

Sind die Responsefaktoren der Analyten einer Probe unterschiedlich, so muss für die Berechnung des Analyt-Gehalts die Peakfläche A jeder Komponente mit ihrem Responsefaktor f multipliziert werden. Das Verhältnis der korrigierter Peakfläche A eines Analyten X zur Gesamtsumme aller korrigierten Peakflächen ergibt den Massenanteil $w(X)$ eines Analyten X (dezimal oder in %).

Analyt-Massenanteil nach der korrigierten 100 %-Methode

$$w(X) = \frac{f(X) \cdot A(X)}{f(X) \cdot A(X) + f(Y) \cdot A(Y) + \ldots}$$

Der Nachteil dieser Methode ist, dass alle Komponenten eines Gemischs im Chromatogramm erfasst sein und ihre Responsefaktoren bekannt sein oder zuvor bestimmt werden müssen. Komponenten, die nicht im Chromatogramm erfasst werden, verfälschen zwangsläufig das Ergebnis.

Beispiel 2: Eine Probe aus drei bekannten Komponenten soll gaschromatografisch nach der 100 %-Methode unter Berücksichtigung der Responsefaktoren analysiert werden. Die Kalibrierlösungen enthielten jeweils nur eine der drei Gemisch-Komponenten mit der in der Probe erwarteten Konzentration (Angaben siehe Tabelle). Es wurden jeweils gleiche Analytvolumina injiziert, die analysierten Peakflächen der Kalibriermessungen zeigt die nachfolgende Tabelle (Spalte 3).

Analyt	Konzentration der Kalibrierlösungen	Peakfläche der Kalibrierlösungen	Peakfläche der Probelösung	Responsefaktor f
Butan-1-ol	0,5 mg/100 mL	62 172 counts	65 486 counts	$8{,}04 \cdot 10^{-5}$ mg/(L · C)
Pentan-1-ol	1,5 mg/100 mL	142 483 counts	72 732 counts	$1{,}05 \cdot 10^{-4}$ mg/(L · C)
n-Octan	0,6 mg/100 mL	122 406 counts	109 264 counts	$4{,}90 \cdot 10^{-5}$ mg/(L · C)

Nach Injektion der Probelösung, in der nur die drei Gemischkomponenten enthalten sind, wurden unter den chromatografischen Bedingungen der Kalibriermessungen (bei gleichen Injektionsvolumina) die in Spalte 4 der Tabelle aufgeführten Peakflächen analysiert.

a) Berechnen Sie die Responsefaktoren der drei Analyten.

b) Berechnen Sie den Massenanteil w(Butan-1-ol) in der Probelösung.

Lösung: a) $f(\text{But}) = \dfrac{m(\text{But})}{A(\text{But})} = \dfrac{0{,}5\ \text{mg}/100\ \text{mL}}{62\,172\ \text{C}} \approx 8{,}04 \cdot 10^{-8}\ \text{mg}/(\text{mL} \cdot \text{C})$ (Übrige Ergebnisse für f siehe Tabelle)

b) $$w(\text{But}) = \frac{f(\text{But}) \cdot A(\text{But})}{f(\text{But}) \cdot A(\text{But}) + f(\text{Pent}) \cdot A(\text{Pent}) + f(\text{Oct}) \cdot A(\text{Oct})}$$

$$w(\text{But}) = \frac{8{,}04 \cdot 10^{-5}\,\dfrac{\text{mg}}{\text{L} \cdot \text{C}} \cdot 65\,486\ \text{C}}{8{,}04 \cdot 10^{-5}\,\dfrac{\text{mg}}{\text{L} \cdot \text{C}} \cdot 65\,486\ \text{C} + 1{,}05 \cdot 10^{-4}\,\dfrac{\text{mg}}{\text{L} \cdot \text{C}} \cdot 72\,732\ \text{C} + 4{,}90 \cdot 10^{-5}\,\dfrac{\text{mg}}{\text{L} \cdot \text{C}} \cdot 109\,264\ \text{C}}$$

$$w(\text{But}) = \frac{5{,}265\ \text{mg/L}}{5{,}265\ \text{mg/L} + 7{,}637\ \text{mg/L} + 5{,}354\ \text{mg/L}} = 0{,}2884 \approx \mathbf{28{,}8\ \%}$$

8.6.6.2 Quantifizierung mit externem Standard

Bei der Methode des externen Standards werden durch Einwiegen der Analyt-Reinsubstanz und Auffüllen im Messkolben Standardlösungen (Kalibrierlösungen) unterschiedlicher Massenkonzentration β(Analyt) oder Massenanteilen w(Analyt) angesetzt. Diese Kalibrierlösungen sollten möglichst alle Begleitsubstanzen des Analyten enthalten, die in der Probelösung zu erwarten sind. Diese Begleitkomponenten, als Probenmatrix bezeichnet, können das Analysenergebnis beeinflussen.

Dann werden die Kalibrierlösungen (Bild 1 a) und die Probelösung (Bild 1 b) bei konstanten Analysenbedingungen chromatografiert. Im Chromatogramm[1] können im Gegensatz zur 100 %-Methode zusätzliche Peaks auftreten (Bild 1 b), ohne das Ergebnis zu ändern.

Wenn lineare Abhängigkeit von Peakfläche bzw. Peakhöhe und Massenanteil bzw. -konzentration durch Kalibrierung gesichert ist und die Kalibriergerade durch den Ursprung verläuft, ergibt sich der Analyt-Gehalt durch **Einpunktkalibrierung** mit dem Analyt-Standard STD.

Für den Standard STD und den Analyten X gilt:

$$\beta(\text{STD}) \sim A(\text{STD}), \qquad \beta(\text{X}) \sim A(\text{X}).$$

Werden beide Proportionen gleichgesetzt:

$$\frac{\beta(\text{X})}{A(\text{X})} = \frac{\beta(\text{STD})}{A(\text{STD})} \quad \left(\text{entsprechend gilt: } \frac{\beta(\text{X})}{h(\text{X})} = \frac{\beta(\text{STD})}{h(\text{STD})}\right)$$

erhält man nebenstehende Größengleichung zur Berechnung der Analytkonzentration aus der Einpunktkalibrierung mit externem Standard.

Trägt man im x-y-Diagramm die Peakflächen des Kalibrierlaufs gegen die Massenkonzentration des Analyten auf, so lautet die Funktionsgleichung für die Kalibriergerade: $y = m \cdot x$

Mit der Peakfläche A(STD) bzw. h(STD) und der Konzentration β(STD) wird erhalten:

$$A(\text{STD}) = m \cdot \beta(\text{STD}).$$

Aus der ermittelten Analyt-Peakfläche A(X) des Analysenlaufs kann mit Hilfe der Geradengleichung der Analytgehalt β(X) der Probe grafisch oder rechnerisch ermittelt werden.

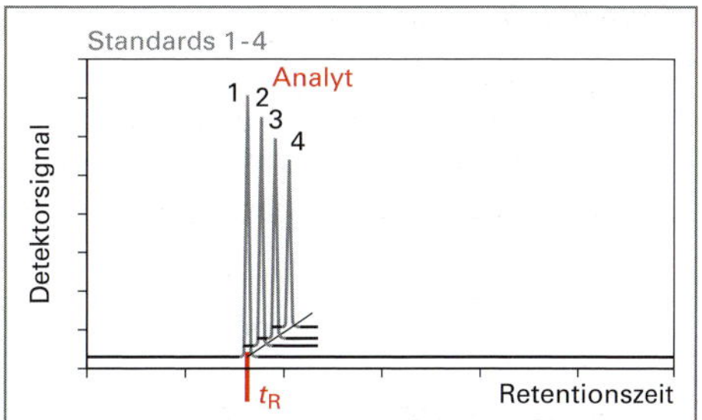

a) Kalibrierchromatogramme (4 Analytkonzentrationen) als Einpunkt- oder Mehrpunktkalibrierung

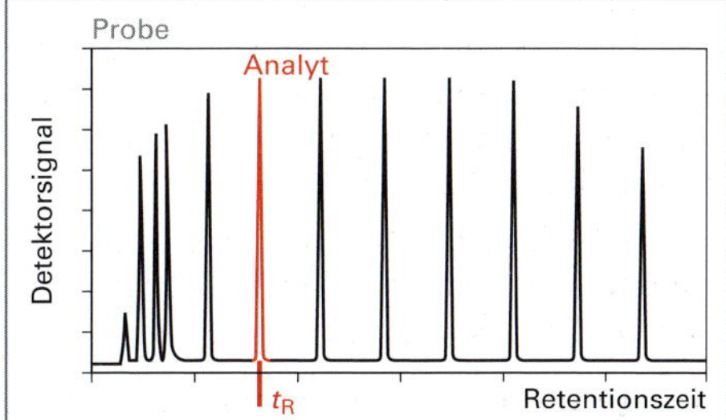

b) Probechromatogramm mit Analytpeak

Bild 1: Prinzip der Auswertung eines Chromatogramms mit externem Standard

Massenkonzentration aus Peakflächen/ Peakhöhen (Ursprungs-Kalibriergerade)
$\beta(\text{X}) = \dfrac{A(\text{X}) \cdot \beta(\text{STD})}{A(\text{STD})}$; $\beta(\text{X}) = \dfrac{h(\text{X}) \cdot \beta(\text{STD})}{h(\text{STD})}$

[1] Quelle der Diagramme Seiten 297, 299, 300, 301: *www.chemgapedia.de* (Chromatographie)

Beispiel 1: Zur gaschromatografischen Bestimmung eines Amins wurden nacheinander 5,0 µL Probe und 5,0 µL Kalibrierlösung der Konzentration β(Amin) = 7,50 µg/mL injiziert.
Für die Probe wurde eine Peakfläche von 2300 counts, für die Kalibrierlösung eine Peakfläche von 2850 counts ermittelt. Welche Massenkonzentration β(Amin) hat die Probe?

Lösung: a) Lösung mit Größengleichung:

$$\beta(\text{X}) = \frac{A(\text{X}) \cdot \beta(\text{STD})}{A(\text{STD})} = \frac{2300\ \text{C} \cdot 7{,}50\ \mu\text{g/mL}}{2850\ \text{C}}$$

$$\boldsymbol{\beta(\text{X}) \approx 6{,}05\ \frac{\mu\text{g}}{\text{mL}}}$$

b) Rechnerische Lösung mit Geradengleichung:

Die Funktionsgleichung lautet

$$y = m \cdot x \quad \Rightarrow \quad A = m \cdot \beta \quad \Rightarrow \quad m = \frac{A}{\beta}$$

Steigung m aus dem Kalibrierlauf:

$$m = \frac{A(\text{STD})}{\beta(\text{STD})} = \frac{2850\ \text{C}}{7{,}50\ \mu\text{g/mL}} = 380\ \frac{\text{C}}{\mu\text{g/mL}}$$

Mit der Steigung kann die Analytkonzentration aus der Analyt-Peakfläche berechnet werden

$$\beta(\text{Amin}) = \frac{A(\text{Amin})}{m} = \frac{2300\ \text{C} \cdot \mu\text{g/mL}}{380\ \text{C}} \approx \mathbf{6{,}05\ \frac{\mu g}{mL}}$$

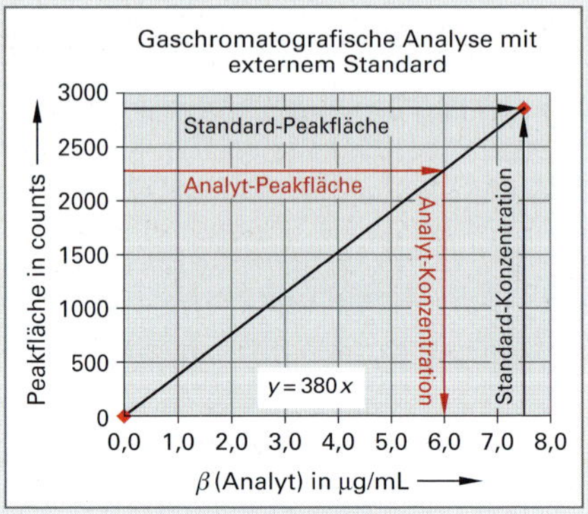

Bild 1: Kalibrierdiagramm einer Einpunktkalibrierung

Wenn bei einer chromatografischen Analyse von Linearität zwischen Peakfläche und Massenanteil bzw. Massenkonzentration auszugehen ist, die Kalibriergerade aber nicht als Ursprungsgerade verläuft, so erfolgt die Auswertung über die Geradengleichung $y = m \cdot x + b$. Mit den entsprechenden Größen eingesetzt lautet die Gleichung für Analyt X: $A(\text{X}) = m \cdot \beta(\text{X}) + b$. Zur Kalibrierung werden 2 bis 7 unterschiedliche Kalibrierlösungen angesetzt und analysiert. Eine größere Zahl von Kalibrierpunkten bietet ein höheres Maß an Genauigkeit bei der Regressionsanalyse.

Bei der Methode mit externem Standard ist Voraussetzung, dass *gleiche* Volumina an Kalibrierlösung und an Probe bei gleichen Analysenbedingungen injiziert werden. Dies ist mit hoher Genauigkeit bei der HPLC z.B. durch Schleifeninjektion und beim GC durch Autosampler möglich.

Beispiel 2: Zur gaschromatografischen Bestimmung einer Probe wurde zwei Kalibrierlösungen Kal1 und Kal2 hergestellt und analysiert. Mit zwei exakt gleichen Einspritzvolumina erhielt man folgende Daten:
Analyt-Konzentration β_{K1} = 1,75 mg/100 mL, Peakfläche A_{K1} = 22 486 counts
Analyt-Konzentration β_{K2} = 6,50 mg/100 mL, Peakfläche A_{K2} = 47 932 counts
Von der zu analysierenden Probesubstanz wurden 150 mg gelöst, zu 1000 mL aufgefüllt und bei gleichen Bedingungen das gleiche Volumen dieser Lösung wie beim Kalibrierlauf injiziert. Die erhaltene Peakfläche beträgt 37 105 counts. Wie groß ist der Massenanteil w(Analyt) der Probe?

Lösung: a) Die Steigung m folgt aus: $A(\text{STD}) = m \cdot \beta(\text{STD}) + b$

$$m = \frac{\Delta A(\text{STD})}{\Delta\beta(\text{STD})} = \frac{(47\,932 - 22\,486)\ \text{C}}{(6{,}50 - 1{,}75)\ \dfrac{\text{mg}}{100\ \text{mL}}} = 5357{,}1\ \frac{\text{C} \cdot 100\ \text{mL}}{\text{mg}}$$

Achsenabschnitt b folgt aus:
$b = A(\text{STD}) - m \cdot \beta(\text{STD})$

Mit den Werten von Lösung Kal2 ergibt sich:
$b = 47\,932\ \text{C} - 5357{,}1\ \text{C} \cdot 100\ \text{mL/mg} \cdot 6{,}50\ \text{mg/100 mL}$
$b = 13\,111\ \text{C}$

Berechnung der Masse an Analyt X:

$$\Delta\beta(\text{X}) = \frac{A(\text{X}) - b}{m} = \frac{(37\,105 - 13\,111)\ \text{C}}{5357{,}1\ \text{C} \cdot 100\ \text{mL/mg}}$$

$\Delta\beta(\text{X}) = 4{,}479\ \text{mg/100 mL}$

Ermittlung der Probenmasse aus der Verdünnung:

Einwaage: 150 mg/1000 mL ≙ 15,0 mg/100 mL

$$\boldsymbol{w}(\textbf{Analyt}) = \frac{m(\text{Analyt})}{m(\text{Probe})} = \frac{4{,}479\ \text{mg}}{15{,}0\ \text{mg}} \approx \mathbf{29{,}9\ \%}$$

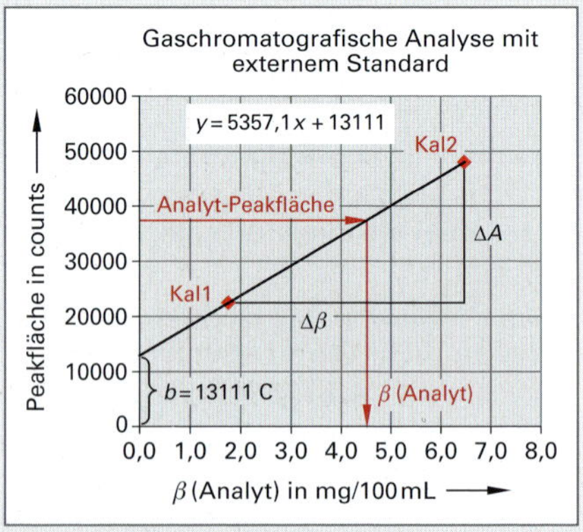

Bild 2: Kalibrierdiagramm einer Zweipunktkalibrierung

Bei Kalibrierläufen mit mehr als 2 Kalibrierlösungen bietet sich für die Auswertung eine grafische Auswertung (vergleiche Fotometrie Seite 290) oder die Nutzung eines Tabellenkalkulationsprogramms an. Auf Seite 64 bis 76 wird ausführlich die Durchführung einer Regressionsanalyse beschrieben.

8.6.6.3 Quantifizierung mit internem Standard

Die höchste Genauigkeit (Fehler < 1%) erzielt man in der quantitativen Chromatografie durch den Einsatz **interner** (innerer) **Standards.** Bei diesem Verfahren wird jeder Kalibrier- und Probelösung eine genau abgemessene Menge *m*(ISTD) eines internen Standards zugesetzt. Diese Substanz sollte dem Analyten ähnlich sein, darf aber **nicht** in der zu untersuchenden Probe schon enthalten sein.

Das Verhältnis der Peakflächen (oder Peakhöhen) des Analyten X zum internen Standard ISTD dient als analytischer Parameter, er wird Methodenfaktor MF genannt und nach nebenstehender Größengleichung berechnet.

Anschließend wird in eine bestimmte Menge der Original-Probe die innere Standardsubstanz eingewogen und das Gemisch chromatografiert. Aus den Peakflächen, den Einwaagen und dem Methodenfaktor MF kann der Massenanteil *w*(Analyt) der Probe nach nebenstehender Größengleichung berechnet werden.

Der Peak des internen Standards sollte gut von den Peaks aller anderen Probenkomponenten abgetrennt sein (Auflösung $R_S > 1{,}25$), er sollte in der Nähe des Analyt-Peaks auftreten. Ferner ist lineares Ansprechverhalten von Analyt und Standard Voraussetzung.

Der Auswahl einer geeigneten Substanz als interner Standard kommt eine besondere Bedeutung zu: sie sollte ähnliche chemische Eigenschaften aufweisen, wie der Analyt und einen ähnlichen Responsefaktor *f* haben. Aus diesem Grund werden häufig benachbarte Moleküle aus der homologen Reihe des Analyten oder substituierte Analytmoleküle eingesetzt.

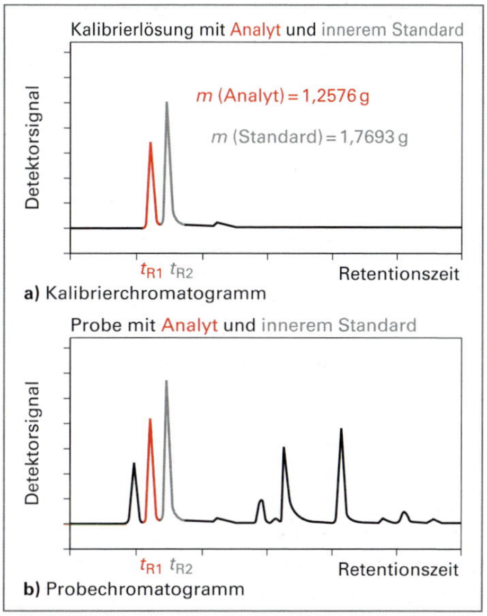

Bild 1: Prinzip der Auswertung eines Chromatogramms mit internem Standard

Methodenfaktor aus der Kalibrierlösung

$$\mathrm{MF} = \frac{m(\mathrm{X}) \cdot A(\mathrm{ISTD})}{A(\mathrm{X}) \cdot m(\mathrm{ISTD})}$$

Massenanteil aus der Probelösung

$$w(\mathrm{X}) = \mathrm{MF} \cdot \frac{A(\mathrm{X}) \cdot m(\mathrm{ISTD})}{m(\mathrm{Probe}) \cdot A(\mathrm{ISTD})}$$

Beispiel 1: Zur gaschromatografischen Bestimmung eines technischen Xylols soll der Massenanteil von p-Xylol bestimmt werden. Als interner Standard wird Toluol verwendet. Für die Kalibrierlösungen werden nachfolgende Stoffportionen eingesetzt, chromatografiert und dabei folgende Peakflächen erhalten:

m_{Kal1}(p-Xylol) = 1,4652 g, A_{Kal}(p-Xylol) = 158 873 counts
m_{Kal2}(Toluol) = 1,1618 g, A_{Kal}(Toluol) = 121 486 counts

Anschließend wurden 1,4237 g Probe mit 0,5321 g Toluol gemischt und unter gleichen Bedingungen chromatografiert. Dabei wurde für das p-Xylol eine Peakfläche von 65 204 counts und für das Toluol eine Peakfläche von 27 841 counts erhalten.

Wie groß ist der Massenanteil *w*(p-Xylol) in der untersuchten Probe?

Lösung: Berechnung des Methodenfaktors:

$$\mathrm{MF} = \frac{m_{Kal1}(\text{p-Xylol}) \cdot A_{Kal2}(\text{Toluol})}{A_{Kal1}(\text{p-Xylol}) \cdot m_{Kal2}(\text{Toluol})} = \frac{1{,}4652\ \mathrm{g} \cdot 121\,486\ \mathrm{C}}{158\,873\ \mathrm{C} \cdot 1{,}1618\ \mathrm{g}} = 0{,}96437$$

Berechnung des Massenanteils:

$$\boldsymbol{w(\textbf{p-Toluol})} = \frac{\mathrm{MF} \cdot A(\text{p-Xylol}) \cdot m(\text{Toluol})}{m(\text{Probe}) \cdot A(\text{Toluol})} = \frac{0{,}964\,37 \cdot 65\,204\ \mathrm{C} \cdot 0{,}5321\ \mathrm{g}}{1{,}4237\ \mathrm{g} \cdot 27\,841\ \mathrm{C}} = 0{,}844\,12 \approx \mathbf{84{,}41\ \%}$$

Die Analyse mit **internem Standard** kann auch ohne separate Kalibriermessung erfolgen: Zur Probe wird die Standard-Substanz beigefügt, von der die Masse m(ISTD) oder die Massenkonzentration β(ISTD) bekannt ist. Liegen die stoffspezifische Korrekturfaktoren (Responsefaktoren) des Analyten f(X) und des Standards f(ISTD) vor, kann die Masse m(X) bzw. die Massenkonzentration β(X) aus den Peakflächen des Analyten A(X) und des Standards A(ISTD) mit nebenstehender Größengleichung berechnet werden.

Massenkonzentration aus innerem Standard und Responsefaktoren

$$\beta(\text{X}) = \frac{\beta(\text{ISTD}) \cdot A(\text{X}) \cdot f(\text{X})}{A(\text{ISTD}) \cdot f(\text{ISTD})}$$

Der Vorteil dieser Methode liegt darin, dass innerer Standard und Analyt in einem Durchlauf analysiert werden und Analysenfehler durch veränderte Arbeitsbedingungen bei getrenntem Kalibrierlauf und Analysenlauf nicht geschehen können.

Beispiel 2: In einem Wein soll die Massenkonzentration an Methanol gaschromatografische analysiert werden. Als interner Standard wurde 1,2-Ethandiol (Glykol) zugesetzt. Zur Bestimmung der Responsefaktoren wurden 18,6 mg Methanol und 24,7 mg Glykol eingewogen und zu 5,00 mL mit demin. Wasser aufgefüllt. Bei der chromatografischen Bestimmung wurde für Methanol eine Peakfläche von 39 360 counts und für Glykol eine Peakfläche von 29 040 counts ermittelt.
Zur Analyse der Probe wurden in 2,00 mL Weinprobe 22,5 mg Glykol eingewogen und die Probe mit demin. Wasser zu 5,00 mL aufgefüllt. Beim Analysenlauf wurde für Methanol eine Peakfläche von 711 counts und für Glykol eine Peakfläche von 25 300 counts bestimmt. Berechnen Sie die Massenkonzentration β(Methanol) in der Probe.

Lösung: Berechnung der Responsefaktoren:

$$f(\text{Meth}) = \frac{\beta_{\text{Res}}(\text{Meth})}{A_{\text{Res}}(\text{Meth})} = \frac{18{,}6\ \text{mg}/5{,}00\ \text{mL}}{39\,360\ \text{C}} = 9{,}451 \cdot 10^{-5}\ \text{mg}/(\text{mL} \cdot \text{C})$$

$$f(\text{Gly}) = \frac{\beta_{\text{Res}}(\text{Gly})}{A_{\text{Res}}(\text{Gly})} = \frac{24{,}7\ \text{mg}/5{,}00\ \text{mL}}{29\,040\ \text{C}} = 1{,}7011 \cdot 10^{-4}\ \text{mg}/(\text{mL} \cdot \text{C})$$

Berechnung der Massenkonzentration Methanol in der Probelösung:

$$\beta(\text{Meth}) = \frac{\beta(\text{Gly}) \cdot A(\text{Meth}) \cdot f(\text{Meth})}{A(\text{Gly}) \cdot f(\text{Gly})} = \frac{22{,}5\ \text{mg}/5{,}00\ \text{mL} \cdot 711\ \text{C} \cdot 9{,}451 \cdot 10^{-5}\ \text{mg}/(\text{mL} \cdot \text{C})}{25\,300\ \text{C} \cdot 1{,}7011 \cdot 10^{-4}\ \text{mg}/(\text{mL} \cdot \text{C})} = 0{,}07026\ \frac{\text{mg}}{\text{mL}}$$

In 1 mL Probelösung sind 0,07026 mg Methanol enthalten, in 5,00 mL Probelösung 5 · 0,07026 mg = 0,35130 mg Methanol. Diese Portion Methanol ist auch in 2,00 mL der Weinprobe.

$$\beta(\text{Methanol}) = \frac{m(\text{Methanol})}{V(\text{Wein})} = \frac{0{,}351\,30\ \text{mg}}{2{,}00\ \text{mL}} = 0{,}175\,656\ \text{mg/mL} \approx \mathbf{176\ mg/L}$$

8.6.6.4 Quantifizierung mit dem Standardadditionsverfahren (Aufstockmethode)

Mit der **Standardaddition** (auch **Aufstockmethode** genannt) sollen instrumentelle Fehler und Matrixeffekte minimiert werden, vor allem bei Messungen in niedrigen Konzentrationsbereichen, wie z.B. der Spurenanalytik oder bei der Beurteilung der Richtigkeit eines Verfahrens mit der Wiederfindungsrate WFR (Seite 330).

Bei der Additionsmethode wird die Kalibrierfunktion nicht separat mit einer hergestellten Verdünnungsreihe aus Standards erstellt. Bei dieser Methode wird der zu analysierenden Probe eine definierte Menge an **Analytsubstanz** einfach **(Bild 1)** oder auch mehrfach zugesetzt (aufgestockt, **Bild 1, Seite 301)**.

Im Unterschied zur Methode des internen Standards wird hier die Analytsubstanz zugefügt und nicht eine dem Analyten ähnliche. Voraussetzung für diese Anwendung ist eine lineare Abhängigkeit von Analytgehalt und Peakfläche/Peakhöhe im Arbeitsbereich.

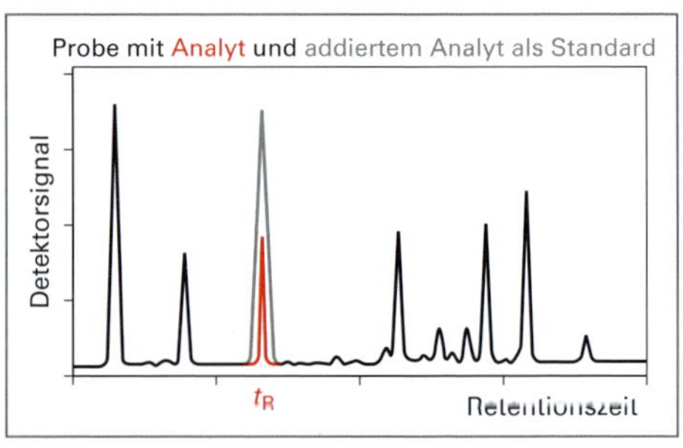

Bild 1: Auswertung eines Chromatogramms mit Standardaddition (Aufstockmethode)

Bei Einfachzusatz wird der Probe einmalig eine bekannte Menge β(STD) des Analyten zugesetzt. Die zu untersuchende Probe wird vor und nach dem Analytzusatz chromatografiert.

Aus der Proportion des Standards und des Analyten:

$\frac{\beta(\text{STD})}{A(\text{STD})} = \frac{\beta(\text{X})}{A(\text{X})}$ kann durch Umformen die nebenstehende Größengleichung zur Berechnung der Analytkonzentration β(X) erhalten werden. Die Aufstock-Peakfläche A(STD) ergibt sich aus der Differenz A(AUFG) – A(X).

Massenkonzentration aus der Aufstockmethode
$\beta(\text{X}) = \frac{\beta(\text{STD}) \cdot A(\text{X})}{\Delta A} = \frac{\beta(\text{STD}) \cdot A(\text{X})}{A(\text{AUFG}) - A(\text{X})}$

Beispiel 1: Bei der gaschromatografischen Analyse eines Monomers wurde für den Analyten eine Peakfläche von 25 596 counts ermittelt. Der Probe werden nun 0,250 mg/100 mL des reinen Monomers zugesetzt. Bei der Analyse wird nach dem Aufstocken bei gleichem Injektionsvolumen eine Peakfläche von 37 533 counts bestimmt. Welche Massenkonzentration in mg/L hat die Ausgangsprobe?

Lösung: $\boldsymbol{\beta}(\textbf{X}) = \frac{\beta(\text{STD}) \cdot A(\text{X})}{A(\text{AUFG}) - A(\text{X})} = \frac{0{,}250 \text{ mg/100 mL} \cdot 25\,596 \text{ C}}{37\,533 \text{ C} - 25\,596 \text{ C}} = 0{,}53606 \text{ mg/100 mL} \approx \mathbf{5{,}36 \text{ mg/L}}$

Eine Verfeinerung dieser Methode ist die **multiple Standardaddition.** Hier wird die Analysenprobe geteilt, die unveränderte Probe gemessen und dann die aliquoten Teile **mehrfach** mit bekannten Portionen des Analyten aufgestockt. Meist wird die Analytkonzentration der Probe abgeschätzt und in gleichen Intervallen etwa bis zur doppelten geschätzten Konzentration aufgestockt, wobei hohe Anforderungen an die Reproduzierbarkeit der Additionsschritte (Volumina, Verdünnung) gestellt werden. Dann werden die Proben mit dem addierten Standard gemessen.

Trägt man die Peaksignale der aufgestockten Proben in einem *x*-*y*-Diagramm gegen die Aufstock-Konzentrationen auf, so ergeben die einzelnen Messwerten eine Gerade (Regressionsgerade). Das Signal der **nicht** aufgestockten Probe wird mit der Analytkonzentration Null eingesetzt.

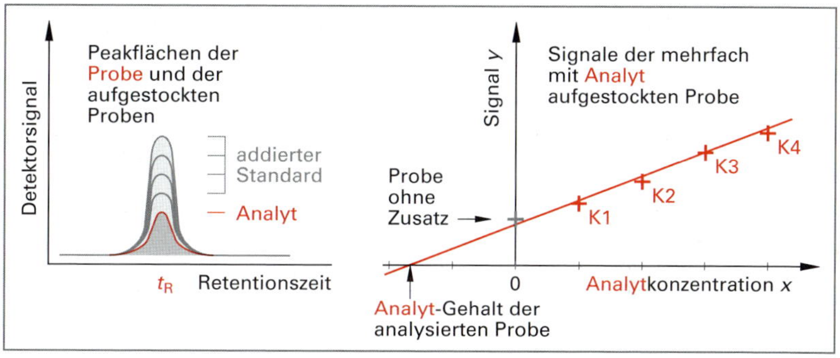

a) Einzel-Chromatogramme **b) *x*-*y*-Diagramm der aufgestockten Proben**

Bild 1: Prinzip der Mehrfachaufstockung

Durch Extrapolation der Regressionsgeraden im negativen Konzentrationsbereich ergibt sich für $y = 0$ nach Vorzeichenumkehr der gesuchte Analytgehalt der Probe. Dieser Gehalt kann entweder aus dem Diagramm abgelesen oder – mit größerer Genauigkeit – ohne grafische Auftragung mit der Geradengleichung $y = m \cdot x + b$ berechnet werden.

Beispiel 2: Ein wesentlicher Schritt beim Brauen von Bier ist die Herstellung der Würze. Bei diesem Prozess entsteht in geringen Mengen Dimethylsulfid DMS $CH_3–S–CH_3$, das die Qualität des Biers negativ beeinflusst. Es wird beim Kochen der Würze teilweise ausgetrieben. Eine DMS-Restkonzentration von mehr als 35 µg/L in einer Würze gilt bereits als kritisch und verfälscht den Geschmack des Endprodukts Bier.

Die Analyse wird gaschromatografisch mit flammenfotometrischer Detektion in Kombination mit einem Headspace-Probengeber durchgeführt. Die Kalibration erfolgt mittels Standardaddition. Es werden jeweils Würzeproben mit Dimethylsulfid aufgestockt (siehe Tabelle 1, Zeile 2), zu je 100 mL mit Ethanol aufgefüllt und bei der Analyse die in der Tabelle 1 aufgeführten Peakhöhen erhalten (Zeile 3).

Da die Signal-Kennlinie des verwendeten Detektors quadratisch verläuft, wird zur Linearisierung der Werte die Quadratwurzel der Peakhöhen $\sqrt{H}$ (Zeile 4) gegen die Konzentration β(DMS) aufgetragen.

Wird der angestrebte DMS-Grenzwert der Massenkonzentration von 35 µg/L unterschritten?

Tabelle 1: Gaschromatografische Bestimmung von Dimethylsulfid in Bierwürze					
Lösung:	Probe	Kal1	Kal2	Kal3	Kal4
Aufstock-Konzentration an DMS in µg/L	0	50	100	150	200
Peakhöhe *H* in µV	362 215	3 404 302	9 090 575	16 526 482	28 676 536
Quadratwurzel $\sqrt{H}$ in $\sqrt{\mu V}$	602	1845	3015	4065	5355

Lösung: Die Regressionsgerade **(Bild 1)** lautet:
$y = 23{,}453\, x + 631{,}14$

Die Korrelation zeigt mit $R^2 = 0{,}9991$ eine gute Linearität für den Arbeitsbereich **(Bild 1)**.

Die Regressionsgerade wird mit nachfolgender Option in Excel nach links bis zum Schnittpunkt mit der *x*-Achse extrapoliert (Minimumwert der *x*-Achse: – 50 µg/L) **(Bild 2)**:

Rechter Mausklick auf die Trendlinie:
Trendlinie formatieren

Die Option *Trend Rückwärts 30 Einheiten* extrapoliert die Trendlinie links bis zum Schnittpunkt mit der *x*-Achse.

Mit der Massenkonzentration β(DMS) als *x*-Wert und der Wurzel aus der Peakhöhe $\sqrt{H}$ als *y*-Wert lautet die Funktionsgleichung der Regressionsgeraden:

$\sqrt{H} = 23{,}453\ (\sqrt{\mu V} \cdot L / \mu g) \cdot \beta(DMS) + 631{,}14 \sqrt{\mu V}$

Der Achsenabschnitt $b = 631{,}14 \sqrt{\mu V}$ entspricht der Peakhöhe für die unbekannte DMS-Konzentration in der Würze-Probe. Die Kalibrierpunkte Kal1 bis Kal4 kennzeichnen jeweils die Summe aus dieser unbekannten DMS-Konzentration der Probe + der aufgestockten DMS-Konzentration.

Die DMS-Konzentration der Würze-Probe wird somit erhalten als Schnittpunkt der *x*-Achse mit der Regressionsgeraden, es gilt: $y = \sqrt{H} = 0$

Berechnung des Schnittpunktes mit der *x*-Achse:

$y = 0 \;\Rightarrow\; 0 = m \cdot x + b \;\Rightarrow\; x = -b / m$

$|x| = \beta_{Pr}(DMS) = 631{,}14 \sqrt{\mu V} / 23{,}453\ (\sqrt{\mu V} \cdot L / \mu g)$

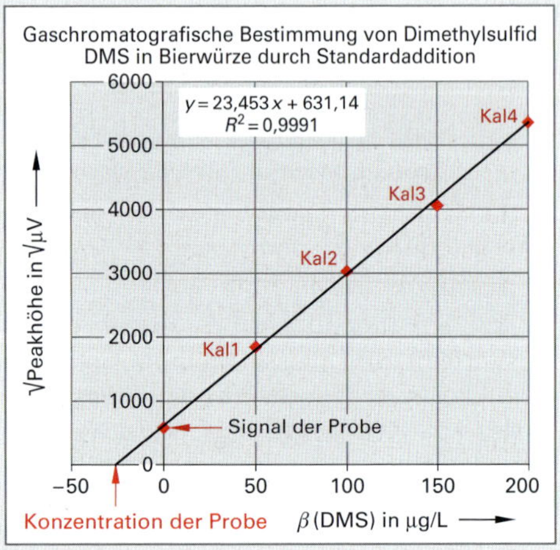

Bild 1: Auswertung einer Standardaddition

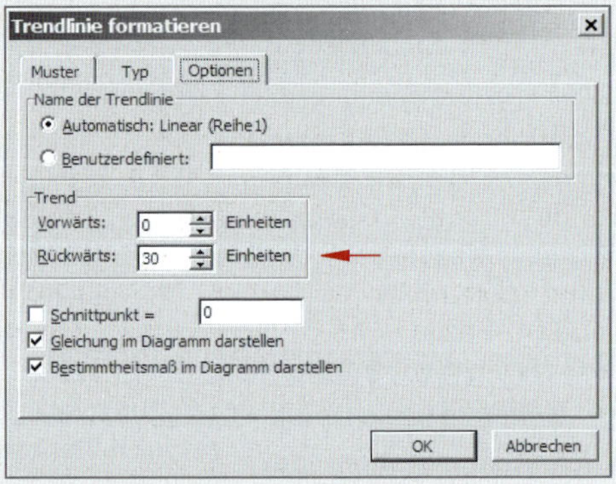

Bild 2: Extrapolation einer Regressionsgeraden

$\boldsymbol{\beta_{Pr}}$**(DMS)** = 26,9108 µg/L ≈ **26,9 µg/L**

Die Spezifikation β (DMS) < 35,0 µg/L ist erfüllt.

Aufgaben zu 8.6 Chromatografie

1. Ein Reaktionsgemisch aus 2 Edukten A und B wird nach Reaktionsende mittels Dünnschichtchromatografie DC auf die Zusammensetzung untersucht. Die Substanzaufgabe der reinen Edukte A/B sowie des Gemischs am Reaktionsende erfolgte zweifach.
   a) Wie ist das Gemisch nach Reaktionsende zusammengesetzt? Aus wie vielen Komponenten besteht das Produkt **(Bild 3)**?
   b) Bestimmen Sie die Retentionsfaktoren der Stoffe

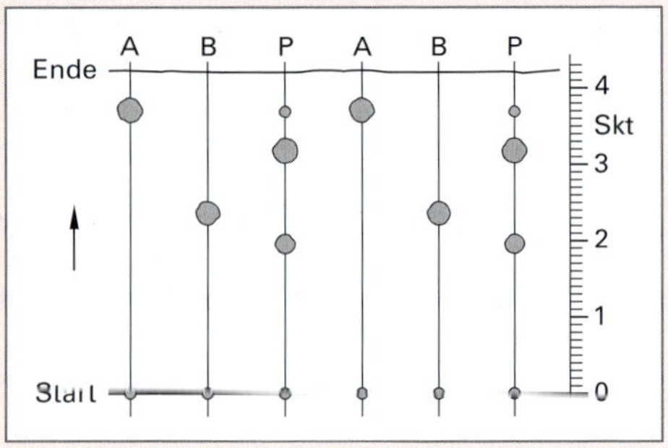

Bild 3: Chromatogramm eines Reaktionsgemischs

2. Eine Kapillar-GC-Säule hat eine Trennstufenzahl von $N = 180\,000$ Stufen. Es wird ein Analyt injiziert, von dem eine Retentionszeit von ca. 22 min und eine Peakbasisbreite von 14 s erwartet wird. Kann mit dieser Säule ein ausreichend großer Peak entstehen?

3. In einer 30,0 cm langen HPLC-Säule ergaben sich für zwei Substanzen A und B die Retentionszeiten 16,40 min und 17,63 min. Eine nicht retardierte Substanz durchströmte die Säule in 1,30 min. Die Basispeakbreiten der beiden Analyten betrugen w_{bA} = 1,11 min und w_{bB} = 1,21 min.
   Berechnen Sie:
   a) die Auflösung der Säule b) die durchschnittliche Bodenzahl in der Säule c) die Bodenhöhe.

4. Das Chromatogramm eines Zweikomponentengemisches in Bild 1 wurde mit einer HPLC-Säule von 14,5 cm Länge aufgenommen. Die Zuleitung vom Injektor zur Säule beträgt 32 mm, die Ableitung von der Säule zum Detektor 27 mm. Der Probe aus zwei Analyten A und B wurde ein Totzeitmarker zugemischt. Wie groß sind:
   a) Die Nettoretentionszeit der Komponente 1 (A).
   b) Der Retentionsfaktor für Komponente 2 (B).
   c) Die Auflösung zwischen den Peaks 2 und 3.
   d) Der Trennfaktor (Selektivitätskoeffizient α) zwischen den Peaks 2 und 3.
   e) Die Trennstufenzahl bezogen auf Komponente B.
   f) Die Bodenhöhe bezogen auf die Komponente B.
   g) Die mittlere lineare Strömungsgeschwindigkeit der mobilen Phase.
   h) Die Peakflächen der Komponenten A und B.

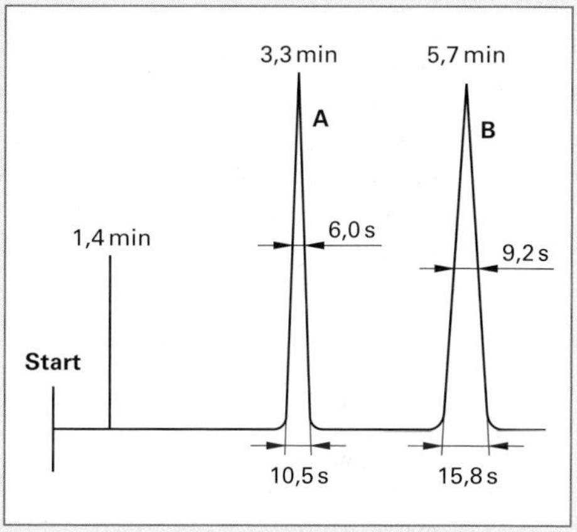

Bild 1: Chromatogramm zu Aufgabe 4

5. Bei einer gaschromatografischen Analyse eines Fungizid-Wirkstoffs liegt der Arbeitsbereich zwischen 0,2 und 0,7 mg/L. Für diesen Arbeitsbereich sollten die Responsefaktoren des Analyten möglichst gleich sein. Es wurden drei Kalibrierlösungen des Analyten mit unterschiedlicher Konzentration angesetzt und gaschromatografisch analysiert. Die bei konstantem Injektionsvolumen erhaltenen Peakflächen (in counts C) sind in der nachfolgenden Tabelle wiedergegeben:

Nr.	**Analytkonzentration**	**Peakfläche**	Responsefaktoren
1	0,2 mg/L	12 438 counts	
2	0,4 mg/L	25 923 counts	
3	0,7 mg/L	71 403 counts	

   a) Berechnen Sie für jede der drei Kalibrierlösungen (Standardlösungen) den Responsefaktor.
   b) Überprüfen Sie, ob die Peakfläche linear zur Konzentration ansteigt, d.h. der Responsefaktor über den Arbeitsbereich annähernd konstant ist.

6. In einem Gemisch aus Sauerstoff und Kohlenstoffdioxid soll der Massenanteil $w(CO_2)$ durch eine gaschromatografische Analyse bestimmt werden. Im Chromatogramm wurden folgende Peakflächen ermittelt: Sauerstoff: 363 489 counts, Kohlenstoffdioxid: 22 598 counts
   Berechnen Sie die Massenanteil der beiden Proben-Komponenten nach der 100 %-Methode (Die Responsefaktoren beider Komponenten sind annähernd gleich).

7. Zur gaschromatografischen Bestimmung von Xylol in einem Lösemittelgemisch wurden nacheinander 5,00 µL Probe und 5,00 µL Kalibrierlösung der Konzentration β(Xylol) = 4,50 µg/mL in den Gaschromatografen injiziert. Linearität der Werte im Arbeitsbereich kann vorausgesetzt werden.
   Für die Probe wurde eine Peakfläche von 3540 counts, für die Kalibrierlösung eine Peakfläche von 3870 counts ermittelt. Welche Massenkonzentration β(Xylol) hat die untersuchte Probe?

8. In **Bild 1** ist das Gaschromatogramm eines Kohlenwasserstoff-Gemisches aus Propan, n-Butan, n-Pentan und n-Hexan dargestellt.

a) Bestimmen Sie die Retentionszeiten für die 4 Komponenten und ordnen Sie die Peaks den Komponenten zu.

b) Bestimmen Sie manuell die Peakflächen der 4 Analyten.

c) Ermitteln Sie die Massenanteile der 4 Analyten nach der 100%-Methode.

d) Berechnen Sie den Trennfaktor α für die beiden ersten Peaks und die beiden letzten Peaks.

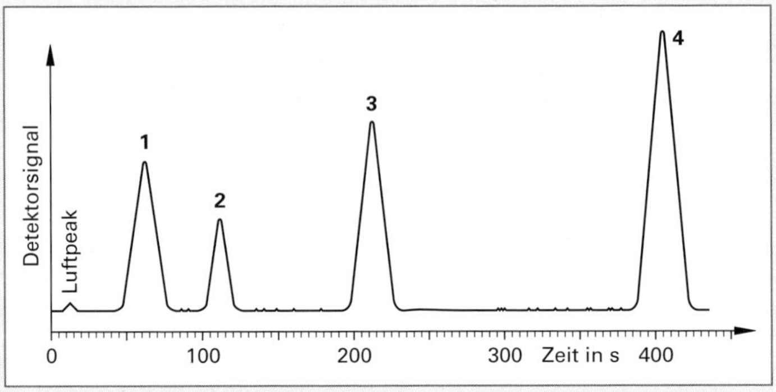

Bild 1: Gaschromatografische Analyse von 4 Alkanen (Aufgabe 8)

Hinweis: In der Probe liegen keine weiteren Substanzen vor, die Responsefaktoren der Komponenten sind ähnlich.

9. Die gaschromatografische Untersuchung eines Obstbranntweins mit einem Volumenanteil an Nichtwasser-Komponenten von φ = 42,00 % ergibt nebenstehendes Chromatogramm (**Bild 2**). Es liegt eine Komponententafel mit Kalibrierdaten vor (**Tabelle 1**).

Tabelle 1: Komponententafel mit Kalibrierdaten für den Obst-Branntwein von Bild 2

t_R min	h_K Skt	φ_K mL/L	Komponente	Nr.
2,2	4,73	0,841	Acetaldehyd	1
3,2	0,82	1,274	Isobutyraldehyd	2
4,0	5,20	0,692	Ethylacetat	3
4,3	3,86	2,018	Methanol	4
5,2			Ethanol	5
8,1	3,27	1,347	2-Butanol	6
8,8	4,69	1,513	n-Propanol	7

a) Bezeichnen Sie die Peaks mit den entsprechenden Nummern der Substanznamen.

b) Ermitteln Sie die Komponenten-Volumenanteile.

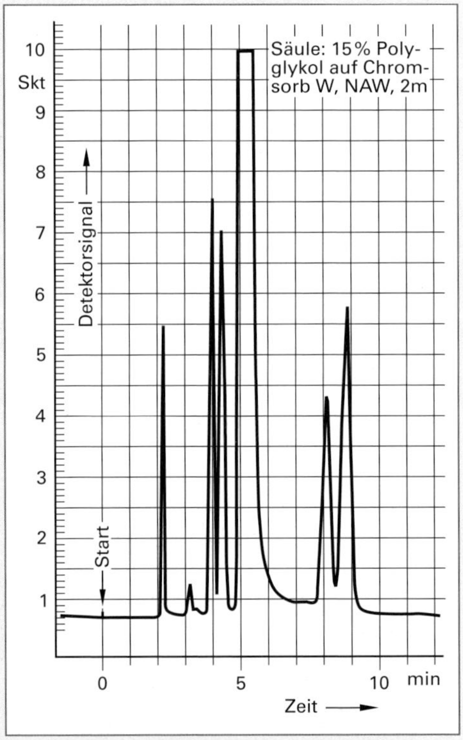

Bild 2: Chromatogramm eines Obstbranntweines (Aufgabe 9)

10. Eine Probe mit drei Komponenten soll nach der 100 %-Methode mittels der Responsefaktoren analysiert werden. Zunächst wurden drei Standardlösungen hergestellt und analysiert. Bei den Kalibrierläufen erhielt man die in nachfolgender **Tabelle 1** auf Seite 305 aufgeführten Daten.

Bei der chromatografischen Untersuchung einer Probe, in der ebenfalls nur diese drei Komponenten enthalten sind, wurden die in der rechten Spalte von Tabelle 1 aufgeführten Peakflächen ermittelt.

Berechnen Sie die Responsefaktoren der drei Analyten und mit deren Hilfe den Massenanteil *w*(Pentan-1-ol).

Tabelle 1 (Aufgabe 10): Kalibrierdaten			Analysendaten:
Analyt	**Analytkonzentration**	**Peakfläche**	**Peakflächen des Analysenlaufs:**
Pentan-1-ol	0,50 mg/100 mL	62 172 counts	82 453 counts
Hexan-1-ol	1,40 mg/100 mL	142 483 counts	85 675 counts
n-Octan	0,70 mg/100 mL	122 406 counts	109 931 counts

11. Bei der Auswertung einer analytischen Bestimmung von Furfural (Ausgangsstoff für die Herstellung von Bakteriziden) mit externem Standard wurde bei einer HPLC-Analyse nach einer 5-Punkt-Kalibrierung im Bereich von 5 bis 20 µg/g des Analyten folgende Geradengleichung ermittelt:
    $y = 1703\ \text{C} \cdot \text{g/µg} \cdot x + 182\ \text{C}$ (dabei steht x für den **Massenanteil** w und y für die **Peakfläche** A)
    Die Probenanalyse ergab eine Peakfläche von 14 423 counts. Welchem Gehalt des Analyten in µg/g entspricht das?

12. Zur gaschromatografischen Bestimmung von Thiophenol in einer Probe wurde zwei Kalibrierlösungen Kal1 und Kal2 hergestellt und unter definierten, konstanten Bedingungen analysiert. Zwei exakt gleich große Einspritzvolumina lieferten folgende Daten:
    Analyt-Konzentration β_{Kal1} = 1,25 mg/100 mL, Peakfläche A_{Kal1} = 12 487 counts
    Analyt-Konzentration β_{Kal2} = 5,05 mg/100 mL, Peakfläche A_{Kal2} = 37 334 counts
    100 mg der Probesubstanz wurden gelöst und zu 1000 mL aufgefüllt. Von dieser Probelösung wurde bei gleichen Bedingungen das gleiche Volumen wie beim Kalibrierlauf injiziert. Die erhaltene Peakfläche beträgt 27 153 counts. Wie groß ist der Massenanteil w(Thiophenol) in der Probe?

13. Zur quantitativen gaschromatografischen Bestimmung von Glyoxal (Ethandial) nach der Methode des externen Standards wurden 5 Kalibrierlösungen (K1 bis K5) unterschiedlicher Analyt-Konzentration hergestellt. Die Kalibrierlösungen lieferten in den Kalibrierläufen folgende Peakflächen:

Massenanteil	*Peakfläche*	*Massenanteil*	*Peakfläche*
w_{K1} = 0,10	A_{K1} = 25 315 counts	w_{K4} = 0,25	A_{K4} = 63 139 counts
w_{K2} = 0,15	A_{K2} = 37 823 counts	w_{K5} = 0,30	A_{K5} = 75 027 counts
w_{K3} = 0,20	A_{K3} = 51 034 counts		

    Die Probelösung ergab bei gleichen Analysebedingungen eine Peakfläche von 58 432 counts. Erstellen Sie ein Kalibrierdiagramm. Alternativ: Verwenden Sie ein Tabellenkalkulationsprogramm. Berechnen Sie den Massenanteil w(Glyoxal) der Probe.

14. 1,075 g eines reinen Analyten und 1,481 g eines inneren Standards wurden gemischt und in einen Gaschromatografen injiziert. Das Chromatogramm ergab eine Peakfläche von 34 661 counts für den Analyten und 45 125 counts für die Standardsubstanz.
    Zur Bestimmung des Analyten in einer Probe wurden 2,156 g Probesubstanz mit 1,478 g innerem Standard vermischt und das Gemisch in den Injektor eines Gaschromatografen injiziert. Die Peakflächen ergaben 58 892 counts für den Analyten und 44 326 counts für den inneren Standard.
    Berechnen Sie den Methodenfaktor MF. Welchen Massenanteil w (Analyt) hat die Probe?

15. Die Massenkonzentrationen an Toluol und Cyclohexan in einem Lösemittel werden gaschromatografisch bestimmt. Als interner Standard wird o-Xylol eingesetzt. Die nachfolgende Übersicht enthält die Daten aus dem Kalibrierlauf und aus dem Analysenlauf:

	Einwaage:	*Peakfläche:*
Kalibrierlösung:	m_{Kal}(Toluol) = 1,2145 g,	A_{Kal}(Toluol) = 39 617 counts
	m_{Kal}(Cyclohexan) = 1,3245 g,	A_{Kal}(Cyclohexan) = 22 684 counts
	m_{Kal}(o-Xylol) = 1,1618 g,	A_{Kal}(o-Xylol) = 32 429 counts

    Die Kalibriersubstanzen werden mit Lösemittel zu 100 mL Lösung aufgefüllt.
    Probelösung: 25,0 mL der Probe werden mit 0,6543 g o-Xylol (innerer Standard) versetzt und mit Lösemittel zu 50,0 mL Lösung aufgefüllt. Das Chromatogramm ergab folgende Peakflächen:
    A(Toluol) = 61 623 counts; A(Cyclohexan) = 74 692 counts; A(o-Xylol) = 52 623 counts
    Berechnen Sie die Massenkonzentrationen β(Toluol) und β(Cyclohexan).

16. Der Methanol-Volumenanteil einer wässrigen Methanol-Lösung soll gaschromatografisch mit Ethanol als innerer Standard bestimmt werden.
Die gaschromatografische Analyse ergab folgende Daten:
Als Referenzlösung diente eine wässrige Lösung mit den Volumenkonzentrationen σ(Methanol) = 3,15 % und σ(Ethanol) = 5,00 %. Die erhaltenen Peakflächen betragen 21 456 counts für Methanol und 25 432 counts für Ethanol.
Die Ethanol-Volumenkonzentrationen in der Probelösung wurde ebenfalls auf σ(Ethanol) = 5,00 % eingestellt. Nach dem Injizieren der Probe zeigte das Chromatogramm folgende Peakflächen: Methanol 29 865 counts, Ethanol 26 865 counts. Wie groß ist die Methanol-Volumenkonzentration in der untersuchten Probe?

17. Die HPLC-Analyse der Probe eines Weichmachers ergab eine Analyt-Peakfläche von 24 567 counts. Nach Zugabe (Aufstocken) von 0,300 mg/100 mL des reinen Analyten zur Probe wurde mit dem gleichen Injektionsvolumen bei gleichen Analysenbedingungen eine Analyt-Peakfläche von 36 455 counts erhalten.
Welche Weichmacher-Konzentration in mg/100 mL war in der Probe enthalten?

18. Eine bedruckte Verpackungsfolie soll gaschromatografisch auf Restlösemittel analysiert werden. Diese könnten nach der Herstellung der Folie beim Wickeln zu Rollen ein Verkleben der Oberflächen bewirken.
Die untersuchte Verpackungsfolie wird auf Reste von Ethanol und Ethylacetat untersucht. Zur Quantifizierung der Analyse gibt man Folienabschnitte mit einer Oberfläche von 50 cm² in Headspace-Flaschen und injiziert nach jeweils 15 min Einwirkzeit bei 115 °C mit dem Headspace-Probengeber **(Bild 1)** in den Gaschromatografen. Die Messungen zeigen, dass die Anwesenheit der Folie zu einem Matrixeffekt führt, d.h. die Restlösemittel werden nicht vollständig verdampft (Gleichgewichtseinstellung).
Aus diesem Grund wird die Kalibration mit einer Standardaddition durchgeführt. Dazu setzt man ein Standard-Lösemittelgemisch mit 0,2471 mg/µL Ethanol und 0,469 mg/µL Ethylacetat an.
Dann gibt man zwei Folien-Proben zu je 50 cm² in Headspace-Flaschen, fügt mit einer Mikroliterspritze 0,5 µL bzw. 1,0 µL des Standard-Lösemittelgemisches zu und injiziert nach 15 min Einwirkzeit mit dem Headspace-Probengeber in den GC. Dabei wurden die in der nachfolgenden Tabelle aufgeführten Peakflächen erhalten.

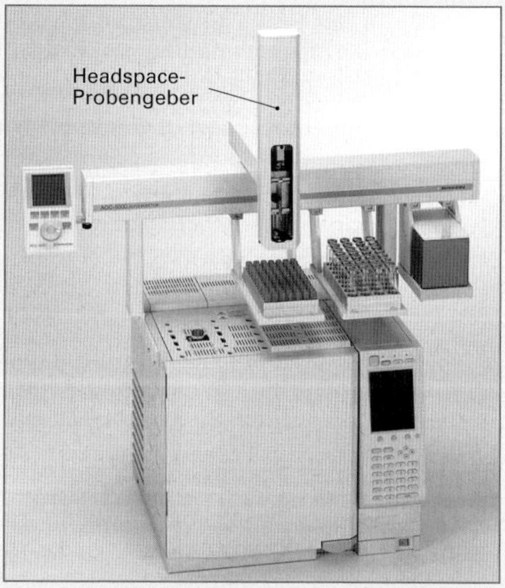

Bild 1: Gaschromatograf GC-2010 mit Autosampler AOC-5000

Tabelle 1: Gaschromatografische Bestimmung von Lösemitteln in Folien

Lösemittel:	Ethanol			Ethylacetat		
Lösung:	Probe	Kal1	Kal2	Probe	Kal1	Kal2
Aufstock-Volumen in µL	0	0,5	1,0	0	0,5	1,0
Aufstockmasse in mg						
Peakfläche in counts	22 349	338 163	636 242	156 937	652 248	1 097 364

a) Berechnen Sie die aufgestockten Massen der beiden Lösemittel, ergänzen Sie in Zeile 5.
b) Erstellen Sie ein Kalibrierdiagramm, indem Sie die Massen der aufgestockten Lösemittel im gleichen Diagramm gegen die Peakflächen auftragen.
c) Ermitteln Sie die Massen der beiden Lösemittel in der Folie pro m² aus den Regressionsdaten.

Hinweis: Wegen der sehr guten Wiederholpräzision und der nachgewiesenen Linearität dieser Analyse wurde aus wirtschaftlichen Erwägungen nur eine Zweipunktkalibrierung durchgeführt.

8.7 Partikelgrößenanalyse, Siebanalyse

In der chemischen Grundstoffindustrie sind die Ausgangsstoffe oder Produkte häufig sogenannte Haufwerke oder Schüttungen: Erz- und Gesteinsmehle, Sande, Dünger usw. Sie bestehen aus Partikeln (Teilchen, Körner) unterschiedlicher Größe, die in verschiedenen Mengenanteilen vorhanden sind.

Häufig ist es erforderlich, die Partikelgröße (Korngröße) und deren Mengenanteil im Haufwerk zu kennen, um das günstigste Verfahren für die Weiterverarbeitung des Haufwerks ermitteln zu können.

Dann muss eine **Messung der Partikelgrößenverteilung** auch **Partikelgrößenanalyse** genannt, (partical size analysis) durchgeführt werden.
Erfolgt die Partikelgrößenanlyse mit Sieben, so nennt man sie **Siebanalyse** (sieve analysis).

Die Siebanalyse wird mit einer Prüfmaschine durchgeführt, in der sich ein Prüfsiebsatz mit nach unten kleiner werdender Siebmaschenweite befindet **(Bild 1)**.

Die Prüfsiebe (test sieves) stellt man so zusammen, dass der gesamte Partikelgrößenbereich des zu prüfenden Haufwerks erfasst ist. In der Regel bilden 5 bis 7 Siebe einen Siebsatz.
Die Siebmaschenweiten sind genormt (ISO 3310).

Bei der Durchführung der Siebanalyse wird eine Probe des zu analysierenden Haufwerks oben auf einen Prüfsiebsatz gegeben und in der Siebmaschine gerüttelt. Auf jedem Sieb findet eine Trennung des Haufwerks statt. Die Teilchen des Siebguts, die größer als die Maschenweite des Siebs sind, bleiben als **Rückstand *R*** auf dem Sieb liegen **(Bild 2)**.

Sie bilden eine **Kornklasse Δd** (grain-size class) mit Korngrößen zwischen der Maschenweite des oberen und des Siebes, auf dem sie liegen. Die Teilchen, die durch das Sieb auf das nächst tiefere fallen, werden als **Durchgang *D*** bezeichnet.

Für die Auswertung einer Siebanalyse müssen die Gesamtmasse der Probe des Haufwerks R_{ges} und die Massen der einzelnen Rückstände (R_1, R_2, ...) auf den Sieben gewogen werden.

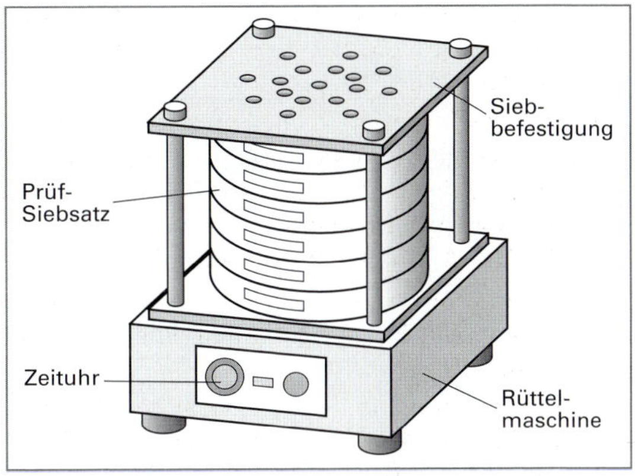

Bild 1: Prüfsiebmaschine

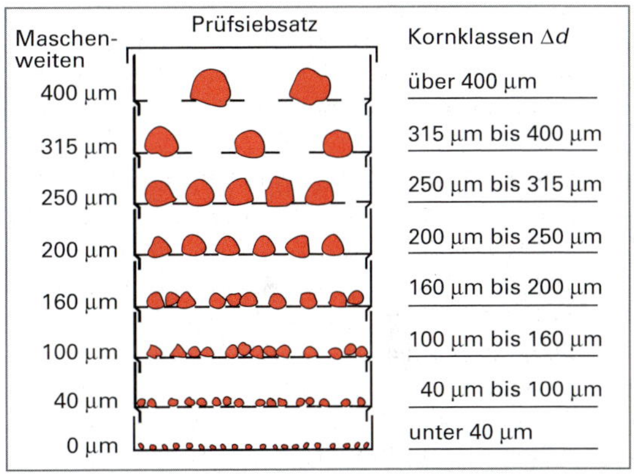

Bild 2: Prüfsiebsatz mit den Siebrückständen nach einer Siebung

8.7.1 Auswertung einer Siebanalyse

An einem Beispiel soll die Auswertung einer Siebanalyse erläutert werden **(Bild 308/1)**. In Spalte 1 werden die Kornklassen des Siebsatzes eingetragen. Die Nummer der Rückstände wird vom Auffangteller (unten) nach oben durchgezählt (Spalte 2). Die Massen der einzelnen Rückstände werden in Spalte 3 notiert. Daraus werden die Massenanteile w_R der einzelnen Rückstände berechnet und in Spalte 4 eingetragen.

Massenanteil der Rückstände

$$w_R = \frac{R}{R_{ges}} \cdot 100\,\%$$

Beispiel: $w_{R7} = \frac{R_7}{R_{ges}} \cdot 100\,\% = \frac{7{,}6\text{ g}}{103{,}7\text{ g}} \cdot 100\,\% \approx \mathbf{7{,}3\,\%}$

Die Massenanteile der Rückstände werden vom gröbsten Sieb (R_8) ausgehend fortlaufend aufaddiert und in Spalte 5 als Rückstandssumme R_S eingetragen.

Die Rückstandssumme R_S und die Durchgangssumme D_S (jeweils in %) auf einem Sieb ergeben zusammen jeweils 100 %.

$$R_S + D_S = 100\,\%$$

[1] Die Einzelheiten der Siebanalyse sind genormt: DIN 66145, DIN 66160, DIN EN 933-2, ISO 3310

Analysenproben Nr.: *93*	Material: *Kalksteinmehl*			Probenmasse: *103,7 g*		Datum:	
Maschinelle Siebung mit Metalldrahtsieben gemäß ISO 3310;				Siebdauer: *15 min*			
		1	2	3	4	5	6
Maschenweite in µm	Prüfsiebsatz gemäß ISO 3310	Kornklasse Nennweite in µm	Rückstand Nr.	Masse Rückstand *R* in g	Massenanteil Rückstand w_R in %	Rückstandssumme R_S in %	Durchgangssumme D_S in %
	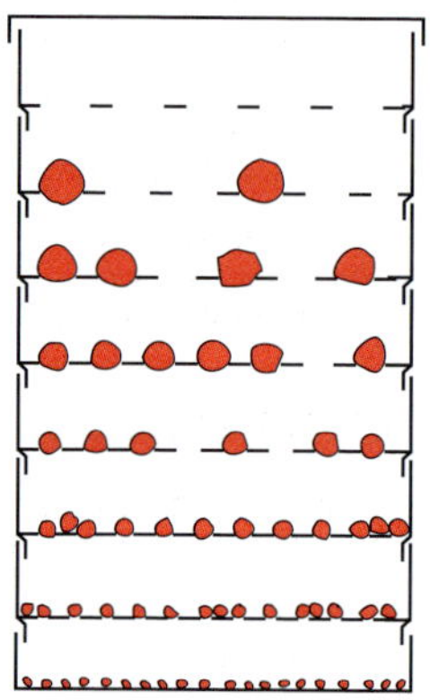	400… ∞	R_8	*0*	*0*	*0*	*100*
400		315…400	R_7	*7,6*	*7,3*	*7,3*	*92,7*
315		250…315	R_6	*14,3*	*13,8*	*21,1*	*78,9*
250		200…250	R_5	*16,2*	*15,6*	*36,7*	*63,3*
200		160…200	R_4	*18,9*	*18,2*	*54,9*	*45,1*
160		100…160	R_3	*22,4*	*21,6*	*76,5*	*23,5*
100		40…100	R_2	*20,2*	*19,5*	*96,0*	*4,0*
40		0… 40	R_1	*4,1*	*4,0*	*100*	*0*
0			R_{ges}:	*103,7 g*	*100,0*		

Bild 1: Beispiel einer Siebanalyse und deren Auswertung

Entsprechend wird die **Durchgangssumme D_S** für ein Sieb über die Beziehung $D_S = 100\,\% - R_S$ errechnet und in Spalte 6 eingetragen.

Beispiel: $D_{S7} = 100\,\% - R_{S7} = 100\,\% - 7{,}3\,\% = 92{,}7\,\%$

Kornverteilungsdiagramm

Ein anschauliches Bild über die Massenanteile der Kornklassen erhält man im **Kornverteilungsdiagramm** (partical size distribution diagramm) **(Bild 2)**. Hierin sind die Massenanteile der einzelnen Rückstände über den jeweiligen Kornklassen aufgetragen. Aus dem Kornverteilungsdiagramm kann abgelesen werden, mit welchem Massenanteil eine Kornklasse vorliegt.

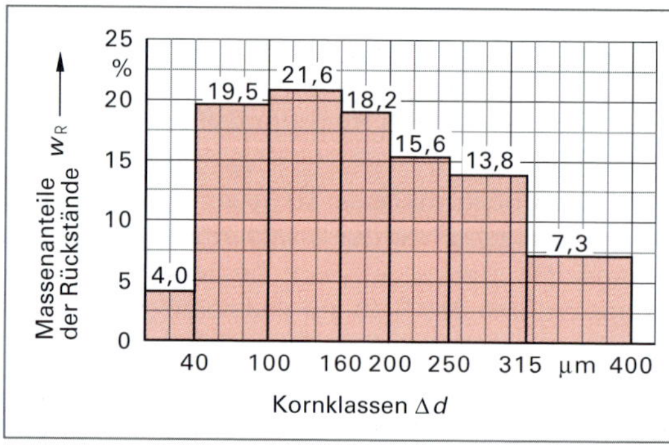

Bild 2: Kornverteilungsdiagramm

Beispiel: Für das Haufwerk mit dem Kornverteilungsdiagramm von Bild 2 kann abgelesen werden: Am häufigsten ist die Kornklasse 100 µm bis 160 µm mit einem Massenanteil von 21,6 % vorhanden.

Das Haufwerk besteht zu 19,5 % + 21,6 % + 18,2 % = 59,3 % aus der Kornklasse 40 µm bis 200 µm.

Rückstandssummendiagramm

Wird die Rückstandssumme R_S (Spalte 5 von Bild 1) über den jeweiligen Kornklassen aufgetragen, erhält man das **Rückstandssummendiagramm (Bild 3)**. Aus ihm kann abgelesen werden, welcher Massenanteil des Haufwerkes größer als eine bestimmte Korngröße ist.

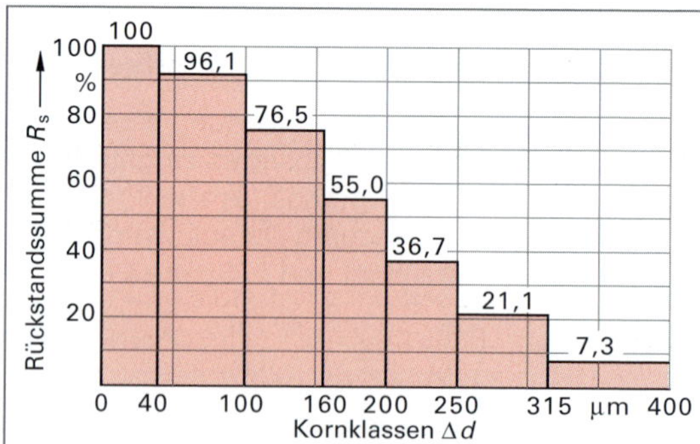

Bild 3: Rückstandssummendiagramm

Beispiel: Für das Haufwerk mit dem Rückstandssummendiagramm von Bild 3 kann abgelesen werden: 36,7 % der Masse des vorliegenden Haufwerks haben eine Korngröße größer als 200 µm.

Durchgangssummendiagramm

Die Durchgangssumme D_S auf einem Sieb erhält man mit der Beziehung $D_S = 100\% - R_S$.

Beispiel: $R_S = 55{,}0\% \Rightarrow D_S = 100\% - 55{,}0\% = 45{,}0\%$

Das Durchgangssummendiagramm wird erhalten, wenn die jeweilige Durchgangssumme über der Kornklasse aufgetragen wird **(Bild 1)**.

Aus dem Durchgangssummendiagramm kann abgelesen werden, welcher Massenanteil des Haufwerks kleiner als eine bestimmte Korngröße ist.

Beispiel: 63,3% des Haufwerks von Bild 1 sind kleiner als 200 µm.

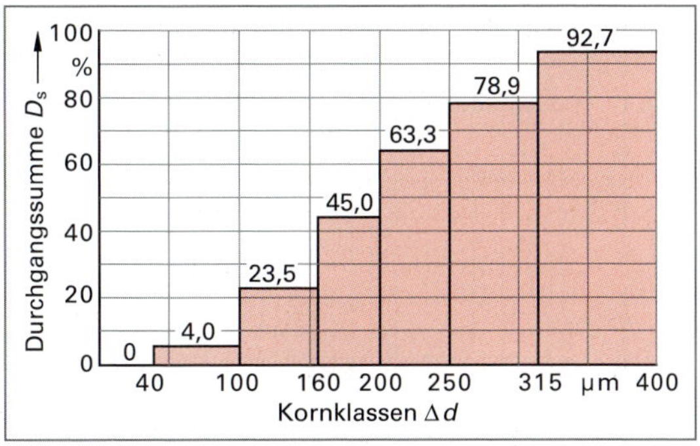

Bild 1: Durchgangssummendiagramm

8.7.2 Darstellung und Auswertung einer Siebanalyse im RRSB-Netz

Je nach Entstehung weisen Haufwerke fester Stoffe charakteristische Arten der Kornverteilung auf. Diese Kornverteilung kann nach den Wissenschaftlern ***R**osin, **R**ammler, **S**perling* und ***B**ennett* durch eine mathematische Verteilungsfunktion beschrieben und grafisch in einem Koordinatenpapier, dem **RRSB-Netz** (RRSB-grid), dargestellt werden **(Bild 1)**. In diesem RRSB-Netz ist die Ordinate doppeltlogarithmisch (lg lg $1/(1 - D)$) und die Abszisse einfachlogarithmisch (lg d) geteilt.

Trägt man die Durchgangssumme D_S (Spalte 6 von Bild 308/1) eines Haufwerks über dem Teilchendurchmesser d in ein RRSB-Netz ein, so erhält man eine, das Haufwerk charakterisierende Kurve. Bei Haufwerken, die aus Zerkleinerungsprozessen hervorgegangen sind, sind die Kurven der Durchgangssumme im RRSB-Netz Geraden (siehe Bild 307/1).

Beispiel: Aus Spalte 6 der Tabelle in Bild 308/1 wird für die Korngröße 160 µm eine Durchgangssumme von 45,1% (= 0,451) abgelesen. Dieses Wertepaar wird im RRSB-Netz als Punkt eingetragen. Ebenso wird mit den anderen Wertepaaren verfahren. Die Punkte lassen sich annähernd zu einer Geraden verbinden, der so genannten **RRSB-Geraden.** Die Lage und Neigung der RRSB-Geraden kennzeichnet die Kornverteilung des Haufwerks.

Aus der charakteristischen Geraden eines Haufwerks im RRSB-Netz können Kennwerte des Haufwerks, die sogenannten **Feinheitsparameter,** bestimmt werden und daraus die spezifische Oberfläche des Haufwerks berechnet werden. Zur Bestimmung der Feinheitsparameter enthält das RRSB-Netz in der linken unteren Ecke einen **Pol** sowie am oberen rechten Rand den **Randmaßstab *n*.**

Feinheitsparameter: Korngrößenmittelwert d' und d_{50}

Der Korngrößenmittelwert d' ist eine statistische Kenngröße für die Feinheit des Haufwerks. Er wird erhalten, indem für eine Durchgangssumme von $D = 63{,}2\%$ (0,632) mit der RRSB-Geraden des Haufwerks der zugehörige Teilchendurchmesser bestimmt wird. Dazu liest man am Schnittpunkt der RRSB-Geraden mit der $D_S = 0{,}632$-Linie am Abszissenmaßstab den Teilchendurchmesser ab, z.B. aus Bild 310/1 mit der RRSB-Geraden 6: $d' = 200$ µm. Als Korngrößenmittelwert kann auch der d_{50}-Wert verwendet werden. Er entspricht der Korngröße des Haufwerks bei einer Durchgangssumme von $D_S = 50\%$ $\triangleq$ 0,50 (siehe Seite 310).

Feinheitsparameter: Gleichmäßigkeitszahl *n*

Ein Haufwerk ist umso gleichkörniger, je steiler seine Gerade im RRSB-Netz verläuft. Ein Maß für die Gleichkörnigkeit ist die Steigung α der Geraden, ausgedrückt durch die Gleichmäßigkeitszahl n ($n = \tan \alpha$).

Die Gleichmäßigkeitszahl eines Haufwerks erhält man durch Zeichnen einer Parallelen zur Haufwerks-Geraden durch den Pol. Am Schnittpunkt der verlängerten Parallele mit dem n-Randmaßstab liest man den Wert der Gleichmäßigkeitszahl n ab. Sie liegt bei den meisten Haufwerken zwischen 0,8 und 2,0.

Beispiel: Für das Haufwerk ⑥ in Bild 310/1 beträgt die Feinheitsparameter $n = 2{,}0$; d' 200 µm; $d_{50} = 160$ µm

Mit den Feinheitsparametern d' und d_{50} sowie n ist ein Haufwerk bezüglich seiner Korngrößenverteilung charakterisiert. Sind d' bzw. d_{50} und n eines Haufwerks bekannt, so kann daraus im RRSB-Netz die RRSB-Gerade gezeichnet werden. Daraus können die D_S-d-Wertepaare abgelesen und das Durchgangssummen-, das Rückstandssummen- und das Kornverteilungsdiagramm gezeichnet werden.

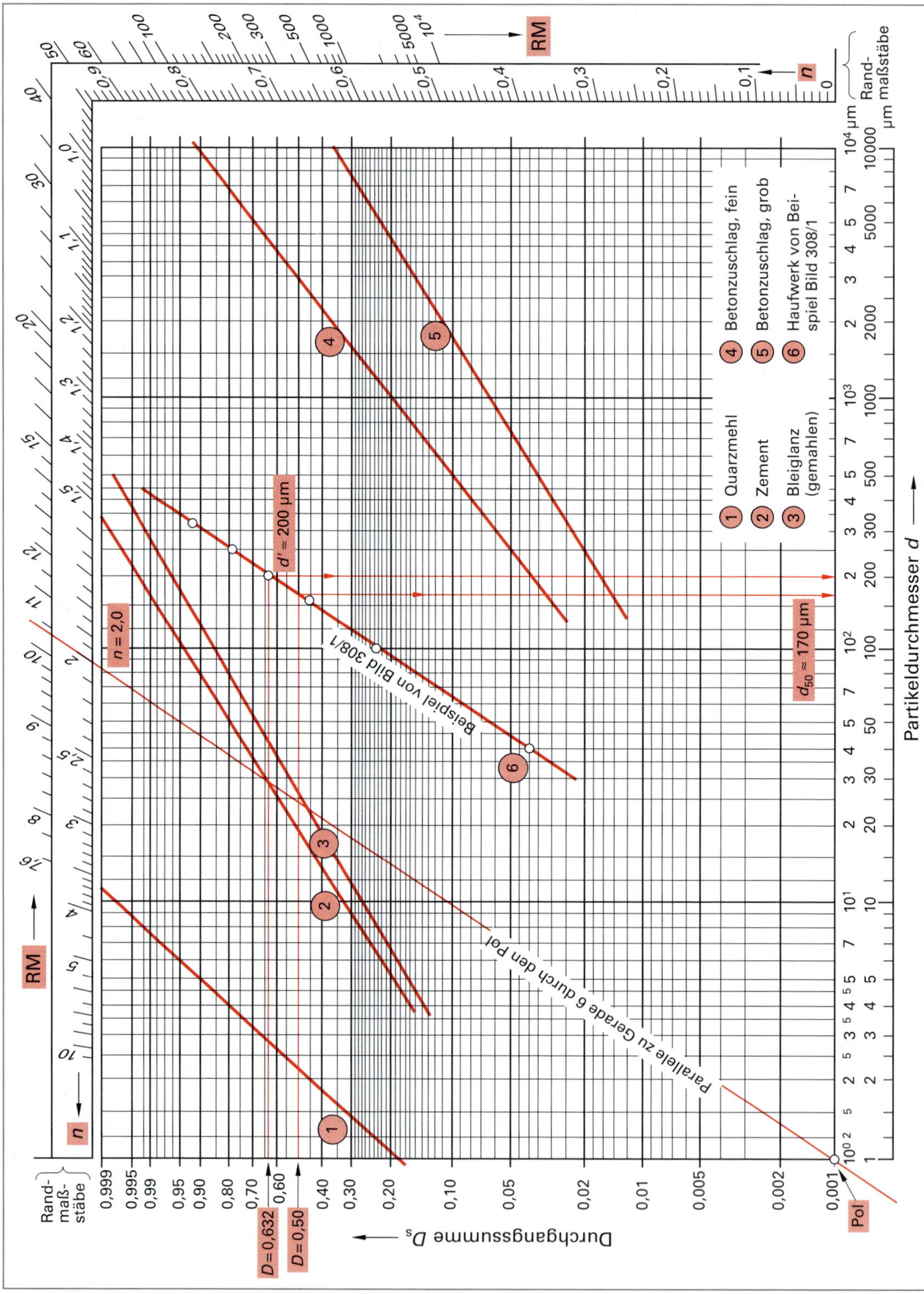

Bild 1: RRSB-Netz mit RRSB-Geraden verschiedener Haufwerke

Hinweis: Eine Kopiervorlage für ein RRSB-Netz befindet sich auf Seite 488.

Bestimmung der spezifischen Oberfläche

Das RRSB-Netz besitzt am oberen und rechten Diagrammrand einen weiteren Randmaßstab (RM in Bild 310/1). Er ist eine Oberflächenkennzahl und verläuft in entgegengesetzter Richtung wie der Randmaßstab *n*.

Mit dem Randmaßstab RM kann die **volumenbezogene Oberfläche S_v** eines analysierten und durch eine RRSB-Gerade charakterisierten Haufwerks mit nebenstehender Gleichung bestimmt werden.

- S_v ist die volumenbezogene Oberfläche des Haufwerks. Darunter versteht man die Summe der Oberflächen aller Partikel pro Volumeneinheit. Ihre Einheit ist $[S_v]$ = cm²/cm³ oder m²/cm³.
- d' ist der Korngrößenmittelwert des Haufwerks (vgl. Seite 309).
- φ ist ein stoffspezifischer Formfaktor. Für kugelförmige Teilchen ist $\varphi = 1$, für andere Teilchenformen ist $\varphi > 1$.
- Der RM-Wert eines Haufwerks wird beim Schnittpunkt der Parallelen der Haufwerksgeraden mit dem RM-Maßstab abgelesen (Bild 310/1). Aus dem RRSB-Netz wird ebenfalls d' bestimmt.

Die **massenbezogene Oberfläche S_m** erhält man durch Dividieren der volumenbezogenen Oberfläche S_v durch die Dichte des Haufwerks nach nebenstehender Größengleichung. Die Einheit von S_m ist $[S_m]$ = cm²/g.

Volumenbezogene Oberfläche
$S_v = \frac{\mathrm{RM} \cdot \varphi}{d'}$

Massenbezogene Oberfläche
$S_m = \frac{S_v}{\varrho}$

Beispiel: Wie groß ist die volumenbezogene und die massenbezogene Oberfläche des Haufwerks ⑥ in Bild 310/1? (Die Partikel sollen annähernd kugelförmig sein: $\varphi = 1$, ihre Dichte ist $\varrho = 2{,}34\ \mathrm{g/cm^3}$)

Lösung: Aus dem RRSB-Netz (Bild 310/1) liest man für das Haufwerk ⑥ ab:
Den Korngrößenmittelwert $d' = 200\ \mu\mathrm{m} = 0{,}0200$ cm und den Randmaßstab RM = 10,3.

$$\boldsymbol{S_v} = \frac{\mathrm{RM} \cdot \varphi}{d'} = \frac{10{,}3 \cdot 1}{0{,}0200\ \mathrm{cm}} = 515\,\frac{1}{\mathrm{cm}} = 515\,\frac{1 \cdot \mathrm{cm^2}}{\mathrm{cm} \cdot \mathrm{cm^2}} = \mathbf{515\,\frac{cm^2}{cm^3}}; \quad \boldsymbol{S_m} = \frac{S_v}{\varrho} = \frac{515\ \mathrm{cm^2/cm^3}}{2{,}34\ \mathrm{g/cm^3}} \approx \mathbf{220\,\frac{cm^2}{g}}$$

Aufgaben zu 8.7 Partikelgrößenanalyse, Siebanalyse

1. Bei einer Siebanalyse werden die in **Tabelle 1** aufgetragenen Rückstände gemessen.
   a) Berechnen Sie den Rückstand, die Rückstandssumme und die Durchgangssumme, jeweils in Prozent.
   b) Zeichnen Sie das Kornverteilungsdiagramm, das Rückstandssummendiagramm und das Durchgangssummendiagramm.
   c) Zeichnen Sie im RRSB-Netz die RRSB-Gerade ein.
   d) Bestimmen Sie die Feinheitsparameter d' und n sowie die volumenbezogene Oberfläche des Haufwerks aus dem RRSB-Netz. ($\varphi = 1$)
2. Bei der Siebanalyse eines Schüttgutes werden auf den Sieben die nebenstehenden Rückstände gemessen **(Tabelle 2)**.
   a) Ermitteln Sie das Kornverteilungsdiagramm und das Rückstandssummendiagramm.
   b) Bestimmen Sie die Feinheitsparameter d' und n im RRSB-Netz sowie die volumenbezogene und die massenbezogene Oberfläche des Haufwerks. ($\varphi = 1{,}4$; $\varrho = 2{,}129\ \mathrm{g/cm^3}$)
3. Führen Sie die Auswertung der Siebanalysen von Aufgabe 1 und Aufgabe 2 mit einem Tabellenkalkulationsprogramm aus.
4. Bestimmen Sie für das Haufwerk ② in Bild 310/1 aus der RRSB-Geraden die Durchgangssumme und die Rückstandssumme für die Partikeldurchmesser: 5,6 µm, 8 µm, 16 µm, 31,5 µm, 45 µm, 90 µm, 125 µm. Zeichnen Sie ein Kornverteilungsdiagramm dieses Haufwerks.

Tabelle 1: Messwerte einer Siebanalyse (Aufgabe 1)

Einwaage: 75,7 g

Kornklassen in µm	Rückstand in g
> 500	0,0
400 bis 500	8,5
315 bis 400	12,2
200 bis 315	16,5
160 bis 200	18,4
100 bis 160	9,0
63 bis 100	8,5
0 bis 63	2,6

Tabelle 2: Messwerte einer Siebanalyse (Aufgabe 2)

Siebmaschenweite in mm	Rückstand in g
16,0	0
10,0	1,25
5,0	15,25
2,0	22,0
1,0	7,0
0,5	2,5
Siebteller	2,0

8.7.3 Auswertung einer Siebanalyse mit einem Tabellenkalkulationsprogramm

Die Ausführung der Auswertung von Messdaten mit einem Tabellenkalkulationsprogramm (TKP) wurde in Kapitel 2.5 ausführlich beschrieben (Seite 57 ff). Im Folgenden wird die Nutzung eines TKP bei der Auswertung von Siebanalysen dargestellt.

Datenauswertung mit dem TKP

Die Gestaltung der Eingabemaske orientiert sich an den Messwerten der Siebanalyse und den gewünschten Ausgabewerten **(Bild 1)**. Die Eingabefelder für die Messdaten sind zur besseren Orientierung grau, die Ergebnis-Ausgabefelder (D2, G5, G9, G11 und G14) rot unterlegt.

Notwendige **Eingaben** für die Maske sind in Spalte A die **Siebmaschenweiten,** in Spalte E und F die festgelegten **Spezifikationen.** Die Zahlenwerte für die **Rückstände *R*** der einzelnen Prüfsiebe, d.h. die Messwerte sind in die grau unterlegten Zellen B5 bis B14 eingetragen.

	A	B	C	D	E	F	G
1				Siebanalyse			
2	**Probe:**	RM D5042		**Einwaage:**	**103,0 g**	**Datum:**	02.08.00
3	**Kornklassen**	**Rückstand**	**Rückstand**	**Rückstands-**	**Spezifikation**		**% nach**
4	**in mm**	***R* in g**	***R* in %**	**summe in %**			**Spezifikation**
5	> 1,00	0,5	0,5 %	0,5 %	> 1,00 mm	**max. 5 %**	**0,5 %**
6	0,80 - 1,00	8,78	8,5 %	9,0 %			
7	0,63 - 0,80	27,56	26,8 %	35,8 %			
8	0,50 - 0,63	28,6	27,8 %	63,6 %			
9	0,40 - 0,50	19,27	18,7 %	82,3 %	0,4 - 1,0 mm	**60 - 95 %**	**81,8 %**
10	0,315 - 0,40	9,03	8,8 %	91,0 %			
11	0,25 - 0,315	4,16	4,0 %	95,1 %	0,25 - 0,40 mm	**2 - 25 %**	**12,8 %**
12	0,20 - 0,25	2,23	2,2 %	97,2 %			
13	0,125 - 0,20	1,93	1,9 %	99,1 %			
14	< 0,125	0,91	0,9 %	100,0 %	< 0,125 mm	**max. 4 %**	**0,9 %**

Bild 1: Eingabemaske mit Messwerten und ausgewerteter Siebanalyse

Zelle **E2** enthält die Summe der Rückstände, sie ergibt die **Einwaage**: **=Summe(B5:B14)**.

Der Betrag wird mit *Format / Zellen / Zahlen / Zahl* auf eine Dezimalstellen gerundet und mit dem Einheitenzeichen "g" formatiert (siehe Tabelle 1, Seite 313): **0,0 "g"**

In der Spalte C (C5 bis C14) sind die Rückstände der Einzelsiebe in Anteile umgerechnet. In den Zellen C5 bis C14 ist in der Formel zur Berechnung des Rückstands die Zelladresse E2 als **absoluter Bezug $E$2** formatiert. Der Eintrag in Zelle C5 lautet: **=(B5/$E$2)**

Durch Mausklick in der Symbolleiste erhält das Ergebnis das Prozentformat, mit den nebenstehenden Symbolen ist die Anzahl der Dezimalstellen (eine) festzulegen.

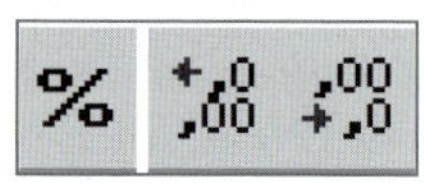

Spalte D enthält die Rückstandssummen der Siebrückstandsanteile. Sie sind ein wichtiges Kriterium für die grafische Auswertung der Zusammensetzung eines Haufwerkes (Bild 3, Seite 308).

Der Formeleintrag von Zelle D10 steht beispielhaft für die Inhalte der Zellen D5 bis D14: **=Summe(D9+C10)**

In Spalte G erfolgt der Abgleich der ermittelten Kornklassenanteile mit den in Spalte E und D festgelegten Spezifikationen. Dies ergibt folgende Einträge für die betroffenen Zellen:

G5: **=C5** G9: **=Summe(C6:C9)** G11: **=Summe(C10:C11)** G14: **=C14**

Bei der vorliegenden Siebanalyse liegen alle Kornklassen innerhalb der festgelegten Spezifikation.

Weichen Analysenergebnisse von vorgegebenen Sollwerten ab, so kann dies durch eine entsprechende Formatierung der Ergebnisfelder optisch hervorgehoben werden, beispielsweise durch farbige Darstellung der Zahlenwerte oder durch einen farbigen Zellenhintergrund.

Die entsprechende Formatierung für Zelle **G9** lautet:

Format / Bedingte Formatierung / Zellwert ist / nicht zwischen / 60 / und 95 / Format / Muster / OK /OK

In der Farbtafel ist der Zellenhintergrund festzulegen, der bei Werten außerhalb des Bereiches zwischen 60 und 95 % optisch die Abweichung von der Spezifikation signalisiert.

Mit der Option ... *Format / Schrift* anstelle von ... *Format / Muster* ist bei Abweichung von der Spezifikation eine farbige Schriftausgabe statt des farbigen Zellenhintergrundes wählbar.

Tabelle 1: Hinweise zur Formatierung von Zelleninhalten mit Excel

Formatierung	*Format / Zellen / Zahlen / Zahl ...*	Ausgabe-Beispiel
Ziffer 23,23 mit dem Einheitenzeichen mL ausgeben	*Benutzerdefiniert* / Eingabe: 0,00 "mL"	23,23 mL
Ziffer 2,345 mit dem Einheitenzeichen cm^2 ausgeben	*Benutzerdefiniert* / Eingabe: 0,000 "cm^2" (Eingabe der Ziffer 2 mit den Tasten AltGr + 2)	2,345 cm^2
Ziffer 2,34 mit dem Einheitenzeichen g/cm^3 ausgeben	*Benutzerdefiniert* / Eingabe: 0,00 "g/cm^3" (Eingabe der Ziffer 3 mit den Tasten AltGr + 3)	2,34 g/cm^3
Keine Ausgabe bei Ergebnis Null	*Benutzerdefiniert* / Eingabe: ###0,0;###0,0; (das Zeichen # ist Platzhalter für eine Ziffer)	Ergebnis außer 0 mit einer Dezimalstelle
Dezimalzahlen nach dem Komma ausrichten (die Zellen rechtsbündig formatieren)	*Benutzerdefiniert* / Eingabe: 0,0??? (0??? für Ziffern mit maximal 4 Dezimalstellen)	23,4423 1845,98 2,3

Aufgaben zur rechnerischen Auswertung einer Siebanalyse

Erstellen Sie mit einem Tabellenkalkulationsprogramm für die nebenstehenden Daten einer Siebanalyse eine Eingabemaske und werten Sie die Bestimmung nach Vorgabe von Bild 1, Seite 312 aus. Überprüfen Sie in der Auswertung, ob das Haufwerk die nachfolgende Kundenspezifikation erfüllt:

Maximal 7 % darf kleiner als 0,5 mm sein, 22 bis 52 % soll zwischen 1 und 5 mm und maximal 10 % größer als 10 mm sein.

Formatieren Sie außerhalb der Spezifikation liegende Werte mit roter Schrift. Probebezeichnung: RF-245-3

Kornklassen in mm	Rückstand in g
> 16	1,4
> 10	4,6
> 5	19,5
> 2	21,7
> 1	9,3
> 0,5	3,8
< 0,5	2,6

Grafische Auswertung mit dem TKP

Die Diagramme **(Bild 1 und Bild 2)** dienen der grafischen Veranschaulichung der Zahlenwerte der Siebanalyse. Dabei bleibt das Diagramm jeweils mit den Originaldaten der Siebanalyse verbunden, Änderungen von Messwerten oder Siebmaschenweiten in der Tabelle wirken sich sofort auf die Grafik aus. Die Einbettung der Diagramme geschieht mit Excel entweder neben oder unterhalb der Tabelle oder auf einem eigenen Arbeitsblatt in der Arbeitsmappe.

Bei der Siebanalyse verschaffen Säulen-, Balken-, Punkt- oder Liniendiagramme einen raschen Überblick über die Korngrößen und die Korngrößenverteilung innerhalb eines Haufwerkes.

Den nachfolgenden Diagrammen liegen die Messwerte der Siebanalyse von Seite 312 zugrunde. Als Diagrammtyp wurde das Säulendiagramm gewählt.

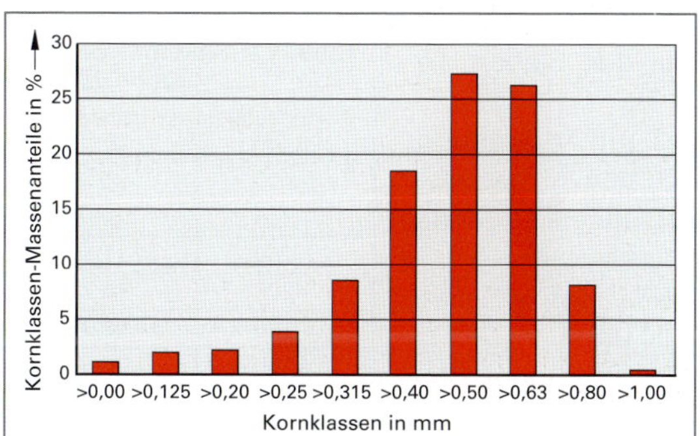

Bild 1: Kornverteilungsdiagramm

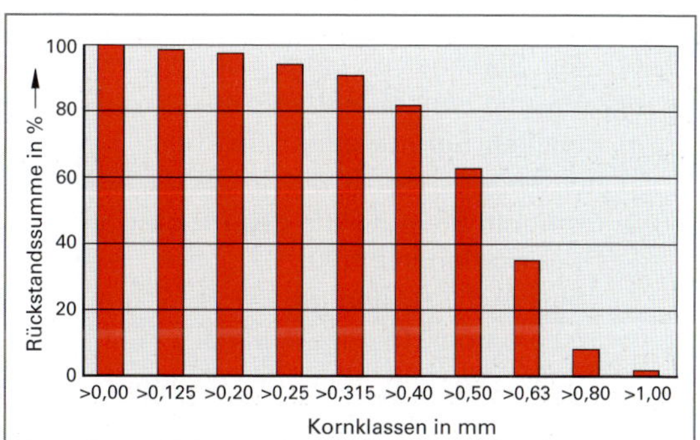

Bild 2: Rückstandssummendiagramm

Im **Kornverteilungsdiagramm (Bild 1, Seite 313)** ist der Rückstand (Spalte C) über der Siebmaschenweite (Kornklasse, Spalte A) aufgetragen.

Zur Erstellung des Kornverteilungsdiagramms werden mit der linken Maustaste bei gedrückter Strg-Taste die Datenbereiche für das Diagramm markiert: **Zelle A5:A14** und **Zelle C5:C14**.

Das Diagramm kann alternativ über den *Diagrammassistenten* in der Standardsymbolleiste (siehe Symbol rechts) oder die Option *Einfügen - Diagramm - Auswahl Säulendiagramm* (vgl. Bild 60/2) und anschließend mit der in den **Bildern 1 a und 1 b** skizzierten Schrittfolge formatiert und eingefügt werden. Eine Legende ist in diesem Diagramm nicht erforderlich.

Nach linken Mausklick auf die *x*-Achse und anschließenden Rechtsklick sind nach der Option: *Achse formatieren - Skalierung - Rubriken in umgekehrter Reihenfolge* die Kornklassen in der gewünschten aufsteigenden Reihenfolge formatiert.

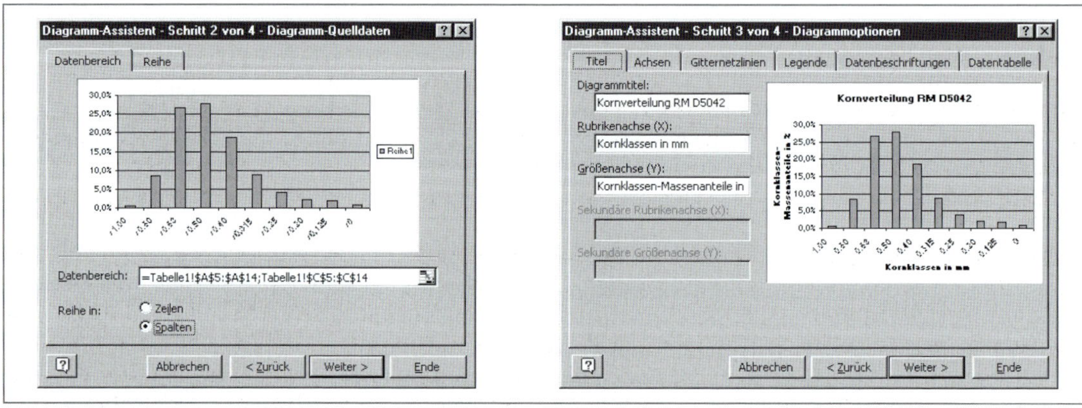

a) Festlegung der Datenbereiche **b) Eingabe von Titel und Achsenbeschriftungen**

Bild 1: Erstellen eines Säulendiagramms mit Hilfe des Diagrammassistenten von Excel

Diagrammposition und -größe sind durch linken Mausklick auf die Diagrammfläche veränderbar.

Nach Doppelklick oder linken / rechten Mausklick gilt dies auch für die Schriftgröße und Formatierung der Achsen, des Diagrammtitels und die farbliche Gestaltung der Diagrammflächen.

Entsprechend der beschriebenen Reihenfolge beim Kornverteilungsdiagramm ist anschließend bei der Erstellung des **Rückstandssummendiagramms** vorzugehen **(Bild 2, Seite 313)**. Hier sind als Datenbereiche die Zellen **A5:A14** und **D5:D14** zu kennzeichnen.

Aufgaben zur grafischen Auswertung einer Siebanalyse

1. Erstellen Sie mit einem Tabellenkalkulationsprogramm die Eingabemaske von Bild 308/1 mit den Spalten Kornklassen, Rückstand in Gramm, Rückstand in Prozent und Durchgangssumme in Prozent. Geben Sie die Messwerte aus Bild 1 ein und stellen Sie das Kornverteilungsdiagramm und das Durchgangssummendiagramm in einer aussagefähigen Diagrammform dar.
2. Werten Sie die Siebanalyse der Aufgabe 1, Seite 313 grafisch aus. Stellen Sie die Kornverteilung und die Rückstandssumme in geeigneten Diagrammen dar.
3. Bei der Siebanalyse eines Schüttgutes werden auf den Sieben die nebenstehenden Rückstände ausgewogen **(Tabelle 1)**.
   a) Erstellen Sie mit einem TKP eine Eingabemaske zur Auswertung der Siebanalyse. Ermitteln Sie die Rückstandssummen in Prozent.
   b) Ermitteln Sie mit Hilfe des Programms, ob das Haufwerk folgende Spezifikationen erfüllt:
   „Maximal 7 % sind größer als 315 µm, 45 bis 65 % liegt zwischen 160 µm und 315 µm, maximal 5 % ist kleiner als 40 µm.“
   c) Stellen Sie mit Hilfe des Programms das Kornverteilungs-Diagramm und das Rückstandssummen-Diagramm je als Säulendiagramm dar.

Tabelle 1: Siebanalyse (Aufgabe 3)

Kornklassen in µm	Rückstand in g
> 400	0
> 315	6,6
> 250	11,5
> 200	16,7
> 160	18,2
> 100	26,5
> 40	14,8
< 40	3,6

9 Statistische Methoden in Biologie und analytischer Chemie

In der Biologie und der analytischen Chemie hat die Erfassung und Verarbeitung von Daten eine besondere Bedeutung. Mit Hilfe der Biometrie (biometry) beispielsweise kann man an einer Vielzahl von biologischen Objekten bestimmte Merkmale in ihrer Merkmalsausprägung untersuchen **(Tabelle 1)**. Man erhält dabei entweder **quantitative** Daten durch Zählung (Zählwerte) oder durch Messung (Messwerte) bzw. **qualitative Daten** (Ordinat- oder Attributmerkmale), die man durch Vergleichbarkeit mit Referenzwerten gewinnt.

Tabelle 1: Beispiele für biologische Daten

Objekt	Merkmal	Merkmalausprägung
Mensch	Körpermasse	65 kg
Tier	Junge pro Wurf	12 Junge
Pflanze	Pilzbefall	Stark befallen

9.1 Datengewinnung

Daten können durch sehr unterschiedliche Verfahren gewonnen werden.

Aus *Experimenten* werden Daten gewonnen, bei denen der Untersuchende die Versuchsbedingungen festlegen kann, z.B. bei der Bestimmung der Anzahl roter Blutkörperchen im Blut eines Tieres.

Die Beobachtung von *Erscheinungen* liefert ebenfalls auswertbare Datenreihen, z.B. Wetter- und Klimadaten.

Im Gegensatz zum Experiment kann der Ablauf von Geschehnissen nicht beeinflusst werden.

Durch *Erhebungen* werden Daten von vergangenen Ereignissen gesammelt, die experimentell nicht rekonstruiert werden können. Dies können beispielsweise Ergebnisse von Meinungsumfragen oder Wahlen oder die Entwicklung der Populationsdichte von Biotopen sein.

Bei der Ermittlung und Auswertung der Daten tritt stets das Problem auf, dass nur ein Teil des Untersuchungsmaterials, eine **Stichprobe** (random test), berücksichtigt werden kann. Diese Stichprobe muss so beschaffen sein, dass sie Rückschlüsse auf die gesamte Population, die **Grundgesamtheit**, zulässt.

Die Stichprobe muss **repräsentativ**, **ausreichend groß** und **zufällig ausgewählt** sein. Je größer eine Stichprobe ist, desto besser repräsentiert sie die Grundgesamtheit, jedoch gibt es Gründe (z.B. zeitlicher oder finanzieller Aufwand), eine Stichprobe relativ klein zu halten.

Bei der **Zufallsauswahl** (Randomisieren, von englisch random: zufällig, wahllos) muss jedes Element der Grundgesamtheit die gleiche Chance haben, in die Stichprobe zu kommen. Eine Möglichkeit der Zufallsauswahl ist die Auswahl mit Hilfe von Zufallszahlen.

Beispiel: Die Elemente der Grundgesamtheit (z.B. 500 Mäuse) werden durchnummeriert von 001 bis 500. Mit Hilfe des Zufallszahlen-Generators des Taschenrechners sollen 6 Tiere ausgewählt werden. (Tastenkombination siehe Bedienungsanleitung des Taschenrechners, hier: Shift Ran#)

Eingabe	Shift Ran# =	=	=	=	=	=	=
Anzeige	0,312	0,188	0,325	0,695	0,4	0,053	0,002

Folgende Tiere werden ausgewählt: Nummern 312; 188; 325; (695 ist nicht vorhanden); 400; 053; 002.

Achtung: Der Umfang dieser Stichprobe mit $n = 6$ ist für eine statistische Untersuchung wahrscheinlich nicht repräsentativ.

9.2 Kennwerte zur Charakterisierung von Datenreihen

Um die häufig großen Datenmengen von Stichproben übersichtlich zu machen, lassen sich Kennwerte berechnen, welche diese Daten repräsentieren und charakterisieren. Dies können Kennwerte zur Charakterisierung der **mittleren Lage** oder Kennwerte zur Charakterisierung der **Streuung** sein.

- **Kennwerte zur Charakterisierung der mittleren Lage (Mittelwerte):**
  Sie geben eine zentrale Tendenz der Daten an. Dazu gehören u. a. das **arithmetische Mittel**, das **geometrische Mittel**, das **Dichtemittel**, der **Medianwert** und das **harmonische Mittel**.
- **Kennwerte zur Charakterisierung der Streuung (Variation):**
  Sie geben Auskunft über die Verteilung (Streuung) der Daten. Dazu gehören u.a. die **Variationsbreite (Spannweite, Range)**, die **Standardabweichung** und der **Variationskoeffizient**.

9.2.1 Mittelwerte

Arithmetischer Mittelwert $\overline{x}$ (siehe dazu auch S. 43)

Der **arithmetische Mittelwert** $\overline{x}$ (mean) der Stichprobe, auch **arithmetisches Mittel** oder einfach nur **Mittelwert** genannt, ist ein „Schätzwert" für den arithmetischen Mittelwert der Grundgesamtheit μ („Erwartungswert").

Das arithmetische Mittel ist zur Charakterisierung der zentralen Tendenz eine normalverteilten Stichprobe gut geeignet.

Arithmetischer Mittelwert

$$\overline{x} = \frac{1}{n}(x_1 + x_2 + \ldots + x_n)$$

$$\overline{x} = \frac{1}{n}\sum_{i=1}^{n} x_i = \frac{1}{n}\sum x_i$$

Gewogenes arithmetisches Mittel $\overline{x}_W$

Das **gewogene arithmetische Mittel** $\overline{x}_W$ (weighted arithmetic mean value) repräsentiert eine Stichprobe besser als das arithmetische Mittel, wenn die Einzelwerte eine unterschiedliche Gewichtung haben sollen.

In der Formel ist f_i die Häufigkeit des Merkmals x_i, sie wird auch *Frequenz* genannt.

Gewogenes arithmetisches Mittel

$$\overline{x}_W = \frac{\sum_{i=1}^{n}(x_i \cdot f_i)}{\sum_{i=1}^{n} f_i} = \frac{\sum(x_i \cdot f_i)}{\sum f_i}$$

Beispiel: Der Hämoglobingehalt im Blut wurde jeweils bei einer Gruppe weiblicher und männlicher Mäuse bestimmt. Folgende Mittelwerte wurden berechnet:

Stichprobe 1 (weibliche Mäuse): $\overline{x}_1 = 124$ g/L, $n = 12$

Stichprobe 2 (männliche Mäuse): $\overline{x}_2 = 142$ g/L, $n = 28$

Berechnen Sie das gewogene arithmetische Mittel und das arithmetische Mittel aus den beiden Stichprobenmittelwerten.

Lösung: $$\overline{x}_W = \frac{\sum(x_i \cdot f_i)}{\sum f_i} = \frac{124\text{ g/L} \cdot 12 + 142\text{ g/L} \cdot 28}{12 + 28} \approx \mathbf{137\ g/L}$$

$$\overline{x} = \frac{\sum x_i}{n} = \frac{\overline{x}_1 + \overline{x}_2}{n} = \frac{124\text{ g/L} + 142\text{ g/L}}{2} = \mathbf{133\ g/L}$$

Das gewogene arithmetische Mittel $\overline{x}_W$ berücksichtigt, dass der Stichprobenumfang der Stichprobe 2 größer ist als derjenige der Stichprobe 1.

Modalwert

Der **Modalwert** (modal value), auch **Dichtemittel** genannt, ist der Wert einer Stichprobe, der am häufigsten auftritt. Der Modalwert kann sowohl bei qualitativen als auch bei quantitativen Daten angewendet werden. Es können durchaus zwei (bimodal) oder mehr Werte (polymodal) mit auffallender Häufigkeit in einer Stichprobe auftreten. Seine Berechnung ist nur bei umfangreichen Stichproben sinnvoll.

Der Modalwert kann mit Hilfe einer Häufigkeitstabelle aus der Stichprobe bestimmt werden.

Beispiel: Die Leukozyten in einem gefärbten Blutausstrich werden mikroskopisch differenziert und die Ergebnisse in eine Häufigkeitstabelle eingetragen. Welcher Zelltyp kommt am häufigsten vor?

Häufigkeitstabelle:

Leukozytenart	Anzahl (Strichliste)	Summe
Stabkernige neutrophile Granulozyten	////	4
Segmentkernige neutrophile Granulozyten	///// ///// ///// ///// ///// ///// ///// ///// ///// ///// ///// ////	59
Eosinophile Granulozyten	////	4
Basophile Granulozyten	/	1
Lymphozyten	///// ///// ///// ///// ///// /	26
Monozyten	///// /	6

Lösung: **Die segmentkernigen neutrophilen Granulozyten stellen mit 59 Werten den Modalwert der Leukozyten dieser Blutprobe.**

Median $\tilde{x}$

Der **Median** $\tilde{x}$ (median) ist der mittlere Wert der aufsteigend nach Größe geordneten Reihe von Mess- oder Zählwerten einer Stichprobe.

Bei asymmetrisch verteilten Daten ist der Medianwert aussagekräftiger als der arithmetische Mittelwert, da er nicht die Extremwerte berücksichtigt. Ist die Anzahl der Einzelwerte ungerade, so ist der Median der Wert in der Mitte der Rangfolge. Bei einer geraden Anzahl n von Einzelwerten wird der Median durch das arithmetische Mittel der beiden Werte in der Mitte der Rangfolge definiert.

Median
$\tilde{x} = x_{[(n+1)/2]}$; n ungerade
$\tilde{x} = \frac{1}{2}(x_{(n/2)} + x_{(n/2+1)})$; n gerade

Beispiel: Bestimmen Sie den Median der folgenden Datenreihe (Urliste, ungeordnet):

Urliste (ungeordnet)	12	15	8	28	22	32	17	14
Geordnete Stichprobe	8	12	14	15	17	22	28	32
Rang	1	2	3	4	5	6	7	8

Lösung: Die Zahl der Einzelwerte ist gerade, $n = 8$.

$$\tilde{x} = \frac{1}{2}(x_{(n/2)} + x_{(n/2+1)}) = \frac{1}{2}(x_4 + x_5) = \frac{15+17}{2} = \mathbf{16}$$

Harmonisches Mittel $\bar{x}_H$

Wenn Mess- oder Zählwerte als Quotient zu verrechnen sind, wird das **harmonische Mittel** $\bar{x}_H$ (harmonic mean) als Kennwert verwendet. Es wird mit der nebenstehenden Gleichung berechnet. Es kommt zur Anwendung, wenn die Zeit ein Beobachtungsmerkmal ist, z.B. bei Geschwindigkeiten. Mit dem harmonischen Mittel können auch „unendlich lange Zeiten" verrechnet werden. Es kommt auch zur Anwendung, wenn „unendlich große Werte" vorkommen, wie beispielsweise bei der Berechnung der mittleren Überlebenszeit in Tierversuchen.

Hamonisches Mittel
$\bar{x}_H = \dfrac{n}{\sum_{i=1}^{n} \frac{1}{x_i}} = \dfrac{n}{\sum \frac{1}{x_i}}$

Beispiel: Bei einer Versuchsreihe wurde die Langzeitwirkung eines Toxins auf 10 Mäuse untersucht. Nach 120 Tagen (d) wurden folgende Ergebnisse festgestellt:

Tabelle 1: Langzeitwirkung eines Toxins auf Mäuse										
Tier Nr.	1	2	3	4	5	6	7	8	9	10
Überlebenszeit	110 d	überlebt	115 d	96 d	105 d	überlebt	überlebt	118 d	102 d	82 d

Bei den überlebenden Tieren wird die Überlebenszeit als unendlich ∞ festgelegt, es gilt: $1/\infty = 0$.
Berechnen Sie das harmonische Mittel.

Lösung:

$$\bar{x}_H = \frac{n}{\sum \frac{1}{x_i}} = \frac{10}{\frac{1}{110} + \frac{1}{\infty} + \frac{1}{115} + \frac{1}{96} + \frac{1}{105} + \frac{1}{\infty} + \frac{1}{\infty} + \frac{1}{118} + \frac{1}{102} + \frac{1}{86}} = \mathbf{148\ d}$$

Geometrisches Mittel $\bar{x}_G$

Wenn sich Mess- oder Zählwerte in Abhängigkeit von der Zeit ändern und diese Änderung nicht proportional, sondern exponentiell verläuft, wird das **geometrische Mittel** $\bar{x}_G$ (geometric mean) als Kennwert verwendet. Es darf nur angewendet werden, wenn alle Mess- oder Zählwerte größer als Null sind.

Es wird mit der nebenstehenden Gleichung berechnet.

In der Formel ist Π (griechischer Großbuchstabe Pi) das Produktzeichen. Es sind die Produkte aller x_i-Werte von $i = 1$ bis $i = n$ zu bilden, wobei n der letzte Wert der Reihe ist.

Geometrisches Mittel
$\bar{x}_G = \sqrt[n]{\prod_{i=1}^{n} x_i}$
$\bar{x}_G = \sqrt[n]{x_1 \cdot x_2 \cdot x_3 \cdot \ldots \cdot x_n}$

Beispiel: Eine Bakterienkultur hat einen Anfangskeimgehalt K_0 von $6{,}2 \cdot 10^4$ K/mL. Nach einer, zwei, drei und vier Stunden Bebrütung bei 37 °C wird der Keimgehalt K_n bestimmt. Es ergaben sich folgende Werte:

Tabelle 1: Bestimmung der Keimentwicklung einer Bakterienkultur (in Keime pro Milliliter)

zu Beginn der	Keimgehalt (K/mL)	Zum Ende der	Keimgehalt (K/mL)	Vermehrungsfaktor *f*
1. Stunde	$6{,}2 \cdot 10^4$	1. Stunde	$24{,}8 \cdot 10^4$	4,0
2. Stunde	$24{,}8 \cdot 10^4$	2. Stunde	$10{,}4 \cdot 10^5$	4,2
3. Stunde	$10{,}4 \cdot 10^5$	3. Stunde	$39{,}6 \cdot 10^5$	3,8
4. Stunde	$39{,}6 \cdot 10^5$	4. Stunde	$17{,}4 \cdot 10^6$	4,4

a) Berechnen Sie den mittleren Vermehrungsfaktor f_m mit dem geometrischen Mittelwert und daraus den rechnerischen Keimgehalt K_n nach 4 Stunden Bebrütung.

b) Führen Sie die Berechnung mit dem arithmetischen Mittelwert des Vermehrungsfaktors durch.

Lösung: a) $f_m = \overline{x}_G = \sqrt[4]{x_1 \cdot x_2 \cdot x_3 \cdot \ldots \cdot x_n} = \sqrt[4]{4{,}0 \cdot 4{,}2 \cdot 3{,}8 \cdot 4{,}4} = 4{,}093$

Der **Keimgehalt** K_n in K/mL nach 4 Stunden Bebrütung ergibt sich mit dem Anfangskeimgehalt K_0, dem mittleren Vermehrungsfaktor f_m und der Anzahl der Bestimmungen *n* rechnerisch aus:

$$K_n = K_0 \cdot f_m^{\,n} = (6{,}2 \cdot 10^4 \text{ K/mL}) \cdot 4{,}093^4 = 17{,}4 \cdot 10^6 \text{ K/mL}$$

b) $\overline{x} = \frac{1}{n}(x_1 + x_2 + x_3 + \ldots + x_n) = \frac{4{,}0 + 4{,}2 + 3{,}8 + 4{,}4}{4} = 4{,}10$

Rechnerischer Keimgehalt K_n nach 4 Stunden Bebrütung: $(6{,}2 \cdot 10^4 \text{ K/mL}) \cdot 4{,}10^4 = 17{,}5 \cdot 10^6$ K/mL

Der mit dem geometrischen Mittelwert der Vermehrungsfaktoren berechnete Keimgehalt stimmt mit dem im Experiment erhaltenen Wert überein. Der mit dem arithmetischen Mittelwert berechnete Wert ergibt ein größeres Keimwachstum als im Experiment.

Der arithmetische Mittelwert ist für diese Aufgabenstellung nicht geeignet.

9.2.2 Kennwerte zur Charakterisierung der Streuung von Stichprobenwerten

Variationsbreite *R* (Spannweite)

Die **Variationsbreite *R*** (range) ist ein anschauliches Streuungsmaß, welches den kleinsten Wert x_{min} und den größten Wert x_{max} einer Stichprobe oder ihre Differenz angibt. Die Variationsbreite lässt Extremwerte erkennen und kann auch für die Skalierung der *x*- und *y*-Achse einer grafischen Darstellung herangezogen werden. Sie berücksichtigt nur zwei Werte der Stichprobe.

Variationsbreite

$$R_n = x_n - x_1 = x_{max} - x_{min}$$

Varianz s^2

Die **Varianz** s^2 (variance) einer Stichprobe ist die Summe der Quadrate der Abweichungen der Einzelwerte vom arithmetischen Mittelwert dividiert durch die Zahl der Freiheitsgerade $f = n - 1$.

Der *F*-Test (vgl. Seite 324) bedient sich der Varianz zweier Stichproben.

Varianz

$$s^2 = \frac{\sum (x_i - \overline{x})^2}{n - 1}$$

Standardabweichung *s*

Die **Standardabweichung *s*** (standard deviation, vgl. auch Seite 44) einer Stichprobe ist die Quadratwurzel aus der Varianz. Sie ist somit wie die Varianz ein Maß für die Streuung der Einzelwerte um den Mittelwert $\overline{x}$.

Die Standardabweichung hat die Maßeinheit der Einzelwerte und wird mit dem Vorzeichen ± angegeben.

Die Standardabweichung einer Stichprobe ($f = n - 1$) wird üblicherweise mit dem Größenzeichen *s* angegeben, die Standardabweichung der Grundgesamtheit $\mu (f = n)$ mit dem Größenzeichen σ.

Standardabweichung

$$s = \pm \sqrt{\frac{\sum (x_i - \overline{x})^2}{n - 1}}$$

$$s = \pm \sqrt{\frac{\sum x^2 - \frac{(\sum x)^2}{n}}{n - 1}}$$

Auf Taschenrechnern findet man die Tasten σ_n (Standardabweichung der Grundgesamtheit μ) und σ_{n-1} (Standardabweichung der Stichprobe).

Die um eins verminderte Anzahl der Beobachtungen („$n - 1$" im Nenner der Formel für s) bezeichnet man als **Freiheitsgrad** (degree of freedom). Es ist die Zahl der von einander unabhängigen Beobachtungen. Nach Berechnung des arithmetischen Mittelwerts kann nur noch über $n - 1$ Beobachtungen frei verfügt werden.

Bei einer normalverteilten Stichprobe werden die Stichprobenwerte durch die Angabe des arithmetischen Mittelwerts $\bar{x}$ und der Standardabweichung s gut charakterisiert. Innerhalb der Grenzen der einfachen Standardabweichung $\bar{x} \pm s$ liegen 68,27 % der Stichprobenwerte, innerhalb der Grenzen der doppelten Standardabweichung $\bar{x} \pm 2\,s$ liegen 95,45 % der Stichprobenwerte, innerhalb der Grenzen der dreifachen Standardabweichung $\bar{x} \pm 3\,s$ liegen über 99,73 % der Stichprobenwerte (vergleiche die GAUß'sche Normalverteilung Seite 45).

Variationskoeffizient *v*

Der **Variationskoeffizient *v*** (coefficient of variation) berücksichtigt, dass bei großen Messwerten einer Stichprobe große Abweichungen und bei kleinen Messwerten kleinere Abweichungen auftreten. Daraus entstehen zwangsläufig unterschiedlich große Standardabweichungen der Datenreihen. Der Variationskoeffizient eignet sich daher zum Vergleich von Stichproben mit Einzelwerten unterschiedlicher Dimension.

Variationskoeffizient

$$v = \frac{s}{\bar{x}} = \frac{s \cdot 100\,\%}{\bar{x}}$$

Der Variationskoeffizient wird berechnet, indem man die Standardabweichung s durch den Mittelwert $\bar{x}$ der Stichprobe dividiert. Man bezeichnet ihn auch als **relative Standardabweichung** (vergl. Seite 45). Der Variationskoeffizient der Grundgesamtheit μ wird mit dem Größenzeichen γ angegeben.

Beispiel: Bei der Überprüfung von 3 Mikroliterpipetten mit unterschiedlichem Volumen wurden die Massen der pipettierten Volumina bestimmt **(Bild 1)**. Die Variationsbreiten R, die arithmetischen Mittelwerte $\bar{x}$, die Standardabweichungen s, und die Variationskoeffizienten v der drei Messreihen sind zu berechnen.
Welche der drei Mikroliterpipetten zeigt die größte Streuung?

Lösung: Bild 1 zeigt eine Auswertemaske für die Überprüfung der Mikroliterpipetten. In Spalte L bis O sind die Lösungen der Berechnungen eingetragen. Im Folgenden sind exemplarisch einige Beispiele für die Lösung mit dem Taschenrechner bzw. die Funktionen mit einem Tabellenkalkulationsprogramm (EXCEL) angegeben:

A	B	C	D	E	F	G	H	I	J	K	L	M	N	O
Überprüfung von Mikroliterpipetten (Messwerte in mg)											*Lösung:*			
Pipette	1.	2.	3.	4.	5.	6.	7.	8.	9.	10.	*R*	$\bar{x}$	*s*	*v*
100 µL	96,5	97,2	98,7	99,8	99,2	93,8	97,4	98,3	99,1	98,6	6,0	97,9 mg	±1,7 mg	1,79 %
200 µL	198,2	193,1	197,3	198,0	199,0	199,1	199,2	196,9	197,6	198,7	6,1	197,7 mg	±1,8 mg	0,91 %
1000 µL	987,2	992,6	985,4	976,3	940,5	992,2	997,0	988,0	974,6	965,9	56,5	980,0 mg	±16,8 mg	1,72 %

Bild 1: Eingabemaske zur Überprüfung der Messgenauigkeit von Mikroliterpipetten (mit Lösungen)

Variationsbreite: $R(100\ \mu L) = x_{max} - x_{min} = 99{,}8\ mg - 93{,}8\ mg = \mathbf{6{,}0\ mg}$

Funktion in Feld **L3:** =MAX (B3:K3)–MIN (B3:K3)

Mittelwert: $\bar{x}(100\ \mu L) = \frac{(96{,}5 + 97{,}2 + 98{,}7 + 99{,}8 + 99{,}2 + 93{,}8 + 97{,}4 + 98{,}3 + 99{,}1 + 98{,}6)\ mg}{10}$

$\bar{x}(100\ \mu L) \approx \mathbf{97{,}9\ mg}$

Funktion in Feld **M3:** =MITTELWERT (B3:K3)

Standardabweichung: $s = \pm\sqrt{\frac{(1{,}85 + 0{,}44 + 0{,}71 + 3{,}76 + 1{,}80 + 16{,}5 + 0{,}21 + 0{,}19 + 1{,}54 + 0{,}55)\ mg^2}{10 - 1}}$

$s \approx \mathbf{\pm 1{,}75\ mg}$

Funktion in Feld **N3:** =STABW (B3:K3)

Variationskoeffizient: $v(100\ \mu L) = \frac{s}{\bar{x}} = \pm\frac{1{,}75\ mg}{97{,}9\ mg} = \pm 0{,}017875 \approx \mathbf{\pm 1{,}79\,\%}$

Funktion in Feld **O3:** =N3/M3

Die Standardabweichung der 100 µL-Pipette hat mit *s* = ± 1,7 mg den geringsten Wert der drei Pipetten, zeigt aber beim Vergleich der Variationskoeffizienten mit *v* = ± 1,79 % die größte prozentuale Streuung.

9.3 Lineare Korrelation und lineare Regression

Bei den bisher durchgeführten statistischen Analysen der Datenreihen wurde nur eine Variable des Untersuchungsobjekts auf ihre Ausprägung untersucht. Die Korrelations- und Regressionsrechnungen befassen sich mit dem Zusammenhang zwischen zwei Messgrößen, den Variablen x und y. Bei der Regression wird die Variable x als unabhängig und die Variable y als abhängig Veränderliche bezeichnet.

Beispiel: Im Rahmen einer histologischen Untersuchung an Schweinen wurden folgende Messwerte ermittelt:

Tabelle 1: Masse und Durchmesser der Hodenkanälchen (Tubuli) bei Schweinen

Tier-Nr.	**1**	**2**	**3**	**4**	**5**	**6**	**7**	**8**	**9**	**10**
Hodenmasse in g (x)	41	48	26	33	41	29	56	34	37	39
Tubulidurchmesser in µm (y)	122	130	108	113	120	106	142	114	114	115
Tier-Nr.	**11**	**12**	**13**	**14**	**15**	**16**	**17**	**18**	**19**	**20**
Hodenmasse in g	34	45	32	44	36	46	48	28	52	54
Tubulidurchmesser in µm	111	130	109	126	113	134	136	112	144	135

Besteht ein Zusammenhang zwischen dem Hodengewicht (der unabhängig Veränderlichen x) bei Schweinen und den Durchmessern der Hodenkanälchen (der abhängig Veränderlichen y)?

Auf die Frage sind drei Antworten denkbar:

1. Es besteht ein Zusammenhang zwischen beiden Größen: Die Hodenkanälchen werden größer, wenn die Hodenmasse zunimmt (wenn x steigt, dann steigt auch y).
2. Es besteht ein Zusammenhang zwischen beiden Größen: Die Hodenkanälchen werden kleiner, wenn die Hodenmasse zunimmt (wenn x steigt, dann sinkt y).
3. Es besteht kein Zusammenhang zwischen beiden Größen.

Wenn ein zahlenmäßiger Zusammenhang zwischen den Variablen x und y besteht (siehe Antwort 1 und 2 oben), spricht man von **Korrelation** (correlation). Die Korrelationsrechnung klärt, ob die Variable x einen starken oder schwachen Einfluss auf die Variable y hat.

Die **Regressionsrechnung** gibt Auskunft auf die Frage, in welchem Maß sich die Variable y ändert, wenn sich die Variable x um eine Einheit ändert. Sie klärt also die Art der Beziehung zwischen den Variablen.

9.3.1 Korrelation

Wie stark ein linearer Zusammenhang zwischen den Variablen x und y ist, lässt sich durch eine Maßzahl, den **Korrelationskoeffizienten *r*** (coefficient of correlation) beantworten. Er kann Beträge zwischen + 1 und – 1 annehmen, man spricht von positiver bzw. negativer Korrelation.

Wenn $r = 0$ ist, besteht keine Korrelation zwischen den Variablen x und y. Das bedeutet, dass sich aus einer Änderung des x-Wertes keine Änderung des y-Wertes ableiten lässt. Der Korrelationskoeffizient r errechnet sich aus der Kovarianz $s^2_{x,y}$ dividiert durch das Produkt aus den Standardabweichungen von s_x und s_y.

Die **Kovarianz** (covariance) ist die „gemeinsame" Varianz von x und y.

Eine positive Korrelation (direkte Proportionalität) besagt, dass mit Ansteigen der Variablen x auch ein Ansteigen der Variablen y verbunden ist. Eine negative Korrelation (indirekte Proportionalität) besagt, dass dem höchsten Resultat der Variablen x das niedrigste Resultat der Variablen y zugeordnet ist.

Der errechnete Korrelationskoeffizient r wird bei einer vorgegebenen Irrtumswahrscheinlichkeit α und den Freiheitsgraden $f = n - 2$ mit Tabellenwerten für r verglichen (Tabelle 476/3). Diese Tabellenwerte sind Prüfverteilungen, für welche die Nullhypothese, d.h. ob sich ein Korrelationskoeffizient von Null unterscheidet, gerade nicht mehr aufrecht erhalten werden kann.

Korrelationskoeffizient

$$r = \frac{s^2_{x,y}}{s_x \cdot s_y}$$

Kovarianz x, y

$$s^2_{x,y} = \frac{\sum xy - \frac{\sum x \sum y}{n}}{n-1}$$

Standardabweichung x (entsprechend für y)

$$s_x = \pm\sqrt{\frac{\sum x^2 - \frac{(\sum x)^2}{n}}{n-1}}$$

Sind die errechneten Korrelationskoeffizienten r größer oder gleich den Tabellenwerten für r, so muss die Nullhypothese abgelehnt werden, d.h. zwischen den Variablen x und y besteht eine Abhängigkeit.

Als vorgegebene **Irrtumswahrscheinlichkeit** α (error probability) benutzt man üblicherweise α = 5%, α = 1% und α = 0,1% und bezeichnet die Unterschiede zu Null entsprechend als **schwach signifikant** (Symbol +), **signifikant** (Symbol ++) und **stark signifikant** (Symbol +++).

Voraussetzung für die Prüfung gegen die Nullhypothese ist, dass die Werte aus der gleichen, normalverteilten Grundgesamtheit stammen.

Beispiel: Überprüfen Sie für die Messwerte der Tabelle 320/1, ob zwischen der Hodenmasse und den Durchmessern (Tubili) der Hodenkanälchen eine Korrelation besteht.

Lösung: Korrelationsberechnungen:

Variable	Anzahl	Mittelwert	Standardabweichung	Summe aller Messwerte	Summe aller Messwertquadrate	Summe aller Meswertpaarprodukte
Hodenmasse	n = 20	$\overline{x}$ = 40,15 g	s = ± 8,81 g	Σx = 803	Σx^2 = 33715	
Tubulidurchmesser	n = 20	$\overline{y}$ = 121,7 µm	s = ± 11,97 µm	Σy = 2434	Σy^2 = 298938	Σxy = 99634

$$s^2_{x,y} = \frac{\Sigma xy - \frac{\Sigma x \, \Sigma y}{n}}{n-1} = \frac{99\,634 - \frac{(803 \cdot 2434)}{20}}{19} = 100{,}468$$

$$s_x = \pm\sqrt{\frac{\Sigma x^2 - \frac{(\Sigma x)^2}{n}}{n-1}} = \pm\sqrt{\frac{33\,715 - \frac{644\,809}{20}}{19}} = \pm\sqrt{77{,}608} \approx \pm\, 8{,}810 \text{ g}$$

$$s_y = \pm\sqrt{\frac{\Sigma y^2 - \frac{(\Sigma y)^2}{n}}{n-1}} = \pm\sqrt{\frac{298\,938 - \frac{5\,924\,356}{20}}{19}} = \pm\sqrt{143{,}168} \approx \pm\, 11{,}965 \,\mu\text{m}$$

$$r_{err} = \frac{s^2_{x,y}}{s_x \cdot s_y} = \frac{100{,}468}{8{,}810 \cdot 11{,}965} = \mathbf{0{,}9531}$$

Die Entscheidung über Annahme oder Ablehnung der Nullhypothese wird nach einem Vergleich zwischen dem errechneten Korrelationskoeffizienten mit einem Tabellenwert getroffen. Dieser ist der Tabelle für Korrelationskoeffizienten (Tabelle 476/3) zu entnehmen. Der Freiheitsgrad ist $f = n - 2$, wobei n für die Anzahl der Wertepaare steht.

Bei einer Irrtumswahrscheinlichkeit von $\alpha = 0{,}01$ und einem Freiheitsgrad von $f = 20 - 2 = 18$ ist der Tabellenwert $r_{tab} = 0{,}561$. Da $r_{err} > r_{tab}$, besteht demnach eine starke Korrelation zwischen den beiden Parametern, und zwar derart, dass mit zunehmender Hodenmasse auch die Tubulidurchmesser größer werden.

9.3.2 Regression

Die einfachste Art einer Abhängigkeit zwischen zwei Variablen x und y ist die **lineare Regression** (linear regression). Wenn man die Wertepaare für x und y in ein lineares Koordinatensystem einträgt, so liegen die Punkte im Idealfall auf einer Geraden, der Regressionsgeraden, mit deren Hilfe abgelesen werden kann, welcher y-Wert bei einem vorgegebenen x-Wert zu erwarten ist.

Sie entspricht der Gleichung $y = b \cdot x + a$ (*siehe dazu Seite 60*).

Die Kennzahlen der Regressionsgeraden sind a und b, wobei a den Schnittpunkt mit der y-Achse (x = 0) angibt und b den Betrag, um den sich y durchschnittlich ändert, wenn sich x um eine Einheit ändert. Das Steigungsmaß b (= tan α) der Geraden wird auch als **Regressionskoeffizient *b*** (regression coefficient) bezeichnet.

Die Regressionsgerade wird nach dem Prinzip der kleinsten Quadrate berechnet. Das bedeutet, die Gerade wird so gelegt, dass die Summe der Quadrate aller Abweichungen der Wertepaare von der Geraden möglichst klein ist. Der Punkt P ($\overline{x}$/ $\overline{y}$) ist stets ein Punkt auf der Geraden.

Geradengleichung
$y = b \cdot x + a$

Regressionsgleichungen
$y - \overline{y} = b \cdot (x - \overline{x})$ $x - \overline{x} = b \cdot (y - \overline{y})$

Der Regressionskoeffizient $b_{y,x}$ wird aus dem Quotienten der Kovarianz von x und y und der Varianz von x berechnet.

Wenn man als unabhängig Veränderliche statt x nun y nimmt und als abhängig Veränderliche statt y dann x, so ergibt sich entsprechend eine zweite Regressionsgerade mit zugehörigem Regressionskoeffizienten $b_{x,y}$.

Das Produkt beider Regressionskoeffizienten wird als Determinationsmaß r^2 (Bestimmtheitsmaß) bezeichnet.

Regressionskoeffizienten

$$b_{y,x} = \frac{s^2_{y,x}}{s^2_x}; \quad b_{x,y} = \frac{s^2_{x,y}}{s^2_y}$$

$$b_{y,x} \cdot b_{x,y} = r^2$$

Die beiden Regressionsgeraden schneiden sich im Punkt $P(\overline{x}/\overline{y})$, der die arithmetischen Mittel für die Variablen x und y darstellt. Der Winkel zwischen beiden Regressionsgeraden ist umso kleiner, je geringer die Streuung der Variablen x und y von der Regressionsgeraden ist. Der Idealfall, dass beide Geraden deckungsgleich sind, tritt ein, wenn die Streuung von x und y von den Regressionsgeraden gleich Null ist. Alle Wertepaare liegen auf der Geraden, der Korrelationskoeffizient ist dann $r = 1{,}000$.

Beispiel: Führen Sie für die Messwerte der Tabelle 320/1 eine Regressionsanalyse durch.

a) Berechnen Sie die Geradengleichung der Regressionsgeraden.
b) Tragen Sie die Wertepaare in ein Diagramm ein und konstruieren Sie die Regressionsgerade.
c) Berechnen Sie das Determinationsmaß.
d) Berechnen Sie den zu erwartenden Tubulidurchmesser für eine Hodenmasse von 38,5 g.

Lösung: a) $\overline{y} = b \cdot \overline{x} + a$

$$\boldsymbol{b_{y,x}} = \frac{s^2_{x,y}}{s^2_x} = \frac{100{,}468}{8{,}810^2} = 1{,}2944 \approx \mathbf{1{,}29}$$

$$\Rightarrow \quad a = \overline{y} - b \cdot \overline{x} = 121{,}7 - 1{,}294 \cdot 40{,}15 \approx 69{,}7$$

Die Geradengleichung lautet: $y = 1{,}29\,x + 69{,}7$

Der Regressionskoeffizient beträgt $b_{y,x} = 1{,}29$, das bedeutet, dass sich die Durchmesser der Hodenkanälchen um 1,29 µm vergrößern, wenn die Hodenmasse um ein Gramm zunimmt.

b) Die Gerade ist konstruierbar aus $P(\overline{x}/\overline{y})$ mit $\overline{x} = 40{,}15$ g, $\overline{y} = 127{,}7$ µm (aus Tabelle 320/1) und dem Steigungsmaß $b = 1{,}295$.

Das Diagramm in Bild 1 zeigt die grafische Lösung. (Zur grafischen Regressionsanalyse mit einem Tabellenkalkulationsprogramm siehe Seite 66 und 67).

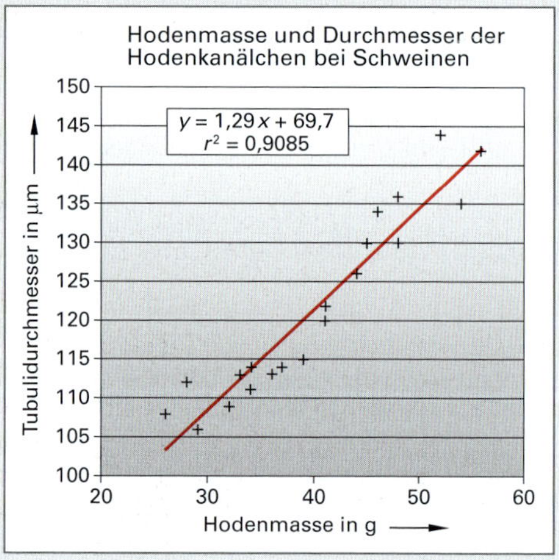

Bild 1: Hodenmasse und Tubulidurchmesser bei Schweinen

c) $$\boldsymbol{b_{x,y}} = \frac{s^2_{x,y}}{s^2_y} = \frac{100{,}468}{11{,}965^2} = 0{,}70178$$

$$\boldsymbol{r^2} = b_{y,x} \cdot b_{x,y} = 1{,}2944 \cdot 0{,}70178 = 0{,}9085 \approx \mathbf{0{,}909}$$

d) Aus $y = 1{,}29\,x + 69{,}7$ folgt für $x = 38{,}5$ g durch Einsetzen: $\boldsymbol{y} = 1{,}29 \cdot 38{,}5 + 69{,}7 \approx \mathbf{119}$ **µm**

9.4 Statistische Prüfverfahren (Signifikanztests)

Signifikanztests (significance test) dienen zur Prüfung, ob Unterschiede zwischen Daten eher zufällig sind oder ob sie von den Versuchsbedingungen abhängen. Die Schlussfolgerungen aus diesen Prüfverfahren können nie mit einer 100%igen Sicherheit getroffen werden, sondern sie unterliegen einer Irrtumswahrscheinlichkeit.

Die Grenzen der Sicherheit (Signifikanzniveau), bzw. der Irrtumswahrscheinlichkeit α sind wählbar. Üblich sind die Signifikanzniveaus 95 %, 99 % und 99,9 %, bzw. die Irrtumswahrscheinlichkeiten $\alpha = 5\,\%$ (= 0,05), $\alpha = 1\,\%$ (= 0,01) und $\alpha = 0{,}1\,\%$ (= 0,001).

9.4.1 Vergleich zweier arithmetischer Mittelwerte: t-Test

Der **t-Test** dient zum Vergleich zweier arithmetischer Mittelwerte. Wenn die arithmetischen Mittelwerte zweier Stichproben $\overline{x}_A$ und $\overline{x}_B$ voneinander abweichen, so kann diese Abweichung zwei Gründe haben:

1. Die wahren Mittelwerte sind gleich und die Differenz zwischen den Stichprobenmittelwerten ist rein zufällig (Nullhypothese $H_0 : \overline{x}_A = \overline{x}_B$).
2. Die wahren Mittelwerte sind tatsächlich verschieden (Alternativhypothese $H_A : \overline{x}_A \neq \overline{x}_B$).

Falls die Nullhypothese zutrifft, ist es unwahrscheinlich, dass ein zufallsbedingter Unterschied zwischen den Mittelwerten eine bestimmte Größe überschreitet.

Der Prüfwert t wird mit einem Tabellenwert (Student-Verteilung, siehe Seite 477) verglichen. Die Nullhypothese ist abgelehnt, wenn – bei dem gewählten Signifikanzniveau – der errechnete t-Wert (t_{err}) größer ist als der Tabellenwert (t_{tab}). Die wahren Mittelwerte unterscheiden sich dann signifikant voneinander.

Die Größe $s_{A,B}$ ist die gemeinsame Standardabweichung der Werte der Stichproben A und B.

Voraussetzung für die Anwendung des t-Tests ist, dass die Stichprobenwerte kontinuierliche, von einander unabhängige Messwerte sind, die Stichprobenwerte normalverteilt und die Varianzen der Stichproben homogen sind.

Prüfwert t

$$t = \frac{|\overline{x}_A - \overline{x}_B|}{s_{A,B}} \cdot \sqrt{\frac{n_A \cdot n_B}{n_A + n_B}}$$

Gemeinsame Standardabweichung

$$s_{A,B} = \pm \sqrt{\frac{\Sigma(x_A - \overline{x}_A)^2 + \Sigma(x_B - \overline{x}_B)^2}{n_A + n_B - 2}}$$

Beispiel 1: Bei je 15 gleichaltrigen männlichen und weiblichen Versuchstieren, die unter gleichen Versuchsbedingungen gehalten wurden, stellte man die Harnstoff-N-Konzentrationen im Blutserum fest.

Es soll geprüft werden, ob sich die Harnstoff-N-Konzentrationen der männlichen von denen der weiblichen Tiere signifikant unterscheiden. H_0: $\overline{x}_m = \overline{x}_w$; H_A: $\overline{x}_m \neq \overline{x}_w$

Die Voraussetzungen für die Anwendung des t-Tests sind erfüllt, wenn:
- die Stichprobenwerte kontinuierliche Messwerte sind (trifft zu),
- die Stichprobenwerte voneinander unabhängig sind (trifft zu),
- die Stichprobenwerte normalverteilt sind (wird als gegeben angenommen)
- die Varianzen beider Stichproben homogen sind (siehe Seite 324: F-Test).

Tabelle 1: Harnstoff-N-Konzentrationen im Blutserum (β(Harnstoff-N) in mg/100 mL)

Tier-Nr.	1	2	3	4	5	6	7	8	9	10	11	12	13	14	15
Männlich	16	9	14	18	12	10	8	12	15	9	12	13	14	16	15
Tier-Nr.	16	17	18	19	20	21	22	23	24	25	26	27	28	29	30
Weiblich	8	7	6	15	13	11	14	16	8	10	12	9	12	9	10

Lösung:

$$s_{A,B} = \pm \sqrt{\frac{\Sigma(x_A - \overline{x}_A)^2 + \Sigma(x_B - \overline{x}_B)^2}{n_A + n_B - 2}} = \pm \sqrt{\frac{121{,}73 + 123{,}33}{15 + 15 - 2}} \approx \pm 2{,}96$$

$$t_{err} = \frac{|\overline{x}_A - \overline{x}_B|}{s_{A,B}} \cdot \sqrt{\frac{n_A \cdot n_B}{n_A + n_B}} = \frac{12{,}867 - 10{,}667}{2{,}96} \cdot \sqrt{\frac{15 \cdot 15}{15 + 15}} = 2{,}036$$

Aus der Student-Tabelle (Seite 477) ist der Tabellenwert herauszusuchen.

Der Freiheitsgrad beträgt $f = 15 + 15 - 2 = 28$.

Die Fragestellung dieser Aufgabe ist zweiseitig (2 P), da die Harnstoff-N-Konzentration der männlichen Tiere größer oder kleiner als die der weiblichen Tiere sein kann.

Der Tabellenwert (2 P, Irrtumswahrscheinlichkeit $\alpha = 0{,}05$) beträgt $t_{tab} = 2{,}05$.

Ergebnis: $t_{err} = 2{,}036 < t_{tab} = 2{,}05$.

Daraus ist zu folgern, dass die Unterschiede zwischen beiden Stichproben **rein zufällig** sind.

Ein Unterschied in der Harnstoff-N-Konzentration im Serum von männlichen und weiblichen Tieren kann statistisch nicht nachgewiesen werden.

Es gibt Versuchsanordnungen, bei denen die Werte paarweise gebunden sind (Beispiel 2). Der t-Wert wird dann nach einer modifizierten Formel berechnet.

In der Formel ist: $\bar{d}$ der arithmetische Mittelwert der Differenzen,

s_d die Standardabweichungen der Differenzen.

Prüfwert t für paarweise gebundene Werte
$t = \frac{\bar{d}}{s_d} \cdot \sqrt{n}$

Beispiel 2: Die Körpertemperatur von 10 Patienten wird zum Zeitpunkt der Verabreichung eines Medikaments (Temperatur 1) und 2 Stunden später (Temperatur 2) gemessen. Es soll geprüft werden, ob dieses Medikament eins fiebersenkende Wirkung hat. Das ist der Fall, wenn die Alternativhyporthese H_A: $\bar{x}_{Temp1} \neq \bar{x}_{Temp2}$ zutrifft.

Tabelle 1: Fiebersenkende Wirkung eines Medikaments

Patient-Nr.	1	2	3	4	5	6	7	8	9	10
Temp. 1 in °C	39,1	39,3	38,9	38,6	39,5	38,4	38,6	39,0	38,6	39,2
Temp. 2 in °C	38,2	38,3	38,0	37,8	38,2	37,8	37,6	37,8	37,4	38,7
Differenz d in °C	+ 0,9	+ 1,0	+ 0,9	+ 0,8	+ 1,3	+ 0,6	+ 1,0	+ 1,2	+1,2	+ 0,5

Lösung: $\bar{d} = \frac{d_1 + d_2 + \ldots + d_n}{n} = 0{,}940\ °C$; für die Standardabweichung folgt:

$$s_d = \pm\sqrt{\frac{\Sigma d^2 - \frac{(\Sigma d)^2}{n}}{n-1}} = \pm\sqrt{\frac{9{,}44 - \frac{88{,}360}{10}}{9}} = \pm\sqrt{0{,}06711} = \pm\, 0{,}2591\ °C$$

$$t_{err} = \frac{\bar{d}}{s_d} \cdot \sqrt{n} = \frac{0{,}940}{0{,}2591} \cdot \sqrt{10} = 11{,}474 \approx \mathbf{11{,}5}$$

Aus der Student-Tabelle (Seite 477) ist der Tabellenwert herauszusuchen.

Der Freiheitsgrad beträgt $f = 10 - 1 = 9$.

Die Fragestellung dieser Aufgabe ist einseitig (1 P), da die Frage nur in eine Richtung zielt, nämlich ob das Medikament das Fieber signifikant senkt. Die Voraussetzungen für die Anwendung des t-Tests sind in der gleichen Weise erfüllt, wie bei dem vorangehenden Beispiel.

Nullhypothese H_0: $\bar{x}_{Temp.1} = \bar{x}_{Temp.2}$; Alternativhypothese H_A: $\bar{x}_{Temp.1} \neq \bar{x}_{Temp.2}$

Die Tabellenwerte lauten: $t_{0,05} = 1{,}83$; $t_{0,01} = 2{,}82$; $t_{0,0005} = 4{,}78$

Da $t_{err} = 11{,}5$ (deutlich) größer ist als $t_{tab} = 4{,}78$, ist die Nullhypothese abzulehnen.

Das Medikament hat – mit großer statistischer Sicherheit bei einer Irrtumswahrscheinlichkeit von 0,05 % – eine fiebersenkende Wirkung.

9.4.2 Vergleich zweier Varianzen: F–Test

Der **F-Test** ist ein Signifikanztest zur Prüfung der Varianzen auf Homogenität. Wenn zwei Stichproben A und B aus derselben Grundgesamtheit stammen, dann gibt es keine signifikanten Unterschiede zwischen den Varianzen der beiden Stichproben, die Varianzen sind homogen. Das bedeutet, die Varianzen der Werte der Stichproben unterscheiden sich nur zufallsbedingt.

Als Prüfwert wird das Verhältnis der beiden Stichprobenvarianzen gebildet. Die Varianzen werden so angeordnet, dass die größere Varianz im Zähler steht, dann ist $F > 1$.

Nullhypothese: H_0: $s_A^2 = s_B^2$ Die Varianzen unterscheiden sich nicht signifikant.

Alternativhypothese: H_A: $s_A^2 \neq s_B^2$ Die Varianzen unterscheiden sich signifikant.

Die Nullhypothese gilt als abgelehnt, wenn $F_{err} > F_{tab}$.

Prüfwert F
$F = \frac{s_A^2}{s_B^2} \quad (F > 1)$

Varianzen der Stichproben
$s_A^2 = \frac{\Sigma x_A^2 - \frac{(\Sigma x_A)^2}{n}}{n-1}$
$s_B^2 = \frac{\Sigma x_B^2 - \frac{(\Sigma x_B)^2}{n}}{n-1}$

Beispiel: Es ist zu prüfen, ob die Varianzen der beiden Stichproben in Tabelle 426/1 (Beispiel 1) homogen sind. Der Prüfwert F ist zu berechnen.

Lösung: Varianz $s_A^2 = 8{,}695$; Varianz $s_B^2 = 8{,}809$; berechneter F-Wert $F_{err} = \frac{8{,}809}{8{,}695} = 1{,}013$

Der Tabellenwert wird aus der F-Tabelle herausgesucht (Seite 478):

Für $\alpha = 5\%$ sowie mit $f_{Zähler} = 14$ und $f_{Nenner} = 14$ folgt: $F_{tab} = 2{,}48$.

Es gilt: $F_{tab} = 2{,}48 > F_{err} = 1{,}013$

Der Tabellenwert für F ist größer als der errechnete F-Wert.
Die Nullhypothese kann nicht abgelehnt werden, die Varianzen sind homogen.
Damit ist diese Voraussetzung für die Anwendung des t-Tests erfüllt.

9.4.3 Der chi²-Test (χ^2)

Der chi²-Test dient zur Prüfung von Häufigkeitsverteilungen für Zählwerte. Wenn die Häufigkeiten zweier Stichproben N_x und N_y voneinander abweichen, so kann diese Abweichung zwei Gründe haben:

1. Die Abweichung zwischen den Häufigkeiten ist rein zufällig. Die Häufigkeiten entstammen derselben Grundgesamtheit. Nullhypothese H_0: $N_x = N_y$
2. Die Häufigkeiten unterscheiden sich tatsächlich. Sie entstammen verschiedenen Grundgesamtheiten. Alternativhypothese H_A: $N_x \neq N_y$

Der Testwert wird mit Hilfe einer Vier-Felder-Tafel **(Tabelle 1)** berechnet, die aus zwei Zeilen und zwei Spalten besteht. Die Zeilen sind jeweils einer Stichprobe, die Spalten den Zählwerten der Ja- bzw. der Nein-Alternative zugeordnet.

Tabelle 1: Vier-Felder-Tafel für den chi²-Test

		Spalte 1	Spalte 2	
		Ja-Alternative	Nein-Alternative	
Zeile 1	Stichprobe 1	a α	b β	$a + b$
Zeile 2	Stichprobe 2	c γ	d δ	$c + d$
		$a + c$	$b + d$	N

In diese Felder werden die im Experiment beobachteten Häufigkeiten (Beobachtungswerte, O-Werte, von engl. observed) eingetragen, sie werden mit den lateinischen Buchstaben a, b, c, d angegeben.

Die erwarteten Häufigkeiten (Erwartungswerte, E-Werte, von engl. expected) werden aus den beobachteten Häufigkeiten a, b, c und d (O-Werte) berechnet. Die E-Werte werden mit den griechischen Buchstaben α, β, γ und δ angegeben.

Erwartete Häufigkeiten

$$\alpha = \frac{(a+b)\cdot(a+c)}{N}, \quad \beta = \frac{(a+b)\cdot(b+d)}{N}$$

$$\gamma = \frac{(c+d)\cdot(a+c)}{N}, \quad \delta = \frac{(c+d)\cdot(b+d)}{N}$$

Dann erfolgt die Berechnung des Testwerts χ^2 (chi²). Dabei sind O die beobachteten Werte a, b, c und d und E die erwarteten Werte α, β, γ und δ.

O und E sind jeweils mit 2 Nachkommastellen zu berechnen.

Die Summen der Quadrate der Differenzen von O und E sind zu bilden von $k = 1$ bis $n = K \cdot L$. Dabei ist K die Anzahl der Zeilen und L die Anzahl der Spalten).

Testwert chi²

$$\chi^2 = \sum_{k=1}^{n} \frac{(E-O)^2}{E}$$

Der errechnete Wert für χ^2 wird mit dem Tabellenwert für χ^2 (Tabelle 481/1) verglichen.

Dazu ist ein gewünschtes Signifikanzniveau (Irrtumswahrscheinlichkeit α) auszuwählen und der Freiheitsgrad zu berechnen: $f = (K-1)\cdot(L-1)$

Wenn $\chi^2_{err} > \chi^2_{tab}$, dann ist die Nullhypothese H_0 abzulehnen.

Voraussetzung für die Anwendung des χ^2-Tests ist, dass die Stichproben jeweils einen Umfang von $n \geq 20$ haben sollen und annähernd gleich groß sind. Außerdem müssen die Daten Zählwerte sein.

Beispiel: Um die Wirkung eines Impfstoffs zu prüfen, wurden in einem Legehennen-Bestand durch Randomisieren 2650 Tiere ausgewählt, die geimpft wurden. 2350 Tiere wurden nicht geimpft. Das Infektionsrisiko war für alle Tiere gleich hoch. Von den geimpften Tieren erkrankten 395, von den nicht geimpften Tieren erkrankten 475. Hat der Impfstoff eine schützende Wirkung?

Lösung: Die Vier-Felder-Tafel wird aufgestellt und darin die *O*- und *E*-Werte eingetragen, bzw. berechnet.

	nicht erkrankt	erkrankt	
Stichprobe 1 (geimpft)	$a = 2255$ $\alpha = 2188{,}9$	$b = 395$ $\beta = 461{,}1$	2650
Stichprobe 2 (nicht geimpft)	$c = 1875$ $\gamma = 1941{,}1$	$d = 475$ $\delta = 408{,}9$	2350
	4130	870	5000

Die Voraussetzungen für die Anwendung des χ^2-Tests sind erfüllt:

- der Stichprobenumfang liegt deutlich über dem geforderten von $n \geq 20$,
- die Stichproben sind annähernd gleich groß,
- die Daten sind Zählwerte.

$$\chi^2 = \sum_{k=1}^{n} \frac{(E-O)^2}{E} = \frac{66{,}10^2}{2188{,}90} + \frac{66{,}10^2}{461{,}10} + \frac{66{,}10^2}{1941{,}10} + \frac{66{,}10^2}{408{,}90} = 24{,}41$$

Bei dem Freiheitsgrad $f = 1$ und einer Irrtumswahrscheinlichkeit $\alpha = 1\,\%$ ist $\chi^2_{tab} = 6{,}62$.

Da $\chi^2_{err} = 24{,}41 > \chi^2_{tab} = 6{,}662$ ist, ist die Nullhypothese H_0 abzulehnen.

Der Impfstoff hat eine schützende Wirkung.

Aufgaben zu 9 Statistische Methoden in Biologie und analytischer Chemie

1. Stellen Sie die Verteilung der Werte jeweils beider Stichproben der folgenden drei Messreihen in jeweils einem Graphen dar. Skalieren Sie auf der *x*-Achse a) die **Leukozytenzahl (Tabelle 1)**, b) den **Hämoglobingehalt (Tabelle 2)** und c) die **Trächtigkeitsdauer (Tabelle 327/1)** sowie die jeweilige Anzahl (als *n* absolut) auf der *y*-Achse.

   Formulieren Sie zu jeder Messreihe eine statistisch auszuwertende Frage. Berechnen Sie dann die statistischen Maßzahlen und wenden Sie die statistischen Prüfverfahren (*F*-Test, *t*-Test) an. Werten Sie anschließend die Ergebnisse aus.

   a) Die Leukozytenzahl im Blut von je 50 Männern und Frauen im Alter zwischen 20 und 25 Jahren wurde bestimmt. Dabei ergaben sich folgende Werte (Leukozytenzahl *n* in 1000/µL):

Tabelle 1: Leukozytenzahl (*n* in 1000/µL) im Blut von Männern und Frauen																				
Männer	7	5	5	7	4	8	3	7	6	6	5	9	4	8	6	8	6	10	4	7
	7	11	6	9	5	8	5	9	4	9	10	12	10	11	6	8	6	5	8	7
	9	5	9	7	6	8	7	8	7	7										
Frauen	5	7	7	6	4	7	3	6	4	8	8	10	8	9	6	5	6	8	11	7
	9	8	4	6	7	8	11	10	10	9	5	7	5	9	10	6	5	9	7	7
	9	6	8	10	9	6	7	8	7	8										

   b) Der Hämoglobingehalt des Blutes von je 50 Männern und Frauen im Alter zwischen 25 und 30 Jahren wurde bestimmt. Dabei ergaben sich folgende Werte (Hämoglobingehalt als Massenkonzentration β in g/100 mL Blut):

Tabelle 2: Hämoglobingehalt des Blutes (β(Hämoglobin) in g/100 mL) von Männern und Frauen																				
Männer	14	11	11	14	12	13	12	15	13	14	11	14	15	12	13	15	14	16	15	16
	12	17	18	14	10	14	13	15	14	9	10	16	16	19	14	15	18	14	16	13
	17	16	17	13	12	13	15	16	15	14										
Frauen	12	15	15	18	14	14	17	17	13	14	16	13	17	18	16	18	15	19	15	18
	17	16	20	14	13	16	16	19	16	16	14	15	17	15	15	17	18	19	18	14
	16	17	18	17	17	15	14	16	16	15										

c) Die Trächtigkeitsdauer von nichtsäugenden und säugenden Mäusen wurde bestimmt. Dabei ergaben sich folgende Werte (Trächtigkeitsdauer in Tagen):

Tabelle 1: Trächtigkeitsdauer von säugenden und nichtsäugenden Mäusen (in Tagen)

Säugende Mäuse	22	19	27	18	26	22	25	20	28	18	19	22	18	20	22	26	20	24	22	20
	22	23	25	22	19	19	26	27	21	21	23	20	25	23	20	25	19	24	20	24
	23	28	27	25	21	21	21	21	24	27										
Nicht-säugende Mäuse	18	21	18	19	19	20	21	22	20	21	22	18	21	22	20	23	23	19	21	21
	20	20	21	20	22	22	22	24	22	24	23	21	24	20	19	19	23	20	23	20
	21	24	21	21	22	21	19	23	21	19										

2. Stellen Sie die Wertepaare der folgenden drei Messreihen jeweils in einem Graphen dar. Skalieren Sie auf der x-Achse a) das *Alter* **(Tabelle 2)**, b) die *Körpermasse* **(Tabelle 3)** und c) die *Körperlänge* **(Tabelle 4)**.

   Formulieren Sie zu jeder Messreihe eine statistisch auszuwertende Frage. Berechnen Sie dann die statistischen Maßzahlen und führen eine Korrelations- und Regressionsanalyse durch. Werten Sie anschließend die Ergebnisse aus.

   a) Die Leukozytenzahl (n in 1000/µL) wurde im Blut von 40 Rindern im Alter (in Monaten) zwischen 6 und 30 Monaten bestimmt. Dabei ergaben sich folgende Werte:

Tabelle 2: Leukozytenzahl (n in 1000/µL) von Rindern unterschiedlichen Alters (in Monaten)

Nr.	1	2	3	4	5	6	7	8	9	10	11	12	13	14	15	16	17	18	19	20
Alter	6	11	14	16	9	15	18	20	19	18	8	7	13	17	8	12	17	22	9	16
n(Leu)	18	14	13	14	12	10	13	10	9	9	13	15	13	13	16	14	11	9	10	10
Nr.	21	22	23	24	25	26	27	28	29	30	31	32	33	34	35	36	37	38	39	40
Alter	10	13	19	26	6	12	23	13	7	22	23	25	26	20	26	23	16	24	21	10
n(Leu)	11	15	7	8	15	15	9	11	14	9	9	10	7	10	7	11	9	8	9	14

   b) Die Körpermasse (m in kg) und die Herzfrequenz (n Herzaktionen/min) wurde bei 40 Männern im Alter von 30 Jahren bestimmt. Dabei ergaben sich folgende Werte:

Tabelle 3: Körpermasse (m in kg) und Herzfrequenz (f in 1/min) bei Männern

Nr.	1	2	3	4	5	6	7	8	9	10	11	12	13	14	15	16	17	18	19	20
m	74	58	67	70	80	60	67	63	90	87	65	65	70	78	75	65	90	59	70	89
f	53	60	56	52	52	51	68	71	67	50	55	50	63	61	59	59	53	72	66	58
Nr.	21	22	23	24	25	26	27	28	29	30	31	32	33	34	35	36	37	38	39	40
m	86	85	55	60	55	55	83	57	89	62	75	60	77	70	85	64	57	63	82	79
f	63	55	67	58	53	64	69	54	58	61	50	65	60	75	47	66	54	67	57	66

   c) Die Körperlänge l und die Körpermasse m wurde bei 40 Männern im Alter von 20 Jahren bestimmt. Dabei ergaben sich folgende Werte:

Tabelle 4: Körperlänge (l in cm) und Körpermasse (m in kg) bei Männern

Nr.	1	2	3	4	5	6	7	8	9	10	11	12	13	14	15	16	17	18	19	20
l	160	183	165	186	180	167	182	174	154	163	177	176	189	190	176	174	192	168	155	173
m	71	83	75	86	77	72	84	81	64	70	81	80	84	85	73	73	86	72	66	76
Nr.	21	22	23	24	25	26	27	28	29	30	31	32	33	34	35	36	37	38	39	40
l	170	172	187	189	172	181	164	172	166	171	158	181	185	168	179	181	170	183	162	181
m	73	76	84	84	75	79	72	74	68	68	66	80	81	70	77	81	75	82	70	82

3. In einer Versuchsanstalt wurde die Wirkung einer neuen Futtermittelmischung auf die Mastleistung von Schweinen geprüft. 80 Absatzferkel mit einer Körpermasse zwischen 19 und 21 kg wurden in 2 Versuchsgruppen zu je 40 Tieren geteilt, die Gruppe A erhielt die neue Futtermittelmischung, die

Gruppe B ein Standardfuttermittel. Die Körpermassen (m in kg) wurden bei Versuchsende protokolliert **(Tabelle 1)**. Prüfen Sie, ob die neue Futtermittelmischung eine Steigerung der Mastleistung erbrachte.

Tabelle 1: Mastleistung bei Schweinen mit unterschiedlichen Futtermitteln (m in kg)

Gruppe A																			
86	86	89	88	82	80	94	90	90	92	96	92	92	92	88	89	91	95	92	89
84	89	93	90	78	86	95	92	94	88	91	96	92	86	93	82	84	80	92	93
Gruppe B																			
86	82	90	86	86	84	80	92	90	84	84	78	91	90	94	92	82	90	88	76
88	96	95	90	94	94	93	90	86	90	82	90	93	89	92	76	94	96	80	91

4. Ein bestimmter Bakterienstamm mutiert mit etwa 25 % zu einer farbstoffbildenden Form. Es soll geprüft werden, ob durch UV-Strahlung bei Bakterien die Mutationsrate erhöht werden kann. Durch Auszählen der farbstoffbildenden und der nicht farbstoffbildenden Kolonien auf Spezialnährböden wurden die Ergebnisse protokolliert **(Tabelle 2)**.

   Prüfen Sie mit dem χ^2-Test, ob die UV-Bestrahlung (Signifikanzniveau $\alpha \leq 5\,\%$) die Mutationsrate verändert.

Tabelle Tabelle 2: Einfluss der UV-Strahlung auf die Mutationsrate von Bakterien

	Zahl der Kolonien	Mit Farbstoffbildung	Ohne Farbstoffbildung
Bestrahlte Nährböden	225	90	135
Unbestrahlte Nährböden	262	93	169

5. Aus 30 Würfen von Ratten wurde je ein männliches und ein weibliches Tier (Wurfgeschwister) durch Zufallsauswahl bestimmt. Die Tiere wurden am 20. Tag nach der Geburt abgesetzt und gewogen. Dabei wurden folgende Körpermassen m protokolliert **(Tabelle 3)**:

Tabelle 3: Körpermassen (m in g) von männlichen und weiblichen Ratten (Wurfgeschwister)

Tier-Nr.	1	2	3	4	5	6	7	8	9	10	11	12	13	14	15	16	17	18	19	20
männlich	46	40	38	49	44	40	42	44	44	45	42	44	43	42	44	44	45	44	44	41
weiblich	37	37	36	41	43	39	38	39	40	48	47	41	43	40	40	43	40	41	38	45
Tier-Nr.	21	22	23	24	25	26	27	28	29	30										
männlich	40	41	45	44	43	42	45	45	44	42										
weiblich	42	40	40	43	45	44	40	46	44	41										

Überprüfen Sie die folgende Hypothese: Es besteht keine signifikante Differenz zwischen den durchschnittlichen Körpermassen der männlichen und weiblichen Tiere (Nullhypothese).

Beachten Sie: Die Werte sind paarweise gebunden. Die Fragestellung ist zweiseitig.

6. Die Resistenz von 40 Versuchstieren gegen ein Pilztoxin wurde untersucht. Das Versuchsprotokoll **(Tabelle 4)** enthält die Parameter Geschlecht (G als männlich m oder weiblich w), Körpermasse (m in g) und Überlebenszeit (t in h). Formulieren Sie Fragen (Hypothesen), und beantworten sie diese durch die statistische Auswertung der Daten des Versuchsprotokolls.

Tabelle 4: Resistenz von Versuchstieren gegen Pilztoxin

Nr.	1	2	3	4	5	6	7	8	9	10	11	12	13	14	15	16	17	18	19	20
G	m	m	w	w	m	m	w	w	m	w	w	w	m	m	w	w	m	w	w	m
m	310	340	220	205	322	344	211	206	331	215	262	250	340	275	215	205	286	230	290	255
t	33	35	31	31	33	34	30	29	33	30	31	30	33	32	31	29	34	29	33	29
Nr.	21	22	23	24	25	26	27	28	29	30	31	32	33	34	35	36	37	38	39	40
G	m	m	w	m	w	m	w	m	m	m	w	w	w	w	m	m	m	w	w	m
m	304	310	305	281	285	294	270	345	300	340	222	234	240	240	300	350	305	236	207	320
t	32	32	34	33	34	33	33	36	30	32	30	30	29	32	30	35	31	31	30	34

10 Qualitätssicherung in der Analytischen Chemie

Der Begriff Qualität kann in verschiedenen Umfeldern eine sehr unterschiedliche Bedeutung haben.

Im Bereich der **chemischen und pharmazeutischen Produktion** werden Produkte mit einer bestimmten chemischen Zusammensetzung und mit geforderten Eigenschaften hergestellt. Als **Qualität** wird hier die Übereinstimmung zwischen den Anforderungen des Kunden und den realen Eigenschaften des gelieferten Produkts definiert.

Im **chemischen Labor** wird die Analyse der erzeugten Produkte durchgeführt. Die im Folgenden beschriebene Qualitätssicherung beinhaltet die ständige Überwachung und den Abgleich der Analysenmethoden und Messgeräte sowie die Nachvollziehbarkeit und Dokumentation der Messabläufe.

10.1 Validierung analytischer Verfahren

10.1.1 Richtigkeit und Präzision von Messwerten

Die Untersuchung der Eignung und Gültigkeit einer analytischen Methode, **Validierung** genannt, überprüft sowohl die Richtigkeit als auch die Präzision einer Messmethode und der Messgeräte.

Die **Richtigkeit** (trueness) eines analytischen Verfahrens drückt die Übereinstimmung zwischen gefundenem Wert und einem entweder als wahr akzeptierten Wert oder akzeptierten Referenzwert aus. Mangelnde Übereinstimmung weist auf systematische Fehler hin. Die Richtigkeit ist daher ein **Lageparameter.**

In **Bild 1** sind in der oberen Zeile die Messwerte als Treffer einer Zielscheibe mit dem wahren Wert M im Zentrum, eingetragen. Darunter stellt jeweils in einem *x*-*y*-Diagramm eine Verteilungskurve die Häufigkeitsverteilung (Streuung) der Messwerte sowie ihre Lage zum wahren Wert M und zur oberen/unteren Toleranzgrenze OTG und UTG dar.

Stimmt der Mittelwert aus einem Datensatz von vielen Messungen gut mit dem wahren Wert überein, so ist die Richtigkeit hoch **(Bild 1 a** und **Bild 1 c).** Dies sagt allerdings nichts über die Streuung der einzelnen Werte aus. Dass ein Messwert „richtig" wird, kann durch zufällige Fehler (große Streuung oder Abweichung, geringe Präzision, Bild 1 a) und/oder systematische Fehler (kleine Streuung, hohe Präzision, Bild 1 b) verhindert werden.

Die **Präzision** (precision) dagegen ist ein Maß für die **Streuung** der Messwerte, d.h. sie überprüft den zufälligen Fehler der Methode. Liegen zahlreiche Messwerte dicht beieinander, so hat die Messmethode eine hohe Präzision (Bild 1 b und 1 c). Das bedeutet nicht zwangsläufig, dass die gemessenen Werte richtig sind: die Werte können zwar präzise bestimmt worden sein, ein systematischer Fehler (z.B. Kalibrierfehler, Berechnungsfehler), verhindert die Ermittlung des richtigen Messwerts (Bild 1 b).

Die **Genauigkeit** (accuracy) – häufig mit der Richtigkeit verwechselt – beschreibt das Ausmaß der Übereinstimmung zwischen dem richtigen (wahren) Wert und dem Messwert. Somit ist die Genauigkeit ein qualitatives Maß für systematische **und** zufällige Fehler: Genauigkeit beinhaltet hohe Richtigkeit **und** hohe Präzision **(Bild 2).**

In Bild 1 c liegen alle Messwerte **und** der Mittelwert nahe dem wahren Wert M, daraus kann auf eine Analyse mit hoher Genauigkeit geschlossen werden. In Bild 1 d dagegen liegen alle Messwerte und der Mittelwert weit vom wahren Wert entfernt.

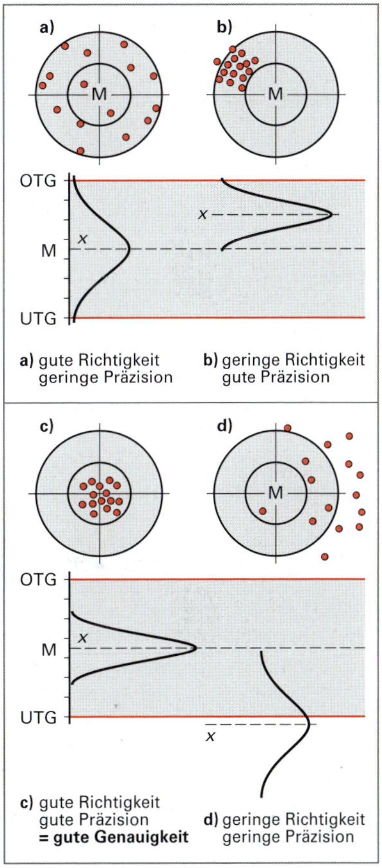

Bild 1: Lage und Streuung von Messwerten, Häufigkeitsverteilung

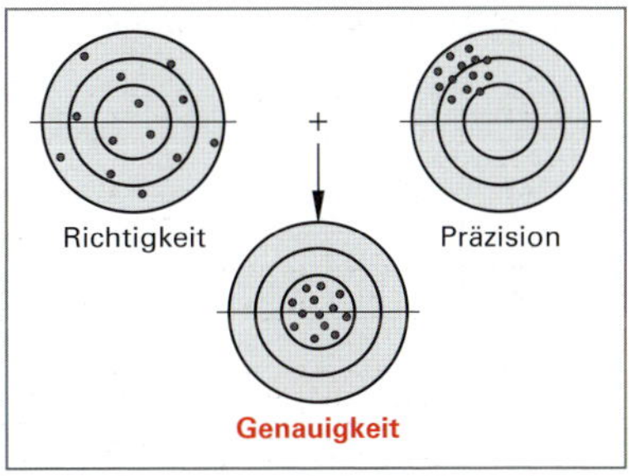

Bild 2: Ziel der Qualitätssicherung

10.1.2 Untersuchung der Richtigkeit von Messwerten

Die Wiederfindungsrate WFR

Ein Maß für die Richtigkeit einer analytischen Methode ist die Wiederfindungsrate (WFR, recovery). Die Wiederfindungsrate ist das Verhältnis der Masse x eines Analyten, die als Messergebnis gefunden wird und der Masse x_R des Analyten, die einer Leerprobe zuvor hinzugefügt wurde. Sie hat die Funktion eines Wirkungsgrads und wird in der Regel in Prozent angegeben.

Wiederfindungsrate WFR einer Leerprobe
$\text{WFR} = \frac{x}{x_R} \cdot 100\ \%$

Bei einer Wiederfindungsrate von 100 % hat es während des gesamten analytischen Verfahrens keine Analyt-Verluste gegeben. Andernfalls ist das Ergebnis der Bestimmungen mit der WFR zu korrigieren.

Die Ergebnisse von Wiederfindungsraten werden häufig mit Hilfe von Qualitätsregelkarten ausgewertet. Sie liefern einen raschen Überblick über die Langzeitstabiltät eines Analysenverfahrens und ermöglichen ein rasches Eingreifen bei auftretenden Abweichungen.

Beispiel 1: Zur Bestimmung der Richtigkeit einer Analysenmethode wurde die Masse eines Referenzstandards zu 49,1 mg ermittelt. Die tatsächliche Masse des Referenzstandards beträgt 50,0 mg. Untersuchen Sie, ob die Spezifikation (WFR 98 % bis 102 %) eingehalten wird.

Lösung: $\textbf{WFR} = \frac{x}{x_R} \cdot 100\ \% = \frac{49{,}1\ \text{mg}}{50{,}0\ \text{mg}} \cdot 100\ \% = \mathbf{98{,}2\ \%}.$ Die Spezifikation ist **erfüllt.**

WFR durch Aufstockung

Steht keine Referenzprobe zur Verfügung oder ist die Herstellung einer künstlichen Probe nicht möglich (z.B. bei Blutplasma), so kann die Wiederfindungsrate durch Aufstocken (Spiken) von Urproben mit verschiedenen Analytmengen Δx geschehen. Es wird der Analytgehalt x_0 der Urprobe und der aufgestockten Proben x_A analysiert. Die Berechnung erfolgt nach nebenstehender Größengleichung.

Wiederfindungsrate WFR einer aufgestockten Probe
$\text{WFR} = \frac{(x_A - x_0)}{\Delta x} \cdot 100\ \%$

Der Vorteil dieser Methode ist, dass der Matrixeinfluss in das Analysenergebnis eingeht.

Beispiel 2: Zur Bestimmung der Richtigkeit einer maßanalytischen Methode soll durch Aufstocken nach der 3x3-Methode untersucht werden, ob die Methode die Spezifikation erfüllt: die Wiederfindungsrate soll im Mittel zwischen 98 % und 102 % betragen. 3 Proben mit einem Analytgehalt von 50,0 mg werden jeweils 3-mal mit 50,0 mg, 60,0 mg und 70,0 mg des Analyten versetzt (aufgestockt, gespikt). Bei der Bestimmung wurden die nachfolgenden Analytgehalte ermittelt:

Lösungen:

Probe Nr.	Analytgehalt in der Probe in mg	Aufgestockte Masse an Analyt in mg	Gefundene Masse an Analyt in mg			Mittelwert in mg	Wiederfindungsrate
1	50,0	50,0	98,3	97,9	97,7	97,967	95,933
2	50,0	60,0	108,2	108,7	108,4	108,433	97,389
3	50,0	70,0	118,7	119,6	118,3	118,867	98,381

Ermitteln Sie, ob die Wiederfindungsrate im Rahmen der Spezifikation liegt.

Lösung: Berechnung der Mittelwerte: $\overline{m}_1 = \frac{m_{1A} + m_{1B} + m_{1C}}{n} = \frac{98{,}3\ \text{mg} + 97{,}9\ \text{mg} + 97{,}7\ \text{mg}}{3} = 97{,}967\ \text{mg}$

$\overline{m}_2 = \frac{(108{,}2 + 108{,}7 + 108{,}4)\ \text{mg}}{3} = 108{,}433\ \text{mg};\quad \overline{m}_3 = \frac{(118{,}7 + 119{,}6 + 118{,}3)\ \text{mg}}{3} = 118{,}867\ \text{mg}$

$\text{WFR}_1 = \frac{(x_{A1} - x_{01})}{\Delta x_1} \cdot 100\ \% = \frac{97{,}967\ \text{mg} - 50{,}0\ \text{mg}}{50{,}0\ \text{mg}} \cdot 100\ \% = 95{,}933\ \%$

$\text{WFR}_2 = \frac{(108{,}433 - 50{,}0)\ \text{mg}}{60{,}0\ \text{mg}} \cdot 100\ \% = 97{,}389\ \%;\quad \text{WFR}_3 = \frac{(118{,}867 - 50{,}0)\ \text{mg}}{70{,}0\ \text{mg}} \cdot 100\ \% = 98{,}381\ \%$

Durchschnittliche Wiederfindungsrate: $\overline{\textbf{WFR}} = \frac{95{,}933\ \% + 97{,}389\ \% + 98{,}381\ \%}{3} \approx \mathbf{97{,}2\ \%}$

Die Spezifikation ist durch die Methode **nicht** erfüllt, die Richtigkeit liegt nicht innerhalb der geforderten Grenzen.

WFR durch Zweipunktkalibrierung

Eine weitere Methode zur Beurteilung der Richtigkeit eines Verfahrens mit der Wiederfindungsrate ist die **Methode der Zweipunktkalibrierung.** Sie setzt allerdings voraus, dass die Linearität der Messwerte als gesichert angenommen werden kann. Das Verfahren ist eine Auswertung mit externem Standard (siehe Seiten 289 u. 298). Aus den Kalibrierdaten sind die Parameter der Geradengleichung $y = m \cdot x + b$ zu errechnen. Dies soll an einem Beispiel aus der HPLC-Analytik erläutert werden.

Beispiel 3: Bei einer HPLC-Zweipunktkalibrierung wurde eine Referenzlösung mit der Analytkonzentration 0,238 mg/L mit einer Peakfläche von 27 346 counts analysiert, eine zweite Referenzlösung der Analytkonzentration 0,731 mg/L mit einer Peakfläche von 55 834 counts (Einheitenzeichen C).

Anschließend wurden in eine analytfreie Probenmatrix 0,556 mg/L Analyt X zudosiert und das gleiche Probenvolumen wie bei den Kalibrierläufen injiziert. Die erhaltene Peakfläche betrug 45 143 counts. Beurteilen Sie mit Hilfe der Wiederfindungsrate die Richtigkeit des Verfahrens.

Lösung: Die Geradengleichung $y = m \cdot x + b$ lautet mit der Peakfläche A als y-Achse und der Analytkonzentration $c(\text{X})$ als x-Achse: $A = m \cdot c(\text{X}) + b \quad \Rightarrow \quad b = A - m \cdot c(\text{X})$

Berechnung der Steigung: $m = \frac{\Delta A}{\Delta c} = \frac{A_2 - A_1}{c_2 - c_1} = \frac{(55\,834 - 27\,346)\ \text{C}}{(0{,}731 - 0{,}238)\ \text{mg/L}} = \frac{28\,488\ \text{C}}{0{,}493\ \text{mg/mL}} = 57\,785\ \frac{\text{C} \cdot \text{L}}{\text{mg}}$

Zur Berechnung des Ordinatenabschnitts (Blindwerts) b werden die Wertepaare einer der beiden Kalibrierlösungen in die umgestellte Geradengleichung eingesetzt:

$$b = A_1 - m \cdot c_1(\text{X}) = 27\,346\ \text{C} - 57\,785{,}0\ \frac{\text{C} \cdot \text{L}}{\text{mg}} \cdot 0{,}238\ \text{mg/L} = 13\,593{,}17\ \text{C}$$

Durch Umformen der Gleichung nach der Konzentration $c(\text{X})$ und Einsetzen der Peakfläche A_{Pr} der Probenlösung wird die tatsächliche Analytkonzentration der Probelösung gefunden:

$$c_{\text{Pr}}(\text{X}) = \frac{A_{\text{Pr}} - b}{m} = \frac{45\,143\ \text{C} - 13\,593{,}17\ \text{C}}{57\,785{,}0\ \text{C} \cdot \text{L/mg}} = 0{,}54599\ \text{mg/L}$$

Die tatsächliche Analyt-Einwaage betrug 0,556 mg/L. Die Wiederfindungsrate WFR berechnet sich zu:

$$\textbf{WFR} = \frac{x}{x_\text{R}} \cdot 100\ \% = \frac{0{,}545\,99\ \text{mg}}{0{,}556\ \text{mg/L}} \cdot 100\ \% = 98{,}1996\ \% \approx \mathbf{98{,}2\ \%}.$$

Der Fehler der Methode im Arbeitsbereich ist 1,8 %, d.h. es wird 1,8 % Analyt zu wenig gefunden.

WFR mit der Aufstockmethode

Ein höheres Maß an Sicherheit bezüglich der Ergebnisgenauigkeit bietet im Vergleich zur Zweipunktkalibrierung die Bestimmung der Richtigkeit durch die **Methode der Aufstockung von Standardlösungen.** Dazu werden 4 bis 5 Standardlösungen mit steigendem Analytgehalt jeweils mit der gleichen Portion an Analyt aufgestockt. Die Analysenergebnisse trägt man mit Hilfe eines Tabellenkalkulationsprogramms in einem Kalibrierdiagramm auf. Nach Verlängerung der Regressionsgeraden bis zum Schnitt mit der Abszisse entspricht der Schnittpunkt dem wieder gefundenen Gehalt der aufgestockten Analytportion, im folgenden Beispiel 4 beträgt er 200 µg (siehe dazu Seite 302).

Beispiel 4: Es werden 5 Standardlösungen mit einem Benzoesäuregehalt von 100 µg, 200 µg, 300 µg und 400 µg mit jeweils 200 µg Benzoesäure (BS) aufgestockt. Die HPLC-Analyse ergab folgende Peakflächen:

Anfangsgehalt von BS in µg (Kalibrierlösungen)	Aufgestockter Gehalt von BS in µg	Gesamtgehalt von BS in µg (aufgestockte Kalibrierlösung)	Peakfläche in counts
100	200	300	24 486
200	200	400	34 823
300	200	500	43 563
400	200	600	52 978
500	200	700	61 256

a) Tragen Sie mit Hilfe eines Tabellenkalkulationsprogramms die Anfangskonzentrationen der Kalibrierlösungen gegen ihre gemessenen Peakflächen auf.

b) Beurteilen Sie mit Hilfe der Regressionsanalyse die Linearität des Verfahrens im Arbeitsbereich.

c) Überprüfen Sie die Richtigkeit der Methode, die bei einer Wiederfindungsrate des zugesetzten Analyten zwischen 96 % und 104 % gegeben ist.

Lösung: a) Konzentrations-Peakflächendiagramm: siehe Bild 1.

b) Die Linearität der Methode ist im Arbeitsbereich gegeben: Bestimmtheitsmaß $R^2 = 0{,}9987$ **(Bild 1)**

c) Die Gleichung der Regressionsgeraden lautet:

$$y = 91{,}695 \cdot x + 15\,913 \quad \text{(siehe Bild 1)}$$

Der Schnittpunkt der Regressionsgeraden mit der Abszisse ergibt sich bei $y = 0$.

Mit $y = 0$ eingesetzt und nach x (= Analytgehalt m) umgeformt folgt:

$$|x| = \boldsymbol{m}\textbf{(Benzoesäure)} = \frac{15\,913\ \text{C}}{91{,}695\ \text{C/µg}} \approx \textbf{174 µg}$$

Die Kalibrierlösungen waren jeweils mit 200 µg Benzoesäure aufgestockt. Die wieder gefundene Masse an Benzoesäure beträgt 174 µg, die Wiederfindungsrate ist demzufolge:

$$\textbf{WFR} = \frac{x}{x_R} \cdot 100\ \% = \frac{173{,}543\ \text{µg}}{200\ \text{µg}} \cdot 100\ \% = \textbf{86,8 \%}$$

Die Wiederfindungsrate liegt außerhalb des geforderten Bereichs zwischen 96 % und 104 %.
Die Richtigkeit der Methode ist somit nicht gegeben.

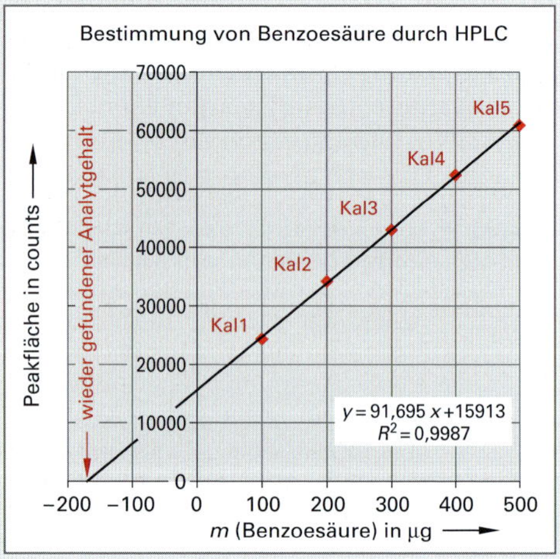

Bild 1: Wiederfindungsrate durch Standardaddition

Der Sollwert-*t*-Test

Die Prüfung der Richtigkeit einer Analysenmethode ist auch durch den **Sollwert-*t*-Test** möglich (vergleiche Seite 323). Mit diesem Test wird geprüft, ob der mittels n Analysen gefundene Mittelwert einer Datenreihe dem erwarteten Wert (Sollwert) entspricht oder sich signifikant unterscheidet. Dazu wird ein Prüfwert t_{err} berechnet und mit einem Grenzwert t_{tab} der *t*-Tabelle (Seite 477) verglichen. Die Richtigkeit der Methode wird akzeptiert, wenn der Prüfwert des Sollwert-*t*-Tests **kleiner** ist als die Grenze des Prüfwertes t_{tab}. Ist die berechnete Prüfgröße t_{err} größer als die Prüfwertgrenze t_{tab}, stimmen Ist- und Sollwert auf dem gewählten Signifikanzniveau **nicht** überein. Die Fragestellung ist zweiseitig (2 P): Der Istwert kann größer **oder** kleiner sein als der Sollwert.

Üblicherweise wird der Test auf der Basis einer Vertrauenswahrscheinlichkeit von $P = 95\ \% = 0{,}95$ durchgeführt (Signifikanzniveau/Irrtumswahrscheinlichkeit $\alpha = 1 - 0{,}95 = 0{,}05 = 5\ \%$) bei dem Freiheitsgrad[1] $f = n - 1$. Die Prüfgröße t_{err} berechnet sich nach nebenstehender Größengleichung. Darin ist $\bar{x}$ der Mittelwert, μ_0 der Sollwert, s die Standardabweichung der Messwertreihe und n die Anzahl der Messwerte.

Sollwert-*t*-Test

$$t_{err}(P, f) = \frac{|\bar{x} - \mu_0|}{s} \cdot \sqrt{n}$$

Beispiel 5: Zur Bestimmung der Richtigkeit einer Analysenmethode wurde mit einer Referenzprobe mit dem Sollwert 245 µg Paracetamol eine 8-fach-Bestimmung durchgeführt. Es ergaben sich folgende Analysenergebnisse:

Lösung zu a:

Probe Nr.	**1**	**2**	**3**	**4**	**5**	**6**	**7**	**8**	**Mittelwert**	**Standardabweichung**
Gehalt in µg	239	245	243	247	242	245	241	246	243,5 µg	±2,7255 µg

a) Berechnen Sie Mittelwert und Standardabweichung s.
b) Berechnen Sie den Freiheitsgrad f.
c) Berechnen Sie die Prüfgröße t_{err}.
d) Entnehmen Sie der *t*-Tabelle auf Seite 477 den Grenzwert t_{tab} mit der Vertrauenswahrscheinlichkeit $P = 95\ \%$ ($\alpha = 0{,}05$, zweiseitige Fragestellung 2 P)
e) Begründen Sie, ob die Richtigkeit der Methode akzeptiert werden kann.

Lösung: a) Spalte 10 + 11

b) $f = n - 1 = 8 - 1 = 7$;

c) $t_{err}(95\%, 7) = \frac{|\bar{x} - \mu_0|}{s} \cdot \sqrt{n} = \frac{|243{,}5 - 245|\ \text{µg}}{2{,}7255\ \text{µg}} \cdot \sqrt{8} \approx 1{,}56$

d) $t_{tab}(95\%, 7, 2P) = 2{,}36$

e) Die berechnete Prüfgröße t_{err} ist kleiner als der Prüfgrenzwert t_{tab}, es gibt es zwischen Istwert und Sollwert keinen signifikanten Unterschied. **Die Richtigkeit der Methode wird akzeptiert.**

[1] Der Freiheitsgrad f einer Datenreihe gibt vereinfacht die Anzahl **Wiederholungs**messungen an, daher: $f = n - 1$, P von engl. probability

Der Vertrauensbereich des Mittelwerts

Geht man davon aus, dass sowohl die Einzelwerte einer Messreihe als auch die Mittelwerte keiner Streuung unterliegen, dann würde man bei jeder Analyse eine Übereinstimmung des Messwertes mit dem wahren Wert erzielen. Da jedoch jede Analyse zufälligen Einflüssen unterliegt, kommt es in der Praxis stets zu einer Streuung der Werte.

Der Vertrauensbereich μ des arithmetischen Mittelwerts gibt die Schwankungsbreite um den Mittelwert an. Er gibt an, in welchem Bereich der wahre Wert mit einer bestimmten Sicherheit zu erwarten ist und wird mit nebenstehender Größengleichung berechnet.

In der Gleichung ist *s* die Standardabweichung innerhalb der Einzelwerte einer Messreihe, *f* der Freiheitsgrad. Der Studentsche Faktor *t* (*t*-Tabelle Seite 477) ist einerseits von der Anzahl der Messungen, andererseits von der Vertrauenswahrscheinlichkeit *P* abhängig. Sie wird wie beim *t*-Test meist mit $P = 95\ \%$ oder $P = 99\ \%$ gewählt. Bei $P = 95\ \%$ beispielsweise wird das Ergebnis von durchschnittlich 95 von insgesamt 100 Messungen im berechneten Vertrauensbereich μ liegen.

Vertrauensbereich des Mittelwerts
$\mu = t(\mathrm{P, f}) \cdot \frac{s}{\sqrt{n}}$

Die Fragestellung ist zweiseitig, da sowohl eine obere als auch eine untere Grenze für den Vertrauensbereich gesucht ist.

Beispiel 1: Bei der maßanalytischen Mehrfachbestimmung einer Natronlauge wurden die in nachfolgender Tabelle aufgeführten Massenanteile *w*(NaOH) gefunden.

Messwert Nr.	**1**	**2**	**3**	**4**	**5**	**6**	**7**	**8**	**9**	**10**	**Mittelwert**	**Standardabweichung**
w(NaOH) in %	5,23	4,91	5,16	4,88	5,12	4,93	5,20	4,87	5,11	5,02	5,04 %	±0,1379 %

a) Berechnen Sie den Mittelwert $\bar{x}$, die Standardabweichung *s* und den Freiheitsgrad *f*.

b) Entnehmen Sie der *t*-Tabelle auf Seite 477 den Faktor *t* mit der Vertrauenswahrscheinlichkeit $P = 95\ \%$ ($\alpha = 0{,}05$, zweiseitige Fragestellung 2 P)

c) Geben Sie das Ergebnis der Bestimmung mit dem Vertrauensbereich an.

d) Führen Sie die Berechnung mit der Vertrauenswahrscheinlichkeit $P = 99\ \%$ durch ($\alpha = 0{,}01$, zweiseitige Fragestellung 2 P) und vergleichen Sie die Ergebnisse aus *c* und *d*.

Lösung: a) Spalte 11 + 12; $f = n - 1 = 10 - 1 = 9$; b) $t(95\ \%, 9) = 2{,}26$

c) $\mu = t(95\%, 9) \cdot \frac{s}{\sqrt{n}} = 2{,}26 \cdot \frac{\pm 0{,}1379\ \%}{\sqrt{10}} = \pm 0{,}0986\ \% \approx \pm 0{,}10\ \%$; $\overline{w}$ **(NaOH) = 5,04 % ±0,10 %**

Die Messwerte liegen mit einer Wahrscheinlichkeit von 95 % zwischen $w = 4{,}94\ \%$ und $w = 5{,}14\ \%$

d) $t(99\%, 9) = 3{,}25$; $\mu = t(99\%, 9) \cdot \frac{s}{\sqrt{n}} = 3{,}25 \cdot \frac{\pm 0{,}1379\ \%}{\sqrt{10}} \approx \pm 0{,}14\ \%$; $\overline{w}$ **(NaOH) = 5,04 % ± 0,14 %**

Die Messwerte liegen mit einer Wahrscheinlichkeit von 99 % zwischen $w = 4{,}90\ \%$ und $w = 5{,}18\ \%$

Man erkennt, dass das Intervall des Vertrauensbereiches größer wird, wenn eine höhere Sicherheit verlangt wird (der Studentsche Faktor *t* ist größer). Ebenso ist erkennbar, dass mit zunehmender Anzahl von Parallelbestimmungen der Vertrauensbereich eines Mittelwerts *verbessert* wird, da die Wurzel aus der Zahl der Bestimmungen im Nenner steht. Daher wird z.B. die Schärfe der Aussage beim Übergang von einer Doppel- auf eine Dreifachbestimmungen wesentlich erhöht.

Aufgaben zu 10.1.2 Untersuchung der Richtigkeit von Messwerten

1. Eine wirkstofffreie Probenmatrix wird mit 300 mg eines Wirkstoffes aufgestockt. Das Referenzmaterial hat eine zertifizierte Reinheit von 99,2 %. Bei der Analyse wurde eine Analytmenge von 281,4 mg gefunden. Wie groß ist die Wiederfindungsrate WFR?
2. Der Massenanteil eines Wirkstoffes in einer Probe beträgt 71,2 %. 500 mg dieser Probe werden mit 300 mg des reinen Wirkstoffes aufgestockt. Die Analyse der aufgestockten Probe ergab 645 mg Wirkstoff. Berechnen Sie die Wiederfindungsrate WFR.

3. Für eine Probenkomponente soll mit Hilfe der Wiederfindungsrate ermittelt werden, ob die Richtigkeit der analytischen Methode durch Aufstocken nach der 3x3-Methode gewährleistet ist. Die Spezifikation erfordert eine Wiederfindungsrate zwischen 98 % und 102 %.
Zur Bestimmung wird eine Leerprobe, die alle wesentlichen Matrixbestandteile der realen Probe enthält, jeweils 3-mal mit 50,0 mg, 60,0 mg und 70,0 mg des Analyten versetzt. Analysenwerte:

Probe Nr.	Aufgestockte Masse an Analyt in mg	Gefundene Masse an Analyt in mg		
1	50	50,4	50,1	50,4
2	60	61,3	61,6	60,9
3	70	71,7	71,4	71,8

Berechnen Sie mit Hilfe der Wiederfindungsrate, ob die Methode die Spezifikation erfüllt.

4. Zur Bestimmung der Richtigkeit einer maßanalytischen Methode soll durch Aufstocken untersucht werden, ob die Methode eine Wiederfindungsrate zwischen 97 % und 103 % erfüllt. 3 Proben mit einem Analytgehalt von 100 µg werden jeweils 3-mal mit 100 µg, 200 µg und 300 µg des Analyten aufgestockt (3x3-Methode). Bei der Bestimmung wurden folgende Analytgehalte ermittelt:

Probe Nr.	Analytgehalt der Probe	Aufgestockte Analyt-Masse in µg	Gefundene Masse an Analyt in µg		
1	100 µg	100	198,3	196,9	196,1
2	100 µg	200	297,2	298,7	297,4
3	100 µg	300	398,7	395,6	397,3

Ermitteln Sie, ob die Wiederfindungsrate im Rahmen der Spezifikation liegt.

5. Bei einer HPLC-Zweipunktkalibrierung wurden zwei Referenzlösungen hergestellt und analysiert.
Kalibrierlösung 1: Einwaage Analyt m_1 = 2,00 mg; ermittelte Peakfläche: A_1 = 23 335 counts
Kalibrierlösung 2: Einwaage Analyt m_2 = 4,00 mg; ermittelte Peakfläche: A_2 = 44 841 counts
Anschließend dosierte man in die analytfreie Probenmatrix 2,90 mg Analyt zu und erhielt bei der Analyse der Probe eine Peakfläche von 32 105 counts. Wie groß ist die Wiederfindungsrate WFR, wenn die Linearität des Verfahrens als gegeben angenommen werden kann?

6. Es werden 5 Standardlösungen mit verschiedenem Gehalt an Paracetamol (P) (Spalte 1 in nachfolgender Tabelle) jeweils mit 20,0 mg Paracetamol aufgestockt. Die HPLC-Analyse ergab die in der Spalte 4 aufgeführten Peakflächen:

Ausgangsgehalt von P in mg/L (Kalibrierlösung)	Aufgestockter Gehalt von P in mg	Gesamtgehalt von P in mg/L (aufgestockte Kalibrierlösung)	Peakfläche in counts
10,0	20,0	30,0	31 467
20,0	20,0	40,0	41 598
30,0	20,0	50,0	51 765
40,0	20,0	60,0	62 876
50,0	20,0	70,0	73 567

a) Tragen Sie mit Hilfe eines Tabellenkalkulationsprogramms den Ausgangsgehalt der Kalibrierlösungen gegen ihre Peakflächen auf. Beurteilen Sie mit Hilfe der Regressionsanalyse die Linearität des Verfahrens im Arbeitsbereich.

b) Überprüfen Sie die Richtigkeit der Methode, die bei einer Wiederfindungsrate des zugesetzten Analyten zwischen 94 % und 106 % gegeben ist.

7. Der Wirkstoffgehalt in einem Präparat ist mit einem Sollwert von 95,0 % festgelegt. Von einer aktuell produzierten Charge wird eine Stichprobe mit dem Stichprobenumfang 7 entnommen und auf seinen Wirkstoffgehalt hin analysiert. Dabei werden folgende Wirkstoffgehalte ermittelt:

Probe Nr.	1	2	3	4	5	6	7
Wirkstoffgehalt in %	94,8	94,7	95,1	95,0	94,9	95,2	95,1

Ermitteln Sie mit Hilfe des Sollwert-*t*-Tests, ob die Spezifikation des Verfahrens in der untersuchten Charge auf der Basis der Vertrauenswahrscheinlichkeit P = 99 % ($f = n - 1$, 2 P) eingehalten wurde.

8. Die fotometrische Bestimmung der Massenkonzentration von Eisen in einem Waschfiltrat ergab bei 10 Bestimmungen unter Vergleichsbedingungen folgende Messwerte:

   107 mg/L, 112 mg/L, 112 mg/L, 113 mg/L, 111 mg/L, 110 mg/L, 108 mg/L, 114 mg/L, 113 mg/L, 109 mg/L

   a) Prüfen Sie mit Hilfe des Sollwert-t-Tests, ob der Mittelwert der Messwerte mit dem Sollwert μ_0 = 109 mg/L übereinstimmt (P = 95 %, $f = n - 1$; zweiseitige Fragestellung 2 P).

   b) Berechnen Sie für die Messreihe den Vertrauensbereich μ (P = 95 %, $f = n - 1$; 2 P).

9. Die Massenkonzentration an Zink $\beta(Zn^{2+})$ in einem Abwasser wurde von zehn Proben unter Vergleichsbedingungen zur Überprüfung eines vorgegebenen Grenzwertes bestimmt. Messwerte:

   188 µg/L; 193 µg/L; 198 µg/L; 192 µg/L; 186 µg/L; 190 µg/L; 202 µg/L; 201 µg/L; 188 µg/L; 195 µg/L

   a) Welcher Vertrauensbereich μ gilt für den Erwartungswert $\bar{x}$ (P = 99 %, $f = n - 1$; 2 P)?

   b) Prüfen Sie mit dem Sollwert-t-Test, ob der Grenzwert für die Massenkonzentration $\beta_0(Zn^{2+})$ = 190 µg/L **über**schritten wird (P = 99 %, $f = n - 1$; 1 P)

10.1.3 Untersuchung der Präzision von Messwerten

Die Präzision eines analytischen Verfahrens ist ein Maß für die Übereinstimmung (Streuung) der Messergebnisse bei wiederholter Durchführung des Analysenverfahrens mit einer homogenen Probe. In die Präzision gehen die zufälligen Fehler ein. Die Präzision kann berechnet werden durch (Seite 318 ff):

- die Variationsbreite R (Spannweite)
- die Standardabweichung s
- die Varianz s^2
- den Variationskoeffizienten v
- den Korrelationskoeffizienten r

Prüfung auf Wiederholpräzision

Je nach Messbedingungen unterscheidet man zwischen **Wiederholpräzision** (repeatability) und der **Vergleichspräzision** (reproducibility). Bei der Wiederholpräzision erfolgt die Analyse gemäß gesamtem Prüfverfahren unter denselben Operationsbedingungen durch denselben Bearbeiter im gleichen Labor innerhalb eines kurzen Zeitraums. Wird dagegen eine Analyse mit derselben Methode an identischem Material aber in unterschiedlichen Labors, von unterschiedlichen Bedienern und mit unterschiedlicher Geräteausstattung durchgeführt, spricht man von Vergleichspräzision.

Da die Messwerte sowohl durch Schwankungen des Messgeräts als auch durch die zufällige Streuung der Analysenmethode beeinflusst werden, unterscheidet man weiter zwischen Messpräzision (Messgerät) und Methodenpräzision. Die Beurteilung der Messpräzision soll an einem Beispiel erläutert werden.

Beispiel 1: Zur fotometrischen Bestimmung der Nitrat-Massenkonzentration $\beta(NO^{3-})$ wurden 10 Kalibrierlösungen analysiert. Dabei erhielt man folgende Analysenergebnisse:

Kalibrierlösung Nr.	1	2	3	4	5	6	7	8	9	10
$\beta(NO_3^-)$ in mg/100 mL	6,12	6,09	6,14	6,11	6,11	6,12	6,10	6,08	6,13	6,11

Die Wiederholpräzision der Methode gilt als akzeptiert, wenn der Variationskoeffizient $v < \pm 1{,}0$ % ist. Ermitteln Sie, ob die vorliegenden Kalibrierdaten die Spezifikation erfüllen.

Lösung: Berechnung des Kalibrierdaten-Mittelwerts: $\bar{x} = \frac{\Sigma \beta_i}{n} = 6{,}111$ mg/100 mL

Berechnung der Standardabweichung: $s = \pm\sqrt{\frac{\Sigma (x_i - x)^2}{n - 1}} = \pm\, 0{,}01792$ mg/100 mL

Berechnung des Variationskoeffizienten: $v = \frac{s}{\bar{x}} \cdot 100\ \% = \pm \frac{0{,}01792\ \text{mg/100 mL}}{6{,}111\ \text{mg/100 mL}} \cdot 100\ \% = \pm\, 0{,}2932\ \%$

Der berechnete Variationskoeffizient ist **kleiner** als die Spezifikation ± 1,0 %.

Die Wiederholpräzision der Methode wird daher akzeptiert.

Ein weiteres Maß für die Streuung der Messwerte einer Messreihe ist die **Varianz s^2**. Die Varianz kann durch Quadrieren der Standardabweichung erhalten werden. Durch das Quadrieren werden stärker streuende Messungen noch deutlicher hervorgehoben

Ermitteln der Arbeitsbereichsgrenzen mit dem Varianzenhomogenitäts-Test (F-Test)

Mit dem F-Test (Seite 324) wird geprüft, ob die Standardabweichungen aus zwei unterschiedlichen Messreihen vergleichbar sind, ob also **Varianzenhomogenität** herrscht. Der F-Test kann eingesetzt werden, um die Grenzen des **Arbeitsbereiches** zu ermitteln. Mit Hilfe des Tests wird statistisch ermittelt, ob an den Grenzkonzentrationen des vorgeschlagenen Arbeitsbereiches die Streuungen des Analysensignals vergleichbar sind. Ist das nicht der Fall, werden die Grenzen so lange verschoben, bis durch den F-Test Vergleichbarkeit der Streuungen (der Varianzen) nachgewiesen werden kann. Voraussetzung für die Anwendung des Tests sind normalverteilte und ausreißerfreie Datenreihen. Dabei müssen die zu vergleichenden Messreihen nicht gleich groß sein.

Beim F-Test bildet man aus den Standardabweichungen der beiden Messreihen die Varianzen und bildet mit nebenstehender Größengleichung die Prüfgröße F. Dieser Wert wird mit einem Tabellenwert $F(P,\ f_1,\ f_2)$ aus der Tabelle F-Verteilung Seite 476 verglichen. In der F-Tabelle sind f_1 und f_2 die Freiheitsgrade der Messreihen, es gilt: $f = n - 1$ (n = Anzahl der Messwerte).

Ist der Prüfwert F kleiner als der Tabellenwert, so gilt die **Vergleichbarkeit** der Standardabweichungen mit der vorgegebenen Wahrscheinlichkeit P (meist 95 % oder 99 % bzw. α = 0,05 oder α = 0,01) als erwiesen.

Varianzenhomogenitätstest (F-Test)
$F = \dfrac{s_1^2}{s_2^2}$ mit $s_1 > s_2$

Beispiel 2: Bei einer fotometrischen Kupfer-Bestimmung wurde als Arbeitsbereich $\beta_{min}(Cu^{2+})$ = 0,10 mg/L und $\beta_{max}(Cu^{2+})$ = 1,0 mg/L vorgeschlagen. Für beide Konzentrationen wurden 5 unabhängige Kalibrierlösungen hergestellt, die jeweiligen Extinktionen analysiert.
Die Analyse ergab folgende Extinktionen:

Kalibrierlösung Nr.					**Extinktion E_1 für 0,10 mg/L Kupfer**					**Extinktion E_2 für 1,0 mg/L Kupfer**				
1	2	3	4	5	0,15	0,19	0,16	0,17	0,15	1,79	1,78	1,80	1,75	1,77

Berechnen Sie mit Hilfe des F-Tests die Prüfgröße F und überprüfen Sie, ob auf der Basis der Vertrauenswahrscheinlichkeit P = 95 % (Irrtumswahrscheinlichkeit α = 100 % – 95 % = 5 %) der Arbeitsbereich zwischen 0,1 mg/L und 1,0 mg/L akzeptiert werden kann.

Lösung: Die Lösung wurde mit Microsoft Excel erstellt. Darunter sind die Formeleinträge der Zellen aufgeführt.

	A	B	C	D	E	F	G	H	I	J	K
1	**Varianzenhomogenitätstest (*F*- Test) für die fotometrische Bestimmung von Kupfer**										
2											
3	Kalibrierlösung Nr.	1	2	3	4	5	Mittelwert:	Standard-abweichung	Varianz s^2	Messwert-Anzahl n	Freiheitsgrad f
4	Extinktion E_1 für 0,10 mg/L Kupfer:	0,15	0,19	0,16	0,17	0,15	0,164	±0,01673	0,000280	5	4
5	Extinktion E_2 für 1,0 mg/L Kupfer:	1,79	1,78	1,8	1,75	1,77	1,778	±0,01924	0,000370	5	4
6											
7	**Prüfwert *F*:**	**1,32143**			**Tabellenwert:**		6,39				
9	**Da Prüfwert *F***	**kleiner**		**F_{tab}(95%, 4, 4),**			**wird der Arbeitsbereich**			**akzeptiert**	
10	**Die Varianzen der beiden Messreihen vergleichbar.**										

Berechnung der **Mittelwerte,** z.B. Zelle G4: =MITTELWERT(B4:F4)
Berechnung der **Standardabweichung,** Zelle H4: =STABW(B4:F4) Zellenformat: "±"0,00000
Berechnung der Varianz, z.B. Zelle I4: =VARIANZ(B4:F4)
Berechnung der **Anzahl der Messwerte:** =ANZAHL(B4:F4)
Berechnung der Freiheitsgrade, z.B. Zelle J4: =ANZAHL(B4:F4)-1
Berechnung des Prüfwerts F, Zelle B7: =WENN(I4>I5;(I4/I5);(I5/I4))
Entscheidung F größer/kleiner F_{tab}, Zelle B9: =WENN(B7<G7;"kleiner";"größer")
Entscheidung akzeptiert/nicht akzeptiert, Zelle J9: =WENN(B7<G7;"akzeptiert.";"nicht akzeptiert.")
Entsch. vergleichbar/nicht vergleichbar, Zelle F10: =WENN(B7<G7;"vergleichbar";"nicht vergleichbar")

Die grau unterlegten Zellen sind die Eingabefelder für die Extinktionen und den F-Tabellenwert.
Bei professioneller Software wird der Tabellenwert F_{tab} aus einer integrierten Datenbank ausgelesen.
Hinweis: Die **fett** gesetzten Größen werden nur für die **manuelle** Berechnung benötigt.

Prüfung auf Normalverteilung mit dem David-Test

Die Anwendung statistischer Auswertungen setzt in vielen Fällen normalverteilte Messwerte einer Datenreihe voraus.

Bild 1 zeigt die Häufigkeitsverteilung der Messwerte einer normalverteilten Datenreihe mit Angabe der Häufigkeit bei einer Standardabweichung von ± 1 s, ± 2 s und ± 3 s (siehe auch Seite 45 und Seite 343).

Die Prüfung auf Normalverteilung kann durch grafische Auftragung in einem Wahrscheinlichkeitsnetz erfolgen, rechnerisch ist ist sie durch einen Schnelltest nach David möglich.

Die Werte einer Datenreihe sind nach David mit einer vorgegebenen Vertrauenswahrscheinlichkeit (meist $P = 99$ %) normalverteilt, wenn sich der Prüfwert PW aus dem Quotienten von Spannweite R und Standardabweichung s innerhalb von David definierter Schranken befindet (Tabelle S. 482).

Eine weitere Möglichkeit zu prüfen, ob die Verteilung von Messwerten sich signifikant oder zufällig von einer Normalverteilung unterschiedet, ist der χ^2-Anpassungstest (Seite 325). Er liefert mit einer vorgegebenen statistischen Sicherheit die Aussage, ob die Daten **nicht** normalverteilt sind.

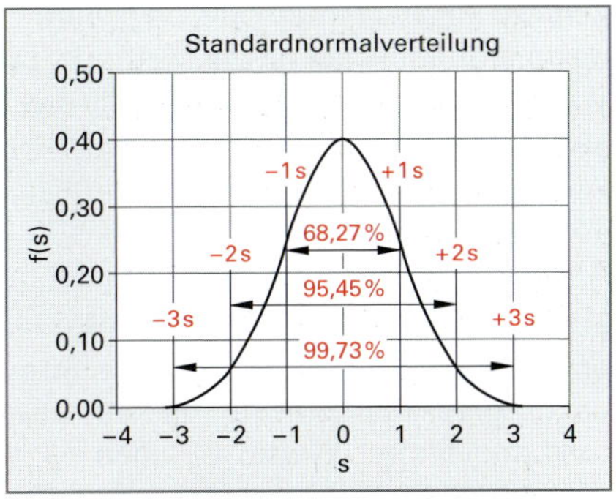

Bild 1: Häufigkeitsverteilung normalverteilter Werte einer Datenreihe

David-Test auf Normalverteilung
$PW = \dfrac{x_{max} - x_{min}}{s} = \dfrac{R}{s}$

Beispiel 3: Bei einer Bestimmung des BSB_5 wurden folgende Messwerte für $\beta(O_2)$ in mg/L erhalten:

3,50 3,03 2,87 3,56 2,51 3,07 3,15 2,34 2,91 3,92

Überprüfen Sie mit Hilfe des Tests nach David, ob die Werte mit der Irrtumswahrscheinlichkeit $\alpha = 1$ % normalverteilt sind

Lösung: Mittelwert: $\bar{x} = 3{,}068$ mg/L; Standardabweichung: $s = \pm\, 0{,}47901$ mg/L

Spannweite: $R = x_{max} - x_{min} = (3{,}92 - 2{,}34)$ mg/L $= 1{,}58$ mg/L

Prüfwert: $\mathbf{PW} = \dfrac{R}{s} = \dfrac{1{,}58 \text{ mg/L}}{0{,}47801 \text{ mg/L}} = \mathbf{3{,}298;}$

Tabellenwerte für $\alpha = 1\,\% = 0{,}01$, $n = 10$ (Seite 482): untere Schranke: 2,51; obere Schranke: 4,24

Der Prüfwert PW liegt innerhalb der unteren und oberen Schranke, d.h. mit der angenommen Irrtumswahrscheinlichkeit von 1 % kann die Datenreihe als **normalverteilt** angenommen werden.

Prüfung auf Linearität

Eine analytische Methode ist in einem bestimmten Konzentrationsbereich linear, wenn das Messsignal direkt proportional zur Analytkonzentration der Probe ist. Viele quantitative Auswertungsmethoden setzen Linearität der Kalibrierwerte voraus.

Eine einfache Möglichkeit zur Überprüfung der Linearität z.B. von Kalibrierlösungen ist die Auftragung der unabhängigen Größe Analytkonzentration x gegen die abhängige Größe Messignal y in einem Diagramm und das Einzeichnen einer Ausgleichsgeraden: Grobe Abweichungen der Messwerte vom linearen Verlauf können so visuell leicht erkannt werden (Bild 1 Seite 338).

Ein exaktes Maß für die Abweichung der Messwerte vom linearen Verlauf liefert die Regressionsanalyse **(Bild 2,** siehe auch Seite 64 ff, 321). Mit Hilfe eines Tabellenkalkulationsprogramms wird die Funktionsgleichung der Ausgleichsgeraden berechnet in der allgemeinen Form: $\boldsymbol{y = m \cdot x + b}$.

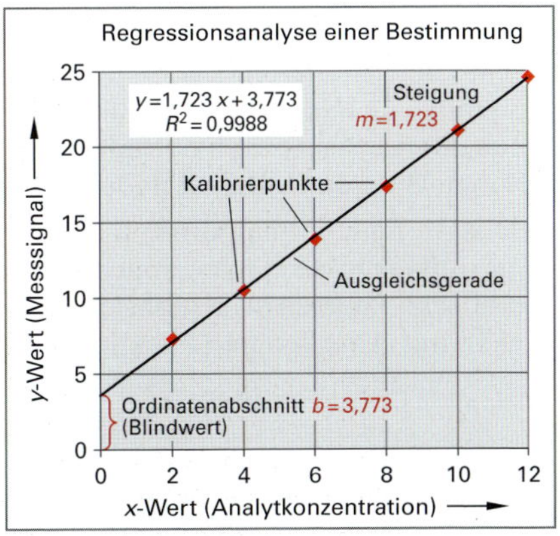

Bild 2: Ausgleichsgerade mit linearer Regression

Mit den Analysengrößen eingesetzt lautet die Gleichung: **Messignal = $\boldsymbol{m}$ · Analytkonzentration + $\boldsymbol{b}$.**

Darin ist m der Steigungsfaktor: er kennzeichnet die **Empfindlichkeit** der Analysenmethode. Je größer die Steigung der Geraden, desto empfindlicher ist die Methode. Die Größe b beschreibt den y-Achsenabschnitt und wird auch als **Blindwert** bezeichnet. Er steht für das Messsignal der Kalibrierlösung ohne Analyt und wird häufig durch die Matrix verursacht. Es ist in der Regel nicht zweckmäßig, die Regressionsgerade durch den Nullpunkt zu zwingen.

Zur Bewertung der Linearität kann der Korrelationskoeffizient r ermittelt werden, er vergleicht die Streuung der Messpunkte von der Regressionsgeraden mit der Gesamtstreuung des Verfahrens und nimmt Werte zwischen +1 und −1 ein: wenn r einen Wert von nahezu +1 oder −1 aufweist, lässt dies auf eine Gerade mit positiver oder negativer Steigung und hoher Linearität schließen. Bei $r \sim 0$ besteht keine Korrelation und keine Linearität.

Falls sich herausstellt, dass bei einer Kalibrier-Datenreihe keine lineare Funktion vorliegt, so kann der Arbeitsbereich eingeengt werden – je nach Lage der Messwerte vom unteren oder oberen Ende aus. Die zu erwartende Probenkonzentration sollte dann etwa in der Mitte des Arbeitsbereiches liegen.

Eine **Einpunktkalibrierung** ist zulässig, wenn Linearität gegeben und der Achsenabschnitt b = 0 ist (eine Ursprungsgerade vorliegt). Ein Achsenabschnitt b ungleich 0 bedeutet, dass bei einer Analytkonzentration von 0 ein Signal gemessen wird: der **Blindwert** stellt somit einen konstanten systematischen Fehler dar. Man sollte dann die Proben auf der Basis der errechneten Kalibrierfunktion **mit** dem Achsenabschnitt b auswerten.

Durch Quadrieren von r wird das **Bestimmtheitsmaß** R^2 erhalten, es hebt die Unterschiede zwischen verschiedenen Regressionsgeraden noch stärker hervor. Allerdings sind der Korrelationskoeffizient r bzw. das Bestimmtheitsmaß R^2 allein noch kein Maß für die Beurteilung der Qualität zweier Methoden.

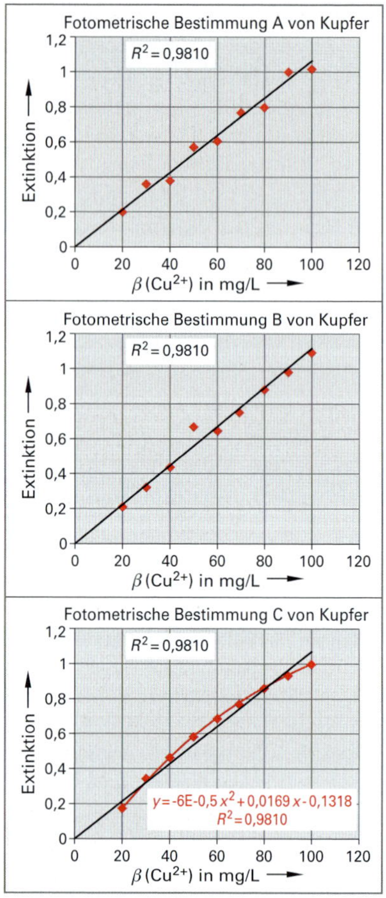

Bild 1: Drei Regressionsgeraden mit dem Bestimmtheitsmaß R^2 = 0,9810

Das zeigen sehr deutlich die drei Regressionsanalyse in **Bild 1 A, B und C**: Bei allen drei Regressionsanalysen wurde das gleiche Bestimmtheitsmaß von R^2 = 0,981 ermittelt. Für einige Analysen würde dieser Linearitätsgrad als durchaus akzeptabel gelten. Betrachtet man die Diagramme näher:

- so zeigt Kalibrierdiagramm A eine gleichmäßige Streuung beiderseits der Ausgleichsgeraden.
- zeigt das Kalibrierdiagramm B eine sehr geringe Streuung der Werte mit Ausnahme der Konzentration 50 mg/L: Es handelt sich bei diesem Wert offensichtlich um einen Ausreißer. Nimmt man diesen Wert aus der Regression, so beträgt das Bestimmtheitsmaß der übrigen Werte R^2 = 0,9999, was einen sehr hohen Grad an Linearität bedeutet.
- so ist in Kalibrierdiagramm C der Verlauf der Kalibrierpunkte im untersuchten Konzentrationsbereich ganz offensichtlich nicht linear. Für eine logarithmische Regression beträgt R^2 = 0,9902, für eine quadratische Regression ergibt sich R^2 = 0,9996 (siehe rote Ausgleichskurve in Bild 1C). Die Messung kann nicht mit einer linearen Funktion ausgewertet werden.

Beispiel 4: Zur Linearitätsüberprüfung einer spektralfotometrischen Analyse wurden 5 Kalibrierlösungen unterschiedlichen Konzentrationen β(Analyt) angesetzt und folgende Extinktions-Messwerte erhalten:

Kalibrierlösung Nr.	1	2	3	4	5
β(Analyt) in mg/100 mL	20	40	60	80	100
Extinktion	0,213	0,381	0,579	0,796	0,984

Berechnen Sie mit Hilfe eines Tabellenkalkulationsprogramms den Korrelationskoeffizienten r und prüfen Sie, ob die Linearität der Methode mit einem Bestimmtheitsmaß von R^2 > 0,997 erfüllt ist.

Lösung: Die Lösung wurde mit Microsoft Excel 2003 erstellt.

	A	B	C	D	E	F	G	H
1	**Linearitätsüberprüfung einer fotometrischen Analyse**							
2	**Kalibrierlösung Nr.**	**1**	**2**	**3**	**4**	**5**	**Linearitätsparameter**	
3	**Massenkonzentration in mg/100mL**	20	40	60	80	100	Bestimmtheitsmaß R^2	Korrelationskoeffizient r
4	**Extinktion**	0,213	0,381	0,579	0,796	0,984	**0,9984**	**0,9992**

Die Zelleneinträge lauten für **Zelle G4:** =BESTIMMTHEITSMASS(B4:F4;B3:F3)
für **Zelle H4:** =KORREL(B4:F4;B3:F3)

Das Bestimmtheitsmaß R^2 ist **größer** als 0,997, **die Linearität der Methode wird akzeptiert.**

Bestimmung der Nachweisgrenze, Erfassungsgrenze und Bestimmungsgrenze

Bei der Ermittlung der Linearität von Messwerten eines Arbeitsbereiches wurde deutlich, dass zwischen der unteren und der oberen Grenze Varianzenhomogenität herrschen soll. Dabei ist nachvollziehbar, dass die Präzision abnimmt (d.h. die Streuung der Analysenwerte größer wird), wenn die Konzentration immer geringer wird.

Sind Proben zu analysieren, deren Analytkonzentration sehr gering ist, sollten die Nachweis- und Bestimmungsgrenzen der Methode abgeschätzt werden. Das Problem dabei ist, dass es wegen der großen Streuung im unteren Konzentrationsbereich keine Methode gibt, mit der diese Grenzen exakt bestimmt werden können. Es sind stets nur Abschätzungen, die mit verschiedenen Methoden ermittelt werden können, sie sind meist nicht vergleichbar. Mögliche Methoden[1] zur Bestimmung der Grenzen:

- die direkte Methode durch Verdünnen
- das Abschätzen durch das Signal/Rausch-Verhältnis
- die Blindwertmethode
- die Kalibriermethode

Unter der **Nachweisgrenze NG** (= x_{NG}) versteht man die kleinste mit statistischer Wahrscheinlichkeit nachweisbare Analytmenge. Nach DIN 32645 ist die geforderte Wahrscheinlichkeit ca. 50 %. Das bedeutet: Die Analyse von 100 Proben liefert bei dieser Konzentration 50mal das Ergebnis „gefunden" und 50mal das Ergebnis „nicht gefunden". Die NG ist somit eine *qualitative* Grenze (ja/nein).

Die **Erfassungsgrenze EG** ist die 2fache Nachweisgrenze. Die statistische Wahrscheinlichkeit, einen Analyten zu finden, ist mit $P = 95$ % definiert: Bei 100 Proben wird der Analyt in 95 Proben gefunden.

Erfassungsgrenze EG
$x_{EG} = 2 \cdot x_{NG}$

Die **Bestimmungsgrenze BG** (= x_{BG}) ist im Gegensatz zur NWG und zur EG eine *quantitative* Grenze. Sie beschreibt die kleinste Konzentration, die mit einer vorgegebenen Genauigkeit gerade noch quantifiziert werden kann. In vielen Fällen wird die Bestimmungsgrenze definiert als dreifache Nachweisgrenze (siehe nebenstehende Größengleichung).

Bestimmungsgrenze BG
$x_{BG} = 3 \cdot x_{NG}$

Bei chromatografischen Methoden werden die Nachweis- und Bestimmungsgrenze häufig durch das Signal/Rausch-Verhältnis ermittelt. Zur Abschätzung der Grenzen wird ein Chromatogramm bei höchstmöglicher Empfindlichkeit aufgenommen. Um die Nulllinie zeigt sich das typische „Rauschen" des Detektorsignals, das durch den Abstand zwischen dem maximalen Ausschlag (die Amplitude) quantifiziert werden kann **(Bild 1).**

Dann werden stark verdünnte Lösungen des Analyten injiziert. Die Konzentration, bei der im Chromatogramm die Analyt-Peakhöhe gerade das 3fache (3,3fache) des Rauschens der Nulllinie übersteigt **(Bild 1),** wird nach DIN 32645 als Nachweisgrenze x_{NG} bezeichnet.

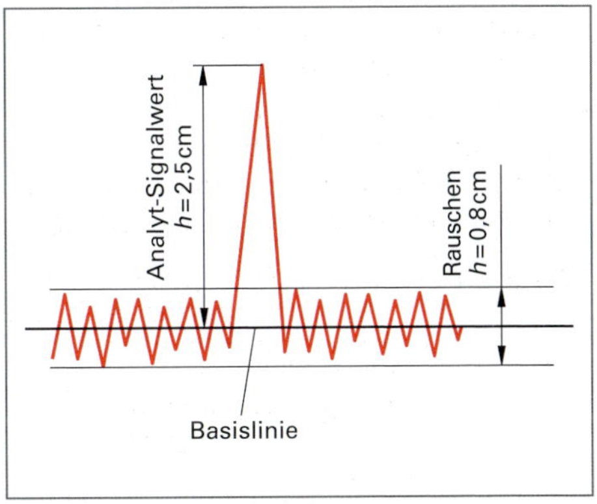

Bild 1: Peak- und Rauschsignal in einem Chromatogramm

[1] Im Folgenden wird nur die Signal/Rausch-Methode beschrieben

Beispiel 1: Bei einer HPLC-Analyse wird eine stark verdünnte Probelösung der Konzentration 150 µg/L bei höchster Empfindlichkeit injiziert. Im Chromatogramm hat der Analyt-Peak eine Höhe von 8,5 cm, der Rausch-Ausschlag beträgt 1,75 cm. Liegt die Bestimmungsgrenze unter der Spezifikation 250 µg/L? (Nachweisgrenze nach Zulassungsempfehlung ICH im Pharmabereich das 3,3fache Rauschsignal).

Lösung: Die Konzentration 100 µg/L liefert ein Signal-Rausch-Verhältnis von $\frac{8{,}5 \text{ cm}}{1{,}75 \text{ cm}} \approx 4{,}86$

Die Nachweisgrenze beträgt: $x_{NG} = \frac{3{,}3}{4{,}86} \cdot 150 \text{ µg/L} \approx 102 \text{ µg/L}$

Die Bestimmungsgrenze ist: $\mathbf{x_{BG}} = 3 \cdot x_{NG} = 3 \cdot 102 \text{ µg/L} = \mathbf{306 \text{ µg/L}}$

Die Bestimmungsgrenze liegt **über** der Spezifikation, die Methode kann **nicht** akzeptiert werden.

Aufgaben zu 10.1.3 Untersuchung der Präzision von Messwerten

1. Bei der UV/VIS-spektroskopischen Bestimmung des Gehalts an Molybdän wurden folgende Analysendaten unter Wiederholbedingungen ermittelt:
   468 µg, 475 µg, 461 µg, 472 µg, 486 µg, 467 µg, 471 µg, 481 µg, 477 µg.
   Die Wiederholpräzion der Analysenmethode gilt als akzeptiert, wenn der Variationskoeffizient $v < 1{,}5$ % ist. Untersuchen Sie, ob die Spezifikation mit der Methode eingehalten wird.

2. In der nachfolgenden Tabelle sind die Massenkonzentrationen von drei Kalibrierlösungen und die durch chromatografische Mehrfachbestimmung ermittelten Peakflächen aufgeführt:

Kalibrier-lösung Nr.	β(Analyt) in mg/100 mL	Peakfläche A in counts	**Kalibrier-lösung Nr.**	β(Analyt) in mg/100 mL	Peakfläche A in counts	**Kalibrier-lösung Nr.**	β(Analyt) in mg/100 mL	Peakfläche A in counts
1	2,5	35 856	2	6,5	91 265	3	10,6	143 623
		35 254			92 497			141 730
		36 598			93 413			142 524
		35 461			92 345			144 735
		35 678			91 742			142 987

   Ermitteln Sie, ob die Kalibrierlösungen unter der Spezifikation (Variationskoeffizient < 1,1 %) liegen.

3. Bei einer fotometrischen Bestimmung von Eisen-Ionen in einem Waschwasser wurde ein Arbeitsbereich mit den Grenzkonzentrationen von $\beta(Fe^{2+}) = 0{,}5$ mg/L und $\beta(Fe^{2+}) = 1{,}5$ mg/L vorgeschlagen. Zur Überprüfung der Akzeptanz dieses Arbeitsbereiches wurde jeweils 8 unabhängige Kalibrierlösungen hergestellt und folgende in der Tabelle aufgeführte Extinktionen ermittelt.

Kalibrierlösung Nr.	1	2	3	4	5	6	7	8
Extinktionen E_1 für $\beta(Fe^{2+}) = 0{,}5$ mg/L	0,119	0,115	0,117	0,118	0,116	0,113	0,115	0,114
Extinktionen E_2 für $\beta(Fe^{2+}) = 1{,}5$ mg/L	1,110	1,115	1,095	1,101	1,089	1,113	1,093	1,112

   Der Arbeitsbereich gilt als akzeptiert, wenn beim Varianzenvergleich der Extinktionswerte der beiden Grenzkonzentrationen der Prüfwert des *F*-Tests auf der Basis der Vertrauenswahrscheinlichkeit $P = 99$ % und des Freiheitsgrads $f = n - 1$ kleiner ist als der Tabellenwert.

4. Der Blei-Gehalt einer Probe (Angaben in Milligramm) wurde durch zwei unterschiedliche analytische Methoden ermittelt. Überprüfen Sie die beiden Messreihen mit Hilfe des *F*-Tests auf Varianzenhomogenität (Irrtumswahrscheinlichkeit $\alpha = 1$ %).
   Methode 1: 137 127 110 137 113 137 122 114 127 137 111 135 122
   Methode 2: 109 113 114 108 110 111 112 112 110 114 107 105 113

5. Untersuchen Sie die Messwertreihe in Aufgabe 8 Seite 334 mit Hilfe des David-Tests auf Normalverteilung (Annahme der Irrtumswahrscheinlichkeit $\alpha = 0{,}1$ %). Ermittelte Konzentrationen β(Fe):
   107 mg/L, 112 mg/L, 112 mg/L, 113 mg/L, 111 mg/L, 110 mg/L, 108 mg/L, 114 mg/L, 113 mg/L, 109 mg/L

6. Ein pharmazeutischer Wirkstoff wird mittels HPLC auf seinen Gehalt untersucht. Zur Bestimmung der Linearität der Methode werden 7 Referenzproben unterschiedlicher Konzentration chromatografiert und die in nachfolgender Tabelle aufgeführten Peakflächen erhalten:

Kalibrierlösung Nr.	1	2	3	4	5	6	7
Konzentration β (Analyt) in mg/L	20	25	30	35	40	45	50
Peakfläche in counts	45450	55290	65165	76254	88019	99309	111074

Führen Sie mit Hilfe eines Tabellenkalkulationsprogramms eine lineare Regression durch. Ermitteln Sie die Funktionsgleichung der Ausgleichsgeraden sowie den Korrelationskoeffizienten *r*. Überprüfen Sie, ob die Methode eine Linearität mit dem Bestimmtheitsmaß $R^2 > 0{,}998$ erfüllt.

7. Bei der Validierung einer HPLC-Analysenmethode wurde eine stark verdünnte Analytlösung der Konzentration 120 ppm bei höchster Empfindlichkeit in das System injiziert. Das Chromatogramm ergab eine Analyt-Peakhöhe von 5,7 cm, das Rauschsignal eine Höhe von 1,3 cm. Welche Nachweisgrenze und welche Bestimmungsgrenze ist nach der Signal/Rausch-Methode abzuschätzen?
(Hinweis: Die Nachweisgrenze wird als das 3,3fache des Nulllinien-Rauschens angenommen)

10.1.4 Prüfung von Messwertreihen auf Ausreißer

In einer Stichprobe kann es einzelne Vergleichswerte geben, die deutlich weiter vom berechneten Mittelwert entfernt sind, als die übrigen Werte. Sie können das Ergebnis einer Auswertung erheblich verfälschen (siehe Bild 1B Seite 338). Die im Folgenden beschriebenen Ausreißertests ermitteln auf der Basis eines festzulegenden Vertrauensniveaus durch Vergleich des zu berechnenden Prüfwerts PW mit einem Tabellen-Prüfgrenzwert, ob und mit welcher Sicherheit ein Wert als Ausreißerwert anzusehen ist oder ob es sich um eine zufällige Abweichung handelt.

Der gefundene Ausreißer wird nicht in die weitere Auswertung einbezogen, sollte aber als eliminierter Wert dokumentiert bleiben. Die beiden im Folgenden beschriebenen Ausreißertests setzen annähernd normalverteilte Einzelwerte voraus. Die Fragestellung bei der Prüfung ist jeweils einseitig: es wird jeweils nur auf einen Ausreißer-**Maximal**wert **oder** einen Ausreißer-**Minimal**wert untersucht.

Ausreißertest nach Grubbs

Der Ausreißertest nach Grubbs wird nach DIN 53 804 für einen Stichprobenumfang $n \geq 30$ empfohlen, eingesetzt werden kann er ab 6 bis 8 Werten. Beim Grubbs-Test wird für einen ausreißerverdächtigen Maximal- oder Minimalwert x_i die Prüfgröße PW berechnet, die seinen Abstand vom Mittelwert $\bar{x}$ im Verhältnis zur Standardabweichung beschreibt (siehe nebenstehende Größengleichung).

Grubbs Ausreißertest

$$PW = \frac{|x_i - \bar{x}|}{s}$$

Ist das Verhältnis PW **größer** als der entsprechende Wert r_m in der Grubbs-Tabelle (Seite 483) für das festgelegte Vertrauensniveau (P = 95 % oder 99 %), handelt es sich um einen signifikanten Ausreißer. Der Wert wird als solcher gekennzeichnet und mit den übrigen Werten ein neuer Test gerechnet.

Beispiel 1: Bei der gravimetrischen Untersuchung des Massenanteils *w*(Calciumcarbonat) in einem Füllstoffgemisch wurden folgende Analysenergebnisse ermittelt (aus Gründen der Übersichtlichkeit schon aufsteigend geordnet, Angaben in Prozent):

80,86	82,00	82,10	83,12	83,18	83,30	83,51	83,64	83,80	84,02	84,21	84,22	84,24
84,24	84,24	84,38	84,40	84,40	84,42	84,44	84,45	84,46	84,61	84,64	84,82	84,88
84,96	85,10	85,20	85,62	85,70	86,08	86,10	86,22	86,82				

Es ist auf dem Vertrauensniveau P = 95 % zu prüfen, ob der Wert 80,86 % und der Wert 86,82 % als Ausreißer auszuschließen sind.

Lösung: a) Die Werte werden aufsteigend geordnet (ist in der Messreihe schon erfolgt). Berechnung:
b) des Mittelwerts: $\bar{x}$ = 84,354 %; c) der Standardabweichung: $s = \pm 1{,}211$ % d) der Prüfwerte PW:

$$PW_{min} = \frac{|x_{min} - \bar{x}|}{s} = \frac{|80{,}86\,\% - 84{,}354\,\%|}{1{,}211\,\%} = 2{,}884; \quad PW_{max} = \frac{|x_{max} - \bar{x}|}{s} = \frac{|86{,}82\,\% - 84{,}354\,\%|}{1{,}211\,\%} = 2{,}036$$

e) Der Tabellenwert lautet: $r_m(P = 95\,\%, n = 35) = 2{,}811$ (aus Tabelle 1 Seite 483).
f) Da der Prüfwert $PW_{min} > r_m$, ist der Wert **80,86 %** auf dem Signifikanzniveau 95 % **ein Ausreißer.** Da der Prüfwert $PW_{max} < r_m$, ist der Wert **86,82 % kein Ausreißer.**
g) Die neu berechneten Werte der bereinigten Datenreihe lauten: $\bar{x}$ = 84,46 %, $s = \pm 1{,}063$ %

Ausreißertest nach Dixon

Der Ausreißertest nach Dixon wird von der DIN 53 804 empfohlen, wenn der Stichprobenumfang $n < 30$ Einzelwerte beträgt. Beim Test nach Dixon werden die Daten aufsteigend sortiert. Zur Auswertung benötigt man nur drei Werte: den ausreißerverdächtigen Wert x_1, den Nachbarwert x_2 und den kleinsten bzw. größten Wert x_{min} bzw. x_{max} der Datenreihe zur Ermittlung der Spannweite R. Die Anzahl und Lage der Werte dazwischen ist für die Berechnung nicht relevant. Die Berechnung für den Prüfwert PW wird nach einer der Größengleichungen ermittelt, die in der Tabelle Seite 484 in Abhängigkeit von der Anzahl der Einzelwerte n zusammengestellt sind. Ein Beispiel für 3 bis 7 Werte zeigt die nebenstehende Größengleichung.

Dixon Ausreißertest

$$PW_{min} = \frac{x_2 - x_{min}}{x_{max} - x_{min}} = \frac{x_2 - x_{min}}{R}$$

(Prüfung auf x_{min}, Prüfwert nach unten)

$$PW_{max} = \frac{x_{max} - x_{max-1}}{R}$$

(Prüfung auf x_{max}, Prüfwert nach oben)

Übersteigt bei dem gewählten Signifikanzniveau P bzw. α der berechnete Prüfwert den Tabellenwert, so kann der extreme Einzelwert als Ausreißer angesehen werden. Je größer die Anzahl der Messwerte, umso weniger aussagekräftig wird der Dixon-Test. Die Empfehlungen in der Literatur schwanken zwischen 5 und 8 Werten.

Beispiel 2: Ein Lösemittel soll zur Umkristallisation einer hydrolyseempfindlichen Substanz eingesetzt werden. Der Massenanteil an Wasser $w(H_2O)$ darf für diese Verwendung maximal 0,50 % betragen. Es wurden $n = 7$ Bestimmungen durchgeführt: 0,48 %; 0,35 %; 0,52 %; 0,51 %; 0,83%; 0,49 %; 0,39 %.

Liegt der mittlere Wassergehalt innerhalb der Spezifikation? Ist der größte Einzelwert ein Ausreißerwert? Die Irrtumswahrscheinlichkeit ist $\alpha = 0{,}01$, einseitige Fragestellung.

Lösung: Aufsteigend geordnete Einzelwerte: 0,35 %; 0,39 %; 0,48 %; 0,49 %; 0,51 %; 0,52 %; 0,83%.

Berechnung des Prüfwerts:

$$PW_{max} = \frac{x_{max} - x_{max-1}}{x_{max} - x_{min}} = \frac{0{,}83\,\% - 0{,}52\,\%}{0{,}83\,\% - 0{,}35\,\%} \approx 0{,}646;$$ Tabellenwert: 0,667 (Tabelle Seite 484)

Der Prüfwert PW ist **kleiner** als der Tabellenwert 0,667 ($\alpha = 0{,}01$; $n = 7$)

Der ausreißerverdächtige Wert $x_7 = 0{,}83$ % kann mit der Irrtumswahrscheinlichkeit $\alpha = 0{,}01 = 1$ % (einseitig) **nicht** als Ausreißerwert angesehen werden.

Der Mittelwert des Wassergehalts beträgt $w(H_2O) = 0{,}51$ %. **Das Lösemittel ist nicht geeignet.**

Aufgabe zu 10.1.4 Prüfung von Messwertreihen auf Ausreißer

1. Bei der Bestimmung der Dichte von Ethanol wurden bei einer Charge folgende 15 Werte in g/mL ermittelt:

   0,7996; 0,7964; 0,7954; 0,7932; 0,7789; 0,7789; 0,7002; 0,7256; 0,7365; 0,7582; 0,7712; 0,7729; 0,7741; 0,7762; 0,7763

   Überprüfen Sie mit Hilfe des Grubbs-Tests die Dichte-Werte auf Ausreißer (Signifikanzniveau 95 %, einseitig).

2. Bei der Mehrfachbestimmung einer Probe mittels HPLC wurden folgende Peakflächen in counts erhalten: 9021; 7651; 7380; 7196; 7171; 7442; 7264

   Überprüfen Sie mit Hilfe des Dixon-Ausreißertests, ob es sich beim kleinsten und größten Wert dieser Messreihe auf dem Signifikanzniveau $P = 95$ % um Ausreißer handelt.

3. Zur Untersuchung der Akzeptanz des Arbeitsbereiches wurde bei einer fotometrischen Nitrit-Bestimmung mit dem Konzentrationsniveau 0,05 mg/L und 0,5 mg/L jeweils eine 10fache Wiederholserie analysiert. Dabei wurden folgende Extinktionswerte erhalten:

   Unterer Arbeitsbereich: 0,178; 0,183; 0,186; 0,184; 0,185; 0,184; 0,184; 0,186; 0,185; 0,188

   Oberer Arbeitsbereich: 1,353; 1,352; 1,350; 1,354; 1,350; 1,346; 1,347; 1,351; 1,346; 1,355

   Überprüfen Sie die beiden Messreihen mit Hilfe des Grubbs-Tests auf Ausreißer (Signifikanzniveau 99 %). Führen Sie für die beiden Messreihen (Ausreißer eliminiert) einen Varianzenhomogenitätstest durch und bewerten Sie die Akzeptanz des Arbeitsbereiches.

10.2 Qualitätsregelkarten in der Analytischen Chemie

Die Qualitätssicherung hat in der Analytischen Chemie in den letzten Jahren enorm an Bedeutung gewonnen. Vor allem durch die Akkreditierung nach DIN EN ISO/IEC 17025 hat eine Standardisierung und auch größere Gewichtung von Qualitätssicherungsmaßnahmen stattgefunden. Die Methoden der Qualitätssicherung sind im Qualitätssicherungshandbuch, dem zentrale Bedeutung zukommt, zu dokumentieren.

In der Analytischen Qualitätssicherung AQS wird zwischen **Externer Qualitätssicherung** (z.B. Teilnahme an Ringversuchen) und **Interner Qualitätssicherung** unterschieden. Zur Internen Qualitätssicherung werden zunehmend Qualitätsregelkarten (unkorrekt auch als „Kontrollkarten" bezeichnet) eingesetzt, deren Einsatz sich z.B. in der industriellen Serienproduktion seit langem bewährt hat.

10.2.1 Aufbau von Qualitätsregelkarten (QRK)

Ein Hilfsmittel der statistischen Qualitätskontrolle sind die **Qualitätsregelkarten QRK** (control charts) in denen die grafisch aufbereiteten Ergebnisse der Kontrollanalysen die aktuell erreichte Qualität visualisieren. Sie ermöglichen das Erfassen zufälliger Abweichungen durch Präzisionskontrolle und systematischer Abweichungen durch *Richtigkeitskontrolle.*

Zur Überprüfung der **Richtigkeit** dienen:

- Mittelwert-Regelkarten $\overline{x}$ **(Bild 1)**
- Wiederfindungs-Regelkarten WFR
- Blindwert-Regelkarten

Die **Präzision** wird überwacht mittels:

- Spannweiten-Regelkarten *R* (Range)
- Standardabweichungs-Regelkarten *s*

Während die Regelkarten für die Richtigkeits-Überwachung die **Lage** der Werte zum Sollwert/wahren Wert darstellen, kennzeichnen die Regelkarten zur Präzisionsüberwachung die **Streuung** der Werte.

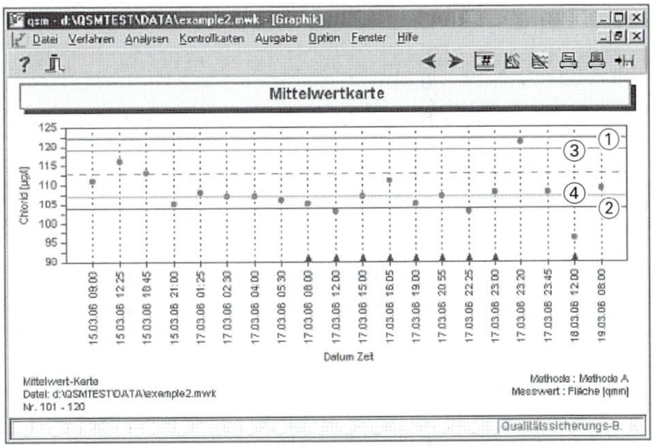

Bild 1: Monitorbild einer professionellen Auswertungs-Software (QSM) mit einspuriger Mittelwert-QRK

Bei einer **SHEWHART[1]-Qualitätsregelkarte** (Bild 1 und Bild 2) wird auf der *x*-Achse die Zeit, das Datum oder die Probennummer, auf der *y*-Achse der Merkmalswert des betrachteten Analyten dargestellt (die Konzentration, die Wiederfindungsrate, die Dichte u.a.).

In die Regelkarte sind obere und untere **Regelgrenzen** eingetragen. Dies sind Eingriffsgrenzen (auch Kontrollgrenzen genannt) und Warngrenzen. Sie legen die Grenzen fest, innerhalb denen der Prozess bzw. die Analyse geführt werden soll. Der Sollwert bildet die Mittellinie der QRK.

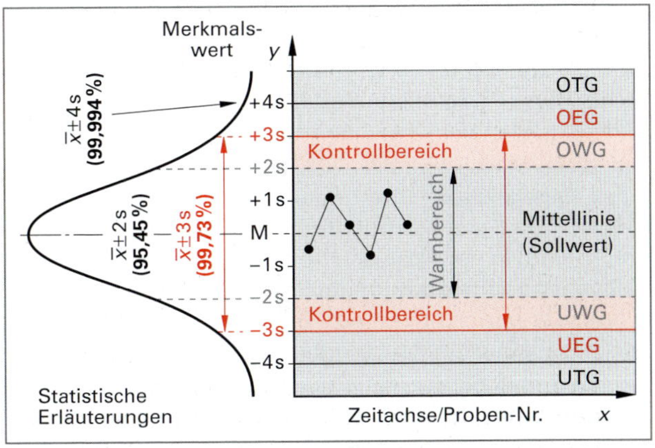

Bild 2: SHEWHART-Mittelwert-Regelkarte mit Regelgrenzen

Die obere und untere Grenze des 95%-igen Vertrauensbereiches bzw. häufig die 2fache Standardabweichung ± 2 *s* sind als untere und obere **Warngrenze UWG** und **OWG** festgelegt **(Bild 1** ③ und ④).

Die obere und untere Grenze des 99%-igen Vertrauensbereiches bzw. in der Regel die 3fache Standardabweichung ± 3 *s* bilden die untere und obere **Eingriffsgrenze UEG** und **OEG (Bild 1** ① und ②). Sie werden häufig unzutreffend als *Kontrollgrenzen* bezeichnet.

[1] Der Mathematiker WALTER SHEWHART entwickelte 1931 erstmals eine Qualitätsregelkarte zur industriellen Produktionskontrolle.

Eine wichtige Voraussetzung für das Führen von Regelkarten sind normal oder annähernd normal-verteilte Messwertreihen. Die Lage dieser Messwerte ist durch die GAUß'sche Normalverteilungskurve gekennzeichnet (Seite 45). Sie gibt die Standardabweichung *s* der einzelnen Messwerte einer Stichprobe zum Mittelwert $\overline{x}$ an. In **Bild 343/2** ist links neben der Regelkartenspur die zu erwartende Zufalls-Streuungskurve normal verteilter Messwertreihen eingezeichnet.

10.2.2 Regelgrenzen in Lage-Qualitätsregelkarten

Zur Ermittlung der erforderlichen Daten für die Warn- und Eingriffsgrenzen werden in einer Vorperiode von etwa 25 Messungen die **Einzelwerte** *x* (als Urwerte bezeichnet) oder bei Stichproben mit mehreren Einzelwerten die **Mittelwerte** $\overline{x}$ (häufig auch als xq bezeichnet) erfasst. Aus diesen Daten kann die Standardabweichung *s* der 25 Einzelwerte oder auch innerhalb der Stichproben-Einzelwerte (z.B. jeweils $n = 5$) berechnet werden.

Mit den Daten der Vorperiode lassen sich die Warn- und Eingriffsgrenzen einer Mittelwert-QRK mit nebenstehenden Größengleichungen errechnen.

Der **Warn-Bereich ±2 *s*** überdeckt 95,45 % der Fläche unterhalb der Kurve, d.h. die Wahrscheinlichkeit, einen falschen Alarm auszulösen, beträgt hier 4,55 % (einer von 22 Werten). Daher wird ein einmaliges Über-/Unterschreiten in der Regel noch toleriert. Die Überschreitungswahrscheinlichkeit bei den **Eingriffsgrenzen ±3 *s*** beträgt 0,27 % (einer von 370 Werten), d.h. tritt dieser Fall ein, kann mit großer Sicherheit von einer Außer-Kontroll-Situation ausgegangen werden.

Warngrenzen
$OWG = \overline{x} + 2\,s$
$UWG = \overline{x} - 2\,s$
Einer von 22 Werten außerhalb der WG

Eingriffsgrenzen
$OEG = \overline{x} + 3\,s$
$UEG = \overline{x} - 3\,s$
Einer von 370 Werten außerhalb der EG

Beispiel 1: Die mittlere Korngröße von Aerosil (pyrogene Kieselsäure) wurde in einer Vorlaufperiode zu $\overline{x} = 0{,}50$ µm bestimmt, die Standardabweichung zu ± 0,030 µm ermittelt. Berechnen Sie die Eingriffsgrenzen und die Warngrenzen mit der dreifachen (± 3 *s*) bzw. zweifachen Standardabweichung (± 2 *s*).

Lösung: **OEG** $= \overline{x} + 3\,s = 0{,}50\ \mu m + 3 \cdot 0{,}030\ \mu m =$ **0,59 µm**; **UEG** $= \overline{x} - 3\,s = 0{,}50\ \mu m - 3 \cdot 0{,}030\ \mu m =$ **0,41 µm**
OWG $= \overline{x} + 2\,s = 0{,}50\ \mu m + 2 \cdot 0{,}030\ \mu m =$ **0,56 µm**; **UWG** $= \overline{x} - 2\,s = 0{,}50\ \mu m - 2 \cdot 0{,}030\ \mu m =$ **0,44 µm**

Die **Toleranzgrenzen** einer Analyse OTG und UTG ergeben sich in der Regel aus der Präzision einer Analysenmethode, sie werden aus Gründen der Übersichtlichkeit meist nicht in die Regelkarte eingezeichnet. Beim Anlegen der QRK sollte auf der *y*-Achse ungefähr der Bereich ±4 *s* abgedeckt werden. So ist gesichert, dass auch Werte außerhalb der Eingriffsgrenzen eingetragen werden können.

Der besondere Nutzen der Regelkartenüberwachung ist darin zu sehen, dass Abweichungen der Prozess- oder Analysenwerte schon frühzeitig erkannt werden und so ein rechtzeitiges Eingreifen und das Auffinden und Beseitigen der Ursachen möglich ist.

Auf diese Weise hat die QRK die Funktion eines **Regelkreises:** Über- oder Unterschreitungen der Spezifikationsgrenzen aufgrund von Fehlern in der Analysenmethode werden weitgehend vermieden, in der Produktion tritt Ausschuss gar nicht erst auf. **Bild 1** verdeutlicht diesen Funktionszusammenhang.

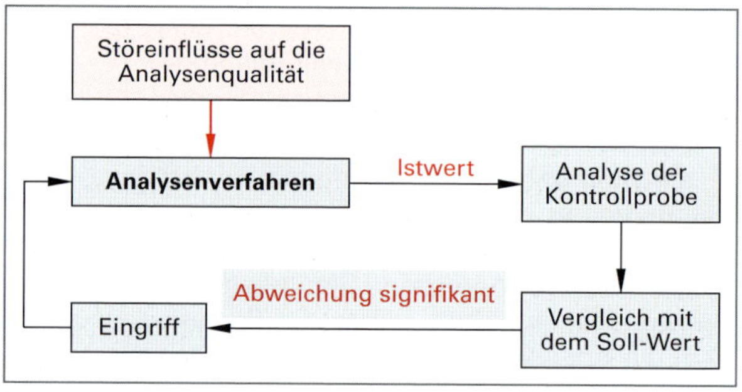

Bild 1: Regelfunktion einer Qualitätsregelkarte

Einzelwerte-Regelkarten, **Urwertkarten** genannt und **Mittelwert-Regelkarten** $\overline{x}$-QRK dienen vorwiegend zur Überprüfung der Richtigkeit eines Analysenverfahrens, d.h. sie veranschaulichen die Lage der Messwerte zum Sollwert. Auch systematische Veränderungen wie z.B. Trends sind erkennbar.

Kalibrierparameter wie Steigung *m* und Achsenabschnitt *b* (Blindwert), sofern sie täglich ermittelt werden, können ebenfalls mit Hilfe der $\overline{x}$-QRK überprüft werden. Hierbei bietet es sich an, die Abszisse (*x*-Achse) für alle Parameter zu verwenden und zwei Ordinaten übereinander auf einem Blatt anzuordnen. Die **Blindwert-Regelkarte** stellt einen Sonderfall der Mittelwert-Regelkarte dar: In der Blindwert-QRK werden **Messwerte** und nicht Analysenergebnisse (z.B. Konzentrationen) eingetragen.

Aufgaben zu 10.2.2 Regelgrenzen in Lage-Qualitätsregelkarten

1. In einer petrochemischen Anlage wird ein Hydrauliköl der Viskositätsklasse ISO VG 46 (kinematische Viskosität 46 mm²/s bei 40 °C) hergestellt. Nach Stichprobenplan wird alle 45 min eine Probe gezogen und die Viskosität ν mit einem Rotationsviskosimeter bei 40 °C gemessen.
   Folgende Messwerte dokumentiert das Messprotokoll der letzten 26 Proben aus der Vorperiode:

Messprotokoll vom 19.08.2008, ISO VG 46, Viskosität in mm²/s												
46,2	46,3	46,0	45,1	47,1	45,7	44,9	46,7	46,2	46,3	45,9	46,1	47,0
46,0	46,4	45,1	46,9	46,0	45,3	46,6	45,9	46,1	45,5	46,7	45,6	47,1

   Berechnen Sie aus den Messwerten die Eingriffsgrenzen (± 3 *s*) und Warngrenzen (± 2 *s*) für eine Einzelwert-QRK.

2. In einem Brüdenkondensat wird die Chlorid-Massenkonzentration volumetrisch überwacht, sie soll $\beta(Cl^-)$ = 50 mg/L ± 5 mg/L betragen. Die Tabelle zeigt Stichproben-Messwerte in mg/L. Berechnen Sie die Toleranzgrenzen, Eingriffsgrenzen (± 3 *s*) und Warngrenzen (± 2 *s*) für eine Mittelwert-QRK.

Probe Nr.		1	2	3	4	5	6	7	8	9	10	11	12	13	14	15
Messwerte in mg/L	x_1	51,3	50,0	52,1	47,4	50,1	47,6	49,9	52,3	49,0	50,1	49,4	47,1	50,4	48,7	48,1
	x_2	48,8	48,9	53,1	49,4	49,3	48,3	50,5	53,6	49,7	50,1	47,1	47,6	48,4	49,6	50,0
	x_3	49,8	51,5	51,0	47,4	50,0	49,7	48,4	52,1	50,7	50,3	49,4	49,7	51,7	49,0	50,2
	x_4	49,6	52,0	52,4	49,8	50,3	47,8	49,8	50,8	49,1	50,4	52,0	47,2	50,9	48,0	50,4
	x_5	47,6	49,1	52,4	47,6	49,2	49,7	52,3	51,0	49,7	50,2	48,6	47,2	49,5	47,6	50,0

10.2.3 Bewertung von Lage-Qualitätsregelkarten

Die Urwert- oder Mittelwert-QRK dienen zur Gehaltskontrolle. Mit ihnen ist es möglich, eine Veränderung der Lage der erfassten Messdaten frühzeitig zu erkennen. **Bild 1** zeigt einen unauffälligen Verlauf der Werte: die eingetragenen Mittelwerte liegen zufällig verteilt oberhalb und unterhalb des Sollwertes M und sowohl innerhalb der Eingriffsgrenzen OEG und UEG als auch innerhalb der oberen und unteren Warngrenzen OWG und UWG. Die Werte sind unter „statistischer Kontrolle".

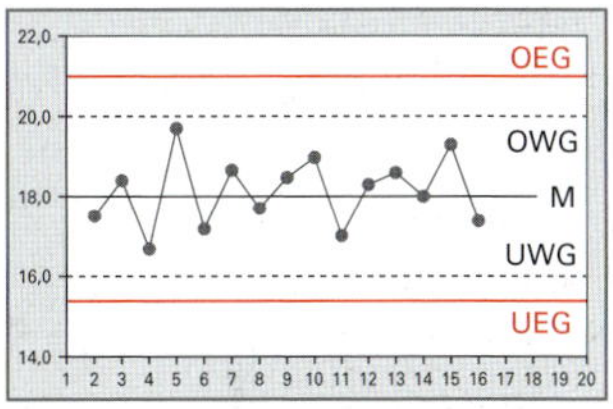

Bild 1: Unauffälliger Verlauf

Die nachfolgenden Abbildungen von Regelkarten zeigen Beispiele für „Außer-Kontroll-Situationen", die ein Eingreifen des Bedienpersonals erfordern:

1. **Werte außerhalb der Eingriffsgrenzen (Bild 2).** Ein Wert weicht sehr stark von der natürlichen Variabilität ab. Die Analyse ist gegebenenfalls zu wiederholen. Wird erneut ein Wert außerhalb der Eingriffsgrenzen gefunden, ist die Analysenmethode bzw. die Analysenapparatur mit einem Standard zu überprüfen und es sind unter Umständen Korrekturen vorzunehmen.

   Stammt die Analyse aus der Prozessüberwachung, ist bei weiteren Überschreitungen ein Eingriff in den Prozess erforderlich. Solange sich die Werte innerhalb der Spezifikationsgrenzen bewegen, ist aber die geforderte Qualität gewährleistet.

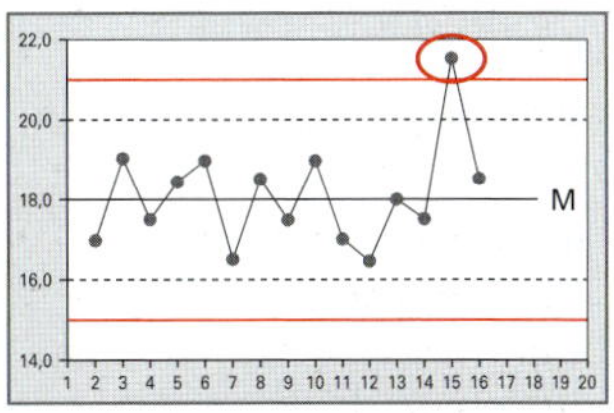

Bild 2: Werte außerhalb der Eingriffsgrenzen

2. In **Bild 3** sind **7 aufeinander folgende Werte absteigend (Trend),** (dies gilt ebenso für 7 aufsteigende Werte). Die Analysenwerte scheinen sich in Folge von Temperatureinflüssen (langsam ansteigende Raumtemperatur), durch allmähliche Veränderungen in der Messeinrichtung wie Bildung von Ablagerungen, durch Alterung von Reagenzien zu den Eingriffsgrenzen hin zu verschieben und drohen, diese zu überschreiten. Es ist die Ursache der Veränderung zu untersuchen und abzustellen.

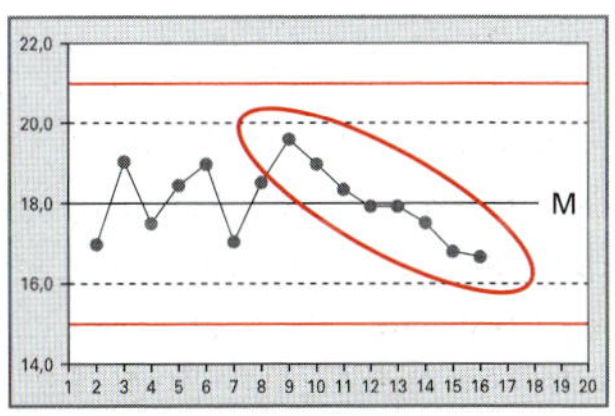

Bild 3: Trend

3. **Runs:** Mindestens 7 Werte in Folge liegen oberhalb **(Bild 1)** oder unterhalb der Mittellinie M. Ursache ist ein systematischer Einfluss. Er kann durch den Einsatz neuer Chemikalien, durch neue Lieferanten, den Wechsel einer Messelektrode, Neukalibrierung eines Messgerätes oder auch durch Wechsel des Bedienungspersonals hervorgerufen werden. Die Apparatur ist mit einem Standard zu überprüfen und wird verschärft überwacht, bei erkannter Ursache sind Veränderungen vorzunehmen.

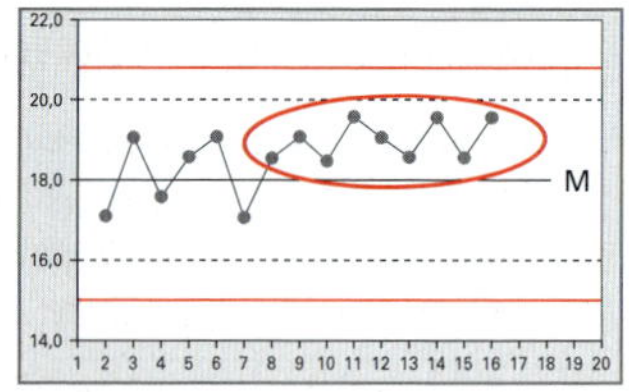

Bild 1: Run

4. **Messwerte außerhalb der Warngrenzen:** Liegen zwei von drei Messwerten oberhalb oder unterhalb der Warngrenzen **(Bild 2),** so nähern sich die Werte den Eingriffsgrenzen und der Prozess droht außer Kontrolle zu geraten. Durch zusätzliche Stichproben ist eine verschärfte Überwachung der Prozesses einzuleiten, die Ursache sind zu analysieren und abzustellen. Liegen weitere Werte außerhalb der Warngrenzen, ist der Prozess zu korrigieren.

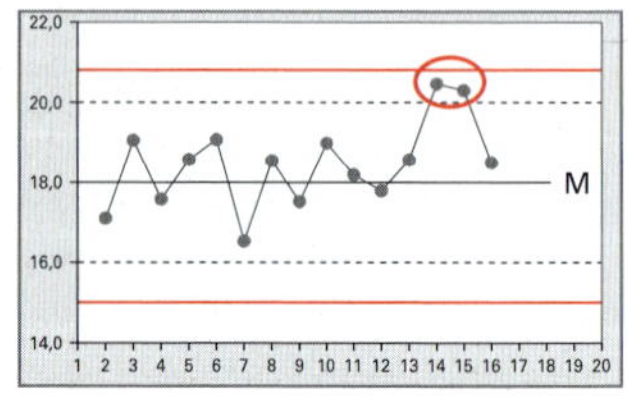

Bild 2: Werte außerhalb der Warngrenzen

Auffällige Folgen der Messwerte in Regelkarten

Bei der Auswertung einer Qualitätsregelkarte sollte nicht nur auf Außer-Kontroll-Situationen geachtet werden sondern zusätzlich der allgemeine Verlauf der Eintragungen auf der Karte verfolgt werden. Nebenstehend sind drei weitere Beispiele aufgeführt, deren Folgen der Eintragungen auf nicht zufällige Einflüsse hindeuten.

5. **Middle Third:** Wenn weniger als 40 % oder mehr als 90 % der letzten 25 Mittelwerte im mittleren Drittel des Kontrollbereichs liegen, bezeichnet man diesen Verlauf als Middle Third. Eine Unterschreitung von 40 % (Middle Third 40 %) spiegelt eine zu große Streuung wider **(Bild 3).** Es ist zu prüfen, ob möglicherweise Stichproben aus unterschiedlichen Chargen untersucht wurden.

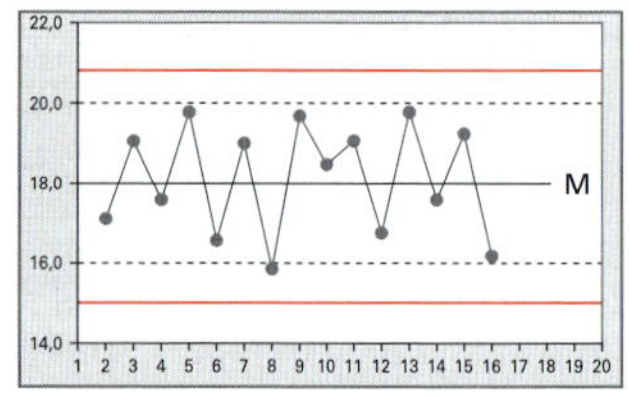

Bild 3: Middle Third 40 %

6. Bei einer Überschreitung von 90 % **(Middle Third 90 %)** könnte eine Funktionsstörung oder falsche Eingabe der Kontrollgrenzen vorliegen. Der untersuchte Prozess bzw. die Analyse scheint extrem genau zu sein **(Bild 4).** Die Werte sind darauf zu prüfen, ob sie „geschönt" wurden oder ob möglicherweise Berechnungsfehler vorliegen. Weitere Ursachen könnten aber auch eine größere Sorgfalt oder bessere Fertigkeiten des Bedienpersonals sein. In der Analytik wird geprüft, ob die Regelgrenzen enger anzulegen sind.

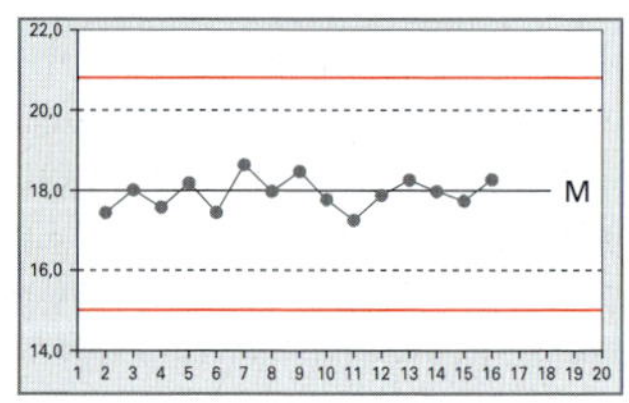

Bild 4: Middle Third 90 %

7. **Zyklischer Verlauf:** Die Ursache für einen periodischen bzw. zyklischen Verlauf der Messwerte **(Bild 3)** kann ein Wechsel des Bedienpersonals (z.B. Rotation der Mitarbeiter, Schichtwechsel) sein oder es kann auch ein „Montagseffekt" zugrunde liegen. Der Verlauf in der QRK wird vorhersehbar. Die Ursachen der Periodizität sind zu ergründen und abzustellen.

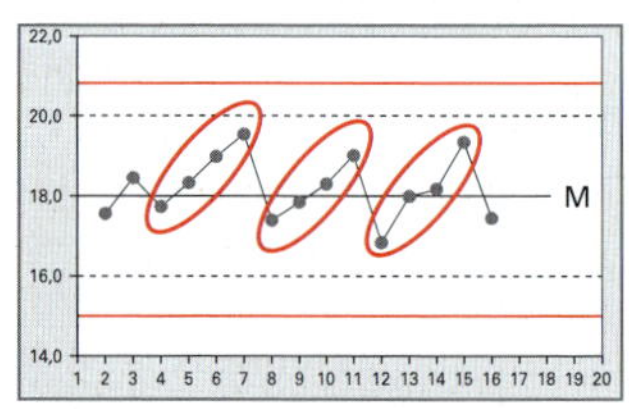

Bild 5: Zyklische Änderung

Aufgabe zu 10.2.3 Bewertung von Lage-Qualitätsregelkarten

1. Die abgebildete Mittelwert-QRK zur Viskositätsüberwachung zeigt den Messwertverlauf aus einer laufenden Produktion **(Bild 6).** Untersuchen Sie die Messwertspur auf Auffälligkeiten, die eine Reaktion des Bedieners erfordern.

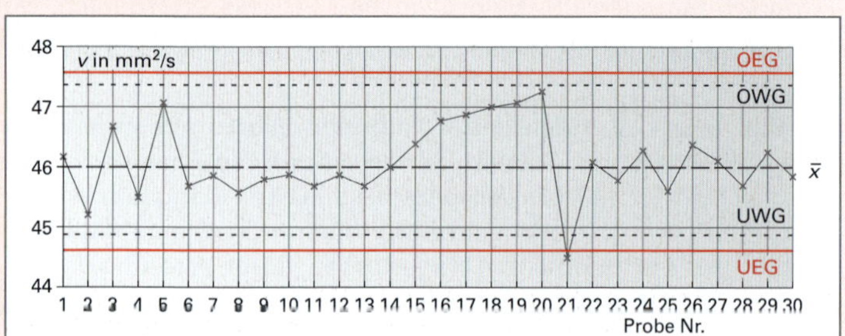

Bild 6: Einzelwert-Regelkarte

10.2.4 Regelgrenzen in Streuungs-Qualitätsregelkarten

Während die Shewhart-Regelkarte für Einzelwerte und Mittelwerte in erster Linie die Übereinstimmung der Mittelwerte mit dem Sollwert überwacht (=Gehaltskontrolle, Lageüberwachung), dienen **Spannweiten-Regelkarten** (R-QRK, von R = Range = Bereich) und **Standardabweichungs-Regelkarten** (s-QRK) zur Überwachung der Streuung. Sie überwachen die Präzision der Analysenwerte.

In der Regel werden die Streuungs-Regelkarten R-QRK bzw. s-QRK mit der Mittelwert-QRK zu **einer** Regelkarte mit gemeinsamer Abszisse (x-Achse) zusammengefasst **(Bild 1)**. Man bezeichnet eine solche Regelkarte dann als **zweispurig**: die **obere Spur 1** überwacht die Lage, die **untere Spur 2** die Streuung der Messwerte.

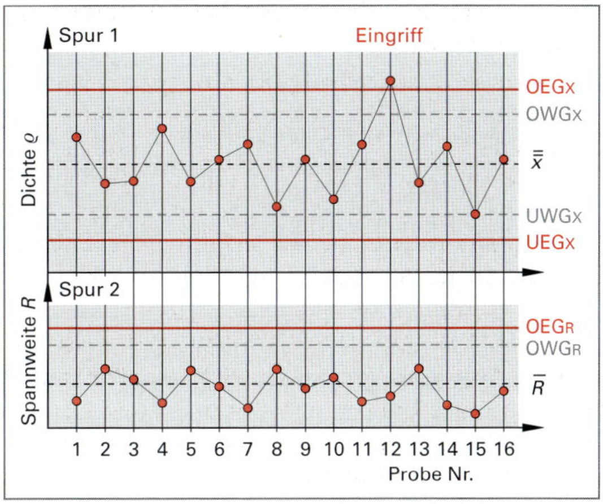

Bild 1: Zweispurige $\bar{x}$-R-Qualitätsregelkarte
obere Spur 1: zweiseitige Mittelwertkarte $\bar{x}$,
untere Spur 2: einseitige Spannweitenkarte R

Da die obere Regelkarte die Lage des Dichtewerts auf Über- **und** Unterschreiten überwacht, bezeichnet man diese Regelkarte als **zweiseitig.**

In der unteren Spannweitenkarte (wie auch bei der s-QRK) wird in der Regel nur die **Über**schreitung der Streuung überwacht: daher bezeichnet man die Regelkarte als **einseitige** QRK.

Zur Berechnung der Warn- und Eingriffsgrenze OWG_R und OEG_R einer **Spannweiten-Regelkarte** werden zunächst die Spannweiten R aller Untergruppen der Mehrfachanalysen ermittelt.

$$R = x_{max} - x_{min}$$

Aus diesen wird dann der Spannweiten-Mittelwert $\bar{R}$ gebildet. Dieser Mittelwert $\bar{R}$ kennzeichnet die Zentrallinie in der R-QRK. Die obere Warn- und Eingriffsgrenze errechnet sich aus der mittleren Spannweite $\bar{R}$ durch Multiplikation mit einem von der Anzahl n der Mehrfachbestimmung und dem Signifikanzniveau abhängigen Faktor D nach nebenstehenden Größengleichungen.

Obere Eingriffsgrenze der Spannweiten-Regelkarte

$$OEG_R = D_4 \cdot \bar{R}$$

Auf das Einzeichnen der unteren Eingriffsgrenze UEG_R wird in R-QRK in der Regel verzichtet, ähnliches gilt für die obere Warngrenze OWG_R.

Obere Warngrenze der Spannweiten-Regelkarte

$$OWG_R = D_1 \cdot \bar{R}$$

In der nebenstehenden Tabelle sind die zur Berechnung der Regelgrenzen einer R-QRK erforderlichen Faktoren aufgeführt. Die Faktoren in der Tabelle basieren auf dem gleichen $\pm 2\,s$ und $\pm 3\,s$-Signifikanzniveau (95 % und 99,7 %) wie die Shewhart-Regelkarte und werden hauptsächlich verwendet.

In der praktischen Anwendung wird die Spannweitenkarte in der Regel nur bei Mehrfachbestimmungen pro Analysenserie angewendet. Bei Stichprobengrößen > 10 kommt meist die Standardabweichungs-Regelkarte s-QRK zum Einsatz.

Tabelle 1: Faktoren zur Berechnung der *R*-Grenzen (D) und *s*-Grenzen (B)

n	D1	D4	B4
2	2,809	3,267	3,267
3	2,176	2,574	2,568
4	1,935	2,282	2,266
5	1,804	2,114	2,089
6	1,721	2,004	1,970
7	1,662	1,924	1,882
8	1,617	1,864	1,815

Beispiel 1: Bei fotometrischen Kalibriermessungen der Konzentration an Kupfer-Ionen wurden mit jeweils Dreifachbestimmungen die in nachfolgender Tabelle aufgeführten Massen-Konzentrationen $\beta(Cu^{2+})$ in mg/L ermittelt.

a) Berechnen Sie die Spannweiten R der Dreifachbestimmungen.
b) Berechnen Sie die mittlere Spannweite $\bar{R}$.
c) Berechnen Sie die obere Eingriffsgrenze OEG_R für eine Spannweiten-Qualitätsregelkarte R-QRK.

Lösung: Die Lösung wurde mit Excel erstellt.
Sie zeigt die Analysenwerte der drei Bestimmungen in den Zellen B3 bis M5, darunter die Auswertung der Spannweite.

Fotometrische Bestimmung von Kupfer-Ionen:

	A	B	C	D	E	F	G	H	I	J	K	L	M	N
1		**Massenkonzentration β (Cu^{2+}) in mg/L**												
2	Probe Nr.	1	2	3	4	5	6	7	8	9	10	11	12	Einheit
3	Messung 1	143,4	140,1	175,8	165,0	169,8	171,0	185,8	173,4	165,5	171,7	168,2	155,2	mg/L
4	Messung 2	142,3	137,1	175,7	164,4	167,8	172,6	184,5	173,6	166,9	172,1	170,8	155,5	mg/L
5	Messung 3	141,0	139,4	175,2	164,9	167,9	172,9	183,8	173,7	167,8	172,5	171,1	157,4	mg/L
6	**Spannweite *R***	**2,4**	**3**	**0,6**	**0,6**	**2,0**	**1,9**	**2,0**	**0,3**	**2,3**	**0,8**	**2,9**	**2,2**	mg/L
7	Mittlere Spannweite $\bar{R}$:		**1,75**	mg/L	Faktor D_4:		2,574	(aus Tabelle 1)		**Obere Eingriffsgrenze:**			**4,505**	mg/L

Die Formel-Einträge in den Berechnungs-Zellen lauten:

Berechnung der Spannweite, z.B. Zelle B6: =MAX(B3:B5)-MIN(B3:B5)

Berechnung des Mittelwerts der Spannweiten, Zelle C7: =MITTELWERT(B6:M6)

Berechnung der oberen Eingriffsgrenze OEG_R, Zelle M7: =C7*G7

Die **Standardabweichungs-Regelkarte** *s*-QRK wird ähnlich der *R*-Karte zur Überwachung der Streuung von Messwertreihen herangezogen. Vor allem in Kombination mit der Mittelwert-Karte ist die *s*-QRK eher in der Lage, systematische Fehler aufzudecken.

Die obere Eingriffsgrenze OEG_S der Standardabweichungs-Regelkarte berechnet sich nach nebenstehender Größengleichung. Auf die untere Eingriffsgrenze UEG_S und Warngrenzen wird bei der *s*-QRK in der Regel verzichtet.

Obere Eingriffsgrenze der Standardabweichungs-Regelkarte
$OEG_S = B_4 \cdot \bar{s}$

Beispiel 2: Berechnen Sie für die Messwertreihe von Beispiel 1 (fotometrische Bestimmung von Kupfer-Ionen) die obere Eingriffsgrenze OEG_S (für $P = 99$ %).

Lösung: Mittelwert aller Standardabweichungen: $\pm \bar{s} = 0{,}923$ mg/L; Tabellenwert aus **Tabelle 1:** B4 = 2,568 ($n = 3$)

Berechnung der oberen Eingriffsgrenze OEG_S: $\mathbf{OEG_S} = B4 \cdot \bar{s} = 2{,}568 \cdot 0{,}923$ g/mL = **2,370 mg/L**

Aufgaben zu 10.2.4 Regelgrenzen in Streuungs-Qualitätsregelkarten

1. Berechnen Sie für die Messwertreihe Aufgabe 2, Seite 245 (Bestimmung der Chlorid-Massenkonzentration $\beta(Cl^-)$ in einem Brüdenkondensat) die obere Eingriffsgrenze OEG_R und obere Warngrenze OWG_R für eine Spannweiten-QRK (*R*-QRK).
2. Berechnen Sie für die in Beispiel 1 Seite 248 aufgeführten Werte der fotometrischen Kupferbestimmung (Tabelle oben) die obere Eingriffsgrenze für eine Standardabweichungs-Regelkarte (*s*-QRK).

10.2.5 Bewertung von Streuungs-Qualitätsregelkarten

Während die Shewhart-Mittelwert-Regelkarte ($\bar{x}$-QRK) anzeigt, inwieweit Probenmittelwerte der Stichproben bzw. Einzelwerte mit dem Gesamtmittelwert übereinstimmen, jedoch keine Information über die Streuung der einzelnen Analysenergebnisse innerhalb und zwischen den Untergruppen ermöglicht, dienen die *R*-QRK und die *s*-QRK vor allem zur Präzisionskontrolle.

Die Entscheidungskriterien für eine Außer-Kontroll-Situation in einer *R*-QRK sind vergleichbar denen der $\bar{x}$-QRK. Eine Außer-Kontroll-Situation liegt vor **(Bild 1)**, wenn:

- eine Spannweite oberhalb der Eingriffsgrenze liegt ①,
- sieben aufeinander folgende Werte eine aufsteigende ② oder abfallende ③ Tendenz haben (Trend),
- sieben aufeinander folgende Werte oberhalb der mittleren Spannweite $\bar{R}$ liegen ④.

Zyklische Abfolgen innerhalb der Spannweiten ⑤ können auf Einflüsse durch die Gerätewartungsintervalle oder Alterung von Reagenzien hindeuten. Sie stellen keine Außer-Kontroll-Situation dar.

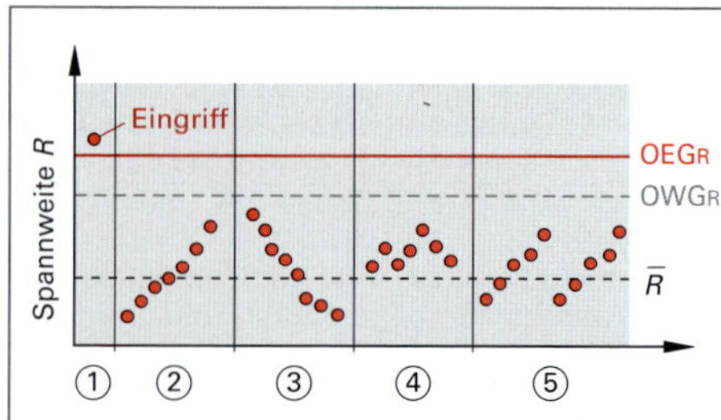

Bild 1: Mögliche Außer-Kontroll-Situationen in Spannweiten-Regelkarten *R*-QRK

Bei der Spannweiten-Regelkarte wie auch bei der Standardabweichungs-Regelkarten ist es im Vergleich zur Mittelwert-Regelkarte allerdings nicht sinnvoll, bei sieben aufeinander folgenden Werten unterhalb der Mittellinie von einer Außer-Kontroll-Situation auszugehen: Dies könnte auch auf eine Verbesserung der Präzision hindeuten und sollte zu einer Neuberechnung der Eingriffgrenze führen.

10.2.6 Erstellen und Führen von Qualitätsregelkarten

Spannweiten-Regelkarten (*R*-QRK) erfordern nur wenig Rechenaufwand und sind deshalb auch unmittelbar am Arbeitsplatz durch den Mitarbeiter manuell zu führen. Dagegen ist der Rechenaufwand bei Mittelwertkarten ($\overline{x}$-QRK) und Standardabweichungskarten (*s*-QRK) sehr hoch. Das gilt vor allem für große Stichproben, für welche die $\overline{x}$-*s*-Regelkarte sehr gut geeignet ist. $\overline{x}$-*s*-QRK werden bevorzugt rechnergestützt geführt.

Mittelwert-Regelkarte

Im Programm (siehe Monitorbild in **Bild 1)** kann nach Eingabe der Urwerte oder Stichproben-Einzelwerte in ein Tabellenblatt der gewünschte Regelkartentyp (hier: **Mittelwert)** und die gewünschte Nichteingriffswahrscheinlichkeit (hier: 99,73 %, $\pm 3s$) aufgerufen werden. Das Programm wertet aus und stellt die QRK dar.

Die nachfolgende Übersicht **(Bild 2)** zeigt an einem Beispiel das Ablaufschema zur Erstellung einer Shewhart-Mittelwert-Regelkarte. Dabei wird in folgenden Schritten vorgegangen:

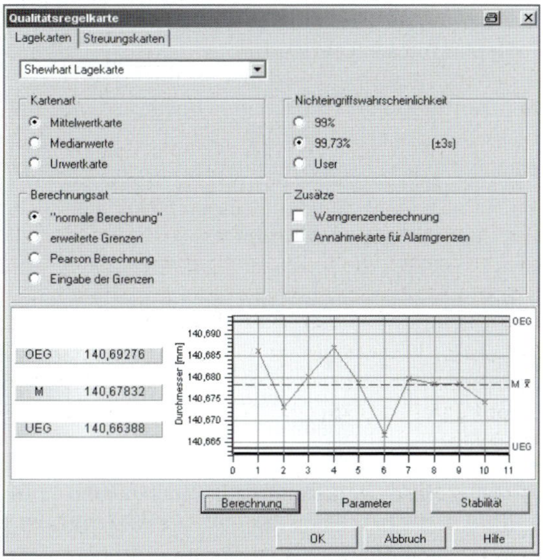

Bild 1: Rechnergeführte $\overline{x}$-Qualitätsregelkarte

① Berechnen der 20 Stichproben-Mittelwerte $\overline{x}$ (zu je 5 Einzelwerten) aus den Daten des Vorlaufs, berechnen des Mittelwerts der Mittelwerte $\overline{\overline{x}}$ (xqq), eintragen der Mittellinie in die QRK.

② Berechnen der Standardabweichung *s* innerhalb der Einzel-Stichproben, berechnen des Mittelwerts $\overline{s}$ (sq).

③ Berechnen der oberen und unteren Warngrenze OWG/UWG, eintragen der Linien in die QRK.

④ Berechnen der oberen und unteren Eingriffsgrenze OEG/UEG, eintragen der Linien in die QRK.

⑤ Eintragen der Mittelwerte in die QRK mit Entnahmedatum der Probe, Name des Bedieners.

Daten des Vorlaufs, β(Analyt) in mg/L							
Nr.	1	2	3	4	5	...	20
x_1	59,6	59,1	59,6	60,2	59,9	...	59,6
x_2	60,3	60,1	60,3	59,4	59,5	...	59,8
x_3	60,1	60,3	60,1	59,9	60,4	...	59,9
x_4	60,4	59,7	60,5	59,5	60,2	...	59,6
x_5	59,7	59,9	59,7	60,1	59,5	...	60,1
$\overline{x}$	60,0	59,8	60,0	59,8	59,8	...	59,9
s	0,356	0,460	0,385	0,56	0,427		0,208
Mittelwert der Mittelwerte $\overline{\overline{x}}$:							60,0 mg/L
② Mittelwert Standardabweichungen $\overline{s}$:							±0,366
Warngrenzen 60,0±2s:							±0,731
Eingriffsgrenzen 60,0±3s:							±1,097

Prüfergebnisse der laufenden Produktion:

2008-08-08	60,6
2008-08-09	59,2
2008-08-10	60,8
2008-08-11	59,8

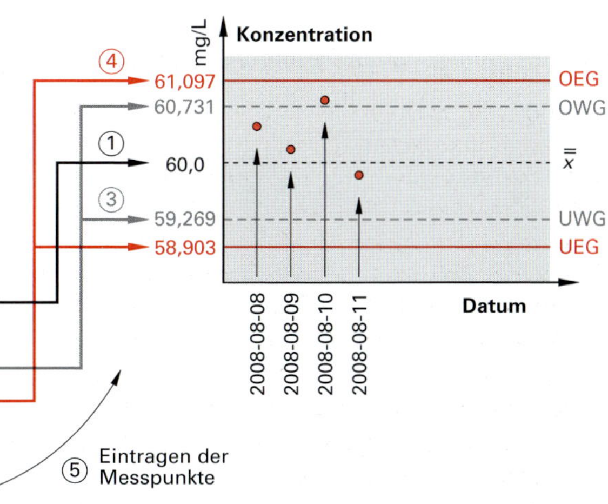

Bild 2: Ablaufschema zur Erstellung einer zweiseitigen Mittelwert - Qualitätsregelkarte ($\overline{x}$-QRK)

Außer der schon beschriebenen Urwert- und Mittelwert-Regelkarte (= Lageregelkarten) sowie der Spannweiten-Regelkarte und Standardabweichungs-Regelkarte (= Streuungsregelkarten) werden als Instrument der Qualitätssicherung in der Analytischen Chemie zwei weitere Regelkarten verwendet: Die Blindwert-Regelkarte und die Wiederfindungsraten-Regelkarte, sie dienen zur laborinternen Richtigkeitskontrolle.

Blindwert-Regelkarte

Der **Blindwert** (exakter: **Leerwert)** entspricht dem Messsignal einer Messeinrichtung, wenn eine analytfreie Blindprobe (Leerwertprobe) analysiert wird. Der Blindwert sollte eigentlich einen Messwert von Null ergeben. Tatsächlich weicht aber bei vielen Analysenverfahren der Messwert einer Blindprobe von Null ab. Der Blindwert muss daher bestimmt und gegebenenfalls bei der Berechnung der Analysenergebnisse berücksichtigt werden. Die Standardabweichung des Blindwerts dient häufig zur Berechnung der Nachweis- und Bestimmungsgrenze von Messverfahren und analytischen Methoden.

Bei analytischen Bestimmungen setzt sich der Blindwert aus mehreren Anteilen zusammen:

- dem *Geräte-Blindwert:* in vielen Fällen (z.B. GC oder HPLC) liefert das Gerät auch dann ein Signal (Rauschen), wenn keine Probe vorhanden ist.
- dem *Reagenzienblindwert:* die Blindprobe mit allen in der Vorschrift enthaltenen Reagenzien hat den analytischen Vorgang durchlaufen, enthält keinen Analyten.
- dem *Probenblindwert:* er wird verursacht durch die Probenmatrix und gegebenenfalls auch einen internen Standard **(Bild 1,** die Extinktion bei β(Säure) = 0 mg/L ist > 0).
- Verunreinigte oder gealterte Reagenzien oder Verunreinigungen an den Prüfgeräten (z.B. Küvetten), dadurch tritt z.B. erhöhte Absorption bei der Fotometrie ein.

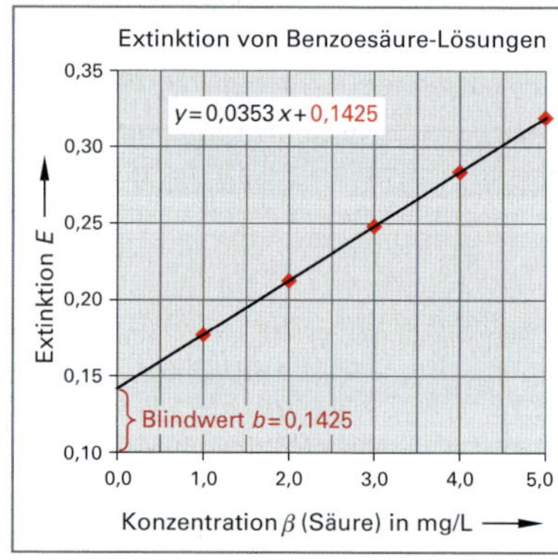

Bild 1: Extinktion von Kalibrier-Lösungen

Die **Blindwert-Regelkarte** stellt eine spezielle Anwendung der Mittelwert-Regelkarte dar. Sie erlaubt insbesondere eine Beurteilung des verwendete Reagenzien- und Messsystems. Im Gegensatz zur Mittelwert-Regelkarte werden bei der Blindwert-Regelkarte nicht die Analysenergebnisse (Konzentrationen) sondern Messwerte eingetragen, z.B. Extinktionen, Peakflächen u.a.

Beispiel 1: Im Rahmen der Validierung einer UV-VIS-Analyse wurde eine Vorperiode von 24 Serien zur Erstellung einer Blindwert-Regelkarte durchgeführt. Dabei erhielt man die in der Tabelle 1 aufgeführten Extinktionen. Erstellen Sie aus den Messwerten eine Blindwert-Regelkarte.

Tabelle 1: Extinktionen von Blindwertproben

Serie-Nr.	Extinktion	Serie-Nr.	Extinktion	Serie-Nr.	Extinktion	Serie-Nr.	Extinktion
1	0,089	7	0,081	13	0,081	19	0,076
2	0,080	8	0,082	14	0,089	20	0,075
3	0,091	9	0,065	15	0,079	21	0,083
4	0,083	10	0,073	16	0,076	22	0,097
5	0,079	11	0,080	17	0,069	23	0,068
6	0,054	12	0,073	18	0,083	24	0,066

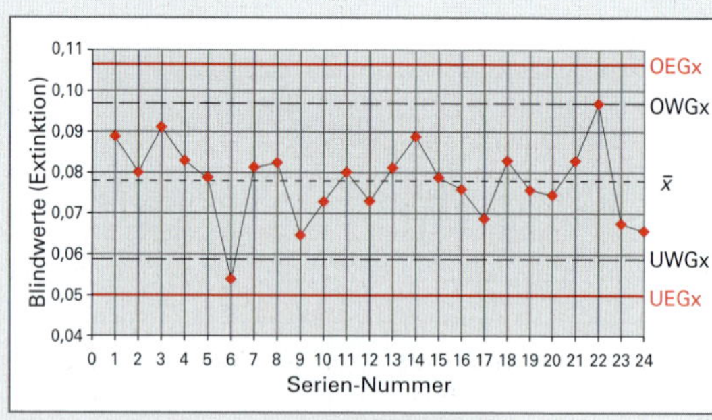

Bild 2: Blindwert-Qualitätsregelkarte

Lösung: Berechnung des Mittelwerts: $\bar{x} = 0{,}0789$

Berechnung der Standardabweichung: $s = \pm\, 0{,}0094$

Berechnung der Eingriffsgrenzen: OEGx $= \bar{x} + 3\,s = 0{,}0789 + 3 \cdot 0{,}0094 = 0{,}106$

UEGx $= \bar{x} - 3\,s = 0{,}0789 - 3 \cdot 0{,}0094 = 0{,}050$

Berechnung der Warngrenzen: OWGx $= \bar{x} + 2\,s = 0{,}0789 + 2 \cdot 0{,}0094 = 0{,}097$

UWGx $= \bar{x} - 2\,s = 0{,}0789 - 2 \cdot 0{,}0094 = 0{,}059$

Die Blindwert-Regelkarte **(Bild 2)** wurde mit Excel erstellt.

Wiederfindungsraten-Regelkarte

Die Wiederfindungsrate WFR ist ein Beurteilungskriterium für ein Analysenverfahren (Seite 330). Sie kann mit reinen Standardlösungen, synthetischen Proben, Referenzproben oder zertifiziertem Referenzmaterial bestimmt werden. Analysen dieser Proben wie auch das Führen von Mittelwert-Regelkarten geben allerdings keine Hinweise auf Fehler, die durch Matrixeinflüsse der Probe verursacht sind.

Ein aussagefähiges Ergebnis wird erhalten, d.h. der Matrixeinfluss berücksichtigt, wenn bei der **Wiederfindungsraten-Regelkarte** aufgestockte reale Proben als Kontrollproben eingesetzt werden. Die Konzentration dieser Proben sollte nach Möglichkeit etwa in der Mitte des Arbeitsbereiches des Analysenverfahrens liegen, auf keinen Fall sollte beim Aufstocken der lineare Bereich an der oberen Grenze des Arbeitsbereiches überschritten werden.

Eingriffsgrenzen in Wiederfindungsraten-Regelkarten
$OEG = \overline{WFR} + 3\,s_{WFR}$
$UEG = \overline{WFR} - 3\,s_{WFR}$

Die Wiederfindungsraten-Regelkarte entspricht in ihrem Aufbau und den Bewertungskriterien grundsätzlich einer Mittelwert-Regelkarte. Die mittlere Wiederfindungsrate $\overline{WFR}$ und die Standardabweichung s_{WFR} werden nach einer ausreichend langen Vorperiode (z.B. n = 20) berechnet, die Regelgrenzen mit nebenstehenden Größengleichungen. Als Mittellinie kann der Mittelwert $\overline{WFR}$ oder im Sinne der Richtigkeitskontrolle auch die WFR 100% eingetragen werden.

Warngrenzen in Wiederfindungsraten-Regelkarten
$OWG = \overline{WFR} + 2\,s_{WFR}$
$UWG = \overline{WFR} - 2\,s_{WFR}$

Beispiel 1: Im Verlauf der Validierung einer HPLC-Analyse wurde bei 24 Serien des Vorlaufs jeweils eine reale Probe analysiert und anschließend mit 60,0 mg/L einer Referenzsubstanz aufgestockt. Bei der anschließenden Analyse der aufgestockten Proben erhielt man die in Tabelle 1 aufgeführten Massenkonzentrationen β(Analyt).
Erstellen Sie aus den Messwerten eine Wiederfindungsraten-Regelkarte.

	A	B	C	D	E	F	G	H	I	J	K	L	M	N	O	P	Q	R	S	T	U	V	W	X	Y
1	**Tabelle 1:**	**Wiederfindungsrate aufgestockter Proben**																							
2		**Aufstockkonzentration:**				**60,0 mg/L**																			
3		1	2	3	4	5	6	7	8	9	10	11	12	13	14	15	16	17	18	19	20	21	22	23	24
4	Ausgangskonzentration in mg/L	143,4	140,6	175,8	165	169,8	171	185,8	173,4	167,8	171,7	168,2	155,2	177,1	197,8	134,4	188,5	158,7	175,5	154,1	164,0	147,1	160,1	186,8	124,1
5	Gefundene Konzentration in mg/L	202,2	200,2	233,8	221,1	226,8	228,2	244,5	231,2	224,2	230,4	221,9	212,8	234,7	261,4	192,8	244,6	218,6	232,7	209,7	222,0	203,9	221,3	241,9	179,8
6	Wiedergefunden von 60,0 mg/L in %	98,0	99,3	96,7	93,5	95,0	95,3	97,8	96,3	94,0	97,8	89,5	96,0	96,0	106,0	97,3	93,5	99,8	95,3	92,7	96,7	94,7	102,0	91,8	92,8
7		**Mittelwert der Wiederfindungsrate:**						**96,2%**		**Obere Eingriffsgrenze:**				**106,6%**		**Obere Warngrenze:**				**103,1%**					
8		**Standardabweichung der WFR:**						**±3,46%**		**Untere Eingriffsgrenze:**				**85,8%**		**Untere Warngrenze:**				**89,2%**					

Lösung: **Tabelle 1** zeigt die Analysenwerte der Ausgangsproben (Zeile 4) und der aufgestockten Proben (Zeile 5). In Zeile 6 wurde berechnet, wie viel Prozent der aufgestockten Konzentration von 60,0 mg/L jeweils wiedergefunden wurden.

Berechnungsformel der WFR z.B. in Zelle B6:
=100*(B5-B4)/$F$2

Berechnung des Mittelwerts der WFR:
=MITTELWERT(B6:Y6)

Berechnung der Standardabweichung der WFR:
=STABW(B6:Y6)

Berechnung der Oberen/Unteren Eingriffsgrenze:
=H7+3*H8 / =H7-3*H8

Berechnung der Oberen/Unteren Warngrenze:
=H7+2*H8 / =H7-2*H8

Bild 1 zeigt die mit Excel erstellte Wiederfindungsraten-Regelkarte.

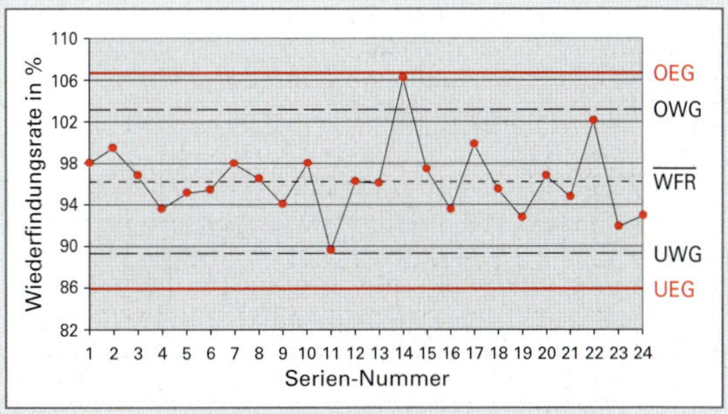

Bild 1: Wiederfindungsraten-Qualitätsregelkarte

Die akzeptierte Wiederfindungsrate eines Analysenverfahrens hängt unter anderem auch vom Gehalt des Analyten ab. Die nachfolgende Tabelle zeigt Empfehlungen für Richtwerte der Wiederfindungsraten in Pflanzenschutzformulierungen in Abhängigkeit von der Wirkstoffkonzentration.

Tabelle 2: Empfehlungen für Wiederfindungsraten

Wirkstoffgehalt in %	Akzeptierte Wiederfindungsrate
> 10%	98,0 – 102,0 %
1 – 10 %	97,0 – 103,0 %
< 1 %	95,0 – 105,0 %

Aufgaben zu 10.2.6 Erstellen und Führen von Qualitätsregelkarten[1]

1. Erstellen mit den Messwerten aus Aufgabe 1 Seite 345 eine einspurige Urwert-Qualitätsregelkarte mit Warn- und Eingriffsgrenzen. Beurteilen Sie den Verlauf der Werte.

2. Bei Kalibriermessungen der Konzentration an Eisen-Ionen wurden in einer Vorperiode mit Doppelbestimmungen (A und B) die in Tabelle 1 aufgeführten Konzentrationen $\beta(Fe^{2+})$ in mg/L ermittelt.

Tabelle 1: Fotometrische Bestimmung von Fe^{2+}-Ionen

Lösung Nr.	1	2	3	4	5	6	7	8	9	10	11	12	13	14	15	16	17
$\beta(Fe^{2+})$ in mg/L **A**:	95,2	95,5	95,1	95,2	96,4	95,8	95,7	95,6	95,3	95,6	96,7	95,1	95,6	95,8	95,9	95,2	95,1
$\beta(Fe^{2+})$ in mg/L **B**:	95,4	95,8	95,6	95,5	95,3	95,5	95,9	95,2	95,8	96,1	95,1	95,4	95,3	95,2	95,5	95,9	95,4

Berechnen Sie die Spannweite, die mittlere Spannweite und daraus die obere Warn- und Eingriffsgrenze einer *R*-Regelkarte. Erstellen Sie diese Karte und beurteilen Sie den Werteverlauf.

3. Erstellen Sie für die Messwerte aus Aufgabe 2 eine zweispurige Mittelwert-Standardabweichungs-Qualitätsregelkarte $\bar{x}$-s-QRK. Beurteilen Sie den Verlauf der Werte.

4. Die Bauxit-Aufschlusslauge-Suspension einer Anlage zur Herstellung von Aluminiumhydroxid nach dem Bayer-Verfahren wird mit zwei unterschiedlichen Titrierautomaten A und B auf den Gehalt an freier Natronlauge untersucht (Stichprobenmittelwerte in nachfolgender Tabelle in g/L).

Stichprobe A 1-15	156,4	154,5	155,3	153,4	154,7	154,9	155,3	154,3	154,9	155,3	154,3	154,0	155,3	154,9	154,3
Stichprobe A 16-30	155,7	156,8	155,3	154,8	155,3	154,8	155,5	155,3	154,0	155,3	154,9	154,5	154,6	155,1	155,8
Stichprobe B 1-15	153,5	153,9	154,1	154,1	154,2	154,3	154,3	154,5	154,5	154,6	154,7	154,8	154,9	154,9	155,0
Stichprobe B 16-30	155,1	155,2	155,3	155,3	155,4	155,4	155,5	155,5	155,6	155,6	155,7	155,8	155,9	156,0	156,4

a) Berechnen Sie die erforderlichen Größen, vergleichen Sie die Werte beider Messreihen und Erstellen Sie jeweils eine Mittelwert-Regelkarte mit Eingriffsgrenzen und Warngrenzen.

b) Untersuchen Sie die Messwertreihen auf notwendige Eingriffe durch den Bediener.

5. Zur Ermittlung der Wiederfindungsrate der gaschromatografischen Analyse eines verunreinigten Lösemittels wurde eine Standardlösung der Analyt-Konzentration 180,0 mg/L analysiert. 25 Bestimmungen ergaben folgende Analytgehalte:

Tabelle 2: Gaschromatografische Bestimmung der Verunreinigung eines Lösemittels

Probe Nr.	1	2	3	4	5	6	7	8	9	10	11	12	13	14	15
β(Analyt) in mg/L	179,3	179,9	182,6	180,4	180,8	180,9	179,8	183,7	178,2	180,9	178,9	184,5	181,6	180,8	179,0
Probe Nr.	16	17	18	19	20	21	22	23	24	25					
β(Analyt) in mg/L	179,5	178,3	177,7	179,3	179,1	182,1	182,9	180,3	178,4	179,0					

Erstellen Sie mit den Werten aus Tabelle 3 eine Wiederfindungsraten-Regelkarte. Als Zentrallinie wurde eine 100%-Wiederfindungsrate vorgegeben.

6. Die Messdaten in der folgenden Tabelle wurden bei der volumetrischen Überwachung einer Waschlösung auf die Massenkonzentration an Sulfat-Ionen $\beta(SO_4^{2-})$ in mg/L erhalten.

Probe		1	2	3	4	5	6	7	8	9	10	11	12	13	14	15	16	17	18	19	20
Messwerte	x_1	51,3	50,0	52,1	47,4	50,1	47,6	49,9	52,3	49,0	50,1	49,4	47,1	50,4	48,7	48,1	47,6	50,0	47,6	51,3	49,4
	x_2	48,8	48,9	53,1	49,4	49,3	48,3	52,5	53,6	49,7	50,1	47,1	47,6	48,4	49,6	50,0	48,3	48,9	48,3	48,8	47,1
	x_3	49,8	51,5	51,0	47,4	50,0	49,7	48,4	52,1	50,7	50,3	49,4	49,7	51,7	49,0	50,2	49,7	51,5	49,7	49,8	49,4
	x_4	49,6	52,0	52,4	49,8	50,3	47,8	49,8	50,8	49,1	50,4	52,0	47,2	50,9	48,0	50,4	47,8	52,0	47,8	49,6	52,0

Berechnen Sie die Größen zur Erstellung einer Mittelwert-Spannweiten-Regelkarte mit Warn- und Eingriffsgrenzen, stellen Sie die $\bar{x}$-R-QRK dar. Hinweis: für $n = 20$ beträgt der Faktor D4 = 1,580.

[1] Hinweis: Nutzen Sie für diese Aufgaben alternativ ein Tabellenkalkulationsprogramm.

11 Berechnungen zur Elektrotechnik

11.1 Grundbegriffe der Elektrotechnik

Elektrische Ladung (charge)

Als Ladung bezeichnet man eine Anzahl von Elementarladungen. Die Elementarladungen können positiv oder negativ sein.

Das Formelzeichen der Ladung ist Q, ihre SI-Einheit ist 1 Coulomb (1 C). Die Ladung von 1 C entspricht der Elektrizitätsmenge von $6{,}25 \cdot 10^{18}$ Elementarladungen. Weitere Einheiten der Ladung sind Amperestunde A · h sowie Amperesekunde A · s.

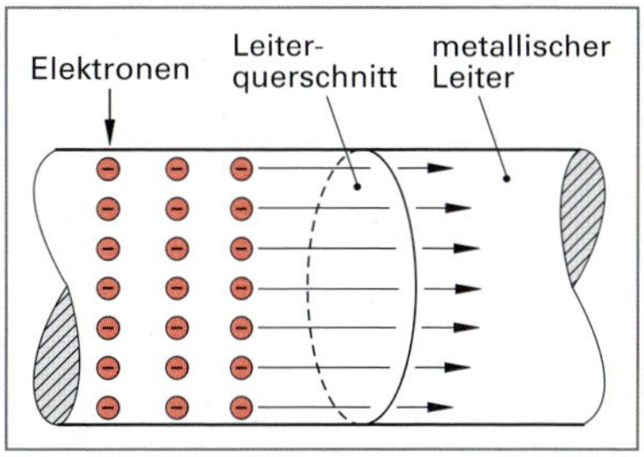

Bild 1: Elektronenstrom in einem metallischen Leiter

Elektrischer Strom (current)

Unter elektrischem Strom wird die gerichtete Bewegung von Ladungen verstanden. Die Ladungsträger können sowohl Elektronen (e^-) als auch Ionen (Kationen (+) oder Anionen (–)) sein. Man unterscheidet daher einen Elektronenstrom (Leiter 1. Ordnung) sowie einen Ionenstrom (Leiter 2. Ordnung).

Fließen Elektronen in einem **metallischen Leiter,** z. B. aus Kupfer oder Aluminium, so liegt ein Elektronenstrom vor **(Bild 1).** Durch den Ladungstransport tritt keine stoffliche Veränderung des Leiterwerkstoffes ein.

Der Ionenstrom in einem **Elektrolyten,** z. B. einer Salzlösung, besteht in der gerichteten Bewegung der Ionen in der **leitenden** Flüssigkeit **(Bild 2).** Hierbei ist der Ladungstransport an einen Stofftransport gebunden. Der Elektrolyt verändert dabei seine Zusammensetzung. In Nichtleitern (z. B. Glas, Kunststoffe) kann kein Strom fließen, da keine frei beweglichen Elektronen vorhanden sind.

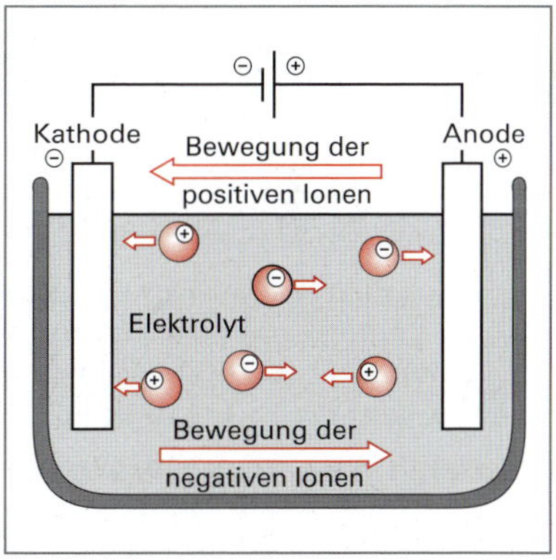

Bild 2: Ionenstrom in einem Elektrolyten

Elektrischer Stromkreis (circuit)

Ein elektrischer Strom kann nur in einem geschlossenen Stromkreis fließen. Ein einfacher elektrischer Stromkreis besteht aus der Spannungsquelle, dem Verbraucher sowie der Hin- und Rückleitung **(Bild 3).** Der Elektronenstrom fließt vom Minuspol der Spannungsquelle über den Verbraucher zum Pluspol. In der Spannungsquelle transportiert eine Elektronen bewegende Kraft die Elektronen wieder zum Minuspol.

Die technische Stromrichtung verläuft aus historischen Gründen entgegengesetzt zur Elektronenstromrichtung.

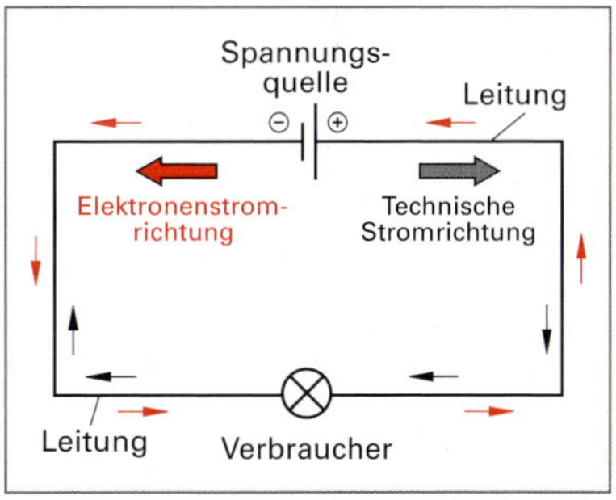

Bild 3: Elektrischer Stromkreis

Stromstärke (amperage)

Die Stromstärke I ist ein Maß für die Größe eines Stroms. Sie ist eine Basisgröße, ihre SI-Einheit ist Ampere (A).

Die Stromstärke I gibt an, welche Ladungsmenge Q pro Zeiteinheit t durch einen Leiterquerschnitt fließt (Bild 1).

Bei einer Stromstärke von einem Ampere fließt durch den Leiterquerschnitt pro Sekunde eine Elektrizitätsmenge von 1 C = $6{,}25 \cdot 10^{18}$ Elektronen.

Stromstärke

$$\text{Stromstärke} = \frac{\text{Ladungsmenge}}{\text{Zeiteinheit}} \qquad I = \frac{Q}{t}$$

Beispiel: Bei der Alkali-Chlorid-Elektrolyse nach dem Membranverfahren beträgt die Stromstärke in den Kupferzuleitungen 20 kA. Welche Elektrizitätsmenge fließt pro Minute?

Lösung: $I = \frac{Q}{t} \Rightarrow Q = I \cdot t = 20 \cdot 10^3\ \text{A} \cdot 1\ \text{min} = 20 \cdot 10^3\ \text{A} \cdot 60\ \text{s} \approx 1{,}2 \cdot 10^6\ \text{As} = \mathbf{1{,}2 \cdot 10^6\ C}$

Elektrische Spannung (voltage)

Zur Spannungserzeugung müssen Ladungen getrennt werden. Dabei wird Arbeit W ($W = F \cdot s$) gegen die Anziehungskräfte zwischen den positiven und negativen Ladungen verrichtet **(Bild 1)**.

Die pro Ladungsmenge Q aufgebrachte Trennarbeit W heißt Spannung U. Die daraus abgeleitete SI-Einheit der Spannung ist J/C.

In der Elektrizitätslehre verwendet man überwiegend die abgeleitete SI-Einheit der Spannung das **Volt** (Einheitenzeichen V).

Spannung
$U = \frac{W}{Q}$

$$[U] = \frac{[W]}{[Q]} = \frac{\text{J}}{\text{C}}$$

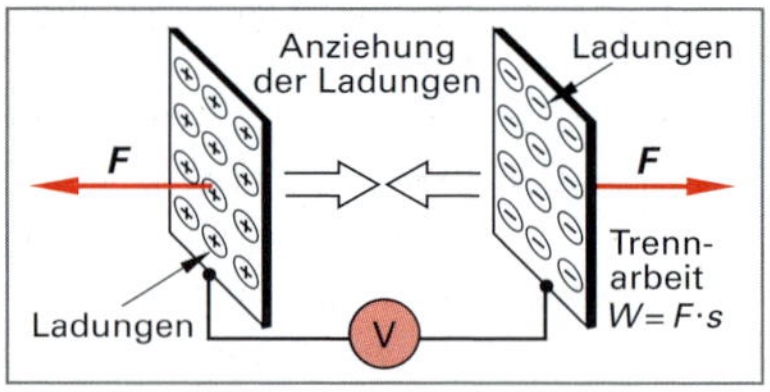

Bild 1: Spannungserzeugung

Beispiel: In einem elektrischen Feld wird eine Kugel mit der Ladung zwei Coulomb um 20 cm verschoben **(Bild 2)**. Hierzu ist eine Kraft von zwei Newton erforderlich. Wie groß ist die erzeugte Spannung?

Lösung: $U = \frac{W}{Q} = \frac{F \cdot s}{Q} = \frac{2\ \text{N} \cdot 0{,}2\ \text{m}}{2\ \text{C}} = 0{,}2\,\frac{\text{N} \cdot \text{m}}{\text{C}}$

mit $1\,\frac{\text{J}}{\text{C}} = 1\,\frac{\text{N} \cdot \text{m}}{\text{C}} = 1\ \text{V}$ folgt: $\boldsymbol{U = 0{,}2\ \text{V}}$

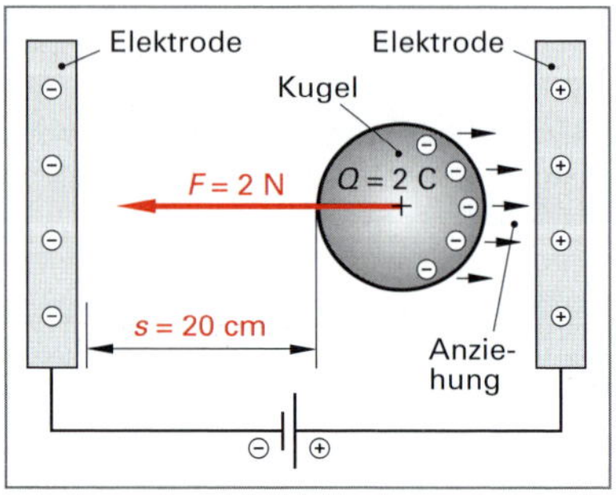

Bild 2: Beispiel

Aufgaben zu 11.1 Grundbegriffe der Elektrotechnik

1. Beim Füllen eines Rührkessels mit Toluol **(Bild 3)** werden, zur Verhinderung der elektrostatischen Aufladung, über das Erdungskabel $3{,}5 \cdot 10^{13}$ Elektronen pro Minute abgeleitet. Wie groß ist die Stromstärke?
2. Durch eine Kontroll-Lampe am Steuerpult einer Laborzentrifuge fließt während des fünfzehn Minuten dauernden Zentrifugierens ein Strom von 0,20 A. Welche Ladungsmenge wird in dieser Zeit in der Kontroll-Lampe transportiert?
3. Wie viele Elektronen treffen pro Sekunde den Bildschirm eines Computers in einem Labor, wenn die Stromstärke des Elektronenstrahls 3,0 mA beträgt?
4. Dem Blei-Akkumulator eines Gabelstaplers soll bei einem mittleren Ladestrom von 1,85 A eine Ladung von 88 Ah zugeführt werden. Wie lange dauert die Aufladung?
5. Zur Herstellung von Elektrolyt-Kupfer **(Bild 4)** wird über Stromschienen eine Elektrizitätsmenge von $2{,}7 \cdot 10^{6}$ C pro Quadratmeter Elektrodenfläche in 2,5 Stunden einer Elektrolysezelle zugeführt. Wie groß ist die Stromstärke?
6. Bei der Schmelzflusselektrolyse von Magnesiumchlorid beträgt die Stromstärke 350 A. Nach welcher Zeit ist die Elektrizitätsmenge von 12 kC durch die Kupferzuleitungen geflossen?
7. In einem Kunststoff verarbeitenden Betrieb läuft eine Polyethylen-Folie von einem Meter Breite mit einer Geschwindigkeit von 360 m/min durch eine Maschine. Die Folie lädt sich dabei pro Quadratzentimeter um 10^{-7} C auf. Welcher Strom wird durch Sprühentladung abgenommen, um die Folie ladungsfrei zu machen?

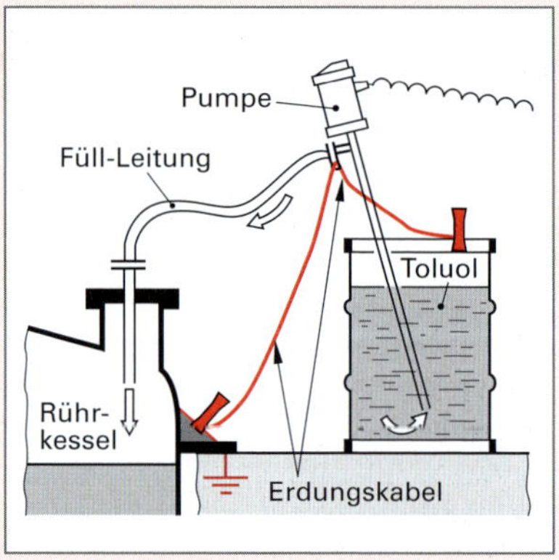

Bild 3: Erdung beim Umfüllen einer Flüssigkeit

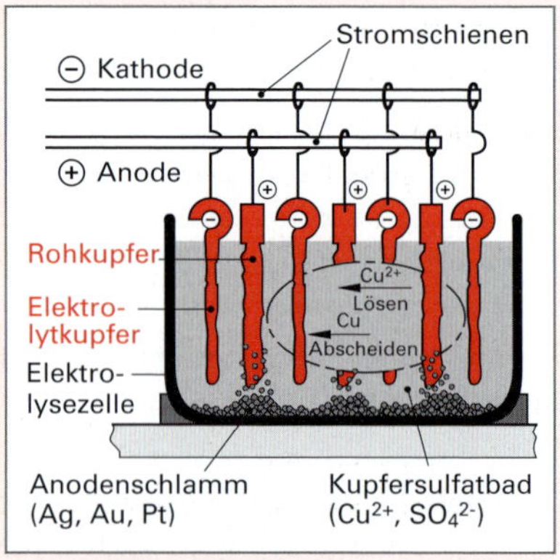

Bild 4: Herstellung von Elektrolytkupfer

11.2 Elektrischer Widerstand eines Leiters

Die gerichtete Bewegung der Elektronen in einem Leiter wird durch die ständigen Zusammenstöße der Elektronen mit den Teilchen des Leitermaterials gehemmt. Jeder Leiter setzt dem elektrischen Strom einen **Widerstand *R*** (resistance) entgegen. Er muss durch eine angelegte Spannung überwunden werden. Der elektrische Widerstand hat die Einheit Ohm, Kurzzeichen Ω.

Der elektrische Widerstand *R* von Leitungen ist umso größer,

- je größer die Leiterlänge *l* ist: $R \sim l$,
- je kleiner der Leiterquerschnitt *A* ist: $R \sim 1/A$,
- je größer der spezifische elektrische Widerstand ϱ des Leiterwerkstoffs ist: $R \sim \varrho$.

Diese Abhängigkeiten lassen sich in einer Größengleichung für den **elektrischen Widerstand *R*** eines Leiterstücks zusammenfassen.

Der Kennwert für den elektrischen Widerstand eines Werkstoffs ist der **spezifische elektrische Widerstand ϱ.** Seine Einheit ist $(\Omega \cdot mm^2)/m$. Er gibt an, welchen Widerstand (in Ohm) ein ein Meter langer Leiter mit einer Querschnittsfläche von einem Quadratmillimeter dem Strom entgegensetzt **(Tabelle 1).**

Tabelle 1: Spezifischer Widerstand ϱ $\left(\text{in } \frac{\Omega \cdot mm^2}{m}\right)$ **bei 20 °C**

Leiterwerkstoff	ϱ	Leiterwerkstoff	ϱ
Silber	0,016	Platin	0,108
Kupfer	0,0178	Eisen	0,13
Aluminium	0,0278	Quecksilber	0,95
Wolfram	0,055	Konstantan	0,49

Widerstand eines Leiters

$$R = \frac{\varrho \cdot l}{A}$$

Beispiel: In einem Platin-Widerstandsthermometer (Pt 100) dient eine in Glas eingeschmolzene Platin-Wicklung als Messfühler **(Bild 1).** Der Platindraht des Messwiderstands ist 7,27 cm lang und hat einen Durchmesser von 0,01 mm. Wie groß ist der elektrische Widerstand des Platindrahtes?

Lösung: $R = \frac{\varrho \cdot l}{A}$ mit $A = \frac{\pi}{4} \cdot d^2$ folgt:

$$\boldsymbol{R} = \frac{\varrho \cdot l \cdot 4}{\pi \cdot d^2} = \frac{0{,}108 \frac{\Omega \cdot mm^2}{m} \cdot 0{,}0727 \text{ m} \cdot 4}{\pi \cdot 0{,}0001 \text{ mm}^2} = \mathbf{0{,}1 \text{ k}\Omega}$$

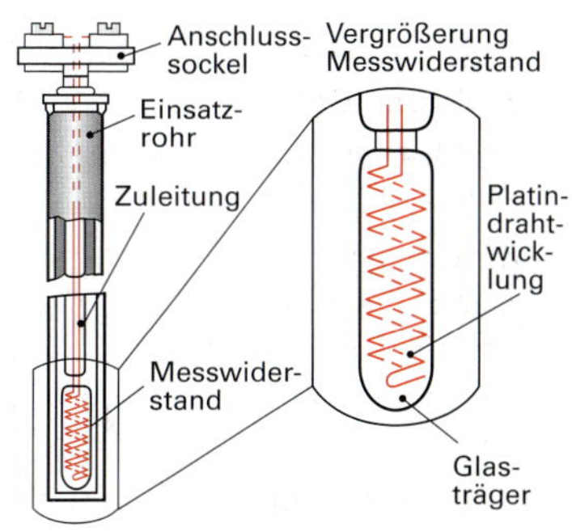

Bild 1: Widerstandsthermometer

Leitwert (conductivity)

Der Widerstand *R* eines Leiters ist ein Maß dafür, wie stark ein elektrischer Strom in seinem Fluss gehemmt wird.

Der **Leitwert *G*** ist der Kehrwert des elektrischen Widerstandes. Er ist ein Maß, wie gut der elektrische Strom geleitet wird.

Die Einheit für den Leitwert ist das Siemens, Einheitenzeichen S.

Leitwert

$$G = \frac{1}{R} = \frac{A}{\varrho \cdot l}$$

$$[G] = \frac{1}{[R]} = \frac{1}{\Omega} = 1 \text{ S}$$

Beispiel: Wie groß ist der Leitwert einer Messleitung, deren Widerstand 0,5 Ω beträgt?

Lösung: $\boldsymbol{G} = \frac{1}{R} = \frac{1}{0{,}5\ \Omega} = \mathbf{2\ S}$

Aufgaben zu 11.2 Elektrischer Widerstand eines Leiters

1. Welchen Widerstand hat ein auf einer Rolle gewickelter 100 m langer Konstantandraht mit dem Drahtdurchmesser *d* = 0,35 mm im abgewickelten Zustand?
2. Welchen Leiterquerschnitt muss ein Sicherheits-Experimentierkabel mit Kupferleiter aufweisen, das bei einer Länge von 100 cm einen Widerstand von 7,12 mΩ haben darf?
3. Wie groß ist der Durchmesser eines 20 cm langen Platindrahtes in einem Kontaktthermometer, wenn sein Widerstand 2,75 Ω beträgt?

4. Wie verändert sich der Widerstand eines Drahtes, wenn dieser bei konstantem Volumen auf die zehnfache Länge gestreckt wird?
5. Eine bei der Alkalichlorid-Elektrolyse verwendete Stromsammelschiene aus Kupfer ist 14,0 m lang, 20,0 cm breit und 20,0 mm dick. Berechnen Sie den elektrischen Widerstand und den Leitwert der Stromsammelschiene.
6. Eine Aluminiumleitung mit einem Durchmesser von 2,0 mm soll durch eine Kupferleitung gleicher Länge ersetzt werden. Wie groß muss der Durchmesser der Kupferleitung sein, wenn der Widerstand konstant bleiben soll?

11.3 Temperaturabhängigkeit des Widerstands

Die Atomrümpfe schwingen in einem Leiter mit steigender Temperatur stärker um ihre Ruhelage und behindern dadurch die fließenden Elektronen.

Der elektrische Widerstand im warmen Zustand R_w ist demzufolge in unlegierten Metallen um die Widerstandsänderung ΔR größer als im kalten Zustand R_k: $R_w = R_k + \Delta R$.

Die Größe der Widerstandsänderung pro Grad wird Temperaturbeiwert α genannt und in 1/K angegeben. Der Temperaturbeiwert ist werkstoffspezifisch **(Tabelle 1)**.

Die Widerstandsänderung ΔR wächst beim Erwärmen mit

- dem Kaltwiderstand R_k: $\Delta R \sim R_k$,
- dem Temperaturbeiwert α: $\Delta R \sim \alpha$,
- der Temperaturänderung $\Delta\vartheta$: $\Delta R \sim \Delta\vartheta$.

Setzt man in die Gleichung für den Warmwiderstand $R_w = R_k + \Delta R$ die Gleichung $\Delta R = R_k \cdot \alpha \cdot \Delta\vartheta$ ein, so ergibt sich nach dem Ausklammern für den Warmwiderstand $R_w = R_k \cdot (1 + \alpha \cdot \Delta\vartheta)$.

Eine technische Anwendung der thermischen Widerstandsänderung ist das Platin-Widerstandsthermometer.

Bei Platin steigt der Widerstand R über einen weiten Temperaturbereich von 0 bis 800 °C proportional mit der Temperatur **(Bild 1)**.

Beispiel: Wie verändert sich der Widerstand in einem Platin-Widerstandsthermometer Pt 100 (Bild 1), wenn der Messfühler von 0 °C auf 75,0 °C erwärmt wird?

Lösung: Mit $R_k(\text{Pt } 100) = 100\ \Omega$ und $\alpha = 0{,}00380$ 1/K folgt:

$$\Delta R = R_k \cdot \alpha \cdot \Delta\vartheta = 100\ \Omega \cdot 0{,}00380 \frac{1}{\text{K}} \cdot 75{,}0\ \text{K} = \mathbf{28{,}5\ \Omega}$$

Tabelle 1: Mittlerer Temperaturbeiwert α (in 1/K) zwischen 0 °C und 100 °C

Leiterwerkstoff	α	Leiterwerkstoff	α
Silber	0,0041	Platin	0,00380
Kupfer	0,0043	Eisen	0,0066
Aluminium	0,0047	Quecksilber	0,00092
Wolfram	0,0048	Konstantan	0,00003

Thermische Widerstandsänderung

$$\Delta R = R_k \cdot \alpha \cdot \Delta\vartheta$$

Warmwiderstand

$$R_w = R_k \cdot (1 + \alpha \cdot \Delta\vartheta)$$

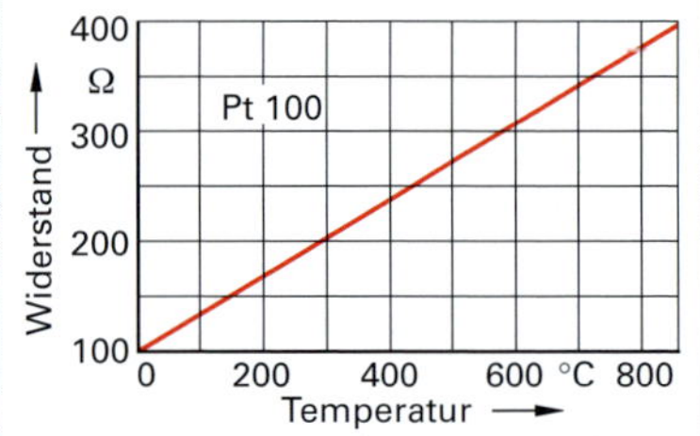

Bild 1: Kennlinie eines Platin-Widerstandsthermometers (Pt 100)

Aufgaben zu 11.3 Temperaturabhängigkeit des Widerstands

1. Der Wolframdraht einer 60-Watt-Glühlampe erhitzt sich nach dem Einschalten auf eine Temperatur von ca. 2500 °C. Wie groß ist der Betriebswiderstand der Lampe, wenn ihr Kaltwiderstand bei 20 °C 65 Ω beträgt?
2. Die Messwicklung eines Widerstandsthermometers (Pt 100) hat einen Widerstand von 186 Ω. Wie groß ist die Temperatur an der Messstelle?
3. Der Warmwiderstand eines Elektromotors mit Kupferwicklung beträgt nach mehrstündigem Betrieb 1,85 Ω bei 40 °C. Wie groß ist der Kaltwiderstand bei 25 °C?
4. Ein Draht wird in einem Wasserbad von 20 °C auf 100 °C erhitzt. Dabei nimmt sein Widerstand um 37,6 % zu. Um welchen Leiterwerkstoff handelt es sich?

11.4 OHM'sches Gesetz

Wird an einen Widerstand in einem geschlossenen Stromkreis eine Spannung angelegt, so fließt durch den Widerstand ein Strom. Variiert man den elektrischen Widerstand R und die angelegte Spannung U, so erhält man Abhängigkeiten **(Bild 1).**

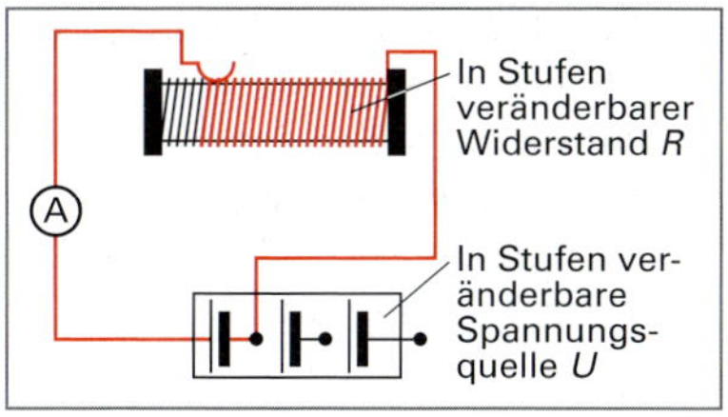

Bild 1: Versuchsanordnung

Die Stromstärke I ist umso größer,

- je größer die Spannung U ist: $I \sim U$,
- je kleiner der Widerstand R ist: $I \sim 1/R$.

Diese Abhängigkeiten ergeben das **OHM'sche Gesetz**[1] (OHM's law):

> In einem Stromkreis ist bei konstanter Temperatur die Stromstärke der Spannung direkt und zum Widerstand umgekehrt proportional.

OHM'sches Gesetz

$$I = \frac{U}{R}$$

Das OHM'sche Gesetz besagt: Die Spannung ein Volt treibt durch den Widerstand von einem Ohm den Strom von ein Ampere.

$$R = \frac{U}{I} \qquad [R] = \frac{[U]}{[I]} = \frac{V}{A} = \Omega$$

Umgeformt nach dem Widerstand R liefert es eine Definition für die Einheit des elektrischen Widerstands. Die abgeleitete SI-Einheit des elektrischen Widerstands ist **Ohm,** Einheitenzeichen Ω.

Beispiel: Wie groß muss die Hilfsspannung an einem Widerstandsthermometer sein, wenn der Messwiderstand 100 Ω beträgt und ein Strom von 3 mA fließt **(Bild 2)?**

Lösung: $\boldsymbol{U} = R \cdot I = 100\,\Omega \cdot 0{,}003\,A = 100\,\frac{V}{A} \cdot 0{,}003\,A = \mathbf{0{,}3\,V}$

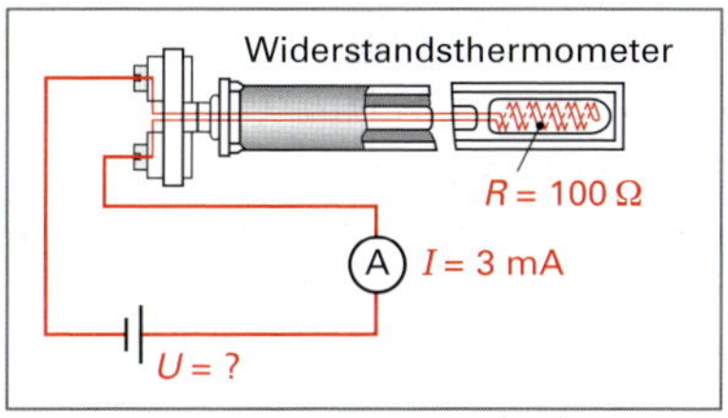

Bild 2: Widerstandsthermometer

Aufgaben zu 11.4 OHM'sches Gesetz

1. Wie groß ist der Widerstand einer Alkalichlorid-Elektrolysezelle **(Bild 3),** wenn bei einer Spannung von 4,0 V ein Strom von 60 kA fließt?
2. Ein Lastwiderstand von 200 Ω wird an eine Spannung von 230 V angeschlossen. Wie groß ist der im Stromkreis fließende Strom?
3. Der Messwiderstand eines Widerstandsthermometers vergrößert sich beim Erwärmen um 50 °C um 19 Ω. Wie ändert sich die Spannung, wenn ein konstanter Messstrom von 3,0 mA fließt?
4. Wie groß ist die Betriebsstromstärke einer Rohrbegleitheizung, wenn sie bei einer Spannung von 400 V einen Widerstand von 8,0 Ω hat?
5. Die Betriebsstromstärke einer Beleuchtungsanlage in einer Lagerhalle für organische Zwischenprodukte beträgt 8,0 A. An welche Betriebsspannung muss sie angeschlossen werden, wenn ihr Gesamtwiderstand 28 Ω beträgt?
6. Wie groß ist der Widerstand eines Trockenschranks **(Bild 4)** bei einer Betriebsstromstärke von 6,0 A und einer Betriebsspannung von 230 V?

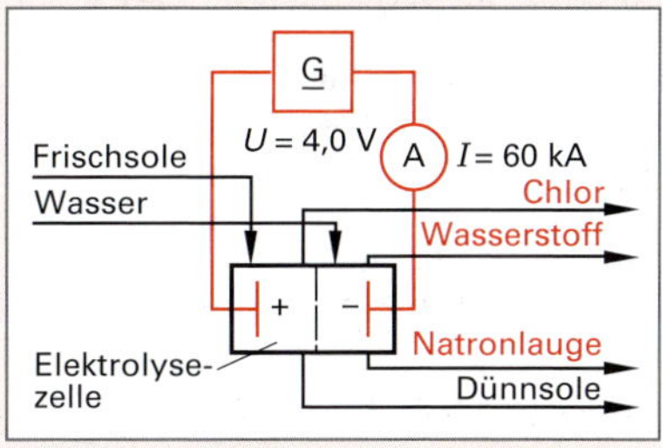

Bild 3: Membranzelle

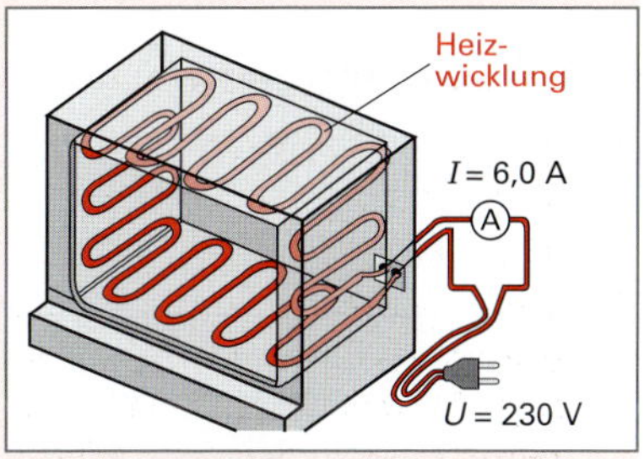

Bild 4: Trockenschrank

[1] GEORG SIMON OHM (1778–1854), deutscher Physiker und Mathematiklehrer

11.5 Reihenschaltung von Widerständen

Eine Reihenschaltung (series connection) von Widerständen liegt vor, wenn die einzelnen Widerstände in einem Stromkreis hintereinander geschaltet sind **(Bild 1)**. (Durch die parallel geschalteten Spannungsmesser in Bild 1 fließt wegen ihrer hohen Innenwiderstände nur ein geringer Strom, der vernachlässigt werden kann.)

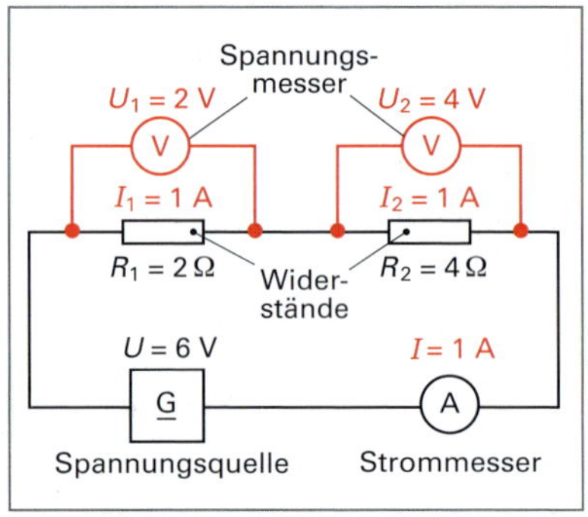

Bild 1: Reihenschaltung von Widerständen

Stromstärke bei Reihenschaltung

Da die Elektronen an keiner Stelle aus dem Stromkreis entweichen können und sich der Stromkeis nicht verzweigt, ist die Stromstärke in allen Widerständen und an jeder Stelle in den Leitern gleich (I = konst.). Dies gilt analog auch für galvanische Elemente, die zur Spannungserhöhung in Reihe geschaltet sind.

Beispiel: Bei einer Alkalichlorid-Elektrolyse sind in einem Stromkreis 156 Zellen in Reihe geschaltet. Die Stromstärke beträgt insgesamt 120 kA. Wie groß ist die Stromstärke zwischen den Zellen 86 und 87?

Lösung: $\boldsymbol{I_{ges}} = I = \mathbf{120\ kA}$ Die Stromstärke ist im gesamten Stromkreis 120 kA.

Stromstärke
$I_{ges} = I_1 = I_2 = I_3 = \ldots =$ konst.

Gesamtwiderstand bei Reihenschaltung

Der Widerstand eines Drahtes ist von seiner Länge abhängig (Seite 335). Ein längeres Drahtstück kann man sich aus mehreren kurzen Drahtstücken zusammengesetzt denken. Jedes Teilstück hat einen Teilwiderstand, der seiner Teillänge entspricht. Der Gesamtwiderstand R_{ges} des ganzen Drahtes – er wird auch als Ersatzwiderstand bezeichnet – setzt sich aus der Summe dieser Teilwiderstände zusammen.

Diese Überlegungen gelten auch für n gleiche Widerstände, die in Reihe in einem Stromkreis angeordnet sind.

Gesamtwiderstand
$R_{ges} = R_1 + R_2 + R_3 + \ldots$

Für n gleiche Widerstände gilt:
$R_{ges} = n \cdot R$

Beispiel: Wie groß ist der Widerstand von 156 reihengeschalteter Alkalichlorid-Elektrolysezellen, wenn der Widerstand einer Zelle 50 μΩ beträgt?

Lösung: $\boldsymbol{R_{ges}} = n \cdot R = 156 \cdot 50 \cdot 10^{-6}\ \Omega = \mathbf{7{,}8\ m\Omega}$

Gesamtspannung bei Reihenschaltung

Misst man die Teilspannungen an den einzelnen Widerständen (Bild 1), so stellt man fest, dass die Summe der Teilspannungen so groß ist, wie die Gesamtspannung U_{ges} der Spannungsquelle. Diese Gesetzmäßigkeit wird auch als 2. **Kirchhoff'sche Regel**[1] bezeichnet.

Eine strömende Flüssigkeit erfährt an Hindernissen in einem Rohrnetz, insbesondere an Armaturen, einen Druckabfall. Analog hierzu wird der Spannungsverlust eines elektrischen Stroms an einem Widerstand auch als Spannungsabfall bezeichnet.

Gesamtspannung 2. Kirchhoff'sche Regel
$U_{ges} = U_1 + U_2 + U_3 + \ldots$

Beispiel: Welche Gesamtspannung muss an 156 in Reihe geschaltete Alkalichlorid-Elektrolysezellen (Bild 357/3) mindestens anliegen, wenn der Spannungsabfall pro Zelle 4 V beträgt?

Lösung: $\boldsymbol{U_{ges}} = n \cdot U = 156 \cdot 4\ \text{V} \approx \mathbf{0{,}6\ kV}$

Für n gleich große Spannungsabfälle gilt:
$U_{ges} = n \cdot U$

[1] Robert Gustav Kirchhoff (1824–1888), deutscher Physiker

Teilspannungen und Teilwiderstände bei Reihenschaltung von zwei Widerständen

Der Strom ist bei der Reihenschaltung in den beiden Widerständen gleich groß: $I_1 = I_2$. Nach dem OHM'schen Gesetz gilt:

$$I_1 = \frac{U_1}{R_1} \quad \text{und} \quad I_2 = \frac{U_2}{R_2}. \quad \text{Somit ist} \quad \frac{U_1}{R_1} = \frac{U_2}{R_2}.$$

Die nach Umformen erhaltene Gleichung besagt: Bei der Reihenschaltung von zwei Widerständen verhalten sich die Teilspannungen wie die dazugehörigen Teilwiderstände.

Spannungsteilerregel
$\frac{U_1}{U_2} = \frac{R_1}{R_2}$

Beispiel: Zwei Widerstände, $R_1 = 5{,}0\ \Omega$ und $R_2 = 8{,}0\ \Omega$, sind in Reihe geschaltet **(Bild 1)**.

a) Wie groß ist der Spannungsabfall am Widerstand R_1, wenn er am Widerstand R_2 1,2 V beträgt?

b) Welchen Größenwert hat der Ersatzwiderstand?

c) Welche Stromstärke wird gemessen?

d) Wie groß ist die Gesamtspannung?

Lösung: a) $\frac{U_1}{U_2} = \frac{R_1}{R_2} \Rightarrow \boldsymbol{U_1} = \frac{R_1 \cdot U_2}{R_2} = \frac{5{,}0\ \Omega \cdot 1{,}2\ \text{V}}{8{,}0\ \Omega} = \mathbf{0{,}75\ V}$

b) $\boldsymbol{R_{ges}} = R_1 + R_2 = 5{,}0\ \Omega + 8{,}0\ \Omega = \mathbf{13{,}0\ \Omega}$

c) $\boldsymbol{I_1} = \frac{U_1}{R_1} = \frac{0{,}75\ \text{V}}{5{,}0\ \Omega} = \mathbf{0{,}15\ A}$; $\quad I_1 = I_{ges} = 0{,}15$ A

d) $\boldsymbol{U_{ges}} = U_1 + U_2 = 1{,}2\ \text{V} + 0{,}75\ \text{V} \approx \mathbf{2{,}0\ V}$

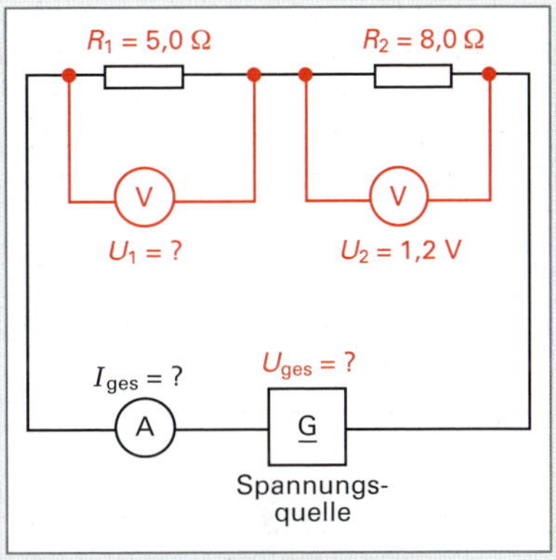

Bild 1: Beispiel: Reihenschaltung

Aufgaben zu 11.5 Reihenschaltung von Widerständen

1. Drei Widerstände liegen an 230 V und werden von einem Strom von 5,0 mA durchflossen **(Bild 2)**. Wie groß ist der Widerstand R_1, wenn die Widerstände $R_2 = 2\ \text{k}\Omega$ und $R_3 = 4\ \text{k}\Omega$ betragen?

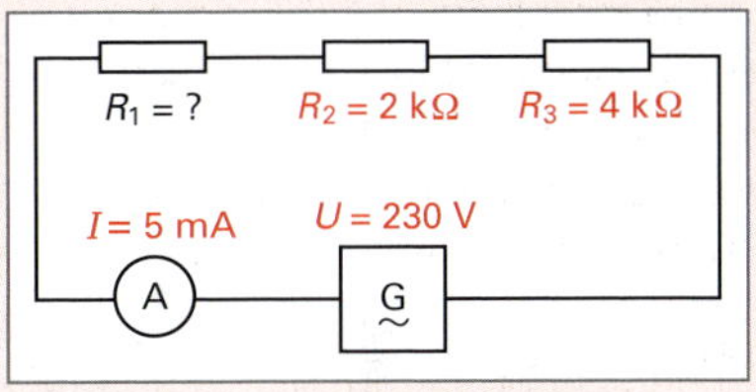

Bild 2: Schaltskizze zu Aufgabe 1

2. Eine Rohrbegleitheizung ($I = 40$ A) ist mit einem 10 m langen, zweiadrigen Kupferkabel mit 6,0 mm² Querschnitt an 230 V angeschlossen. Berechnen Sie den Spannungsfall in der Leitung in Volt und in Prozent der Netzspannung. Wie groß ist die Klemmenspannung am Verbraucher und der Gesamtwiderstand?
3. Drei Widerstände $R_1 = 30\ \Omega$, $R_2 = 125\ \Omega$ und $R_3 = 80\ \Omega$ sind in Reihe geschaltet **(Bild 3)**. Am Widerstand R_2 wird eine Spannung von 120 V gemessen. Berechnen Sie den Ersatzwiderstand, die Stromstärke, die Klemmenspannung sowie die Teilspannungen an den Widerständen R_1 und R_3.

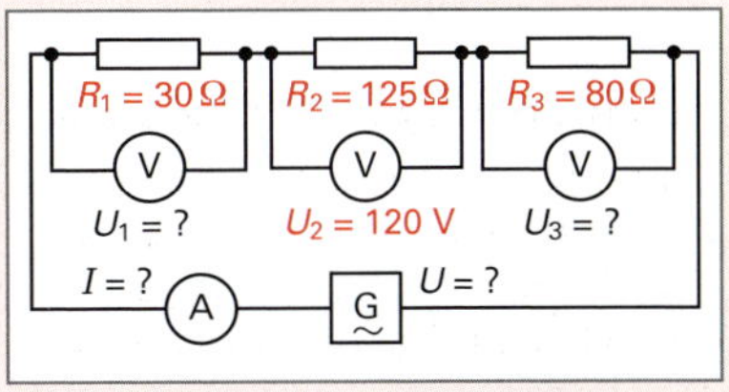

Bild 3: Schaltskizze zu Aufgabe 3

4. Drei in Reihe geschaltete Widerstände liegen bei einer Stromstärke von 1,6 A an 230 V. Der Widerstand R_3 beträgt 40 Ω. Am Widerstand R_2 wird ein Spannungsabfall von 70 V gemessen. Berechnen Sie:
   a) den Gesamtwiderstand,
   b) den Spannungsabfall von R_1 und R_3 und
   c) die Widerstände R_1 und R_2.
5. Welcher Vorwiderstand ist erforderlich, um eine 12 V Halogenlampe mit einem Nennstrom von 8,1 A versuchsweise an die Netzspannung 230 V anzuschließen **(Bild 4)**?

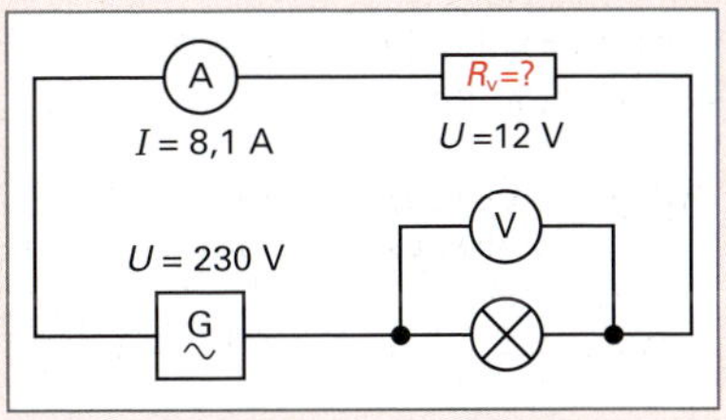

Bild 4: Schaltskizze zu Aufgabe 5

11.6 Parallelschaltung von Widerständen

Eine Parallelschaltung (parallel connection) von Widerständen liegt vor, wenn sich der Strom in Teilströme aufteilt und an jedem Widerstand die gleiche Spannung anliegt **(Bild 1).** Alle Stromeintrittsklemmen und alle Stromaustrittsklemmen sind mit jeweils einem Pol der Spannungsquelle verbunden.

Wie sich Spannungen, Stromstärken und Widerstände verhalten, lässt sich durch die nachfolgenden Überlegungen erkennen.

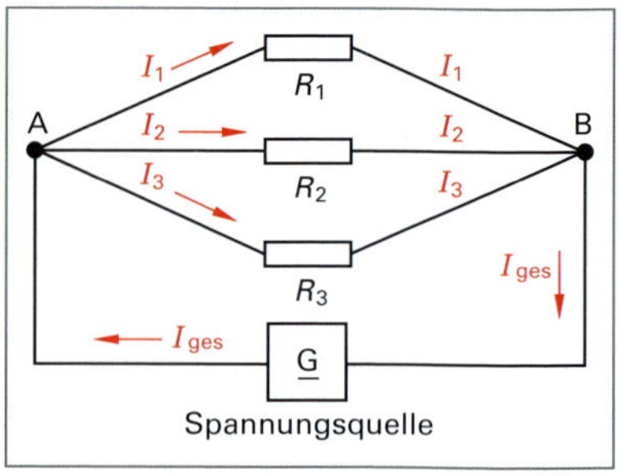

Bild 1: Parallelschaltung von Widerständen

Spannungen bei Parallelschaltung

Alle drei Teilwiderstände sind über die Stromverzweigungspunkte A und B gleichzeitig mit der Spannungsquelle verbunden. Aus diesem Grund liegt an allen Widerständen die gleiche Gesamtspannung (Ausgangsspannung) an. Es gilt:

$U_{ges} = U_1 = U_2 = U_3 = \ldots$

Spannungen
$U_{ges} = U_1 = U_2 = U_3 = \ldots$

Stromstärken bei Parallelschaltung

Der Elektronenstrom teilt sich im Stromverzweigungspunkt A in Teilströme auf. Der Gesamtstrom I_{ges} ist gleich der Summe der Teilströme in den parallelen Widerständen.

Dies wird als 1. KIRCHHOFF'sche Regel bezeichnet.

Die Aufteilung der Teilströme erfolgt dabei so, dass im größten Widerstand der kleinste Strom und im kleinsten Widerstand der größte Strom fließt.

Stromstärken 1. KIRCHHOFF'sche Regel
$I_{ges} = I_1 + I_2 + I_3 + \ldots$

Gesamtwiderstand bei Parallelschaltung

Bei der Parallelschaltung hat der Strom Durchflussmöglichkeiten durch mehrere Widerstände (Bild 1). Der Gesamtwiderstand der Schaltung, auch Ersatzwiderstand genannt, ist deshalb kleiner als der kleinste Einzelwiderstand. Die Größe des Ersatzwiderstands lässt sich durch Anwendung des OHM'schen Gesetzes aus der Spannung U und der Gesamtstromstärke I_{ges} berechnen.

Für den Gesamtstrom gilt $I_{ges} = I_1 + I_2 + I_3 + \ldots$

Setzt man für $I_{ges} = \frac{U}{R_{ges}}$; $I_1 = \frac{U}{R_1}$; $I_2 = \frac{U}{R_2}$ usw. ein,

so erhält man $\frac{U}{R_{ges}} = \frac{U}{R_1} + \frac{U}{R_2} + \frac{U}{R_3} + \ldots$

Ersatzwiderstand
$\frac{1}{R_{ges}} = \frac{1}{R_1} + \frac{1}{R_2} + \frac{1}{R_3} + \ldots$

Durch Division mit der gemeinsamen Spannung U folgt eine Größengleichung für den Kehrwert des **Ersatzwiderstands R_{ges}** mehrerer paralleler Widerstände.

Bei zwei parallelen Widerständen gilt: $\frac{1}{R_{ges}} = \frac{1}{R_1} + \frac{1}{R_2}$

Daraus wird mit dem gemeinsamen Hauptnenner $R_1 \cdot R_2$: $\frac{1}{R_{ges}} = \frac{R_1 + R_2}{R_1 \cdot R_2} \Rightarrow$

Ersatzwiderstand von zwei parallelen Widerständen
$R_{ges} = \frac{R_1 \cdot R_2}{R_1 + R_2}$

Teilströme bei zwei parallelen Widerständen

Die Spannung ist bei der Parallelschaltung an allen Widerständen gleich groß ($U_1 = U_2$). Nach dem OHM'schen Gesetz gilt: $U_1 = R_1 \cdot I_1$ und $U_2 = R_2 \cdot I_2$. Die nach Gleichsetzen und Umformen erhaltene Gleichung besagt:

Die Teilströme verhalten sich umgekehrt wie die Widerstände.

Stromteilerregel
$\frac{I_1}{I_2} = \frac{R_2}{R_1}$

Beispiel: Folgende Verbraucher sind in einem Stromkreis mit 230-V-Netzanschluss parallel geschaltet **(Bild 1)**:

- ein Rührmotor, Stromaufnahme I_R = 2,0 A,
- eine Pilzheizhaube, Stromaufnahme I_P = 4,0 A und
- eine Arbeitsplatzleuchte, Widerstand R_A = 484 Ω.

Wie groß sind:

a) die Widerstände des Rührmotors R_R und der Pilzheizhaube R_P,

b) die Stromstärke I_A der Arbeitsplatzleuchte,

c) der Ersatzwiderstand R_{ges} und die Gesamtstromstärke I_{ges},

d) die Spannungen U_R, U_P und U_A an den einzelnen Geräten?

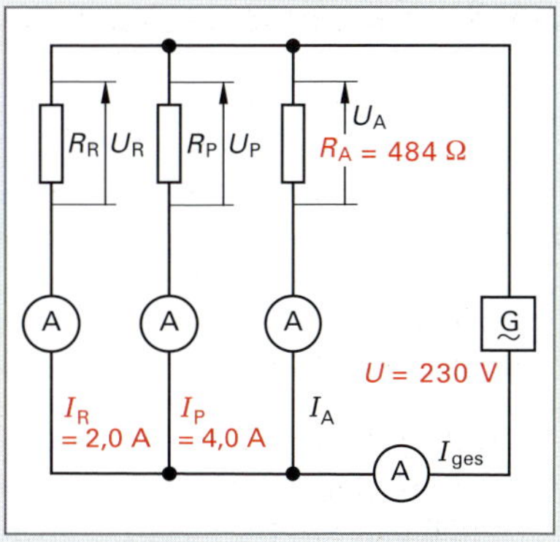

Bild 1: Schaltskizze zum Beispiel

Lösung: a) $\boldsymbol{R_R} = \dfrac{U}{I_R} = \dfrac{230\ \text{V}}{2{,}0\ \text{A}} = \mathbf{115\ \Omega}$, $\boldsymbol{R_P} = \dfrac{U}{I_P} = \dfrac{230\ \text{V}}{4{,}0\ \text{A}} = \mathbf{58\ \Omega}$

b) $\boldsymbol{I_A} = \dfrac{U}{R_A} = \dfrac{230\ \text{V}}{484\ \Omega} = 0{,}4752\ \text{A} \approx \mathbf{0{,}475\ A}$

c) $\dfrac{1}{R_{ges}} = \dfrac{1}{R_R} + \dfrac{1}{R_P} + \dfrac{1}{R_A} = \dfrac{1}{115\ \Omega} + \dfrac{1}{57{,}5\ \Omega} + \dfrac{1}{484\ \Omega} = 0{,}0282\ \dfrac{1}{\Omega} \Rightarrow \boldsymbol{R_{ges}} = \dfrac{1}{0{,}0282}\ \Omega = \mathbf{35{,}5\ \Omega}$

$\boldsymbol{I_{ges}} = I_R + I_P + I_A = 2{,}0\ \text{A} + 4{,}0\ \text{A} + 0{,}475\ \text{A} = 6{,}475\ \text{A} \approx \mathbf{6{,}5\ A}$

d) $\boldsymbol{U_{ges}} = U_R = U_P = U_A = \mathbf{230\ V}$

Aufgaben zu 11.6 Parallelschaltung von Widerständen

1. Drei Widerstände, R_1 = 10 Ω, R_2 = 17 Ω und R_3 = 24 Ω, sind parallel geschaltet **(Bild 2)**. Die Gesamtstromstärke beträgt 12 A. Berechnen Sie den Gesamtwiderstand, die Klemmenspannung und die Einzelstromstärken.

2. Zwei Kontroll-Lampen am Steuerpult einer Rührwerksdrucknutsche liegen parallel an 12 V. Die Stromstärken in den Kontroll-Lampen betragen 0,3 A und 0,5 A. Berechnen Sie den Gesamtwiderstand und die Einzelwiderstände.

3. Zwei Heizwiderstände R_1 = 97 Ω, R_2 = 146 Ω sind parallel geschaltet. Wie groß ist der Ersatzwiderstand?

4. Ist der Schalter der Versuchsschaltung **(Bild 3)** geöffnet, so wird zwischen den Klemmen 1 und 2 ein Widerstand von 5,0 Ω gemessen. Bei geschlossenem Schalter beträgt der Widerstand 2,0 Ω. Wie groß ist der Widerstand R_2?

5. Zwei Widerstände R_1 = 20 Ω und R_2 = 30 Ω liegen einmal in Reihe und einmal parallel an 110 V. Berechnen Sie jeweils den Gesamtstrom und den Gesamtwiderstand.

6. In einem Thermostaten sind zwei Heizwiderstände R_1 = 95 Ω und R_2 = 45 Ω parallel geschaltet. Im Widerstand R_2 fließt ein Strom von 5,0 A. Wie groß ist die Stromstärke im Heizwiderstand R_1?

7. Drei parallel geschaltete Elektromotoren liegen an 440 V und treiben die Kreiselradpumpen in einer Mehrkörper-Verdampferanlage an **(Bild 4)**. Ihre Widerstände betragen: R_2 = 19 Ω und R_3 = 24 Ω. Der Gesamtstrom wurde zu I_{ges} = 80 A bestimmt.
   Berechnen Sie den Widerstand R_1 und die Teilströme.

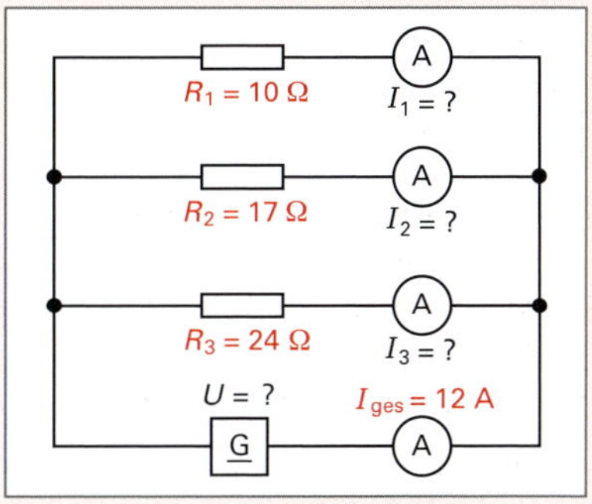

Bild 2: Schaltskizze zu Aufgabe 1

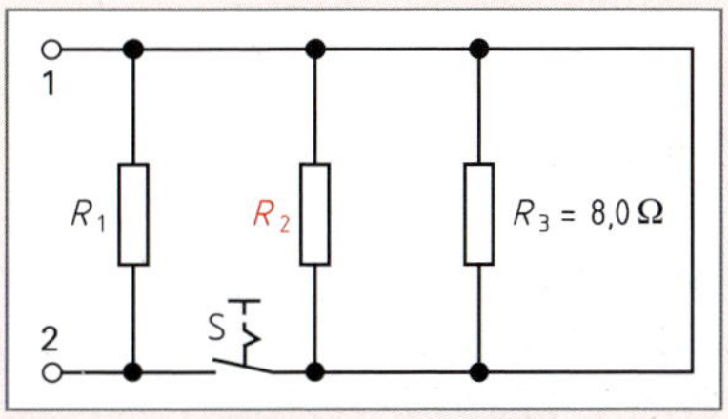

Bild 3: Schaltskizze zu Aufgabe 4

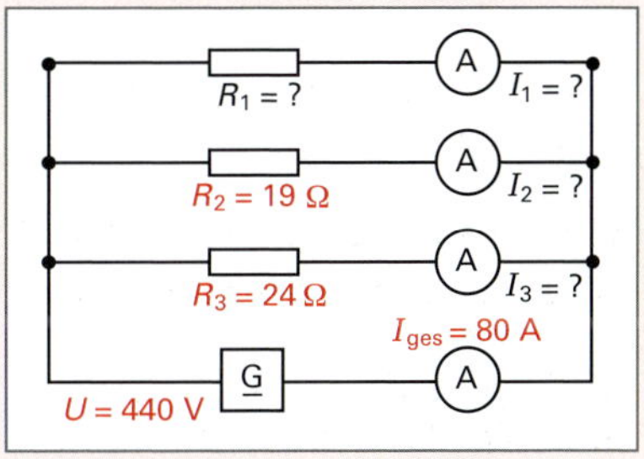

Bild 4: Schaltskizze zu Aufgabe 7

11.7 Messbereichserweiterung von Strom- und Spannungsmessgeräten

In der Technik wird zur Messung von Stromstärke und Spannung am häufigsten das Drehspulmesswerk **(Bild 1)** verwendet. Es funktioniert nach dem Prinzip der stromdurchflossenen Spule im Magnetfeld. Der Strom erzeugt durch seine magnetische Wirkung in der Spule ein Drehmoment, das mit einem Zeiger auf einer in Volt oder Ampere kalibrierten Rundbogenskale zur Anzeige gebracht wird. Die Spule ist ein auf einen Weicheisenkern gewickelter, dünner Kupferdraht mit dem Innenwiderstand R_I.

Drehspulmesswerk als Strommesser

Bei der Strommessung ist das Drehspulmesswerk in Reihe in den zu messenden Stromkreis geschaltet. Ohne Nebenwiderstand R_N (shunt resistance) fließt der gesame Messstrom I_{mes} durch die Spule. Es können nur kleine Ströme gemessen werden, da sonst der dünne Kupferdraht durch den hohen Messstrom schmelzen würde.

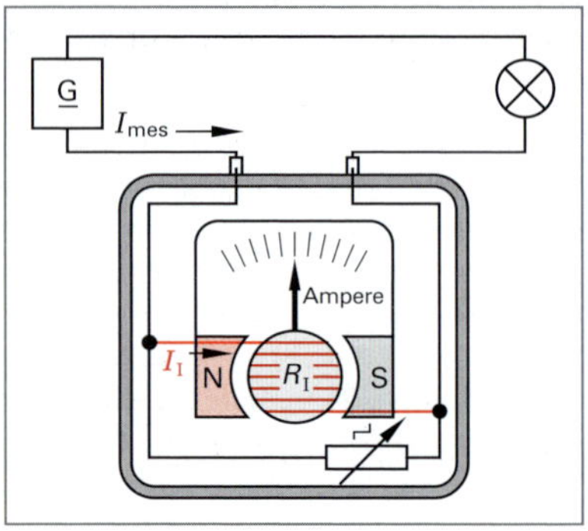

Bild 1: Messbereichserweiterung eines Strommessers

Messbereichserweiterung eines Strommessers

Durch Parallelschaltung eines Nebenwiderstands R_N in den Geräte-Stromkreis (Bild 1), wird der zu messende Strom I_{mes} in den Spulenstrom I_I und den Nebenstrom I_N aufgeteilt. So kann man z.B. erreichen, dass nur 1/10 oder 1/100 des Messstroms I_{mes} durch die Spule fließt. Dadurch kann ein bis zu 10-facher bzw. 100-facher Strom gemessen werden, ohne dass der Spulendraht Schaden nimmt. Durch Verstellen des in Stufen veränderbaren Nebenwiderstands R_N können verschiedene Messbereiche am Strommesser eingestellt werden.

Die Berechnung der Messbereichserweiterung ergibt sich aus den Gesetzmäßigkeiten der Parallelschaltung:

Aufgrund der Parallelschaltung von Messwerk und Nebenwiderstand liegt an beiden Bauteilen die gleiche Spannung an: $U_I = U_N$. Mit dem OHM'schen Gesetz folgt für das Messwerk $U_I = R_I \cdot I_I$ und für den Nebenwiderstand $U_N = R_N \cdot I_N$. Durch Gleichsetzen der Spannungen und Umstellen nach R_N oder I_{mes} erhält man die nebenstehende Größengleichung zur Berechnung des Nebenwiderstands R_N oder des Messstroms I_{mes} bzw. des Messbereichsendwerts.

Nebenwiderstand

$$R_N = \frac{R_I \cdot I_I}{I_N} = \frac{R_I \cdot I_I}{I_{mes} - I_I}$$

Messbereich des Strommessers

$$I_{mes} = I_I \left(\frac{R_I}{R_N} + 1\right)$$

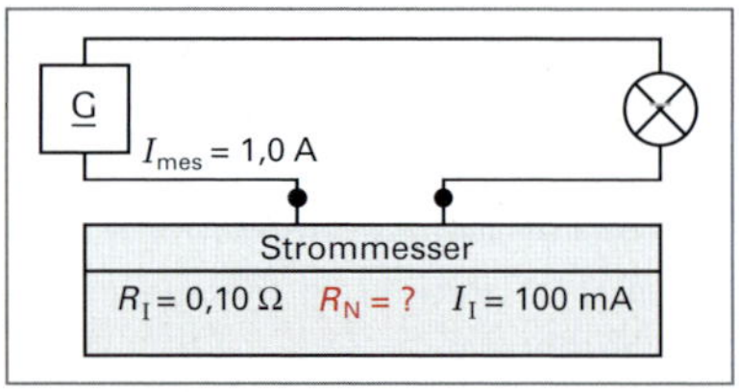

Bild 2: Beispielaufgabe

Beispiel: Der Messbereich eines Strommessers soll durch Parallelschalten eines Nebenwiderstands R_N von 100 mA auf 1,0 A erweitert werden **(Bild 2)**. Wie groß muss der Nebenwiderstand R_N sein, wenn der Innenwiderstand R_I des Strommessers 0,10 Ω beträgt?

Lösung: $\mathbf{R_N} = \dfrac{R_I \cdot I_I}{I_{mes} - I_I} = \dfrac{0{,}10\ \Omega \cdot 0{,}100\ \text{A}}{1{,}0\ \text{A} - 0{,}100\ \text{A}} \approx 0{,}011\ \Omega = \mathbf{11\ m\Omega}$

Drehspulmesswerk als Spannungsmesser

Ein Drehspulmesswerk kann auch als Spannungsmesser verwendet werden. Dazu wird es parallel an den zu messenden Spannungsabfall geschaltet **(Bild 3)**. Ohne Vorwiderstand R_V (preresistor) wird die zu messende Spannung U_{mes} nach dem OHM'schen Gesetz ermittelt: $U_{mes} = I_I \cdot R_I$. Da R_I konstant ist, folgt: $U_{mes} \sim I_I$. Der durch den Spulenstrom hervorgerufene Zeigerausschlag ist proportional der Messspannung U_{mes}.

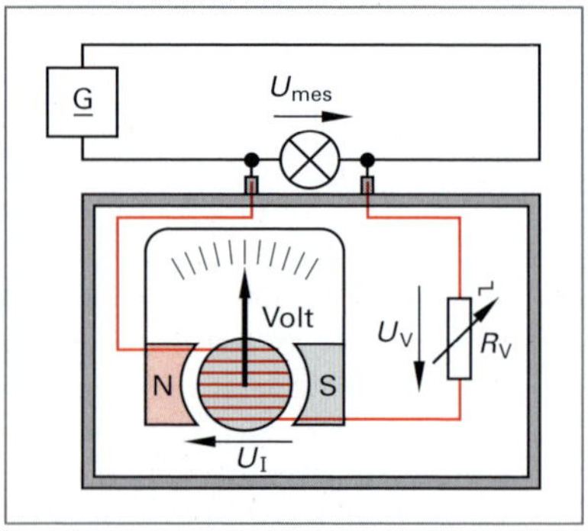

Bild 3: Messbereichserweiterung eines Spannungsmessers

Messbereichserweiterung eines Spannungsmessers

Durch Reihenschaltung eines Vorwiderstands R_V in den Gerätestromkreis (Bild 362/3) addiert sich der Spannungsabfall an der Messspule U_I und am Vorwiderstand U_V zur Messspannung $U_{mes} = U_I + U_V$.

Zudem ist aufgrund der Reihenschaltung von Messwerk und Vorwiderstand die Stromstärke in beiden Bauteilen gleich: $I_I = I_V$. Mit dem OHM'schen Gesetz folgt für den Messwerkstrom: $I_I = U_I/R_I$ und für den Vorwiderstandsstrom: $I_V = U_V/R_V$. Nach dem Gleichsetzen der Stromstärken und Umstellen nach R_V bzw. U_{mes} erhält man die nebenstehenden Größengleichungen zur Berechnung des Vorwiderstands R_V sowie der Messspannung U_{mes} bzw. des Messbereichs.

Vorwiderstand

$$R_V = \frac{R_I \cdot U_V}{U_I} = \frac{R_I \cdot (U_{mes} - U_I)}{U_I}$$

Messspannung

$$U_{mes} = \frac{U_I \cdot (R_V + R_I)}{R_I}$$

Beispiel: Der Messbereich eines Spannungsmessers mit einem Innenwiderstand von 5,0 kΩ soll von 12 V auf 100 V erweitert werden **(Bild 1)**. Welcher Vorwiderstand wird dazu benötigt?

Lösung: $$\mathbf{R_V} = \frac{R_I \cdot (U_{mes} - U_I)}{U_I} = \frac{5{,}0\ \text{k}\Omega\ (100\ \text{V} - 12\ \text{V})}{12\ \text{V}} = \mathbf{37\ k\Omega}$$

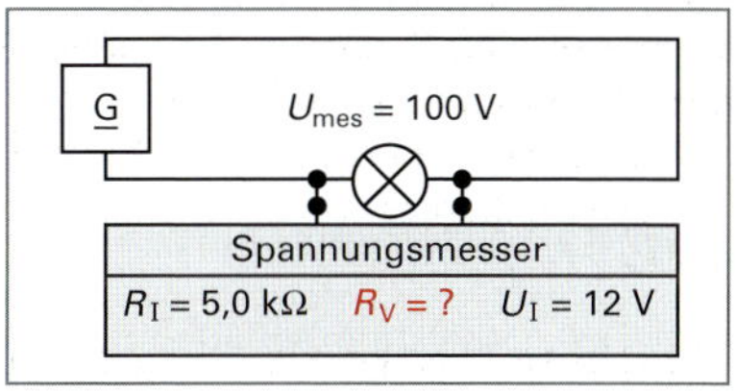

Bild 1: Beispielaufgabe

Aufgaben zu 11.7 Messbereichserweiterung von Strom- und Spannungsmessgeräten

1. Ein Strommesser **(Bild 2)** hat einen Innenwiderstand von 5,0 Ω und bei Vollausschlag einen Messwerkstrom von 10 mA. Berechnen Sie den Nebenwiderstand, wenn der Messbereich auf 3,0 A erweitert werden soll.

2. Mit einem Strommesser soll eine Stromstärke von etwa ein Ampere gemessen werden, wozu der Skalenendwert des Instruments auf 1,5 A festgelegt wird. Der Messbereich beträgt 50 mV bei einem Innenwiderstand von R_I = 250 Ω. Welcher Nebenwiderstand ist zur Verringerung der Stromstärke durch das Messwerk parallelzuschalten?

3. In einem Drehspulinstrument **(Bild 3)** mit einem Innenwiderstand von 1,6 Ω fließt ein Strom von 100 mA bei Vollausschlag. Welche Stromstärke zeigt das Messgerät bei Vollausschlag, wenn ein Nebenwiderstand von 0,50 Ω zugeschaltet wird?

4. Ein Spannungsmessgerät mit einem Innenwiderstand von R_I = 600 Ω hat einen Messbereich von 300 mV. Berechnen Sie den Vorwiderstand, wenn der Messbereich auf 3,0 V erweitert werden soll.

5. Der Messbereich eines Drehspulmesswerks wurde durch einen Vorwiderstand von 40 kΩ von 30 V auf 300 V erweitert. Wie groß ist der Innenwiderstand des Messwerks?

6. In einem Spannungsmessgerät hat das Drehspulmesswerk einen Widerstand von 1,5 kΩ und einen Messbereich von 1,0 V. Durch welchen Vorwiderstand kann der Messbereich auf 30 V erweitert werden?

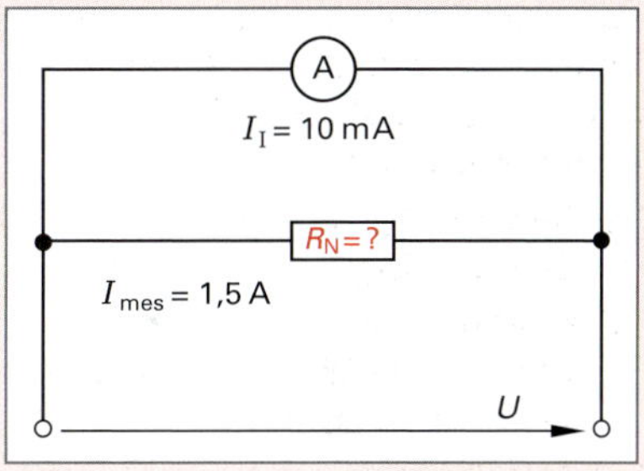

Bild 2: Schaltskizze zu Aufgabe 1

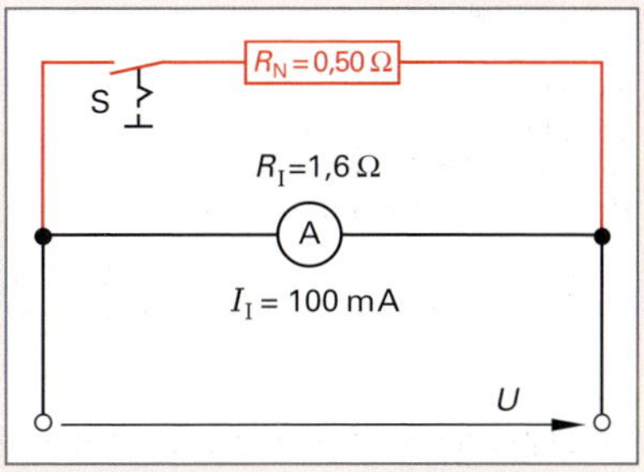

Bild 3: Schaltskizze zu Aufgabe 3

11.8 Gruppenschaltungen, Netzwerke

In der Elektrotechnik und Elektronik sind die unterschiedlichsten Bauteile sowohl in Reihe als auch parallel zueinander geschaltet **(Bild 1)**. Man bezeichnet solche Schaltungen als gemischte Schaltungen oder als Gruppenschaltungen.

Gruppenschaltungen werden in erweiterte Reihen- und Parallelschaltungen sowie Netzwerke unterteilt.

Die Berechnung des Gesamtwiderstands (Ersatzwiderstand) einer gemischten Schaltung verläuft schrittweise, wie im Folgenden gezeigt wird, über Ersatzschaltungen. Dabei wird die Gruppenschaltung unter Beachtung der nachfolgenden Regeln schrittweise auf die beiden Grundschaltungen (Reihen- und Parallelschaltung) zurückgeführt.

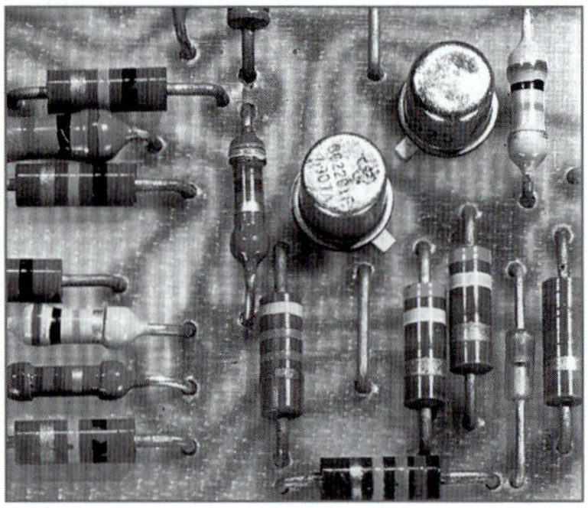

Bild 1: Gruppenschaltung elektronischer Bauteile

Erweiterte Reihenschaltung

Enthält eine Reihenschaltung eine eingefügte Parallelschaltung **(Bild 2)**, so wird zuerst die Parallelschaltung berechnet.

Beispiel: Berechnen Sie den Ersatzwiderstand der im Bild 320/2 angegebenen Schaltung.

Lösung: 1. Berechnung der parallel geschalteten Widerstände R_2 und R_3:

$$R_{2,3} = \frac{R_2 \cdot R_3}{R_2 + R_3} = \frac{4{,}0\ \Omega \cdot 6{,}0\ \Omega}{4{,}0\ \Omega + 6{,}0\ \Omega} = \frac{24\ \Omega}{10{,}0\ \Omega} = 2{,}4\ \Omega$$

Die resultierende Ersatzschaltung ist im **Bild 3** wiedergegeben.

2. Berechnung der in Reihe geschalteten Widerstände R_1 und $R_{2,3}$ zum Ersatzwiderstand $R_{ers} = R_{1,2,3}$:

$$\boldsymbol{R_{ers}} = R_1 + R_{2,3} = 5{,}0\ \Omega + 2{,}4\ \Omega = \mathbf{7{,}4\ \Omega}$$

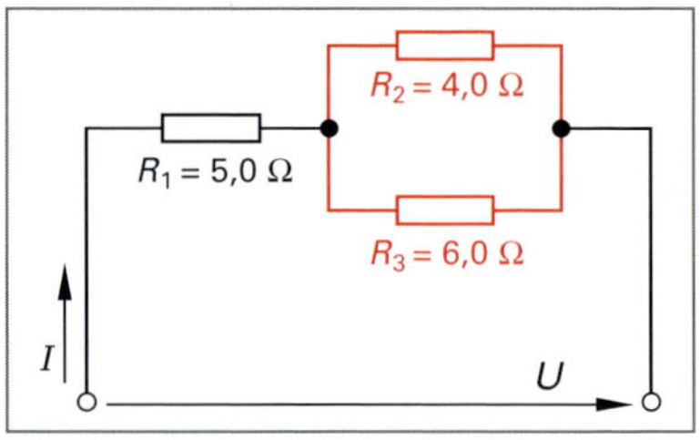

Bild 2: Erweiterte Reihenschaltung (Beispiel)

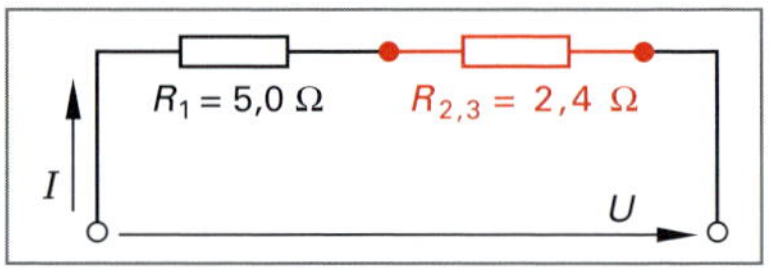

Bild 3: Ersatzschaltung einer erweiterten Reihenschaltung

Erweiterte Parallelschaltung

Enthält eine Parallelschaltung eine eingefügte Reihenschaltung **(Bild 4)**, so wird zuerst die Reihenschaltung berechnet.

Beispiel: Berechnen Sie den Ersatzwiderstand der im Bild 4 wiedergegebenen Schaltung.

Lösung: 1. Berechnung der in Reihe geschalteten Widerstände R_1 und R_2:

$$R_{1,2} = R_1 + R_2 = 2{,}0\ \Omega + 6{,}0\ \Omega = 8{,}0\ \Omega$$

Die resultierende Ersatzschaltung ist im **Bild 5** wiedergegeben.

2. Berechnung der parallel geschalteten Widerstände $R_{1,2}$ und R_3 zum Ersatzwiderstand $R_{ers} = R_{1,2,3}$:

$$\boldsymbol{R_{ers}} = \frac{R_{1,2} \cdot R_3}{R_{1,2} + R_3} = \frac{8{,}0\ \Omega \cdot 12\ \Omega}{8{,}0\ \Omega + 12\ \Omega} = \frac{96\ \Omega}{20\ \Omega} = \mathbf{4{,}8\ \Omega}$$

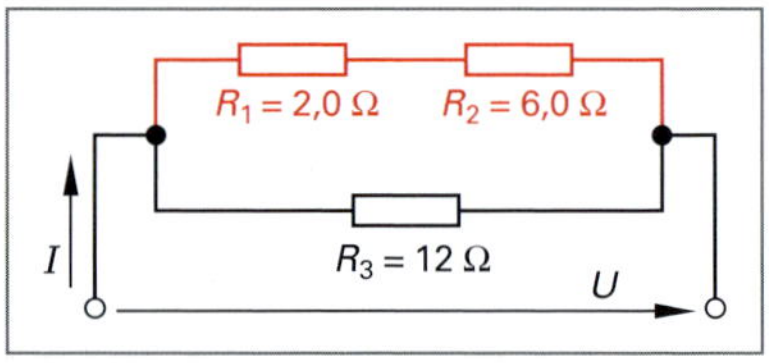

Bild 4: Erweiterte Parallelschaltung (Beispiel)

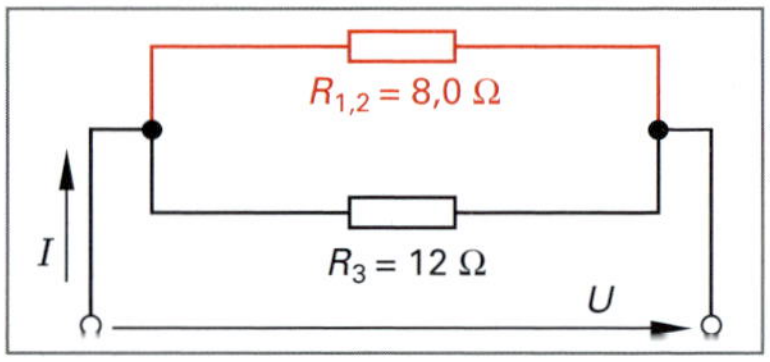

Bild 5: Ersatzschaltung einer erweiterten Parallelschaltung

Netzwerke (networks)

Ein Netzwerk ist ein verzweigter elektrischer Stromkreis, der aus mehreren Gruppenschaltungen besteht. Die Widerstandsberechnung eines Netzwerks erfolgt wie im nachfolgenden Beispiel gezeigt wird, schrittweise durch Rückführung auf die Reihen- oder Parallelschaltung.

Beispiel: Wie groß ist der Ersatzwiderstand des im **Bild 1 a** dargestellten Netzwerks.

Lösung: Zuerst wird der Teil der Schaltung gesucht, der auf eine Grundschaltung zurückzuführen ist. Dies ist die Reihenschaltung der Widerstände R_2, R_3 und R_4. Ihr Gesamtwiderstand berechnet sich zu:

$$R_{2,3,4} = R_2 + R_3 + R_4 = 9\,\Omega + 7\,\Omega + 4\,\Omega = 20\,\Omega.$$

Der Gesamtwiderstand $R_{2,3,4}$ wird für die Widerstände R_2, R_3, R_4 eingesetzt. Die Schaltung lässt sich hiermit wie im **Bild 1 b** dargestellt, vereinfachen.

Die Widerstände $R_{2,3,4}$ und R_5 sind parallel geschaltet. Ihr Gesamtwiderstand berechnet sich zu:

$$R_{2,3,4,5} = \frac{R_{2,3,4} \cdot R_5}{R_{2,3,4} + R_5} = \frac{20\,\Omega \cdot 5\,\Omega}{20\,\Omega + 5\,\Omega} = \frac{100\,\Omega}{25\,\Omega} = 4\,\Omega$$

Der hieraus resultierende Ersatzschaltplan ist in **Bild 1 c** dargestellt.

Der Ersatzwiderstand des Netzwerks berechnet sich somit zu:

$$R_{1,2,3,4,5,6} = R_1 + R_{2,3,4,5} + R_6 = 4\,\Omega + 4\,\Omega + 2\,\Omega$$

$$\mathbf{R_{1,2,3,4,5,6} = R_{ers} = 10\,\Omega}$$

Der Ersatzwiderstand ist in **Bild 1 d** dargestellt.

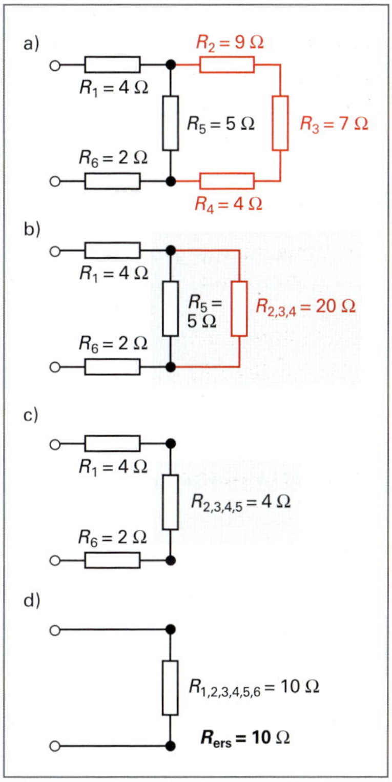

Bild 1: Schrittweise Vereinfachung eines Netzwerks (Beispiel)

Aufgaben zu 11.8 Gruppenschaltungen, Netzwerke

1. Berechnen Sie die Ersatzwiderstände der in den Abbildungen 364/2 und 364/4 dargestellten Gruppenschaltungen, wenn alle Widerstände gleich sind und 10 Ω betragen.
2. Berechnen Sie den Ersatzwiderstand der in **Bild 2 a – d** dargestellten Netzwerke:

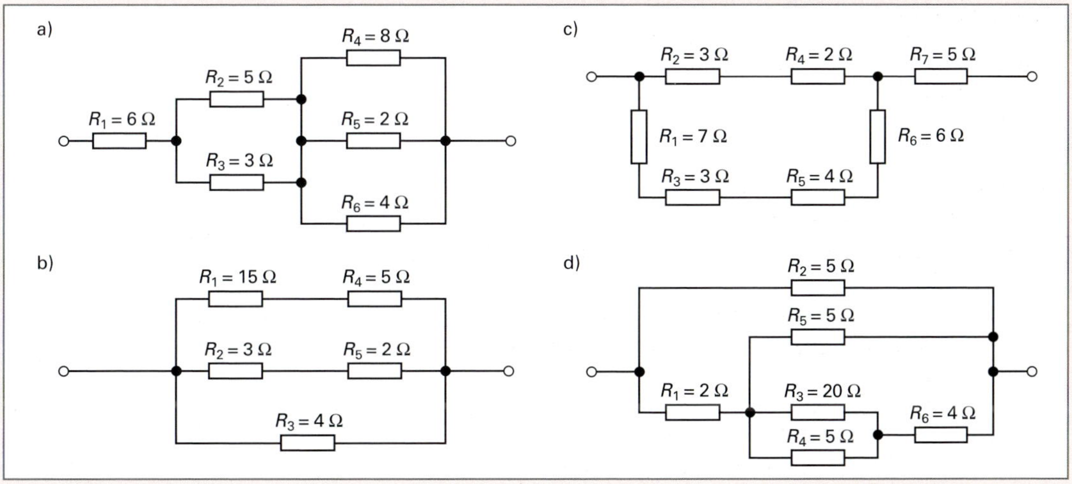

Bild 2: Netzwerke

11.9 WHEATSTONE'sche Brückenschaltung

WHEATSTONE'sche Brückenschaltungen[1] (WHEATSTONE bridge) werden z. B. im Wärmeleitfähigkeitsdetektor (WLD) eines Gaschromatografen, zur Messung der Elektrolytleitfähigkeit sowie zur exakten Messung von Widerständen benutzt.

In **Bild 1** ist die Prinzipschaltung der WHEATSTONE'schen Brückenschaltung wiedergegeben. Sie weist zwar Kennzeichen einer Gruppenschaltung auf, lässt sich aber wegen der Strombrücke C–D zwischen den Widerständen R_1, R_2 und R_3, R_4 nicht auf eine der Grundschaltungen (Reihen- und Parallelschaltung) zurückführen.

Ein elektrischer Strom fließt über die Strombrücke C–D nur dann, wenn zwischen den Punkten C und D eine elektrische Spannung herrscht. Liegt zwischen den Punkten C–D keine Spannung an, so fließt kein Strom und die Brücke ist abgeglichen.

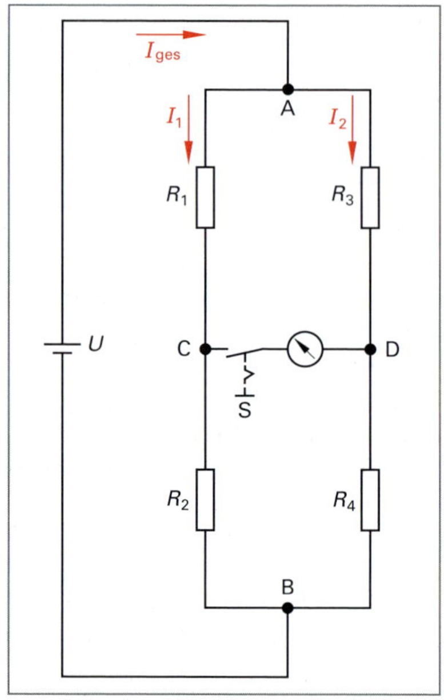

Bild 1: WHEATSTONE'sche Brückenschaltung

Bedingungen für den Brückenabgleich

Für den Spannungsabfall an den vier Widerständen gilt:

$U_{AC} = I_1 \cdot R_1$; $U_{AD} = I_2 \cdot R_3$; $U_{CB} = I_1 \cdot R_2$; $U_{DB} = I_2 \cdot R_4$.

Die Brückenschaltung ist abgeglichen, wenn die Spannung $U_{CD} = 0$ V beträgt. Dies ist dann erreicht, wenn $U_{AC} = U_{AD}$ und $U_{CB} = U_{DB}$ ist.

Durch Gleichsetzen der Spannungsabfälle und Umstellen nach I_1 erhält man die folgenden Größengleichungen:

$$I_1 \cdot R_1 = I_2 \cdot R_3 \Rightarrow I_1 = \frac{I_2 \cdot R_3}{R_1} \quad \text{und} \quad I_1 \cdot R_2 = I_2 \cdot R_4 \Rightarrow I_1 = \frac{I_2 \cdot R_4}{R_2}$$

Nach dem Gleichsetzen in I_1 und Kürzen von I_2 erhält man die Bedingung für den Brückenabgleich:

$$\frac{I_2 \cdot R_3}{R_1} = \frac{I_2 \cdot R_4}{R_2} \quad \Rightarrow \quad \frac{R_2}{R_1} = \frac{R_4}{R_3}.$$

Bedingung für den Brückenabgleich
$\frac{R_1}{R_2} = \frac{l_1}{l_2} = \frac{R_3}{R_4}$

Das Widerstandsverhältnis R_1/R_2 ist bei Schleifdrahtwiderständen mit dem Schleifdrahtlängenverhältnis l_1/l_2 identisch.

Beispiel: Welchen Widerstand hat die Leitfähigkeits-Messzelle **(Bild 2)**, wenn die Widerstände $R_1 = 90\ \Omega$, $R_2 = 110\ \Omega$ und $R_4 = 43\ \Omega$ betragen?

Lösung: $\frac{R_1}{R_2} = \frac{R_3}{R_4} \Rightarrow \boldsymbol{R_3} = \frac{R_1 \cdot R_4}{R_2} = \frac{90\ \Omega \cdot 43\ \Omega}{110\ \Omega} \approx \mathbf{35\ \Omega}$

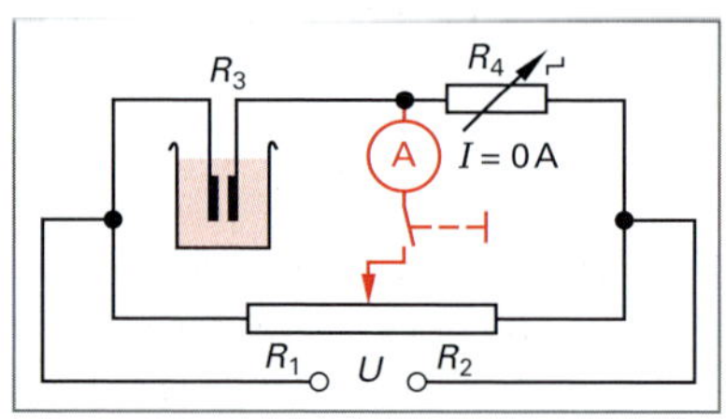

Bild 2: Leitfähigkeitsmessung

Aufgaben zu 11.9 WHEATSTONE'sche Brückenschaltung

1. Wie groß ist im Bild 1 der Widerstand R_4, wenn die Widerstände $R_1 = 1{,}2\ k\Omega$, $R_2 = 1{,}5\ k\Omega$ und $R_3 = 6{,}4\ k\Omega$ betragen?
2. Im Wärmeleitfähigkeitsdetektor (WLD) eines Gaschromatografen bilden vier Widerstände eine WHEATSTONE'sche Brückenschaltung. Der Heizdraht im Referenzkanal hat einen Widerstand von $R_2 = 82{,}5\ \Omega$. Wie groß ist der Widerstand R_1 des Heizdrahts im Probenkanal, wenn die Widerstände $R_3 = 127{,}5\ \Omega$ und $R_4 = 123{,}6\ \Omega$ betragen.
3. Wie groß muss der Widerstand R_4 einer WHEATSTONE'schen Brückenschaltung sein, damit ein Spiegelgalvanometer keinen Brückenstrom anzeigt? Die anderen Widerstände betragen: $R_1 = 86{,}6\ \Omega$, $R_2 = 82{,}6\ \Omega$, $R_3 = 84{,}3\ \Omega$.

[1] CHARLES WHEATSTONE (1802–1875), englischer Physiker

11.10 Elektrische Arbeit, Leistung, Wirkungsgrad

Elektrische Arbeit (electrical work)

Stellt man die Definitionsgleichungen für die elektrische Spannung (Seite 354) $U = W/Q$ und für die Stromstärke $I = Q/t$ (Seite 353) jeweils nach Q um und setzt sie gleich $W/U = I \cdot t$, erhält man eine Größengleichung für die **elektrische Arbeit *W***.

Wird in die Größengleichung für die elektrische Arbeit das OHM'sche Gesetz $U = I \cdot R$ eingeführt, werden zwei weitere Gesetzmäßigkeiten zur Berechnung der elektrischen Arbeit erhalten. Sie sind zur Bestimmung der elektrischen Arbeit in Widerständen besonders geeignet.

Elektrische Arbeit
$W = U \cdot I \cdot t$
$W = I^2 \cdot R \cdot t$
$W = \frac{U^2 \cdot t}{R}$

Die SI-Einheit der elektrischen Arbeit ist die **Wattsekunde Ws**. Eine Wattsekunde ist gleich der mechanischen Arbeit von 1 N · m oder 1 J. Als größere Arbeitseinheiten sind eine Wattstunde Wh und eine Kilowattstunde kWh festgelegt.

$$1\,\text{Ws} = 1\,\text{V} \cdot \text{A} \cdot \text{s} = 1\,\text{N} \cdot \text{m} = 1\,\text{J}$$
$$1\,\text{Wh} = 3600\,\text{Ws}$$
$$1\,\text{kWh} = 3{,}6 \cdot 10^6\,\text{Ws}$$

Die Größengleichungen zur Berechnung der elektrischen Arbeit haben nur für Gleichstrom Gültigkeit. Annähernd können sie auch für elektrische Heizgeräte verwendet werden, die mit Wechselstrom betrieben werden.

Die **Arbeitskosten** werden auf der Basis der umgewandelten elektrischen Arbeit berechnet. Dazu multipliziert man die umgewandelte elektrische Arbeit mit dem Stromtarif.

$$\text{Arbeitskosten} = \text{elektrische Arbeit} \cdot \text{Stromtarif}$$

Beispiel 1: Ein elektrischer Glühofen hat einen Widerstand von 40 Ω. Er wird mit 230 V betrieben. Nach welcher Zeit hat er die elektrische Energie von 1,0 kWh in Wärmeenergie umgewandelt?

Lösung: $W = \frac{U^2 \cdot t}{R} \Rightarrow t = \frac{W \cdot R}{U^2} = \frac{1{,}0 \cdot 10^3\,\text{Wh} \cdot 40\,\Omega}{(230\,\text{V})^2} = \frac{1{,}0 \cdot 10^3 \cdot 40}{230^2} \cdot \frac{\text{Wh} \cdot \Omega}{\text{V}^2} = 0{,}7561\,\frac{\text{Wh} \cdot \Omega}{\text{V}^2}$

mit $\text{W} = \text{V} \cdot \text{A}$ und $\Omega = \frac{\text{V}}{\text{A}}$ folgt $\boldsymbol{t} = 0{,}7561\,\frac{\text{V} \cdot \text{A} \cdot \text{h} \cdot \text{V}}{\text{V}^2 \cdot \text{A}} = 0{,}7561\,\text{h} = 45{,}37\,\text{min} \approx \mathbf{45\,min}$

Beispiel 2: Die Zuleitung eines Rührwerkmotors hat einen Widerstand von 0,10 Ω und wird 8,0 h lang von einem Strom der Stärke 15 A durchflossen.
a) Wie groß ist der Verlust an elektrischer Arbeit in der Zuleitung?
b) Wie groß sind die Arbeitskosten für diesen Verlust, wenn 1 kWh 0,15 € kostet?

Lösung: a) $\boldsymbol{W} = I^2 \cdot R \cdot t = (15\,\text{A})^2 \cdot 0{,}10\,\Omega \cdot 8{,}0\,\text{h} = \mathbf{0{,}18\,kWh}$
b) **Arbeitskosten** = *W* · Stromtarif = 0,18 kWh · 0,15 €/kWh = 0,027 € ≈ **0,03 €**

Elektrische Leistung (electrical power)

Die innerhalb einer bestimmten Zeit t verrichtete elektrische Arbeit W wird als **elektrische Leistung *P*** bezeichnet.

Wird in der Gleichung $P = W/t$ die Arbeit W durch $U \cdot I \cdot t$ ersetzt, so ergibt sich eine weitere Beziehung für die Leistung.

Durch Einführen des OHM'schen Gesetzes ($U = R \cdot I$ oder $I = U/R$) in die Größengleichung $P = U \cdot I$ ergeben sich weitere Formeln für die elektrische Leistung. Sie eignen sich insbesondere für die Leistungsberechnung von Widerständen.

Elektrische Leistung	
$P = \frac{W}{t}$	$P = U \cdot I$
$P = R \cdot I^2$	$P = \frac{U^2}{R}$

Die SI-Einheit der elektrischen Leistung ist das **Watt W**.

$$1\,\text{W} = 1\,\text{V} \cdot \text{A} = \frac{1\,\text{N} \cdot \text{m}}{\text{s}} = 1\,\frac{\text{J}}{\text{s}}$$

Beispiel: Eine 60-W-Glühlampe ist an eine Netzspannung von 230 V angeschlossen.
a) Wie groß ist die Stromstärke? Bei einem Kurzschluss in der Lampe beträgt der Leitungswiderstand für den gesamten Stromkreis 0,75 Ω.
b) Auf welchen Wert steigt die Stromstärke an, wenn der Stromkreis nicht durch eine Sicherung geschützt ist?

Lösung: a) $P = U \cdot I \Rightarrow \boldsymbol{I} = \frac{P}{U} = \frac{60\,\text{V} \cdot \text{A}}{230\,\text{V}} = 0{,}2608\,\text{A} \approx \mathbf{0{,}26\,A}$; b) $\boldsymbol{I} = \frac{U}{R} = \frac{230\,\text{V}}{0{,}75\,\Omega} = 306\,\text{A} \approx \mathbf{0{,}31\,kA}$

Leistungsschilder (rating plates)

Leistungsschilder enthalten die wichtigsten Daten des elektrischen Geräts: Betriebsspannung, höchstzulässige Stromstärke, elektrische Leistung usw.

Bei elektrischen Geräten (z. B. Heizkorb, Thermostat) ist auf dem Leistungsschild die **aufgenommene Leistung** (Nennleistung) in Watt W oder Kilowatt kW angegeben **(Bild 1)**.

Bei Elektromotoren hingegen wird die **abgegebene mechanische Leistung** auf dem Leistungsschild genannt.

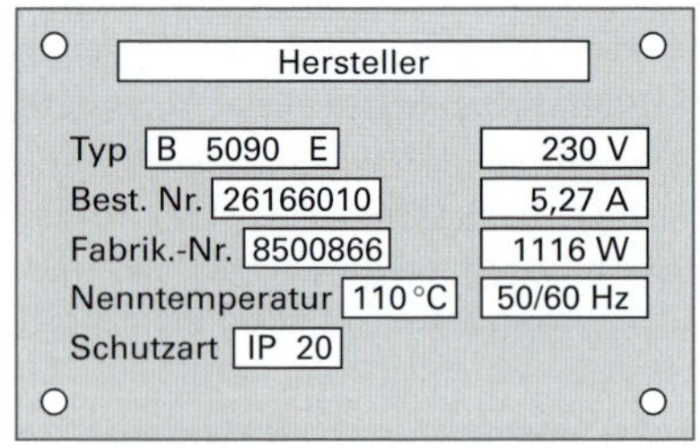

Bild 1: Leistungsschild eines Trockenschranks

Beispiel: Welche Nennleistung hat der Trockenschrank mit dem nebenstehenden Leistungsschild (Bild 324/1)?

Lösung: $\boldsymbol{P} = U \cdot I = 230\ \text{V} \cdot 5{,}27\ \text{A} = 1212\ \text{W} \approx \mathbf{0{,}121\ kW}$

Wirkungsgrad (efficieny)

Bei der Energieumwandlung entstehen Energieverluste W_V, z. B. durch die Reibung in den Motorlagern, durch den Antrieb der Motorlüftung, durch Erwärmung der Motorwicklungen usw. Somit geht ein Teil der zugeführten elektrischen Energie W_{zu} als Verlustenergie W_V verloren. Dadurch verringert sich die von der Maschine abgegebene Energie W_{ab}. Analoge Betrachtungen gelten auch für die elektrische Leistung.

Das Verhältnis von abgegebener Energie oder Leistung (W_{ab}, P_{ab}) zur zugeführten Energie oder Leistung (W_{zu}, P_{zu}) bezeichnet man als **Wirkungsgrad η** (eta). Er ist eine dimensionslose Dezimalzahl, die auch in Prozent angegeben werden kann. Der Wirkungsgrad ist stets kleiner als 1 bzw. kleiner als 100 %.

Sind mehrere Maschinen hintereinander geschaltet in einer Anlage an der Energieumwandlung beteiligt, so errechnet sich der Gesamtwirkungsgrad η_{ges} der Anlage durch Multiplikation der Einzelwirkungsgrade.

Energieverluste	Leistungsverluste
$W_V = W_{zu} - W_{ab}$	$P_V = P_{zu} - P_{ab}$

Wirkungsgrad

$$\eta = \frac{W_{ab}}{W_{zu}}; \qquad \eta = \frac{P_{ab}}{P_{zu}}$$

Gesamtwirkungsgrad

$$\eta_{ges} = \eta_1 \cdot \eta_2 \cdot \eta_3 \cdot \ldots$$

Beispiel: Der Starter eines Hubstaplers nimmt bei einer Klemmenspannung von 10,2 V einen Strom von 30 A auf. Wie groß ist sein Wirkungsgrad, wenn er in 3,0 s eine Arbeit von 400 Ws verrichtet?

Lösung: $W_{zu} = U \cdot I \cdot t = 10{,}2\ \text{V} \cdot 30\ \text{A} \cdot 3{,}0\ \text{s} = 918\ \text{Ws}$, $\quad \boldsymbol{\eta} = \frac{W_{ab}}{W_{zu}} = \frac{400\ \text{Ws}}{918\ \text{Ws}} = 0{,}4357 \approx \mathbf{44\ \%}$

Aufgaben zu 11.10 Elektrische Arbeit, Leistung, Wirkungsgrad

1. Der Elektromotor einer Kolbenpumpe gibt eine Leistung von 2,5 kW ab. Welche Hubarbeit verrichtet die Pumpe, wenn sie 2 Stunden und 45 Minuten in Betrieb ist und ihr Wirkungsgrad 0,90 beträgt?
2. Wie groß ist der Heizwiderstand in einem Wasserbad, wenn es pro Stunde 4,0 kWh elektrische Energie bei einer Stromstärke von 10,5 A in Wärmeenergie umwandelt?
3. Ein Muffelofen nimmt bei einer Spannung von 230 V einen Strom von 9,1 A auf und ist 5,0 Stunden in Betrieb.
   a) Welche elektrische Energie wurde umgewandelt?
   b) Welche Arbeitskosten entstehen, wenn eine Kilowattstunde 0,12 € kostet?
4. Das Leistungsschild eines elektrischen Schnellveraschers ist zum Teil unleserlich geworden. Die Leistungsangabe ist noch erkennbar. Sie ist mit 1500 W angegeben. Der elektrische Widerstand des Veraschers wurde zu 32,3 Ω bestimmt.
   a) Für welche Netzspannung ist das Gerät gebaut?
   b) Wie groß ist die Stromaufnahme bei dieser Spannung?

Gemischte Aufgaben zu 11 Berechnungen zur Elektrotechnik

1. Welche Arbeit (in kWh) kann der Motor einer Kreiselradpumpe bestenfalls leisten, wenn ihm bei einer Netzspannung von 400 V eine Elektrizitätsmenge von $2{,}5 \cdot 10^4$ C zugeführt wird. Wie viel Kühlwasser kann damit auf eine Höhe von 10 Meter gepumpt werden? (Reibungsverluste sollen unberücksichtigt bleiben.)

2. Einem Kondensator wird in 4 Sekunden eine Ladung von Q = 5 mAs zugeführt. Wie groß ist der Ladestrom?

3. In einer Alkalichlorid-Elektrolysezelle fließt ein Strom von I = 100 kA. Wie groß ist die pro Minute aufgenommene Ladung?

4. Ein Vakuum-Trockenschrank mit dem Widerstand R_V = 24 Ω und ein Heizkorb mit dem Widerstand R_H = 97 Ω sind parallel geschaltet. Wie groß ist der Ersatzwiderstand und der Ersatzleitwert?

5. In einem Lufterhitzer sind zwei Widerstände R_1 = 97 Ω und R_2 = 47 Ω parallel geschaltet. Durch den Widerstand R_1 fließt ein Strom von 2,3 A. Wie groß ist die Stromstärke im Heizwiderstand R_2?

6. Der Ersatzwiderstand von vier in Reihe geschalteten Widerständen beträgt 125 Ω. Wie groß ist der Widerstand R_1, wenn die Widerstände R_2 = 34 Ω, R_3 = 27 Ω und R_4 = 44 Ω betragen?

7. Welche Spannung geht in der Kupferzuleitung eines Widerstandsthermometers verloren, wenn die Stromstärke 3,0 mA und die Entfernung zwischen Messort und Anzeige in der Messwarte 250 m beträgt? Der Leiterquerschnitt ist A = 0,75 mm².

8. Eine Begleitheizung hat im Betriebszustand einen Widerstand von 24,0 Ω. Sie ist an eine Netzspannung von 230 V angeschlossen. Der Widerstand der Zuleitung beträgt 400 mΩ.

   a) Welche Spannung liegt unter diesen Bedingungen an der Begleitheizung an?

   b) Wie groß ist der Spannungsfall, der durch die Zuleitung hervorgerufen wird?

   c) Wie groß ist die Heizleistung der Begleitheizung?

9. Im Kupferlackdraht einer Spule wird bei einer konstanten Spannung von 2,0 V ein Strom von 780 mA gemessen. Nach Verkürzung der Drahtlänge um 6,0 Meter ändert sich die Stromstärke um 6,0 mA. Wie groß ist die Ausgangslänge des Drahtes?

10. Die Ankerwicklung eines Elektromotors besteht aus einem 50 Meter langen Kupferlackdraht mit einem Querschnitt von 0,75 mm². Welche Wärmemenge muss stündlich durch Kühlung abgeführt werden, wenn die Stromstärke 5,0 A beträgt und 10 % der elektrischen Energie in Wärmeenergie umgewandelt werden?

11. Der Heizwiderstand in einem Thermostaten mit einer Netzspannung von 230 V beträgt 56 Ω. Welche elektrische Energie wird pro Minute in Wärmeenergie umgewandelt?

12. Nach welcher Zeit hat eine 100-W-Glühlampe, die an eine Netzspannung von 230 V angeschlossen ist, eine elektrische Energie von einer Kilowattstunde umgewandelt?

13. Wie groß ist der Widerstand eines Drahtwiderstandes, wenn bei einer Spannung von 5,8 mV ein Strom der Stärke 0,29 mA fließt?

14. Wie groß ist die Stromstärke in der Heizwendel eines 2,0-kW-Thermostaten für 230 V Netzspannung? Das Gerät ist mit einer 16-A-Sicherung abgesichert.
    Spricht die Sicherung an, wenn in diesem Stromkreis noch ein Magnetrührer mit einer Heizleistung von 1000 W parallel angeschlossen wird?

15. Wie viele Lampen von je 60 W dürfen bei einer Netzspannung von 230 V höchstens gleichzeitig brennen, wenn die Leitung mit 6,0 A abgesichert ist?

16. Der 5,5-kW-Motor einer ununterbrochen laufenden Dickstoffpumpe an einem Rundeindicker hat einen Wirkungsgrad von 80 %. Welche Stromkosten entstehen monatlich, wenn eine Kilowattstunde 0,12 € kostet?

17. Der 25-kW-Motor eines Walzenbrechers zum Zerkleinern von Kalkstein liegt an einer Netzspannung von 400 V und wird über eine 150 m lange Kupferzuleitung von 4,0 mm Durchmesser gespeist. Wie viel Prozent der abgegebenen Leistung gehen in der Zuleitung verloren?

18. Bei einer Kreiselpumpenanlage in Blockbauweise mit einem Gesamtwirkungsgrad von 62 % sind ein Einphasenwechselstrommotor und eine Kreiselpumpe (η = 0,69) hintereinander geschaltet. Wie groß ist der Wirkungsgrad des Elektromotors?

19. Eine Kreiselradpumpe mit einem Wirkungsgrad von η = 78 % speist 30 m^3/h Rohbenzin mit einer Dichte von ϱ = 0,80 g/cm^3 in 18 Meter Höhe in eine Glockenbodenkolonne ein. Wie groß ist:
   a) die von der Pumpe und vom Motor abgegebene Leistung,
   b) die vom Motor aufgenommene Leistung bei einem Wirkungsgrad von η = 0,90,
   c) der Gesamtwirkungsgrad?

20. Eine Schneckentrogpumpe im Einlaufhebewerk einer Kläranlage fördert pro Sekunde 2,0 m^3 Abwasser 10 Meter hoch.
   a) Wie groß muss die vom Drehstrommotor abgegebene Leistung (Nennleistung) sein?
   b) Berechnen Sie die zugeführte Leistung und die Verlustleistung, wenn der Motor einen Wirkungsgrad von η = 93 % hat.

21. Ein zweiadriges Signalkabel mit Kupferleitern (d = 0,50 mm) hat einen Kurzschluss. Bei einer Spannung von 6,0 Volt wird ein Strom von 2,0 Ampere gemessen. Wie weit ist die Kurzschlussstelle von der Messstelle entfernt?

22. Wie groß sind die einzelnen Heizleistungen eines Thermostaten mit dem Heizwiderständen R_1 = 54 Ω und R_2 = 146 Ω? Der Thermostat wird mit folgenden Schaltstufen an der Netzspannung 230 V betrieben:
   a) beide Heizwiderstände in Reihe,
   b) Heizwiderstand R_1 allein und
   c) beide Heizwiderstände parallel.

23. Die Kupferwicklung einer Ständerwicklungsspule in einem Drehstrom-Kurzschlussläufermotor hat bei 20 °C einen Widerstand von 13,5 Ω. Wie groß ist die Widerstandszunahme, wenn die Temperatur der Wicklung beim Betrieb 60 °C beträgt?

24. Durch die Kupfer-Erregerwicklung eines Gleichstrommotors an einer Laborzentrifuge fließt bei einer Spannung von 230 V ein Strom von 14 A. Um wie viel Prozent sinkt die Stromstärke, wenn die Temperatur der Wicklung während des Zentrifugierens um 40 °C ansteigt?

25. Vier Schichtwiderstände sind in einer Versuchsschaltung auf einer Leiterplatte parallel geschaltet. Ihre Widerstände betragen: R_1 = 1,8 kΩ, R_2 = 2,2 kΩ, R_3 = 5,7 kΩ und R_4 = 4,5 kΩ. Durch den Widerstand R_4 fließt ein Strom von 2,0 mA. Berechnen Sie: a) die Gesamtspannung, b) die restlichen Teilströme, c) den Gesamtstrom, d) den Ersatzwiderstand.

26. Wie groß sind die Ersatzwiderstände der im Bild 321/2 a bis 2 d dargestellten Netzwerke, wenn alle Widerstände gleich sind und 10 Ω betragen?

27. Ein Trockenschrank mit einer Heizleistung von 2000 W ist an eine Netzspannung von 230 V angeschlossen. Wie groß ist die Stromstärke und welche Wärmemenge wird pro Stunde abgegeben?

28. Ein Heizdraht in einem Umlufttrockenschrank nimmt an 230 V Netzspannung eine Stromstärke von 4,35 A auf.
   a) Wie groß sind seine Heizleistung und sein Widerstand?
   b) Wie verändern sich die Stromstärke und die Leistung, wenn ein zweiter Heizdraht mit 62 Ω in Reihe geschaltet wird?
   c) Welche Einzelleistung hat der zweite Heizdraht alleine und in der Reihenschaltung?
   d) Wie groß sind die Teilspannungen?

29. Der Messbereich eines Strommessers wurde durch Parallelschalten eines Nebenwiderstands R_N = 0,18 Ω von 1,0 A auf 10,0 A erweitert. Wie groß ist der Innenwiderstand R_I des Strommessers?

30. Ein Dehnungsmessstreifen (DMS) hat im unbelasteten Zustand einen Widerstand von 349,1 Ω. Wie groß ist der Strom im DMS bei einer Speisespannung von 20,0 mV? Im belasteten Zustand beträgt die Stromstärke I(DMS) = 57,5 μA. Wie groß ist dann der Widerstand des Dehnungsmessstreifens?

12 Elektrochemische Berechnungen

Ein wichtiges Teilgebiet der physikalischen Chemie ist die Elektrochemie (electrochemistry). Sie befasst sich mit der reversiblen Umwandlung von elektrischer Energie in chemische Energie bei chemischen Reaktionen. Es sind Reaktionen bei denen elektrische Potentiale auftreten oder die mit dem Transport von elektrischen Ladungen verbunden sind.

Ursache der Reaktionen ist bei Elektrolysen der erzwungene Ladungstransport, der durch eine äußere Spannungsquelle verursacht wird. Bei galvanischen Elementen führt ein freiwilliger Ladungsausgleich infolge von Potentialdifferenzen zu chemischen Reaktionen.

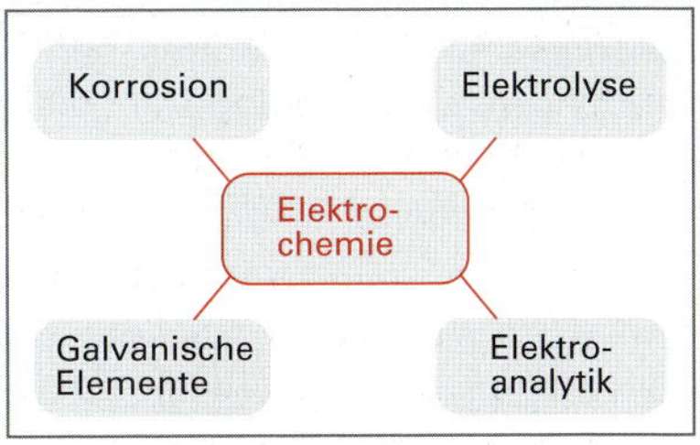

Bild 1: Aspekte zur Bedeutung der Elektrochemie

Im engeren Sinne umfasst die Elektrochemie Elektrodenvorgänge, die auf die Wechselwirkung zwischen Elektrolyt und Elektroden zurückzuführen sind.

Einige wichtige Aspekte zur Bedeutung der Elektrochemie sind im **Bild 1** zusammengestellt.

12.1 Elektrolytische Stoffabscheidung

Fließt ein Gleichstrom durch einen Elektrolyten, z. B. eine Kupfer(II)-chlorid-Lösung, so werden Kupfer-Ionen an der Katode reduziert und Chlorid-Ionen an der Anode oxidiert **(Bild 2)**.

Katodenvorgang (Reduktion): $Cu^{2+} + 2\,e^- \longrightarrow Cu$

Anodenvorgang (Oxidation): $2\,Cl^- \longrightarrow Cl_2 + 2\,e^-$

Die Vorgänge zeigen:

Zwei Elektronen ($2\,e^-$) führen zur Abscheidung von einem Kupfer-Atom Cu und einem Chlor-Molekül Cl_2.

Ein Elektron mit der Elementarladung $e^- = 1{,}6022 \cdot 10^{-19}$ A · s kann ein einwertiges Ion abscheiden. Die Ladungsmenge für ein Mol dieser Ionen, das sind $6{,}02204 \cdot 10^{23}$ Teilchen, beträgt:

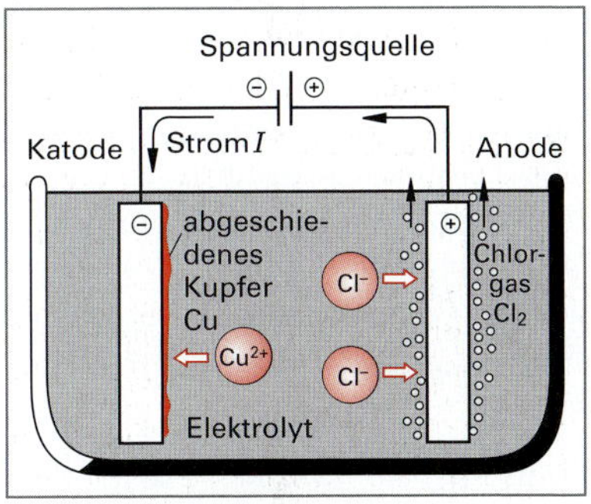

Bild 2: Elektrolyse einer Kupfer(II)-chlorid-Lösung

$$F = N_A \cdot e^- = 6{,}02204 \cdot 10^{23} \frac{1}{\text{mol}} \cdot 1{,}6022 \cdot 10^{-19}\ \text{A} \cdot \text{s}$$

$$F = 96485 \frac{\text{A} \cdot \text{s}}{\text{mol}} = 96485\ \text{C/mol}.$$

Diese Elektrizitätsmenge Q wird **Faraday-Konstante**[1] F genannt.

Ionen mit der Wertigkeit z erfordern $z \cdot F$ Elektronen pro Mol elektrolytisch abgeschiedener Ionen.

Faraday-Konstante
$F = 96485 \frac{\text{A} \cdot \text{s}}{\text{mol}} \approx 26{,}8 \frac{\text{A} \cdot \text{h}}{\text{mol}}$

Für die Abscheidung von einem Mol des Ions X mit der Ladungszahl z wird somit die Ladungsmenge $Q = n(\text{X}) \cdot z(\text{X}) \cdot F$ benötigt.

Mit $n(\text{X}) = m(\text{X}) / M(\text{X})$ und $Q = I \cdot t$ (vgl. Seite 354) folgt durch Einsetzen und Umstellen die nebenstehende Größengleichung zur Berechnung der Masse m eines elektrolytisch abgeschiedenen Stoffes X mit der Wertigkeit z.

Abgeschiedene Stoffmasse
$m(\text{X}) = \frac{M(\text{X}) \cdot I \cdot t}{z(\text{X}) \cdot F} \cdot \eta$

Der Wirkungsgrad η berücksichtigt die Stromausbeute, d.h. die bei Elektrolysen stets auftretenden Verluste an zugeführter elektrischer Energie, die durch den Elektrolytwiderstand oder durch Streuströme verursacht werden.

[1] Michael Faraday, englischer Physiker (1791 – 1867)

Teilt man die molare Masse M des abgeschiedenen Stoffes durch die pro ein Mol erforderliche Ladungsmenge Q, so ergibt sich die **elektrochemische Äquivalentmasse $m_ä$** des Stoffes. Sie gibt an, welche Masse eines Stoffes bei einer Stromstärke von einem Ampere in einer Sekunde abgeschieden wird. Damit vereinfachen sich die Berechnungen der elektrolytischen Stoffabscheidung zu nebenstehender Größengleichung.

Elektrochemische Äquivalentmasse

$$m_ä(X) = \frac{M(X)}{z(X) \cdot F}$$

Beispiel: Welche Masse an Elektrolytkupfer wird abgeschieden, wenn in einer Elektrolysezelle 30 min mit der Stromstärke I = 2,5 A und einem Wirkungsgrad von 92,5 % elektrolysiert wird (Bild 371/2)?

Lösung: $m(\text{Cu}) = I \cdot t \cdot m_ä(\text{Cu}) \cdot \eta = I \cdot t \cdot \frac{M(\text{Cu})}{F \cdot z(X)} \cdot \eta$

$$\boldsymbol{m}(\mathbf{Cu}) = 2{,}5\ \text{A} \cdot 30 \cdot 60\ \text{s} \cdot \frac{63{,}55\ \text{g/mol}}{96485\ \text{As/mol} \cdot 2} \cdot 0{,}925 \approx \mathbf{1{,}4\ g}$$

Stoffabscheidung mit elektrochemischer Äquivalentmasse

$$m(X) = Q \cdot m_ä(X) \cdot \eta$$
$$m(X) = I \cdot t \cdot m_ä(X) \cdot \eta$$

Elektrolytische Abscheidung von Gasen

Bei der Elektrolyse werden häufig an den Elektroden Gase abgeschieden (Bild 371/2). Ihre Masse $m(X)$ lässt sich mit Hilfe der auf Seite 371 abgeleiteten Formel berechnen.

$$m(X) = \frac{M(X) \cdot I \cdot t}{z(X) \cdot F} \cdot \eta$$

Aus der allgemeinen Gasgleichung $p \cdot V(X) = n(X) \cdot R \cdot T$ (vgl. Seite 128) folgt durch Einsetzen von $n(X) = m(X) / M(X)$:

$$p \cdot V(X) = \frac{m(X) \cdot R \cdot T}{M(X)}$$

Durch Umformen nach der Masse $m(X)$ wird daraus erhalten:

$$m(X) = \frac{M(X) \cdot p \cdot V(X)}{R \cdot T}$$

Setzt man diese Beziehung mit der Gleichung zur elektrolytischen Abscheidung der Stoffmasse gleich, so erhält man die nebenstehende Größengleichung zur Berechnung des Volumens einer bei beliebigen Bedingungen abgeschiedenen Gasportion.

Für die Gasabscheidung bei Normbedingungen sind der Normdruck p_n = 1,013 bar und die Normtemperatur T_n = 273 K einzusetzen.

Abgeschiedenes Gasvolumen

$$V(X) = \frac{I \cdot t \cdot R \cdot T}{z(X) \cdot F \cdot p} \cdot \eta$$

Beispiel: Ein HOFFMANN'scher Wasserzersetzer wird über einen Zeitraum von 15,0 Minuten mit einem Strom der Stärke 800 mA betrieben. Wie groß ist das gebildete trockene Volumen an Sauerstoff und Wasserstoff bei 1025 mbar und 22 °C, wenn mit einer Stromausbeute von 97,0 % gerechnet wird?

Lösung: Die Reaktionsgleichung lautet: $2\ H_2O_{(l)} \longrightarrow 2\ H_{2(g)} + O_{2(g)}$

Die Oxidationszahl des Sauerstoffs im Wassermolekül ändert sich von −II nach ±0. Demzufolge werden $2 \cdot 2 = 4$ Elektronen übertragen $\Rightarrow$ $z(O_2) = 4$

$$\boldsymbol{V}(\mathbf{O_2}) = \frac{I \cdot t \cdot R \cdot T}{z(O_2) \cdot F \cdot p} \cdot \eta = \frac{0{,}800\ \text{A} \cdot 15{,}0 \cdot 60\ \text{s} \cdot 0{,}08314\ \frac{\text{bar} \cdot \text{L}}{\text{K} \cdot \text{mol}} \cdot 295\ \text{K}}{4 \cdot 96485\ \text{A} \cdot \text{s} \cdot \text{mol}^{-1} \cdot 1{,}025\ \text{bar}} \cdot 0{,}970 = 0{,}04330\ \text{L} \approx \mathbf{43\ mL}$$

Wie die Reaktionsgleichung zeigt, werden pro Raumteil Sauerstoff (O_2) zwei Raumteile Wasserstoff (H_2) gebildet. Damit beträgt das abgeschiedene Wasserstoffvolumen:

$\boldsymbol{V}(\mathbf{H_2}) = 2 \cdot V(O_2) = 2 \cdot 43{,}3\ \text{mL} = 86{,}6\ \text{mL} \approx \mathbf{87\ mL}$

Aufgaben zu 12.1 Elektrolytische Stoffabscheidung

1. Eine Silbernitrat-Lösung wird bei einer Stromstärke von 2,54 A elektrolysiert. Welche Masse an Silber scheidet sich in 45,0 min ab, wenn die Stromausbeute vernachlässigt wird?
2. Welche Masse an Nickel wird bei einer Stromstärke von 1,5 A in 30 min aus einer Nickel(II)-sulfat-Lösung bei einem Wirkungsgrad von 91,2 % elektrolytisch abgeschieden?
3. Welche Elektrizitätsmenge ist zur elektrolytischen Abscheidung von 1000 g Aluminium erforderlich, wenn die Stromausbeute zu 100 % angenommen wird?

4. Zur elektrogravimetrischen Bestimmung des Massenanteils an Nickelsulfat in einer Nickelsulfat-Lösung werden die in 100 g Lösung enthaltenen Nickel-Ionen mit Hilfe des elektrischen Stroms quantitativ an einer Netzkatode aus Platin abgeschieden **(Bild 1)**. Die Masse der Katode betrug vor der Abscheidung 5,491 g, nach der Elektrolyse 5,665 g. Wie groß ist der Massenanteil $w(NiSO_4)$ der Lösung?
5. Welche Stromstärke I ist erforderlich, wenn bei einer Stromausbeute von 87,3 % in 120 min 35,0 g Zink aus einer Zinksulfat-Lösung abgeschieden werden sollen?
6. Wie lange dauert die elektrolytische Abscheidung von 12,8 g Kupfer aus einer Kupfer(II)-sulfat-Lösung, wenn mit einer Stromstärke von 8,6 A und einer Stromausbeute von 81,5 % gearbeitet wird?
7. Welche Masse an Chlor wird bei der Alkalichlorid-Elektrolyse nach dem Membranverfahren (Bild 357/3) bei einer mittleren Stromstärke von 120 kA pro Tag abgeschieden, wenn die Stromausbeute 96,0 % beträgt und 156 Zellen hintereinander geschaltet sind?

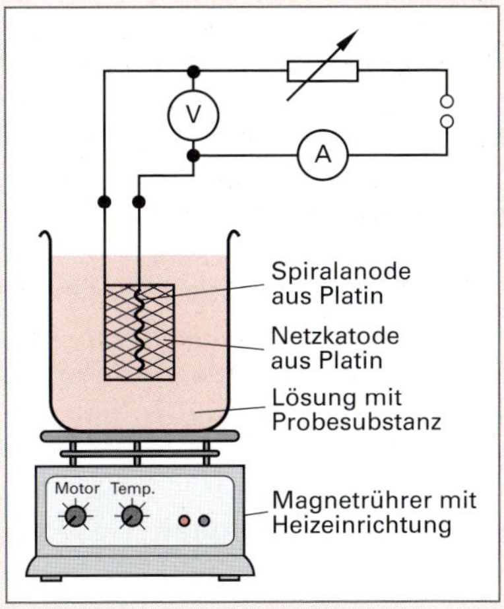

Bild 1: Messprinzip der Elektrogravimetrie (Aufgabe 4)

8. In 1 h 50 min werden aus einer Nickel(II)-sulfat-Lösung 19,20 g Nickel elektrolytisch abgeschieden. Wie groß ist die Stromausbeute in der Anlage, wenn mit einer Stromstärke von 11,5 A elektrolysiert wurde?
9. Verdünnte Schwefelsäure wird 25 min mit einer Stromstärke von 12 A und einer Stromausbeute von 87,5 % elektrolysiert. Welches Volumen hat der abgeschiedene trockene Wasserstoff bei Normbedingungen?
10. Bei der Elektrolyse einer wässrigen Natriumchlorid-Lösung wird Chlor bei einer Badspannung von 7,35 V durch 5,20 kWh mit einer Stromausbeute von 88,2 % abgeschieden. Welches Volumen nimmt das trockene Gas bei 23 °C und 1045 mbar ein?
11. In einem Knallgas-Coulometer scheiden sich 24,3 mL feuchtes Knallgas unter 20,0 °C und 1020 mbar ab. Wie groß ist die Stromstärke I, wenn die Abscheidezeit 196 s beträgt? (Sättigungsdampfdruck $p(H_2O)$ = 23,4 mbar bei 20,0 °C)
12. 125 g Schwefelsäure mit dem Massenanteil $w(H_2SO_4)$ = 3,50 % werden bei einer Stromstärke von 6,00 A elektrolysiert. Es entstehen Sauerstoff und Wasserstoff mit einer Stromausbeute von η = 97,5 %. Wie lange dauert die Elektrolyse, wenn der Massenanteil der verbleibenden Schwefelsäure $w(H_2SO_4)$ = 8,50 % ist?
13. 15,0 m^2 einer Metalloberfläche sind aus einer wässrigen, schwefelsauren Lösung von Chrom(VI)-oxid CrO_3 elektrolytisch mit einer 22,0 µm dicken Chromschicht zu beschichten. Das abgeschiedene Chrom hat eine Dichte von ϱ = 7,190 g/cm^3. Welche Elektrizitätsmenge Q ist bei einer Stromausbeute von 89,5 % dazu erforderlich?
14. Aus einer Gold(III)-chlorid-Lösung soll auf einer Oberfläche von 55,0 cm^2 eine Goldschicht mit der Dicke 45 µm in 45 min abgeschieden werden. Welche Stromstärke I ist für die Abscheidung erforderlich, wenn die Stromausbeute vernachlässigt wird? (ϱ(Au) = 19,29 g/cm^3)
15. Ein Metallzylinder (r = 2,2 cm, h = 25,0 cm) soll in einer schwefelsauren wässrigen Lösung von Chrom(VI)-oxid CrO_3 elektrolytisch mit einer Stromstärke von 4,5 A und einer Stromausbeute von 62,5 % verchromt werden. Wie lange dauert die Verchromung, wenn die Chromschicht eine Dicke von 20 µm haben soll und die Dichte des abgeschiedenen Chroms ϱ = 6,92 g/cm^3 beträgt?
16. Ein Bleiakkumulator ist mit 1000 mL Schwefelsäure, $w(H_2SO_4)$ = 21,38 % (ϱ = 1,150 g/cm^3) gefüllt. Durch Entladung sinkt der Massenanteil auf $w(H_2SO_4)$ = 18,76 % (ϱ = 1,130 g/cm^3). Welche Ladungsmenge Q wurde dem Akku entnommen, wenn der Wirkungsgrad unberücksichtigt bleibt? Die Gesamtreaktion verläuft nach der Gleichung: $PbO_2 + 2\,H_2SO_4 + Pb \rightleftharpoons 2\,PbSO_4 + 2\,H_2O$

12.2 Leitfähigkeit von Elektrolyten

Die Leitfähigkeit von Elektrolyten wird von vielen Faktoren bestimmt. Um die Abhängigkeit der Leitfähigkeit von den wichtigsten Faktoren zum Ausdruck zu bringen, hat man unterschiedliche Leitfähigkeiten definiert. Man unterscheidet im einzelnen:

- Die **Elektrolyt-Leitfähigkeit** $\varkappa$ ist der Kehrwert des spezifischen Elektrolytwiderstands ϱ.
- Die **molare Leitfähigkeit** Λ berücksichtigt die Abhängigkeit der Elektrolyt-Leitfähigkeit von der Stoffmengenkonzentration c des gelösten Stoffes.
- Die **molare Leitfähigkeit von Äquivalenten** Λ_{eq} berücksichtigt die Abhängigkeit der Elektrolyt-Leitfähigkeit von der Äquivalentkonzentration c_{eq} des Elektrolyten.
- Die **Grenzleitfähigkeit** Λ°_{eq} gibt die molare Leitfähigkeit von Äquivalenten bei unendlicher Verdünnung des Elektrolyten an.

Elektrolyt-Leitfähigkeit (electrolytic conductivity)

Bei Leitern 1. Ordnung wie z. B. den Metallen, bei denen der Ladungstransport durch die gerichtete Bewegung der Elektronen zustande kommt (Bild 353/1), wird der Leitwert $G = 1/R$ als Maß für die elektrische Leitfähigkeit benutzt (vgl. Seite 355).

Bei Leitern 2. Ordnung, z. B. Salzschmelzen und Elektrolytlösungen (Bild 309/2), dient die Elektrolyt-Leitfähigkeit als Maß für die Leitfähigkeit. Sie wird mit dem griechischen Kleinbuchstaben Kappa $\varkappa$ abgekürzt und entspricht dem Kehrwert des spezifischen Elektrolyt-Widerstands ϱ (vgl. Seite 355). Dieser ist analog dem spezifischen Widerstand bei metallischen Leitern definiert.

Durch Einsetzen von $\varrho = R \cdot A/l$ und $R = 1/G$ in die Gleichung $\varkappa = 1/\varrho$ werden die nebenstehenden Größengleichungen zur Berechnung der Elektrolyt-Leitfähigkeit $\varkappa$ erhalten. Es sind:

- A = Elektrodenfläche
- G = Leitwert
- ϱ = spezifischer Widerstand
- l = Elektrodenabstand
- R = Widerstand
- $\varkappa$ = Elektrolyt-Leitfähigkeit

Elektrolyt-Leitfähigkeit

$$\varkappa = \frac{1}{\varrho} = \frac{l}{R \cdot A} = \frac{G \cdot l}{A}$$

Die abgeleitete SI-Einheit der Elektrolyt-Leitfähigkeit $\varkappa$ ist Siemens durch Meter, Einheitenzeichen S/m. Sie wird auch häufig in der Einheit S/cm oder µS/cm angegeben.

> Die Elektrolyt-Leitfähigkeit eines Elektrolyten beträgt ein Siemens durch Zentimeter, wenn in einem Elektrolyten mit einem Volumen von einem Kubikzentimeter zwischen zwei Elektroden von je einem Quadratzentimeter Fläche im Abstand von einem Zentimeter der Leitwert ein Siemens gemessen wird **(Bild 1)**.

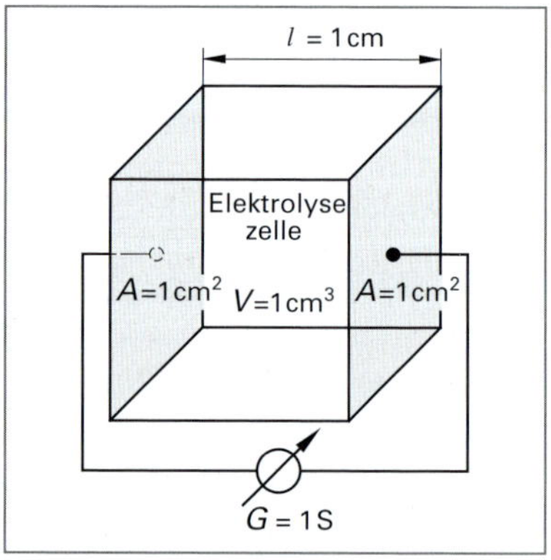

Bild 1: Definition der Elektrolyt-Leitfähigkeit

Die Elektrolyt-Leitfähigkeit $\varkappa$ nimmt mit

- höherer Stoffmengenkonzentration c,
- zunehmendem Dissoziationsgrad α und
- steigender Temperatur ϑ

in der Regel zu, weil mehr Ionen mit einer größeren Beweglichkeit für den Elektronentransport zur Verfügung stehen.

Außerdem nimmt die Viskosität des Lösemittels, meist Wasser, mit steigender Temperatur ab, was die Beweglichkeit der Ionen fördert und somit die Elektrolytleitfähigkeit steigert.

Beispiel: Welche Elektrolyt-Leitfähigkeit hat die Sole einer Membranzelle zur Chloralkali-Elektrolyse mit einer aktiven Elektrodenoberfläche von 2,7 m² und einem mittleren Elektrodenabstand von 3,5 mm, wenn die Zersetzungsspannung 3,1 V und die Stromstärke 10,8 kA beträgt?

Lösung: $\varkappa = \frac{l}{R \cdot A}$; mit $R = \frac{U}{I}$ folgt: $\varkappa = \frac{l \cdot I}{U \cdot A} = \frac{3{,}5 \cdot 10^{-3}\,\text{m} \cdot 10{,}8 \cdot 10^{3}\,\text{A}}{3{,}1\,\text{V} \cdot 2{,}7\,\text{m}^2} = 4{,}516\,\frac{\text{A}}{\text{V} \cdot \text{m}} \approx \mathbf{4{,}5\,\frac{S}{m}}$

Zellenkonstante (cell constant)

Um die Elektrolyt-Leitfähigkeit bestimmen zu können, muss die Elektrodenfläche A und der Elektrodenabstand l bekannt sein und während der Messung konstant bleiben. Dies ist jedoch bei technischen Elektrolysen meistens nicht der Fall.

Während der Elektrodenabstand l genau gemessen werden kann, weicht die zur Messung der Elektrolyt-Leitfähigkeit wirksame Elektrodenoberfläche A von der geometrischen Oberfläche ab. Dies insbesondere, weil Elektrodenoberflächen z. B. durch Abscheiden von fein verteiltem Platin (platinieren) stark vergrößert sind und sich während der Elektrolyse die Elektrodenoberfläche verändern kann.

Da der Quotient l/A wegen der unbekannten wirksamen Elektrodenoberfläche nicht bestimmt werden kann, wurde eine Maßzahl für die Zellengeometrie, die **Zellenkonstante *K*** eingeführt: $K = l/A$

Die Zellenkonstante kann mittels einer Kalibrierlösung mit bekannter Leitfähigkeit bei konstanter Temperatur für eine bestimmtes Elektrodenpaar einer Elektrolysezelle ermittelt und dann für weitere Berechnungen verwendet werden. Das abgeleitete Einheitenzeichen der Zellenkonstante ist cm^{-1}.

Zellenkonstante
$\text{Zellenkonstante} = \dfrac{\text{Elektrodenabstand}}{\text{Elektrodenoberfläche}} \qquad K = \dfrac{l}{A}$

Elektrolyt-Leitfähigkeit
$\varkappa = \dfrac{1}{\varrho} = K \cdot \dfrac{1}{R} = K \cdot G$

Beispiel: Eine Leitfähigkeitsmesszelle **(Bild 1)** wird zum Einmessen bei 18,0 °C in eine Kaliumchlorid-Kalibrierlösung der Konzentration $c(\text{KCl}) = 10{,}0$ mmol/L getaucht. Ihr Leitwert beträgt 1,96 mS. Welche Zellenkonstante hat die Messzelle, wenn die Elektrolyt-Leitfähigkeit der KCl-Lösung 1,225 mS/cm beträgt?

Lösung: $\varkappa = G \cdot K \Rightarrow \boldsymbol{K} = \dfrac{\varkappa}{G} = \dfrac{1{,}225\ \text{mS} \cdot \text{cm}^{-1}}{1{,}96\ \text{mS}} \approx \mathbf{0{,}625\ cm^{-1}}$

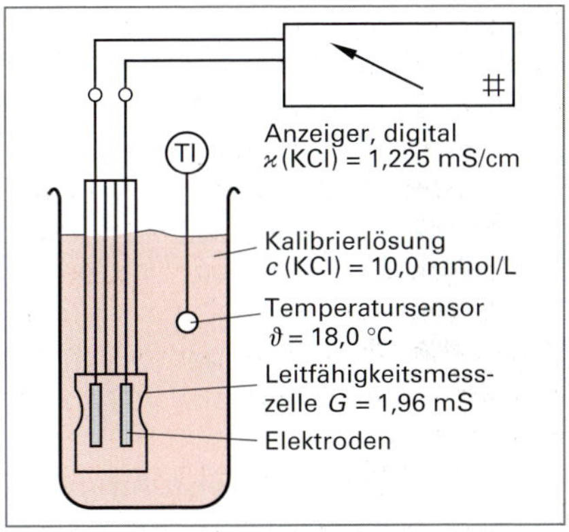

Bild 1: Leitfähigkeitsmesszelle

Molare Leitfähigkeit (molar conductivity)

Die **molare Leitfähigkeit** Λ berücksichtigt die Abhängigkeit der Elektrolyt-Leitfähigkeit von der Stoffmengenkonzentration $c(\text{X})$ eines Elektrolyten. Sie wird mit dem griechischen Großbuchstaben Λ (Lambda) abgekürzt und berechnet sich als Quotient aus der Elektrolyt-Leitfähigkeit $\varkappa$ und der Stoffmengenkonzentration c des Elektrolyten.

Mit $\varkappa = G \cdot K$ und $G = 1/R$ ergeben sich die nebenstehenden Größengleichungen zur Berechnung der molaren Leitfähigkeit.

Molare Leitfähigkeit
$\Lambda(\text{X}) = \dfrac{\varkappa(\text{X})}{c(\text{X})} = \dfrac{G \cdot K}{c(\text{X})} = \dfrac{K}{R \cdot c(\text{X})}$

Das Einheitenzeichen der molaren Leitfähigkeit leitet sich aus der folgenden Einheitenbetrachtung ab:

$$[\Lambda] = \frac{[\varkappa]}{[c]} = \frac{\text{S} \cdot \text{m}^{-1}}{\text{mol} \cdot \text{m}^{-3}} = \frac{\text{S} \cdot \text{m}^{3}}{\text{mol} \cdot \text{m}} = \text{S} \cdot \text{m}^{2} \cdot \text{mol}^{-1} = \frac{\text{S} \cdot \text{m}^{2}}{\text{mol}}$$

Beispiel: Der Leitwert einer Salzsäure-Lösung wurde bei $\vartheta = 25{,}0$ °C mit einer Leitfähigkeitsmesszelle (Zellenkonstante $K = 0{,}780\ \text{cm}^{-1}$) zu $G = 50{,}1$ mS bestimmt. Welche molare Leitfähigkeit hat die Salzsäureprobe, wenn ihre Stoffmengenkonzentration $c = 100$ mmol/L beträgt?

Lösung: $\boldsymbol{\Lambda}\mathbf{(HCl)} = \dfrac{G \cdot K}{c(\text{HCl})} = \dfrac{50{,}1\ \text{mS} \cdot 0{,}780\ \text{cm}^{-1}}{100\ \text{mmol} \cdot 10^{-3} \cdot \text{cm}^{-3}} = 390{,}78\ \text{S} \cdot \text{cm}^{2} \cdot \text{mol}^{-1} \approx \mathbf{391\ \dfrac{S \cdot cm^{2}}{mol}}$

Den grafischen Zusammenhang zwischen der Leitfähigkeit $\varkappa$ und der Stoffmengenkonzentration $c(\text{X})$ eines Elektrolyten X zeigt das Diagramm in Bild 376/1.

Die Leitfähigkeit eines starken Elektrolyten, z. B. Salzsäure, steigt mit zunehmender Stoffmengenkonzentration zunächst bis zu einem Maximalwert an, da die Zahl der Ladungsträger erhöht wird **(Bild 1,** oberes Diagramm).

Weitere Konzentrationserhöhung hat die Ausbildung von Ionenwolken (Cluster) zur Folge. Sie schirmen die Ladungen der zentralen Kationen aufgrund der hohen Ladungsdichte durch Gegenionen in zunehmenden Maße ab, so dass die Beweglichkeit der Ionen behindert wird. Dadurch steigt die Leitfähigkeit nicht weiter mit der Stoffmengenkonzentration an, sondern fällt sogar ab.

Bei schwachen Elektrolyten z. B. Essigsäure wird darüber hinaus der Dissoziationsgrad α mit steigender Konzentration geringer (vgl. Seite 212). Somit stehen weniger Ladungsträger für den Elektronentransport zur Verfügung, wodurch die Elektrolyt-Leitfähigkeit sinkt **(Bild 1,** unteres Diagramm).

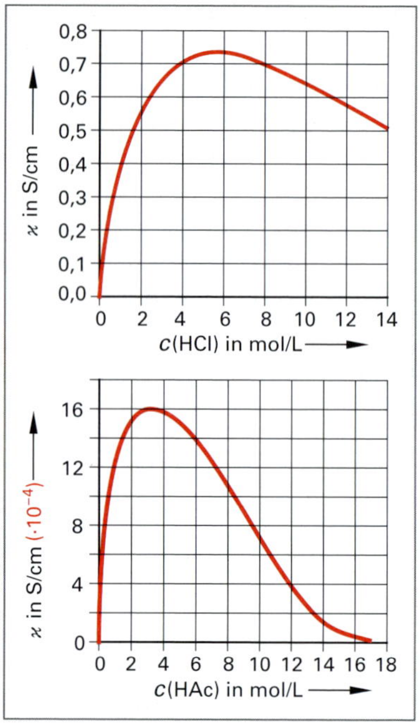

Bild 1: Elektrolyt-Leitfähigkeit von Salzsäure und Essigsäure bei 18 °C

Beispiel: Eine Essigsäure-Lösung und eine Salpetersäure-Lösung mit einer Stoffmengenkonzentration von jeweils $c(\text{HAc}) = c(\text{HNO}_3) = 10{,}0$ mmol/L haben Elektrolyt-Leitfähigkeiten von $\varkappa(\text{HAc}) = 16{,}0$ mS/m und $\varkappa(\text{HNO}_3) = 406$ mS/m. Wie groß sind die molaren Leitfähigkeiten der jeweiligen Säurelösungen?

Lösung:

$$\boldsymbol{\Lambda}\textbf{(HAc)} = \frac{\varkappa(\text{HAc})}{c(\text{HAc})} = \frac{16{,}0\ \text{mS}\cdot\text{m}^{-1}}{10{,}0\ \text{mmol}\cdot 10^{3}\ \text{m}^{-3}} \approx \mathbf{1{,}60\ \frac{mS \cdot m^2}{mol}}$$

$$\boldsymbol{\Lambda}\textbf{(HNO}_3\textbf{)} = \frac{\varkappa(\text{HNO}_3)}{c(\text{HNO}_3)} = \frac{406\ \text{mS}\cdot\text{m}^{-1}}{10{,}0\ \text{mmol}\cdot 10^{3}\ \text{m}^{-3}} \approx \mathbf{40{,}6\ \frac{mS \cdot m^2}{mol}}$$

Molare Leitfähigkeit von Äquivalenten (equivalent conductivity)

Die in einem Elektrolyten transportierte Ladung steigt mit der Ladung und der Anzahl der gelösten Ionen. Wenn man Elektrolyt-Leitfähigkeiten vergleichen will, muss demzufolge die Äquivalentkonzentration $c_{eq}(X)$ (vgl. Seite 167) oder die Äquivalentzahl $z^*(X)$ des gelösten Stoffes berücksichtigt werden.

Die molare Leitfähigkeit von Äquivalenten $\Lambda_{eq}(X)$ berücksichtigt diese Abhängigkeiten. Sie wird berechnet, indem man die molare Leitfähigkeit $\Lambda(X)$ durch die Äquivalentzahl $z^*(X)$ der betreffenden Verbindung X teilt. Alternativ kann auch der Quotient aus der Elektrolyt-Leitfähigkeit $\varkappa$ und der Äquivalentkonzentration $c_{eq}(X)$ gebildet werden.

Molare Leitfähigkeit von Äquivalenten
$\Lambda_{eq}(X) = \dfrac{\Lambda(X)}{z^*(X)} = \dfrac{\varkappa}{c_{eq}(X)}$

Die Äquivalentzahl $z^*(X)$ ist gleich dem Betrag $|z^*(X)|$ aus den bei der Dissoziation eines Elektrolyten X freigesetzten positiven oder negativen Ladungen. Sie berechnet sich durch Multiplikation der Zerfallszahl ν der Ionenart mit der Ladungszahl z der Ionenart.

Äquivalentzahl
$z^*(X) = \nu(X) \cdot z(X)$

Beispiel: Bei 18 °C hat eine wässrige Natriumsulfat-Lösung der Stoffmengenkonzentration $c(\text{Na}_2\text{SO}_4) = 1{,}2$ mol/L eine Elektrolyt-Leitfähigkeit von 88,5 mS/cm.

a) Wie groß ist die Äquivalentzahl des Natriumsulfats?

b) Wie groß ist die molare Leitfähigkeit von Natriumsulfat-Äquivalenten?

Lösung:

a) $z^*(\text{Na}_2\text{SO}_4) = \nu(\text{Na}^+) \cdot z(\text{Na}^+) = \nu(\text{SO}_4^{2-}) \cdot z(\text{SO}_4^{2-}) = 2 \cdot 1^+ = 1 \cdot 2^- = 2$

b) $\Lambda_{eq}(X) = \dfrac{\varkappa}{c_{eq}(X)}$; mit $c(\tfrac{1}{2}\,\text{Na}_2\text{SO}_4) = 2 \cdot c(\text{Na}_2\text{SO}_4) = 2 \cdot 1{,}2\ \dfrac{\text{mol}}{\text{L}} = 2{,}4\ \dfrac{\text{mol}}{\text{L}} = 2{,}4 \cdot 10^{-3}\ \dfrac{\text{mol}}{\text{cm}^3}$ folgt:

$$\boldsymbol{\Lambda}_{\mathbf{eq}}\textbf{(Na}_2\textbf{SO}_4\textbf{)} = \frac{\varkappa}{c(\tfrac{1}{2}\,\text{Na}_2\text{SO}_4)} = \frac{88{,}5\ \text{mS}\cdot\text{cm}^{-1}}{2{,}4\ \text{mmol}\cdot\text{cm}^{-3}} = 36{,}9\ \frac{\text{S}\cdot\text{cm}^2}{\text{mol}} \approx \mathbf{37\ \frac{S \cdot cm^2}{mol}}$$

Molare Grenzleitfähigkeit von Äquivalenten (limiting conductivity)

Die molare Leitfähigkeit von Äquivalenten steigt mit zunehmender Verdünnung und nähert sich bei unendlicher Verdünnung dem Grenzwert Λ°_{eq}, der für den betreffenden Elektrolyten charakteristisch ist.

Diesen Wert nennt man molare Leitfähigkeit von Äquivalenten bei unendlicher Verdünnung oder molare **Grenzleitfähigkeit** von Äquivalenten Λ°_{eq}.

Nach ARRHENIUS ist der Dissoziationsgrad α als Quotient aus der molaren Leitfähigkeit von Äquivalenten Λ_{eq} und der molaren Grenzleitfähigkeit von Äquivalenten Λ°_{eq} definiert.

Grenzleitfähigkeit und Dissoziationsgrad
$\Lambda^\circ_{eq} = \frac{\Lambda_{eq}(X)}{\alpha}; \quad \alpha = \frac{\Lambda_{eq}(X)}{\Lambda^\circ_{eq}(X)}$

Damit ergibt sich die Möglichkeit, bei Kenntnis der molaren Leitfähigkeit von Äquivalenten Λ_{eq} und der molaren Grenzleitfähigkeit von Äquivalenten Λ°_{eq} den Dissoziationsgrad α von schwachen Elektrolyten zu bestimmen.

Beispiel: Bei 18 °C beträgt die molare Leitfähigkeit von Essigsäure-Äquivalenten der Stoffmengenkonzentration $c(\text{HAc}) = 100$ mmol/L $\Lambda_{eq} = 14{,}3\ \text{S} \cdot \text{cm}^2 \cdot \text{mol}^{-1}$. Die Grenzleitfähigkeit wurde experimentell zu $\Lambda^\circ_{eq} = 349{,}5\ \text{S} \cdot \text{cm}^2 \cdot \text{mol}^{-1}$ ermittelt. Welchen Dissoziationsgrad hat die Essigsäure?

Lösung: $\alpha = \frac{\Lambda_{eq}(\text{HAc})}{\Lambda^\circ_{eq}(\text{HAc})} = \frac{14{,}3\ \text{S} \cdot \text{cm}^2 \cdot \text{mol}^{-1}}{349{,}5\ \text{S} \cdot \text{cm}^2 \cdot \text{mol}^{-1}} = 0{,}040915 \approx \mathbf{4{,}09\,\%}$

Aufgaben zu 12.2 Leitfähigkeit von Elektrolyten

1. Zur Qualitätskontrolle eines **v**oll**e**ntsalzten Wassers wird in einer VE-Wasserprobe bei einer Spannung von 24,0 V mit einer Messzelle ($K = 0{,}825\ \text{cm}^{-1}$) ein Strom der Stärke 46,4 µA gemessen. Welche Elektrolyt-Leitfähigkeit hat die VE-Wasserprobe?
2. Der Widerstand einer Nährsalzlösung beträgt 357 Ω. Welche Elektrolyt-Leitfähigkeit hat die Nährsalzlösung, wenn die Zellenkonstante der Messzelle $K = 0{,}78\ \text{cm}^{-1}$ beträgt?
3. Mit einer WHEATSTON'schen Brückenschaltung (Bild 366/1) wurde der Widerstand einer Kupfersulfat-Lösung zu 35 Ω bestimmt. Welche Elektrolyt-Leitfähigkeit hat die Kupfersulfat-Lösung, wenn die Zellenkonstante $K = 0{,}78\ \text{cm}^{-1}$ beträgt?
4. Beim Einmessen einer Leitfähigkeitsmesszelle wird mit einer Kaliumchlorid-Lösung ($c(\text{KCl})$ = 100 mmol/L, $\varkappa(\text{KCl}) = 11{,}67$ mS/cm) bei 20,0 °C ein Widerstand von $R = 67{,}5\ \Omega$ gemessen. Welche Zellenkonstante hat die Messzelle?
5. Der spezifische Widerstand einer Kaliumchlorid-Lösung mit der Stoffmengenkonzentration $c(\text{KCl}) = 100$ mmol/L beträgt bei 20,0 °C $\varrho(\text{KCl}) = 856{,}9\ (\text{k}\Omega \cdot \text{mm}^2)/\text{m}$. Berechnen Sie die Elektrolyt-Leitfähigkeit der Kaliumchlorid-Lösung.
6. Welche molare Leitfähigkeit hat eine Salpetersäure-Lösung mit der Stoffmengenkonzentration $c(\text{HNO}_3) = 1{,}017$ mol/L, wenn ihre Elektrolyt-Leitfähigkeit $\varkappa(\text{HNO}_3) = 312{,}3$ mS/cm beträgt?
7. Eine wässrige Natriumsulfat-Lösung ($w(\text{Na}_2\text{SO}_4) = 10{,}0\,\%$, $\varrho(\text{Na}_2\text{SO}_4\text{-Lsg.}) = 1092$ g/L hat bei 18,0 °C einen spezifischen Widerstand von $14{,}56\ \Omega \cdot \text{cm}$. Wie groß ist die molare Leitfähigkeit der Natriumsulfat-Lösung?
8. Wie groß ist die molare Leitfähigkeit an Kaliumnitrat-Äquivalenten einer Lösung der Stoffmengenkonzentration $c(\text{KNO}_3) = 1{,}00$ mol/L, wenn deren Leitfähigkeit bei 25,0 °C zu $\varkappa(\text{KNO}_3) = 92{,}5\ \text{mS} \cdot \text{cm}^{-1}$ ermittelt wurde?
9. Die elektrische Leitfähigkeit einer Phosphorsäure-Lösung mit dem Massenanteil $w(\text{H}_3\text{PO}_4) = 0{,}100$ und der Dichte $\varrho = 1{,}0532\ \text{g/cm}^3$ beträgt $\varkappa = 56{,}6$ mS/cm. Welche molare Leitfähigkeit von Phosphorsäure-Äquivalentteilchen hat die Lösung, wenn die molare Masse $M(\text{H}_3\text{PO}_4) = 98{,}0$ g/mol beträgt?
10. Ameisensäure der Stoffmengenkonzentration $c(\text{HA}) = 1{,}23$ mol/L hat die Leitfähigkeit $\varkappa(\text{HA}) = 4{,}5\ \text{mS} \cdot \text{cm}^{-1}$, die Grenzleitfähigkeit wurde zu $\Lambda^\circ_{eq} = 362\ \text{S} \cdot \text{cm}^2 \cdot \text{mol}^{-1}$ ermittelt. Berechnen Sie den Dissoziationsgrad der Ameisensäure.

12.3 Elektrochemische Potentiale

Bei der Elektrolyse werden durch eine äußere Gleichstromquelle an den Elektroden chemische Reaktionen erzwungen, die durch Elektronenaustausch der reagierenden Stoffe gekennzeichnet sind. Sie werden als Redoxreaktionen bezeichnet. Durch Umkehrung der Reaktionsrichtung können diese Reaktionen auch zur Erzeugung und Speicherung elektrischer Energie genutzt werden, wie dies bei Batterien und Akkumulatoren technisch realisiert wird.

Triebkraft dieser Redoxreaktionen sind **Potentialdifferenzen** (potential difference) in einem Redoxsystemen. Als Redoxsystem bezeichnet man ein System, bei dem ein Oxidationsmittel im Gleichgewicht mit einem korrespondierenden Reduktionsmittel steht **(Bild 1)**.

Man unterscheidet heterogene und homogene Redoxsysteme. Liegt das Reduktionsmittel als Feststoff vor, wie z. B. in galvanischen Elementen und Konzentrationszellen, so wird eine solche Anordnung als heterogenes Redoxsystem bezeichnet.

Bei homogenen Redoxsystemen, wie z. B. bei der Manganometrie (vgl. S. 251), finden die Elektronenübergänge zwischen Ionen ein und desselben Elements in einer homogenen wässrigen Lösung statt.

Reduktionsmittel (Elektronendonator) $\underset{\text{Reduktion}}{\overset{\text{Oxidation}}{\rightleftharpoons}}$ **Oxidationsmittel** (Elektronenakzeptor) + Elektronen

Bild 1: Vorgänge in einem Redoxsystem

Halbzellenpotentiale (half-element potential)

Wird ein unedles Metall in die wässrige Lösung seines Metallsalzes eingetaucht **(Bild 2)**, so hat es das Bestreben, seine Kationen in Lösung zu bringen. Dabei gehen die Atome an der Grenzfläche Metallgitter/Elektrolyt unter Verbleib ihrer Valenzelektronen in den Elektrolyten über und hydratisieren:

$$Me_{(s)} \longrightarrow Me^{z+}_{(aq)} + z\,e^-$$

Dieses Verhalten wird als **Lösungsdruck** oder **Lösungstension** bezeichnet. Der Lösungsdruck der Metalle ist unterschiedlich groß. Er hängt von der Gitter-, Ionisierungs- und Hydrationsenergie des Metalles bzw. seiner Ionen ab. Metalle mit großer Lösungstension, wie z. B. Na, Zn, Fe bezeichnet man als **unedle Metalle**, solche mit geringer Lösungstension wie z. B. Cu, Ag, Pt als **edle Metalle**.

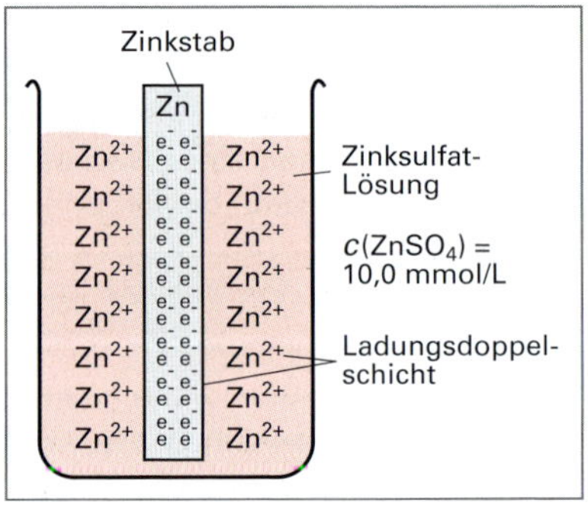

Bild 2: Zn/Zn²⁺-Halbzelle

Die Lösungstension eines Metalles ist auch davon abhängig, wie viele seiner Kationen bereits in der Lösung vorhanden sind.

Beim Übergang der Metallionen in die Lösung lädt sich das Metall negativ auf. Dadurch bildet sich an der Grenzfläche zwischen Metall und Lösung ein elektrisches Feld. Es behindert das weitere Lösungsbestreben des Metalles, weil die Kationen die Energie zum Passieren des elektrischen Feldes nicht mehr aufbringen können.

Umgekehrt haben Metallionen des Elektrolyten das Bestreben, sich an der Oberfläche des Metallgitters unter Aufnahme von Elektronen abzuscheiden: $Me^{z+}_{(aq)} + z\,e^- \longrightarrow Me_{(s)}$. Dieses Bestreben, als **Abscheidungsdruck** oder **osmotischer Druck** bezeichnet, nimmt mit steigender Konzentration der Kationen im Elektrolyten zu und ist bei edlen Metallen ausgeprägter als bei unedlen Metallen.

An der Oberfläche des Metalls stellt sich somit ein dynamisches Lösungs-/Abscheidungsgleichgewicht ein, wobei sich eine Ladungsdoppelschicht aus Kationen und Elektronen bildet.

In Kurzform kann man eine Halbzelle durch ein **Halbzellendiagramm** charakterisieren. Darin kennzeichnet die durchgezogene vertikale Linie (|) die Phasengrenze fest-flüssig.

Oberflächengleichgewicht

$$Zn_{(s)} \rightleftharpoons Zn^{2+}_{(aq)} + 2\,e^-$$

Halbzellendiagramm
$Me_{(s)} \mid Me^{z+}_{(aq)}$

Die Folge der Bildung eines dynamischen, elektrochemischen Oberflächengleichgewichts ist ein für jedes Metall spezifisches Potential. Diese Potentiale sind nicht einzeln, sondern nur relativ gegen das Potential einer zweiten Halbzelle messbar.

Als Bezugselektrode wird z.B. gegen eine Normalwasserstoffelektrode NWE **(Bild 1)** unter Standardbedingungen gemessen ($c(H_3O^+)$ = **1** mol/L, ϑ = **25** °C). Ihr wird vereinbarungsgemäß das Potential E^0 = **0** V zugeordnet.

Die mit hochohmigen Voltmetern im stromlosen Zustand gemessenen Potentiale E^0 zwischen einer Halbzelle und einer Bezugselektrode bezeichnet man auch als **Standardpotentiale E^0** (Tabelle 380/1) oder **elektromotorische Kraft** (electromotive force), abgekürzt EMK.

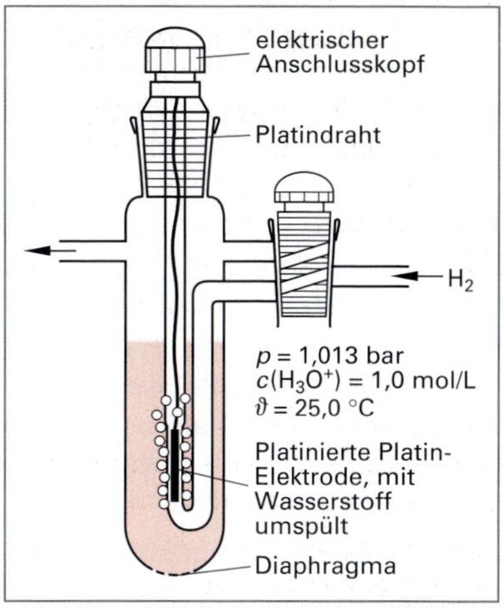

Bild 1: Normalwasserstoffelektrode NWE

Galvanische Zelle (galvanic cell)

Als galvanische Zellen oder galvanische Elemente **(Bild 2)** bezeichnet man zwei in Reihe geschaltete Halbzellen. In ihnen sind in ihrer Stoffart unterschiedliche Elektroden metallisch leitend und in ihrer Stoffart gleiche oder unterschiedliche Elektrolyte elektrolytisch leitend verbunden.

In galvanischen Zellen wird chemische Energie direkt in elektrische Energie umgewandelt. Die Vorgänge in galvanischen Elementen laufen freiwillig ab während sie bei der Elektrolyse mit Hilfe des elektrischen Stroms erzwungen werden.

Zur Kurzschreibweise galvanischer Zellen verwendet man ein **Zellendiagramm**. In ihm steht links stets die **D**onatorhalbzelle, von der die Elektronen geliefert werden und rechts die **A**cceptorhalbzelle, von der die Elektronen aufgenommen werden. Bei Stromfluss findet demzufolge in der Donatorhalbzelle immer die Oxidation, in der Acceptorhalbzelle die Reduktion statt.

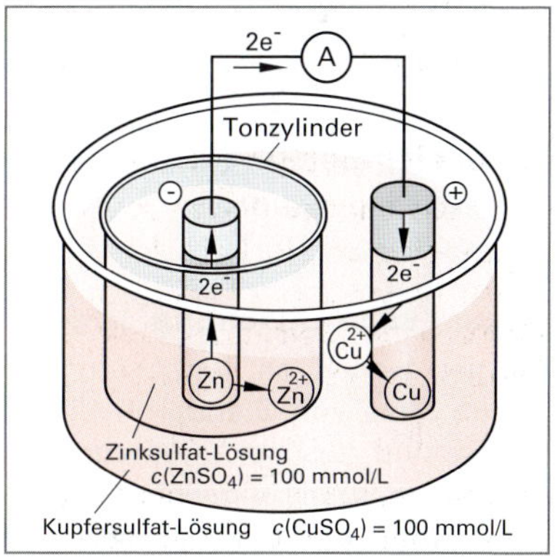

Bild 2: DANIELL-Element[1]

Im Zellendiagramm kennzeichnet die durchgezogene vertikale Linie (|) die Phasengrenze fest-flüssig, die vertikale Punktlinie (⋮) die Trennwand zwischen den beiden Halbzellen (Diaphragma). Sie bildet die ionenleitende Verbindung zwischen den Halbzellen und verhindert eine Vermischung der beiden Elektrolytlösungen.

Zellendiagramm
$Me_{D(s)} \mid Me^{z+}_{D\,(aq)} \vdots Me^{z+}_{A\,(aq)} \mid Me_{A(s)}$

Rechnerisch wird eine Standardpotentialdifferenz ΔE^0 zwischen zwei beliebigen Halbzellen erhalten, indem man das Potential der **D**onatorhalbzelle (Anode) vom Potenzial der **A**cceptorhalbzelle (Katode) subtrahiert. Diese Standardpotentialdifferenz ΔE^0 ist als Spannung U zwischen den Elektroden messbar.

Standardpotentialdifferenz
$U = \Delta E^0 = E^0_A - E^0_D$

Beispiel: Wie lautet das Zellendiagramm des DANIELL-Elements bestehend aus einer Standard-Kupferhalbzelle und einer Standard-Zinkhalbzelle (Bild 2)? Welche Potentialdifferenz wird gemessen?

Lösung: Die Standard-Zinkhalbzelle hat mit dem in Tabelle 380/1 angegebenen Standardpotential von $E^0_{Zn/Zn^{2+}} = -0{,}76$ V gegenüber der Standard-Kupferhalbzelle mit $E^0_{Cu/Cu^{2+}} = +0{,}337$ V das negativere Potential. Sie ist somit die Donatorhalbzelle und steht auf der linken Seite des Zellendiagramms.

$\mathbf{Zn_{(s)} \mid Zn^{2+}_{(aq)} \vdots Cu^{2+}_{(aq)} \mid Cu_{(s)}}$;

$\mathbf{U = \Delta E^0} = E^0_A - E^0_D = +0{,}337\text{ V} - (-0{,}76\text{ V}) = \mathbf{+1{,}10\text{ V}}$

[1] JOHN FREDERIC DANIELL (1790–1845), englischer Metereologe, Physiker, Chemiker und Industrieller

Konzentrationszelle (concentration cell)

Als Konzentrationszellen **(Bild 1)** bezeichnet man zwei in Reihe geschaltete Halbzellen, in denen Elektroden gleicher Stoffart metallisch leitend und Elektrolyte gleicher Stoffart elektrolytisch leitend verbunden sind.

Die Halbelemente unterscheiden sich nur in der Elektrolyt-Konzentration. Dadurch kommt eine Potentialdifferenz an den Elektroden zustande. Sie berechnet sich, in dem man die Differenz zwischen dem Katoden- und dem Anodenpotential bildet.

Als Anode wird dabei nach DIN EN ISO 8044 (1999) sowohl bei Elektrolysezellen als auch bei Konzentrations- und galvanischen Elementen die Elektrode definiert, an der eine Oxidation erfolgt. Demzufolge findet an der Katode die Reduktion statt.

Die gerichtete Bewegung der Elektronen erfolgt vom Halbelement mit geringerer Konzentration zum Halbelement mit höherer Elektrolytkonzentration und zwar so lange, bis sich ein Konzentrationsausgleich eingestellt hat.

Auch Konzentrationszellen lassen sich in Kurzform durch Zellendiagramme beschreiben. Dabei wird die Stoffmengenkonzentration an Elektrolyt im Zellendiagramm mit angegeben. Für genaue Berechnungen müssen, insbesondere bei konzentrierten Elektrolyten, anstelle der Stoffmengenkonzentrationen die Aktivitäten berücksichtigt werden

NERNST'sche Gleichung[1] (NERNST equation)

Bei den bisherigen Betrachtungen zur elektromotorischen Kraft wurde stets von Standardbedingungen ausgegangen. Der Lösungs- und Abscheidungsdruck eines Redoxsystems ist jedoch neben der Stoffmengenkonzentration des Elektrolyten auch von der Temperatur und bei Gasen auch vom Druck abhängig.

Die Konzentrations- und Temperaturabhängigkeit der Standardpotentiale E^0 kann mit Hilfe der NERNST'schen Gleichung berechnet werden. Ihre Ableitung auf thermodynamischen Wege ist kompliziert, so dass hierauf verzichtet wird.

Die NERNST'sche Gleichung lässt sich durch Einsetzen der folgenden Werte weiter vereinfachen:

- Allgemeine Gaskonstante: $R = 8{,}314\ \text{J/(mol} \cdot \text{K)}$,
- FARADAY-Konstante: $F = 96\,485\ \text{C/mol}$,
- Standardtemperatur: $T = 298{,}15\ \text{K}$ und
- Umrechnungsfaktor: $\lg x = 0{,}43429 \cdot \ln x$

Der Zahlenwert 0,43429 ist der Umrechnungsfaktor vom natürlichen Logarithmus (ln) in den dekadischen Logarithmus (lg).

$$\frac{R \cdot T}{0{,}43429 \cdot F} = \frac{8{,}3145\ \frac{\text{J}}{\text{mol} \cdot \text{K}} \cdot 298{,}15\ \text{K}}{0{,}43429 \cdot 96485\ \text{C/mol}} = 0{,}059160\ \frac{\text{J}}{\text{C}} \approx 0{,}0592\ \text{V}$$

Der Quotient $c(\text{Ox})/c(\text{Red})$ ergibt sich durch Anwendung des Massenwirkungsgesetzes (vgl. Seite 120) auf das Gleichgewicht:

$$\text{Red} \rightleftharpoons \text{Ox} + z\,\text{e}^-$$

[1] WALTHER HERMANN NERNST, deutscher Physiker und Chemiker 1864 bis 1941

Tabelle 1: Standardpotentiale von Metallen (Auszug)

Redoxpaar mit	Ladungszahl z	Standardpotential E^0 in V
Ag/Ag^+	1	+ 0,7991
Al/Al^{3+}	3	− 1,662
Au/Au^{3+}	3	+ 1,498
Co/Co^{2+}	2	− 0,277
Cu/Cu^{2+}	2	+ 0,337
Fe/Fe^{2+}	2	− 0,4002
$2\,Hg/Hg_2Cl_2$	2	+ 0,268
Ni/Ni^{2+}	2	− 0,250
Pb/Pb^{2+}	2	− 0,126
Pt/Pt^{2+}	2	+ 1,2
Zn/Zn^{2+}	2	− 0,7627

Potentialdifferenz

$$U = \Delta E = E_A - E_D$$

Konzentrationshalbzellendiagramm

$$Me_{(s)}\,|\,Me^{z+}_{(aq)}\ c(Me^{z+})$$

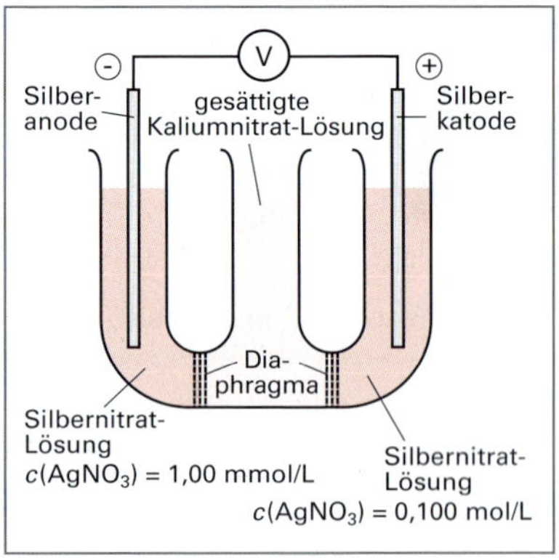

Bild 1: Ag/Ag^+-Konzentrationszelle

NERNST'sche Gleichung

$$E = E^0 + \frac{R \cdot T}{z \cdot F} \cdot \ln \frac{c(\text{Ox})}{c(\text{Red})}$$

$$E = E^0 + \frac{0{,}0592\ \text{V}}{z} \cdot \lg \frac{c(\text{Ox})}{c(\text{Red})}$$

Bei heterogenen Gleichgewichten erscheinen die Stoffmengenkonzentrationen fester Stoffe nicht im Quotienten $c(\text{Ox})/c(\text{Red})$. Dies gilt auch für die Stoffmengenkonzentration des Wassers in verdünnter wässriger Lösung. Die Stoffmengenkonzentrationen dieser Stoffe bzw. ihre Aktivitäten betragen eins.

Beispiel: In einer galvanische Zelle ist eine Silber-Halbzelle Ag/Ag^+ ($c(AgNO_3)$ = 15 mmol/L) über einen Stromschlüssel mit einer Nickel-Halbzelle Ni/Ni^{2+} ($c(NiCl_2)$ = 23 mmol/L) verbunden. Wie lautet das Zellendiagramm der galvanischen Zelle? Welche Potentialdifferenz weist die galvanische Zelle auf?

Lösung: Das Zellendiagramm der galvanischen Zelle lautet:

$$\mathbf{Ni_{(s)} \mid NiCl_{2(aq)}\ (c = 23\ mmol/L) \vdots AgNO_{3(aq)}\ (c = 15\ mmol/L) \mid Ag_{(s)}}$$

$$E_A = E^0_{(Ag/Ag^+)} + \frac{0{,}0592\ V}{z} \cdot \lg \frac{c(Ag^+)}{c(Ag)} = 0{,}7991\ V + \frac{0{,}0592\ V}{1} \cdot \lg 0{,}015 = 0{,}7991\ V - 0{,}108\ V = 0{,}691\ V$$

$$E_D = E^0_{(Ni/Ni^{2+})} + \frac{0{,}0592\ V}{z} \cdot \lg \frac{c(Ni^{2+})}{c(Ni)} = -0{,}250\ V + \frac{0{,}0592\ V}{2} \cdot \lg 0{,}023 = -0{,}250\ V - 0{,}048\ V = -0{,}298\ V$$

$$\Delta E = E_A - E_D = 0{,}691\ V - (-0{,}298\ V) \approx \mathbf{0{,}99 V}$$

Homogene Redoxsysteme (homogeneous redox-systems)

Die für die Potentiale der in heterogene Redoxsysteme vorliegenden Metalle durchgeführten Überlegungen sind auch auf die Redoxsysteme mit Nichtmetallen, wie z.B. $2\ Cl^-/Cl_2$ und andere Halogene sowie Wasserstoff und Sauerstoff übertragbar. Beispiele homogener Redoxsysteme befinden sich in Tabelle 1 und Tabelle 382/1.

Tabelle 1: Standardpotentiale von Nichtmetallen (Auszug)

Redoxpaar mit Ladungszahl z		Standardpotenzial E^0 in V
$2\ Br^-/Br_{2(aq)}$	2	+ 1,0652
$2\ Cl^-/Cl_{2(aq)}$	2	+ 1,3595
$2\ F^-/F_{2(aq)}$	2	+ 2,87
$2\ I^-/I_{2(aq)}$	2	+ 0,5355
Fe^{2+}/Fe^{3+}	1	+ 0,771
Pb^{2+}/Pb^{4+}	2	+ 1,455
Sn^{2+}/Sn^{4+}	2	+ 0,154

Zur Messung des Standardpotentials von Chlor beispielsweise stellt man eine von Chlorgas (p = 1,013 bar) umspülte Platinelektrode in eine Natriumchlorid-Lösung mit $c(NaCl)$ = 1,0 mol/L, T = 298 K **(Bild 1)**. An der Platinoberfläche stellt sich ein elektrochemisches Gleichgewicht ein. An der Halbzelle lässt sich gegen eine Normalwasserstoffelektrode ein Standardpotential von $E^0_{(2\ Cl^-/Cl_{2(aq)})}$ = + 1,3595 V messen.

In ähnlicher Weise dient auch wie bei den anderen Beispielen eine Platinelektrode als Ableitelektrode.

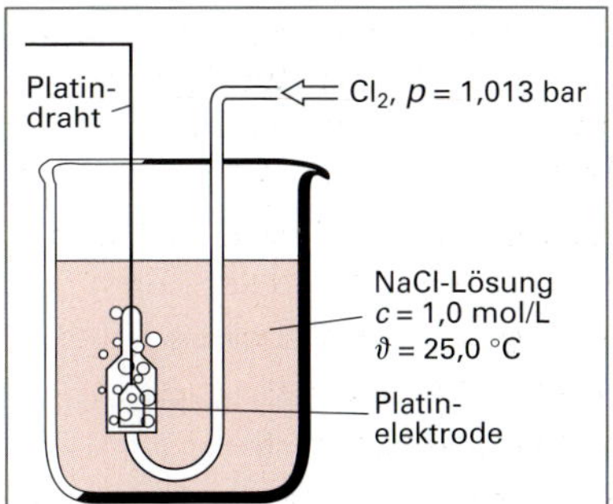

Bild 1: Chlor-Standardhalbzelle

In der Laborpraxis werden Potentialmessungen häufig gegen **Bezugselektroden** (reference electrodes) durchgeführt. Sie sind einfacher zu handhaben als die Normalwasserstoffelektrode NWE. Weit verbreitet sind die Kalomel-Elektrode (Bild 384/1) und die Silber/Silberchlorid-Elektrode (Bild 384/2).

Die Silber/Silberchlorid-Elektrode besteht aus einem Silberdraht, der oberflächlich mit festem Silberchlorid überzogen ist. Er taucht in eine mit Silberchlorid gesättigte Kaliumchlorid-Lösung definierter Konzentration ein. Dieses System bildet eine galvanische Zelle. Mit einer gesättigten Kaliumchlorid-Lösung als Elektrolyt hat die Ag/AgCl-Elektrode ein konstantes Potential von $E_{(AgCl)}$ = 0,199 V bei 298 K.

Beispiel: Wie groß ist das Potential des Redoxsystems Fe^{2+}/Fe^{3+} mit den Konzentrationen $c(Fe^{2+})$ = 25 mmol/L und $c(Fe^{3+})$ = 1,5 mmol/L und einer Platinableitelektrode, gemessen gegen eine Silber/Silberchlorid-Bezugselektrode (E_{Bezug} = 0,239 V, $c(KCl)$ = 1 mol/L, T = 298 K)?

Lösung: $E_{(Fe^{2+}/Fe^{3+})} = E^0_{(Fe^{2+}/Fe^{3+})} + \frac{0{,}059\ V}{z} \cdot \lg \frac{c(Fe^{3+})}{c(Fe^{2+})}$; mit $E^0_{(Fe^{2+}/Fe^{3+})} = +0{,}771\ V$, z = 1 aus Tabelle 337/1 folgt:

$$E_{(Fe^{2+}/Fe^{3+})} = 0{,}771\ V + \frac{0{,}0592\ V}{1} \cdot \lg \frac{0{,}0015}{0{,}025} = 0{,}771\ V - 0{,}0723\ V = 0{,}6986\ V$$

$$\Delta E = E_A - E_{Bezug} = 0{,}6986\ V - 0{,}239\ V \approx \mathbf{0{,}46\ V}$$

pH-abhängige Redoxsysteme (pH-dependent systems)

Sind an Redoxreaktionen auch Hydronium- oder Hydroxid-Ionen beteiligt, hängt das Potential dieser homogenen Redoxsysteme **(Tabelle 1)** neben den Stoffmengenkonzentrationen der übrigen Reaktionspartner und der Temperatur auch vom pH-Wert der Lösung ab. So ändert sich z. B. bei der Manganometrie (vgl. Seite 251) oder der Chromatometrie (vgl. Seite 255) das Oxidationspotential mit veränderter Stoffmengenkonzentration an Hydronium-Ionen besonders stark.

Tabelle 1: Standardpotentiale pH-abhängiger Redoxsysteme

Redoxpaar mit Ladungszahl z	z	E^0 in V
$Mn^{2+} + 12\ H_2O$ / $MnO_4^- + 8\ H_3O^+$	5	+ 1,51
$2\ Cr^{3+} + 21\ H_2O$ / $Cr_2O_7^{2-} + 14\ H_3O^+$	6	+ 1,33
$Cr^{3+} + 12\ H_2O$ / $CrO_4^{2-} + 8\ H_3O^+$	3	+ 1,34
$NO_2 + 3\ H_2O$ / $NO_3^- + 2\ H_3O^+$	1	+ 0,81
$2\ H_2O + H_2$ / $2\ H_3O^+$	2	0
$O_2 + 4\ H_3O^+$ / $6\ H_2O$	4	+ 1,23

Beispiel 1: Welches Oxidationspotential hat eine schwefelsaure Kaliumpermanganat-Lösung mit den folgenden Stoffmengenkonzentrationen: $c(MnO_4^-)$ = 1,00 mol/L, $c(H_3O^+)$ = 1,00 mol/L, $c(Mn^{2+})$ = 100 mmol/L?

Lösung: $E^0_{(MnO_4^-/Mn^{2+})}$ = 1,51 V; die Reaktionsgleichung lautet:

$$MnO^{4-} + 8\ H_3O^+ + 5\ e^- \rightleftharpoons Mn^{2+} + 12\ H_2O$$

$$E_{(MnO_4^-/Mn^{2+})} = E^0 + \frac{0{,}0592\ V}{z} \cdot \lg \frac{c(MnO_4^-) \cdot c^8(H_3O^+)}{c(Mn^{2+})}$$

$$E_{(MnO_4^-/Mn^{2+})} = 1{,}51\ V + \frac{0{,}0592\ V}{5} \cdot \lg \frac{1{,}00 \cdot 1{,}00^8}{0{,}100}$$

$$\mathbf{E_{(MnO_4^-/Mn^{2+})}} = 1{,}51\ V + 0{,}0118\ V \approx \mathbf{1{,}52\ V}$$

Beispiel 2: Können Chromat-Ionen CrO_4^{2-} bei den nachfolgend genannten Stoffmengenkonzentrationen und pH-Werten Bromid-Ionen Br^- oxidieren? a) pH_1 = 1,0; b) pH_2 = 3,5
Stoffmengenkonzentrationen: $c(CrO_4^{2-})$ = 0,200 mol/L, $c(Cr^{3+})$ = 1,00 mmol/L

Lösung: Damit Bromid-Ionen oxidiert werden können, muss das Oxidationspotential des Chromats größer sein als das Potential des zu oxidierenden Systems: $E^0_{(2\ Br^-/Br_2)}$ = + 1,0652 V (Tabelle 381/1)

Berechnung der Hydronium-Ionen-Konzentrationen: $pH = -\lg c(H_3O^+) \Rightarrow c(H_3O^+) = 10^{-pH}$

$c_1(H_3O^+) = 10^{-1{,}0}$ mol/L = 0,10 mol/L, $c_2(H_3O^+) = 10^{-3{,}5}$ mol/L = $3{,}162 \cdot 10^{-4}$ mol/L

Die Reaktionsgleichung lautet: $CrO_4^{2-} + 8\ H_3O^+ + 3\ e^- \rightleftharpoons Cr^{3+} + 12\ H_2O$ / $E^0_{(CrO_4^{2-}/Cr^{3+})}$ = 1,34 V

$$E_{1(CrO_4^{2-}/Cr^{3+})} = E^0 + \frac{0{,}0592\ V}{z} \cdot \lg \frac{c(CrO_4^{2-}) \cdot c^8(H_3O^+)}{c(Cr^{3+})} = 1{,}34\ V + \frac{0{,}0592\ V}{3} \cdot \lg \frac{0{,}200 \cdot 0{,}10^8}{0{,}00100}$$

$$E_{1(CrO_4^{2-}/Cr^{3+})} = 1{,}34\ V - 0{,}112\ V \approx 1{,}23\ V$$

zu a) Das Oxidationspotential ist mit 1,23 V bei pH 1,0 größer als 1,0652 V, demzufolge können Bromid-Ionen oxidiert werden.

$$E_{2(CrO_4^{2-}/Cr^{3+})} = 1{,}34\ V + \frac{0{,}0592\ V}{3} \cdot \lg \frac{0{,}200 \cdot (3{,}162 \cdot 10^{-4})^8}{0{,}00100} = 1{,}34\ V - 0{,}507\ V \approx 0{,}83\ V$$

zu b) Das Potential ist kleiner als 1,0652 V. Bei pH 3,5 können Bromid-Ionen nicht oxidiert werden.

Bestimmung des Löslichkeitsprodukts

Viele Salze sind in Wasser nur begrenzt löslich. Das Lösevermögen von Wasser kann durch die Löslichkeit L^* (vgl. Seite 171) oder bei sehr geringer Löslichkeit besser durch das Löslichkeitsprodukt K_L (vgl. Seite 221) beschrieben werden.

Da sich über Potentialmessungen sehr geringe Ionen-Konzentrationen nachweisen lassen, lässt sich auf diese Weise das Löslichkeitsprodukt elegant bestimmen: Aus der gemessenen Spannung U kann die Ionenkonzentration der Messhalbzelle ermittelt werden, wenn die Ionenkonzentration der Bezugshalbzelle bekannt ist (Bild 383/1). Dazu wird das Potential einer Messhalbzelle, in der sich das Metall des zu bestimmenden Salzes in einer Elektrolytlösung befindet, die mit diesem Salz gesättigt ist, gegen eine Bezugshalbzelle oder Bezugselektrode gemessen.

Dies wird am Beispiel der Bestimmung des Löslichkeitsprodukts von Silberchlorid AgCl beschrieben.

Beispiel: Eine Silber-Bezugshalbzelle (B) Ag/Ag^+ ($c(AgNO_3)$ = 100 mmol/L) ist über eine mit Kaliumnitrat gefülltes Stromschlüsselrohr mit einer Messhalbzelle (M) verbunden, in der ein Silberblech in eine Kaliumchlorid-Lösung mit einer Stoffmengenkonzentration von $c(KCl)$ = 100 mmol/L taucht **(Bild 1).**

In die Messhalbzelle werden unter Rühren einige Tropfen der Silbernitrat-Lösung getropft. Eine milchige Trübung der Lösung zeigt ausgefälltes Silberchlorid an, sie enthält aber auch freie Silber-Ionen. Zwischen beiden Halbzellen wird ein Potential von ΔE = 0,47 V gemessen.

Berechnen Sie die Konzentration an freien Silber-Ionen in der Messhalbzelle und daraus das Löslichkeitsprodukt $K_L(AgCl)$ von Silberchlorid.

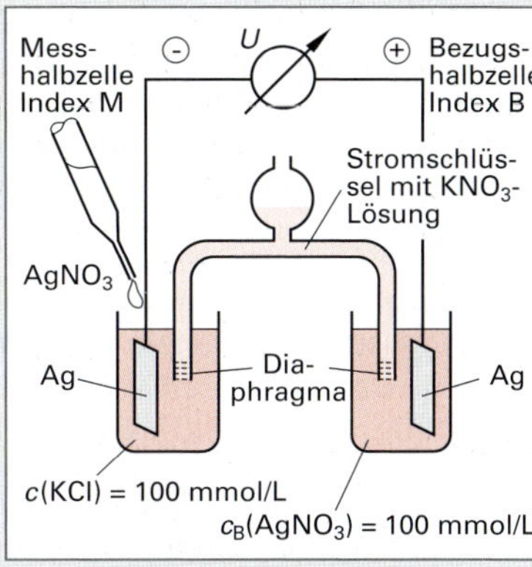

Bild 1: Bestimung des Löslichkeitsprodukts von AgCl

Lösung: Mit $U = \Delta E = E_A - E_D = E_B - E_M$ folgt durch Anwendung der NERNST'schen Gleichung:

$$U = \Delta E = E^0_{(Ag/Ag^+)} + \frac{0{,}0592\ V}{z} \cdot \lg c_B(Ag^+) - [E^0_{(Ag/Ag^+)} + \frac{0{,}0592\ V}{z} \cdot \lg c_M(Ag^+)]$$

Das Standardpotential von Silber $E^0_{(Ag/Ag^+)}$ entfällt durch Subtraktion. Die Gleichung vereinfacht sich zu:

$$U = \Delta E = 0{,}0592\ V \cdot [\lg c_B(Ag^+) - \lg c_M(Ag^+)] \quad \Rightarrow \quad \lg c_M(Ag^+) = (-\Delta E / 0{,}0592\ V) + \lg c_B(Ag^+)$$

Die Stoffmengenkonzentration an freien Silber-Ionen in der Messhalbzelle ergibt sich durch Entlogarithmieren zu:

$$c_M(Ag^+) = 10^{-\frac{\Delta E}{0{,}0592\ V} + \lg c_B(Ag^+)} = 10^{-\frac{0{,}47\ V}{0{,}0592\ V} + \lg 0{,}100} = 10^{-8{,}939}\ mol/L = 1{,}1503 \cdot 10^{-9}\ mol/L$$

Für das Lösungsgleichgewicht $AgCl_{(s)} \rightleftharpoons Ag^+_{(aq)} + Cl^-_{(aq)}$ gilt nachfolgendes Löslichkeitsprodukt.

Die Chlorid-Ionenkonzentration der Messhalbzelle wird als konstant angenommen: $c(Cl^-)$ = 100 mmol/L

$\mathbf{K_L(AgCl)} = c(Ag^+) \cdot c(Cl^-) = 1{,}1503 \cdot 10^{-9}\ mol/L \cdot 0{,}100\ mol/L \approx \mathbf{1{,}2 \cdot 10^{-10}\ (mol/L)^2}$

Aufgaben zu 12.3 Elektrochemische Potentiale

1. Wie groß ist das Potential einer Ag/Ag^+-Halbzelle mit einer Stoffmengenkonzentration an Silber-Ionen von 85 mmol/L bei einer Temperatur von 25,0 °C?
2. In einer Wasserstoff-Halbzelle (Bild 379/1) beträgt die Stoffmengenkonzentration an Hydronium-Ionen:

   a) $c(H_3O^+)$ = 100 mmol/L b) $c(H_3O^+)$ = 25 mmol/L c) $c(H_3O^+)$ = 0,523 mmol/L.

   Welches Potential haben die Halbzellen jeweils?
3. Wie groß ist bei Standardbedingungen die Potentialdifferenz ΔE (elektromotorische Kraft EMK) für die galvanischen Zellen?

   a) $Zn \mid Zn^{2+} \vdots Ni^{2+} \mid Ni$ b) $Cu \mid Cu^{2+} \vdots Pt^{2+} \mid Pt$ c) $Al \mid Al^{3+} \vdots Fe^{2+} \mid Fe$
4. Welches Potential hat ein galvanisches Element, das aus einer Cu/Cu^{2+}-Halbzelle ($c(Cu^{2+})$ = 0,15 mol/L) und einer Fe/Fe^{2+}-Halbzelle ($c(Fe^{2+})$= 2,5 mmol/L) besteht? Geben Sie das Zellendiagramm an.
5. Welches Redoxpotential hat eine wässrige Lösung, die folgende Stoffmengenkonzentrationen an Eisen-Ionen enthält? $c(Fe^{2+})$ = 100 mmol/L, $c(Fe^{3+})$ = 50 mmol/L
6. In einem Silber-Konzentrationselement ist eine Halbzelle Ag/Ag^+ $c(AgNO_3)$ = 1,00 mmol/L mit einer $Ag/AgNO_3$-Halbzelle kombiniert, in dem die Stoffmengenkonzentration an Silbernitrat 100mal größer ist (Bild 380/1). Wie lautet das Zellendiagramm des Konzentrationselements? Welche Potentialdifferenz weist das Konzentrationselement auf?
7. Zwischen einer Cobalt-Halbzelle Co/Co^{2+} ($c(CoCl_2)$ = 0,21 mol/L) und einer Nickel-Halbzelle wird bei ϑ = 25,0 °C ein Potential von 0 V gemessen. Wie groß ist die Stoffmengenkonzentration an Nickel(II)-chlorid in der Nickel-Halbzelle?

8. Ein galvanisches Element besteht aus einem Zink-Halbelement mit einer Stoffmengenkonzentration von $c(Zn^{2+})$ = 1,20 mol/L und einer Kupfer-Halbzelle. Die Potentialdifferenz beträgt 1,076 V. Welche Stoffmengenkonzentration an Cu^{2+}-Ionen hat die Kupfer-Halbzelle?

9. Welches Oxidationspotential hat eine schwefelsaure Kaliumdichromat-Lösung bei pH 1,0 wenn folgende Stoffmengenkonzentrationen an Chrom (III)- und Dichromat-Ionen vorliegen: $c(Cr^{3+})$ = 18,0 mmol/L, $c(Cr_2O_7)^{2-}$ = 1,0 mmol/L?

10. In einer Kalomel-Bezugselektrode **(Bild 1)** steht Quecksilber in Kontakt mit Quecksilber (I)-chlorid (Kalomel):

$$2\,Hg_{(l)} + 2\,Cl^- \rightleftharpoons Hg_2Cl_2 + 2\,e^-$$

Eine Kaliumchlorid-Lösung mit festgelegter Konzentration stellt über ein Diaphragma die Verbindung zur Messlösung her. Ein Platindraht, der in das Quecksilber eintaucht, dient zur elektrischen Ableitung. Welches Potential hat die Bezugselektrode, wenn die Stoffmengenkonzentration der Kaliumchlorid-Lösung $c(KCl)$ = 100 mmol/L beträgt?

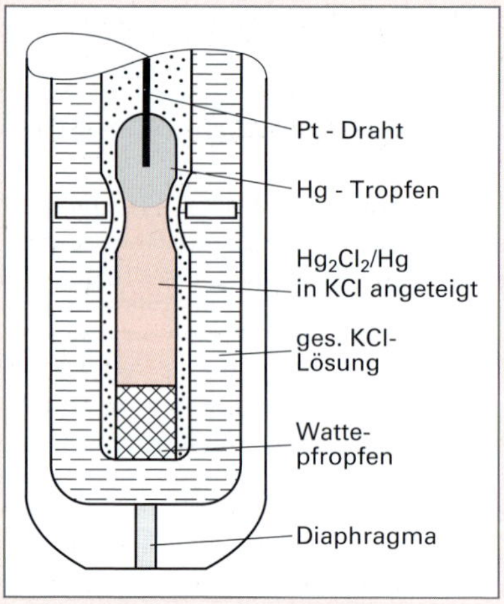

Bild 1: Sensor einer Kalomel-Bezugselektrode

11. In einer Silber/Silberchlorid-Bezugselektrode **(Bild 2)** taucht ein mit Silberchlorid AgCl überzogener Silberdraht in eine mit Silberchlorid gesättigte Kaliumchlorid-Lösung, ($c(KCl)$ = 100 mmol/L).

Berechnen Sie mit Hilfe des Löslichkeitsprodukts K_L (AgCl) = $2{,}0 \cdot 10^{-10}$ $(mol/L)^2$ das Potential dieser Elektrode.

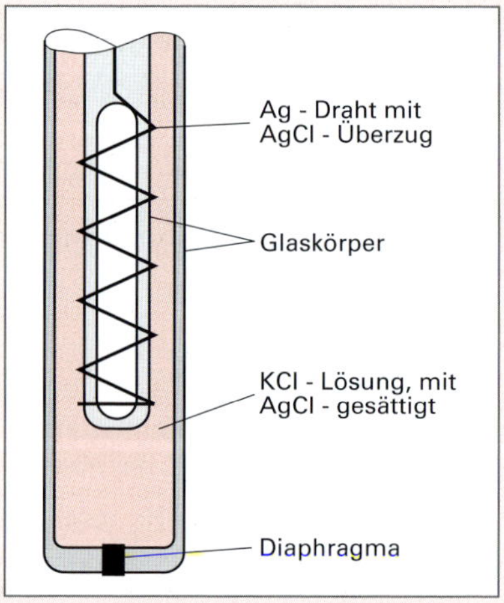

Bild 2: Sensor einer Silber/Silberchlorid-Bezugselektrode

12. In einer Kaliumpermanganat-Lösung liegen folgende Stoffmengenkonzentrationen vor: $c(MnO_4^-)$ = 20 mmol/L und $c(Mn^{2+})$ = 100 mmol/L. Überprüfen Sie rechnerisch, ob in schwefelsaurer Lösung die Permanganat-Ionen bei:
a) pH 1,0 b) pH 3,0 c) bei pH 5,0
Bromid-Ionen oxidieren können.

13. Zur potentiometrischen Bestimmung des Löslichkeitsprodukts von Silberbromid AgBr wurde eine Silber-Konzentrationszelle eingesetzt: Halbzelle A enthält 25 mL, Halbzelle B 100 mL Silbernitratlösung. Die Stoffmengenkonzentration an Silbernitrat beträgt jeweils 10 mmol/L.

Nach Zugabe von 75 mL Kaliumbromid-Lösung ($c(KBr)$ = 10 mmol/L) in Halbzelle A fällt Silberbromid aus. Bei 25 °C beträgt das gemessene Potential 478 mV.

Wie groß ist das Löslichkeitsprodukt K_L (AgBr)?

14. Zur Bestimmung des Löslichkeitsprodukts von Bleisulfat wird eine Halbzelle Pb/Pb^{2+} ($c(Pb(NO_3)_2)$ = 100 mmol/L) mit einer Halbzelle aus einer Bleielektrode in einer Natriumsulfat-Lösung, ($c(Na_2SO_4)$ = 100 mmol/L) über ein mit Kaliumnitrat-Lösung gefülltes Stromschlüsselrohr verbunden **(Bild 3)**.

Nach Zugabe von wenigen Tropfen Blei (II)-nitrat-Lösung in die Natriumsulfat-Lösung beträgt die Zellspannung U = 0,170 V. Berechnen Sie aus den Versuchsdaten das Löslichkeitsprodukt von Blei (II)-sulfat $PbSO_4$.

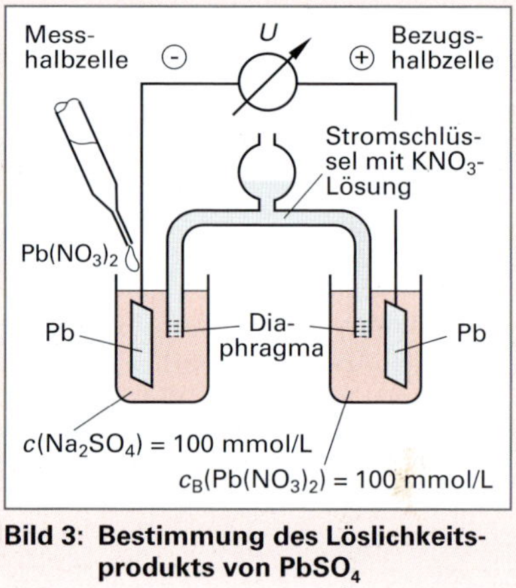

Bild 3: Bestimmung des Löslichkeitsprodukts von $PbSO_4$

13 Berechnungen zur Wärmelehre

13.1 Temperaturskalen

Die grundlegende Ursache für die Temperatur ist die atomistische Teilchenbewegung. Je schneller sich die Teilchen eines Stoffes bewegen, desto höher ist die Temperatur.

Es gibt verschiedene Temperaturskalen (temperature scale). Die in Deutschland gebräuchlichsten sind die Kelvin- und die Celsius-Skale **(Bild 1).**

Die **thermodynamische Temperatur** ist eine SI-Basisgröße und wird mit dem Großbuchstaben T abgekürzt. Ihre Einheit ist das Kelvin; das Einheitenzeichen ist K. Die Kelvin-Skale beginnt beim absoluten Nullpunkt mit null Kelvin.

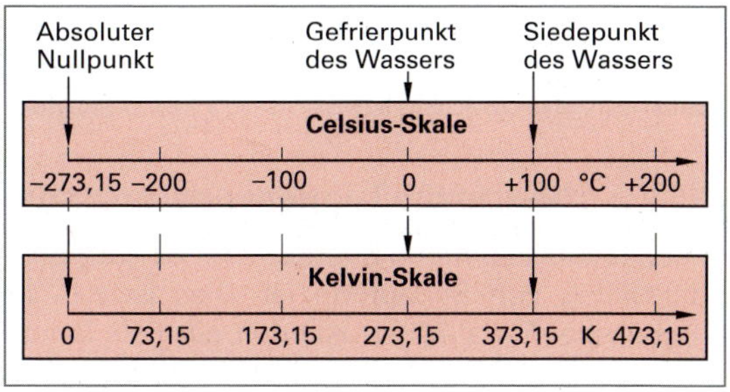

Bild 1: Temperaturskalen

Der Schmelzpunkt des Wassers liegt somit bei 273,15 K und der Siedepunkt des Wassers bei 373,15 K.

Bei der **Celsius-Temperatur** sind die Schmelz- und die Siedetemperatur des Wassers Fixpunkte der Temperaturskale bei 0 °C und 100 °C (Bild 1). Die Celsius-Temperatur wird mit dem griechischen Kleinbuchstaben ϑ (Theta) abgekürzt. Ihre Einheit ist Grad Celsius, das Einheitenzeichen °C.

Der Abstand zwischen den Fixpunkten wird bei der Kelvin- und der Celsius-Temperaturskale in 100 gleiche Teile aufgeteilt und heißt ein Kelvin (1 K) bzw. ein Grad Celsius (1 °C). Temperaturdifferenzen in Kelvin und in Grad Celsius haben deshalb den gleichen Zahlenwert.

Zur Umrechnung von Kelvin-Temperaturen in Celsius-Temperaturen dient die nebenstehende auf Einheiten zugeschnittene Größengleichung. In technischen Berechnungen wird für den Zahlenwert 273,15 meist der Näherungswert 273 verwendet.

Umrechnung: Kelvin-Temperaturen in Grad Celsius Temperaturen

$$\frac{T}{\mathrm{K}} = \frac{\vartheta}{°\mathrm{C}} + 273{,}15$$

Beispiel: In einer Anlage zur Lösemittelrückgewinnung wird Ethylmethylketon $CH_3CH_2{-}CO{-}CH_3$ von ϑ = 80 °C auf T = 293 K abgekühlt.

a) Wie hoch ist die Temperatur des Ketons nach dem Abkühlen in Grad Celsius?

b) Wie groß sind die Temperaturdifferenzen in Grad Celsius und Kelvin?

Lösung: a) $\frac{T}{\mathrm{K}} = \frac{\vartheta}{°\mathrm{C}} + 273 \Rightarrow \frac{\vartheta}{°\mathrm{C}} = \frac{T}{\mathrm{K}} - 273 = \frac{293\,\mathrm{K}}{\mathrm{K}} - 273 = 20 \Rightarrow \boldsymbol{\vartheta = 20\,°C}$

b) $\Delta\vartheta$ = 80 °C – 20 °C = **60 °C** ΔT = 353 K – 293 K = **60 K**

Aufgaben zu 13.1 Temperaturskalen

1. Bei der Ammoniaksynthese wird die Temperatur des aus Stickstoff und Wasserstoff bestehenden Synthesegases von T = 293 K auf das 2,5-fache erhöht. Wie groß ist dann die Temperatur in Grad Celsius?
2. Eine Kühlsole wird beim Durchgang durch einen Wärmeaustauscher von ϑ_1 = – 35 °C auf T_2 = 268 K erwärmt. Berechnen Sie die Temperaturen T_1, ϑ_2 und die Temperaturdifferenzen $\Delta\vartheta$ und ΔT.
3. Beim Mischen von Eis mit Calciumchlorid $CaCl_2$ fiel die Temperatur von ϑ_1 = –3 °C um ΔT = 40 K. Berechnen Sie die Temperaturen T_1, ϑ_2, T_2 und die Temperaturdifferenz $\Delta\vartheta$.
4. Bei einem Umgebungsdruck von p_{amb} = 1013 mbar siedet Stickstoff bei 77 K, Sauerstoff hingegen bei – 183 °C. Welche Flüssigkeit hat die höhere Siedetemperatur?
5. Mit welcher Kältemischung kann die größere Temperaturdifferenz erreicht werden?
   a) Wasser/Kaliumchlorid: Absinken der Temperatur von 10 °C auf 261 K.
   b) Wasser/Ammoniumchlorid: Absinken der Temperatur von 283 K auf –15 °C.

13.2 Verhalten der Stoffe bei Erwärmung

Wird einem Körper Wärmeenergie zugeführt, bewirkt dies eine Temperaturerhöhung oder eine Aggregatzustandsänderung. Mit steigender Temperatur nimmt die atomistische Bewegungsenergie der Stoffteilchen zu. In Feststoffen schwingen die Teilchen (Moleküle, Ionen, Atome) stärker um ihre Gitterplätze. In Flüssigkeiten und Gasen bewegen sich die Teilchen frei, wobei ihre Geschwindigkeit mit der Temperatur zunimmt. In allen Aggregatzuständen ist die Zunahme an Bewegungsenergie in der Regel mit einer Volumenvergrößerung verbunden. Falls dies nicht möglich ist, steigt der Druck.

13.2.1 Thermische Längenänderung von Feststoffen

In der Technik kommen Bauteile zum Einsatz, deren Längenabmessung von Bedeutung ist. Dies ist z.B. bei Rohrleitungen oder Metallkonstruktionen der Fall. Beim Erwärmen dehnen sich die Stoffe aus, beim Abkühlen schrumpfen sie **(Bild 1)**. Die Längenänderung Δl (longitudinal deformation), die Feststoffe beim Erwärmen erfahren, steigt mit:

- der Ausgangslänge l_0: $\Delta l \sim l_0$
- dem Längenausdehnungskoeffizienten α: $\Delta l \sim \alpha$
- der Temperaturänderung $\Delta\vartheta$: $\Delta l \sim \Delta\vartheta$

Daraus folgen die nebenstehenden Größengleichungen.

Die Endlänge l_ϑ berechnet sich durch Addieren der Längenänderung Δl zur Ausgangslänge l_0. Die Temperaturänderung $\Delta\vartheta$ ist die Differenz zwischen der Endtemperatur ϑ_2 und der Anfangstemperatur ϑ_1.

Der thermische **Längenausdehnungskoeffizient** $\boldsymbol{\alpha}$ ist von der Stoffart und der Temperatur abhängig. Er hat das Einheitenzeichen 1/K oder K^{-1}.

In **Tabelle 1** sind die Längenausdehnungskoeffizienten einiger Stoffe angegeben. Aluminium hat z.B. den Längenausdehnungskoeffizienten $\alpha(\text{Al}) = 24 \cdot 10^{-6}$ 1/K.

Dies bedeutet: Ein ein Meter langer Aluminiumstab dehnt sich beim Erwärmen um ein Grad um $24 \cdot 10^{-6}$ m = 24 µm aus.

Beispiel: Das Rohr eines Rippenrohrwärmetauschers aus Stahl erwärmt sich von 15 °C auf 65 °C. Um wie viel Millimeter verlängert sich ein 2,0 m langes Teilstück des Rohres bei dieser Temperaturschwankung?

Lösung: $\Delta l = l_0 \cdot \alpha \cdot \Delta\alpha = 2{,}0\ \text{m} \cdot 12 \cdot 10^{-6} \cdot 1/\text{K} \cdot 50\ \text{K}$

$\boldsymbol{\Delta l} = 12 \cdot 10^{-4}\ \text{m} = \mathbf{1{,}2\ mm}$

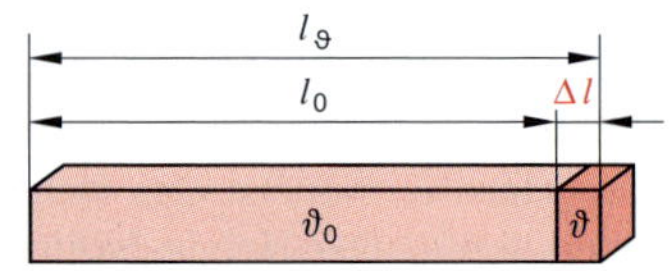

Bild 1: Thermische Längenausdehnung

Thermische Längenänderung	$\Delta l = l_0 \cdot \alpha \cdot \Delta\vartheta$
Länge bei der Temperatur ϑ	$l_\vartheta = l_0 + \Delta l$ $l_\vartheta = l_0 (1 + \alpha \cdot \Delta\vartheta)$
Temperaturänderung	$\Delta\vartheta = \vartheta_2 - \vartheta_1$

Tabelle 1: Längenausdehnungskoeffizient α in $10^{-6} \cdot \frac{1}{K}$

Werkstoffe (bei 20 °C)	Längenausdehnungskoeffizient
Aluminium	24
Kupfer	17
Messing	18
Platin	9
Unlegierter Stahl	12
Nicht rostender Stahl X 5 CrNi 18-10	16
Invar-Stahl	2
Quarz	0,5
Jenaer Glas	8,1
Polyethylen (PE)	200

Aufgaben zu 13.2.1 Thermische Längenänderung von Feststoffen

1. Ein bei 20 °C 6,000 m langes Kupferrohr in einem Rohrbündel-Wärmeaustauscher wird von einer Kühlsole (ϑ = –15 °C) durchflossen. Wie groß ist die Längenänderung?
2. Ein 600 mm langes Glasrohr wird in einem Dilatometer von 20,18 °C auf 45,86 °C erwärmt. Dabei dehnt es sich um 125 µm aus. Welchen thermischen Längenausdehnungskoeffizienten hat das untersuchte Glas?
3. Welcher Temperaturschwankung darf eine 80,0 Meter lange Hochdruck-Dampfleitung aus nicht rostendem Stahl (X5 CrNi 18-10) ausgesetzt sein, wenn der eingebaute Dehnungsbogen einen Rohrdehnungsausgleich von 15,0 cm zulässt?

4. Um wie viel Grad Celsius muss ein 14,3 cm langes Messingrohr in einem Bolzensprengapparat erhitzt werden, damit ein eingespannter gusseiserner Bolzen bei einer Längenänderung des Messingrohres von 2,0 mm aufgrund der auftretenden Wärmespannung zerbricht?
5. Ein Rohrstrang aus nicht rostendem Stahl ist bei 22,0 °C 380,0 m lang. Welche Längenänderung müssen die Dehnungsbögen aufnehmen, wenn im Betrieb Heißdampf von 185,0 °C die Rohrleitung durchströmt?

13.2.2 Thermische Volumenänderung von Feststoffen

Alle festen Körper dehnen sich beim Erwärmen gleichmäßig in Länge, Breite und Höhe aus **(Bild 1)**.

Hohlkörper dehnen sich genauso aus wie Vollkörper gleichen Materials und gleicher Größe.

Wenn sich die Kantenlänge eines Würfels von der Anfangslänge l_0 auf die Endlänge l_ϑ ändert, wächst sein Volumen vom Anfangsvolumen V_0 auf das Endvolumen V_ϑ.

Es ergeben sich die folgenden Größengleichungen:

Volumenänderung	$\Delta V \approx V_0 \cdot \gamma \cdot \Delta\vartheta$	$\gamma \approx 3 \cdot \alpha$
Volumen bei der Temperatur ϑ	$V_\vartheta \approx V_0 + \Delta V$ $V_\vartheta \approx V_0 \cdot (1 + \gamma \cdot \Delta\vartheta)$	
Temperaturänderung	$\Delta\vartheta = \vartheta_2 - \vartheta_1$	

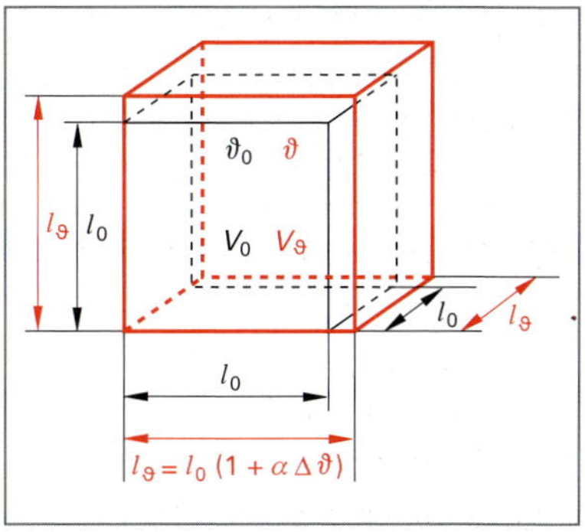

Bild 1: Volumenausdehnung eines Würfels beim Erwärmen

Der **Volumenausdehnungskoeffizient** γ beträgt bei Feststoffen näherungsweise das Dreifache des Längenausdehnungskoeffizienten α ($\gamma \approx 3 \cdot \alpha$).

Beispiel: Eine Hohlkugel aus Jenar Glas an einem Rundkolben hat einen Außendurchmesser von d = 10,0 cm. Um wie viel vergrößert sich das Volumen der Hohlkugel, wenn sie einer Temperaturschwankung von $\Delta\vartheta$ = 160 °C ausgesetzt ist?

Lösung: $V_\vartheta \approx (1 + \gamma \cdot \Delta\vartheta)$ mit $V_0 = \frac{4}{3}\pi \cdot r^3$ und $\gamma \approx 3 \cdot \alpha$ folgt: $V_\vartheta \approx \frac{4}{3}\pi \cdot r^3(1 + 3 \cdot \alpha \cdot \Delta\vartheta)$

$$V_\vartheta \approx \frac{4}{3}\pi\,(5{,}0\text{ cm})^3 \cdot (1 + 3 \cdot 8{,}1 \cdot 10^{-6}\,\frac{1}{\text{K}} \cdot 160\text{ K}) \approx 523{,}6\text{ cm}^3 \cdot 1{,}00389 \approx 525{,}6\text{ cm}^3$$

$$\boldsymbol{\Delta V} \approx V_\vartheta - V_0 \approx 525{,}6\text{ cm}^3 - 523{,}6\text{ cm}^3 \approx \mathbf{2{,}0\ cm^3}$$

Aufgaben zu 13.2.2 Thermische Volumenänderung von Feststoffen

1. Wie ändert sich das Volumen eines 200-L-Rollreifenfasses aus nicht rostendem Stahl, wenn es einer Temperaturschwankung von 10 °C ausgesetzt ist?
2. Ein Hochdruck-Kugelgasbehälter für Erdgas hat einen Außendurchmesser von 26,86 m. Wie groß ist die Volumenänderung des Behälters aus Feinkornbaustahl (α = 11,5 · 10⁻⁶ · 1/K), wenn als höchste Sommertemperatur bei Sonneneinstrahlung 45 °C und als tiefste Wintertemperatur – 30 °C angenommen wird?
3. Welcher Temperaturänderung darf eine 100-mL-Vollpipette aus Jenaer Glas ausgesetzt sein, wenn sich ihr Rauminhalt um 10 μL ändert?
4. Ein Kraftstoffbehälter aus Stahlblech fasst bei 20 °C genau 60 Liter. Um welches Volumen nimmt sein Fassungsvermögen bei einer Temperatur von 40 °C zu?
5. Eine massive Messingkugel hat bei 0,03 °C einen Durchmesser von 33,15 mm und bei 100,05 °C den Durchmesser d = 33,21 mm. Wie groß ist die Volumenausdehnungskonstante des untersuchten Messingkörpers?
6. Ein Messkolben zum Ansetzen von Maßlösungen hat bei 20 °C ein Volumen von exakt einem Liter. Wie groß ist die Volumenabnahme beim Abkühlen auf 12 °C?

13.2.3 Thermische Volumenänderung von Flüssigkeiten

Bei gleicher Temperaturerhöhung dehnen sich Flüssigkeiten wegen der geringeren Kohäsionskräfte zwischen den Teilchen viel stärker aus als Feststoffe. Ein Vergleich der Volumenausdehnungskoeffizienten γ_{Fl} für Flüssigkeiten **(Tabelle 1)** mit denen von Feststoffen ($\gamma \approx 3 \cdot \alpha$, Tabelle 386/1) zeigt, dass die Koeffizienten für Flüssigkeiten in der Regel um den Faktor 10 größer sind. Die Volumenausdehnungskoeffizienten γ_{Fl} sind von der Stoffart und von der Temperatur abhängig.

Die Eigenschaft der Volumenvergrößerung mit steigender Temperatur zeigen fast alle Flüssigkeiten. Eine Ausnahme bildet das Wasser: Es dehnt sich bei 4 °C sowohl beim Abkühlen als auch beim Erwärmen aus. Dieses Verhalten wird als **Anomalie des Wassers** bezeichnet.

In Analogie zur Längen- und Volumenänderung von Feststoffen berechnet sich die Volumenänderung ΔV (change of volume) von Flüssigkeiten mit den folgenden Größengleichungen.

Volumenänderung	$\Delta V = V_0 \cdot \gamma_{Fl} \cdot \Delta\vartheta$
Volumen bei der Temperatur ϑ	$V_\vartheta = V_0 + \Delta V$
	$V_\vartheta = V_0 (1 + \gamma_{Fl} \cdot \Delta\vartheta)$
Temperaturänderung	$\Delta\vartheta = \vartheta_2 - \vartheta_1$

Beispiel: Eine Acetonportion (V = 100 mL, ϑ = 40,0 °C) wird auf 20,0 °C abgekühlt. Welches Volumen hat das Aceton dann?

Lösung: $V_\vartheta = V_0 \cdot (1 + \gamma \cdot \Delta\vartheta)$

$V_\vartheta = 100\ \text{mL}\ (1 + 1{,}43 \cdot 10^{-3}\ \text{K}^{-1}\ (20{,}0\ °\text{C} - 40{,}0\ °\text{C})$

$\boldsymbol{V_\vartheta} = 100\ \text{mL}\ (1 - 0{,}0286) = 100\ \text{mL} \cdot 0{,}9714 \approx \mathbf{97{,}1\ mL}$

Tabelle 1: Volumenausdehnungskoeffizient von Flüssigkeiten γ_{Fl} in $10^{-3}\ K^{-1}$ (bei 20 °C)

Flüssigkeit	Volumenausdehnungskoeffizient
Aceton	1,43
Benzin	1,00
Diethylether	1,62
Ethanol	1,10
Glycerin	0,59
Maschinenöl	0,26
Methanol	1,19
Pentan in Jenaer Glas	0,151
Petroleum	0,96
Quecksilber Hg	0,181
Hg in Jenaer Glas 16 III	0,157
Hg in Quarzglas	0,179
Salpetersäure	1,24
Salzsäure	0,30
Schwefelsäure	0,55
Toluol	1,08
Wasser bei 20 °C	0,20
Wasser bei 30 °C	0,30
Wasser bei 70 °C	0,60

Relative Volumenänderung von Flüssigkeiten in Behältern

Flüssigkeiten werden in der Regel in Gefäßen und Behältern aufbewahrt. Da sich die Behälter beim Erwärmen der Flüssigkeit mit erwärmen und damit auch ausdehnen, muss dies bei genauen Berechnungen berücksichtigt werden. Zur Berechnung der **relativen Volumenänderung $\boldsymbol{\Delta V_{rel}}$** von Flüssigkeiten unter Berücksichtigung der Gefäßausdehnung gelten die nebenstehenden Größengleichungen.

Relative Volumenänderung

$$\Delta V_{rel} = \Delta V_{Fl} - \Delta V_B$$
$$\Delta V_{rel} = V_0 \cdot (\gamma_{Fl} - \gamma_B) \cdot \Delta\vartheta$$
$$V_\vartheta = V_0 + \Delta V_{rel}$$
$$V_\vartheta = V_0 \cdot [1 + (\gamma_{Fl} - \gamma_B) \cdot \Delta\vartheta]$$
$$\Delta\vartheta = \vartheta_2 - \vartheta_1$$

Beispiel: Ein Pyknometer fasst bei 20,0 °C exakt ein Volumen von 24,87 cm³ Petroleum. Wie viel Kubikzentimeter Petroleum fließen über, wenn sich das Pyknometer auf 25,0 °C erwärmt?

Lösung: $\Delta V_{rel} = V_0 \cdot [\gamma(\text{Petroleum}) - \gamma(\text{Glas})] \cdot \Delta\vartheta$; mit $\gamma(\text{Glas}) \approx 3 \cdot \alpha(\text{Glas})$ folgt:

$\Delta V_{rel} = V_0 \cdot [\gamma(\text{Petroleum}) - 3 \cdot \alpha(\text{Glas})] \cdot \Delta\vartheta$

$\boldsymbol{\Delta V_{rel}} = 24{,}87\ \text{cm}^3 \cdot \left(960 \cdot 10^{-6} \frac{1}{\text{K}} - 3 \cdot 8{,}1 \cdot 10^{-6} \frac{1}{\text{K}}\right) \cdot 5{,}0\ \text{K} \approx \mathbf{0{,}12\ cm^3}$

Aufgaben zu 13.2.3 Thermische Volumenänderung von Flüssigkeiten

1. Im Vorratsgefäß eines Quecksilberthermometers befinden sich bei 20,0 °C 1,20 cm³ Quecksilber. Welches Volumen hat das Quecksilber bei 100,0 °C?
2. Die Dichte des Wassers beträgt bei 20,0 °C ϱ_1 = 0,99821 g/cm³ und bei 100,0 °C ϱ_2 = 0,95835 g/cm³. Wie groß ist der mittlere Volumenausdehnungskoeffizient des Wassers?

3. Der Messfühler eines Flüssigkeits-Federthermometers besteht aus Messing. Er enthält 1,70 cm^3 Dehnflüssigkeit (γ = 1,25 · 10^{-3} · 1/K). Wie groß ist die relative Volumenänderung der Dehnflüssigkeit, wenn die Temperaturänderung 150 °C beträgt?
4. Das Vorratsgefäß eines Einschlussstock-Thermometers aus Jenaer Glas 16 III enthält 0,50 cm^3 Quecksilber. Wie groß ist der Durchmesser der Kapillare, wenn die Quecksilbersäule bei einer Temperaturänderung von 10,0 °C um 10,0 mm ansteigt?
5. Wie viel Petroleum fließt aus einem Pyknometer aus Jenaer Glas mit einem Volumen von 48,7586 cm^3 bei 20,0 °C, wenn es auf 30,0 °C erwärmt wird?
6. Ein Vorratstank wurde bei 15,2 °C mit 6000 kg Glycerin der Dichte ϱ = 1,261 kg/dm^3 gefüllt. Welches Volumen nimmt die Tankfüllung nach Erwärmung auf 62,5 °C ein?
7. Wie groß ist die Dichte von Toluol bei 80 °C, wenn es bei 20 °C eine Dichte von 0,867 g/cm^3 hat?
8. Wie groß ist die Volumenverminderung des Acetons in Prozent, wenn es in einem Produktkühler von Siedetemperatur (56 °C) auf 15 °C gekühlt wird?
9. Auf welche Temperatur kann Glycerin von 20 °C höchstens erwärmt werden, wenn die Volumenänderung 1,0 % betragen darf?

13.2.4 Thermische Volumenänderung von Gasen

Wegen der großen Beweglichkeit der Teilchen füllen Gase im Gegensatz zu Flüssigkeiten jeden ihnen zur Verfügung stehenden Raum aus. Beim Erwärmen einer Gasportion steigt die durchschnittliche Teilchengeschwindigkeit an. Die Teilchen prallen häufiger und heftiger gegen die Gefäßwand, wodurch der Druck steigt. Soll der Druck konstant bleiben (isobare Zustandsänderung), muss sich das Volumen vergrößern.

In einem Gasgemisch haben Gasteilchen geringer Masse eine große und Gasteilchen großer Masse eine geringe Durchschnittsgeschwindigkeit. Beide Teilchensorten leisten bei Temperaturerhöhung den gleichen Beitrag zur Volumenvergrößerung. Aus diesem Grund haben alle Gase einen näherungsweise gleich großen Volumenausdehnungskoeffizienten. Er beträgt 1/273 des Volumens, das das Gas bei einer Temperatur von 0 °C besitzt. Es gilt das **isobare Gasgesetz.**

Volumenänderung von Gasen bei Erwärmung (p = konstant)
(Isobares Gasgesetz)

$$\Delta V = V_0 \cdot \frac{1}{273\ \text{K}} \cdot \Delta\vartheta$$

$$V_\vartheta = V_0 + \Delta V$$

$$V_\vartheta = V_0 \cdot \left(1 + \frac{1}{273\ \text{K}} \cdot \Delta\vartheta\right)$$

$$\Delta\vartheta = \vartheta_2 - \vartheta_1$$

Beispiel: Auf wie viel Grad Celsius muss die Temperatur einer Gasportion von ϑ = 0 °C erhöht werden, damit sich ihr Volumen verdoppelt?

Lösung: $\Delta V = V_0 \cdot \frac{1}{273\ \text{K}} \cdot \Delta\vartheta \Rightarrow \Delta\vartheta = \frac{\Delta V \cdot 273\ \text{K}}{V_0}$

mit $\Delta V = V_0$ folgt: $\Delta\vartheta = 273\ \text{K} \mathrel{\widehat{=}} 273\ °\text{C} \Rightarrow \boldsymbol{\vartheta} = \mathbf{273\ °C}$

Aufgaben zu 13.2.4 Thermische Volumenänderung von Gasen

1. Ein Glockengasbehälter enthält 2000 m^3 Erdgas bei 0 °C. Um wie viel Kubikmeter vergrößert sich das Volumen der Erdgasportion, wenn die Temperatur auf 20 °C ansteigt?
2. Eine 250-mL-Gasmaus (Bild 426/1) wird von 0 °C auf 25 °C erwärmt. Wie viel Kubikzentimeter Luft strömen aus?
3. Luft hat bei 0 °C und p_{amb} = 1013 mbar eine Dichte von 1,2929 g/dm^3. Wie groß ist die Dichte der Luft bei 20 °C, wenn der Druck konstant bleibt?
4. Ein Scheibengasbehälter hat bei einem Inhalt von 150 · 10^3 m^3 zwischen den Endlagen der Scheibe einen Gesamthub von 67 m. Um wie viel Meter wird die Scheibe abgesenkt, wenn die Gastemperatur bei 50 %iger Füllung von 10 °C auf 0 °C sinkt?

Hinweis: Weitere Aufgaben zur Volumenänderung von Gasen befinden sich auf den Seiten 104 und 126.

13.3 Wärmeinhalt von Stoffportionen

Die Temperatur ϑ einer Stoffportion kann durch Zufuhr von Wärmeenergie erhöht werden. Die zugeführte Wärmemenge Q wird in der Stoffportion als Wärmeinhalt gespeichert.

Der Wärmeinhalt Q (total heat) einer Stoffportion ist der Masse m, der stoffspezifischen Wärmekapazität c und der Temperaturänderung $\Delta\vartheta$ direkt proportional. Zur Berechnung der Wärmemenge Q gilt die nebenstehende Größengleichung.

Die Wärmemenge Q hat die Einheit Joule. Sie kann auch in Wattsekunden (Ws) oder Kilowattstunden (kWh) angegeben werden.

Das Wärmeaufnahmevermögen eines Stoffes wird durch die spezifische Wärmekapazität c charakterisiert. Sie hat das Einheitenzeichen kJ/(kg · K) und ist von der Stoffart, der Temperatur und bei Gasen vom Druck abhängig **(Tabelle 1).**

Wasser hat z.B. eine spezifische Wärmekapazität von $c(H_2O_{(l)})$ = 4,187 kJ/(kg · K), d.h. um ein Kilogramm Wasser um ein Grad zu erwärmen, ist eine Wärmemenge von 4,187 kJ erforderlich. Wasser hat von allen Flüssigkeiten die größte spezifische Wärmekapazität. Ihr Zahlenwert wird meistens zu 4,19 gerundet.

Beispiel: Das Wasserbad eines Rotationsverdampfers soll von 25 °C auf 55 °C erhitzt werden. Welche Wärmeenergie ist dem Wasser durch Umwandlung von elektrischer Energie zuzuführen, wenn die Masse des Wassers 500 g beträgt?

Lösung: $\boldsymbol{Q} = c \cdot m \cdot \Delta\vartheta$

$= 4{,}19\ \text{kJ/(kg}\cdot\text{K)} \cdot 0{,}500\ \text{kg} \cdot 30\ \text{K} = 62{,}85\ \text{kJ} \approx \mathbf{63\ kJ}$

Wärmeinhalt einer Stoffportion
$Q = c \cdot m \cdot \Delta\vartheta$

Umwandlung von Energieeinheiten
1 J = 1 Ws = 2,78 · 10^{-7} kWh

Tabelle 1: Spezifische Wärmekapazität c (ϑ = 20 °C, p = 1013 mbar)

Stoff	c kJ/(kg · K)
Beton	0,92
Eis (0 °C)	2,1
Glas (Jena 16 III)	0,78
Holz	2,4
Kupfer	0,38
Nicht rostender Stahl X 5 CrNi 18-10	0,482
Ethanol	2,42
Quecksilber	0,14
Toluol	1,72
Wasser (flüssig)	4,187
Luft	1,01
Wasserdampf (100 °C)	1,94

Aufgaben zu 13.3 Wärmeinhalt von Stoffportionen

1. In einer Absorptionskälteanlage werden pro Stunde 7,5 Tonnen Calciumchlorid-Lösung ($w(CaCl_2)$ = 30 %) von 5 °C auf – 35 °C gekühlt. Welche Wärmemenge muss der $CaCl_2$-Lösung entzogen werden, wenn ihre spezifische Wärmekapazität 2,74 kJ/(kg · K) beträgt?
2. Beim Hochofenprozess sind pro Tonne reduziertes Eisen durchschnittlich 4200 m³ Verbrennungsluft („Wind") mit einer Temperatur von 750 °C erforderlich. Welche Wärmemenge muss im Winderhitzer im Gegenstrom mit Gichtgas ausgetauscht werden, wenn die Verbrennungsluft mit einer Temperatur von 20 °C angesaugt wird (ϱ(Luft) = 1,29 g/L)?
3. Welche Wärmemenge muss ein Rohrschlangenkühler abführen, um 750 mL Ethanol CH_3-CH_2-OH der Dichte 0,79 g/cm³ von Siedetemperatur (ϑ = 78 °C) auf 18 °C zu kühlen?
4. Beim Öffnen einer Dampfleitung verlängert sich ein 10,0 m langes Rohr aus nicht rostendem Stahl X5CrNi18-10 mit einer Masse von 82,4 kg um 16,0 mm. a) Um wie viel Grad Celsius hat sich die Dampfleitung erwärmt? b) Welche Wärmemenge hat die Rohrleitung aufgenommen?
5. Bei der Rückgewinnung von Ethylmethylketon $CH_3-CH_2-CO-CH_3$ durch Destillation werden zur Kühlung 1,50 t Wasser mit einer Anfangstemperatur von 17,5 °C eingesetzt. Mit welcher Temperatur tritt das Wasser aus dem Kühler, wenn eine Wärmemenge von 167 MJ abgeführt wird?
6. 200 L Toluol $C_6H_5CH_3$ (ϱ = 0,867 g/cm³) von 28,7 °C geben durch Wärmeübergang eine Wärmemenge von 3,00 MJ ab. Welche Endtemperatur wird erreicht?
7. In einem Rundkolben befinden sich 1,25 L Benzol ($\varrho(C_6H_6)$ = 0,879 g/cm³) von 13,0 °C. Mit einer Kältemischung soll das Benzol auf 8,5 °C heruntergekühlt werden. Welche Wärmemenge ist abzuführen, wenn die spezifische Wärmekapazität des Benzols c = 1,70 kJ/(kg · K) beträgt?
8. Ein Messingring (m = 10,0 g, d = 18,0 mm, c = 0,39 kJ/(kg · K) soll mit 0,10 mm Spiel auf eine Pumpenwelle aufgezogen werden. Welche Wärmemenge ist dem Messingring zuzuführen?
9. Zum Erhitzen von einem Liter Wasser von 20,6 °C bis zur Siedetemperatur gibt ein Tauchsieder eine Wärmemenge von 0,10 kWh ab. Wie groß sind die Wärmeverluste?

13.4 Aggregatzustandsänderungen

Stoffe können in den drei Aggregatzuständen fest, flüssig und gasig (gasförmig) vorliegen. Die Aggregatzustände unterscheiden sich unter anderem in der Stärke der Wärmebewegung der Teilchen, und damit in ihrem Energieinhalt, sowie in der Größe der Kohäsionskräfte zwischen den Teilchen.

In **Bild 1** sind die drei Aggregatzustände nach steigendem Energieinhalt angeordnet und die Aggregatzustandsänderungen (change of state) benannt. Die jeweilige Zustandsänderung läuft bei jedem Stoff bei einer konstanten, stoffspezifischen Temperatur ab.

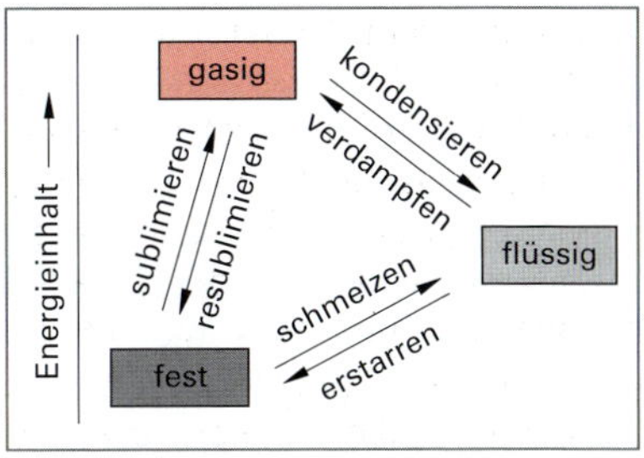

Bild 1: Aggregatzustände und Zustandsänderungen

13.4.1 Schmelzen, Erstarren

Zum Schmelzen eines Feststoffes müssen große Kohäsionskräfte überwunden werden, die den Zusammenhalt der Teilchen im Feststoffgitter bewirken. Hierzu muss der Stoffportion die Schmelzwärme Q_s zugeführt werden.

Die **Schmelzwärme Q_s** (melting heat) ist der Masse und der Stoffart des zu schmelzenden Stoffes direkt proportional. Zur Berechnung dient die nebenstehende Größengleichung.

Beim Erstarren einer Flüssigkeit von Schmelztemperatur muss die **Erstarrungswärme Q_e** (heat of solidification) entzogen werden. Sie ist genauso groß, wie die zum Schmelzen derselben Stoffportion notwendige Schmelzwärme Q_s.

Schmelzwärme, Erstarrungswärme

$$Q_s = Q_e = q \cdot m$$

> Die **spezifische Schmelzwärme *q*** gibt an, welche Wärmemenge erforderlich ist, um ein Kilogramm eines Stoffes von Schmelztemperatur zu schmelzen. Sie hat das Einheitenzeichen kJ/kg **(Tabelle 1).**

Tabelle 1: Spezifische Schmelzwärmen q und Schmelztemperaturen ϑ_m (p = 1013 mbar)

Stoffe	q in kJ/kg	ϑ_m in °C
Kupfer	213	1083
Blei	23	327,3
Eisen	270	1535
Quecksilber	11,8	– 38,87
Schwefel	50	112,8
Naphthalin	150	80,1
Benzol	126	5,53
Glycerin	200	18
Eis	335	0

Um eine Stoffportion zu schmelzen, muss sie zuvor auf die Schmelztemperatur ϑ_m erwärmt werden (Index m für engl. melting). Hierzu ist die Wärmemenge $Q = m \cdot c \cdot \Delta\vartheta$ erforderlich (siehe Bild 392/1). Die Gesamtwärmemenge zum Erwärmen und Schmelzen einer Stoffportion berechnet sich mit nebenstehender Größengleichung.

Erwärmen und Schmelzen eines Feststoffes

$$Q_{ges} = m \cdot c \cdot \Delta\vartheta + q \cdot m$$

Beispiel 1: Welche Wärmemenge ist erforderlich, um 5,0 kg Eis von 0 °C in Wasser von 0 °C zu überführen?

Lösung: Mit q(Eis) = 335 kJ/kg aus Tabelle 1 folgt:

$\boldsymbol{Q_s} = q \cdot m$ = 335 kJ/kg · 5,0 kg = 1675 kJ ≈ **1,7 MJ**

Beispiel 2: Welche Wärmemenge muss 430 g Naphthalin von 20,0 °C zugeführt werden, um es vollständig zu schmelzen? c(Naphthalin) = 1,26 kJ/(kg · K)

Lösung: q(Naphthalin) = 150 kJ/kg; ϑ_m = 80,1 °C (Tabelle 347/1)

$Q_{ges} = m \cdot c \cdot \Delta\vartheta + q \cdot m$ = 0,430 kg · 1,26 kJ/(kg · K) · (80,1 °C – 20,0 °C) + 150 kJ/kg · 0,430 kg

$\boldsymbol{Q_{ges}}$ = 32,562 kJ + 64,5 kJ = 97,062 kJ ≈ **97,1 kJ**

Aufgaben zu 13.4.1 Schmelzen, Erstarren

1. 250 g einer Blei-Schmelze erstarren vollständig. Welche Erstarrungswärme Q_e ist abzuführen?
2. Welche spezifische Schmelzwärme hat eine unbekannte organische Substanz, wenn 30,0 g Feststoff von Schmelztemperatur durch eine Wärmemenge von 4,64 kJ verflüssigt werden?

3. Welche spezifische Schmelzwärme hat Phenol, wenn die molare Schmelzwärme 11,26 kJ/mol beträgt?
4. Welche Wärmemenge wird frei, wenn 750 mL Eisessig (Essigsäure) erstarrt? Essigsäure (CH_3COOH): ϑ_m = 16,6 °C, ϱ = 1,05 g/cm³, q = 192,2 kJ/kg
5. Welche Masse an Eis bildet sich, wenn 1,0 kg unterkühltes Wasser von ϑ = - 8,0 °C durch Erschütterung plötzlich gefriert?
6. Ein Eisbereiter produziert pro Stunde 12,0 kg Eis von –3,0 °C aus Wasser von 17,0 °C. Welche Gesamtwärmemenge muss dem Wasser entzogen werden?
7. Welche Masse an Eis von Schmelztemperatur kann durch Zufuhr der Wärmemenge 445 kJ geschmolzen und in Wasser von 45,0 °C überführt werden?
8. 3,5 kg Wasser von 25,0 °C wird die Wärmemenge 600 kJ entzogen. Welche Masse an Eis entsteht?

13.4.2 Verdampfen, Kondensieren

Beim Verdampfen (evaporate) einer Flüssigkeit werden die Kohäsionskräfte, die den Zusammenhalt der Teilchen bewirken, durch Zufuhr der Verdampfungswärme Q_v praktisch völlig überwunden. Da die Abstände zwischen den Teilchen in der Gasphase wesentlich größer sind als in der flüssigen Phase, ist die Verdampfung mit einer starken Volumenzunahme verbunden.

Ist eine Flüssigkeitsportion in einem Gefäß eingeschlossen (V = konst.), so kommt es beim Verdampfen zu einem starken Druckanstieg in der dann vorliegenden Gasphase.

Die Verdampfungswärme Q_v ist stets größer als die Schmelzwärme Q_s des gleichen Stoffes.

Im Temperatur-Wärmeenergie-Diagramm **(Bild 1)** ist die erforderliche Gesamtenergie für die Überführung einer Eisportion mit der Masse m = 1000 g und der Temperatur ϑ = – 10 °C in überhitzten Dampf mit ϑ = 110 °C abzulesen. Die Gesamtwärmemenge besteht aus folgenden Teilwärmemengen:

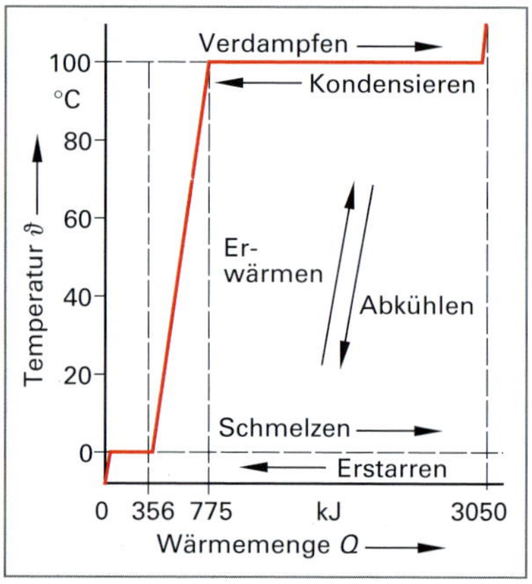

Bild 1: Temperatur-Wärmeenergie-Diagramm des Wassers (m = 1000 g)

- der Wärmemenge Q_1 = 21 kJ zur Erwärmung des Eises von –10 °C auf die Schmelztemperatur 0 °C,
- der Schmelzwärme Q_s = 335 kJ zur Umwandlung des Eises von 0 °C in Wasser von 0 °C,
- der Wärmemenge Q_2 = 419 kJ zur Erwärmung des Wasser von 0 °C auf die Siedetemperatur 100 °C,
- der Verdampfungswärme Q_v = 2256 kJ zur Umwandlung des Wasser von 100 °C in Dampf von 100 °C,
- der Überhitzungswärme Q_3 = 19 kJ zur Erwärmung des Dampfes von 100 °C auf 110 °C.

Die **Verdampfungswärme Q_v** (heat of evaporation) ist der Masse und der Stoffart des zu verdampfenden Stoffes direkt proportional. Die Verdampfungswärme berechnet sich nach nebenstehender Größengleichung.

Verdampfungswärme, Kondensationswärme
$Q_v = Q_k = r \cdot m$

Beim Kondensieren eines Gases von Siedetemperatur muss die **Kondensationswärme Q_k** (heat of condensation) entzogen werden. Sie ist genauso groß, wie die zum Verdampfen derselben Stoffportion notwendige Verdampfungswärme Q_v.

Die **spezifische Verdampfungswärme r** gibt an, welche Wärmemenge erforderlich ist, um ein Kilogramm eines Stoffes von Siedetemperatur zu verdampfen. Sie hat das Einheitenzeichen kJ/kg (Tabelle 393/1).

Um eine Stoffportion zu verdampfen, muss sie zuvor auf die Siedetemperatur ϑ_b erwärmt werden (Index b für engl. boiling). Hierzu ist die Wärmemenge $Q = m \cdot c \cdot \Delta\vartheta$ erforderlich. Die Gesamtwärmemenge zum Erwärmen und Verdampfen einer Stoffportion berechnet sich mit nebenstehender Formel.

Erwärmen und Verdampfen einer Flüssigkeit
$Q_{ges} = m \cdot c \cdot \Delta\vartheta + r \cdot m$

Beispiel 1: Für eine Wasserdampfdestillation werden 28 kg Wasserdampf von 100 °C benötigt. Welche Wärmemenge ist zur Erzeugung dieser Dampfportion erforderlich?

Lösung: Mit r(Wasser) = 2256 kJ/kg aus **Tabelle 1** folgt:

$\boldsymbol{Q_v} = r \cdot m$ = 2256 kJ/kg · 28 kg = 63160 kJ ≈ **63 MJ**

Beispiel 2: In einer Sorptionsanlage wird stündlich 6,8 kg Brom durch Desorption aus Aktivkohle zurückgewonnen. Welche Wärmemenge ist abzuführen, um das Brom zu kondensieren und anschließend auf 20,0 °C abzukühlen?
c(Brom) = 0,46 kJ/(kg · K)

Lösung: r(Brom) = 183 kJ/kg; ϑ_b = 58,7 °C (Tabelle 349/1)

$Q_{ges} = m \cdot c \cdot \Delta\vartheta + r \cdot m$

Q_{ges} = 6,8 kg · 0,46 kJ/(kg · K) · (58,7 °C – 20,0 °C) + + 183 kJ/kg · 6,8 kg

$\boldsymbol{Q_{ges}}$ = 121,05 kJ + 1244,4 kJ = 1365,45 ≈ **1,4 MJ**

Tabelle 1: Spezifische Verdampfungswärmen r und Siedetemperaturen ϑ_b (p = 1013 mbar)

Stoffe	r in kJ/kg	ϑ_b in °C
Aceton	525	56,2
Benzol	394	80,1
Brom	183	58,7
Chloroform	279	61,1
Diethylether	360	34,6
Ethanol	840	78,4
Quecksilber	285	356,6
Toluol	364	110,7
Wasser	2256	100,0

Aufgaben zu 13.4.2 Verdampfen, Kondensieren

1. Welche Wärmemenge kann 75 g Benzol C_6H_6 von Siedetemperatur vollständig verdampfen?
2. Aus einem abgepressten feuchten Filterkuchen ist zum Abdampfen des anhaftenden Lösemittels Ethanol C_2H_5OH die Wärmemenge 179 kJ erforderlich. Wie viel Lösemittel wurde abgedampft?
3. Welche spezifische Verdampfungswärme hat Methanol CH_3OH, wenn zum Verdampfen von 250 g Methanol bei Siedetemperatur die Wärmemenge 257 kJ erforderlich ist?
4. 150 g Aceton CH_3COCH_3 von 22,5 °C sollen vollständig verdampft werden. Welche Wärmemenge ist dazu erforderlich? (c(Aceton) = 2,16 kJ/(kg · K))
5. In einer Anlage zur Rückgewinnung von Lösemittel wird pro Stunde 2,5 m^3 Toluol der Dichte ϱ = 0,867 g/cm^3 kondensiert und anschließend in einem Produktkühler auf 15,7 °C gekühlt. Welche Wärmemenge muss dabei abgeführt werden?
6. 180 g Toluoldampf von Siedetemperatur wird die Wärmemenge 90 kJ entzogen. Auf welche Temperatur kühlt sich das entstehende Kondensat ab?
7. Welche Masse an Wasserdampf von 100 °C unter 1,013 bar lässt sich in Wasser von 35 °C umwandeln, wenn dem Dampf in einem Wärmetauscher die Wärmemenge 1,5 MJ entzogen wird?

13.5 Temperaturänderung beim Mischen

Beim Mischen von verschiedenen Stoffportionen mit unterschiedlichen Massen m, Wärmekapazitäten c und Temperaturen ϑ erfolgt im Laufe der Zeit ein Temperaturausgleich, bis die Stoffe eine gemeinsame **Mischungstemperatur ϑ_M** (mixing temperature) erreicht haben **(Bild 1)**.

Beim Mischen von Flüssigkeiten wird die Mischungstemperatur schon nach kurzer Zeit erreicht.

Der wärmere Stoff gibt so lange Wärmeenergie ab, bis seine Anfangstemperatur auf die Mischungstemperatur gefallen ist.

Der kältere Stoff nimmt die abgegebene Wärmemenge auf und erwärmt sich dabei auf die Mischungstemperatur.

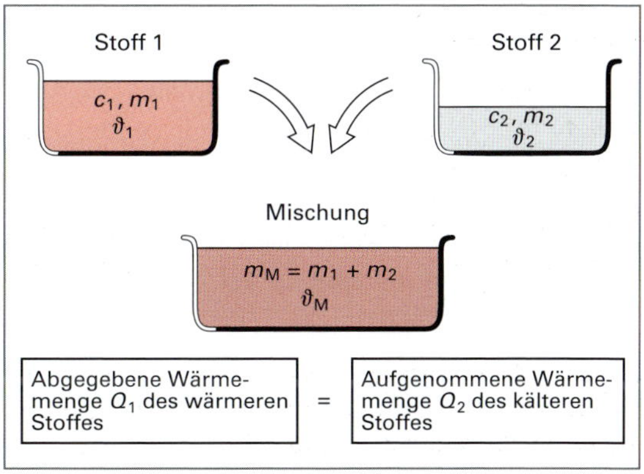

Bild 1: Temperaturen beim Mischen von Flüssigkeiten

Mischungstemperatur ohne Wärmeverlust

Wenn bei einem Mischvorgang durch vollständige Isolation keine Wärmeverluste auftreten, sind die zwischen den Stoffen ausgetauschten Wärmemengen gleich groß: $Q_1 = Q_2$.

Mit $Q = c \cdot m \cdot \Delta\vartheta$ wird nach dem Gleichsetzen eine Größengleichung erhalten, aus der sich die **Mischungstemperatur ϑ_M** nach dem Ausmultiplizieren und Umstellen berechnen lässt.

Diese so genannte Mischungsgleichung gilt für Mischungen aus Flüssigkeiten sowie Flüssigkeiten und Feststoffen, wenn keine Änderung des Aggregatzustands und keine Wärmetönung (Seite 401) beim Mischen erfolgt.

Wärmemischungsgleichung

$$Q_1 = Q_2$$

$$c_1 \cdot m_1 \cdot (\vartheta_1 - \vartheta_M) = c_2 \cdot m_2 \cdot (\vartheta_M - \vartheta_2)$$

Wärme abgebender Stoff: Index 1 — Wärme aufnehmender Stoff: Index 2

Mischungstemperatur ohne Wärmeverluste

$$\vartheta_M = \frac{c_1 \cdot m_1 \cdot \vartheta_1 + c_2 \cdot m_2 \cdot \vartheta_2}{c_1 \cdot m_1 + c_2 \cdot m_2}$$

Beispiel 1: Welche Mischungstemperatur ergibt sich, wenn Ethanol CH_3CH_2OH von 20 °C mit Wasser von 10 °C im gleichen Massenverhältnis gemischt werden?

Lösung: Da Stoffe mit gleicher Masse $m = m_1 = m_2$ gemischt werden, vereinfacht sich die Größengleichung zur Berechnung der Mischungstemperatur ϑ_M nach dem Ausklammern und Kürzen der Massen m zu:

$$\vartheta_M = \frac{c_1 \cdot \vartheta_1 + c_2 \cdot \vartheta_2}{c_1 + c_2} = \frac{2{,}42\ \text{kJ/(kg} \cdot \text{K)} \cdot 20\ °\text{C} + 4{,}19\ \text{kJ/(kg} \cdot \text{K)} \cdot 10\ °\text{C}}{2{,}42\ \text{kJ/(kg} \cdot \text{K)} + 4{,}19\ \text{kJ/(kg} \cdot \text{K)}}$$

$$= \frac{2{,}42 \cdot 20\ °\text{C} + 4{,}19 \cdot 10\ °\text{C}}{2{,}42 + 4{,}19} \approx \mathbf{14\ °C}$$

Beispiel 2: Welche Masse an Wasser von 45 °C muss mit 5,0 kg Wasser von 15 °C gemischt werden, damit eine Mischungstemperatur von 40 °C erreicht wird?

Lösung: Da Stoffe mit gleicher spezifischer Wärmekapazität $c = c_1 = c_2$ gemischt werden, vereinfacht sich die Wärmemischungsgleichung nach dem Ausklammern und Kürzen der spezifischen Wärmekapazitäten c zu:

$$m_1 \cdot (\vartheta_1 - \vartheta_M) = m_2 \cdot (\vartheta_M - \vartheta_2) \Rightarrow \mathbf{m_1} = \frac{m_2\,(\vartheta_M - \vartheta_2)}{\vartheta_1 - \vartheta_M} = \frac{5{,}0\ \text{kg}\ (40\ °\text{C} - 15\ °\text{C})}{45\ °\text{C} - 40\ °\text{C}} = \mathbf{25\ kg}$$

Mischungstemperatur bei Wärmeverlust

In der betrieblichen Praxis geht während des Mischungsvorgangs Wärme an die Umgebung verloren. Diese Verlustwärme Q_{Verl} senkt die **Mischungstemperatur ϑ_{MV}** gegenüber der Mischungstemperatur ohne Wärmeverlust ϑ_M ab.

Die bei einem Mischvorgang an die Umgebung abgegebene **Verlustwärme Q_{Verl}** lässt sich durch Messen der Ausgangs- und der Mischungstemperatur für einen bestimmten Mischvorgang aus der Differenz der Wärmemengen der Mischungskomponenten berechnen.

Mischungstemperatur bei Wärmeverlust

$$\vartheta_{MV} = \frac{c_1 \cdot m_1 \cdot \vartheta_1 + c_2 \cdot m_2 \cdot \vartheta_2 - Q_{Verl}}{c_1 \cdot m_1 + c_2 \cdot m_2}$$

Verlustwärme

$$Q_{Verl} = c_1 \cdot m_1\,(\vartheta_1 - \vartheta_M) - c_2 \cdot m_2\,(\vartheta_M - \vartheta_2)$$

Beispiel: 150 g Wasser von 75 °C werden in einem Becherglas mit 220 g Wasser von 13 °C gemischt. Die Mischungstemperatur beträgt 35 °C. Wie groß sind die Wärmeverluste während des Mischvorgangs?

Lösung: $Q_{Verl} = c_1 \cdot m_1\,(\vartheta_1 - \vartheta_M) - c_2 \cdot m_2\,(\vartheta_M - \vartheta_2)$

$$\mathbf{Q_{Verl}} = 4{,}19\ \text{kJ/(kg} \cdot \text{K)} \cdot 150\ \text{g} \cdot (75\ °\text{C} - 35\ °\text{C}) - 4{,}19\ \text{kJ/(kg} \cdot \text{K)} \cdot 220\ \text{g} \cdot (35\ °\text{C} - 13\ °\text{C}) \approx \mathbf{4{,}9\ kJ}$$

Kalorimetrie (calorimetry)

Experimentelle Wärmemessungen werden in der Laborpraxis in **Kalorimetern** (calorimeter) durchgeführt **(Bild 1)**. So bezeichnet man Gefäße, die durch eine innere Glasflächenverspiegelung und einen evakuierten Doppelmantel gegen einen Wärmeaustausch mit der Umgebung abgeschirmt sind. Bei der Auswertung der Messungen ist zu berücksichtigen, dass auch das Kalorimetergefäß mit dem Rührer und dem Temperatursensor am Wärmeaustausch beteiligt sind.

Der durch das Kalorimeter pro ein Grad Temperaturänderung verursachte Wärmeverlust wird als Kalibrierfaktor oder **Wasserwert C_K** (water value) des Kalorimeters bezeichnet.

Der Wasserwert wird in Joule durch Kelvin (J/K) angegeben und berechnet sich nach nebenstehender Größengleichung.

Die experimentelle Bestimmung des Wasserwerts ist im folgenden Beispiel beschrieben.

Zur Bestimmung der spezifischen Wärmekapazität von Feststoffen oder Flüssigkeiten werden diese erwärmt und zu der Wasserfüllung des Kalorimeters gegeben. Aus der Beziehung $Q_{ab} = Q_{zu}$ folgt für die Bestimmung (Index 1 für die Probe, Index W für Wasser):

$$m_1 \cdot c_1 \cdot (\vartheta_1 - \vartheta_M) = m_W \cdot c_W \cdot (\vartheta_M - \vartheta_W) + C_K \cdot (\vartheta_M - \vartheta_W)$$

Durch Umformen und Ausklammern wird die angegebene Größengleichung zur Auswertung der Bestimmung einer Wärmekapazität erhalten.

Beim Mischen von Flüssigkeiten unterschiedlicher Stoffart ist zu berücksichtigen, dass das Ergebnis durch mögliche Lösungs- oder Reaktionswärmen beeinflusst wird (vgl. Seite 402).

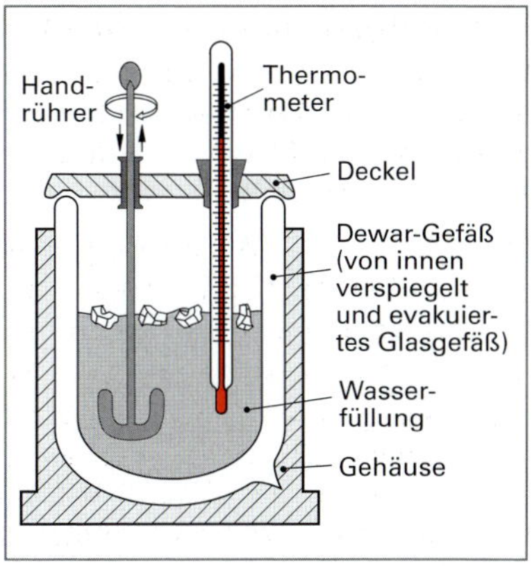

Bild 1: Kalorimetergefäß

Wasserwert eines Kalorimeters

$$C_K = \frac{c_1 \cdot m_1 \cdot (\vartheta_1 - \vartheta_M)}{\vartheta_M - \vartheta_2} - c_2 \cdot m_2$$

Bestimmung der spezifischen Wärmekapazität im Kalorimeter

$$c_1 = \frac{(c_W \cdot m_W + C_K) \cdot (\vartheta_M - \vartheta_W)}{m_1 \cdot (\vartheta_1 - \vartheta_M)}$$

Beispiel 1: In einem Kalorimeter befindet sich eine Wasserportion von 100 g, die nach Temperaturausgleich eine Temperatur von 19,82 °C aufweist. Zu dieser Wasserportion wird eine gleich große Portion Wasser von 35,83 °C gegeben. Die gemessene Mischungstemperatur beträgt 27,13 °C. Wie groß ist der Wasserwert des Kalorimeters? c(Wasser) = 4,187 kJ/(kg · K)

Lösung: $C_K = \frac{c_1 \cdot m_1 \cdot (\vartheta_1 - \vartheta_M)}{\vartheta_M - \vartheta_2} - c_2 \cdot m_2$

$$\mathbf{C_K} = \frac{4{,}187\ \frac{\text{kJ}}{\text{kg} \cdot \text{K}} \cdot 0{,}100\ \text{kg} \cdot (35{,}83\ °\text{C} - 27{,}13\ °\text{C})}{27{,}13\ °\text{C} - 19{,}82\ °\text{C}} - 4{,}187\ \frac{\text{kJ}}{\text{kg} \cdot \text{K}} \cdot 0{,}100\ \text{kg} = 0{,}07961\ \frac{\text{kJ}}{\text{K}} \approx \mathbf{79{,}6\ \frac{J}{K}}$$

Beispiel 2: 69,74 g einer Aluminiumlegierung werden zur Bestimmung der spezifischen Wärmekapazität in siedendem Wasser auf 100,1 °C erhitzt. In einem Kalorimeter befinden sich 200 g Wasser von 20,7 °C.

Die erhitzte Probe wird rasch in die Wasserfüllung des Kalorimeters überführt und nach Wärmeaustausch unter Rühren eine Mischungstemperatur von 24,5 °C gemessen. Welche spezifische Wärmekapazität hat die Aluminium-Legierung? C_K = 90,5 J/K; c(Wasser) = 4,187 kJ/(kg · K)

Lösung: $c(\text{Probe}) = \frac{(c_W \cdot m_W + C_K) \cdot (\vartheta_M - \vartheta_W)}{m_1 \cdot (\vartheta_1 - \vartheta_M)}$

$$\mathbf{c(Probe)} = \frac{\left(4{,}187\ \frac{\text{kJ}}{\text{kg} \cdot \text{K}} \cdot 0{,}200\ \text{kg} + 0{,}0905\ \frac{\text{kJ}}{\text{K}}\right) \cdot (24{,}5\ °\text{C} - 20{,}7\ °\text{C})}{0{,}06974\ \text{kg} \cdot (101{,}1\ °\text{C} - 24{,}5\ °\text{C})} \approx \mathbf{0{,}660\ \frac{kJ}{kg \cdot K}}$$

Mischungstemperatur mit Änderung des Aggregatzustandes

Beim **direkten Aufheizen** einer Flüssigkeit durch Einleiten von Wasserdampf in die Flüssigkeit **(direkte Dampfbeheizung)** kondensiert der Wasserdampf. Er gibt seine Kondensationswärme Q_K an die Flüssigkeit ab, wodurch die Temperatur der Flüssigkeit ansteigt. Das entstehende Kondensat mischt sich mit der Flüssigkeit. Es kühlt sich dabei von der Siedetemperatur ϑ_b = 100 °C auf die Mischungstemperatur ab, wodurch die Temperatur der Flüssigkeit weiter ansteigt.

Die **Mischungstemperatur ϑ_{MK}** lässt sich aus der Bilanz der abgegebenen und aufgenommenen Wärmemengen in der Flüssigkeit berechnen.

Da die Kondensationswärme von Wasserdampf ($r(H_2O)$ = 2256 kJ/kg) sehr groß ist, lässt sich mit kleinen Dampfmengen eine große Erwärmung erzielen.

Wärmemenge, die der Dampf durch Kondensieren abgibt Q_K	+	Wärmemenge, die das Kondensat durch Abkühlen abgibt Q_1	=	Wärmemenge, die die Flüssigkeit durch Erwärmen aufnimmt Q_2

$$r \cdot m_1 + c_1 \cdot m_1 \cdot (\vartheta_b - \vartheta_{MK}) = c_2 \cdot m_2 \cdot (\vartheta_{MK} - \vartheta_2)$$

Mischungstemperatur beim Kondensieren einer Mischphase

$$\vartheta_{MK} = \frac{m_1\,(c_1 \cdot \vartheta_b + r) + c_2 \cdot m_2 \cdot \vartheta_2}{c_1 \cdot m_1 + c_2 \cdot m_2}$$

Beispiel: Wie viel Kilogramm Sattdampf von 1013 mbar werden zur direkten Dampfbeheizung benötigt, um 840 kg Calciumchlorid-Lösung von 12,0 °C auf 74,0 °C zu erwärmen? $c(CaCl_2\text{-Lsg.})$ = 3,165 kJ/(kg · K)

Lösung: $r \cdot m_1 + c_1 \cdot m_1 \cdot (\vartheta_b - \vartheta_{MK}) = c_2 \cdot m_2 \cdot (\vartheta_{MK} - \vartheta_2)$ nach dem Ausklammern und Umstellen folgt für m_1:

$$\boldsymbol{m_1} = \frac{c_2 \cdot m_2 \cdot (\vartheta_{MK} - \vartheta_2)}{c_1 \cdot (\vartheta_b - \vartheta_{MK}) + r} = \frac{3{,}165\ \text{kJ/(kg} \cdot \text{K)} \cdot 840\ \text{kg} \cdot (74{,}0\ °\text{C} - 12{,}0\ °\text{C})}{4{,}19\ \text{kJ (kg} \cdot \text{K)} \cdot (100\ °\text{C} - 74{,}0\ °\text{C}) + 2256\ \text{kJ/kg}} = \frac{164\,833{,}2\ \text{kJ}}{2\,364{,}94\ \text{kJ/kg}} \approx \mathbf{69{,}7\ kg}$$

Beim **direkten Kühlen** einer Flüssigkeit durch Zugabe von Eis in die Flüssigkeit **(direkte Eiskühlung)** schmilzt das Eis. Es nimmt Schmelzwärme Q_m aus der Flüssigkeit auf, wodurch die Temperatur der Flüssigkeit absinkt. Das entstehende Schmelzwasser mischt sich mit der Flüssigkeit. Es erwärmt sich dabei von der Schmelztemperatur ϑ_m = 0 °C auf die Mischungstemperatur, wodurch die Temperatur der Flüssigkeit weiter abfällt.

Die **Mischungstemperatur ϑ_{ME}** bei Eiskühlung lässt sich aus der Bilanz der aufgenommenen und abgegebenen Wärmemengen in der Flüssigkeit berechnen.

Da die Schmelzwärme des Eises mit $q(H_2O)$ = 335 kJ/kg groß ist, lässt sich mit relativ kleinen Eismengen eine gute Abkühlung erzielen.

Wärmemenge, die das Eis durch Schmelzen aufnimmt Q_m	+	Wärmemenge, die das Schmelzwasser durch Erwärmen aufnimmt Q_1	=	Wärmemenge, die die Flüssigkeit durch Abkühlen abgibt Q_2

$$q \cdot m_1 + c_1 \cdot m_1 \cdot (\vartheta_{ME} - \vartheta_m) = c_2 \cdot m_2 \cdot (\vartheta_2 - \vartheta_{ME})$$

Mischungstemperatur beim Schmelzen einer Mischphase

$$\vartheta_{ME} = \frac{m_1\,(c_1 \cdot \vartheta_m - q) + c_2 \cdot m_2 \cdot \vartheta_2}{c_1 \cdot m_1 + c_2 \cdot m_2}$$

Beispiel: Welche Masse an Eis von Schmelztemperatur wird zur direkten Eiskühlung benötigt, um 840 kg Calciumchlorid-Lösung von 74 °C auf 12 °C abzukühlen? $c(CaCl_2\text{-Lsg.})$ = 3,165 kJ/(kg · K)

Lösung: $q_1 \cdot m_1 + c_1 \cdot m_1 \cdot (\vartheta_{ME} - \vartheta_m) = c_2 \cdot m_2 \cdot (\vartheta_2 - \vartheta_{ME})$ Nach dem Ausklammern und Umstellen folgt für m_1:

$$\boldsymbol{m_1} = \frac{c_2 \cdot m_2 \cdot (\vartheta_2 - \vartheta_{ME})}{c_1 \cdot (\vartheta_{ME} - \vartheta_m) + q} = \frac{3{,}165\ \text{kJ/(kg} \cdot \text{K)} \cdot 840\ \text{kg} \cdot (74\ °\text{C} - 12\ °\text{C})}{4{,}19\ \text{kJ/(kg} \cdot \text{K)} \cdot (12\ °\text{C} - 0\ °\text{C}) + 335\ \text{kJ/kg}} = \frac{164\,833{,}2\ \text{kJ}}{385{,}28\ \text{kJ/kg}} = 428\ \text{kg} \approx \mathbf{0{,}43\ t}$$

Aufgaben zu 13.5 Temperaturänderung beim Mischen

1. Welche Mischungstemperatur stellt sich ein, wenn 85,0 g Wasser von 22,5 °C mit 45,5 g Wasser von 97,5 °C gemischt werden? Wärmeverluste bleiben unberücksichtigt.
2. 250 kg Wasser von 86 °C sollen durch Mantelkühlung auf 27 °C abgekühlt werden. Welche Masse an Kühlwasser von 12,5 °C ist einzuleiten, wenn es mit 22,5 °C den Kühler verlässt?

3. Wasser von 15 °C wird mit Wasser von 50 °C gemischt.
   a) Welche Masse an Wasser von 15 °C muss 60 kg Wasser von 50 °C zugefügt werden, damit die Mischungstemperatur 40 °C beträgt?
   b) Wie groß sind die Wärmeverluste, wenn die gemessene Mischungstemperatur um 3 °C unterhalb der angestrebten Mischungstemperatur von 40 °C liegt?
4. In einem Plattenwärmetauscher sollen pro Stunde 75,5 kg Essigsäureanhydrid $C_4H_6O_3$, c = 1,817 kJ/(kg · K), von 140 °C auf 23,0 °C mit Wasser von 12,5 °C gekühlt werden. Das Kühlwasser erwärmt sich dabei um 3,0 K. Welche Kühlwassermenge ist pro Stunde erforderlich?
5. Auf welche Temperatur erwärmt sich 4500 kg Kühlwasser von 12 °C, das in einem Gegenstrom-Wärmetauscher 1250 kg Ethanol von 52 °C auf 22 °C abkühlt?
6. 500 g Wasser von 75,0 °C werden mit 250 g Eis von –4,0 °C versetzt. Welche Mischungstemperatur stellt sich ein?
7. 3,00 kg Eis von – 5,0 °C werden mit 1,80 kg Wasser von 65,0 °C gemischt. Welche Masse an Eis und an Wasser liegt vor, wenn der Wärmeaustausch vollzogen ist?
8. 150 L Salzsäure (w(HCl) = 17%, ϱ(HCl) = 1,082 g/cm^3, c(HCl) = 3,14 kJ/(kg · K)) sollen durch direkte Dampfbeheizung von 20 °C auf 80 °C erwärmt werden. Welche Masse an Dampf von 100 °C ist dazu erforderlich?
9. In einem Dewar-Gefäß (Bild 351/1) mit dem Wasserwert C_K = 240 J/K befinden sich 300,0 mL Aceton der Dichte 0,791 g/cm^3 und einer spezifischen Wärmekapazität von 2,18 kJ/(kg · K). Welche Masse an Trockeneis mit einer Sublimationswärme von 565 kJ/kg wird benötigt, um aus dem Aceton im Dewar-Gefäß von 20 °C eine Kältemischung von –77 °C herzustellen?
10. Ein Kalorimeter enthält 200 g Wasser von 15,5 °C. Nach dem Einfüllen von 100 g Wasser von 25,3 °C wird eine Mischungstemperatur von 18,0 °C gemessen. Welchen Wasserwert hat das Kalorimeter?
11. Ein Kalorimeter hat einen Wasserwert von C_K = 28,0 J/K, seine Temperatur beträgt 23,0 °C. Welche Mischungstemperatur stellt sich ein, wenn 180 g Wasser von 45,0 °C eingefüllt werden?
12. Bei der experimentellen Bestimmung der Schmelzwärme von Eis in einem Kalorimeter wurden folgende Messwerte erhalten:
    m(Kalorimeter, leer) = 375,25 g ϑ(Anfang) = 21,27 °C,
    m(Kalorimeter mit Wasserfüllung) = 468,36 g, ϑ(Ende) = 17,37 °C,
    m(Kalorimeter mit Wasser und Eis) = 472,93 g, C_K = 88,4 J/K.
    Berechnen Sie aus den Messdaten die Schmelzwärme von Eis.
13. Zur Bestimmung der spezifischen Wärmekapazität von Diphenyl C_6H_5–C_6H_5 wurden 68,6 g der Substanz auf 61,3 °C erwärmt und in ein Kalorimeter (C_K = 76,5 J/K) mit einer Wasserfüllung von 110 g bei 21,4 °C überführt. Die Mischungstemperatur wurde zu 25,9 °C ermittelt. Berechnen Sie die spezifische Wärmekapazität des Diphenyls.
14. Eine Metallprobe der Masse 10,8547 g wird in siedendem Wasser auf 100,0 °C erhitzt und die heiße Metallprobe rasch in ein Kalorimeter mit einer Wasserfüllung von 101,9 g gegeben. Die Temperatur der Wasserfüllung steigt dabei von 20,86 °C auf 21,68 °C. Welche spezifische Wärmekapazität hat das Metall, wenn der Wasserwert des Kalorimeters C_K = 87,8 J/K beträgt?
15. Eine Stahlkugel mit der Dichte ϱ = 7,90 g/cm^3 und einem Durchmesser von 14,3 mm wird von 20 °C ausgehend in einer Bunsenbrennerflamme erhitzt und anschließend in ein mit 200 g Wasser gefülltes Kalorimeter (C_K = 160 J/K) gegeben. Dabei steigt die Temperatur der Wasserfüllung um 3,68 K. Auf welche Temperatur war die Stahlkugel erhitzt worden?
16. In einem Kessel aus nicht rostendem Stahl mit einer Masse von 152 kg befinden sich 212 kg Sodalösung mit der spezifischen Wärmekapazität c = 3,62 kJ/(kg · K). Der Kessel und sein Inhalt haben eine Temperatur von 23 °C. Welche Masse an Sattdampf von 100 °C ist einzuleiten, wenn die Temperatur des Systems auf 63 °C ansteigen soll?
    Wärmeverluste an die Umgebung sollen unberücksichtigt bleiben.

13.6 Reaktionswärmen bei chemischen Reaktionen

Bei einer chemischen Reaktion wird neben der Stoffumbildung auch eine Energieumwandlung beobachtet. Die chemische Energie kann dabei in Wärme-, Licht-, elektrische oder mechanische Energie (Arbeit) umgewandelt werden **(Bild 1)**. Dabei wird die innere Energie U (internal energy) des reagierenden Systems geändert.

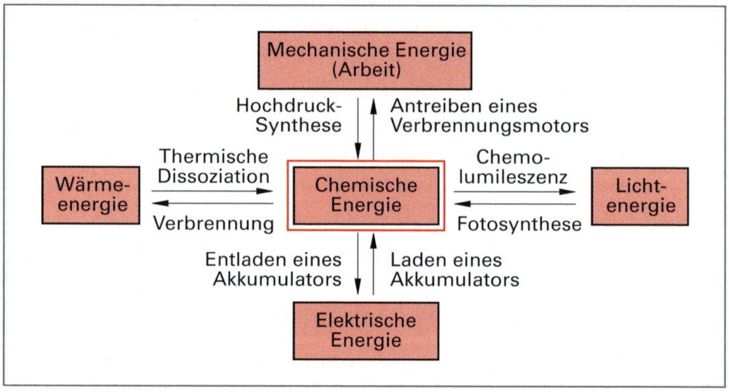

Bild 1: Umwandlungsmöglichkeiten von chemischer Energie in andere Energieformen

Die innere Energie U gibt den Gesamtenergieinhalt des reagierenden Systems an. Die Änderung der inneren Energie ΔU ist gleich der Summe der dem reagierenden System zu- oder abgeführten Energien. Sie wird berechnet, indem man von der inneren Energie der Endprodukte U_E die innere Energie der Ausgangsstoffe U_A der chemischen Reaktion abzieht.

Änderung der inneren Engergie
$\Delta U = U_E - U_A$

13.6.1 Reaktionsenergie, Reaktionsenthalpie

Die Änderung der inneren Energie ΔU bei einer chemischen Reaktion wird auch als Reaktionswärme bei konstantem Volumen oder als **Reaktionsenergie ΔU** (reaction energy) bezeichnet.

Die Reaktionswärme, die bei einer chemischen Reaktion unter konstantem Druck frei wird oder zugeführt werden muss, bezeichnet man als **Reaktionsenthalpie $\Delta_r H$** (reaction enthalpy).

Da die meisten chemischen Reaktionen bei konstantem Druck ablaufen, hat die Reaktionsenthalpie $\Delta_r H$ eine große Bedeutung.

Die Reaktionsenthalpie $\Delta_r H$ unterscheidet sich von der Reaktionsenergie ΔU durch die Volumenarbeit $p \cdot \Delta V$. Diese muss bei Gasreaktionen verrichtet werden, um gegen den Umgebungsdruck Raum für die freigesetzte Gasportion zu schaffen. Der Wert $p \cdot \Delta V$ hängt von der Änderung der Stoffmenge Δn der Gase während der Reaktion ab. Mit der allgemeinen Gasgleichung $p \cdot \Delta V = n \cdot R \cdot T$ folgt bei konstanter Temperatur:

$p \cdot \Delta V = \Delta n \cdot R \cdot T.$

Reaktionswärme bei konstantem Volumen	=	Reaktionsenergie ΔU
Reaktionswärme bei konstantem Druck	=	Reaktionsenthalpie $\Delta_r H$

Reaktionsenthalpie bei Gasreaktionen
$\Delta_r H = \Delta U + p \cdot \Delta V$
$\Delta_r H = \Delta U + R \cdot T \cdot \Delta n$

Standard-Reaktionsenthalpien $\Delta_r H°$ gelten für Reaktionen bei Standard-Bedingungen (T_n = 298 K, p_n = 1013 hPa). Sie werden auf die in der Reaktionsgleichung umgesetzten Stoffmengen n bezogen und in Kilojoule kJ angegeben (siehe nebenstehende Beispiele).

Beispiel für eine exotherme Reaktion:

$$2\,H_2O_{2\,(l)} \longrightarrow 2\,H_2O_{(l)} + O_{2\,(g)} \qquad \Delta_r H° = -196\text{ kJ}$$

Hat die Reaktionsenthalpie ein negatives Vorzeichen, so liegt eine exotherme Reaktion vor, d.h. es wird Wärmeenergie an die Umgebung abgegeben. Bei einem positiven Vorzeichen der Reaktionsenthalpie liegt eine endotherme Reaktion vor, d.h. das Reaktionssystem nimmt Energie aus der Umgebung auf.

Beispiel für eine endotherme Reaktion:

$$CO_{2\,(g)} + H_{2\,(g)} \longrightarrow CO_{(g)} + H_2O_{(g)} \qquad \Delta_r H° = 41{,}2\text{ kJ}$$

Die Reaktionsenthalpie bei Standardbedingungen $\Delta_r H°$ einer chemischen Reaktion wird berechnet, indem von der Summe der Standard-Bildungsenthalpien $\Delta_f H°$ der Endprodukte E die Summe der Standard-Bildungsenthalpien $\Delta_f H°$ der Ausgangsstoffe A abgezogen wird.

Berechnung der Reaktionsenthalpie $\Delta_r H°$ aus den Standard-Bildungsenthalpien $\Delta_f H°$

$$\Delta_r H° = \sum_E n \cdot \Delta_f H° - \sum_A n \cdot \Delta_f H°$$

Die Standard-Bildungsenthalpie $\Delta_f H°$ ist die Energie, die bei der Bildung von einem Mol einer Verbindung frei wird (negatives Vorzeichen) oder zur Bildung aufgewendet werden muss (positives Vorzeichen).

In **Tabelle 1** sind die Standard-Bildungsenthalpien (Index: °) einiger Stoffe angegeben. Sie sind auf den Standard-Zustand T = 298 K (ϑ = 25 °C), p = 1013 mbar bezogen. Die Standard-Bildungsenthalpien von Elementen sind definitionsgemäß gleich null, z. B. $\Delta_f H°(O_2)$ = 0 kJ/mol.

Die Größe der Standard-Bildungsenthalpie eines Stoffes ist ein Maß für seine Stabilität. Verbindungen mit großen negativen Standard-Bildungsenthalpien sind am stabilsten.

Nach dem Gesetz von der Erhaltung der Energie ist die Bildungsenthalpie eines Stoffes gleich dessen Zersetzungsenthalpie mit umgekehrtem Vorzeichen.

Tabelle 1: Standard-Bildungsenthalpien $\Delta_f H°$

Stoffart	$\Delta_f H°$ kJ/mol
$SO_{2(g)}$	– 296,9
$NH_{3(g)}$	– 46,2
$HCl_{(g)}$	– 92,3
$CO_{(g)}$	– 110,5
$CO_{2(g)}$	– 393,5
$H_2O_{(g)}$	– 241,8
$H_2O_{(l)}$	– 285,9
$CH_{4(g)}$	– 74,9
$CH_3OH_{(l)}$	– 238,6
$CH_3OH_{(g)}$	– 201,3
$CH_3COOH_{(l)}$	– 487,0
$C_2H_5OH_{(l)}$	– 277,6
$NH_4Cl_{(s)}$	– 315,4
$NaCl_{(s)}$	– 411,0
$CaCl_{2(s)}$	– 794,8
$OH^-_{(aq)}$	– 230,0
$H^+_{(aq)}$	0
$Na^+_{(aq)}$	– 239,7
$Ca^{2+}_{(aq)}$	– 542,9
$Cl^-_{(aq)}$	– 167,4
$NH^+_{4(aq)}$	– 132,8

Beispiel 1: Für die Oxidation von Schwefeldioxid betrug die Änderung der inneren Energie im Bombenkalorimeter (p = konst.) bei ϑ = 25 °C zu ΔU = –194,1 kJ. Wie groß ist die Reaktionsenthalpie?

Lösung: Die Reaktionsgleichung lautet: $2\,SO_2 + O_2 \longrightarrow 2\,SO_3$

mit $\Delta n = n(SO_3) - (n(SO_2) + n(O_2)) = n(SO_3) - n(SO_2) - n(O_2)$

Δn = 2 mol – 2 mol – 1 mol = –1 mol und

R = 8,314 J/(mol · K) sowie T = 298 K

folgt mit $\Delta_r H = \Delta U + R \cdot T \cdot \Delta n$

$$\mathbf{\Delta_r H°} = -194{,}1\ \text{kJ} + 8{,}314\ \text{J/(mol}\cdot\text{K)} \cdot 298\ \text{K} \cdot (-1\ \text{mol}) \approx \mathbf{-197\ kJ}$$

Beispiel 2: Berechnung der Reaktionsenthalpie bei der vollständigen Verbrennung von Methan.

Lösung: Reaktionsgleichung: $CH_4 + 2\,O_2 \longrightarrow CO_2 + 2\,H_2O_{(l)}$

$$\Delta_r H° = \sum_E \cdot\, n \cdot \Delta_f H° - \sum_A \cdot\, n \cdot \Delta_f H°$$

$$\Delta_r H° = n(CO_2) \cdot \Delta_f H°(CO_2) + n(H_2O_{(l)}) \cdot \Delta_f H°(H_2O_{(l)}) - [n(CH_4) \cdot \Delta_f H°(CH_4) + n(O_2) \cdot \Delta_f H°(O_2)]$$

$$\Delta_r H° = 1\ \text{mol} \cdot \left(-393{,}5\ \frac{\text{kJ}}{\text{mol}}\right) + 2\ \text{mol} \cdot \left(-285{,}9\ \frac{\text{kJ}}{\text{mol}}\right) - \left[1\ \text{mol} \cdot \left(-74{,}9\ \frac{\text{kJ}}{\text{mol}}\right) + 2\ \text{mol} \cdot \left(0\ \frac{\text{kJ}}{\text{mol}}\right)\right]$$

$$\mathbf{\Delta_r H°} = -393{,}5\ \text{kJ} - 571{,}8\ \text{kJ} + 74{,}9\ \text{kJ} + 0\ \text{kJ} = \mathbf{-890{,}4\ kJ}$$

Aufgaben zu 13.6.1 Reaktionsenergie, Reaktionsenthalpie

1. In einer SO_2-Anlage werden stündlich 8,5 t Schwefel verheizt. Welche Wärmemenge steht im Abhitzekessel zur Dampferzeugung zur Verfügung, wenn 90 % der Verbrennungswärme genutzt werden können? $S_{(l)} + O_{2(g)} \longrightarrow SO_{2(g)} \mid \Delta_r H = -296{,}9$ kJ/mol
2. Essigsäure wird großtechnisch durch CoI_2-katalysierte Flüssigphasen-Hochdruck-Carbonylierung von Methanol hergestellt. Berechnen Sie die Reaktionsenthalpie der Reaktion aus denStandard-Bildungsenthalpien. $$CH_3OH_{(l)} + CO_{(g)} \xrightarrow[CoI_2]{250\ °C,\ 680\ bar} CH_3COOH_{(l)}$$
3. Berechnen Sie mit Hilfe der in Tabelle 1 angegebenen Werte:
   a) Die Verdampfungsenthalpie des Wassers in kJ/mol und kJ/kg.
   b) Die Verbrennungsenthalpie der vollständigen Verbrennung von Ethanol: $$C_2H_5OH_{(l)} + 3\,O_{2(g)} \longrightarrow 2\,CO_{2(g)} + 3\,H_2O_{(l)}.$$

13.6.2 Heiz- und Brennwert

Das wesentliche Merkmal für die Qualität eines Brennstoffes ist die bei seiner Verbrennung maximal nutzbare Verbrennungswärme. Je nachdem, ob das in den Verbrennungsabgasen enthaltene Reaktionswasser als Wasserdampf oder flüssig als Kondensat vorliegt, werden zwei Kennwerte unterschieden.

Der **spezifische Heizwert H_u** (caloric value, net) gibt die pro Kilogramm bzw. Kubikmeter maximal nutzbare Wärmeenergie eines Brennstoffs an, wenn entstandenes Reaktionswasser in den Verbrennungsabgasen als Wasserdampf vorliegt **(Tabelle 1)**.

Der **spezifische Brennwert H_o** (caloric value, gross) ist die pro Kilogramm bzw. Kubikmeter maximal nutzbare Wärmeenergie, wenn entstandenes Reaktionswasser in den auf 25 °C abgekühlten Verbrennungsgasen als Kondenswasser niedergeschlagen wird. Der spezifische Brennwert H_o setzt sich aus dem spezifischen Heizwert H_u und der Kondensationswärme des Reaktionswassers zusammen.

Die spezifischen Heiz- und Brennwerte sind bei festen und flüssigen Brennstoffen auf 1 kg und bei gasförmigen Brennstoffen auf 1 m³ bei jeweils 25 °C bezogen (Tabelle 1).

Der spezifische Brennwert H_o ist nach DIN 5499 der Quotient aus der negativen Reaktionsenthalpie $\Delta_r H$ und der Masse des Brennstoffes. Sein Einheitenzeichen ist kJ/kg oder kWh/kg.

Der auf das Normvolumen bezogene spezifische Brennwert $H_{o,n}$ ist nach DIN 5499 der Quotient aus der negativen Reaktionsenthalpie $\Delta_r H$ und dem Normvolumen V_n des Brennstoffes. Sein Einheitenzeichen ist kJ/m³ oder kWh/m³.

Heiz- und Brennwerte können auch auf die Stoffmenge n des Brennstoffes bezogen werden. Sie werden dann als molarer Heizwert $H_{u,m}$ bzw. molarer Brennwert $H_{o,m}$ bezeichnet.

Die **Wärmemenge Q,** die technisch beim Verbrennen einer Brennstoffportion in einer Feuerungsanlage gewonnen werden kann, berechnet sich durch Multiplikation des spezifischen Heizwertes bzw. des spezifischen Brennwertes mit der Masse m der Brennstoffportion und dem Wirkungsgrad η der Anlage. Entsprechend ist bei Einsatz gasförmiger Brennstoffe mit dem Volumen V_n der Brennstoffportion zu multiplizieren.

Tabelle 1: Spezifische Heizwerte H_u und spezifische Brennwerte H_o (Bezugstemperatur 25 °C)

Feste und flüssige Brennstoffe	H_u MJ/kg	H_o MJ/kg
Holz	15	
Braunkohle	20	
Koks	29,3	
Steinkohle	31,8	
Anthrazit	33,5	
Heizöl EL	42,7	45,4
Benzin	42,5	46,7
Ethanol	26,8	29,9
Petroleum	40,8	42,9
Gasförmige Brennstoffe	$H_{u,n}$ MJ/m³	$H_{o,n}$ MJ/m³
Erdgas Typ H	37,3	41,3
Methan	35,8	39,9
Propan	92,9	100,9

Spezifischer Brennwert

$$H_o = \frac{\Delta_r H}{m}; \qquad H_{o,n} = \frac{\Delta_r H}{V_n}$$

Technisch nutzbare Wärmemenge fester und flüssiger Brennstoffe

$$Q = m \cdot H_o \cdot \eta$$

Beispiel 1: Die molare Reaktionsenthalpie bei der Verbrennung von Ethan C_2H_6 beträgt $\Delta_r H° = -1427{,}4$ kJ. Welchen Heizwert $H_{u,n}$ hat Ethan?

Lösung:

$$\boldsymbol{H_{u,n}} = \frac{\Delta_r H°}{V_{m,n}} = \frac{-1427{,}4 \text{ kJ/mol}}{22{,}41 \text{ L/mol}} = -63{,}6947 \text{ kJ/L} \approx \mathbf{-63{,}69\ MJ/m^3}$$

Beispiel 2: 2,794 g einer Braunkohleprobe werden in der Verbrennungskammer eines Kalorimeters (C = 108 J/K) verbrannt. Die Kammer befindet sich in einem Kalorimeter (C_K = 332 J/K), das mit 435 g Wasser gefüllt ist. Die Wasserfüllung und die Apparatur haben eine Anfangstemperatur von 15,3 °C. Nach der Verbrennung und nach Temperaturausgleich wird eine Temperatur von 39,8 °C gemessen. Welchen spezifischen Brennwert hat die untersuchte Braunkohle? c(Wasser) = 4,187 kJ/(kg · K)

Lösung:

$$Q = (m_W \cdot c_W + C_K + C) \cdot \Delta\vartheta; \qquad \Delta\vartheta = (\vartheta_M - \vartheta_1) = (39{,}8\ °C - 15{,}3\ °C) = 24{,}5\ °C$$

$$Q = [0{,}435 \text{ kg} \cdot 4{,}187 \text{ kJ/(kg} \cdot \text{K)} + 0{,}332 \text{ kJ/K} + 0{,}108 \text{ kJ/K}] \cdot 24{,}5 \text{ K} = 55{,}403 \text{ kJ}$$

$$Q = m \cdot H_o \cdot \eta \Rightarrow \boldsymbol{H_o} = \frac{Q}{m \cdot \eta} = \frac{55{,}403 \text{ kJ}}{2{,}794 \cdot 10^{-3} \text{ kg} \cdot 1} = 19\,829 \text{ kJ/kg} \approx \mathbf{19{,}8\ MJ/kg}$$

Aufgaben zu 13.6.2 Heiz- und Brennwert

1. Acetylen (Ethin C_2H_2) verbrennt mit der Reaktionsenthalpie $\Delta_r H^\circ = -1300$ kJ/mol. Welcher auf das Normvolumen bezogene Brennwert $H_{o,n}$ ergibt sich aus dieser Angabe?
2. Bei der Verbrennung von 50 mL Heizöl der Dichte 0,845 g/cm³ wurde die Wärmemenge 1,81 MJ erzeugt. Wie groß ist der spezifische Heizwert H_u des Heizöls?
3. Welche Masse an Heizöl mit dem spezifischen Heizwert H_u = 40,2 MJ/kg ist zu verbrennen, wenn bei einem Wirkungsgrad von 87 % 250 kg Wasser von 15,5 °C auf eine Brauchwassertemperatur von 65 °C erwärmt werden sollen?
4. 1,50 g Kohlestaub werden verbrannt. Die Verbrennungswärme erwärmt 280 g Wasser von 18,3 °C auf 45,5 °C (Wirkungsgrad 94,5 %). Wie groß ist der spezifische Heizwert der Kohle?
5. 15 kg Braunkohle mit dem spezifischen Heizwert H_u = 23,5 MJ/kg werden vollständig verbrannt. Welche Masse an Wasser von 21 °C kann die freigesetzte Wärmemenge zum Sieden erhitzen und bei 1013 bar Umgebungsdruck verdampfen, wenn der Wirkungsgrad 81 % beträgt?
6. 180 m³ Trocknungsluft (Dichte ϱ = 1,25 kg/m³) soll durch Verbrennen von Erdgas H mit dem Heizwert $H_{u,n}$ = 37,3 MJ/m³ erzeugt werden. Welches Volumen an Erdgas ist einzusetzen, wenn der Wirkungsgrad der Anlage 84 % beträgt und die Luft von 20 °C auf 60 °C erhitzt werden soll?

13.6.3 Neutralisationsenthalpie

Die Neutralisation ist eine häufig im Labor durchgeführte Ionenreaktion in wässriger Lösung.

Bei der Neutralisation werden äquimolare Mengen an Säure und Base zusammengegeben. Dabei gehen die typischen Eigenschaften dieser Stoffe verloren, weil die Wasserstoff-Ionen der Säure mit den Hydroxid-Ionen der Base unter Bildung von Wasser reagieren.

Beispiel: $K^+ + OH^- + H_3O^+ + NO_3^- \longrightarrow K^+ + 2\,H_2O + NO_3^- \mid \Delta_r H_N = -57{,}36$ kJ/mol

Die hierbei freigesetzte Wärmemenge wird als **Neutralisationsenthalpie $\Delta_r H_N$** (neutralization enthalpy) bezeichnet. Sie entspricht der Differenz zwischen dem Wärmeinhalt der neutralisierten Lösung und der Summe der Wärmeinhalte der Ausgangslösungen.

Wie die Reaktionsgleichung zeigt, beteiligen sich die Anionen starker Säuren und die Kationen starker Basen nicht an der Neutralisation. Aus diesem Grund ist die Neutralisationsenthalpie bei der Neutralisation von starken Säuren mit starken Basen, unabhängig von der Stoffart, immer gleich. Sie beträgt $\Delta_r H_N = -57{,}36$ kJ/mol und ist mit der Bildungsenthalpie des Wassers aus seinen Ionen identisch:

$$H_3O^+ + OH^- \longrightarrow 2\,H_2O \mid \Delta_r H_N = -57{,}36 \text{ kJ/mol}$$

Beispiel: Bei der Neutralisation von 100 mL Kalilauge mit 100 mL Salzsäure mit einer Stoffmengenkonzentration von jeweils 100 mmol/L wurde in einem Kalorimeter eine Temperaturänderung von 0,66 °C gemessen. Wie groß ist die Neutralisationswärme? Weitere Angaben: Wasserwert des Kalorimeters C_K = 43,8 J/K, spezifische Wärmekapazität der Lösung: c(KCl-Lsg.) = 4,00 kJ/(kg · K), ϱ(KCl-Lsg.) = 1,02 g/mL.

Lösung: Die Neutralisationswärme wird an das Kalorimeter und die darin enthaltene Kaliumchlorid-Lösung abgegeben.

$Q = \Delta_r H_N = -c \cdot m \cdot \Delta\vartheta - C_K \cdot \Delta\vartheta = -c \cdot \varrho \cdot V \cdot \Delta\vartheta - C_K \cdot \Delta\vartheta$

$\Delta_r H_N = -4{,}00 \text{ kJ/(kg} \cdot \text{K)} \cdot 1{,}02 \text{ kg/L} \cdot 0{,}200 \text{ L} \cdot 0{,}66 \text{ K} - 0{,}0438 \text{ kJ/K} \cdot 0{,}66 \text{ K} = -0{,}53856 \text{ kJ} - 0{,}02891 \text{ kJ}$

$\Delta_r H_N \approx -0{,}557$ kJ pro 10 mmol Formelumsatz, $\Rightarrow$ **$\Delta_r H_N = -57$ kJ/mol**

Aufgaben zu 13.6.3 Neutralisationsenthalpie

1. Die Neutralisationswärme der Reaktion von Ammoniak-Lösung mit Salzsäure beträgt – 51,4 kJ/mol. Mit welcher Temperaturänderung ist bei der Neutralisation ungefähr zu rechnen, wenn jeweils 100 mL der Lösungen mit Stoffmengenkonzentrationen von c = 200 mmol/L neutralisiert werden?
2. Bei der Reaktion von 50,0 mL Schwefelsäure ($c(\frac{1}{2}\,H_2SO_4)$ = 1,00 mol/L, ϱ = 1,02 g/mL) mit 50,0 mL Kalilauge (c(KOH) = 1,00 mol/L, ϱ = 1,04 g/mL) wird in einem Kalorimeter mit einem Wasserwert von C_K = 44,2 J/K eine Temperaturänderung von 7,70 °C gemessen. Formulieren Sie die Stoff- und Ionengleichung der Neutralisationsreaktion und berechnen Sie die spezifische Wärmekapazität der entstehenden Lösung.

13.6.4 Lösungsenthalpie

In Feststoffen liegen die Teilchen gebunden in einem Kristallgitter vor. Sie werden durch starke Kohäsionskräfte zusammengehalten. Zum Auflösen des Kristallverbands ist folglich Energie erforderlich.

Beim Lösevorgang **(Bild 1)** dringen die Lösemittelteilchen insbesondere über die Ecken und Kanten in das Kristallgitter ein, weil dort die Feststoffteilchen nicht so fest im Gitter gebunden sind. Die Feststoffteilchen werden aus dem Kristallverband herausgelöst. Der Vorgang wird als **elektrolytische Dissoziation** (electolytic dissociation) bezeichnet.

Die Zerstörung des Kristallverbands ist ein endothermer Vorgang. Die dafür benötigte Energie ist so groß wie die Gitterenthalpie ΔH_G, die bei der Bildung des Kristallgitters frei wird.

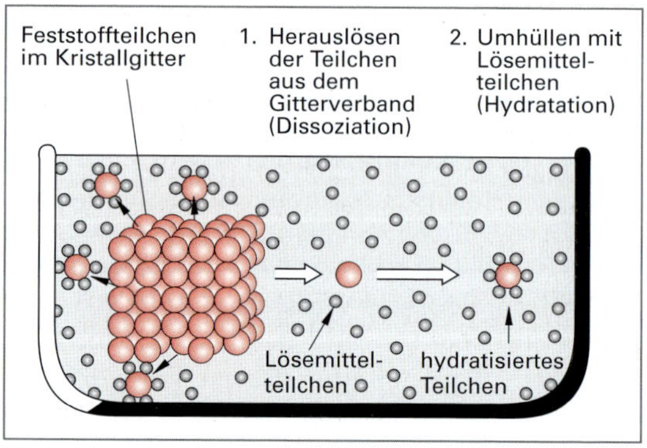

Bild 1: Dissoziationsvorgang (schematisch)

Die aus dem Kristallverband herausgelösten Feststoffteilchen werden anschließend aufgrund der gegenseitigen Anziehungskräfte von den Lösemittelteilchen umhüllt. Dies ist ein exothermer Vorgang, da die Lösemittelmoleküle durch den Einbau in die Hülle, allgemein als Solvathülle bezeichnet, an Bewegungsenergie verlieren.

Wird Wasser als Lösemittel eingesetzt, nennt man diesen Vorgang **Hydratation** (hydration), die Lösemittelhülle **Hydrathülle** (hydrate shell) und die abgegebene Wärme **Hydratationsenthalpie ΔH_H**.

Die bei einem Lösevorgang auftretende Enthalpieänderung wird als **Lösungsenthalpie $\Delta_r H_L$** (solution enthalpy) bezeichnet. Die Lösungsenthalpie berechnet sich als Differenz aus den Beträgen der Gitterenthalpie ΔH_G und der Hydratationsenthalpie ΔH_H. Ist die Lösungsenthalpie negativ, so erwärmt sich die Lösung. Ist sie positiv, so kühlt sich die Lösung beim Lösevorgang ab.

Lösungsenthalpie
$\Delta_r H_L = \lvert\Delta H_G\rvert - \lvert\Delta H_H\rvert$
$\Delta_r H_L^\circ = \sum_E n \cdot \Delta_f H^\circ - \sum_A n \cdot \Delta_f H^\circ$

Wärmetönung beim Lösen einer Stoffportion
$Q_L = n \cdot \Delta_r H_L = \frac{m}{M} \cdot \Delta_r H_L$

Der Lösevorgang ist durch eine Reaktionsgleichung darstellbar. Wird Ammoniumchlorid in Wasser gelöst, lautet der Vorgang:

$$NH_4Cl_{(s)} \longrightarrow NH^+_{4(aq)} + Cl^-_{(aq)}$$

Aus der Reaktionsgleichung lässt sich die Lösungsenthalpie $\Delta_r H_L^\circ$ wie eine Reaktionsenthalpie aus den Standard-Bildungsenthalpien $\Delta_f H^\circ$ berechnen.

Beispiel: Berechnen Sie mit Hilfe der in Tabelle 399/1 angegebenen Standard-Bildungsenthalpien, ob beim Lösen von Ammoniumchlorid in Wasser eine Abkühlung oder Erwärmung eintritt.

Lösung: $\Delta_r H_L^\circ = \sum_E n \cdot \Delta_f H^\circ - \sum_A n \cdot \Delta_f H^\circ$

$\Delta_r H_L^\circ = n(NH^+_{4(aq)}) \cdot \Delta_f H^\circ(NH^+_{4(aq)}) + n(Cl^-_{(aq)}) \cdot \Delta_f H^\circ(Cl^-_{(aq)}) - n(NH_4Cl_{(s)}) \cdot \Delta_f H^\circ(NH_4Cl_{(s)})$

$\Delta_r H_L^\circ$ = – 1 mol · 132,8 kJ/mol – 1 mol · 167,4 kJ/mol – 1 mol · (– 315,4 kJ/mol) = **15,2 kJ**

Da die Lösungswärme positiv ist, erfolgt beim Lösen von Ammoniumchlorid in Wasser eine Abkühlung.

Aufgaben zu 13.6.4 Lösungsenthalpie

1. Berechnen Sie die Lösungsenthalpien folgender Salze in Wasser:
   a) Natriumnitrat $NaNO_3$; $\Delta_f H^\circ(NaNO_{3(s)})$ = – 467 kJ/mol, $\Delta_f H^\circ(NO^-_{3(aq)})$ = – 207 kJ/mol
   b) Calciumchlorid $CaCl_2$; $\Delta_f H^\circ(CaCl_{2(s)})$ = – 795 kJ/mol, $\Delta_f H^\circ(Ca^{2+}_{(aq)})$ = – 543 kJ/mol

2. Zur Herstellung einer Natriumnitrat-Lösung mit dem Massenanteil $w(NaNO_3)$ = 16,0 % werden 160 g Natriumnitrat in 840 g Wasser gelöst. Um wie viel Grad kühlt sich die Lösung ab?
   $\Delta_r H_L^\circ (NaNO_3$ = 20,8 kJ/mol, $c(NaNO_3\text{-Lsg})$ = 3,64 kJ/(kg · K), $M(NaNO_3)$ = 84,995 g/mol

13.6.5 Freie Reaktionsenthalpie, Entropie

Die bei einer chemischen Reaktion aufgenommene oder abgegebene Wärmeenergie ist durch die Reaktionsenthalpie $\Delta_r H^\circ$ gekennzeichnet. Stark exotherme Reaktionen laufen nach erfolgtem Start freiwillig und vollständig ab. Dies ist z. B. bei der Knallgasreaktion der Fall:

$$2\,H_{2(g)} + O_{2(g)} \longrightarrow 2\,H_2O_{(l)} \quad | \ \Delta_r H^\circ = -571{,}8\ \text{kJ}$$

Bei der Knallgasreaktion wird pro ein Mol gebildetes Wasser 285,9 kJ Wärmeenergie freigesetzt. Da das System Energie an die Umgebung abgibt, bezeichnet man den Vorgang als **exotherm**.

Die Knallgasreaktion ist durch das Bestreben der Reaktionspartner nach einem Zustand möglichst geringer Enthalpie (Enthalpieminimum) gekennzeichnet. Darin liegt die **Triebkraft** (driving force) dieser Reaktion begründet.

Nun gibt es aber auch zahlreiche endotherme Vorgänge, die unter Aufnahme von Energie aus der Umgebung freiwillig und spontan ablaufen, wie beispielsweise das Lösen von Ammoniumchlorid NH_4Cl in Wasser.

$$NH_4Cl_{(s)} \longrightarrow NH^+_{4(aq)} + Cl^-_{(aq)} \quad | \ \Delta_r H^\circ = +15{,}2\ \text{kJ}$$

Neben der Enthalpieänderung gibt es offensichtlich eine weitere Änderung im System, welche die Triebkraft einer Reaktion beeinflusst: Sie wird durch die **Entropie *S*** (entropy) gekennzeichnet. Die **Entropieänderung $\Delta_r S^\circ$** einer Reaktion ist ein Maß für die *Unordnung* der Teilchen. Jedes System strebt einem Zustand *maximaler Entropie* zu, d.h. dem Zustand, in dem seine Teilchen die *größte Unordnung* aufweisen.

Die Ammoniumchlorid-Ionen gelangen aus dem Zustand hoher Ordnung im Kristallverband in den wahrscheinlicheren Zustand großer Unordnung als frei bewegliche hydratisierte Ionen in wässriger Lösung. Da das System in einen Zustand größerer Entropie (Unordnung) gelangt, bezeichnet man den Vorgang als **endotrop**.

So wie die Reaktionsenthalpie $\Delta_r H^\circ$ kann auch die Reaktionsentropie $\Delta_r S^\circ$ für Standardbedingungen aus den experimentell ermittelten Standardentropien S° (Tabelle 404/1) der Reaktanden berechnet werden. Ihr Einheitenzeichen ist $J \cdot K^{-1} \cdot mol^{-1}$.

Berechnung der Standard-Reaktionsentropie
$\Delta_r S^\circ = \sum_E n \cdot S^\circ - \sum_A n \cdot S^\circ$

Beispiel 1: Mit welcher Entropieänderung ist die Knallgasreaktion verbunden? Was ist die Ursache?

Lösung: Mit den Standardentropien aus Tabelle 404/1 und der Reaktionsgleichung folgt:

$$2\,H_{2(g)} + O_{2(g)} \longrightarrow 2\,H_2O_{(l)}$$

$$\Delta_r S^\circ = \sum_E n \cdot S^\circ - \sum_A n \cdot S^\circ = n(H_2O_{(l)}) \cdot S^\circ(H_2O_{(l)}) - [n(H_{2(g)}) \cdot S^\circ(H_{2(g)}) + n(O_{2(g)}) \cdot S^\circ(O_{2(g)})]$$

$$\boldsymbol{\Delta_r S^\circ} = 2\,\text{mol} \cdot 70\,\frac{J}{\text{mol} \cdot K} - \left(2\,\text{mol} \cdot 131\,\frac{J}{\text{mol} \cdot K} + 1\,\text{mol} \cdot 205\,\frac{J}{\text{mol} \cdot K}\right) = \mathbf{-327\,\frac{J}{K}}$$

Die Reaktion erfolgt **exotrop**, d.h. unter starker **Abnahme der Entropie**. Das System geht aus einem Zustand großer Entropie (gasförmige Ausgangsstoffe) in einen Zustand geringerer Entropie (Endprodukt Wasser).

Die Enthalpie und die Entropie (Energiezustand und Ordnungszustand) sind die Faktoren, die Reaktionsabläufe ermöglichen oder verhindern. Sie sind gemeinsam ein Maß für die Freiwilligkeit bzw. die Triebkraft einer Reaktion.

Berechnung der freien Reaktionsenthalpie (GIBBS-HELMHOLTZ-Gleichung)
$\Delta_r G = \Delta_r H - T \cdot \Delta_r S$

Enthalpie und die Entropie sind in der **GIBBS-HELMHOLTZ-Gleichung** zu einer neuen Größe, der **freien Reaktionsenthalpie $\Delta_r G$** (GIBBS' activation energy) verknüpft. Sie berücksichtigt den großen Einfluss der Temperatur auf die Entropie der Reaktionsteilnehmer.

Für Reaktionen bei Standardbedingungen sind entsprechend die Standard-Reaktionsenthalpie, die Standardtemperatur $T = 298$ K und die Standard-Reaktionsentropie einzusetzen.

Aus der Größe der freien Reaktionsenthalpie $\Delta_r G$ ist ersichtlich, ob eine chemische Reaktion freiwillig abläuft, durch Änderung der Reaktionsbedingungen erzwungen werden kann oder im Gleichgewichtszustand vorliegt. Im einzelnen gelten die auf Seite 360 folgenden Regeln.

Ist die freie Reaktionsenthalpie $\boldsymbol{\Delta_r G < 0}$, so verläuft eine Reaktion unter Abnahme der freien Enthalpie (**exergonisch**). Die Reaktion hat Triebkraft für die vorgesehene Richtung, d.h. sie ist **freiwillig möglich**.

Ist die freie Reaktionsenthalpie $\boldsymbol{\Delta_r G > 0}$, so verläuft eine Reaktion unter Zunahme der freien Enthalpie (**endergonisch**). Sie hat **keine** Triebkraft für die vorgesehene Richtung und kann nur **erzwungen** werden.

Ist die freie Reaktionsenthalpie $\boldsymbol{\Delta_r G = 0}$, so befindet sich ein System im Gleichgewicht. Die Reaktion hat weder Triebkraft in die eine noch in die andere Reaktionsrichtung.

Die freie Reaktionsenthalpie ist ein Maß für den Anteil der Reaktionswärme, der in Arbeit umgewandelt werden kann. Sie ist somit die entscheidende Größe für die Triebkraft einer Reaktion.

Für Reaktionen bei Standardbedingungen kann die Standard-Reaktionsenthalpie $\Delta_r G°$ wie die Standard-Reaktionsenthalpie $\Delta_r H°$ und die Standard-Reaktionsentropie $\Delta_r S°$ aus den experimentell ermittelten freien Standardbildungsenthalpien $\Delta_f G°$ (**Tabelle 1**) mit nebenstehender Formel berechnet werden.

Berechnung der freien Standard-Reaktionsenthalpie

$$\Delta_r G° = \sum_E n \cdot \Delta_f G° - \sum_A n \cdot \Delta_f G°$$

Beispiel 2: Mit welcher Triebkraft (Änderung der freien Enthalpie) verläuft die Knallgasreaktion bei Standardbedingungen?

Lösung: Mit den freien Standardbildungsenthalpien aus Tabelle 360/1 folgt:

$$2\,H_{2(g)} \quad + \quad O_{2(g)} \longrightarrow 2\,H_2O_{(l)}$$

$\Delta_f G°$: 0 kJ/mol 0 kJ/mol − 237 kJ/mol

$\boldsymbol{\Delta_r G°}$ = 2 mol · (− 237 kJ/mol) − 0 kJ = **− 474 kJ**

Die Reaktion verläuft stark **exergonisch**, d.h. sie hat eine erhebliche Triebkraft, nach dem Start **freiwillig** abzulaufen.

Alternative Lösung mit der Gibbs-Helmholtz*-Gleichung:*

Mit $\Delta_r H° = -571{,}8\ \text{kJ}$, $\Delta_r S° = -327\ \frac{\text{J}}{\text{K}}$ und $T = 298\ \text{K}$:

$$\Delta_r G° = \Delta_r H° - T \cdot \Delta_r S° = -571{,}8\ \text{kJ} - 298\ \text{K} \cdot \left(-0{,}327\ \frac{\text{kJ}}{\text{K}}\right)$$

$\boldsymbol{\Delta_r G°} = -571{,}8\ \text{kJ} - (-97{,}446\ \text{kJ}) \approx \boldsymbol{-474\ \text{kJ}}$

Obwohl bei dieser Reaktion 571,8 kJ Wärmeenergie freigesetzt werden, stehen zur Verrichtung von Arbeit nur 474 kJ zur Verfügung.

97 kJ werden durch Entropieabnahme verbraucht, weil aus den gasigen Edukten ein flüssiger Zustand (Wasser) höherer Ordnung entsteht.

Tabelle 1: Freie Standard-Bildungsenthalpien $\Delta_f G°$ und Standardentropien $S°$

Stoffart	$\Delta_f G°$ in $\frac{\text{kJ}}{\text{mol}}$	$S°$ in $\frac{\text{J}}{\text{mol} \cdot \text{K}}$
$H_{2(g)}$	0	131
$O_{2(g)}$	0	205
$H_2O_{(l)}$	− 237	70
$H_2O_{(g)}$	− 229	189
$OH^-_{(aq)}$	− 157	− 11
$NH_4Cl_{(s)}$	− 203	95
$NH^+_{4(aq)}$	− 79	113
$HCl_{(g)}$	− 95	187
$Cl^-_{(aq)}$	− 131	57
$Cl_{2(g)}$	0	223
$NaCl_{(s)}$	− 384	72
$Na^+_{(aq)}$	− 262	59
$KCl_{(s)}$	− 408	83
$CaCl_{2(s)}$	− 748	105
$K^+_{(aq)}$	− 282	103
$Ca^{2+}_{(aq)}$	− 554	− 53

Bei **elektrochemischen Reaktionen** entspricht die freie Standard-Reaktionsenthalpie der elektrischen Arbeit einer galvanischen Zelle. Es gilt: $\Delta_r G° = -W_{el}$

Die elektrische Arbeit ist das Produkt aus Spannung, Stromstärke und Zeit: $W_{el} = U \cdot I \cdot t = U \cdot Q$ (vgl. Seite 367).

Wird in einer elektrischen Zelle unter Standardbedingungen die elektrische Ladung $Q = z \cdot F$ transportiert, so wird die nebenstehende Größengleichung zur Berechnung der freien Reaktionsenthalpie erhalten. Die freie Standard-Reaktionsenthalpie $\Delta_r G°$ einer Redoxreaktion kann demnach experimentell bestimmt werden, indem man die Zellspannung $\Delta E°$ der entsprechenden galvanischen Zelle unter Standardbedingungen misst.

Freie Standard-Reaktionsenthalpie eines Redoxsystems

$$\Delta_r G° = -\Delta E° \cdot z \cdot F$$

Beispiel 3: Welche Triebkraft hat ein Daniell-Element (Bild 379/1), wenn unter Standardbedingungen eine Zellenspannung von 1,11 V gemessen wird?

Lösung: Mit $\Delta E° = 1{,}11\ \text{V}$, $z = 2$ und $F = 96\,485\ \text{A} \cdot \text{s/mol}$ folgt:

$\Delta_r G° = -\Delta E° \cdot z \cdot F = -1{,}11\ \text{V} \cdot 2 \cdot 96485\ \text{A} \cdot \text{s/mol} = -214196\ \text{V} \cdot \text{A} \cdot \text{s/mol} = -214196\ \text{W} \cdot \text{s/mol}$

$\boldsymbol{\Delta_r G° \approx -214\ \text{kJ/mol}}$

Aufgaben zu 13.6.5 Freie Reaktionsenthalpie, Entropie

1. Berechnen Sie die Reaktionsenthalpie, die Reaktionsentropie und die freie Reaktionsenthalpie für die Reaktion zwischen Chlor und Wasserstoff unter Standardbedingungen.
   $H_{2(g)} + Cl_{2(g)} \longrightarrow 2\,HCl_{(g)}$
2. Natriumchlorid NaCl wird in Wasser gelöst. Berechnen Sie die Lösungsenthalpie $\Delta_r H°_L$, die Reaktionsentropie $\Delta_r S°$ und die freie Reaktionsenthalpie $\Delta_r G°$.
3. In einem Polystyrolbecher mit 150 mL Wasser werden 3,0 g Natriumhydroxid NaOH gelöst. Die Temperatur steigt von 18 °C auf 23 °C. Wie groß sind die Lösungsenthalpie $\Delta_r H_L$ und die Entropieänderung $\Delta_r S°$ des Natriumhydroxids? Tabellenwert: $S°(NaOH) = 64$ J/(K · mol)
4. In 200 g Wasser von 20,31 °C werden in einem Becherglaskalorimeter (C_K = 75 J/K) 58,115 g Natriumsulfat Na_2SO_4 gelöst. Es stellt sich eine Endtemperatur von 21,48 °C ein. Die spezifische Wärmekapazität der Lösung beträgt c = 3,05 kJ/(kg · K). Berechnen Sie aus den Versuchsdaten die Lösungsenthalpie $\Delta_r H_L$ von Natriumsulfat. Welche Triebkraft $\Delta_r G°$ hat der Löseprozess?
   Tabellenwerte: $\Delta_f G°(Na_2SO_4)$ = –1267 kJ/mol, $\Delta_f G°(SO_4^{2-})$ = –745 kJ/mol
5. Untersuchen Sie, ob die Reaktion zwischen Ammoniak und Hydrogenchlorid unter Standardbedingungen spontan möglich ist. Wie ist die Änderung der Reaktionsentropie zu erklären?
   $NH_{3(g)} + HCl_{(g)} \longrightarrow NH_4Cl_{(s)}$
   Tabellenwerte: $\Delta_f G°(NH_3)$ = – 16 kJ/mol, $S°(NH_3)$ = 192 J/(K · mol)
6. Stickstoffdioxid NO_2 reagiert bei Raumtemperatur in einer exothermen Gleichgewichtsreaktion zu Distickstofftetroxid N_2O_4: $2\,NO_{2(g)} \rightleftharpoons N_2O_{4(g)}$
   Tabellenwerte:
   $\Delta_f H°(NO_2)$ = 33 kJ/mol, $\Delta_f G°(NO_2)$ = 51 kJ/mol, $S°(NO_2)$ = 240 J/(K · mol),
   $\Delta_f H°(N_2O_4)$ = 9,0 kJ/mol, $\Delta_f G°(N_2O_4)$ = 98 kJ/mol, $S°(N_2O_4)$ = 304 J/(K · mol)
   a) Berechnen Sie die Triebkraft der Reaktion bei 25 °C.
   b) Überprüfen Sie, ob die Reaktion auch bei 400 °C spontan ablaufen kann.
   c) Berechnen Sie die Gleichgewichtstemperatur der Reaktion ($\Delta_r G$ = 0).

Gemischte Aufgaben zu 13 Berechnungen zur Wärmelehre

1. Rechnen Sie um: a) 367,4 K in °C b) – 72 °C in K c) 788,5 °C in K d) 182,5 K in °C.
2. Ein Stahlreifen mit einem Innendurchmesser von d = 49,9 mm und einer Temperatur von ϑ_1 = 20 °C soll auf eine Welle aufgeschrumpft werden. Welchen Durchmesser hat die Welle, wenn der Stahlreifen bei ϑ_2 = 200 °C gerade über die Welle passt?
3. Bei der experimentellen Bestimmung des Längenausdehnungskoeffizienten wurden in einem Dilatometer an einem 600 mm langen Aluminiumrohr die Messwerte von **Tabelle 1** erhalten.
   a) Stellen Sie die Messwerte grafisch dar: $\Delta l = f(\Delta\vartheta)$.
   b) Bestimmen Sie aus der Steigung des Graphen den Längenausdehnungskoeffizienten α(Al).
   c) Zeichnen Sie mit Hilfe der Längenausdehnungskoeffizienten die Graphen von Polyethylen und von Invarstahl in das Diagramm ein.

Tabelle 1: Längenänderung von Aluminium

$\frac{\Delta\vartheta}{°C}$	10,0	20,0	30,0	40,0	50,0
$\frac{\Delta l}{mm}$	0,14	0,29	0,43	0,58	0,72

4. Zur Demonstration der Volumenänderung von Metallen beim Erwärmen dient folgender Versuch: Eine Kugel aus nicht rostendem Stahl, die bei 20 °C mit einem allseitigen Spiel von 10 µm durch eine Bohrung von 25,00 mm passt, bleibt nach dem Erhitzen in der Bohrung stecken **(Bild 1)**. α(Stahl) = $1{,}6 \cdot 10^{-5}\,K^{-1}$
   a) Welches Volumen hat die Kugel bei 80 °C?
   b) Ab welcher Temperatur passt die Kugel nicht mehr durch die Bohrung?
   c) Welche Wärmemenge ist der Kugel bei dieser Temperatur zugeführt worden? ϱ(Stahl) = 7,90 g/cm³

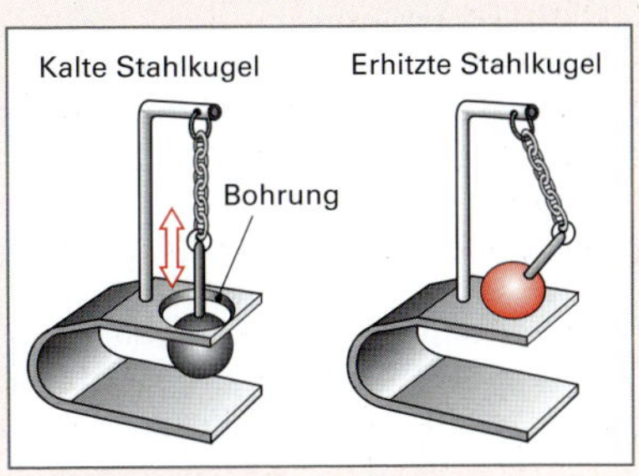

Bild 361/1: Aufgabe 4

5. Ein Messkolben aus Jenaer Glas fasst bei 20 °C exakt ein Volumen von 1000 mL. Er wird zur Bereitung einer Schwefelsäure-Maßlösung mit vollentsalztem Wasser bis zur Ringmarke aufgefüllt. Wie groß ist der Messfehler, wenn die Temperatur aufgrund der Lösungswärme auf 26,5 °C ansteigt?
6. In einem Spiralwärmetauscher werden pro Stunde 10,5 m^3 Essigsäuremethylester (Dichte ϱ = 0,933 g/cm^3, c = 2,14 kJ/(kg · K)) von der Kondensationstemperatur 57 °C im Gegenstrom auf 25 °C abgekühlt. Wie viel Kühlwasser von 25 °C ist erforderlich, wenn es sich um 9,0 °C erwärmt?
7. 1000 mL tertiäres Butanol von 20,0 °C sollen in einem Wasserbad verflüssigt werden. Welche Wärmemenge ist dazu erforderlich?
Daten des t-Butanols: ϑ_m = 25,4 °C, q = 91,61 kJ/kg, c = 3,01 kJ/(kg · K), ϱ = 0,79 g/cm^3.
8. In einem Schlangenkühler kondensiert pro Stunde 1,8 dm^3 Aceton der Dichte ϱ = 0,791 g/cm^3 im Gegenstrom mit 17,8 dm^3 Kühlwasser von 14 °C. Welche Auslauftemperatur hat das Kühlwasser?
9. 250 kg Wasser von 42 °C sollen mit Eis von –12 °C auf eine Endtemperatur von 11 °C gekühlt werden. Welche Masse an Eis ist zuzugeben?
10. Diethylether hat eine spezifische Verdampfungswärme von r = 360 kJ/kg. 500 g Diethyletherdampf von Siedetemperatur (ϑ_b = 34,6 °C) wird die Wärmemenge 200 kJ entzogen. Welche Temperatur hat das entstehende Kondensat? c = 2,30 kJ/(kg · K)
11. Auf welche Temperatur werden 200 kg Wasser von 10,0 °C erwärmt, wenn in einer Heizungsanlage mit einem Wirkungsgrad von 91,3 % 1,8 L Heizöl der Dichte 0,872 g/cm^3 verbrannt werden? Der spezifische Heizwert der Heizöls beträgt H_u = 40,1 MJ/kg.
12. Bei der Reaktion von 0,2256 g Zink mit Salzsäure wurde bei einem Druck von 1025 mbar 80,0 mL trockener Wasserstoff entwickelt. Berechnen Sie die Änderung der Reaktionsenergie der Reaktion.

$$Zn_{(s)} + 2\,HCl_{(aq)} \longrightarrow ZnCl_{2(aq)} + H_{2(g)} \quad | \quad \Delta_r H = -152{,}5\ kJ/mol$$

13. Berechnen Sie den Heizwert $H_{u,n}$ und Brennwert $H_{o,n}$ von Propan bei 25 °C und 1013 mbar mit Hilfe folgender Angaben: $V_{m,n}$ = 22,0 L/mol, $r(H_2O$, 25 °C) = 44,17 kJ/mol

$$C_3H_{8(s)} + 5\,O_{2(g)} \longrightarrow 3\,CO_{2(g)} + 4\,H_2O_{(l)} \quad | \quad \Delta_r H = -2221{,}2\ kJ/mol$$

14. Ammoniak wird in einer katalysierten Gleichgewichtsreaktion aus Wasserstoff und Stickstoff hergestellt: $N_{2(g)} + 3\,H_{2(g)} \rightleftharpoons 2\,NH_{3(g)}$.
$\Delta_f H°(NH_3)$ = – 46 kJ/mol, $\Delta_f G°(NH_3)$ = –16 kJ/mol,
$S°(NH_3)$ = 192 J/(K · mol), $S°(N_2)$ = 192 J/(K · mol), $S°(H_2)$ = 131 J/(K · mol)
Berechnen Sie die Reaktionsenthalpie, die Reaktionsentropie sowie die freie Enthalpie bei 25 °C. Interpretieren Sie die Ergebnisse.
15. Beim Lösen von 6,3436 g Calciumchlorid $CaCl_2$ in 200 g Wasser steigt die Temperatur in einem Kalorimeter (C_K = 77 J/K) von 23,0 °C auf 28,0 °C. $c(CaCl_2$-Lösung) = 4,00 kJ/(kg · K).
    a) Wie groß ist die Lösungsenthalpie?
    b) Vergleichen Sie den Größenwert der Lösungsenthalpie mit der aus den Standard-Bildungsenthalpien $\Delta_f H°$ erhaltenen Standard-Reaktionsenthalpie $\Delta_r H°$.
    c) Welche Triebkraft hat die Reaktion bei 25 °C?
16. Die Verbrennungsenthalpie von Propanon beträgt bei 25 °C pro Formelumsatz – 1804 kJ. Wie groß ist die Standard-Bildungsenthalpie von Propanon (Aceton)?

$$C_3H_6O_{(l)} + 4\,O_{2\,(g)} \longrightarrow 3\,CO_{2(g)} + 3\,H_2O_{(l)} \quad | \quad \Delta_r H° = -1804\ kJ$$

17. Die molare Verbrennungsenthalpie von Octan C_8H_{18} beträgt $\Delta_r H_m^\circ$ = – 5464 kJ/mol. Berechnen Sie mit Hilfe der Reaktionsgleichung und der Standard-Bildungsenthalpien für flüssiges Wasser und Kohlenstoffdioxid die Standard-Bildungsenthalpie von Octan.
18. Berechnen Sie die freie Standard-Reaktionsenthalpie einer mit Wasserstoff betriebenen Brennstoffzelle, die eine Spannung von 1,23 V anzeigt. $2\,H_{2(g)} + O_{2(g)} \longrightarrow 2\,H_2O_{(l)}$
19. Zwischen einer Halbzelle Cu/Cu^{2+} (100 mmol/L) und einer Halbzelle Ag^+ (100 mmol/L)/Ag wird bei 25 °C eine Spannung von 0,44 V gemessen.
    a) Berechnen Sie die freie Reaktionsenthalpie der galvanischen Zelle.
    b) Welche Reaktionsentropie $\Delta_r S°$ ergibt sich aus den Werten für die galvanische Zelle?
    $\Delta_f H°(Cu^{2+}_{(aq)})$ = 64,38 kJ/mol, $\Delta_f H°(Ag^{+}_{(aq)})$ = 105,88 kJ/mol

14 Physikalisch-chemische Bestimmungen

Die in der betrieblichen Praxis verwendeten Stoffe und Stoffgemische sind in ihrer Zusammensetzung häufig nicht bekannt. Neue Produkte, veränderte Rezepturen oder nachfolgende Chargen haben andere bzw. veränderte Stoffeigenschaften wie z. B. Dichte, Viskosität, Oberflächenspannung oder osmotischen Druck zur Folge.

Da von diesen Stoffeigenschaften die Art der Verwendung und Weiterverarbeitung entscheidend abhängt, ist überall dort, wo Stoffe produziert werden, eine laufende Überwachung der physikalischen Eigenschaften zur Einhaltung einer konstanten Produktqualität auf hohem Qualitätsniveau erforderlich.

Im Folgenden werden die physikalischen Bestimmungen vorgestellt, die zur Ermittlung dieser Stoffeigenschaften dienen. Ferner werden die zur Prozessdatenauswertung erforderlichen Größengleichungen abgeleitet.

14.1 Dichtebestimmungen

Die Dichte ϱ einer Stoffportion als Quotient aus Masse m und Volumen V ($\varrho = m/V$) ist eine temperaturabhängige Stoffeigenschaft. Sie ist für viele Berechnungen der Masse oder des Volumens von Stoffportionen erforderlich. In einfachen Fällen dient die Dichte zur Identifizierung von Reinstoffen. Auch zur Gehaltsbestimmung und Qualitätskontrolle kann die Dichte herangezogen werden, da sich beim Lösen eines Stoffes die Dichte der Lösung im Vergleich zum reinen Lösemittel ändert.

Eine Übersicht der Methoden zur Dichtebestimmung von Feststoffen, Flüssigkeiten und Gasen ist in **Bild 1** zusammengestellt.

Dichtebestimmungsmethode	Pyknometer-Verfahren (pyknometer method)	Hydrostatische Waage (hydrostatic balance)	Tauchkörper-Verfahren (immersed body method)	Aräometer-Verfahren (hydrometer method)	Schwebemethode (suspension method)
Messprinzip	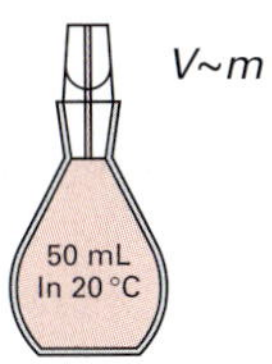	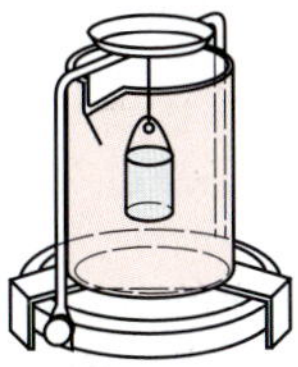	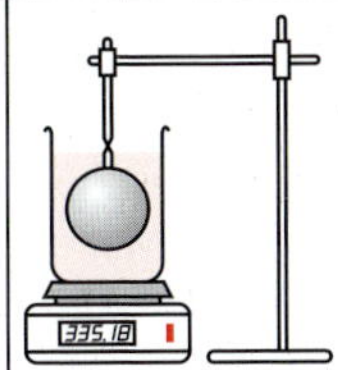	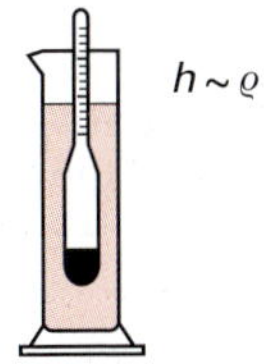	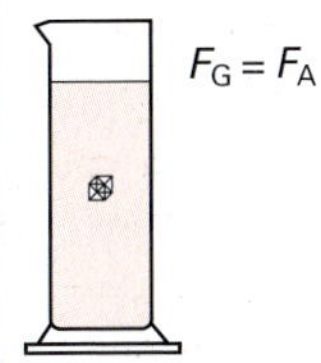
Anwendung	Flüssigkeiten, Feststoffe	Flüssigkeiten, Feststoffe	Flüssigkeiten	Flüssigkeiten	Feststoffe
Norm	DIN ISO 3507	DIN 51757	DIN EN ISO 2811-2	DIN 51757	DIN 53479

Dichtebestimmungsmethode	WESTPHAL'sche Waage (WESTPHAL balance)	Röntgenmethode (X-ray density)	Schüttdichte (bulk density, loose)	Rütteldichte (bulk density, tapped)	Schwingungsmethode (oscillation method)
Messprinzip	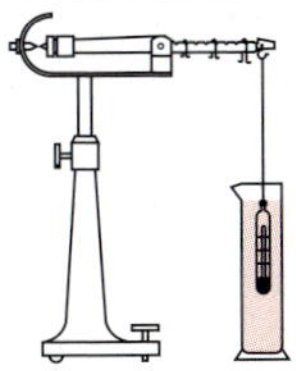	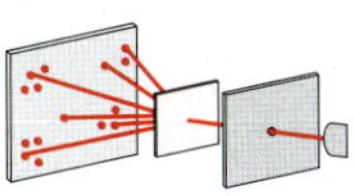	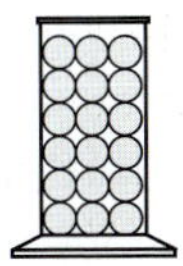	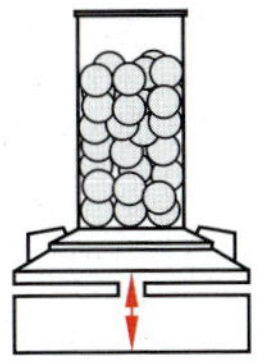	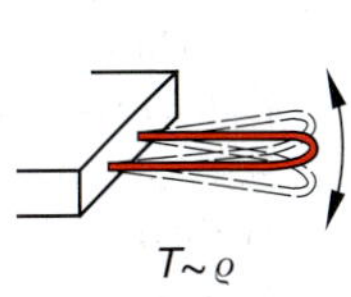
Anwendung	Flüssigkeiten	Feststoffe	Feststoffe	Feststoffe	Feststoffe, Gase, Flüssigkeiten
Norm			DIN EN 1236	DIN EN 1237	DIN EN ISO 2811-3

Bild 1 Methoden zur Dichtebestimmung von Feststoffen, Flüssigkeiten und Gasen

14.1.1 Dichtebestimmung mit dem Pyknometer

Das Pyknometer (pyknós, griech.: dicht, fest) ist ein kleiner Kolben aus Borosilikatglas mit einem Schliffstopfen, der eine feine Kapillare besitzt **(Bild 1)**.

Pyknometer nach DIN ISO 3507 sind auf Einlauf kalibrierte oder geeichte Volumenmessgefäße mit birnenförmigem Körper und einem Nennvolumen von 1 mL bis 100 mL. Nach Aufsetzen des Stopfens auf das gefüllte Pyknometer tritt die überschüssige Flüssigkeit durch die Kapillare aus, sodass Pyknometer ein sehr exaktes Volumen aufnehmen.

Bei der Dichtebestimmung dürfen im Pyknometer keine Luftbläschen verbleiben. Die Temperatur ist auf $5 \cdot 10^{-2}$ °C konstant zu halten.

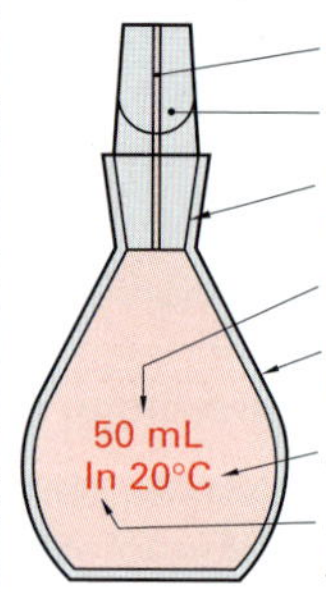

Bild 1: Pyknometer nach GAY LUSSAC[1]

Bestimmung des Pyknometervolumens (DIN EN ISO 2811-1)

Das Volumen eines Pyknometers *V*(Pyk) wird durch Wiegen des leeren Pyknometers m_A und des mit Wasser gefüllten Pyknometers m_D bestimmt. Man berechnet es mit der nebenstehenden Größengleichung. Da das Pyknometer beim Wiegen mit Luft gefüllt war, muss für sehr genaue Messungen die Dichte der Luft mitberücksichtigt werden, ϱ(Luft, 20,0 °C) = 1,21 g/L.

Pyknometervolumen
$V(\text{Pyk}) = \dfrac{m_D - m_A}{\varrho_W - \varrho_L}$

Beispiel: Ein Pyknometer mit einem Nennvolumen von 50 mL hat eine Masse von m_A = 39,8765 g. Mit Wasser bei 20,50 °C gefüllt wiegt es 89,8115 g. Welches Volumen hat das Pyknometer, wenn die Dichte des Wassers bei dieser Temperatur 0,9981 g/cm³ beträgt?

Lösung: $\mathbf{V(Pyk)} = \dfrac{m_D - m_A}{\varrho_W - \varrho_L} = \dfrac{89{,}8115\ \text{g} - 39{,}8765\ \text{g}}{0{,}9981\ \text{g/cm}^3 - 0{,}00121\ \text{g/cm}^3} = \dfrac{49{,}9350\ \text{g}}{0{,}99689\ \text{g/cm}^3} = 50{,}0907\ \text{cm}^3 \approx \mathbf{50{,}09\ cm^3}$

Bestimmung der Dichte einer Flüssigkeitsportion mit dem Pyknometer (DIN EN ISO 2811-1)

Zur Bestimmung der Dichte einer Flüssigkeitsportion ϱ(Flü) mit dem Pyknometer wird die Masse des leeren Pyknometers m_A von der Masse des mit Flüssigkeit gefüllten Pyknometers m_D subtrahiert und durch das bei Prüftemperatur bestimmten Volumen des Pyknometers *V*(Pyk) dividiert. Auch hier muss bei sehr genauen Messungen die Dichte der Luft ϱ_L mit berücksichtigt werden.

Dichte einer Flüssigkeitsportion
$\varrho(\text{Flü}) = \dfrac{m_D - m_A}{V(\text{Pyk})} + \varrho_L$

Da nach DIN EN ISO 2811-1 die Wiederholbarkeit beim Bestimmen der Dichte mit dem Pyknometer 10^{-3} g/cm³ beträgt, macht es keinen Sinn, die Dichte mit mehr als drei Nachkommastellen anzugeben.

Beispiel: Die Dichte eines Netzmittels wurde von einem Hersteller mit ϱ = 1,05 g/cm³ angegeben. Bei der Überprüfung der Dichte mit einem Pyknometer wurden folgende Messwerte erhalten:

m(Pyk) = 43,1243 g, *m*(Pyk mit Netzmittel) = 95,0070 g, *V*(Pyk) = 48,9365 cm³.

Stimmt die angegebene Dichte des Herstellers mit der zu ermittelnden Dichte überein?

Lösung: $\boldsymbol{\varrho}\mathbf{(Probe)} = \dfrac{m_D - m_A}{V(\text{Pyk})} = \dfrac{95{,}0070\ \text{g} - 43{,}1243\ \text{g}}{48{,}9365\ \text{cm}^3} = 1{,}0602\ \text{g/cm}^3 \approx \mathbf{1{,}06\ g/cm^3}$

Die Dichte des Netzmittels stimmt im Rahmen der Messgenauigkeit mit den Herstellerangaben überein.

Bestimmung der Dichte einer Feststoffportion mit dem Pyknometer (DIN EN ISO 787-10)

Mit dem Pyknometer lässt sich ebenfalls die Dichte von körnigen Feststoffportionen ermitteln. Dazu benötigt man eine Verdrängungsflüssigkeit, die mit der Probe nicht reagiert. Auch ein Lösen oder Quellen der Probe muss ausgeschlossen sein. Weiterhin ist darauf zu achten, dass in der Probe durch die Verdrängungsflüssigkeit keine Luftbläschen eingeschlossen werden.

[1] LOUIS-JOSEPH GAY-LUSSAC (1778–1850), französischer Physiker und Chemiker

Als Verdrängungsflüssigkeiten kommen in Abhängigkeit von der untersuchten Probe gut benetzende und schwer verdampfbare Flüssigkeiten zum Einsatz.

Zur Bestimmung der Dichte einer Feststoffportion mit dem Pyknometer unter Verwendung einer Verdrängungsflüssigkeit sind nach DIN EN ISO 787-10 folgende Wägungen durchzuführen **(Bild 1)**:

A) Pyknometer leer	B) Pyknometer vollständig mit Flüssigkeit gefüllt	C) Pyknometer teilweise mit Probesubstanz gefüllt	D) Pyknometer mit Substanz und Flüssigkeit gefüllt
m_A	m_B	m_C	m_D

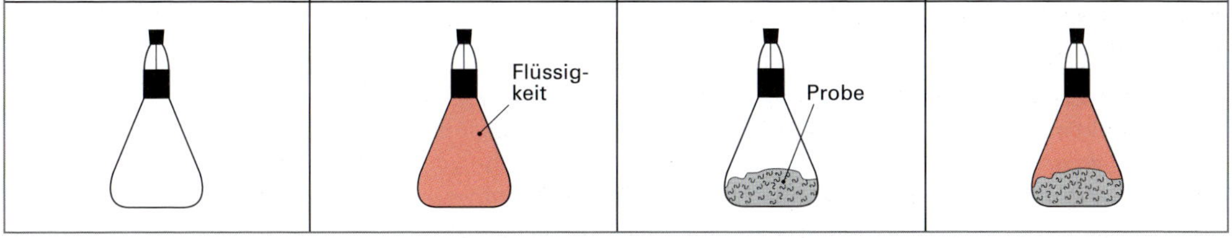

Bild 1: Wägungen zur Dichtebestimmung einer Feststoffportion mit dem Pyknometer

Eine Gleichung zur Berechnung der Dichte der Feststoffportion ϱ(Probe) lässt sich wie folgt ableiten:

1. Berechnung des Pyknometervolumens V(Pyk): $V(\text{Pyk}) = \dfrac{m_D - m_A}{\varrho_{Flü}}$

2. Berechnung der Masse der Feststoffportion m (Probe): $m(\text{Probe}) = m_B - m_A$

3. Berechnung des Volumens der Feststoffportion V(Probe):

$$V(\text{Probe}) = V(\text{Pyk}) - \frac{m_C - m_B}{\varrho_{Flü}} = \frac{m_D - m_A}{\varrho_{Flü}} - \frac{m_C - m_B}{\varrho_{Flü}} = \frac{m_D - m_A - m_C + m_B}{\varrho_{Flü}}$$

4. Berechnung der Dichte der Feststoffportion ϱ(Probe):

$$\varrho\,(\text{Probe}) = \frac{m(\text{Probe})}{V(\text{Probe})} = \frac{m_B - m_A}{\dfrac{m_D - m_A - m_C + m_B}{\varrho_{Flü}}}$$, daraus folgt:

Dichte einer Feststoffportion

$$\varrho\,(\text{Probe}) = \frac{m_B - m_A}{m_D - m_A - m_C + m_B} \cdot \varrho_{Flü}$$

Beispiel: Wie groß ist die Dichte von Drehspänen eines Kupferwerkstoffes, wenn die Dichtebestimmung mit dem Pyknometer unter Verwendung von Wasser der Dichte $\varrho(H_2O) = 0{,}9982\ g/cm^3$ als Verdrängungsflüssigkeit folgende Wägewerte ergibt:

Pyknometer, leer:	$m_A = 22{,}175\ g$
Pyknometer mit Kupferdrehspänen:	$m_B = 37{,}673\ g$
Pyknometer mit Drehspänen und Wasser:	$m_C = 60{,}597\ g$
Pyknometer mit Wasser:	$m_D = 46{,}835\ g$

Lösung: $$\varrho_{Cu} = \frac{m_B - m_A}{m_D - m_A - m_C + m_B} \cdot \varrho(H_2O) = \frac{37{,}673\ g - 22{,}175\ g}{46{,}835\ g - 22{,}175\ g - 60{,}597\ g + 37{,}673\ g} \cdot 0{,}9982\ g/cm^3$$

$$\boldsymbol{\varrho_{Cu}} = \frac{15{,}498\ g}{1{,}736\ g} \cdot 0{,}9982\ g/cm^3 \approx \mathbf{8{,}906\ g/cm^3}$$

Aufgaben zu 14.1.1 Dichtebestimmung mit dem Pyknometer

1. Ein 50-mL-Pyknometer hat eine Tara von 22,5543 g. Bei 20,0 °C mit Wasser der Dichte $0{,}9982\ g/cm^3$ gefüllt wiegt es 74,0416 g. Um wie viel Prozent weicht das Pyknometervolumen vom Nennvolumen ab?

2. Bei der Dichtebestimmung eines Hydrauliköls mit Hilfe eines Pyknometers wurden bei einer Temperatur von $\vartheta = 20{,}0\ °C$ folgende Messwerte erhalten: Pyknometer leer: $m = 26{,}7349\ g$, Pyknometer mit Wasser: $m = 52{,}5334\ g$, Pyknometer mit Hydrauliköl: $m = 54{,}5649\ g$. Welche Dichte hat das Hydrauliköl, wenn die Dichte des Wassers bei der Prüftemperatur $\varrho(H_2O) = 0{,}9982\ g/cm^3$ beträgt?

3. Ein 25-mL-Pyknometer nach GAY-LUSSAC (Bild 364/1) hat eine Tara von 21,0348 g. Mit entmineralisiertem Wasser bei 20,0 °C gefüllt wiegt es 46,0437 g.

   a) Wie groß ist das exakte Volumen des Pyknometers, wenn bei 20,0 °C die Dichte des Wassers 0,9982 g/cm³ beträgt?

   b) Nach DIN ISO 3507 darf die Volumenabweichung des Pyknometers vom Nennvolumen ± 8 % betragen. Wird dieser Wert unterschritten?

4. Das Volumen eines Pyknometers mit eingeschliffenem Thermometer und Seitenkapillare nach DIN ISO 3507 **(Bild 1)** beträgt bei 20,0 °C 50,0765 mL. Die Masse des leeren Pyknometers wurde zu 30,8601 g, die des mit Weichmacher gefüllten Pyknometers zu 92,5851 g bestimmt. Welche Dichte hat der Weichmacher? ($\varrho(H_2O$, 20,0 °C) = 0,9982 g/cm³)

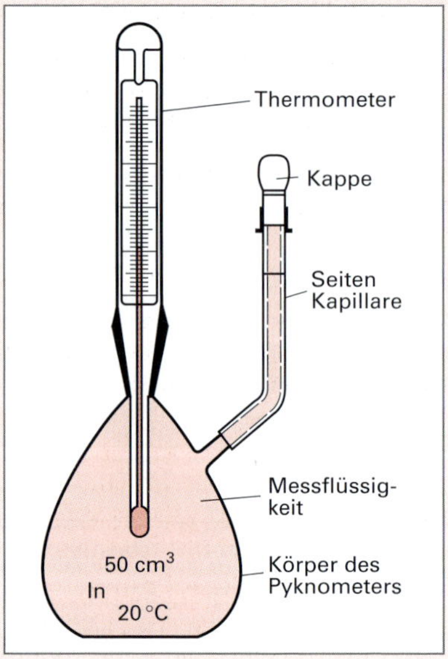

Bild 1: Pyknometer nach DIN ISO 3507

5. Ein Pyknometer mit einer Masse von 21,0316 g wiegt mit Wasserfüllung 45,9324 g. Mit Entschäumer gefüllt beträgt die Masse des Pyknometers 44,2325 g. Welche Dichte hat der Entschäumer? ($\varrho(H_2O$, 20,0 °C) = 0,9982 g/cm³)

6. Pyknometer nach HUBBARD **(Bild 2)** dienen zur Dichtebestimmung hochviskoser Flüssigkeiten. Die Tara eines solchen Pyknometers beträgt 31,3685 g. Mit Wasser bei ϑ = 20,0 °C gefüllt wiegt das Pyknometer 56,5127 g, mit Mineralöl gefüllt 51,0954 g. Welche Dichte hat das Mineralöl? ($\varrho(H_2O$, 20,0 °C) = 0,9982 g/cm³)

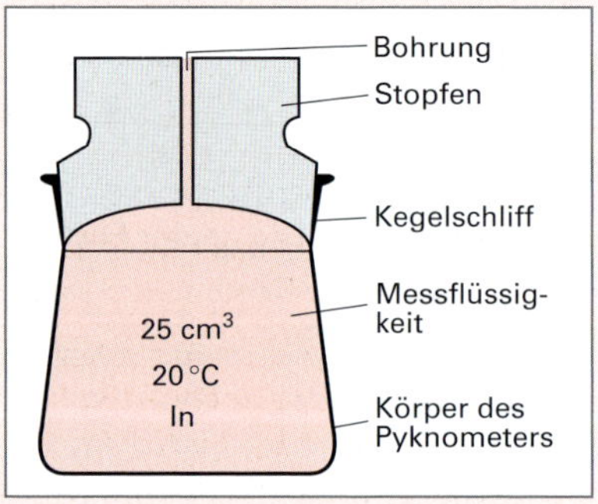

Bild 2: Pyknometer nach HUBBARD (DIN ISO 3507)

7. Berechnen Sie die Dichte eines Acklösemittels mit Hilfe folgender Messwerte ($\varrho(H_2O$, 20,0 °C) = 0,9982 g/cm³):

Pyknometer, leer:	m_P	= 23,4689 g
Pyknometer mit Wasserfüllung:	m_{PW}	= 74,1243 g
Pyknometer mit Lacklösemittel:	m_{PL}	= 63,9567 g.

8. Bei der Dichtebestimmung einer Emulgatorlösung wurden mit einem 50-mL-Pyknometer bei ϑ = 21,50 °C folgende Messwerte erhalten: m(Pyk, leer) = 35,3798 g, m(Pyk, mit H_2O) = 85,7654 g, m(Pyk, mit Emulgatorlösung) = 87,7368 g. Welche Dichte hat die Emulgatorlösung, wenn die Dichte des Wassers bei der Prüftemperatur 0,9979 g/cm³ beträgt?

9. Welche Dichte hat Rohrzucker, wenn die Bestimmung mit dem Pyknometer unter Verwendung von Cyclohexan als Verdrängungsflüssigkeit ($\varrho(C_6H_{12})$ = 0,7791 g/cm³) folgende Wägewerte ergibt:

Pyknometer leer:	m_A	= 13,8792 g
Pyknometer mit Rohrzucker:	m_B	= 16,4470 g
Pyknometer mit Rohrzucker u. Cyclohexan:	m_C	= 65,2112 g
Pyknometer mit Cyclohexan:	m_D	= 63,9531 g

10. Die Dichtebestimmung von Kunststoff-Recyclaten unterschiedlicher Herkunft mittels eines Pyknometers mit einer Masse von m = 20,7316 g und einem Volumen von V = 25,2116 cm³ unter Verwendung von Wasser ($\varrho(H_2O$, 20,0 °C) = 0,9982 g/cm³) ergab folgende Messwerte:

Kunststoff-Recyclat	**I**	**II**	**III**	**IV**
Pyknometer mit Recyclat	30,6531 g	31,1735 g	29,6375 g	31,4567 g
Pyknometer mit Wasser und Recyclat:	48,8973 g	49,2366 g	47,6539 g	49,8923 g

Welche Dichte haben die Kunststoffrecyclate?

14.1.2 Dichtebestimmung mit der Hydrostatischen Waage

Die hydrostatische Waage (hydrostatic balance) ist eine oberschalige Analysenwaage die zur Dichtebestimmung von Feststoffen und Flüssigkeiten dient.

Mittels einer speziellen Wägevorrichtung **(Bild 1)** wird die als Masse angezeigte Gewichtskraft des Prüfkörpers in der Luft m_K und anschließend seine als Masse angezeigte Gewichtskraft m_S in der Auftriebsflüssigkeit bestimmt.

Die Wägevorrichtung besteht aus einem Bügel, der an der Waagschale der Oberschalenwaage befestigt ist. Der Bügel nimmt den Tauchkörper auf und dient zur Übertragung der Gewichtskraft F_G oder der Restgewichtskraft F_R auf die Waagschale. Die über der Waagschale stehende Brücke dient zur Aufnahme des Becherglases. Die Brücke steht auf dem Waagengehäuse und hat demzufolge keinen Kontakt mit der Waagschale.

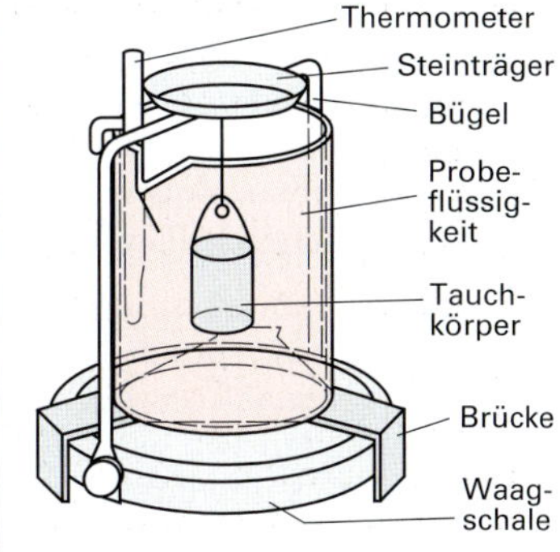

Bild 1: Hydrostatische Waage

Physikalische Grundlagen

Die bei der hydrostatischen Waage durch die Auftriebskraft der Verdrängungsflüssigkeit verursachte Gewichtskraftminderung des Prüfkörpers entspricht der Gewichtskraft und damit der Masse an verdrängter Flüssigkeit. Da die Dichte der verdrängten Flüssigkeit (meist Wasser) bekannt ist, lässt sich auf das Volumen des Prüfkörpers und bei bekannter Masse auf seine Dichte schließen.

Umgekehrt lässt sich bei bekannter Masse und Volumen des Prüfkörpers, er wird dann als Senk- oder Tauchkörper bezeichnet, die Dichte der Auftriebsflüssigkeit nach DIN 51757 bestimmen.

Ableitung der Größengleichungen zur Berechnung der Dichte

Die Auftriebskraft F_A des Prüfkörper in der Auftriebsflüssigkeit ist die Differenz zwischen seiner Gewichtskraft F_G und seiner Restgewichtskraft F_R: $F_A = F_G - F_R = m_K \cdot g - m_S \cdot g = (m_K - m_S) \cdot g$.

Nach dem Gesetz von ARCHIMEDES (vgl. Seite 101) ist die Auftriebskraft F_A gleich der Gewichtskraft F_G der verdrängten Flüssigkeit. Mit $F_A = \varrho_{Flü} \cdot V_K \cdot g$ folgt nach dem Gleichsetzen in F_A und Kürzen der Erdbescheunigung g: $m_K - m_S = \varrho_{Flü} \cdot V_K$.

Durch Umstellen nach $\varrho_{Flü}$ erhält man die nebenstehende Gleichung zur Berechnung der Dichte der Auftriebsflüssigkeit.

Durch Umstellen nach dem Volumen des Prüfkörpers V_K: $V_K = (m_K - m_S)/\varrho_{Flü}$ und Einsetzen dieses Therms in die Definitionsgleichung der Dichte $\varrho_K = m_K/V_K$ ergibt sich nebenstehende Gleichung zur Berechnung der Dichte des Prüfkörpers ϱ_K.

Dichte der Auftriebsflüssigkeit

$$\varrho_{Flü} = \frac{m_K - m_S}{V_K} = \varrho_K - \frac{m_S}{V_K}$$

Dichte des Prüfkörpers

$$\varrho_K = \frac{m_K}{V_K} = \frac{m_K \cdot \varrho_{Flü}}{m_K - m_S}$$

Beispiel 1: Ein unregelmäßig geformter Kunststoffschmelzkörper aus Polymethylmethacrylat mit der Masse m(PMMA) = 22,38 g hat in Wasser (ϱ = 1,00 g/cm³) eine scheinbare Masse von 3,41 g. Welche Dichte hat der Kunsstoffschmelzkörper?

Lösung: $$\boldsymbol{\varrho_K} = \frac{m_K \cdot \varrho_{Flü}}{m_K - m_S} = \frac{22{,}38\ \text{g} \cdot 1{,}00\ \text{g/cm}^3}{22{,}38\ \text{g} - 3{,}41\ \text{g}} = 1{,}179\ \text{g/cm}^3 \approx \mathbf{1{,}18\ g/cm^3}$$

Beispiel 2: Ein Senkkörper mit einer Masse von 12,1345 g verdrängt laut Herstellerangabe 4,991 g Wasser (ϱ (H_2O, 20,0 °C) = 0,9982 g/cm³). In eine ölmodifizierte Polyesterharz-Lösung getaucht beträgt seine scheinbare Masse 7,5361 g. Welche Dichte hat die Polyesterharz-Lösung?

Lösung: $$\varrho_{PH} = \frac{m_K - m_S}{V_K}; \quad \text{mit} \quad V_K = V_{H_2O} = \frac{m_{H_2O}}{\varrho_{H_2O}} \quad \text{folgt:} \quad \varrho_{PH} = \frac{m_K - m_S}{m_{H_2O}} \cdot \varrho_{H_2O}$$

$$\boldsymbol{\varrho_{PH}} = \frac{12{,}1345\ \text{g} - 7{,}5361\ \text{g}}{4{,}991\ \text{g}} \cdot 0{,}9982\ \frac{\text{g}}{\text{cm}^3} \approx \mathbf{0{,}9197\ g/cm^3}$$

14.1.3 Dichtebestimmung mit der WESTPHAL'schen Waage

Die WESTPHAL'sche Waage ist eine spezielle ungleicharmige Balkenwaage zur Bestimmung der Dichte von Flüssigkeiten **(Bild 1)**. Zu Messbeginn wird die Waage, an der sich ein Senkkörper mit einem exakt definierten Volumen befindet, mit der Justierschraube am Fuß in Luft ins Gleichgewicht gebracht. Anschließend lässt man den am Balkenende hängenden Senkkörper in die zu untersuchende Flüssigkeit eintauchen.

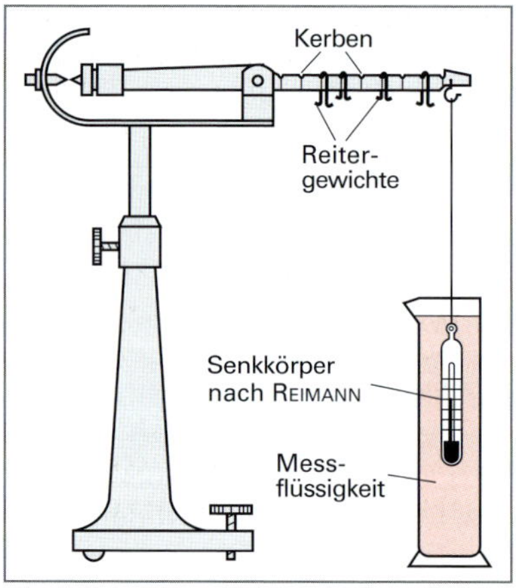

Bild 1: WESTPHAL'sche Waage

Der durch den Auftrieb verursachte scheinbare Gewichtsverlust des Senkkörpers wird durch Auflegen von Reitergewichten in die Kerben des Waagebalkens ausgeglichen. Die Massen der Reiter A, B, C, D, verhalten sich wie 1 : 0,1 : 0,01 : 0,001. Aus der Größe der Reitergewichte und ihrer Position an der Teilung des Waagebalkens kann die Dichte der Flüssigkeit abgelesen werden. Dabei ist Folgendes zu beachten:

- Wenn einer der Reiter zur Gleichgewichtseinstellung nicht benötigt wird, so tritt an seine Stelle in der Ablesung eine Null.
- Ist die Dichte einer Flüssigkeiten größer als ein Gramm durch Kubikzentimeter, so wird der Reiter mit der größten Masse im Endhaken aufgehängt.
- Falls zur Gleichgewichtseinstellung mehrere Reiter in dieselbe Kerbe eingesetzt werden müssen, so wird der kleinere Reiter in den größeren Reiter eingehängt.

Beispiel: Welche Dichte hat ein Testbenzin, wenn die Dichtebestimmung mit der WESTPHAL'schen Waage die nebenstehend abgebildeten Reiterpositionen ergibt?

Lösung: Die Dichte des Testbenzins beträgt:

ϱ(Testbenzin) = 0,8246 g/cm³

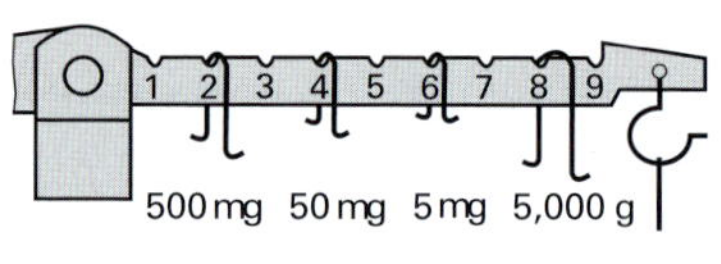

Aufgaben zu 14.1.2 und 14.1.3 Hydrostatische- und WESTPHAL'sche Waage

1. Ein Tauchkörper aus Borosilikatglas (m = 4,8760 g, ϱ = 2,25 g/cm³) wird vollständig in eine Soda-Lösung getaucht. Sein scheinbarer Masseverlust beträgt 2,653 g. Welche Dichte hat die Lösung?
2. Ein Tauchkörper aus Messing (m(Ms) = 14,5062 g) hat unter Wasser der Dichte ϱ(H_2O, 20,0 °C) = 0,9982 g/cm³ eine scheinbare Masse von 12,785 g. Wie groß ist die Dichte des Messings?
3. Welche scheinbare Masse hat ein Senkkörper aus Aluminium (ϱ(Al) = 2,70 g/cm³, m = 7,4225 g) in Wasser (ϱ(H_2O, 20,0 °C) = 0,9982 g/cm³)?
4. Bei der Dichtebestimmung eines Testbenzins werden die Reiter einer WESTPHAL'schen Waage in folgenden Positionen vorgefunden: 100 mg-Reiter in Kerbe 8 der Skale, 10 mg-Reiter in Kerbe 1 der Skale, 1 mg-Reiter im 10 mg-Reiter. Welche Dichte hat das Testbenzin?
5. Welche Dichte hat ein Ethanol/Wasser-Gemisch mit einem Ethanol Massenanteil von w(CH_3CH_2OH) = 80,0 %, wenn die Dichtebestimmung mit der WESTPHAL'schen Waage bei 20,0 °C folgende Reiterpositionen ergibt:
   5000 mg Reiter in Kerbe 8, 500 mg Reiter in Kerbe 4,
   50 mg Reiter im 500 mg Reiter, 5 mg Reiter in Kerbe 9?
6. Ein Senkkörper aus Glas (Bild 1) mit der Masse m = 10,2873 g und dem Volumen V = 4,995 cm³ wird vollständig in Siedegrenzenbenzin eingetaucht. Seine scheinbare Masse beträgt dann 6,1549 g. Welche Dichte hat das Siedegrenzenbenzin?
7. Ein Tauchkörper nach REIMANN (Bild 368/1) mit der Masse 12,1345 g verdrängt laut Herstellerangabe 4,991 g Wasser (ϱ(H_2O, 20,0 °C) = 0,9982 g/cm³). In eine Antihautmittel-Lösung getaucht, beträgt seine scheinbare Masse 7,4950 g. Welche Dichte hat die Antihautmittel-Lösung?

14.1.4 Dichtebestimmung nach dem Tauchkörper-Verfahren

Die Dichtebestimmung nach dem Tauchkörper-Verfahren (immersed body method) nach DIN EN ISO 2811, Teil 2 wird bei niedrig und mittelviskosen Beschichtungsstoffen und ähnlichen Flüssigkeiten angewandt. Das Verfahren ist besonders als Betriebsprüfverfahren von Stoffen dieser Art geeignet.

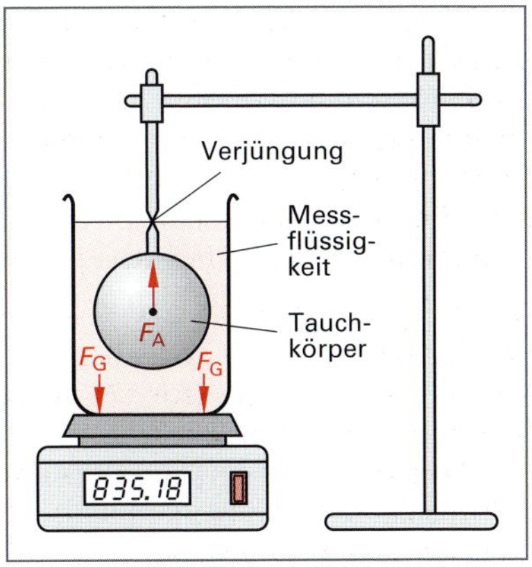

Bild 1: Tauchkörper-Verfahren

Kurzbeschreibung des Verfahrens

Ein Gefäß mit der zu untersuchenden Flüssigkeit wird auf eine Oberschalenwaage gestellt **(Bild 1)**. Anschließend senkt man den an einem Stativ befestigten genormten Tauchkörper vollständig bis zur Mitte der Verjüngung in die zu prüfende Flüssigkeit.

Aus den Wägewerten W_1 vor dem Absenken und W_2 nach dem Absenken des Tauchkörpers kann die Dichte der Flüssigkeit berechnet werden.

Ableitung der Größengleichung zur Berechnung der Dichte

Senkt man den Tauchkörper in die Probeflüssigkeit, so versucht die Auftriebskraft F_A den Tauchkörper aus der Flüssigkeit herauszudrücken. Die Auftriebskraft ist nach dem Gesetz von ARCHIMEDES (vgl. Seite 101) gleich der Gewichtskraft F_G der vom Tauchkörper verdrängten Probeflüssigkeit: $F_A = F_G$. Die Auftriebskraft, die den Tauchkörper herauszudrücken versucht, wirkt in Form der Gewichtskraft der verdrängten Probeflüssigkeit auf die Waagschale. Sie entspricht, auf einer Oberschalenwaage gemessen, der Masse $m_{Flü}$ der verdrängten Probeflüssigkeit. Sie wird durch eine Wägung vor (W_1) und nach dem Absenken des Tauchkörpers (W_2) in die Probeflüssigkeit bestimmt. Die Differenz $W_2 - W_1$ entspricht der Masse der verdrängten Probeflüssigkeit: $m_{Flü} = W_2 - W_1$.

Mit der Definitionsgleichung für die Dichte $\varrho_{Flü} = m_{Flü}/V_{Flü}$ erhält man nach dem Einsetzen und Umstellen eine Bestimmungsgleichung zur Berechnung der Dichte der Probeflüssigkeit $\varrho_{Flü}$. Bei sehr genauen Messungen ist zur Korrektur des Luftauftriebs die Dichte der Luft ϱ (Luft, 20,0 °C) = 1,205 g/L zu addieren.

Dichte der Auftriebsflüssigkeit

$$\varrho_{Flü} = \frac{m_{Flü}}{V_{Flü}} + \varrho_{Luft} = \frac{W_2 - W_1}{V_{Flü}} + \varrho_{Luft}$$

Beispiel: Ein geöffnetes 750-mL-Gebinde mit Polyesterlack hat eine Bruttomasse von 1275,5 g. Mit einem Tauchkörper (V = 100,1347 mL) wurde bei ϑ = 20,0 °C ein Wägewert von 1424,5 g ermittelt. Welche Dichte hat der Polyesterlack?

Lösung: $\varrho_{Flü} = \frac{W_2 - W_1}{V_{Flü}} = \frac{1424{,}5\text{ g} - 1275{,}5\text{ g}}{100{,}1347\text{ cm}^3} = 1{,}48799\text{ g/cm}^3 \approx \mathbf{1{,}488\text{ g/cm}^3}$

Aufgaben zu 14.1.4 Dichtebestimmung nach dem Tauchkörper-Verfahren

1. Beim Eintauchen eines Tauchkörpers in eine Leinölprobe wurde auf einer zuvor auf Null tarierten Analysenwaage bei ϑ = 21,3 °C ein Wägewert von 9,2120 g gemessen. Berechnen Sie die Dichte des Leinöls, wenn das Tauchkörpervolumen 9,8734 cm³ beträgt.

2. Berechnen Sie die Dichte eines Lackbenzins, wenn die Dichtebestimmung nach dem Tauchkörper-Verfahren bei 20,7 °C folgende Messwerte ergibt:

   W_1 = 57,137 g, W_2 = 64,635 g, V(Tauchkörper) = 9,8734 cm³.

3. Eine geöffnete Weißblechdose mit 375 mL eines pigmentierten Nitrolacks hat eine Bruttomasse von m (Lack) = 350,12 g. Mit einem Tauchkörper (V = 9,8179 cm³) wurde bei ϑ = 20,3 °C ein Wägewert von 360,96 g abgelesen. Welche Dichte hat der Nitrolack?

4. Beim Absenken eines Tauchkörpers in eine Siliconharzlösung wurde auf einer zuvor auf Null tarierten Makrowaage bei ϑ = 19,8 °C ein Wägewert von 97,67 g ermittelt. Das Tauchkörpervolumen beträgt V = 99,7865 cm³. Berechnen Sie die Dichte der Siliconharzlösung.

14.1.5 Dichtebestimmung mit dem Aräometer

Aräometer (Hydrometer) nach DIN 12790 sind geschlossene zylindrische Schwimmkörper aus Glas (Bild 82/1) Sie haben am unteren Ende eine Beschwerung, damit sie in der Messflüssigkeit lotrecht schwimmen. Der stabförmig verjüngte Stengel enthält eine Strichskale. Sie ist nicht linear geteilt, weil die Auftriebskraft mit steigender Eintauchtiefe des Aräometers zunimmt. Da ein Aräometer um so tiefer in die Prüfflüssigkeit eintaucht, je kleiner ihre Dichte ist, befindet sich der Skalenendwert am unteren Ende des Stengels.

Die Eintauchtiefe in der Messflüssigkeit wird auf einem Skalenträger im Stengel abgelesen. Er ist z. B. in Gramm durch Kubikzentimeter kalibriert. Die Ablesung erfolgt bei durchsichtigen Flüssigkeiten auf der Schnittlinie zwischen Flüssigkeitsspiegel und Stengel **(Bild 1)**.

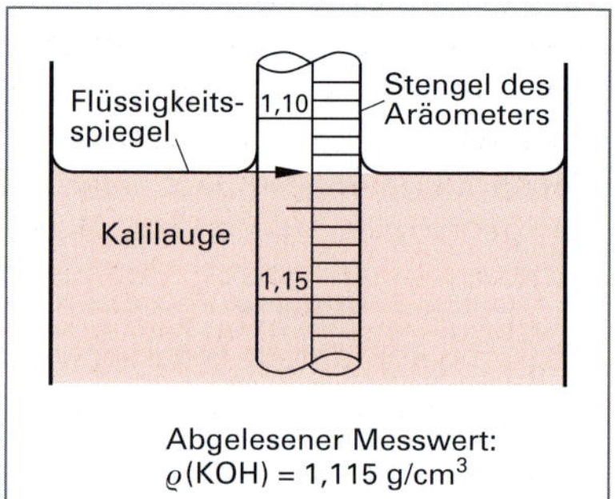

Bild 1: Beispiel einer Dichteablesung am Aräometer

Die Schnittlinie zwischen Flüssigkeitsspiegel und Stengel ist deutlicher zu erkennen, wenn man das Auge dicht unter die Ebene des Flüssigkeitsspiegel bringt. An der Stelle, wo die Flüssigkeitsoberfläche den Stengel schneidet, ist dann eine elliptisch erscheinende Fläche zu sehen. Nun wird das Auge langsam gehoben, wobei die Fläche zu einer Linie zusammenschrumpft. Dies ist die gesuchte Schnittlinie zwischen Flüssigkeitsspiegel und Stengel.

Die Dichtemessung mit dem Aräometer wird auch *Spindeln* genannt, das Aräometer selbst als Spindel bezeichnet.

14.1.6 Dichtebestimmung nach der Schwebemethode

Die Schwebemethode (suspension method) nach DIN 53479 nutzt die Eigenschaft, dass ein Feststoff einer bestimmten Dichte in einer Flüssigkeit gleicher Dichte schwebt. **(Bild 2)**. Die Auftriebskraft F_A des Körpers ist dann mit seiner Gewichtskraft F_G identisch. Es gilt: $F_A = F_G$.

Zur Bestimmung der Dichte wird die zu untersuchende Substanz, meist ein gut ausgebildeter Kristall, in eine Flüssigkeit hoher Dichte gegeben. Diese Flüssigkeit, die auch als Schwerflüssigkeit bezeichnet wird, darf den Kristall weder lösen noch mit ihm reagieren. Die Schwerflüssigkeit wird dann mit einem geeigneten Lösemittel so lange gemischt, bis die zu untersuchende Substanz in der Flüssigkeit schwebt. Durch Spindeln des Flüssigkeitsgemisches erhält man die Dichte der Flüssigkeit und damit die Dichte des schwebenden Feststoffes.

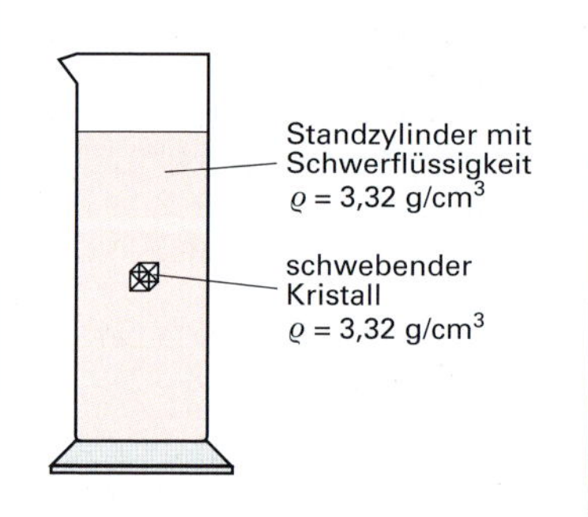

Bild 2: Dichtebestimmung nach der Schwebemethode

Aufgaben zu 14.1.5 und 14.1.6 Dichtebestimmung mit Aräometer und Schwebemethode

1. Bei der Dichtebestimmung nach der Schwebemethode wurde ein Kristall einer unbekannten Substanz in einem Gemisch aus Bromoform $\varrho(CHBr_3)$ = 2,89 g/cm³ und Chloroform $\varrho(CHCl_3)$ = 1,484 g/cm³ zum Schweben gebracht. Anschließend wurde das Lösemittelgemisch gespindelt. Die Stellung des Aräometerstengels zum Lösemittelspiegel ist in **Bild 3** wiedergegeben. Welche Dichte hat der untersuchte Kristall?
2. Welche Dichten haben die gespindelten Probeflüssigkeiten, wenn die Aräometerstengel im Bild 1 und Bild 3 jeweils a) 10 mm weiter aus den Proben herausragen oder b) 5 mm tiefer in Messflüssigkeiten eintauchen?

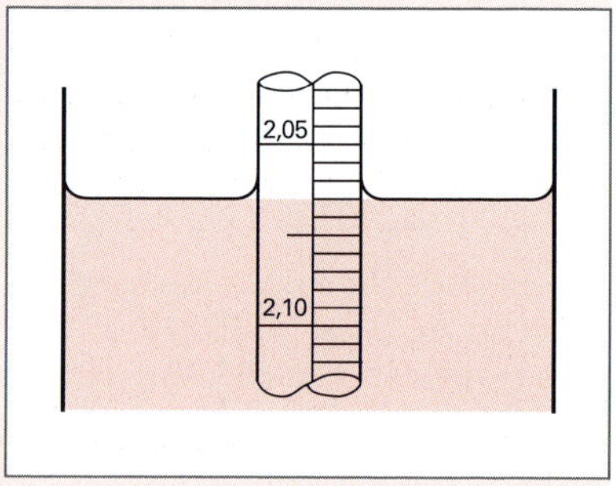

Bild 3: Dichtemessung mit dem Aräometer

14.1.7 Bestimmung der Röntgendichte

Die Röntgenstrukturanalyse ist eine aufwendige mathematisch-physikalische Untersuchungsmethode, die wesentliche Informationen über den dreidimensionalen Aufbau der Materie liefert. Dabei wird ein Einkristall einer Probe mit einem Röntgenstrahl in Wechselwirkung gebracht **(Bild 1)**. Die Richtung und Intensität der gebeugten Röntgenstrahlung wird mit einem Zählrohr gemessen und mit einem Rechner ausgewertet.

Auf diese Weise können z. B. Bindungslängen und -winkel der am Aufbau der Materie beteiligten Teilchen in der untersuchten Probe sowie die Abmessungen (Metrik) der Elementarzelle bestimmt werden. Die **Röntgendichte** der Verbindung fällt dabei sozusagen als Nebenprodukt ab.

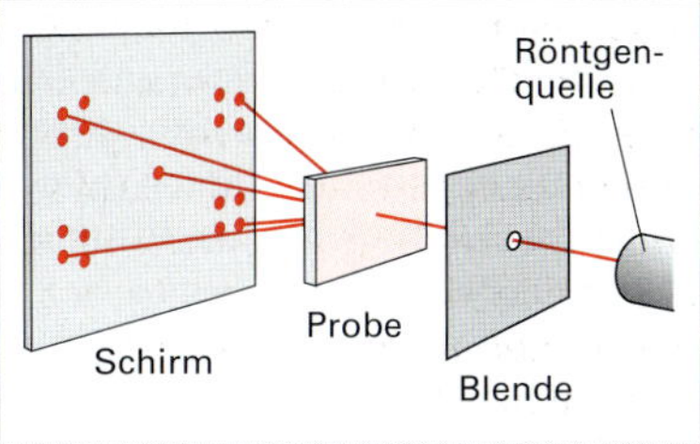

Bild 1: Prinzip der Röntgenstrukturanalyse

Die Elementarzelle **(Bild 2)** ist die kleinste Einheit des Kristallgitters der untersuchten Probe. Sie hat z. B. bei der kubischen Kristallstruktur des Natriumchlorids acht Ecken und wird durch sechs Flächen begrenzt. Sie enthält die Gesamtinformation des Raumgitters. Durch Parallelverschiebung in die drei Raumrichtungen ergibt sich der Aufbau des gesamten Kristallgitters, d.h. die Kristallstruktur.

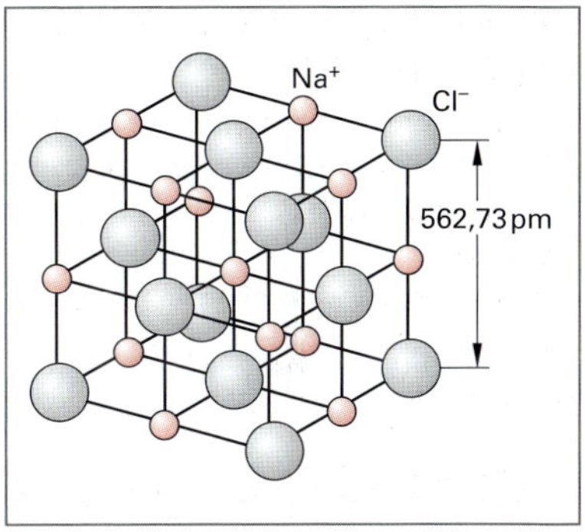

Bild 2: Elementarzelle des Natriumchlorids

Berechnung der Röntgendichte (X-ray density)

Die Röntgendichte $\varrho_{\text{rö}}$ ist der Quotient aus der Masse m_{EZ} der Teilchen die sich in der Elementarzelle befinden und dem Volumen V_{EZ} der Elementarzelle: $\varrho_{\text{rö}} = m_{\text{EZ}}/V_{\text{EZ}}$.

Die Masse eines Teilchens in der Elementarzelle berechnet sich als Quotient aus der molaren Masse M des Teilchens und der AVOGADRO-Konstanten $N_A = 6{,}022 \cdot 10^{23}\ \text{mol}^{-1}$ (vgl. Seite 125).

Für eine Vielzahl von Z Teilchen gilt:

$m = \frac{Z \cdot M}{N_A}$. Nach dem Einsetzen in: $\varrho_{\text{rö}} = \frac{m_{\text{EZ}}}{V_{\text{EZ}}} = \frac{Z \cdot M}{N_A \cdot V_{\text{EZ}}}$

erhält man die nebenstehende Größengleichung zur Berechnung der Röntgendichte.

Röntgendichte

$$\varrho_{\text{rö}} = \frac{m_{\text{EZ}}}{V_{\text{EZ}}} = \frac{Z \cdot M}{N_A \cdot V_{\text{EZ}}}$$

Beispiel: Welche Röntgendichte hat Natriumchlorid (Bild 2) wenn eine kubische Elementarzelle die Kantenlänge 562,73 pm hat und je vier Natrium- und Chlorid-Ionen enthält? (M (NaCl) = 58,443 g/mol)

Lösung: $\varrho_{\text{rö}} = \frac{Z \cdot M\ (\text{NaCl})}{N_A \cdot V_{\text{EZ}}} = \frac{4 \cdot 58{,}443\ \text{g} \cdot \text{mol}^{-1}}{6{,}022 \cdot 10^{23}\ \text{mol}^{-1} \cdot (562{,}73 \cdot 10^{-10})^3 \cdot \text{cm}^3} = 2{,}17846\ \text{g/cm}^3 \approx \mathbf{2{,}1785\ g/cm^3}$

Aufgaben zu 14.1.7 Bestimmung der Röntgendichte

1. Bestimmen Sie mit Hilfe der folgenden kristallografischen Daten die Röntgendichte des Weißpigments Rutil ($M(TiO_2)$ = 79,88 g/mol): Anzahl der Formeleinheiten pro Elementarzelle $Z = 2$, Metrik der tetragonalen Elementarzelle $a_o = b_o = 459$ pm, $c_o = 296$ pm, $\alpha = \beta = \gamma = 90°$.

2. Wie viele Molekülen befinden sich in der Elementarzelle des N-Mesylhydroxylamins CH_3SO_2NHOH **(Bild 3)**, wenn das Volumen der Elementarzelle $221{,}31 \cdot 10^6\ \text{pm}^3$ beträgt? Die Dichte des Hydroxylaminderivats wurde nach der Schwebemethode zu $1{,}70\ \text{g/cm}^3$, die molare Masse massenspektroskopisch zu 111 g/mol ermittelt.

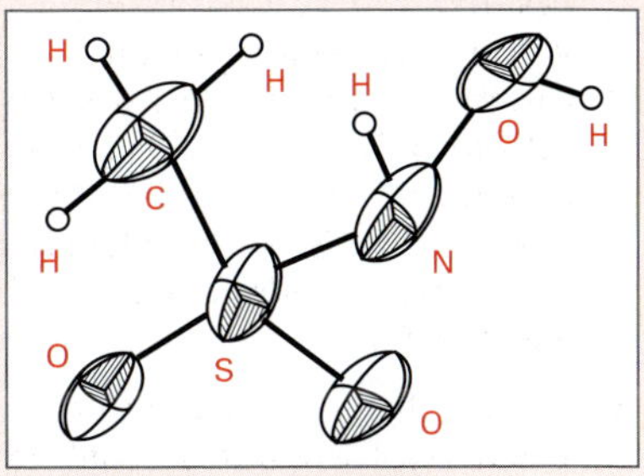

Bild 3: Struktur des N-Mesyl-Hydroxylamin-Moleküls

14.1.8 Bestimmung der Schüttdichte und der Rütteldichte

Technische Produkte liegen häufig als Schüttungen in körniger oder pulveriger Form vor, wie z.B. Düngemittel, Pigmente und Formmassen. Für diese Schüttgüter, auch Haufwerke genannt, hat man technische Dichten ϱ(techn) eingeführt wie beispielsweise die Schüttdichte, die Rütteldichte oder die Klopfdichte (vgl. Übersicht Seite 80).

Die technischen Dichten (industrial densities) sind definiert als Quotient aus der Masse *m* und dem sich aus dem genormten Verfahren ergebendem Volumen *V*(Norm) der Schüttgutportion. Allen Verfahren gemeinsam ist die Verdichtung der körnigen Stoffportion. Diese Verdichtung wird durch geeignete mechanische oder thermische Verfahren erreicht.

Stellvertretend für die Vielzahl der Verfahren sollen die Bestimmungen der Schüttdichte (bulk density, loose) und der Rütteldichte (bulk density, tapped) beschrieben werden:

Technische Dichte

$$\varrho(\text{techn}) = \frac{m}{V(\text{norm})}$$

Schüttdichte

$$\varrho(\text{Schütt}) = \frac{m_1 - m_Z}{V_Z}$$

Rütteldichte

$$\varrho(\text{Rütt}) = \frac{m_2 - m_Z}{V_Z}$$

Bestimmung der Schütt- und Rütteldichte nach DIN EN 1237

a) In einem 1-L-Messzylinder aus Polypropylen der Masse m_Z wird eine Probe des Schüttguts lose aufgeschüttet, so dass sie über den Rand des Messzylinders hinaus einen Kegel bildet. Nach Abstreichen des überschüssigen Schüttguts bestimmt man die Masse des gefüllten Zylinders m_1. Daraus kann die Schüttdichte berechnet werden (siehe Formel rechts oben).

b) Anschließend wird auf den Messzylinder eine Kunststoffmanschette gesteckt und mit Schüttgut gefüllt **(Bild 1)**. Dann wird die Rüttelmaschine in Gang gesetzt. Nach 10 Minuten (2500 Rüttelbewegungen mit 250 min^{-1}) wird die Manschette abgenommen, das überschüssige Schüttgut abgestrichen und die Masse des gefüllten Messzylinders m_2 bestimmt. Daraus wird mit der oben rechts angegebenen Größengleichung die Rütteldichte ϱ(Rütt) berechnet.

Beispiel: Die Bestimmung der Schütt- und Rütteldichte eines PE-Granulats in einem 1-Liter-Messzylinder ergab folgende Wägewerte:

m_1 = 1,0128 kg, m_2 = 1,0962 kg, m_Z = 0,2234 kg.

Welche Schütt- und Rütteldichte hat das Granulat?

Lösung:

$$\boldsymbol{\varrho}(\textbf{Schütt}) = \frac{m_1 - m_Z}{V_Z} = \frac{1{,}0128\text{ kg} - 0{,}2234\text{ kg}}{1{,}000\text{ L}} \approx \mathbf{0{,}7894\,\frac{kg}{L}}$$

$$\boldsymbol{\varrho}(\textbf{Rütt}) = \frac{m_2 - m_Z}{V_Z} = \frac{1{,}0962\text{ kg} - 0{,}2234\text{ kg}}{1{,}000\text{ L}} \approx \mathbf{0{,}8728\,\frac{kg}{L}}$$

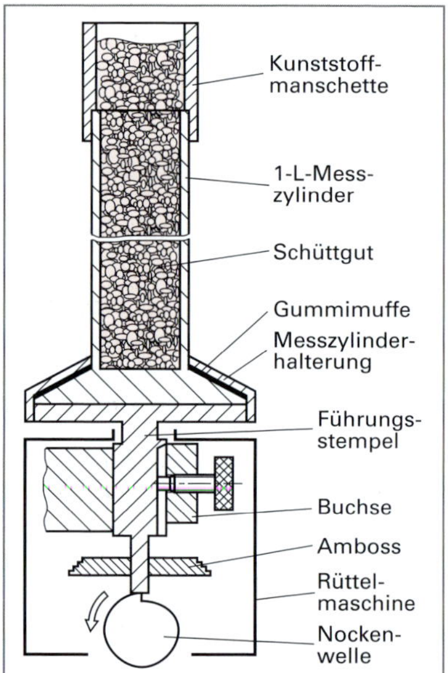

Bild 1: Vorrichtung zur Bestimmung der Rütteldichte nach DIN EN 1237

Aufgaben zu 14.1.8 Bestimmung der Schüttdichte und der Rütteldichte

1. Ein zur Aluminiumherstellung eingesetzter Bauxit hat die Schüttdichte 1,05 t/m^3. Welche Rütteldichte hat der Bauxit, wenn der Massenunterschied einer Probe mit dem Volumen 1,000 L vor und nach dem Rütteln 296 g beträgt?
2. Polystyrol (PS) hat eine Stoffdichte von ϱ(PS) = 1,06 g/cm^3. Die Bruttomasse einer 1-L-Polystyrol-Granulatprobe beträgt nach dem Rütteln 0,801 kg. Um wie viel Prozent nimmt die Dichte des Granulats durch das Rütteln zu, wenn die Masse des leeren Messzylinders 220,0 g beträgt?
3. Berechnen Sie die Schütt- und Rütteldichte des Pigments Zinkweiß ZnO mit Hilfe folgender Wägewerte: m_Z = 230,0 g, m_1 = 5284 g, m_2 = 5756 g, V_Z = 1,000 L.

14.1.9 Dichtebestimmung nach der Schwingungsmethode

Die Schwingungsmethode (oscillation method) ist zur Dichtebestimmung von Stoffen aller Aggregatzustände geeignet. Sie kann sowohl zur Dichtemessung in einem kontinuierlichen Prozess als auch im Labor herangezogen werden.

Die zu untersuchende Probe wird in einen hohlen, U-förmig gebogenen Biegeschwinger aus Borosilicatglas eingespritzt **(Bild 1)**. Nach dem Temperaturausgleich wird der Schwinger durch einen Elektromagneten zu einer ungedämpften Schwingung bei konstanter Amplitude angeregt.

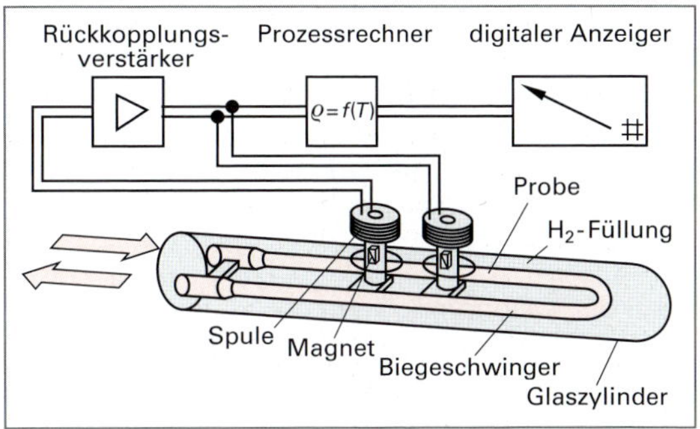

Bild 1 Messprinzip der Dichtebestimmung nach der Schwingungsmethode (DIN EN ISO 15212-1)

Die Schwingungsdauer T des Biegeschwingers wird über eine Empfängerspule mittels einer eingebauten Quarzuhr gemessen und dem Prozessrechner zugeführt. Er bestimmt unter Verwendung der Geräteparameter die Dichte der untersuchten Probe. Die Schwingungsfrequenz des gefüllten Biegeschwingers und damit seine Schwingungsdauer T ist bei konstanten Biegeschwingerparametern wie Innenvolumen V, Masse m sowie Schwingungskonstante D, nur von der Dichte ϱ der untersuchten Probe abhängig. Nachfolgend wird die Größengleichung zur Auswertung einer Dichtebestimmung nach der Schwingungsmethode abgeleitet.

Die Schwingungsdauer T des Biegeschwingers berechnet sich nach der nebenstehenden Größengleichung. In ihr stellen die Größen m die Masse und D die Schwingungskonstante des schwingenden Systems dar.

Schwingungsdauer

$$T = 2 \cdot \pi \sqrt{\frac{m}{D}}$$

Die Masse m des schwingenden Systems setzt sich aus der Masse des leeren Schwingers m_S und der Masse der darin enthaltenen Probe m_P zusammen: $m = m_S + m_P$.

Mit $m_P = \varrho_P \cdot V_P$ folgt: $m = m_S + \varrho_P \cdot V_P$, wobei das Volumen der Probe V_P mit den an den Einspannstellen des Biegeschwingers gekennzeichneten Volumen des Schwingers V_S identisch ist: $V_P = V_S = V$.

Dichteberechnung nach der Schwingungsmethode

$$\varrho_P = \frac{D}{4\,\pi^2 \cdot V}\left(T^2 - \frac{4\,\pi^2 \cdot m_S}{D}\right)$$

Nach dem Einsetzen von $m = m_S + \varrho_P \cdot V$ in die Größengleichung zur Berechnung der Schwingungsdauer T des Biegeschwingersensors und Umstellen nach der Dichte der untersuchten Probe ϱ_P erhält man die nebenstehende Formel zur Berechnung der Dichte der Probe.

Beispiel: Wie groß ist die Dichte eines technischen 2-Propanols CH_3-$CH_2(OH)$-CH_3 wenn bei $\vartheta = 20{,}00$ °C in einem Biegeschwinger mit der Masse $m_S = 10{,}2732$ g und einem Volumen von 0,73496 mL eine Schwingungsdauer von $T = 5{,}9837$ ms gemessen wurde? Die Schwingungskonstante des Biegeschwingersensors beträgt $D = 11{,}966$ N/mm.

Lösung:

$$\varrho_P = \frac{D}{4\,\pi^2 \cdot V}\left(T^2 - \frac{4\,\pi^2 \cdot m_S}{D}\right) = \frac{11{,}966\ \text{N/mm}}{4\,\pi^2 \cdot 0{,}73496\ \text{mL}}\left[(5{,}9837\ \text{ms})^2 - \frac{4\,\pi^2 \cdot 10{,}2732\ \text{g}}{11{,}966\ \text{N/mm}}\right]$$

$$\varrho_P = \frac{11{,}966\ \text{N} \cdot 10^3\ \text{m}^{-1}}{4\,\pi^2 \cdot 0{,}73496 \cdot 10^{-6}\ \text{m}^3}\left[(5{,}9837 \cdot 10^{-3}\ \text{s})^2 - \frac{4\,\pi^2 \cdot 10{,}2732 \cdot 10^{-3}\ \text{kg}}{11{,}966\ \text{N} \cdot 10^3\ \text{m}^{-1}}\right]$$

$$\varrho_P = 412{,}41 \cdot 10^6\ \frac{\text{N}}{\text{m} \cdot \text{m}^3}\left(35{,}8047 \cdot 10^{-6}\ \text{s}^2 - 33{,}8935 \cdot 10^{-6}\ \frac{\text{kg} \cdot \text{m} \cdot \text{s}^2}{\text{kg} \cdot \text{m}}\right) = 788{,}17\ \frac{\text{N} \cdot \text{s}^2}{\text{m} \cdot \text{m}^3}$$

$$\boldsymbol{\varrho_P} = 788{,}17\ \frac{\text{kg} \cdot \text{m} \cdot \text{s}^2}{\text{s}^2 \cdot \text{m} \cdot \text{m}^3} = 788{,}17\ \text{kg/m}^3 \approx \mathbf{0{,}7882\ g/cm^3}$$

Kalibrierung des Biegeschwingersensors

Die Größengleichung zur Berechnung der Dichte nach der Schwingungsmethode lässt sich durch Einführung der Apparatekonstanten A und B weiter vereinfachen. Die Größengleichung zur Berechnung der Dichte lautet dann: $\varrho_P = 1/A \cdot (T^2 - B)$.

Die Konstanten A und B sind Apparatekonstanten eines ganz bestimmten Biegeschwingers. Sie enthalten das Volumen V der Probe sowie die Leermasse m_S und die Federkonstante D des Schwingers. Die Apparatekonstanten können durch Kalibriermessungen mit Stoffen bekannter Dichte, in der Regel Luft ϱ_L und Wasser ϱ_W bestimmt und in den Geräte-Festwertspeicher eingegeben werden.

Apparatekonstanten des Biegeschwingersensors

$$\varrho_P = \frac{1}{A} \cdot (T^2 - B)$$

$$A = \frac{4\,\pi^2 \cdot V}{D}; \quad B = \frac{4\,\pi^2 \cdot m_S}{D}$$

$$A = \frac{T_W^2 - T_L^2}{\varrho_W - \varrho_L}; \quad B = T_L^2 - A \cdot \varrho_L$$

Nach der Kalibrierung kann die zu untersuchende Probe in den Biegeschwinger eingespritzt werden. Er wird anschließend über eine Spule in seiner Eigenfrequenz bei konstanter Amplitude erregt. Die Schwingungsdauer des Biegeschwingers wird über eine Empfängerspule mittels einer eingebauten Quarzuhr gemessen und dem Prozessrechner zugeführt. Er bestimmt unter Verwendung der Apparatekonstanten die Dichte der untersuchten Probe (Bild 417/1).

Beispiel 1: Beim Kalibrieren eines Biegeschwingersensors mit reinem, luftfreiem Wasser und Luft wurden bei 20,00 °C folgende Schwingungsdauern gemssen: T_W = 3,43575 ms, T_L = 2,53761 ms. Weitere Stoffkonstanten bei ϑ = 20,00 °C: $\varrho(H_2O)$ = 0,99820 g/mL, ϱ(Luft) = 1,1780 kg/m³ bei p_{amb} = 1000 mbar und einer relativen Feuchte von φ_r = 65 %.

Lösung:

$$\boldsymbol{A} = \frac{T_W^2 - T_L^2}{\varrho_W - \varrho_L} = \frac{(3{,}43575\ \text{ms})^2 - (2{,}53761\ \text{ms})^2}{0{,}99820\ \text{g/mL} - 0{,}0011780\ \text{g/mL}} = \frac{5{,}36491 \cdot 10^{-6}\ \text{s}^2}{0{,}99702\ \text{g/mL}} \approx \mathbf{5{,}3809 \cdot 10^{-6}\ \frac{s^2}{g/mL}}$$

$$B = T_L^2 - A \cdot \varrho_L = (2{,}53761\ \text{ms})^2 - 5{,}3809 \cdot 10^{-6}\ \frac{\text{s}^2}{\text{g/mL}} \cdot 0{,}0011780\ \text{g/mL}$$

$$\boldsymbol{B} = 6{,}4395 \cdot 10^{-6}\ \text{s}^2 - 6{,}3387 \cdot 10^{-9}\ \text{s}^2 \approx \mathbf{6{,}4331 \cdot 10^{-6}\ s^2}$$

Beispiel 2: Welche Dichte hat ein Testbenzin, wenn die Schwingungsdauer T = 3,2538 ms beträgt? Die Apparatekonstanten lauten: A = 5,3809 · 10⁻⁶ s²/(g/mL), B = 6,4331 · 10⁻⁶ s².

Lösung:

$$\boldsymbol{\varrho_P} = \frac{1}{A}(T^2 - B) = \frac{1}{5{,}3809 \cdot 10^{-6}\ \frac{\text{s}^2}{(\text{g/mL})}} [(3{,}2538\ \text{ms})^2 - 6{,}4331 \cdot 10^{-6}\ \text{s}^2] \approx \mathbf{0{,}7721\ g/mL}$$

Aufgaben zu 14.1.9 Dichtebestimmung nach der Schwingungsmethode

1. Die Kalibrierung eines Biegeschwingersensors (A = 6,0858 · 10⁻⁶ s²/(g/mL), B = 6,3661 · 10⁻⁶ s²) soll mittels n-Heptan ϱ ($CH_3(CH_2)_5CH_3$) = 0,68376 g/cm³ überprüft werden. Wie groß ist die Abweichung vom wahren Wert der Messgröße, wenn die Schwingungsdauer des mit n-Heptan gefüllten Schwingers 3,2446 ms beträgt?

2. Welche Dichte hat ein technisches Kohlenstoffdisulfid CS_2 bei 20,00 °C, wenn in einem Biegeschwingersensor der Masse m_S = 10,3158 g und einem Volumen V_S = 0,74022 cm³ die Schwingungsdauer T = 6,3158 ms beträgt? Die Federkonstante des Schwingers konnte über die Apparatekonstanten zu 11,1325 N/mm bestimmt werden.

3. Welche Dichte hat eine wässrige Diethylammoniumchlorid-Lösung, wenn mit einem Schwinger-Dichtemessgerät bei ϑ = 20,00 °C folgende Messwerte erhalten wurden:
   D = 11,8611 N/mm, V = 0,7523 mL, m_S = 9,7528 g, T = 5,9158 ms.

4. Leiten Sie die Größengleichung zur Berechnung der Dichte nach der Schwingungsmethode ab.

14.2 Bestimmung der Viskosität

Die **Viskosität** (viscosity), auch Zähflüssigkeit genannt, beschreibt das Fließverhalten einer Flüssigkeit oder eines Gases. Zähfließende Flüssigkeiten, wie z. B. Glycerin (1,2,3-Propantriol) werden als hochviskos bezeichnet. Dünnflüssige Flüssigkeiten, wie z. B. Wasser oder Aceton (Propanon) sind niederviskos. Gase haben eine besonders niedrige Viskosität.

14.2.1 Dynamische und kinematische Viskosität

Verursacht wird die Viskosität durch die innere Reibung der Teilchen im Fließmedium (Fluid). Flüssigkeiten mit hohen Kohäsionskräften haben eine große innere Reibung, sie sind zähflüssig.

Die übliche Größe für das Fließverhalten eines Fluids ist die **dynamische Viskosität η** (dynamic viscosity, η griechischer Kleinbuchstabe eta). Sie ist wie folgt definiert.

Eine dynamische Viskosität von 1 Pa·s hat ein Fluid, wenn zwischen zwei ebenen parallelen Schichten mit einem Abstand von 1 m zur Erzeugung eines Geschwindigkeitsunterschiedes von v = 1 m/s eine Schubspannung von 1 N/m² = 1 Pa aufgebracht werden muss **(Bild 1)**.

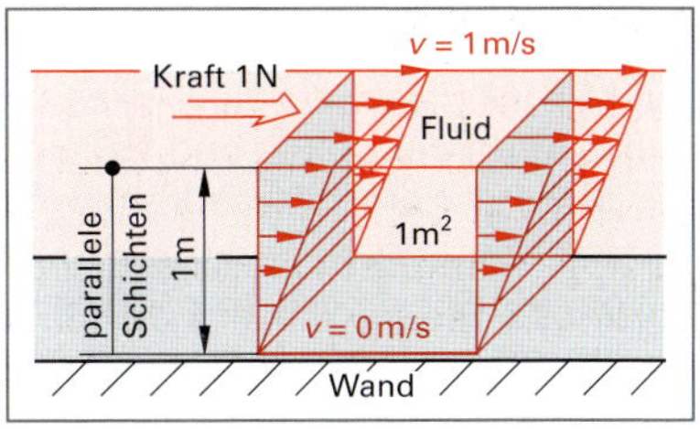

Bild 1: Definition der dynamischen Viskosität

Ihre Einheit ist Pascalsekunde, Einheitenzeichen Pa·s.

Die früher verwendete Einheit der dynamischen Viskosität war Poise P oder Centipoise cP. 1 Pa·s = 10 P = 1000 cP

Die dynamische Viskosität von Flüssigkeiten bewegt sich in weiten Grenzen **(Tabelle 1)**.
Sie nimmt bei Flüssigkeiten mit steigender Temperatur stark ab, weil die Teilchengeschwindigkeit zunimmt. Eine Temperaturerhöhung um ein Kelvin vermindert die Viskosität um rund 2 %. Die Messtemperatur muss deshalb angegeben werden.

Die dynamische Viskosität von Gasen ist wegen der größeren Teilchenabstände etwa um den Faktor 100 bis 1000 geringer als die von Flüssigkeiten. Sie nimmt bei Gasen mit der Temperatur leicht zu, weil sich die Gasteilchen durch die zunehmende Wärmebewegung beim Strömen behindern.

Tabelle 1: Dynamische Viskosität von Fluiden

Flüssigkeiten (bei 20 °C)	η in 10^{-3} Pa·s
Aceton (Propanon)	0,30
Wasser	1,002
Ethanol	1,19
Glykol	20,41
Glycerin	1412
Gase (bei 25 °C)	η in 10^{-6} Pa·s
Propan	8,2
Luft	18,2
Argon	22,6

In vielen Industriebereichen wird als Größe für die Zähflüssigkeit eines Fluids die **kinematische Viskosität ν** verwendet. (kinematic viscosity, ν griechischer Kleinbuchstabe ny).

Sie berechnet sich als Quotient aus der dynamischen Viskosität η und der Dichte ϱ des Fluids. Die kinematische Viskosität ν berücksichtigt den Einfluss der Dichte auf das Fließverhalten.

Die Einheit der kinematischen Viskosität ν ist Quadratmeter durch Sekunde, Einheitenzeichen m²/s.

Kinematische Viskosität

$$\nu = \frac{\eta}{\varrho_{Fl}}$$

Die früher verwendete Einheit der kinematischen Viskosität war Stokes St oder Centistokes cSt.
Umrechnung: $1\ m^2/s = 10^4\ St = 10^6\ cSt$

Beispiel: In einem älteren Tabellenbuch wird die dynamische Viskosität von n-Butanol mit 2,95 cP angegeben, die Dichte beträgt ϱ = 810 kg/m³.

a) Ermitteln Sie die dynamische Viskosität in Pa·s.

b) Welche kinematische Viskosität hat die Substanz in m²/s?

Lösung: a) Mit $1\ cP = 10^{-3}\ Pa \cdot s \Rightarrow \boldsymbol{\eta} = 2{,}95\ cP = \mathbf{2{,}95 \cdot 10^{-3}\ Pa \cdot s}$

b) $\nu = \frac{\eta}{\varrho_{Fl}} = \frac{2{,}95 \cdot 10^{-3}\ Pa \cdot s}{810\ kg/m^3}$; $1\ Pa = 1\ \frac{N}{m^2} = 1\ \frac{kg}{m \cdot s^2} \Rightarrow \boldsymbol{\nu} = \frac{2{,}95 \cdot 10^{-3}\ kg \cdot s \cdot m^3}{810\ kg \cdot m \cdot s^2} \approx \mathbf{3{,}64 \cdot 10^{-6}\ \frac{m^2}{s}}$

14.2.2 Kugelfall-Viskosimeter nach HÖPPLER

Zur Messung der Viskosität dienen Viskosimeter (viscosimeter). Sie arbeiten nach unterschiedlichen physikalischen Prinzipien.

Das **HÖPPLER-Kugelfall-Viskosimeter** (falling-ball viscosimeter) nach DIN 53015 besteht aus einem unter 10° geneigten Glas-Fallrohr von 15,94 mm Innendurchmesser, in dem eine Kugel eine markierte Laufstrecke in der zu messenden Flüssigkeit durchrollt **(Bild 1)**.

Das Fallrohr befindet sich in einem Temperiermantel aus Glas. Für die verschiedenen Viskositätsbereiche stehen Kugeln mit unterschiedlichen Durchmessern und Dichten zur Verfügung (Kugel Nr. 1 – 6).

Zur Messung wird die Flüssigkeit und die passende Kugel in das Messrohr gefüllt und 15 min temperiert. Dann wird das Messrohr um 180° gedreht, worauf die Kugel im Rohr herunterrollt. Mit einer Stoppuhr wird die Zeit zum Durchlaufen der Rollstrecke von 100 mm zwischen den beiden Messmarken M_1 und M_2 gemessen.

Aus der Fallzeit wird die dynamische Viskosität mit nebenstehender Größengleichung berechnet.

Es sind: K_H Kugelkonstante
ϱ_K Dichte der Kugel in g/cm³
ϱ_{Fl} Dichte der Messflüssigkeit in g/cm³
t Fallzeit der Kugel in Sekunden

Es können durchsichtige Flüssigkeiten mit Viskositäten von 0,6 mPa·s bis 250 Pa·s gemessen werden.

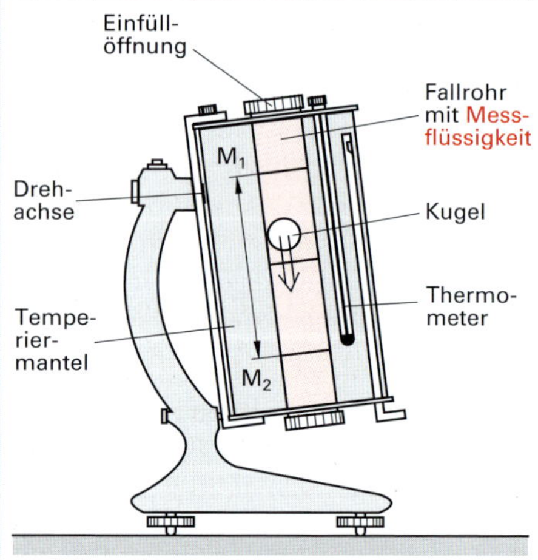

Bild 1: HÖPPLER-Kugelfall-Viskosimeter

Dynamische Viskosität mit dem HÖPPLER-Kugelfall-Viskosimeter
$\eta = K_H \cdot (\varrho_K - \varrho_{Fl}) \cdot t$

Beispiel: In einem HÖPPLER-Viskosimeter wurde die Viskosität einer wässrigen Glycerin-Lösung bei 25,0 °C (ϱ = 1,2322 g/cm³) gemessen. Die Dichte der Fallkugel beträgt ϱ = 8,142 g/cm³, die Kugelkonstante $K_H = 9{,}19 \cdot 10^{-2}$ mPa · cm³/g. Die mittlere Fallzeit wurde zu 258 s bestimmt. Welche dynamische Viskosität hat die Glycerin-Lösung?

Lösung: $\eta = K_H \cdot (\varrho_K - \varrho_{Fl}) \cdot t = 9{,}19 \cdot 10^{-2} \frac{\text{mPa} \cdot \text{cm}^3}{\text{g}} \cdot (8{,}142\ \text{g/cm}^3 - 1{,}2322\ \text{g/cm}^3) \cdot 258\ \text{s} \approx \mathbf{164\ mPa \cdot s}$

Aufgabe zu 14.2.2 Kugelfall-Viskosimeter nach Höppler

1. In einem HÖPPLER-Kugelfall-Viskosimeter wurde die Viskosität eines Maschinenöls bei verschiedenen Temperaturen bestimmt. Die Dichte der Fallkugel war ϱ_K = 8,188 g/cm³, die Kugelkonstante des Messgeräts betrug K_H = 0,131 mPa · cm³/g. Es wurden folgende Messwerte erhalten:

Messtemperatur in °C	Dichte ϱ_{Fl} bei Messtemperatur in g/cm³	Laufzeit der Kugel in s				
		Messwert 1	Messwert 2	Messwert 3	Messwert 4	Mittelwert
30,2	0,861	86,5	85,7	86,2	86,0	
37,9	0,858	54,6	54,8	54,5	54,5	
49,7	0,855	31,5	32,2	32,0	31,5	
68,3	0,847	15,8	15,6	15,2	15,4	

a) Berechnen Sie mit dem Laufzeitmittelwert die dynamische Viskosität bei den Temperaturen.

b) Erstellen Sie ein Viskositäts-Zeit-Diagramm mit der dynamischen Viskosität als Ordinate und der Temperatur als Abszisse.

c) Erstellen Sie ein Viskositäts-Zeit-Diagramm mit der dynamischen Viskosität als doppeltlogarithmisch geteilter Ordinate und der Temperatur als linear geteilter Abszisse.

14.2.3 Auslauf-Viskosimeter

Kapillar-Viskosimeter Bauart UBBELOHDE

Das UBBELOHDE-Viskosimeter (DIN 51 562) besteht aus einem dreischenkligen Glaskörper, der zur Messung mit einem Temperiermantel umgeben oder in ein Temperierbad eingehängt wird **(Bild 1)**. Das Messrohr enthält eine verengte Strecke (Kapillare), durch welche die Messflüssigkeit ausfließt.

Zu Messbeginn wird die Probeflüssigkeit in das Vorratsgefäß gefüllt und 15 min temperiert. Dann wird bei zugehaltenem Druckausgleichsrohr die Messflüssigkeit mit einem Saugbalg in das Messrohr gesaugt, bis der obere Kugelraum etwa halb gefüllt ist. Nach Entfernen des Saugballs fließt die Flüssigkeit langsam durch die Kapillare ab. Es wird die Zeit gemessen, welche die Probeflüssigkeit zum Absinken von Messmarke M_1 bis Messmarke M_2 benötigt. Die Berechnung der kinematischen Viskosität erfolgt mit dem Mittelwert der Ausflusszeit t aus drei Messungen.

Die kinematische Viskosität wird mit nebenstehender Größengleichung berechnet. Darin ist K eine auf dem Vorratsgefäß des Viskosimeters aufgeprägte Gerätekonstante.

Es gibt UBBELOHDE-Viskosimeter mit unterschiedlichen Kapillardurchmessern für verschiedene Viskositätsbereiche. Damit können Viskositäten größer als $0{,}35 \cdot 10^{-6}\ \text{m}^2/\text{s}$ mit einer Genauigkeit bis 0,1 % gemessen werden.

Beispiel: Mit einem UBBELOHDE-Viskosimeter (die Gerätekonstante beträgt $K = 1{,}003\ \text{mm}^2/\text{s}^2$) wird für einen Lackrohstoff eine mittlere Auslaufzeit $t = 195{,}5$ s gemessen. Welche kinematische Viskosität hat der Lackrohstoff?

Lösung: $\nu = K \cdot t = 1{,}003\ \text{mm}^2/\text{s}^2 \cdot 195{,}5\ \text{s} = \mathbf{196 \cdot 10^{-6}\ m^2/s}$

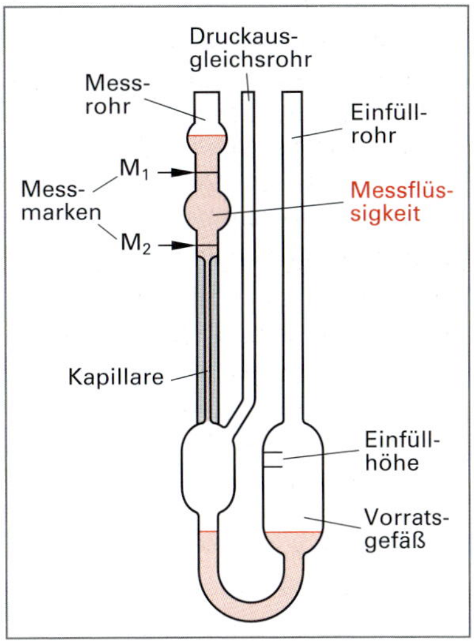

Bild 1: UBBELOHDE-Viskosimeter (dargestellt bei Messbeginn)

Kinematische Viskosität mit dem UBBELOHDE-Viskosimeter
$\nu = K \cdot t$

Auslaufbecher

Auslaufbecher benutzt man zur schnellen Ermittlung der Fließfähigkeit, z. B. von Lacken, im Labor oder in der Werkstatt. Die Auslaufbecher sind in Form und Größe genormt, z. B. der nach DIN EN ISO 2431 **(Bild 2)**. Er hat ein Messflüssigkeitsvolumen von 100 mL und Auslaufdüsen von 3, 4, 5 und 6 mm. Vor der Messung müssen der Auslaufbecher und die Messflüssigkeit sorgfältig temperiert werden bzw. die Umgebungstemperatur gemessen werden. Nach Freigabe der Auslauföffnung wird die Zeit bis zum erstmaligen Abreißen des auslaufenden Flüssigkeitsstrahls gemessen. Sie sollte zwischen 30 s und 100 s liegen. Es sind kinematische Viskositäten zwischen $25 \cdot 10^{-6}\ \text{m}^2/\text{s}$ und $150 \cdot 10^{-6}\ \text{m}^2/\text{s}$ messbar.

Die kinematische Viskosität, gemessen mit dem Auslaufbecher, kann aus einer Kalibrierkurve oder einer Größengleichung ermittelt werden. Für den Auslaufbecher mit einer 4 mm-Düse gilt nebenstehende Auswertegleichung (Auslaufzeit in Sekunden).

Beispiel: Eine Messung mit einem genormten Auslaufbecher (Auslaufdüse 4 mm) ergibt eine Auslaufzeit von $t = 87{,}5$ s. Wie groß ist die kinematische Viskosität des untersuchten Klarlackes?

Lösung: $\nu = \left(1{,}37 \cdot 87{,}5 - \dfrac{200}{87{,}5}\right) \cdot 10^{-6}\ \dfrac{\text{m}^2}{\text{s}} \approx \mathbf{118 \cdot 10^{-6}\ m^2/s}$

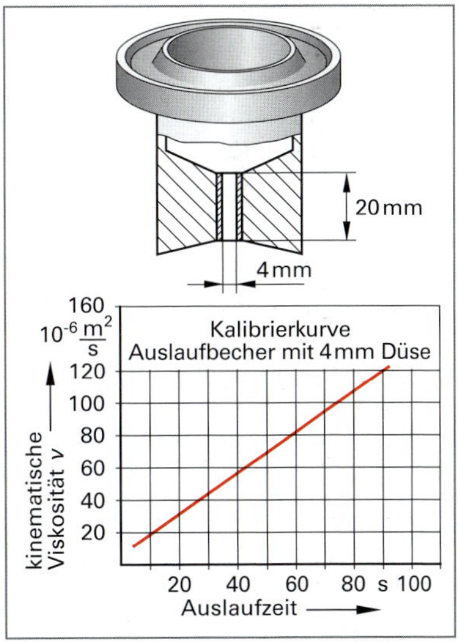

Bild 2: Auslaufbecher nach DIN EN ISO 2431 mit Kalibrierkurve

Kinematische Viskosität mit einem 4 mm-Auslaufbecher
$\nu = \left(1{,}37\, t - \dfrac{200}{t}\right) \cdot 10^{-6}\ \dfrac{\text{m}^2}{\text{s}}$

14.2.4 Rotations-Viskosimeter

Rotations-Viskosimeter (rotary viscometer) nach DIN 53 018 bestehen aus einer temperierbaren Messzelle, in der ein runder Drehkörper in einem Messbecher rotiert (**Bild 1**). Im Spalt zwischen Becherwand und Drehkörper befindet sich die Messflüssigkeit. Der Drehkörper wird von einem kleinen Elektromotor angetrieben. Das dazu erforderliche Drehmoment M wird an der Antriebswelle gemessen. Daraus wird mit nebenstehender Größengleichung die Viskosität berechnet (Gerätekonstante K_R).

Durch Verwendung verschiedener Messbecher und Drehkörper können Viskositäten über einen sehr weiten Messbereich von dünnflüssig bis extrem zähflüssig gemessen werden. Für hochviskose Flüssigkeiten verwendet man als Messzelle z. B. eine ebene und eine leicht kegelige Platte, zwischen die eine dünne Schicht der zu messenden Flüssigkeit eingebracht wird.

Moderne Rotations-Viskosimeter besitzen eine Computergestützte Auswerteeinheit, die die Viskosität intern errechnet und auf einem Display anzeigt.

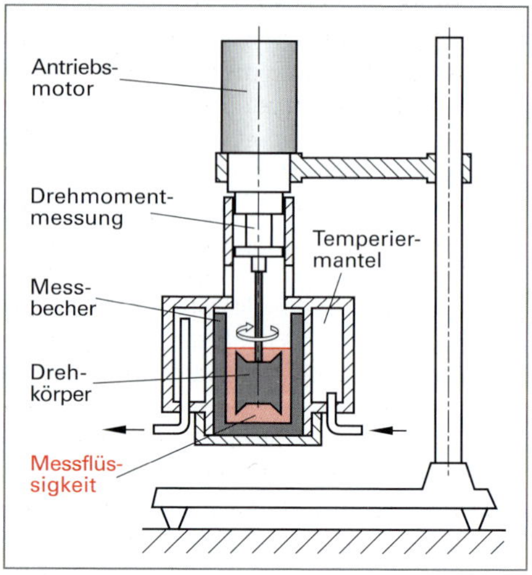

Bild 1: Rotations-Viskosimeter

Beispiel: Mit einem Rotations-Viskosimeter wurde die Viskosität eines Maschinenöls bestimmt. Das Drehmoment wurde mit 235 μNm gemessen, die Gerätekonstante betrug $K_R = 3{,}49 \cdot 10^6$ Pa·s/Nm. Wie groß ist die dynamische Viskosität?

Lösung: $\eta = K_R \cdot M = 3{,}49 \cdot 10^6\ \text{Pa·s/Nm} \cdot 235\ \mu\text{Nm}$

$\eta \approx 820 \cdot 10^6\ \text{Pa·s/Nm} \cdot 10^{-6}\ \text{Nm} \approx$ **820 Pa·s**

Dynamische Viskosität mit dem Rotations-Viskosimeter
$\eta = K_R \cdot M$

Gemischte Aufgaben zu 14.2 Bestimmung der Viskosität

1. In einem alten Herstellerprospekt sind für ein Motorenöl nebenstehende Angaben gemacht.

Temperatur in °C	21	35	50	70
Kinematische Viskosität in cSt	132	60	31	15
Dichte in g/cm³	0,877	0,869	0,861	0,848

   a) Berechnen Sie die dynamische Viskositäten in mPa·s.
   b) Erstellen Sie eine dynamische Viskosität/Temperatur-Kurve in einem Diagramm mit doppeltlogarithmisch geteilter Ordinate (η) und linear geteilter Abszisse (ϑ).
   c) Ermitteln Sie die Viskosität aus dem Diagramm bei 30 °C, 45 °C und 60 °C.

2. Mit einem Kugelfall-Viskosimeter wird die Viskosität einer 40%igen Glucose-Lösung bei 20 °C ermittelt. Die Dichte der Fallkugel beträgt 2,40 g/cm³, die Dichte der Lösung 1,18 g/cm³; die Kugelkonstante ist $K = 0{,}0749$ mPa · cm³/g. Die mittlere Fallzeit aus drei Messungen beträgt 67,9 s. Wie groß ist die dynamische Viskosität der Glucoselösung?

3. Mit einem Ubbelohde-Viskosimeter (Gerätekonstante $K = 1{,}674 \cdot 10^{-4}$ m²/s²) wird die Viskosität einer Allylalkohol-Lösung bei 20 °C bestimmt. Es wurden 3 Messungen der Auslaufzeit durchgeführt: $t_1 = 91{,}9$ s, $t_2 = 93{,}5$ s, $t_3 = 94{,}2$ s.
   Die Dichte der Lösung wurde zu $\varrho(20\ °C) = 870$ kg/m³ ermittelt. Wie groß ist
   a) die kinematische Viskosität und b) die dynamische Viskosität der Lösung?

4. Die Prüfung eines Lackes mit einem Auslaufbecher nach DIN EN ISO 2431 (4 mm Auslaufdüse) ergibt bei 20 °C eine Auslaufzeit von 49,5 s. Welche kinematische Viskosität hat der Lack?

5. Mit einem Rotations-Viskosimeter wird die Viskosität einer wässrigen Glycerin-Lösung bestimmt. Es wird ein mittleres Widerstands-Drehmoment von 0,0365 Nm an der Antriebswelle gemessen; die Gerätekonstante beträgt $K_R = 6{,}274$ Pa·s/Nm. Welche dynamische Viskosität hat die Lösung?

14.3 Bestimmung der Oberflächenspannung

Flüssigkeitsoberflächen scheinen eine unsichtbar dünne Oberflächenhaut zu besitzen. Aus diesem Grund zerfließen Wassertropfen nicht auf glatten Oberflächen oder steht Wasser über den Rand eines Reagenzglases, ohne abzulaufen (**Bild 1**).

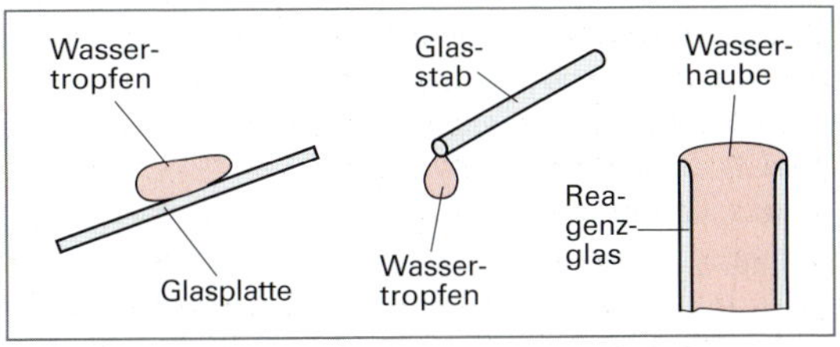

Bild 1: Das Phänomen Oberflächenspannung

Dieser „Hauteffekt“ einer Flüssigkeitsoberfläche wird **Oberflächenspannung** (surface tension) genannt. Sie wird durch Kohäsionskräfte hervorgerufen. Zwischen den Teilchen im Innern einer Flüssigkeit herrschen in alle Raumrichtungen wirkende Anziehungskräfte, da dort ein Teilchen allseitig von anderen Teilchen umgeben ist (**Bild 2**). Die Kräfte heben sich im Innern insgesamt auf. An der Flüssigkeitsoberfläche fehlen die Teilchen zum Gasraum hin und damit ihre anziehenden Kräfte. Die Teilchen an der Oberfläche werden von den angrenzenden Teilchen zum Flüssigkeitsinnern hingezogen. Dadurch entstehen besondere Kräfte zwischen den Teilchen an der Flüssigkeitsoberfläche; sie bewirken den Hauteffekt.

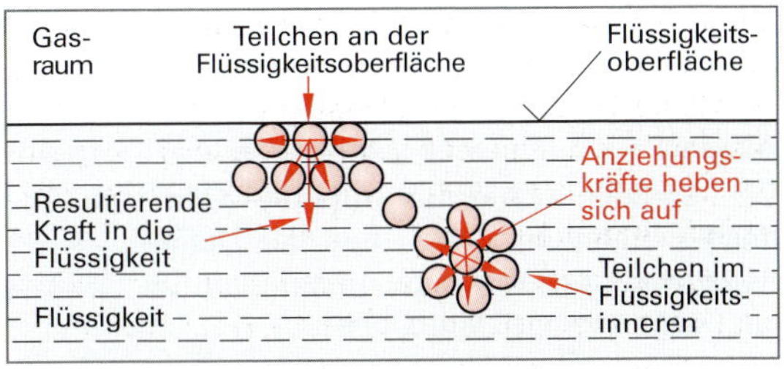

Bild 2: Ursache der Oberflächenspannung

Zur Bildung von Flüssigkeitsoberflächen müssen Teilchen aus dem Flüssigkeitsinnern an die Oberfläche gebracht werden.

Die dazu erforderliche Arbeit *W* pro gebildeter Oberfläche *A* ist die **Oberflächenspannung** γ. Ihre Einheit ist:

$$[\gamma] = \frac{[W]}{[A]} = \frac{J}{m^2} = \frac{Nm}{m^2} = \frac{N}{m}$$

Oberflächenspannung
$\gamma = \frac{W}{A}$

Tabelle 1: Oberflächenspannungen (bei 20 °C)

Flüssigkeiten	Oberflächenspannung in mN/m
Diethylether	17,0
Ethanol	22,3
Aceton (Propanon)	23,7
Wasser	72,8
Quecksilber	500

Flüssige Metalle, wie z. B. Quecksilber, und polare Flüssigkeiten, wie z. B. Wasser, haben eine große Oberflächenspannung. Unpolare Flüssigkeiten, wie z. B. Aceton, haben eine geringe Oberflächenspannung **(Tabelle 1)**.

Die Oberflächenspannung nimmt mit steigender Temperatur ab, weil die „Hautbildung“ durch die stärkere Teilchenbewegung abgeschwächt wird.

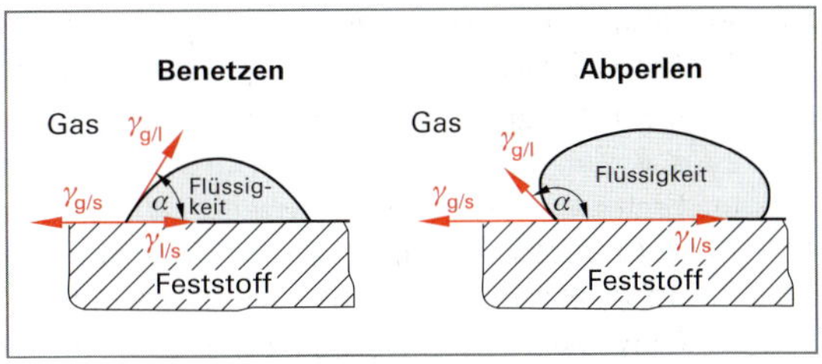

Bild 3: Benetzen und Abperlen auf Oberflächen

Die Oberflächenspannung γ ist der spezielle Fall der Grenzflächenspannung zwischen einer Flüssigkeit und der Luft. Wechselwirkungskräfte gibt es an allen Grenzflächen, z. B. auch zwischen Flüssigkeiten und Feststoffen. Veranschaulichen kann man dies an einem Tropfen auf einer Unterlage (**Bild 3**).

An der Berührungsstelle der drei Phasen fest/flüssig/gasförmig (am Tropfenrand) wirken drei Grenzflächenspannungen: $\gamma_{g/s}$, $\gamma_{g/\ell}$ und $\gamma_{\ell/s}$. Sie überlagern sich wie Kräfte und führen zu einem Gleichgewichtszustand. **Benetzen:** Ist $\gamma_{g/s}$ groß, so wird der Tropfen auseinander gezogen: Der Randwinkel α ist kleiner als 90°, die Flüssigkeit benetzt den Feststoff. **Abperlen:** Ist $\gamma_{\ell/s}$ groß, so wird der Tropfen kugelförmig: Der Randwinkel α ist größer 90°, die Flüssigkeit benetzt den Feststoff nicht. Sie perlt ab, wie z. B. Wasser auf gewachstem Autolack.

Durch Zugabe von oberflächenaktiven Stoffen, z. B. von Tensiden zu Wasser, kann die Grenzflächenspannung $\gamma_{\ell/s}$ stark herabgesetzt werden. Dadurch wird z. B. eine bessere Benetzung von Textilien durch Wasser erreicht und eine gründlichere Reinigung beim Waschen erzielt.
Desweiteren ist die Oberflächenspannung von Flüssigkeiten bei allen Beschichtungen mit Anstrichstoffen, beim Reinigen von Metalloberflächen und bei der Flotation von Bedeutung.

14.3.1 Abreißmethode

Die Messgeräte für die **Abreißmethode** (breaking-off-method, DIN 53 993), **Tensiometer** (tensometer) genannt, besitzen als Hautbildner entweder ein Drahtstück, eine kleine Platte oder einen Drahtring, die an einem Federkraftmesser aufgehängt sind **(Bild 1)**.

Zu Beginn der Messung taucht das Drahtstück gerade in die Flüssigkeit ein. Der Federkraftmesser wird hier auf Null austariert. Beim langsamen Absenken der Flüssigkeit bleibt sie am Draht hängen. Der Draht zieht unter Aufwendung einer Kraft aus der Flüssigkeit eine dünne Haut heraus, die bei einer bestimmten Länge abreißt. Die hierbei gemessene Zugkraft F steht im Gleichgewicht mit der Kraft, mit der die Oberflächenspannung auf beiden Seiten der Haut versucht, den Draht in die Flüssigkeit zu ziehen.

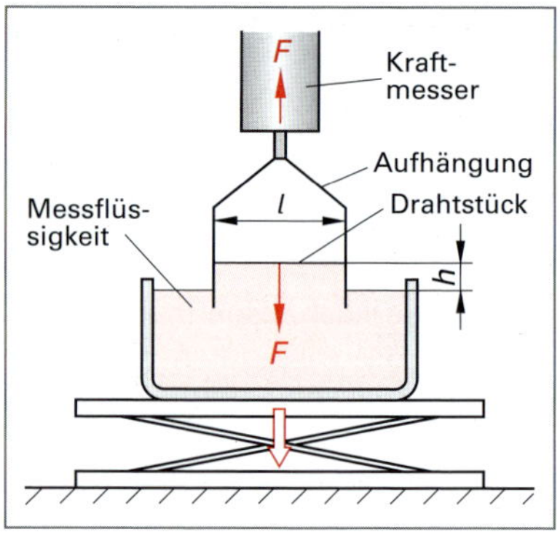

Bild 1: Tensiometer

Die Berechnungsformel für die Oberflächenspannung γ wird aus der Definitionsgleichung abgeleitet und lautet für ein Drahtstück als Hautbildner:

$$\gamma = \frac{W}{A} = \frac{F \cdot h}{2\,(l \cdot h)}$$

Für einen Drahtring mit dem Umfang $U = \pi \cdot d$ berechnet sich die Oberflächenspannung γ zu:

$$\gamma = \frac{W}{A} = \frac{F \cdot h}{2\,(\pi \cdot d \cdot h)}$$

Oberflächenspannung nach der Abreißmethode
mit Drahtstück: $\gamma = \dfrac{F}{2\,l}$
mit Drahtring: $\gamma = \dfrac{F}{2\,\pi \cdot d}$

Beispiel: Eine wässrige Ethanol-Lösung ergibt bei der Messung mit einem Tensiometer am Drahtstück mit 40 mm Länge eine Abreißkraft von 4,56 mN. Welche Oberflächenspannung hat die Lösung?

Lösung: $\gamma = \dfrac{F}{2\,l} = \dfrac{4{,}56\text{ mN}}{2 \cdot 4{,}0 \cdot 10^{-2}\text{ m}} \approx \mathbf{57\text{ mN/m}}$

14.3.2 Tropfenmethode

Das Messgerät zur Messung der Oberflächenspannung nach der **Tropfenmethode** (drop method) wird **Stalagmometer** genannt. Es ist ein spezielles Glasrohr mit einem Messvolumen zwischen zwei Marken, einer Kapillare und einem Tropfenabreißende **(Bild 2)**.

Die Messflüssigkeit fließt aus dem Vorratsgefäß durch die Kapillare zum Abreißende und bildet dort Tropfen. Je nach Oberflächenspannung der Messflüssigkeit fallen die Tropfen bei Erreichen einer charakteristischen Tropfengröße ab. Eine große Oberflächenspannung hält den Tropfen lange zusammen, so dass wenige große Tropfen aus dem Messvolumen entstehen, während eine geringe Oberflächenspannung viele kleine Tropfen abfallen lässt. Die Anzahl der Tropfen z wird gezählt.

Das Stalagmometer wird mit einer Flüssigkeit bekannter Oberflächenspannung kalibriert (z.B. mit Wasser) und die Bestimmung mit nebenstehender Größengleichung ausgewertet.

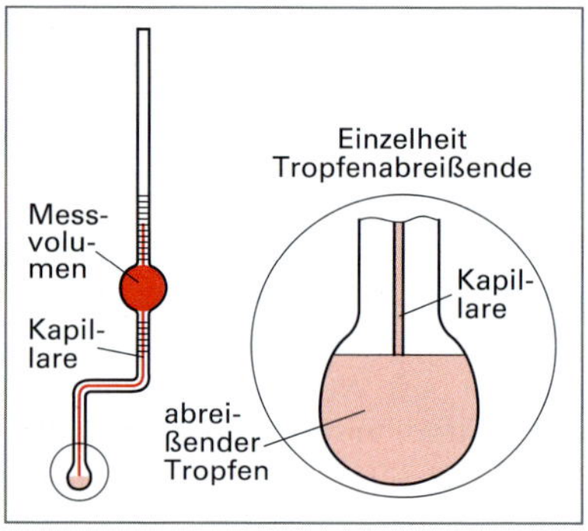

Bild 2: Stalagmometer

Beispiel: Bei der Messung der Oberflächenspannung eines Netzmittels mit der Dichte ϱ = 0,925 g/cm^3 in einem Stalagmometer werden z = 193 Tropfen gezählt. Die Kalibriermessung mit Wasser ($\varrho(H_2O)$ = 0,998 g/cm^3, $\gamma(H_2O)$ = 72,8 mN/m) hatte als Ergebnis $z(H_2O)$ = 88 Tropfen. Wie groß ist die Oberflächenspannung des Netzmittels?

Lösung: $\gamma(\text{Netzmittel}) = \dfrac{\gamma(H_2O) \cdot z(H_2O)}{\gamma(H_2O)} \cdot \dfrac{\gamma(\text{Netzmittel}}{z(\text{Netzmittel})}$

$\boldsymbol{\gamma}(\textbf{Netzmittel}) = \dfrac{72{,}8\text{ mN/m} \cdot 88}{0{,}998\text{ g/cm}^3} \cdot \dfrac{0{,}925\text{ g/cm}^3}{193} \approx \mathbf{31\text{ mN/m}}$

Oberflächenspannung nach der Tropfenmethode
$\gamma = \dfrac{\gamma(H_2O) \cdot z(H_2O)}{\varrho(H_2O)} \cdot \dfrac{\varrho(\text{Probe})}{z(\text{Probe})}$

14.3.3 Kapillarmethode

Taucht man eine Glaskapillare (Innendurchmesser weniger als 1 mm) in eine Flüssigkeit, so steigt die Flüssigkeit in der Kapillare hoch, bis sie eine Endsteighöhe h erreicht hat (**Bild 1**). Auf diesem Effekt beruht die **Kapillarmethode** (capillarry method) zur Bestimmung der Oberflächenspannung.

Ursache hierfür sind die Grenzflächenspannungen zwischen der Glaswand der Kapillaren und der Messflüssigkeit (Seite 423 unten). Wenn die Messflüssigkeit die Glaskapillarenwand vollständig benetzt, zieht die Oberflächenspannung γ die Flüssigkeit mit der Kraft $F_K = U_{Rohr} \cdot \gamma = \pi \cdot 2\, r_K \cdot \gamma$ nach oben.

Entgegengesetzt nach unten wirkt die Gewichtskraft der Flüssigkeitssäule in der Kapillare $F_G = V_{Fl} \cdot \varrho_{Fl} \cdot g = \pi \cdot r_K^2 \cdot h \cdot \varrho_{Fl} \cdot g$.

Bei Erreichen der Endsteighöhe sind beide Kräfte gleich groß:

$$F_K = F_G$$
$$\pi \cdot 2 \cdot r_K \cdot \gamma = \pi \cdot r_K^2 \cdot h \cdot \varrho_{Fl} \cdot g.$$

Durch Umstellen erhält man nebenstehende Bestimmungsgleichung für die Oberflächenspannung.

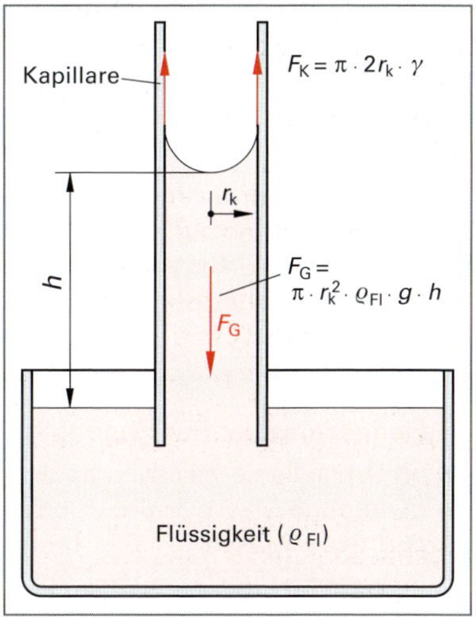

Bild 1: Kapillarmethode zur Bestimmung der Oberflächenspannung

Beispiel: Eine Glaskapillare mit 0,23 mm Innendurchmesser taucht in ein Lösemittel mit der Dichte $\varrho = 0{,}714\ g/cm^3$ ein und zieht die Flüssigkeit 42,2 mm in der Kapillare hoch. Wie groß ist die Oberflächenspannung des Lösemittels?

Lösung: $r_K = \frac{d_K}{2} = \frac{0{,}23\ mm}{2} = 0{,}115\ mm$; $\gamma = \frac{r_K \cdot h \cdot \varrho_{Fl} \cdot g}{2}$

$$\gamma = \frac{0{,}115\ mm \cdot 42{,}2 \cdot 10^{-3}\ m \cdot 714\ kg/m^3 \cdot 9{,}81\ N/kg}{2}$$

γ(Lösemittel) ≈ 17 mN/m

Oberflächenspannung nach der Kapillarmethode

$$\gamma = \frac{r_K \cdot h \cdot \varrho_{Fl} \cdot g}{2}$$

Aufgaben zu 14.3 Bestimmung der Oberflächenspannung

1. In einer Messreihe wird mit einem Drahtring-Tensiometer die Oberflächenspannung eines Lösemittels gemessen. Der Drahtring-Durchmesser beträgt nach DIN 19,5 mm. Drei Messungen ergeben die Abreißkräfte: $F_1 = 3{,}25$ mN; $F_2 = 3{,}16$ mN; $F_3 = 3{,}31$ mN.

   Berechnen Sie die Oberflächenspannung des Lösemittels.

2. Bei der Messung der Oberflächenspannung von 1-Butanol ($\varrho = 0{,}8096\ g/cm^3$) mit einem Stalagmometer bei 20 °C wurde eine Tropfenzahl von $z = 216$ gezählt. Die Kalibriermessung mit Wasser von 20 °C ($\varrho = 0{,}9982\ g/cm^3$; $\gamma = 72{,}8$ mN/m) ergab eine Tropfenzahl von $z(H_2O) = 92$.

   Welche Oberflächenspannung hat 1-Butanol?

3. Die Messung der Oberflächenspannung eines Lösemittelgemisches mit einem Drahtbügel-Tensiometer ergab bei einer Drahtbügellänge von 3,9 cm eine mittlere Abreißkraft von 3,92 mN.

   Wie groß ist die Oberflächenspannung des Lösemittelgemisches?

4. Mit der Kapillarmethode wird die Oberflächenspannung einer Nährlösung der Dichte $\varrho = 1{,}027\ g/cm^3$ bestimmt. Der innere Kapillardurchmesser beträgt 0,21 mm. In einer Versuchsreihe werden folgende Steighöhen gemessen: 84,8 mm, 86,2 mm und 87,9 mm.

   Berechnen Sie die Oberflächenspannung der Nährlösung.

5. In einem Gefriertrockenturm werden stündlich 2,358 m^3 eines Kaffee-Extrakts zu Tropfen mit 60 µm Durchmesser versprüht (γ(Kaffee-Extrakt) = $82{,}5 \cdot 10^{-3}$ N/m). Der Wirkungsgrad der Sprühdüse beträgt 12,5 %. Welche Energie ist stündlich für das Versprühen aufzubringen?

14.4 Bestimmung der molaren Masse

Die Bestimmung der molaren Masse (Seite 118) ist eine wichtige analytische Bestimmungsmethode. Dabei muss grundsätzlich zwischen der exakten Bestimmung der molaren Masse niedermolekularer Stoffe und der Bestimmung der mittleren molaren Masse höhermolekularer Stoffe, wie z. B. Fette und Polymere, unterschieden werden.

Zur Bestimmung der molaren Masse von Stoffen gibt es unterschiedliche Methoden. Die klassischen Methoden beruhen auf den Gesetzen für ideale Gase und ideale Lösungen. Zur experimentellen Bestimmung werden Eigenschaften genutzt, die mit der molaren Masse in einem gesetzmäßigen Zusammenhang stehen. Die wichtigsten Verfahren werden im Folgenden beschrieben.

14.4.1 Molare Masse aus den Gasgesetzen

Ausgangspunkt der Berechnung ist die allgemeine Gasgleichung (Seite 128): $p \cdot V = \frac{m}{M} \cdot R \cdot T$

Durch Umstellen erhält man daraus eine Bestimmungsgleichung für die molare Masse M der Substanz X.

Es sind: m = Masse, T = thermodynamische Temperatur,
p = Druck, V = Volumen,
R = allgemeine Gaskonstante = 0,08314 bar · L/(K · mol)

Molare Masse aus Gasgleichung

$$M(\text{X}) = \frac{m(\text{X}) \cdot R \cdot T}{p \cdot V(\text{X})}$$

Bestimmung der molaren Masse von Gasen

Hierzu verwendet man einen als Gasmaus bezeichneten, zylinderförmigen, dickwandigen Glasbehälter nach DIN 12 473-1 (**Bild 1**). Man wiegt zuerst die evakuierte (m_1), dann die mit dem Gas gefüllte Gasmaus (m_2) und bestimmt daraus die Masse m der Gasportion: $m = m_2 - m_1$.

Mit dem Druck in der Gasmaus und ihrem Volumen V kann die molare Masse berechnet werden.

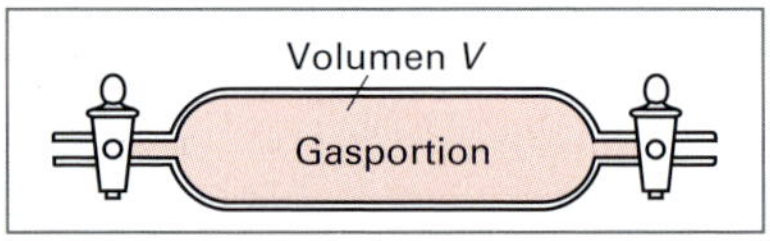

Bild 1: Gasmaus nach DIN 12 473-1

Beispiel: Zur Bestimmung der molaren Masse eines Gases wird eine evakuierte Gasmaus von 850 mL Volumen zu 252,8341 g ausgewogen. Gefüllt mit dem Probegas unter 1,013 bar und 295,9 K beträgt die Masse der Gasmaus 263,8143 g. Wie groß ist die molare Masse des Gases?

Lösung: $\boldsymbol{M}(\textbf{Gas}) = \frac{m(\text{Gas}) \cdot R \cdot T}{p \cdot V(\text{Gas})} = \frac{0{,}9802 \text{ g} \cdot 0{,}08314 \frac{\text{bar} \cdot \text{L}}{\text{K} \cdot \text{mol}} \cdot 295{,}9 \text{ K}}{1{,}013 \text{ bar} \cdot 0{,}8500 \text{ L}} \approx \mathbf{28{,}01 \text{ g/mol}}$

Bestimmung der molaren Masse nach VIKTOR MEYER[1]

Von leicht verdampfbaren und trotzdem thermisch stabilen Flüssigkeiten und Feststoffen kann in einer Apparatur nach VIKTOR MEYER die molare Masse bestimmt werden (**Bild 2**). Die Apparatur besteht aus einem beheizbaren Verdampferkolben und einem Eudiometer (Gasbürette).

Die Substanzprobe ist in einer dünnwandigen Glasampulle eingeschmolzen. Sie wird von oben in die Apparatur eingebracht und von einem Glasstab gehalten.

Nach dem Temperieren des Verdampferkolbens auf eine Temperatur, die oberhalb der Verdampfungstemperatur der Probesubstanz liegt, wird der Glasstab teilweise herausgezogen. Dadurch fällt die Substanzampulle in den Verdampferkolben, wo sie zerbricht. Die Probe wird freigesetzt und verdampft.

Das entstehende Gasvolumen der Probe verdrängt ein gleichgroßes Luftvolumen V aus dem Verdampferkolben in das Eudiometer. Dort kann das auf Badtemperatur abgekühlte Luftvolumen abgelesen werden. Das Gas ist wasserdampfgesättigt.

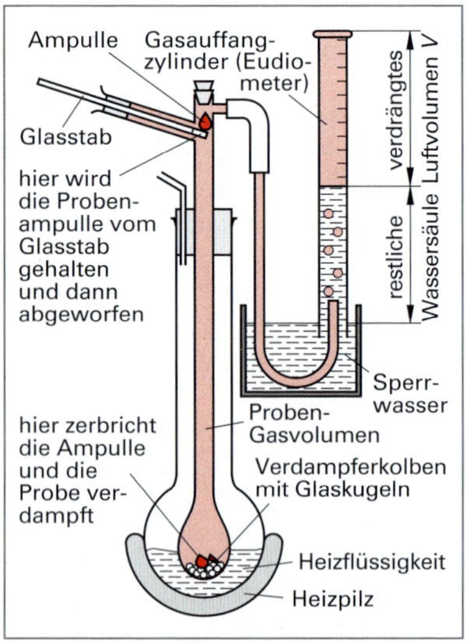

Bild 2: Apparatur zur Bestimmung der molaren Masse nach VIKTOR MEYER

[1] VIKTOR MEYER, deutscher Chemiker (1848 bis 1897)

Mit den Versuchsbedingungen Umgebungsdruck p und Badtemperatur T sowie den Messwerten m und V kann mit der umgestellten allgemeinen Gasgleichung die molare Masse berechnet werden.

Beispiel: In eine Apparatur zur Molmassebestimmung nach Viktor Meyer werden 0,1254 g einer Flüssigkeit eingebracht und verdampft. Das gemessene Luftvolumen im Eudiometer beträgt 37,29 mL. Die Umgebungstemperatur ist 22,0 °C (295,0 K), der Luftdruck 1015,0 mbar.
Wie groß ist die molare Masse der Flüssigkeit?

Lösung: $$\boldsymbol{M}(\mathrm{Fl}) = \frac{m(\mathrm{Fl}) \cdot R \cdot T}{p \cdot V(\mathrm{Gas})} = \frac{0{,}1254\ \mathrm{g} \cdot 0{,}08314\ \frac{\mathrm{bar} \cdot \mathrm{L}}{\mathrm{K} \cdot \mathrm{mol}} \cdot 295{,}0\ \mathrm{K}}{1{,}015\ \mathrm{bar} \cdot 0{,}03729\ \mathrm{L}} \approx \mathbf{81{,}26\ g/mol}$$

Zur **genauen Berechnung** der molaren Masse ist anstatt des Luftdrucks der Dampfdruck des Proben-Gasvolumens p_{Pr} im Verdampferkolben in die Berechnung einzusetzen. Er ist der äußere Luftdruck p_{L} vermindert um den Dampfdruck des Sperrwassers p_{WD} und den hydrostatischen Druck p_{hydr} der restlichen Wassersäule im Eudiometer: $p_{\mathrm{Pr}} = p_{\mathrm{L}} - p_{\mathrm{WD}} - p_{\mathrm{hydr}}$

Beispiel: Die im obigen Beispiel durchgerechnete Molmassebestimmung soll unter Berücksichtigung des korrigierten Probendampfdrucks p_{Pr} genauer berechnet werden: Die restliche Wassersäule im Eudiometer beträgt 84,0 mm, der Dampfdruck des Wassers bei 22,0 °C ist 26,42 mbar, die Dichte des Wassers 0,9978 g/cm³.

Lösung: Der hydrostatische Druck der Wassersäule im Eudiometer wird mit der Gleichung $p_{\mathrm{hydr}} = \varrho \cdot g \cdot h$ berechnet. Mit $\varrho = 0{,}9978\ \mathrm{g/cm^3} = 997{,}8\ \mathrm{kg/m^3}$; $g = 9{,}81\ \mathrm{N/kg}$ folgt:

$$p_{\mathrm{hydr}} = 997{,}8\ \frac{\mathrm{kg}}{\mathrm{m^3}} \cdot 9{,}81\ \frac{\mathrm{N}}{\mathrm{kg}} \cdot 0{,}0840\ \mathrm{m} = 822{,}2\ \mathrm{N/m^2} = 0{,}008222\ \mathrm{bar} = 8{,}222\ \mathrm{mbar} \approx 8{,}22\ \mathrm{mbar}$$

Dampfdruck der Probe: $p_{\mathrm{Pr}} = p_{\mathrm{L}} - p_{\mathrm{WD}} - p_{\mathrm{hydr}} = 1015{,}0\ \mathrm{mbar} - 26{,}42\ \mathrm{mbar} - 8{,}22\ \mathrm{mbar} = 980{,}36\ \mathrm{mbar}$

$$\boldsymbol{M}(\mathrm{Fl}) = \frac{m(\mathrm{Fl}) \cdot R \cdot T}{p \cdot V(\mathrm{Gas})} = \frac{0{,}1254\ \mathrm{g} \cdot 0{,}08314\ \frac{\mathrm{bar} \cdot \mathrm{L}}{\mathrm{K} \cdot \mathrm{mol}} \cdot 295{,}0\ \mathrm{K}}{0{,}98036\ \mathrm{bar} \cdot 0{,}03729\ \mathrm{L}} \approx \mathbf{84{,}13\ \frac{g}{mol}}$$

Hinweis: Die Berechnungsformel der molaren Masse ist die umgestellte allgemeine Gasgleichung. Sie gilt nur für ideale Gase (siehe Seite 127). Da die Gasphase vieler verdampfter Substanzen sich nicht wie ein ideales Gas verhält, ist das Rechenergebnis der erhaltenen Werte der molaren Masse nach Viktor Meyer fehlerbehaftet. Hinzu kommen weitere Ungenauigkeiten, wie z. B. Ablesefehler.

Aufgaben zu 14.4.1 Bestimmung der molaren Masse aus den Gasgesetzen

1. Eine Gasmaus mit einem Volumen von 0,5281 L wiegt evakuiert 143,7820 g und mit Gas gefüllt 144,4813 g. Der Luftdruck beträgt 1012 mbar, die Umgebungstemperatur 21,0 °C.
   a) Welche molare Masse hat das Gas? b) Um welches Gas könnte es sich handeln?
2. 187,1 mg einer flüssigen Substanz verdrängen bei einer Bestimmung der molaren Masse nach Victor Meyer nach dem Verdampfen 72,8 mL trockene Luft von 22,0 °C unter einem Druck von 985 mbar. Welche molare Masse hat die untersuchte Verbindung?
3. Bei Messungen zur Bestimmung der molaren Masse von Kohlenwasserstoffen nach Viktor Meyer wurden die unten stehenden Messwerte erhalten. Berechnen Sie die molare Masse der Proben
   a) ohne Korrektur des Luftdrucks b) mit Korrektur des Luftdrucks.

Messdaten	Probe 3 a	Probe 3 b	Probe 3 c
Masse der Probesubstanz	0,1042 g	0,09823 g	0,1196 g
Verdrängtes Luftvolumen	45,3 mL	31,7 mL	25,0 mL
Höhe der restlichen Wassersäule	96,0 mm	82,0 mm	87,0 mm
Umgebungstemperatur	23,1 °C	21,9 °C	22,4 °C
Umgebungsdruck	1017 mbar	1008 mbar	1020 mbar
Dampfdruck des Wassers	28,46 mbar	26,30 mbar	27,12 mbar
Dichte des Wassers	0,9975 g/cm³	0,9978 g/cm³	0,9976 g/cm³

14.4.2 Molare Masse aus der Dampfdruckerniedrigung

Reine Flüssigkeiten, z.B. Wasser, haben einen stoffspezifischen Dampfdruck $p(\text{Lm})$, der stark von der Temperatur abhängig ist (schwarze Kurve in **Bild 1**).

Löst man in der Flüssigkeit einen Stoff X, so hat die entstandene Lösung einen verminderten Dampfdruck $p(\text{Lsg})$ (rote Kurve). Die **Dampfdruckerniedrigung** (engl. vapor pressure depression) bei einer bestimmten Temperatur ist: $\Delta p = p(\text{Lm}) - p(\text{Lsg})$.

Ursache: Die Teilchen des gelösten Stoffes X üben auf die Lösemittelmoleküle zusätzliche Anziehungskräfte aus. Dadurch wird ihr Übergang in die Dampfphase erschwert, der Dampfdruck ist niedriger.

Nach dem **RAOULT'sches Gesetz** ist die Dampfdruckerniedrigung Δp gleich dem Stoffmengenanteil $\chi(\text{X})$ des gelösten Stoffes X, multiliziert mit dem Dampfdruck des Lösemittels $p(\text{Lm})$ (siehe rechts).

Diese Beziehung gilt unter der Annahme, dass der gelöste Stoff X keinen messbaren Dampfdruck besitzt ($p(\text{X}) = 0$) und nicht der Dissoziation unterliegt.

Mit der Definitionsgleichung des Stoffmengenanteils χ $\quad \chi(\text{X}) = \dfrac{n(\text{X})}{n(\text{X}) + n(\text{Lm})}$

sowie $n(\text{X}) = \dfrac{m(\text{X})}{M(\text{X})}$ und $n(\text{LM}) = \dfrac{m(\text{Lm})}{M(\text{Lm})}$ folgt durch

Einsetzen und Gleichsetzen: $\dfrac{m(\text{X})}{M(\text{X})} = \dfrac{m(\text{Lm}) \cdot \Delta p}{M(\text{Lm}) \cdot p(\text{Lsg})}$.

Durch Umstellen wird daraus die nebenstehende Bestimmungsgleichung für die molare Masse aus der Dampfdruckerniedrigung erhalten.

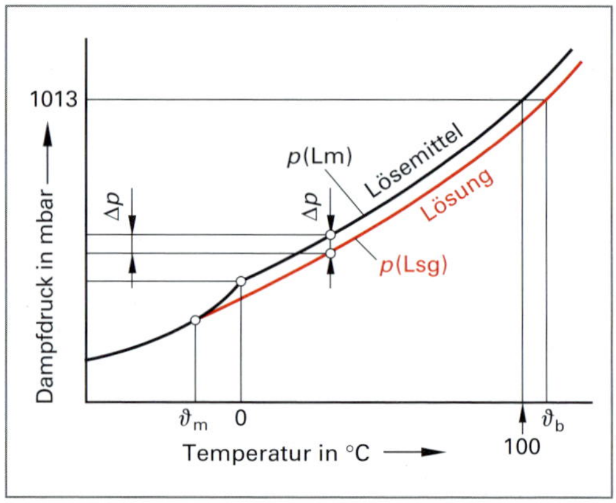

Bild 1: Dampfdruckkurve von Wasser (Lösemittel) und einer wässrigen Lösung

Dampfdruck-erniedrigung	$\Delta p = p(\text{Lm}) - p(\text{Lsg})$
RAOULT'sches Gesetz	$\Delta p = \chi(\text{X}) \cdot p(\text{Lm})$

Molare Masse aus der Dampfdruckerniedrigung
$M(\text{X}) = \dfrac{m(\text{X}) \cdot M(\text{Lm}) \cdot p(\text{Lsg})}{m(\text{Lm})} \cdot \dfrac{1}{\Delta p}$

Beispiel: Reines Cyclohexanol ($C_6H_{12}O$) hat bei einer vorgegebenen Temperatur einen Dampfdruck von 168,24 mbar. Löst man in 100,00 g Cyclohexanol 1,675 g einer festen organischen Substanz, die nicht dissoziiert, so sinkt der Dampfdruck der Lösung auf 166,82 mbar. Welche molare Masse hat die gelöste Substanz?

Lösung: $\Delta p = p(\text{Lm}) - p(\text{Lsg}) = 168{,}24\text{ mbar} - 166{,}82\text{ mbar} = 1{,}42\text{ mbar}$, $M(C_6H_{12}O) = 100{,}16\text{ g/mol}$

$$\boldsymbol{M(C_6H_{12}O)} = \frac{m(C_6H_{12}O) \cdot M(\text{Lm}) \cdot p(\text{Lsg})}{m(\text{Lm}) \cdot \Delta p} = \frac{1{,}675\text{ g} \cdot 100{,}16\text{ g/mol} \cdot 166{,}82\text{ mbar}}{100{,}00\text{ g} \cdot 1{,}42\text{ mbar}} \approx \mathbf{197\ g/mol}$$

Aufgaben zu 14.4.2 Molare Masse aus der Dampfdruckerniedrigung

1. Eine Lösung von 2,391 g eines unbekannten organischen Feststoffes in 100,0 g Diethylether ($C_4H_{10}O$) hat bei 40 °C einen Dampfdruck von 1200,0 mbar. Der Dampfdruck von reinem Diethylether bei 40 °C beträgt 1218,0 mbar. Welche molare Masse hat die gelöste Substanz?
2. Es werden 1,872 g eines unbekannten organischen Feststoffes in 100,0 g Wasser von 45 °C gelöst. Dadurch sinkt der Dampfdruck des Wassers auf 95,39 mbar. Der Dampfdruck von Wasser bei 45 °C ist 95,82 mbar. Welche molare Masse hat die Substanz?
3. Reines Benzol C_6H_6 hat bei 30 °C einen Dampfdruck von 162,42 mbar. Nach Lösen von 15,0 g eines schwerflüchtigen organischen Stoffes in 250,0 g Benzol wird bei 30 °C ein Dampfdruck von 160,32 mbar gemessen. Wie groß ist die molare Masse des gelösten Stoffes?
4. In 130 g Wasser von 20 °C werden 40,0 g Glucose $C_6H_{12}O_6$ gelöst. Reines Wasser hat bei 20 °C einen Dampfdruck von 23,3 mbar. Welchen Dampfdruck hat die Glucoselösung bei 20 °C?

14.4.3 Molare Masse aus der Siedepunkterhöhung

Eine Flüssigkeit siedet, wenn der entwickelte Dampfdruck über der Flüssigkeit den Umgebungsdruck (z. B. 1013 mbar) erreicht.

Wird ein Feststoff in der Flüssigkeit gelöst, so verläuft im Dampfdruckdiagramm die Dampfdruckkurve der Lösung unterhalb der Dampfdruckkurve des Lösemittels, z. B. Wasser (**Bild 1**).

Eine Lösung erreicht den Umgebungsdruck wegen der Dampfdruckerniedrigung erst bei einer höheren Temperatur (ϑ_b) als das reine Lösemittel.

Der Siedepunkt einer Lösung liegt um die Temperaturdifferenz $\Delta\vartheta_b$ höher als der Siedepunkt des reinen Lösemittels.

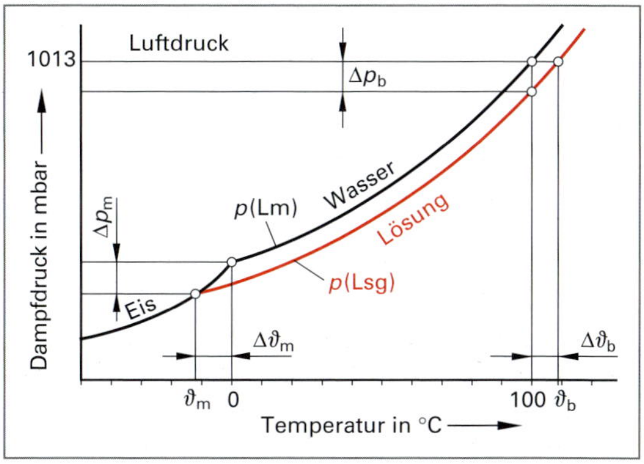

Bild 1: Dampfdruckkurve von Wasser und einer wässrigen Lösung

Ursache der **Siedepunkterhöhung $\Delta\vartheta_b$** einer Lösung (boiling point elevation) sind die zusätzlichen Anziehungskräfte, welche die Teilchen des gelösten Stoffes auf die Lösemittelmoleküle ausüben. Das Sieden kann demzufolge erst bei einer höheren Temperatur stattfinden.

Die Höhe der Siedepunkterhöhung ist unabhängig von der Art des gelösten Stoffes X (kolligative Eigenschaft) sondern unter anderem nur abhängig von der Anzahl der gelösten Stoffteilchen: So verursacht beispielsweise ein Mol Natriumchlorid mit der Masse $m(\text{NaCl}) = 58{,}4$ g in einem Kilogramm Wasser die gleiche Siedepunkterhöhung wie zwei Mol Zucker mit einer Masse von $m(C_6H_{12}O_6) = 360{,}3$ g. Ursache ist die doppelte Anzahl an Teilchen in der NaCl-Lösung, die infolge der Dissoziation des Natriumchlorids als Natrium-Ionen und Chlorid-Ionen in der Lösung vorliegt.

Der Betrag der Siedepunkterhöhung $\Delta\vartheta_b$ einer Lösung steigt bei Stoffen, die nicht dissoziieren, mit der Stoffmenge des gelösten Stoffes $n(\text{X})$ pro Masse Lösemittel $m(\text{Lm})$ an: $\Delta\vartheta_b \sim \frac{n(\text{X})}{m(\text{Lm})}$.

Der Quotient aus der Stoffmenge $n(\text{X})$ und der Masse an Lösemittel $m(\text{Lm})$ wird **Molalität *b*** genannt.

Aus der Proportionalität $\Delta\vartheta_b \sim b(\text{X})$ erhält man mit der **ebullioskopischen Konstanten $K_b(\text{Lm})$** (ebullioscopic constant) als Proportionalitätsfaktor die nebenstehende Bestimmungsgleichung für die Siedepunkterhöhung $\Delta\vartheta_b$.

Molalität
$b(\text{X}) = \frac{n(\text{X})}{m(\text{Lm})}$

Siedepunkterhöhung
$\Delta\vartheta_b = K_b(\text{Lm}) \cdot b(\text{X})$

Die ebullioskopische Konstante $K_b(\text{Lm})$ berücksichtigt die Art des Lösemittels. Sie entspricht der Siedepunkterhöhung, die ein Mol gelöster Stoff in einem Kilogramm Lösemittel bewirkt. Sie wird deshalb auch **molale Siedepunkterhöhung** genannt.

Mit der Molalität $b(\text{X}) = \frac{n(\text{X})}{m(\text{Lm})}$ und der Stoffmenge an gelöstem Stoff $n(\text{X}) = \frac{m(\text{X})}{M(\text{X})}$ folgt: $\Delta\vartheta_b = \frac{K_b(\text{Lm}) \cdot m(\text{X})}{M(\text{X}) \cdot m(\text{Lm})}$

Durch Umstellen erhält man daraus nebenstehende Bestimmungsgleichung für die molare Masse $M(\text{X})$ des gelösten Stoffes.

Molare Masse aus der Siedepunkterhöhung
$M(\text{X}) = \frac{K_b(\text{Lm}) \cdot m(\text{X})}{m(\text{Lm})} \cdot \frac{1}{\Delta\vartheta_b}$

Beispiel: Welche Siedepunkterhöhung ist zu erwarten, wenn 30,0 g Glucose $C_6H_{12}O_6$ in 1000 g Wasser gelöst werden? $M(C_6H_{12}O_6) = 180{,}16$ g/mol; $K_b(\text{Wasser}) = 0{,}521$ K·kg/mol (aus Tabelle 431/1)

Lösung: $n(C_6H_{12}O_6) = \frac{m(C_6H_{12}O_6)}{M(C_6H_{12}O_6)} = \frac{30{,}0\text{ g}}{180{,}16\text{ g/mol}} = 0{,}1665\text{ mol}$

$$\boldsymbol{\Delta\vartheta_b} = K_b(\text{Lm}) \cdot b(\text{X}) = K_b(\text{Lm}) \cdot \frac{n(\text{X})}{m(\text{Lm})} = 0{,}521\,\frac{\text{K} \cdot \text{kg}}{\text{mol}} \cdot \frac{0{,}1665\text{ mol}}{1{,}000\text{ kg}} \approx \mathbf{0{,}087\ K}$$

Apparatur zur Bestimmung der molaren Masse aus der Siedepunkterhöhung

Bei dieser auch als **Ebullioskopie** (ebullioscopy) bezeichneten Methode wird die Siedepunkterhöhung $\Delta\vartheta_b$ gemessen, die durch Zugabe einer Substanz X zu einem reinen Lösemittel hervorgerufen wird (Bild 429/1).

Die Bestimmung wird in einer Apparatur durchgeführt, die die exakte Messung der Siedetemperatur erlaubt **(Bild 1)**. Die Apparatur besteht aus dem Siederohr mit Kühler und Einfüllstutzen sowie einem BECKMANN-Thermometer. Ein Brenner oder ein Heizpilz sorgt für die erforderliche Erwärmung. Es wird zuerst die Siedetemperatur des reinen Lösemittels und dann die Siedetemperatur der Lösung bestimmt. Aus der Siedetemperaturerhöhung wird mit der Bestimmungsgleichung von Seite 385 die molare Masse berechnet.

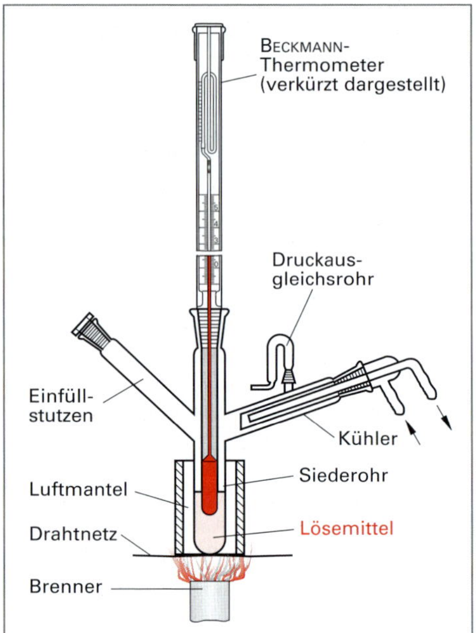

Bild 1: Apparatur zur ebullioskopischen Bestimmung der molaren Masse

Beispiel: Durch Lösen von 1,910 g eines in Wasser nicht dissoziierenden Feststoffes unbekannter Zusammensetzung in 50,00 g Wasser steigt die Siedetemperatur um 0,184 K.
Welche molare Masse hat die Substanz?

Lösung: Mit K_b(Wasser) = 0,521 K·kg/mol (Tabelle 387/1)

$$M(X) = \frac{K_b(Lm) \cdot m(X)}{\Delta\vartheta_b \cdot m(Lm)} = \frac{0{,}521\ K \cdot kg \cdot 1{,}910\ g}{0{,}184\ K \cdot mol \cdot 0{,}0500\ kg}$$

$\boldsymbol{M(X) \approx 108\ g/mol}$

Aufgaben zu 14.4.3 Molare Masse aus der Siedepunkterhöhung

1. Bei der Bestimmung der molaren Masse eines unbekannten organischen Feststoffes nach der Methode der Siedepunkterhöhung werden 0,9231 g der Substanz in 33,35 g Trichlorethen gelöst (K_b(Trichlorethen) = 4,42 K·kg/mol). Der Siedepunkt der Lösung erhöht sich gegenüber dem reinen Lösemittel um 1,38 K. Wie groß ist die molare Masse der untersuchten Substanz?
2. Zur ebullioskopischen Bestimmung der molaren Masse eines organischen Feststoffes unbekannter Zusammensetzung werden 1,134 g der Substanz in 20,00 mL des Lösemittels Benzol der Dichte ϱ = 0,876 g/cm^3 gelöst. Messwerte: ϑ_b(Benzol) = 80,121 °C; ϑ_b(Lösung) = 82,624 °C.
Welche molare Masse hat die Substanz?
3. 1,188 g Schwefel werden in 50,5 g Schwefelkohlenstoff (Kohlenstoffdisulfid CS_2) gelöst. Die Lösung siedet bei 46,66 °C, das reine Lösemittel bei 46,45 °C. Welche molare Masse haben die Schwefelmoleküle? Aus wie vielen Schwefelatomen besteht ein gelöstes Schwefelmolekül?
K_b(Schwefelkohlenstoff) = 2,29 K·kg/mol
4. Welche Siedepunkterhöhung ist zu erwarten, wenn 890 mg Naphthalin $C_{10}H_8$ in 50,0 g 1,4-Dioxan gelöst werden? K_b(Dioxan) = 3,27 K·kg/mol.
5. In 500 g Lösemittel (molare Masse M = 75,0 g/mol) werden 20,0 g eines organischen Feststoffes mit der molaren Masse M = 100 g/mol gelöst. Der Siedepunkt des reinen Lösemittels erhöht sich von 84,02 °C auf 85,02 °C. Welche ebullioskopische Konstante K_b(Lm) hat das Lösemittel?
6. Welche Masse an Natriumchlorid ist in 500 g Wasser gelöst, wenn eine Natriumchlorid-Lösung bei 1013 mbar Umgebungsdruck eine Siedetemperatur von 102,123 °C hat?
7. Welchen Massenanteil w(Zucker) hat eine wässrige Rohrzucker-Lösung ($C_{12}H_{22}O_{11}$), deren Siedetemperatur bei 1013 mbar Umgebungsdruck zu 100,42 °C gemessen wurde?
8. Der Siedepunkt von reinem Wasser erhöht sich durch Lösen von 0,752 g Natriumchlorid NaCl in 125,0 g Wasser bei einem Umgebungsdruck von 1013 mbar um 0,106 K. Welcher Aktivitätskoeffizient f_a(NaCl) ergibt sich aus den Messungen? (Zur Lösung siehe Seite 434 und 435)

14.4.4 Molare Masse aus der Gefrierpunkterniedrigung

Während Wasser unter dem Umgebungsdruck von 1013 mbar bei 0 °C erstarrt, beginnt die Bildung von Eiskristallen in wässrigen Lösungen erst bei tieferen Temperaturen (Bild 429/1).

Die Teilchen eines gelösten Stoffes in einem Lösemittel stören durch ihre Teilchenbewegung die Kristallisation der Lösemittelmoleküle **(Bild 1)**. Damit die Lösung dennoch kristallisiert, muss die Bewegungsenergie der Lösemittelmoleküle weiter herabgesetzt werden. Dies geschieht durch Senkung der Temperatur, so dass der Gefrierpunkt erniedrigt wird. Die Dampfdruckkurve der Lösung trifft die Dampfdruckkurve des gefrorenen Lösemittels (Eis) bei einer tieferen Temperatur (ϑ_m) als der Gefriertemperatur des reinen Lösemittels (Bild 429/1).

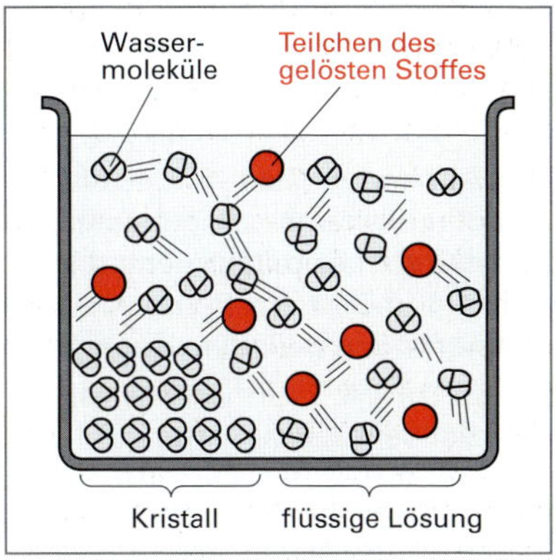

Bild 1: Erstarren von Wasser mit gelösten Inhaltsstoffen

Der Gefrierpunkt einer Lösung liegt um die Temperaturdifferenz $\Delta\vartheta_m$ niedriger als der Gefrierpunkt des reinen Lösemittels.

Für die **Gefrierpunkterniedrigung $\Delta\vartheta_m$** einer Lösung (freezing point depression) gibt es ähnlich wie bei der Siedepunkterhöhung eine proportionale Abhängigkeit von der Molalität *b*.

Mit der Lösemittel-spezifischen **kryoskopischen Konstanten K_m (Lm)** (cryoscopic constant) erhält man nebenstehende Beziehung für die Gefrierpunkterniedrigung $\Delta\vartheta_m$.

Mit der Definition der Molalität ergibt sich die nebenstehende Bestimmungsgleichung zur Berechnung der molaren Masse.

Bei allen Lösemitteln ist die molale Gefrierpunkterniedrigung größer als die molale Siedepunkterhöhung. Es wird deshalb überwiegend die Methode der Gefrierpunkterniedrigung zur Bestimmung der molaren Masse angewandt.

Gefrierpunkterniedrigung

$$\Delta\vartheta_m = K_m(\mathrm{Lm}) \cdot b(\mathrm{X})$$

Molare Masse aus der Gefrierpunkterniedrigung

$$M(\mathrm{X}) = \frac{K_m(\mathrm{Lm}) \cdot m(\mathrm{X})}{m(\mathrm{Lm})} \cdot \frac{1}{\Delta\vartheta_m}$$

Die kryoskopische Konstante K_m und die ebullioskopische Konstante K_b sind für die gängigen Lösemittel bestimmt worden und können Tabellen entnommen werden **(Tabelle 1)**.

Bestimmung der molaren Masse nach Rast

Die Methode nach Rast beruht auf dem großen Betrag der kryoskopischen Konstanten des Lösemittels Campher K_m = 40,0 K·kg/mol. Sie erlaubt ein apparativ einfaches Verfahren zur Bestimmung der molaren Masse für organische Stoffe, die bei Raumtemperatur fest sind.

Die Schmelzpunkterniedrigung wird in einem Schmelzpunktbestimmungsgerät gemessen, das mit einem auf 0,2 °C genau ablesbaren Laborthermometer ausgestattet ist. Das reine Campher und die Campher-Prüfsubstanz-Lösung werden in Schmelztemperatur-Bestimmungsröhrchen eingeschmolzen und die Schmelztemperatur bestimmt. Daraus wird die molare Masse der gelösten Substanz berechnet.

Tabelle 1: Schmelztemperatur ϑ_m und Siedetemperatur ϑ_b sowie kryoskopische Konstante K_m und ebullioskopische Konstante K_b von Lösemitteln

Lösemittel	ϑ_m in °C	K_m in $\frac{\mathrm{K \cdot kg}}{\mathrm{mol}}$	ϑ_b in °C	K_b in $\frac{\mathrm{K \cdot kg}}{\mathrm{mol}}$
Anilin	– 5,96	5,87	184,3	3,69
Benzol	5,495	5,065	80,15	2,64
Essigsäure	16,60	3,90	118,5	3,08
Nitrobenzol	5,668	6,89	210,9	5,27
1,4-Dioxan	11,3	4,70	100,8	3,27
Wasser	0	1,858	100	0,521
Campher	179,5	40,0	204	6,09

Beispiel: 0,345 g eines organischen Feststoffes werden in 6,295 g Campher gelöst. Reines Campher schmilzt bei 179,5 °C, die Campher-Lösung bei 159,2 °C. Berechnen Sie die molare Masse der Substanz.

Lösung: $\Delta\vartheta_m$ = 179,5 °C – 159,2 °C = 20,3 °C = 20,3 K

$$\boldsymbol{M}(\mathbf{Probe}) = \frac{K_m(\mathrm{Campher}) \cdot m(\mathrm{Probe})}{m(\mathrm{Campher})} \cdot \frac{1}{\Delta\vartheta_m} = \frac{40{,}0\ \mathrm{K \cdot kg} \cdot 0{,}345\ \mathrm{g}}{\mathrm{mol} \cdot 6{,}295\ \mathrm{kg} \cdot 10^{-3}} \cdot \frac{1}{20{,}3\ \mathrm{K}} \approx \mathbf{108\ g/mol}$$

Bestimmung der molaren Masse nach BECKMANN

Mit der Methode nach BECKMANN wird die Gefrierpunkterniedrigung bestimmt, die durch Zugabe einer Substanz zu einem Lösemittel hervorgerufen wird.

Die Apparatur (**Bild 1**) besteht aus einem, von einem Luftmantel umgebenen, Gefrierpunkt-Bestimmungsrohr mit seitlichem Einfüllstutzen, zwei Rührern und einem BECKMANN-Thermometer. Diese Anordnung befindet sich in einem Kältebad.

Das BECKMANN-Thermometer ist ein empfindliches Quecksilber-Thermometer (Bild 38/1) mit dem Temperaturdifferenzen von ca. 5 K mit einer Genauigkeit von 0,002 °C gemessen werden können.

Moderne Apparaturen zur Bestimmung der molaren Masse besitzen für die Temperaturmessung elektronische Temperaturmessgeräte, sogenannte Thermistoren. Sie können die Temperatur digital auf 0,001 °C genau messen.

Zur Messung ist zunächst vom reinen Lösemittel und dann von der Lösung die Gefriertemperatur zu bestimmen.

Dazu wird zuerst die Lösemittelprobe in die Apparatur gefüllt und dort auf eine zuvor festgelegte Temperatur (ca. 5 °C bis 7 °C unterhalb der Gefriertemperatur) abgekühlt. Die Temperatur wird in kurzen Abständen gemessen und in ein Diagramm eingetragen (**Bild 2**, linker Bildteil).

Durch eine Erschütterung mit einem Rührer oder Vibrator setzt die Kristallisation der Probe schlagartig ein. Durch die freigesetzte Erstarrungswärme steigt die Temperatur von der Unterkühlungstemperatur auf die Gefriertemperatur, verharrt dort und sinkt im Laufe der Zeit langsam wieder ab. Durch Anheben der Apparatur aus dem Kältebad schmilzt die Lösemittelprobe.

Anschließend wird die genau gewogene Untersuchungssubstanz durch den Einfüllstutzen in das Lösemittel gegeben.

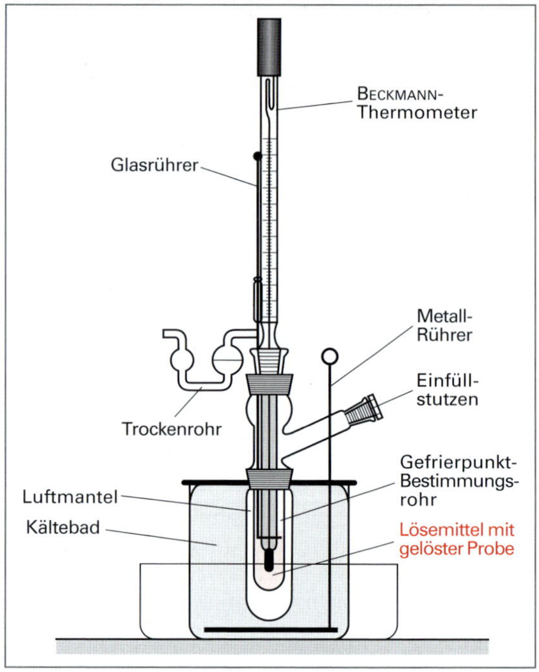

Bild 1: Apparatur zur kryoskopischen Bestimmung der molaren Masse nach BECKMANN

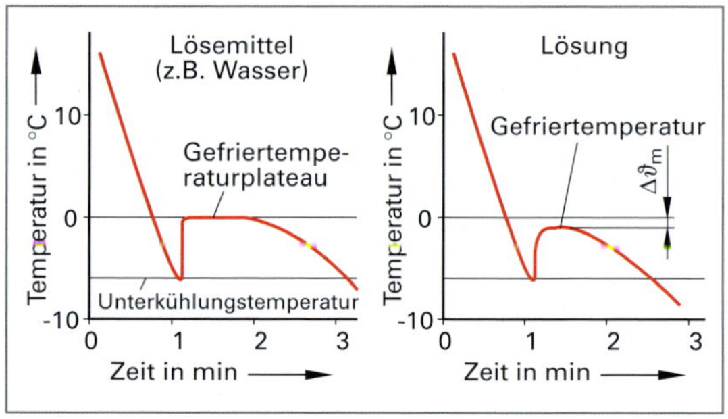

Bild 2: Bestimmung der Gefriertemperatur bei der kryoskopischen Molmassebestimmung

Nach Einsetzen des Gefrierrohres in das Kältebad bestimmt man erneut die Gefriertemperatur in der oben beschrieben Weise. Aus der erstellten Messkurve (Bild 2, rechter Bildteil) kann die Gefrierpunkterniedrigung $\Delta\vartheta_m$ bestimmt und damit die molare Masse der gelösten Substanz mit der Bestimmungsgleichung von Seite 431 berechnet werden.

Beispiel: In einer Apparatur nach BECKMANN soll die molare Masse einer organischen Substanz unbekannter Zusammensetzung bestimmt werden. Als Lösemittel wurden 15,00 g Cyclohexan eingesetzt, die Masse der zugegebenen organischen Substanz betrug 0,341 g. Die Gefriertemperatur von Cyclohexan wurde zu 6,52 °C, die Gefriertemperatur der Lösung zu 1,11 °C bestimmt. Die kryoskopische Konstante von Cyclohexan beträgt K_m = 20,2 K · kg/mol. Welche molare Masse hat die Substanz?

Lösung: $\Delta\vartheta_m = 6{,}52\,°C - 1{,}11\,°C = 5{,}41\,°C = 5{,}41\,K$

$$\boldsymbol{M(X)} = \frac{K_m(Lm) \cdot m(X)}{m(Lm)} \cdot \frac{1}{\Delta\vartheta_m} = \frac{20{,}2\,K \cdot kg \cdot 0{,}341\,g}{mol \cdot 15{,}00 \cdot 10^{-3}\,kg} \cdot \frac{1}{5{,}41\,K} \approx \mathbf{84{,}9\,g/mol}$$

Moderne Geräte zur Bestimmung der molaren Masse durch Gefriertemperaturerniedrigung

Sie besitzen ein Kühlaggregat, ein Thermistor-Temperaturmesssystem und eine Auswerteeinheit mit Messwertanzeige (**Bild 1**). Die Probelösung wird in ein Kunststoffröhrchen gefüllt, über den Thermistor geschoben und in das Kühlaggregat abgesenkt. Hat die Probe die Gefriertemperatur um 5 °C unterschritten, so wird die Kristallisation der Lösung durch Eintauchen einer Edelstahlnadel in die unterkühlte Probelösung ausgelöst. Die Temperatur steigt dadurch spontan bis zur Gefriertemperatur der Lösung an. Mit dem erhaltenen Messwert und den gespeicherten Gefriertemperaturen der reinen Lösemittel wird die Gefriertemperaturerniedrigung ermittelt. Daraus wird intern die molare Masse errechnet und digital angezeigt.

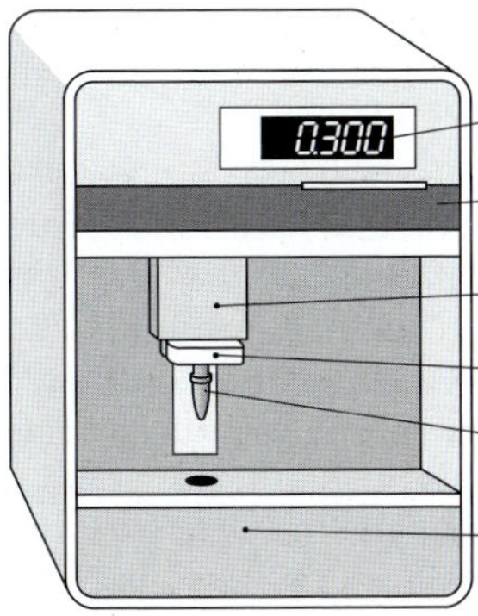

Bild 1: Bestimmungs-Automat für die molare Masse, System Gefrierpunkterniedrigung

Aufgaben zu 14.4.4 Molare Masse aus der Gefrierpunkterniedrigung

1. Eine wässrige Lösung von Aceton (C_3H_6O) hat eine Gefriertemperatur von – 0,83 °C. Die kryoskopische Konstante des Wassers ist K_m = 1,858 K·kg/mol.
   a) Welche Molalität hat der gelöste Stoff?
   b) Welche Masse an Aceton ist pro Kilogramm Lösemittel enthalten?
   c) Welche molare Masse lässt sich daraus für Aceton errechnen?
2. 422 mg eines unbekannten organischen Feststoffes werden in 25,0 g Essigsäure gelöst. Der Gefrierpunkt der Essigsäure sinkt durch den gelösten Stoff von 16,60 °C auf 16,15 °C. Welche molare Masse hat die untersuchte Substanz?
3. Eine geschmolzene Mischung aus 7,76 g Diphenylketon ($C_{13}H_{10}O$) und 113,1 g Naphthalin ($C_{10}H_8$) erstarrt bei 77,5 °C. Wie groß ist die molale Gefrierpunkterniedrigung K_m von Naphthalin, wenn die reine Substanz bei 80,1 °C schmilzt?
4. Eine Portion einer wässrigen Essigsäure-Lösung mit 8,0 g Wasser erstarrt bei 15,50 °C. Welche Masse an Essigsäure ist in der Lösung enthalten? ϑ_m(Essigsäure) = 16,60 °C
5. Eine wässrige Lösung von Natriumnitrat ($NaNO_3$) ergibt in einer Apparatur zur Bestimmung der molaren Masse nach BECKMANN eine Gefrierpunkterniedrigung von 1,452 °C. Welchen Massenanteil an Natriumnitrat hat die Lösung?
6. Welche Masse an Methanol (CH_3OH) ist 10,0 kg Wasser zuzusetzen, damit der Gefrierpunkt der Lösung auf – 10,0 °C herabgesetzt wird?
7. Mit der Methode nach RAST wird die molare Masse eines organischen Feststoffes unbekannter Zusammensetzung bestimmt. Dazu werden 0,894 g der Substanz in 30,000 g Campher gelöst. Die Schmelztemperatur der Lösung ist 166,7 °C. Wie groß ist die molare Masse der Substanz?
8. Löst man 3,52 g Naphthalin ($C_{10}H_8$) in 300 g Bromoform ($CHBr_3$), so gefriert die Lösung bei 5,64 °C. Reines Bromoform erstarrt bei 4,30 °C. Welche kryoskopische Konstante K_m hat Bromoform?
9. Bei welcher Temperatur erstarrt eine wässrige Ammoniumchlorid-Lösung mit dem Massenanteil $w(NH_4Cl)$ = 20,0 %, wenn vollständige Dissoziation angenommen wird?
10. 1,034 g eines organischen Feststoffes werden in 53,458 g Campher gelöst. Der Erstarrungspunkt der Lösung liegt um 4,23 K niedriger als der Erstarrungspunkt des reinen Campher. Welche molare Masse hat die untersuchte Substanz?
11. Wie viel Calciumchlorid ($CaCl_2$, dissoziiert in drei Ionen, Aktivitätskoeffizient f_a = 0,531) muss in 25,0 kg Wasser gelöst werden, damit der Gefrierpunkt der Lösung auf –10,0 °C sinkt? (Hinweis: Zur Lösung siehe Seite 434 und 435).

14.4.5 Molare Masse aus dem osmotischen Druck

Diese Methode zur Bestimmung der molaren Masse beruht auf der Messung des osmotischen Drucks. Sie wird deshalb auch **Osmometrie** (osmometry) genannt.

Osmose und osmotischer Druck

Zur Osmose kommt es, wenn zwei Flüssigkeiten unterschiedlicher Konzentration über eine halbdurchlässige (semipermeable) Membran aneinander grenzen, wie z. B. in einer **PFEFFER'schen Zelle** (**Bild 1**).

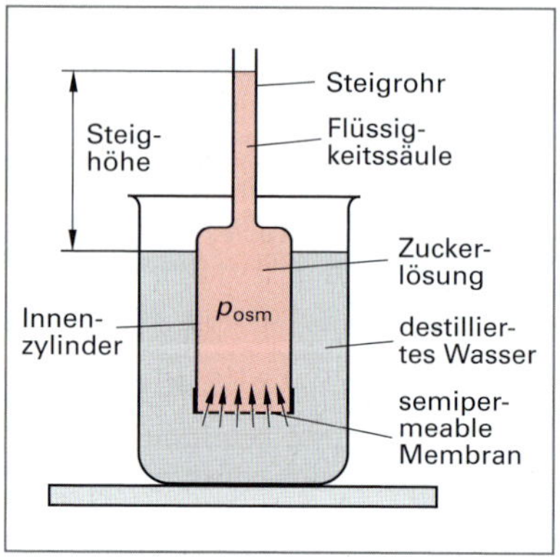

Bild 1: Osmotischer Druck in PFEFFER'scher Zelle

Steht dort beispielsweise eine Zuckerlösung in einem Innenzylinder über eine semipermeable Membran (eine spezielle Kunststofffolie oder eine Schweinsblase) mit einem Wasservolumen in Kontakt, so kommt es zu einem Austauschprozess zwischen beiden angrenzenden Flüssigkeiten.

Größere Teilchen, wie z. B. die Zuckermoleküle oder hydratisierte Ionen, können die Membran nicht durchdringen. Wassermoleküle können in beiden Richtungen die Membran passieren.

Es diffundieren jedoch mehr Wassermoleküle durch die Membran in den Raum mit der Zuckerlösung als umgekehrt. In der Zuckerlösung entsteht dadurch ein höherer Druck.

Dies hat folgende Ursache: Die Anzahl der Wassermoleküle, die pro Zeiteinheit auf die der Zuckerlösung zugewandten Membranseite prallen, ist wegen der geringeren Konzentration an Wasser kleiner als die Anzahl der Wassermoleküle, die von der Wasserseite auf die Membran prallen. Dadurch gelangen mehr Wassermoleküle in die Zuckerlösung. Das System strebt durch Verdünnen der Zuckerlösung einen Ausgleich der Konzentrationen an. Diesen Vorgang nennt man **Osmose**.

Ist der Zylinder mit der Zuckerlösung in Bild 1 mit einem Steigrohr versehen, so steigt dort die Zuckerlösung im Laufe weniger Minuten bis zu einem Endstand hoch. Dann ist der hydrostatische Druck der hochstehenden Flüssigkeitssäule gerade so groß wie **der osmotische Druck Π** in der Zuckerlösung.
(Π griechischer Großbuchstabe Pi).

Der osmotische Druck Π (osmotic pressure) ist für verdünnte Lösungen nur von der Anzahl der gelösten Teilchen des Stoffes X im Lösemittel (entspricht der Stoffmengenkonzentration c) und von der Temperatur T abhängig. Er hängt **nicht** von der Stoffart des gelösten Stoffes ab (Kolligative Eigenschaft).

Mit der allgemeinen Gaskonstanten R als Proportionalitätsfaktor erhält man für verdünnte Lösungen die nebenstehende Bestimmungsgleichung für den osmotischen Druck, das **VAN'T HOFF'sche Gesetz**.

VAN'T HOFF'sches Gesetz
$\Pi = c(\text{X}) \cdot R \cdot T$

Setzt man in die VAN'T HOFF'sche Gleichung die Definition der Stoffmengenkonzentration $c(\text{X}) = \dfrac{n(\text{X})}{V(\text{Lsg})}$ ein und stellt um, so erhält man eine erweiterte VAN'T HOFF'sche Gleichung.

Erweitertes VAN'T HOFF'sches Gesetz
$\Pi \cdot V(\text{Lsg}) = n(\text{X}) \cdot R \cdot T$

Diese Gleichung ist formal analog zur allgemeinen Gasgleichung $p \cdot V = n \cdot R \cdot T$ (Seite 128).
Das lässt den Schluss zu, dass sich die in einem Lösemittel gelösten Teilchen wie die Moleküle eines idealen Gases in einer Gasportion verhalten.

Für **dissoziierte Stoffe** (Salze, Säuren) muss für die Ermittlung der Teilchenzahl der **VAN'T HOFF'sche Faktor i** berücksichtigt werden. Er lautet: $\boldsymbol{i = 1 + f_a(\nu - 1)}$.

Es sind ν = Anzahl der gebildeten Ionenarten,
f_a = Aktivitätskoeffizient[1]

Damit erhält das VAN'T HOFF'sche Gesetz für dissoziierte Stoffe (Elektrolyte) die nebenstehende Form.

VAN'T HOFF'sches Gesetz für Elektrolyte
$\Pi = i \cdot c(\text{X}) \cdot R \cdot T$

[1] Bei stark verdünnten Elektrolyt-Lösungen entspricht der Aktivitätskoeffizient f_a dem Dissoziationsgrad α.

Beispiel: Der Massenanteil einer isotonischen Kochsalzlösung (≙ dem Kochsalzgehalt im menschlichen Blut) beträgt $w(\text{NaCl}) = 0{,}90\,\%$ bei einem Aktivitätskoeffizienten von $f_a = 0{,}76$. Die Dichte hat bei 37,0 °C den Wert 1,008 g/cm³. Wie groß ist der osmotische Druck dieser Lösung (des Blutes)?

Lösung: Mit $\nu = 2$ für Kochsalz (Na^+, Cl^-) folgt: $i = 1 + f_a(\nu - 1) = 1 + 0{,}76\,(2 - 1) = 1 + 0{,}76 = 1{,}76$

100 g der Lösung enthalten 0,90 g NaCl, das Volumen beträgt: $V(\text{Lsg}) = \frac{m}{\varrho} = \frac{100\text{ g}}{1{,}008\text{ g/mL}} = 99{,}206\text{ mL}$

mit $c(\text{NaCl}) = \frac{n(\text{NaCl})}{V(\text{Lsg})}$ und $n(\text{NaCl}) = \frac{m(\text{NaCl})}{M(\text{NaCl})}$ folgt: $c(\text{NaCl}) = \frac{m(\text{NaCl})}{V(\text{Lsg}) \cdot M(\text{NaCl})} = 0{,}15523\,\frac{\text{mol}}{\text{L}}$

$\boldsymbol{\Pi} = i \cdot c(\text{NaCl}) \cdot R \cdot T = 1{,}76 \cdot 0{,}15523\,\frac{\text{mol}}{\text{L}} \cdot 0{,}08314\,\frac{\text{bar} \cdot \text{L}}{\text{K} \cdot \text{mol}} \cdot 310{,}15\text{ K} \approx \mathbf{7{,}0\ bar}$

Bestimmung der molaren Masse aus dem osmotischen Druck

Die molare Masse M einer gelösten Substanz X kann durch Messung des osmotischen Drucks der Lösung aus der VAN'T HOFF'schen Gleichung $\Pi \cdot V(\text{Lsg}) = n(\text{X}) \cdot R \cdot T$ ermittelt werden.

Mit $n(\text{X}) = \frac{m(\text{X})}{M(\text{X})}$ und durch Umstellen erhält man nebenstehende Bestimmungsgleichung für die molare Masse $M(\text{X})$.

Molare Masse aus dem osmotischen Druck
$M(\text{X}) = \frac{m(\text{X}) \cdot R \cdot T}{\Pi \cdot V(\text{Lsg})}$

Die Geräte zur Bestimmung der molaren Masse aus dem osmotischen Druck, **Membran-Osmometer** genannt (membrane osmometer), enthalten eine Messzelle mit einer semipermeablen Membran, die einen flachen Raum mit reinem Lösemittel von einem darüberliegenden Raum mit der Messlösung trennt **(Bild 1)**. Ein empfindliches Druckdifferenz-Messsystem misst den osmotischen Unterdruck, der sich im Lösemittel einstellt.

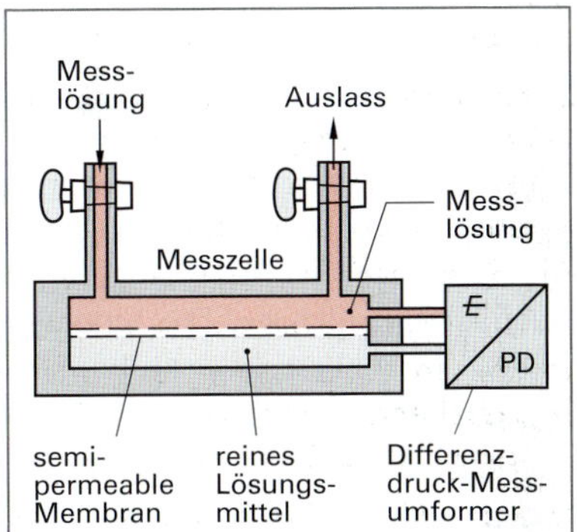

Bild 1: Membran-Osmometer (schematisch)

Beispiel: 40,05 g eines unbekannten Zuckers werden in 130,0 mL Wasser gelöst. Der osmotische Druck der Lösung wird bei 20,0 °C zu 41,7 bar gemessen. Welche molare Masse hat der Zucker?

Lösung: $M(\text{Z}) = \frac{m(\text{Z}) \cdot R \cdot T}{\Pi \cdot V(\text{Lsg})} = \frac{40{,}05\text{ g} \cdot 0{,}08314\,\frac{\text{L} \cdot \text{bar}}{\text{K} \cdot \text{mol}} \cdot 293{,}0\text{ K}}{41{,}7\text{ bar} \cdot \text{K} \cdot \text{mol} \cdot 0{,}1300\text{ L}}$

$\boldsymbol{M}$**(Zucker) ≈ 180 g/mol**

Aufgaben zu 14.4.5 Bestimmung der molaren Masse aus dem osmotischen Druck

1. In einem Membran-Osmometer (Bild 1) wird der osmotische Druck einer Zuckerlösung ($C_6H_{12}O_6$) bei 20,0 °C zu 8,36 mbar bestimmt. $\varrho(C_6H_{12}O_6, 20\text{ °C}) = 1{,}038\text{ g/cm}^3$. Wie hoch ist die Massenkonzentration der Zuckerlösung?
2. Welchen osmotischen Druck besitzt eine Lösung von 320,0 mg einer organischen Substanz (molare Masse $M = 170{,}5$ g/mol) in 250 mL Ethanol bei 22,0 °C?
3. Es werden 6,25 mg einer Polystyrolprobe in 40,0 mL Cyclohexan gelöst. Der osmotische Druck dieser Lösung wird in einem Membran-Osmometer zu 0,116 mbar bestimmt. Die Messtemperatur beträgt 50,0 °C. Welche mittlere molare Masse hat die Polystyrolprobe?
4. Von einem Polystyrol-Ansatz soll die mittlere molare Masse durch Osmometrie bestimmt werden. Der osmotischer Druck wurde in einem Membran-Osmometer zu 8,569 mbar bestimmt. Die Massenkonzentration der Polystyrol-Toluol-Messlösung betrug $\beta(\text{Polystyrol}) = 12{,}00$ g/L, die Messtemperatur war 37,0 °C. Welche mittlere molare Masse hat die Polystyrol-Probe?
5. Welchen osmotischen Druck hat eine Salzsäure-Lösung von 20 °C ($\varrho = 1{,}0015$ g/mL) mit einem Massenanteil von $w(\text{HCl}) = 0{,}3633\,\%$? $f_a(20\text{ °C}) = 0{,}796$
6. Eine Calciumchlorid-Lösung ($c(CaCl_2) = 0{,}40$ mol/L) hat bei 18 °C einen osmotischen Druck von 26,7 bar. Wie groß ist der Dissoziationsgrad α des Calciumchlorids?

15 Trennen von Flüssigkeitsgemischen

Das Trennen von Flüssigkeitsgemischen ist eine häufig durchzuführende Aufgabe im Chemielabor und der Chemieproduktion. Flüssigkeitsgemische werden überwiegend durch thermische Trennverfahren, wie Destillieren und Rektifizieren, getrennt. Daneben gibt es noch die Trennung durch Extraktion.

15.1 Destillieren

15.1.1 Dampfdruck von Flüssigkeiten

Aus einer Flüssigkeit verdunsten und kondensieren fortlaufend Stoffteilchen **(Bild 1)**. In einem geschlossenen Gefäß bildet sich bei einer bestimmten Temperatur ein bestimmter Dampfdruck. Dieser Dampfdruck (vapor pressure) ist temperaturabhängig. Je höher die Temperatur, um so höher ist der Dampfdruck. Die Dampfdruckzunahme mit steigender Temperatur ist exponentiell.

Jede Flüssigkeit hat eine arteigene, spezifische Dampfdruckkurve **(Bild 2)**.

Die Siedetemperatur ϑ_b (boiling temperature) einer Flüssigkeit ist die Temperatur, bei der ihr Dampfdruck so groß wie der Umgebungsdruck ist.

Mit zunehmendem Umgebungsdruck steigt die Siedetemperatur, mit abnehmendem Umgebungsdruck sinkt sie. Die Siedetemperatur eines Stoffes bei einem bestimmten Umgebungsdruck kann aus Bild 2 abgelesen werden.

Beispiel: Wie hoch ist die Siedetemperatur von Ethanol bei Normal-Umgebungsdruck (1013 mbar) und bei 500 mbar?

Lösung: Aus Bild 2 liest man an der Dampfdruckkurve des Ethanols ab:

bei p_{amb} = 1013 mbar → ϑ_b = 79 °C

bei p_e = 500 mbar → ϑ_b = 63 °C

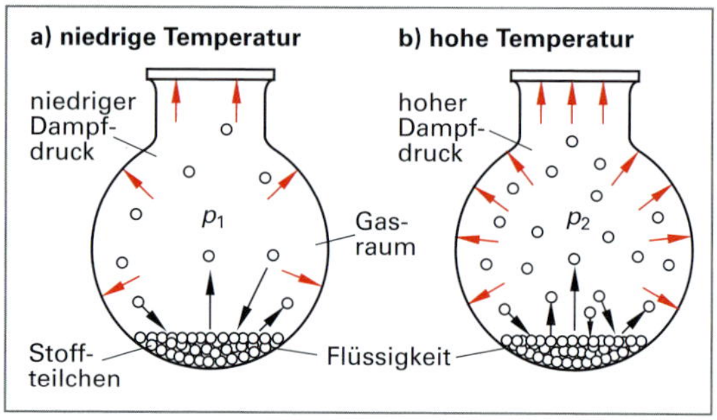

Bild 1: Dampfdruck über einer Flüssigkeit

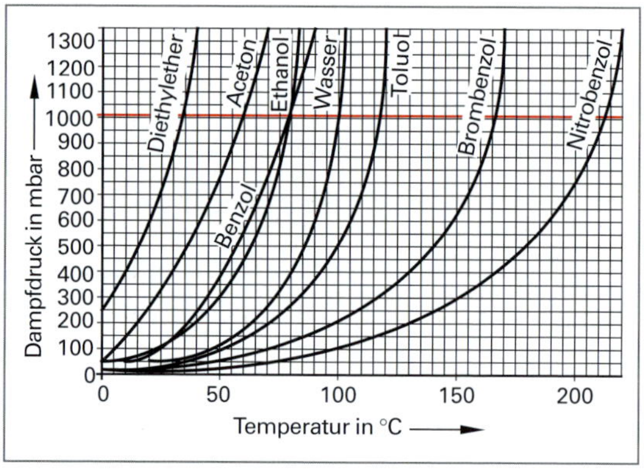

Bild 2: Dampfdruckkurven

15.1.2 Siedeverhalten homogener Flüssigkeitsgemische

Ein homogenes Flüssigkeitsgemisch besteht aus zwei oder mehr Einzelflüssigkeiten, die vollständig ineinander löslich sind und eine einheitliche Mischphase bilden.

Im einfachsten Fall setzt es sich aus 2 Komponenten, A und B genannt, zusammen. Mit A bezeichnet man die niedriger siedende Komponente (Leichtersiedendes), mit B die höher siedende Komponente (Schwerersiedendes) des Zweistoffgemisches. Das Gemisch siedet bei der Siedetemperatur ϑ_b.

Die Gehalte der Komponenten werden als Stoffmengenanteil x_A und x_B in der Flüssigphase und als Stoffmengenanteil y_A und y_B in der Gasphase angegeben[1] **(Bild 3)**.

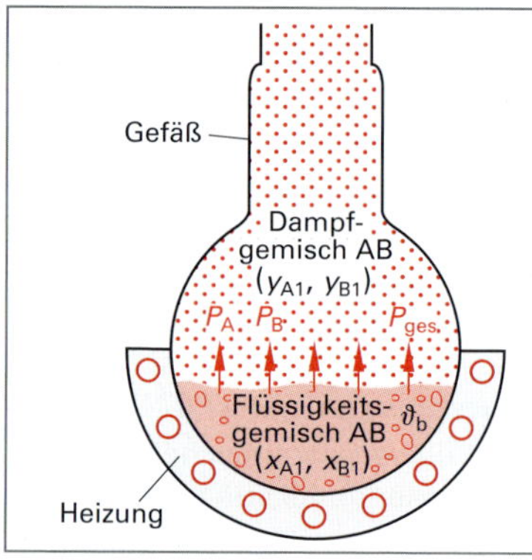

Bild 3: Siedendes Zweikomponenten-Gemisch

[1] Nach DIN 1310 wird der Stoffmengenanteil mit dem griechischen Buchstaben χ (chi) angegeben (siehe Kap. 5 Mischphasen). In diesem Kapitel werden die bei technischen Methoden üblichen Größenzeichen x für die Flüssigkeitsphase und y für die Dampfphase verwendet.

Die Werte der Stoffmengenanteile liegen zwischen 0 und 1.

Die Summe der Stoffmengenanteile $x_A + x_B$ in der Flüssigkeit sowie $y_A + y_B$ in der Dampfphase ist jeweils 1.

$$x_A + x_B = 1$$
$$y_A + y_B = 1$$

Erwärmt man ein Zweistoff-Flüssigkeitsgemisch AB, so beginnt es bei einer bestimmten Temperatur ϑ_b zu sieden (Bild 436/3).

Über dem siedenden Flüssigkeitsgemisch herrscht ein **Gesamtdampfdruck p_{ges}**, der sich aus den Dampfdrücken der Einzelkomponenten p_A und p_B, auch Partialdrücke genannt, zusammensetzt.

Diese Gesetzmäßigkeit wird **DALTON'sches Gesetz** genannt.

DALTON'sches Gesetz

$$p_{ges} = p_A + p_B$$

Die **Partialdrücke** (partial pressure) der beiden Gemischbestandteile sind von der Art des Flüssigkeitsgemisches und von den Stoffmengenanteilen der Komponenten im Gemisch abhängig.

Ideale Flüssigkeitsgemische

Bei **idealen Flüssigkeitsgemischen** sind die Partialdrücke im Gemischdampf dem Stoffmengenanteil und dem Dampfdruck der einzelnen Komponenten direkt proportional **(RAOULT'sches Gesetz)**.

$p_A°$ und $p_B°$ sind die Dampfdrücke der reinen Komponenten A bzw. B.

RAOULT'sches Gesetz

$$p_A = x_A \cdot p_A°$$
$$p_B = x_B \cdot p_B°$$

Ideale, bzw. annähernd ideale Gemische bilden nur chemisch sehr ähnliche Flüssigkeiten, wie z. B. die gesättigten Kohlenwasserstoffe untereinander, oder Benzol mit Toluol.

Beispiel 1: Ein Benzol/Toluol-Gemisch mit einem Stoffmengenanteil von jeweils 50,0 % (0,500) hat bei 1013 mbar Umgebungsdruck eine Siedetemperatur von 92,2 °C **(Bild 1).** Wie hoch sind die Partialdampfdrücke der beiden Komponenten und der Gesamt-Dampfdruck über dem siedenden Gemisch?

Lösung: Aus Bild 1 liest man ab: Bei der Siedetemperatur (92,2 °C) haben die reinen Komponenten folgende Partialdrücke:

p^0(Benzol) = 1456 mbar; p^0(Toluol) = 570 mbar

Nach dem RAOULT'schen Gesetz sind die Partialdrücke in der Misch-Dampfphase:

p(Benzol) = x(Benzol) · p^0(Benzol)
= 0,500 · 1456 mbar = **728 mbar**

p(Toluol) = x(Toluol) · p^0(Toluol)
= 0,500 · 570 mbar = **285 mbar**

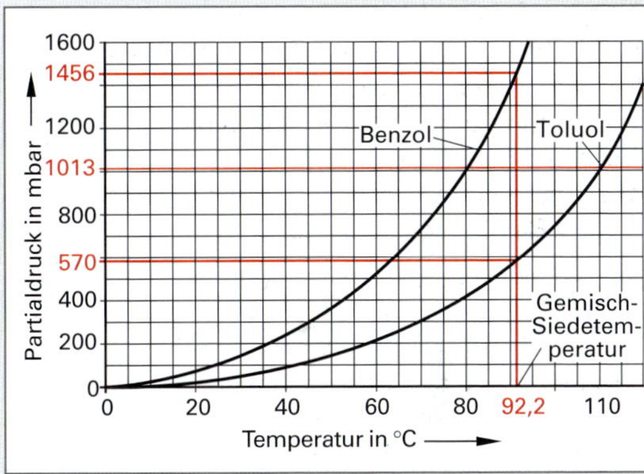

Bild 1: Partialdruck von Benzol und Toluol

Nach dem DALTON'schen Gesetz ist der Gesamt-Dampfdruck im Dampfgemisch die Summe der Partialdrücke: $\boldsymbol{p_{ges}}$ = p(Benzol) + p(Toluol) = 728 mbar + 285 mbar = **1013 mbar.**

Die **Siedetemperatur** des Gemisches ϑ_b liegt zwischen den Siedetemperaturen der reinen Komponenten (Bild 1). Je nach Stoffmengenanteil und Partialdampfdruck liegt sie näher beim Siedepunkt der einen oder anderen Komponente.

Die **Zusammensetzung des Dampfes** y_A, y_B über einem siedenden Flüssigkeitsgemisch entspricht dem jeweiligen Verhältnis des Dampfdrucks der Komponente zum Gesamtdruck.

Zusammensetzung des Dampfes

$$y_A = \frac{p_A}{p_{ges}}; \qquad y_B = \frac{p_B}{p_{ges}}$$

Beispiel 2: Die Partialdrücke des Benzol/Toluol-Gemisches in obigem Beispiel 1 waren: p(Benzol) = 728 mbar; p(Toluol) = 285 mbar bei einem Gesamtdruck von p_{ges} = 1013 mbar. Welche Zusammensetzung hat der aus der siedenden Flüssigkeit aufsteigende Dampf?

Lösung: $\mathbf{y(Benzol)} = \frac{p(\text{Benzol})}{p_{ges}} = \frac{728\ \text{mbar}}{1013\ \text{mbar}} \approx \mathbf{0{,}719}$; $\mathbf{y(Toluol)} = \frac{p(\text{Toluol})}{p_{ges}} = \frac{285\ \text{mbar}}{1013\ \text{mbar}} \approx \mathbf{0{,}281}$

Trägt man den Partialdruck einer Komponente (A) eines idealen Flüssigkeitsgemisches in einem Dampfdruckdiagramm über dem Stoffmengenanteil x_A auf, so erhält man eine ansteigende Gerade **(Bild 1).**

Sie verläuft von $x_A = 0 / p_A = 0$ bis $x_A = 1 / p_A = p_A°$.

Die Partialdruckkurve der anderen Komponente (B) beginnt am rechten Rand des Diagramms bei $x_B = 0 / p_B = 0$ und steigt linear bis zum Wertepaar $x_B = 1 / p_B = p_B°$.

Der Gesamtdruck in der Gasphase des Gemisches setzt sich nach DALTON bei jedem Stoffmengenanteil aus der Summe der jeweiligen Partialdrücke zusammen: $p_{ges} = p_A + p_B = x_A \cdot p_A° + x_B \cdot p_B°$

Aufgetragen im Diagramm ergibt p_{ges} ebenfalls eine Gerade, die von $p_B°$ nach $p_A°$ verläuft

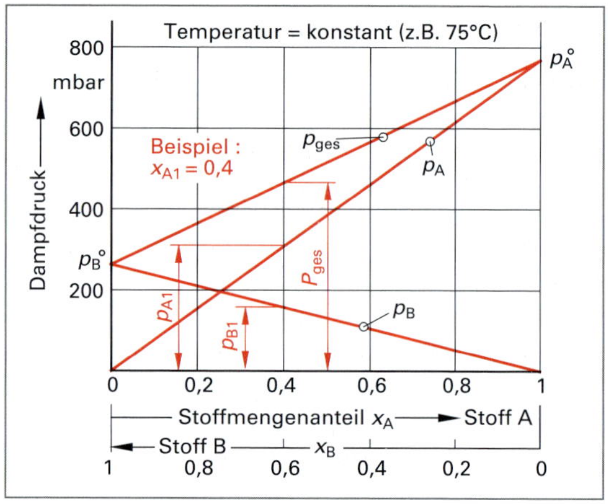

Bild 1: Dampfdruckdiagramm eines idealen Flüssigkeitsgemisches

Reale Flüssigkeitsgemische

Die Mehrzahl der Flüssigkeiten bilden **reale Flüssigkeitsgemische.** Sie weichen in ihrem Verhalten mehr oder weniger stark vom idealen Verhalten ab, das durch das RAOULT'sche Gesetz beschrieben wird.

Die Partialdrücke der Komponenten p_A und p_B sind bei realen Flüssigkeitsgemischen nicht direkt proportional ihrem Stoffmengenanteil, sondern größer oder kleiner:

$$p_A \gtrless x_A \cdot p_A°; \qquad p_B \gtrless x_A \cdot p_B°$$

Im Dampfdruckdiagramm besitzen reale Flüssigkeitsgemische deshalb keine Geraden für die Partialdrücke, sondern nach oben (schwarz) oder nach unten (rot) ausgebeulte Kurven **(Bild 2).**

Da der Gesamtdruck p_{ges} über die Beziehung $p_{ges} = p_A + p_B$ mit den Partialdrücken verknüpft ist, verläuft auch p_{ges} mit einer nichtlinearen Kurve.

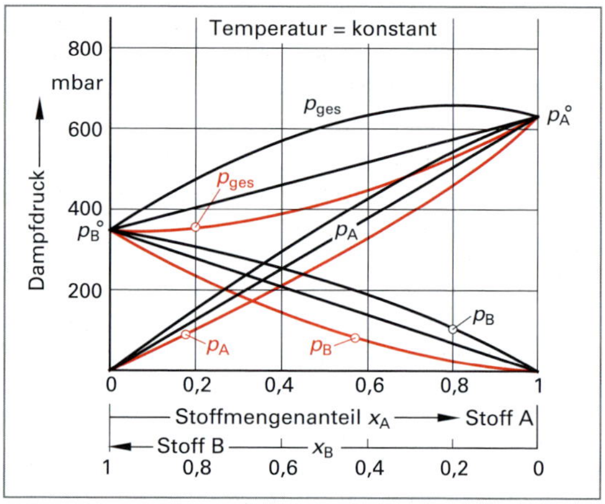

Bild 2: Dampfdruckdiagramme realer Zweistoff-Flüssigkeitsgemische

Aufgaben zu 15.1.1 und 15.1.2

Hinweis: Bei allen Aufgaben handelt es sich um ideale Zweistoff-Flüssigkeitsgemische.

1. Welche Siedetemperaturen haben die folgenden Flüssigkeiten bei den genannten Bedingungen?
   a) Diethylether bei 1013 mbar b) Brombenzol bei 300 mbar
   (Hinweis: Entnehmen Sie die Werte aus einem Dampfdruckdiagramm der Stoffe, Bild 436/2)
2. Ein Wasser/Ethanol-Gemisch mit dem Stoffmengenanteil x(Ethanol) = 0,20 siedet bei einem Umgebungsdruck von 1013 mbar bei 83 °C.
   a) Welche Partialdrücke haben die reinen Komponenten bei dieser Temperatur?
   b) Überprüfen Sie den Gesamt-Dampfdruck mit dem DALTON'schen Gesetz.
3. Benzol hat bei 75 °C einen Dampfdruck von 840 mbar, Toluol einen Dampfdruck von 320 mbar. Welche Partialdrücke und welcher Gesamtdruck stellen sich bei 75 °C für ein Benzol/Toluol-Gemisch mit den Stoffmengenanteilen x(Benzol) = 0,40 und x(Toluol) = 0,60 ein?
   (Hinweis: Werte aus Diagramm Bild 2, Seite 436 entnehmen.)
4. Bei 92 °C hat die Flüssigkeit A den Dampfdruck 860 mbar und die Flüssigkeit B den Dampfdruck 168 mbar. Welcher Gesamtdruck liegt für ein Gemisch dieser Flüssigkeiten mit einem Stoffmengenanteil von x(A) = 0,35 vor?

15.1.3 Siedediagramm

Die Siedetemperaturen eines Gemisches sind von der Gemischzusammensetzung abhängig.

Trägt man die bei konstantem äußeren Druck gemessenen Siedetemperaturen eines Zweistoffgemisches in Abhängigkeit von den Stoffmengenanteilen der Komponenten auf, so erhält man die **Siedelinie (Bild 1,** oberer Bildteil).

Ein Punkt auf der Siedelinie entspricht der Siedetemperatur einer bestimmten Mischung.

Beispiel 1: Das Flüssigkeitsgemisch in Bild 1 mit einem Stoffmengenanteil von x_A = 0,40 hat eine Siedetemperatur von 125 °C.

Kühlt man Dampfgemische verschiedener Konzentrationen desselben Gemischs ab, so stellt man fest, dass auch die Kondensationstemperaturen eines Gemischs sich mit dem Stoffmengenanteil der Komponenten ändern. Trägt man sie in Abhängigkeit vom Stoffmengenanteil der Komponenten auf, so erhält man die **Kondensationslinie.**

Die Kondensations- und die Siedelinie eines Gemischs beginnen bei der Siedetemperatur der leichtersiedenden Komponente ϑ_{bA} und enden bei der Siedetemperatur der schwerersiedenden Komponente ϑ_{bB}.

Aus dem Siedediagramm kann die Siedetemperatur eines Flüssigkeitsgemisches entnommen werden, ferner die Zusammensetzung der entstehenden Dampfphase.

Beispiel 2: Welche Zusammensetzung hat das siedende Zweistoffgemisch und der mit ihm im Gleichgewicht stehende Gemischdampf von Bild 1 bei einer Siedetemperatur von ϑ_b = 137 °C?

Lösung: Aus dem Siedediagramm kann bei 137 °C abgelesen werden:

x_{A1} = 0,20 = **20 %**; $x_{B1} = 1 - x_{A1}$ = 0,80 = **80 %**

y_{A1} = 0,50 = **50 %**; $y_{B1} = 1 - y_{A1}$ = 0,50 = **50 %**

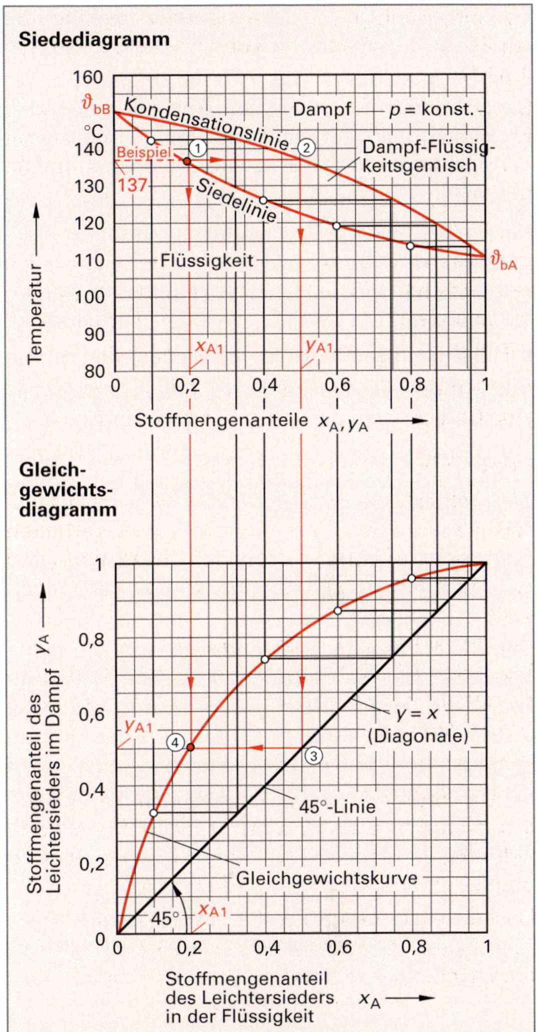

Bild 1: Konstruktion der Gleichgewichtskurve aus der Siede- und Kondensationslinie

15.1.4 Gleichgewichtsdiagramm

Siedet ein Flüssigkeitsgemisch, so hat der daraus aufsteigende Dampf eine andere Zusammensetzung als die siedende Flüssigkeit: Er enthält mehr Leichtersiedendes. Die zueinander gehörenden Flüssigkeits- und Dampfzusammensetzungen können aus waagrechten Linien im Siedediagramm (z. B. ① – ② in Bild 1, oberer Bildteil) ermittelt werden.

Trägt man diese Gleichgewichtszusammensetzungen von siedender Flüssigkeit und Dampf in einem Schaubild auf, so erhält man die **Gleichgewichtskurve** (equilibrium curve, Bild 1, unterer Bildteil). Sie kann punktweise aus dem Siedediagramm entwickelt werden.

Beispiel (Bild 1): Aus der Flüssigkeit mit dem Stoffmengenanteil x_{A1} = 0,20 (Punkt ① auf der Siedelinie) steigt ein Dampf mit dem Stoffmengenanteil y_{A1} = 0,50 (Punkt ②) auf. Man erhält ihn durch den Schnitt der Waagrechten mit der Kondensationslinie. Lotet man von Punkt ② herunter bis zur 45°-Linie im Gleichgewichtsdiagramm ③ und von dort waagrecht nach links, so erhält man am Schnittpunkt mit dem Flüssigkeitsanteil x_{A1} = 0,20 einen Punkt der Gleichgewichtskurve (Punkt ④).

15.1.5 Durchführen einer Destillation

Eine Standard-Destillationsapparatur (destiller) besteht aus dem Destillierkolben, dem Destillationsaufsatz (CLAISEN-Aufsatz) mit Kühler, Vorstoß und Auffangkolben, Vorlage genannt **(Bild 1)**.

Das Heizbad bringt das Flüssigkeitsgemisch im Destillierkolben zum Sieden. Aus der siedenden Flüssigkeit steigt ein Dampf auf, der im Kühler kondensiert und in der Vorlage als Destillat aufgefangen wird.

Mit einer Standard-Destillationsapparatur können getrennt werden:

- Gemische von gelösten Feststoffen in einem Lösemittel
- Flüssigkeitsgemische, deren Siedetemperaturen weit auseinander liegen ($\Delta\vartheta_b > 80$ °C)

Die Destillation (destillation) kann bei Normaldruck (1013 mbar) oder bei temperaturempfindlichen Stoffen unter vermindertem Druck als Vakuumdestillation durchgeführt werden.

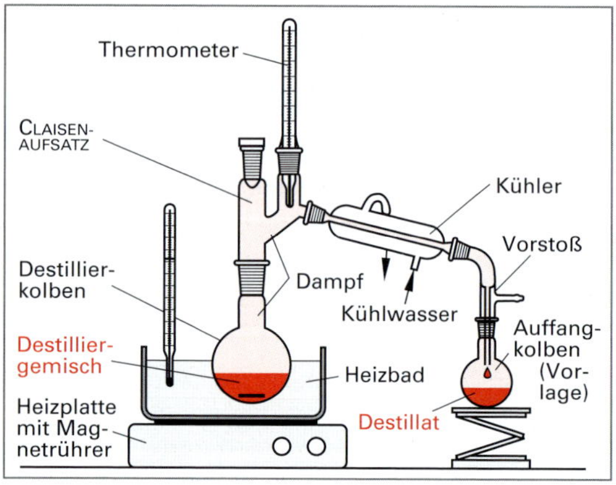

Bild 1: Standard-Destillationsapparatur

Gemischtrennung durch Destillation

Das bei der Destillation zu einem bestimmten Zeitpunkt gewonnene Destillat ist der kondensierte Dampf mit dessen Zusammensetzung. Sie kann aus der Zusammensetzung der siedenden Flüssigkeit mit Hilfe der Gleichgewichtskurve bestimmt werden **(Bild 2)**. Dazu geht man von der Flüssigkeitszusammensetzung (x_A) senkrecht nach oben bis zum Schnittpunkt mit der Gleichgewichtskurve und liest auf der y_A-Achse die Destillatzusammensetzung ab.

Beispiel 1: Welche Zusammensetzung hat das Destillat, das bei der Destillation eines Benzol/Anilin-Gemisches mit $x_A = 0{,}10$ entsteht?

Lösung: Aus Bild 2 liest man für $x_{A1} = 0{,}10$ am Schnittpunkt mit der Gleichgewichtskurve ① eine Destillatzusammensetzung von $y_{A1} = 0{,}72$ ab.

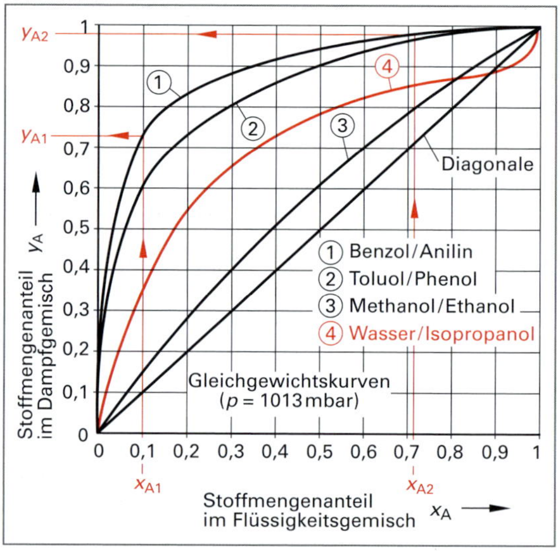

Bild 2: Bestimmung der Gemischtrennung aus dem Gleichgewichtsdiagramm

Gewinnung reiner Komponenten

Wird ein Destillat mit einem hohen Anteil an Leichtersieder gefordert, so muss das in der 1. Destillation gewonnene Destillat noch ein zweites Mal destilliert werden.

Beispiel 2: Das in Beispiel 1 gewonnene Destillat mit $y_{A1} = 0{,}72$ wird nochmals destilliert. Welche Zusammensetzung hat das daraus gewonnene Destillat?

Lösung: Ausgangsgemisch ist $x_{A2} = 0{,}72$ ($\hat{=}\ y_{A1}$). Aus Bild 2 liest man für $x_{A2} = 0{,}72$ am Schnittpunkt mit der Gleichgewichtskurve $y_{A2} = 0{,}98$ ab. Das Destillat hat den Stoffmengenanteil $y_{A2} = x_{A3} = 0{,}98$.

Flüssigkeitsgemische, deren Gleichgewichtskurve stark von der Diagonalen weggewölbt sind (Bild 396/2, Kurve ① und ②), lassen sich in einem Destillationsschritt stark anreichern und in zwei Destillationsschritten weitgehend rein gewinnen. Gemische mit einer nah an der Diagonalen verlaufenden Gleichgewichtskurve (Bild 2, Kurve ③) lassen sich nur in vielen Destillationsschritten anreichern. Solche Gemische werden besser durch Rektifizieren getrennt (Seite 445). Bei azeotrop siedenden Gemischen schneidet die Gleichgewichtskurve die Diagonale (Bild 2, Kurve ④) so dass mit einer einfachen Rektifikation keine vollständige Trennung möglich ist. Diese kann nur mit speziellen Rektifikationsverfahren, wie z.B. der Extraktiv-Rektifikation, der Azeotrop-Rektifikation oder dem Zweidruckverfahren erfolgen.

Relative Flüchtigkeit

Ein Maß für die Trennbarkeit eines Zweistoffgemisches ist die **relative Flüchtigkeit** α, auch **Trennfaktor** genannt (separation factor). Der Trennfaktor α ist definiert als der Quotient der Dampfdrücke der reinen Komponenten $p_A°$ und $p_B°$.

Mit den Beziehungen für ideale Flüssigkeitsgemische

$$p_A° = \frac{p_A}{x_A}; \quad p_B° = \frac{p_B}{x_B} \quad \text{und} \quad p_A = y_A \cdot p_{ges}; \quad p_B = y_B \cdot p_{ges}$$

erhält man für den Trennfaktor α nebenstehende Größengleichung mit den Stoffmengenanteilen.

Trennfaktor

$$\alpha = \frac{p_A°}{p_B°} = \frac{y_A \cdot x_B}{y_B \cdot x_A}$$

Die Gleichung kann nach y_A umgeformt werden. Mit $y_B = y_A - 1$ und $x_B = x_A - 1$ erhält man nebenstehende **Gleichung für die Gleichgewichtskurve.**

Gleichgewichtskurve

$$y_A = \frac{\alpha \cdot x_A}{1 + x_A \cdot (\alpha - 1)}$$

Mit ihr kann für ideale oder annähernd ideale Zweistoffgemische die Gleichgewichtskurve punktweise errechnet werden.

Beispiel: Ein ideales Zweistoffgemisch hat die relative Flüchtigkeit $\alpha = 2{,}84$. Berechnen Sie für ein Flüssigkeitsgemisch mit dem Stoffmengenanteil $x_A = 0{,}30$ an Leichtersiedendem den Stoffmengenanteil des daraus aufsteigenden Dampfes.

Lösung: $$y_A = \frac{\alpha \cdot x_A}{1 + x_A \cdot (\alpha - 1)} = \frac{2{,}84 \cdot 0{,}30}{1 + 0{,}30 \cdot (2{,}84 - 1)} \approx \mathbf{0{,}55}$$

Tabelle 1: Relative Flüchtigkeit α ausgewählter Zweistoffgemische

Niedriger-siedendes	–	Höher-siedendes	α
Benzol	–	Anilin	33,5
Ethan	–	Propan	13,8
n-Hexan	–	n-Heptan	2,6
Propen	–	Propan	1,1

Tabelle 1 zeigt die relativen Flüchtigkeiten einiger Zweistoffgemische. Die Trennbarkeit eines Gemisches ist umso besser, je größer der Trennfaktor α ist.

15.1.6 Zeitlicher Verlauf einer Destillation

Bei der Destillation eines Zweikomponenten-Flüssigkeitsgemisches ändert sich die Zusammensetzung des Destillats und der Flüssigkeit im Destillierkolben während der Destillation fortlaufend. Die Änderung kann durch Ablesen der Sumpf- und Dampf-Zusammensetzungen in Bild 440/2 ersehen werden:

Aus dem Destilliergemisch (z. B. mit $x_{A2} = 0{,}72$) entweicht zu Beginn der Destillation ein Dampf, der viel Leichtersiedendes enthält ($y_{A2} = 0{,}98$). Dieser wird als Destillat niedergeschlagen. Dadurch nimmt der Stoffmengenanteil an leichtsiedender Komponente im Destillierkolben fortlaufend ab. Aus diesem Rückstand mit weniger leichtersiedendem Anteil (z. B. x_{A1}) entweicht ein Dampf mit geringerem Gehalt an Leichtersiedendem ($y_{A1} = 0{,}72$). Am Ende der Destillation ist alles Leichtersiedende verdampft, der Rückstand besteht vollständig aus der höhersiedenden Komponente.

Fraktionierte Destillation (fractional destillation)

Bei der Destillation eines Mehrkomponenten-Flüssigkeitsgemisches verdampft zu Beginn der Destillation bevorzugt die am niedrigsten siedende Komponente und wird nach der Kondensation als Destillat aufgefangen. Nachdem sie vollständig verdampft ist, beginnt bevorzugt die Verdampfung der nächst höher siedenden Komponente, bis auch sie vollständig abdestilliert ist usw.

Beispiel: Ein Gemisch enthält neben mehreren Komponenten mit geringem Anteil, zwei Komponenten mit größerem Anteil. Es sollen die beiden Hauptkomponenten durch Destillieren gewonnen werden.

Trägt man die Temperaturen des aus dem Gemisch aufsteigenden Dampfes über der Destillierzeit auf, so erhält man einen gestuften Kurvenverlauf **(Bild 1)**. Zu Beginn der Destillation wird ein Gemisch niedrig siedender Verunreinigungen als Destillat gewonnen (Fraktion 1). Dann folgt die niedrig siedende 1. Hauptkomponente (Fraktion 2).

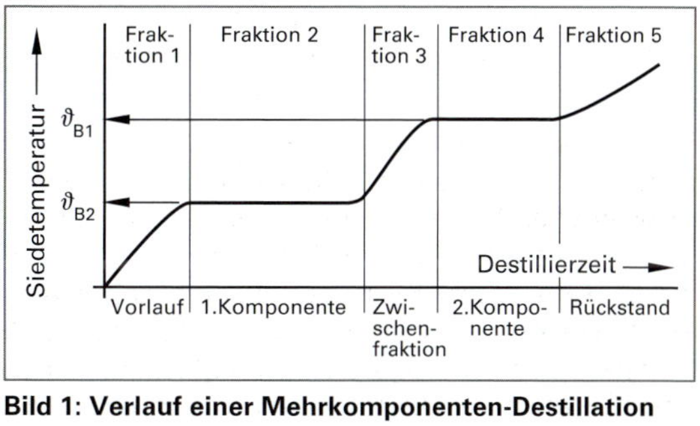

Bild 1: Verlauf einer Mehrkomponenten-Destillation

Ist sie völlig aus dem Destilliergemisch verdampft, kommt eine Zwischenfraktion aus vielen Bestandteilen (Fraktion 3). Dann wird die 2. Hauptkomponente verdampft und als Destillat gewonnen (Fraktion 4). Der danach im Destillationskolben zurück gebliebene Rückstand ist die Fraktion 5.

Sollen die einzelnen Fraktionen getrennt aufgefangen werden, so muss die Destillationsapparatur ein Fraktionierteil, **Destillierspinne** genannt, besitzen **(Bild 1)**. Durch Drehen der Destillierspinne werden die einzelnen Destillierfraktionen getrennt in den Kolben aufgefangen.

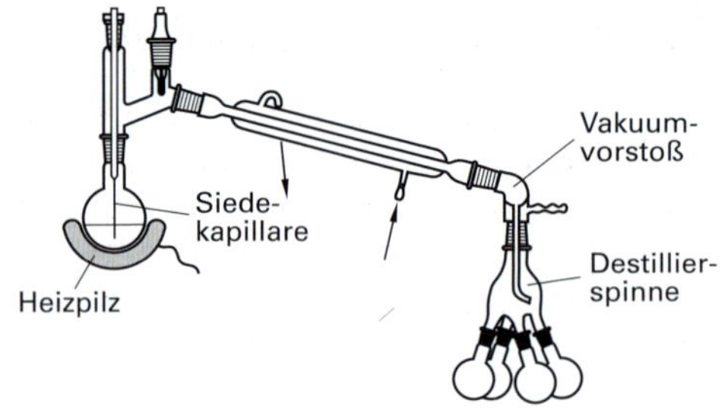

Bild 1: Destillationsapparatur mit Destillierspinne

Aufgaben zu 15.1.3 bis 15.1.6

(Bei allen Aufgaben handelt es sich um ideale Zweistoffgemische)

1. Für ein Zweistoffgemisch wurden folgende Werte gemessen:

ϑ_b in °C	136	135	130	125	120	115	110	105	100	95	90	85	80
x_A (Flüss.)	0,0	0,011	0,054	0,103	0,158	0,220	0,290	0,371	0,463	0,570	0,694	0,839	1,0
y_A (Dampf)	0,0	0,043	0,198	0,335	0,456	0,562	0,655	0,737	0,807	0,868	0,920	0,964	1,0

   a) Erstellen Sie aus den Messwerten das Siedediagramm.

   b) Welche Siedetemperatur hat das Gemisch bei einem Stoffmengenanteil $x_B = 0{,}41$?

2. Entwickeln Sie grafisch für das Zweistoffgemisch aus Aufgabe 1 unter Benutzung des Siedediagramms das Gleichgewichtsdiagramm.

3. Ein Benzol-Toluol-Gemisch mit einem Stoffmengenanteil x(Benzol) = 0,60 wird destilliert. Bei einer Siedetemperatur von ϑ_b = 94,4 °C ist der Dampfdruck der reinen Komponente $p°$(Benzol) = 1,560 bar und $p°$(Toluol) = 0,6266 bar. Welcher Destillatgehalt wird zu Beginn der Destillation erhalten?

4. Aus einem Toluol/Phenol-Destillationsgemisch (siehe Bild 440/2) mit einem Toluol-Anfangs-Stoffmengenanteil von 0,20 soll durch mehrfache Destillation ein Destillat mit einem Toluol-Stoffmengenanteil von mindestens 0,98 gewonnen werden.

   a) Ermitteln Sie die Stoffmengenanteile an Toluol und Phenol im Dampf und Destillat in den aufeinander folgenden Destillationsschritten.

   b) Wie viele Destillationsstufen sind erforderlich, um den gewünschten Stoffmengenanteil an Toluol zu erreichen?

   Hinweis: Lösen Sie die Aufgaben 5 b) und 6 zusätzlich mit einem Tabellenkalkulationsprogramm.

5. Ein Flüssigkeitsgemisch siedet bei 90 °C. Die Dampfdrücke der reinen Komponente betragen bei Siedetemperatur 1364 mbar und 692 mbar.

   a) Welchen Trennfaktor (relative Flüchtigkeit) hat das Gemisch?

   b) Erstellen Sie das Gleichgewichtsdiagramm für das Gemisch.

6. Stellen Sie in einem Gleichgewichtsdiagramm die Gleichgewichtskurven der Gemische mit den Trennfaktoren $\alpha = 1$, $\alpha = 2$, $\alpha = 3$, $\alpha = 5$, $\alpha = 10$ und $\alpha = 100$ dar.

7. Der Trennfaktor eines Flüssigkeitsgemisches beträgt $\alpha = 42{,}4$.

   a) Welcher Stoffmengenanteil an Leichtersiedendem liegt in der Dampfphase vor, die mit einem Flüssigkeitsgemisch mit x_A = 6,0 % im Gleichgewicht steht?

   b) Es soll ein Erzeugnis mit einem Stoffmengenanteil x(Leichtersiedendes) = 0,99 abdestilliert werden. Welche Stoffmengenanteile müssen in der siedenden Flüssigkeit vorliegen, damit der aus ihr aufsteigende Dampf den erwünschten Erzeugnis-Stoffmengenanteil besitzt?

15.2 Wasserdampfdestillation

Die Wasserdampfdestillation (steam destillation), auch Trägerdampfdestillation genannt, wird eingesetzt, um temperaturempfindliche und hochsiedende organische Stoffgemische unter schonenden Bedingungen zu trennen oder zu reinigen. Anwendbar ist die Wasserdampfdestillation nur bei Flüssigkeitsgemischen, deren Bestandteile nicht mit Wasser mischbar sind, wie z. B. Diethylether, Benzol, Toluol, Anilin.

Eine **Apparatur zur Wasserdampfdestillation** zeigt **Bild 1.** Der im Wasserdampfentwickler erzeugte Wasserdampf wird in das Flüssigkeitsgemisch im Destillierkolben geleitet, so dass es siedet. Das daraus aufsteigende Dampfgemisch aus Wasserdampf und leichtersiedender Gemischkomponente kondensiert im Kühler und wird in der Vorlage als milchig-trübes Kondensat aufgefangen. Dort entmischen sich die beiden nichtmischbaren Flüssigkeiten Wasser und leichtsiedende Komponente.

Nach ausreichend langer Destillierzeit ist die gesamte leichtsiedende Gemischkomponente in die Vorlage überdestilliert **(Bild 2).** Im Destillierkolben bleibt die höhersiedende Gemischkomponente als Rückstand zurück.

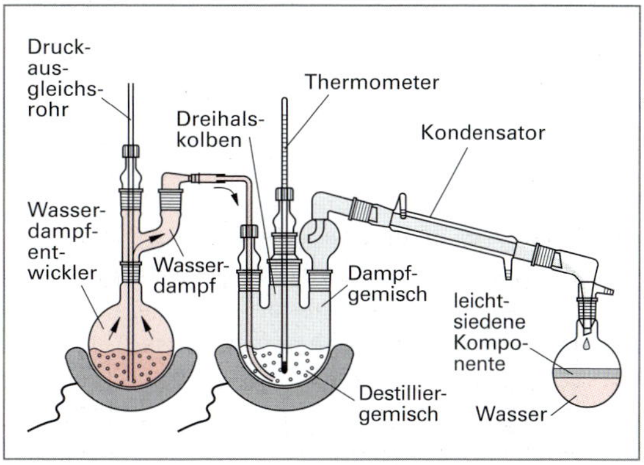

Bild 1: Apparatur zur Wasserdampfdestillation

Prinzip der Wasserdampfdestillation. Durch den eingeblasenen Wasserdampf wird die Siedetemperatur des Gemisches unter die Siedetemperatur des Wassers herabgesetzt, so dass eine temperaturschonende Gemischtrennung möglich ist.

Ursache der Siedetemperaturabsenkung ist, dass der Partialdruck der Komponenten eines Gemisches aus ineinander unlösbaren Stoffen von der Zusammensetzung unabhängig ist und immer den vollen Wert des Partialdampfdrucks der reinen Komponenten hat. Über dem Destilliergemisch herrschen deshalb die Partialdrücke des Wassers $p_W°$ sowie der Gemischkomponenten $p_A°$ und $p_B°$.

Nach DALTON ist der Gesamtdampfdruck die Summe der Partialdrücke: $p_{ges} = p_W° + p_A° + p_B°$

Beim Sieden entspricht der Gesamtdruck p_{ges} über dem siedenden Gemisch dem Umgebungsdruck p_{amb}, so dass gilt:

$$p_{ges} = p_{amb} = p_W° + p_A° + p_B°$$

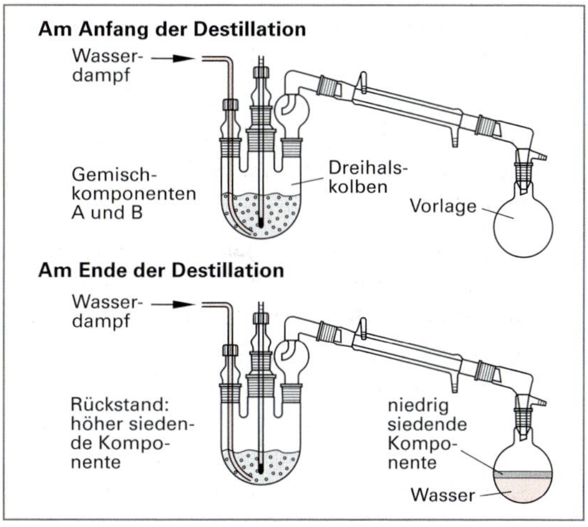

Bild 2: Ablauf der Wasserdampfdestillation

Siedendes Wasser hat bei 100 °C allein einen Dampfdruck von 1013 mbar. Bei einem siedenden Wasser/Mehrkomponenten-Gemisch setzt sich der Gesamtdampfdruck aus dem Partialdruck des Wassers und den Partialdrücken der Komponenten zusammen. Er erreicht den Umgebungsdruck bei einer niedrigeren Temperatur als der Siedetemperatur des Wassers. Dadurch hat das Wasser/Mehrkomponenten-Gemisch eine niedrigere Siedetemperatur als Wasser.

Den Partialdruck einer Komponente des siedenden Gemischs kann man durch Umstellen der obigen Gleichung berechnen: $p_A° = p_{amb} - p_W° - p_B°$

Beispiel: Die Siedetemperatur von 1,4-Nitrotoluol beträgt bei p_{amb} = 1013 mbar 239 °C. Wird bei einer Wasserdampfdestillation (Reinigung) Wasserdampf bei diesem Druck in 1,4-Nitrotoluol geleitet, so siedet das Wasser/1,4-Nitrotoluol-Gemisch bei 99,7 °C. Wie groß ist der Partialdampfdruck des 1,4-Nitrotoluol im Gemischdampf?

Lösung: Bei 99,7 °C beträgt der Wasser-Partialdampfdruck 1003 mbar (Tabellenwert). Im Gemischdampf herrscht dann der Partialdampfdruck $p°$(1,4-Nitrotoluol) = $p_{amb} - p_W°$ = 1013 mbar − 1003 mbar = 10 mbar.

Die **Siedetemperatur** eines Gemisches ist bei der **Wasserdampfdestillation** erreicht, wenn die Summe der Partialdampfdrücke dem Umgebungsdruck entspricht: $\Sigma p_x° = p_{amb}$

Zur Bestimmung der Gemischsiedetemperatur dient ein spezielles Dampfdruckdiagramm, in dem der Logarithmus des Partialdrucks lg $p°$ über dem Kehrwert der thermodynamischen Temperatur $1/T$ aufgetragen ist **(Bild 1)**.

Die Dampfdruckkurven der organischen Flüssigkeiten sind in diesem Diagramm Geraden (die schwarzen Linien).

Die Siedetemperatur einer organischen Substanz bei der Wasserdampfdestillation erhält man am Schnittpunkt der Dampfdruckkurve des organischen Stoffes (schwarze Linie) mit der Linie des Dampfdruckes des Wassers (rote Kurve). Dort ist die Summe der Dampfdrücke so groß wie der Umgebungsdruck.

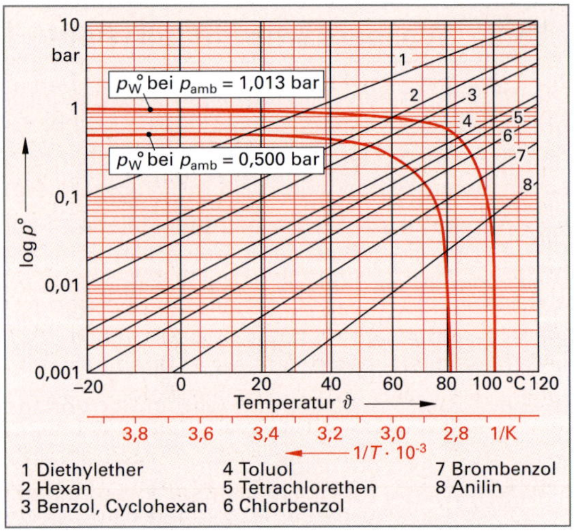

Bild 1: lg p-$1/T$-Diagramm der Dampfdruckkurven organischer Flüssigkeiten für die Wasserdampfdestillation bei 1,013 bar und 0,500 bar Gesamtdruck

Beispiel 1: Bei welcher Siedetemperatur erfolgt die Wasserdampfdestillation von Chlorbenzol C_6H_5Cl bei folgenden Drücken: a) $p = 1013$ mbar und b) $p = 500$ mbar?

Lösung: a) In Bild 1 schneidet die Dampfdruckkurve 6 von Chlorbenzol die $p_W{}^0$-Kurve für 1013 mbar bei **90°C**.
b) In Bild 1 schneidet die Dampfdruckkurve 6 von Chlorbenzol die $p_W{}^0$-Kurve für 500 mbar bei **70°C**.

Bei der Wasserdampfdestillation kann die Dampfzusammensetzung berechnet werden, wenn die Dampfdrücke der Komponenten bei der Destillationstemperatur bekannt sind: Die Partialdrücke verhalten sich wie die Stoffmengen n der Komponenten des Dampfes.

Für eine wasserdampfflüchtige Komponente X gilt die nebenstehende Größengleichung. Sie zeigt, dass besonders dann eine hohe Masse an wasserdampfflüchtiger Substanz X im Destillat vorliegt, wenn die zu destillierende Substanz X eine große molare Masse hat.

Dampfzusammensetzung

$$\frac{p^0(H_2O)}{p^0(X)} = \frac{n(H_2O)}{n(X)} = \frac{\frac{m(H_2O)}{M(H_2O)}}{\frac{m(X)}{M(X)}}$$

Beispiel 2: Für eine Diazotierung wird 2,750 kg reines Anilin $C_6H_5NH_2$ benötigt (M(Anilin) = 93,13 g/mol). Welche Masse an Wasserdampf, $M(H_2O)$ = 18,016 g/mol, ist zur Reinigung des technischen Anilins erforderlich? Die Partialdrücke betragen bei 1013 mbar: $p^0(H_2O)$ = 955,7 mbar, p^0(Anilin) = 57,3 mbar

Lösung: $$\frac{p^0(H_2O)}{p^0(\text{Anilin})} = \frac{m(H_2O) \cdot M(\text{Anilin})}{M(H_2O) \cdot m(\text{Anilin})} \Rightarrow m(H_2O) = \frac{p^0(H_2O)}{p^0(\text{Anilin})} \cdot \frac{m(\text{Anilin}) \cdot M(H_2O)}{M(\text{Anilin})}$$

$$\boldsymbol{M(H_2O)} = \frac{955{,}7 \text{ mbar}}{57{,}3 \text{ mbar}} \cdot \frac{2750 \text{ g} \cdot 18{,}016 \text{ g/mol}}{93{,}1 \text{ g/mol}} = 8873 \text{ g} \approx \mathbf{8{,}87\ kg}$$

Aufgaben zu 15.2 Wasserdampfdestillation

1. Erstellen Sie mit Hilfe des Diagramms in Bild 1 die Dampfdruckkurve von Diethylether.
2. Bei welcher Temperatur siedet Anilin bei der Wasserdampfdestillation unter 1013 mbar Druck?
3. Bestimmen Sie die Siedetemperaturen der Stoffe 2, 4 und 6 in Bild 1, wenn sie durch Wasserdampfdestillation aus einem Gemisch bei a) 1013 mbar b) 500 mbar abgetrennt werden sollen.
4. Welche Masse an Wasserdampf ist erforderlich, um bei 1013 mbar Druck aus einem Stoffgemisch 850 g Benzol zu destillieren? Partialdrücke: $p^0(H_2O)$ = 299,4 mbar, p^0(Benzol) = 713,6 mbar
5. Welche Masse an Brombenzol kann pro 1,000 kg Wasserdampf aus einem Stoffgemisch durch Wasserdampfdestillation abgetrennt werden?
Partialdrücke bei 1013 mbar: $p^0(H_2O)$ = 851,7 mbar, p^0(Brombenzol) = 161,3 mbar

15.3 Rektifikation (Gegenstrom-Destillation)

Die Trennung von Flüssigkeitsgemischen, deren Siedetemperaturen dicht beinander liegen (Differenz kleiner als 50 °C), wird durch eine Gegenstrom-Destillation, Rektifikation genannt, durchgeführt (column destillation, rectification). Dazu dient eine Rektifikationsapparatur **(Bild 1)**.

Ihr Kernstück ist die über dem Destillierkolben angeordnete Rektifikationssäule (auch Kolonne genannt) mit sogenannten Austauschböden (exchange plate). Auf ihnen fließt Flüssigkeit kaskadenartig von Boden zu Boden nach unten. Der aus dem Destillierkolben aufsteigende Gemischdampf durchströmt von unten nach oben die auf den Austauschböden stehende Flüssigkeit. Über der Kolonne ist der Kondensator angebracht, in dem der Dampf als Destillat niedergeschlagen wird. Es tropft auf einen Verteilerboden. Durch Einstellen der Rücklaufhähne fließt ein Teil des Destillats in die Kolonne zurück (der Rücklauf), der Rest gelangt als Erzeugnis in die Vorlage.

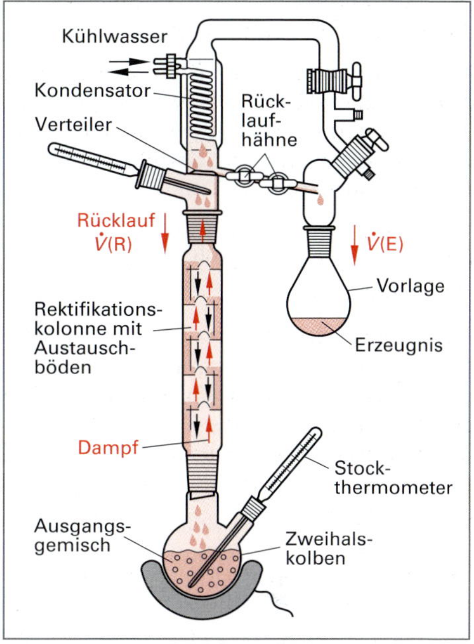

Bild 1: Labor-Rektifikationsapparatur

Das Verhältnis des Rücklauf-Volumenstroms $\dot{V}$(R) zum Erzeugnis-Volumenstrom $\dot{V}$(E) bezeichnet man als **Rücklaufverhältnis *r*** (reflux ratio).

Rücklaufverhältnis
$r = \frac{\dot{V}\,(R)}{\dot{V}\,(E)}$

Der von oben in die Kolonne zurück fließende Rücklauf strömt quer über jeden Austauschboden, wird dabei vom hochsteigenden Dampf durchströmt, so dass er siedet, und fließt zum nächsten Kolonnenboden ab **(Bild 1 linker Bildteil)**. Dieser Vorgang wiederholt sich auf jedem Austauschboden.

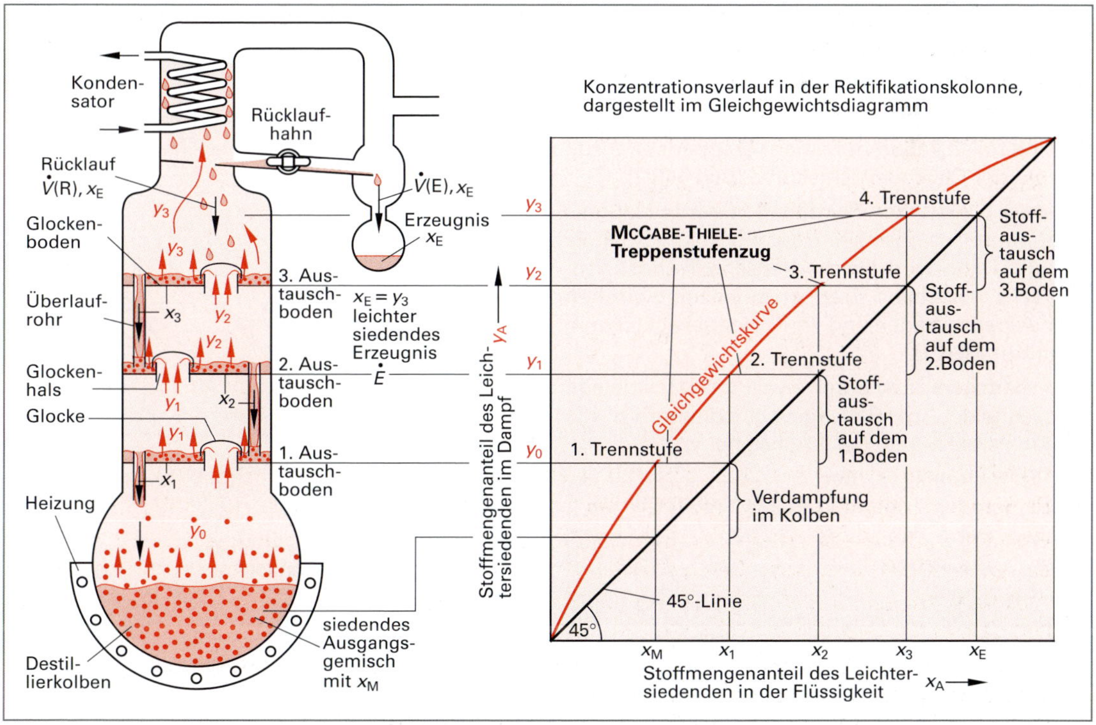

Bild 2: Vorgänge in einer Rektifikationskolonne mit Glockenböden

Auf jedem Austauschboden findet zwischen den beiden gegenläufigen Stoffströmen Dampf / siedende Flüssigkeit ein intensiver Stoff- und Wärmeaustausch statt. Er entspricht auf jedem Austauschboden annähernd einer einfachen Destillation.

Trägt man den Verlauf der Flüssigkeits- und Dampfzusammensetzung auf den Austauschböden in ein Gleichgewichtsdiagramm ein (Bild 445/2, rechter Bildteil), so erhält man einen treppenartigen Stufenzug zwischen Diagonale und Gleichgewichtskurve. Er wird **McCabe-Thiele-Treppenstufenzug** genannt.

Die Stufenzahl des Treppenstufenzugs gibt die Anzahl der für eine Trennaufgabe erforderlichen theoretischen Trennstufen an. Sie wird **theoretische Trennstufenzahl NTS** genannt (von englisch: **n**umber of **t**heoretical **s**tages).

Anzahl der theoretischen Trennstufen	NTS

Sie entspricht bei theoretisch optimalem Stoffaustausch und vollständigem Destillatrücklauf der Anzahl der Austauschböden der für die Trennaufgabe erforderlichen Kolonne.

Rücklaufverhältnis

Das bei einer Rektifikation gewählte Rücklaufverhältnis $r = \frac{\dot{V}(R)}{\dot{V}(E)}$ bestimmt die Stoffströme in der Rektifikationskolonne (Bild 445/2, linker Bildteil).

Das **Mindestrücklaufverhältnis r_{min}** ist dasjenige Rücklaufverhältnis, um eine geforderte Trennaufgabe in einer Rektifikationsapparatur mit unendlich vielen Austauschböden zu bewältigen. Es ist festgelegt durch den Stoffmengenanteil im Erzeugnis x_E sowie die Stoffmengenanteile in der Ausgangsmischung x_M und dem daraus aufsteigenden Dampf y_M (Größengleichung siehe rechts).

Das **real gewählte Rücklaufverhältnis r** liegt zwischen dem Mindestrücklaufverhältnis r_{min} und totalem Rücklauf mit $r = \infty$.

Mindestrücklaufverhältnis

$$r_{min} = \frac{x_E - y_M}{y_M - x_M}$$

Reales Rücklaufverhältnis

$$r_{min} < r < \infty$$

$$r = (1{,}3 \text{ bis } 5) \cdot r_{min}$$

Beispiel: Eine Kolonne soll mit dem 2,5-fachen Mindestrücklaufverhältnis betrieben werden. Es sind: $x_E = 0{,}94$, $x_M = 0{,}40$, $y_M = 0{,}57$. Wie groß ist das Mindestrücklaufverhältnis sowie das reale Rücklaufverhältnis?

Lösung: $r_{min} = \frac{x_E - y_M}{y_M - x_M} = \frac{0{,}94 - 0{,}57}{0{,}57 - 0{,}40} \approx \mathbf{2{,}176}$; $\quad r = 2{,}5 \cdot r_{min} \approx 2{,}5 \cdot 2{,}176 \approx \mathbf{5{,}44}$

Bestimmung der erforderlichen Trennstufen

Bei **totalem Rücklauf** ($r = \infty$) ermittelt man die Anzahl der theoretisch erforderlichen Trennstufen NTS für eine Rektifikation mit einem Treppenstufenzug im Gleichgewichtsdiagramm zwischen der Diagonalen und der Gleichgewichtskurve (Bild 445/2).

Bei einer **praktischen Rektifikation** wird Erzeugnis entnommen, so dass ein reales Rücklaufverhältnis vorliegt. Dann wird die theoretische Trennstufenzahl NTS mit einem Treppenstufenzug zwischen einer Arbeitsgeraden und der Gleichgewichtskurve bestimmt **(Bild 1)**.

Die **Arbeitsgerade** ist durch zwei Punkte festgelegt. Sie schneidet im Gleichgewichtsdiagramm die Diagonale bei x_E und die y-Achse bei y_0.

Der Schnittpunkt y_0 der Arbeitsgeraden mit der y-Achse wird mit dem realen Rücklaufverhältnis r berechnet.

Achsenabschnitt

$$y_0 = \frac{x_E}{r + 1}$$

Mit den beiden Schnittpunkten y_0 und x_E kann die Arbeitsgerade eingezeichnet werden.

Die Anzahl der theoretischen Trennstufen NTS entspricht der Anzahl der eingezeichneten Treppenstufen, beginnend von x_M und endend bei x_E.

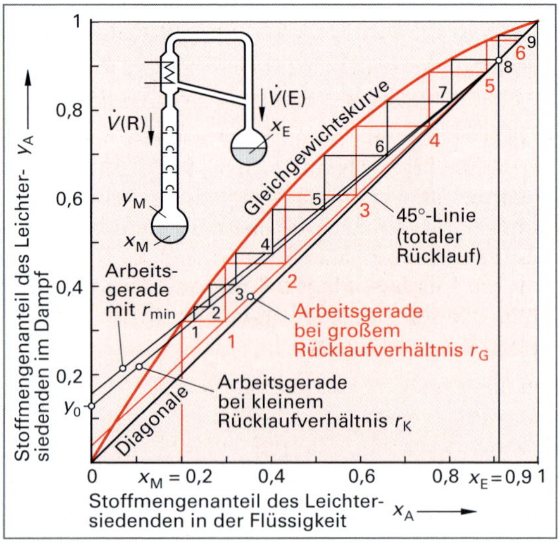

Bild 1: Bestimmung der theoretischen Trennstufenzahl NTS bei realem Rücklauf

Beispiel 1: Berechnen Sie den Ordinatenabschnitt y_0 der Arbeitsgeraden, wenn der Erzeugnisstrom 0,50 mol/min, der Rücklaufstrom 5,2 mol/min und die Kopfproduktzusammensetzung x_E = 0,92 beträgt.

Lösung: Mit $r = \frac{\dot{V}(R)}{\dot{V}(E)} = \frac{5{,}2 \text{ mol/min}}{0{,}50 \text{ mol/min}} = 10{,}4$ folgt: $\boldsymbol{y_0} = \frac{x_E}{r+1} = \frac{0{,}92}{10{,}4+1} \approx \mathbf{0{,}081}$

Beispiel 2: Das Gemisch mit der Gleichgewichtskurve in **Bild 446/1** wird sowohl bei einem kleinen als auch bei einem großen Rücklaufverhältnis rektifiziert. Der Stoffmengenanteil der Ausgangsmischung beträgt 0,20 der Stoffmengenanteil des Erzeugnisses soll mindestens 0,90 sein.

Wie groß ist die erforderliche theoretische Trennstufenzahl NTS
a) bei dem in Bild 446/1 eingezeichneten kleinen Rücklaufverhältnis r_K?
b) bei dem in Bild 446/1 eingezeichneten großen Rücklaufverhältnis r_G?

Lösung: In Bild 446/1 wird zwischen der Arbeitsgeraden bei kleinem Rücklaufverhältnis und der Gleichgewichtskurve (schwarzer Treppenstufenzug) bzw. der Arbeitsgeraden bei großem Rücklaufverhältnis und der Gleichgewichtskurve (roter Treppenstufenzug) jeweils ein McCabe-Thiele-Treppenstufenzug gezeichnet und aus der Stufenzahl die theoretische Trennstufenzahl NTS bestimmt.

Man erhält: a) $r_K \Rightarrow$ **NTS = 9** b) $r_G \Rightarrow$ **NTS = 6**

Bodenwirkungsgrad und praktisch erforderliche Anzahl der Austauschböden

Auf den Austauschböden der Kolonne findet keine vollständige Trennung des Zweistoffgemisches gemäß der optimalen theoretischen Trennwirkung statt. Ein realer Austauschboden hat eine geringere Trennwirkung als eine theoretische Trennstufe. Diese geringere Trennwirkung eines realen Austauschbodens wird durch den **Bodenwirkungsgrad** $\boldsymbol{\eta_B}$ (plate efficiency), auch Verstärkungsverhältnis genannt, berücksichtigt.

Der Bodenwirkungsgrad beträgt zwischen 0,5 und 0,9.

Die **praktisch erforderliche Anzahl der Austauschböden** $\boldsymbol{N}$ einer Kolonne wird mit nebenstehender Gleichung aus der theoretischen Trennstufenzahl NTS berechnet.

Praktisch erforderliche Anzahl der Austauschböden
$N = \frac{\text{NTS} - 1}{\eta_B}$

Beispiel: Die theoretische Trennstufenzahl einer Rektifikation in einer Kolonne wurde mit einem Treppenstufenzug zu NTS = 6 ermittelt. Wie groß ist die Anzahl der praktisch erforderlichen Austauschböden der Rektifikationssäule bei einem Bodenwirkungsgrad von 65 %?

Lösung: $N = \frac{\text{NTS} - 1}{\eta_B} = \frac{6-1}{0{,}65} = 7{,}69 \Rightarrow$ Aufgerundet auf die nächstgrößere ganze Zahl, folgt: **Es sind 8 Austauschböden erforderlich.**

Rektifikation mit Füllkörperkolonnen (packed column)

Anstatt einer Rektifikationskolonne mit Austauschböden werden auch andere Kolonnentypen verwendet **(Bild 1)**.

In diesen Kolonnen mit verschiedenartigen Einbauten oder Füllkörperfüllungen strömen Dampf und siedende Flüssigkeit auf einer großen Oberfläche im Gegenstrom aneinander vorbei. Dabei findet ähnlich wie beim Austauschboden ein Stoff- und Wärmeaustausch statt. Im nach oben strömenden Dampf reichert sich die leichtersiedende Komponente an, während in der nach unten fließenden, siedenden Flüssigkeit die schwerersiedende Komponente zunimmt.

Bei den Kolonnen mit Einbauten und Füllkörpern wird als **Maß für die Trennwirkung** die Kenngröße **HETP** verwendet.

Füllkörperschütthöhe mit einer Trennstufe
HETP

HETP (von englisch: **h**eight **e**quivalent of a **t**heoretical **p**late) gibt die Höhe der Einbauten bzw. der Füllkörperfüllung an, die einer theoretischen Trennstufe entspricht.

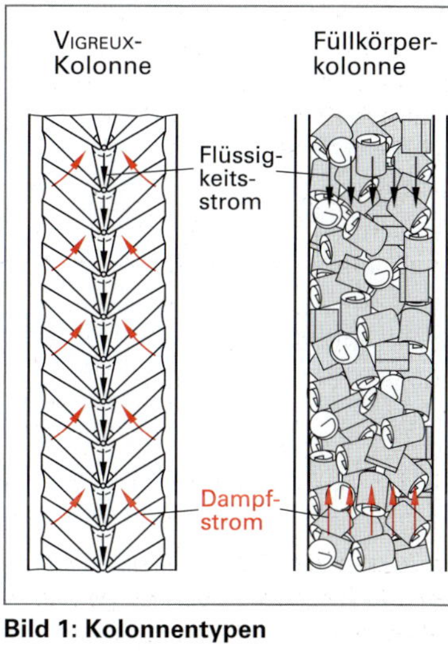

Bild 1: Kolonnentypen

Die verschiedenen Füllkörperfüllungen und Kolonneneinbauten haben unterschiedliche HETP-Werte **(Tabelle 1)**.

In der Praxis wird außerdem der Kennwert ***n* = Anzahl der Trennstufen pro 1 m Füllkörperschütthöhe** verwendet. Er ist der Kehrwert von HETP.

Die insgesamt für eine Rektifikation erforderliche Säulenhöhe bzw. Füllkörperfüllungshöhe h_F wird mit nebenstehender Gleichung berechnet. η_F ist der Füllkörperwirkungsgrad.

Trennstufenzahl pro 1 m

$$n = \frac{1}{\text{HETP}}$$

Erforderliche Höhe der Füllkörperfüllung

$$h_F = \frac{(\text{NTS} - 1) \cdot \text{HETP}}{\eta_F}$$

Tabelle 1: HETP-Werte

Kolonnen und Füllkörperfüllungen	HETP in cm
Leeres Rohr	10 … 20
VIGREUX-Kolonne	5 … 12
Raschigring-Füllung	5 … 8
Sattelkörper-Füllung	5 … 8
Maschendraht-Füllung	3 … 6
Drahtwendel-Füllung	2 … 4

Beispiel: Für eine Gemischtrennung wurden 11 theoretische Trennstufen ermittelt. Es wurde eine Füllkörperfüllung mit HETP = 3 cm und einem Wirkungsgrad von 0,85 eingesetzt. Wie groß ist die erforderliche Füllkörperschütthöhe?

Lösung: $\boldsymbol{h_F} = \frac{(\text{NTS} - 1) \cdot \text{HETP}}{\eta_F} = \frac{(11 - 1) \cdot 3\ \text{cm}}{0{,}85} \approx$ **35 cm** erforderlich.

Aufgaben zu 15.3 Rektifikation (Gegenstromdestillation)

1. Welches Rücklaufverhältnis liegt bei einer Rektifikation vor, wenn der Rücklaufteiler so eingestellt ist, dass von 100 L Kondensat 80 L in die Säule zurückfließen?
2. Für ein ideales Flüssigkeitsgemisch mit einer relativen Flüchtigkeit α = 9,3 ist die Gleichgewichtskurve zu berechnen und zu zeichnen.
3. Welche Mindesttrennstufenzahl ist erforderlich, wenn bei der Rektifikation eines idealen Gemisches der Stoffmengenanteil Leichtersiedendes im Ausgangsgemisch 0,23 ist und im Erzeugnis mindestens 0,96 betragen soll? Die relative Flüchtigkeit des Gemisches ist α = 1,8, das Rücklaufverhältnis $r = 2{,}5 \cdot r_{min}$.
4. Ein n-Hexan/n-Heptan-Gemisch (ein annähernd ideales Gemisch) mit einer relativen Flüchtigkeit von α = 2,6 soll durch Rektifikation getrennt werden.
   a) Berechnen und zeichnen Sie die Gleichgewichtskurve des Gemischs.
   b) Welche Mindesttrennstufenzahl ist erforderlich, wenn aus einem Ausgangsgemisch mit einem n-Hexan-Stoffmengenanteil von 15% ein Erzeugnis mit einem Stoffmengenanteil von 95% erhalten werden soll?
5. Ein Benzol/Toluol-Gemisch (annähernd ideales Gemisch) mit einem Ausgangs-Stoffmengenanteil von 12% Benzol soll bei 2,5-fachem Mindestrücklaufverhältnis bis zu einem Erzeugnis-Stoffmengenanteil von 96% Benzol rektifiziert werden.
   a) Wie groß ist der Trennfaktor (relative Flüchtigkeit) des Gemisches?
   b) Berechnen und zeichnen Sie die Gleichgewichtskurve des Benzol-Toluol-Gemisches.
   c) Welches theoretische Rücklaufverhältnis muss für diese Trennung vorliegen?
   d) Wie viele theoretische Trennstufen sind für die Trennaufgabe erforderlich, wenn mit 2,5fachem Mindestrücklaufverhältnis rektifiziert wird?
   e) Bestimmen Sie die erforderliche Zahl der Austauschböden für diese Gemischtrennug, wenn eine Kolonne mit einem Bodenwirkungsgrad von 74% eingesetzt wird.
6. Ein Methanol/Ethanol-Gemisch (Gleichgewichtskurve in Bild 440/2) mit einem Stoffmengenanteil x(Methanol) = 0,080 soll in einer Füllkörpersäule mit Raschigring-Füllung rektifiziert werden. Das Erzeugnis soll einen Stoffmengenanteil von x(Methanol) = 0,96 haben. Das Rücklaufverhältnis soll 3 mal so groß wie das Mindestrücklaufverhältnis sein.
   a) Berechnen Sie das Mindestrücklaufverhältnis und das reale Rücklaufverhältnis.
   b) Bestimmen Sie die Arbeitsgerade und zeichnen sie in das Gleichgewichtsdiagramm ein.
   c) Bestimmen Sie die erforderliche Anzahl der theoretischen Trennstufen für die Trennung.
   d) Wie hoch muss die erforderliche Füllkörperfüllung sein, wenn sie einen HETP-Wert von 6 cm und einen Wirkungsgrad von 75% besitzt?

15.4 Flüssig-Flüssig-Extraktion (Solvent-Extraktion)

Bei der **Flüssig-Flüssig-Extraktion** (engl. solvent extraction) wird aus einem Flüssigkeitsgemisch, dem Extraktionsgut, das aus einer Trägerflüssigkeit sowie dem darin gelösten Extraktstoff (Extrakt) und anderen Nicht-Wertstoffen bestehen kann, mit Hilfe eines selektiv wirkenden Lösemittels (Extraktionsmittel, Solvent) der Extraktstoff herausgelöst **(Bild 1)**. Das Herauslösen des Extraktstoffs, auch kurz Extrakt genannt, erfolgt durch intensives Mischen des Extraktionsgutes und des Lösemittels. Nach dem Trennen durch Absetzen wird die gewonnene Extraktstofflösung durch Destillieren in den Extraktstoff und das Lösemittel getrennt.

Das ausgelaugte Extraktionsgut ist das Raffinat, auch Extraktionsrückstand genannt. Es besteht aus der Trägerflüssigkeit und enthält noch Reste an Extraktstoff sowie andere gelöste Stoffe.

Voraussetzung für die Extraktion ist: Die Trägerflüssigkeit des Extraktionsgutes und das Lösemittel dürfen nicht ineinander mischbar sein und müssen unterschiedliche Dichten besitzen, damit sie sich absetzen.

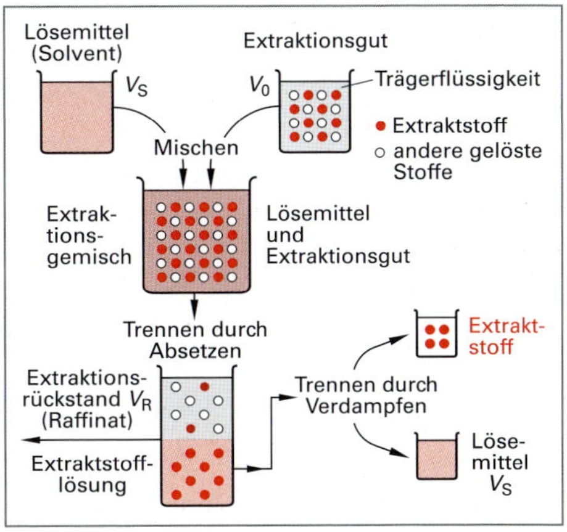

Bild 1: Prinzip der Flüssig-Flüssig-Extraktion

Absatzweise Extraktion im Scheidetrichter

Im Labor wird die Flüssig-Flüssig-Extraktion häufig durch Ausschütteln des Extraktionsgutes mit dem Lösemittel in einem **Scheidetrichter** (separating funnel) durchgeführt **(Bild 2)**.

Der ursprünglich im Extraktionsgut vorhandene Extraktstoff löst sich durch intensives Vermischen teilweise im Lösemittel. Er verteilt sich entsprechend den unterschiedlichen Löslichkeiten im Lösemittel (Phase 1) und in der Trägerflüssigkeit des Extraktionsgutes (Phase 2).

Für die Verteilung des gelösten Extraktstoffes in den beiden Phasen gilt im Gleichgewicht das **NERNST'sche Verteilungsgesetz.**

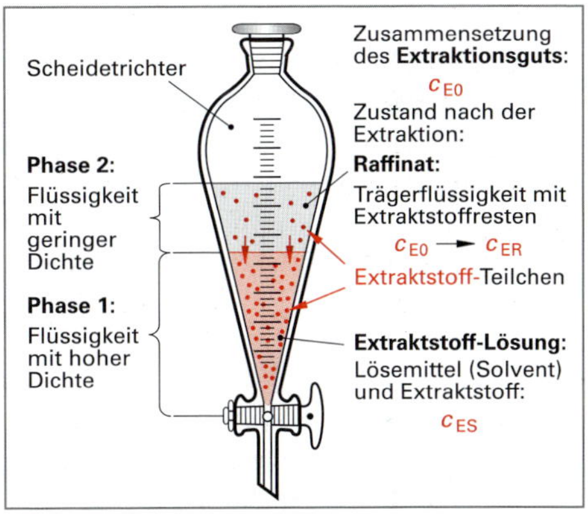

Bild 2: Ausschütteln im Scheidetrichter

> Das Verhältnis der Stoffmengenkonzentration des Extraktstoffes im Lösemittel c_{ES} zur Konzentration des Extraktstoffes im teilweise ausgelaugten Extraktionsgut c_{ER} (Raffinat) ist eine Konstante K.

Als Formel erhält man nebenstehende Größengleichung. K ist der **NERNST'sche Verteilungskoeffizient.**

Setzt man in das NERNST'sche Verteilungsgesetz die Definition der Stoffmengenkonzentration $c = n/V$ ein, so erhält man eine weitere Forme des NERNST'schen Verteilungsgesetzes (siehe Formelkasten).

Während des Extrahierens nimmt die Ausgangs-Extraktstoffkonzentration c_{E0} im Extraktionsgut auf die Gleichgewichtskonzentration c_{ER} im Raffinat ab. Die Differenz $(c_{E0} - c_{ER})$ ist die Konzentration des Extraktstoffes im Lösemittel c_{ES}. Es ist $c_{ES} = c_{E0} - c_{ER}$. Eingesetzt in die Definitionsgleichung ergibt sich eine zusätzliche Gleichung.

Der NERNST'sche Verteilungskoeffizient K hat je nach Extraktionssystem einen unterschiedlichen Wert **(Tabelle 1)**.

NERNST'sches Verteilungsgesetz

Definitionsgleichung $K = \frac{c_{ES}}{c_{ER}}$

$$K = \frac{c_{ES}}{c_{ER}} = \frac{n_{ES}/V_S}{n_{ER}/V_R} = \frac{n_{ES} \cdot V_R}{n_{ER} \cdot V_S}$$

$$K = \frac{c_{ES}}{c_{ER}} = \frac{c_{E0} - c_{ER}}{c_{ER}}$$

Tabelle 1: NERNST'scher Verteilungskoeffizient K von Extraktionssystemen (bei 20 °C)

Extraktionsgut: Träger – Extraktstoff	Lösemittel	K
Wasser – Propanon	Toluol	2,05
Wasser – Benzoesäure	Diethylether	5,3
Wasser – Ethanol	Tetrachlormethan	41,0

Der NERNST'sche Verteilungskoeffizient K ist abhängig von der Temperatur, aber annähernd unabhängig von der Ausgangskonzentration c_{E0} des Extraktstoffes im Extraktionsgut.

Beispiel: In 100 mL Diethylether sind 40 mmol eines Alkohols gelöst. Welche Stoffmenge an Alkohol enthält der Diethylether noch, nachdem einmal mit 100 mL Wasser extrahiert wurde? (K = 2,1)

Lösung: Extrakt-Anfangskonzentration c_{E0} = 40 mmol/100 mL = 0,40 mol/L.

$$K = \frac{c_{E0} - c_{ER}}{c_{ER}} \Rightarrow c_{ER} = \frac{c_{E0}}{K+1} = \frac{0{,}40\ \text{mol/L}}{2{,}1+1} = 0{,}1290\ \text{mol/L} \approx \mathbf{0{,}13\ mol/L}$$

Abgeleitete Gleichungen zum NERNST´schen Verteilungsgesetz

Die extrahierte Stoffmenge im Lösemittel n_{ES} berechnet sich aus der Ausgangs-Extraktstoffmenge im Extraktionsgut n_{E0}, reduziert um die Extraktstoff-Stoffmenge im Raffinat n_{ER}.

Es ist $n_{ES} = n_{E0} - n_{ER}$.

Eingesetzt in das NERNST'sche Verteilungsgesetz $K = n_{ES} \cdot V_R / n_{ER} \cdot V_S$ erhält man die nebenstehende Gleichung.

Ferner gilt $n_{ER} = n_{E0} - n_{ES}$. Eingesetzt in K folgt eine weitere Bestimmungsgleichung (siehe rechts).

Umgeformt nach n_{ES} erhält man die nebenstehende Beziehung für die gelöste Extraktstoff-Stoffmenge im Lösemittel (Solvent).

Eine Gleichung für die Extraktstoffmenge n_{ER} im Raffinat erhält man durch Differenzbildung (siehe rechts).

Berechnungsgleichungen zum NERNST'schen Verteilungsgesetz

$$K = \frac{n_{ES}}{n_{ER}} \cdot \frac{V_R}{V_S} = \frac{n_{E0} - n_{ER}}{n_{ER}} \cdot \frac{V_R}{V_S}$$

$$K = \frac{n_{ES}}{n_{ER}} \cdot \frac{V_R}{V_S} = \frac{n_{ES}}{n_{E0} - n_{ES}} \cdot \frac{V_R}{V_S}$$

$$n_{ES} = n_{E0} \cdot \frac{K}{V_R / V_S + K}$$

$$n_{ER} = n_{E0} - n_{ES}$$

In der Extraktionstechnik wird statt mit Stoffmengen häufig mit Massen- oder Volumenangaben gerechnet. Daher formt man das NERNST'sche Verteilungsgesetz entsprechend um:

$$K = \frac{n_{ES}}{n_{ER}} \cdot \frac{V_R}{V_S};\ \text{mit}\ n_{ES} = \frac{m_{ES}}{M_E}\ \text{und}\ n_{ER} = \frac{m_{ER}}{M_E}$$

$$\text{folgt:}\ K = \frac{m_{ES} / M_E \cdot V_R}{m_{ER} / M_E \cdot V_S} = \frac{m_{ES} \cdot V_R}{m_{ER} \cdot V_S}$$

Durch Kürzen von M_E und Auflösen nach m_{ES} bzw. m_{ER} erhält man die nebenstehenden Gleichungen.

Berechnungen der Extraktstoff-Massen

$$m_{ES} = m_{E0} \cdot \frac{K}{V_R / V_S + K}$$

$$m_{ER} = m_{E0} \cdot \frac{V_R}{K \cdot V_S + V_R}$$

$$m_{ES} = m_{E0} - m_{ER}$$

Die Volumenänderung des Extraktionsguts (ohne Extraktstoff) während der Extraktion ist bei niedrigen Gehalten vernachlässigbar. Daher ist das Raffinatvolumen V_R gleich dem Extraktionsgutvolumen V_0. Es ist $V_R = V_0$.

$$V_R = V_0$$

Mehrfache Extraktion mit Scheidetrichtern

Ist der Verteilungskoeffizient relativ klein (K zwischen 1 und 5) und soll der Extraktstoff weitgehend herausgelöst werden, ist die Extraktion mehrfach hintereinander mit jeweils frischem Lösemittel durchzuführen. Das Extraktionsgut wird dabei in einen Scheidetrichter gefüllt, die Lösemittelportion hinzugegeben und intensiv geschüttelt **(Bild 1)**. Nach dem Absetzen wird die 1. Extraktstoff-Lösung abgelassen. Zu dem im Scheidetrichter verbleibenden, teilweise ausgelaugten Extraktionsgut (1. Raffinat) wird die 2. Lösemittelportion gegeben, geschüttelt und die 2. Extraktstoff-Lösung abgelassen. Dieser Vorgang wird anschließend ein weiteres Mal wiederholt.

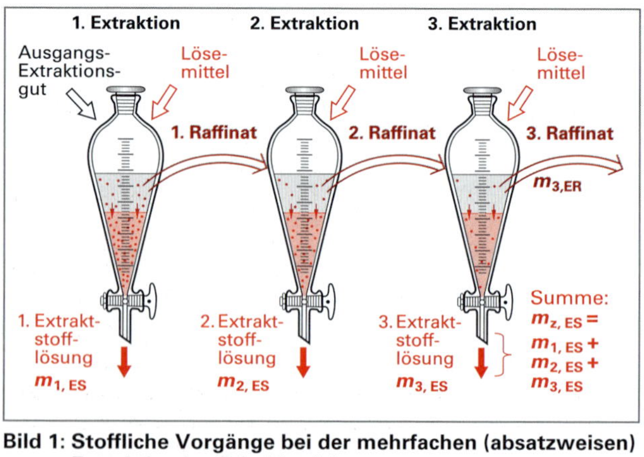

Bild 1: Stoffliche Vorgänge bei der mehrfachen (absatzweisen) Extraktion im Scheidetrichter

Zur Berechnung des Extraktionsergebnisses geht man von der Gleichung bei einfacher Extraktion aus:

$m_{ER} = m_{E0} \cdot \dfrac{V_R}{K \cdot V_S + V_R}$. Bei der 2. Extraktion ist die Ausgangsstoffmenge nicht n_{E0} sondern n_{ER}.

Daraus folgt: $m_{2,ER} = m_R \cdot \dfrac{V_R}{K \cdot V_S + V_R} = m_{E0} \cdot \dfrac{V_R}{K \cdot V_S + V_R} \cdot \dfrac{V_R}{K \cdot V_S + V_R} = m_{E0} \cdot \left(\dfrac{V_R}{K \cdot V_S + V_R}\right)^2$

Bei der 3. Extraktion ergibt sich in der Gleichung die 3. Potenz des Klammerausdrucks, bei der 4. Extraktion die 4. Potenz usw.

Bei der absatzweisen mehrfachen Extraktion mit z Extraktionen mit frischem Lösemittel erhält man nebenstehende Gleichung. Eine analog lautende Gleichung erhält man für die Extrakt-Stoffmenge $n_{z,ER}$.

Die gesamte Extraktstoffmasse $m_{z,ES}$ in allen z Extraktstoff-Lösungen berechnet sich aus der Differenz mit der Ausgangs-Extraktstoffmasse m_{E0} nach nebenstehender Gleichung.

Extraktstoff im Raffinat

$$m_{z,ER} = m_{E0} \cdot \left(\frac{V_R}{K \cdot V_S + V_R}\right)^z$$

Extraktstoff in der Extraktstoff-Lösung

$$m_{z,ES} = m_{E0} - m_{z,ER}$$

Beispiel 2: In 50,0 mL Wasser sind 120,0 mg Propanon gelöst. Aus diesem Extraktionsgut wird mit 80,0 mL Toluol überschichtet, ausgeschüttelt und das Raffinat durch Absetzen abgetrennt. Das Raffinat wird mit weiteren 80,0 mL frischem Toluol extrahiert, das daraus erhaltene 3. Raffinat mit weiteren 80,0 mL Toluol. Welche Masse an Propanon geht insgesamt in das Toluol über? Der NERNST'sche Verteilungskoeffizient beträgt K = 2,05.

Lösung: $V_0 = 50{,}0$ mL; $V_S = 80{,}0$ mL; $m_{E0} = 120{,}0$ mg; $K = 2{,}05$; $z = 3$

Mit $V_R = V_0 = 50{,}0$ mL folgt für die im Raffinat nach drei Extraktionen verbleibende Masse an Extraktstoff:

$$m_{3,ER} = m_{E0} \cdot \left(\frac{V_R}{K \cdot V_S + V_R}\right)^z = 120{,}0\text{ mg} \cdot \left(\frac{50\text{ mL}}{2{,}05 \cdot 80{,}0\text{ mL} + 50{,}0\text{ mL}}\right)^3 \approx 1{,}531\text{ mg}$$

Extraktstoff in den 3 Extrakstofflösungen: $\boldsymbol{m_{3,ES}} = m_{E0} - m_{3,ER} = 120{,}0\text{ mg} - 1{,}531\text{ mg} \approx$ **118,5 mg**

Es werden insgesamt 118,5 mg Propanon in den 3 Toluolportionen gelöst.

Mit Hilfe der obigen Gleichung zur Berechnung des Extraktstoffes im Raffinat kann durch Logarithmieren und Umformung nach dem Exponenten z auch die Anzahl der Extraktionsvorgänge mit frischem Lösemittel berechnet werden, die erforderlich ist, um eine bestimmte Ausbeute bei der Extraktion zu erzielen.

Anzahl Extraktionsschritte

$$z = \frac{\lg m_{z,ER} - \lg m_{E0}}{\lg\left(\dfrac{K}{K \cdot V_S + V_R}\right)}$$

Aufgaben zu 15.4 Flüssig-Flüssig-Extraktion

1. Aus einem Ethanol-Wasser-Gemisch soll der Alkohol mittels Tetrachlormethan extrahiert werden. Nach dem Ausschütteln stehen 2,01 mmol Ethanol in 100 mL Wasser und 79,2 mmol Ethanol in 100 mL Tetrachlormethan im Gleichgewicht. Wie groß ist der Verteilungskoeffizient K?
2. 1000 mL einer wässrigen Iod-Lösung der Konzentration $c(I_2) = 2{,}00$ mmol/L werden mit 50,0 mL Tetrachlormethan CCl_4 ausgeschüttelt. In der wässrigen Phase verbleiben 102 mg Iod, in der Tetra-Phase finden sich 406 mg Iod. Wie groß ist der NERNST'sche Verteilungskoeffizient K?
3. 200 mL wässrige Lösung mit 63,0 g gelöstem Stoff A werden mit 300 mL Diethylether extrahiert. 41,0 g Extrakt konnten durch einen Extraktionsvorgang gewonnen werden.
   a) Welcher NERNST'sche Verteilungskoeffizient K liegt bei dieser Stoffkombination vor?
   b) Bei einer 2. Charge von 200 mL der Lösung wird das Extraktionsmittel Diethylether in zwei Portionen zu je 100 mL aufgeteilt. Wie viel Extrakt kann auf diese Weise gewonnen werden?
4. In einer Anlage werden 600 L wässriger Lösung von 25 g/L 1,4-Dioxan mit Benzol extrahiert. Welche Extrakt-Masse kann gewonnen werden, wenn dreimal mit je 50 L Benzol extrahiert wird? ($K = 2{,}8$)
5. Aus 200 mL einer Abwasserprobe sollen 1500 µg gelöstes Phosphat durch einmaliges Ausschütteln mit 50,0 mL Methylisobutylketon MIBK extrahiert werden. Wie viel Mikrogramm Phosphat verbleiben in der Abwasserprobe, wenn der Verteilungskoeffizient $K = 909$ beträgt?
6. Aus 1500 mL einer wässrigen Wasserstoffperoxid-Lösung soll das H_2O_2 mit Amylalkohol (1-Pentanol) extrahiert werden. Wie vielmal muss mit 150 mL frischem Amylalkohol extrahiert werden, wenn der Anteil des im Wasser verbleibenden H_2O_2 höchstens 25,0 g der ursprünglichen vorhandenen 100 g betragen darf? $K = 7{,}015$.

16 Berechnungen mit Beschichtungsstoffen

Als **Beschichtungsstoffe** (coating materials) werden nach DIN EN 971-1 flüssige, pastenförmige oder pulverförmige Produkte verstanden, die auf einen Untergrund aufgetragen deckende Beschichtungen mit schützenden, dekorativen oder anderen spezifischen technischen Eigenschaften ergeben.

Der Fachausdruck Beschichtungsstoff wird als Oberbegriff für **Lacke**, **Anstrichstoffe** und ähnliche Produkte verwendet. Eine **Beschichtung** (coating) kann aus mehreren nacheinander aufgetragenen Beschichtungsstoffen bestehen.

16.1 Gehaltsgrößen von Beschichtungsstoffen

Die Hauptbestandteile, aus denen Lacke und andere Anstrichstoffe zusammengesetzt sein können, werden nach DIN 55 945 in 4 Hauptkomponenten eingeteilt:

- **Bindemittel** (Filmbildner)
- **Farbmittel** (Pigmente, Füllstoffe, Farbstoffe)
- **Flüchtige Bestandteile** (Lösemittel, Verdünner, Nichtlöser)
- **Additive** (Weichmacher, Entschäumer)

Diese Komponenten sind nach ihrem Verhalten während des Aushärtungsprozesses der Beschichtung in zwei Gruppen einzuordnen **(Bild 1)**:

Nichtflüchtige Bestandteile (nfA[1], solid contents): Sie bilden nach der Aushärtung der Beschichtung den zusammenhängenden Trockenfilm.

Flüchtige Bestandteile (fA[2], volatile contents): Sie machen die Applikation eines Beschichtungsstoffes erst möglich. Neben der Einstellung der Viskosität beeinflussen sie in chemisch härtenden Beschichtungsstoffen auch die Reaktivität des Systems.

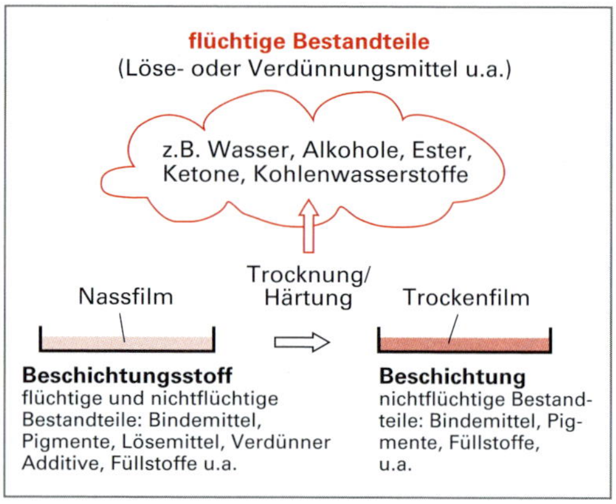

Bild 1: Bestandteile eines Beschichtungsstoffes

Bindemittel bewirken die Haftung auf dem Untergrund und sind der Grundkörper der Beschichtung, in den Pigmente und Füllstoffe eingelagert sind. Sie bilden nach dem Verdunsten der flüchtigen Bestandteile den Trockenfilm der Beschichtung. Wichtigster Bestandteil des Bindemittels ist der **Filmbildner**: Er ist für das Zustandekommen einer zusammenhängenden Schicht, den Film, wesentlich. Man unterscheidet **natürliche Filmbildner** (Naturharze, Öle), **modifizierte natürliche Filmbildner** (modifizierte Naturharze und Öle) und **synthetische Filmbildner** (gesättigte und ungesättigte Polyester, Alkyd,- Acryl-, Phenol- und Melaminharze, Epoxidharze und Isocyanatharze).

Lösemittel dienen zum Lösen des Filmbildners. **Füllstoffe** werden verwendet, um der Beschichtung bestimmte physikalische Eigenschaften zu geben, z. B. Verstärkung, Verbesserung der Biege-, Haft- und Zugfestigkeit, Steuerung des Glanzgrades. **Pigmente** verleihen der Beschichtung optische, schützende oder dekorative Eigenschaften. **Effektkomponenten** können diese verstärken.

Darüber hinaus können dem Beschichtungsstoff **Additive** zugesetzt sein. Dies sind geringe Mengen von Zusatzstoffen: Katalysatoren (Trockenstoffe bzw. Sikkative für die Vernetzung oxidativ trocknender Öl- und Alkydharze, Säurekatalysatoren, Amine u.a.), Weichmacher, Stabilisatoren, Dispergatoren, Entschäumer, Fungizide. Die Additive verbessern oder modifizieren die Eigenschaften des Beschichtungsstoffes oder des Trockenfilms.

In der Lackindustrie haben Berechnungen mit den Anteilen der Bestandteile eines Beschichtungsstoffes eine zentrale Bedeutung. Sie sind erforderlich, um Rezepturen optimal einzustellen und auf die Produktionsmaßstäbe umzurechnen. Gebräuchlich sind massebezogene und volumenbezogene Rezepturangaben nach DIN 1310.

---

[1] In der Fachliteratur werden flüchtige und nichtflüchtige Bestandteile als flüchtige und nichtflüchtige Anteile bezeichnet und mit (fA) und (nfA) abgekürzt. Da mit dem Begriff **Anteil** der Gehalt eines Bestandteils einer Mischphase gekennzeichnet ist, wird im Folgenden dem Begriff flüchtige und nichtflüchtige **Bestandteile** unter Beibehaltung der Abkürzungen (fA) und (nfA) der Vorzug gegeben.

[2] Eine Übersicht der in Kap. 16 verwendeten Abkürzungen findet sich am Ende dieses Kapitels auf Seite 475.

16.1.1 Massenanteile in Beschichtungsstoffen

Aus den Rezepturangaben, die in Masseneinheiten erfolgen, kann der **Massenanteil *w*(X, Bs) einer Komponente X** im Beschichtungsstoff (Bs) errechnet werden.

Für die Bindemittel und einige andere Rezepturbestandteile ist zu berücksichtigen, dass sie in der Rezeptur nicht als Reinstoff, sondern bereits in einem Lösemittel gelöst vorliegen.

Dies wird bei der Berechnung des **Massenanteils gelöster Komponenten** folgendermaßen berücksichtigt:

Mit $w(\text{X, Bs}) = \dfrac{m(\text{X})}{m(\text{Bs})}$ und $m(\text{X}) = m(\text{X–Lsg}) \cdot w(\text{X})$ folgt:

Eine besondere Bedeutung in einem Beschichtungsstoff haben die nichtflüchtigen Bestandteile (nfA). Ihr Anteil bestimmt nach dem Auftrag der Beschichtung und ihrer Aushärtung die Schichtdicke des verbleibenden Trockenfilms und ist somit ein wichtiges Kriterium für die Ergiebigkeit des Beschichtungsstoffes (vgl. S. 464).

Der **Massenanteil nichtflüchtiger Bestandteile *w*(nfA)** wird in der Praxis auch als Festkörper, Festkörpergehalt, Trockenrückstand, Trockengehalt oder Einbrennrückstand bezeichnet.

Massenanteil einer Reinkomponente

$$w(\text{X, Bs}) = \frac{m(\text{X})}{m(\text{Bs})}$$

Massenanteil einer gelösten Komponente

$$w(\text{X, Bs}) = \frac{m(\text{X–Lsg}) \cdot w(\text{X})}{m(\text{Bs})}$$

Massenanteil nichtflüchtiger Bestandteile

$$w(\text{nfA}) = \frac{m(\text{nfA})}{m(\text{Bs})}$$

Am Beispiel der nachfolgenden vereinfachten Rezeptur eines weißen Alkydharzlackes sollen einige wichtige Berechnungen mit Massenanteilen erläutert werden.

Tabelle 1: Vereinfachte Rezeptur eines weißen Alkydharzlackes

Position	Funktion im Lack	Substanz	Massenanteil
1	Filmbildner (Bm)/Lösemittel	Alkydharz, $w(\text{AK}) = 75{,}0\,\%$ in Testbenzin (Festkörper-Dichte: 1,04 g/cm^3)	60,0 %
2	Pigment (Pi)	Titandioxid TiO_2 (Dichte: 4,10 g/cm^3)	27,0 %
3	Sikkativ (Zr-Sik)	Zirkonium-Komplex, $w(\text{Zr}) = 8{,}0\,\%$	0,70 %
4	Sikkativ/Dispergierhilfsmittel (Ca-Sik)	Calciumoctoat, $w(\text{Ca}) = 5{,}0\,\%$	1,7 %
5	Lösemittel (Lm)	Testbenzin	10,6 %
Summe			$\sum = 100{,}0\,\%$

Beispiel 1: Wie groß ist der Bindemittel-Massenanteil $w(\text{Bm, Bs})$ in der Rezeptur von Tabelle 1?

Lösung: Bindemittel: Alkydharz mit $m(\text{Bm-Lsg}) = 60{,}0$ g und $w(\text{Bm}) = 0{,}750$, $m(\text{Bs}) = 100{,}0$ g

$$\boldsymbol{w(\text{Bm, Bs})} = \frac{m(\text{Bm–Lsg}) \cdot w(\text{Bm})}{m(\text{Bs})} = \frac{60{,}0\text{ g} \cdot 0{,}750}{100{,}0\text{ g}} = 0{,}450 = \mathbf{45{,}0\,\%}$$

Beispiel 2: Welchen Massenanteil an nichtflüchtigen Bestandteilen $w(\text{nfA})$ hat der Alkydharzlack von Tabelle 1?

Lösung: $m(\text{nfA}) = m(\text{Bm-Lsg}) \cdot w(\text{Bm}) + m(\text{Pi}) + m(\text{Zr-Sik}) \cdot w(\text{Zr}) + m(\text{Ca-Sik}) \cdot w(\text{Ca})$

$m(\text{nfA}) = 60{,}0\text{ g} \cdot 0{,}750 + 27{,}0\text{ g} + 0{,}70\text{ g} \cdot 0{,}080 + 1{,}7\text{ g} \cdot 0{,}050 = 72{,}141\text{ g}$

$$\boldsymbol{w(\text{nfA})} = \frac{m(\text{nfA})}{m(\text{Bs})} = \frac{72{,}141\text{ g}}{100{,}0\text{ g}} \approx \mathbf{72\,\%}$$

Beispiel 3: Ein Beschichtungsstoff hat folgende vorgeschriebene Zusammensetzung:

$w(TiO_2) = 22{,}0\,\%$, $w(BaSO_4) = 16{,}0\,\%$, $w(\text{Bindemittel}) = 30{,}0\,\%$, $w(\text{Lösemittel}) = 32{,}0\,\%$.

Bei der Herstellung von 320 kg dieses Beschichtungsstoffes wurde neben Bariumsulfat statt Titandioxid versehentlich die gleiche Masse Bariumsulfat zugegeben. Welche Gesamtmasse an Beschichtungsstoff erhält man bei der Aufarbeitung des Fehlansatzes?

Lösung: Die zugefügte Masse an Bariumsulfat folgt aus $w(X) = m(X) / m(Bs)$ durch Umstellen:

$m_1(BaSO_4) = w(BaSO_4) \cdot m(Bs) = 0{,}160 \cdot 320\ kg = 51{,}2\ kg$

Irrtümlich zugefügte Masse an Bariumsulfat: $m_2(BaSO_4) = 0{,}220 \cdot 320\ kg = 70{,}4\ kg$

Gesamtmasse an Bariumsulfat: $m_{ges}(BaSO_4) = 51{,}2\ kg + 70{,}4\ kg = 121{,}6\ kg$

Aus dieser Gesamtmasse an Bariumsulfat folgt die Gesamtmasse an erhaltenem Beschichtungsstoff:

$$w(BaSO_4) = \frac{m_{ges}(BaSO_4)}{m_{ges}(Bs)} \Rightarrow \mathbf{m_{ges}(Bs)} = \frac{m_{ges}(BaSO_4)}{w(BaSO_4)} = \frac{121{,}6\ kg}{0{,}160} = \mathbf{760\ kg}$$

Aufgaben zu 16.1.1 Massenanteile in Beschichtungsstoffen

1. Ein Beschichtungsstoff hat die nachfolgende Zusammensetzung:
   45,0 g Alkydharz-Lösung, $w(AK) = 60{,}0\,\%$
   10,0 g Harnstoffharz-Lösung, $w(UF) = 75{,}0\,\%$
   22,0 g Pigment
   23,0 g Lösemittel
   Wie groß ist der Massenanteil an nichtflüchtigen Bestandteilen $w(nfA)$ und an Bindemittel $w(Bm)$?

2. Berechnen Sie den Massenanteil an nichtflüchtigen Bestandteilen und den Massenanteil an Bindemittel in der folgenden Grundierungsrezeptur.
   13,4 kg Alkydharz- Lösung in Xylol, $w(LH) = 75{,}0\,\%$
   8,7 kg Alkydharz-Lösung, $w(AK) = 65{,}0\,\%$
   13,1 kg Titandioxid TiO_2
   11,7 kg Schwerspat $BaSO_4$
   7,9 kg Lithopone ($ZnS + BaSO_4$)
   15,7 kg Xylol
   1,6 kg Butanol
   8,0 kg Testbenzin

3. Ein weißer, hochglänzender Bautenschutz-Streichlack hat folgende Rezeptur:
   50,0 g Langöl-Alkydharz-Lösung, $w(AK) = 75{,}0\,\%$
   18,0 g Testbenzin
   28,0 g Titandioxid TiO_2
   1,4 g Bentonepaste, $w(Bentone) = 10{,}0\,\%$
   0,3 g Antihautmittel
   Wie groß ist der Massenanteil an nichtflüchtigen Bestandteilen $w(nfA)$ und an Bindemittel $w(Bm)$?

4. Ein Beschichtungsstoff hat folgende vorgeschriebene Zusammensetzung:
   $w(TiO_2) = 25{,}0\,\%$, $w(Bindemittel) = 30{,}0\,\%$, $w(BaSO_4) = 15{,}0\,\%$, $w(Lösemittel) = 30{,}0\,\%$
   Bei der Herstellung von 600 kg eines Beschichtungsstoffes wurde statt Bariumsulfat versehentlich die gleiche Menge Titandioxid zugegeben. Welche Gesamtmenge an Beschichtungsstoff der vorgeschriebenen Zusammensetzung erhält man bei der Aufarbeitung des Fehlansatzes?

5. Ein Industrieeinbrennlack ist nach folgender Rezeptur zusammengesetzt:
   32,4 kg Kurzöl-Alkydharz-Lösung, $w(AK) = 75{,}0\,\%$
   16,8 kg Melaminharz, $w(MF) = 100\,\%$
   12,0 kg Nickeltitangelb
   6,0 kg Eisenoxidgelb FeOOH
   1,2 kg organisches Gelbpigment
   4,8 kg Bariumsulfat $BaSO_4$
   4,0 kg Methoxypropanol
   2,0 kg Solventnaphtha
   7,0 kg Butanol
   6,8 kg Xylol
   7,0 kg Butylacetat
   Berechnen Sie die Massenanteile an Pigment, an Bindemittel und an nichtflüchtigen Bestandteilen.

6. Ein Einbrennlack wird nach folgender Rezeptur angesetzt:
   17,0 kg Polyesterharz-Lösung, $w(SP) = 70{,}0\,\%$
   7,7 kg Melaminharz-Lösung, $w(MF) = 55{,}0\,\%$
   26,5 kg Celluloseacetatbutyrat, $w(CAB) = 20{,}0\,\%$
   4,7 kg Al-bronze in Butanol, $w(Al\text{-}bronze) = 64{,}0\,\%$
   0,20 kg organisches Blaupigment
   20,0 kg Verlaufmittel
   0,20 kg Netzmittel
   17,7 kg Butylacetat
   3,0 kg Butanol
   3,0 kg Butylglycolacetat
   Berechnen Sie den Massenanteil an nichtflüchtigen Bestandteilen und an Bindemittel.

7. Die Analyse eines Pigments ergab, dass in 1,0282 g Pigment 62,1 mg Bleisulfat enthalten sind. Wie groß ist der Massenanteil an chemisch gebundenem Blei $w(Pb)$ in einem Beschichtungsstoff, wenn dieser einen Massenanteil $w(Pigment) = 13{,}5\,\%$ hat?

16.1.2 Volumenanteile in Beschichtungsstoffen

Pigment-Volumenanteil
$\varphi(\mathrm{Pi}) = \dfrac{V(\mathrm{Pi}) + V(\mathrm{Fü})}{V(\mathrm{B})}$

Der **Pigment-Volumenanteil** φ(Pi) (pigment volume concentration), ist nach DIN EN 971 der Quotient aus dem Gesamtvolumen an Pigmenten *V* (Pi), Füllstoffen *V* (Fü) und eventuell vorhandenen anderen nichtfilmbildenden festen Bestandteilen eines Beschichtungsstoffes und dem Gesamtvolumen der nichtflüchtigen Bestandteile *V* (B).

In der Praxis wird der Pigment-Volumenanteil häufig als Pigment-Volumenkonzentration PVK bezeichnet. Dies ist nicht korrekt, da eine Volumenkonzentration nach DIN 1310 auf das *Gesamtvolumen der Mischphase* und nicht auf ein *Teilvolumen* bezogen wird (siehe Seiten 160 und 166). Aus diesem Grund wird im Folgenden dem Begriff Pigment-Volumenanteil der Vorzug gegeben.

Der Pigment-Volumenanteil φ(Pi) ist von Bedeutung für Ergiebigkeits- und Verbrauchsberechnungen. Als Quotient gleicher physikalischer Größen wird er häufig in Prozent angegeben.

Beispiel: Welchen Pigment-Volumenanteil φ(Pi) hat der Beschichtungsstoff mit der nachfolgenden Rezeptur, wenn die Dichte der Lackfarbe ϱ(Bs) = 1,25 g/cm³ beträgt?

60,0 g Alkydharz-Lösung, *w*(AK) = 65,0 %	0,50 g Netzmittel
17,0 g Titandioxid, (Pigment, ϱ(Pi) = 4,2 g/cm³)	0,50 g Antihautmittel
5,0 g Kreide, (Füllstoff, ϱ(Fü) = 2,7 g/cm³)	17,0 g Lösemittel, ϱ = 0,86 g/cm³
Summe der Rezepturbestandteile: 100,0 g	

Lösung: Volumen der Lackfarbe: $V(\mathrm{Bs}) = \dfrac{m(\mathrm{Bs})}{\varrho(\mathrm{Lf})} = \dfrac{100\ \mathrm{g}}{1{,}25\ \mathrm{g/cm^3}} = 80{,}0\ \mathrm{cm^3}$

Lösemittel aus AK-Lösung: $m(\mathrm{Lm}) = m(\mathrm{AK\text{-}Lsg}) \cdot w(\mathrm{Lm}) = 60{,}0\ \mathrm{g} \cdot 0{,}350 = 21{,}0\ \mathrm{g}$

Volumen Gesamt-Lösemittel: $V(\mathrm{Lm}) = \dfrac{m(\mathrm{Lm})}{\varrho(\mathrm{Lm})} = \dfrac{17{,}0\ \mathrm{g} + 21{,}0\ \mathrm{g}}{0{,}86\ \mathrm{g/cm^3}} = 44{,}19\ \mathrm{cm^3}$

Volumen des Pigments: $V(\mathrm{Pi}) = \dfrac{m(\mathrm{Pi})}{\varrho(\mathrm{Pi})} = \dfrac{17{,}0\ \mathrm{g}}{4{,}2\ \mathrm{g/cm^3}} = 4{,}0476\ \mathrm{cm^3}$

Volumen des Füllstoffes: $V(\mathrm{Fü}) = \dfrac{m(\mathrm{Fü})}{\varrho(\mathrm{Fü})} = \dfrac{5{,}0\ \mathrm{g}}{2{,}7\ \mathrm{g/cm^3}} = 1{,}852\ \mathrm{cm^3}$

Volumen nichtflüchtiger Bestandteile: $V(\mathrm{B}) = V(\mathrm{Bs}) - V(\mathrm{Lm}) = 80{,}0\ \mathrm{cm^3} - 44{,}19\ \mathrm{cm^3} = 35{,}81\ \mathrm{cm^3}$

$$\boldsymbol{\varphi}\mathbf{(Pi)} = \frac{V(\mathrm{Pi}) + V(\mathrm{Fü})}{V(\mathrm{B})} = \frac{4{,}0476\ \mathrm{cm^3} + 1{,}852\ \mathrm{cm^3}}{35{,}81\ \mathrm{cm^3}} = 0{,}1647 \approx \mathbf{16\,\%}$$

Volumenanteil nichtflüchtiger Bestandteile
$\varphi(\mathrm{nfA}) = \dfrac{V(\mathrm{B})}{V(\mathrm{Bs})}$

Der **Volumenanteil der nichtflüchtigen Bestandteile $\boldsymbol{\varphi}$(nfA)** (non-volatile matter) ist der Quotient aus dem Volumen der Beschichtung *V* (B) durch das Volumen des Beschichtungsstoffes *V* (Bs). Er dient in der Beschichtungstechnik zur Ermittlung der Ergiebigkeit eines Beschichtungsstoffes. Die Bestimmung des Volumenanteils der nichtflüchtigen Bestandteile ist ausführlich in Kapitel 16.2 beschrieben (Seite 458).

Beispiel: Wie groß ist der Volumenanteil an nichtflüchtigen Bestandteilen in einem Chlorkautschuklack der Dichte 1,80 g/cm³, wenn der Massenanteil der nichtflüchtigen Bestandteile *w*(nfA) = 42,0 % beträgt? Die Dichte der Beschichtung wurde zu 2,437 g/cm³ bestimmt.

Lösung: Masse von 1000 mL Lackfarbe: $\varrho = m/V \Rightarrow m = \varrho \cdot V = 1{,}80\ \mathrm{kg/L} \cdot 1{,}000\ \mathrm{L} = 1{,}80\ \mathrm{kg}$

Masse der nichtflüchtigen Bestandteile: $m(\mathrm{nfA}) = m(\mathrm{Lackfarbe}) \cdot w(\mathrm{nfA}) = 1{,}80\ \mathrm{kg} \cdot 0{,}420 = 0{,}756\ \mathrm{kg}$

Volumen der nichtflüchtigen Bestandteile: $V(\mathrm{nfA}) = m(\mathrm{nfA})/\varrho(\mathrm{nfA}) = 0{,}756\ \mathrm{kg}/2{,}437\ \mathrm{kg/L} = 0{,}3102\ \mathrm{L}$

$$\boldsymbol{\varphi}\mathbf{(nfA)} = \frac{V(\mathrm{B})}{V(\mathrm{Bs})} = \frac{0{,}3102\ \mathrm{L}}{1{,}000\ \mathrm{L}} = 0{,}3102 \approx \mathbf{31{,}0\,\%}$$

Aufgaben zu 16.1.2 Volumenanteile in Beschichtungsstoffen

1. Ein Beschichtungsstoff der Dichte 1,98 g/cm^3 hat die folgende Zusammensetzung: w(Bindemittel) = 24,5 %, w(Pigment) = 63,5 % (ϱ = 6,05 g/cm^3), w(Lösemittel) = 12,0 % (ϱ = 0,78 g/cm^3). Wie groß ist der Pigment-Volumenanteil φ(Pi) dieses Beschichtungsstoffes?

2. Ein Lack mit der Dichte 1,134 g/cm^3 hat folgende Massenanteile:
24,0 % Bindemittel unbekannter Dichte, 22,0 % Titandioxid (ϱ(Pi) = 4,20 g/cm^3) und 54,0 % Testbenzin (ϱ = 0,772 g/cm^3). Berechnen Sie den Pigment-Volumenanteil φ(Pi) des Lacks.

3. Ein weißer, hochglänzender Bautenschutz-Streichlack der Dichte ϱBs) = 1,15 g/cm^3 ist nach folgender Rezeptur zusammengesetzt:

50,0 g Alkydharz-Lösung, w(AK) = 75,0 % in Testbenzin, ϱ(Lm) = 0,77 g/cm^3	1,4 g Netzmittel
18,0 g Testbenzin, ϱ(Benzin) = 0,734 g/cm^3	0,30 g Antihautmittel
28,0 g Titandioxid, ϱ(Pi) = 4,2 g/cm^3	0,80 g Sikkativ
	1,5 g Verlaufmittel

Welchen Pigment-Volumenanteil φ(Pi) hat der Streichlack?

4. Wie groß ist der Volumenanteil der nichtflüchtigen Bestandteile in einem Polyesterlack der Dichte 1,278 g/cm^3, wenn der Massenanteil w(nfA) = 52,5 % beträgt? Die Dichte der Beschichtung wurde zu 2,209 g/cm^3 bestimmt.

5. Ein Beschichtungsstoff der Dichte 1,29 g/cm^3 hat den Massenanteil an nichtflüchtigen Bestandteilen w(nfA) = 54,1 %. Die nichtflüchtigen Bestandteile haben eine durchschnittliche Dichte von 1,74 g/cm^3. Wie groß ist der Volumenanteil der nichtflüchtigen Bestandteile, wenn mit 1,28 L des Beschichtungsstoffes auf einer Fläche von 7,52 m^2 ein Trockenfilm der Dicke 68 µm erzielt wird?

16.1.3 Pigment-Bindemittel-Massenverhältnis

Eine weitere wichtige Gehaltsangabe von Beschichtungsstoffen ist die **Pigmentierung**, auch das **Pigment-Bindemittel-Massenverhältnis** (pigment binder mass ratio) genannt. Darunter wird das Massenverhältnis Pigment plus Füllstoff zu festem Bindemittel verstanden.

In der Praxis schreibt man statt des Größenzeichens ζ vereinfacht nur den Quotienten m_1/m_2 (ζ: griechischer Buchstabe zeta).

Pigment-Bindemittel-Massenverhältnis

$$\zeta(\text{Pi, Bm}) = \frac{m(\text{Pi}) + m(\text{Fü})}{m(\text{Bm})}$$

Beispiel: Welches Pigment-Bindemittel-Massenverhältnis hat der Alkydharzlack mit der Rezeptur in Tabelle 453/1?

Lösung: **Bindemittel**: Alkydharz (AK), **Pigment**: Titandioxid TiO_2, Zr-Sikkativ, Ca-Sikkativ

$m(\text{Pi}) = m(TiO_2) + m(\text{Zr-Sik}) \cdot w(\text{Zr}) + m(\text{Ca-Sik}) \cdot w(\text{Ca})$

$m(\text{Pi}) = 27{,}0\ g + 0{,}70\ g \cdot 0{,}080 + 1{,}7\ g \cdot 0{,}050 = 27{,}141\ g$

$m(\text{Bm}) = m(\text{AK}) \cdot w(\text{AK-Lsg}) = 60{,}0\ g \cdot 0{,}750 = 45{,}0\ g$

$$\zeta(\text{Pi, Bm}) = \frac{m(\text{Pi}) + m(\text{Fü})}{m(\text{Bm})} = \frac{27{,}141\ g}{45{,}0\ g} = 0{,}6031 \approx \mathbf{0{,}60}$$

Aufgaben zu 16.1.3 Pigment-Bindemittel-Massenverhältnis

1. Ein Lack ist unter anderem aus folgenden Komponenten zusammengesetzt:

51,2 % Alkydharz-Lsg. in Testbenzin, w(AK) = 75,0 %	6,8 % Zinkoxid ZnO
7,1 % Harnstoffharz-Lsg. in Butanol, w(UF) = 53,0 %	6,4 % Solvent Naphtha
23,5 % Titandioxid TiO_2	

Wie groß ist das Pigment-Bindemittel-Massenverhältnis?

2. Ein weißer, hochglänzender Bautenschutz-Streichlack hat folgende Rezeptur:

50,0 g Alkydharz-Lösung, w (AK) = 75,0 %	1,4 g Schwebemittel-Lsg, w(Schwebemittel) = 10 %
18,0 g Testbenzin	0,30 g Antihautmittel
28,0 g Titandioxid	

Wie groß ist das Pigment-Bindemittel-Massenverhältnis?

16.1.4 Umrechnung von Rezepturen

In vielen Fällen sind in der Lackindustrie Grundrezepturen auf eine bestimmte Portion an Beschichtungsstoff umzurechnen oder an eine veränderte Zusammensetzung von Grundbestandteilen anzugleichen. Dies wird an einem Beispiel erläutert.

Beispiel: Für einen Lack wurde folgende Grundrezeptur festgelegt:

15,6 kg Alkydharz, $w(\text{AK}) = 100\,\%$	14,8 kg Xylol
7,2 kg Melaminharz, $w(\text{MF}) = 100\,\%$	7,3 kg Butanol
1,8 kg Ketonharz, $w(\text{KH}) = 100\,\%$	6,8 kg Methoxybutylacetat
16,4 kg Titandioxid TiO_2	2,4 kg Butylglycol

Diese Grundrezeptur soll auf folgende Richtrezeptur umgerechnet werden:
Alkydharz-Lösung in Xylol, $w(\text{AK}) = 70{,}0\,\%$, Ketonharz in Methoxybutylacetat, $w(\text{KH}) = 65{,}0\,\%$
Melaminharz-Lösung in Butanol, $w(\text{MF}) = 55{,}0\,\%$.
Welche Masse an Xylol ist zum Komplettieren erforderlich, wenn 100 kg Lack hergestellt werden sollen?

Lösung: Gesamtmasse der Grundrezeptur: $m(\text{Bs}) = 72{,}3$ kg
Umrechnung der Massen Alkydharz (AK) und Xylol auf 100 kg Lack:

Mit Schlussrechnung: In 72,3 kg Lack sind 15,6 kg Alkydharz und 14,8 kg Xylol enthalten
In 100 kg Lack sind x kg Alkydharz und y kg Xylol enthalten

$$x = m(\text{AK}) = \frac{15{,}6\text{ kg} \cdot 100\text{ kg}}{72{,}3\text{ kg}} = 21{,}577\text{ kg}, \qquad y = m(\text{Xylol}) = \frac{14{,}8\text{ kg} \cdot 100\text{ kg}}{72{,}3\text{ kg}} = 20{,}470\text{ kg}$$

Berechnung der Masse an erforderlicher Alkydharz-Lösung, $w(\text{AK}) = 70{,}0\,\%$:

$$m(\text{AK-Lsg}) = \frac{m(\text{AK})}{w(\text{AK})} = \frac{21{,}577\text{ kg}}{0{,}700} = 30{,}824\text{ kg},$$ darin ist folgende Portion an Xylol enthalten:

$m(\text{AK-Xylol}) = m(\text{AK-Lsg}) - m(\text{AK}) = 30{,}824\text{ kg} - 21{,}577\text{ kg} = 9{,}247\text{ kg}$
Restportion an Xylol = Gesamtmasse an Xylol – Masse Xylol aus Alkydharz-Lösung

$\boldsymbol{m}$**(Xylolzusatz)** $= 20{,}470\text{ kg} - 9{,}247\text{ kg} \approx$ **11,2 kg**

Aufgaben zu 16.1.4 Umrechnung von Rezepturen

1. In der Rezeptur für eine bestimmte Masse eines Beschichtungsstoffes waren bisher u.a. enthalten: 16,0 kg Alkydharz-Lösung in Xylol mit $w(\text{AK}) = 70{,}0\,\%$ und 14,0 kg Xylol.
   Ab sofort steht nur noch eine Alkydharz-Lösung in Xylol mit $w(\text{AK}) = 65{,}0\,\%$ zur Verfügung, deshalb muss die Rezeptur geändert werden.
   Welche Massen an Alkydharz-Lösung in Xylol, $w(\text{AK}) = 65{,}0\,\%$ und an Xylol sind in der geänderten Rezeptur für die gleiche Masse an Beschichtungsstoff festzulegen?

2. Für einen Lack wurde folgende Grundrezeptur festgelegt:

17,6 kg Alkydharz, $w(\text{AK}) = 100\,\%$	15,4 kg Xylol
7,5 kg Melaminharz, $w(\text{MF}) = 100\,\%$	8,5 kg Butanol
1,7 kg Ketonharz, $w(\text{KH}) = 100\,\%$	6,6 kg Methoxybutylacetat
18,4 kg Titandioxid TiO_2	2,5 kg Butylglycol

   Diese Rezeptur soll auf folgende Richtrezeptur umgerechnet werden:
   Alkydharz-Lösung in Xylol, $w(\text{AK}) = 75{,}0\,\%$
   Melaminharz-Lösung in Butanol, $w(\text{MF}) = 60{,}0\,\%$
   Ketonharz in Methoxybutylacetat, $w(\text{KH}) = 75{,}0\,\%$.
   Welche Masse an Butanol ist zum Komplettieren für den Ansatz von 600 kg Lack erforderlich?

3. In der Rezeptur für 100 kg eines Beschichtungsstoffes waren bisher u.a. enthalten: 17,5 kg Melaminharz-Lösung in Butanol mit $w(\text{MF}) = 70{,}0\,\%$ und 14,0 kg Butanol.
   Ab sofort steht nur noch Melaminharz-Lösung in Butanol mit $w(\text{MF}) = 65{,}0\,\%$ zur Verfügung, deshalb muss die Rezeptur geändert werden.
   Welche Massen an Melaminharz-Lösung in Butanol, $w(\text{MF}) = 65{,}0\,\%$ und an Butanol sind in der geänderten Rezeptur für 800 kg Beschichtungsstoff festzulegen?

Gemischte Aufgaben zu 16.1 Gehaltsgrößen von Beschichtungsstoffen

1. Eine Phenolharz-Lösung mit w(PF) = 55,0 % und eine Alkydharz-Lösung mit w(AK) = 70,0 % werden im Massenverhältnis 1,00 : 2,50 gemischt. 800 kg dieser Mischung sind durch Zusatz von Lösemittel auf einen Massenanteil w(Bindemittel) = 46,0 % einzustellen. Wie viel Lösemittel ist einzusetzen?

2. Eine Kunststoffdispersion hat den Massenanteil an nichtflüchtigen Bestandteilen w_1(nfA) = 32,5 %. 120,0 kg dieser Dispersion sollen durch Wasserentzug im Vakuum konzentriert werden, sodass eine Dispersion mit w_2(nfA) = 49,5 % entsteht. Welche Masse an Wasser muss entzogen werden?

3. Aus einer Pigmentpaste mit dem Massenanteil w(Pigment) = 3,50 % wird durch Trocknen 450 g Wasser entzogen. Der Massenanteil an Pigment beträgt nach dem Trocknen w(Pigment) = 18,0 %. Wie viel Pigmentpaste wurde zum Trocknen eingesetzt?

4. Für die Rezeptur eines Beschichtungsstoffes sind folgende Daten vorgegeben:
   - Pigment-Volumenanteil φ(Pi) = 32,0 %,
   - Massenanteil w(nfA) = 54,0 %,
   - ϱ(Bindemittel, 100 %) = 1,1 g/cm^3
   - ϱ(Pigmentgemisch) = 4,0 g/cm^3

   Welche Masse an Bindemittel m(Bm) muss für einen Ansatz von 200 kg des Beschichtungsstoffes eingesetzt werden?

5. Berechnen Sie den Massenanteil an nichtflüchtigen Bestandteilen w(nfA), den Massenanteil an Bindemittel w(Bm) und das Pigment-Bindemittel-Massenverhältnis in der folgenden Grundierungsrezeptur eines Einkomponenten-Primers.

7,0 kg Polyvinylbutyral-EP	1,0 kg Antiabsetzmittel
12,0 kg Epoxidharz-Lösung, w(Harz) = 60,0 %	0,5 kg Antihautmittel
9,0 kg Titandioxid	5,0 kg Phosphorsäure, $w(H_3PO_4)$ = 85 %
5,0 kg Eisenoxidgelb	15,5 kg Butanol
5,0 kg Talkum	16,5 kg Xylol
8,0 kg Zinkphosphat	15,5 kg Methoxypropylacetat

6. Ein Lack ist nach folgender Grundrezeptur zusammengesetzt:

36,0 kg Alkydharz, w(AK) = 100 %	22,0 kg Titandioxid TiO_2
9,5 kg Harnstoffharz, w(UF) = 100 %	6,4 kg Zinkoxid ZnO
6,0 kg Solvent Naphtha	7,5 kg Butanol

   Diese Rezeptur soll auf folgende Richtrezeptur umgerechnet werden:
   - Alkydharz-Lösung in Testbenzin, w(AK) = 75,0 %
   - Harnstoffharz-Lösung in Butanol, w(MF) = 63,0 %

   Welche Masse an Butanol ist zur Komplettierung für einen Ansatz von 250 kg Lack erforderlich?

7. In der Rezeptur für eine bestimmte Masse eines Beschichtungsstoffes waren bisher u.a. enthalten: 27,6 kg Polyacrylatharz-Lösung in Xylol mit w(AY) = 60,0 % und 16,0 kg Xylol.
   Künftig steht nur noch eine Polyacrylatharz-Lösung in Xylol mit w(AY) = 65,0 % zur Verfügung. Wie viel der neuen Polyacrylatharz-Lösung in Xylol und wie viel Xylol ist in der geänderten Rezeptur für die gleiche Masse an Beschichtungsstoff festzulegen?

8. Ein grauer Einbrennfüller für Karosserielackierungen hat die folgende Grundrezeptur:

20,0 kg Alkydharz, w(AK) = 100 %	3,0 kg Bentone-Paste, w(Bent.) = 10 % in Shellsol A
6,0 kg Melaminharz, w(MF) = 100 %	0,3 kg Verlaufmittel-Lösung, w(Stoff) = 70 % in Xylol
9,0 kg Talkum	0,2 kg Netzmittel-Lösung, w(Stoff) = 85 % in Xylol
19,9 kg Bariumsulfat $BaSO_4$	13,3 kg Xylol
15,0 kg Titandioxid TiO_2	4,9 kg Butanol/Isobutanol
0,2 kg Ruß	3,2 kg Lösemittelgemisch Shellsol A
0,5 kg Eisenoxidgelb	3,0 kg Methoxypropylacetat
	1,5 kg Lösemittelgemisch Solvesso

   Zur Verfügung steht ein Alkydharz-Lösung in Xylol, w(AK) = 60,0 % und eine Melaminharz-Lösung in Butanol/Isobutanol, w(MF) = 55,0 %.

   a) Berechnen Sie die Arbeitsrezeptur für einen Ansatz von 150 kg Beschichtungsstoff.

   b) Ermitteln Sie den Massenanteil w(nfA) und das Massenverhältnis w(Pi) : w(Bm).

16.2 Bestimmung der Kenngrößen von Beschichtungen

Eine Beschichtung ist durch mehrere Größen gekennzeichnet:

- den Massenanteil der nichtflüchtigen Bestandteile w(nfA), siehe Seite 453,
- den Volumenanteil der nichtflüchtigen Bestandteile φ(nfA), siehe Seite 455,
- die Dichte der Beschichtung ϱ(B)

Die experimentelle Bestimmung dieser Kenngrößen erfolgt in einem mehrstufigen Verfahren nach DIN 53219 **(Bild 1)**. Man benötigt dazu eine oberschalige Analysenwaage mit einer Zusatzvorrichtung zur Messung der Auftriebskraft ① (Hydrostatische Waage, vgl. Seite 411).

Zuerst wird die Masse eines Blechdeckels durch Wägung bestimmt ②. Anschließend werden Masse bzw. Volumen des Blechdeckels einschließlich eines Wägedrahtes durch Wiegen in Luft ③ sowie in einer geeigneten Auftriebsflüssigkeit ermittelt ④.

In den Blechdeckel wird nun der zu untersuchende Beschichtungsstoff eingewogen ⑤. Nach der Trocknung/Härtung bestimmt man nach dem gleichen Wägeverfahren die Masse des Deckels mit Beschichtung ohne ⑥ und mit Wägedraht ⑦ in Luft sowie in der Auftriebsflüssigkeit ⑧.

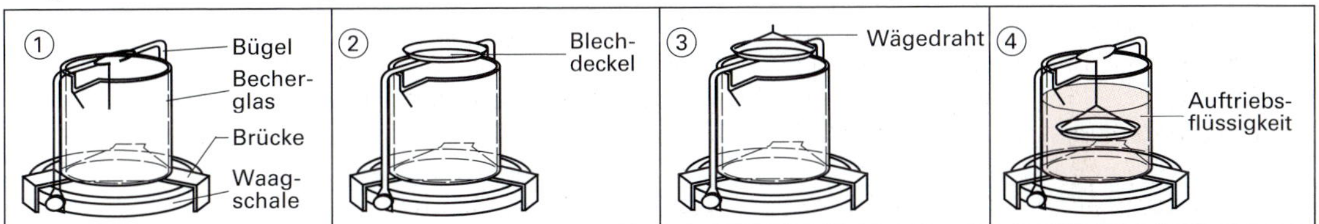

Hydrostatische Waage	Wägewert W des Blechdeckels in Luft	mit Wägedraht in Luft	mit Wägedraht in der Auftriebsflüssigkeit
	W_1 = 15,6358 g	W_2 = 15,6848 g	W_3 = 15,6836 g

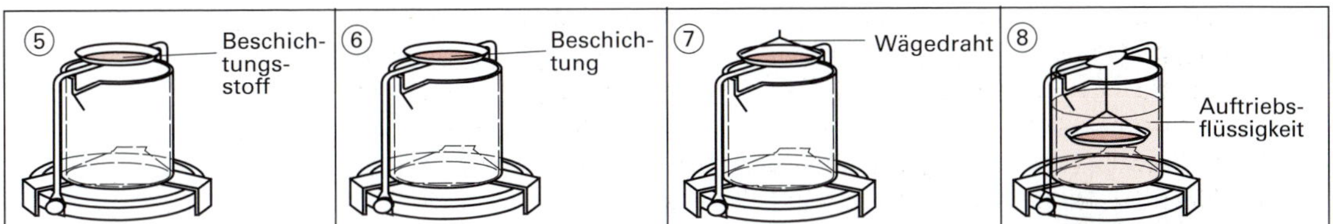

Wägewert W des Blechdeckels mit Beschichtungsstoff in Luft	mit Beschichtung in Luft	mit Wägedraht und Beschichtung in Luft	mit Wägedraht und Beschichtung in der Auftriebsflüssigkeit
W_4 = 16,4081 g	W_5 = 15,9836 g	W_6 = 16,0324 g	W_7 = 13,8991 g

Bild 1: Bestimmung der Kenngrößen eines Beschichtungsstoffes mit Beispielmesswerten

Mit Hilfe der Wägewerte W_1 bis W_7 (Bild 1), der Dichte der Auftriebsflüssigkeit ϱ(A) sowie der Dichte des Beschichtungsstoffes ϱ(Bs) lassen sich die folgenden Massen und Volumina durch die nachfolgenden Größengleichungen ermitteln:

Masse des Beschichtungsstoffes

$$m(\text{Bs}) = W_4 - W_1 \quad (1)$$

Masse der Beschichtung

$$m(\text{B}) = W_5 - W_1 \quad (2)$$

Volumen des unbeschichteten Blechdeckels

$$V_1 = \frac{W_2 - W_3}{\varrho(\text{A})} \quad (3)$$

Volumen des Blechdeckels mit Beschichtung

$$V_2 = \frac{W_6 - W_7}{\varrho(\text{A})} \quad (4)$$

Volumen der Beschichtung auf dem Blechdeckel

$$V(\text{B}) = V_2 - V_1 \quad (5)$$

Volumen des Beschichtungsstoffes auf dem Blechdeckel

$$V(\text{Bs}) = \frac{W_6 - W_2}{\varrho(\text{Bs}) \cdot w(\text{nfA})} \quad (6)$$

Aus den Größengleichungen (1) bis (6) lassen sich unter Berücksichtigung der Definitionsgleichungen für den Massen- und Volumenanteil der nichtflüchtigen Bestandteile $w(\text{nfA})$ und $\varphi(\text{nfA})$ die nachfolgenden Berechnungsformeln zur Ermittlung der Kenngrößen von Beschichtungen ableiten:

Massenanteil der nichtflüchtigen Bestandteile

$$w(\text{nfA}) = \frac{m(\text{B})}{m(\text{Bs})} = \frac{W_5 - W_1}{W_4 - W_1} \quad (7)$$

Volumenanteil der nichtflüchtigen Bestandteile des Beschichtungsstoffes

$$\varphi(\text{nfA}) = \frac{V(\text{B})}{V(\text{Bs})} = \frac{W_6 - W_7 - W_2 + W_3}{W_6 - W_2} \cdot \frac{\varrho(\text{Bs})}{\varrho(\text{A})} \cdot \frac{W_5 - W_1}{W_4 - W_1} \quad (8)$$

Abkürzungen:
A = Auftriebsflüssigkeit,
Bs = Beschichtungsstoff,
B = Beschichtung,
nfA = nichtflüchtige Bestandteile

Dichte der Beschichtung

$$\varrho(\text{B}) = \frac{m(\text{B})}{V(\text{B})} = \frac{(W_6 - W_2) \cdot \varrho(\text{A})}{W_6 - W_7 - W_2 + W_3} \quad (9)$$

Beispiel: Auswertung der Kenngrößenbestimmung eines Beschichtungsstoffes

Bestimmen Sie mit Hilfe der in Bild 1 angegebenen Wägewerte W_1 bis W_7 und der vorstehenden Größengleichungen (1) bis (9) die Dichte der Beschichtung sowie den Massen- und Volumenanteil der nichtflüchtigen Bestandteile im untersuchten Alkydharzlack.

Lösung mit Hilfes eines Tabellenkalkulationsprogramms:

(Erläuterungen zur Auswertung von Prozessdaten mit einem Tabellenkalkulationsprogramm befinden sich im Abschnitt 2.5 Seite 57.)

Zur Erstellung der Eingabemaske **(Bild 1)** wird der Cursor mit der Maus auf die entsprechende Zelle bewegt. Nach dem Anklicken erfolgt die Eingabe des Textes, der Wägewerte und Berechnungsformeln über die Tastatur.

Die grau unterlegten Zellen B10 bis B18 dienen zur Eingabe der Wägewerte W_1 bis W_7 und der Dichte $\varrho(\text{A})$ und $\varrho(\text{BS})$. In der Spalte D10 bis D18 erfolgt die Ausgabe der Versuchsergebnisse. In diese Zellen sind die zur Versuchsauswertung erforderlichen Größengleichungen (1) bis (9) eingetragen. Die drei Zellen mit den Ergebnissen der Bestimmung sind rot beschriftet.

	A	B	C	D
1	**Beschichtungsstoff: Alkydharzlack KNIRB 170 352**			
2	Bestimmungsmethode: DIN 53 219			
3	Wärmeschrank: Umluft-Lacktrockenschrank			
4	Trocknungsbedingungen: t = 4,0 h, ϑ = 42,0 °C			
5	Trockenfilmschichtdicke: d = 30 µm			
6	Prüfdatum: 23.10.2001			
7	Prüfer: M. Müller			
8	Wägewerte W in Gramm		Auswerteergebnisse	
9	Dichten ϱ in g/cm³		Größen	Größenwerte
10	W_1 =	15,6358	m(Bs) =	0,7723 g
11	W_2 =	15,6848	m(B) =	0,3478 g
12	W_3 =	13,6836	**w(nfA) =**	**45,03 %**
13	W_4 =	16,4081	V_1 =	2,0048 cm³
14	W_5 =	15,9836	V_2 =	2,1371 cm³
15	W_6 =	16,0324	V(B) =	0,1323 cm³
16	W_7 =	13,8991	V(Bs) =	0,6361 cm³
17	ϱ(A) =	0,9982	**ϱ(B) =**	**2,627 g/cm³**
18	ϱ(Bs) =	1,2135	**φ(nfA) =**	**20,81 %**

Bild 1: Eingabemaske für die Bestimmung der Kenngrößen eines Alkydharzlackes

Die Eingabe dieser Formeln in die Zellen D10 bis D18 erfolgt über die Tastatur in der Bearbeitungszeile. Sie lautet z. B. für die Berechnung des Massenanteils der nichtflüchtigen Bestandteile $w(\text{nfA})$ des Beschichtungsstoffes in der Zelle **D12**: **=(B14-B10)/(B13-B10)**.

Aufgaben zu 16.2 Bestimmung der Kenngrößen von Beschichtungen

1. Ein Testblech mit den Maßen 10,0 cm × 15,0 cm wurde mit einem Buntlack der Dichte 1,24 g/cm³ beschichtet und in einem Ablufttrockenschrank getrocknet. Anschließend wurden bei einer Prüftemperatur von ϑ = 20,0 °C folgende Wägewerte ermittelt:
   - Blech ohne Trockenfilm in Luft gewogen: W_1 = 64,8 g
   - Blech mit Trockenfilm in Luft gewogen: W_2 = 66,2 g
   - Blech ohne Trockenfilm in Wasser eingetaucht: W_3 = 49,3 g
   - Blech mit Trockenfilm in Wasser eingetaucht: W_4 = 49,9 g

   Berechnen Sie mit Hilfe der Wägewerte die Dichte des Trockenfilms. Die Dichte des Wassers beträgt ϱ(20,0 °C) = 0,9982 g/cm³

2. Bei der Bestimmung der Kenngrößen von Lackfarben wurden die in der **Tabelle 1** wiedergegebenen Wägewerte erhalten. Berechnen Sie den Massen- und Volumenanteil der nichtflüchtigen Bestandteile in der Lackfarbe sowie die Dichte der Beschichtung.

Tabelle 1: Messwerte einer Kenngrößenbestimmung

Beschichtungsstoff	Wägewerte in Gramm						
	W_1	W_2	W_3	W_4	W_5	W_6	W_7
a) Dispersionslackfarbe	15,4261	15,4333	13,4704	16,1984	15,7599	15,7671	13,6715
b) Polyurethanlack	14,3827	14,4328	12,5979	15,1641	14,8544	14,9045	12,8980
c) Kunstharzlack	16,9347	17,4117	15,1976	17,7472	17,3229	17,7999	15,4403
d) Alkydharzlack	15,8631	15,9143	13,8904	16,6394	16,3341	16,3853	14,2074
e) Nitrolack	14,8239	14,8702	12,9795	15,5628	15,0136	15,0599	13,0126
f) Polyesterlack	16,2501	16,2992	14,2266	17,0626	17,0275	17,0766	14,5468
g) Chlorkautschuklack	15,6041	15,6562	13,6648	16,3973	15,9500	16,0021	13,8557

Beschichtungsstoff	Prüftemperatur in °C	Dichte der Auftriebsflüssigkeit in g/cm³	Dichte des Beschichtungsstoffs in g/cm³	Dichte der Beschichtung in g/cm³	w(nfA)	φ(nfA)
a) Dispersionslackfarbe	19,0	0,9984	1,3125			
b) Polyurethanlack	21,0	0,9980	1,2879			
c) Kunstharzlack	20,0	0,9982	1,2103			
d) Alkydharzlack	19,5	0,9983	1,1537			
e) Nitrolack	20,5	0,9981	1,1058			
f) Polyesterlack	20,0	0,9982	1,5137			
g) Chlorkautschuklack	18,5	0,9985	1,4936			

3. Ein Aluminiumblech (ϱ(Al) = 2,70 g/cm³) mit den Maßen 15,5 cm × 10,0 cm hat eine Masse von 79,51 g. Nach dem Applizieren eines einseitig aufgetragenen Trockenfilms beträgt die Masse des Testblechs 80,65 g. In Wasser ($\varrho(H_2O)$ = 1,00 g/cm³) wird am beschichteten Blech eine Auftriebskraft von 0,298 N gemessen. Berechnen Sie die Dichte des Trockenfilms.

4. Bestimmen Sie den Massenanteil an nichtflüchtigen Bestandteilen eines Beschichtungsstoffes mittels folgender Wägungen:
   - Masse des Blechdeckels: m_1 = 12,7803 g
   - Masse des Blechdeckels mit Beschichtungsstoff: m_2 = 13,7941 g
   - Masse des Blechdeckels mit Beschichtung: m_3 = 13,2940 g

16.3 Schichtdicke von Beschichtungen

Beschichtungen werden auf sehr unterschiedliche Materialien wie beispielsweise Metalle, Holz, Beton und Kunststoffe aufgetragen und sollen sehr unterschiedliche Aufgaben erfüllen. Dies sind neben dekorativen vor allem schützende Funktionen. Unter anderem ist das Eindringen von Feuchtigkeit in den Untergrund und der Angriff korrosiver Medien zu verhindern.

Viele Eigenschaften einer Beschichtung hängen von seiner **Schichtdicke** (film thickness) ab. Nicht nur die Ergiebigkeit eines Beschichtungsstoffes sondern die meisten technologischen Eigenschaften der Beschichtung zeigen in weiten Bereichen eine deutliche Schichtdickenabhängigkeit: Sie kann ihre Aufgabe nur bei einer ausreichenden Dicke erfüllen.

Die Berechnung der Schichtdicke ist aus diesem Grund von besonderer Bedeutung.

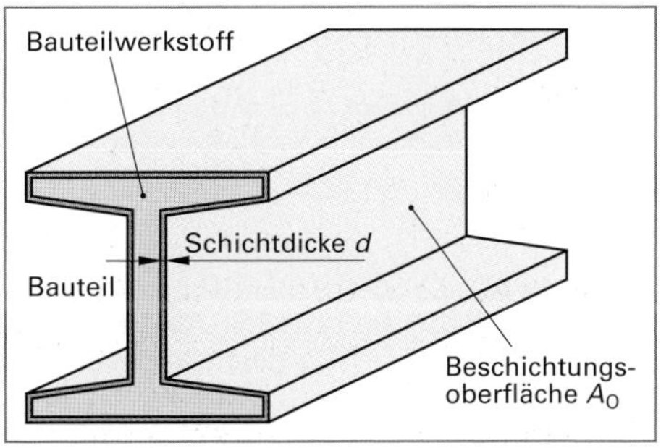

Bild 1: Beschichtung auf einem Stahlträger

Das Volumen der Beschichtung berechnet sich aus der Bauteiloberfläche A_o und der Schichtdicke d zu $V = A_o \cdot d$. Durch Umstellen nach der Schichtdicke d und Einsetzen von $V = m/\varrho$ erhält man die nebenstehende Größengleichung zur Berechnung der Schichtdicke d.

Schichtdicke
$d = \frac{V}{A_o} = \frac{m}{A_o \cdot \varrho}$

Beispiel: Das Stahlblechgehäuse eines Brutschranks wird mit einem Pulverlack elektrostatisch beschichtet. Wie groß ist die Schichtdicke, wenn die Gehäusefläche 0,680 m² beträgt und die Massenzunahme des pulverbeschichteten Gehäuses zu m = 94,0 g gemessen wurde (ϱ(PI) = 1,25 g/cm³)?

Lösung: $\mathbf{d} = \frac{V}{A_o} = \frac{m}{A_o \cdot \varrho(\text{PI})} = \frac{94{,}0 \cdot 10^{-3}\,\text{kg}}{0{,}680\,\text{m}^2 \cdot 1{,}25 \cdot 10^3\,\text{kg} \cdot \text{m}^{-3}} = 0{,}1105 \cdot 10^{-3}\,\text{m} = 0{,}1105\,\text{mm} \approx \mathbf{111\,\mu m}$

Nass- und Trockenfilmdicke (wet and dried film thickness)

Ein lösemittelhaltiger Beschichtungsstoff besteht aus flüchtigen Bestandteilen fA und nichtflüchtigen Bestandteilen nfA. Die Summe der Massen- bzw. Volumenanteile der Beschichtung ist 1 oder 100 %.

Massenanteile
$w(\text{fA}) + w(\text{nfA}) = 1$

Volumenanteile
$\varphi(\text{fA}) + \varphi(\text{nfA}) = 1$

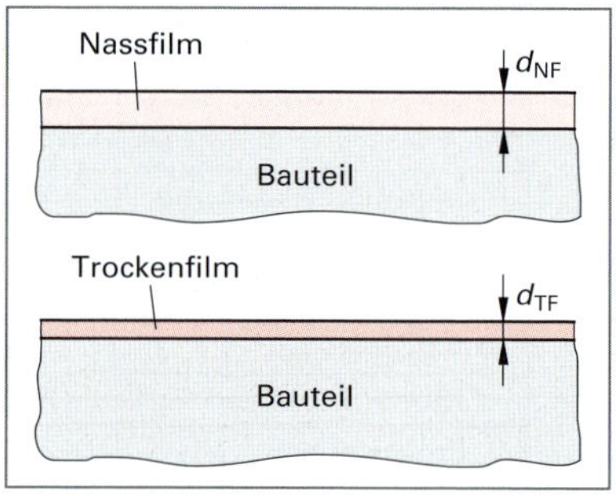

Bild 1: Filmdicken

Beim Auftragen eines lösemittelhaltigen Beschichtungsstoffes bilden die flüchtigen und nichtflüchtigen Bestandteile den Nassfilm mit der **Nassfilmdicke d_{Nf} (Bild 1).** Nach Verdunsten des Lösemittels sowie anderer flüchtigen Bestandteile und Aushärten des Bindemittels bilden die nichtflüchtigen Bestandteile den Trockenfilm mit der **Trockenfilmdicke d_{Tf}.**

Die Nass- und Trockenfilmdicken berechnen sich jeweils aus ihren Massen m_{Nf} und m_{Tf}, der Bauteiloberfläche A_o sowie den jeweiligen Filmdichten ϱ_{Nf} und ϱ_{Tf} mit den nebenstehenden Größengleichungen:

Nass- und Trockenfilmdicken
$d_{Nf} = \frac{m_{Nf}}{A_o \cdot \varrho_{Nf}}; \quad d_{Tf} = \frac{m_{Tf}}{A_o \cdot \varrho_{Tf}}$

Da die nasse und trockene Beschichtungsfläche A_o gleich ist, kann man beide Gleichungen nach A_o umstellen und gleichsetzen:

$$\frac{m_{Nf}}{d_{Nf} \cdot \varrho_{Nf}} = \frac{m_{Tf}}{d_{Tf} \cdot \varrho_{Tf}}; \quad \text{mit } V = \frac{m}{\varrho} \text{ folgt: } \frac{V_{Nf}}{d_{Nf}} = \frac{V_{Tf}}{d_{Tf}} \Rightarrow$$

$d_{Tf} = \frac{V_{Tf}}{V_{Nf}} \cdot d_{Nf}$. Mit $\varphi(\text{nfA}) = \frac{V_{Tf}}{V_{Nf}}$ folgt daraus ein Zusammenhang zwischen der Nass- und Trockenfilmschichtdicke.

Zusammenhang zwischen Nass- und Trockenfilmdicke
$d_{Tf} = \varphi(\text{nfA}) \cdot d_{Nf}$

Beispiel 1: Weisslack hat einen Volumenanteil an flüchtigen Bestandteilen von φ(fA) = 38 %. Welche Dicke hat der Trockenfilm, wenn eine Nassfilmdicke von 70 µm aufgetragen wurde?

Lösung: $d_{Tf} = \varphi(\text{nfA}) \cdot d_{Nf}$ mit $\varphi(\text{nfA}) = 1 - \varphi(\text{fA})$ folgt: $\mathbf{d_{Tf}} = (1 - \varphi(\text{fA})) \cdot d_{Nf} = (1 - 0{,}38) \cdot 70\,\mu\text{m} \approx \mathbf{43\,\mu m}$

Beispiel 2: Laut Herstellerangabe kann mit 750 mL Buntlack eine Fläche von ca. 8,5 m² bei einmaligem Anstrich beschichtet werden. Welche Trockenfilm-Schichtdicke wird erreicht, wenn der Volumenanteil an nichtflüchtigen Bestandteilen in der Lackfarbe 42 % beträgt und Applikationsverluste vernachlässigt werden?

Lösung: $\mathbf{d_{Tf}} = \varphi(\text{nfA}) \cdot d_{Nf} = \varphi(\text{nfA}) \cdot \frac{m_{Nf}}{A_o \cdot \varrho_{Nf}} = \varphi(\text{nfA}) \cdot \frac{V_{Nf}}{A_o} = 0{,}42 \cdot \frac{0{,}750 \cdot 10^{-3}\,\text{m}^3}{8{,}5\,\text{m}^2} = 0{,}0370 \cdot 10^{-3}\,\text{m} \approx \mathbf{37\,\mu m}$

Aufgaben zu 16.3 Schichtdicke von Beschichtungen

1. Wie groß ist die Massenzunahme eines Stahlbleches pro Quadratmeter, wenn es beidseitig mit einer Schichtdicke von 50 μm pulverbeschichtet wird? $\varrho(B) = 2{,}50\ g/cm^3$
2. Ein Lack hat einen Volumenanteil an flüchtigen Bestandteilen von $\varphi(fA) = 35\,\%$. Welche Dicke hat der trockene Lackfilm, wenn eine Nassfilmdicke von 60 μm aufgetragen wurde?
3. 2,85 cm^3 Weißlack befinden sich einseitig auf einem Probeblech von 20,0 cm × 12,0 cm. Beim Trocknen tritt ein Volumenschwund von 38,5 % ein. Welche Schichtdicke hat der Trockenfilm?
4. Ein Kunstharzlack hat folgende Volumenanteile an flüchtigen und nichtflüchtigen Bestandteilen: $\varphi(nfA) = 60\,\%$, $\varphi(fA) = 40\,\%$. Wie groß ist die Trockenfilmdicke, wenn eine mittlere Nassfilmdicke von 50 μm aufgetragen wurde?
5. Die Dichte eines Decklacks beträgt $\varrho(Bs) = 1{,}30\ g/cm^3$, bei einem Massenanteil an nichtflüchtigen Bestandteilen von $w(nfA) = 58\,\%$. Als Lösemittel wurde Testbenzin der Dichte $\varrho = 0{,}77\ g/cm^3$ verwendet. Vom Auftraggeber wird eine Trockenfilmdicke von 22 μm verlangt. Welche Nassfilmdicke ist aufzutragen.
6. Von einem Kunstharzlack wurde mit einem Filmziehgerät ein Nassfilm der Dicke $d_{NF} = 75\ \mu m$ gezogen. Nach dem Trocknen ergab die magnetostatische Schichtdickenmessung die Trockenfilmdicke $d_{TF} = 45\ \mu m$. Welchen Volumenanteil an flüchtigen und nichtflüchtigen Bestandteilen hat die Lackfarbe?
7. Ein Seidenglanzlack hat folgende Kenndaten: $\varrho(Bs) = 1{,}25\ g/cm^3$, $w(nfA) = 55\,\%$, $\varrho(nfA) = 1{,}80\ g/cm^3$. Zum Beschichten einer Fläche von 10,0 m^2 wurden 1,72 L Lackfarbe verbraucht. Welche theoretische Dicke hat der Trockenfilm?
8. Ein chemikalienbeständiger Chlorkautschuklack (CR) mit der Dichte $\varrho(Bs) = 1{,}50\ g/cm^3$ und einem Gehalt an nichtflüchtigen Bestandteilen von $w(nfA) = 43{,}6\,\%$ dient zum Beschichten eines zylindrischen Tanks mit den Maßen $l = 3{,}40$ m, $d = 1{,}50$ m. Die mittlere Dichte der nichtflüchtigen Bestandteile beträgt $\varrho(nfA) = 2{,}23\ g/cm^3$. Welche Dicke hat der Trockenfilm, wenn 3,75 L Lackfarbe auf die Oberfläche des Tanks aufgetragen wurden?
9. Mit einem Filmziehgerät wird von einem pigmentierten Alkydharzlack der Dichte $\varrho = 1{,}15\ g/cm^3$ ein Nassfilm ($l = 200$ mm, $b = 150$ mm) mit einer Dicke von $d_{NF} = 110\ \mu m$ gezogen. Welche Masse Alkydharzlack ist dazu mindestens erforderlich?
10. Zur Bestimmung der nichtflüchtigen Bestandteile eines Beschichtungsstoffes sollen ca. 1,5 g Probe auf einer Fläche von ca. 50 cm^2 aufgetragen werden. Welche Nass- und Trockenfilmschichtdicken werden erreicht, wenn die Dichte des Beschichtungsstoffes 1,17 g/cm^3 und der Volumenanteil an flüchtigen Bestandteilen $\varphi(fA) = 65\,\%$ beträgt?
11. Ein Kunstharzlack der Dichte $\varrho(Bs) = 1{,}20\ g/cm^3$ hat einen Massenanteil an flüchtigen Bestandteilen von 55 %. Die Dichte der nichtflüchtigen Bestandteile beträgt $\varrho(nfA) = 1{,}67\ g/cm^3$. Laut Herstellerangabe können mit 750 mL dieser Lackfarbe 6,0 m^2 bei einem einmaligen Anstrich lackiert werden. Welche Dicke hat der Trockenfilm?
12. Ein Testblech mit den Maßen 10,0 cm × 15,0 cm wird einseitig mit einem pigmentierten Acryllack beschichtet. Nach dem Trocknen wurde eine Massenzunahme von 1,18 g ermittelt. Wie groß ist die theoretische Dicke des Trockenfilms, wenn die Dichte der nichtflüchtigen Bestandteile im Lack $\varrho(nfA) = 2{,}63\ g/cm^3$ beträgt?
13. Ein zylindrischer Lösemitteltank hat einen Außendurchmesser von 2,00 m und eine Länge von 7,00 m. Er soll von Außen einschließlich der ebenen Tankböden einen neuen Deckanstrich mit einer Trockenfilmdicke von 40 μm erhalten. Der eingesetzte Decklack hat eine Dichte von $\varrho(Bs) = 1{,}28\ g/cm^3$ und einen Massenanteil von $w(nfA) = 55{,}3\ \%$. Der Decklack enthält Xylol der Dichte $\varrho(Xylol) = 0{,}860\ g/cm^3$ als Lösemittel. Welche Masse an Lackfarbe wird für einen einmaligen Anstrich des Lösemitteltanks benötigt, wenn die Verarbeitungsverluste 10 % betragen?
14. Welche Fläche kann mit 750 mL Kuntharzlack ($\varrho = 2{,}31\ g/cm^3$, $w(nfA) = 60\,\%$) beschichtet werden, wenn die geforderte Trockenfilm-Schichtdicke 45 μm und die Verarbeitungsverluste 10 % betragen? Die nichtflüchtigen Bestandteile im Lack haben die mittlere Dichte $\varrho(nfA) = 3{,}21\ g/cm^3$.

16.4 Verbrauch und Ergiebigkeit von Beschichtungsstoffen

Verbrauch und Ergiebigkeit von Beschichtungsstoffen sind wichtige lacktechnische Kenndaten. Sie haben für den Lackverarbeiter aus technischen und wirtschaftlichen Gründen eine große Bedeutung. **Bild 1** zeigt die einzelnen Schritte der Lackverarbeitung.

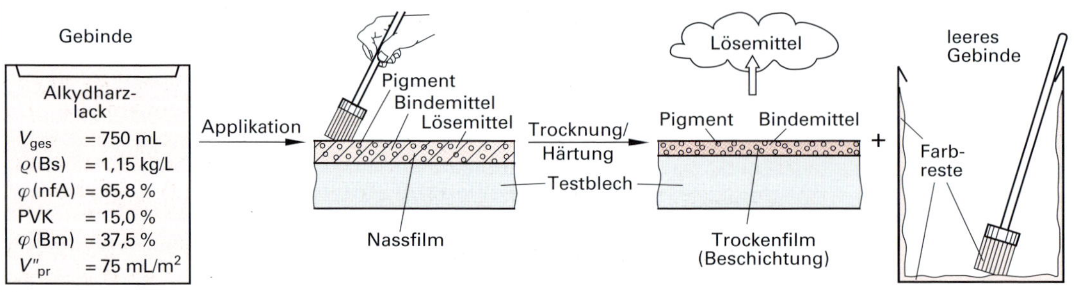

Bild 1: Von der Lackfarbe im Gebinde zur fertigen Beschichtung

Verbrauch (applikation rate)

Der Verbrauch ist die Menge an Beschichtungsstoff, die erforderlich ist, um eine bestimmte Fläche unter gegebenen Arbeitsbedingungen mit einer definierten Trockenfilmdicke zu beschichten.

Der Verbrauch ist eine flächenbezogene Größe, bei der entweder die Masse oder das Volumen an Beschichtungsstoff auf eine bestimmte Oberfläche A_o bezogen wird. Die flächenbezogene Masse ist nach DIN 1304 Teil 1 mit m'', das flächenbezogene Volumen mit V'' gekennzeichnet. Das abgeleitete SI-Einheitenzeichen des Verbrauchs ist kg/m² oder m³/m².

Verbrauch

$$m'' = \frac{m}{A_o} = \frac{\varrho \cdot V}{A_o}$$

$$V'' = \frac{V}{A_o} = \frac{m}{\varrho \cdot A_o}$$

Beispiel: Mit 750 mL Acryllack kann laut Herstellerangabe eine Fläche von 6 bis 8 m² bei einmaligem Anstrich beschichtet werden. Wie groß ist der Verbrauch m'' und V'', wenn die Dichte des Beschichtungsstoffes 1,45 kg/L beträgt?

Lösung:

$$V''_{max} = \frac{V}{A_o} = \frac{0{,}750\ \text{L}}{6\ \text{m}^2} = 0{,}125\ \text{L/m}^2 \qquad m''_{max} = \frac{\varrho \cdot V}{A_o} = \frac{1{,}45\ \text{kg/L} \cdot 0{,}750\ \text{L}}{6\ \text{L}} = 0{,}181\ \text{kg/m}^2$$

$$V''_{min} = \frac{V}{A_o} = \frac{0{,}750\ \text{L}}{8\ \text{m}^2} = 0{,}094\ \text{L/m}^2 \qquad m''_{min} = \frac{\varrho \cdot V}{A_o} = \frac{1{,}45\ \text{kg/L} \cdot 0{,}750\ \text{L}}{8\ \text{m}^2} = 0{,}136\ \text{kg/m}^2$$

$$\mathbf{0{,}094\ L/m^2 \leq V'' \leq 0{,}125\ L/m^2} \qquad \mathbf{0{,}136\ kg/m^2 \leq m'' \leq 0{,}181\ kg/m^2}$$

Ergiebigkeit (spreading rate)

Statt des Verbrauchs an Beschichtungsstoff kann auch seine Ergiebigkeit angegeben werden. Die Ergiebigkeit E ist der Kehrwert des Verbrauchs. Sie ist demzufolge eine massenbezogene E_{mas} oder volumenbezogene Größe E_{vol}.

Die abgeleitete SI-Einheit der Ergiebigkeit ist Quadratmeter durch Kilogramm m²/kg oder Quadratmeter durch Kubikmeter m²/m³.

Zusammenhang zwischen Verbrauch und Ergiebigkeit

$$\text{Ergiebigkeit} = \frac{1}{\text{Verbrauch}}$$

Beispiel: Wie groß ist die mittlere massen- und volumenbezogene Ergiebigkeit E_{med} des im oberen Beispiel genannten Acryllacks?

Lösung:

$$E_{mas,\,med} = \frac{A_o}{\varrho \cdot V} = \frac{7{,}0\ \text{m}^2}{1{,}45\ \text{kg/L} \cdot 0{,}750\ \text{L}} \approx \mathbf{6{,}4\ m^2/kg}$$

$$E_{vol,\,med} = \frac{A_o}{V} = \frac{7{,}0\ \text{m}^2}{0{,}750\ \text{L}} \approx \mathbf{9{,}3\ m^2/L}$$

Ergiebigkeit

$$E_{mas} = \frac{1}{m''} = \frac{A_o}{m} = \frac{A_o}{\varrho \cdot V}$$

$$E_{vol} = \frac{1}{V''} = \frac{A_o}{V} = \frac{\varrho \cdot A_o}{m}$$

Theoretischer Verbrauch (theoretical application rate)

Der theoretische Verbrauch m''_{th}, V''_{th} ist nach DIN EN 971-1 ein allein aus dem Volumen der nichtflüchtigen Bestandteile nfA berechneter Verbrauch. Es ist die Menge an Beschichtungsstoff Bs, dessen Volumenanteil an nichtflüchtigen Bestandteilen $\varphi(\text{nfA})$ auf einer Fläche A_o bestimmter Größe nach der Beschichtung einen Trockenfilm mit einer gleichmäßigen theoretischen Dicke d_{th} ergibt.

Die theoretische Ergiebigkeit ist der Kehrwert des theoretischen Verbrauchs.

Der theoretische Verbrauch an Beschichtungsstoff ist um so höher, je dicker der Trockenfilm und je kleiner der Volumenanteil an nichtflüchtigen Bestandteilen in der Lackfarbe sind.

Der theoretische Verbrauch ist über die Definition des Volumenanteils der nichtflüchtigen Bestandteile mit der allgemeinen Verbrauchsdefinition $V'' = V/A_o$ verknüpft, wie die folgende Ableitung zeigt:

$$\varphi(\text{nfA}) = \frac{V(\text{nfA})}{V(\text{Bs})} \quad \Rightarrow \quad V(\text{Bs}) = \frac{V(\text{nfA})}{\varphi(\text{nfA})}$$

$$\text{In} \quad V''_{th} = \frac{V(\text{Bs})}{A_o} \quad \text{eingesetzt} \quad \Rightarrow \quad V''_{th} = \frac{V(\text{nfA})}{A_o \cdot \varphi(\text{nfA})}$$

$$\text{Mit} \quad d_{th} = \frac{V(\text{nfA})}{A_o} \quad \text{folgt:} \quad V''_{th} = \frac{d_{th}}{\varphi(\text{nfA})}$$

$$\text{Mit} \quad m''_{th} = \varrho(\text{Bs}) \cdot V''_{th} \quad \text{folgt:} \quad m''_{th} = \frac{d_{th} \cdot \varrho(\text{Bs})}{\varphi(\text{nfA})}$$

Theoretischer Verbrauch
$V''_{th} = \dfrac{d_{th}}{\varphi(\text{nfA})}$
$m''_{th} = \dfrac{d_{th} \cdot \varrho(\text{Bs})}{\varphi(\text{nfA})}$

Beispiel: Der Volumenanteil an nichtflüchtigen Bestandteilen in einem Polyesterlack beträgt $\varphi(\text{nfA}) = 90\,\%$. Wie groß ist der Verbrauch V''_{th} und m''_{th}, wenn die theoretische Trockenfilm-Schichtdicke 45 µm betragen soll. Die Dichte des Polyesterlacks beträgt 1,50 g/cm³.

Lösung:

$$\boldsymbol{V''_{th}} = \frac{d_{th}}{\varphi(\text{nfA})} = \frac{45\ \mu\text{m}}{0{,}90} = 50 \cdot 10^{-6}\ \text{m} = 50 \cdot 10^{-6}\ \frac{\text{m}^3}{\text{m}^2} = 50 \cdot 10^{-6} \cdot 10^3\ \frac{\text{L}}{\text{m}^2} = 50 \cdot 10^{-3}\ \frac{\text{L}}{\text{m}^2} = \mathbf{50\ \frac{mL}{m^2}}$$

$$\boldsymbol{m''_{th}} = \frac{d_{th} \cdot \varrho(\text{Bs})}{\varphi(\text{nfA})} = \frac{45\ \text{m} \cdot 1{,}50 \cdot 10^3\ \text{kg} \cdot \text{m}^{-3}}{0{,}90} = \frac{45 \cdot 10^{-6}\ \text{m} \cdot 1{,}50 \cdot 10^3\ \text{kg} \cdot \text{m}^{-3}}{0{,}90} = 75 \cdot 10^{-3}\ \frac{\text{kg}}{\text{m}^2} = \mathbf{75\ \frac{g}{m^2}}$$

Praktischer Verbrauch (practical application rate)

Der praktische Verbrauch m''_{pr}, V''_{pr} ist die flächenbezogene Menge an Beschichtungsstoff (Bs), die in der Praxis benötigt wird, um ein bestimmtes Bauteil unter gegebenen Bedingungen mit einer vorgegebenen Mindest-Trockenfilm-Schichtdicke d_{min} zu versehen.

Der praktische Verbrauch berechnet sich durch Addition der Applikationsverluste m''_A, V''_A (vgl. Seite 466) und der Welligkeitsverluste m''_W, V''_W (vgl. Bild 466/1) zum theoretischen Verbrauch m''_{th}, V''_{th}.

Praktischer Verbrauch = Theoretischer Verbrauch + Applikationsverluste + Welligkeitsverluste

Praktischer Verbrauch
$m''_{pr} = m''_{th} + m''_A + m''_W$
$V''_{pr} = V''_{th} + V''_A + V''_W$

Die praktische Ergiebigkeit $E_{mas,\,pr}$, $E_{vol,\,pr}$ ist der Kehrwert des praktischen Verbrauchs.

Beispiel: Der theoretische Verbrauch eines Acryl-Buntlacks wurde zu $V''_{th} = 50$ mL/m² berechnet. Wie groß ist der praktische Verbrauch, wenn die Applikationsverluste 10 % und die Welligkeitsverluste 50 % des theoretischen Verbrauchs betragen?

Lösung: $\boldsymbol{V''_{pr}} = V''_{th} + V''_A + V''_W = 50\ \text{mL/m}^2 + 50\ \text{mL/m}^2 \cdot 0{,}10 + 50\ \text{mL/m}^2 \cdot 0{,}50 \approx \mathbf{80\ mL/m^2}$

Praktischer Verbrauch und praktische Ergiebigkeit eines Beschichtungsstoffes werden von vielen Einflussfaktoren bestimmt. Hierzu zählen neben Art und Verlauf des Beschichtungsstoffes insbesondere die Gestalt, Saugfähigkeit und Rauheit der zu beschichtenden Fläche. Ferner ist die Art des Beschichtungsverfahrens, die Umgebungstemperatur sowie die Handlungskompetenz des Ausführenden von Bedeutung.

Im Folgenden werden die beiden wichtigsten Faktoren, die den theoretischen Verbrauch beeinflussen, beschrieben und Größengleichungen zur Berechnung dieser Faktoren genannt.

Applikationsverlustfaktor

Bei der Verarbeitung eines Beschichtungsstoffes treten Applikationsverluste auf, z. B. durch Beschichtungsstoffreste an Werkzeugen, in Geräten und in Behältern (Bild 462/1). Das Tropfen oder Vorbeispritzen beim Spritzlackieren führt ebenfalls zu Verlusten. Die Summe der Applikationsverluste wird nach DIN 53220 durch den Applikationsverlustfaktor *a* erfasst. Er liegt in der Regel zwischen 1,1 und 1,3.

Der Applikationsverlustfaktor *a* ist der Proportionalitätsfaktor zwischen dem Gesamtverbrauch V''_{ges} und dem theoretischen Verbrauch V''_{th}: $V''_{ges} = a \cdot V''_{th}$. Mit $V''_{th} = \frac{d_{th}}{\varphi(nfA)}$ erhält man: $V''_{ges} = \frac{a \cdot d_{th}}{\varphi(nfA)}$. Nach dem Umstellen lässt sich der Applikationsfaktor *a* nach der nebenstehenden Gleichung berechnen.

In der Gleichung stellt die Größe V''_{ges} den Gesamtverbrauch an Beschichtungsstoff einschließlich aller Applikationsverluste V''_{A} dar. Der Gesamtverbrauch V''_{ges} ist mit der Summe aus dem theoretischen Verbrauch V''_{th} und den Applikationsverlusten V''_{A} identisch.

Applikationsverlustfaktor

$$a = \frac{V''_{ges} \cdot \varphi(nfA)}{d_{th}}$$

Gesamtverbrauch

$$V''_{ges} = V''_{th} \cdot V''_{A}$$

Beispiel: Ein zylinderförmiger Behälter für Epoxidharze soll von außen mit einem Chlorkautschuklack (RUC: $\varphi(nfA) = 35\,\%$, $\varrho = 1{,}25\ g/cm^3$) beschichtet werden. Der Verbrauch beträgt $m''_{ges} = 260\ g/m^2$. Die mittlere Schichtdicke wurde zu $d_{th} = 65\ \mu m$ berechnet. Wie groß ist der Applikationsverlustfaktor?

Lösung: $$\mathbf{a} = \frac{V''_{ges} \cdot \varphi(nfA)}{d_{th}} = \frac{m''_{ges} \cdot \varphi(nfA)}{\varrho \cdot d_{th}} = \frac{0{,}260\ kg \cdot m^{-2} \cdot 0{,}35}{1{,}25\ kg \cdot 10^3 \cdot m^{-3} \cdot 65 \cdot 10^{-6}\ m} = 1{,}12 \approx \mathbf{1{,}1}$$

Welligkeitsfaktor

Unter Welligkeit versteht man die Gestaltabweichung einer Oberfläche **(Bild 1)**.

In der Praxis besitzt jeder zu beschichtende Untergrund eine bestimmte Welligkeit. Dies führt bei festgelegter Sollschichtdicke d_{min} zu einem Mehrbedarf an Beschichtungsstoff. Dieser Mehrbedarf wird nach DIN 53220 durch den Welligkeitsfaktor *w* berücksichtigt.

Der Welligkeitsfaktor ist ein verbrauchsbeeinflussender Faktor der in der Regel zwischen 1,5 und 1,8 liegt. Er ist als Quotient aus der theoretischen Schichtdicke d_{th} und der Mindestschichtdicke definiert.

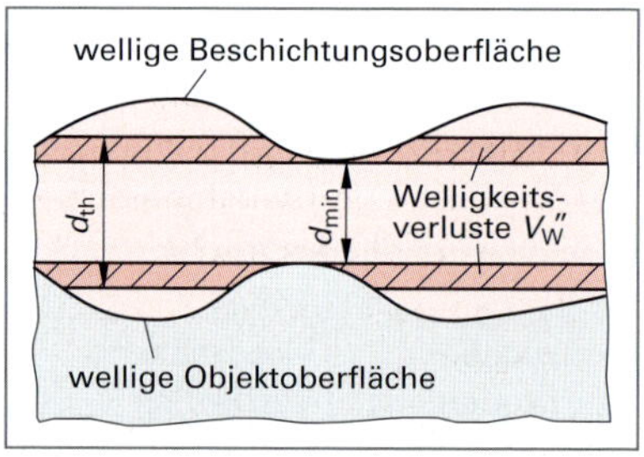

Bild 1: Welligkeit und Schichtdicke

Beispiel: Wie groß ist der Welligkeitsfaktor, wenn ein Werkstück mit einer Mindestschichtdicke von 45 µm beschichtet werden soll und der arithmetische Mittelwert aller örtlichen Schichtdicken 70 µm beträgt?

Lösung: $$\mathbf{w} = \frac{d_{th}}{d_{min}} = \frac{70\ \mu m}{45\ \mu m} = 1{,}5\overline{5} \approx \mathbf{1{,}6}$$

Welligkeitsfaktor

$$w = \frac{d_{th}}{d_{min}}$$

Unter Berücksichtigung des Welligkeitsfaktors *w* und des Applikationsverlustfaktors *a* berechnet sich der praktische Verbrauch m''_{pr}, und V''_{pr} mit den nebenstehenden Größengleichungen. Mit ihnen kann der praktische Verbrauch einschließlich aller Verluste berechnet werden.

Praktischer Verbrauch

$$m''_{pr} = \frac{d \cdot \varrho(Bs)}{\varphi(nfA)} \cdot a \cdot w$$

$$V''_{pr} = \frac{d}{\varphi(nfA)} \cdot a \cdot w$$

Beispiel: Wie groß ist der praktische Verbrauch des Polyesterlacks aus dem Beipiel von Seite 465, wenn der Welligkeitsfaktor 1,6 und der Applikationsverlustfaktor 1,1 beträgt? Welche praktische Ergiebigkeit $E_{vol,\,pr}$, $E_{mas,\,pr}$ hat der Polyesterlack?

Lösung: $\boldsymbol{V''_{pr}} = V''_{th} \cdot a \cdot w = 50\,\frac{mL}{m^2} \cdot 1{,}1 \cdot 1{,}6 \approx \mathbf{88\,\frac{mL}{m^2}}$ $\qquad \boldsymbol{m''_{pr}} = m''_{th} \cdot a \cdot w = 75\,\frac{g}{m^2} \cdot 1{,}1 \cdot 1{,}6 \approx \mathbf{132\,\frac{g}{m^2}}$

$$\boldsymbol{E_{vol,\,pr}} = \frac{1}{V''_{pr}} = \frac{1}{88} \cdot \frac{m^2}{mL} = \frac{1\ m^2}{88 \cdot 10^{-3}\ L} \approx \mathbf{11\,\frac{m^2}{L}} \qquad \boldsymbol{E_{mas,\,pr}} = \frac{1}{m''_{pr}} = \frac{1}{132} \cdot \frac{m^2}{g} = \frac{1\ m^2}{132 \cdot 10^{-3}\ kg} \approx \mathbf{7{,}6\,\frac{m^2}{kg}}$$

Aufgaben zu 16.4 Verbrauch und Ergiebigkeit von Beschichtungsstoffen

1. Ein Behälter für Entschäumer soll von außen mit einem Schutzanstrich der Dicke d = 45 µm versehen werden. Die zu verwendende Lackfarbe hat einen Volumenanteil an nichtflüchtigen Bestandteilen von φ(nfA) = 25 %. Wie groß ist die theoretische Ergiebigkeit?
2. Der Fußboden eines Lagerraums für Feinchemikalien (8,45 m lang, 4,85 m breit) soll mit einem chemikalienbeständigen Chlorkautschuklack (φ(nfA) = 35 %) beschichtet werden. Die Schichtdicke soll 65 µm betragen. Welches Volumen an Lackfarbe wird benötigt, wenn mit einem Welligkeitszuschlag von 0,60 und einem Verarbeitungsverlustzuschlag von 0,10 zu rechnen ist?
3. Für zwei Buntlacke sind folgende Verbrauchswerte angegeben. Buntlack A: 70 mL/m², Buntlack B: 80 g/m² (ϱ = 1,25 g/cm³). Welcher Buntlack hat die größere Ergiebigkeit?
4. Für einen Hochglanzlack wurde eine theoretische Ergiebigkeit von 10 m²/L ermittelt. Wie groß ist der Praxisverbrauch, wenn mit einem Welligkeitszuschlag von 0,50 und einem Verarbeitungsverlustzuschlag von 0,10 zu rechnen ist?
5. Für einem Emaillelack wurde eine theoretische Ergiebigkeit von 17,5 m²/L berechnet. Welchen Zahlenwert hat der Welligkeitszuschlag, wenn sich auf einer Testfläche ein Mehrverbrauch von 34 mL/m² ergibt und die Applikationsverluste unberücksichtigt bleiben?
6. Ein Lagerraum für Lack-Additive mit den Maßen 6,50 m × 4,80 m × 2,50 m soll einschließlich der Decke einen neuen Anstrich erhalten. Welche Masse an Dispersionsfarbe ϱ = 1,7 kg/L mit einer Ergiebigkeit von 5,5 m²/L wird benötigt?
7. Wie groß ist der theoretische Verbrauch m''_{th} an Unterbodenschutz (ϱ = 1,3 kg/L, ϱ(nfA) = 40 %), wenn er mit einer mittleren Schichtdicke von 2,0 mm aufgetragen wird?
8. Auf einer 50,0 cm × 50,0 cm großen Testfläche wurden 38 g Hammerschlagfarbe (ϱ = 1,15 g/cm³, φ(nfA) = 45 %) mit einer Schichtdicke von 50 µm aufgetragen. Welchen Verarbeitungsverlustzuschlag hat der Lack?
9. Eine Holzschutzlasur (ϱ = 0,85 kg/L) hat einen Verbrauch von 200 g/m². Berechnen Sie die Ergiebigkeit E_{vol}.
10. Der praktische Verbrauch einer Heizkörper-Lackfarbe wurde zu V''_{pr} = 130 mL/m² bei einem Welligkeitsfaktor von 1,55 ermittelt. Welchen Zahlenwert hat der Applikationsverlustfaktor, wenn der Volumenanteil an nichtflüchtigen Bestandteilen in der Lackfarbe φ(nfA) = 65 % und die mittlere Trockenfilmschichtdicke d = 50 µm beträgt?
11. Ein Stahlbauteil wird zum Korrosionsschutz mit einem Rostschutz auf Alkydharzbasis beschichtet. Die Mindestschichtdicke soll 80 µm betragen. Die örtlichen Schichtdicken wurden an fünf repräsentativen Stellen am Objekt zu d = 75, 150, 135, 120 und 125 µm gemessen.
    a) Wie groß ist der arithmetische Mittelwert aller örtlichen Schichtdicken?
    b) Welchen Zahlenwert hat der Welligkeitsfaktor?
12. Welche theoretische Ergiebigkeit hat ein Weißlack, der mit einer Trockenschichtdicke von 60 µm aufgetragen wurde? Die Lackfarbe ist folgendermaßen zusammengesetzt:
    - Bindemittel: w(Bm) = 35 %, ϱ(Bm) = 1,13 g/cm³
    - Pigment : $w(TiO_2)$ = 30 %, $\varrho(TiO_2)$ = 4,5 g/cm³
    - Lösemittel: w(Xylol) = 35 %, ϱ(Xylol) = 0,86 g/cm³

16.5 Maßanalytische Kennzahlen von Beschichtungsstoffen

Zur quantitativen Bestimmung der Bestandteile von Beschichtungsstoffen kommen neben den in Kapitel 8.3 behandelten maßanalytischen Kennzahlen Säurezahl, Verseifungszahl, Esterzahl, Hydroxylzahl und Iodzahl weitere Beschichtungsstoffspezifische Kennzahlen zur Anwendung **(Tabelle 1)**. Diese sind die Grundlage für die Beurteilung der Zusammensetzung vernetzender Mehrkomponentensysteme.

Tabelle 1: Wichtige maßanalytische Kennzahlen von Beschichtungsstoffen

Kennzahl, Abkürzung DIN-Norm	**Aminzahl, Am-Z DIN 53 176**	**Isocyanat-Massenanteil, *w*(NCO) DIN 53 185**	**Epoxidwert, (EP) DIN 53 188**
Englische Bezeichnung	amine value	isocyanate content	epoxy value
Analysierte Substanzen (Beispiele)	wasserverdünnbare Bindemittel (Harze, Harzlösungen), Epoxidhärter	Zusatzlacke auf Polyisocyanatbasis (Härter für Polyole, Polyester)	Bindemittel auf Eppoxidharzbasis, Epoxidharzester
Zweck der Bestimmung (Beispiele)	Festlegung der Zusammensetzung von Zweikomponentensystemen	Festlegung des erforderlichen Mischungsverhältnisses mit Polyolen zur Polyurethanbildung	Festlegung der Zusammensetzung von Zweikomponentensystemen
Untersuchte funktionelle Gruppe	$R_2-\overline{N}-H$, $R-\overline{N}H_2$	$R-\overline{N}=C=\overline{O}$	$H_2C-CH-R$ \ / O
Definition	$\text{Am-Z} = \frac{m(\text{KOH})}{m(\text{Probe})}$	$w(\text{NCO}) = \frac{m(\text{NCO})}{m(\text{Probe})}$	$(\text{EP}) = \frac{1}{m(\text{eq, EP})}$
Größengleichung zur Berechnung der Kennzahl	$\text{Am-Z} = \frac{(V_p - V_b) \cdot t \cdot \ddot{A}(\text{KOH})}{m(\text{Probe})}$	$w(\text{NCO}) = \frac{(V_b - V_p) \cdot \tilde{c}(\text{HCl}) \cdot t \cdot M(\text{NCO})}{z^*(\text{NCO}) \cdot m(\text{Probe})}$	$\text{EP} = \frac{(V_p - V_b) \cdot \tilde{c}(\text{HClO}_4) \cdot t}{m(\text{Probe})}$

16.5.1 Aminzahl, H-aktiv-Äquivalentmasse

Die Aminzahl

Die **Aminzahl Am-Z** ist eine Kennzahl für den Gesamtgehalt an protonierbaren (basischen) Stickstoffatomen in Amin-Härtern. Bei diesem Verfahren wird nicht zwischen primären, sekundären und tertiären Aminen unterschieden, es wird die Gesamt-Aminzahl bestimmt.

Aminzahl
$\text{Am-Z} = \frac{m(\text{KOH})}{m(\text{Probe})}$

Die Aminzahl entspricht der Masse an Kaliumhydroxid in Milligramm, die ebenso viele Protonen einer sehr starken Säure binden kann wie ein Gramm Substanz.

Speziell bei wasserverdünnbaren Beschichtungsstoffen und Bindemitteln auf der Basis saurer Kunstharze, die mit Aminen ganz oder teilweise neutralisiert sind (z. B. Polycarbonsäuren), dient die Aminzahl zur Qualitätskontrolle.

Beispiel: Zur Aminzahlbestimmung wurden 2,5346 g Zusatzlack in 100 mL eines Lösemittelgemisches aus Methylisobutylketon/Butanol heiß gelöst. Nach Abkühlen und Zusatz von 50 mL Ethanol wird mit 8,55 mL Salzsäure-Maßlösung, $\tilde{c}$ = 0,5 mol/L (t = 0,979), gegen Bromkresolgrün bis zum Farbumschlag von Blau nach Gelb titriert. Bei der Blindwertbestimmung verbraucht das Lösemittelgemisch 1,15 mL der Salzsäure. Welche Aminzahl hat der Zusatzlack?

Reaktionsgleichung: $\text{R-NH}_2 + \text{HCl} \longrightarrow \text{R-NH}_3\text{Cl}$

Lösung: $\ddot{A}(\text{KOH}) = c(\text{HCl}) \cdot M(\text{KOH}) = 0{,}5 \text{ mol/L} \cdot 56{,}1056 \text{ g/mol} = 28{,}053 \text{ mg/mL}$

$\text{Am-Z} = \frac{m(\text{KOH})}{m(\text{Probe})}$, mit $m(\text{KOH}) = (V_p - V_b) \cdot t \cdot \ddot{A}(\text{KOH})$ folgt:

$$\textbf{Am-Z} = \frac{(V_p - V_b) \cdot t \cdot \ddot{A}(\text{KOH})}{m(\text{Probe})} = \frac{(8{,}55 \text{ mL} - 1{,}15 \text{ mL}) \cdot 0{,}979 \cdot 28{,}053 \text{ mg/mL}}{2{,}5346 \text{ g}} \approx \mathbf{80{,}2 \frac{mg\ KOH}{g\ Probe}}$$

Die H-aktiv-Äquivalentmasse

Aliphatische, cycloaliphatische oder aromatische Polyamine und deren Addukte, in denen aktiver Wasserstoff enthalten ist, dienen als Vernetzer in Zweikomponenten-Lacken auf der Basis von Polyurethanen und Epoxidharzen. Das richtige Mengenverhältnis von Harz und Polyamin (Härter) ist wesentlich für die Eigenschaften der ausgehärteten Polyaddukte. Das nachfolgende Reaktionsschema beschreibt exemplarisch den Härtungsprozess eines Epoxidharzes mit einem Diamin:

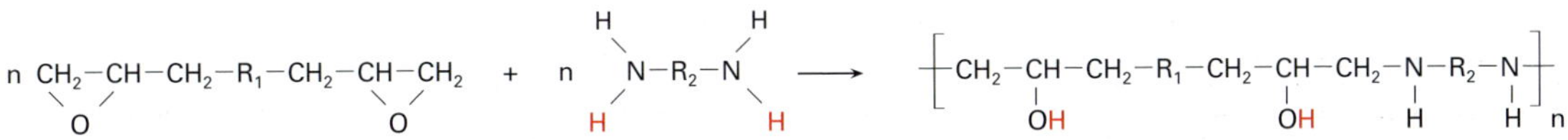

Epoxidharz (Bindemittel) **Diamin (Härter)** **vernetzte Epoxid-Beschichtung**

Für die Berechnung der erforderlichen Portion an Härter für ein Mehrkomponentensystem auf der Basis eines Polyamins ist aus der Struktur des Polyamins und seiner molaren Masse die molare Masse des Wasserstoff-aktiv-Äquivalents $M(\text{eq, H})$ abzuleiten. Sie gibt an, in welcher Masse an Amin die Stoffmenge ein Mol aktiver Wasserstoff enthalten ist. Dabei kennzeichnet $z^*(\text{H})$ die Anzahl der NH-Bindungen pro Molekül.

H-aktiv-Äquivalentmassee
$M(\text{eq, H}) = \dfrac{M(\text{Amin})}{z^*(\text{H}) \cdot w(\text{Amin})}$

Die H-aktiv-Äquivalentmasse wird berechnet in Gramm Amin pro Mol Wasserstoff.

Beispiel: Aus Dipropylentriamin $H_2N\text{-}(CH_2)_3\text{-}NH\text{-}(CH_2)_3\text{-}NH_2$ wurde eine Lösung mit einem Massenanteil $w(\text{Amin}) = 40{,}0\,\%$ hergestellt. Wie groß ist die H-aktiv-Äquivalentmasse dieser Amin-Lösung?

Lösung: $M(C_6N_3H_{17}) = 131{,}2$ g/mol, $w(\text{Amin}) = 0{,}400$, Struktur: $H_2N-(CH_2)_3-NH-(CH_2)_3\text{-}NH_2 \Rightarrow z^*(\text{H}) = 5$

$$\boldsymbol{M(\text{eq, H})} = \frac{M(\text{Amin})}{z^*(\text{H}) \cdot w(\text{Amin})} = \frac{131{,}2\text{ g/mol}}{5 \cdot 0{,}400} = \mathbf{65{,}6\text{ g/mol}}$$

Aufgaben zu 16.5.1 Aminzahl, H-aktiv-Äquivalentmasse

1. Bei der Aminzahlbestimmung einer Harzlösung wurden für 0,2754 g Probe im Hauptversuch 16,25 mL und im Blindversuch 0,97 mL Salzsäure-Maßlösung, $\tilde{c}(\text{HCl}) = 0{,}1$ mol/L ($t = 1{,}013$), verbraucht. Berechnen Sie die Aminzahl der Lösung.
2. In einem Zusatzlack mit Ethylendiamin $NH_2\text{-}CH_2\text{-}CH_2\text{-}NH_2$ ($M = 60{,}1$ g/mol) wird die Aminzahl bestimmt. 0,3245 g Probe verbrauchen 12,5 mL Salzsäure-Maßlösung, $\tilde{c}(\text{HCl}) = 0{,}1$ mol/L ($t = 0{,}982$). Beim Blindversuch wurden 0,15 mL der Salzsäure verbraucht. Welche Aminzahl Am-Z und welche H-aktiv-Äquivalentmasse $M(\text{eq, H})$ hat die Probe?
3. Von einem Zusatzlack mit Triethylendiamin $M(C_6H_{12}N_2) = 112{,}2$ g/mol wird die Aminzahl bestimmt. 0,3271 g Probe verbrauchen 12,7 mL Salzsäure-Maßlösung, $\tilde{c}(\text{HCl}) = 0{,}1$ mol/L ($t = 0{,}985$). Beim Blindversuch wurden 0,15 mL der Salzsäure verbraucht. Welche Aminzahl Am-Z und welche H-aktiv-Äquivalentmasse $M(\text{eq, H})$ hat der Lack?
4. Ein Bindemittel mit der Säurezahl 114 soll mit einer Triethylamin-Lösung, $w(\text{Amin}) = 39{,}5\,\%$, neutralisiert werden. Welche Masse an Triethylamin-Lösung ist zur Neutralisation von 500 g Bindemittel erforderlich? $M((CH_3\text{-}CH_2)_3N) = 101{,}2$ g/mol
5. Zur Neutralisation von 160 g Bindemittel werden 58,0 g Diethylamin-Lösung mit einem Amin-Massenanteil $w(\text{Amin}) = 36{,}5\,\%$, benötigt. Welche Säurezahl hat das Bindemittel? $M((CH_3\text{-}CH_2)_2NH) = 73{,}1$ g/mol
6. Welche Portion an Bindemittel mit der Säurezahl 132 kann mit 118 g einer Triethylamin-Lösung mit dem Amin-Massenanteil $w(\text{Triethylamin}) = 42{,}5\,\%$ neutralisiert werden? $M((CH_3\text{-}CH_2)_3N) = 101{,}2$ g/mol
7. Aus Ethylendiamin $NH_2\text{-}CH_2\text{-}CH_2\text{-}NH_2$ wurde eine Lösung mit $w(\text{Amin}) = 60{,}0\,\%$ hergestellt. Wie groß ist die H-aktiv-Äquivalentmasse $M(\text{eq, H})$ dieser Lösung?
8. Aus Hexamethylendiamin $NH_2\text{-}(CH_2)_6\text{-}NH_2$ wurde eine Zusatzlack mit $w(\text{Amin}) = 65\,\%$ hergestellt. Berechnen Sie die H-aktiv-Äquivalentmasse $M(\text{eq, H})$ des Zusatzlacks.

16.5.2 Isocyanatmassenanteil, Isocyanat-Äquivalentmasse

Der **Isocyanatmassenanteil** ist ein Maß für die in der Probesubstanz enthaltene Masse an Isocyanatgruppen R–N=C=O.

Polyisocyanatharze dienen als Vernetzungspartner für Stammharz-Komponenten mit hydroxyfunktionellen Polyestern oder Acrylharzen, aber auch Kurzöl-Alkydharzen, höheren Epoxidharzen und Polyethern. Dabei entstehen Polyurethan-Beschichtungsstoffe.

Für die Berechnung der Zusammensetzung von Einkomponenten- (*1K*-) und Zweikomponenten-Polyurethan-Lacksystemen (*2K-PUR-Lacke*) verwendet man am besten die **Isocyanat-Äquivalentmasse *M*(eq, NCO)**. Sie wird aus nebenstehender Größengleichung erhalten.

Isocyanatmassenanteil

$$w(\text{NCO}) = \frac{m(\text{NCO})}{m(\text{Probe})}$$

Isocyanat-Äquivalentmasse

$$M(\text{eq, NCO}) = \frac{M(\text{NCO})}{w(\text{NCO})}$$

Zur Ermittlung des Isocyanatmassenanteils wird die Probesubstanz nach Lösen in Monochlorbenzol mit einer Portion Dibutylamin versetzt. Dabei setzten sich die Isocyanatgruppen mit dem Dibutylamin durch Addition zu den entsprechenden Alkylharnstoffen um:

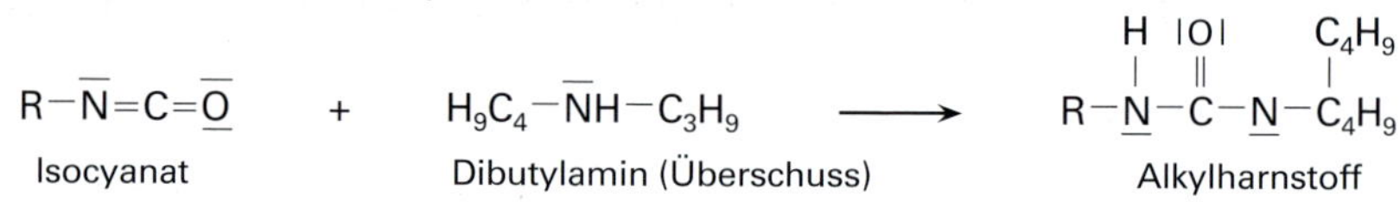

Überschüssiges Dibutylamin wird mit Salzsäure-Maßlösung zurücktitriert, wobei sich Dibutylammoniumchlorid bildet.

Reaktionsgleichung: $H_9C{-}NH{-}C_4H_9 \; + \; HCl \longrightarrow [H_9C_4{-}NH_2{-}C_4H_9]Cl$

Die gleiche Portion Dibutylamin wird als Blindprobe mit der Salzsäure-Maßlösung titriert. Die Verbrauchs-Differenz an Maßlösung im Blind- und Hauptversuch dient zur Berechnung des Isocyanatmassenanteils.

Beispiel: Zur Bestimmung des Isocyanatmassenanteils eines Polyurethanharzlacks werden 3,800 g Probe eingewogen und mit Dibutylamin versetzt. Überschüssiges Dibutylamin verbraucht bei der Titration 24,5 mL Salzsäure-Maßlösung, $\tilde{c}(\text{HCl})$ = 0,5 mol/L (t = 1,009). Beim Blindversuch verbrauchte die eingesetzte Portion Dibutylamin 49,5 mL der Maßlösung. Welchen Isocyanatmassenanteil hat der Lack, wie groß ist die Isocyanat-Äquivalentmasse?

Lösung: $M(\text{NCO}) = 42{,}017$ g/mol, $z^*(\text{NCO}) = 1$, $V_p = 24{,}5$ mL, $V_b = 49{,}5$ mL;

$$w(\text{NCO}) = \frac{m(\text{NCO})}{m(\text{Probe})}; \quad \text{mit} \quad m(\text{NCO}) = \frac{(V_b - V_p) \cdot \tilde{c}(\text{HCl}) \cdot t \cdot M(\text{NCO})}{z^*(\text{NCO})} \quad \text{folgt:}$$

$$w(\text{NCO}) = \frac{(V_b - V_p) \cdot \tilde{c}(\text{HCl}) \cdot t \cdot M(\text{NCO})}{z^*(\text{NCO})} = \frac{(49{,}5\ \text{mL} - 24{,}5\ \text{mL}) \cdot 0{,}5\,\frac{\text{mmol}}{\text{mL}} \cdot 1{,}009 \cdot 42{,}017\,\frac{\text{mg}}{\text{mmol}}}{1 \cdot 3800\ \text{mg}}$$

$$\mathbf{w(NCO)} = 0{,}13946 \approx \mathbf{13{,}9\,\%}$$

$$\mathbf{M(eq,\ NCO)} = \frac{M(\text{NCO})}{w(\text{NCO})} = \frac{42{,}017\ \text{g/mol}}{0{,}13946} \approx \mathbf{301\ g/mol}$$

16.5.3 Hydroxylzahl, Hydroxyl-Äquivalentmasse

Bindemittel auf der Basis hydroxy-funktioneller Polyester oder Acrylharze werden praxisüblich mit Polyisocyanatharzen vernetzt. Der Hydroxylgehalt von Polyolen wird meist in Form der **Hydroxylzahl OHZ** angegeben (vergl. Seite 266). Die Hydroxylzahl OHZ ist die Masse an Kaliumhydroxid in Milligramm, die die gleiche Menge an Hydroxylgruppen besitzt wie ein Gramm Probesubstanz. Die Hydroxylzahl wird in der Einheit mg KOH pro g Probesubstanz angegeben.

Hydroxylzahl

$$\text{OHZ} = \frac{m(\text{KOH})}{m(\text{Probe})}$$

Der Gehalt an Hydroxylgruppen kann auch als **Hydroxyl-Massenanteil *w*(OH)** angegeben werden. Für Praxisberechnungen ergibt sich mit der Hydroxylzahl in mg/g durch Einsetzen der molaren Masse für *M*(OH) und *M*(KOH):

$$w(\text{OH}) = \frac{\text{OHZ} \cdot M(\text{OH})}{M(\text{KOH})} = \frac{\text{OHZ} \cdot 17{,}01\ \text{g/mol}}{56{,}11\ \text{g/mol}} = \text{OHZ} \cdot 0{,}0303$$

Die Berechnung der Zusammensetzung von Härterlösung und Stammlack mit hydroxy-funktionellen Harzen erfolgt am besten mit der **Hydroxyl-Äquivalentmasse *M*(eq, OH)**. Sie wird aus nebenstehender Größengleichung erhalten.

Hydroxyl-Massenanteil
$w(\text{OH}) = \frac{\text{OHZ} \cdot M(\text{OH})}{M(\text{KOH})}$

Hydroxyl-Äquivalentmasse
$M(\text{eq, OH}) = \frac{M(\text{OH})}{w(\text{OH})}$

Beispiel:[1] 0,8764 g eines hydroxylgruppenhaltigen Polyesterharzes werden eingewogen und mit Essigsäureanhydrid/Pyridin vollständig acetyliert. Der Essigsäure-Überschuss wird mit V_p = 21,7 mL Kalilauge-Maßlösung, $\tilde{c}$(KOH) = 0,1 mol/L (t = 0,991), zurücktitriert. Das Acetylierungsgemisch erfordert im Blindversuch V_b = 42,3 mL der gleichen Kalilauge. Die Säurezahl wurde zu 73,5 mg/g ermittelt. Wie groß ist die Hydroxylzahl OHZ, der Massenanteil *w*(OH) und die Hydroxyl-Äquivalentmasse *M*(eq, OH)?

Lösung: Mit $\ddot{A}(\text{KOH}) = c(\text{KOH}) \cdot M(\text{KOH}) = 0{,}1\ \text{mol/L} \cdot 56{,}1056\ \text{g/mol} = 5{,}61056\ \text{g/L} = 5{,}61056\ \text{mg/mL}$ folgt:

$$\text{OHZ} = \frac{(V_b - V_p) \cdot t \cdot \ddot{A}(\text{KOH})}{m(\text{Probe})} + \text{SZ} = \frac{(42{,}3\ \text{mL} - 21{,}7\ \text{mL}) \cdot 0{,}991 \cdot 5{,}61056\ \text{mg/mL}}{0{,}8764\ \text{g}} + 73{,}5\ \frac{\text{mg}}{\text{g}}$$

$$\textbf{OHZ} = 130{,}81\ \text{mg/g} + 73{,}5\ \text{mg/g} = 204{,}31\ \text{mg/g} \approx \mathbf{204\ \frac{mg\ KOH}{g\ Probe}}$$

$$\boldsymbol{w}\textbf{(OH)} = \frac{\text{OHZ} \cdot M(\text{OH})}{M(\text{KOH})} = \frac{204{,}31\ \text{mg/g} \cdot 17{,}0073\ \text{g/mol}}{56{,}1056\ \text{g/mol}} = 61{,}932\ \text{mg/g} = 0{,}061932\ \text{g/g} \approx \mathbf{6{,}19\,\%}$$

$$\boldsymbol{M}\textbf{(eq, OH)} = \frac{M(\text{OH})}{w(\text{OH})} = \frac{17{,}0073\ \text{g/mol}}{0{,}061932} = 274{,}612\ \text{g/mol} \approx \mathbf{275\ g/mol}$$

Aufgaben zu 16.5.2 und 16.5.3 Isocyanatmassenanteil, Hydroxylzahl

1. 3,4683 g Härterlösung für ein Beschichtungssystem auf Polyesterbasis werden zur Bestimmung des Isocyanatmassenanteils mit Dibutylamin versetzt. Nach vollständiger Umsetzung wird das überschüssige Dibutylamin mit 24,35 mL Salzsäure-Maßlösung, *c*(HCl) = 0,5 mol/L zurücktitriert. Bei der Blindwertbestimmung wurden 41,8 mL der Salzsäure verbraucht. Wie groß ist die Isocyanatmassenanteil *w*(NCO) der Probe?
2. Im Zusatzlack für einen Zweikomponenten-Lack auf Polyesterharzbasis ist der Isocyanatmassenanteil zu ermitteln. Bei einer Einwaage von 4,2813 g verbraucht überschüssiges Dibutylamin nach erfolgter Umsetzung 17,7 mL Salzsäure-Maßlösung $\tilde{c}$(HCl) = 0,5 mol/L (t = 1,019). Die Blindwertbestimmung ergibt einen Verbrauch von 43,6 mL der Salzsäure-Maßlösung. Welchen Isocyanatmassenanteil hat der Zusatzlack?
3. Zur Bestimmung des Isocyanatmassenanteils eines Polyurethanharzlacks auf Polyesterbasis werden 2,3418 g Probe mit Dibutylamin vollständig umgesetzt. Bei der Rücktitration verbraucht das nicht umgesetzte Dibutylamin 22,7 mL Salzsäure-Maßlösung, $\tilde{c}$(HCl) = 1 mol/L (t = 0,983). Bei der Blindwertbestimmung beträgt der Verbrauch 29,7 mL Salzsäure-Maßlösung. Berechnen Sie den Isocyanatmassenanteil des Lacks.
4. Zur Bestimmung der Hydroxylzahl einer Harzlösung wurden 0,7632 g Probe eingewogen und vollständig acetyliert, überschüssige Essigsäure mit 17,85 mL Kalilauge-Maßlösung, *c*(KOH) = 0,1 mol/L, zurücktitriert. Im Blindversuch wurden 37,2 mL Kalilauge verbraucht. Bei der Bestimmung der Säurezahl reagieren 2,6584 g Probe mit 8,65 mL der Kalilauge-Maßlösung. Wie groß ist die Hydroxylzahl OHZ, der Massenanteil *w*(OH) und die Hydroxyl-Äquivalentmasse *M*(eq, OH) der Harzlösung?

Weitere Aufgaben zur Hydroxylzahl befinden sich auf Seite 267.

[1] Die Bestimmung der Hydroxylzahl wird ausführlich in Kap. 8.3.4, Seite 266, beschrieben.

16.5.4 Epoxid-Äquivalentmasse, Epoxidwert

Reaktionsfähige Gruppen der Epoxidharze sind die endständigen Epoxidgruppen. Epoxidharze vernetzen bei Zusatz von Diaminen oder cyclischen Anhydriden von Dicarbonsäuren wie beispielsweise Phthalsäureanhydrid zu höhermolekularen Produkten. Diese Reaktion führt zur Aushärtung der Harze.

Epoxid-Gruppe

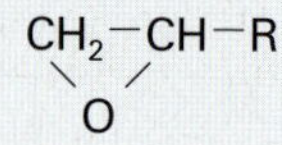

Die **Epoxid-Äquivalentmasse *M*(eq, EP)** gibt an, in welcher Masse Substanz die Stoffmenge ein Mol EP-Gruppen, d.h. 16,0 g epoxidisch gebundener Sauerstoff, enthalten ist. Die Epoxid-Äquivalentmasse wird in der Einheit g/mol angegeben.

Epoxid-Äquivalentmasse

$$M(\text{eq, EP}) = \frac{m_{\text{Probe}}}{n(\text{eq, EP})}$$

Der **Epoxidwert EP** ist ein Maß für die in der Probesubstanz enthaltenen Epoxid-Gruppen (EP-Gruppen). Er ist somit ein wichtiges Kriterium für den erforderlichen Zusatz an Härter in der Rezeptur von Zweikomponenten-Systemen. Der Epoxidwert gibt die Stoffmenge Epoxid-Gruppen in Mol an, die in 100 g Probesubstanz enthalten ist.

Epoxidwert

$$\text{EP} = \frac{1}{M(\text{eq, EP})}$$

Zur Bestimmung des Epoxidwerts wird die Probesubstanz in einem Dichlormethan/Eisessig-Gemisch gelöst. Nach Abkühlen wird Tetra-n-butylammoniumiodid (vereinfacht: Kat^+Hal^-) zugegeben und mit Perchlorsäure-Maßlösung gegen Kristallviolett bis zu Farbumschlag von Blau nach Gelbgrün titriert.

Reaktions-schema:

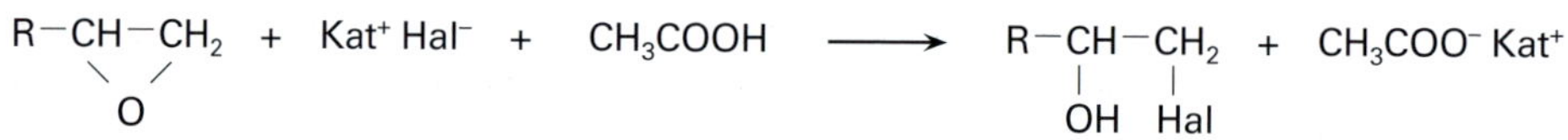

Durch die sehr starke Säure $HClO_4$ der Maßlösung wird das freigesetzte Acetat protoniert:

$$CH_3COO^- \, Kat^+ \; + \; HClO_4 \; \longrightarrow \; CH_3COOH \; + \; Kat^+ \, ClO_4^-$$

Die Differenz des Verbrauchs an Perchlorsäure-Maßlösung im Blind- und Hauptversuch dient zur Berechnung der Epoxidwertes.

Beispiel: Zur Bestimmung des Epoxidwertes werden 0,7920 g Probe eingewogen und mit 20,3 mL Perchlorsäure-Maßlösung, $\tilde{c}(\frac{1}{1}\,HClO_4) = 0{,}1$ mol/L (t = 1,013) titriert. Im Blindversuch wurden 0,10 mL der Maßlösung verbraucht. Welchen Epoxidwert hat die Probe?

Lösung: $M(\text{eq, EP}) = \dfrac{m(\text{Probe})}{n(\text{eq, EP})}$; mit $n(\text{eq, Ep}) = (V_p - V_b) \cdot \tilde{c}(\frac{1}{1}\,HClO_4) \cdot t$ folgt:

$$M(\text{eq, EP}) = \frac{m(\text{Probe})}{(V_p - V_b) \cdot \tilde{c}(HClO_4) \cdot t} = \frac{792{,}0\text{ mg}}{(20{,}3\text{ mL} - 0{,}10\text{ mL}) \cdot 0{,}1\text{ mmol/mL} \cdot 1{,}013} = 387{,}05\text{ g/mol}$$

$$\textbf{EP} = \frac{1}{M(\text{eq, EP})} = \frac{1}{387{,}05\text{ g/mol}} = 0{,}0025837\text{ mol/g} \approx \mathbf{0{,}258\,\frac{mol}{100\,g}}$$

Aufgaben zu 16.5.4 Epoxid-Äquivalentmasse, Epoxidwert

1. Zur Bestimmung des Epoxidwertes werden 0,8708 g Epoxidharz-Lösung eingewogen. Für die Probe werden 28,35 mL Perchlorsäure-Maßlösung, $\tilde{c}(\frac{1}{1}\,HClO_4) = 0{,}1$ mol/L (t = 1,015), verbraucht. Der Verbrauch im Blindversuch beträgt 0,20 mL Maßlösung. Wie groß ist die Epoxid-Äquivalentmasse und der EP der Epoxidharz-Lösung?
2. Bei der Bestimmung des Epoxidwertes verbrauchen 0,7592 g Epoxidharz-Lösung 22,7 mL Perchlorsäure-Maßlösung, $\tilde{c}(\frac{1}{1}\,HClO_4) = 0{,}1$ mol/L (t = 0,998). Als Verbrauch beim Blindversuch wurden 0,15 mL ermittelt. Welchen EP hat die Harzlösung?
3. Welche Portion einer Epoxidharz-Lösung mit einem vermuteten EP-Wert von 0,315 mol/100 g ist einzuwiegen, wenn bei der Bestimmung des EP-Wertes ein Verbrauch von 24 mL Perchlorsäure-Maßlösung der Konzentration $c(HClO_4) = 0{,}1$ mol/L angestrebt wird?

16.6 Mischen von Zweikomponenten-Lacken (2-K-Lacke)

Bei Zweikomponenten-Lacken wird die Komponente 1, das Bindemittel (Bm), mit einem Zusatzlack mit geeignetem Härter (Komponente 2) vernetzt. Dabei legen Art und Anzahl der funktionellen Gruppen im Bindemittel und im Härter das Mischungsverhältnis beider Komponenten fest.

Bei 2-K-Lacken werden Stammlack und Härter getrennt voneinander hergestellt und gelagert. Sie werden erst kurz vor der Verarbeitung im stöchiometrischen Verhältnis, d.h. im Verhältnis der Äquivalentmassen, gemischt und verarbeitet (1:1-Vernetzung). Man spricht bei 2-K-Lacken von Über- bzw. Untervernetzung, wenn die Masse an Zusatzlack den stöchiometrischen Wert übersteigt. bzw. unterschreitet.

2-K-Lacke auf der Basis von Isocyanat- und Epoxidharzen härten nach dem Mechanismus der Polyaddition, solche auf der Basis ungesättigter Polyesterharze durch Polymerisation aus.

16.6.1 2-Komponenten-Lacke mit Hydroxylgruppen und Isocyanatgruppen

Die Polyurethan-Lacke (2K-PUR) zählen zu den klassischen 2-K-Lacken mit hochwertigen Eigenschaften. Der **Stammlack** enthält neben dem Lösemittel das Polyol mit aktiven Hydroxy-Gruppen R-OH und die anderen Komponenten, wie Pigmente, Füllstoffe und Additive. Im **Zusatzlack** ist neben dem Lösemittel das Di- oder Polyisocyanat mit den aktiven Isocyanat-Gruppen R—N=C=O als Härter enthalten. In der Lackindustrie werden heute die längerkettigen, physiologisch unbedenklichen Diisocyanate eingesetzt.

Nach dem Mischen beginnt die Vernetzung durch Polyaddition und das Material kann nur noch innerhalb einer bestimmten Zeit (Topfzeit) verarbeitet werden. Die Vernetzung eines 2K-PUR-Lackes erfolgt nach folgendem Reaktionsschema:

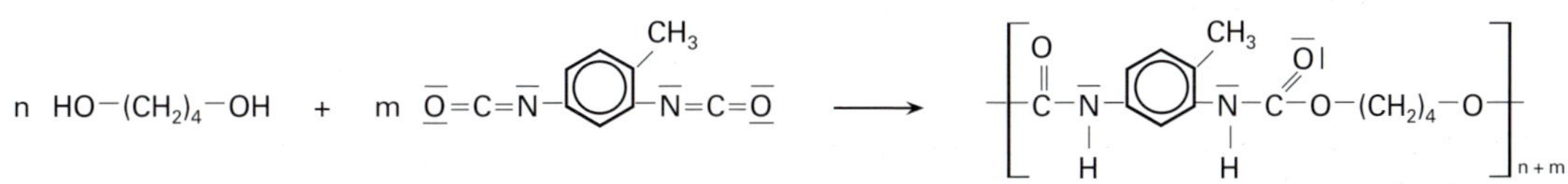

Diol (1,4-Butandiol) + Diisocyanat (Toluylen-2,4-diisocyanat) Polyurethan

Das stöchiometrische Bindemittel-Härter-Mischungsverhältnis für einen 2-K-PUR-Lack leitet sich aus folgenden Überlegungen ab:

Stoffmengenbilanz: Ein Mol Hydroxyl-Gruppen reagiert mit einem Mol Isocyanat-Gruppen.

Stoffmengenrelation: $n(\frac{1}{1}\,\text{OH}) = n(\frac{1}{1}\,\text{NCO})$ bzw. $n(\text{OH}) = n(\text{NCO})$

Mit $n(\text{OH}) = \dfrac{m(\text{OH})}{M(\text{OH})}$ und $n(\text{NCO}) = \dfrac{m(\text{NCO})}{M(\text{NCO})}$ folgt nach dem Gleichsetzen: $\dfrac{m(\text{OH})}{M(\text{OH})} = \dfrac{m(\text{COH})}{M(\text{COH})}$

Mit $m(\text{OH}) = w(\text{Bm}) \cdot w(\text{OH}) \cdot m(\text{Bs})$ sowie $m(\text{NCO}) = w(\text{NCO}) \cdot m(\text{Zu-Lsg})$ folgt durch Einsetzen das nebenstehende Bindemittel-Härter-Mischungsverhältnis:

Bindemittel-Härter-Mischungsverhältnis

$$\frac{m(\text{Bs}) \cdot w(\text{Bm}) \cdot w(\text{OH})}{M(\text{OH})} = \frac{m(\text{Zu-Lsg}) \cdot w(\text{NCO})}{M(\text{NCO})}$$

Beispiel: Eine Lackfarbe (Bs) hat einen Bindemittel-Massenanteil von 25,0 % (OH-gruppenhaltiges Polyacrylatharz mit dem Hydroxyl-Massenanteil 9,00 %). Der Lack soll mit einer isocyanathaltigen Zusatzlösung (Zu-Lsg) vernetzt werden, deren NCO-Massenanteil 11,0 % beträgt. Wie viel Zusatzlösung ist für 100 g Lackfarbe erforderlich?

Lösung: Mit $m(\text{Bs}) = 100\,\text{g}$, $w(\text{Bm}) = 25{,}0\,\%$, $w(\text{OH}) = 9{,}00\,\%$, $M(\text{OH}) = 17{,}007\,\text{g/mol}$, $w(\text{NCO}) = 11{,}0\,\%$, $M(\text{NCO}) = 42{,}017\,\text{g/mol}$ folgt:

$$\boldsymbol{m(\text{Zu-Lsg})} = \frac{m(\text{Bs}) \cdot w(\text{Bm}) \cdot w(\text{OH}) \cdot M(\text{NCO})}{M(\text{OH}) \cdot w(\text{NCO})} = \frac{100\,\text{g} \cdot 0{,}250 \cdot 0{,}0900 \cdot 42{,}017\,\text{g/mol}}{17{,}007\,\text{g/mol} \cdot 0{,}110} \approx \mathbf{50{,}5\,g}$$

Aufgaben zu 16.6.1 2-K-Lacke mit Hydroxylgruppen und Isocyanatgruppen

1. 100 g eines Beschichtungsstoffes enthalten 45,0 g einer Polyester-Lösung mit $w(\text{SP}) = 63{,}5\,\%$. Der Hydroxyl-Massenanteil im Polyester beträgt $w(\text{OH}) = 8{,}25\,\%$. Wie viel Härter mit dem Massenanteil $w(\text{NCO}) = 11{,}5\,\%$ muss 500 g Beschichtungsstoff zugesetzt werden?
2. In einem Beschichtungsstoff haben die beiden gesättigten Polyesterkomponenten folgende Massenanteile an reinem Polyester (SP):
   $w(\text{SP1}) = 17{,}5\,\%$ mit $w(\text{OH}) = 9{,}50\,\%$, $w(\text{SP2}) = 11{,}5\,\%$ mit $w(\text{OH}) = 7{,}00\,\%$.
   Welche Masse an Härter-Lösung mit $w(\text{NCO}) = 18{,}5\,\%$ ist für 2000 g des Beschichtungsstoffes zur vollständigen Vernetzung erforderlich?
3. 100 g Polyesterharzlack enthalten 34,0 g Polyesterharz mit dem Massenanteil $w(\text{OH}) = 7{,}60\,\%$. Zur Herstellung einer Beschichtung sind 500 g Polyesterharzlack und 245 g Isocyanat-Lösung anzusetzen. Welchen Massenanteil $w(\text{NCO})$ hat der Zusatzlack?
4. Ein hydroxylgruppenhaltiger Polyester mit einem Massenanteil $w(\text{OH}) = 9{,}8\,\%$ ist in einem PUR-Beschichtungsstoff (Stammlack) mit dem Massenanteil $w(\text{Polyester}) = 28{,}5\,\%$ enthalten. Als Reaktionspartner wird eine Isocyanat-Lösung mit $w(\text{NCO}) = 10{,}5\,\%$ eingesetzt. Zur Erzielung spezieller Eigenschaften wird eine Vernetzung von 96 % (Untervernetzung) angestrebt. Welche Masse der Isocyanat-Lösung ist für 500 g des PUR-Beschichtungsstoffes erforderlich?
5. Ein PUR-Stammlack hat einen Massenanteil an hydroxylgruppenhaltigem Polyester von 22 %. Zur Vernetzung sind laut Vorschrift auf 100 g Stammlack 35 g der NCO-haltigen Komponente mit einem Massenanteil $w(\text{NCO}) = 12\,\%$ zuzusetzen. Wie groß ist der Hydroxyl-Massenanteil $w(\text{OH})$ des Polyesters, wenn bei dem angegebenen Mischungsverhältnis von einer vollständigen Vernetzung ausgegangen wird?
6. Der Hersteller eines 2-Komponenten-Beschichtungsstoffes auf der Basis hydroxylgruppenhaltiger Polyester/Isocyanat gibt ein stöchiometrisches Mischungsverhältnis von 100 : 45 an. Im Stammlack wurde eine Bindemittel-Massenanteil $w(\text{Bm}) = 22\,\%$, im Zusatzlack ein Isocyanat-Massenanteil $w(\text{NCO}) = 12\,\%$ ermittelt. Welcher Hydroxyl-Massenanteil $w(\text{OH})$ ergibt sich daraus für das reine Bindemittel?

16.6.2 2-Komponenten-Lacke mit Epoxid-Gruppen und aktivem Wasserstoff

Beschichtungsstoffe auf der Basis von Epoxidharzen haben allein keine filmbildenden Eigenschaften, sodass sie durch Zusatz anderer Komponenten ausgehärtet werden müssen. Die Vernetzung kann über die Epoxidgruppen oder die Hydroxylgruppen erfolgen.

Geeignete Reaktionspartner zur Vernetzung sind Verbindungen mit aktiven Wasserstoff-Atomen, wie Polyamine und deren Addukte, Polyaminoamide, Ketimine sowie Polyisocyanate. Die Aushärtung eines Epoxidharzes mit einem Diamin beispielsweise verläuft nach folgendem Reaktionsschema:

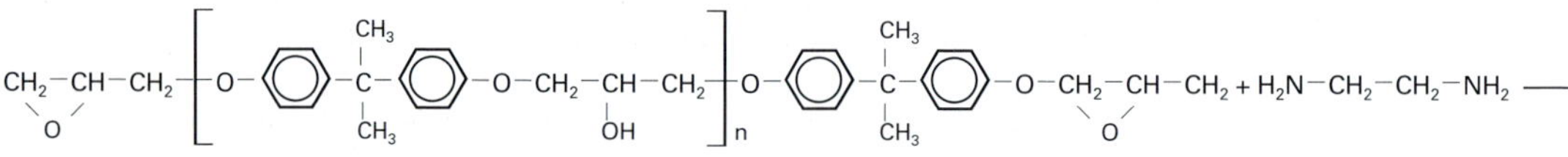

Epoxidharz (Bisphenol-A-Bisepoxyether) Ethylendiamin (Härter)

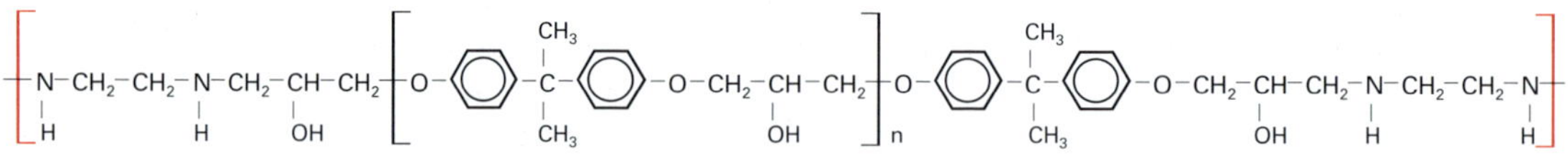

ausgehärteter (vernetzter) Epoxidharz-Lack

Mit $n(\text{eq, EP}) = \dfrac{m(\text{eq, EP})}{M(\text{eq, EP})}$ und $n(\text{eq, H}) = \dfrac{m(\text{eq, H})}{M(\text{eq, H})}$ folgt durch Gleichsetzen $\dfrac{m(\text{eq, EP})}{M(\text{eq, EP})} = \dfrac{m(\text{eq, H})}{M(\text{eq, H})}$

Mit $m(\text{eq, EP}) = m(\text{EP-Lsg}) \cdot w(\text{EP})$ sowie $m(\text{EP-Lsg}) = m(\text{Bs}) \cdot w(\text{EP-Lsg})$ und mit $m(\text{eq, H}) = m(\text{Zu-Lsg}) \cdot w(\text{Amin})$ folgt durch Einsetzen das nebenstehende Bindemittel-Härter-Mischungsverhältnis:

Bindemittel-Härter-Mischungsverhältnis

$$\frac{m(\text{Bs}) \cdot w(\text{EP-Lsg}) \cdot w(\text{EP})}{M(\text{eq, EP})} = \frac{m(\text{Zu-Lsg}) \cdot w(\text{Amin})}{M(\text{eq, H})}$$

Beispiel: Eine Lackfarbe (Bs) enthält 50,0 % einer Epoxidharz-Lösung mit dem Massenanteil w(EP) = 55,0 %. Der Epoxidwert des Epoxidharzes beträgt 0,210 mol/100 g. Die Lackfarbe soll mit einem aminhaltigen Zusatzlack mit dem Massenanteil w(Amin) = 5,0 % vernetzt werden. Wie viel Zusatzlack ist für 100 g Lackfarbe erforderlich, wenn er Ethylendiamin $H_2N-CH_2-CH_2-NH_2$ enthält?

Lösung: Mit m(Bs) = 100 g, w(Bm) = 50,0 %, w(EP) = 55,0 %, EP = 0,210 mol/100 g w(Amin) = 5,0 %, $M(H_2N-CH_2-CH_2-NH_2)$ = 60,099 g/mol, z*(H) = 4 folgt:

$$M(\text{eq, H}) = \frac{M\,(\text{Amin})}{z^*\,(\text{H})} = \frac{60{,}099\text{ g/mol}}{4} = 15{,}025\text{ g/mol}$$

$$\text{EP} = \frac{1}{M\,(\text{eq, EP})} \Rightarrow M\,(\text{eq, EP}) = \frac{1}{\text{EP}} = \frac{1}{0{,}210\text{ mol/100 g}} = 476{,}19\text{ g/mol}$$

$$\boldsymbol{m}\,(\textbf{Zu-Lsg}) = \frac{m(\text{Bs})\cdot w(\text{EP}-\text{Lsg})\cdot w(\text{EP})\cdot M(\text{eq, H})}{M(\text{eq, EP})\cdot w(\text{Amin})} = \frac{100\text{ g}\cdot 0{,}500\cdot 0{,}550\cdot 15{,}025\text{ g/mol}}{476{,}19\text{ g/mol}\cdot 0{,}050} \approx \mathbf{17{,}4\ g}$$

Aufgaben zu 16.6.2 2-K-Lacke mit Epoxid-Gruppen und aktivem Wasserstoff

1. Eine Lackfarbe hat einen Massenanteil w(EP-Harzlösung) = 54,0 %. Der Massenanteil an Epoxidharz in der Lösung beträgt w (EP-Harz) = 56,0 %. Der Epoxidwert des Harzes beträgt 0,231 mol/100 g. Die Lackfarbe soll mit einer Amin-Lösung, w (Amin) = 12,5 %, vollständig vernetzt werden. Die H-aktiv-Äquivalentmasse des Amins beträgt 27,0 g/mol. Welche Masse der Amin-Lösung wird für 128 kg der Lackfarbe benötigt?
2. 100 g eines Epoxidharz-Lackes enthalten 60,0 g einer EP-Harzlösung mit w (Harz) = 53,0 %. Das reine Harz hat einen Epoxidwert von 0,170 mol/100 g. Die H-aktiv-Äquivalentmasse des reinen Amins beträgt 131,2 g/mol. Auf welchen Massenanteil w(Amin) müsste der Härter in Lösung gebracht werden, damit bei der Härtung auf 100 g Epoxidharz-Lack 20,0 g Amin-Lösung zugesetzt werden müssen, also ein Mischungsverhältnis von 5 : 1 erreicht wird?
3. Eine Epoxidharz-Lackfarbe hat einen Massenanteil an Epoxidharz-Lösung von 58,0 % mit w (EP-Harz) = 54,0 %. Die Lackfarbe soll mit einer Amin-Lösung vollständig vernetzt werden. Das Massenverhältnis der Mischung aus Stammlack und Zusatzlack soll 100 : 40 betragen. Der Epoxidwert des Harzes ist mit 0,258 mol/100 g, die H-aktiv-Äquivalentmasse des reinen Amins mit 27,0 g/mol angegeben. Wie groß muss der Massenanteil w(Amin) der eingesetzten Amin-Lösung sein?
4. In einem aminhärtenden Epoxidharz-Lack mit einem Massenanteil w(EP-Harz) = 24,0 % hat das Harz einen Epoxidwert von 0,210 mol/100 g. Der Lack soll mit einer Amin-Lösung, w(Amin) = 12,0 %, vollständig vernetzt werden. Die H-aktiv-Äquivalentmasse des Amins ist 115 g/mol. Welche Masse an Härter-Lösung ist für 600 g Lackfarbe erforderlich?
5. 200 kg Lackfarbe mit dem Massenanteil w (EP-Harzlösung) = 54,0 % mit w (EP-Harz) = 55,5 % sollen mit 22,4 kg einer Amin-Lösung, w (Amin) = 14,5 %, vollständig vernetzt werden. Die H-aktiv-Äquivalentmasse des Amins beträgt 27,0 g/mol. Welchen Epoxidwert hat der Lack?

Übersicht der in Kap. 16 verwendeten Abkürzungen und englische Bezeichnungen

Allgemeine Begriffe:

(B) ≙ Beschichtung (coating)
(Bs) ≙ Beschichtungsstoff (coating material)
(Bm) ≙ Bindemittel (bond)
(fA) ≙ flüchtige Bestandteile (volatile matter)
(nfA) ≙ nichtflüchtige Bestandteile (non-volatile matter)
(Sik) ≙ Sikkativ (drier)
(Pi) ≙ Pigment (pigment)
(Fü) ≙ Füllstoff (extender)
(Lm) ≙ Lösemittel (resolvent)
(Lsg) ≙ Lösung (solution)
(Nf) ≙ Nassfilm (wet film)
(Tf) ≙ Trockenfilm (dried film)

Bindemittel (DIN 55 950):

(AK) ≙ Alkydharz (alkyd resin)
(AY) ≙ Acrylatharz (acrylic resin)
(MF) ≙ Melamin-Formaldehyd-Harz (melamine resin)
(SP) ≙ gesättigter Polyester (saturated polyester resin)
(UF) ≙ Harnstoff-Formaldehyd-Harz (urea resin)
(UP) ≙ ungesättigter Polyester (unsaturated polyester resin)
(CAB) ≙ Celluloseacetobutyrat (cellulose acetobutyrate)
(PUR) ≙ Polyurethan (polyurethane)
(EP) ≙ Epoxidharz (epoxide resin)
(PF) ≙ Phenol-Formaldehyd-Harz (phenolic resin)

17 Anhang

Tabelle 1: Griechisches Alphabet

$A\ \alpha$ Alpha	$B\ \beta$ Beta	$\Gamma\ \gamma$ Gamma	$\Delta\ \delta$ Delta	$E\ \varepsilon$ Epsilon	$Z\ \zeta$ Zeta	$H\ \eta$ Eta	$\Theta\ \vartheta$ Theta
$I\ \iota$ Iota	$K\ \varkappa, \kappa$ Kappa	$\Lambda\ \lambda$ Lambda	$M\ \mu$ My	$N\ \nu$ Ny	$\Xi\ \xi$ Xi	$O\ o$ Omnikron	$\Pi\ \pi$ Pi
$P\ \varrho$ Rho	$\Sigma\ \sigma$ Sigma	$T\ \tau$ Tau	$Y\ \upsilon$ Ypsilon	$\Phi\ \varphi$ Phi	$X\ \chi$ Chi	$\Psi\ \psi$ Psi	$\Omega\ \omega$ Omega

Tabelle 2: Physikalische Konstanten (nach DIN 1304-1 und DIN 1301-1)

Größe	Formelzeichen, Zahlenwert, Einheit	gerundeter Größenwert
AVOGADRO-Konstante	$N_A = 6{,}022\,4199 \cdot 10^{23}\ \text{mol}^{-1}$	$\approx 6{,}022 \cdot 10^{23}\ \text{mol}^{-1}$
Molares Volumen idealer Gase	$V_{m,n} = 22{,}413\,994$ L/mol	$\approx 22{,}41$ L/mol
Universelle Gaskonstante	$R = 8{,}314\,472$ J/(mol · K)	$\approx 0{,}08314\ \text{bar} \cdot \text{L} \cdot \text{K}^{-1} \cdot \text{mol}^{-1}$
Normdruck	$p_n = 1{,}01325$ bar	$\approx 1{,}013$ bar
Normtemperatur	$T_n = 273{,}15$ K	≈ 273 K
Atomare Masseneinheit	$1\ \text{u} = 1{,}660\,53873 \cdot 10^{-24}$ g	$\approx 1{,}66 \cdot 10^{-24}$ g
FARADAY-Konstante	$F = 96\,485{,}3415$ C/mol	$\approx 96\,485\ \text{A} \cdot \text{s} \cdot \text{mol}^{-1}$
BOLTZMANN-Konstante	$k = 1{,}380\,6503 \cdot 10^{-23}$ J/K	$\approx 1{,}38 \cdot 10^{-23}$ J/K
Elementarladung	$e = 1{,}602\,176462 \cdot 10^{-19}$ C	$\approx 1{,}60 \cdot 10^{-19}$ C
Fallbeschleunigung	$g = 9{,}806\,65\ \text{m/s}^2$	$\approx 9{,}81\ \text{m/s}^2$
Lichtgeschwindigkeit	$c_0 = 2{,}997\,924\,58 \cdot 10^8$ m/s	$\approx 300\,000$ km/s

Tabelle 3: Der Korrelationskoeffizient (Werte der Korrelation für unterschiedliche Signifikanzniveaus)

	α						α				
f	0,10	0,05	0,02	0,01	0,001	f	0,10	0,05	0,02	0,01	0,001
1	.988	.997	.9995	.9999	.999999	22	.344	.404	.472	.515	.630
2	.900	.950	.980	.990	.9990	23	.337	.396	.462	.505	.621
3	.805	.878	.934	.959	.991	24	.330	.388	.453	.496	.608
4	.729	.811	.882	.917	.974	25	.323	.381	.445	.487	.597
5	.669	.754	.833	.874	.951	26	.317	.374	.437	.479	.588
6	.622	.707	.789	.834	.925	27	.311	.367	.430	.471	.580
7	.582	.666	.750	.798	.898	28	.306	.361	.423	.463	.572
8	.549	.632	.716	.765	.872	29	.301	.355	.416	.456	.563
9	.521	.602	.685	.735	.874	30	.296	.349	.409	.449	.554
10	.497	.576	.658	.708	.823	35	.275	.325	.381	.418	.520
11	.476	.553	.634	.684	.801	40	.257	.304	.358	.393	.490
12	.458	.532	.612	.661	.780	45	.243	.288	.338	.372	.465
13	.441	.514	.592	.641	.760	50	.231	.273	.322	.354	.443
14	.426	.497	.574	.623	.742	60	.211	.250	.295	.325	.408
15	.412	.482	.558	.606	.725	70	.195	.232	.274	.302	.380
16	.400	.468	.542	.590	.708	80	.183	.217	.256	.283	.357
17	.389	.456	.528	.575	.693	90	.173	.20e	.242	.267	.338
18	.378	.444	.516	.561	.679	100	.164	.195	.230	.254	.321
19	.369	.433	.503	.549	.665						
20	.360	.423	.492	.537	.652						
21	.352	.413	.482	.526	.642						

Die Wahrscheinlichkeiten α beziehen sich auf den zweiseitigen Test. Für den einseitigen Test sind die Wahrscheinlichkeiten zu halbieren.

Tabelle 1: *t*-Verteilung (Student-Verteilung). Kritische Werte (α, *f*)								
f	Irrtumswahrscheinlichkeit α für einseitige Fragestellung (P)							
	.25	.125	.05	.025	.01	.005	.001	.0005
	Irrtumswahrscheinlichkeit α für zweiseitige Fragestellung (2 P)							
	.50	.25	.10	.05	.02	.01	.002	.001
1	1,00	2,41	6,31	12,71	31,82	63,66	318,31	636,62
2	.816	1,60	2,92	4,30	6,97	9,92	22,33	31,60
3	.765	1,42	2,35	3,18	4,54	5,84	10,21	12,92
4	.741	1,34	2,13	2,78	3,75	4,60	7,17	8,61
5	.727	1,30	2,01	2,57	3,37	4,03	5,89	6,87
6	.718	1,27	1,94	2,45	3,14	3,71	5,21	5,96
7	.711	1,25	1,89	2,36	3,00	3,50	4,79	5,41
8	.706	1,24	1,86	2,31	2,90	3,36	4,50	5,04
9	.703	1,23	1,83	2,26	2,82	3,25	4,30	4,78
10	.700	1,22	1,81	2,23	2,76	3,17	4,14	4,59
11	.697	1,21	1,80	2,20	2,72	3,11	4,03	4,44
12	.695	1,21	1,78	2,18	2,68	3,05	3,93	4,32
13	.694	1,20	1,77	2,16	2,65	3,01	3,85	4,22
14	.692	1,20	1,76	2,14	2,62	2,98	3,79	4,14
15	.691	1,20	1,75	2,13	2,60	2,95	3,73	4,07
16	.690	1,19	1,75	2,12	2,58	2,92	3,69	4,01
17	.689	1,19	1,74	2,11	2,57	2,90	3,65	3,96
18	.688	1,19	1,73	2,10	2,55	2,88	3,61	3,92
19	.688	1,19	1,73	2,09	2,54	2,86	3,58	3,88
20	.687	1,18	1,73	2,09	2,53	2,85	3,55	3,85
21	.686	1,18	1,72	2,08	2,52	2,83	3,53	3,82
22	.686	1,18	1,72	2,07	2,51	2,82	3,51	3,79
23	.685	1,18	1,71	2,07	2,50	2,81	3,49	3,77
24	.685	1,18	1,71	2,06	2,49	2,80	3,47	3,74
25	.684	1,18	1,71	2,06	2,49	2,79	3,45	3,72
26	.684	1,18	1,71	2,06	2,48	2,78	3,44	3,71
27	.684	1,18	1,70	2,05	2,47	2,77	3,42	3,69
28	.683	1,17	1,70	2,05	2,47	2,76	3,41	3,67
29	.683	1,17	1,70	2,05	2,46	2,76	3,40	3,66
30	.683	1,17	1,70	2,04	2,46	2,75	3,39	3,65
40	.681	1,17	1,68	2,02	2,42	2,70	3,31	3,55
60	.679	1,16	1,67	2,00	2,39	2,66	3,23	3,46
120	.677	1,16	1,66	1,98	2,36	2,62	3,17	3,37
∞	.674	1,15	1,64	1,96	2,33	2,58	3,09	3,29
Der Punkt vor einer Zahl steht für 0,								

Tabelle 1: *F*-Verteilung. Kritische Werte $F(\alpha; f_1, f_2)$

f_2	f_1 = Freiheitsgrade für die größere Varianz																								f_2
	1	2	3	4	5	6	7	8	9	10	11	12	14	16	20	24	30	40	50	75	100	200	500	∞	
1	161 **4052**	200 **4999**	216 **5403**	226 **5625**	230 **5764**	234 **5859**	237 **5928**	230 **5981**	241 **6022**	242 **6056**	243 **6082**	244 **6106**	245 **6142**	246 **6169**	248 **6208**	249 **6234**	250 **6258**	251 **6286**	252 **6302**	253 **6323**	253 **6334**	253 **6352**	254 **6361**	254 **6366**	1
2	18,51 **98,49**	19,00 **99,00**	19,16 **99,17**	19,25 **99,25**	19,30 **99,30**	19,33 **99,33**	19,36 **99,34**	19,37 **99,36**	19,38 **99,38**	19,30 **99,40**	19,40 **99,41**	19,41 **99,42**	19,42 **99,43**	19,43 **99,44**	19,44 **99,45**	19,45 **99,46**	19,46 **99,47**	19,47 **99,48**	19,47 **99,48**	19,48 **99,49**	19,49 **99,49**	19,49 **99,49**	19,50 **99,50**	19,50 **99,50**	2
3	10,13 **34,12**	9,55 **30,82**	9,28 **29,46**	9,12 **28,71**	9,01 **28,24**	8,94 **27,91**	8,88 **27,67**	8,84 **27,49**	8,81 **27,34**	8,78 **27,23**	8,76 **27,13**	8,74 **27,05**	8,71 **26,92**	8,69 **26,83**	8,66 **26,69**	8,64 **26,60**	8,62 **26,50**	8,60 **26,41**	8,58 **26,35**	8,57 **26,27**	8,56 **26,23**	8,54 **26,18**	8,54 **26,14**	8,53 **26,12**	3
4	7,71 **21,20**	6,94 **18,00**	6,59 **16,59**	6,39 **15,98**	6,26 **15,52**	6,16 **15,21**	6,09 **14,98**	6,04 **14,80**	6,00 **14,66**	5,96 **14,54**	5,03 **14,45**	5,91 **14,37**	5,87 **14,24**	5,84 **14,15**	5,80 **14,02**	5,77 **13,93**	5,74 **13,83**	5,71 **13,74**	5,70 **13,69**	5,68 **13,61**	5,66 **13,57**	5,65 **13,52**	5,64 **13,48**	5,63 **13,46**	4
5	6,61 **16,26**	5,79 **13,27**	5,41 **12,06**	5,19 **11,39**	5,05 **10,97**	4,95 **10,67**	4,88 **10,45**	4,82 **10,27**	4,78 **10,15**	4,74 **10,05**	4,70 **9,96**	4,68 **9,89**	4,64 **9,77**	4,60 **9,68**	4,56 **9,55**	4,63 **9,47**	4,50 **9,38**	4,46 **9,29**	4,44 **9,24**	4,42 **9,17**	4,40 **9,13**	4,38 **9,07**	4,37 **9,04**	4,36 **9,02**	5
6	5,99 **13,74**	5,14 **10,92**	4,76 **9,78**	4,53 **9,15**	4,39 **8,75**	4,28 **8,47**	4,21 **8,26**	4,15 **8,10**	4,10 **7,98**	4,06 **7,87**	4,03 **7,79**	4,00 **7,72**	3,96 **7,60**	3,92 **7,52**	3,87 **7,39**	3,84 **7,31**	3,81 **7,23**	3,77 **7,14**	3,75 **7,09**	3,72 **7,02**	3,71 **6,99**	3,69 **6,94**	3,68 **6,90**	3,67 **6,88**	6
7	5,59 **12,25**	4,74 **9,55**	4,35 **8,45**	4,12 **7,85**	3,97 **7,46**	3,87 **7,19**	3,79 **7,00**	3,73 **6,84**	3,68 **6,71**	3,63 **6,62**	3,60 **6,54**	3,57 **6,47**	3,52 **6,35**	3,49 **6,27**	3,44 **6,15**	3,41 **6,07**	3,38 **5,98**	3,34 **5,90**	3,32 **5,85**	8,29 **5,78**	3,28 **5,75**	3,25 **5,70**	3,24 **5,67**	3,23 **5,65**	7
8	5,32 **11,26**	4,46 **8,65**	4,07 **7,59**	3,84 **7,01**	3,69 **6,63**	3,58 **6,37**	3,50 **6,19**	3,44 **6,03**	3,39 **5,91**	3,34 **5,82**	3,31 **5,74**	3,28 **5,67**	3,23 **5,56**	3,20 **5,48**	3,15 **5,36**	3,12 **5,28**	3,08 **5,20**	3,05 **5,11**	3,03 **5,06**	3,00 **5,00**	2,98 **4,96**	2,96 **4,91**	2,94 **4,88**	2,93 **4,86**	8
9	5,12 **10,56**	4,26 **8,02**	3,86 **6,99**	3,63 **6,42**	3,48 **6,06**	3,37 **5,80**	3,29 **5,62**	3,23 **5,47**	3,18 **5,35**	3,13 **5,26**	3,10 **5,18**	3,07 **5,11**	3,02 **5,00**	2,98 **4,92**	2,93 **4,80**	2,90 **4,73**	2,86 **4,64**	2,82 **4,56**	2,80 **4,51**	2,77 **4,45**	2,76 **4,41**	2,73 **4,36**	2,72 **4,33**	2,71 **4,31**	9
10	4,96 **10,04**	4,10 **7,56**	3,71 **6,55**	3,48 **5,99**	3,33 **5,64**	3,22 **5,39**	3,14 **5,21**	3,07 **5,06**	3,02 **4,95**	2,97 **4,85**	2,94 **4,78**	2,91 **4,71**	2,86 **4,60**	2,82 **4,52**	2,77 **4,41**	2,74 **4,33**	2,70 **4,25**	2,67 **4,17**	2,64 **4,12**	2,61 **4,05**	2,59 **4,01**	2,56 **3,96**	2,55 **3,93**	2,54 **3,91**	10
11	4,84 **9,65**	3,98 **7,20**	3,59 **6,22**	3,36 **5,67**	3,20 **5,32**	3,09 **5,07**	3,01 **4,88**	2,96 **4,74**	2,00 **4,63**	2,86 **4,54**	2,82 **4,46**	2,79 **4,40**	2,74 **4,29**	2,70 **4,21**	2,65 **4,10**	2,61 **4,02**	2,57 **3,94**	2,53 **3,86**	2,50 **3,80**	2,47 **3,74**	2,45 **3,70**	2,42 **3,66**	2,41 **3,62**	2,40 **3,60**	11
12	4,75 **9,33**	3,88 **6,93**	3,49 **5,95**	3,26 **5,41**	3,11 **5,06**	3,00 **4,82**	2,92 **4,65**	2,85 **4,50**	2,80 **4,39**	2,76 **4,30**	2,72 **4,22**	2,69 **4,16**	2,64 **4,05**	2,60 **3,98**	2,54 **3,86**	2,50 **3,78**	2,46 **3,70**	2,42 **3,61**	2,40 **3,56**	2,36 **3,49**	2,35 **3,46**	2,32 **3,41**	2,31 **3,38**	2,30 **3,36**	12
13	4,67 **9,07**	3,80 **6,70**	3,41 **5,74**	3,18 **5,20**	3,02 **4,86**	2,92 **4,62**	2,84 **4,44**	2,77 **4,30**	2,72 **4,19**	2,67 **4,10**	2,63 **4,02**	2,60 **3,96**	2,55 **3,85**	2,51 **3,78**	2,46 **3,67**	2,42 **3,59**	2,38 **3,51**	2,34 **3,42**	2,32 **3,37**	2,28 **3,30**	2,26 **3,27**	2,24 **3,21**	2,22 **3,18**	2,21 **3,16**	13
14	4,60 **8,86**	3,74 **6,51**	3,34 **5,56**	3,11 **5,03**	2,96 **4,69**	2,85 **4,46**	2,77 **4,28**	2,70 **4,14**	2,65 **4,03**	2,60 **3,94**	2,56 **3,86**	2,53 **3,80**	2,48 **3,70**	2,44 **3,62**	2,39 **3,51**	2,35 **3,43**	2,31 **3,34**	2,27 **3,26**	2,24 **3,21**	2,21 **3,14**	2,19 **3,11**	2,16 **3,06**	2,14 **3,02**	2,13 **3,00**	14
15	4,54 **8,68**	3,68 **6,36**	3,29 **5,42**	3,06 **4,89**	2,90 **4,56**	2,79 **4,32**	2,70 **4,14**	2,64 **4,00**	2,59 **3,89**	2,55 **3,80**	2,51 **3,73**	2,48 **3,67**	2,43 **3,56**	2,39 **3,48**	2,33 **3,36**	2,29 **3,29**	2,25 **3,20**	2,21 **3,12**	2,18 **3,07**	2,16 **3,00**	2,li **2,97**	2,10 **2,92**	2,08 **2,89**	2,07 **2,87**	15

Irrtumswahrscheinlichkeit $\alpha = 0{,}05$ und $\alpha = 0{,}01$ (fett gedruckt)

Tabelle 1: *F*-Verteilung. Kritische Werte $F(\alpha; f_1, f_2)$ Fortsetzung

f_2	f_1 = Freiheitsgrade für die größere Varianz																								f_2
	1	2	3	4	5	6	7	8	9	10	11	12	14	16	20	24	30	40	50	75	100	200	500	∞	
16	4,49	3,63	3,24	3,01	2,85	2,74	2,66	2,59	2,54	2,49	2,45	2,42	2,37	2,33	2,28	2,24	2,20	2,16	2,13	2,09	2,07	2,04	2,02	2,01	16
	8,53	**6,23**	**5,29**	**4,77**	**4,44**	**4,20**	**4,03**	**3,89**	**3,78**	**3,69**	**3,61**	**3,55**	**3,45**	**3,37**	**3,25**	**3,18**	**3,10**	**3,01**	**2,96**	**2,89**	**2,86**	**2,80**	**2,77**	**2,75**	
17	4,45	3,59	3,20	2,96	2,81	2,70	2,62	2,55	2,60	2,45	2,41	2,38	2,33	2,29	2,23	2,19	2,15	2,11	2,08	2,04	2,02	1,99	1,97	1,96	17
	8,40	**6,11**	**5,18**	**4,67**	**4,34**	**4,10**	**3,93**	**3,79**	**3,68**	**3,59**	**3,52**	**3,45**	**3,35**	**3,27**	**3,16**	**3,08**	**3,00**	**2,92**	**2,86**	**2,79**	**2,76**	**2,70**	**2,67**	**2,65**	
18	4,41	3,55	3,16	2,93	2,77	2,66	2,58	2,51	2,46	2,41	2,37	2,34	2,29	2,25	2,19	2,15	2,11	2,07	2,04	2,00	1,98	1,95	1,93	1,92	18
	8,28	**6,01**	**5,09**	**4,58**	**4,25**	**4,01**	**3,85**	**3,71**	**3,60**	**3,51**	**3,44**	**3,37**	**3,27**	**3,19**	**3,07**	**3,00**	**2,91**	**2,83**	**2,78**	**2,71**	**2,68**	**2,62**	**2,59**	**2,57**	
19	4,38	3,52	3,13	2,90	2,74	2,63	2,55	2,48	2,43	2,38	2,34	2,31	2,26	2,21	2,15	2,11	2,07	2,02	2,00	1,96	1,94	1,91	1,90	1,88	19
	8,18	**5,93**	**5,01**	**4,50**	**4,17**	**3,94**	**3,77**	**3,63**	**3,52**	**3,43**	**3,36**	**3,30**	**3,19**	**3,12**	**3,00**	**2,92**	**2,84**	**2,76**	**2,70**	**2,63**	**2,60**	**2,54**	**2,51**	**2,49**	
20	4,35	3,49	3,10	2,87	2,71	2,60	2,52	2,45	2,40	2,35	2,31	2,28	2,23	2,18	2,12	2,08	2,04	1,99	1,96	1,92	1,90	1,87	1,85	1,84	20
	8,10	**5,85**	**4,94**	**4,43**	**4,10**	**3,87**	**3,71**	**3,56**	**3,45**	**3,37**	**3,30**	**3,32**	**3,13**	**3,05**	**2,94**	**2,86**	**2,77**	**2,69**	**2,63**	**2,56**	**2,53**	**2,47**	**2,44**	**2,42**	
21	4,32	3,47	3,07	2,84	2,68	2,57	2,49	2,42	2,37	2,32	2,28	2,25	2,20	2,15	2,09	2,05	2,00	1,96	1,93	1,89	1,87	1,84	1,82	1,81	21
	8,02	**5,78**	**4,87**	**4,37**	**4,04**	**3,81**	**3,65**	**3,51**	**3,40**	**3,31**	**3,24**	**3,17**	**3,07**	**2,99**	**2,88**	**2,80**	**2,72**	**2,63**	**2,58**	**2,51**	**2,47**	**2,42**	**2,38**	**2,36**	
22	4,30	3,44	3,05	2,82	2,66	2,55	2,47	2,40	2,35	2,30	2,26	2,23	2,18	2,13	2,07	2,03	1,98	1,93	1,91	1,87	1,84	1,81	1,80	1,78	22
	7,94	**5,72**	**4,82**	**4,31**	**3,99**	**3,76**	**3,59**	**3,45**	**3,35**	**3,26**	**3,18**	**3,12**	**3,02**	**2,94**	**2,83**	**2,75**	**2,67**	**2,58**	**2,53**	**2,46**	**2,42**	**2,37**	**2,33**	**2,31**	
23	4,28	3,42	3,03	2,80	2,64	2,53	2,45	2,38	2,32	2,28	2,24	2,20	2,14	2,10	2,05	2,00	1,96	1,91	1,88	1,84	1,82	1,79	1,77	1,76	23
	7,88	**5,66**	**4,76**	**4,26**	**3,94**	**3,71**	**3,54**	**3,41**	**3,80**	**3,21**	**3,14**	**3,07**	**2,97**	**2,89**	**2,78**	**2,17**	**2,62**	**2,53**	**2,48**	**2,41**	**2,37**	**2,32**	**2,28**	**2,26**	
24	4,26	3,40	3,01	2,78	2,62	2,51	2,43	2,36	2,30	2,26	2,22	2,18	2,13	2,09	2,02	1,98	1,94	1,89	1,86	1,82	1,80	1,76	1,74	1,13	24
	7,82	**5,61**	**4,72**	**4,22**	**3,90**	**3,67**	**3,50**	**3,36**	**3,25**	**3,17**	**3,09**	**3,03**	**2,93**	**2,85**	**2,74**	**2,66**	**2,58**	**2,49**	**2,44**	**2,36**	**2,33**	**2,27**	**2,23**	**2,21**	
25	4,24	3,38	2,99	2,76	2,60	2,49	2,41	2,34	2,28	2,24	2,20	2,16	2,11	2,06	2,00	1,96	1,92	1,87	1,84	1,80	1,77	1,74	1,72	1,71	25
	7,77	**5,57**	**4,68**	**4,18**	**3,86**	**3,63**	**3,46**	**3,32**	**3,21**	**3,11**	**3,05**	**2,99**	**2,89**	**2,81**	**2,70**	**2,62**	**2,54**	**2,45**	**2,40**	**2,32**	**2,29**	**2,23**	**2,19**	**2,17**	
26	4,22	3,37	2,98	2,74	2,59	2,47	2,39	2,32	2,27	2,22	2,18	2,15	2,10	2,05	1,99	1,95	1,90	1,85	1,82	1,78	1,76	1,72	1,70	1,69	26
	7,72	**5,53**	**4,64**	**4,14**	**3,82**	**3,59**	**3,42**	**3,29**	**3,17**	**3,09**	**3,02**	**2,96**	**2,86**	**2,77**	**2,66**	**2,58**	**2,50**	**2,41**	**2,36**	**2,28**	**2,25**	**2,19**	**2,15**	**2,13**	
27	4,21	3,35	2,96	2,73	2,57	2,46	2,37	2,30	2,25	2,20	2,16	2,13	2,08	2,03	1,97	1,93	1,88	1,84	1,80	1,76	1,74	1,71	1,68	1,67	27
	7,68	**5,49**	**4,60**	**4,11**	**3,79**	**3,56**	**3,39**	**3,26**	**3,14**	**3,06**	**2,98**	**2,93**	**2,83**	**2,74**	**2,63**	**2,55**	**2,47**	**2,38**	**2,33**	**2,25**	**2,21**	**2,16**	**2,12**	**2,10**	
28	4,20	3,34	2,95	2,71	2,56	2,44	2,36	2,29	2,24	2,19	2,15	2,12	2,06	2,02	1,96	1,91	1,87	1,81	1,78	1,75	1,72	1,69	1,67	1,65	28
	7,64	**5,45**	**4,57**	**4,07**	**3,76**	**3,53**	**3,36**	**3,23**	**3,11**	**3,03**	**2,95**	**2,90**	**2,80**	**2,71**	**2,60**	**2,62**	**2,44**	**2,35**	**2,30**	**2,22**	**2,18**	**2,13**	**2,09**	**2,06**	
29	4,18	3,33	2,93	2,70	2,54	2,43	2,35	2,28	2,22	2,18	2,14	2,10	2,05	2,00	1,94	1,90	1,85	1,80	1,77	1,73	1,71	1,68	1,65	1,64	29
	7,60	**5,42**	**4,54**	**4,04**	**3,73**	**3,50**	**3,33**	**3,20**	**3,08**	**3,00**	**2,92**	**2,87**	**2,77**	**2,68**	**2,57**	**2,49**	**2,41**	**2,32**	**2,27**	**2,19**	**2,15**	**2,10**	**2,06**	**2,03**	
30	4,17	3,32	2,92	2,69	2,53	2,42	2,34	2,27	2,21	2,16	2,12	2,00	2,04	1,99	1,93	1,89	1,84	1,79	1,76	1,72	1,69	1,66	1,64	1,62	30
	7,56	**5,39**	**4,51**	**4,02**	**3,70**	**3,47**	**3,30**	**3,17**	**3,06**	**2,98**	**2,90**	**2,84**	**2,74**	**2,66**	**2,55**	**2,47**	**2,38**	**2,29**	**2,24**	**2,16**	**2,13**	**2,07**	**2,03**	**2,01**	

Irrtumswahrscheinlichkeit α = 0,05 und α = 0,01 (fett gedruckt)

Tabelle 1: *F*-Verteilung. Kritische Werte $F(\alpha; f_1, f_2)$ Fortsetzung

f_2	f_1 = Freiheitsgrade für die größere Varianz																								f_2
	1	2	3	4	5	6	7	8	9	10	11	12	14	16	20	24	30	40	50	75	100	200	500	∞	
32	4,15	3,30	2,90	2,67	2,51	2,40	2,32	2,25	2,19	2,14	2,10	2,07	2,02	1,97	1,91	1,86	1,82	1,76	1,74	1,69	1,67	1,64	1,61	1,59	32
	7,50	**5,34**	**4,46**	**3,97**	**3,66**	**3,42**	**3,25**	**3,12**	**3,01**	**2,94**	**2,86**	**2,80**	**2,70**	**2,62**	**2,51**	**2,42**	**2,34**	**2,25**	**2,20**	**2,12**	**2,08**	**2,02**	**1,98**	**1,96**	
34	4,13	3,28	2,88	2,85	2,49	2,38	2,30	2,23	2,17	2,12	2,08	2,05	2,00	1,95	1,89	1,84	1,80	1,74	1,71	1,67	1,64	1,61	1,59	1,57	34
	7,44	**5,29**	**4,42**	**3,93**	**3,61**	**3,38**	**3,21**	**3,08**	**2,97**	**2,89**	**2,82**	**2,76**	**2,66**	**2,58**	**2,47**	**2,38**	**2,30**	**2,21**	**2,15**	**2,08**	**2,04**	**1,98**	**1,94**	**1,91**	
36	4,11	3,26	2,86	2,63	2,48	2,36	2,28	2,21	2,15	2,10	2,06	2,03	1,98	1,93	1,87	1,82	1,78	1,72	1,69	1,65	1,62	1,59	1,56	1,56	36
	7,39	**5,25**	**4,38**	**3,89**	**3,58**	**3,35**	**3,18**	**3,04**	**2,94**	**2,86**	**2,78**	**2,72**	**2,62**	**2,54**	**2,43**	**2,35**	**2,26**	**2,17**	**2,12**	**2,04**	**2,00**	**1,94**	**1,90**	**1,87**	
38	4,10	3,25	2,85	2,69	2,46	2,35	2,26	2,19	2,14	2,09	2,05	2,02	1,96	1,92	1,85	1,80	1,76	1,71	1,67	1,63	1,60	1,57	1,54	1,53	38
	7,35	**5,21**	**4,34**	**3,86**	**3,54**	**3,32**	**3,15**	**3,02**	**2,91**	**2,82**	**2,15**	**2,69**	**2,59**	**2,51**	**2,40**	**2,32**	**2,22**	**2,14**	**2,08**	**2,00**	**1,97**	**1,90**	**1,86**	**1,84**	
40	4,08	3,23	2,84	2,61	2,45	2,34	2,25	2,18	2,12	2,07	2,04	2,00	1,95	1,90	1,84	1,79	1,74	1,69	1,66	1,61	1,59	1,55	1,53	1,51	40
	7,31	**5,18**	**4,31**	**3,83**	**3,51**	**3,29**	**3,12**	**2,99**	**2,88**	**2,80**	**2,73**	**2,66**	**2,56**	**2,49**	**2,37**	**2,29**	**2,20**	**2,11**	**2,05**	**1,97**	**1,94**	**1,88**	**1,84**	**1,81**	
42	4,07	3,22	2,83	2,59	2,44	2,32	2,24	2,17	2,11	2,06	2,02	1,99	1,94	1,89	1,82	1,78	1,73	1,68	1,64	1,60	1,57	1,54	1,51	1,49	42
	7,27	**5,15**	**4,29**	**3,80**	**3,49**	**3,26**	**3,10**	**2,96**	**2,86**	**2,77**	**2,70**	**2,64**	**2,54**	**2,46**	**2,35**	**2,26**	**2,17**	**2,08**	**2,02**	**1,94**	**1,91**	**1,85**	**1,80**	**1,78**	
44	4,06	3,21	2,82	2,58	2,43	2,31	2,23	2,16	2,10	2,05	2,01	1,08	1,92	1,88	1,81	1,76	1,72	1,66	1,63	1,58	1,56	1,52	1,50	1,48	44
	7,24	**5,12**	**4,26**	**3,78**	**3,46**	**3,24**	**3,07**	**2,94**	**2,84**	**2,75**	**2,68**	**2,62**	**2,52**	**2,44**	**2,32**	**2,24**	**2,15**	**2,06**	**2,00**	**1,92**	**1,88**	**1,82**	**1,78**	**1,75**	
46	4,05	3,20	2,81	2,57	2,42	2,30	2,22	2,14	2,09	2,04	2,00	1,97	1,91	1,87	1,80	1,75	1,71	1,65	1,62	1,67	1,54	1,51	1,48	1,46	46
	7,21	**5,10**	**4,24**	**3,76**	**3,44**	**3,22**	**3,05**	**2,92**	**2,82**	**2,73**	**2,66**	**2,60**	**2,50**	**2,42**	**2,30**	**2,22**	**2,13**	**2,04**	**1,98**	**1,90**	**1,86**	**1,80**	**1,76**	**1,72**	
48	4,04	3,19	2,80	2,56	2,41	2,30	2,21	2,14	2,08	2,03	1,99	1,96	1,90	1,86	1,79	1,74	1,70	1,64	1,61	1,56	1,53	1,50	1,47	1,45	48
	7,19	**5,08**	**4,22**	**3,74**	**3,42**	**3,20**	**3,04**	**2,90**	**2,80**	**2,71**	**2,64**	**2,58**	**2,48**	**2,40**	**2,28**	**2,20**	**2,11**	**2,02**	**1,96**	**1,88**	**1,84**	**1,78**	**1,73**	**1,70**	
50	4,03	3,18	2,79	2,56	2,40	2,29	2,20	2,13	2,07	2,02	1,98	1,95	1,90	1,85	1,78	1,74	1,69	1,63	1,60	1,55	1,52	1,48	1,46	1,44	50
	7,17	**5,06**	**4,20**	**3,72**	**3,41**	**3,18**	**3,02**	**2,88**	**2,78**	**2,70**	**2,62**	**2,56**	**2,46**	**2,39**	**2,26**	**2,18**	**2,10**	**2,00**	**1,94**	**1,86**	**1,82**	**1,76**	**1,71**	**1,68**	
55	4,02	3,17	2,78	2,54	2,38	2,27	2,18	2,11	2,05	2,00	1,97	1,93	1,88	1,83	1,76	1,72	1,67	1,61	1,58	1,52	1,50	1,46	1,43	1,41	55
	7,12	**5,01**	**4,16**	**3,68**	**3,37**	**3,15**	**2,98**	**2,85**	**2,75**	**2,66**	**2,59**	**2,53**	**2,43**	**2,35**	**2,23**	**2,15**	**2,06**	**1,96**	**1,90**	**1,82**	**1,78**	**1,71**	**1,66**	**1,64**	
60	4,00	3,15	2,76	2,52	2,37	2,25	2,17	2,10	2,04	1,99	1,05	1,92	1,86	1,81	1,75	1,70	1,65	1,59	1,56	1,50	1,48	1,44	1,41	1,30	60
	7,08	**4,98**	**4,13**	**3,65**	**3,34**	**3,12**	**2,95**	**2,82**	**2,72**	**2,63**	**2,56**	**2,50**	**2,40**	**2,32**	**2,20**	**2,12**	**2,03**	**1,93**	**1,87**	**1,79**	**1,74**	**1,68**	**1,63**	**1,60**	
65	3,99	3,14	2,75	2,51	2,36	2,24	2,15	2,08	2,02	1,98	1,94	1,00	1,85	1,80	1,73	1,68	1,63	1,57	1,54	1,49	1,46	1,42	1,39	1,37	65
	7,04	**4,95**	**4,10**	**3,62**	**3,31**	**3,09**	**2,93**	**2,79**	**2,70**	**2,61**	**2,54**	**2,47**	**2,37**	**2,30**	**2,18**	**2,09**	**2,00**	**1,90**	**1,84**	**1,76**	**1,71**	**1,64**	**1,60**	**1,56**	
70	3,98	3,13	2,74	2,50	2,35	2,23	2,14	2,07	2,01	1,97	1,93	1,89	1,84	1,79	1,72	1,67	1,62	1,56	1,53	1,47	1,45	1,40	1,37	1,35	70
	7,01	**4,92**	**4,08**	**3,60**	**3,29**	**3,07**	**2,91**	**2,77**	**2,67**	**2,59**	**2,51**	**2,45**	**2,35**	**2,28**	**2,15**	**2,07**	**1,98**	**1,88**	**1,82**	**1,74**	**1,69**	**1,62**	**1,56**	**1,53**	
80	3,96	3,11	2,72	2,48	2,33	2,21	2,12	2,05	1,99	1,95	1,91	1,88	1,82	1,77	1,70	1,65	1,60	1,54	1,61	1,45	1,42	1,38	1,35	1,32	80
	6,96	**4,88**	**4,04**	**3,56**	**3,25**	**3,04**	**2,87**	**2,74**	**2,64**	**2,55**	**2,48**	**2,41**	**2,32**	**2,24**	**2,11**	**2,03**	**1,94**	**1,84**	**1,78**	**1,70**	**1,65**	**1,57**	**1,52**	**1,49**	

Irrtumswahrscheinlichkeit α = 0,05 und α = 0,01 (fett gedruckt)

Tabelle 1: χ^2-Verteilung. Kritische Werte $\chi^2(\alpha, f)$

f	Irrtumswahrscheinlichkeit α											
	.99	.975	.95	.90	.70	.50	.30	.10	.05	.025	.01	.001
1	$.0^{3}157$	$.0^{3}982$	$..0^{2}393$	.158	.148	.455	1,07	2,71	3,84	5,02	6,62	10,8
2	.0201	.0506	.103	.211	.713	1,39	2,41	4,61	5,99	7,38	9,21	13,8
3	.115	.216	.352	.584	1,42	2,37	3,67	6,25	7,81	9,35	11,3	16,3
4	.297	.484	.711	1,06	2,19	3,36	4,88	7,78	9,49	11,1	13,3	18,5
5	.554	.831	1,15	1,61	3,00	4,35	6,06	9,24	11,1	12,8	15,1	20,5
6	.872	1,24	1,64	2,20	3,83	5,35	7,23	10,6	12,6	14,4	16,8	22,5
7	1,24	1,69	2,17	2,83	4,67	6,35	8,38	12,0	14,1	16,0	18,5	24,3
8	1,65	2,18	2,73	3,49	5,53	7,34	9,52	13,4	15,5	17,5	20,1	26,1
9	2,09	2,70	3,33	4,17	6,39	8,34	10,7	14,7	16,9	19,0	21,7	27,9
10	2,56	3,25	3,94	4,87	7,27	9,34	11,8	16,0	18,3	20,5	23,2	29,6
11	3,05	3,82	4,57	5,58	8,15	10,3	12,9	17,3	19,7	21,9	24,7	31,3
12	3,57	4,40	5,23	6,30	9,03	11,3	14,0	18,5	21,0	23,3	26,2	32,9
13	4,11	5,01	5,89	7,04	9,93	12,3	15,1	19,8	22,4	24,7	27,7	34,5
14	4,66	5,63	6,57	7,79	10,8	13,3	16,2	21,1	23,7	26,1	29,1	36,1
15	5,23	6,26	7,26	8,55	11,7	14,3	17,3	22,3	25,0	27,5	30,6	37,7
16	5,81	6,91	7,96	9,31	12,6	11,3	11,4	23,5	26,3	28,8	32,0	39,3
17	6,41	7,56	1,67	10,1	13,5	16,3	19,1	24,1	27,1	30,2	33,4	40,8
18	7,01	8,23	9,39	10,9	14,4	17,3	20,6	26,0	28,9	31,5	34,9	42,3
19	7,63	8,91	10,1	11,7	15,4	18,3	21,7	27,2	30,1	32,9	36,2	43,8
20	8,26	9,59	10,9	12,4	16,3	19,3	22,8	28,4	31,4	34,2	37,6	45,3
21	8,90	10,3	11,6	13,2	17,2	20,3	23,9	29,6	32,7	35,5	38,9	46,8
22	9,54	11,0	12,3	14,0	18,1	21,3	24,9	30,8	33,9	36,8	40,3	48,3
23	10,2	11,7	13,1	14,8	19,0	22,3	26,0	32,0	35,2	38,1	41,6	49,7
24	10,9	12,4	13,8	15,7	19,9	23,3	27,1	33,2	36,4	39,4	43,0	51,2
25	11,5	13,1	14,6	16,5	20,9	24,3	28,2	34,4	37,7	40,6	44,3	52,6
26	12,2	13,8	15,4	17,3	21,8	25,3	29,2	35,6	38,9	41,9	45,6	54,1
27	12,9	14,6	16,2	18,1	22,7	26,3	30,3	36,7	40,1	43,2	47,0	55,5
28	13,6	15,3	16,9	18,9	23,6	27,3	31,4	37,9	41,3	44,5	48,3	56,9
29	14,3	16,0	17,7	19,8	24,6	28,3	32,5	39,1	42,6	45,7	49,6	58,3
30	15,0	16,8	18,5	20,6	25,5	29,3	33,5	40,3	43,8	47,0	50,9	59,7
40	22,2	24,4	26,5	29,1	34,9	39,3	44,2	51,8	55,8	59,3	63,7	73,4
50	29,7	32,4	34,8	37,7	44,3	49,3	54,7	63,2	67,5	71,4	76,2	86,7
60	37,5	40,5	43,2	46,5	53,8	59,3	65,2	74,4	79,1	83,3	88,4	99,6
70	45,4	48,8	51,7	55,3	63,3	69,3	75,1	85,5	90,5	95,0	100,4	112,3
80	53,5	57,2	60,4	64,3	72,9	79,3	86,1	96,6	101,9	106,6	112,3	124,8
90	61,8	65,6	69,1	73,3	82,5	89,3	96,5	107,6	113,1	118,1	124,1	137,2
100	70,1	74,2	77,9	82,4	92,1	99,3	106,9	118,5	124,3	129,6	135,8	149,4

Tabelle 1: Tabellenwerte zum Test auf Normalverteilung nach DAVID						
Stichprobenumfang	Prüfwert für das Signifikanzniveau					
	Untere Schranken			Obere Schranken		
n	P = 95 %	P = 99 %	P = 99,9 %	P = 95 %	P = 99 %	P = 99,9 %
5	2,15	2,02	1,83	2,83	2,80	2,80
6	2,28	2,15	1,83	3,16	3,16	3,10
7	2,40	2,26	1,87	3,46	3,46	3,34
8	2,50	2,35	1,87	3,74	3,74	3,54
9	2,59	2,44	1,90	4,00	4,00	3,72
10	2,67	2,51	1,90	4,24	4,24	3,88
11	2,74	2,58	1,92	4,47	4,01	3,80
12	2,80	2,64	1,92	4,69	4,13	3,91
13	2,86	2,70	1,93	4,90	4,24	4,00
14	2,92	2,75	1,93	5,10	4,34	4,09
15	2,97	2,80	1,94	5,29	4,44	4,17
16	3,01	2,84	1,94	5,48	4,52	4,24
17	3,06	2,88	1,94	5,66	4,60	4,31
18	3,10	2,92	1,94	5,83	4,67	4,37
19	3,14	2,96	1,95	6,00	4,74	4,43
20	3,18	2,99	1,95	6,16	4,80	4,49
25	3,34	3,15	1,96	6,93	5,06	4,71
30	3,47	3,27	1,97	7,62	5,26	4,89
35	3,58	3,38	1,97	8,25	5,42	5,04
40	3,67	3,47	1,98	8,83	5,56	5,16
45	3,75	3,55	1,98	9,38	5,67	5,26
50	3,83	3,62	1,98	9,90	5,77	5,35
55	3,90	3,69	1,98	10,39	5,86	5,43
60	3,96	3,75	1,98	10,86	5,94	5,51
65	4,01	3,80	1,98	11,31	6,01	5,57
70	4,06	3,85	1,99	11,75	6,07	5,63
75	4,11	3,90	1,99	12,17	6,13	5,68
80	4,16	3,94	1,99	12,57	6,18	5,73
85	4,20	3,99	1,99	12,96	6,23	5,78
90	4,24	4,02	1,99	13,34	6,27	5,82
95	4,27	4,06	1,99	13,71	6,32	5,86
100	4,31	4,10	1,99	14,07	6,36	5,90
150	4,59	4,38	1,99	17,26	6,64	6,18
200	4,78	4,59	2,00	19,95	6,84	6,39
500	5,37	5,13	2,00	31,59	7,42	6,94

Tabelle 1: Tabellenwerte zum Ausreißertest nach Grubbs

Stichprobenumfang n	Prüfwert r_m (einseitig) für das Signifikanzniveau	
	$P = 95\,\%$, $\alpha = 0{,}05$	$P = 99\,\%$, $\alpha = 0{,}01$
3	1,153	1,155
4	1,463	1,492
5	1,672	1,749
6	1,822	1,944
7	1,938	2,097
8	2,032	2,221
9	2,110	2,323
10	2,176	2,410
11	2,234	2,485
12	2,285	2,550
13	2,331	2,607
14	2,371	2,659
15	2,409	2,705
16	2,443	2,747
17	2,475	2,785
18	2,504	2,821
19	2,532	2,854
20	2,557	2,884
21	2,580	2,912
22	2,603	2,939
23	2,624	2,963
24	2,644	2,987
25	2,663	3,009
26	2,681	3,029
27	2,698	3,049
28	2,714	3,068
29	2,730	3,085
30	2,745	3,103
35	2,811	3,178
40	2,866	3,240
45	2,914	3,292
50	2,956	3,336
55	2,992	3,376
60	3,025	3,411
65	3,055	3,442
70	3,082	3,471
75	3,107	3,496
80	3,130	3,521
85	3,151	3,543
90	3,171	3,562
95	3,189	3,582
100	3,207	3,600
105	3,224	3,617
110	3,239	3,632
115	3,254	3,647
120	3,267	3,662
125	3,281	3,675
130	3,294	3,688
135	3,306	3,700
140	3,318	3,712
145	3,328	3,723

Tabelle 1: Tabellenwerte zum Ausreißertest nach Dixon

Stichprobenumfang n	Prüfwert r_m (einseitig) für das Signifikanzniveau		Prüfwerte für Ausreißer	
	$P = 95\ \%$, $\alpha = 0{,}05$	$P = 99\ \%$, $\alpha = 0{,}01$	nach unten	nach oben
3	0,941	0,988	$\frac{x_2 - x_1}{x_{max} - x_1}$	$\frac{x_{max} - x_{max-1}}{x_{max} - x_1}$
4	0,765	0,889		
5	0,642	0,780		
6	0,560	0,698		
7	0,507	0,637		
8	0,554	0,683	$\frac{x_2 - x_1}{x_{max-1} - x_1}$	$\frac{x_{max} - x_{max-1}}{x_{max} - x_2}$
9	0,512	0,635		
10	0,477	0,597		
11	0,576	0,679	$\frac{x_3 - x_1}{x_{max-1} - x_1}$	$\frac{x_{max} - x_{max-2}}{x_{max} - x_2}$
12	0,546	0,642		
13	0,521	0,615		
14	0,546	0,641	$\frac{x_3 - x_1}{x_{max-2} - x_1}$	$\frac{x_{max} - x_{max-2}}{x_{max} - x_3}$
15	0,525	0,616		
16	0,507	0,595		
17	0,490	0,577		
18	0,475	0,561		
19	0,462	0,547		
20	0,450	0,535		
21	0,440	0,524		
22	0,430	0,514		
23	0,421	0,505		
24	0,413	0,497		
25	0,406	0,489		
26	0,399	0,482		
27	0,393	0,475		
28	0,387	0,469		
29	0,381	0,463		

Tabelle 1: Umrechnungsformeln für Gehaltsgrößen

von \ zu	Massenanteil $w(X)$ $w(X) = \frac{m(X)}{m(Lsg)}$	Massenkonzentration $\beta(X)$ $\beta(X) = \frac{m(X)}{V(Lsg)}$	Stoffmengenanteil $\chi(X)$ $\chi(X) = \frac{n(X)}{n(X) + n(Lm)}$	Stoffmengenkonzentration $c(X)$ $c(X) = \frac{n(X)}{V(Lsg)}$	Volumenkonzentration $\sigma(X)$ $\sigma(X) = \frac{V(X)}{V(Lsg)}$
Massenanteil $w(X)$ z. B. g/100 g Lsg = % g/1000 g Lsg = ‰		$\beta(X) = \frac{m(X) \cdot \varrho(Lsg)}{m(Lsg)}$ $\beta(X) = w(X) \cdot \varrho(Lsg)$ ϱ = Dichte in g/L	$\chi(X) = \frac{w(X)}{M(X) \cdot \frac{1}{M(Lsg)}}$ $\frac{1}{M(Lsg)} = \frac{w(X)}{M(X)} + \frac{w(Lm)}{M(Lm)}$	$c(X) = \frac{m(X) \cdot \varrho(Lsg)}{M(X) \cdot m(Lsg)}$ $c(X) = \frac{w(X) \cdot \varrho(Lsg)}{M(X)}$ M = molare Masse in g/mol	$\sigma(X) = \frac{m(X) \cdot \varrho(Lsg)}{m(Lsg) \cdot \varrho(X)}$ $\sigma(X) = \frac{w(X) \cdot \varrho(Lsg)}{\varrho(X)}$
Massenkonzentration $\beta(X)$ z. B. in g/L, mg/m³	$w(X) = \frac{\beta(X)}{\varrho(Lsg)}$		$\chi(X) = \frac{\beta(X) \cdot M(Lsg)}{M(X) \cdot \varrho(Lsg)}$ $M(Lsg) = \frac{m(X) + m(Lm)}{\frac{m(X)}{M(X)} + \frac{m(Lm)}{M(Lm)}}$	$c(X) = \frac{\beta(X)}{M(X)}$	$\sigma(X) = \frac{\beta(X)}{\varrho(X)}$
Stoffmengenanteil $\chi(X)$ z. B. in mol/mol mol/100 mol Lsg = %	$w(X) = \frac{\chi(X) \cdot M(X)}{M(Lsg)}$ $M(Lsg) = \chi(X) \cdot M(X) + \chi(Lm) \cdot M(Lm)$	$\beta(X) = \frac{\chi(X) \cdot M(X) \cdot \varrho(Lsg)}{M(Lsg)}$		$c(X) = \frac{\chi(X) \cdot \varrho(Lsg)}{M(Lsg)}$	$\sigma(X) = \frac{\chi(X) \cdot M(X) \cdot \varrho(Lsg)}{M(Lsg) \cdot \varrho(X)}$
Stoffmengenkonzentration $c(X)$ z. B. in mol/L, mmol/L	$w(X) = \frac{c(X) \cdot M(X)}{\varrho(Lsg)}$	$\beta(X) = c(X) \cdot M(X)$	$\chi(X) = \frac{c(X) \cdot M(Lsg)}{\varrho(Lsg)}$ $M(Lsg) = \frac{m(X) + m(Lm)}{n(X) + n(Lm)}$		$\sigma(X) = \frac{c(X) \cdot M(X)}{\varrho(X)}$
Volumenkonzentration $\sigma(X)$ z. B. in L/L, L/100 L Lsg = %, ppm	$w(X) = \frac{V(X) \cdot \varrho(X)}{V(Lsg) \cdot \varrho(Lsg)}$ $w(X) = \sigma(X) \cdot \frac{\varrho(X)}{\varrho(Lsg)}$	$\beta(X) = \sigma(X) \cdot \varrho(X)$	$\chi(X) = \frac{\sigma(X) \cdot \varrho(X) \cdot M(Lsg)}{M(X) \cdot \varrho(Lsg)}$ $M(Lsg) = \frac{V(X) \cdot \varrho(X) + V(Lm) + \varrho(Lm)}{\frac{V(X) \cdot \varrho(X)}{M(X)} + \frac{V(Lm) + \varrho(Lm)}{M(Lm)}}$	$c(X) = \frac{\sigma(X) \cdot \varrho(X)}{M(X)}$	

Kopiervorlage: **Einfach-Logarithmen-Papier**

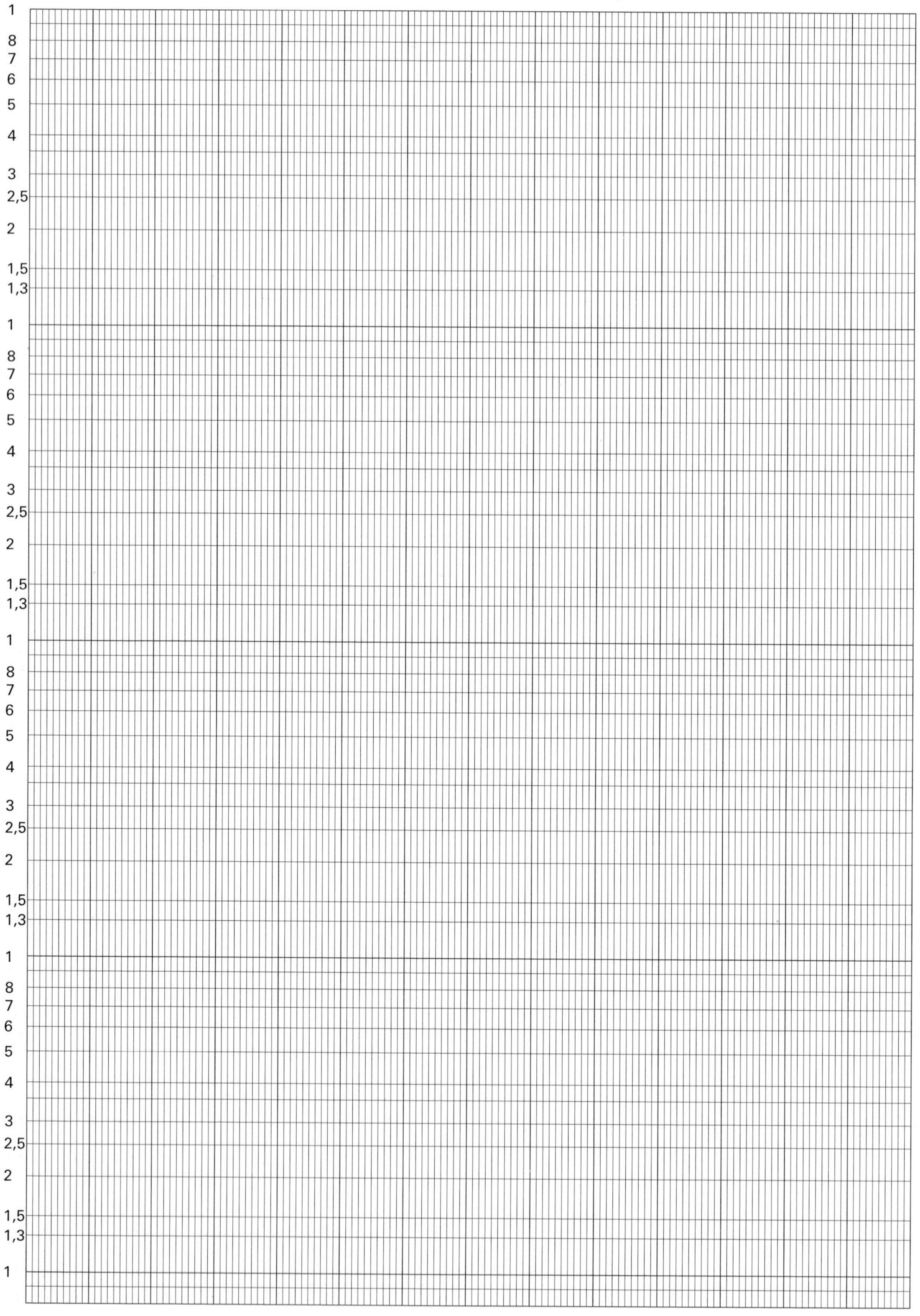

Kopiervorlage: **Doppelt-Logarithmen-Papier**

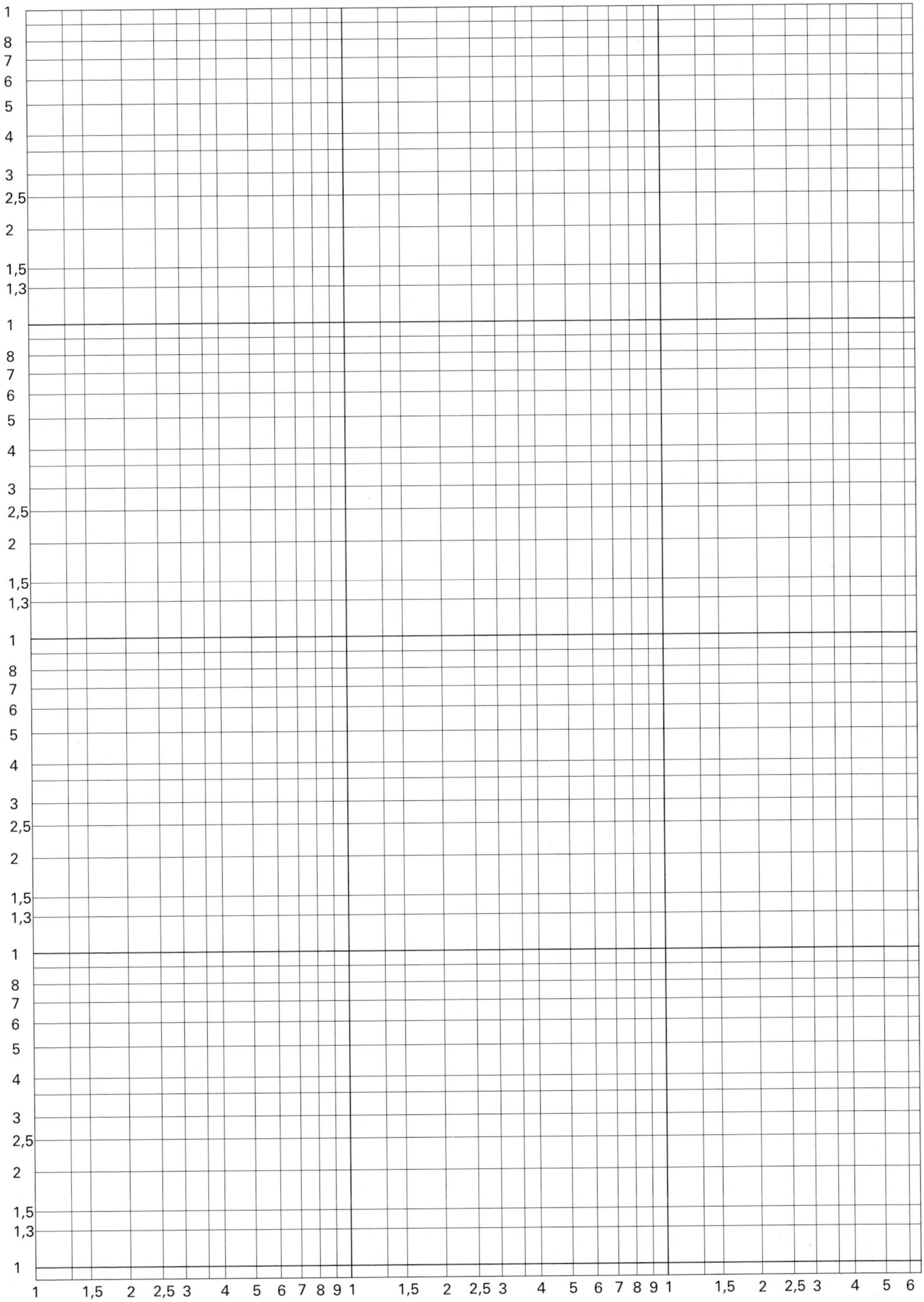

Kopiervorlage: **RRSB-Netz für die Siebanalyse**

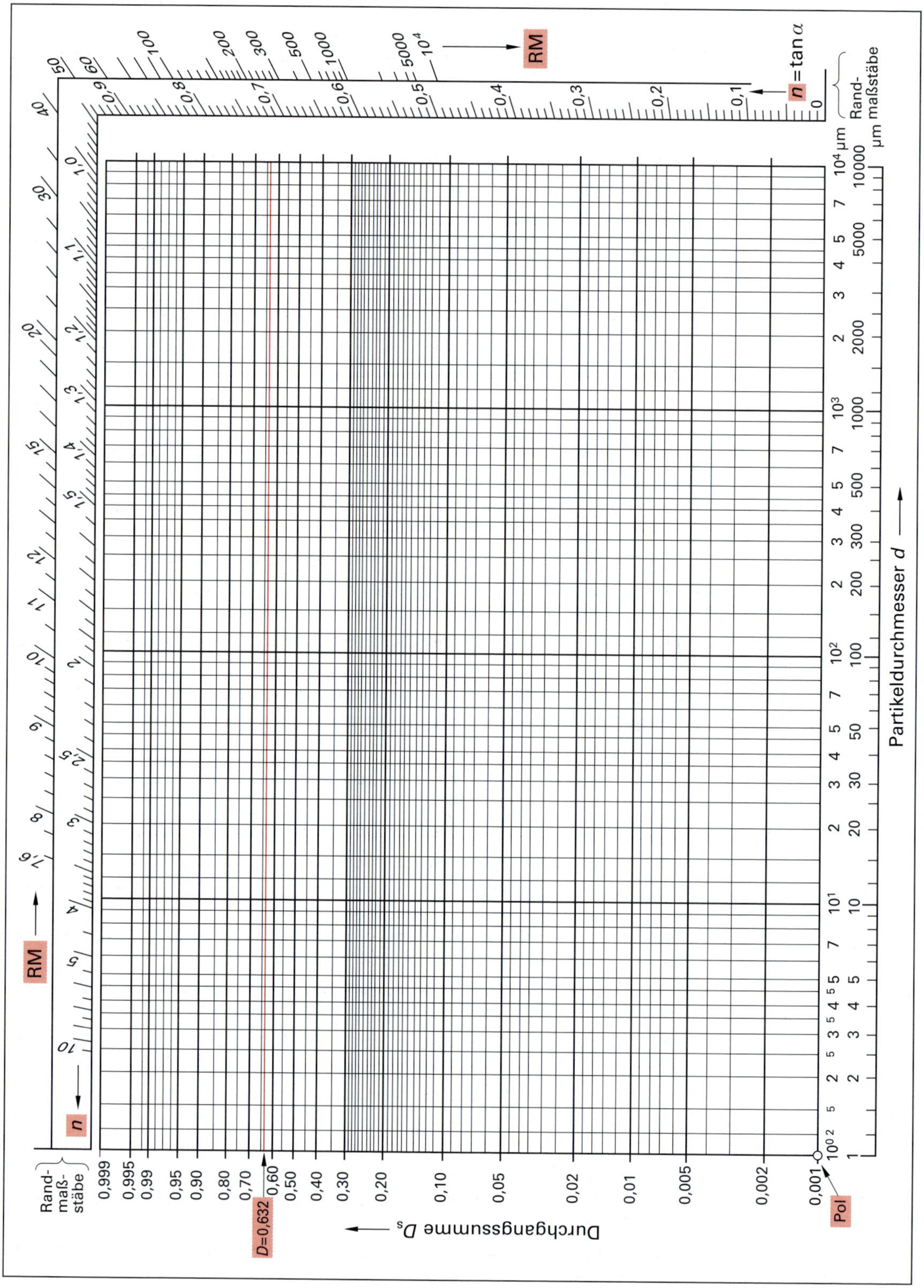

Literaturverzeichnis

ADOLPH, G.; DZIOCK, F.; HEINRICH, D.; WEMHÖNER, W.: *Naturwissenschaftliche Grundlagen der Elektrotechnik.* 6. Aufl. Köln. Stamm, 1979

BEYER, HANS; WALTER, WOLFGANG: *Lehrbuch der organischen Chemie.* 21. Aufl. Stuttgart. Hirzel, 1988. ISBN 3-7776-0438-0

BIERWERTH, WALTER: *Tabellenbuch Chemietechnik.* 4. Aufl. Haan-Gruiten. Verlag Europa-Lehrmittel, 2003 (Europa-Fachbuchreihe für Chemieberufe). – ISBN3-8085-7071-7

BLIEFERT, CLAUS: *pH-Wert-Berechnungen.* Weinheim. Verlag Chemie, 1978. – ISBN 3-527-25788-8

BROCK, THOMAS, GROTEKLAES, MICHAEL, MISCHKE, PETER: *Lehrbuch der Lacktechnologie.* Hannover, Vincentz, 1998. ISBN 3-87870-547-6

BURGGRAF, NORBERT; FLUCK, NORMAN: *Fachrechnen Physikalische Chemie.* In: GRUBER, Ulrich; KLEIN, Willi (Hrsg.): *Die Praxis der Labor- und Produktionsberufe.* Bd. 7c, Weinheim. Verlag Chemie, 1998. – ISBN 3-527-28655-1

DE VRIES, L.; KOLB, H.: *Wörterbuch der Chemie und der chemischen Verfahrenstechnik.* 2. Aufl. Weinheim. Verlag Chemie, 1987. – ISBN 3-527-25635-0

DICKERSON, RICHARD E.; GEIS, IRVING: *Chemie – eine lebendige und anschauliche Einführung.* 1. Aufl., 3. Nachdruck, Weinheim. Verlag Chemie, 1990. – ISBN 3-527-25867-1

DIN Deutsches Institut für Normung (Hrsg.): *Laborgeräte aus Glas (Normen).* 3. Aufl. Berlin. Beuth, 1997 (DIN-Taschenbuch 128). – ISBN 3-410-12955-3

DIN Deutsches Institut für Normung (Hrsg.): *Grundlagen der instrumentellen Analytik: Normen und Norm-Entwürfe.* 1. Aufl. Berlin. Beuth, 2001 (DIN-Taschenbuch 340). – ISBN 3-410-15322-5

DÖRR, FRIEDRICH: *Physikalische Aufgaben – mit Fragen zur Prüfungsvorbereitung.* München. Oldenbourg, 1969

DÖRRENBÄCHER, ALFRED: *IUPAC-Regeln und DIN-Normen im Chemieunterricht.* 2. Aufl. Köln. Aulis, 1995 (Praxis Schriftenreihe Chemie Bd. 50). – ISBN 3-7614-1608-3

EBEL, HANS F.; BLIEFERT, CLAUS: *Schreiben und Publizieren in den Naturwissenschaften.* Weinheim. Verlag Chemie,1990. ISBN 3-527-27990-3

FALBE, JÜRGEN; REGNITZ, MANFRED (Hrsg.): *CD RÖMPP Chemie Lexikon.* Version 1.0, 9. Aufl. Stuttgart. Thieme, 1995

FUNK, WERNER; DAMMAN, VERA; DONNEVERT, GERHILD: *Qualitätssicherung in der Analytischen Chemie.* 2. Auflage, Weinheim, WILEY-VCH Verlag GmbH & Co. KgaA, 2005

GECKELER, KURT E.; ECKSTEIN, HEINER: *Analytische und präparative Labormethoden.* Braunschweig. Vieweg, 1987. ISBN 3-528-08447-2

GELLERT, W.; KÜSTNER, H; HELLWICH, M; KÄSTNER, H. (Hrsg.): *Kleine Enzyklopädie Mathematik.* Basel. Pfalz Verlag , 1967

GOTTWALD, WOLFGANG; PUFF, WERNER; STIEGLITZ, ANDREAS: *Physikalisch-chemisches Praktikum.* In: GRUBER, Ulrich; KLEIN, Willi (Hrsg.): *Die Praxis der Labor- und Produktionsberufe.* Bd. 4a, 3. Aufl. Weinheim. Verlag Chemie, 1997. ISBN 3-527-28756-6

GOTTWALD, WOLFGANG: *Instrumentell-analytisches Praktikum.* In: GRUBER, ULRICH; KLEIN, WILLI (Hrsg.): *Die Praxis der Labor- und Produktionsberufe.* Bd. 4b, Weinheim. Verlag Chemie, 1996.– ISBN 3-527-28755-8

GRELL, H.; MARUHN, K.; RINOW, W. (Hrsg.): *Enzyklopädie der Elementarmathematik – Bd. 1, Arithmetik.* Berlin. Deutscher Verlag der Wissenschaften, 1954 (Hochschulbücher für Mathematik)

HOLLEMANN, ARNOLD FREDERIK; WIBERG, EGON: *Lehrbuch der anorganischen Chemie.* 81-90. Aufl. Berlin. de Gruyter, 1976. ISBN 3-11-005962-2

HOMANN, K.-H. (Hrsg.): *Größen, Einheiten und Symbole in der Physikalischen Chemie.* Weinheim. Verlag Chemie, 1996. ISBN 3-527-29326-4

HÜBEL, M.; DEFINTI, V.; BÜCHLI, M.; MÜLLER, R.; DANDOIS, CHR.; SANER, J.: *Laborpraxis Bd. 2 Messmethoden.* 5. Aufl. Basel. Birkhäuser, 1996 – ISBN 3-7643-5303-1

HÜBEL, M.; DEFINTI, V.; BÜCHLI, M.; MÜLLER, R.; DANDOIS, CHR.; SANER, J.: *Laborpraxis Bd. 3 Trennungsmethoden.* 5. Aufl. Basel. Birkhäuser, 1996 – ISBN 3-7643-5304-X

HÜBEL, M.; DEFINTI, V.; BÜCHLI, M.; MÜLLER, R.; DANDOIS, CHR.; SANER, J.: *Laborpraxis Bd. 4 Analytische Methoden.* 5. Aufl. Basel. Birkhäuser, 1996 – ISBN 3-7643-5305-8

HUG, HEINZ.; REISER, WOLFGANG: *Physikalische Chemie.* Haan-Gruiten. Verlag Europa-Lehrmittel, 1999 (Europa-Fachbuchreihe für Chemieberufe). – ISBN 3-8085-7151-9

IGNATOWITZ, ECKHARD: *Chemietechnik.* 7. Aufl. Haan-Gruiten. Verlag Europa-Lehrmittel, 2003 (Europa-Fachbuchreihe für Chemieberufe). – ISBN 3-8085-7046-6

INGOLD: *Praxis und Theorie der pH-Messtechnik.* Urdorf/Schweiz, 1989. – Firmenschrift

KITTEL, HANS (Hrsg.): *Lehrbuch der Lacke und Beschichtungen.* Bd. 1. Teil 1, *Grundlagen, Bindemittel.* Stuttgart. Verlag W. A. COLOMB in der H. HEENEMANN GmbH, 1971

KITTEL, HANS (Hrsg.): *Lehrbuch der Lacke und Beschichtungen.* Bd. VIII. Teil 1 und 2, *Untersuchung und Prüfung.* Berlin. Verlag W. A. COLOMB in der HEENEMANN Verlagsgesellschaft mbH, 1980

KOLB, BRUNO: *Gaschromatographie in Bildern – Eine Einführung;* 2. Auflage, Weinheim; WILEY-VCH Verlag GmbH & Co. KgaA, 2006

KRÄMER, KARL-LUDWIG; MULLER, JEANNOT: *InfoCare® database - Naturwissenschaften Wörterbuch.* Version 2.0, Mannheim. **Ge**sellschaft für **S**trukturierte **I**nformation mbH (www.gesi.de)

KROMIDAS, STAVROS: *Validierung in der Analytik,* Weinheim; WILEY-VCH Verlag GmbH & Co. KgaA, 1999

KÜSTER, W. F.; THIEL, A.: *Rechentafeln für die Chemische Analytik.* 102. Aufl. Berlin. De Gruyter, 1982. ISBN 3-11-006653-X

KULLBACH, WERNER: *Mengenberechnungen in der Chemie – Grundlagen und Praxis.* Weinheim. Verlag Chemie, 1980. ISBN 3-527-25869-8

LINDNER, HELMUT: *Physikalische Aufgaben.* 23. Aufl. Braunschweig. Vieweg, 1984 (Viewegs Fachbücher der Technik) ISBN 3-528-04879-4

MAYER, HEINZ: *Fachrechnen Chemie.* In: GRUBER, Ulrich; KLEIN, Willi (Hrsg.): *Die Praxis der Labor- und Produktionsberufe.* Bd. 7a, Weinheim. Verlag Chemie, 1993. – ISBN 3-527-27899-0

NÄSER, KARL-HEINZ; PESCHEL, GERD: *Physikalisch-chemische Messmethoden.* 6. Aufl. Leipzig. VEB Deutscher Verlag für Grundstoffindustrie, 1990. – ISBN 3-342-00371-5

NÜCKE, ERWIN; REINHARD, ALFRED: *Physikalische Aufgaben für technische Berufe.* 26. Aufl. Hamburg. Handwerk und Technik, 1993. – ISBN 3-582-01132-1

NYLÉN, PAUL; WIGREN, NILS; JOPPIEN, GÜNTER: *Einführung in die Stöchiometrie.* 18. Aufl. Darmstadt. Steinkopff, 1991. ISBN 3-7985-0803-8

OTTO, MATTHIAS: *Analytische Chemie,* 2. Auflage, Weinheim; WILEY-VCH Verlag GmbH & Co. KgaA, 2006

PAL-Aufgabenbank: *Chemieberufe · Technische Mathematik.* 3. Aufl. Konstanz. Christiani, 1989. – ISBN 3-87125-000-7

REGEN, OTFRIED; BRANDES, GEORG: *Aufgabensammlung zur physikalischen Chemie.* Leipzig. VEB Deutscher Verlag für Grundstoffindustrie, 1986. – ISBN 3-342-00033-3

SCHMITTEL, ERICH ; BOUCHÉE, GÜNTHER; LESS, WOLF RAINER: *Labortechnische Grundoperationen.* In: GRUBER, Ulrich; KLEIN, Willi (Hrsg.): *Die Praxis der Labor- und Produktionsberufe.* Bd. 1, Weinheim. Verlag Chemie, 1985. ISBN 3-527-25996-1

SCHRAMM, GEBHARD: *Einführung in die Rheometrie.* Karlsruhe. 1995. (0.0.010.1-05.95) HAAKE Rheometer – Firmenschrift

SKOOG, DOUGLAS J.; LEARY, JAMES J.: *Instrumentelle Analytik, Grundlagen – Geräte – Anwendung.* Berlin. Springer, 1996. ISBN 3-540-60450-2

STEIN, RAINER: *Kursheft Redoxreaktionen und Elektrochemie.* Stuttgart. Klett, 1984. – ISBN 3-12-756630-1

Verband der Lackindustrie: *Leitfaden für die betriebliche Fachkunde.* 4. Aufl. Frankfurt. 1996

Verband der Lackindustrie: *Leitfaden zur technischen Mathematik in der Lackindustrie.* Frankfurt 1989

WEBER, DIETER; NAU, MATTHIAS: *Elektrische Temperaturmessung mit Thermoelementen und Widerstandsthermometern.* Fulda, 1991. JUMO Mess- und Regeltechnik - Firmenschrift

WEISSERMEL, KLAUS; ARPE HANS-JÜRGEN: *Industrielle Organische Chemie. Bedeutende Vor - und Zwischenprodukte.* 3. Aufl. Weinheim. Verlag Chemie, 1988. – ISBN 3-527-26731-X

WENINGER, JOHANN: *Grundlegung eines verständigen Umgehens mit Größen und Größengleichungen. Teil 3: Größengleichungen und Größenproportionalitäten. Rechnen mit Werten, Mengen und Anzahlen. Größenrechnen in der Chemie.* Kiel. Institut für die Pädagogik der Naturwissenschaften (IPN), 1998. – ISBN 3-89088-122-X

WOLFF, GEORG (Hrsg.): *Handbuch der Schulmathematik – Bd. 1 Arithmetik, Zahlenlehre.* Hannover. Schroedel, 1960

ZORLL, ULRICH (Hrsg.): Römpp-Lexikon *Lacke und Druckfarben.* Stuttgart. Thieme, 1998, – ISBN 3-13-776001-1

Sachwortverzeichnis

F

G

H

I

K

L

M

N

Danksagung

Die Autoren und der Verlag bedanken sich bei den nachfolgend genannten Firmen und Institutionen für die Überlassung von Druckschriften sowie für die Erlaubnis zum Abdruck von Bildmaterial.

Sie haben einen wichtigen Beitrag geleistet, dem Lehrbuch einem modernen labortechnischen Standard zu geben und den Text und die Bilder anschaulich zu gestalten.

Agilent Technologies, Waldbronn
AOS Aluminiumoxid Stade GmbH
Arbeitskreis Fachtechnische Berufsbildung im Verband der Lackindustrie
Bayer AG, Leverkusen
Bohlin Instruments, Mühlacker
Bruker Analytik GmbH, Rheinstetten
Deutsches Institut für Normung, Berlin
Dow Deutschland Anlagengesellschaft mbH, Werk Stade
FIZ CHEMIE Berlin, Fachinformationszentrum Chemie GmbH
WOLFGANG GLOCK KG, Frankfurt
Gonotek GmbH, Berlin
Gebrüder HAAKE GmbH, Karlsruhe
Hewlett-Packard, Böblingen
HOFFMANN-QSS, Qualitätssicherungs- und Statistiksoftware, Gießen
Ingold Messtechnik AG, Urdorf/Schweiz
JUMO Mess- und Regeltechnik GmbH & Co.
Dr. KERNCHEN GmbH, Seelze-Letter
Dr. KNAUER GmbH, Wissenschaftlicher Gerätebau, Berlin
Leybold Didaktik GmbH, Hürth
Maihak AG, Hamburg
Merck AG, Darmstadt
NETZSCH-Gerätebau GmbH, Selb
ANTON PAAR GmbH, Graz/Österreich
Polytec GmbH, Waldbronn
SARTORIUS AG, Göttingen
Schott AG, Mainz
Shimadzu Deutschland GmbH, Duisburg
Stähler Agrochemie, Stade
SYNTHOPOL CHEMIE Dr. rer. pol. Koch GmbH & Co.KG, Buxtehude
TA Instruments, Alzenau
Umweltsensortechnik GmbH, Geschwenda
Verband der Lackindustrie e.V. Frankfurt/M.
KARL WILLERS Laborbedarf, Münster

In der Entstehungsphase dieser Werkes haben viele Kolleginnen und Kollegen durch Gespräche, Vorschläge und konstruktive Kritik sowie durch die Überlassung von Unterlagen zum Gelingen des Buches beigetragen.

Unser besonderer Dank gilt den Damen und Herren:

DOROTHEA JUNGA-RUCH, Zürich, Schweiz
BRITTA SOMMERFELD, Ahrenswohlde
HELMUTH BEHRENS, Stade
Prof. Dr. CLAUS BLIEFERT, Schöppingen
HANS-DIETER BLOHM, Stade
PETER ERNST, Olfen
Dr. DETLEF HADBAVNIK, Waldbronn
REINHOLD WEISS, Köln
KARL WIEDEN, Hilden
ULRICH SERVOS, Duisburg
MARTINA STRÜBER, Buxtehude
TINA SCHLEGEL, Stade

Nachsatz und Bitte

Die Autoren bedanken sich bei allen Benutzern des Buches aus der Lehrer- und Schülerschaft, die durch zahlreiche Hinweise die Behebung von Fehlern ermöglicht haben.

Auch Vorschläge und Anregungen haben zur Verbesserung und Aktualisierung des Buchinhalts beigetragen.

Verlag und Autoren danken im Voraus den Benutzern des Buches für weitere konstruktive Verbesserungsvorschläge.

Senden Sie Ihre Korrekturen sowie Anregungen und Vorschläge mit Angabe des Buchtitels an die folgende E-Mail-Adresse des Verlags: lektorat@europa-lehrmittel.de

Die Autoren, der Verlag — Herbst 2010